2023 全国一级造价工程师职业资格考试

历年真题与考前小灶卷

建知(北京)数字传媒有限公司　组织编写
邓娇娇　梁宝臣　王洪强　吴新华　陈江潮　主编

中国城市出版社

图书在版编目(CIP)数据

2023全国一级造价工程师职业资格考试历年真题与考前小灶卷 / 邓娇娇等主编；建知（北京）数字传媒有限公司组织编写. — 北京：中国城市出版社，2023.8
ISBN 978-7-5074-3634-1

Ⅰ. ①2… Ⅱ. ①邓… ②建… Ⅲ. ①建筑造价管理－资格考试－习题集 Ⅳ. ①TU723.3-44

中国国家版本馆CIP数据核字(2023)第151490号

责任编辑：朱晓瑜　李　彤　李　雪
责任校对：芦欣甜

2023全国一级造价工程师职业资格考试
历年真题与考前小灶卷

建知（北京）数字传媒有限公司　组织编写
邓娇娇　梁宝臣　王洪强　吴新华　陈江潮　主编

*

中国城市出版社出版、发行（北京海淀三里河路9号）
各地新华书店、建筑书店经销
北京红光制版公司制版
天津翔远印刷有限公司印刷

*

开本：787毫米×1092毫米　1/16　印张：49　字数：1100千字
2023年8月第一版　　2023年8月第一次印刷
定价：148.00元（赠送增值服务）
ISBN 978-7-5074-3634-1
(904652)

版权所有　翻印必究
如有内容及印装质量问题，请联系本社读者服务中心退换
电话：(010) 58337283　　QQ：2885381756
（地址：北京海淀三里河路9号中国建筑工业出版社604室　邮政编码：100037）

本书编委会

（按姓氏笔画排序）

王凯旋	王洪强	方艺航	邓娇娇	甘忠颖
白 浠	朱晓瑜	刘晓玉	李 彤	李 雪
吴新华	张 翔	张 磊	张子健	张英婕
陈 松	陈江潮	陈奕林	陈凌霄	苑荣琦
郎沛然	高 薇	曹艳婷	常晓怡	梁宝臣
董宝平	霍 琳			

前　言

　　一级造价工程师职业资格考试最大的特点是，连续四个考试年度达到各个考试科目的合格标准才能通过考试，考生们应根据自身学习情况统筹考虑四个考试科目的学习投入时间与精力。

　　掌握考试的核心要点和正确做题方法是通过考试的基本保障。许多考生都出现了"课一听就会，题一做就错"的情形，归根究底还是基础知识掌握不透彻，对知识点的研究理解不够深入，仅仅掌握了知识点的表层意思，没有结合相关知识点进行综合理解。

　　为了改善考生们普遍面临的这一学习窘境，提高复习的效率，使其尽可能少走弯路，我们在总结多年教学与研究经验的基础上，精心编制了一级造价工程师小灶卷，以供广大考生们备考选用。这些习题的选择，可以说基本实现了对各科目知识重点的梳理和盘点，力争实现对知识点的重点覆盖。

　　此外，关于本书，还有以下几点值得注意：

　　第一，本书由当前一级造价工程师职业资格考试培训名师编写。针对一级造价工程师职业资格考试备考时间紧、记忆难、压力大的客观情况，依据最新版考试大纲、命题特点和考试辅导教材，集合行业、培训优势与教学、科研经验，将经过高度凝炼、整合、总结的高频考点，通过模拟题的形式呈现出来，以满足考生高效备考的需求。

　　第二，本书集成了一级造价工程师考试四个科目的近三年真题和三套模拟题及其解析，涵盖全科目，方便考生备考实现知识点关联集成。近三年真题代表了命题专家的关注点和考核重点，需要考生们能够举一反三。三套模拟题可以检验考生的学习备考情况，达到查缺补漏、心中有数的效果。模拟测试成绩远远超过合格标准的科目可以投入较少时间与精力；模拟测试成绩与合格标准差距较大科目，考生们应投入较多时间与精力，以平衡各科成绩达到整体最优。

　　第三，本书配套各个科目考试的核心知识点讲解视频，帮助学员从海量的知识点中轻松梳理出应试的核心考点。

　　第四，本书辅以线上增值服务，通过微信公众号等平台方便考生们学习交流、获取考试资讯，也可以与各科目主编人员进行学习交流，方便学员高效完成备考工作。

　　《2023全国一级造价工程师职业资格考试历年真题与考前小灶卷》各科目主编人员如下：

《建设工程造价管理》吴新华

《建设工程计价》邓娇娇

《建设工程技术与计量（土木建筑工程）》王洪强

《建设工程技术与计量（安装工程）》梁宝臣

《建设工程造价案例分析（土木建筑工程、安装工程）》陈江潮　陈凌霄

　　本书在编写、出版过程中，得到了诸多专家学者的指点帮助，在此表示衷心感谢！由于时间仓促、水平有限，虽经仔细推敲和多次校核，书中难免出现纰漏和瑕疵，敬请广大考生、读者批评和指正。

　　每个人心中都有一片海，自己不扬帆，没人帮你起航；号角已经吹响，努力就能遇见更好的自己。加油吧，朋友！

陈江潮

2023年8月

目 录

2020 年全国一级造价工程师职业资格考试 《建设工程计价》
2021 年全国一级造价工程师职业资格考试 《建设工程计价》
2022 年全国一级造价工程师职业资格考试 《建设工程计价》
模拟试卷 1 《建设工程计价》
模拟试卷 2 《建设工程计价》
模拟试卷 3 《建设工程计价》

2020 年全国一级造价工程师职业资格考试 《建设工程造价管理》
2021 年全国一级造价工程师职业资格考试 《建设工程造价管理》
2022 年全国一级造价工程师职业资格考试 《建设工程造价管理》
模拟试卷 1 《建设工程造价管理》
模拟试卷 2 《建设工程造价管理》
模拟试卷 3 《建设工程造价管理》

2020 年全国一级造价工程师职业资格考试 《建设工程技术与计量(土木建筑工程)》
2021 年全国一级造价工程师职业资格考试 《建设工程技术与计量(土木建筑工程)》
2022 年全国一级造价工程师职业资格考试 《建设工程技术与计量(土木建筑工程)》
模拟试卷 1 《建设工程技术与计量(土木建筑工程)》
模拟试卷 2 《建设工程技术与计量(土木建筑工程)》
模拟试卷 3 《建设工程技术与计量(土木建筑工程)》

2020 年全国一级造价工程师职业资格考试 《建设工程技术与计量(安装工程)》
2021 年全国一级造价工程师职业资格考试 《建设工程技术与计量(安装工程)》
2022 年全国一级造价工程师职业资格考试 《建设工程技术与计量(安装工程)》
模拟试卷 1 《建设工程技术与计量(安装工程)》
模拟试卷 2 《建设工程技术与计量(安装工程)》
模拟试卷 3 《建设工程技术与计量(安装工程)》

2020年全国一级造价工程师职业资格考试 《建设工程造价案例分析(土木建筑工程、安装工程)》

2021年全国一级造价工程师职业资格考试 《建设工程造价案例分析(土木建筑工程、安装工程)》

2022年全国一级造价工程师职业资格考试 《建设工程造价案例分析(土木建筑工程、安装工程)》

模拟试卷1 《建设工程造价案例分析(土木建筑工程、安装工程)》

模拟试卷2 《建设工程造价案例分析(土木建筑工程、安装工程)》

模拟试卷3 《建设工程造价案例分析(土木建筑工程、安装工程)》

2020年全国一级造价工程师职业资格考试
《建设工程计价》

一、单项选择题（共60题，每题1分。每题的备选项中，只有1个最符合题意）。

1. 根据我国现行建设项目总投资构成规定，固定资产投资的计算公式为（　　）。
   A. 工程费用＋工程建设其他费用＋建设期利息
   B. 建设投资＋预备费＋建设期利息
   C. 工程费用＋工程建设其他费用＋预备费
   D. 工程费用＋工程建设其他费用＋预备费＋建设期利息

2. 某国内设备制造厂生产的某台非标准设备的生产制造成本及包装费用20万元，外购配套件费为3万元，利润率为10%，增值税税率为13%，则生产该台设备的利润为（　　）万元。
   A. 2.00
   B. 2.26
   C. 2.30
   D. 2.60

3. 某应纳消费税的进口设备到岸价为1800万元，关税税率为20%，消费税税率为10%，增值税税率为16%，则该台设备进口环节增值税额为（　　）万元。
   A. 316.80
   B. 345.60
   C. 380.16
   D. 384.00

4. 下列费用中，属于安全文明施工费中临时设施费的是（　　）。
   A. 现场配备的医疗保健器材费
   B. 塔吊及外用电梯安全防护措施费
   C. 临时文化福利用房费
   D. 新建项目的场地准备费

5. 根据国外建筑安装工程费的构成规定，工程施工中的周转材料费应包含在（　　）中。
   A. 材料费
   B. 暂定金额
   C. 开办费
   D. 其他摊销费

6. 关于工程建设其他费中的市政公用配套设施费及其构成，下列说法正确的是（　　）。
   A. 包含在用地与工程准备费中
   B. 包括界区内水、电、路、信等设施建设费
   C. 包括界区外绿化、人防等配套设施建设费
   D. 包括项目配套建设的产权不归本单位的专用铁路、公路建设费

7. 下列费用中，计入技术服务费中勘察设计费的是（　　）。
   A. 设计评审费
   B. 技术经济标准使用费
   C. 技术革新研究试验费
   D. 非标准设备设计文件编制费

8. 下列费用中，属于基本预备费支出范围的是（　　）。
   A. 超规超限设备运输增加费
   B. 人工、材料、施工机具的价差费

C. 建设期内利率调整增加费 D. 未明确项目的准备金

9. 某拟建项目,建筑安装工程费为 11.2 亿元,设备及工器具购置费为 33.6 亿元,工程建设其他费为 8.4 亿元,建设单位管理费为 3 亿元,基本预备费费率为 5%,则拟建项目基本预备费为( )亿元。
   A. 0.56   B. 2.24
   C. 2.66   D. 2.81

10. 某新建项目建设期为 2 年,分年度均衡贷款,2 年分别贷款 2000 万元和 3000 万元,贷款年利率为 10%,建设期内只计息不支付,则建设期贷款利息为( )万元。
    A. 455   B. 460
    C. 720   D. 830

11. 下列工程量清单计价公式,正确的是( )。
    A. 分部分项工程费=∑(分部分项工程量×工料单价)
    B. 措施项目费=∑(措施项目工程量×措施项目工料单价)
    C. 其他项目费=暂列金额+暂估价+计日工+总承包服务费
    D. 单项工程费=分部分项工程费+措施项目费+其他项目费+税金

12. 下列定额中,定额水平应反映社会平均先进水平的是( )。
    A. 施工定额   B. 预算定额
    C. 概算定额   D. 概算指标

13. 关于概算定额,下列说法正确的是( )。
    A. 不仅包括人工、材料和施工机具台班的数量标准,还包括费用标准
    B. 是施工定额的综合与扩大
    C. 反映的主要内容、项目划分和综合扩大程度与预算定额类似
    D. 定额水平体现平均先进水平

14. 关于分部分项工程项目清单中项目编码的编制,下列说法正确的是( )。
    A. 第二级编码为分部工程顺序码
    B. 第五级编码为分项工程项目名称顺序码
    C. 同一标段内多个单位工程中项目特征完全相同的分项工程,可采用相同编码
    D. 补充项目应采用 6 位编码

15. 下列费用中,应计入总价措施项目清单与计价表的是( )。
    A. 垂直运输费
    B. 施工降排水费
    C. 地上、地下设施和建筑物的临时保护设施
    D. 大型机械进出场费

16. 编制工程量清单时,下列费用属于总承包服务费考虑范围的是( )。
    A. 总包人对专业工程的投标费   B. 承包人自行采购工程设备的保护费
    C. 总包人施工现场的管理费   D. 竣工决算文件的编制费

17. 对工人工作时间消耗的分类中,属于必须消耗时间而被计入时间定额的是( )。
    A. 偶然工作时间   B. 工人休息时间

C. 施工本身造成的停工时间　　　　D. 非施工本身造成的停工时间

18. 干混地面砂浆 DSM20 贴 600mm×600mm 石材楼面，灰缝为 2mm，石材损耗为 2%，则每 100m² 石材楼面中石材的消耗量为(   )块。
   A. 281.46　　　　　　　　　　　　B. 281.57
   C. 283.33　　　　　　　　　　　　D. 283.45

19. 某装载容量为 15m³ 的运输机械，每运输 10km 的一次循环工作中，装车、运输、卸料、空转时间分别为 10 分钟、15 分钟、8 分钟、12 分钟，机械时间利用系数为 0.75，则该机械运输 10km 的台班产量定额为(   )10m³/台班。
   A. 8　　　　　　　　　　　　　　B. 10.91
   C. 12　　　　　　　　　　　　　　D. 16.36

20. 采用"一票制""两票制"支付方式采购材料的，在进行增值税进项税抵扣时，正确的做法是(   )。
   A. "一票制"下，构成材料价格的所有费用均按货物销售适用的税率进行抵扣
   B. "一票制"下，材料原价按货物销售适用税率进行抵扣，运杂费不再进行抵扣
   C. "两票制"下，材料原价按货物销售适用税率、运杂费按交通运输适用税率进行抵扣
   D. "两票制"下，材料原价按货物销售适用税率，运杂费、运输损耗和采购保管费按交通运输适用税率抵扣

21. 已知某施工机械采购原值 5 万元，寿命期内检修次数为 3 次，检修间隔台班为 400 台班，机械的残值率为 5%，则该台施工机械的台班折旧费为(   )元/台班。
   A. 29.69　　　　　　　　　　　　B. 31.25
   C. 39.58　　　　　　　　　　　　D. 41.67

22. 关于工程造价指标，下列说法正确的是(   )。
   A. 按照工程构成不同，工程造价指标可划分为人工指标、材料指标、机械台班指标
   B. 工程造价指标测算时，部分数据可通过理论推测获得
   C. 造价指标可分行业、分专业进行测算，不受区域范围影响
   D. 汇总计算法计算工程造价指标时，应采用加权平均的方法

23. 2020 年某水泥厂建设工程的建筑安装工程造价费用为 7.31 亿元。其中：矿山工程造价为 7800 万元，定额编制期同类项目的矿山工程造价为 6000 万元。该水泥厂建设工程造价综合指数为 1.20，则该矿山工程的造价指数是(   )。
   A. 1.30　　　　　　　　　　　　B. 0.77
   C. 0.92　　　　　　　　　　　　D. 1.56

24. 关于项目决策与工程造价的关系，下列说法正确的是(   )。
   A. 项目不同决策阶段的投资估算精度要求是一致的
   B. 项目决策的内容与工程造价无关
   C. 项目决策的正确性不影响设备选型
   D. 工程造价的金额影响项目决策的结果

25. 确定建设项目建设规模需考虑的首要因素是(   )。
   A. 建设地点　　　　　　　　　　　B. 产品需求市场

C. 生产成本 D. 建造方案

26. 关于投资估算中建设投资估算的构成，下列说法正确的是( )。
   A. 由工程费用和建设期利息估算构成
   B. 由工程费用、预备费和建设期利息估算构成
   C. 由建筑安装工程费用、工程建设其他费用和预备费估算构成
   D. 由工程费用、工程建设其他费用和预备费估算构成

27. 对于单层大跨度工业厂房设计，较经济合理的结构类型是( )。
   A. 木结构 B. 砌体结构
   C. 钢结构 D. 钢筋混凝土结构

28. 下列关于单位工程概算的费用组成，表述正确的是( )。
   A. 由直接费、企业管理费、利润、规费组成
   B. 由直接费、企业管理费、利润、规费、税金组成
   C. 由直接费、企业管理费、利润、规费、税金、设备及工器具购置费组成
   D. 由直接费、企业管理费、利润、规费、税金、设备及工器具购置费、工程建设其他费组成

29. 采用概算定额法编制设计概算的主要工作步骤有：①套用各子目的综合单价；②搜集基础资料；③计算措施项目费；④编写概算编制说明；⑤汇总单位工程造价；⑥计算工程量。上述工作步骤正确的排序是( )。
   A. ②－⑥－①－③－⑤－④ B. ④－②－⑥－①－⑤－③
   C. ②－⑥－④－①－③－⑤ D. ④－⑥－②－①－⑤－③

30. 某地新建单身宿舍一座，当地同期类似工程概算指标为 900 元/m²，该工程基础为混凝土结构，而概算指标对应的基础为毛石混凝土结构，已知该工程与概算指标每 100m² 建面中分摊的基础工程量均为 15m³，同期毛石混凝土基础综合单价为 580 元/m³，混凝土基础综合单价为 640 元/m³，则经结构差异修正后的概算指标为( )元/m²。
   A. 891 B. 909
   C. 906 D. 993

31. 施工图预算的三级预算编制形式由( )组成。
   A. 单位工程预算、单项工程综合预算、建设项目总预算
   B. 静态投资、动态投资、流动资金
   C. 建筑安装工程费、设备购置费、工程建设其他费
   D. 单项工程综合预算、建设期利息、建设项目总预算

32. 关于施工图预算编制时工程建设其他费的计费原则，下列说法正确的是( )。
   A. 若工程建设其他费已发生，则发生部分按合理发生金额计列
   B. 若工程建设其他费已发生，则发生部分按本阶段的计费标准计列
   C. 无论工程建设其他费是否发生，均按原批复概算的计费标准计列
   D. 无论工程建设其他费是否发生，均按原概算的计费标准计列

33. 关于建设工程施工招标文件，下列说法正确的是( )。
   A. 工程量清单不是招标文件的组成部分
   B. 由招标人编制的招标文件只对投标人具有约束力

C. 招标项目的技术要求可以不在招标文件中描述

D. 招标人可以对已发出的招标文件进行必要的修改

34. 关于建设工程招标工程量清单的编制，下列说法正确的是(　　)。

A. 总承包服务费应计列在暂列金额项下

B. 分部分项工程项目清单中所列工程量应按专业工程量计算规范规定的工程计算规则计算

C. 措施项目清单的编制不用考虑施工技术方案

D. 在专业工程量计算规范中没有列项的分部分项工程，不得编制补充项目

35. 关于建设工程工程量清单的编制，下列说法正确的是(　　)。

A. 招标文件必须由专业咨询机构编制，由招标人发布

B. 材料的品牌档次应在设计文件中体现，在工程量清单编制说明中不再说明

C. 专业工程暂估价中包括企业管理费和利润

D. 税金、规费是政府规定的，在清单编制中可不列项

36. 关于最高投标限价的编制，下列说法正确的是(　　)。

A. 国有企业的建设工程招标可以不编制最高投标限价

B. 招标文件中可以不公开最高投标限价

C. 最高投标限价与标底的本质是相同的

D. 政府投资的建设工程招标时，应设最高投标限价

37. 关于建设工程投标报价的编制，下列说法正确的是(　　)。

A. 可不考虑拟订合同中的工程变更条款

B. 应仔细研究招标文件中给定的工程技术标准

C. 可不考虑施工现场用地情况

D. 不必关注工程所在地气象资料

38. 投标人在进行建设工程投标报价时，下列事项应重点关注的是(　　)。

A. 施工现场市政设施条件　　　B. 商业经理的业务能力

C. 投标人的组织架构　　　　　D. 暂列金额的准确性

39. 建设工程评标过程中遇下列情形，评标委员会可直接否决投标文件的是(　　)。

A. 投标文件中的大、小写金额不一致　　B. 未按施工组织设计方案进行报价

C. 投标联合体没有提交共同投标协议　　D. 投标报价中采用了不平衡报价

40. 对于综合评估法中的评标基准价的确定，下列说法正确的是(　　)。

A. 按所有有效投标人中的最低投标价确定

B. 按所有有效投标人的平均投标价确定

C. 按所有有效投标人的平均投标价乘以事先约定的浮动系数确定

D. 按项目特点、行业管理规定自行确定

41. EPC总承包模式中承包人应承担的工作(　　)。

A. 设计、采购、施工、试运行　　B. 项目决策、设计、施工

C. 项目决策、采购、施工　　　　D. 可行性研究、采购、施工

42. 根据现行《标准设计施工总承包招标文件》，选用暂估价（A）条款时，若发包人在价格清单中给定暂估价的材料，不属于依法必须招标的，则其价格与暂估价的差额应

经确认后计入合同价款，履行该确认职能的应是( )。
   A. 发包人　　　　　　　　　　B. 监理人
   C. 总承包人　　　　　　　　　D. 材料供应商

43. 关于设计施工总承包建设工程投标文件的内容，下列说法正确的是( )。
   A. 不包括施工组织设计
   B. 需提供投标人的法定代表人身份证明或附有法定代表人身份证明的授权委托书
   C. 应包括深化设计图纸
   D. 不包括拟分包项目情况表

44. 根据现行《标准设计施工总承包招标文件》，关于"合同价格"和"签约合同价"下列说法正确的是( )。
   A. 合同价格是指签约合同价
   B. 签约合同价中包括了专业工程暂估价
   C. 合同价格不包括按合同约定进行的变更价款
   D. 签约合同价一般高于中标价

45. 下列费用中包含在国际工程投标报价其他费用中的是( )。
   A. 保函手续费　　　　　　　　B. 保险费
   C. 代理人佣金　　　　　　　　D. 暂定金额

46. 根据现行《建设工程工程量清单计价规范》，对于不实行招标的建设工程，建设工程施工合同签订前的第( )天作为基准日。
   A. 28　　　　　　　　　　　　B. 30
   C. 35　　　　　　　　　　　　D. 42

47. 因工程变更引起措施项目发生变化时，关于合同价款的调整，下列说法正确的是( )。
   A. 安全文明施工费不予调整
   B. 按总价计算的措施项目费的调整，不考虑承包人报价浮动因素
   C. 按单价计算的措施项目费的调整，以实际发生变化的措施项目数量为准
   D. 招标清单中漏项的措施项目费的调整，以承包人自行拟定的实施方案为准

48. 某市政工程施工合同中约定，①基准日为 2020 年 2 月 20 日；②竣工日期为 2020 年 7 月 30 日；③工程价款结算时人工单价、钢材、商品混凝土及施工机具使用费采用价格指数法调整，各项权重系数及价格指数见表 1，工程开工后，由于发包人原因导致原计划 7 月施工的工程延误至 8 月实施，2020 年 8 月承包人当月完成清单子目价款 3000 万元，当月按已标价工程量清单价格确认的变更金额为 100 万元，则本工程 2020 年 8 月的价格调整金额为( )。

各项权重系数及价格指数 　　　　　　　　　　　　　　　　表 1

	人工	钢材	商品混凝土	施工机具使用费	定值部分
权重系数	0.15	0.10	0.30	0.10	0.35
2020 年 2 月指数	100.0	85.0	113.4	110.0	—
2020 年 7 月指数	105.0	89.0	118.6	113.0	—
2020 年 8 月指数	104.0	88.0	116.7	112.0	—

A. 60.18　　　　　　　　　　　　　B. 62.24
C. 67.46　　　　　　　　　　　　　D. 88.94

49. 某项目施工合同约定，由承包人承担±10%范围内的碎石价格风险，超出部分采用造价信息法调差。已知承包人投标价格、基准期价格分别为100元/m³、96元/m³，2020年7月的造价信息发布价为130元/m³，则该月碎石的实际结算价格为( )元/m³。
A. 117.0　　　　　　　　　　　　　B. 120.0
C. 124.4　　　　　　　　　　　　　D. 130.0

50. 根据《标准施工招标文件》通用合同条款，下列引起承包人索赔的事件中，可以同时获得工期和费用补偿的是( )。
A. 发包人原因造成承包人人员工伤事故　　B. 施工中遇到不利物质条件
C. 承包人提前竣工　　　　　　　　　　　D. 基准日后法律的变化

51. 施工合同履行期间出现现场签证事件时，现场签证要求应由( )提出。
A. 发包人　　　　　　　　　　　　　B. 监理人
C. 设计人　　　　　　　　　　　　　D. 承包人

52. 发生下列工程事项时，发包人应予计量的是( )。
A. 承包人自行增建的临时工程工程量
B. 因监理人抽查不合格返工增加的工程量
C. 承包人修复因不可抗力损坏工程增加的工程量
D. 承包人自检不合格返工增加的工程量

53. 某工程合同总额为20000万元，其中主要材料占比40%，合同中约定的工程预付款项总额为2400万元，则按起扣点计算法计算的预付款起扣点为( )万元。
A. 6000　　　　　　　　　　　　　B. 8000
C. 12000　　　　　　　　　　　　　D. 14000

54. 对于国有资金投资的建设工程，受发包人委托对竣工结算文件进行审核的单位是( )。
A. 工程造价咨询机构　　　　　　　　B. 工程设计单位
C. 工程造价管理机构　　　　　　　　D. 工程监理单位

55. 因承包人原因解除合同的，承包人有权要求发包人支付( )。
A. 承包人员遣送费　　　　　　　　　B. 临时工程拆除费
C. 施工设备运离现场费　　　　　　　D. 已完措施项目费

56. 承包人按合同接受竣工结算支付证书的，应被认为承包人已无权要求( )颁发前发生的任何索赔。
A. 合同工程接收证书　　　　　　　　B. 质量保证金返还证书
C. 缺陷责任期终止证书　　　　　　　D. 最终支付证书

57. 根据《建设工程造价鉴定规范》GB/T 51262—2017，关于鉴定期限的起算，下列说法正确的是( )。
A. 从鉴定机构函回复委托人接受委托之日起算
B. 从鉴定机构函回复委托人接受委托之日的次日计算
C. 从鉴定人接收委托人移交证据材料之日起算

D. 从鉴定人接收委托人移交证据材料之日起的次日起算

58. 根据2017版FIDIC《施工合同条件》，关于国际工程变更与合同价款调整，下列说法正确的是( )。
   A. 合同中任何工作的工程量变化均能调整合同价款
   B. 不论何种变更，均须由工程师发出变更指令
   C. 在明确构成工程变更的情况下，承包商仍须按程序发出索赔通知
   D. 承包商提出的对业主有利的工程变更建议书的编制费用，应由业主承担

59. 根据《基本建设项目建设成本管理规定》，建设项目的建设成本包括( )。
   A. 为项目配套的专用送变电站投资 B. 非经营性项目转出投资支出
   C. 非经营性的农村饮水工程   D. 项目建设管理费

60. 某建设项目由 A、B 两车间组成，其中 A 车间的建筑工程费 6000 万元，安装工程费 2000 万元，需安装设备费 2400 万元；B 车间建筑工程费 2000 万元，安装工程费 1000 万元，需安装设备费 1200 万元；该建设项目的土地征用费 2000 万元，则 A 车间应分摊的土地征用费是( )万元。
   A. 1500.00   B. 1454.55
   C. 1424.66   D. 1090.91

二、多项选择题（共 20 题，每题 2 分。每题的备选项中，有 2 个或 2 个以上符合题意，至少有 1 个错项。错选，本题不得分；少选，所选的每个选项得 0.5 分）。

61. 关于设备购置费中的设备原价，下列说法正确的有( )。
   A. 包含随设备同时订购的首套备品备件费
   B. 包括施工现场自制设备的制造费
   C. 包括达到固定资产标准的办公家具购置费
   D. 包括进口设备从来源地到买方边境的运输费
   E. 包括设备采购、保管人员的工资费

62. 下列费用中，属于建筑安装工程费用中企业管理费的有( )。
   A. 施工机械保险费   B. 劳动保险费
   C. 工伤保险费   D. 财产保险费
   E. 工程保险费

63. 下列费用中，应计入工程建设其他费用中用地与工程准备费的有( )。
   A. 建设场地大型土石方工程费 B. 土地使用费和补偿费
   C. 场地准备费   D. 建设单位临时设施费
   E. 施工单位平整场地费

64. 根据现行《建设工程工程量清单计价规范》，关于工程量清单的特点和应用，下列说法正确的有( )。
   A. 分为招标工程量清单和已标价工程量清单
   B. 以单位（项）工程为单位编制
   C. 是招标文件的组成部分
   D. 是载明发包工程内容和数量的清单，不涉及金额
   E. 仅用于最高投标限价和投标报价的编制

65. 关于其他项目清单与计价表的编制，下列说法正确的有（　　）。
A. 材料暂估单价进入清单项目综合单价，不汇总到其他项目清单计价表总额
B. 暂列金额归招标人所有，投标人应将其扣除后再做投标报价
C. 专业工程暂估价的费用构成类别应与分部分项工程综合单价的构成保持一致
D. 计日工的名称和数量应由投标人填写
E. 总承包服务费的内容和金额应由投标人填写

66. 关于人工定额消耗量的确定，下列算式正确的是（　　）。
A. 工序作业时间＝基本工作时间×[1＋辅助工作时间占比（％）]
B. 工序作业时间＝基本工作时间＋辅助工作时间＋不可避免中断时间
C. 规范时间＝准备与结束时间＋不可避免中断时间＋休息时间
D. 定额时间＝基本工作时间/[1－辅助工作时间占比（％）]
E. 定额时间＝（基本工作时间＋辅助工作时间）/[1－规范时间占比（％）]

67. 下列材料损耗中，因损耗而产生的费用包含在材料单价中的有（　　）。
A. 场外运输损耗
B. 工地仓储损耗
C. 出工地料库后的搬运损耗
D. 材料加工损耗
E. 材料施工损耗

68. 关于投资估算指标，下列说法正确的有（　　）。
A. 以独立的建设项目、单项工程或单位工程为对象
B. 费用和消耗量指标主要来自概算指标
C. 一般分为建设项目综合指标、单项工程指标和单位工程指标三个层次
D. 单项工程指标一般以单项工程生产能力单位投资表示
E. 建设项目综合指标表示的是建设项目的静态投资指标

69. 按照用途的不同，建设工程造价指标可分为（　　）。
A. 工料价格指标
B. 工程经济指标
C. 工程量指标
D. 单位工程造价指标
E. 消耗量指标

70. 在满足建筑物使用要求的前提下，关于设计阶段影响工程造价的因素，下列说法正确的有（　　）。
A. 流通空间越大，工业建筑物越经济
B. 建筑层高越高，工程造价越高
C. 对于单跨厂房，当柱间距不变时，跨度越大单位面积造价越低
D. 对于多跨厂房，当跨度不变时，中跨数目越多单位面积造价越低
E. 住宅层数越多，单位面积造价越低

71. 关于施工图预算的编制，下列说法正确的有（　　）。
A. 施工图总预算应控制在已批准的设计总概算范围内
B. 施工图预算采用的价格水平应与设计概算编制时期的价格水平保持一致
C. 只有一个单项工程的建设项目应采用三级预算编制形式
D. 单项工程综合预算由组成该单项工程的各个单位工程预算汇总而成
E. 施工图预算编制时已发生的工程建设其他费按合理发生金额列计

72. 下列费用中，属于招标工程量清单中其他项目清单编制内容的是（　　）。
A. 暂列金额
B. 暂估价
C. 计日工
D. 总承包服务费
E. 措施费

73. 投标人在确定综合单价时需要注意的事项有（　　）。
A. 清单项目特征描述
B. 清单项目的编码顺序
C. 材料暂估价的处理
D. 材料、设备市场价格的变化风险
E. 税金、规费的变化风险

74. 关于招标人与中标人合同的签订，下列说法正确的有（　　）。
A. 双方按照招标文件和投标文件订立书面合同
B. 双方在投标有效期内并在自中标通知书发出之日起30日内签订施工合同
C. 招标人要求中标人按中标下浮3%后签订施工合同
D. 中标人无正当理由拒绝签订合同的，招标人可不退还其投标保证金
E. 招标人在于中标人签订合同后5日内，向所有投标人退还投标保证金

75. 关于承包人原因导致的工期延误期间合同价款的调整，下列说法正确的有（　　）。
A. 国家政策变化引起工程造价增加的应调增合同价款
B. 国家政策变化引起工程造价降低的应调减合同价款
C. 使用价格调整公式调价时，以计划进度日期指数为现行价格指数
D. 使用价格调整公式调价时，以实际进度日期指数为现行价格指数
E. 使用价格调整公式调价时，以计划进度日期与实际进度日期两个指数中较低者作为调价指数

76. 根据《建设工程施工合同（示范文本）》GF—2017—0201，下列变化应纳入工程变更范围的有（　　）。
A. 改变墙体厚度
B. 工程设备价格上涨
C. 转由他人实施的土石方工程
D. 提高地基沉降控制标准
E. 增加排水沟长度

77. 发包人未按规定程序支付竣工结算款项的，承包人可以（　　）。
A. 催发包人支付
B. 获得延迟支付利息的权利
C. 直接将工程折价
D. 直接将工程拍卖
E. 就工程拍卖价款获得优先受偿权

78. 为保证建设工程仲裁协议有效，合同双方签订的仲裁协议中必须包括的内容有（　　）。
A. 请求仲裁的意思表达
B. 仲裁事项
C. 选定的仲裁员
D. 选定的仲裁委员会
E. 仲裁结果的执行方式

79. 根据现行《标准设计施工总承包招标文件》，工程总承包项目合同中的暂列金额可用于支付签订合同时（　　）。
A. 不可预见的变更设计费用

B. 不可预见的变更施工费用
C. 已知必然发生，但暂时无法确定价格的专业工程费用
D. 已知必然发生，但暂时无法确定价格的工程设备购置费用
E. 以计日工方式的工程变更费用

80. 根据现行财务制度和企业会计准则，新增固定资产价值的内容包括( )。
A. 专有技术
B. 建设单位管理费
C. 土地征用费
D. 银行存款
E. 建筑工程设计费

2020 年全国一级造价工程师职业资格考试
《建设工程计价》
答案与解析

一、单项选择题（共 60 题，每题 1 分。每题的备选项中，只有 1 个最符合题意）。

1.【答案】 D

【解析】本题考查我国现行建设项目总投资构成（图 1）。固定资产投资＝建设投资＋建设期利息。建设投资＝工程费用＋工程建设其他费用＋预备费。因此，答案应选 D。

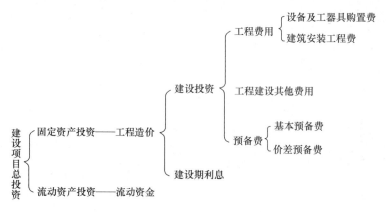

图 1　我国现行建设项目总投资构成

2.【答案】 A

【解析】本题涉及知识点为国产设备原价的构成及计算，考查非标准设备原价中利润的计算。非标准设备原价包括：材料费、加工费、辅助材料费、专用工具费、废品损失费、外购配套件费、包装费、利润、税金以及非标准设备设计费。其中利润＝（材料费＋加工费＋辅助材料费＋专用工具费＋废品损失费＋包装费）×利润率＝20×10％＝2（万元）。注意：外购配套件费用不能作为利润的计取基数。故此题选 A。

3.【答案】 D

【解析】本题涉及知识点为进口从属费的构成及计算，考查进口环节增值税的计算。进口环节增值税＝组成计税价格×增值税税率；其中组成计税价格＝关税完成价格＋关税＋消费税。到岸价格作为关税的计征基数时，通常又可称为关税完税价格。关税完税价格＝1800 万元；关税＝CIF×税率＝1800×20％＝360(万元)；消费税＝(CIF＋关税)/(1－税率)×税率＝(1800＋360)/(1－10％)×10％＝240(万元)；增值税＝(CIF＋关税＋消费税)×税率＝(1800＋360＋240)×16％＝384(万元)。

4.【答案】 C

【解析】本题涉及知识点为安全文明施工费。考查临时设施费的构成。安全文明施工费包括安全施工费、文明施工费、环境保护费以及临时设施费。A 选项属于文明施工费，B 选项属于安全施工费，D 选项属于工程建设其他费用。故此题选 C。[提示：注意区分建设单位的临时设施费（隶属于工程建设其他费）以及施工单位的临时设施费（隶属于建筑安装工程费）。]

5. 【答案】C

【解析】本题考查国外建筑安装工程费用的构成。开办费包括的内容因国家和工程的不同而异，大致包括以下内容：(1) 施工用水、用电费。(2) 工地清理费及完工后清理费，建筑物烘干费、临时围墙、安全信号、防护用品的费用以及恶劣气候条件下的工程防护费、污染费、噪声费，其他法定的防护费用。(3) 周转材料费，如脚手架、模板的摊销费等。(4) 临时设施费，包括生活用房、生产用房、临时通信、室外工程（包括道路、停车场、围墙、给水排水管道、输电线路等）的费用，可按实际需要计算。(5) 驻工地工程师的现场办公室及所需设备的费用，现场材料试验及所需设备的费用。一般在招标文件的技术规范中有明确的面积、质量标准及设备清单等要求。如要求配备一定的服务人员或实验助理人员，则其工资费用也需计入。(6) 其他，包括工人现场福利费及安全费、职工交通费、日常气候报表费、现场道路及进出场道路修筑与维护费、恶劣天气下的工程保护措施费、现场保卫设施费等。故此题选 C。

6. 【答案】C

【解析】本题考查市政公用配套设施费。市政公用配套设施费是指使用市政公用配套设施的工程项目，按照项目所在地政府有关规定建设或缴纳的市政公用设施建设配套费用。市政公用配套设施可以是界区外配套的水、电、路、信等，包括绿化、人防等配套设施。故此题选 C。（提示：2023 版教材不再涉及该知识点。）

7. 【答案】D

【解析】本题考查技术服务费中的勘察设计费。技术服务费包括可行性研究费、专项评价费、勘察设计费、监理费、研究试验费、特殊设备安全监督检验费、监造费、招标费、设计评审费、技术经济标准使用费、工程造价咨询费及其他咨询费。其中勘察设计费包括勘察费和设计费。设计费是指设计人根据发包人的委托，提供编制建设项目初步设计文件、施工图设计文件、非标准设备设计文件、竣工图文件等服务所收取的费用。A 和 B 选项与题干中的勘察设计费属于并列关系，都包含在技术服务费中，而 C 选项不包含在研究试验费中，故此题选 D。（提示：2023 版教材，该知识点有变化。）

8. 【答案】A

【解析】本题考查预备费中基本预备费的构成。基本预备费一般由以下四部分构成：(1) 工程变更及洽商。(2) 一般自然灾害处理。(3) 不可预见的地下障碍物处理的费用。(4) 超规超限设备运输增加的费用。

9. 【答案】C

【解析】本题考查预备费中基本预备费的计算。基本预备费＝（工程费用＋工程建设其他费用）×基本预备费费率。其中工程费用＝建筑安装工程费＋工器具购置费，而建设单位管理费包含在工程建设其他费中，因此，基本预备费＝（11.2＋33.6＋8.4）×5%＝2.66（亿元）。故此题选 C。（提示：2023 版教材已将"建设单位管理费"改为"项目建设管理费"。）

10.【答案】 B

【解析】本题考查建设期利息的计算。在建设期，各年利息计算如下：第一年：2000×1/2×10％＝100(万元)；第二年：(2000＋100＋3000×1/2)×10％＝360(万元)。建设期利息＝100＋360＝460(万元)。

11.【答案】 C

【解析】本题考查工程量清单计价的基本原理。分部分项工程费＝Σ(分部分项工程量×相应分部分项工程综合单价)；措施项目费＝Σ各措施项目费；其他项目费＝暂列金额＋暂估价＋计日工＋总承包服务费；单位工程造价＝分部分项工程费＋措施项目费＋其他项目费＋规费＋税金；单项工程造价＝Σ单位工程造价。

12.【答案】 A

【解析】本题考查工程定额体系。按定额的编制程序和用途分类，可以把工程定额分为施工定额、预算定额、概算定额、概算指标、投资估算指标等（表1）。

各种定额间关系的比较   表1

	施工定额	预算定额	概算定额	概算指标	投资估算指标
对象	施工过程或基本工序	分项工程或结构构件	扩大的分项工程或扩大的结构构件	单位工程	建设项目、单项工程、单位工程
用途	编制施工预算	编制施工图预算	编制扩大初步设计概算	编制初步设计概算	编制投资估算
项目划分	最细	细	较粗	粗	很粗
定额水平	平均先进	平均			
定额性质	生产性定额	计价性定额			

13.【答案】 A

【解析】本题考查概算定额。概算定额是完成单位合格扩大分项工程或扩大结构构件所需消耗的人工、材料和施工机具台班的数量及其费用标准，是一种计价性定额，A选项正确；概算定额是预算定额的综合与扩大，B选项错误；概算定额反映的内容、表达形式与预算定额类似，但是概算定额的项目划分粗细，与扩大初步设计的深度相适应，一般是在预算定额的基础上综合扩大而成的，C选项错误；概算定额的定额水平体现平均水平，D选项错误。

14.【答案】 D

【解析】本题考查工程量清单项目编码。清单项目编码以五级十二位编码设置。一级：表示专业工程代码（分2位）；二级：表示附录分类顺序码（分2位）；三级：表示分部工程顺序码（分2位）；四级：表示分项工程项目名称顺序码（分3位）；五级：表示清单项目名称顺序编码（分3位）；补充项目编码：由工程量计算规范的代码与B和三位阿拉伯数字组成，并应从001起顺序编制。另外，同一标段内多个单位工程中项目特征完全相同的分项工程，不得重码。

15.【答案】 C

【解析】本题考查措施项目清单。措施项目费用的发生与使用时间、施工方法或者两个以上的工序相关,如安全文明施工,夜间施工,非夜间施工照明,二次搬运,冬雨期施工,地上、地下设施和建筑物的临时保护设施,已完工程及设备保护等。但是有些措施项目则是可以计算工程量的项目,如脚手架工程,混凝土模板及支架(撑),垂直运输,超高施工增加,大型机械设备进出场及安拆,施工排水、降水等,这类措施项目按照分部分项工程项目清单的方式采用综合单价计价,更有利于措施费的确定和调整。故此题选C。

16.【答案】C

【解析】本题考查其他项目清单。总承包服务费是指总承包人为配合协调发包人进行的专业工程发包,对发包人自行采购的材料、工程设备等进行保管以及施工现场管理、竣工资料汇总整理等服务所需的费用。招标人应预计该项费用并按投标人的投标报价向投标人支付该项费用。

17.【答案】B

【解析】本题考查工人工作时间消耗分类(图2)。必需消耗的工作时间包括有效工作时间、休息时间和不可避免中断时间的消耗。选项A、C、D均属于损失时间,故此题选B。

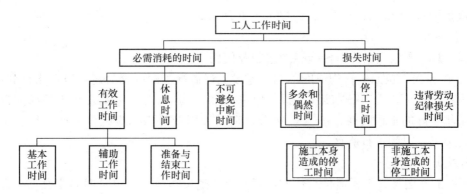

图2 工人工作时间消耗分类

18.【答案】A

【解析】本题考查确定材料定额消耗量的基本方法。

每100m²石材净用量=100/(0.6+0.002)²=275.94(块);每100m²石材总消耗量=275.94×(1+2%)=281.46(块)。故此题选A。

19.【答案】C

【解析】本题考查确定施工机具台班定额消耗量的基本方法。

一次循环的正常延续时间=10+15+8+12=45(分钟)=45/60=3/4(小时)

纯工作1小时循环次数=$1 \div \frac{3}{4} = \frac{4}{3}$(次)

纯工作1小时正常生产率=$\frac{4}{3} \times 15 = 20$(m³)

该机械台班产量定额=20×8×0.75=120(m³/台班)

该运输机械的台班产量定额为120/10=12(10m³/台班)。故此题选C。

20.【答案】C

【解析】本题涉及知识点为材料单价的组成和确定方法,主要考查该知识点中的材料运杂费。

若运输费用为含税价格，则需要按"两票制"和"一票制"两种支付方式分别调整。

(1)"两票制"支付方式。所谓"两票制"材料，是指材料供应商就收取的货物销售价款和运杂费向建筑业企业分别提供货物销售和交通运输两张发票的材料。在这种方式下，运杂费以接受交通运输与服务适用税率9%扣除增值税进项税额。

(2)"一票制"支付方式。所谓"一票制"材料，是指材料供应商就收取的货物销售价款和运杂费合计金额向建筑业企业仅提供一张货物销售发票的材料。在这种方式下，运杂费采用与材料原价相同的方式扣除增值税进项税额。

21.【答案】A

【解析】本题考查施工机械台班单价的组成与确定方法。

折旧费是指施工机械在规定的耐用总台班内，陆续收回其原值的费用。计算公式：

台班折旧费＝机械预算价格×(1－残值率)/耐用总台班；

检修周期＝检修次数＋1＝3＋1＝4；耐用总台班＝检修间隔台班×检修周期＝400×4＝1600（台班）；

台班折旧费＝50000×(1－5%)/1600＝29.69(元)。

22.【答案】D

【解析】本题考查工程造价指标的编制及使用。

选项 A 错误，按照工程构成的不同，建设工程造价指标可分为建设投资指标和单项、单位工程造价指标。选项 B 错误，用于测算指标的数据无论是整体数据还是局部数据必须都是采集实际的工程数据。选项 C 错误，建设工程造价指标应区分地区特征、工程类型、造价类型、时间进行测算。

23.【答案】A

【解析】本题考查工程造价指数的计算。工程造价指数是一定时期的建设工程造价相对于某一固定时期工程造价的比值，以某一设定值为参照得出的同比例数值，即 7800/6000＝1.30。

24.【答案】D

【解析】本题考查项目决策与工程造价的关系。A 选项错误，投资决策是一个由浅入深、不断深化的过程，不同阶段决策的深度不同，投资估算的精度也不同。B 选项错误，项目决策的内容是决定工程造价的基础。C 选项错误，项目决策的正确性是工程造价合理性的前提。项目决策正确，意味着对项目建设做出科学的决断，优选出最佳投资行动方案，达到资源的合理配置。故此题选 D。

25.【答案】B

【解析】本题考查项目决策阶段影响工程造价的主要因素。制约项目规模合理化的主要因素包括市场因素、技术因素以及环境因素等方面。其中市场因素是确定建设规模需考虑的首要因素。

26.【答案】D

【解析】本题考查投资估算的编制（图3）。

27.【答案】C

【解析】本题考查建筑设计对工业建设项目工程造价的影响。建筑结构的选择既要满

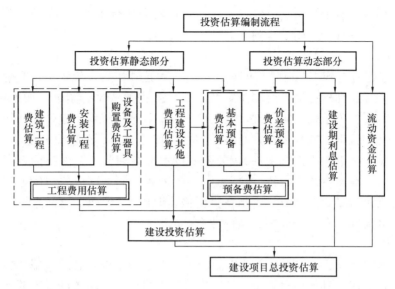

图 3 投资估算编制流程

足力学要求，又要考虑其经济性。对于五层以下的建筑物一般选用砌体结构；对于大中型工业厂房一般选用钢筋混凝土结构；对于多层房屋或大跨度建筑，选用钢结构明显优于钢筋混凝土结构；对于高层或者超高层建筑，框架结构和剪力墙结构比较经济。

28.【答案】 C

【解析】本题考查单位工程概算编制的内容。单位工程概算的费用构成：直接费、企业管理费、利润、规费、税金、设备及工器具购置费。

29.【答案】 A

【解析】本题考查概算定额法编制步骤。概算定额法编制设计概算的步骤如下：
(1) 收集基础资料、熟悉设计图纸和了解有关施工条件和施工方法。
(2) 按照概算定额子目，列出单位工程中分部分项工程项目名称并计算工程量。
(3) 确定各分部分项工程费。
(4) 计算措施项目费。
(5) 计算汇总单位工程概算造价。
(6) 编写概算编制说明。

30.【答案】 B

【解析】本题考查概算指标法。结构变化修正概算指标 $=J+Q_1P_1-Q_2P_2=900+640\times\dfrac{15}{100}-580\times\dfrac{15}{100}=909$（元/m²）。

31.【答案】 A

【解析】本题考查施工图预算的编制内容。施工图预算根据建设项目实际情况可采用三级预算编制或二级预算编制形式。当建设项目有多个单项工程时，应采用三级预算编制形式，三级预算编制形式由建设项目总预算、单项工程综合预算、单位工程预算组成。

32.【答案】 A

【解析】本题考查施工图预算编制时工程建设其他费的计费原则。以建设项目施工图预算编制时为界线，若上述费用已经发生，按合理发生金额计列，如果还未发生，按照原概算内容和本阶段的计费原则计算列入。

33. 【答案】D

【解析】本题考查施工招标文件的编制内容。A 选项错误，施工招标文件包括：招标公告、投标人须知、评标办法、合同条款及格式、工程量清单、图纸、技术标准及要求、投标文件格式和投标人须知前附表规定的其他材料。B 选项错误，建设项目招标文件由招标人（或其委托的咨询机构）编制，对整个招标工作乃至发、承包双方都具有约束力。C 选项错误，根据《标准施工招标文件》，关于"技术标准和要求"由招标人根据行业标准施工招标文件（如有）、招标项目具体特点和实际需要编制。D 选项正确，招标人若对已发出的招标文件进行必要的修改，应当在投标截止时间 15 天前，招标人可以书面形式修改招标文件，并通知所有已获取招标文件的投标人。

34. 【答案】B

【解析】本题考查招标工程量清单编制内容。A 选项错误，总承包服务费和暂列金额是并列关系，均隶属于其他项目清单。C 选项错误，措施项目清单的设置要考虑拟建工程的施工组织设计，施工技术方案，相关的施工规范与施工验收规范，招标文件中提出的某些必须通过一定的技术措施才能实现的要求，设计文件中一些不足以写进技术方案的但是要通过一定的技术措施才能实现的内容。D 选项错误，当在拟建工程的施工图纸中有体现，但在专业工程量计算规范附录中没有相对应的项目，并且在附录项目的"项目特征"或"工程内容"中也没有提示时，则必须编制针对这些分项工程的补充项目，在清单中单独列项并在清单的编制说明中注明。

35. 【答案】C

【解析】本题考查招标工程量清单的编制。A 选项错误，建设项目招标文件由招标人（或其委托的咨询机构）编制，由招标人发布。B 选项错误，在工程量清单总说明中，须包含对工程质量、材料、施工等的特殊要求。其中材料的要求是指招标人根据工程的重要性、使用功能及装饰装修标准提出，诸如对水泥的品牌，钢材的生产厂家，花岗石的出产地、品牌等的要求。C 选项正确，以"项"为计量单位给出的专业工程暂估价一般应是综合暂估价，即应当包括除规费、税金以外的管理费、利润等。D 选项错误，规费税金项目清单应按照规定的内容列项，当出现规范中没有的项目时，应根据省级政府或有关部门的规定列项。

36. 【答案】D

【解析】本题考查最高投标限价的编制。A 选项错误，国有资金投资的建筑工程招标，应当设有最高投标限价。B 选项错误，最高投标限价是需要向所有投标人公布的，同时投标人经复核认为招标人公布的最高投标限价未按照规定进行编制的，应在最高投标限价公布后 5 天内向招标投标监督机构和工程造价管理机构投诉。C 选项错误，最高投标限价应当在招标文件中明确，而标底必须保密，二者本质不同。

37. 【答案】B

【解析】本题考查投标报价前期工作。A 选项错误，投标人取得招标文件后，为保证工程量清单报价的合理性，应对投标人须知、合同条件、技术规范、图纸和工程量清单等重点内容进行分析，深刻而正确地理解招标文件的要求和招标人的意图。C、D 选项错误，投标人还要调查工程现场，包括对自然条件调查、施工条件调查以及其他条件调查。故此题选 B。

38. 【答案】A

【解析】本题考查投标报价前期工作。投标人在调查工程现场时，施工条件调查中包含了施工现场市政设施条件调查。

39. 【答案】C

【解析】本题考查否决投标的情况。评标委员会应当审查每一投标文件是否对招标文件提出的所有实质性要求和条件做出响应。未能在实质上响应的投标，评标委员会应当否决其投标。具体情形包括：

1) 投标文件未经投标单位盖章和单位负责人签字；
2) 投标联合体没有提交共同投标协议；
3) 投标人不符合国家或者招标文件规定的资格条件；
4) 同一投标人提交两个以上不同的投标文件或者投标报价，但招标文件允许提交备选投标的除外；
5) 投标报价低于成本或者高于招标文件设定的最高投标限价，对报价是否低于工程成本的异议，评标委员会可以参照国务院有关主管部门和省、自治区、直辖市有关主管部门发布的有关规定进行评审；
6) 投标文件没有对招标文件的实质性要求和条件做出响应；
7) 投标人有串通投标、弄虚作假、行贿等违法行为。

40. 【答案】D

【解析】本题考查详细评审标准和方法。评标基准价的计算方法应在投标人须知前附表中予以明确。招标人可依据招标项目的特点、行业管理规定给出评标基准价的计算方法，确定时也可适当考虑投标人的投标报价。

41. 【答案】A

【解析】本题考查工程总承包的分类和特点。EPC 总承包即工程总承包人按照合同约定，承担工程项目的设计、采购、施工、试运行服务等工作，并对承包工程的质量、安全、工期、造价全面负责。

42. 【答案】B

【解析】根据《标准设计施工总承包招标文件》（2012 年版）第 15.6.2 条规定，发包人在价格清单中给定暂估价的专业服务、材料和工程设备不属于依法必须招标的范围或未达到规定的规模标准的，应由承包人按第 6.1 款的约定提供。经监理人确认的专业服务、材料、工程设备的价格与价格清单中所列的暂估价的金额差以及相应的税金等其他费用列入合同价格。

43. 【答案】B

【解析】本题考查工程总承包投标文件的编制。根据《标准设计施工总承包招标文件》，工程总承包投标文件的编制由以下内容组成：（1）投标函及投标函附录；（2）法定代表人身份证明或附有法定代表人身份证明的授权委托书；（3）联合体协议书（如接受联合体投标）；（4）投标保证金；（5）价格清单；（6）承包人建议书；（7）承包人实施计划；（8）资格审查资料；（9）投标人须知前附表规定的其他资料。

44.【答案】B

【解析】本题考查工程总承包的签约合同价。《标准设计施工总承包招标文件》合同协议书中称合同价格为"签约合同价",即指中标通知书明确的并在签订合同时于合同协议书中写明的,包括了暂列金额、暂估价的合同总金额。而"合同价格"是指承包人按合同约定完成了包括缺陷责任期内的全部承包工作后,发包人应付给承包人的金额,包括在履行合同过程中按合同约定进行的变更和调整。简而言之,就是指实际的应支付给承包人的最终工程款。因此,A、C选项均错误,B选项正确。根据《招标投标法》第四十六条的有关规定,发包人应根据中标通知书确定的价格签订合同。故D选项错误。

45.【答案】D

【解析】本题考查承揽国际工程时投标报价的计算。其他费用包括分包费、暂定金额和开办费等。故此题选D。

46.【答案】A

【解析】本题考查法规变化类合同价款调整事项。对于实行招标的建设工程,一般以施工招标文件中规定的提交投标文件的截止时间前的第28天作为基准日;对于不实行招标的建设工程,一般以建设工程施工合同签订前的第28天作为基准日。

47.【答案】C

【解析】本题考查工程变更类价款调整事项。安全文明施工费按照实际发生变化的措施项目调整,不得浮动。故A选项错误。按总价(或系数)计算的措施项目费,除安全文明施工费外,按照实际发生变化的措施项目调整且应考虑承包人报价浮动因素,即调整金额按照实际调整金额乘以承包人报价浮动率计算。故B选项错误。采用单价计算的措施项目费,根据实际发生变化的措施项目按分部分项工程费的调整方法确定单价。故C选项正确。由于招标工程量清单中措施项目缺项、漏项,承包人应将新增措施项目实施方案提交发包人批准后,按照工程变更事件中的有关规定调整合同价款。故D选项错误。

48.【答案】D

【解析】本题考查采用价格指数调整价差的计算。根据题目中给出的由于发包人原因导致工期延误,则对于计划进度日期(或竣工日期)后续施工的工程,在使用价格调整公式时,应采用计划进度日期(或竣工日期)与实际进度日期(或竣工日期)的两个价格指数中较高者作为现行价格指数。因此,本题中应选择7月份的价格指数。8月份完成的清单项目子目总价款=3000+100=3100(万元);价格调整金额=3100×[(0.35+0.15×105/100+0.1×89/85+0.3×118.6/113.4+0.1×113/110)-1]=88.94(万元)。

49.【答案】B

【解析】本题考查采用造价信息调整价差的计算。如果承包人投标报价中材料单价低于基准单价,工程施工期间材料单价涨幅以基准单价为基础超过合同约定的风险幅度值时,或材料单价跌幅以投标报价为基础超过合同约定的风险幅度值时,其超过部分按实调整。因此,碎石实际结算价格=100+[130-100×(1+10%)]=100+20=120(元/m^3)。

50.【答案】B

【解析】本题考查索赔的概念及分类。因发包人原因造成承包人人员工伤事故只可索赔费用,故A选项错误。施工中遇到不利物质条件可以索赔工期加费用,因此B选项符合题意。承包人提前竣工只可索赔费用,故C选项错误。基准日后法律的变化只可索赔费用，故 D 选项错误。

51. 【答案】D

【解析】本题考查其他类合同价款调整事项。承包人应发包人要求完成合同以外的零星项目、非承包人责任事件等工作的，发包人应及时以书面形式向承包人发出指令，提供所需的相关资料；承包人在收到指令后，应及时向发包人提出现场签证要求。

52. 【答案】C

【解析】本题考查工程计量的原则。工程计量的原则包括下列三个方面：

(1) 不符合合同文件要求的工程不予计量。即工程必须满足设计图纸、技术规范等合同文件对其在工程质量上的要求，同时有关的工程质量验收资料齐全、手续完备，满足合同文件对其在工程管理上的要求。(2) 按合同文件所规定的方法、范围、内容和单位计量。(3) 因承包人原因造成的超出合同工程范围施工或返工的工程量，发包人不予计量。

53. 【答案】D

【解析】本题考查预付款扣回的计算。$T = P - M/N = 20000 - 2400/40\% = 14000$（万元）。

54. 【答案】A

【解析】本题考查竣工结算文件的审核。国有资金投资建设工程的发包人，应当委托工程造价咨询机构对竣工结算文件进行审核，并在收到竣工结算文件后的约定期限内向承包人提出由工程造价咨询机构出具的竣工结算文件审核意见；逾期未答复的，按照合同约定处理，合同没有约定的，竣工结算文件视为已被认可。

55. 【答案】D

【解析】本题考查合同解除的价款结算与支付。因承包人违约解除合同的，发包人应暂停向承包人支付任何价款。发包人应在合同解除后规定时间内核实合同解除时承包人已完成的全部合同价款以及按施工进度计划已运至现场的材料和工程设备货款，按合同约定核算承包人应支付的违约金以及造成损失的索赔金额，并将结果通知承包人。

56. 【答案】A

【解析】本题考查最终结清。承包人按合同约定接受了竣工结算支付证书后，应被认为已无权再提出在合同工程接收证书颁发前所发生的任何索赔。承包人在提交的最终结清申请中，只限于提出工程接收证书颁发后发生的索赔。

57. 【答案】D

【解析】本题考查工程造价鉴定。鉴定期限从鉴定人接收委托人按照规定移交证据材料之日起的次日起算。在鉴定过程中，经委托人认可，等待当事人提交、补充或者重新提交证据、勘验现场等所需的时间，不计入鉴定期限。

58. 【答案】B

【解析】本题考查国际工程合同价款调整。合同中任何工作的工程量的变化引起价款调整需同时满足四个条件，具体条件请参照教材国际工程变更中的价款调整章节。故 A 选项错误。工程变更包括发包人指示变更和承包人合理化建议两种，无论何种变更均须由工程师发出变更指令，故 B 选项正确。在明确构成工程变更的情况下，承包商享有工期顺延和调价的权利，无须再按程序发出索赔通知，故 C 选项错误。如果承包人认为其建议被业主采纳后能够缩短工程工期，降低业主实施、维护或运营工程的费用，能为业主提高竣工工程的效率、价值或者为业主带来其他利益，那么他可以随时向工程师提交一份书面建议。承包人应自费编制此类建议书。故 D 选项错误。

59.【答案】D

【解析】本题考查竣工财务决算。建设项目的建设成本包括建筑安装工程投资支出、设备工器具投资支出、待摊投资支出和其他投资支出。为项目配套的专用送变电站投资属于非经营性项目转出投资支出，故 A 选项错误。非经营性项目转出投资支出不属于建设成本组成部分，故 B 选项错误。非经营性的农村饮水工程属于待核销基建支出，故 C 选项错误。项目建设管理费属于待摊投资支出，故 D 选项符合题意。

60.【答案】A

【解析】本题考查待摊投资的分摊方法。土地征用费、地质勘察和建筑工程设计费等费用按建筑工程造价比例分摊。分摊的土地征用费＝6000/(6000＋2000)×2000＝1500(万元)。

二、多项选择题（共 20 题，每题 2 分。每题的备选项中，有 2 个或 2 个以上符合题意，至少有 1 个错项。错选，本题不得分；少选，所选的每个选项得 0.5 分）。

61.【答案】AD

【解析】本题考查设备购置费的构成。设备原价指国内采购设备的出厂（场）价格，或国外采购设备的抵岸价格，设备原价通常包含首套备品备件费在内，故 A 选项正确。施工现场自制设备的制造费，并未说明该设备是否达到固定资产标准，因此 B 选项错误。达到固定资产标准的生产家具购置费属于设备购置费，而办公家具购置费对于施工方应该包含在管理费中。对于建设方应该包含在工程建设其他费中，故 C 选项错误。进口设备的原价是指进口设备的抵岸价，即设备抵达买方边境、港口或车站，交纳完各种手续费、税费后形成的价格，因此 D 选项正确。设备运杂费指除设备原价之外的关于设备采购、运输、途中包装及仓库保管等方面支出费用的总和，故 E 选项错误。

62.【答案】BD

【解析】本题考查企业管理费。企业管理费包括：（1）管理人员工资；（2）办公费；（3）差旅交通费；（4）固定资产使用费；（5）工具用具使用费；（6）劳动保险和职工福利费；（7）劳动保护费；（8）检验试验费；（9）工会经费；（10）职工教育经费；（11）财产保险费；（12）财务费；（13）税金；（14）其他。施工机械保险费属于施工机械台班单价中的其他费用，故 A 选项错误。工伤保险费属于规费中的社会保险费，故 C 选项错误。工程保险费属于工程建设其他费，故 E 选项错误。

63.【答案】BCD

【解析】本题考查用地与工程准备费。建设场地大型土石方工程费应并入工程费中的总图运输费，故 A 选项错误。用地与工程准备费是指取得土地与工程建设施工准备所发生的费用，包括土地使用费和补偿费、场地准备费、临时设施费等。故 B、C、D 选项正确。施工单位平整场地费属于建设工程费，故 E 选项错误。

64.【答案】ABC

【解析】本题考查工程量清单计价的范围及作用。工程量清单可分为招标工程量清单和已标价工程量清单，故 A 选项正确。招标工程量清单应以单位（项）工程为单位编制，由分部分项工程项目清单、措施项目清单、其他项目清单、规费项目与税金项目清单组成，故 B 选项正确。采用工程量清单方式招标，招标工程量清单必须作为招标文件的组成部分，其准确性和完整性由招标人负责，故 C 选项正确。作为投标文件组成部分的已标明价格并经承包人确认的称为已标价工程量清单，故 D 选项错误。工程量清单从招标投标开始一直贯穿整个工程的实施，因此，E 选项错误。

65.【答案】AC

【解析】本题考查其他项目清单的编制。材料（工程设备）暂估单价进入清单项目综合单价，其他项目清单与计价汇总表中不汇总，故 A 选项正确。暂列金额明细表由招标人填写，如不能详列，也可以只列暂定金额总额，投标人应将上述暂列金额计入投标总价中，故 B 选项错误。专业工程暂估价一般应是综合暂估价，包括人工费、材料费、施工机具使用费、企业管理费和利润，不包括规费和税金，故 C 选项正确。计日工表项目名称、暂定数量由招标人填写，编制最高投标限价时，单价由招标人按有关计价规范确定，故 D 选项错误。总承包服务费的项目名称、服务内容由招标人填写，编制最高投标限价时，费率及金额由招标人按有关计价规定确定；投标时，费率及金额由投标人自主报价，计入投标总价中，故 E 选项错误。

66.【答案】CE

【解析】本题考查确定人工定额消耗量的基本方法。规范时间＝准备与结束工作时间＋不可避免中断时间＋休息时间；工序作业时间＝基本工作时间＋辅助工作时间＝基本工作时间/[1－辅助作业时间(%)]；定额时间＝工序作业时间/[1－规范时间(%)]。

67.【答案】AB

【解析】本题考查材料单价的组成和确定方法。材料单价包括材料原价、材料运杂费、运输损耗费、采购及保管费。材料单价中的运输损耗在材料运输中应考虑一定的场外运输损耗费。采购及保管费是指为组织采购、供应和保管材料过程中所需要的各项费用，包括采购费、仓储费、工地保管费和仓储损耗。故 A、B 选项正确。而 C、D、E 选项都是施工现场内的场内加工和施工损耗，包含在材料消耗量中。

68.【答案】ACD

【解析】本题考查投资估算指标及其编制。选项 A 正确，投资估算指标以独立的建设项目、单项工程或单位工程为对象。选项 B 错误，投资估算指标往往根据历史的预、决算资料和价格变动等资料编制，但其编制基础仍然离不开预算定额、概算定额。选项 C 正确，投资估算指标一般可分为建设项目综合指标、单项工程指标和单位工程指标三个层次。选项 D 正确，单项工程指标一般以单项工程生产能力单位投资，如"元/t"或其他单位。选项 E 错误，建设项目综合指标是指按规定应列入建设项目总投资的从立项筹建开始至竣工验收交付使用的全部投资额。

69.【答案】ABCE

【解析】本题考查工程造价指标及其分类。按照用途的不同，建设工程造价指标可以分为工程经济指标、工程量指标、单价指标及消耗量指标。按照工程构成不同，建设工程造价指标可分为建设投资指标和单项、单位工程造价指标。故选项 D 错误。

70.【答案】CD

【解析】本题考查建筑设计阶段影响工程造价的主要因素。选项 A 错误，在满足建筑物使用要求的前提下，应将流通空间减少到最小，这是建筑物经济平面布置的主要目标之一。选项 B 错误,在建筑面积不变的情况下,建筑层高的增加会引起各项费用的增加。选项 C 正确,对于单跨厂房,当柱间距不变时,跨度越大单位面积造价越低。因为除屋架外,其他结构架分摊在单位面积上的平均造价随跨度的增大而减小。选项 D 正确,对于多跨厂房,当跨度不变时,中跨数目越多越经济,这是因为柱子和基础分摊在单位面积上的造价减少。选项 E 错误,如果增加一个楼层不影响建筑物的结构形式,单位建筑面积的造价可能会降低。但是当建筑物超过一定层数时,结构形式就要改变,单位造价通常会增加。

71.【答案】ADE

【解析】本题考查施工图预算的编制。选项 B 错误,施工图预算的编制,坚持结合拟建工程的实际,反映工程所在地当时价格水平的原则。选项 C 错误,当建设项目只有一个单项工程时,应采用二级预算编制形式,二级预算编制形式由建设项目总预算和单位工程预算组成。

72.【答案】ABCD

【解析】本题考查其他项目清单的编制。其他项目清单编制内容包括暂列金额、暂估价、计日工和总承包服务费。

73.【答案】ACD

【解析】本题考查分部分项工程和单价措施项目清单与计价表的编制。确定综合单价时的注意事项:(1)项目特征是确定综合单价的重要依据之一,投标人投标报价时应依据招标文件中清单项目的特征描述确定综合单价。(2)材料、工程设备暂估价的处理。招标文件的其他项目清单中提供了暂估单价的材料和工程设备,其中的材料应按其暂估的单价计入清单项目的综合单价中。(3)考虑合理的风险。承包人应考虑的风险主要由市场价格波动导致的价格风险,以及承包人根据自身技术水平、管理、经营状况能够自主控制的风险,如承包人的管理费、利润的风险,承包人应结合市场情况,根据企业自身的实际合理确定、利用企业定额自主报价,该部分风险由承包人全部承担。选项 B 错误,清单项目的编码顺序由招标人拟定。选项 E 错误,承包人不承担税金、规费的变化风险,应按照有关调整规定执行。

74.【答案】ABD

【解析】本题考查合同价款的约定。招标人和中标人应当在投标有效期内并在自中标通知书发出之日起 30 日内,按照招标文件和中标人的投标文件订立书面合同。因此 AB 选项正确。根据《招标投标法》及其实施条例的规定,合同的标的、价款、质量、履行期限等主要条款应当与招标文件和中标人的投标文件的内容一致。招标人和中标人不得再行订立背离合同实质性内容的其他协议,故 C 选项错误。中标人无正当理由拒签合同的,招标人取消其中标资格,其投标保证金不予退还;给招标人造成的损失超过投标保证金数额的,中标人还应当对超过部分予以赔偿,故 D 选项正确。招标人最迟应当在与中标人签订合同后 5 日内,向中标人和未中标的投标人退还投标保证金及银行同期存款利息,故 E 选项错误。

75.【答案】BE

【解析】本题考查合同价款的调整。如果由于承包人原因导致的工期延误,按照不利于承包人的原则进行价款调整。在工程延误期间,国家的法律、行政法规和相关政策发生变化引起工程造价变化的，造成合同价款增加的，合同价款不予调整；造成合同价款减少的，合同价款予以调整。故 A 选项错误，B 选项正确。由于承包人原因导致工期延误的，则对于计划进度日期（或竣工日期）后续施工的工程，在使用价格调整公式时，应采用计划进度日期（或竣工日期）与实际进度日期（或竣工日期）的两个价格指数中较低者作为现行价格指数。故 C、D 选项错误，E 选项正确。

76. 【答案】ADE

【解析】本题考查工程变更范围。《建设工程施工合同（示范文本）》中关于工程变更范围：(1)增加或减少合同中任何工作，或追加额外的工作；(2)取消合同中任何工作，但转由他人实施的工作除外；(3)改变合同中任何工作的质量标准或其他特性；(4)改变工程的基线、标高、位置和尺寸；(5)改变工程的时间安排或实施顺序。

77. 【答案】ABE

【解析】本题考查竣工结算款的支付。发包人未按照规定的程序支付竣工结算款的，承包人可催告发包人支付，并有权获得延迟支付的利息。发包人在竣工结算支付证书签发后或者在收到承包人提交的竣工结算款支付申请规定时间内仍未支付，除法律另有规定外，承包人可与发包人协商将该工程折价，也可直接向人民法院申请将该工程依法拍卖。承包人就该工程折价或拍卖的价款优先受偿。

78. 【答案】ABD

【解析】本题考查合同价款纠纷的解决途径。仲裁协议的内容应当包括：1)请求仲裁的意思表示；2)仲裁事项；3)选定的仲裁委员会。前述三项内容必须同时具备，仲裁协议方为有效。

79. 【答案】ABE

【解析】本题考查工程总承包合同价款的结算。暂列金额是指发包人在项目清单中给定的，用于在订立协议书时尚未确定或不可预见变更的设计、施工及其所需材料、工程设备、服务等的金额，包括以计日工方式支付的金额。

80. 【答案】BCE

【解析】本题考查新增固定资产的确定方法。新增固定资产价值的内容包括：已投入生产或交付使用的建筑、安装工程造价；达到固定资产标准的设备、工器具的购置费用；增加固定资产价值的其他费用。专有技术属于新增无形资产，A 选项错误。一般情况下，建设单位管理费、土地征用费、建筑工程设计费等分摊进新增固定资产价值中。故选项B、C、E 正确。银行存款属于流动资产，故 D 选项错误。

2021年全国一级造价工程师职业资格考试
《建设工程计价》

扫码免费看
2021年真题讲解

一、单项选择题（共60题，每题1分。每题的备选项中，只有1个最符合题意）。

1. 生产性建设项目工程费用为15000万元，设备费用为5000万元，工程建设其他费为3000万元，预备费为1000万元，建设期利息为1000万元，铺底流动资金为500万元，则该项目的工程造价为（　　）万元。
   A. 19000
   B. 20000
   C. 20500
   D. 25500

2. 国内生产某台非标准设备，材料费、加工费、辅助材料费、专用工具费合计50万元，废品损失费5万元，外购配套件费15万元，包装费率5%。假设利润率为10%，则用成本计算估价法计算的该设备的利润是（　　）万元。
   A. 7.350
   B. 6.825
   C. 5.850
   D. 5.775

3. 对进口设备计算进口环节增值税时，作为计税基数组成计税价格的是（　　）。
   A. 到岸价＋消费税
   B. 到岸价＋关税
   C. 关税完税价格＋消费税
   D. 关税完税价格＋关税＋消费税

4. 根据我国现行建筑安装工程费用项目构成规定，在施工合同签订时尚未确定的服务采购费用，应计入（　　）。
   A. 暂列金额
   B. 暂估价
   C. 措施项目费
   D. 总承包服务费

5. 在国外建筑安装工程费中，现场材料试验及所需设备的费用包含在（　　）中。
   A. 直接工程费
   B. 管理费
   C. 开办费
   D. 其他摊销费

6. 关于土地出让或转让中涉及的税、费，下列说法正确的是（　　）。
   A. 转让土地使用权，要向转让者征收契税
   B. 转让土地如有增值，要向受让者征收土地增值税
   C. 土地使用者每年应缴纳土地使用费
   D. 土地使用权年限届满，需重新签订使用权出让合同，但不必再支付土地出让金

7. 下列费用，属于工程建设其他费用中研究试验费的是（　　）。
   A. 新产品试制费
   B. 设计规定在建设过程中必须进行的试验验证所需费用
   C. 施工单位技术革新的研究试验费
   D. 施工单位对建筑物进行一般鉴定的费用

8. 某建设项目投资估算中的建安工程费、设备及工器具购置费、工程建设其他费用

分别为30000万元、20000万元、10000万元。若基本预备费费率为5%，则该项目的基本预备费为( )万元。

A. 1500万元　　　　　　　　　B. 2000万元
C. 2500万元　　　　　　　　　D. 3000万元

9. 某新建项目建设期为2年，第一年贷款1200万元，第二年贷款1800万元。假设贷款在年内均衡发放，年利率为10%，建设期内贷款只计息不支付。该项目建设期第二年应计贷款利息为( )万元。

A. 210　　　　　　　　　　　B. 216
C. 300　　　　　　　　　　　D. 312

10. 《工程造价术语标准》GB/T 50875—2013属于工程造价管理标准中的( )。

A. 基础标准　　　　　　　　　B. 管理规范
C. 操作规程　　　　　　　　　D. 质量管理标准

11. 下列工程定额中，能够反应建设总投资及其各项费用构成的是( )。

A. 预算定额　　　　　　　　　B. 施工定额
C. 概算指标　　　　　　　　　D. 投资估算指标

12. 关于工程量清单计价的适用范围和编制要求，下列说法正确的是( )。

A. 工程量清单计价主要用于设计及其以后各个阶段的计价活动
B. 招标工程量清单的完整性和准确性由编制人负责
C. 招标工程量清单应以单位（项）工程为对象编制
D. 国家特许的融资项目可不采用工程量清单计价

13. 关于分部分项工程项目清单中"项目特征"的描述，下列说法正确的是( )。

A. 工程量计算规范附录中没有规定的其他独有特征，在特征描述中无须描述
B. 投标报价时如遇项目特征描述与图纸不符，应以图纸为准
C. 在进行项目特征描述的同时，也应对工程内容加以描述
D. 应结合技术规范、标准图集、施工图纸等进行描述

14. 关于分部分项工程项目清单的编制要求，下列说法正确的是( )。

A. 所有清单项目的工程量均应以完成后的净值计算
B. 以"个""项"等为计算单位时，应取整数，小数部分四舍五入
C. 有两个或两个以上计量单位时，应按不同计量单位分别计量
D. 当出现规范附录中未包含的清单项目时，编制人应作补充，并报省级或行业工程造价管理机构备案

15. 下列人工消耗量定额测定时间中，其长短与所负担的工作量大小无关，但往往与工作内容有关的是( )。

A. 基本工作时间　　　　　　　B. 辅助工作时间
C. 准备与结束工作时间　　　　D. 休息时间

16. 某一砖半厚混水墙，采用规格为240×115×53的烧结煤矸石普通砖砌筑，灰浆厚度为10mm，每10m³该种墙体砖的净用量为( )千块。

A. 5.148　　　　　　　　　　B. 5.219
C. 6.374　　　　　　　　　　D. 6.462

17. 出料容量为200L的干混砂浆罐式搅拌机,每一次工作循环中,运料、装料、搅拌、卸料,不可避免的中断时间分别为5分钟、1分钟、3分钟、1分钟、5分钟。若机械时间利用系数为0.8,则该机械台班产量定额为(   )。

A. 5.12m³/台班
B. 1.30台班/10m³
C. 7.68m³/台班
D. 1.95台班/10m³

18. 某种材料含税(适用增值税率13%)出厂价为500元/t,含税(适用增值税率9%)运杂费为30元/t,运输损耗率为1%,采购保管费率为3%。该材料的预算单价(不含税)为(   )元/t。

A. 480.93
B. 488.94
C. 551.36
D. 632.17

19. 下列施工机械中,其安拆费及场外运费应单独计算,但不计入施工机械台班单价中的是(   )。

A. 安拆简单的轻型施工机械
B. 利用辅助设施移动的施工机械
C. 固定在车间的施工机械
D. 不需辅助设施移动的施工运输机械

20. 关于概算指标的内容和特点,下列说法正确的是(   )。

A. 编制对象只涉及单项工程和建设项目
B. 编制内容不包括人工、材料、机具台班的消耗量
C. 适用范围包括投资决策阶段和施工阶段
D. 编制费用包括建安费和设备及工器具购置费

21. 关于建设工程造价综合指数的计算方法,下列说法正确的是(   )。

A. 按报告期与基期建设工程造价的比值计算
B. 按报告期与基期各类单项工程造价指数之和的比值计算
C. 用同期各类单项工程造价指数加总计算
D. 用同期各类单项工程造价指数加权汇总计算

22. 在应用数据统计法测算工程造价指标时,采用各样本工程的消耗量占比作为权重进行加权平均计算的造价指标是(   )。

A. 工程经济指标
B. 工程量指标
C. 消耗量指标
D. 工程单价指标

23. 关于不同行业、不同类型的建设项目建设规模的确定基础,下列说法正确的是(   )。

A. 石油天然气项目,应依据资源储备量确定建设规模
B. 水利水电项目,应依据水资源量和可开发利用量确定建设规模
C. 铁路公路项目,应进行运量需求预测和考虑本线路在综合运输系统中的作用等
D. 技术改造项目,应依据产量缺口确定新增生产规模和对应的配套、辅助设施规模

24. 某地2021年拟建一座年产30万t化工产品项目。调查得到该地区2018年已建20万t相同产品项目的建筑工程费为6000万元,安装工程费为3000万元,设备购置费为10000万元。已知2021年拟建项目设备购置费为12000万元,土地使用等其他费用为5000万元,且该地2018~2021年建筑安装工程造价平均每年递增3%,则按生产能力指数法估算的该项目静态投资为(   )万元。(生产能力指数为1)

A. 27800 B. 28801.5
C. 31752 D. 36143

25. 关于流动资金估算，下列说法正确的是( )。
A. 流动资金的估算与产品存货无关
B. 扩大指标估算法仅用于可行性研究阶段的流动资金估算
C. 达产前应按不同生产负荷下的需要分别估算所需流动资金
D. 投产前筹措的流动资金贷款利息可计入建设总投资

26. 按照形成资产法编制建设投资估算表，生产准备费应列入( )。
A. 固定资产费用 B. 固定资产其他费用
C. 无形资产费用 D. 其他资产费用

27. 下列工程概算，属于单位设备及安装工程概算的是( )。
A. 照明线路敷设工程概算 B. 风机盘管安装工程概算
C. 电气设备及安装工程概算 D. 特殊构筑物工程概算

28. 关于应用概算定额法编制单位建筑工程概算，下列说法正确的是( )。
A. 确定各分部分项工程费和措施项目费后，才能生成综合单价分析表
B. 采用全费用综合单价时，单位工程概算造价只包括分部分项工程费、措施项目费和其他项目费
C. 综合单价分析表中应包括管理费的计算
D. 人材机和单价分析数据应采用定额数据

29. 某拟建工程概算编制中，已知类似工程土建工程造价指标为1600元/m^2，其中人材机费分别占土建工程造价的15%、60%、10%，拟建工程与类似工程由于时间地点差异产生的人材机费差异系数分别为1.1、1.25、0.95。假定以人材机费用之和为基数取费的综合取费率为25%，则该拟建工程的造价指标为( )元/m^2。
A. 1856 B. 1972
C. 2020 D. 2320

30. 当初步设计深度不够，设备清单不完善，只有主体设备或仅有成套设备重量时，编制设备安装工程概算应选用的方法是( )。
A. 预算单价法 B. 扩大单价法
C. 设备价值百分比法 D. 综合吨位指标法

31. 关于施工图预算文件的编制形式，下列说法正确的是( )。
A. 二级预算编制形式下的单项工程综合预算是指建筑工程和安装工程预算
B. 当建设项目有多个单项工程时，应采用二级预算编制形式
C. 二级预算编制形式由单项工程综合预算和单位工程预算组成
D. 采用三级预算编制形式的工程预算文件应包括综合预算表

32. 下列施工图预算编制工作中，属于实物量法但不属于工料单价法的工作步骤是( )。
A. 列项并计算工程量 B. 套用定额，计算人材机消耗量
C. 调用当时当地人材机单价，汇总直接费 D. 计算其他各项费用

33. 关于招标文件的澄清和修改，下列说法正确的是( )。

A. 招标文件的澄清仅应发给提出疑问的投标人
B. 招标文件的澄清中应指明澄清问题的来源
C. 招标文件的澄清影响到投标截止时间不足的，应相应推后
D. 发出的招标文件只可澄清不可修改

34. 关于最高投标限价的公布，下列说法正确的是（　　）。
A. 应在发布招标文件时一并发布
B. 应在开标时公布
C. 应在评标时公布
D. 不应公布

35. 编制招标工程量清单时，下列措施项目应列入"总价措施项目清单与计价表"的是（　　）。
A. 脚手架
B. 混凝土模板及支架
C. 施工场地硬化
D. 施工排水降水

36. 关于最高投标限价的编制，下列说法正确的是（　　）。
A. 不得依据各级建设行政管理部门发布的定额编制
B. 暂估单价的材料费应计入其他项目工程费
C. 采用费率计算措施项目费应包含规费和税金
D. 综合单价中应考虑一定的材料价格波动风险

37. 投标人编制投标报价前需仔细研究招标文件，下列做法可能直接影响报价完整性的是（　　）。
A. 忽视对监理方式的了解
B. 忽视对工程变更合同条款的分析
C. 忽视合同条款中有无工期奖罚的规定
D. 忽视技术标准的要求

38. 下列清单项目中，投标人不得自主报价的是（　　）。
A. 总价措施项目
B. 总承包服务费
C. 专业工程暂估价
D. 计日工

39. 某分项工程招标工程量清单数量为1000m^3，该分项工程的主要材料是X材料，X材料在招标人提供的其他项目清单中的暂估价为100元/m^2。已知投标人的企业定额中，每100m^3分项工程的X材料消耗量为102m^2。投标人调查的X材料市场价为110元/m^2，则投标人用企业定额编制的该分项工程的工程量清单综合单价分析表中，计列的X材料暂估合价为（　　）。
A. 100元
B. 102元
C. 10.2万元
D. 11.22万元

40. 某市政工程招标采用经评审的最低投标价法评标，招标文件规定对同时投多个标段的评标修正率为4%，现有投标人甲、乙同时投Ⅰ、Ⅱ标段，甲的报价分别为8000万元、7000万元，乙的报价分别为8500万元、6800万元。已知投标人甲已经中标Ⅰ标段，在不考虑其他量化因素的情况下，投标人甲、乙Ⅱ标段的评标价分别为（　　）。
A. 6720万元；6528万元
B. 6720万元；6800万元
C. 7280万元；6800万元
D. 7280万元；7072万元

41. 招标发包的建设工程，其签约合同价为（　　）。
A. 中标价
B. 最高投标限价
C. 中标后商务谈判价
D. 经评审的合理价

42. 与其他工程总承包方式相比，交钥匙总承包的优越性体现在（　　）。
   A. 承包人承担的风险比较小　　　　　B. 业主可以深度介入项目管理中
   C. 能满足业主的某些特殊要求　　　　D. 更能提高工程设计质量

43. 工程总承包人在投标报价中考虑的"标高金"由（　　）组成。
   A. 管理费和风险费　　　　　　　　　B. 利润和风险费
   C. 利润和管理费　　　　　　　　　　D. 利润、管理费和风险费

44. 关于国际竞争性招标项目的开标，下列做法正确的是（　　）。
   A. 不允许投标人或其代表出席开标会议　　B. 不应拒绝开启未附投标保证金的标书
   C. 应全部读出标书的全部内容　　　　　　D. 开标时不允许记录和录音

45. 下列因工程变更引起的价款调整，需考虑承包人报价浮动率的是（　　）。
   A. 已标价工程量清单中有适用于变更工程项目的桩基增量工程
   B. 已标价工程量清单中有适用于变更工程项目的脚手架增量工程
   C. 已标价工程量清单中没有类似于变更工程项目的桩基增量工程
   D. 已标价工程量清单中有类似于变更工程项目的脚手架增量工程

46. 某实行招标的工程，施工图预算为8000万元，最高投标限价为7800万元。若承包人签约合同价为7500万元，则该承包人的报价浮动率为（　　）。
   A. 3.85%　　　　　　　　　　　　　B. 4.00%
   C. 6.25%　　　　　　　　　　　　　D. 6.67%

47. 关于采用价格指数调整价格差额，下列说法正确的是（　　）。
   A. 按现行价格计价的变更费用应计入调价基数
   B. 缺少价格指数时可用对应可调因子的信息价格替代
   C. 定值和变值权重一经约定就不得调整
   D. 基本价格指数是指最高投标限价编制时的指数

48. 某项目施工合同约定，承包人承担的钢筋价格风险幅度为±5%，超出部分采用造价信息法调差。已知钢筋的承包人投标价格、基准期造价信息发布价格分别为5700元/t、6100元/t，2021年7月的造价信息发布价格为5600元/t，则该月钢筋结算价格为（　　）元/t。
   A. 5233　　　　　　　　　　　　　　B. 5505
   C. 5600　　　　　　　　　　　　　　D. 5700

49. 因不可抗力造成的下列损失，应由发包人承担的是（　　）。
   A. 施工人员伤亡补偿金　　　　　　　B. 施工机械损坏损失
   C. 承包人停工损失　　　　　　　　　D. 修复已完工程的费用

50. 某施工合同约定，当发生索赔事件时，人工工资、窝工补贴分别按300元/工日、100元/工日计，以人工费为基数的综合费率为40%。在施工过程中发生了如下事件：①因异常恶劣天气导致工程停工3天，人员窝工60个工日；②因该异常恶劣天气导致工程修复用工20个工日，发生材料费5000元；③复工后又因发包人原因导致停工2天，人员窝工40个工日。为此，承包人可向发包人索赔的费用为（　　）元。
   A. 17400　　　　　　　　　　　　　B. 19000
   C. 19400　　　　　　　　　　　　　D. 23400

51. 根据现行《标准施工招标文件》，下列已完工程，发包人应予以计量的是（　　）。
   A. 在工程量清单内，但质量验收资料不齐全的工程
   B. 超出合同工程范围的工程
   C. 监理人要求再次检验的合格隐蔽工程的挖填土方工程
   D. 为抵御台风完成的临时设施加固工程

52. 某工程合同12000万元，其中主要材料及构件占比为50%。合同约定的工程预付款为3600万元，进度款支付比例为85%。按起扣点计算的预付款起扣点为（　　）万元。
   A. 7200   B. 6120
   C. 3000   D. 4800

53. 关于工程预付款的额度计算和支付，下列说法正确的是（　　）。
   A. 采用百分比法时，预付款支付比例不得低于签约合同价的10%
   B. 采用百分比法时，预付款支付比例不宜高于扣除暂列金额后签约合同价的30%
   C. 采用公式计算法时，预付款=年度工程总价/年度施工天数×材料储备定额天数
   D. 采用公式计算法时，施工天数一般按360天计算

54. 因不可抗力解除承包合同的，发包人应向承包人支付的款项是（　　）。
   A. 未完工程的利润补偿   B. 供应商已交付材料的价款
   C. 按"项"计价的措施费总额   D. 承包人撤离现场的费用

55. 关于质量保证金的预留和管理，下列说法正确的是（　　）。
   A. 无论竣工前是否缴纳履约保证金，均需预留质量保证金
   B. 实行国库集中支付的政府投资项目，质量保证金应预留在财政部门
   C. 社会投资项目的质量保证金，应预留在发包方
   D. 发包人被撤销的，质量保证金应随交付资产一并移交使用单位

56. 根据《建设工程造价鉴定规范》GB/T 51262—2017，关于合同争议鉴定，下列说法正确的是（　　）。
   A. 委托人认为鉴定项目合同有效的，应按照委托人的决定进行鉴定
   B. 委托人认为鉴定项目合同无效的，应按双方当事人商定的结果进行鉴定
   C. 鉴定项目合同对计价依据和方法的约定条款前后矛盾的，应利用项目所在地同期适用的计价依据和方法进行鉴定
   D. 鉴定项目合同对计价依据和方法没有约定的，鉴定人可向委托人提议参照项目所在地同期适用的计价依据和方法进行鉴定

57. 根据2017版FIDIC《施工合同条件》，关于工程变更类合同价款的调整，下列说法正确的是（　　）。
   A. 合同中任何工程量的变化都构成变更
   B. 合同中任何工作的删减都构成变更
   C. 不论何种变更都必须由工程师发出指令
   D. 承包人在任何情况下都不应对永久工程做出更改

58. 某工程总承包合同的专用合同条件约定，其他项目清单中依法必须招标的专业工程暂估价项目由承包人作为招标人发包。关于该专业工程的招标，下列说法正确的是（　　）。

A. 招标文件不需要发包人批准

B. 评标方案不需要发包人批准，仅将评标结果报发包人备案即可

C. 组织招标的工作费用由承包人承担

D. 该专业工程中标价格不会影响总承包人的合同价款

59. 竣工决算中，用来反映建设项目的全部资金来源和资金占用情况，作为考核和分析投资效果的文件是( )。

A. 基本建设项目概况表 B. 建设项目竣工财务决算表

C. 基本建设项目交付使用资产总表 D. 建设项目交付使用资产明细表

60. 某建设项目及其单项工程X的竣工决算如表1所示，则X工程应分摊的地质勘察费为( )万元。

某建设项目及其单项工程X的竣工决算（单位：万元）　　表1

项目名称	建筑工程	安装工程	需要安装设备	地质勘察费
建设项目竣工决算	8000	1000	4000	200
X项目竣工决算	2000	300	1000	

A. 48.0 B. 50.0

C. 50.8 D. 51.1

二、多项选择题（共20题，每题2分。每题的备选项中，有2个或2个以上符合题意，至少有1个错项。错选，本题不得分；少选，所选的每个选项得0.5分）。

61. 关于设备原价，下列说法正确的有( )。

A. 进口设备原价是指采购设备的到岸价

B. 国产设备原价一般指设备制造厂交货价或订货合同价

C. 进口设备原价通常包含备品备件费

D. 国产非标设备原价中的增值税是指销项税与进项税的差额

E. 国产非标准设备原价包含该设备设计费

62. 根据我国现行建筑安装工程费用项目组成规定，包含在企业管理费中的费用项目有( )。

A. 工地转移费 B. 工具用具使用费

C. 仪器仪表使用费 D. 检验试验费

E. 材料采购与保管费

63. 下列工程建设其他费用，属于技术服务费的有( )。

A. 勘察设计费 B. 职业病危害预评价费

C. 监理费 D. 技术经济标准使用费

E. 专有技术使用费

64. 我国工程造价管理体系可划分为若干子体系，具体包括( )。

A. 相关法律法规体系 B. 工程造价管理标准体系

C. 工程定额体系 D. 工程计价依据体系

E. 工程计价信息体系

65. 按照《住房城乡建设部关于进一步推进工程造价改革的指导意见》（建标〔2014〕

142号）的要求，工程量清单规范体系应满足（　　）下工程计价需要。
A. 不同管理需求　　　　　　　　B. 不同融资方式
C. 不同设计深度　　　　　　　　D. 不同复杂程度
E. 不同承包方式

66. 下列工人工作班内消耗时间，在确定人工工日消耗量定额时应适当考虑其影响的有（　　）。
A. 多余工作时间　　　　　　　　B. 偶然工作时间
C. 施工本身造成的停工时间　　　D. 非施工本身造成的停工时间
E. 违背劳动纪律损失时间

67. 下列费用项目，属于施工仪器仪表台班单价组成内容的有（　　）。
A. 折旧费　　　　　　　　　　　B. 安拆费
C. 检测软件相关费用　　　　　　D. 校验费
E. 燃料费

68. 概算指标列表形式的构成内容包括（　　）等。
A. 示意图　　　　　　　　　　　B. 工程总说明
C. 人工、主要材料消耗指标　　　D. 工程量指标
E. 总投资指标

69. 建设工程造价指标应区分不同的工程特征进行测算，这些特征包括（　　）等。
A. 地区特征　　　　　　　　　　B. 工程类型
C. 造价类型　　　　　　　　　　D. 合同类型
E. 资金来源

70. 编制投资估算文件时，投资估算分析的内容应包括（　　）。
A. 影响投资的主要因素分析　　　B. 工程投资比例分析
C. 各类费用构成占比分析　　　　D. 盈亏平衡分析
E. 与类似工程项目的比较分析

71. 关于建筑设计对工业建设项目单位造价的影响，下列说法正确的是（　　）。
A. 建筑周长系数越低，造价越低
B. 圆形建筑较正方形建筑造价更低
C. 建筑层数越多，造价越低
D. 多跨厂房跨度不变时，中跨数目越多造价越低
E. 多层或大跨度建筑，钢筋混凝土结构较钢结构造价更低

72. 投标人对招标工程量清单中工程量复核的目的在于（　　）。
A. 据此选择投标策略　　　　　　B. 据此修改招标工程量清单
C. 据此采取合适的施工方法　　　D. 据此确定采购物资的数量
E. 据此确定基础标价

73. 根据《标准施工招标文件》，对于未进行资格预审的招标项目，其施工招标文件的组成内容包括（　　）等。
A. 招标公告　　　　　　　　　　B. 投标邀请书
C. 投标人须知前附表　　　　　　D. 评标办法

E. 拟分包项目情况表

74. 依法必须招标的项目，对于中标候选人的公示内容有（   ）。
A. 全部投标人名单及排名
B. 中标候选人响应招标文件要求的资格能力条件
C. 中标候选人各评分要素得分
D. 中标候选人的投标报价
E. 中标候选人承诺的项目负责人姓名

75. 因发包人原因导致工程延期，承包人可向发包人索赔的费用项目有（   ）。
A. 材料超期储存费用
B. 承包人管理不善造成的材料损失费用
C. 总部管理费
D. 履约保函延期手续费
E. 材料涨价价差

76. 费用索赔计算的常用方法有（   ）。
A. 比例计算法
B. 实际费用法
C. 总成本法
D. 修正的总费用法
E. 网络图分析法

77. 承包人的进度款支付申请应包括的内容有（   ）。
A. 累计已完成的合同价款
B. 累计已扣减的合同价款
C. 累计已实际支付的合同价款
D. 本期合计完成的合同价款
E. 本期施工计划完成情况表

78. 有效的仲裁协议是申请仲裁的前提，仲裁协议达到有效必须同时具备的内容有（   ）。
A. 请求仲裁的意思表示
B. 仲裁事项
C. 仲裁期限
D. 仲裁费用
E. 选定的仲裁委员会

79. 根据2017版FIDIC《施工合同文件》，调整工程量清单中某项工作的合同价款需满足的条件有（   ）。
A. 工程量变化超过工程量清单工程量的15%以上
B. 工程量变化与工程量清单相对应价格的乘积超过中标合同金额的0.01%
C. 工程量的变化直接导致该项工作的单位工程量费用的变动超过1%
D. 不是工程量清单中规定的"固定费用"项目
E. 不是工程量清单中规定的不因工程量变化而调整单价的项目

80. 关于新增固定资产价值的确定，下列说法正确的有（   ）。
A. 以单项工程为核算对象
B. 单项工程建成经有关部门验收合格，即应计算新增固定资产价值
C. 单项工程中不构成生产系统的生活服务网点，在建成并交付后，也要计算新增固定资产价值
D. 随设备一起采购的但未达到固定资产标准的工器具，应随设备一起计算新增固定资产价值
E. 不需要安装的运输设备，一般仅计采购成本，不计分摊费用

2021 年全国一级造价工程师职业资格考试
《建设工程计价》
答案与解析

一、单项选择题（共 60 题，每题 1 分。每题的备选项中，只有 1 个最符合题意）。

1.【答案】 B

【解析】本题考查我国建设项目总投资及工程造价的构成。固定资产投资（工程造价）＝建设投资＋建设期利息。建设投资＝工程费用＋工程建设其他费用＋预备费。则该项目工程造价＝15000＋3000＋1000＋1000＝20000（万元）。

2.【答案】 C

【解析】本题考查设备及工器具购置费用的构成和计算。非标准设备原价包括：材料费、加工费、辅助材料费、专用工具费、废品损失费、外购配套件费、包装费、利润、税金以及非标准设备设计费。其中利润＝（材料费＋加工费＋辅助材料费＋专用工具费＋废品损失费＋包装费）×利润率。注意：外购配套件费用不能作为利润的计取基数。故利润＝[50＋5＋(50＋5＋15)×5％]×10％＝5.850（万元）。

3.【答案】 D

【解析】本题考查设备及工器具购置费用的构成和计算。进口环节增值税＝组成计税价格×增值税税率；其中，组成计税价格＝关税完税价格＋关税＋消费税。到岸价格作为关税的计征基数时，通常又可称为关税完税价格。

4.【答案】 A

【解析】本题涉及知识点为其他项目费。考查按造价形成划分建筑安装工程费用项目构成和计算。其他项目费包括暂列金额、暂估价、计日工以及总承包服务费。措施项目费和其他项目费属于并列关系，故 C 选项错误。

注意区分暂列金额和暂估价。暂列金额：用于施工合同签订时尚未确定（提示：说明可发生可不发生）或者不可预见的所需材料、工程设备、服务的采购，施工中可能发生的工程变更、合同约定调整因素出现时的工程价款调整以及发生的索赔、现场签证确认等的费用。而暂估价是指招标人在工程量清单中提供的用于支付必然发生但暂时不能确定价格的材料、工程设备的单价以及专业工程的金额。

5.【答案】 C

【解析】本题考查国外建筑安装工程费用的构成。开办费包括的内容因国家和工程的不同而异，大致包括以下内容：（1）施工用水、用电费。（2）工地清理费及完工后清理费，建筑物烘干费、临时围墙、安全信号、防护用品的费用以及恶劣气候条件下的工程防护费、污染费、噪声费，其他法定的防护费用。（3）周转材料费，如脚手架、模板的摊销费等。（4）临时设施费，包括生活用房、生产用房、临时通信、室外工程（包括道路、停车场、围墙、给水排水管道、输电线路等）的费用，可按实际需要计算。（5）驻工地工程师的现场办公室及所需设备的费用,现场材料试验及所需设备的费用。一般在招标文件的技术规范中有明确的面积、质量标准及设备清单等要求。如要求配备一定的服务人员或实验助理人员,则其工资费用也需计入。(6)其他,包括工人现场福利费及安全费、职工交通费、日常气候报表费、现场道路及进出场道路修筑与维护费、恶劣天气下的工程保护措施费、现场保卫设施费等。

6.【答案】 C

【解析】 本题考查建设单位管理费和用地与工程准备费。有偿出让和转让使用权,要向土地受让者征收契税,故选项 A 错误。转让土地如有增值,要向转让者征收土地增值税,选项 B 错误。土地使用者每年应按规定的标准缴纳土地使用费,选项 C 正确。经批准准予续期的,应当重新签订土地使用权出让合同,依照规定支付土地使用权出让金,选项 D 错误。(提示:2023 版教材已将"建设单位管理费"改为"项目建设管理费"。)

7.【答案】 B

【解析】 本题考查研究试验费。研究试验费是指为建设项目提供或验证设计参数、数据、资料等进行必要的研究试验,以及设计规定在建设过程中必须进行试验、验证所需的费用,故 B 选项正确。在计算时要注意不应包括以下项目:(1)应由科技三项费用(即新产品试制费、中间试验费和重要科学研究补助费)开支的项目。(2)应在建筑安装费用中列支的施工企业对建筑材料、构件和建筑物进行一般鉴定、检查所发生的费用及技术革新的研究试验费。(3)应由勘察设计费或工程费用中开支的项目。故 ACD 选项错误。

8.【答案】 D

【解析】 本题考查基本预备费的计算。

基本预备费=(工程费用+工程建设其他费用)×基本预备费费率。其中工程费用=建筑安装工程费+工器具购置费,则该项目基本预备费=(建筑安装工程费+工器具购置费+工程建设其他费用)×基本预备费费率=(30000+20000+10000)×5%=3000(万元)。

9.【答案】 B

【解析】 本题考查建设期利息的计算。在建设期,各年利息计算如下:

第一年利息:$1200 \times 1/2 \times 10\% = 60$(万元);

第二年利息:$(1200+60+1800 \times 1/2) \times 10\% = 216$(万元)。

10.【答案】 A

【解析】 本题考查工程计价依据。工程造价管理中的基础标准,包括《工程造价术语标准》GB/T 50875—2013、《建设工程计价设备材料划分标准》GB/T 50531—2009 等。

11.【答案】 D

【解析】 本题考查工程定额体系。按定额的编制程序和用途分类可以把工程定额分为施工定额、预算定额、概算定额、概算指标、投资估算指标等。其中投资估算指标是以建设项目、单项工程、单位工程为对象,反映建设总投资及其各项费用构成的经济指标。

12.【答案】 C

【解析】 本题考查工程量清单计价的范围和作用。清单计价适用于建设工程发承包及其实施阶段的计价活动,故 A 选项错误。采用工程量清单方式招标,招标工程量清单必须作为招标文件的组成部分,其准确性和完整性由招标人负责,故 B 选项错误。招标工程量清单应以单位(项)工程为单位编制,由分部分项工程项目清单,措施项目清单,其他项目清单、规费项目、税金项目清单组成，故 C 选项正确。使用国有资金投资的建设工程发承包，其中国有资金投资的项目包括全部使用国有资金（含国家融资资金）投资或国有资金投资为主的工程建设项目，必须采用工程量清单计价，故 D 选项错误。

13. 【答案】D

    【解析】本题考查分部分项工程项目清单。凡项目特征中未描述到的其他独有特征，由清单编制人视项目具体情况确定，以准确描述清单项目为准，故 A 选项错误。在招标投标过程中，当出现招标工程量清单特征描述与设计图纸不符时，投标人应以招标工程量清单的项目特征描述为准，故 B 选项错误。在各专业工程工程量计算规范附录中还有关于各清单项目"工程内容"的描述。但在编制分部分项工程项目清单时，工程内容通常无须描述，故 C 选项错误。分部分项工程项目清单的项目特征应按各专业工程工程量计算规范附录中规定的项目特征，结合技术规范、标准图集、施工图纸，按照工程结构、使用材质及规格或安装位置等，予以详细而准确的表述和说明，故 D 选项正确。

14. 【答案】D

    【解析】本题考查分部分项工程项目清单。除另有说明外，所有清单项目的工程量应以实体工程量为准，并以完成后的净值计算；投标人投标报价时，应在单价中考虑施工中的各种损耗和需要增加的工程量，选项 A 错误。以"个""项"等为计算单位时，应取整数；选项 B 错误。当计量单位有两个或两个以上时，应根据所编工程量清单项目的特征要求，选择最适宜表现该项目特征并方便计量的单位，选项 C 错误。在编制工程量清单时，当出现工程量计算规范附录中未包括的清单项目时，编制人应作补充，并将编制的补充项目报省级或行业工程造价管理机构备案，故 D 选项正确。

15. 【答案】C

    【解析】本题考查工人工作时间消耗分类。准备和结束工作时间的长短与所担负的工作量大小无关，但往往和工作内容有关。故选 C。

16. 【答案】B

    【解析】本题考查确定材料定额消耗量的基本方法。每立方米砖墙的用砖数和砌筑砂浆可用下列理论计算公式计算各自的净用量。

    用砖数：$A=\dfrac{1}{墙厚 \times (砖长+灰缝) \times (砖厚+灰缝)} \times k$（式中：$k$ 为墙厚的砖数×2）

    $=1 \div [(0.24+0.01+0.115) \times (0.24+0.01) \times (0.053+0.01)] \times 2 \times 1.5 = 521.9$

    $10m^3$ 所需块数 $=5219$（块），即 5.219 千块。

17. 【答案】C

    【解析】本题考查施工机具台班定额消耗量的基本方法。由于运料时间属于交叠时间，不包含在一次工作循环中。

    一次循环的正常延续时间 $=1+3+1+5=10$（分钟）$=10/60=1/6$（小时）；

    纯工作 1 小时循环次数 $=1 \div \dfrac{1}{6} = 6$（次）；

    纯工作 1 小时正常生产率 $=6 \times 200 = 1200(L) = 1.2(m^3)$；

    该机械台班产量定额 $=1.2 \times 8 \times 0.8 = 7.68(m^3/台班)$。

18. 【答案】B

【解析】本题考查材料单价的组成和确定方法。
先将含税的原价和运杂费调整为不含税价格。
原价(不含税)＝500/1.13＝442.48(元)；运杂费(不含税)＝30/1.09＝27.52(元)；
运输损耗费＝(442.48＋27.52)×1％＝4.7(元)；
材料单价＝(442.48＋27.52＋4.7)×(1＋3％)＝488.94(元/t)。

19.【答案】B

【解析】本题考查施工机械台班单价的组成和确定方法。单独计算的情况包括：（1）安拆复杂、移动需要起重及运输机械的重型施工机械，其安拆费及场外运费单独计算；（2）利用辅助设施移动的施工机械，其辅助设施（包括轨道和枕木）等的折旧、搭设和拆除等费用可单独计算。

20.【答案】D

【解析】本题考查概算定额、概算指标及其编制。建筑安装工程概算指标通常是以单位工程为对象，以建筑面积、体积或成套设备装置的"台或组"为计量单位而规定的人工、材料、机具台班的消耗量标准和造价指标。AB选项错误。概算指标主要用于初步设计阶段，选项C错误。

21.【答案】D

【解析】本题考查工程造价指数及其编制。建设工程造价综合指数的编制是在单项工程造价指数编制结果的基础上，将不同专业类型的单项工程造价指数以投资额为权重加权汇总后编制完成的。

22.【答案】D

【解析】本题考查工程造价指标的编制及使用。根据造价指标用途的不同，数据统计法有不同的测算过程。

（1）数据统计法计算建设工程经济指标、工程量指标、消耗量指标时，应将所有样本工程的单位造价、单位工程量、单位消耗量进行排序，从序列两端各去掉5％的边缘项目，边缘项目不足1时按1计算，剩下的样本采用加权平均计算，得出相应的造价指标。

（2）数据统计法计算建设工程单价指标，应采用加权平均法：

$$P = \frac{Y_1 \times Q_1 + Y_2 \times Q_2 + \cdots + Y_n \times Q_n}{Q_1 + Q_2 + \cdots + Q_n}$$

式中：P——造价指标；
Y——工料价格；
Q——消耗量；
n——样本数。

由公式可以看出，工程单价指标是以消耗量作为权重。而工程经济、工程量指标、消耗量指标都是以建设规模作为权重的，故此题选D。

23.【答案】C

【解析】本题考查项目决策阶段影响工程造价的主要因素。对于煤炭、金属与非金属矿山、石油、天然气等矿产资源开发项目，在确定建设规模时，应充分考虑资源合理开发利用要求和资源可采储量、赋存条件等因素。选项A描述不全面。对于水利水电项目，在确定建设规模时，应充分考虑水的资源量、可开发利用量、地质条件、建设条件、库区生态影响、占用土地以及移民安置等因素。选项 B 描述不全面。对于技术改造项目，在确定建设规模时，应充分研究建设项目生产规模与企业现有生产规模的关系；新建生产规模属于外延型还是外延内涵复合型，以及利用现有场地、公用工程和辅助设施的可能性等因素。选项 D 描述不全面。

24.【答案】 C

【解析】本题考查投资估算的编制。生产能力指数法，又称为指数估算法，是根据已建成的类似项目生产能力和投资额来粗略估算同类但生产能力不同的拟建项目静态投资额的方法。

拟建项目建筑安装工程费=（6000+3000）×(30/20)^1×(1+3%)^3=14751.81（万元），该项目静态投资额为：14751.81+12000+5000=31751.81=31752（万元）。

25.【答案】 C

【解析】本题考查流动资金的估算。选项 A 错误，流动资金等于流动资产和流动负债的差额，流动资产的构成要素一般包括存货、库存现金、应收账款和预付账款。选项 B 错误，扩大指标估算法简便易行，但准确度不高，适用于项目建议书阶段的估算，而可行性研究阶段，准确度较高，适宜使用分项详细估算法。选项 D 错误，流动资金贷款利息属于生产运营费用，不计入总投资。

26.【答案】 D

【解析】本题考查投资估算的编制。建设投资是项目投资的重要组成部分，也是项目财务分析的基础数据。当估算出建设投资后需编制建设投资估算表，按照费用归集形式，建设投资可按概算法或按形成资产法分类（表 1）。

建设投资估算表的分类　　　　　　　　　　　　　　　表 1

概算法	建设投资由工程费用、工程建设其他费和预备费三部分组成	
形成资产法	形成固定资产	工程费用和固定资产其他费用
	形成无形资产	专利权、非专利技术、商标权、土地使用权和商誉
	形成其他资产	生产准备费
	预备费	

27.【答案】 C

【解析】ABD 选项属于单位建筑工程概算。C 选项属于单位设备及安装工程概算，还包括机械设备及安装工程概算、热力设备及安装工程概算和工器具及生产家具购置费概算（图 1）。

28.【答案】 C

【解析】本题考查单位建筑工程概算编制。采用概算定额法，建模完成工程量计算后，通过套用定额各子目的综合单价，形成合价。各子目的综合单价包括人工费、材料费、施工机具使用费、管理费、利润、规费和税金。之后便可生成综合单价表和单位工程概算表，故 A 选项错误。采用全费用综合单价时，单位工程概算造价=分部分项工程费+措施项目费，故 B 选项错误。综合单价分析表中包括人工、材料、机具费、管理费、利润、规费、税金，故 C 选项正确。在进行概算定额消耗量和单价分析时，消耗量应采用定额消耗量，单价应为报告编制期的市场价。故选项 D 错误。

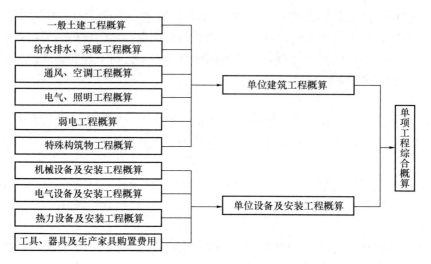

图 1 单项工程综合概算

29.【答案】 C

【解析】本题考查设计概算的编制。

方法一：1600×(0.15×1.1+0.6×1.25+0.1×0.95)×(1+25%)=2020(元/m²)；

方法二：先使用调差系数计算出拟建工程的工料单价。

类似工程的工料单价=1600×85%=1360（元/m²）。

在类似工程的工料单价中，人工、材料、施工机具使用费的比重分别为：

1600×15%/1360=17.65%，1600×60%/1360=70.59%，1600×10%/1360=11.76%

拟建工程的工料单价=1360×(17.65%×1.1+70.59%×1.25+11.76%×0.95)
=1616(元/m²)

则拟建工程适用的综合单价=1616×(1+25%)=2020(元/m²)。

30.【答案】 B

【解析】本题考查单位设备及安装工程概算编制方法。当初步设计深度不够，设备清单完备，只有主体设备或仅有成套设备重量时，可采用主体设备、成套设备的综合扩大安装单价来编制概算，即扩大单价法。

31.【答案】 D

【解析】本题考查施工图预算的编制内容。首先二级预算编制不包括单项工程综合预算，此错误一，错误二单项工程综合预算由组成本单项工程的各单位工程预算汇总而成，单位工程预算包括建筑工程预算和设备及安装工程预算，故 A 选项错误。当建设项目有多个单项工程时，应采用三级预算编制形式，故 B 选项错误。二级预算编制形式由建设项目总预算和单位工程预算组成，故 C 选项错误。三级预算编制形式由建设项目总预算、单项工程综合预算、单位工程预算组成，故 D 选项正确。

32.【答案】 B

【解析】本题考查单位工程施工图预算的编制。列项并计算工程量，工料单价法中的该步骤与实物量法相同，故 A 选项错误。工料单价法与实物量法首尾部分的步骤基本相同，所不同的主要是中间两个步骤，即：(1) 实物量法套用的是预算定额（或企业定额）人工工日、材料、施工机具台班消耗量，工料单价法套用的是单位估价表工料单价或定额基价，故 B 选项正确。(2) 实物量法采用的是当时当地的各类人工工日、材料、施工机具台班的实际单价，工料单价法采用的是单位估价表或定额编制时期的各类人工工日、材料、施工机具台班单价，需要用调价系数或指数进行调整，故 C 选项错误。按计价程序计取其他费用，并汇总造价。工料单价法中的该步骤与实物量法相同，故 D 选项错误。

33. 【答案】C
【解析】本题考查招标文件的组成内容及其编制要求。招标文件的澄清应在规定的投标截止时间 15 天前以书面形式发给所有获取招标文件的投标人，但不指明澄清问题的来源。如果澄清发出的时间距投标截止时间不足 15 天，相应推迟投标截止时间。招标人若对已发出的招标文件进行必要的修改，应当在投标截止时间 15 天前，招标人可以书面形式修改招标文件，并通知所有已获取招标文件的投标人。

34. 【答案】A
【解析】本题考查招标文件的组成内容及其编制要求。按照规定应编制最高投标限价的项目，其最高投标限价应在发布招标文件时一并公布。

35. 【答案】C
【解析】本题考查措施项目清单编制。一些可以精确计算工程量的措施项目可采用与分部分项工程项目清单编制相同的方式，如脚手架工程，混凝土模板及支架（撑），垂直运输，超高施工增加，大型机械设备进出场及安拆，施工排水、降水等，应编制"分部分项工程和单价措施项目清单与计价表"；而有一些措施项目费用的发生与使用时间、施工方法或者两个以上的工序相关并大都与实际完成的实体工程量的大小关系不大，如安全文明施工、冬雨期施工、已完工程设备保护等，应编制"总价措施项目清单与计价表"。

36. 【答案】D
【解析】本题考查最高投标限价的编制。最高投标限价的编制依据是各级建设行政主管部门发布的计价依据、标准、办法与市场化的工程造价信息。故 A 选项错误。暂估单价的材料费应计入综合单价，故 B 选项错误。对于不可计量的措施项目，以"项"为单位，采用费率法按有关规定综合取定，采用费率法时需确定某项费用的计费基数及其费率，结果应是包括除规费、税金以外的全部费用，故 C 选项错误。为使最高投标限价与投标报价所包含的内容一致，综合单价中应包括招标文件中要求投标人所承担的风险内容及其范围（幅度）产生的风险费用，如技术难度较大和管理复杂的项目、工程设备、材料价格的市场风险等，故 D 选项正确。

37. 【答案】D
【解析】本题考查投标报价前期工作。技术标准与工程量清单中各子项工作密不可分，报价人员应在准确理解招标人要求的基础上对有关工程内容进行报价。任何忽视技术标准的报价都是不完整、不可靠的，有时可能导致工程承包重大失误和亏损，故 D 选项正确。

38. 【答案】C
【解析】本题考查投标报价的编制方法及内容。措施项目费由投标人自主确定，但其中安全文明施工费必须按照国家或省级、行业建设主管部门的规定计价，不得作为竞争性费用，故 A 选项错误。总承包服务费应根据招标人在招标文件中列出的分包专业工程内容和供应材料、设备情况，按照招标人提出的协调、配合与服务要求和施工现场管理需要自主确定。故 B 选项错误。暂估价不得变动和更改。暂估价中的材料、工程设备暂估价必须按照招标人提供的暂估单价计入清单项目的综合单价，故 C 选项正确。计日工应按照招标人提供的其他项目清单列出的项目和估算的数量，自主确定各项综合单价并计算费用，故 D 选项错误。

39. 【答案】C

【解析】本题考查投标报价的编制方法及内容。暂估价中的材料、工程设备暂估价必须按照招标人提供的暂估单价计入清单项目的综合单价。题目中给出每 100m³ 分项工程的 X 材料消耗量为 102m²，那么 1000m³ 分项工程的 X 材料消耗量 = 102×1000/100 = 1020m²，所以暂估合价 = 总消耗量×暂估单价 = 1020×100 = 10.2（万元）。

40. 【答案】B

【解析】本题考查详细评审标准与方法。已知投标人甲在 I 标段中标，那么其在 II 标段的评标可享 4% 的评标优惠，具体做法应是将其 II 标段的投标报价乘以 4%，在评标价中扣减该值。因此，投标人甲 II 标段的评标价 = 7000×（1－4%）= 6720（万元）。投标人乙 I 标段未中标，故评标价不做调整。

41. 【答案】A

【解析】本题考查合同价款的约定。招标人和中标人签订合同，依据中标价确定签约合同价并在合同中载明，完成合同价款的约定过程。

42. 【答案】C

【解析】本题考查工程总承包合同价款的约定。交钥匙总承包的优越性：（1）能满足某些业主的特殊要求；（2）承包人承担的风险比较大，但获利的机会比较多，有利于调动总包的积极性；（3）业主介入的程度比较浅，有利于发挥承包人的主观能动性；（4）业主与承包人之间的关系简单。

43. 【答案】D

【解析】本题考查工程总承包投标报价分析。工程总承包项目的成本估算完成后，投标小组将对"标高金"进行计算和相关决策。"标高金"由管理费、利润和风险费组成。（提示：2023 版教材已删除该考点。）

44. 【答案】B

【解析】本题考查国际竞争性招标项目的开标。应允许投标人或其代表出席开标会议，对每份标书都应当众读出其投标人、报价和交货或完工期，故 A 选项错误。不能因为标书未附投标保证金或保函而拒绝开启，故 B 选项正确。标书的详细内容是不可能也不必全部读出的。开标应做记录，列明到会人员及宣读的有关标书的内容，选项 C 错误。开标时一般不允许提问或做任何解释，但允许记录和录音，故 D 选项错误。

45. 【答案】C

【解析】本题考查工程变更的价款调整方法。已标价工程量清单中没有适用也没有类似于变更工程项目的，由承包人根据变更工程资料、计量规则和计价办法、工程造价管理机构发布的信息（参考）价格和承包人报价浮动率，提出变更工程项目的单价或总价，报发包人确认后调整。

46.【答案】 A

【解析】 本题考查工程变更的价款调整方法。承包人报价浮动率＝(1－中标价/最高投标限价)×100％＝(1－7500/7800)×100％＝3.85％。

47.【答案】 B

【解析】 本题考查物价波动引起的合同价款调整。选项 A 错误，变更及其他金额已按现行价格计价的，不计在调价基数内。选项 C 错误，按变更范围和内容所约定的变更，导致原定合同中的权重不合理时，由承包人和发包人协商后进行调整。选项 D 错误，基本价格指数是指基准日的各可调因子的价格指数。

48.【答案】 D

【解析】 本题考查采用造价信息调整价格差额。2021 年 7 月信息价与基准价格比较下降，通过对比基准价和投标价格，应以较低的投标价格为基础计算合同约定的风险幅度值。5700×（1－5％）＝5415（元/t）＜5600（元/t）。

49.【答案】 D

【解析】 本题考查不可抗力造成的损失承担。(1) 合同工程本身的损害、因工程损害导致第三方人员伤亡和财产损失以及运至施工场地用于施工的材料和待安装的设备的损害，由发包人承担；(2) 发包人、承包人人员伤亡由其所在单位负责，并承担相应费用；(3) 承包人的施工机械设备损坏及停工损失，由承包人承担；(4) 停工期间，承包人应发包人要求留在施工场地的必要的管理人员及保卫人员的费用由发包人承担；停工期间，承包人应发包人要求留在施工场地的必要的管理人员及保卫人员的费用由发包人承担；(5) 工程所需清理、修复费用，由发包人承担。

50.【答案】 A

【解析】 本题考查费用索赔的计算。①异常恶劣天气导致的停工通常不能进行费用索赔。

②修复用工索赔额＝20×300×(1＋40％)＋5000＝13400(元)。

③发包人原因停工索赔额：40×100＝4000(元)。

共计 17400 元。

51.【答案】 C

【解析】 本题考查工程计量的原则。不符合合同文件要求的工程不予计量，即工程必须满足设计图纸、技术规范等合同文件对其在工程质量上的要求，同时有关的工程质量验收资料齐全、手续完备，满足合同文件对其在工程管理上的要求，故 A 选项错误。因承包人原因造成的超出合同工程范围施工或返工的工程量，发包人不予计量，故 B 选项错误。覆盖隐蔽部位后，监理对质量有疑问的，可要求承包人对已覆盖的部位进行钻孔探测或揭开重验，承包人应遵照执行，并在检验后重新覆盖恢复原状。经检验证明工程质量符合合同要求的，由发包人承担由此增加的费用和（或）工期延误，并支付承包人合理利润；不可抗力引致的临时设施加固，承包人应自行承担修建临时设施的费用，故 D 选项错误。

52.【答案】 D

【解析】 本题考查预付款的计算。起扣点：12000－3600/50％＝4800(万元)。

53.【答案】 B

【解析】本题考查预付款的支付。包工包料工程的预付款的支付比例不得低于签约合同价（扣除暂列金额）的10%，不宜高于签约合同价（扣除暂列金额）的30%。公式及算法：预付款＝（年度工程总价×材料比例）/年度施工天数×材料储备定额天数，年度施工天数按365日历天算。

54.【答案】D

【解析】本题考查竣工结算的支付。由于不可抗力解除合同的，发包人应向承包人支付合同解除之日前已完成工程但尚未支付的合同价款，故A选项错误。发包人应支付承包人为合同工程合理订购且已交付的材料和工程设备货款，故B选项错误。发包人应支付已实施或部分实施的措施项目应付价款，故C选项错误。承包人撤离现场所需的合理费用，包括员工遣送费和临时工程拆除、施工设备运离现场的费用，故D选项正确。

55.【答案】D

【解析】本题考查质保金的预留和管理。选项A错误，在工程项目竣工前，已经缴纳履约保证金的，发包人不得同时预留工程质量保证金。选项B错误，实行国库集中支付的政府投资项目，质量保证金的管理应按国库集中支付的有关规定执行。其他政府投资项目，质量保证金可以预留在财政部门或发包方。选项C错误，社会投资项目采用预留质量保证金方式的，发承包双方可以约定将质量保证金交由金融机构托管。

56.【答案】D

【解析】本题考查合同争议的鉴定。委托人认为鉴定项目合同有效的，鉴定人应根据合同约定进行鉴定，故A选项错误。委托人认为鉴定项目合同无效的，鉴定人应按照委托人的决定进行鉴定，故B选项错误。鉴定项目合同对计价依据、计价方法约定条款前后矛盾的，鉴定人应提请委托人决定适用条款，C选项错误。鉴定项目合同对计价依据、计价方法没有约定的，鉴定人可向委托人提出"参照鉴定项目所在地同时期适用的计价依据、计价方法和签约时的市场价格信息进行鉴定"的建议，鉴定人应按照委托人的决定进行鉴定，故D选项正确。

57.【答案】C

【解析】本题考查国际工程合同价款调整。合同中任何工作的工程量的变化引起价款调整需同时满足四个条件，具体条件请参照教材国际工程变更中的价款调整节选，故A选项错误。任何工作的删减均构成变更，但未经双方同意由他人实施的除外，故B选项错误。工程变更包括工程师指示的变更和承包人建议的变更，不论何种变更，都必须由工程师发出变更指令，故C选项正确。承包人不应对永久工程做任何更改或修改，除非工程师发出变更指令，故D选项错误。

58.【答案】C

【解析】本题考查工程总承包合同价款的调整。选项AB错误，除合同另有约定外，承包人不参加投标的专业工程，应由承包人作为招标人，但拟定的招标文件、评标方法、评标结果应报送发包人批准。选项C正确，与组织招标工作有关的费用应当被认为已经包括在承包人的签约合同价中。选项D错误，专业工程依法进行招标后，以中标价为依据取代专业工程暂估价，调整合同价款。

59.【答案】B

【解析】本题考查竣工财务决算报表。建设项目竣工财务决算表是用来反映建设项目的全部资金来源和资金占用情况，是考核和分析投资效果的依据。

60.【答案】 B

【解析】本题考查待摊投资的分摊方法。地质勘察费按建筑工程造价比例分摊。

故 X 工程应分摊的地质勘察费＝(2000÷8000)×200＝50(万元)。

二、多选题答案解析（共 20 题，每题 2 分。每题的备选项中，有 2 个或 2 个以上符合题意，至少有 1 个错项。错选，本题不得分；少选，所选的每个选项得 0.5 分）。

61.【答案】 BCE

【解析】本题考查设备及工器具购置费用的构成和计算。国外采购设备的原价是指抵岸价格，故 A 选项错误。国产设备原价一般指的是设备制造厂的交货价或订货合同价，即出厂（场）价格，故 B 选项正确。设备原价通常包含备品备件费在内，故 C 选项正确。税金主要指增值税，通常是指设备制造厂销售设备时向购入设备方收取的销项税额，故 D 选项错误。非标准设备设计费，按国家规定的设计费收费标准计算，包含在设备原价中，故 E 选项正确。

62.【答案】 ABD

【解析】本题考查按费用构成要素划分建筑安装工程费用项目的构成和计算。企业管理费是指施工企业组织施工生产和经营管理所发生的费用：(1) 管理人员工资；(2) 办公费；(3) 差旅交通费，包含有工地转移费；(4) 固定资产使用费；(5) 工具用具使用费；(6) 劳动保险和职工福利费；(7) 劳动保护费；(8) 检验试验费；(9) 工会经费；(10) 职工教育经费；(11) 财产保险费；(12) 财务费；(13) 税金；(14) 其他。

63.【答案】 ABCD

【解析】本题考查技术服务费的构成。技术服务费包含：可行性研究费、专项评价费、勘察设计费、监理费、研究试验费、特殊设备安全监督检验费、监造费、招标费、设计评审费、技术经济标准使用费、工程造价咨询费及其他咨询费。职业病危害预评价费属于专项评价费。专有技术使用费属于建设期计列的生产经营费。（提示：2023 版教材该知识点有变化。）

64.【答案】 ABCE

【解析】本题考查工程计价依据。我国的工程造价管理体系可划分为工程造价管理的相关法律法规体系、工程造价管理标准体系、工程定额体系和工程计价信息体系四个主要部分。

65.【答案】 ACDE

【解析】本题考查工程量清单计价的范围和作用。清单计价方式应满足"完善工程项目划分，建立多层级工程量清单，形成以清单计价规范和各专（行）业工程量计算规范配套使用的清单规范体系，满足不同设计深度、不同复杂程度、不同承包方式及不同管理需求下工程计价的需要"的原则。

66.【答案】 BD

【解析】本题考查工作时间分类。多余工作的工时损失，一般都是由于工程技术人员和工人的差错而引起的，因此，不应计入定额时间中，故 A 选项错误。由于偶然工作能获得一定产品，拟定定额时要适当考虑其影响，故 B 选项正确。施工本身造成的停工时间，是由于施工组织不善、材料供应不及时、工作面准备工作做得不好、工作地点组织不良等情况引起的停工时间，在拟定定额时不应该计算，故 C 选项错误。非施工本身造成的停工时间，是由于停电等外因引起的停工时间，定额中应给予合理的考虑，故 D 选项符合题意。违背劳动纪律，如工人迟到、早退、擅自离开工作岗位、工作时间内息工等所引起的工时损失，在定额中不应该计算，故 E 选项错误。

67.【答案】AD

【解析】本题考查施工仪器仪表台班单价的组成。包括折旧费、维护费、校验费、动力费。

68.【答案】ACD

【解析】本题考查概算指标及其编制。概算指标列表形式分为以下几个部分：（1）示意图；（2）工程特征；（3）经济指标；（4）构造内容及工程量指标，说明该工程项目的构造内容和相应计算单位的工程量指标及人工、材料消耗指标。

69.【答案】ABC

【解析】本题考查工程造价指标的测算。根据工程特征，建设工程造价指标应区分地区特征、工程类型、造价类型、时间进行测算。（提示：2023 版教材该知识点有变化。）

70.【答案】ABCE

【解析】本题考查投资估算的概念及其编制内容。投资估算分析应包括以下内容：（1）工程投资比例分析。（2）各类费用构成占比分析。（3）分析影响投资的主要因素。（4）与类似工程项目的比较，对投资总额进行分析。

71.【答案】AD

【解析】本题考查设计阶段影响工程造价的主要因素。选项 B 错误，通常情况下建筑周长系数越低，设计越经济。圆形、正方形、矩形、T 形、L 形建筑的 K 周依次增大。但是圆形建筑物施工复杂，施工费用一般比矩形建筑增加 20%～30%，所以其墙体工程量所节约的费用并不能使建筑工程造价降低。选项 C 错误，如果增加一个楼层不影响建筑物的结构形式，单位建筑面积的造价可能会降低。但是当建筑物超过一定层数时，结构形式就要改变，单位造价通常会增加。选项 E 错误，对于多层房屋或大跨度建筑，选用钢结构明显优于钢筋混凝土结构。

72.【答案】ACD

【解析】本题考查询价与工程量复核。复核工程量的准确程度，将影响承包人的经营行为：一是根据复核后的工程量与招标文件提供的工程量之间的差距，从而考虑相应的投标策略，决定报价裕度；二是根据工程量的大小采取合适的施工方法，选择适用、经济的施工机具设备，投入使用相应的劳动力数量等。

73.【答案】ACD

【解析】本题考查招标文件的组成内容及其编制要求。当未进行资格预审时，招标文件中应包括招标公告。招标文件包括招标公告、投标人须知、评标办法、合同条款及格式、工程量清单、图纸、技术标准和要求、投标文件格式、投标人须知前附表规定的其他材料。当进行资格预审时，招标文件中应包括投标邀请书，故 B 选项不符合题意。拟分包项目情况表包含在投标文件中，故 E 选项不符合题意。

74.【答案】BDE

【解析】本题考查中标人的确定。招标人需对中标候选人全部名单及排名进行公示，而不是只公示排名第一的中标候选人。依法必须招标项目的中标候选人公示应当载明以下内容：（1）中标候选人排序、名称、投标报价、质量、工期（交货期）以及评标情况；（2）中标候选人按照招标文件要求承诺的项目负责人姓名及其相关证书名称和编号；（3）中标候选人响应招标文件要求的资格能力条件；（4）提出异议的渠道和方式；（5）招标文件规定公示的其他内容。

75.【答案】ACDE

【解析】本题考查工程索赔类合同价款调整事项。承包人可向发包人索赔的费用项目包括由于发包人原因导致工程延期期间的材料价格上涨和超期储存费用，故选项 AE 正确。如果由于承包人管理不善，造成材料损坏失效，则不能列入索赔款项内，故 B 选项错误。总部管理费的索赔主要指的是由于发包人原因导致工程延期期间所增加的承包人向公司总部提交的管理费，故 C 选项正确。因发包人原因导致工程延期时，承包人必须办理相关履约保函的延期手续，对于由此而增加的手续费，承包人可以提出索赔，故选项 D 正确。

76.【答案】BCD

【解析】本题考查工程索赔类合同价款调整事项。索赔费用的计算方法通常有三种，即实际费用法、总费用法（总成本法）和修正的总费用法。

77.【答案】ACD

【解析】本题考查期中支付。进度款支付申请的内容包括：（1）累计已完成的合同价款；（2）累计已实际支付的合同价款；（3）本期合计完成的合同价款；（4）本期合计应扣减的金额；（5）本期实际应支付的合同价款。

78.【答案】ABE

【解析】本题考查合同价款纠纷的处理。仲裁协议的内容应当包括：（1）请求仲裁的意思表示；（2）仲裁事项；（3）选定的仲裁委员会。前述三项内容必须同时具备，仲裁协议方为有效。

79.【答案】BCDE

【解析】本题考查国际工程合同价款的调整。工程量变化引起的价格调整必须同时满足下列条件：（1）该项工作实际测量的工程量变化超过工程量清单或其他报表中规定工程量的 10% 以上；（2）该项工作工程量的变化与工程量清单或其他报表中相对应费率或价格的乘积超过中标合同金额的 0.01%；（3）工程量的变化直接导致该项工作的单位工程费用的变动超 1%；（4）该项工作并非工程量清单或其他报表中规定的"固定费率项目""固定费用"和其他类似涉及单价不因工程量的任何变化而调整的项目。

80.【答案】ACE

【解析】本题考查新增资产价值的确定。新增固定资产价值的计算是以独立发挥生产能力的单项工程为对象的，故选项 A 正确。单项工程建成经有关部门验收鉴定合格，正式移交生产或使用，即应计算新增固定资产价值，故选项 B 错误。对于单项工程中不构成生产系统，但能独立发挥效益的非生产性项目，如住宅、食堂、医务所、托儿所、生活服务网点等，在建成并交付使用后，也要计算新增固定资产价值，故 C 选项正确。未达到固定资产标准的工器具不应随设备一起计算新增固定资产价值，故 D 选项错误。运输设备及其他不需要安装的设备、工具、器具、家具等固定资产一般仅计算采购成本，不计入分摊，故 E 选项正确。

2022年全国一级造价工程师职业资格考试
《建设工程计价》

一、单项选择题（共60题，每题1分。每题的备选项中，只有1个最符合题意）。

1. 根据世界银行国际组织对工程项目总建设成本构成的规定，下列费用中，应计入间接建设成本的是（　　）。
   A. 土建结构费
   B. 开工试车费
   C. 场外设施费
   D. 建设成本上升费

2. 生产非标准设备所用的材料，辅助材料和加工费合计为6万元，专用工具和废品损失费为0.5万元，外购配套件费为1.5万元。若利润率为10%，增值税税率为13%，设备原价按成本计算估价法确定，在不发生其他费用的情况下该设备的增值税销项税额为（　　）万元。
   A. 0.930
   B. 1.040
   C. 1.125
   D. 1.144

3. 关于进口设备原价消费税的计算，下列计算方式正确的是（　　）。
   A. 到岸价×消费税税率
   B. （到岸价+关税）×消费税税率
   C. （到岸价+关税+消费税）×消费税税率
   D. （到岸价+关税+增值税）×消费税税率

4. 下列费用中，属于施工企业管理费中财务费的是（　　）。
   A. 财务专用工具购置费
   B. 预付款担保
   C. 审计费
   D. 财产保险费

5. 关于超高施工增加费计取的条件，下列说法正确的是（　　）。
   A. 单层建筑檐口高超过18m，多层建筑超过6层
   B. 单层建筑檐口高超过18m，多层建筑超过8层
   C. 单层建筑檐口高超过20m，多层建筑超过6层
   D. 单层建筑檐口高超过20m，多层建筑超过8层

6. 关于建设单位以出让或转让方式取得国有土地使用权涉及的相关税费，下列说法正确的是（　　）。
   A. 地上附着物补偿费应支付给农村集体经济组织
   B. 转让土地使用权应向土地受让者征收契税
   C. 转让土地如有增值，要向受让者征收土地增值税
   D. 土地使用者每年无须按规定的标准缴纳土地使用费

7. 下列建设项目实施过程中发生的技术服务费属于专项评价费的是（　　）。
   A. 可行性研究费
   B. 节能评估费

C. 设计评审费
D. 技术经济标准使用费

8. 某建设工程的静态投资为8000万元,其中基本预备费率为5%,工程建设前期年限为0.5年,建设期2年,计划每年完成投资的50%。若平均投资价格上涨率为5%,则该项目建设期价差预备费为( )万元。

A. 610.00
B. 640.50
C. 822.63
D. 863.76

9. 某建设项目贷款总额为3000万元,贷款年利率为10%。项目建设前期年限为1年。建设期为两年,其中第一、二年的贷款比例分别为60%和40%。贷款在年内均衡发放,建设期内只计息不付息,则该项目建设期利息为( )万元。

A. 322.87
B. 339.00
C. 276.64
D. 249.00

10. 根据现行工程量清单计价规范,将工程量乘以综合单价,汇总得出分部分项工程和单价措施项目费,再计算总价措施项目费和其他项目费,合计得出单位工程建筑安装工程费的方法称为( )。

A. 实物量法
B. 定额基价法
C. 全费用综合单价法
D. 工程单价法

11. 下列工程定额中,以单位工程为对象,反映完成一个规定计量单位建筑安装产品经济指标的是( )。

A. 预算定额
B. 概算定额
C. 概算指标
D. 投资估算指标

12. 关于分部分项工程项目清单的编制,下列说法正确的是( )。

A. 第二级项目编码为单位工程顺序码
B. 应补充描述清单计算规范中未规定的其他独有特征
C. 项目名称应直接采用规范附录给定的名称
D. 工程量中应包含多种必要的施工损耗量

13. 根据现行工程量清单计价规范,下列费用中,应列入单价措施项目清单与计价表的是( )。

A. 施工排水、降水费
B. 安全文明施工费
C. 冬雨期施工增加费
D. 二次搬运费

14. 关于招标工程量清单中的暂估价,下列说法正确的是( )。

A. 工程项目暂估价应汇总计入其他项目费
B. 材料暂估单价应计入工程量清单综合单价
C. 专业工程暂估价中应包含规费和税金
D. 材料和工程设备暂估单价应由投标人填写

15. 关于人工定额消耗量的测定,下列计算公式正确的是( )。

A. 工序作业时间=基本工作时间/[1+辅助工作时间(%)]
B. 规范时间=辅助工作时间+准备与结束工作时间+休息时间
C. 规范时间=工序作业时间/[1+规范时间(%)]
D. 定额时间=工序作业时间+规范时间

16. 用规格为 290×240×190 的烧结空心砌块砌筑 240mm 厚墙体，灰缝宽度为 10mm，砌块损耗率为 1‰，则每 10m³ 该种砌体空心砌块的消耗量为（　　）m³。
   A. 8.90
   B. 9.18
   C. 9.28
   D. 10.10

17. 某型号施工机械循环作 1 次，各循环组成部分的正常延续时间分别为 3 分钟、5 分钟、4 分钟、2 分钟，交叠时间为 2 分钟，一次循环的产量为 2m³，机械时间利用系数为 0.9，则该机械的产量定额为（　　）m³/台班。
   A. 48
   B. 54
   C. 62
   D. 72

18. 下列施工机械安拆和场外运费应用中，应计入施工机械台班单价的是（　　）。
   A. 轻型施工机械现场安装发生的试运转费
   B. 安拆复杂、移动需要起重及运输机械的重型施工机械
   C. 利用辅助设施移动的施工机械
   D. 固定在车间的施工机械

19. 某材料从两地采购，采购量分别是 600t 和 400t。采购价（含税）分别为 500 元/t 和 550 元/t。运杂费（含税）分别为 20 元/t 和 25 元/t，运输损耗费率、采购与仓储保管费税率为 0.5%、3%，采用"一票制"支付方式，增值税税率为 13%。则该材料的预算单价（不含税）（　　）元/t。
   A. 488.04
   B. 488.11
   C. 496.43
   D. 496.51

20. 关于投资估算指标的说法，正确的是（　　）。
   A. 定额水平反映社会平均先进水平
   B. 费用范围涉及建设期全部投资
   C. 应以单位工程为对象编制
   D. 按表现形式可分为综合指标和单项指标

21. 现有 30 个某类建设工程造价数据，随机抽取 7 个项目的造价及相关数据如表 1 所示，采用数据统计法测算该类工程造价指标为（　　）元/m²。

随机抽取 7 个项目的造价及相关数据　　表 1

项目编号	1	2	3	4	5	6	7
造价数据（单方造价：元/m²）	2000	1800	1900	1850	2050	2200	1950
建设规模（建筑面积：万 m²）	10	50	10	20	30	50	30

   A. 1980
   B. 1960
   C. 1870
   D. 2069

22. 某地区新建学校的教学楼、宿舍楼、实验楼、办公楼、其他建筑的报告期指数及相关投资数据见表 2，如学校项目基期造价综合指数为 1，则其报告期的建设工程造价综合指数是（　　）。

某地区新建学校的报告期指数及相关投资数据　　表2

指标指数	教学楼	宿舍楼	实验楼	办公楼	其他建筑
总投资（亿元）	28	36	3	1	2
报告期单项工程造价指数	1.1	1.05	1.3	1.15	1.2

A. 1.07　　　　　　　　　　B. 1.10
C. 1.09　　　　　　　　　　D. 1.08

23. 在项目决策阶段，环境治理方案比选中的技术水平对比，主要是比较（　　）。
 A. 选用设备的先进性、可靠性　　B. 治理效果对比
 C. 管理及监测方式对比　　　　　D. 环境效益对比

24. 某地2022年拟建一年产40万t的化工产品项目，设备购置费估算为6000万元，该地区2019年已建20万t相同产品项目的建安工程费为6000万元。该地区2019～2022年设备购置费、建安工程费年均分别递增3%、4%。若生产能力指数为0.6，则该拟建项目的工程费用投资估算应为（　　）万元。
 A. 16229.85　　　　　　　　B. 16786.21
 C. 20167.44　　　　　　　　D. 20459.70

25. 关于可行性研究阶段的投资估算的方法，下列说法正确的是（　　）。
 A. 建筑工程费用估算通常采用概算指标法
 B. 工业建筑物套用结构形式、施工方法相适应的投资估算指标进行估算
 C. 安装工程费的估算应包括主材费和安装费
 D. 工艺设备安装估算，以单项工程为单元，根据设计选用的材质、规格，以"t"为单位计算

26. 根据《建设项目投资估算编审规程》，关于投资估算文件的编制，下列说法正确的是（　　）。
 A. 按照形成资产法分类，建设投资由形成固定资产的其他费用、形成无形资产的费用、形成其他资产的费用组成
 B. 按照概算法分类，建设投资由建筑安装工程费用、设备及工器具购置费和预备费用三部分组成
 C. 总投资估算表中工程费用的内容应分解到次要单位工程
 D. 建设期利息估算表中，期初借款余额等于上年期末借款余额

27. 关于建筑设计因素与工程造价的关系，下列说法正确的有（　　）。
 A. 建筑周长系数越高，设计越经济
 B. 圆形建筑物周长系数低，设计经济
 C. 单跨厂房在柱距不变时，跨度越大单方造价越低
 D. 建筑物流通空间越大，设计越经济

28. 关于使用编制建筑工程概算，在采用全费用综合单价的情况下，下列说法正确的是（　　）。
 A. 工程量计算按清单工程量计算规则进行
 B. 建筑工程概算表应以单位工程为对象进行编制

C. 单位工程概算造价应为分部分项工程费和措施项目费之和
D. 综合计取的措施项目费与分部分项工程费的计算方法相同

29. 某地拟建一景观工程，已知其类似已完工程造价指标为 400 元/m²，其中人材机费分别为 15%、55%、10%，拟建工程与类似工程地区的人材差异系数分别为 1.15、1.05 和 0.95，假定拟建工程综合取费以人材机费之和为基数，费率为 25%，则该拟建工程的造价指标为（ ）元/m²。

A. 338
B. 522.5
C. 418
D. 422.5

30. 当初步设计深度不够，但能提供的设备清单有规格和设备重量时，编制设备安装工程概算应选用的方法是（ ）。

A. 预算单价法
B. 扩大单价法
C. 设备价值百分比法
D. 综合吨位指标法

31. 关于施工图预算对投资方的作用，下列说法正确的是（ ）。

A. 调配施工力量、组织材料供应的依据
B. 控制施工图设计不突破设计概算的重要措施
C. 签订施工合同的主要内容
D. 审定工程最高投标限价的依据

32. 下列施工图预算编制的工作中，属于工料单价法但不属于实物量法的工作步骤是（ ）。

A. 列项并计算工程量
B. 套用预算定额（或企业定额），计算人工、材料、机具台班消耗量
C. 计算主材费并调整价差
D. 按计价程序计取其他费用，并汇总造价

33. 招标工程量清单编制的准备工作包括：①拟定常规施工组织设计；②现场踏勘；③计算工程量；④审查复核；⑤列项，正确的排序顺序是（ ）。

A. ②①③⑤④
B. ②③①⑤④
C. ①②③④⑤
D. ②③⑤①④

34. 关于招标工程量清单中的暂列金额，下列说法正确的是（ ）。

A. 不可只列暂定金额总额
B. 包含暂时不能确定价格的材料、工程设备价格
C. 一般可按招标项目清单的 10%～15% 确定
D. 不同专业预留的暂列金额应分别列项

35. 在编制最高投标限价时，对于招标人自行采购材料的，其总承包服务费按招标人提供材料价值的（ ）计算。

A. 1%
B. 1.5%
C. 3%
D. 5%

36. 关于编制最高投标限价时应注意的问题，下列说法正确的是（ ）。

A. 材料价格必须采用工程造价信息平台发布的价格
B. 总价措施项目费应按造价主管部门规定的取费标准取费

C. 施工机械应选择同类机械租赁市场价格最高的机械

D. 竞争性措施项目应在常规的施工组织设计或施工方案基础上编制

37. 关于投标报价与最高投标限价的相同之处，下列说法正确的是( )。

A. 投标报价的编制依据不包括企业定额

B. 利润额应当根据招标人要求填写

C. 考虑相同的风险因素

D. 最高投标限价采用拟定的施工组织设计和方案

38. 某项目拟采用工程量清单招标签订单价合同，关于该工程投标综合单价的编制，下列说法正确的是( )。

A. 应以招标工程量清单特征描述为准，即使其与设计图纸不符

B. 合同约定范围内投标人应承担的风险费用，无须考虑并入综合单价

C. 暂估价计入清单项目的综合单价中

D. 应考虑±10%以内的材料价格、施工机具使用费风险

39. 根据现行工程量清单计价规范，投标人应按招标文件提供金额编制报价的项目是( )。

A. 安全文明施工费
B. 暂列金额
C. 计日工
D. 规费

40. 某建筑工程招标采用经评审的最低投标价法，招标文件对同时投多个标段的评标修正率为3%，甲乙同时投Ⅰ、Ⅱ标段，其报价如表3所示，若甲中标Ⅰ标段，不考虑其他量化因素，则甲乙Ⅱ标段的评标价格分别为( )万元。

投标人报价　　　　　　　　　　　　　　　　　　　　　表3

投标人	Ⅰ标段	Ⅱ标段
甲报价（万元）	7000	6500
乙报价（万元）	7200	6000

A. 6500、6000
B. 6500、5820
C. 6305、6000
D. 6350、5820

41. 关于履约担保的说法，正确的( )。

A. 中标人提供履约担保的，招标人应同时向中标人提供工程款支付担保

B. 最高不得超过中标合同金额的5%

C. 有效期自合同签订之日起至合同约定的中标人主要义务履行完毕止

D. 应在工程接收证书颁发前28天内将履约保证金退还给承包人

42. EPC总承包模式下，工程总承包人应承担的工作范围是( )。

A. 采购-设计-施工

B. 采购-施工

C. 采购-设计-施工-试运行

D. 采购-设计-施工-试运行-保养维护

43. 关于世界银行贷款项目国际竞争性招标工程的评标，下列步骤及顺序正确的是( )。

A. 资格预审、资格定审、定标　　　　B. 开标、评标、定标
C. 资格定审、审标、评标　　　　　　D. 审标、评标、资格定审

44. 某企业进行国际工程投标报价时，将分包费列入直接费中，该分包工程的管理费应计入( )。

A. 直接费　　　　　　　　　　　　B. 间接费
C. 暂定金额　　　　　　　　　　　D. 分包费

45. 根据现行工程量清单计价规范，工程变更引起措施项目发生变化或施工费的调整，下列说法正确的是( )。

A. 安全文明施工费的费率不变
B. 按总价（或系数）计算的措施项目费，按照实际发生变化的措施项目调整，但应考虑承包人报价浮动因素
C. 按照承包人实际发生的金额进行调整
D. 按监理工程师确认的金额调整

46. 某工程招标工程量清单工程量为1000m^3，由于工程变更更改实际完成工程量为800m^3，招标报价浮动率为4%，最高投标限价为500元/m^3，投标报价为450元/m^3，市场价为560元/m^3，则结算单价为( )元/m^3。

A. 436　　　　　　　　　　　　　B. 450
C. 464　　　　　　　　　　　　　D. 500

47. 施工合同约定由发包人承担材料价格波动±5%以外的风险，已知某材料投标报价520元/m^3，基准期公布的价格为510元/m^3，施工期该材料的造价信息发布价为560元/m^3，若采用造价信息调整价差，则该材料的实际结算价为( )元/m^3。

A. 535.5　　　　　　　　　　　　B. 534.0
C. 560.0　　　　　　　　　　　　D. 534.5

48. 某项目采用《标准施工招标文件》（2007年版）合同条件，施工过程中发生下列事件：①基础开挖时出现勘察设计未注明溶洞，停工3天，窝工30工日，处理不利地质条件20天。②由于异常恶劣天气，导致停工2天，窝工20工日，该工程合同约定窝工160元/工日、人工工日单价200元/工日，不考虑其他因素，承包人应向业主索赔的工期、费用分别为( )。

A. 5天，8800元　　　　　　　　　B. 3天，8800元
C. 5天，12000元　　　　　　　　D. 3天，12000元

49. 根据《标准施工招标文件》（2007年版），下列索赔事件中，只可索赔工期、费用，不可补偿利润的是( )。

A. 工期暂停后因发包人原因无法按时施工
B. 施工中发现文物、古迹
C. 因发包人提供的错误资料导致测量放线错误
D. 承包人提前竣工

50. 某工程合同总价1000万元，影响该工程同一关键线路上的A、B两个分项工作产生延误，A、B工作分别延误2天、3天。其中A工作300万元，B工作200万元，则承包人应向发包人提出的工期索赔为( )天。

A. 2 B. 3
C. 5 D. 0

51. 根据现行工程量清单计价规范，关于国有资金投资建设工程的工程计量，下列说法正确的是(   )。

A. 工程计量的范围不包括各种预付款的支付项目

B. 因承包人原因造成的超出合同工程范围施工或返工的工程量，发包人应予计量

C. 应区分单价合同与总价合同选择不同的计量方法

D. 成本加酬金合同按照总价合同的计量规定进行计量

52. 除工程造价咨询合同另有约定外，工程造价咨询企业竣工结算审查应采用的方法是(   )。

A. 全面审查 B. 重点审查
C. 抽样审查 D. 对比审查与抽样审查相结合

53. 关于编制竣工结算文件应遵循的计价原则，下列说法正确的是(   )。

A. 安全文明施工费应依据已标价工程量清单约定金额计算，不得调整

B. 总承包服务费应依据合同约定金额计算，不得变动

C. 现场签证费用应依据发承包双方签证确认的金额计算

D. 暂列金额应减去工程价款调整（包括索赔、现场签证）金额计算，如有余额归承包人

54. 因不可抗力解除合同的，发包人应向承包人支付的金额中不应包括(   )。

A. 已实施或部分实施的措施项目应付价款

B. 承包人为合同工程合理订购且已交付的材料和工程设备货款

C. 不可抗力事件发生后的窝工损失费

D. 承包人的员工遣送费

55. 根据《标准施工招标文件》(2007 年版)，关于最终结清的说法正确的是(   )。

A. 承包人按合同约定接受了竣工结算支付证书后，应被认为已无权再提出在合同工程接收证书颁发后所发生的任何索赔

B. 承包人提交的最终结清申请中，只限于提出工程接收证书颁发后发生的索赔

C. 提出索赔的期限自缺陷责任期终止时终止

D. 最终结清时，如果承包人被扣留的质量保证金不足以抵减发包人工程缺陷修复费用的，发包人应承担不足部分的补偿责任

56. 关于工程合同价款纠纷的解决，下列说法正确的是(   )。

A. 合同约定了调解人的，发承包双方不得协议调换或终止任何调解人

B. 发承包双方或一方在收到工程造价管理机构书面解释或认定后，不得再提请仲裁或诉讼

C. 如果发承包任一方对调解人的调解书有异议，应在收到调解书后 14 天内向另一方发出异议通知，并说明争议的事项和理由

D. 发承包双方接受调解人出具的调解书的，经双方签字后作为合同的补充文件

57. 根据《建设项目工程总承包合同（示范文本）》GF—2020—0216 通用合同条件，关于工程总承包价款结算中的最终结清支付，下列说法正确的是(   )。

A. 发包人应在颁发竣工付款证书后 7 天内完成支付
B. 最终结清申请单不包括质量保证金、缺陷责任期内发生的增减费用
C. 发包人逾期支付超过 56 天的应按贷款市场报价利率的两倍支付利息
D. 发包人逾期 56 天的按市场贷款利率支付利息

58. 根据 2017 版 FIDIC《施工合同条件》，关于国际工程承包合同中的暂定金额，下列说法正确的是（   ）。
A. 仅用于"暂定金额条款"项下任何部分工程的实施
B. 仅应包括业主指示的且与暂定金额有关的工作、供货或服务的款项
C. 工程师在收到报价单后 7 天内未予答复的，承包人也无权自行决定接受其中任何一份报价
D. 只能按工程师的指示使用，并对合同价格做相应调整

59. 关于建设项目竣工决算编制中的工程造价对比分析，下列说法正确的是（   ）。
A. 应对工程建设其他费逐一对比
B. 在分析时，可先对比整个项目的建筑安装工程费
C. 应对所有实物工程量进行分析
D. 应对所有工程子目单价和变动情况进行分析

60. 某工业建设项目及其单项如表 4 所示，则甲工程应分摊的建设单位管理费和土地征用费为（   ）万元。

某工业建设项目及其单项   表 4

费用名称	建筑工程	安装工程	需安装设备	建设单位管理费	土地征用费	设计费
建设项目竣工决算（万元）	6000	1000	3000	500	1200	100
甲单项工程（万元）	2000	600	1500			

A. 400   B. 605
C. 697   D. 638

二、多项选择题（共 20 题，每题 2 分。每题的备选项中，有 2 个或 2 个以上符合题意，至少有 1 个错项。错选，本题不得分；少选，所选的每个选项得 0.5 分）。

61. 关于进口设备原价的构成内容，正确的有（   ）。
A. 设备在出口国内发生的运费
B. 设备的国际运输费用
C. 设备供销部门手续费
D. 设备验收、保管和收发发生的费用
E. 未达到固定资产标准的设备购置费

62. 下列保险、担保费用中，属于建筑安装工程费中企业管理费的有（   ）。
A. 工伤保险费   B. 施工管理用车辆保险
C. 劳动保险   D. 履约担保费
E. 国内运输保险费

63. 下列费用中，应在研究试验费中列出的是（   ）。
A. 对构件、建筑物进行一般鉴定检查的费用

B. 设计规定在建设过程中必须进行试验验证费用
C. 科技三项费用
D. 特殊设备安全监督检验费
E. 为验证设计数据而进行必要的研究试验费用

64. 关于现阶段我国工程造价计价依据改革的相关任务，下列说法正确的有（　　）。
A. 优化预算定额、概算定额、估算指标编制发布和动态管理
B. 强化最高投标限价按定额计价的规定，弱化市场信息价格的使用
C. 加强政府对市场价格信息发布行为的监管
D. 加强建设国有资金投资项目的工程造价数据库
E. 运用造价指标指数和市场价格信息控制项目投资

65. 根据工程定额编制下列工人工作时间消耗、机械工作时间消耗或材料的消耗，应计入人工、材料或施工机具定额的有（　　）。
A. 施工本身造成的停工时间　　　　B. 不可避免的施工废料
C. 施工措施性材料的用量　　　　　D. 有根据地降低负荷下的工作时间
E. 与机械保养相关的必要中断时间

66. 下列因素中，能够影响人工、材料或施工机具台班单价水平的有（　　）。
A. 社会保障和福利政策　　　　　　B. 社会最高工资水平
C. 材料的场内运输损耗　　　　　　D. 材料的生产成本
E. 施工机械的维护保养水平

67. 关于预算定额、概算定额和估算指标等各类计价定额的异同，下列说法正确的有（　　）。
A. 反映的定额水平各有不同
B. 项目划分与综合扩大程度各有不同
C. 定额的表现形式不同
D. 定额内容均包含人工、材料、施工机具台班消耗量等内容
E. 适用的图纸深度不同

68. 关于建设期内投资估算编制要求，下列说法正确的是（　　）。
A. 在可行性研究阶段应选用比例估算法估算
B. 应做到工程内容和费用构成齐全，不提高或降低估算标准
C. 需对主要经济指标进行分析
D. 应对影响造价的因素进行敏感性分析
E. 估算内容由静态部分和动态部分两个部分组成

69. 建设项目总投资估算中，属于动态部分的费用项目有（　　）。
A. 工程建设其他费　　　　　　　　B. 基本预备费
C. 价差预备费　　　　　　　　　　D. 建设期利息
E. 流动资金

70. 关于建设项目设计概算，下列说法正确的有（　　）。
A. 建设项目资金筹措方案是概算的编制依据之一
B. 应合理预测建设期价格水平并考虑动态因素的影响

C. 初步设计较深且有详细设备清单时，可采用预算单价法编制设备安装工程概算
D. 以政府投资项目为主的工程项目，仅依赖于政府发布的概算定额（指标）
E. 建设单位管理费按"建设投资×费率"或有关定额列式计算

71. 关于招标工程量清单的编制，正确的有（　　）。
A. 应在预算定额和工程量清单计算规范中选择工程量计算规范
B. 措施项目清单应根据拟建工程实际列项
C. 专业工程暂估价应计入其他项目费
D. 计日工应列出计量单位、暂定数量、暂定金额
E. 总承包服务费的项目名称和服务内容应由招标人填写

72. 在招标工程量清单的编制内容中，应作出合理说明的内容有（　　）。
A. 基础及结构类型
B. 施工场地的地表情况
C. 单位工程施工顺序
D. 工程分包范围
E. 工程质量要求

73. 下列投标人的行为，属于投标人相互串通投标的有（　　）。
A. 不同投标人之间约定中标人
B. 不同投标人的投标文件由同一单位或者个人编制
C. 投标人之间约定部分投标人放弃投标
D. 不同投标人的投标文件载明的项目管理成员为同一人
E. 不同投标人的投标文件相互混装

74. 下列对投标文件进行评审的工作中，属于初步评审工作的有（　　）。
A. 错漏项分析
B. 审查类似项目业绩
C. 分析报价构成的合理性
D. 修正有算数错误的报价
E. 不平衡报价分析

75. 采用计日工计价的变更工作，承包人应在该项变更实施工作中，按合同约定提交的资料有（　　）。
A. 发生变更的理由陈述
B. 变更工作的名称、内容和数量
C. 投入该工作所有人员的姓名、专业、级别和耗用工时
D. 投入该工作的材料名称、类别和数量
E. 投入该工作的设备型号、台数、耗用台时

76. 根据我国《标准施工招标文件》，下列索赔事件中，承包人可以同时向发包人提出工期、费用和利润索赔的有（　　）。
A. 延迟提供施工场地
B. 施工中遇到不利物质条件
C. 承包人提前竣工
D. 监理人对已覆盖的隐蔽工程要求重新检查且检查结果合格
E. 因发包人原因导致承包工程返工

77. 关于工程计量的说法，正确的有（　　）。
A. 应按合同文件规定的方法、范围、内容和单位计量

B. 不符合合同文件要求的工程不予计量
C. 承包人原因造成的超出合同工程范围施工或返工的工程量，发包人应予计量
D. 工程资料不齐全但满足工程质量要求的，发包人应予计量
E. 发包人原因造成的超出合同工程范围施工或返工的工程量，发包人不予计量

78. 根据《建设工程造价鉴定规范》，关于鉴定意见书的鉴定意见，下列说法正确的有（　　）。

A. 鉴定意见可同时包括确定性意见、推断性意见、供选择性意见
B. 当鉴定事项内容事实清楚，证据充分，应做出确定性意见
C. 对当事人达成的书面妥协性意见，不得作为鉴定依据直接使用
D. 当鉴定项目合同约定矛盾，可按不同约定做出供选择性意见
E. 鉴定意见书载有对案件性质和当事人责任进行认定的内容

79. 根据2017版FIDIC《施工合同条件》，关于国际工程承包的工程变更，下列说法正确的有（　　）。

A. 在颁发工程接收证书前提出变更
B. 工程师有权依据变更程序的规定发出变更指令
C. 合同中任何工作的工程量的变化均属于变更
D. 承包人可基于价值工程主动建议变更
E. 不论何种变更，都必须由监理发出变更指令

80. 关于建设项目形成无形资产计价原则，下列说法正确的有（　　）。

A. 投资者按无形资产作为资本金投入的，按评估确认的金额计价
B. 购入的无形资产，按合同约定作价
C. 自创的无形资产，按开发中实际支出计价
D. 接受捐赠的无形资产，按照发票账单所载金额或者同类无形资产市场计价
E. 无形资产入账后，应在其有效使用期内分期摊销

2022 年全国一级造价工程师职业资格考试
《建设工程计价》
答案与解析

一、单项选择题（共 60 题，每题 1 分。每题的备选项中，只有 1 个最符合题意）。

1.【答案】 B

【解析】本题考查国外建设工程造价的构成。间接建设成本包括项目管理费、开工试车费、业主的行政性费用、生产前费用、运费和保险费、税金。（提示：2023 版教材已删除该知识点。）

2.【答案】 C

【解析】本题考查国产设备原价的构成及计算。当期销项税额＝销售额×适用增值税税率；销售额＝材料费＋加工费＋辅助材料费＋专用工具费＋废品损失费＋外购配套件费＋包装费＋利润；利润＝（材料费＋加工费＋辅助材料费＋专用工具费＋废品损失费＋包装费）×利润率＝（6＋0.5）×10％＝0.65(万元)；该设备的增值税销项税额＝（6＋0.5＋1.5＋0.65）×13％＝1.125(万元)。

3.【答案】 C

【解析】本题考查进口从属费的构成及计算。

消费税＝[到岸价(CIF)＋关税]/(1－税率)×消费税税率＝(CIF＋关税＋消费税)×消费税税率。

增值税＝(CIF＋关税＋消费税)×消费税税率。

4.【答案】 B

【解析】本题考查企业管理费。财务费是指企业为施工生产筹集资金或提供预付款担保、履约担保、职工工资支付担保等所发生的各种费用。审计费属于企业管理费中的其他费。财产保险费和财务费是并列关系，均属于企业管理费。

5.【答案】 C

【解析】本题考查措施项目费。当单层建筑物檐口高度超过 20m，多层建筑物超过 6 层时，可计算超高施工增加费。

6.【答案】 B

【解析】本题考查用地和工程准备费。地上附着物是指房屋、水井、树木、涵洞、桥梁、公路、水利设施、林木等地面建筑物、构筑物、附着物等。如附着物产权属个人，则该项补助费应付给本人，故选项 A 错误。有偿出让和转让使用权，要向土地受让者征收契税；转让土地如有增值，要向转让者征收土地增值税，故 C 选项错误。土地使用者每年应按规定的标准缴纳土地使用费，故 D 选项错误。

7.【答案】 B

【解析】本题考查技术服务费。可行性研究费、设计评审费、技术经济标准使用费均属于技术服务费。故 A、C、D 选项错误。专项评价费包括环境影响评价费、安全预评价费、职业病危害预评价费、地质灾害危险性评价费、水土保持评价费、压覆矿产资源评价费、节能评估费、危险与可操作性分析及安全完整性评价费以及其他专项评价费。（提示：2023 版教材该知识点有变化。）

8.【答案】 A

【解析】本题考查建设期利息的计算。静态投资＝8000×50％＝4000（万元）。

第一年涨价预备费为：$PF_1 = I_1[(1+f)^{0.5} \times (1+f)^{0.5} - 1]$
$= 4000 \times [(1+5\%)^{0.5} \times (1+5\%)^{0.5} - 1] = 4000 \times 0.05$
$= 200$（万元）

第二年涨价预备费为：
$PF_2 = I_2[(1+f)^{0.5} \times (1+f)^{0.5} \times (1+f)^{2-1} - 1]$
$= 4000 \times [(1+5\%)^{0.5} \times (1+5\%)^{0.5} \times (1+5\%) - 1] = 4000 \times 0.1025 = 410$（万元）

所以，建设期的价差预备费为：
$PF = 200 + 410 = 610$（万元）

9.【答案】 B

【解析】本题考查建设期利息的计算。在建设期，各年利息计算如下：第一年贷款金额＝3000×60％＝1800(万元)，第二年贷款金额＝3000×40％＝1200(万元)。

第一年利息＝1/2×1800×10％＝90(万元)。

第二年利息＝(1800+90+1/2×1200)×10％＝249(万元)。

建设期利息＝90+249＝339(万元)。

10.【答案】 C

【解析】本题考查工程计价基本原理。若采用全费用综合单价（完全综合单价），首先依据相应工程量计算规范规定的工程量计算规则计算工程量，并依据相应的计价依据确定综合单价，然后用工程量乘以综合单价，并汇总即可得出分部分项工程及单价措施项目费，之后再按相应的办法计算总价措施项目费、其他项目费，汇总后形成相应工程造价。其他选项的关系如图 1 所示。

11.【答案】 C

【解析】本题考查工程定额体系。概算指标是以单位工程为对象，反映完成一个规定计量单位建筑安装产品的经济指标。

12.【答案】 B

【解析】本题考查分部分项工程项目清单的编制。选项 A 错误，第二级为附录分类顺序码。选项 B 正确，凡项目特征中未描述到的其他独有特征，由清单编制人视项目具体情况确定，以准确描述清单项目为准。选项 C 错误，分部分项工程项目清单的项目名称应按专业工程量计算规范附录的项目名称结合拟建工程的实际确定。选项 D 错误，除另有说明外，所有清单项目的工程量应以实体工程量为准，并以完成后的净值计算。

13.【答案】 A

【解析】本题考查措施项目的类别。单价措施项目包括脚手架工程，混凝土模板及支架（撑），垂直运输，超高施工增加，大型机械设备进出场及安拆，施工排水、降水等。

不宜计量的措施项目费包括安全文明施工，夜间施工，非夜间施工照明，二次搬运，

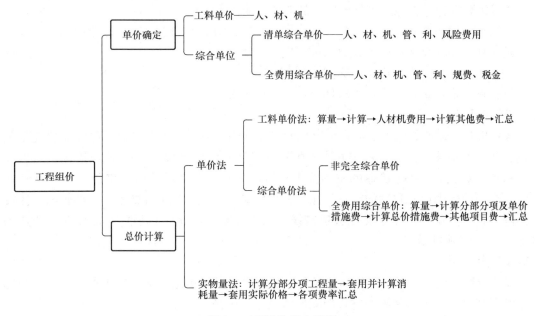

图 1 工程计价基本原理

冬雨期施工，地上、地下设施和建筑物的临时保护设施，已完工程及设备保护等。

14.【答案】B

【解析】本题考查暂估价。暂估价包括材料暂估单价、工程设备暂估单价和专业工程暂估价。纳入分部分项工程项目清单综合单价中的暂估价应只是材料、工程设备暂估单价，故选项 A 错误，选项 B 正确。专业工程的暂估价一般应是综合暂估价，包括人工费、材料费、施工机具使用费、企业管理费和利润，不包括规费和税金，选项 C 错误。材料和工程设备暂估单价应由招标人填写，选项 D 错误。

15.【答案】D

【解析】本题考查人工定额消耗量的确定。工序作业时间＝基本工作时间/[1－辅助工作时间(%)]；

规范时间＝准备与结束工作时间＋不可避免的中断时间＋休息时间；

定额时间＝工序作业时间/[1－规范时间(%)]；

定额时间＝工序作业时间＋规范时间。

16.【答案】C

本题考查确定材料定额消耗量的基本方法。

每立方米用的空心砌块数：

$$A=\frac{1}{墙厚\times(砖长+灰缝)\times(砖厚+灰缝)}=1\div[0.24\times(0.29+0.01)\times(0.19+0.01)]$$

$$=69.45(块)；$$

每立方米空心砌块消耗量＝$69.45\times(1+1\%)=70.14$(块)；

$10m^3$ 空心砌块消耗量＝$70.14\times(0.29\times0.24\times0.19)\times10=9.28(m^3)$。

17.【答案】D

【解析】本题考查施工机具台班定额消耗量的基本方法。
一次循环的正常延续时间＝3＋5＋4＋2－2＝12（分钟）＝12/60＝1/5（小时）；
纯工作1小时循环次数＝1÷1/5＝5（次）；
纯工作1小时正常生产率＝5×2＝10（m³）；
该机械台班产量定额＝10×8×0.9＝72（m³/台班）。

18.【答案】A

【解析】本题考查施工机械台班单价的组成和确定方法。安拆简单、移动需要起重及运输机械的轻型施工机械，其安拆费及场外运费计入台班单价，故 A 选项正确。安拆复杂、移动需要起重及运输机械的重型施工机械，其安拆费及场外运费单独计算，故 B 选项错误。利用辅助设施移动的施工机械，其辅助设施（包括轨道和枕木）等的折旧、搭设和拆除等费用可单独计算，故 C 选项错误。固定在车间的施工机械，不计算安拆费及场外运费，故选项 D 错误。

19.【答案】D

【解析】本题考查材料单价的组成和确定方法。根据题意，支付方式采用"一票制"。故运杂费和材料原价以相同的方式扣除增值税进项税额。
材料费1：(500＋20)÷(1＋13%)×(1＋0.5%)(1＋3%)＝476.352（元）；
材料费2：(550＋25)÷(1＋13%)×(1＋0.5%)(1＋3%)＝526.736（元）；
预算单价：(476.352×600＋526.736×400)÷(600＋400)＝496.51（元/t）。

20.【答案】B

【解析】本题考查投资估算指标。投资估算指标是一种反映社会平均水平的计价性定额，故 A 选项错误。由于投资估算指标属于项目建设前期进行估算投资的技术经济指标，它不但要反映实施阶段的静态投资，还必须反映项目建设前期和交付使用期内发生的动态投资，以投资估算指标为依据编制的投资估算，包含项目建设的全部投资额，故 B 选项正确。估算指标以独立的建设项目、单项工程或单位工程为对象，综合项目全过程投资和建设中的各类成本和费用，反映出其扩大的技术经济指标，故 C 选项错误。投资估算指标一般可分为建设项目综合指标、单项工程指标和单位工程指标三个层次，故 D 选项错误。

21.【答案】B

【解析】本题考查工程造价指标的测算。数据统计法计算建设工程经济指标、工程量指标、消耗量指标时，应将所有样本工程的单位造价、单位工程量、单位消耗量进行排序，从序列两端各去掉5%的边缘项目，边缘项目不足1时按1计算，剩下的样本采用加权平均法计算，得出相应的造价指标。
因此，需要去掉编号为2和6的项目，进行加权平均：
(2000×10＋1900×10＋1850×20＋2050×30＋1950×30)/(10＋10＋20＋30＋30)＝1960（元/m²）。

22.【答案】C

【解析】本题考查工程造价指数的编制。(28×1.1＋36×1.05＋3×1.3＋1×1.15＋2×1.2)/(28＋36＋3＋1＋2)＝1.09（元/m²）。

23.【答案】A

【解析】本题考查环境保护措施。对环境治理的各局部方案和总体方案进行技术经济比较，做出综合评价，并提出推荐方案。环境治理方案比选的主要内容包括：（1）技术水平对比，分析对比不同环境保护治理方案所采用的技术和设备的先进性、适用性、可靠性和可得性。（2）治理效果对比，分析对比不同环境保护治理方案在治理前及治理后环境指标的变化情况，以及能否满足环境保护法律法规的要求。（3）管理及监测方式对比，分析对比各治理方案所采用的管理和监测方式的优缺点。（4）环境效益对比，将环境治理保护所需投资和环保措施运行费用与所获得的收益相比较，并将分析结果作为方案比选的重要依据。效益费用比值较大的方案为优。

24.【答案】A

【解析】本题考查项目建议书阶段投资估算的方法。利用生产能力指数法计算，拟建项目的工程费用＝建筑安装工程费＋设备购置费；拟建项目建筑安装工程费＝$6000 \times (40/20)^{0.6} \times (1+4\%)^3 = 10229.85$（万元）；拟建项目的工程费用＝$10229.85+6000=16229.85$（万元）。

25.【答案】C

【解析】本题考查可行性研究阶段投资估算的方法。A选项错误，建筑工程费用是指为建造永久性建筑物和构筑物所需要的费用，主要采用单位实物工程量投资估算法。B选项错误，工业与民用建筑物以"m^2"或"m^3"为单位，套用规模相当、结构形式和建筑标准相适应的投资估算指标或类似工程造价资料进行估算；D选项错误，工艺设备安装费估算，以单项工程为单元，根据单项工程的专业特点和各种具体的投资估算指标，采用按设备费百分比估算指标进行估算；或根据单项工程设备总重，采用以"t"为单位的综合单价指标进行估算。

26.【答案】D

【解析】本题考查投资估算文件的编制。A选项错误，按照形成资产法分类，建设投资由形成固定资产的费用、形成无形资产的费用、形成其他资产的费用和预备费四部分组成；B选项错误，按照概算法分类，建设投资由工程费用、工程建设其他费用和预备费三部分构成；C选项错误，总投资估算表中工程费用的内容应分解到主要单项工程。

27.【答案】C

【解析】本题考查设计阶段影响工程造价的主要因素。选项A错误，通常情况下建筑周长系数越低，设计越经济。圆形、正方形、矩形、T形、L形建筑的K周依次增大。选项B错误，圆形建筑物施工复杂，施工费用一般比矩形建筑增加20%～30%，所以其墙体工程量所节约的费用并不能使建筑工程造价降低。选项D错误，在满足建筑物使用要求的前提下，应将流通空间减少到最小，这是建筑物经济平面布置的主要目标之一。

28.【答案】C

【解析】本题考查设计概算的编制。A选项错误，建筑工程概算表的编制，根据初步设计工程量按工程所在省、自治区、直辖市颁发的概算定额（指标）或行业概算定额指标，以及工程费用定额计算。B选项错误，建筑工程概算表应以单项工程为对象进行编制。C选项正确，如采用全费用综合单价，单位工程概算造价＝分部分项工程费＋措施项目费。D选项错误，可以计量的措施项目费与分部分项工程费的计算方法相同，综合计取的措施项目费应以该单位工程的分部分项工程费和可以计量的措施项目费之和为基数乘以相应费率计算。

29.【答案】 C

【解析】本题考查类似工程预算法。

方法一：$400×(0.15×1.15+0.55×1.05+0.1×0.95)×(1+25\%)=422.5(元/m^2)$；

方法二：先使用调差系数计算出拟建工程的工料单价。

类似工程的工料单价 $=400×(15\%+55\%+10\%)=320(元/m^2)$。

在类似工程的工料单价中，人工、材料、施工机具使用费的比重分别为：

$400×15\%/320=18.75\%$，$400×55\%/320=68.75\%$，$400×10\%/320=12.5\%$

拟建工程的工料单价 $=320×(18.75\%×1.15+68.75\%×1.05+12.5\%×0.95)=338$ $(元/m^2)$。

则拟建工程适用的综合单价 $=338×(1+25\%)=422.5(元/m^2)$。

30.【答案】 D

【解析】本题考查单位设备及安装工程概算编制方法。

预算单价法：当初步设计较深，有详细的设备清单时，可直接按安装工程预算定额单价编制安装工程概算，概算编制程序与安装工程施工图预算程序基本相同。该法的优点是计算比较具体，精确性较高。故 A 选项错误。

扩大单价法：当初步设计深度不够、设备清单不完备，只有主体设备或仅有成套设备重量时，可采用主体设备、成套设备的综合扩大安装单价来编制概算。故 B 选项错误。

设备价值百分比法：当初步设计深度不够，只有设备出厂价而无详细规格、重量时，安装费可按占设备费的百分比计算。其百分比值（即安装费率）由相关管理部门制定或由设计单位根据已完类似工程确定。故 C 选项错误。

综合吨位指标法：当初步设计提供的设备清单有规格和设备重量时，可采用综合吨位指标编制概算，其综合吨位指标由相关主管部门或由设计单位根据已完类似工程的资料确定。故 D 选项正确。

31.【答案】 B

【解析】A、C 选项，属于施工图预算对施工方的作用；D 选项，属于施工图预算对其他方的作用。

施工图预算对投资方的作用：①施工图预算是设计阶段控制工程造价的重要环节，是控制施工图设计不突破设计概算的重要措施。②施工图预算是控制造价及资金合理使用的依据。③施工图预算是确定工程最高投标限价的依据。④施工图预算可以作为确定合同价款、拨付工程进度款及办理工程结算的基础。

32.【答案】 C

【解析】本题考查单位工程施工图预算的编制。

工料单价法中列项并计算工程量这一步骤与实物量法相同，故 A 选项错误。实物量法套用的是预算定额（或企业定额）人工工日、材料、施工机具台班消耗量，工料单价法套用的是单位估价表工料单价或定额基价，故 B 选项错误。工料单价法的基本步骤：准备→计算工程量→套用定额预算单价，计算直接费→编制工料分析表→计算主材费并调整直接费→汇总造价→复核，编制说明，故 C 选项正确。按计价程序计取其他费用，并汇总造价，工料单价法中的该步骤与实物量法相同，故 D 选项错误。

33.【答案】A

【解析】本题考查招标工程量清单编制。招标工程量清单编制的准备工作包括：初步研究→现场踏勘→拟订常规施工组织设计。招标工程量清单的编制包括：分部分项工程项目清单编制（计算工程量）→措施项目清单编制→其他项目清单的编制→规费税金项目清单的编制→工程量清单总说明的编制→招标工程量清单汇总（在分部分项工程项目清单、措施项目清单、其他项目清单、规费和税金项目清单编制完成以后，经审查复核，与工程量清单封面及总说明汇总并装订，由相关责任人签字和盖章，形成完整的招标工程量清单文件）。

34.【答案】D

【解析】本题考查其他项目清单的编制。暂列金额的费用由招标人填写其项目名称、计量单位、暂定金额等，若不能详列，也可只列暂定金额总额，故 A 选项错误。暂列金额由招标人暂定并包括在合同价中，用于工程合同签订时尚未确定或者不可预见的所需材料、工程设备、服务的采购，施工中可能发生的工程变更、合同约定调整因素出现时的合同价款调整以及发生的索赔、现场签证确认等的费用，故 B 选项错误。暂列金额由招标人支配，实际发生后才得以支付，一般可按分部分项工程项目清单的 10%～15% 估算确定，故 C 选项错误。不同专业预留的暂列金额应分别列项，故 D 选项正确。

35.【答案】A

【解析】本题考查其他项目清单的编制。招标人自行供应材料的，按招标人供应材料价值的 1% 计算。

36.【答案】D

【解析】本题考查最高投标限价的编制内容。选项 A 错误，采用的材料价格应是通过工程造价信息平台发布的材料价格，工程造价信息未发布材料单价的材料，其材料价格应通过市场调查确定。选项 B 错误，选项 D 正确。不可竞争的措施项目和规费、税金等费用的计算均属于强制性的条款，编制最高投标限价时应按国家有关规定计算；对于竞争性的措施费用的确定，招标人应首先编制常规的施工组织设计或施工方案，然后经科学论证后再合理确定措施项目与费用。选项 C 错误，施工机械设备的选型直接关系到综合单价水平，应根据工程项目特点和施工条件，本着经济实用的原则确定。

37.【答案】C

【解析】本题考查最高投标限价的编制内容。A 选项错误，《建设工程工程量清单计价规范》GB 50500—2013 规定，投标报价应根据下列依据编制：（1）《建设工程工程量清单计价规范》GB 50500—2013 与专业工程量计算规范；（2）企业定额；其他 7 项内容具体参照教材。B 选项错误，利润额应当根据投标人自主确定。C 选项正确，为使最高投标限价与投标报价所包含的内容一致，综合单价中应包括招标文件中要求投标人所承担的风险内容及其范围（幅度）产生的风险费用。D 选项错误，最高投标限价采用常规的施工组织设计和方案，投标报价采用拟定的施工组织设计和方案。

38.【答案】A

【解析】本题考查分部分项工程和措施项目清单与计价表的编制。A 选项正确，在招标投标过程中，当出现招标工程量清单特征描述与设计图纸不符时，投标人应以招标工程量清单的项目特征描述为准，确定投标报价的综合单价。B 选项错误，招标文件中要求投标人承担的风险费用，投标人应考虑进入综合单价。C 选项错误，暂估价中的材料、工程设备暂估价必须按照招标人提供的暂估单价计入清单项目的综合单价，专业工程暂估价必须按照招标人提供的其他项目清单中列出的金额填写。D 选项错误，根据工程特点和工期要求，一般采取的方式是承包人承担 5％以内的材料、工程设备价格风险，10％以内的施工机具使用费风险。

39.【答案】B

【解析】本题考查投标报价的编制方法和内容。措施项目费由投标人自主确定，但其中安全文明施工费必须按照国家或省级、行业建设主管部门的规定计价，不得作为竞争性费用。故 A 选项错误。暂列金额应按照招标人提供的其他项目清单中列出的金额填写，不得变动。故 B 选项正确。计日工应按照招标人提供的其他项目清单列出的项目和估算的数量，自主确定各项综合单价并计算费用，故 C 选项错误。规费和税金应按国家或省级、行业建设主管部门的规定计算，不得作为竞争性费用，故 D 选项错误。

40.【答案】C

【解析】本题考查详细评审标准与方法。投标人甲Ⅱ标段的评标价：6500×（1－3％）＝6305（万元），而乙Ⅱ标段的评标价不变，为 6000 万元。

41.【答案】A

【解析】本题考查合同价款的约定。招标人要求中标人提供履约担保的，招标人应当同时向中标人提供工程款支付担保。中标后的承包人应保证其履约担保在发包人颁发工程接收证书前一直有效，故选项 A 正确。履约担保金额最高不得超过中标合同金额的 10％，故 B 选项错误。履约担保的有效期自合同生效之日起至合同约定的中标人主要义务履行完毕止，故 C 选项错误。发包人应在工程接收证书颁发后 28 天内将履约担保退还给承包人，故 D 选项错误。

42.【答案】C

【解析】本题考查工程总承包的分类与特点。EPC 总承包即工程总承包人按照合同约定，承担工程项目的设计、采购、施工、试运行服务等工作，并对承包工程的质量、安全、工期、造价全面负责。

43.【答案】D

【解析】本题考查国际竞争性招标。国际竞争性评标主要包括审标、评标、资格定审三个步骤。

44.【答案】B

【解析】本题考查承揽国际工程时投标报价的计算。在国际工程投标报价中，对分包费的处理有两种方法：一种方法是将分包费列入直接费中，即考虑间接费时包含了对分包的管理费；另一种方法是将分包费与直接费、间接费平行并列，在估算分包费时适当加入对分包商的管理费即可。

45.【答案】A

【解析】本题考查工程变更类合同价款调整子项。A 选项正确，安全文明施工费应当按照国家或省级、行业建设主管部门的规定标准计价；B 选项错误，按总价（或系数）计算的措施项目费，安全文明施工费按照实际发生变化的措施项目调整，不考虑报价浮动率；除了安全文明施工费外的总价措施项目应考虑承包人报价浮动因素；C 选项错误，如果承包人未事先将拟实施的方案提交给发包人确认，则视为工程变更不引起措施项目费的调整或承包人放弃调整措施项目费的权利；D 选项错误，工程变更引起措施项目发生变化的，承包人提出调整措施项目费的，应事先将拟实施的方案提交发包人确认。如果承包人未事先将拟实施的方案提交给发包人确认，则视为工程变更不引起措施项目费的调整或承包人放弃调整措施项目费的权利。

46.【答案】B

【解析】本题考查工程变更类合同价款调整子项。当应予计算的实际工程量与招标工程量清单出现偏差（包括因工程变更等原因导致的工程量偏差）超过 15% 时，对综合单价的调整原则为：当工程量增加 15% 以上时，其增加部分的工程量的综合单价应予调低；当工程量减少 15% 以上时，减少后剩余部分的工程量的综合单价应予调高。

$1000 \times (1-15\%) = 850(m^3) > 800(m^3)$，故综合单价应调增。

$500 \times (1-4\%) \times (1-15\%) = 408(元/m^3) < 450(元/m^3)$，故 $P_1 = P_0 = 450(元/m^3)$。

47.【答案】B

【解析】本题考查采用造价信息调整价格差额。第一步：判断施工期间信息价与基准期价格涨跌情况。依据题意可知，施工期间价格上涨。第二步：判断计算基数。在投标价与基准价两者之间选择高价作为基数，故 $520 \times (1+5\%) = 546(元/m^3)$。第三步：判断是否调差。$560 元/m^3 > 546 元/m^3$，需要调整的部分为：$560 - 546 = 14(元/m^3)$。因此，实际结算价 $= 520 + 14 = 534(元/m^3)$。

48.【答案】A

【解析】本题考查费用索赔的计算。事件一：出现勘察设计未注明溶洞可补偿费用和工期。停工 3 天，可以索赔工期 3 天，费用 $= 30 \times 160 + 20 \times 200 = 8800$（元）。事件二：异常恶劣天气只可索赔工期 2 天。故，承包人应向业主索赔的工期 $= 3 + 2 = 5$（天），费用为 8800 元。

49.【答案】B

【解析】本题考查索赔的概念及分类。A 选项属于因发包人原因造成工期延误，可索赔工期+费用+利润；B 选项施工中发现文物、古迹等，承包商可索赔工期+费用；C 选项承包人依据发包人提供的错误资料导致测量放线错误，可赔偿工期+费用+利润；D 选项承包人提前竣工的，只可索赔费用。

50.【答案】C

【解析】本题考查工期索赔计算。如果某干扰事件直接发生在关键线路上，造成总工期的延误，可以直接将该干扰事件的实际干扰时间（延误时间）作为工期索赔值。索赔天数：$2+3=5$（天）。

51.【答案】C

【解析】本题考查工程计量。A 选项错误，工程计量的范围包括工程量清单及工程变更所修订的工程量清单的内容；合同文件中规定的各种费用支付项目，如费用索赔、各种预付款、价格调整、违约金等。B 选项错误，因承包人原因造成的超出合同工程范围施工或返工的工程量，发包人不予计量。D 选项错误，成本加酬金合同按照单价合同的计量规定进行计量。

52.【答案】A

【解析】本题考查竣工结算文件的审核。竣工结算审核应采用全面审核法，除委托咨询合同另有约定外，不得采用重点审核法、抽样审核法或类比审核法等其他方法。

53.【答案】C

【解析】本题考查竣工结算文件的编制。A 选项错误，措施项目中的总价项目应依据合同约定的项目和金额计算；如发生调整的，以发承包双方确认调整的金额计算，其中安全文明施工费必须按照国家或省级、行业建设主管部门的规定计算。B 选项错误，总承包服务费应依据合同约定金额计算，如发生调整的，以发承包双方确认调整的金额计算。D 选项错误，暂列金额应减去工程价款调整（包括索赔、现场签证）金额计算，如有余额归发包人。

54.【答案】C

【解析】本题考查合同解除的价款结算与支付。由于不可抗力解除合同的，发包人除应向承包人支付合同解除之日前已完成工程但尚未支付的合同价款，还应支付下列金额：(1) 合同中约定应由发包人承担的费用。(2) 已实施或部分实施的措施项目应付价款。(3) 承包人为合同工程合理订购且已交付的材料和工程设备货款。发包人一经支付此项货款，该材料和工程设备即成为发包人的财产。(4) 承包人撤离现场所需的合理费用，包括员工遣送费和临时工程拆除、施工设备运离现场的费用。(5) 承包人为完成合同工程而预期开支的任何合理费用，且该项费用未包括在本款其他各项支付之内。

55.【答案】B

【解析】本题考查最终结清。A 选项，承包人按合同约定接受了竣工结算支付证书后，应被认为已无权再提出在合同工程接收证书颁发前所发生的任何索赔。C 选项，提出索赔的期限自接受最终支付证书时终止。D 选项，最终结清时，如果承包人被扣留的质量保证金不足以抵减发包人工程缺陷修复费用的，承包人应承担不足部分的补偿责任。

56.【答案】D

【解析】本题考查合同价款纠纷的解决途径。A 选项错误，合同履行期间，发承包双方可以协议调换或终止任何调解人；B 选项错误，发承包双方或一方在收到工程造价管理机构书面解释或认定后，仍可按照合同约定的争议解决方式提请仲裁或诉讼；C 选项错误，如果发承包任一方对调解人的调解书有异议，应在收到调解书后 28 天内向另一方发出异议通知，并说明争议的事项和理由；D 选项正确，发承包双方接受调解书的，经双方签字后作为合同的补充文件，对发、承包双方具有约束力，双方都应立即遵照执行。

57.【答案】C

【解析】本题考查工程总承包合同价款的结算。A 选项错误，发包人应在颁发最终结清证书后 7 天内完成支付。B 选项错误，最终结清申请单应列明质量保证金、应扣除的质量保证金、缺陷责任期内发生的增减费用。C 选项正确，逾期支付超过 56 天的，按照贷款市场报价利率（LPR）的两倍支付利息。D 选项错误，发包人逾期支付的，按照贷款市场报价利率（LPR）支付利息。

58.【答案】D

【解析】本题考查国际工程合同价款的结算。A 选项错误，暂定金额是指业主在合同中明确规定用于"暂定金额条款"项下任何部分工程的实施或提供永久设备、材料或服务的一笔金额。B 选项错误，支付给承包人的此类总金额仅应包括工程师指示的且与暂定金额有关的工作、供货或服务的款项。C 选项错误，工程师在收到报价单后 7 天内未予答复的，承包人有权自行决定接受其中任何一份报价。

59.【答案】A

【解析】本题考查建设项目竣工决算的编制。A 选项正确，在分析时，将建筑安装工程费、设备工器具费和其他工程费用逐一与竣工决算表中所提供的实际数据和相关资料及批准的概算、预算指标、实际的工程造价进行对比分析。B 选项错误，在分析时，可先对比整个项目的总概算。C 选项错误，考核主要实物工程量。对于实物工程量出入比较大的情况，必须查明原因。D 选项错误，在工程项目的投标报价或施工合同中，项目的子目单价早已确定，但由于施工过程或设计的变化等原因，经常会出现单价变动或新增加子目单价如何确定的问题。因此，要对主要工程子目的单价进行核对，对新增子目的单价进行分析检查，如发现异常应查明原因。

60.【答案】B

【解析】本题考查新增固定资产价值计算。一般情况下，建设单位管理费按建筑工程、安装工程、需安装设备价值总额等按比例分摊；土地征用费按建筑工程造价比例分摊。（提示：2023 版教材，该知识点有变化。）

建设单位管理费：$(2000+600+1500)\div(6000+1000+3000)\times 500=205$（万元）。

应分摊的土地征用费：$2000\div 6000\times 1200=400$（万元）。

甲工程应分摊的建设单位管理费和土地征用费为：$205+400=605$（万元）。

二、多选题答案解析（共 20 题，每题 2 分。每题的备选项中，有 2 个或 2 个以上符合题意，至少有 1 个错项。错选，本题不得分；少选，所选的每个选项得 0.5 分）。

61.【答案】AB

【解析】本题考查进口设备原价的构成及计算。进口设备的原价是指进口设备的抵岸价，即设备抵达买方边境、港口或车站，交纳完各种手续费、税费后形成的价格，故 A 选项正确。抵岸价＝进口设备到岸价（CIF）＋进口从属费。进口设备到岸价（CIF）＝离岸价格（FOB）＋国际运费＋运输保险费＝运费在内价（CFR）＋运输保险费，故 B 选项正确。设备运杂费的构成包括运费和装卸费、包装费、设备供销部门的手续费以及采购与仓库保管费（采购、验收、保管和收发设备），故 C、D 选项不符合题意。未达到固定资产标准的设备购置费属于工具、器具及生产家具购置费，故 E 选项不符合题意。

62.【答案】BCD

【解析】本题考查企业管理费的构成。规费主要包括社会保险费、住房公积金。而工伤保险费属于社会保险，故 A 选项错误。施工管理用车辆保险费属于企业管理费中的财产保险费，故 B 选项正确。劳动保险和职工福利费属于企业管理费，故 C 选项正确。履约担保费属于企业管理费中的财务费，故 D 选项正确。国内运输保险费属于进口设备到岸价的构成内容，故 E 选项错误。

63.【答案】BE

【解析】本题考查技术服务费。检验试验费是指施工企业按照有关标准规定，对建筑以及材料、构件和建筑安装物进行一般鉴定、检查所发生的费用，其属于企业管理费，故 A 选项错误。研究试验费是指为建设项目提供或验证设计参数、数据、资料等进行必要的研究试验，以及设计规定在建设过程中必须进行试验、验证所需的费用，故 B、E 选项正确。研究试验费不包括应由科技三项费用（即新产品试制费、中间试验费和重要科学研究补助费）开支的项目，故 C 选项错误。特殊设备安全监督检验费与研究试验费是并列关系，均属于技术服务费。技术服务费包括可行性研究费、专项评价费、勘察设计费、监理费、研究试验费、特殊设备安全监督检验费、监造费、招标费、设计评审费、技术经济标准使用费、工程造价咨询费及其他咨询费，故 D 选项错误。(提示：2023 版教材，该知识点有调整。)

64.【答案】CDE

【解析】本题考查与工程造价计价依据改革相关的任务。

（1）完善工程计价依据发布机制。加快转变政府职能，优化概算定额、估算指标编制发布和动态管理，取消最高投标限价按定额计价的规定，逐步停止发布预算定额。搭建市场价格信息发布平台，统一信息发布标准和规则，鼓励企事业单位通过信息平台发布各自的人工、材料、机械台班市场价格信息，供市场主体选择。加强市场价格信息发布行为监管，严格信息发布单位主体责任。

（2）加强工程造价数据积累。加快建立国有资金投资的工程造价数据库，按地区、工程类型、建筑结构等分类发布人工、材料、项目等造价指标指数，利用大数据、人工智能等信息化技术为概预算编制提供依据。加快推进工程总承包和全过程工程咨询，综合运用造价指标指数和市场价格信息，控制设计限额、建造标准、合同价格，确保工程投资效益得到有效发挥。

65.【答案】BCDE

【解析】本题考查人工、材料和施工机具台班消耗量的确定。首先要明确损失的时间不能计入定额。施工本身造成的停工时间属于机械工作时间中的损失时间，故 A 选项错误。必须消耗的材料属于施工正常消耗，是确定材料消耗定额的基本数据。其中，直接用于建筑和安装工程的材料编制材料净用量定额，不可避免的施工废料和材料损耗编制材料损耗定额，故 B 选项正确。根据材料消耗与工程实体的关系划分，施工中的材料可分为实体材料和非实体材料两类。其中非实体材料是指在施工中必须使用但又不能构成工程实体的施工措施性材料。非实体材料主要是指周转性材料，如模板、脚手架、支撑等，故 C 选项正确。施工机械时间消耗如图 2 所示，故 D、E 选项正确。

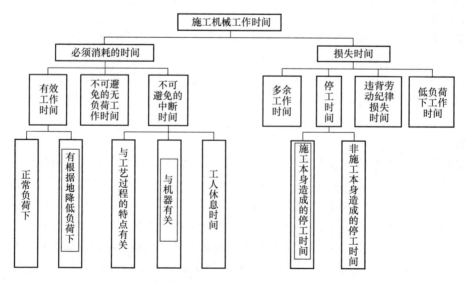

图 2 施工机械时间消耗

66.【答案】AD

【解析】本题考查建筑安装工程人工、材料和施工机具台班单价的确定。A 选项正确，政府推行的社会保障和福利政策也会影响人工日工资单价的变动。B 选项错误，社会平均工资水平影响人工日工资单价的变动。C 选项错误，材料的场内运输损耗计入材料的消耗量。D 选项正确，材料生产成本的变动直接影响材料单价的波动。E 选项错误，施工机具台班单价与维护保养水平无直接关系。

67.【答案】BCDE

【解析】预算定额、概算定额和估算指标的定额水平均反映的是社会平均水平。故 A 选项错误。预算定额是在正常的施工条件下，完成一定计量单位合格分项工程或结构构件所需消耗的人工、材料、施工机具台班数量及其费用标准；概算定额是完成单位合格扩大分项工程或扩大结构构件所需消耗的人工、材料和施工机具台班的数量及其费用标准。概算定额是编制扩大初步设计概算、确定建设项目投资额的依据。概算定额的项目划分粗细，与扩大初步设计的深度相适应，一般是在预算定额的基础上综合扩大而成的；投资估算指标是以建设项目、单项工程、单位工程为对象，反映建设总投资及其各项费用构成的经济指标。综上所述，选项 B、C、D 正确。预算定额以施工图纸进行计价，概算定额根据具有代表性的标准设计图纸和其他设计资料编制；不同阶段的投资估算对图纸要求的完备程度不一样，故 E 选项正确。

68.【答案】BCD

【解析】本题考查投资估算的编制依据和步骤。A 选项错误，在项目建议书阶段，投资估算的精度较低，可采取简单的匡算法，如生产能力指数法、系数估算法、比例估算法或混合法等，在条件允许时，也可采用指标估算法；在可行性研究阶段，投资估算精度要求高，需采用相对详细的投资估算方法，如指标估算法等。B 选项正确，投资估算的编制应做到工程内容和费用构成齐全，不重不漏，不提高或降低估算标准，计算合理。C 选项正确，应根据主体专业设计的阶段和深度，结合各行业的特点，所采用生产工艺流程的成熟性，以及国家及地区、行业或部门、市场相关投资估算基础资料和数据的合理、可靠、完整程度，采用合适的方法，对建设项目投资估算进行编制，并对主要技术经济指标进行分析。D 选项正确，应对影响造价变动的因素进行敏感性分析，分析市场的变动因素，充分估计物价上涨因素和市场供求情况对项目造价的影响，确保投资估算的编制质量。E 选项错误，可行性研究阶段的投资估算编制一般包含静态投资部分、动态投资部分与流动资金估算三部分。

69.【答案】CD

【解析】本题考查投资估算的内容。动态投资部分包括价差预备费和建设期利息两部分内容，故 C、D 选项正确。

70.【答案】ABC

【解析】本题考查设计概算的编制内容。建设项目资金筹措方案是概算的编制依据之一，故 A 选项正确。设计概算应按项目合理建设期限预测建设期价格水平，以及资产租赁和贷款的时间价值等动态因素对投资的影响，故 B 选项正确。预算单价法是当初步设计较深，有详细的设备清单时，可直接按安装工程预算定额单价编制安装工程概算，概算编制程序与安装工程施工图预算程序基本相同。该法的优点是计算比较具体，精确性较高，故 C 选项正确。以政府投资项目为主的工程项目，例如电力、铁路、公路等工程，目前仍主要以政府发布的行业或地方定额作为前期投资控制的依据或主要参考，但概算定额（指标）的内容、表现形式等也随着造价改革的不断深化而得以优化，会更具时效性和符合信息化发展潮流。而不仅依赖于政府发布的概算定额（指标），故 D 选项错误。建设单位管理费按"工程费用×费率"或有关定额列式计算，故 E 选项错误。

71. 【答案】BCE

【解析】本题考查招标工程量清单的编制。A 选项错误，工程量清单编制依据中不包含预算定额。B 选项正确，措施项目清单应根据拟建工程的实际情况列项，若出现《建设工程工程量清单计价规范》GB 50500—2013 中未列的项目，可根据工程实际情况补充。C 选项正确，一般而言，为方便合同管理和计价，需要纳入分部分项工程量项目综合单价中的暂估价，应只是材料、工程设备暂估单价，以方便投标与组价。以"项"为计量单位给出的专业工程暂估价应计入其他项目费。D 选项错误，计日工表中无须计暂定金额；总承包服务费的项目名称和服务内容应由招标人填写，E 选项正确。

72. 【答案】ABDE

【解析】本题考查招标工程量清单的编制内容。工程量清单总说明包括以下内容：（1）工程概况：对建设规模、工程特征、计划工期、施工现场实际情况、自然地理条件、环境保护要求等做出描述，其中工程特征应说明基础及结构类型、建筑层数、高度、门窗类型及各部位装饰、装修做法；施工现场实际情况是指施工场地的地表状况。（2）工程招标及分包范围。（3）工程量清单编制依据。（4）工程质量、材料、施工等的特殊要求。施工要求，一般是指建设项目中对单项工程的施工顺序等的要求。（5）其他需要说明的事项。

73. 【答案】AC

【解析】本题考查对投标行为的限制性规定。在投标过程中有串通投标行为的，招标人或有关管理机构可以认定该行为无效。

（1）有下列情形之一的，属于投标人相互串通投标：
1）投标人之间协商投标报价等投标文件的实质性内容；
2）投标人之间约定中标人；
3）投标人之间约定部分投标人放弃投标或者中标；
4）属于同一集团、协会、商会等组织成员的投标人按照该组织要求协同投标；
5）投标人之间为谋取中标或者排斥特定投标人而采取的其他联合行动。
（2）有下列情形之一的，视为投标人相互串通投标：
1）不同投标人的投标文件由同一单位或者个人编制；
2）不同投标人委托同一单位或者个人办理投标事宜；
3）不同投标人的投标文件载明的项目管理成员为同一人；
4）不同投标人的投标文件异常一致或者投标报价呈规律性差异；
5）不同投标人的投标文件相互混装；
6）不同投标人的投标保证金从同一单位或者个人的账户转出。

74. 【答案】BCD

【解析】本题考查清标与初步评审。初步评审的标准包括以下四个方面：①形式评审标准。②资格评审标准。应具备有效的营业执照，具备有效的安全生产许可证，并且资质等级、财务状况、类似项目业绩、信誉、项目经理、其他要求、联合体投标人等，均符合规定。③响应性评审标准。主要的评审内容包括投标报价校核，审查全部报价数据计算的正确性，分析报价构成的合理性。④施工组织设计和项目管理机构评审标准。投标报价有算术错误的，评标委员会按以下原则对投标报价进行修正，修正的价格经投标人书面确认后具有约束力，也属于初步评审工作。

清标工作主要包含下列内容：①对招标文件的实质性响应。②错漏项分析。③分部分项工程清单项目综合单价的合理性分析。④措施项目清单的完整性和合理性分析，以及其中不可竞争性费用的正确性分析。⑤其他项目清单完整性和合理性分析。⑥不平衡报价分析。⑦暂列金额、暂估价正确性复核。⑧总价与合价的算术性复核及修正建议。⑨其他应分析和澄清的问题。故 A、E 选项属于清标的工作。

75.【答案】 BCDE

【解析】本题考查计日工。采用计日工计价的任何一项变更工作，承包人应在该项变更实施过程中，按合同约定提交以下报表和有关凭证送发包人复核：①工作名称、内容和数量；②投入该工作所有人员的姓名、工种、级别和耗用工时；③投入该工作的材料名称、类别和数量；④投入该工作的施工设备型号、台数和耗用台时；⑤发包人要求提交的其他资料和凭证。

76.【答案】 ADE

【解析】本题考查索赔的概念及分类。B 选项错误，施工中遇到不利物质条件可索赔工期＋费用；C 选项，承包人提前竣工只可索赔费用。

77.【答案】 AB

【解析】本题考查工程计量。C 选项错误，承包人原因造成的超出合同工程范围施工或返工的工程量，发包人不予计量；D 选项错误，不符合合同文件要求的工程不予计量：即工程必须满足设计图纸、技术规范等合同文件对其在工程质量上的要求，同时有关的工程质量验收资料齐全、手续完备，满足合同文件对其在工程管理上的要求；E 选项错误，发包人原因造成的超出合同工程范围施工或返工的工程量，发包人应予计量。

78.【答案】 ABD

【解析】本题考查工程造价鉴定。鉴定意见可同时包括确定性意见、推断性意见或供选择性意见，故 A 选项正确。当鉴定项目或鉴定事项内容事实清楚，证据充分，应做出确定性意见，故 B 选项正确。对当事人达成的书面妥协性意见，除当事人再次达成一致同意外，不得作为鉴定依据直接使用，故 C 选项错误。当鉴定项目合同约定矛盾或鉴定事项中部分内容证据矛盾，委托人暂不明确要求鉴定人分别鉴定的，可分别按照不同的合同约定或证据，做出选择性意见，由委托人判断使用，故 D 选项正确。鉴定意见书不得载有对案件性质和当事人责任进行认定的内容，故 E 选项错误。

79.【答案】 ABD

【解析】本题考查国际工程合同价款的调整。在颁发工程接收证书前的任何时间，工程师有权依照变更程序的规定发出变更指令。故 A、B 选项正确。合同中任何工作的工程量的变化（但此类变化不一定构成变更）引起价款调整需同时满足四个条件，具体条件请参照教材国际工程变更中的价款调整节选，故 C 选项错误。建议的变更包括两类：一类是工程师征求承包人的建议；另一类是承包人基于价值工程主动提出的建议，D 选项正确。不论何种变更，都必须由工程师发出变更指令，E 选项错误。

80.【答案】ACDE

【解析】本题考查新增无形资产价值的确定方法。无形资产的计价原则：①投资者按无形资产作为资本金或者合作条件投入时，按评估确认或合同协议约定的金额计价；②购入的无形资产，按照实际支付的价款计价；③企业自创并依法申请取得的，按开发过程中的实际支出计价；④企业接受捐赠的无形资产，按照发票账单所载金额或者同类无形资产市场价作价；⑤无形资产计价入账后，应在其有效使用期内分期摊销，即企业为无形资产支出的费用应在无形资产的有效期内得到及时补偿。

模拟试卷1 《建设工程计价》

一、单项选择题（共60题，每题1分。每题的备选项中，只有1个最符合题意）

1. 根据我国现行建设工程总投资及工程造价的构成，下列说法正确的是（　　）。
A. 建设项目总投资是为完成工程项目建设并达到使用要求或生产条件，在建设期内预计或实际投入的全部费用总和
B. 生产性建设项目与非生产性建设项目总投资的构成相同
C. 工程造价是建设期预计或实际支出的工程费用
D. 流动资金是为进行正常生产运营，用于购买原材料、燃料、支付工资及其他运营费用等所需的自有资金

2. 关于设备购置费的构成，下列说法错误的是（　　）。
A. 设备及工器具购置费用是由设备购置费和工具、器具及生产家具购置费组成的
B. 国产设备原价一般指的是设备制造厂的交货价或订货合同价
C. 材料费＝材料净重×(1＋加工损耗系数)×每吨材料综合价
D. 辅助材料费＝设备净重×(1＋加工损耗系数)×辅助材料费指标

3. 某批进口设备离岸价为5000万元人民币，国际运费为200万元人民币，运输保险费费率为1％，外贸手续费费率为1.5％，则该批设备的到岸价应为（　　）万元人民币。
   A. 5200　　　　　　　　　　　　B. 5252.53
   C. 5327.53　　　　　　　　　　　D. 5389.30

4. 按费用构成要素划分建筑安装工程费，下列费用不属于劳动保险和职工福利费范围的是（　　）。
   A. 职工退职金　　　　　　　　　B. 支付给离休干部的经费
   C. 夏季防暑降温费用　　　　　　D. 防暑降温饮料费用

5. 在国外建筑安装工程费用构成中，承包商投标报价时需单独列项的是（　　）。
   A. 脚手架费用　　　　　　　　　B. 总部管理费
   C. 利润　　　　　　　　　　　　D. 材料费

6. 关于工程建设其他费用，下列说法中正确的是（　　）。
A. 建设单位管理费一般按建筑安装工程费乘以相应费率计算
B. 施工单位技术革新的研究试验费
C. 改扩建项目的场地准备及临时设施费一般只计拆除清理费
D. 市政公用配套设施可以是界区内配套的水、电、路、信等

7. 下列有关征地补偿费用说法错误的是（　　）。
A. 安置补助费应支付给被征地单位和安置劳动力的单位
B. 区片综合地价至少每3年调整或者重新公布一次
C. 农用地及水电工程建设的土地补偿费标准由省、自治区、直辖市通过制定公布区

片综合地价确定

D. 如附着物产权属个人，则地上附着物补偿费应该支付给个人

8. 关于预备费，下列说法正确的是（　　）。

A. 基本预备费可称为价格变动不可预见费

B. 基本预备费在施工合同签订时预留，可用于超规超限设备运输增加的费用

C. 价差预备费计算中，年涨价率一般按照政府部门的规定执行

D. 一般自然灾害处理、地下障碍物处理均属于基本预备费的支付范围

9. 某项目建设期为 2 年，分年度均衡贷款，第一年贷款 5000 万元，第二年贷款 2000 万元，年利率为 8%，建设期内只计息不付息，则该项目第二年的建设期利息为（　　）万元。

A. 200　　　　　　　　　　　　B. 320
C. 496　　　　　　　　　　　　D. 696

10. 关于工程计价的作用，下列说法错误的是（　　）。

A. 工程计价结果反映了工程的货币价值

B. 工程计价结果是投资控制的依据

C. 工程计价结果提供了一个平等的竞争条件

D. 工程计价结果是合同价款管理的基础

11. 关于工程造价的分部组合计价原理，下列说法正确的是（　　）。

A. 工程计价的基本原理是工程项目的划分和工程量的计算

B. 编制工程概预算时主要是按照清单工程量计算规范规定的清单项目进行划分

C. 工程单价的计算采用实物量法

D. 工料单价仅包括人工、材料、机具使用费，是各种人工消耗量、各种材料消耗量、各类施工机具台班消耗量与其相应单价的乘积

12. 关于工程量清单计价的范围和作用，说法错误的是（　　）。

A. 事业单位自有资金建设项目，必须采用工程量清单计价

B. 非国有资金投资的工程建设项目，宜采用工程量清单计价

C. 使用国家政策性贷款的项目，必须采用工程量清单计价

D. 国有资金占投资总额的 50% 以上的才必须采用工程量清单计价

13. 下列选项中不直接影响其他项目清单具体内容的是（　　）。

A. 工程建设标准的高低　　　　B. 工程的地理位置
C. 工程的工期长短　　　　　　D. 工程的组成内容

14. 下列费用中，投标时应由投标人自主报价，并计入其他项目清单与计价汇总表中的是（　　）。

A. 暂列金额　　　　　　　　　B. 材料暂估价
C. 专业工程暂估价　　　　　　D. 总承包服务费

15. 关于施工过程分类，下列说法正确的是（　　）。

A. 工作过程的特点是劳动者和劳动工具不变，劳动对象可以变换

B. 工序可以由一个人来完成，也可以由小组或施工队内的几名工人协同完成

C. 编制施工定额时，工作过程是主要的研究对象

D. 搬运过程是工艺方面最简单的施工过程

16. 已知人工挖某类土方1m³的基本工作时间为5小时，辅助工作时间占工序作业时间的8%，准备与结束工作时间、不可避免的中断时间、休息时间、停工时间分别占工作日的8%、3%、10%、9%，该人工挖土的时间定额为（　　）工日/10m³。
   A. 8.59
   B. 8.90
   C. 9.70
   D. 9.96

17. 某建设项目从两个不同的地点采购材料（适用13%增值税率），其供应量及有关费用如表1所示（表中原价、运杂费均为含税价格，且来源一采用"一票制"支付方式；来源二采用"两票制"支付方式），则该材料的单价为（　　）元/t。

材料供应量及有关费用　　　　　　　表1

供应单位	采购量（元/t）	原价（元/t）	运杂费（元/t）	运输损耗率	采保费率
来源一	200	350	50	0.5%	4%
来源二	300	320	70	0.6%	

   A. 350.19
   B. 350.52
   C. 366.07
   D. 368.18

18. 关于维护费的组成与确定，下列说法正确的是（　　）。
   A. 维护费指施工机械在规定的耐用总台班内，按规定的维护间隔进行各级维护所需的费用
   B. 维护费的计算可按折旧费×K（维护费系数）
   C. 维护费包含对临时故障排除所需的费用
   D. 各级维护一次费用应按施工机械的相关技术指标，结合编制期市场价格适当上调综合取定

19. 在计算预算定额人工工日消耗量时，含在人工幅度差内的用工是（　　）。
   A. 其他用工
   B. 超运距用工
   C. 电焊点火用工
   D. 同一现场内单位工程之间因操作地点转移而影响工人操作的时间

20. 有关概算指标的编制，下列说法中正确的是（　　）。
   A. 概算指标分为建筑工程概算指标和设备及安装工程概算指标
   B. 综合概算指标的准确性高于单项概算指标
   C. 概算指标以单项工程为对象
   D. 构筑物的概算指标以预算书确定的价值为准，需进行建筑面积换算

21. 关于工程造价指标的测算方法，下列说法正确的是（　　）。
   A. 当建设工程造价数据的样本量达到数据采集最少样本数量时，可使用典型工程法
   B. 数据统计法计算建设工程工料消耗量指标时，应将所有样本工程的单位消耗量进行排序
   C. 仅需将典型工程各构成数据中人工、材料、机具等分部分项费用数据调整至相应平均水平

D. 汇总计算法计算工程造价指标时，应采用加权平均计算法，权重为指标对应的投资额

22. 关于不同行业、不同类型项目确定建设规模应考虑的因素中，说法错误的是（　　）。
    A. 非金属矿山项目应充分考虑赋存条件
    B. 铁路项目应充分考虑建设条件和生态影响
    C. 水利水电项目应充分考虑水的资源量和移民安置问题
    D. 技术改造项目应充分研究建设项目生产规模与企业现有规模的关系

23. 某地2022年拟建一年产100万t产品的工业项目，预计建设期为3年，该地区2019年已建年产60万t的类似项目，投资为1亿元。已知生产能力指数为0.8，该地区2019年至2022年工程造价平均每年递增5%。用生产能力指数法估算的拟建项目静态投资为（　　）亿元。
    A. 1.67　　　　　　　　　　　　B. 1.74
    C. 1.83　　　　　　　　　　　　D. 2.14

24. 在投资估算的编制中，动态部分的估算应以（　　）的资金使用计划为基础来计算。
    A. 基准年静态投资　　　　　　　B. 基准年动态投资
    C. 编制年静态投资　　　　　　　D. 编制年动态投资

25. 采用分项详细估算法估算项目流动资金时，流动资产的正确构成是（　　）。
    A. 应付账款＋预付账款＋存货＋年其他费用
    B. 应付账款＋应收账款＋存货＋现金
    C. 应收账款＋存货＋预收账款＋现金
    D. 预付账款＋现金＋应收账款＋存货

26. 按照形成资产法编制建设项目投资估算表，下列费用中可计入固定资产费用的是（　　）。
    A. 项目建设管理费　　　　　　　B. 非专利技术使用费
    C. 土地使用权　　　　　　　　　D. 生产准备费

27. 下列有关建筑结构选择的说法，不正确的是（　　）。
    A. 对于五层以下的建筑物一般选用砌体结构
    B. 对于大中型工业厂房一般选用钢筋混凝土结构
    C. 对于多层房屋或大跨度结构，框架结构更优
    D. 对于高层或者超高层结构，框架结构和剪力墙结构比较经济

28. 概算定额法编制设计概算的主要步骤包括：①确定各分部分项工程费；②收集基础资料、熟悉图纸；③计算措施项目费；④列出项目名称并计算工程量；⑤汇总单位工程概算造价及编写概算说明。正确的顺序为（　　）。
    A. ①③②⑤④　　　　　　　　　B. ①③②④⑤
    C. ②④①③⑤　　　　　　　　　D. ②③①④⑤

29. 对于价格波动不大的定型产品和通用设备产品，编制设备安装工程概算应选用的方法是（　　）。

A. 预算单价法　　　　　　　　　　B. 扩大单价法
C. 设备价值百分比法　　　　　　　D. 综合吨位指标法

30. 已知概算指标中的综合单价为350元/m²，每平方米建筑面积所分摊的毛石基础为0.8m³，毛石基础综合单价为70元/m³。现准备建造一个类似的建筑物，采用钢筋混凝土带形基础，若每平方米建筑面积所分摊的钢筋混凝土带形基础为0.7m³，钢筋混凝土带形基础综合单价为120元/m³，则该拟建新建建筑物的修正概算指标综合单价为（　　）元/m²。

A. 322　　　　　　　　　　　　　B. 350
C. 378　　　　　　　　　　　　　D. 400

31. 采用工料单价法编制施工图预算时，下列说法正确的是（　　）。

A. 工料单价法采用的是当时当地的各类人工工日、材料、施工机具台班的实际单价
B. 工料单价法套用的是预算定额（或企业定额）人工工日、材料、施工机具台班消耗量
C. 若分项工程主要材料品种与预算单价规定材料不一致，需要按实际使用材料价格换算预算单价
D. 因施工工艺条件与预算单价的不一致而致人工、机械的数量增减，只调价不调量

32. 关于建设工程施工招标文件，下列说法正确的是（　　）。

A. 工程量清单不是招标文件的组成部分
B. 未进行资格预审时，招标文件中应包括投标邀请书
C. 招标人要求投标人收到澄清后的确认时间，仅可采用绝对时间
D. 招标人可以对已发出的招标文件进行必要的修改

33. 编制招标工程量清单时，下列措施项目应列入"总价措施项目清单与计价表"的是（　　）。

A. 垂直运输　　　　　　　　　　　B. 超高施工增加
C. 已完工程设备保护　　　　　　　D. 施工排水降水

34. 投标人就最高投标限价提出投诉，工程造价管理机构应在受理投诉的（　　）天内完成复查。

A. 10天　　　　　　　　　　　　　B. 15天
C. 20天　　　　　　　　　　　　　D. 30天

35. 关于投标有效期与投标保证金的描述，下列说法中正确的是（　　）。

A. 投标保证金的有效期应当超出投标有效期30天
B. 出现特殊情况需要延长投标有效期时，投标人同意延长投标有效期的，不应相应延长其投标保证金的有效期
C. 出现特殊情况需要延长投标有效期时，投标人拒绝延长投标有效期的，其投标失效，同时投标人无权收回其投标保证金
D. 若投标人在规定的投标有效期内撤销或修改其投标文件，投标保证金将不予返还

36. 为编制招标工程量清单，在拟定常规的施工组织设计时，正确的做法是（　　）。

A. 在计算人工工日需要量时，不必考虑节假日、气候的影响
B. 拟定施工总方案时需要考虑施工步骤

C. 在满足工期要求的前提下，施工进度计划应尽量推后以降低风险

D. 根据概算指标和类似工程估算整体工程量时，仅对主要项目加以估算

37. 确定投标报价中的综合单价时，确定计算基础主要是指( )。

A. 确定每一清单项目的工作内容

B. 确定每一清单项目的清单单位含量

C. 确定每一清单项目的人工、材料、机械费

D. 确定消耗量指标和生产要素单价

38. 根据《建设工程工程量清单计价规范》GB 50500—2013，关于承包人投标报价的编制，下列做法正确的是( )。

A. 设计图纸与招标工程量清单项目特征描述不符的，以设计图纸特征为准

B. 暂列金额应按照招标工程量清单中列出的金额填写，不得变动

C. 材料、工程设备暂估价应按暂估单价，乘以所需数量后计入其他项目费

D. 总承包服务费应按照投标人提出的协调、配合和服务项目自主报价

39. 某分项工程招标工程量清单数量为 800m^3，该分项工程的主要材料是 A 材料，A 材料在招标人提供的其他项目清单中的暂估价为 100 元/m^2。已知投标人的企业定额中，每 100m^3 分项工程的 A 材料消耗量为 105m^2。投标人调查的 A 材料市场价为 125 元/m^2，则投标人用企业定额编制的该分项工程的工程量清单综合单价分析表中，计列的 A 材料暂估合价为( )。

A. 100 元   B. 125 元

C. 8.4 万元   D. 10.5 万元

40. 下列施工评标及相关工作事宜中，属于清标工作内容的是( )。

A. 形式评审   B. 施工组织设计评审

C. 投标文件的澄清   D. 暂列金额的正确性复核

41. 建设工程评标过程中遇到下列情形，评标委员会可直接否决投标文件的是( )。

A. 总价金额与依据单价计算出的结果不一致

B. 投标文件中的大写金额与小写金额不一致

C. 投标文件未经投标单位盖章和单位负责人签字

D. 投标报价中采用了不平衡报价

42. 根据《建设项目工程总承包计价规范》下列关于工程总承包项目投标报价的说法正确的是( )。

A. 工程总承包报价由工程费用、工程总承包其他费构成

B. 初步设计后发包的，由发包人负责详细勘察

C. 发包人提供的项目清单是承包人投标报价的依据

D. 发包人提供的项目清单内容不能修改

43. 下列关于承揽国际工程时投标报价计算的表述，错误的是( )。

A. 人工工日单价应是国内派出工人和当地雇用工人的平均工资单价

B. 人工工日单价中含工资预涨费

C. 施工机械一般根据工程情况考虑 5 年的折旧期

D. 分包费列入直接费中，应适当加入对分包商的管理费

44. 下列费用中包含在国际工程投标报价其他费用中的是（　　）。
   A. 保函手续费　　　　　　　　　B. 临时设施摊销费
   C. 现场管理费　　　　　　　　　D. 工程保险费

45. 某实行招标的工程，承包人中标价为3375万元，最高投标限价为3600万元，施工图预算为3550万元，承包人认为的合理报价为3440万元，其中都包含安全文明施工费200万元，则承包人的报价浮动率是（　　）。
   A. 6.25%　　　　　　　　　　　B. 1.38%
   C. 4.44%　　　　　　　　　　　D. 7.35%

46. 某工程项目最高投标限价为2000万元，中标价为1800万元（最高投标限价、中标价均未包含安全文明施工费），已知某分项工程工程量清单数量为1500m^3，施工中由于设计变更调减为1200m^3，该分项工程最高投标限价综合单价为400元/m^3，投标报价为350元/m^3，市场价为510元/m^3，则该分项工程最终结算金额为（　　）元。
   A. 367200　　　　　　　　　　　B. 420000
   C. 480000　　　　　　　　　　　D. 433200

47. 施工合同约定由发包人承担材料价格波动±10%以外的风险，已知某材料投标报价500元/m^3，基准期公布的价格为450元/m^3，施工期该材料的造价信息发布价为390元/m^3，若采用造价信息调整价差，则该材料的实际结算价为（　　）元/m^3。
   A. 420　　　　　　　　　　　　B. 485
   C. 515　　　　　　　　　　　　D. 405

48. 工程施工时，由于不可抗力事件的发生而导致的损失，应由承包人承担的费用是（　　）。
   A. 工程所需清理、修复费用
   B. 应发包人要求留在施工现场的管理人员的费用
   C. 施工机械设备损坏及停工损失
   D. 合同工程本身的损害

49. 关于索赔费用的描述，下列说法正确的是（　　）。
   A. 在计算停工损失中的人工费时，通常采取人工单价乘以折算系数计算
   B. 分包人的索赔款项不应列入总承包人对发包人的索赔款项
   C. 总部（企业）管理费包括现场管理人员工资
   D. 由于工程师指令错误导致机械停工的台班停滞费索赔统一按照机械折旧费计算

50. 某施工合同约定人工工资为200元/工日，窝工补贴按人工工资的25%计算，在施工过程中发生了如下事件：①出现异常恶劣天气导致工程停工2天，人员窝工20个工日；②因恶劣天气导致场外道路中断，抢修道路用工20个工日；③场外大面积停电，停工1天，人员窝工10个工日。承包人可向发包人索赔的人工费为（　　）元。
   A. 1500　　　　　　　　　　　　B. 2500
   C. 4500　　　　　　　　　　　　D. 5500

51. 在共同延误的处理过程中，若初始延误者是客观原因，则承包人（　　）。
   A. 既可得到工期延长，又可得到经济补偿

B. 既不能得到工期补偿，又不能得到费用补偿
C. 可得到工期延长，但很难得到费用补偿
D. 可得到费用补偿，但不能得到工期延长

52. 根据《标准施工招标文件》，下列已完工程发包人应予以计量的是（   ）。
    A. 在工程量清单内，但质量验收资料不齐全的工程
    B. 承包人自检不合格返工增加的工程量
    C. 监理人要求再次检验的合格隐蔽工程
    D. 承包人自行增建的临时工程工程量

53. 某工程合同总额为 7500 万元，其中主要材料占比 40%，合同中约定的工程预付款项总额为 1200 万元，进度款支付比例为 85%。则按起扣点计算法计算的预付款起扣点为（   ）万元。
    A. 1125
    B. 6375
    C. 2250
    D. 4500

54. 关于竣工结算文件审核的描述，下列说法正确的是（   ）。
    A. 竣工结算审查应采用重点审核法
    B. 发包人应委托工程造价管理机构对竣工结算文件进行审核
    C. 发包方可就已生效的竣工结算文件委托工程造价咨询企业重复审核
    D. 已竣工未验收但实际投入使用的工程，其质量争议按该工程保修合同执行

55. 关于合同解除的价款结算与支付，下列说法正确的是（   ）。
    A. 因承包人原因解除合同的，承包人有权要求发包人支付已完措施项目费
    B. 因承包人原因解除合同的，承包人有权要求发包人支付施工设备运离现场费
    C. 因不可抗力解除合同的，发包人应向承包人支付未完工程的利润补偿
    D. 因不可抗力解除合同的，发包人应向承包人支付供应商已交付材料的价款

56. 关于合同价款纠纷的处理，下列说法正确的是（   ）。
    A. 建设工程合同价款纠纷的解决途径主要有和解、调解和仲裁
    B. 合同履行期间，发包人可自行调换或终止任何调解人
    C. 仲裁协议的内容应包括请求仲裁的意思表示、仲裁事项和选定的仲裁委员会
    D. 双方当事人约定提交总监理工程师或造价工程师解决的属于调解

57. 缺陷责任期的起算日期以（   ）为准。
    A. 工程通过竣工验收的日期
    B. 工程的保证金返还日期
    C. 工程的实际验收日期
    D. 工程的投入使用日期

58. 根据 FIDIC《施工合同条件》通用条款，因工程量变更可以调整合同规定费率的必要条件是（   ）。
    A. 实测分项工程量变化超过 15%
    B. 该分项工程量的变更与相对应费率的乘积超过了中标合同金额的 0.1%
    C. 工程量的变更直接导致了该部分工程每单位工程费用的变动超过了 2%
    D. 该项工作并非工程量清单或其他报表中规定的"固定费率项目"

59. 根据《基本建设项目建设成本管理规定》，待摊投资支出包括（   ）。
    A. 为项目配套的专用送变电站投资
    B. 非经营性项目转出投资支出

C. 非经营性的农村饮水工程　　　　　D. 项目建设管理费

60. 某工业建设项目及其总装车间的建筑工程费、安装工程费，需安装设备费以及应摊入费用如表2所示，则该工程应分摊的土地征用费及工艺设计费总计为（　　）万元。

安装设备费以及应摊入费用（单位：万元）　　　　表2

项目名称	建筑工程	安装工程	安装设备费	项目建设管理费	土地征用费	建筑设计费	工艺设计费
建设项目竣工决算	6000	2000	1200	105	120	60	40
总装车间竣工决算	2000	500	600				

A. 48.0　　　　　　　　　　　　　　B. 50.0
C. 50.8　　　　　　　　　　　　　　D. 51.1

二、多项选择题（共20题，每题2分。每题的备选项中，有2个或2个以上符合题意，至少有1个错项。错选，本题不得分；少选，所选的每个选项得0.5分）。

61. 下列关于进口设备购置费的构成与计算，正确的有（　　）。
A. 进口设备购置费是指进口设备的抵岸价
B. 离岸价格（FOB）的费用划分与风险转移的分界点相一致
C. 银行财务费＝到岸价格（CIF）×人民币外汇汇率×银行财务费率
D. 进口设备购置费包含了由我国到岸港口至工地仓库所发生的运费
E. 设备运杂费包括设备供应部门办公和仓库所占固定资产使用费

62. 关于措施项目费，下列说法正确的是（　　）。
A. 防扰民措施费用属于环境保护费
B. 围挡的安砌费用属于临时设施费
C. 安全网的铺设费用属于超高施工增加费的组成内容
D. 已完工程及设备保护费属于不宜计量的措施项目费
E. 二次搬运费属于不宜计量的措施项目费

63. 关于工程建设其他费用的构成，下列说法正确的是（　　）。
A. 应计入用地与工程准备费的有土地使用费和补偿费、场地准备费、临时设施费等
B. 专有技术使用费计算时应注意，专有技术的界定应以国家的鉴定批准为依据
C. 研究试验费包括施工企业对构件和建筑物进行一般鉴定及检查所发生的费用
D. 设计评审费、招标费以及监造费均属于工程咨询服务费
E. 专项评价费包括环境职业病危害预评价费、压覆矿产资源评价费和节能评估费等

64. 关于工程量清单计价的基本程序，下列说法错误的是（　　）。
A. 分部分项工程费＝Σ（分部分项工程量×相应分部分项综合单价）
B. 其他项目费＝暂列金额＋材料暂估价＋计日工＋总承包服务费
C. 单项工程造价＝分部分项工程费＋措施项目费＋其他项目费＋规费＋税金
D. 单项工程造价＝Σ单位工程造价
E. 建设项目总造价＝Σ单项工程造价

65. 关于其他项目清单，下列说法正确的是（　　）。
A. 工程的复杂程度直接影响其他项目清单的具体内容
B. 计日工表暂定数量由招标人填写，单价由招标人按有关计价规定确定

C. 专业工程暂估价为综合暂估价，包括人、材、机、管理费、利润、规费和税金

D. 暂列金额因不可避免的价格调整而设立，以达到合理确定和有效控制工程造价的目标

E. 设定暂列金额能保证合同结算价格不会出现超过合同价格的情况

66. 下列工人工作时间中，属于必须消耗的工作时间有（　　）。

A. 基本工作时间
B. 不可避免中断时间
C. 辅助工作时间
D. 偶然工作时间
E. 非施工本身造成的停工时间

67. 根据现行建筑安装工程费用项目组成规定，下列费用项目中包括在人工日工资单价内的有（　　）。

A. 物价补贴
B. 劳动保护费
C. 节约奖
D. 停工学习
E. 职工福利费

68. 关于投资估算指标及其编制，下列说法中错误的有（　　）。

A. 投资估算指标比其他各种计价定额具有更大的综合性和概括性
B. 投资估算指标以单项工程或单位工程为编制对象
C. 建设项目综合指标一般以单项工程生产能力单位投资表示
D. 投资估算指标是核算建设项目建设投资需要额和编制投资计划的重要依据
E. 投资估算指标既是定额的一种表现形式，但又不同于其他的计价定额

69. 关于工程计价信息，下列说法错误的是（　　）。

A. 工程造价是最灵敏的调节器和指示器
B. 工程造价指标是经过统一格式及标准化处理后的造价数值
C. 汇总计算法计算工程造价指标时，应采用加权平均的计算法，权重为指标对应的消耗量
D. 工程造价指标可作为反映同类工程造价变化规律的基础资料
E. 建设工程造价综合指数将不同专业的单位工程造价指数以投资额为权重进行加权汇总

70. 下列属于项目建议书阶段投资估算方法的是（　　）。

A. 分项详细估算法
B. 系数估算法
C. 混合法
D. 生产能力指数法
E. 比例估算法

71. 关于建筑设计对工业建设项目单位造价的影响，下列说法正确的是（　　）。

A. 地形地貌和气象条件等因素影响工程造价
B. "三废治理"及环保措施等因素影响工艺设计阶段工程造价
C. 建筑层高越高，工程造价越高
D. 住宅层数越多，单位面积造价越低
E. 对于多跨厂房，当跨度不变时，中跨数目越多单位面积造价越低

72. 施工图预算对施工企业的作用有（　　）。

A. 是控制施工图设计不突破设计概算的重要措施

B. 是控制造价及资金合理使用的依据
C. 是确定工程最高投标限价的依据
D. 是安排调配施工力量、组织材料供应的依据
E. 是控制工程成本的依据

73. 关于施工招标文件的编制，下列说法中正确的有( )。
A. 招标文件的澄清或修改应在投标截止时间 14 天前发出
B. 招标文件的澄清应不指明所澄清问题的来源
C. 投标人收到澄清后的确认时间一般只可采用一个相对的时间
D. 招标文件应包括评标委员会名单
E. 采用电子招标投标在线提交投标文件的，投标准备时间最短不少于 10 天

74. 关于施工投标报价，下列说法中正确的有( )。
A. 投标人应逐项计算工程量，复核工程量清单
B. 投标人应修改错误的工程量，并通知招标人
C. 投标人可以不向招标人提出复核工程量中发现的遗漏
D. 投标人可以通过复核防止由于订货超量带来的浪费
E. 投标人应根据复核工程量的结果选择适用的施工设备

75. 工程总承包的主要特点有( )。
A. 有利于优化工程建设组织方式
B. 有利于设计和施工深度交叉
C. 有利于缩短建设周期，提高工程质量
D. 有利于满足某些业主的特殊要求
E. 有利于提高承包人的市场竞争力

76. 根据现行工程量清单计价规范，关于建设工程的工程计量，下列说法正确的是( )。
A. 不符合合同文件要求的工程量不予计量
B. 单价合同、总价合同、成本加酬金合同适用一样的计量方法
C. 成本加酬金合同按照总价合同的计量规定进行计算
D. 单价合同若发现招标工程量清单中出现缺项、工程量偏差等，应按合同中估计的工程量计算
E. 因承包人原因造成的超出合同工程范围施工或返工的工程量，发包人不予计量

77. 索赔费用的计算方法通常有( )。
A. 实际费用法
B. 定额计算法
C. 总费用法
D. 工程量清单计算法
E. 修正的总费用法

78. 有效的仲裁协议是申请仲裁的前提，仲裁协议达到有效必须同时具备的内容有( )。
A. 请求仲裁的意思表示
B. 仲裁事项
C. 仲裁期限
D. 仲裁费用
E. 选定的仲裁委员会

79. 承包人应在每个计量周期到期后向发包人提交已完工程进度款支付申请，支付申请的内容包括( )。

A. 累计已完成的合同价款　　　　　B. 累计已调整的合同价款
C. 本周期已完成的计日工价款　　　D. 本周期应扣回的预付款
E. 预计下周期应发生的合同价款

80. 关于固定资产价值的确定，下列表述中正确的有（　　）。
A. 新增固定资产价值的计算是以单位工程为对象的
B. 计算新增固定资产价值，应在生产和使用的工程全部交付后进行
C. 项目建设管理费按建筑工程、安装工程、需安装设备价值总额等按比例分摊
D. 生产工艺流程系统设计费按建筑安装工程造价比例分摊
E. 属于新增固定资产价值的待摊投资，应随同受益工程交付使用的同时一并计入

模拟试卷1 《建设工程计价》答案与解析

一、单项选择题（共60题，每题1分。每题的备选项中，只有1个最符合题意）

1.【答案】 A

【解析】本题考查我国建设项目总投资及工程造价的构成。生产性建设项目总投资包括建设投资、建设期利息和流动资金三部分；非生产性建设项目总投资包括建设投资和建设期利息两部分，故选项B错误。工程造价是建设期预计或实际支出的建设费用，故选项C错误。流动资金指为进行正常生产运营，用于购买原材料、燃料、支付工资及其他运营费用等所需的周转资金，选项D错误。

2.【答案】 D

【解析】本题考查国产设备原价的构成及计算。辅助材料费＝材料费×辅助材料费指标，选项D错误。

3.【答案】 B

【解析】本题考查进口设备到岸价的构成及计算。

进口设备到岸价(CIF)＝离岸价格(FOB)＋国际运费＋运输保险费；

$$运输保险费 = \frac{原币货价(FOB) + 国际运费}{1 - 保险费率} \times 保险费率;$$

所以，运输保险费＝(5000＋200)/(1－1%)×1%＝52.53(万元)；

则进口设备到岸价格(CIF)＝5000＋200＋52.525＝5252.53(万元)。

4.【答案】 D

【解析】本题考查按费用构成要素划分建筑安装工程费用项目构成和计算。劳动保险和职工福利费，是指由企业支付的职工退职金、按规定支付给离休干部的经费，集体福利费、夏季防暑降温费、冬季取暖补贴、上下班交通补贴等。劳动保护费，是指企业按规定发放的劳动保护用品的支出。如工作服、手套、防暑降温饮料以及在有碍身体健康的环境中施工的保健费用等。所以，防暑降温饮料费用属于劳动保护费的范围，D选项不符合题意。

5.【答案】 A

【解析】本题考查国外建筑安装工程费用的构成。组成造价的各项费用体现在承包人投标报价中有三种形式：组成分部分项工程单价、单独列项、分摊进单价。开办费中的项目有临时设施、为业主提供的办公和生活设施、脚手架等费用，经常在工程量清单的开办费部分单独分项报价，故A选项正确。承包人总部管理费、利润和税金，经常以一定的比例分摊进单价，故B、C选项不符合题意。人工费、材料费和机械费组成分部分项工程单价，单价与工程量相乘得出分部分项工程价格，故D选项不符合题意。

6.【答案】 C

【解析】本题考查工程建设其他费用。建设单位管理费按照工程费用之和（包括设备工器具购置费和建筑安装工程费用）乘以建设单位管理费费率计算。建设单位管理费＝工程费用×建设单位管理费费率，故 A 选项错误。研究试验费在计算时不应包括应在建筑安装费用中列支的施工企业对建筑材料、构件和建筑物进行一般鉴定、检查所发生的费用及技术革新的研究试验费，故 B 选项错误。新建项目的场地准备和临时设施费应根据实际工程量估算，或按工程费用的比例计算。改扩建项目一般只计拆除清理费，故 C 选项正确。市政公用配套设施可以是界区外配套的水、电、路、信等，包括绿化、人防等配套设施，故 D 选项错误。（提示：2023 版教材，该知识点有变化。）

7.【答案】 C

【解析】本题考查征地补偿费。安置补助费应支付给被征地单位和安置劳动力的单位，作为劳动力安置与培训的支出，以及作为不能就业人员的生活补助，故 A 选项正确。土地补偿费标准由省、自治区、直辖市通过制定公布区片综合地价确定，区片综合地价至少每 3 年调整或者重新公布一次，故 B 选项正确。征收农用地的土地补偿费标准由省、自治区、直辖市通过制定公布区片综合地价确定，并至少每 3 年调整或者重新公布一次。大中型水利、水电工程建设征收土地的补偿费标准和移民安置办法，由国务院另行规定，故 C 选项错误。如附着物产权属个人，则地上附着物补偿费应支付给个人，D 选项正确。

8.【答案】 D

【解析】本题考查预备费。基本预备费指投资估算或工程概算阶段预留的，由于工程实施中不可预见的工程变更及洽商、一般自然灾害处理、地下障碍物处理、超规超限设备运输等可能增加的费用，亦可称为工程建设不可预见费，故 A、B 选项错误，D 选项正确。年涨价率，政府部门有规定的按规定执行，没有规定的由可行性研究人员预测，故 C 选项错误。

9.【答案】 C

【解析】本题考查建设期利息的计算。各年利息计算如下：第一年：$5000×1/2×8\%=200$（万元）；第二年：$(5000+200+2000×1/2)×8\%=496$（万元）。

10.【答案】 C

【解析】本题考查工程计价的作用。工程计价的作用表现在：①工程计价结果反映了工程的货币价值。②工程计价结果是投资控制的依据。工程计价结果是合同价款管理的基础，故 A、B、D 选项均正确。提供一个平等的竞争条件是工程量清单计价的作用，故 C 选项错误。

11.【答案】 D

【解析】本题考查工程计价的基本原理。工程计价的基本原理是项目的分解和价格的组合，故 A 选项错误。编制工程概预算时，主要是按工程定额进行项目的划分；编制工程量清单时主要是按照清单工程量计算规范规定的清单项目进行划分，故 B 选项错误。工程单价是指完成单位工程基本构造单元的工程量所需要的基本费用，工程单价包括工料单价和综合单价，故 C 选项错误。

12.【答案】 D

【解析】本题考查工程量清单计价的适用范围。使用国有企事业单位自有资金，并且国有资产投资者实际拥有控制权的项目，必须采用工程量清单计价，故 A 选项正确。使用国有资金投资的建设工程发承包，必须采用工程量清单计价；非国有资金投资的建设工程，宜采用工程量清单计价，故 B 选项正确。国有资金投资的项目包括全部使用国有资金（含国家融资资金）投资，而使用国家政策性贷款的项目属于国家融资资金投资的工程建设项目，所以必须采用工程量清单计价，故 C 选项正确。国有资金占投资总额的 50% 以上，或虽不足 50% 但国有投资者实质上拥有控股权的工程建设项目，必须采用工程量清单计价，故 D 选项错误。

13. 【答案】B

    【解析】本题考查其他项目清单。工程建设标准的高低、工程的复杂程度、工程的工期长短、工程的组成内容、发包人对工程管理的要求等都直接影响其他项目清单的具体内容。

14. 【答案】D

    【解析】本题考查其他项目清单。暂列金额由招标人填写，如不能详列，也可只列暂定金额总额，投标人应将上述暂列金额计入投标总价中，故 A 选项错误。材料（工程设备）暂估单价及调整表由招标人填写"暂估单价"，并在备注栏说明暂估价的材料、工程设备拟用在哪些清单项目上，投标人应将上述材料、工程设备暂估价计入工程量清单综合单价报价中，故 B 选项错误。专业工程暂估价及结算价表中的"暂估金额"由招标人填写，投标人应将"暂估金额"计入投标总价中，故 C 选项错误。总承包服务费计价表中项目名称、服务内容由招标人填写，投标时，费率及金额由投标人自主报价，计入投标总价中，故 D 选项正确。

15. 【答案】B

    【解析】本题考查施工过程及其分类。选项 A 错误，工作过程的特点是劳动者和劳动对象不发生变化，而使用的劳动工具可以变换（如砌墙和勾缝、抹灰和粉刷）；选项 C 错误，在编制施工定额时，工序是主要的研究对象。测定定额时只需分解和标定到工序为止；选项 D 错误，从施工的技术操作和组织观点看，工序是工艺方面最简单的施工过程。

16. 【答案】A

    【解析】本题考查确定人工定额消耗量的基本方法。

    基本工作时间 = 5(小时) = 5/8 = 0.625(工日/m^3)；

    工序作业时间 = 基本工作时间/(1−辅助工作时间%) = 0.625/(1−8%) = 0.679(工日/m^3)；

    定额时间 = 工序作业时间/[1−规范时间(%)] = 0.679/(1−8%−3%−10%) = 0.859 (工日/m^3) = 8.59(工日/10m^3)。

17. 【答案】C

    【解析】本题考查材料单价的组成和确定方法。

    来源一的单价：(350+50)÷(1+13%)×(1+0.5%)(1+4%) = 369.982(元/t)；

    来源二的单价："两票制"支付方式下，运杂费以接受交通运输与服务适用税率 9% 扣除增值税进项税额；

    [320÷(1+13%)+70÷(1+9%)](1+0.6%)(1+4%) = 363.470(元/t)；

    预算单价：(369.982×200+363.470×300)÷(200+300) = 366.07(元/t)。

18. 【答案】C

    【解析】本题考查施工机械台班单价的构成。选项 A 错误，维护费是指施工机械在规定的耐用总台班内，按规定的维护间隔进行各级维护和临时故障排除所需的费用。选项B错误，当维护费计算公式中各项数值难以确定时，可按下列公式计算：台班维护费＝台班检修费×K（式中：K为维护费系数，指维护费占检修费的百分数）。选项D错误，各级维护一次费用应按施工机械的相关技术指标，结合编制期市场价格综合取定。

19.【答案】D

【解析】本题考查预算定额消耗量的编制方法。其他用工是辅助基本用工消耗的工日，包括超运距用工、辅助用工（含电焊点火用工）和人工幅度差用工，故A、B、C选项错误。人工幅度差，即预算定额与劳动定额的差额，主要是指在劳动定额中未包括，而在正常施工情况下不可避免但又很难准确计量的用工和各种工时损失。内容包括：1）各工种间的工序搭接及交叉作业相互配合或影响所发生的停歇用工；2）施工过程中，移动临时水电线路而造成的影响工人操作的时间；3）工程质量检查和隐蔽工程验收工作而影响工人操作的时间；4）同一现场内单位工程之间因操作地点转移而影响工人操作的时间；5）工序交接时对前一工序不可避免的修整用工；6）施工中不可避免的其他零星用工。

20.【答案】A

【解析】本题考查概算指标的编制。A选项正确，概算指标可分为两大类：一类是建筑工程概算指标；另一类是设备及安装工程概算指标。B选项错误，综合概算指标是按照工业或民用建筑及其结构类型而制定的概算指标。综合概算指标的概括性较大，其准确性、针对性不如单项指标。C选项错误，概算指标以单位工程为对象编制。D选项错误，构筑物是以"座"为单位编制概算指标，因此，在计算完工程量，编制预算书后不必进行换算。

21.【答案】B

【解析】本题考查工程造价指标的测算方法。当建设工程造价数据的样本数量达到数据采集最少样本数量时，应使用数据统计法测算建设工程造价指标，故A选项错误。数据统计法计算建设工程经济指标、工程量指标、消耗量指标时，应将所有样本工程的单位造价、单位工程量、单位消耗量进行排序，故B选项正确。典型工程造价数据也宜采用样本数据，在计算时，应将典型工程各构成数据，包括构成的人工、材料、机具等分部分项费用以及措施费、规费、税金数据调整至相应平均水平，然后再计算各类工程造价指标，故C选项错误。汇总计算法计算工程造价指标时，应采用加权平均计算法，权重为指标对应的总建设规模，选项D错误。

22.【答案】B

【解析】本题考查建设规模。对于煤炭、金属与非金属矿山、石油、天然气等矿产资源开发项目，在确定建设规模时，应充分考虑资源合理开发利用要求和资源可采储量、赋存条件等因素，故A选项正确。对于铁路、公路项目，在确定建设规模时，应充分考虑建设项目影响区域内一定时期运输量的需求预测，以及该项目在综合运输系统和本系统中的作用确定线路等级、线路长度和运输能力等因素，故B选项错误。对于水利水电项目，在确定建设规模时，应充分考虑水的资源量、可开发利用量、地质条件、建设条件、库区生态影响、占用土地以及移民安置等因素，故C选项正确。对于技术改造项目，在确定建设规模时，应充分研究建设项目生产规模与企业现有生产规模的关系，故D选项正确。

23.【答案】B

【解析】本题考查投资估算的编制。拟建项目静态投资＝1×（100/60）^{0.8}×（1+5%）^3＝1.74（亿元）。

24.【答案】A

【解析】本题考查动态投资部分的估算方法。动态部分的估算应以基准年静态投资的资金使用计划为基础来计算。

25.【答案】D

【解析】本题考查流动资金的估算。分项详细估算法是根据项目的流动资产和流动负债，估算项目所占用流动资金的方法。其中，流动资产的构成要素一般包括存货、库存现金、应收账款和预付账款；流动负债的构成要素一般包括应付账款和预收账款。

流动资金＝流动资产－流动负债；

流动资产＝应收账款＋预付账款＋存货＋库存现金；

流动负债＝应付账款＋预收账款；

流动资金本年增加额＝本年流动资金－上年流动资金。

26.【答案】A

【解析】固定资产其他费用，主要包括项目建设管理费、工程项目咨询费、场地准备及临时设施费、工程保险费、联合试运转费、特殊设备安全监督检验费和市政公用设施费等，故 A 选项正确。无形资产费用是指直接形成无形资产的建设投资，主要包括专利权、非专利技术、商标权、土地使用权和商誉等，故选项 B、C 不符合题意。其他资产费用是指建设投资中除形成固定资产和无形资产以外的部分，如生产准备费等，故选项 D 不符合题意。

27.【答案】C

【解析】本题考查建筑设计对工业建设项目工程造价的影响。建筑结构的选择既要满足力学要求，又要考虑其经济性。对于五层以下的建筑物一般选用砌体结构；对于大中型工业厂房一般选用钢筋混凝土结构；对于多层房屋或大跨度建筑，选用钢结构明显优于钢筋混凝土结构；对于高层或者超高层建筑，框架结构和剪力墙结构比较经济。由于各种建筑体系的结构各有利弊，在选用结构类型时应结合实际，因地制宜，就地取材，采用经济合理的结构形式。

28.【答案】C

【解析】本题考查概算定额法编制步骤。概算定额法编制设计概算的步骤如下：

（1）收集基础资料、熟悉设计图纸和了解有关施工条件和施工方法。

（2）按照概算定额子目，列出单位工程中分部分项工程项目名称并计算工程量。

（3）确定各分部分项工程费。

（4）计算措施项目费。

（5）计算汇总单位工程概算造价。

（6）编写概算编制说明。

29.【答案】C

【解析】本题考查单位设备及安装工程概算编制方法。设备价值百分比法，又称为安装设备百分比法。当初步设计深度不够，只有设备出厂价而无详细规格、重量时，安装费可按占设备费的百分比计算。其百分比值（即安装费率）由相关管理部门制定或由设计单位根据已完类似工程确定。该方法常用于价格波动不大的定型产品和通用设备产品。

30. 【答案】C

【解析】本题考查概算指标法。

结构变化修正概算指标（元/m²）＝$J+Q_1P_1-Q_2P_2$

式中：J 为原概算指标综合单价；Q_1 为概算指标中换入结构的工程量；Q_2 为概算指标中换出结构的工程量；P_1 为换入结构的综合单价；P_2 为换出结构的综合单价。

结构变化修正概算指标综合单价＝$350+0.7×120-0.8×70=378$（元/m²）。

31. 【答案】C

【解析】本题考查单位工程施工图预算的编制。实物量法套用的是预算定额（或企业定额）人工工日、材料、施工机具台班消耗量，工料单价法套用的是单位估价表工料单价或定额基价，故 A 选项错误。实物量法采用的是当时当地的各类人工工日、材料、施工机具台班的实际单价，工料单价法采用的单位估价表或定额编制时期的各类人工工日、材料、施工机具台班单价，需要用调价系数或指数进行调整，故 B 选项错误。若分项工程的主要材料品种与单位估价表（或预算定额）中所列材料不一致，需要按实际使用材料价格换算工料单价后再套用，故 C 选项正确。分项工程施工工艺条件与单位估价表（或定额）不一致而造成人工、机具的数量增减时，需要调整用量后再套用，故 D 选项错误。

32. 【答案】D

【解析】本题考查施工招标文件的编制内容。A 选项错误，施工招标文件包括招标公告、投标人须知、评标办法、合同条款及格式、工程量清单、图纸、技术标准及要求、投标文件格式和投标人须知前附表规定的其他材料。B 选项错误，当未进行资格预审时，招标文件中应包括招标公告。当进行资格预审时，招标文件中应包括投标邀请书。C 选项错误，投标人在收到澄清后，应在规定的时间内以书面形式通知招标人，确认已收到该澄清。招标人要求投标人收到澄清后的确认时间，可以采用一个相对的时间，如招标文件澄清发出后 12 小时以内；也可以采用一个绝对的时间，如 2021 年 1 月 19 日中午 12:00 以前。D 选项正确，招标人若对已发出的招标文件进行必要的修改，应当在投标截止时间 15 天前，招标人可以书面形式修改招标文件，并通知所有已获取招标文件的投标人。

33. 【答案】C

【解析】本题考查措施项目清单编制。一些可以精确计算工程量的措施项目可采用与分部分项工程项目清单编制相同的方式，如脚手架工程，混凝土模板及支架（撑）、垂直运输，超高施工增加，大型机械设备进出场及安拆，施工排水、降水等，应编制"分部分项工程和单价措施项目清单与计价表"；而有一些措施项目费用的发生与使用时间、施工方法或者两个以上的工序相关并大都与实际完成的实体工程量的大小关系不大，如安全文明施工、冬雨期施工、已完工程设备保护等，应编制"总价措施项目清单与计价表"。

34. 【答案】A

【解析】本题考查最高投标限价的编制。投标人经复核认为招标人公布的最高投标限价未按照《建设工程工程量清单计价规范》GB 50500—2013 的规定进行编制的，应在最高投标限价公布后 5 天内向招标投标监督机构和工程造价管理机构投诉。工程造价管理机构受理投诉后，应立即对最高投标限价进行复查，组织投诉人、被投诉人或其委托的最高投标限价编制人等单位人员对投诉问题逐一核对。工程造价管理机构应当在受理投诉的

10天内完成复查，特殊情况下可适当延长，并作出书面结论通知投诉人、被投诉人及负责该工程招标投标监督的招标投标管理机构。

35.【答案】 D

【解析】本题考查投标文件的递交。投标有效期的期限可根据项目特点确定，一般项目投标有效期为60~90天。投标保证金的有效期应与投标有效期保持一致，故选项A错误。出现特殊情况需要延长投标有效期的，招标人以书面形式通知所有投标人延长投标有效期。投标人同意延长的，应相应延长其投标保证金的有效期，但不得要求或被允许修改其投标文件的实质性内容；投标人拒绝延长的，其投标失效，但投标人有权收回其投标保证金，故选项B、C错误。出现下列情况的，投标保证金将不予返还：①投标人在规定的投标有效期内撤销或修改其投标文件；②中标人在收到中标通知书后，无正当理由拒签合同协议书或未按招标文件规定提交履约担保，故D选项正确。

36.【答案】 D

【解析】本题考查招标工程量清单的编制。人工工日数量根据估算的工程量、选用的计价依据、拟定的施工总方案、施工方法及要求的工期来确定，并考虑节假日、气候等因素的影响，A选项错误。施工总方案只需对重大问题和关键工艺做原则性的规定，不需考虑施工步骤，B选项错误。施工进度计划要满足合同对工期的要求，在不增加资源的前提下尽量提前，C选项错误。根据概算指标或类似工程进行估算，且仅对主要项目加以估算即可，如土石方、混凝土等，D选项正确。

37.【答案】 D

【解析】本题考查投标报价的编制方法和内容。综合单价确定的步骤和方法：（1）确定计算基础。计算基础主要包括消耗量指标和生产要素单价。（2）分析每一清单项目的工程内容。（3）计算工程内容的工程数量与清单单位的含量。（4）分部分项工程人工、材料、机械费用的计算。（5）计算综合单价。

38.【答案】 B

【解析】本题考查投标报价的编制内容。A选项错误，在招标投标过程中，当出现招标工程量清单特征描述与设计图纸不符时，投标人应以招标工程量清单的项目特征描述为准，确定投标报价的综合单价。当施工中施工图纸或设计变更与招标工程量清单项目特征描述不一致时，发承包双方应按实际施工的项目特征，依据合同约定重新确定综合单价。C选项错误，暂估价中的材料、工程设备暂估价必须按照招标人提供的暂估单价计入清单项目的综合单价。D选项错误，总承包服务费应根据招标人在招标文件中列出的分包专业工程内容和供应材料、设备情况，按照招标人提出的协调、配合与服务要求和施工现场管理需要自主确定。

39.【答案】 C

【解析】本题考查投标报价的编制方法及内容。暂估价中的材料、工程设备暂估价必须按照招标人提供的暂估单价计入清单项目的综合单价。800m³分项工程的A材料消耗量=105×800/100=840（m²），所以暂估合价=总消耗量×暂估单价=840×100=8.4(万元)。

40.【答案】 D

【解析】本题考查评标程序及评审标准。清标工作主要包含下列内容：①对招标文件的实质性响应；②错漏项分析；③分部分项工程量清单项目综合单价的合理性分析；④措施项目清单的完整性和合理性分析，以及其中不可竞争性费用正确分析；⑤其他项目清单完整性和合理性分析；⑥不平衡报价分析；⑦暂列金额、暂估价正确性复核；⑧总价与合价的算术性复核及修正建议；⑨其他应分析和澄清的问题。

41.【答案】 C

【解析】本题考查初步评审及标准。投标报价有算术错误的，评标委员会按以下原则对投标报价进行修正，修正的价格经投标人书面确认后具有约束力。投标人不接受修正价格的，其投标被否决。

1) 投标文件中的大写金额与小写金额不一致的，以大写金额为准；2) 总价金额与依据单价计算出的结果不一致的，以单价金额为准修正总价，但单价金额小数点有明显错误的除外，故 AB 选项不符合题意。未能在实质上响应的投标，评标委员会应当否决其投标。具体情形包括投标文件未经投标单位盖章和单位负责人签字，故 C 选项正确。采用不平衡报价仅仅为投标人的一种报价策略，评标委员会不能因此否决投标文件，故 D 选项不符合题意。

42.【答案】 B

【解析】本题考查工程总承包投标报价。工程总承包报价由工程费用、工程总承包其他费和预备费组成，发包人提供的项目清单应仅作为承包人投标报价的参考，投标人投标报价时对项目清单内容可增加或减少。

43.【答案】 D

【解析】本题考查国际工程招标投标及合同价款的约定。在国外承包工程，人工工日单价是指国内派出工人和当地雇用工人的平均工资单价。这是以两种工人完成工日所占比例加权得到的平均工资单价，故 A 选项正确。国内派出工人及当地雇用工人的工日单价中均需考虑工资预涨费，故 B 选项正确。在计算施工机械台班单价时，基本折旧费的计算一般应根据当时的工程情况考虑 5 年折旧期，较大工程甚至一次折旧完毕，故 C 选项正确。在国际工程标价中，对分包费的处理有两种方法：一种方法是将分包费列入直接费中，即考虑间接费时包含了对分包的管理费；另一种方法是将分包费与直接费、间接费平行并列，在估算分包费时适当加入对分包商的管理费即可，故选项 D 错误。

44.【答案】 B

【解析】本题考查承揽国际工程时投标报价的计算。国际工程投标报价的其他费用包括分包费、暂定金额和开办费，A、B、C 选项均属于间接费。（提示：2023 版教材，该知识点有变化。）

45.【答案】 A

【解析】本题考查工程变更类合同价款调整事项。承包人报价浮动率＝(1－中标价/最高投标限价)×100%＝(1－3375/3600)×100%＝6.25%。

46.【答案】 B

【解析】本题考查合同价款的调整方法。

工程量偏差＝(1500－1200)/1500×100%＝20%，应确定新的综合单价。承包人报价浮动率＝(1－1800/2000)×100%＝10%，400×(1－10%)×(1－15%)＝306(元/m³)，350＞306，新的综合单价与原综合单价一致，不做调整。该分项工程最终结算金额＝1200×350＝420000（元）。

47.【答案】B

【解析】本题考查采用造价信息调整价格差额。

第一步：判断施工期间信息价与基准期价格涨跌情况。依据题意可知，施工期间价格下跌。

第二步：判断计算基数。在投标价与基准价两者之间选最低价格作为基数，通过对比可知，应以较低的基准价格为基础计算合同约定的风险幅度值。

故 $450×(1-10\%)=405(元/m^3)$。

第三步：判断是否调差。405 元/m^3 是合同约定承包人承担风险的下限，所以，需要调整的部分为：$405-390=15(元/m^3)$。因此，实际结算价＝$500-15=485(元/m^3)$。

48.【答案】C

【解析】本题考查工程索赔类合同价款调整事项。

（1）费用损失的承担原则。因不可抗力事件导致的人员伤亡、财产损失及其费用增加，发承包双方应按施工合同的约定进行分担并调整合同价款和工期。施工合同没有约定或者约定不明的，应当根据《建设工程工程量清单计价规范》GB 50500—2013 规定的下列原则进行分担：

1）合同工程本身的损害、因工程损害导致第三方人员伤亡和财产损失以及运至施工场地用于施工的材料和待安装的设备的损害，由发包人承担；

2）发包人、承包人人员伤亡由其所在单位负责，并承担相应费用；

3）承包人的施工机械设备损坏及停工损失，由承包人承担；

4）停工期间，承包人应发包人要求留在施工场地的必要的管理人员及保卫人员的费用由发包人承担；

5）工程所需清理、修复费用，由发包人承担。

（2）工期的处理。因发生不可抗力事件导致工期延误的，工期相应顺延。发包人要求赶工的，承包人应采取赶工措施，赶工费用由发包人承担。

49.【答案】A

【解析】本题考查费用索赔。由于发包人的原因导致分包工程费用增加时，分包人只能向总承包人提出索赔，但分包人的索赔款项应当列入总承包人对发包人的索赔款项中，故选项 B 错误。现场管理费的索赔包括承包人完成合同之外的额外工作以及由于发包人原因导致工期延误期间的现场管理费，包括管理人员工资、办公费、通信费、交通费等，故选项 C 错误。在计算机械设备台班停滞费时，不能按机械设备台班费计算，因为台班费中包括设备使用费。如果机械设备是承包人自有设备，一般按台班折旧费、人工费与其他费之和计算；如果是承包人租赁的设备，一般按台班租金加上每台班分摊的施工机械进出场费计算，故选项 D 错误。

50.【答案】C

【解析】本题考查费用索赔的计算。各事件处理结果如下：

（1）异常恶劣天气导致的停工通常不能进行费用索赔；

（2）抢修道路用工的索赔额：20×200＝4000（元）；

（3）停电导致的索赔额：10×200×25％＝500（元）；

(4) 总索赔费用＝4000＋500＝4500（元）。

51.【答案】 C

【解析】在实际施工过程中，工期拖期很少是只由一方造成的，往往是两三种原因同时发生（或相互作用）而形成的，故称为"共同延误"。在这种情况下，要具体分析哪一种情况延误是有效的，应依据以下原则：

1) 首先判断造成拖期的哪一种原因是最先发生的，即确定"初始延误"者，它应对工程拖期负责。在初始延误发生作用期间，其他并发的延误者不承担拖期责任。

2) 如果初始延误者是发包人原因，则在发包人原因造成的延误期内，承包人既可得到工期补偿，又可得到经济补偿。

3) 如果初始延误者是客观原因，则在客观因素发生影响的延误期内，承包人可以得到工期补偿，但很难得到费用补偿。

4) 如果初始延误者是承包人原因，则在承包人原因造成的延误期内，承包人既不能得到工期补偿，也不能得到费用补偿。

52.【答案】 C

【解析】本题考查工程计量的原则及范围。工程计量的原则包括下列三个方面：（1）不符合合同文件要求的工程不予计量。即工程必须满足设计图纸、技术规范等合同文件对其在工程质量上的要求，同时有关的工程质量验收资料齐全、手续完备，满足合同文件对其在工程管理上的要求，故 A 选项错误。（2）因承包人原因造成的超出合同工程范围施工或返工的工程量，发包人不予计量。承包人自检不合格、自行增建均是承包人原因造成的，故 B、D 选项错误。根据《标准施工招标文件》13.5.3 项的相关规定，承包人按第 13.5.1 项或者第 13.5.2 项覆盖隐蔽部位后，监理对质量有疑问的，可要求承包人对已覆盖的部位进行钻孔探测或揭开重验，承包人应遵照执行，并在检验后重新覆盖恢复原状。经检验证明工程质量符合合同要求的，由发包人承担由此增加的费用和（或）工期延误，并支付承包人合理利润；经检验证明工程质量不符合合同要求的，由此增加的费用和（或）工期延误由承包人承担，故 C 选项正确。

53.【答案】 D

【解析】本题考查预付款扣回的计算。$T=P-M/N=7500-1200/40\%=4500$（万元）。

54.【答案】 D

【解析】本题考查竣工结算文件的审核。竣工结算审核应采用全面审核法，除委托咨询合同另有约定外，不得采用重点审核法、抽样审核法或类比审核法等其他方法，故 A 选项错误。国有资金投资建设工程的发包人，应当委托工程造价咨询机构对竣工结算文件进行审核，故 B 选项错误。工程竣工结算文件经发承包双方签字确认的，应当作为工程结算的依据，未经对方同意，另一方不得就已生效的竣工结算文件委托工程造价咨询企业重复审核，故 C 选项错误。已经竣工验收或已竣工未验收但实际投入使用的工程，其质量争议按该工程保修合同执行，竣工结算按合同约定办理，故 D 选项正确。

55.【答案】 A

【解析】本题考查合同解除的价款结算与支付。因承包人违约解除合同的，发包人应暂停向承包人支付任何价款。发包人应在合同解除后规定时间内核实合同解除时承包人已完成的全部合同价款以及按施工进度计划已运至现场的材料和工程设备货款,故A选项正确。施工设备运离现场费应由承包人自己承担,B选项错误。由于不可抗力解除合同的,发包人除应向承包人支付合同解除之日前已完成工程但尚未支付的合同价款,故未完工程的利润不应支付,C选项错误。由于不可抗力解除合同的,发包人应向承包人支付为合同工程合理订购且已交付的材料和工程设备货款,故D选项错误。

56. 【答案】C

【解析】本题考查合同价款纠纷的处理。建设工程合同价款纠纷的解决途径主要有和解、调解、仲裁和诉讼,故A选项错误。合同履行期间,发承包双方可以协议调换或终止任何调解人,但发包人或承包人都不能单独采取行动,故B选项错误。调解是指双方当事人以外的第三人应纠纷当事人的请求,依据法律规定或合同约定,对双方当事人进行疏导、劝说,促使他们互相谅解、自愿达成协议解决纠纷的一种途径,故D选项错误。

57. 【答案】A

【解析】本题考查缺陷责任期的期限。从工程通过竣工验收之日起计,缺陷责任期一般为1年,最长不超过2年,由发承包双方在合同中约定。

58. 【答案】D

【解析】本题考查国际工程工程量变化引起的价格调整。当某项工作的工程量变化同时满足下列条件时,对该项工作的估价应当适用新的费率或价格:

1) 该项工作实际测量的工程量变化超过工程量清单或其他报表中规定工程量的10%以上,故A选项错误。

2) 该项工作工程量的变化与工程量清单或其他报表中相对应费率或价格的乘积超过中标合同金额的0.01%,故B选项错误。

3) 工程量的变化直接导致该项工作的单位工程量费用的变动超过1%,故C选项错误。

4) 该项工作并非工程量清单或其他报表中规定的"固定费率项目""固定费用"和其他类似涉及单价不因工程量的任何变化而调整的项目,故D选项正确。

59. 【答案】D

【解析】本题考查竣工财务决算。基建支出是指建设项目从开工起至竣工为止发生的全部基本建设支出,包括形成资产价值的交付使用资产,还包括非经营项目的待核销基建支出和转出投资。为项目配套的专用送变电站投资属于非经营性项目转出投资支出,故A选项错误。非经营性项目转出投资支出属于基建支出的组成部分,与建设成本是并列关系,故B选项错误。非经营性的农村饮水工程属于待核销基建支出,故C选项错误。项目建设管理费属于待摊投资支出,故D选项符合题意。

60. 【答案】B

【解析】本题考查待摊投资的分摊方法。

应分摊的土地征用费=(2000÷6000)×120=40(万元);

应分摊的工艺设计费=(500÷2000)×40=10(万元);

该工程应分摊的土地征用费及工艺设计费总费用=40+10=50(万元)。

二、多项选择题（共20题，每题2分。每题的备选项中，有2个或2个以上符合题意，至少有1个错项。错选，本题不得分；少选，所选的每个选项得0.5分）。

61.【答案】BDE

【解析】本题考查设备及工器具购置费用的构成和计算。设备购置费＝设备原价（含备品备件费）＋设备运杂费，设备原价指国内采购设备的出厂（场）价格，或国外采购设备的抵岸价格，故选项A错误。离岸价格（FOB）是指当货物在装运港被装上指定船时，卖方即完成交货义务。风险转移，以在指定的装运港货物被装上指定船时为分界点。费用划分与风险转移的分界点相一致，故B选项正确。银行财务费＝离岸价格（FOB）×人民币外汇汇率×银行财务费率，选项C错误。设备购置费＝设备原价（含备品备件费）＋设备运杂费，国外采购设备自到岸港运至工地仓库的费用指的是设备运杂费，因此D选项正确。设备运杂费包括采购与仓库保管费。采购与仓库保管费包括设备采购人员、保管人员和管理人员的工资、工资附加费、办公费、差旅交通费、设备供应部门办公和仓库所占固定资产使用费、工具用具使用费、劳动保护费、检验试验费等。这些费用可按主管部门规定的采购与保管费费率计算，故E选项正确。

62.【答案】ABDE

【解析】本题考查措施项目费的构成。安全文明施工费通常由环境保护费、文明施工费、安全施工费、临时设施费组成。而现场施工机械设备降低噪声、防扰民措施费用属于环境保护费，故A选项正确。施工现场采用彩色、定型钢板、砖、混凝土砌块等围挡的安砌、维修、拆除费用属于临时设施费，故B选项正确。安全网的铺设费用属于脚手架费的组成内容，故C选项错误。其余不宜计量的措施项目包括夜间施工增加费，非夜间施工照明费，二次搬运费，冬雨期施工增加费，地上、地下设施、建筑物的临时保护设施费，已完工程及设备保护费等，故D、E选项正确。

63.【答案】ADE

【解析】本题考查工程建设其他费用的构成。用地与工程准备费是指取得土地与工程建设施工准备所发生的费用，包括土地使用费和补偿费、场地准备费、临时设施费等，故A选项正确。专有技术的鉴定应以省部级鉴定批准为依据，故B选项错误。研究试验费不包括应在建筑安装费用中列支的施工企业对建筑材料、构件和建筑物进行一般鉴定、检查所发生的费用及技术革新的研究试验费，故C选项错误。技术服务费包括可行性研究费、专项评价费、勘察设计费、监理费、研究试验费、特殊设备安全监督检验费、监造费、招标费、设计评审费、技术经济标准使用费、工程造价咨询费及其他咨询费，故D选项正确。专项评价费包括环境影响评价费、安全预评价费、职业病危害预评价费、地质灾害危险性评价费、水土保持评价费、压覆矿产资源评价费、节能评估费、危险与可操作性分析及安全完整性评价费以及其他专项评价费，故E选项正确。

64.【答案】BC

【解析】本题考查工程量清单计价基本程序。选项B错误，其他项目费＝暂列金额＋暂估价＋计日工＋总承包服务费。选项C错误，单位工程造价＝分部分项工程费＋措施项目费＋其他项目费＋规费＋税金。

65.【答案】AD

【解析】本题考查其他项目清单的编制。选项A正确，工程建设标准高低、工程的复杂程度、工程的工期长短、工程的组成内容、发包人对工程管理的要求等都直接影响其他项目清单的具体内容。B选项错误,计日工表项目名称、暂定数量由招标人填写,编制最高投标限价时,单价由招标人按有关计价规定确定;投标时,单价由投标人自主报价,按暂定数量计算合价计入投标总价中。结算时,按发承包双方确认的实际数量计算合价。选项C错误,专业工程暂估价为综合暂估价,包括人、材、机、管理费和利润,不包括规费和税金。选项E错误,设定暂列金额并不能保证合同结算价格就不会再出现超过合同价格的情况,是否超出合同价格完全取决于工程量清单编制人对暂列金额预测的准确性,以及工程建设过程是否出现了其他事先未预测到的事件。

66.【答案】 ABC

【解析】本题考查工人工作时间的分类。偶然工作时间和非施工本身造成的停工时间属于损失时间(图1),故D、E选项不符合题意。

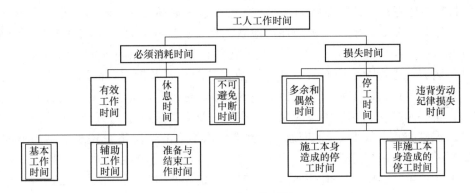

图1 工人工作时间

67.【答案】 ACD

【解析】本题考查建筑安装工程人工单价的组成。人工日工资单价由计时工资或计件工资、奖金、津贴补贴以及特殊情况下支付的工资组成。(1)计时工资或计件工资,是指按计时工资标准和工作时间或对已做工作按计件单价支付给个人的劳动报酬。(2)奖金,是指对超额劳动和增收节支支付给个人的劳动报酬,如节约奖、劳动竞赛奖等。(3)津贴补贴,是指为了补偿职工特殊或额外的劳动消耗和因其他原因支付给个人的津贴,以及为了保证职工工资水平不受物价影响支付给个人的物价补贴,如流动施工津贴、特殊地区施工津贴、高温(寒)作业临时津贴、高空津贴等。(4)特殊情况下支付的工资,是指根据国家法律、法规和政策规定,因病、工伤、产假、计划生育假、婚丧假、事假、探亲假、定期休假、停工学习、执行国家或社会义务等原因按计时工资标准或计件工资标准的一定比例支付的工资,故A、C、D选项符合题意。按照费用构成要素划分,劳动保护费和职工福利费均属于建筑安装工程费中的企业管理费。故B、E选项不符合题意。

68.【答案】 BC

【解析】本题考查投资估算指标的编制。选项B错误,估算指标以独立的建设项目、单项工程或单位工程为对象,综合项目全过程投资和建设中的各类成本和费用,反映出其扩大的技术经济指标,既是定额的一种表现形式,但又不同于其他的计价定额。选项C错误,建设项目综合指标一般以综合生产能力单位投资表示。

69.【答案】CE

【解析】本题考查工程计价信息及应用。选项 C 错误，汇总计算法计算工程造价指标时，应采用加权平均的计算法，权重为指标对应的总建设规模。选项 E 错误，建设工程造价综合指数将不同专业类型的单项工程造价指数以投资额为权重进行加权汇总后，反映出该地区某一时期内工程造价的综合变动情况。

70.【答案】BCDE

【解析】本题考查投资估算的编制。在项目建议书阶段，投资估算的精度较低，可采取简单的匡算法，如生产能力指数法、系数估算法、比例估算法或混合法等，在条件允许时，也可采用指标估算法；流动资金估算一般采用分项详细估算法，故 A 选项不符合题意。

71.【答案】ABE

【解析】本题考查设计阶段影响工程造价的因素。现场条件是制约设计方案的重要因素之一，对工程造价的影响主要体现在：地质、水文、气象条件等影响基础形式的选择、基础的埋深（持力层、冻土线）；地形地貌影响平面及室外标高的确定；场地大小、邻近建筑物地上附着物等影响平面布置、建筑层数、基础形式及埋深，故 A 选项正确。工艺设计阶段影响工程造价的主要因素包括：建设规模、标准和产品方案；工艺流程和主要设备的选型；主要原材料、燃料供应情况；生产组织及生产过程中的劳动定员情况；"三废"治理"及环保措施等，故 B 选项正确。在建筑面积不变的情况下，建筑层高的增加会引起各项费用的增加，故 C 选项错误。如果增加一个楼层不影响建筑物的结构形式，单位建筑面积的造价可能会降低。但是当建筑物超过一定层数时，结构形式就要改变，单位造价通常会增加，选项 D 错误。对于多跨厂房，当跨度不变时，中跨数目越多越经济，这是因为柱子和基础分摊在单位面积上的造价减少，选项 E 正确。

72.【答案】DE

【解析】本题考查施工图预算的作用。施工图预算对施工企业的作用：1) 建筑施工企业投标报价的基础。2) 建筑工程预算包干的依据和签订施工合同的主要内容。3) 施工企业安排调配施工力量、组织材料供应的依据。4) 施工企业控制工程成本的依据。

施工图预算对投资方的作用：1) 施工图预算是设计阶段控制工程造价的重要环节，是控制施工图设计不突破设计概算的重要措施。2) 施工图预算是控制造价及资金合理使用的依据。3) 施工图预算是确定工程最高投标限价的依据。4) 施工图预算可以作为确定合同价款、拨付工程进度款及办理工程结算的基础。

故选项 A、B、C 属于施工图预算对投资方的作用，D、E 选项符合题意。

73.【答案】BE

【解析】本题考查招标文件的组成内容及其编制要求。选项 A 错误、选项 B 正确，招标文件的澄清应在规定的投标截止时间 15 天前以书面形式发给所有获取招标文件的投标人，但不指明澄清问题的来源。如果澄清发出的时间距投标截止时间不足 15 天，相应推迟投标截止时间。选项 C 错误，招标人要求投标人收到澄清后的确认时间，可以采用一个相对的时间，也可采用一个绝对的时间。选项 D 错误，评标委员会成员名单一般应于开标前确定，而且该名单在中标结果确定前应当保密。选项 E 正确，投标准备时间，是指自招标文件开始发出之日起至投标人提交投标文件截止之日止的期限，最短不得少于

20 天。采用电子招标投标在线提交投标文件的，最短不少于 10 日。

74.【答案】 CDE

【解析】本题考查施工投标报价工作。A 选项错误，投标人应认真根据招标说明、图纸、地质资料等招标文件资料，计算主要清单工程量，复核工程量清单。B 选项错误，复核工程量的目的不是修改工程量清单，即使有误，投标人也不能修改招标工程量清单中的工程量，因为修改了清单将导致在评标时被认为投标文件未响应招标文件而被否决。C 选项正确，针对招标工程量清单中工程量的遗漏或错误，是否向招标人提出修改意见取决于投标策略。D 选项正确，通过工程量计算复核还能准确地确定订货及采购物资的数量，防止由于超量或少购等带来的浪费、积压或停工待料。E 选项正确，复核工程量的准确程度，将影响承包人的经营行为：根据工程量的大小采取合适的施工方法，选择适用、经济的施工机具设备、投入使用相应的劳动力数量等。

75.【答案】 ABCE

【解析】本题考查工程总承包的特点。工程总承包的主要特点：（1）有利于优化工程建设组织方式；（2）有利于设计和施工深度交叉，降低工程造价；（3）有利于缩短建设周期，提高工程质量；（4）有利于提高承包人的市场竞争力。

76.【答案】 AE

【解析】本题考查工程计量。工程计量的原则包括下列三个方面：（1）不符合合同文件要求的工程不予计量。（2）按合同文件所规定的方法、范围、内容和单位计量。（3）因承包人原因造成的超出合同工程范围施工或返工的工程量，发包人不予计量，故 AE 选项正确。单价合同工程量必须以承包人完成合同工程应予以计量的且依据国家现行工程批计算规则计算得到的工程量确定。采用工程量清单方式招标形成的总价合同，工程量应按照与单价合同相同的方式计算。采用经审定批准的施工图纸及其预算方式发包形成的总价合同，除按照工程变更规定引起的工程量增减外，总价合同各项目的工程量是承包人用于结算的最终工程量。通常区分单价合同和总价合同规定不同的计量方法，成本加酬金合同按照单价合同的计量规定进行计量。故选项 B 错误，选项 C 错误。施工中工程计量时，若发现招标工程量清单中出现缺项、工程量偏差，或因工程变更引起工程量的增减，应按承包人在履行合同义务中完成的工程量计算，故选项 D 错误。

77.【答案】 ACE

【解析】本题考查费用索赔的计算。索赔费用的计算应以赔偿实际损失为原则，包括直接损失和间接损失。索赔费用的计算方法通常有三种，即实际费用法、总费用法和修正的总费用法。

78.【答案】 ABE

【解析】本题考查合同价款纠纷的处理。仲裁协议的内容应当包括：（1）请求仲裁的意思表示；（2）仲裁事项；（3）选定的仲裁委员会。前述三项内容必须同时具备，仲裁协议方为有效。

79.【答案】 ACD

【解析】本题考查进度款支付申请。承包人应在每个计量周期到期后向发包人提交已完工程进度款支付申请一式四份，详细说明此周期认为有权得到的款额，包括分包人已完工程的价款。支付申请的内容包括：1）累计已完成的合同价款。2）累计已实际支付的合同价款。3）本周期合计完成的合同价款，其中包括：①本周期已完成单价项目的金额；②本周期应支付的总价项目的金额；③本周期已完成的计日工价款；④本周期应支付的安全文明施工费；⑤本周期应增加的金额。4）本周期合计应扣减的金额，其中包括：①本周期应扣回的预付款；②本周期应扣减的金额。5）本周期实际应支付的合同价款。

80.【答案】CE

【解析】本题考查新增资产价值的确定。选项 A 错误，新增固定资产价值的计算是以独立发挥生产能力的单项工程为对象。选项 B 错误，一次交付生产或使用的工程一次计算新增固定资产价值，分期分批交付生产或使用的工程，应分期分批计算新增固定资产价值。选项 C 正确，选项 D 错误，一般情况下，项目建设管理费按建筑工程、安装工程、需安装设备价值总额等按比例分摊。

模拟试卷 2 《建设工程计价》

一、单项选择题（共 60 题，每题 1 分。每题的备选项中，只有 1 个最符合题意）。

1. 根据我国现行建设工程总投资及工程造价的构成，下列公式正确的是（ ）。
   A. 工程造价＝建设投资＋建设期利息＋流动资金
   B. 建设投资＝工程费用＋工程建设其他费用＋预备费
   C. 固定资产投资＝工程造价＋建设期利息
   D. 工程费用＝建筑安装工程费＋设备购置费

2. 关于设备及工器具购置费的构成，下列说法错误的是（ ）。
   A. 由设备购置费和工具、器具及办公家具购置费组成的
   B. 国产标准设备原价可通过向生产厂家询价得到
   C. 在进口设备原价的组成中，进口从属费中包含银行财务费
   D. 国产标准设备无法获取市场交易价格

3. 某工厂采购一台国产标准设备，制造厂生产该台设备所用材料费 50 万元，加工费 2 万元，辅助材料费 3 万元。专用工具费率 1.5％，废品损失费率 10％，外购配套件费 5 万元，利润率为 7％，增值税税率为 13％，非标准设备设计费为 2 万元，国产非标准设备的原价为（ ）万元。
   A. 79.76
   B. 80.82
   C. 81.90
   D. 82.29

4. 根据我国现行建筑安装工程费用项目构成的规定，下列费用中属于文明施工费的是（ ）。
   A. 场地排水排污措施费用
   B. 临时文化福利用房
   C. 现场绿化费用
   D. 安全宣传费用

5. 根据国外建筑安装工程费用的构成，材料预涨费的费用一般计入（ ）。
   A. 直接工程费
   B. 现场管理费
   C. 公司管理费
   D. 开办费

6. 关于工程建设其他费用，下列说法中正确的是（ ）。
   A. 项目建设管理费是指从项目筹建之日起至办理最终结清之日止发生的管理性质的支出
   B. 农用地的安置补助费标准按该耕地被征收前年平均产值为基础计算
   C. 新建项目的场地准备费应根据实际工程量估算，或按工程费用的比例计算
   D. 转让土地如有增值，要向受让者征收土地增值税

7. 下列不属于工程咨询服务费的是（ ）。
   A. 可行性研究费
   B. 特殊地区施工增加费
   C. 监理费
   D. 工程造价咨询费

8. 某建设项目工程费用 5000 万元，工程建设其他费用 1000 万元，建设期利息 800 万元。基本预备费率为 6%，年均投资价格上涨率 5%，项目建设前期年限为 1 年，建设期为 3 年，计划前两年各完成投资 30%，第三年完成 40%，则该项目建设期第二年价差预备费应为(　　)万元。
   A. 247.52
   B. 144.87
   C. 392.39
   D. 300.47

9. 关于建设期利息计算公式 $q_j = \left(P_{j-1} + \frac{1}{2}A_j\right) \times i$ 的应用，下列说法正确的是(　　)。
   A. 按总贷款在建设期内均衡发放考虑
   B. P_{j-1} 为第 $(j-1)$ 年年初累计贷款本金和利息之和
   C. 按贷款在年中发放和支用考虑
   D. q_j 为建设期第 j 年应计本息和

10. 关于工程计价基本原理，下列说法错误的是(　　)。
    A. 没有具体的图样和工程量清单时，可利用函数关系对拟建项目的造价进行类比匡算
    B. 工程计价的基本原理是项目的分解和价格的组合
    C. 工程计价分为工程计量和工程组价两个环节
    D. 工程组价是指按规定的程序或办法逐级汇总形成的相应工程造价

11. 《建设工程人工材料设备机械数据标准》GB/T 50851—2013 属于工程造价管理标准中的(　　)。
    A. 基础标准
    B. 管理规范
    C. 信息管理规范
    D. 质量管理标准

12. 下列工程定额中，分项最细、定额子目最多的定额是(　　)。
    A. 预算定额
    B. 概算定额
    C. 施工定额
    D. 投资估算指标

13. 关于工程量清单计价，下列说法正确的是(　　)。
    A. 项目编码的第二级编码为单位工程顺序码
    B. 工程计价结果反映了工程的交易价值
    C. 清单项目的工程量中应包含多种必要的施工损耗量
    D. 有利于提高工程计价效率，能真正实现快速报价

14. 下列因素中，影响施工过程的组织因素的是(　　)。
    A. 劳动态度
    B. 产品的质量要求
    C. 所用材料的类别
    D. 使用工具和机械设备的完好情况

15. 关于确定材料消耗量的基本方法，下列说法正确的是(　　)。
    A. 现场技术测定法主要适用于编制材料净用量定额
    B. 实验室试验法主要适用于确定材料损耗量
    C. 现场统计法不能作为确定材料净用量定额和材料损耗定额的主要方法
    D. 理论计算法适合不易产生损耗，且不容易确定废料的材料消耗量的计算

16. 某出料容量800L的砂浆搅拌机，每一次循环工作中，运料、装料、搅拌、卸料、中断需要的时间分别为200秒、50秒、200秒、50秒、60秒，运料和其他时间的交叠时间为50秒，机械利用系数为0.75。该机械的台班产量定额为( )m³/台班。
   A. 30.86   B. 33.88
   C. 34.62   D. 35.60

17. 已知某材料供应价格为50000元/t，运杂费为5000元/t，采购及保管费率为1.5%。运输损耗率为2%，检验试验费为2500元。该材料的单价为( )万元/t。
   A. 5.693   B. 5.694
   C. 5.944   D. 5.953

18. 关于影响人工日工资单价和材料单价的因素，说法错误的是( )。
   A. 消费价格指数影响人工日工资单价
   B. 人工日工资单价的组成内容影响人工日工资单价
   C. 国际市场行情会对进口材料单价产生影响
   D. 流通环节的多少和供应体制对材料单价没有影响

19. 编制预算定额人工工日消耗量时，预算定额所考虑的现场材料、半成品堆放地点到操作地点的水平运输距离超过劳动定额中已包括的材料、半成品场内水平搬运距离应计入( )。
   A. 超运距用工   B. 辅助用工
   C. 二次搬运用工   D. 人工幅度差

20. 有关概算指标的编制，下列说法中正确的是( )。
   A. 概算指标分为建筑工程概算指标和设备及安装工程概算指标
   B. 综合概算指标的准确性、针对性高于单项概算指标
   C. 概算指标的允许调整范围及方法，一般在附录中说明
   D. 构筑物的概算指标以预算书确定的价值为准，需进行建筑面积换算

21. 当采用数据统计法计算工程价格指标时，应采用加权平均法，此时选用的权重通常是( )。
   A. 工程量   B. 消耗量
   C. 建设规模   D. 总投资额

22. 在项目决策阶段，工程造价合理性的前提是( )。
   A. 项目决策的内容   B. 项目决策的正确性
   C. 项目决策的深度   D. 项目决策的全面性

23. 民用住宅建筑设计中，下列不同平面形状的建筑物，其建筑物周长与建筑面积比$K_周$按从小到大的顺序排列，正确的是( )。
   A. 矩形→正方形→T形→L形   B. L形→T形→矩形→正方形
   C. 正方形→矩形→T形→L形   D. T形→L形→正方形→矩形

24. 进行投资估算时，现行项目投资估算常用的方法是( )。
   A. 朗格系数法   B. 设备系数法
   C. 主体专业系数法   D. 生产能力指数法

25. 某地2023年拟建一座年产20万t的化工厂，该地区2021年建成的年产15万t

相同产品的类似项目实际建设投资为6000万元。2021年和2023年该地区的工程造价指数（定基指数）分别为1.12和1.15，生产能力指数为0.7，预计该项目建设期的两年内工程造价仍将年均上涨5%，则该项目的静态投资为（ ）万元。

A. 7147.08　　　　　　　　　　　B. 7535.09
C. 7911.84　　　　　　　　　　　D. 8307.43

26. 下列安装工程费用估算公式中，适用于估算工业炉窑砌筑和保温工程安装工程费的是（ ）。

A. 设备原价×设备安装费率
B. 安装工程功能总量×功能单位安装工程费指标
C. 重量（体积、面积）总量×单位重量（"m³""m²"）安装费指标
D. 设备原价×材料安装费率

27. 建设项目总概算的组成内容不包括（ ）。

A. 单项工程综合概算　　　　　　B. 流动资金概算
C. 工程建设其他费用概算　　　　D. 建设期利息概算

28. 关于工业建设项目设计中的柱网布置，下列说法中正确的是（ ）。

A. 柱网布置是确定柱子的跨度和间距的依据
B. 单跨厂房，柱间距不变时，跨度越小越经济
C. 多跨厂房，柱间距不变时，跨度越大造价越低
D. 柱网布置与厂房的高度无关

29. 关于影响工业建设项目工程造价的主要因素，下列说法正确的是（ ）。

A. 在进行建筑设计时，应首先考虑建筑物的使用性质
B. 工艺流程在项目建议书阶段已经确定
C. 建筑物平面形状的设计应在降低建筑周长系数的前提下，满足建筑物使用功能
D. 在满足建筑物使用要求的前提下，应将流通空间减少到最小

30. 采用工料单价法编制施工图预算时，下列做法正确的是（ ）。

A. 若分项工程主要材料品种与预算定额中所列材料不一致，需要按实际使用材料价格换算工料单价后再套用
B. 因施工工艺条件与预算定额不一致而致人工、机械的数量增加，只调价不调量
C. 因施工工艺条件与预算定额不一致而致人工、机械的数量减少，既调价也调量
D. 对于定额项目计价中未包括的主材费用，应按造价管理机构发布的造价信息价补充进定额基价

31. 施工图预算对投资方、施工企业都具有十分重要的作用。下列选项中仅属于对施工企业起作用的有（ ）。

A. 确定合同价款的依据　　　　　B. 控制资金合理使用的依据
C. 控制工程成本的依据　　　　　D. 办理工程结算的依据

32. 关于招标工程量清单的编制，下列说法正确的是（ ）。

A. 若采用标准图集能够全部满足项目特征描述的要求，项目特征描述仍需用文字描述
B. 措施项目清单的编制不需考虑工程本身、水文、气象、环境、安全等多种因素

C. 暂列金额一般可按单位工程造价的10%~15%确定
D. 工程量清单总说明应对工程概况、工程招标及分包范围、工程质量要求等进行描述

33. 关于最高投标限价的编制，下列说法正确的是（　　）。
A. 建设工程的最高投标限价反映的是单项工程费用
B. 招标人自行供应材料的，按招标人供应材料价值的1.5%计算
C. 综合单价中应包括工程设备、材料价格以及人工单价等风险费用
D. 最高投标限价应由具有编制能力的招标人或受其委托的工程造价咨询人编制

34. 关于投标报价前期工作，下列说法正确的是（　　）。
A. 工程现场中其他条件调查，包括工程现场邻近建筑物与招标工程的间距、基础埋深等
B. 研究投标人须知重点在于防止投标被否决
C. 图纸是确定工程范围、工艺内容和技术要求的重要文件
D. 复核工程量时，若发现工程量清单有误，投标人可以修改清单中的工程量

35. 关于投标有效期，下列说法正确的是（　　）。
A. 投标有效期从发布招标公告起次日开始计算
B. 一般项目投标有效期为60~90天
C. 其长短与组织评标委员会完成评标所需要的时间长短无关
D. 其长短与投标人的数量有关

36. 关于联合体和串通投标，下列说法正确的是（　　）。
A. 联合体各方指定的牵头人在工程中应承担主要责任
B. 资格预审后联合体增减、更换成员的，其投标有效性待定
C. 联合体投标的，可以联合体牵头人的名义提交投标保证金
D. 同一集团、协会等组织成员的投标人按照该组织要求协同投标，视为投标人相互串通投标

37. 对于报价有算术错误的修正，应由（　　）按照相关原则对投标报价进行修正。
A. 投标人　　　　　　　　B. 招标人
C. 清标小组　　　　　　　D. 评标委员会

38. 某高速公路项目招标采用经评审的最低投标价法评标，招标文件规定对同时投多个标段的评标修正率为4%。现有投标人甲同时投标1号、2号标段，其报价依次为6300万元、5000万元，若甲在1号标段已被确定为中标，则其在2号标段的评标价应为（　　）万元。
A. 4800　　　　　　　　　B. 4758
C. 5200　　　　　　　　　D. 5000

39. 关于施工招标工程的履约担保，下列说法中正确的是（　　）。
A. 中标人应在签订合同后向招标人提交履约担保
B. 履约保证金不得超过最高投标限价金额的10%
C. 履约担保的有效期自合同签订之日起至竣工验收完毕止
D. 发包人应在工程接收证书颁发后28天内将履约保证金退还给承包人

40. 关于工程总承包招标文件的编制，下列说法中正确的是（   ）。
   A. 在通用合同条款中通过谈判、协商，对相应条款可进行细化、完善、补充或修改等
   B. 采用工程总承包方式的政府投资项目，应当在核准或备案后进行工程总承包项目发包
   C. 发包人提供的资料和条件应包括定位放线的基准点、基准线和基准标高
   D. 对发包人人员进行培训和提供一些消耗品等，在发包人提供的资料和条件中应明确规定

41. 国际竞争性招标中关于合同谈判和签订合同的表述，说法正确的（   ）。
   A. 合同谈判结束后，中标人应按相关规定提交履约担保
   B. 不得重新谈判某些技术性或商务性问题
   C. 工程预付款的多少及支付条件不容谈判
   D. 交货或完工时间提前或推迟，应在谈判中进一步明确

42. 下列关于承揽国际工程时投标报价的标价组成，正确的是（   ）。
   A. 直接费、间接费、利润和风险费用
   B. 直接费、间接费、利润和建设期上升成本
   C. 直接费、间接费、应急费和建设期上升成本
   D. 直接费、间接费、利润和税金

43. 对于实行招标的建设工程，因法律法规政策变化引起合同价款调整的，调价基准日期一般为（   ）。
   A. 施工合同签订前的第28天
   B. 提交投标文件的截止时间前的第28天
   C. 施工合同签订前的第14天
   D. 提交投标文件截止时间前的第14天

44. 下列关于工程变更的说法中，正确的是（   ）。
   A. 工程变更引起措施项目发生变化的，发包人应按照实际发生变化的措施项目调整
   B. 投标人应承担因招标工程量清单的计算错误带来的风险与损失
   C. 变更指令发出后，应迅速落实指令，全面修改相关的各种文件
   D. 按总价（或系数）计算的措施项目费，按照实际发生变化的措施项目调整，不应考虑承包人报价浮动因素

45. 据现行工程量清单计价规范，有关计日工的相关说法正确的是（   ）。
   A. 需要以计日工方式实施的零星工作，承包人应以计日工方式实施相应工作
   B. 已标价工程量清单中无某类计日工单价的，按工程变更的有关规定商定计日工单价
   C. 施工期间发生的计日工费用应在竣工结算时一并支付
   D. 承包商应按施工投入的计日工数量进行结算

46. 某分项工程招标工程量清单数量为 5500 m²，施工中由于设计变更调减为 4200 m²，该项目最高投标限价综合单价为 450 元/m²，投标报价为 350 元/m²。合同约定实际工程量与招标工程量偏差超过 ±15% 时，综合单价以最高投标限价为基础调整。若承

包人报价浮动率为10%，该分项工程费结算价为( )万元。

A. 140　　　　　　　　　　　　　　B. 144.6
C. 145.5　　　　　　　　　　　　　D. 147

47. 某项目施工合同约定，承包人承担的水泥价格风险幅度为±5%，超出部分采用造价信息法调差。已知投标人投标价格、基准期发布价格分别为500元/t、550元/t，2021年9月的造价信息发布价为470元/t。则该月水泥的实际结算价格为( )元/t。

A. 470　　　　　　　　　　　　　　B. 495
C. 500　　　　　　　　　　　　　　D. 550

48. 某项目招标采用经评审的最低投标价法评标，招标文件规定对同时投多个标段的评标修正率为5%，同时规定2号标段基准工期为30个月，投标文件中每提前工期1个月有50万元的评标优惠。现有投标人甲、乙都同时投1号、2号标段，投标人甲的报价依次为6000万元、5000万元，2号标段工期为28个月。投标人乙的报价依次为5800万元、5500万元，2号标段工期为27个月。若乙在1号标段已被确定为中标，则甲、乙在2号标段的评标价应分别为( )。

A. 4900万元，5075万元　　　　　　B. 5000万元，5225万元
C. 4650万元，5350万元　　　　　　D. 4900万元，5225万元

49. 根据《标准施工招标文件》通用合同条款，下列引起承包人索赔的事件中，可以同时获得工期、费用和利润补偿的是( )。

A. 因发包人提供的材料、工程设备造成工程不合格
B. 因发包人的原因导致工程试运行失败
C. 提前向承包人提供材料、工程设备
D. 基准日后法律的变化

50. 某工厂年度承包工程总价为1000万元，其中材料所占比例为30%，材料在途、加工、整理和供应间隔天数为20天，保险天数5天，则按公式法计算的预付款金额为( )万元。

A. 16.44　　　　　　　　　　　　　B. 20.55
C. 21.36　　　　　　　　　　　　　D. 22.53

51. 关于预付款的扣回，下列说法正确的是( )。

A. 起扣点T是指累计完成工程金额对应的时间，一般按月度量
B. 起扣点计算法对发承包双方均有利
C. 从未完工程所需的主要材料及构件的价值相当于工程预付款数额时起扣
D. 从未完工程的剩余合同额相当于工程预付款数额时起扣

52. 由发包人提供的工程材料、工程设备的金额，应在进度款支付中予以扣除，具体的扣除标准是( )。

A. 按签约单价和签约数量　　　　　　B. 按实际采购单价和实际数量
C. 按签约单价和实际数量　　　　　　D. 按实际采购单价和签约数量

53. 关于缺陷责任期和质量保证金，下列说法错误的是( )。

A. 缺陷责任期内，承包人认真履行合同约定的责任，到期后，承包人向发包人申请返还质量保证金

B. 质量保证金总预留比例不得低于工程价款结算总额的3%

C. 缺陷责任期内，由承包人原因造成的缺陷，承包人应负责维修，并承担鉴定及维修费用

D. 缺陷责任期指承包人按照合同约定承担缺陷修复业务，且发包人预留质量保证金（已缴纳履约保证金的除外）的期限

54. 根据《中华人民共和国民事诉讼法》的规定，因不动产纠纷提起的诉讼，其诉讼管辖单位是（　　）。
   A. 不动产建设单位所在地人民法院　　B. 不动产合同签订所在地人民法院
   C. 不动产所属单位所在地人民法院　　D. 不动产所在地人民法院

55. 对于工程欠款的利息支付，下列说法正确的是（　　）。
   A. 当事人对欠付工程价款利息计付标准没有约定的，按照同期贷款市场报价利率计息
   B. 建设工程未交付，工程价款也未结算的，利息从为法院做出判决之日起计付
   C. 建设工程没有交付的，利息从仲裁机构做出裁决之日起计付
   D. 建设工程已实际交付的，利息从提交竣工结算文件之日起计付

56. 经与委托人协商，完成工程造价鉴定期限可以延长，每次延长时间一般不得超过（　　）个工作日。每个鉴定项目延长次数一般不得超过（　　）次。
   A. 28，2　　　　　　　　　　　　B. 28，3
   C. 30，2　　　　　　　　　　　　D. 30，3

57. 根据《建设项目工程总承包合同（示范文本）》GF-2020-0216 通用合同条件，关于工程总承包合同价款的调整，下列说法正确的是（　　）。
   A. 发包人应在颁发竣工付款证书后7天内完成最终结清支付
   B. 依法必须招标的专业工程暂估价项目由承包人作为招标人的，该专业工程中标价格不会影响总承包人的合同价款
   C. 发包人引起的工期延误后的价格调整，应采用原约定竣工日期与实际竣工日期的两个价格指数中较高的一个作为当期价格指数
   D. 在颁发工程接收证书前，提前解除合同的，尚未扣完的预付款应单独结算

58. 根据2017版FIDIC《施工合同条件》，关于国际工程合同价款的调整与结算，下列说法正确的是（　　）。
   A. 国际工程承包合同中的暂定金额仅用于"暂定金额条款"项下任何部分工程的实施
   B. 只能按工程师的指示使用暂定金额，并对合同价格做相应调整
   C. 在明确构成工程变更的情况下，承包商仍须按程序发出索赔通知
   D. 承包人在任何情况下都不应对永久工程做出更改

59. 关于建设项目竣工决算编制的内容，下列属于竣工决算的核心内容的是（　　）。
   A. 建设项目竣工财务决算报表　　B. 建设项目工程竣工造价对比分析
   C. 建设项目竣工财务决算说明书　　D. 建设项目竣工财务决算

60. 某工业建设项目及其中总装车间的各项建设费用明细如表1所示。则总装车间应分摊的项目建设管理费为（　　）。

某工业建设项目及其中总装车间的各项建设费用明细　　　　表1

费用名称	建筑工程	安装工程	需安装设备	项目建设管理费	工艺设计费
建设项目竣工决算（万元）	5000	800	2000	300	180
总装车间（万元）	3000	600	1500	—	—

A. 152　　　　　　　　　　　　　B. 180
C. 196　　　　　　　　　　　　　D. 225

二、多项选择题（共20题，每题2分。每题的备选项中，有2个或2个以上符合题意，至少有1个错项。错选，本题不得分；少选，所选的每个选项得0.5分）。

61. 下列费用中，属于进口从属费的有(　　)。
A. 外贸手续费　　　　　　　　　B. 国际运费
C. 运输保险费　　　　　　　　　D. 进口环节增值税
E. 车辆购置税

62. 根据现行建筑安装工程费用项目组成规定，下列费用项目中，属于建筑安装工程企业管理费的有(　　)。
A. 城市维护建设税　　　　　　　B. 财产保险费
C. 地方教育附加税　　　　　　　D. 工程保险费
E. 增值税

63. 关于工程建设其他费用，下列说法中正确的是(　　)。
A. 建设单位临时设施费属于用地与工程准备费
B. 建设场地的大型土石方工程应并入工程费用
C. 通过市场机制取得建设用地，仅须向土地所有者支付土地使用费
D. 招募生产工人费属于生产准备费
E. 工程咨询服务费应实行市场调节价

64. 从工程计价的角度，需将建设项目中的分部工程按照(　　)加以更细致的分解为分项工程。
A. 施工工序　　　　　　　　　　B. 施工方法
C. 路段长度　　　　　　　　　　D. 施工任务
E. 施工材料

65. 根据现行工程量清单计价规范，适宜采用以"项"为计量单位的措施费是(　　)。
A. 安全文明施工费　　　　　　　B. 垂直运输费
C. 非夜间施工照明费　　　　　　D. 超高施工增加费
E. 二次搬运费

66. 关于工人、机械工作时间消耗的分类，下列说法正确的是(　　)。
A. 工人基本工作时间的长短和工作量大小成正比
B. 偶然工作时间能够获得一定产品，拟定定额时要适当考虑
C. 工作地点组织不良属于非施工本身造成的停工时间
D. 有根据地降低负荷下的工作时间属于有效工作时间
E. 筑路机在工作区末端调头属于有效工作时间

67. 关于材料单价的构成和计算，下列说法中正确的有（   ）。
   A. 材料单价指材料从其来源地运达工地仓库，直至入库的综合单价
   B. 运输损耗指材料在场外运输装卸及施工现场内搬运发生的不可避免损耗
   C. 采购及保管费是指为组织材料采购、供应和保管过程中所发生的费用
   D. 材料单价包括材料仓储费和工地管理费
   E. 材料生产成本的变动直接影响材料单价的波动

68. 预算定额中的材料消耗量可以采用测定法计算，下列方法中隶属于测定法的是（   ）。
   A. 换算法
   B. 实验室试验法
   C. 定额计量法
   D. 现场测定法
   E. 理论计算法

69. 关于工程造价指标，下列说法正确的是（   ）。
   A. 用于测算指标的数据无论是整体数据还是局部数据必须都是采集的实际工程数据
   B. 房屋建筑工程的建设项目特征信息包括基本信息和面积信息
   C. 建设工程造价指标的时间应符合规定，工程结算应采用对应单项工程的结算日期
   D. 汇总计算法计算工程造价指标时，应采用加权平均计算法，权重为指标对应的总建设规模
   E. 数据统计法计算工程量指标时，应从序列两端总共去掉5%的边缘项目

70. 关于流动资金的估算，下列说法正确的是（   ）。
   A. 流动资金估算一般采用分项详细估算法，个别情况或者大型项目可采用扩大指标法
   B. 在采用分项详细估算法时，应根据项目实际情况分别确定现金、应收账款、预付账款、存货、应付账款和预收账款的最低周转天数，并考虑一定的保险系数
   C. 流动资金利息应计入生产期间财务费用，项目计算期末收回全部流动资金（含利息）
   D. 在不同生产负荷下的流动资金，按100%生产负荷下的流动资金乘以生产负荷百分比求得
   E. 用扩大指标估算法计算流动资金，流动资金估算可能在经营成本估算之后进行

71. 按照形成资产法分类，下列属于固定资产其他费用的有（   ）。
   A. 工器具购置费
   B. 项目建设管理费
   C. 联合试运转费
   D. 场地准备及临时设施费
   E. 生产准备费

72. 下列关于民用住宅建筑设计中影响工程造价的主要因素的表述中，正确的有（   ）。
   A. 在矩形民用住宅建筑中长宽比以4∶3最佳
   B. 住宅层高降低，可降低单位工程造价和提高建筑密度
   C. 在满足住宅功能和质量的前提下，适当加大住宅宽度，有利于降低工程造价
   D. 随着住宅层数的增加，单方造价系数逐渐降低，而边际造价系数逐渐增加
   E. 衡量单元组合、户型设计的指标是结构面积系数

73. 关于施工招标文件，下列说法中正确的有（　　）。
A. 在投标人须知中要明确是否允许提交备选投标方案
B. 当进行资格预审时，招标文件中应包括投标邀请书
C. 采用电子招标投标，招标文件开始发出之日起至投标截止之日最短不得少于15天
D. 招标文件要说明评标委员会的组建方法
E. 招标文件应明确评标方法

74. 下列各项中属于初步评审标准中形式评审标准内容的是（　　）。
A. 投标人名称与安全生产许可证一致　　B. 投标文件格式符合要求
C. 报价唯一　　D. 具备有效的安全生产许可证
E. 资质等级符合规定

75. 根据《标准施工招标文件》（2007年版）通用合同条款，承包人可能同时获得工期和费用补偿但不能获得利润补偿的索赔事件有（　　）。
A. 延迟提供施工场地　　B. 施工中遇到不利物质条件
C. 发包人负责的材料延迟提供　　D. 基准日后法律的变化
E. 施工中发现文物

76. 对于工程变更价款的调整方法，下列表述中正确的有（　　）。
A. 已标价工程量清单中有适用于变更工程项目的，且工程变更导致的该清单项目的工程数量变化不足10％时，采用该项目的单价
B. 已标价工程量清单中没有适用也没有类似于变更工程项目，且工程造价管理机构发布的信息（参考）价格缺价的，应根据变更工程资料、计量规则、承包人报价浮动率等有合法依据的市场价格提出变更工程项目的单价或总价，报发包人确认后调整
C. 招标工程量清单分部分项工程漏项引起措施项目发生变化的，可以调整措施项目费
D. 安全文明施工费，按照实际发生变化的措施项目调整，不得浮动
E. 工程变更引起的措施费用变化的，如果承包人未事先将拟实施的方案提交给发包人确认，则可视为工程变更不引起措施项目费的调整

77. 接受委托的工程造价咨询机构从事竣工结算审核工作通常包括（　　）阶段。
A. 计量阶段　　B. 准备阶段
C. 审核阶段　　D. 核实阶段
E. 审定阶段

78. 关于合同价款纠纷的处理，下列说法正确是（　　）。
A. 和解的方式就是协商和解
B. 协商达成一致的，签订书面和解协议，该协议对和解双方都有约束力
C. 任一方收到调解书后28天内，均未发出表示异议通知，则调解书对双方均具有约束力
D. 选定的仲裁委员会是仲裁协议有效的必备条件之一
E. 当仲裁是在仲裁机构要求停止施工的情况下进行时，承包人应采取保护措施，增加费用由发包人负责

79. 关于工程总承包合同价款的结算，下列说法正确的是( )。
A. 除合同另有规定外，预付款在进度付款中同比例扣回
B. 对已签发的进度款支付证书中出现错误的修正，应在本次进度付款中支付或扣除
C. 进度款支付证书签发后28天内发包人应完成支付，逾期支付进度款的，按照贷款市场报价利率（LPR）支付利息
D. 发包人逾期支付超过56天，按照贷款市场报价利率（LPR）的三倍支付利息
E. 发包人应在颁发最终结清证书后7天内完成支付

80. 关于竣工决算的内容和编制，下列说法错误的是( )。
A. 竣工财务决算说明书是全面考核分析工程投资与造价的书面总结
B. 待摊投资支出是指基本建设项目建设单位按照标准的建设内容发生的，应当分摊计入相关资产价值的各项费用和税金支出
C. 收尾工程可根据实际情况进行估算并加以说明，完工后再编制竣工决算
D. 建设项目竣工财务决算表是用来反映建设项目的全部资金来源和资金占用情况
E. 工程造价对比分析是工程进行验收、维护、改建和扩建的依据，是国家的重要技术档案

模拟试卷 2 《建设工程计价》答案与解析

一、单项选择题（共 60 题，每题 1 分。每题的备选项中，只有 1 个最符合题意）

1.【答案】 B

【解析】本题考查我国现行建设项目总投资构成（图 1）。工程造价＝建设投资＋建设期利息，选项 A 错误。建设投资＝工程费用＋工程建设其他费用＋预备费，选项 B 正确。固定资产投资＝工程造价＝建设投资＋建设期利息，选项 C 错误。工程费用＝建筑安装工程费＋设备及工器具购置费，选项 D 错误。

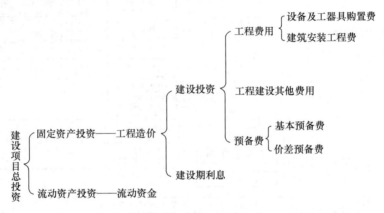

图 1 我国现行建设项目总投资构成

2.【答案】 A

【解析】本题考查设备及工器具购置费的内涵。设备及工器具购置费用是由设备购置费和工具、器具及生产家具购置费组成的。而办公家具购置费对于施工方应该包含在管理费中，对于建设方应该包含在工程建设其他费中，故 A 选项错误。

3.【答案】 C

【解析】本题考查国产非标准设备原价的计算。

专用工具费＝（材料费＋加工费＋辅助材料费）×费率＝（50＋2＋3）×1.5％＝0.825（万元）；

废品损失费＝（材料费＋加工费＋辅助材料费＋专用工具费）×费率
　　　　　＝（50＋2＋3＋0.825）×10％＝5.583(万元)；

利润＝（材料费＋加工费＋辅助材料费＋专用工具费＋废品损失费＋包装费）×利润率
　　＝（50＋2＋3＋0.825＋5.583＋5）×7％＝4.299(万元)；

增值税＝当期销项税额＝销售额×适用增值税率
　　　＝（50＋2＋3＋0.825＋5.583＋5＋4.299）×13％＝9.192(万元)；

国产非标准设备的原价＝50＋2＋3＋0.825＋5.583＋5＋4.299＋9.192＋2＝81.90(万元)。

4.【答案】 C

【解析】本题考查措施项目费用构成。A 选项不符合题意，场地排水排污措施费用属于环境保护费。B 选项不符合题意，临时文化福利用房属于临时设施费。D 选项不符合题意，安全宣传费用属于安全施工费。

5.【答案】 A

【答案】本题考查国外建筑安装工程费用的构成（图2）。国外建筑安装工程费用中直接工程费包括人工费、材料费和施工机械费。材料费包括材料原价、运杂费、税金、运输损耗及采购保管费和预涨费，因此选项 A 正确。现场管理费、公司管理费都属于管理费，故选项 BC 不符合题意。在许多国家，开办费一般是在各分部分项工程造价的前面按单项工程分别单独列出。故选项 D 不符合题意。

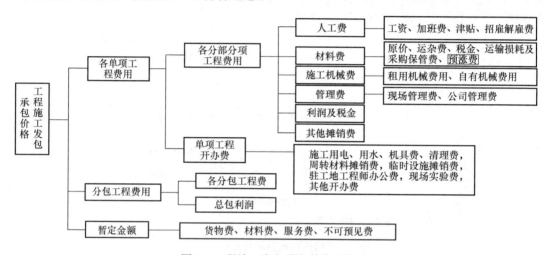

图 2　工程施工发包承包价格的构成

6.【答案】 C

【解析】本题考查工程建设其他费用。选项 A 错误，建设单位管理费是指项目建设单位从项目筹建之日起至办理竣工财务决算之日止发生的管理性质的支出。选项 B 错误，征收农用地的安置补助费标准由省、自治区、直辖市通过制定公布区片综合地价确定，并至少每 3 年调整或者重新公布一次。县级以上地方人民政府应当将被征地农民纳入相应的养老等社会保障体系。选项 C 正确，新建项目的场地准备和临时设施费应根据实际工程量估算，或按工程费用的比例计算。转让土地如有增值，要向转让者征收土地增值税。选项 D 错误。

7.【答案】 B

【解析】本题考查工程建设其他费用。工程咨询服务费包括可行性研究费、专项评价费、勘察设计费、监理费、研究试验费、特殊设备安全监督检验费、招标代理费、设计评审费、技术经济标准使用费、工程造价咨询费及竣工图编制费。故 A、C、D 选项不符合题意。特殊地区施工增加费属于建安费中措施项目费的其他项构成内容。根据项目的专业特点或所在地区不同，可能会出现其他的措施项目，如工程定位复测费和特殊地区施工增加费等，故 B 选项符合题意。

8. 【答案】A

   【解析】本题考查价差预备费的计算。

   基本预备费 =（工程费用＋工程建设其他费用）×基本预备费费率 =（5000＋1000）× 6%＝360（万元）；

   静态投资 =5000＋1000＋360＝6360（万元）；

   建设期第一年计划完成投资 =6360×30%＝1908（万元）；

   第一年涨价预备费为：$PF_1 = I_1[(1+f)^1 \times (1+f)^{0.5} - 1]$
   $= 1908 \times [(1+5\%)^1 \times (1+5\%)^{0.5} - 1] = 1908 \times 0.075$
   $= 144.87（万元）；$

   建设期第二年计划完成投资 =6360×30%＝1908（万元）；

   第二年涨价预备费为：
   $PF_2 = I_2[(1+f)^1 \times (1+f)^{0.5} \times (1+f)^{2-1} - 1]$
   $= 1908 \times [(1+5\%)^1 \times (1+5\%)^{0.5} \times (1+5\%) - 1] = 1908 \times 0.1297 = 247.52（万元）。$

9. 【答案】A

   【解析】本题考查建设期利息的计算。根据建设期资金用款计划，在总贷款分年均衡发放前提下，可按当年借款在年中支用考虑，即当年借款按半年计息，上年借款按全年计息。P_{j-1} 为建设期第（$j-1$）年年末累计贷款本金与利息之和；q_j 为建设期第 j 年应计利息。

10. 【答案】D

    【解析】本题考查工程计价基本原理。工程组价包括工程单价的确定和总价的计算。工程总价是指按规定的程序或办法逐级汇总形成的相应工程造价。

11. 【答案】C

    【解析】本题考查工程造价管理标准。信息管理规范主要包括《建设工程人工材料设备机械数据标准》GB/T 50851—2013 和《建设工程造价指标指数分类与测算标准》GB/T 51290—2018 等。

12. 【答案】C

    【解析】本题考查工程定额体系。施工定额的项目划分很细，是工程定额中分项最细、定额子目最多的一种定额，也是工程定额中的基础性定额。

13. 【答案】D

    【解析】本题考查工程量清单计价的作用及分部分项工程项目清单的编制。第二级为附录分类顺序码，故选项 A 错误。工程计价结果反映了工程的货币价值是工程计价的作用之一，故 B 选项错误。工程数量主要通过工程量计算规则计算得到。工程量计算规则是指对清单项目工程量计算的规定。除另有说明外，所有清单项目的工程量应以实体工程量为准，并以完成后的净值计算，故选项 C 错误。有利于提高工程计价效率，能真正实现快速报价为工程量清单计价的作用之一，故选项 D 正确。

14. 【答案】A

    【解析】本题考查施工过程分解及工时研究。对施工过程的影响因素进行研究，其目的是正确确定单位施工产品所需要的作业时间消耗。施工过程的影响因素包括技术因素、组织因素和自然因素。

(1) 技术因素。包括产品的种类和质量要求，所用材料、半成品、构配件的类别、规格和性能，所用工具和机械设备的类别、型号、性能及完好情况等。

(2) 组织因素。包括施工组织与施工方法、劳动组织、工人技术水平、操作方法和劳动态度、工资分配方式、劳动竞赛等。

(3) 自然因素。包括酷暑、大风、雨、雪、冰冻等。

B、C、D选项均属于技术因素。

15.【答案】 C

【解析】 本题考查确定材料消耗量的基本方法。现场技术测定法主要适用于确定材料损耗量，因为该部分数值用统计法或其他方法较难得到，故A选项错误。实验室试验法，主要用于编制材料净用量定额，故B选项错误。现场统计法不能作为确定材料净用量定额和材料损耗定额的依据，只能作为编制定额的辅助性方法使用，故选项C正确。理论计算法适合于不易产生损耗，且容易确定废料的材料消耗量的计算，选项D错误。

16.【答案】 B

【解析】 本题考查确定机具台班定额消耗量的基本方法。

一次循环的正常延续时间 = 200 + 50 + 200 + 50 + 60 - 50 = 510(秒)；

每一小时循环次数 = 3600/510 = 7.059(次)；

1小时正常生产率 = 7.059 × 800 = 5647(L) = 5.647(m^3)；

产量定额 = 5.647 × 8 × 0.75 = 33.88(m^3/台班)。

17.【答案】 B

【解析】 本题考查材料单价的组成和确定方法。

材料单价 = [(供应价格 + 运杂费) × (1 + 运输损耗率)] × (1 + 采购及保管费率) = (5 + 0.5) × (1 + 2%) × (1 + 1.5%) = 5.694(万元)。

18.【答案】 D

【解析】 本题考查建筑安装工程人工、材料和施工机具台班单价的确定。影响人工日工资单价的因素很多，归纳起来有以下几方面：(1) 社会平均工资水平。(2) 消费价格指数。(3) 人工日工资单价的组成内容。(4) 劳动力市场供需变化。(5) 政府推行的社会保障和福利政策也会影响人工日工资单价的变动。

影响材料单价变动的因素：(1) 市场供需变化。(2) 材料生产成本的变动直接影响材料单价的波动。(3) 流通环节的多少和材料供应体制也会影响材料单价。(4) 运输距离和运输方法的改变会影响材料运输费用的增减，从而也会影响材料单价。(5) 国际市场行情会对进口材料单价产生影响。

19.【答案】 A

【解析】 本题考查预算定额消耗量的编制方法。超运距用工是劳动定额中已包括的材料、半成品场内水平搬运距离与预算定额所考虑的现场材料、半成品堆放地点到操作的水平运输距离之差，故A选项正确。辅助用工，即技术工种劳动定额内不包括而在预算定额内又必须考虑的用工，如机械土方工程配合用工、材料加工（筛砂、洗石、淋化石膏）、电焊点火用工等，故B选项不符合题意。需要指出，实际工程现场运距超过预算定额取定运距时，可另行计算现场二次搬运费，故 C 选项不符合题意。人工幅度差，即预算定额与劳动定额的差额，主要是指在劳动定额中未包括，而在正常施工情况下不可避免但又很难准确计量的用工和各种工时损失，故 D 选项不符合题意。

20. 【答案】A

【解析】本题考查概算指标及其编制。概算指标可分为两大类：一类是建筑工程概算指标，另一类是设备及安装工程概算指标，故 A 选项正确。综合概算指标的概括性较大，其准确性、针对性不如单项指标，故 B 选项错误。概算指标的组成内容一般分为文字说明和列表形式两部分，以及必要的附录。总说明和分册说明一般包括概算指标的编制范围、编制依据、分册情况、指标包括的内容、指标未包括的内容、指标的使用方法、指标允许调整的范围及调整方法等，故 C 选项错误。构筑物是以"座"为单位编制概算指标，因此，在计算完工程量，编出预算书后，不必进行换算，预算书确定的价值就是每座构筑物概算指标的经济指标，故 D 选项错误。

21. 【答案】B

【解析】本题考查工程造价指标的测算。数据统计法计算建设工程经济指标、工程量指标、消耗量指标时，应将所有样本工程的单位造价、单位工程量、单位消耗量进行排序，从序列两端各去掉5%的边缘项目，边缘项目不足1时按1计算，剩下的样本采用加权平均计算，得出相应的造价指标，具体算法如下：

$$P = \frac{P_1 \times S_1 + P_2 \times S_2 + \cdots + P_n \times S_n}{S_1 + S_2 + \cdots + S_n}$$

式中：P 为造价指标；S 为建设规模；n 为样本数×90%。

数据统计法计算工料价格指标，应采用加权平均法，如下列公式所示：

$$P = \frac{Y_1 \times Q_1 + Y_2 \times Q_2 + \cdots + Y_n \times Q_n}{Q_1 + Q_2 + \cdots + Q_n}$$

式中：P 为造价指标；Y 为工料价格；Q 为消耗量；n 为样本数。

22. 【答案】B

【解析】本题考查项目决策与工程造价的关系。

1）项目决策的正确性是工程造价合理性的前提；2）项目决策的内容是决定工程造价的基础；3）项目决策的深度影响投资估算的精确度；4）工程造价的数额影响项目决策的结果。

23. 【答案】C

【解析】本题考查影响工业建设项目工程造价的主要因素。即使在同样的建筑面积下，建筑平面形状不同，建筑周长系数 $K_周$（建筑物周长与建筑面积比，即单位建筑面积所占外墙长度）便不同。通常情况下建筑周长系数越低，设计越经济。圆形、正方形、矩形、T形、L形建筑的 $K_周$ 依次增大。

24. 【答案】A

【解析】本题考查静态投资部分的估算方法。在我国国内常用的方法有设备系数法和主体专业系数法，世行项目投资估算常用的方法是朗格系数法。

25. 【答案】B

【解析】本题考查项目建议书阶段投资估算方法。

拟建项目静态投资 $C_2=6000×(20/15)^{0.7}×(1.15/1.12)=7535.09$（万元）。

26.【答案】 C

【解析】 本题考查可行性研究阶段投资估算方法。

1）工艺设备安装费估算：

安装工程费＝设备原价×设备安装费率；

安装工程费＝设备吨重×单位重量（"t"）安装费指标。

2）工艺非标准件、金属结构和管道安装费估算：

安装工程费＝重量总量×单位重量安装费指标。

3）工业炉窑砌筑和保温工程安装费估算：

安装工程费＝重量（体积、面积）总量×单位重量（"m^3""m^2"）安装费指标。

4）电气设备及自控仪表安装费估算：

安装工程费＝设备工程量×单位工程量安装费指标。

27.【答案】 B

【解析】 本题考查设计概算的编制内容。建设项目总概算是以初步设计文件为依据，在单项工程综合概算的基础上计算建设项目概算总投资的成果文件，是由各单项工程综合概算、工程建设其他费用概算、预备费、建设期利息和铺底流动资金概算汇总编制而成的。

28.【答案】 A

【解析】 本题考查建筑设计对建设项目工程造价的影响。工业建设项目设计中，柱网布置是确定柱子的跨度和间距的依据，故 A 选项正确。对于单跨厂房，当柱间距不变时，跨度越大单位面积造价越低。因为除屋架外，其他结构架分摊在单位面积上的平均造价随跨度的增大而减小，故 B 选项错误。对于多跨厂房，当跨度不变时，中跨数目越多越经济。这是因为柱子和基础分摊在单位面积上的造价减少，故 C 选项错误。柱网的选择与厂房中有无吊车、吊车的类型及吨位、屋顶的承重结构以及厂房的高度等因素有关，故 D 选项错误。

29.【答案】 D

【解析】 本题考查影响工业建设项目工程造价的主要因素选项。在进行建筑设计时，设计单位及设计人员应首先考虑业主所要求的建筑标准。根据建筑物、构筑物的使用性质、功能及业主的经济实力等因素确定。其次应在考虑施工条件和施工过程的合理组织的基础上，决定工程的立体平面设计和结构方案的工艺要求，故 A 选项错误。工艺流程在可行性研究阶段已经确定，故 B 选项错误。建筑物平面形状的设计应在满足建筑物使用功能的前提下，降低建筑周长系数，充分注意建筑平面形状的简洁、布局的合理，从而降低工程造价，故 C 选项错误。在满足建筑物使用要求的前提下，应将流通空间减少到最小，这是建筑物经济平面布置的主要目标之一，故 D 选项正确。

30.【答案】 A

【解析】 本题考查施工图预算的编制。若分项工程的主要材料品种与单位估价表（或预算定额）中所列材料不一致，需要按实际使用材料价格换算工料单价后再套用，故 A 选项正确。分项工程施工工艺条件与单位估价表（或定额）不一致而造成人工、机具的数量增减时，需要调整用量后再套用，即一般调量不调价，故 BC 选项错误。许多定额项目基价为不完全价格，即未包括主材费用在内。因此还应单独计算出主材费，计算完成后将主材费的价差并入人材机费用合计。主材费按当时当地的市场价格计取，故选项 D 错误。

31. 【答案】C

【解析】本题考查施工图预算的作用。

施工图预算对投资方的作用：1）施工图预算是设计阶段控制工程造价的重要环节，是控制施工图设计不突破设计概算的重要措施。2）施工图预算是控制造价及资金合理使用的依据。3）施工图预算是确定工程最高投标限价的依据。4）施工图预算可以作为确定合同价款、拨付工程进度款及办理工程结算的基础。

施工图预算对施工企业的作用：
1）施工图预算是建筑施工企业投标报价的基础。2）施工图预算是建筑工程预算包干的依据和签订施工合同的主要内容。3）施工图预算是施工企业安排调配施工力量、组织材料供应的依据。4）施工图预算是施工企业控制工程成本的依据。

故选项 A、B、D 均属于施工图预算对投资方的作用，故此题选 C。

32. 【答案】D

【解析】本题考查招标工程量清单的编制。选项 A 错误，若采用标准图集或施工图纸能够全部或部分满足项目特征描述的要求，项目特征描述可直接采用"详见××图集"或"××图号"的方式。对不能满足项目特征描述要求的部分，仍应用文字描述。选项 B 错误。措施项目清单的编制需考虑多种因素，除工程本身的因素外，还涉及水文、气象、环境、安全等因素。选项 C 错误，在确定暂列金额时应根据施工图纸的深度、暂估价设定的水平、合同价款约定调整的因素以及工程实际情况合理确定。一般可按分部分项工程项目清单的10%～15%确定，不同专业预留的暂列金额应分别列项。选项 D 正确，工程量清单总说明包括以下内容：（1）工程概况；（2）工程招标及分包范围；（3）工程量清单编制依据；（4）工程质量、材料、施工等的特殊要求；（5）其他需要说明的事项。

33. 【答案】D

【解析】本题考查最高投标限价的编制。建设工程的最高投标限价反映的是单位工程费用，故 A 选项错误。招标人自行供应材料的，按招标人供应材料价值的1%计算，故选项 B 错误。对于工程设备、材料价格的市场风险，应依据招标文件的规定，工程所在地或行业工程造价管理机构的有关规定，以及市场价格趋势考虑一定率值的风险费用，纳入综合单价中；税金、规费等法律、法规、规章和政策变化的风险和人工单价等风险费用不应纳入综合单价，故 C 选项错误。

34. 【答案】B

【解析】本题考查投标报价前期工作。工程现场邻近建筑物与招标工程的间距、基础埋深等属于施工条件调查，选项 A 错误。投标人须知反映了招标人对投标的要求，特别要注意项目的资金来源、投标书的编制和递交、投标保证金、是否允许递交备选方案、评标方法等，重点在于防止投标被否决，故 B 选项正确。图纸是确定工程范围、内容和技术要求的重要文件，也是投标者确定施工方法等施工计划的主要依据。工程技术标准是按工程类型来描述工程技术和工艺内容特点，对设备、材料、施工和安装方法等所规定的技术要求，有的是对工程质量进行检验、试验和验收所规定的方法和要求，故选项 C 错误。复核工程量的目的不是修改工程量清单，即使有误，投标人也不能修改招标工程量清单中的工程量，因为修改了清单将导致在评标时认为投标文件未响应招标文件而被否决，故 D 选项错误。

35.【答案】B

【解析】选项 A 错误，投标有效期从投标截止时间起开始计算。选项 B 正确，投标有效期的期限可根据项目特点确定，一般项目投标有效期为 60~90 天。选项 C、D 错误，投标有效期主要用作组织评标委员会评标、招标人定标、发出中标通知书，以及签订合同等工作，一般考虑以下因素：①组织评标委员会完成评标需要的时间；②确定中标人需要的时间；③签订合同需要的时间。

36.【答案】C

【解析】本题考查对投标行为的限制性规定。根据《标准施工招标文件》4.4 条规定：4.4.1 联合体各方应共同与发包人签订合同协议书，联合体各方应为履行合同承担连带责任。4.4.3 联合体牵头负责人与发包人和监理人联系，并接受指示，负责组织联合体各成员全面履行合同，故选项 A 错误。招标人接受联合体投标并进行资格预审的，联合体应当在提交资格预审申请文件前组成。资格预审后联合体增减、更换成员的，其投标无效，故选项 B 错误。联合体投标的，应当以联合体各方或者联合体中牵头人的名义提交投标保证金。以联合体中牵头人名义提交的投标保证金，对联合体各成员具有约束力，故 C 选项正确。属于同一集团、协会、商会等组织成员的投标人按照该组织要求协同投标，属于投标人相互串通投标，故选项 D 错误。

37.【答案】D

【解析】本题考查初步评审及标准。投标报价有算术错误的，评标委员会对投标报价进行修正，修正的价格经投标人书面确认后具有约束力。投标人不接受修正价格的，其投标被否决。

38.【答案】A

【解析】本题考查详细评审标准与方法。投标人甲 2 号标段的评标价＝5000×(1－4%)＝4800（万元）。

39.【答案】D

【解析】本题考查中标人的确定。选项 A 错误，在签订合同前，中标人以及联合体的中标人应按招标文件规定的金额、担保形式和提交时间，向招标人提交履约担保。选项 B 错误，履约担保金额最高不得超过中标合同金额的 10%。选项 C 错误，履约担保的有效期自合同生效之日起至合同约定的中标人主要义务履行完毕止。

40.【答案】C

【解析】本题考查工程总承包招标文件的编制。选项 A 错误，在专用合同条款中通过谈判、协商，对相应通用条款的原则性约定进行细化、完善、补充、修改或另行约定。选项 B 错误，采用工程总承包方式的企业投资项目，应当在核准或者备案后进行工程总承包项目发包。采用工程总承包方式的政府投资项目，原则上应当在初步设计审批完成后进行工程总承包项目发包。选项 D 错误，对于承包人负责提供的有关设备和服务，对发包人人员进行培训和提供一些消耗品等，在发包人要求中应一并明确规定。

41.【答案】D

【解析】本题考查国际竞争性招标。合同谈判结束，中标人接到授标信后，即应在规定时间内提交履约担保，故选项 A 错误。合同价格是不容谈判的，也不得在谈判中要求投标人承担额外的任务，但有些技术性或商务性的问题是可以而且应该在谈判中确定的，故选项 B 错误。投标人的投标，对原招标文件中提出的各种标准及要求，总会有一些非重大性的差异，如技术规格上某些的差别，交货或完工时间提前或推迟，工程预付款的多少及支付条件，损失赔偿的具体规定，价格调整条款及所依据的指数的确定等，都应在谈判中进一步明确，故 C 选项错误，D 选项正确。

42.【答案】A

【解析】本题考查承揽国际工程时投标报价计算。标价由直接费用、间接费用、利润和风险费组成。

43.【答案】B

【解析】本题考查法律法规政策变化引起合同价款调整。对于实行招标的建设工程，一般以施工招标文件中规定的提交投标文件的截止时间前的第 28 天作为基准日；对于不实行招标的建设工程，一般以建设工程施工合同签订前的第 28 天作为基准日。

44.【答案】C

【解析】本题考查工程变更类引起的合同价款调整事项。工程变更引起措施项目发生变化的，承包人提出调整措施项目费的，应事先将拟实施的方案提交发包人确认，并详细说明与原方案措施项目相比的变化情况。拟实施的方案经发承包双方确认后执行。如果承包人未事先将拟实施的方案提交给发包人确认，则视为工程变更不引起措施项目费的调整或承包人放弃调整措施项目费的权利，故 A 选项错误。因此，招标工程量清单是否准确和完整，其责任应当由提供工程量清单的发包人负责，作为投标人的承包人不应承担因工程量清单的缺项、漏项以及计算错误带来的风险与损失，故 B 选项错误。按总价（或系数）计算的措施项目费，除安全文明施工费外，按照实际发生变化的措施项目调整，但应考虑承包人报价浮动因素，故选项 D 错误。

45.【答案】B

【解析】本题考查计日工。需要采用计日工方式的，经发包人同意后，承包人以计日工计价方式实施相应的工作，故选项 A 错误。每个支付期末，承包人应与进度款同期向发包人提交本期间所有计日工记录的签证汇总表，以说明本期间自己认为有权得到的计日工金额，调整合同价款，列入进度款支付，故选项 C 错误。计日工进行结算时，按发承包双方确认的实际数量计算合价，故选项 D 错误。

46.【答案】D

【解析】本题考查工程量偏差。$P_2 \times (1-L) \times (1-15\%) = 450 \times (1-10\%) \times (1-15\%) = 344.25(元/m^2) < 350(元/m^2)$，因此，$P_1 = P_0 = 350(元/m^2)$。

该分项工程费结算价 $= 350 \times 4200 = 147(万元)$。

47.【答案】B

【解析】本题考查采用造价信息调整价格差额。

第一步：判断施工期间信息价与基准期价格涨跌情况。依据题意可知，施工期间价格下降。

第二步：判断计算基数。在投标价与基准价两者之间选最低价格作为基数，故 $500 \times (1-5\%) = 475$（元/t）。

第三步：判断是否调差。475元/t 是合同约定承包人承担风险的下限，而信息价 470＜475，所以，需要调整的部分为：475－470＝5（元/t）。因此，实际结算价＝500－5＝495（元/t）。

48.【答案】A

【解析】本题考查详细评审标准与方法。投标人乙2号标段的评标价5500×（1－5%）＝5225（万元），同时规定2号标段基准工期为30个月，投标文件中每提前工期1个月有50万元的评标优惠。投标人乙在2号标段计划工期为27个月，故评标优惠额＝50×3＝150（万元）。乙在2号标段的最终评标价＝5225－150＝5075（万元），投标人甲在2号标段计划工期为28个月，故评标优惠额＝50×2＝100（万元），甲在2号标段的最终评标价＝5000－100＝4900（万元）。

49.【答案】A

【解析】本题考查索赔的概念及分类。因发包人提供的材料、工程设备造成工程不合格可补偿工期＋费用＋利润，故A选项符合题意。因发包人的原因导致工程试运行失败可补偿费用＋利润，故B选项不符合题意。提前向承包人提供材料、工程设备仅需补偿费用，故C选项不符合题意。基准日后法律的变化仅可补偿费用，故D选项不符合题意。

50.【答案】B

【解析】本题考查预付款支付。公式计算法是根据主要材料（含结构件等）占年度承包工程总价的比重、材料储备定额天数和年度施工天数等因素，通过公式计算预付款金额的一种方法。

$$工程预付款金额＝\frac{年度工程总价×材料比例（\%）}{年度施工天数}×材料储备定额天数$$

式中，年度施工天数按365天日历天计算；材料储备定额天数由当地材料供应的在途天数、加工天数、整理天数、供应间隔天数、保险天数等因素决定。

工程预付款数额＝(1000×30%)/365×(20＋5)＝20.55(万元)。

51.【答案】C

【解析】本题考查预付款的扣回。选项A错误，T为起扣点（即工程预付款开始扣回时）的累计完成工程金额。选项B错误，该方法对承包人比较有利，最大限度地占用了发包人的流动资金，但是，显然不利于发包人资金使用。选项C正确，选项D错误，起扣点计算法：从未施工工程尚需的主要材料及构件的价值相当于工程预付款数额时起扣，此后每次结算工程价款时，按材料所占比重扣减工程价款，至工程竣工前全部扣清。

52.【答案】A

【解析】本题考查合同价款的期中支付。承包人现场签证和得到发包人确认的索赔金额列入本周期应增加的金额中。由发包人提供的材料、工程设备金额，应按照发包人签约提供的单价和数量从进度款支付中扣出，列入本周期应扣减的金额中。

53.【答案】B

【解析】本题考查质保金的处理。选项B错误，发包人应按照合同约定方式预留质量保证金，质量保证金总预留比例不得高于工程价款结算总额3%。合同约定由承包人以银行保函替代预留质量保证金的，保函金额不得高于工程价款结算总额的3%。在工程项目竣工前，已经缴纳履约保证金的，发包人不得同时预留工程质量保证金。采用工程质量保证担保、工程质量保险等其他方式的,发包人不得再预留质量保证金。

54.【答案】D

【解析】本题考查合同纠纷的处理。根据《中华人民共和国民事诉讼法》的规定,因不动产纠纷提起的诉讼,由不动产所在地人民法院管辖。因此,因建设工程合同纠纷提起的诉讼,应当由工程所在地人民法院管辖。

55.【答案】A

【解析】本题考查工程欠款的利息支付。当事人对欠付工程价款利息计付标准有约定的,按照约定处理;没有约定的,按照同期同类贷款利率或者同期贷款市场报价利率计息,选项A正确。建设工程未交付,工程价款也未结算的,为当事人起诉之日,故B选项错误。建设工程没有交付的,利息从提交竣工结算文件之日起计付,故C、D选项错误。

56.【答案】D

【解析】本题考查工程造价鉴定期限。鉴定事项涉及复杂、疑难、特殊的技术问题需要较长时间的,经与委托人协商,完成鉴定的时间可以延长,每次延长时间一般不得超过30个工作日。每个鉴定项目延长次数一般不得超过3次。

57.【答案】C

【解析】A选项错误,发包人应在颁发最终结清证书后7天内完成支付。选项B错误,专业工程依法进行招标后,以中标价为依据取代专业工程暂估价,调整合同价款。选项D错误,在颁发工程接收证书前,提前解除合同的,尚未扣完的预付款应与合同价款一并结算。

58.【答案】B

【解析】本题考查国际工程合同价款的结算。A选项错误,暂定金额是指业主在合同中明确规定用于"暂定金额条款"项下任何部分工程的实施或提供永久设备、材料或服务的一笔金额。B选项正确,每一笔暂定金额仅按照工程师的指示全部或部分使用,并相应地调整合同价格。支付给承包人的此类总金额仅应包括工程师指示的且与暂定金额有关的工作、供货或服务的款项。C选项错误,在明确构成工程变更的情况下,承包商享有工期顺延和调价的权利,无须再按程序发出索赔通知。D选项错误,承包人不应对永久工程做任何更改或修改,除非工程师发出变更指令。

59.【答案】D

【解析】本题考查建设项目竣工决算编制的内容。竣工决算是由竣工财务决算说明书、竣工财务决算报表、工程竣工图和工程竣工造价对比分析四部分组成。其中竣工财务决算说明书和竣工财务决算报表两部分又称建设项目竣工财务决算,是竣工决算的核心内容。竣工财务决算是正确核定项目资产价值、反映竣工项目建设成果的文件,是办理资产移交和产权登记的依据。

60.【答案】C

【解析】本题考查新增固定资产价值计算。一般情况下,项目建设管理费按建筑工程、安装工程、需安装设备价值总额等按比例分摊,项目建设管理费:(3000+600+1500)÷(5000+800+2000)×300=196(万元)。

二、多项选择题（共 20 题，每题 2 分。每题的备选项中，有 2 个或 2 个以上符合题意，至少有 1 个错项。错选，本题不得分；少选，所选的每个选项得 0.5 分）。

61.【答案】ADE

【解析】本题考查设备及工器具购置费用的构成。抵岸价＝进口设备到岸价（CIF）＋进口从属费，进口设备到岸价（CIF）＝离岸价格（FOB）＋国际运费＋运输保险费，故 B、C 选项错误。

进口从属费＝银行财务费＋外贸手续费＋关税＋消费税＋进口环节增值税＋车辆购置税，故 A、D、E 选项正确。

62.【答案】ABC

【解析】本题考查按费用构成要素划分建筑安装工程费用项目构成和计算。企业管理费是指施工企业组织施工生产和经营管理所发生的费用，包括：（1）管理人员工资；（2）办公费；（3）差旅交通费，包含有工地转移费；（4）固定资产使用费；（5）工具用具使用费；（6）劳动保险和职工福利费；（7）劳动保护费；（8）检验试验费；（9）工会经费；（10）职工教育经费；（11）财产保险费；（12）财务费；（13）税金（城市维护建设税、地方教育附加税）；（14）其他。D 选项错误，工程保险费属于工程建设其他费用；E 选项增值税与企业管理费并列，均为建筑安装工程费的组成。

63.【答案】ABE

【解析】本题考查工程建设其他费用的构成。选项 A 正确，用地与工程准备费是指取得土地与工程建设施工准备所发生的费用，包括土地使用费和补偿费、场地准备费、临时设施费等。选项 B 正确，建设场地大型土石方工程费应并入工程费中的总图运输费。选项 C 错误，若通过市场机制取得，须承担征地补偿费用或对原用地单位或个人的拆迁补偿费用；还须向土地所有者支付有偿使用费，即土地出让金。选项 D 错误，招募生产工人费属于项目建设管理费。选项 E 正确，按照《国家发展改革委关于进一步放开建设项目专业服务价格的通知》（发改价格〔2015〕299 号）的规定，工程咨询服务费应实行市场调节价。

64.【答案】ABCE

【解析】本题考查工程计价基本原理。单位工程可以按照结构部位、路段长度及施工特点或施工任务分解为分部工程。分解成分部工程后，从工程计价的角度，还需要把分部工程按照不同的施工方法、材料、工序及路段长度等，加以更为细致的分解，划分为更为简单细小的部分，即分项工程。按照计价需要，将分项工程进一步分解或适当组合，就可以得到基本构造单元了。

65.【答案】ACE

【解析】本题考查措施项目清单。措施项目中可以计算工程量的项目（单价措施项目）宜采用分部分项工程项目清单的方式编制，例如，脚手架工程，混凝土模板及支架（撑），垂直运输，超高施工增加，大型机械设备进出场及安拆，施工排水、降水等，这类措施项目按照分部分项工程项目清单的方式采用综合单价计价，更有利于措施费的确定和调整。不能计算工程量的项目（总价措施项目），以"项"为计量单位进行编制。例如，不宜计量的措施项目：包括安全文明施工费，夜间施工增加费，非夜间施工照明费，二次搬运费，冬雨期施工增加费，地上、地下设施、建筑物的临时保护设施费，已完工程及设备保护费等。

66.【答案】 ABD

【解析】本题考查建筑安装工程人工、材料和施工机具台班消耗量的确定。

基本工作时间所包括的内容依工作性质各不相同,基本工作时间的长短和工作量大小成正比例,故选项 A 正确。偶然工作也是工人在任务外进行的工作,但能够获得一定产品,如抹灰工不得不补上偶然遗留的墙洞等。由于偶然工作能获得一定产品,拟定定额时要适当考虑它的影响,故选项 B 正确。施工本身造成的停工时间,是由于施工组织不善、材料供应不及时、工作面准备工作做得不好、工作地点组织不良等情况引起的停工时间。此种情况在拟定定额时不应该计算,故选项 C 错误。在有效工作的时间消耗中又包括正常负荷下、有根据地降低负荷下的工时消耗,故选项 D 正确。不可避免的无负荷工作时间是由施工过程的特点和机械结构的特点造成的机械无负荷工作时间。例如,筑路机在工作区末端调头等,故选项 E 错误。

67.【答案】 CDE

【解析】本题考查材料单价的组成和确定方法。选项 A 错误,材料单价是指建筑材料从其来源地运到施工工地仓库,直至出库形成的综合平均单价。选项 B 错误,在材料运输中应考虑一定的场外运输损耗费用,指材料在运输装卸过程中不可避免的损耗。采购及保管费是指为组织采购、供应和保管材料过程中所需要的各项费用,包括采购费、仓储费、工地保管费和仓储损耗,故 C、D 选项正确。材料生产成本的变动直接影响材料单价的波动,故 E 选项正确。

68.【答案】 BD

【解析】本题考查预算定额中材料消耗量的计算。测定法包括实验室试验法和现场测定法,指各种强度等级的混凝土及砌筑砂浆配合比的耗用原材料数量的计算,须按照规范要求试配,经过试压合格以后并经过必要的调整后得出的水泥、砂子、石子、水的用量。对新材料、新结构又不能用其他方法计算定额消耗用量时,须用现场测定法来确定。

69.【答案】 ABD

【解析】本题考查工程造价指标的编制及使用。数据的真实性:用于测算指标的数据无论是整体数据还是局部数据必须都是采集的实际工程数据。实际工程数据是指完成工程造价计价成果的实际工程计价数据,包括建设工程投资估算、设计概算、最高投标限价、合同价、竣工结算价,故 A 选项正确。建设项目特征信息是针对建设项目的共性内容、通用内容进行描述。对房屋建筑工程而言,通常包括基本信息和面积信息两部分,故 B 选项正确。建设工程造价指标的时间应符合规定,工程结算、竣工结算应采用工程竣工日期,故 C 选项错误。汇总计算法计算工程造价指标时,应采用加权平均计算法,权重为指标对应的总建设规模,故 D 选项正确。数据统计法计算建设工程经济指标、工程量指标、工料消耗量指标时,应将所有样本工程的单位造价、单位工程量、单位消耗量进行排序,从序列两端各去掉 5% 的边缘项目,边缘项目不足 1 时按 1 计算,剩下的样本采用加权平均,得出相应造价指标,故选项 E 错误。

70.【答案】 BE

【解析】本题考查流动资金的估算。流动资金估算一般采用分项详细估算法,个别情况或者小型项目可采用扩大指标法,故选项 A 错误。流动资金利息应计入生产期间财务费用，项目计算期末收回全部流动资金（不含利息），故选项 C 错误。在不同生产负荷下的流动资金，应按不同生产负荷所需的各项费用金额，根据公式分别估算，而不能直接按照 100% 生产负荷下的流动资金乘以生产负荷百分比求得，故选项 D 错误。

71.【答案】 BCD

【解析】本题考查建设投资估算表的编制。固定资产费用是指项目投产时将直接形成固定资产的建设投资，包括工程费用和工程建设其他费用中按规定将形成固定资产的费用，后者被称为固定资产其他费用，主要包括建设管理费、工程项目咨询费、场地准备及临时设施费、工程保险费、联合试运转费、特殊设备安全监督检验费和市政公用设施费等，故 B、C、D 选项均符合题意。工器具购置费属于固定资产费用，故 A 选项不符合题意。生产准备费属于其他资产费用，故 E 选项不符合题意。

72.【答案】 BCE

【解析】本题考查设计阶段影响工程造价的主要因素。选项 A 错误，在矩形住宅建筑中，以长：宽＝2：1 为佳。选项 D 错误，随着住宅层数的增加，单方造价系数逐渐降低，即层数越多越经济。但是边际造价系数也逐渐减小，说明随着层数的增加，单方造价系数下降幅度减缓。

73.【答案】 ABDE

【解析】本题考查施工招标文件的编制。选项 A 正确，是否允许提交备选投标方案属于投标人须知的内容。选项 B 正确，当进行资格预审时，招标文件中应包括投标邀请书，该邀请书可代替资格预审通过通知书。选项 C 错误，投标准备时间是指自招标文件开始发出之日起至投标人提交投标文件截止之日止的期限，最短不得少于 20 天。采用电子招标投标在线提交投标文件的，最短不少于 10 日。选项 D、E 正确，说明评标委员会的组建方法、评标原则和采取的评标办法属于投标人须知的内容。

74.【答案】 ABC

【解析】本题考查评标程序及评审标准。形式评审标准包括投标人名称与营业执照、资质证书、安全生产许可证一致；投标函上有法定代表人或其委托代理人签字并加盖单位章；投标文件格式符合要求；联合体投标人（如有）已提交联合体协议书，并明确联合体牵头人；报价唯一，即只能有一个有效报价等；资格评审标准：如果是未进行资格预审的，应具备有效的营业执照，具备有效的安全生产许可证，并且资质等级、财务状况、类似项目业绩、信誉、项目经理、其他要求、联合体投标人等均符合规定。如果是已进行资格预审的，仍按资格审查办法中详细审查标准来进行。D、E 选项均属于资格评审标准。

75.【答案】 BE

【解析】本题考查工程索赔。选项 A 不符合题意，迟延提供施工场地，可以获得工期、费用和利润补偿。选项 C 不符合题意，发包人负责的材料延迟提供，可以获得工期、费用和利润补偿。选项 D 不符合题意，基准日后法律的变化，可以获得费用补偿。

76.【答案】 CDE

【解析】本题考查工程变更价款的调整方法。已标价工程量清单中有适用于变更工程项目的，且工程变更导致的该清单项目的工程数量变化不足 15% 时，采用该项目的单价，故 A 选项错误。已标价工程量清单中没有适用也没有类似于变更工程项目，且工程造价管理机构发布的信息（参考）价格缺价的，由承包人根据变更工程资料、计量规则、计价办法和通过市场调查等的有合法依据的市场价格提出变更工程项目的单价或总价，报发包人确认后调整，不包括承包人报价浮动率，故 B 选项错误。

77.【答案】BCE

【解析】本题考查建设项目竣工结算的审核。接受委托的工程造价咨询机构从事竣工结算审核工作，通常包括准备阶段、审核阶段和审定阶段。

78.【答案】BCD

【解析】本题考查合同价款纠纷的解决途径。选项 A 错误，和解的方式有协商和解、监理或造价工程师暂定。选项 E 错误，当仲裁是在仲裁机构要求停止施工的情况下进行时，承包人应对合同工程采取保护措施，由此增加的费用由败诉方承担。

79.【答案】ABE

【解析】选项 C 错误，发包人应在进度款支付证书签发后 14 天内完成支付，发包人逾期支付进度款的，按照贷款市场报价利率（LPR）支付利息。选项 D 错误，逾期支付超过 56 天的，按照贷款市场报价利率（LPR）的两倍支付利息。

80.【答案】CE

【解析】本题考查竣工决算的编制。选项 C 错误，收尾工程是指全部工程项目验收后尚遗留的少量收尾工程，在表中应明确填写收尾工程内容、完成时间、这部分工程的实际成本，可根据实际情况进行估算并加以说明，完工后不再编制竣工决算。选项 E 错误，建设工程竣工图是真实地记录各种地上、地下建筑物、构筑物等情况的技术文件，是工程进行竣工验收、维护、改建和扩建的依据，是国家的重要技术档案。

模拟试卷 3 《建设工程计价》

一、单项选择题（共 60 题，每题 1 分。每题的备选项中，只有 1 个最符合题意）。

1. 关于国外建设项目总投资的构成，下列说法正确的是（   ）。
   A. 场外设施费用属于项目基本建设成本
   B. 工程项目总建设成本包括项目基本建设成本、项目相关建设成本、场地购置费和业主其他费用
   C. 项目基本建设成本不含承包方的利润
   D. 风险准备金包含在业主其他费用中

2. 下列不属于国产非标准设备原价计算方法的是（   ）。
   A. 系列设备插入估价法　　　　B. 分部组合估价法
   C. 成本计算估价法　　　　　　D. 概算定额法

3. 关于进口设备原价的构成与计算，下列说法正确的是（   ）。
   A. FOB 意为装运港港口交货，亦称为离岸价格
   B. 对进口设备计算进口环节增值税时，作为计税基数组成计税价格是关税完税价格＋消费税
   C. CIF 称为到岸价格，除保险这项义务外，买方的义务与 CFR 相同
   D. 进口设备原价消费税＝（到岸价＋关税＋增值税）×消费税率

4. 关于措施费中施工排水、降水费，下列说法正确的是（   ）。
   A. 连接试抽费用包含在排水、降水的费用中
   B. 施工排水、降水费分两个不同的独立部分计算：成井费和排水、降水费
   C. 管道安装、拆除费用包含在成井的费用中
   D. 排水、降水费用通常按照施工工期日历天数以"天"计算

5. 根据我国现行建筑安装工程费用构成的相关规定，下列费用中，属于安装工程费用的是（   ）。
   A. 天然气钻井
   B. 通风设备费用
   C. 对系统设备进行负荷联合试运转
   D. 附属于被安装设备的管线敷设工程费用

6. 关于建设期计列的生产经营费，下列说法正确的是（   ）。
   A. 软件费不属于专利及专有技术使用费
   B. 改扩建项目的生产准备费按设计定员为基数计算
   C. 试运转收入包括试运转期间的产品销售收入和其他收入
   D. 委托其他单位培训的人员培训费属于建设单位管理费

7. 下列费用中不属于工程咨询服务费的是（   ）。

A. 压覆矿产资源评价费　　　　　　B. 勘察设计费
C. 研究试验费　　　　　　　　　　D. 特许经营权费

8. 某建设项目建筑安装工程费为6500万元，设备及工器具购置费为2500万元，工程建设其他费用为4000万元，流动资金为500万元。已知基本预备费费率为5%，项目建设前期年限为1年，建设期为2年，第一年完成投资的40%，第二年完成投资的60%，年均投资价格上涨率为6%，则该项目的预备费为(　　)万元。
A. 650　　　　　　　　　　　　　B. 1284
C. 2433　　　　　　　　　　　　　D. 1783

9. 下列关于建设期利息的说法，说法正确的是(　　)。
A. 建设期内发生的为工程项目筹措资金的融资费用及债务资金利息
B. 总贷款分年均衡发放，当年借款在年末支用考虑
C. 利用国外贷款的利息计算中，不用考虑国内代理机构向贷款方收取的转贷费和管理费等
D. P_{j-1}为建设期第($j-1$)年年初累计贷款本金与利息之和

10. 下列不属于单位工程划分为分部工程的依据的是(　　)。
A. 路段长度　　　　　　　　　　　B. 施工方法
C. 施工特点　　　　　　　　　　　D. 施工任务

11. 从工程造价管理体系的总体架构来看，属于工程造价微观管理范畴的是(　　)。
A. 工程造价管理的相关法律法规体系
B. 工程造价管理的基础标准体系
C. 工程质量管理标准体系
D. 工程计价信息体系

12. 关于工程量清单计价的特点及作用，下列说法正确的是(　　)。
A. 工程量清单是招标文件的组成部分
B. 仅用于最高投标限价及投标报价的编制
C. 有利于工程款的拨付和工程造价的最终结算
D. 有利于施工方对投资的控制

13. 关于措施项目清单，下列说法正确的是(　　)。
A. 在总价措施项目清单计价表中，应列出计算基础、费率、计量单位、金额等内容
B. 按施工方案计算的措施费，若无"计算基础"和"费率"的数值，也可只填"金额"数值
C. 措施项目清单的编制依据包括施工现场情况、常规施工方案及计价定额等
D. 在总价措施项目清单计价表中，定额基价可作为安全文明施工费的计算基础

14. 根据施工过程工时研究结果，与工人所担负的工作量大小无关的必须消耗时间是(　　)。
A. 基本工作时间　　　　　　　　　B. 辅助工作时间
C. 准备与结束工作时间　　　　　　D. 偶然时间

15. 下列不属于实体材料的是(　　)。
A. 脚手架　　　　　　　　　　　　B. 钢筋

C. 碎石
D. 炸药

16. 用水泥砂浆砌筑 2m³ 砖墙,标准砖（240mm×115mm×53mm）的总耗用量为 1113 块。已知砖的损耗率为 7%,砂浆的损耗率为 10%,则标准砖、砂浆的净用量分别为（　　）。

A. 1040.19 块, 0.478m³
B. 1040.19 块, 0.525m³
C. 1052 块, 0.525m³
D. 1052 块, 0.478m³

17. 关于材料单价的组成和确定方法,下列说法正确的是（　　）。
A. 采购及保管费不包括工地保管费和仓储损耗
B. 材料原价是指采购材料的出厂价格
C. 在材料的运输中应考虑一定的场内运输损耗费用
D. 材料单价是指建筑材料从其来源地运到施工工地仓库,直至出库形成的综合单价

18. 某工程采用"两票制"支付方式采购某种材料,已知材料原价和运杂费的含税价格分别为 600 元/t、50 元/t,材料采购和运输的增值税税率分别为 13%、9%,材料运输损耗率、采购及保管费率分别为 2%、3.5%。则该材料的不含税单价为（　　）元/t。

A. 608.97
B. 686.21
C. 780.87
D. 786.07

19. 完成某分部分项工程 1m³ 需基本用工 0.75 工日,超运距用工 0.05 工日,辅助用工 0.1 工日,二次搬运用工 0.2 工日,如人工幅度差系数为 10%,则该工程预算定额人工工日消耗量为（　　）工日/10m³。

A. 8.6
B. 8.8
C. 9.9
D. 12.1

20. 已知某挖土机挖土,一次正常循环工作时间是 50 秒,每次循环平均挖土量 0.4m³,机械时间利用系数为 0.75,当机械幅度差系数为 20% 时,该机械挖二类土方 1000m³ 预算定额的台班耗用量应为（　　）台班。

A. 6.65
B. 6.95
C. 7.25
D. 7.55

21. 下列关于投资估算指标及其编制的表述,正确的是（　　）。
A. 投资估算指标分为建设项目综合指标、单项工程指标两个层次
B. 在项目实施阶段,投资估算指标是限额设计和工程造价确定与控制的依据
C. 投资估算指标主要反映实施阶段的静态投资
D. 投资估算指标的综合性和概括性不如概算指标全面

22. 下列不属于工程计价信息特点的是（　　）。
A. 专业性
B. 系统性
C. 动态性
D. 时效性

23. 下列不属于制约项目规模合理化的主要因素的是（　　）。
A. 市场因素
B. 技术因素
C. 价格因素
D. 环境因素

24. 当设计深度不足,拟建建设项目与类似建设项目的规模不同,设计定型并系列化,行业内相关指数和系数等基础资料完备时,常用的投资估算方法为（　　）。

A. 生产能力指数法 B. 系数估算法
C. 混合法 D. 比例估算法

25. 已知某项目主厂房工艺设备2800万元，主厂房其他各专业工程投资占工艺设备投资比例见表1，用系数估算法估算该项目主厂房工程费用投资为（　　）万元。

主厂房其他各专业工程投资占工艺设备投资比例　　　　表1

加热炉	气化冷却	余热锅炉	自动化仪表	起重设备	供电与传动	建安工程
0.12	0.01	0.04	0.02	0.09	0.18	0.4

A. 2408 B. 3468
C. 4880 D. 5208

26. 某地拟建一工程，已知与其类似已完工程造价指标为1200元/m²，人、材、机、企业管理费和利润占工程造价10%，50%，20%，8%，5%。拟建工程与类似工程人、材、机、企业管理费和利润差异系数为1.1，1.05，1.05，1.03，1.01，则该工程成本单价为（　　）。

A. 1011.58 B. 1014
C. 1112.88 D. 1173.48

27. 下列各项中不属于设计总概算文件的是（　　）。

A. 分年度总投资表 B. 主要建筑安装材料汇总表
C. 编制说明 D. 各单项工程综合概算书

28. 当初步设计深度较深、有详细的设备清单时，最能精确地编制设备安装工程费概算的方法是（　　）。

A. 预算单价法 B. 扩大单价法
C. 设备价值百分比法 D. 概算定额法

29. 关于设计概算，下列说法正确的是（　　）。

A. 政府投资项目的设计概算经批准后，不得调整
B. 项目建设期价格大幅上涨，不作为调整设计概算的原因
C. 概算调增幅度超过原批复概算3%，原则上先请审计机关进行审计，依审计结论进行概算调整
D. 设计概算的编制内容包括静态投资和动态投资两个层次

30. 下列工作步骤中属于工料单价法，但不属于实物量法的是（　　）。

A. 熟悉施工图等基础资料
B. 了解施工组织设计和施工现场情况
C. 套用消耗量定额，计算人工、材料、机械台班消耗量
D. 套用单位估价表工料单价或定额基价，计算人、材、机费用

31. 实物量法编制施工图预算的工作有：①列项并计算工程量；②计算并汇总直接工程费；③套用消耗定额；④收集市场价格信息；⑤编制说明。下列工作排序正确的是（　　）。

A. ①④③②⑤ B. ④①②③⑤
C. ①④②③⑤ D. ④①③②⑤

32. 在进行招标工程量清单编制的准备工作时,下列属于初步研究应完成工作的是( )。
   A. 调查工程施工条件　　　　　　　B. 拟订常规施工组织设计
   C. 确定需要设定的暂估价　　　　　D. 估算整体工程量

33. 关于最高投标限价的编制,下列说法正确的是( )。
   A. 招标人不能自行决定是否编制标底
   B. 采用最高投标限价招标可有效控制投资,防止恶性哄抬报价带来的投资风险
   C. 人工单价的风险应纳入综合单价
   D. 投标人针对最高投标限价提出投诉,工程造价管理机构应当在受理投诉的15天内完成复查

34. 在编制投标报价时,下列有关确定综合单价的计算公式,正确的是( )。
   A. 人工费=完成单位清单项目所需人工的工日数量×人工工日单价
   B. 材料费=Σ(完成单位清单项目所需各种材料的数量×各种材料单价)
   C. 施工机具使用费=Σ(完成单位清单项目所需各种机械的台班数量×各种机械台班单价)
   D. 清单单位含量=清单工程量/某工程内容的定额工程量

35. 根据国际惯例并结合我国工程建设的特点,下列关于发承包双方对工程施工阶段的风险分摊原则的表述正确的是( )。
   A. 承包人承担10%以内的材料、工程设备价格风险
   B. 承包人承担5%以内的施工机具使用费风险
   C. 承包人承担3%以内的人工费风险
   D. 承包人应全部承担自身可以自主控制的风险

36. 下列内容中不属于清标的是( )。
   A. 对招标文件的实质性响应　　　　B. 其他项目清单完整性和合理性分析
   C. 报价唯一　　　　　　　　　　　D. 不平衡报价分析

37. 根据《标准施工招标文件》的规定,采用经评审的最低投标价法时,通常考虑的主要量化因素有( )。
   A. 单价遗漏和付款条件　　　　　　B. 其他项目清单完整性和合理性分析
   C. 一定条件下的优惠　　　　　　　D. 工期提前的效益对报价的修正

38. 根据经评审的最低投标价法完成详细评审后,评标委员会拟定的"价格比较一览表"应当载明( )。
   A. 投标报价偏差率　　　　　　　　B. 已评审的最终投标价
   C. 对各评审因素的评估　　　　　　D. 对每一投标的最终评审结果

39. 关于合同价款的约定,下列说法正确的是( )。
   A. 实行工程量清单计价的建筑工程,应采用单价合同
   B. 双方应在合同条款中对安全文明施工措施费的使用要求等进行约定
   C. 技术难度特别复杂、工期较短的建设工程可以采用总价合同
   D. 合同文件的核心要素是发承包双方的责权利分配

40. 工程总承包中,提供建设项目前期工作和运营准备工作的承包方式是( )。

A. EPC 总承包 B. 交钥匙总承包
C. 设计-采购总承包 D. 工程项目管理总承包

41. 关于工程总承包招标投标，下列说法中正确的是(　　)。

A. 项目清单主要用于确定项目的范围
B. 投标人应按照招标人提供的项目清单完成价格清单的编制
C. 除投标人须知前附表另有规定外，工程总承包项目投标有效期均为 120 天
D. 工程总承包投标报价分析时，各种成本费用在计算时应以信息价为主要编制依据

42. 关于国际工程招标投标及合同价款的约定，下列说法正确的是(　　)。

A. 中标人应在合同谈判结束后的次日提交履约担保
B. 中国银行一般在收取国际工程年保函手续费时，按照保函金额的 0.5%～1%收取
C. 上级单位管理费一般按投标总价的 1%～2%收取
D. 承包人无权使用暂定金额，而是按工程师的指示决定是否动用

43. 根据现行《标准设计施工总承包招标文件》，关于"合同价格"和"签约合同价"下列说法正确的是(　　)。

A. 合同价格就是签约合同价
B. 签约合同价中包括了专业工程暂估价
C. 合同价格不包括按合同约定进行的变更价款
D. 签约合同价包括合同价格以及按照合同约定进行的调整

44. 有关法律法规政策变化引起的价款调整，下列表述中正确的是(　　)。

A. 发包人应当承担基准日之前发生的、作为一个有经验的承包人在招标投标阶段不可能合理预见的风险
B. 基准日之后国家法律法规及相关政策对材料价格有影响的，如已包含在物价波动事件的调价公式中不再予以考虑
C. 对于不实行招标的建设工程，一般以建设工程开工前的第 28 天作为基准日
D. 承包人的原因导致的工期延误期间，因国家的法律、法规和相关政策发生变化引起工程造价变化的，合同价款不予以调整

45. 有关工程变更类引起的合同价款调整，下列表述中正确的是(　　)。

A. 若措施项目按单一总价方式计价时，工程量偏差超过 15%的，工程量增加的，措施项目费调增
B. 已标价工程量清单中无适用也无类似的，且工程造价管理机构发布的信息（参考）价格缺价的，由监理人根据有合法依据的市场价格提出变更工程项目的单价或总价，报发包人确认后调整
C. 现场签证的计日工数量与招标工程量清单中所列不同时，应按照招标工程量清单中的数量结算
D. 按总价（或系数）计算的措施项目费，按照实际发生变化的措施项目调整，但应考虑承包人报价浮动因素

46. 某项目由于分部分项工程变更引起二次搬运费增加 100 万元，环境保护费增加 50 万元，报价浮动率为 5%，若承包人事先将拟实施的方案提交给发包人确认，则变更导致调整的二次搬运费和环境保护费分别是(　　)万元。

A. 95，50 B. 95，47.5
C. 100，50 D. 100，47.5

47. 某分项工程招标工程量清单数量为 2000m²，施工中由于设计变更调增为 3000m²，该项目最高投标限价综合单价为 400 元/m²，投标报价为 420 元/m²。合同约定实际工程量与招标工程量偏差超过±15％时，综合单价以最高投标限价为基础调整。该分项工程费结算价为（ ）万元。

   A. 130 B. 135
   C. 120 D. 126

48. 某项目施工合同约定，承包人承担的钢筋价格风险幅度为±5％，超出部分采用造价信息法调差。已知投标人投标价格、基准期发布价格分别为 4800 元/t、4600 元/t，2023 年 6 月的造价信息发布价为 5000 元/t。则该月钢筋的实际结算价格为（ ）元/t。

   A. 4600 B. 4800
   C. 5000 D. 5040

49. 根据《建设工程工程量清单计价规范》GB 50500—2013，下列关于计日工的说法中正确的是（ ）。

   A. 计日工金额不列入期中支付，在竣工结算时一并支付
   B. 发包人通知承包人以计日工方式实施的零星工作，承包人可以视情况决定是否执行
   C. 计日工表的费用项目不包括规费和税金
   D. 招标工程量清单计日工数量为暂定，计日工费不计入投标总价

50. 某工程施工过程中发生如下事件：①因异常恶劣气候条件导致工程停工 3 天，人员窝工 50 个工日；②遇到不利地质条件导致工程停工 1 天，人员窝工 10 个工日，处理不利地质条件用工 15 个工日。若人工工资为 200 元/工日，窝工补贴为 100 元/工日，不考虑其他因素。根据《标准施工招标文件》（2007 年版）通用合同条款，施工企业可向业主索赔的工期和费用分别是（ ）。

   A. 4 天，6000 元 B. 1 天，3000 元
   C. 4 天，4000 元 D. 1 天，4000 元

51. 根据《建设工程工程量清单计价规范》GB 50500—2013，关于工程计量，下列说法正确的是（ ）。

   A. 单价合同工程量必须按照现行定额规定的工程量计算规则计量
   B. 总价合同应按实际完成的工程量计量
   C. 成本加酬金合同按照总价合同的计量规则进行计算
   D. 因承包人原因造成的超出合同工程范围施工或返工的工程量，发包人不予计量

52. 某包工包料工程签约合同价为 6000 万元，其中暂列金额为 500 万元，暂估价 200 万元。若按照百分比法支付预付款，则发包人至多支付（ ）万元。

   A. 1650 B. 1590
   C. 1800 D. 530

53. 某工程合同总价为 5000 万元，合同工期 180 天，材料费占合同总价的 60％，材料储备定额天数为 25 天，材料供应在途天数为 8 天。用公式计算法求得该工程的预付款

应为( )万元。
A. 417
B. 500
C. 694
D. 833

54. 发包人应在工程开工( )的28天内，不低于当年施工进度计划的安全文明施工费总额的( )，其余部分按照提前安排的原则进行分解，与进度款同期支付。
A. 前，60%
B. 前，90%
C. 后，60%
D. 后，90%

55. 根据《建设工程造价鉴定规范》GB/T 51262—2017，关于工程造价鉴定，下列说法正确的是( )。
A. 委托人认为鉴定项目合同有效的，应按照委托人的决定进行鉴定
B. 鉴定期限从鉴定人接收委托人移交证据材料之日起算
C. 委托人委托鉴定机构从事工程造价鉴定业务，受地域范围的限制
D. 鉴定项目合同对计价依据和方法没有约定的，鉴定人可向委托人提议参照项目所在地同期适用的计价依据和方法进行鉴定

56. 若争议标的设计工程造价金额为3500万元，其工程造价鉴定一般为( )工作日。
A. 30
B. 60
C. 80
D. 90

57. 根据《建设项目工程总承包合同（示范文本）》GF—2020—0216通用合同条件，对于不属于依法招标的暂估价项目，下列说法正确的是( )。
A. 可由承包人自行实施暂估价项目
B. 确定后的暂估价项目金额与价格清单中所列暂估价的金额差以及相应的税金等其他费用应列入合同价格
C. 因发包人原因导致暂估价合同订立和履行迟延的，发包人只需补偿工期和费用
D. 因承包人原因导致暂估价合同订立和履行迟延的，承包人承担延误的工期，费用可索赔

58. 在国际工程合同价款的调整中，对工程量变化引起价格调整的叙述中，错误的是( )。
A. 该项工作实际测量的工程量变化超过工程量清单或其他报表中规定工程量的10%以上
B. 该项工作工程量的变化与相对应费率的乘积超过了中标金额的0.1%
C. 该项工作工程量的变化直接导致该项工作的单位工程量费用的变动超过1%
D. 该项工作并非工程量清单或其他报表中规定的"固定费率项目"

59. 关于建设项目竣工决算编制的内容，下列说法正确的是( )。
A. 基建支出是指建设项目从开始筹建起至竣工为止发生的全部基本建设支出
B. 根据《基本建设项目建设成本管理规定》，为项目配套的专用送变电站投资属于建设成本
C. 竣工决算的核心内容就是建设项目竣工财务决算说明书
D. 建设项目竣工决算是办理交付使用资产的依据，也是竣工验收报告的重要组成

部分

60. 关于新增资产价值的确定，下列说法中正确的是( )。
A. 自创专用技术作为无形资产入账，在自创中发生的费用按当期费用处理
B. 新增固定资产价值是以价值形态表示的固定资产投资最终成果的综合性指标
C. 运输设备成本包括采购成本和待分摊的待摊投资
D. 企业接受捐赠的无形资产，按开发中的实际支出计价

二、多项选择题（共20题，每题2分。每题的备选项中，有2个或2个以上符合题意，至少有1个错项。错选，本题不得分；少选，所选的每个选项得0.5分）。

61. 下列费用中应计入设备运杂费的有( )。
A. 设备检验试验费
B. 设备供销部门的手续费
C. 设备保管人员和管理人员的工资
D. 运输中的设备包装支出
E. 设备自生产厂家运至工地仓库的运费、装卸费

62. 按照费用构成要素划分的建筑安装工程费用项目组成规定，下列费用项目应列入材料费的有( )。
A. 周转材料的购置费用
B. 材料运输损耗费用
C. 施工企业对材料进行一般鉴定、检查发生的费用
D. 材料运杂费中的增值税进项税额
E. 材料采购及保管费用

63. 下列建设用地取得费用中，属于征地补偿费的有( )。
A. 土地补偿费   B. 生态补偿与压覆矿产资源补偿费
C. 拆迁补助   D. 青苗补偿费
E. 土地转让金

64. 关于工程定额体系，下列说法正确的是( )。
A. 机械消耗定额的主要表现形式是机械时间定额，同时也以产量定额表现
B. 概算定额的项目划分粗细，与扩大初步设计的深度相适应
C. 投资估算指标的概略程度与项目建议书阶段相适应
D. 施工定额属于企业定额的性质
E. 施工定额是生产性定额

65. 根据《建设工程工程量清单计价规范》GB 50500—2013，在其他项目清单中，应由投标人自主确定价格的有( )。
A. 暂列金额   B. 企业管理费
C. 总价措施项目费 D. 计日工单价
E. 总承包服务费

66. 关于计时观察法，下列表述正确的有( )。
A. 计时观察法能为改善施工组织管理提供依据
B. 计时观察法的局限性是考虑人的因素不够

C. 以观察测时为手段，通过密集抽样和粗放抽样等技术进行间接的时间研究
D. 计时观察法种类很多，最主要的有测时法和工作日写实法两种
E. 随着信息技术的发展，计时观察的基本原理不变，但可采用更为先进的技术手段进行观测

67. 下列关于施工机械及仪器仪表台班单价的组成和确定方法，说法正确的是（　　）。
A. 进口施工机械原值应按包含标准配置以外的附件及备用零配件的价格确定
B. 残值率是指机械报废时回收其残余价值占施工机械原值的百分数
C. 检修周期等于检修次数加1
D. 目前各类施工机械残值率均按5％计算
E. 施工仪器仪表台班单价不包括检测软件的相关费用

68. 关于各计价定额的作用，下列说法错误的是（　　）。
A. 预算定额可以作为办理工程结算的参考性基础
B. 预算定额是施工单位在生产经营中允许消耗的最低标准
C. 概算定额是编制施工图预算的基础
D. 概算定额是工程结束后，进行竣工决算和评价的依据
E. 概算指标是设计单位进行设计方案比较、设计技术经济分析的依据

69. 关于BIM技术在工程造价管理各阶段的应用，下列说法错误的是（　　）。
A. 高效准确地估算出拟建项目的总投资额，为投资决策提供准确依据是BIM在决策阶段的应用
B. 对设计方案优选或限额设计是BIM在决策阶段的应用
C. 可直观地按月、周、日观察项目的具体实施情况并得到该时间节点的造价数据是BIM在发承包阶段的应用
D. 实现限额领料施工，最大限度地体现造价控制的效果是BIM在施工过程中的应用
E. 提高工程量计算的效率和准确性，利于结算资料的完备性和规范性是BIM在工程竣工阶段的应用

70. 在建设规模方案比选时，常用的方法有（　　）。
A. 敏感性分析法　　　　　　　　　B. 盈亏平衡产量分析法
C. 平均成本法　　　　　　　　　　D. 最大工序生产能力法
E. 典型工程法

71. 关于建设项目设计概算，下列说法正确的有（　　）。
A. 建设项目资金筹措方案是概算的编制依据之一
B. 应合理预测建设期价格水平并考虑动态因素的影响
C. 初步设计较深且有详细设备清单时，可采用预算单价法编制设备安装工程概算
D. 以政府投资项目为主的工程项目，仅依赖于政府发布的概算定额（指标）
E. 项目建设管理费按"建设投资×费率"或有关定额列式计算

72. 关于最高投标限价的编制，下列说法正确的有（　　）。
A. 对于工程设备、材料价格的市场风险以及人工单价的风险，考虑一定率值的风险费用，纳入综合单价中

B. 对于技术难度较大和管理复杂的项目，可考虑一定的风险费用，并纳入综合单价
C. 措施项目费以"量"为单位，结果应是包括除规费、税金以外的全部费用
D. 招标人要求对分包的专业工程进行总承包管理和协调时，按分包的专业工程估算造价的1%计算
E. 计日工计算时，对于工程造价信息未发布单价的材料，其价格应按市场调查确定的单价计算

73. 关于询价与工程量复核，下列说法错误的是（　　）。
A. 询价时需注意产品质量必须可靠，并满足招标文件的有关规定
B. 成建制的劳务公司，工效较高，承包商的管理工作减轻
C. 分包询价时要注意其安全保障措施是否合理
D. 复核工程量发现错误，可向招标人提出，招标人统一修改并通知所有投标人
E. 工程量的遗漏或错误，是否向招标人提出修改意见取决于工程量的偏差是否大于±3%

74. 关于初步评审和详细评审，下列说法正确的是（　　）。
A. 具备有效的安全生产许可证属于初步评审的资格评审
B. 修正有算数错误的报价是初步评审的响应性评审
C. 经评审的最低投标价法详细评审后，评标委员会应编制评估比较表
D. 采用经评审的最低投标价法时，主要的量化因素包括单价遗漏和付款条件等
E. 采用综合评估法时，在评标过程中，可以对各个投标文件按下式计算投标报价偏差率：偏差率＝（投标人报价－最高投标限价）/最高投标限价×100%

75. 根据《标准施工招标文件》（2007年版）通用合同条款，承包人可能同时获得工期、费用和利润补偿的索赔事件有（　　）。
A. 因发包人的原因导致工程试运行失败　　B. 因发包人违约导致承包人暂停施工
C. 工程暂停后因发包人原因无法按时复工　　D. 施工中遇到不利物质条件
E. 发包人在工程竣工前提前占用工程

76. 根据《建设工程工程量清单计价规范》GB 50500—2013，关于工程索赔类合同价款调整事项，下列说法中正确的有（　　）。
A. 压缩的工期天数不得超过定额工期的15%，超过的，应在招标文件中明示增加赶工费用
B. 根据索赔的合同当事人不同，可以将工程索赔分为承包人与发包人之间的索赔、分包人和发包人之间的索赔
C. 合同终止的索赔属于按照索赔事件的性质进行分类
D. 索赔事件已造成承包人直接经济损失或工期延误是索赔成立的基本条件
E. 行业平均水平法是确定现场管理费率的方法之一

77. 关于质量保证金和最终结清，下列说法错误的是（　　）。
A. 质量保证金总预留比例不得高于工程价款结算总额的3%
B. 已经缴纳履约保证金的，发包人不得同时预留工程质量保证金
C. 因承包人原因导致工程无法按合同约定期限进行竣工验收的，缺陷责任期从实际通过竣工验收之日起计

D. 由于发包人原因导致工程无法按规定期限进行竣工验收的,在承包人提交竣工验收报告60天后,工程自动进入缺陷责任期

E. 承包人在提交的最终结清申请中,只限于提出竣工结算支付证书颁发后发生的索赔

78. 关于合同价款纠纷的处理原则,下列说法正确的是( )。

A. 承包人因转包、违法分包建设工程与他人签订的建设工程施工合同,认定无效

B. 发包人对因建设工程不合格造成的损失有过错的,不应当承担相应的责任

C. 合同无效,但工程经竣工验收合格,可以参照合同关于工程价款的约定折价补偿承包人

D. 当事人对垫资利息没有约定,承包人请求支付利息的,予以支持

E. 承包人超越资质等级许可的业务范围签订建设工程施工合同,在建设工程竣工前取得相应资质等级,当事人请求按照无效合同处理的,不予支持

79. 竣工财务决算说明书是工程竣工决算报告的重要组成部分,其主要内容包括( )。

A. 项目概况

B. 尾工工程情况

C. 预备费动用情况

D. 主要技术经济指标的分析、计算情况

E. 交付使用资产总表编制情况

80. 关于新增固定资产价值的确定,下列说法正确的是( )。

A. 以单位工程为对象计算

B. 在计算新增固定资产价值时,建筑工程设计费按安装工程造价比例分摊

C. 凡购置达到固定资产标准不需安装的设备,应在交付使用后计入新增固定资产价值

D. 分期分批交付生产或使用的工程,应按最后一批交付的时间计算新增固定资产价值

E. 若建设单位获得土地使用权是通过行政划拨的,那该土地使用权就不能作为无形资产核算

模拟试卷 3 《建设工程计价》
答案与解析

一、单项选择题（共 60 题，每题 1 分。每题的备选项中，只有 1 个最符合题意）。

1.【答案】 B

【解析】本题考查国外建设项目总投资的构成。工程项目总建设成本包括项目基本建设成本、项目相关建设成本、场地购置费和业主其他费用。项目基本建设成本包括人工费、材料费、施工机械使用费、设备费及为工程施工进行的所有施工准备工作、临时设施费用，承包方现场和总部的管理费用、利润、税金。场外设施费用属于项目相关建设成本。风险准备金不包含在业主其他费用中。

2.【答案】 D

【解析】本题考查国产设备原价的构成及计算。国产非标准设备原价采用成本计算估价法、系列设备插入估价法、分部组合估价法、定额估价法等方法确定。

3.【答案】 C

【解析】本题考查进口设备原价的构成及计算。FOB（Free on Board），意为装运港船上交货，亦称为离岸价格，故选项 A 错误。进口环节增值税＝组成计税价格×增值税税率；其中组成计税价格＝关税完税价格＋关税＋消费税。到岸价格作为关税的计征基数时，通常又可称为关税完税价格，故选项 B 错误。消费税＝[到岸价（CIF）＋关税]/（1－税率）×消费税率，故选项 D 错误。

4.【答案】 B

【解析】本题考查措施项目费的构成及计算。成井的费用主要包括：1）准备钻孔机械、埋设护筒、钻机就位、泥浆制作、固壁、成孔、出渣、清孔等费用；2）对接上、下井管（滤管），焊接，安防，下滤料，洗井，连接试抽等费用，故选项 A 错误。排水、降水的费用主要包括：1）管道安装、拆除、场内搬运等费用；2）抽水、值班、降水设备维修等费用，故选项 C 错误。排水、降水费用通常按照排、降水日历天数以"昼夜"计算，故选项 D 错误。

5.【答案】 D

【解析】本题考查建筑安装工程费用的构成。矿井开凿、井巷延伸、露天矿剥离，石油、天然气钻井，修建铁路、公路、桥梁、水库、堤坝、灌渠及防洪等工程的费用，故选项 A 属于建筑工程费用。各类房屋建筑工程和列入房屋建筑工程预算的供水、供暖、卫生、通风、煤气等设备费用及其装设、油饰工程的费用，列入建筑工程预算的各种管道、电力、电信和电缆导线敷设工程的费用，故选项 B 属于建筑工程费用。对整个生产线或装置进行负荷联合试运转属于建设期计列的生产经营费中的联合试运转费，故 C 选项不符合题意。

6.【答案】 C

【解析】本题考查建设期计列的生产经营费。专利及专有技术使用费的主要内容：(1) 工艺包费，设计及技术资料费，有效专利、专有技术使用费，技术保密费和技术服务费等；(2) 商标权、商誉和特许经营权费；(3) 软件费等，故选项 A 错误。

新建项目生产准备费按设计定员为基数计算，改扩建项目按新增设计定员为基数计算，故选项 B 错误。

生产准备费包括：(1) 人员培训及提前进厂费。包括自行组织培训或委托其他单位培训的人员工资、工资性补贴、职工福利费、差旅交通费、劳动保护费、学习资料费等。(2) 为保证初期正常生产（或营业、使用）所必需的生产办公、生活家具用具购置费，故选项 D 错误。

7.【答案】 D

【解析】本题考查工程咨询服务费。工程咨询服务费包括可行性研究费、专项评价费（压覆矿产资源评价费）、勘察设计费、监理费、研究试验费、特殊设备安全监督检验费、招标代理费、设计评审费、技术经济标准使用费、工程造价咨询费及竣工图编制费，故 A、B、C 选项均不符合题意。专利及专有技术使用费是指在建设期内为取得专利、专有技术、商标权、商誉、特许经营权等发生的费用，属于建设期计列的生产经营费，故选项 D 符合题意。

8.【答案】 C

【解析】本题考查预备费的计算。基本预备费＝（工程费用＋工程建设其他费用）×基本预备费费率＝(6500＋2500＋4000)×5％＝650（万元）；

静态投资总额＝6500＋2500＋4000＋650＝13650（万元）；

建设期第一年投资＝13650×40％＝5460（万元）；

第一年价差预备费：$PF_1 = I_1[(1+f)^1 \times (1+f)^{0.5} - 1]$
$$= 5460 \times [(1+6\%)^{1.5} - 1] = 498.7 （万元）；$$

建设期第二年投资＝13650×60％＝8190（万元）；

第二年价差预备费：$PF_2 = I_2[(1+f)^1(1+f)^{0.5}(1+f)^{2-1} - 1]$
$$8190 \times [(1+6\%)^{2.5} - 1] = 1284.3 （万元）；$$

预备费＝基本预备费＋价差预备费＝650＋498.7＋1284.3＝2433（万元）。

9.【答案】 A

【解析】本题考查建设期利息。在总贷款分年均衡发放前提下，可按当年借款在年中支用考虑，故选项 B 错误。利用国外贷款的利息计算中，年利率应综合考虑贷款协议中向贷款方加收的手续费、管理费、承诺费，以及国内代理机构向贷款方收取的转贷费、担保费和管理费等，故选项 C 错误。P_{j-1} 为建设期第（$j-1$）年年末累计贷款本金与利息之和，故选项 D 错误。

10.【答案】 B

【解析】本题考查分部组合计价原理。单位工程可以按照结构部位、路段长度及施工特点或施工任务分解为分部工程，故 A、C、D 选项均不符合题意。分部工程按照不同的施工方法、材料、工序及路段长度进一步分解为分项工程。而选项 B 属于分部工程划分分项工程的依据，故 B 选项符合题意。

11．【答案】B

【解析】本题考查的是工程计价依据。从工程造价管理体系的总体架构看，工程造价管理的相关法律法规体系、工程造价管理标准体系属于工程造价宏观管理的范畴，工程定额体系、工程计价信息体系主要用的是工程计价，属于工程造价微观管理的范畴。

12．【答案】C

【解析】本题考查工程量清单计价。工程量清单可分为招标工程量清单和已标价工程量清单，采用工程量清单方式招标，招标工程量清单必须作为招标文件的组成部分，其准确性和完整性由招标人负责，故 A 选项错误。清单计价适用于建设工程发承包及其实施阶段的计价活动，故 B 选项错误。有利于业主对投资的控制，故 D 选项错误。

13．【答案】D

【解析】本题考查措施项目清单。表中不需要列出计量单位，故 A 选项错误。按施工方案计算的措施费，若无"计算基础"和"费率"的数值，也可只填"金额"数值，但应在备注栏说明施工方案出处或计算方法。故 B 选项错误。

措施项目清单的编制依据主要有：（1）施工现场情况、地勘水文资料、工程特点；（2）常规施工方案；（3）与建设工程有关的标准、规范、技术资料；（4）拟定的招标文件；（5）建设工程设计文件及相关资料。

14．【答案】C

【解析】本题考查工人工作时间分类。基本工作时间的长短和工作量大小成正比例，故 A 选项错误。辅助工作时间长短与工作量大小有关，故 B 选项错误。准备和结束工作时间的长短与所担负的工作量大小无关，但往往和工作内容有关，故 C 选项正确。偶然时间属于损失时间，故 D 选项错误。

15．【答案】A

【解析】本题考查材料的分类。施工中的材料可分为实体材料和非实体材料两类。非实体材料主要是指周转性材料，如模板、脚手架、支撑等，故 A 选项符合题意。实体材料是指直接构成工程实体的材料，包括工程直接性材料和辅助性材料。钢筋、碎石都属于工程直接性材料，炸药属于辅助性材料，因此，B、C、D 选项均不符合题意。

16．【答案】A

【解析】本题考查确定材料消耗量的基本方法。

损耗率＝损耗量/净用量×100%；消耗量＝净用量＋损耗量＝净用量×（1＋损耗率）；

标准砖的净用量＝1113/(1＋7%)＝1040.19（块）；

砂浆的净用量＝2－1040.19×0.24×0.115×0.053＝0.478（m³）。

17．【答案】D

【解析】本题考查材料单价的组成和确定方法。选项 A 错误，采购及保管费是指为组织采购、供应和保管材料过程中所需要的各项费用，包括采购费、仓储费、工地保管费和仓储损耗。选项 B 错误，材料原价是指国内采购材料的出厂价格，国外采购材料抵达买方边境、港口或车站并交纳完各种手续费、税费（不含增值税）后形成的价格。选项 C 错误，在材料的运输中应考虑一定的场外运输损耗费用。

18.【答案】 A

【解析】本题考查材料单价的编制依据和确定方法。先将含税的原价和运杂费调整为不含税价格。原价（不含税）＝600/1.13＝530.97（元/t）；运杂费（不含税）＝50/1.09＝45.87（元/t）；材料单价＝{(供应价格＋运杂费)×[1＋运输损耗率(%)]}×[1＋采购及保管费率(%)]＝(530.97＋45.87)×(1＋2%)(1＋3.5%)＝608.97（元/t）。

19.【答案】 C

【解析】本题考查预算定额中人工工日消耗量的计算。

人工工日消耗量＝(基本用工＋辅助用工＋超运距用工)×(1＋人工幅度差系数)＝(0.75＋0.05＋0.1)×(1＋10%)＝0.99(工日/m³)，即9.9工日/10m³。

20.【答案】 B

【解析】本题考查施工机具台班定额消耗量的基本方法。

机械纯工作1小时循环次数＝3600/50＝72（次/台班）；

机械纯工作1小时正常生产率＝72×0.4＝28.8（m³/台班）；

施工机械台班产量定额＝28.8×8×0.75＝172.8（m³/台班）；

施工机械台班时间定额＝1/172.8＝0.00579（台班/m³）；

预算定额机械耗用台班＝0.00579×(1＋20%)＝0.00695（台班/m³）；

挖土方1000m³的预算定额机械耗用台班量＝1000×0.00695＝6.95（台班）。

21.【答案】 B

【解析】本题考查投资估算指标及其编制。一般可分为建设项目综合指标、单项工程指标和单位工程指标三个层次，故A选项错误。投资估算指标属于项目建设前期进行估算投资的技术经济指标，它不但要反映实施阶段的静态投资，还必须反映项目建设前期和交付使用期内发生的动态投资，以投资估算指标为依据编制的投资估算，包含项目建设的全部投资额，故C选项错误。投资估算指标比其他各种计价定额具有更大的综合性和概括性，故D选项错误。

22.【答案】 D

【解析】本题考查工程计价信息的概念和特点。工程计价信息的特点包括：区域性、多样性、专业性、系统性、动态性、季节性。

23.【答案】 C

【解析】本题考查影响工程造价的主要因素。制约项目规模合理化的主要因素包括市场因素、技术因素以及环境因素等几个方面。

24.【答案】 A

【解析】生产能力指数法主要应用于设计深度不足，拟建建设项目与类似建设项目的规模不同，设计定型并系列化，行业内相关指数和系数等基础资料完备的情况。

25.【答案】 D

【解析】本题考查静态投资部分的估算方法。

$$C = E(1 + f_1 P'_1 + f_2 P'_2 + f_3 P'_3 + \cdots) + I$$

式中：E为与生产能力直接相关的工艺设备投资；P'_1、P'_2、P'_3为已建项目中各专业工程费用与工艺设备投资的比重。

该项目主厂房工程费用投资为2800×(1＋0.12＋0.01＋0.04＋0.02＋0.09＋0.18＋

0.4)＝5208（万元）。

26.【答案】 C

【解析】本题考查设计概算的编制。成本单价含人工费、材料费、施工机具使用费、企业管理费。

方法一：$1200×(0.1×1.1+0.5×1.05+0.2×1.05+0.08×1.03)=1112.88(元/m^2)$。

方法二：先使用调差系数计算出拟建工程的工料单价。

类似工程的工料单价＝$1200×88\%=1056$（元/m^2）；

在类似工程的工料单价中，人工、材料、施工机具使用费、企业管理费的比重分别为：

$1200×10\%/1056=11.36\%$，$1200×50\%/1056=56.82\%$；

$1200×20\%/1056=22.73\%$，$1200×8\%/1056=9.09\%$；

拟建工程的工料单价

＝$1056×(11.36\%×1.1+56.82\%×1.05+22.73\%×1.05+9.09\%×1.03)=1112.88$（元/$m^2$）。

27.【答案】 A

【解析】本题考查建设项目总概算的编制。设计总概算文件应包括：编制说明、总概算表、各单项工程综合概算书、工程建设其他费用概算表、主要建筑安装材料汇总表。独立装订成册的总概算文件宜加封面、签署页（扉页）和目录。

28.【答案】 A

【解析】本题考查设计概算的编制。设备安装工程概算的编制方法：（1）预算单价法。初步设计较深，有详细设备清单时适用；该法的优点是计算比较具体，精确性较高。（2）扩大单价法。初步设计深度不够、设备清单不完备，或仅有成套设备重量。（3）设备价值百分比法。初步设计深度不够，只有设备出厂价而无详细规格、重量时，该法常用于价格波动不大的定型产品和通用设备产品。（4）综合吨位指标法。当初步设计提供的设备清单有规格和设备重量时；适用于设备价格波动较大的非标准设备和引进设备的安装工程概算。

29.【答案】 D

【解析】选项 A 错误，政府投资项目的设计概算经批准后，一般不得调整。选项 B 错误，政府投资项目建设投资原则上不得超过经核定的投资概算。因国家政策调整、价格上涨、地质条件发生重大变化等原因确需增加投资概算的，项目单位应当提出调整方案及资金来源，按照规定的程序报原初步设计审批部门或者投资概算核定部门核定。选项 C 错误，概算调增幅度超过原批复概算10%的，概算核定部门原则上先商请审计机关进行审计，并依据审计结论进行概算调整。一个工程只允许调整一次概算。

30.【答案】 D

【解析】本题考查单位工程施工图预算的编制。实物量法工作步骤：① 收集编制施工图预算的编制依据。包括预算定额或企业定额，取费标准，当时当地人工、材料、施工机具市场价格等。② 熟悉施工图等基础资料。熟悉施工图纸、有关的通用标准图、图纸会审记录、设计变更通知等资料，并检查施工图纸是否齐全、尺寸是否清楚，了解设计意图，掌握工程全貌。③ 了解施工组织设计和施工现场情况。工料单价法中的基本步骤与实物量法基本相同，不同的是需要收集适用的单位估价表，定额中已含有定额基价的则无须单位估价表。因此，熟悉施工图等基础资料、了解施工组织设计和施工现场情况是相同的，故 A、B 选项错误。工料单价法与实物量法首尾部分的步骤基本相同，所不同的主要是中间两个步骤，即：实物量法套用的是预算定额（或企业定额）中人工工日、材料、施工机具台班消耗量；工料单价法套用的是单位估价表工料单价或定额基价，故选项 C 错误，选项 D 正确。

31.【答案】D

【解析】本题考查单位工程施工图预算的编制。实物量法编制施工图预算的步骤：1) 准备资料、熟悉施工图纸，收集当时当地人工、材料、施工机具市场价格等；2) 列式并计算工程量；3) 套用消耗定额；4) 计算并汇总人、材、机；5) 计算其他各项费用，汇总造价；6) 复核，填写封面、编制说明。

32.【答案】C

【解析】本题考查招标工程量清单编制的准备工作。招标工程量清单编制的相关工作在收集资料包括编制依据的基础上，需进行如下工作：（1）初步研究。对各种资料进行认真研究，为工程量清单的编制做准备。（2）现场踏勘。主要对以下两方面进行调查：1) 自然地理条件，2) 施工条件。（3）拟定常规施工组织设计。在拟定常规的施工组织设计时需注意以下问题：1) 估算整体工程量。2) 拟定施工总方案。3) 编制施工进度计划。4) 计算人材机资源需要量。5) 施工平面的布置。

33.【答案】B

【解析】本题考查最高投标限价的编制。选项 A 错误，招标人可以自行决定是否编制标底，一个招标项目只能有一个标底，标底必须保密。选项 C 错误，税金、规费等法律、法规、规章和政策变化的风险和人工单价等风险费用不应纳入综合单价。选项 D 错误，工程造价管理机构应当在受理投诉的 10 天内完成复查。

34.【答案】A

【解析】本题考查综合单价确定的步骤和方法。材料费＝Σ（完成单位清单项目所需各种材料、半成品的数量×各种材料、半成品单价）＋工程设备费，故选项 B 错误。施工机具使用费＝Σ（完成单位清单项目所需各种机械的台班数量×各种机械的台班单价）＋Σ（完成单位清单项目所需各种仪器仪表的台班数量×各种仪器仪表的台班单价），故选项 C 错误。清单单位含量＝某工程内容的定额工程量/清单工程量，故 D 选项错误。

35.【答案】D

【解析】本题考查确定综合单价时的注意事项。发承包双方对工程施工阶段的风险宜采用如下分摊原则：1) 对于主要由市场价格波动导致的价格风险，发承包双方应当在招标文件中或在合同中对此类风险的范围和幅度予以明确约定，进行合理分摊。根据工程特点和工期要求，一般采取的方式是承包人承担 5% 以内的材料、工程设备价格风险，10% 以内的施工机具使用费风险。2) 对于法律、法规、规章或有关政策出台导致工程税金、规费、人工费发生变化，并由省级、行业建设行政主管部门或其授权的工程造价管理机构根据上述变化发布的政策性调整，以及由政府定价或政府指导价管理的原材料等价格进行了调整，承包人不应承担此类风险，应按照有关调整规定执行。3) 对于承包人根据自身技术水平、管理、经营状况能够自主控制的风险，如承包人的管理费、利润的风险，承包人应结合市场情况，根据企业自身的实际合理确定、利用企业定额自主报价，该部分风险由承包人全部承担。

36.【答案】 C

【解析】本题考查清标与初步评审。清标的内容包括：1）对招标文件的实质性响应；2）错漏项分析；3）分部分项工程项目清单综合单价的合理性分析；4）措施项目清单的完整性和合理性分析，以及其中不可竞争性费用正确分析；5）其他项目清单完整性和合理性分析；6）不平衡报价分析；7）暂列金额、暂估价正确性复核；8）总价与合价的算术性复核及修正建议；9）其他应分析和澄清的问题。

37.【答案】 A

【解析】本题考查详细评审标准与方法。根据《标准施工招标文件》的规定，主要的量化因素包括单价遗漏和付款条件等，招标人可以根据项目具体特点和实际需要，进一步删减、补充或细化量化因素和标准。另外，如世界银行贷款项目采用此种评标方法时，通常考虑的量化因素和标准包括：一定条件下的优惠（借款国国内投标人有7.5%的评标优惠）；工期提前的效益对报价的修正；同时投多个标段的评标修正等。

38.【答案】 B

【解析】本题考查详细评审标准与方法。根据经评审的最低投标价法完成详细评审后，评标委员会应当拟定一份"价格比较一览表"，连同书面评标报告提交招标人。"价格比较一览表"应当载明投标人的投标报价、对商务偏差的价格调整和说明以及已评审的最终投标价。根据综合评估法完成评标后，评标委员会应当拟定一份"综合评估比较表"，连同书面评标报告提交招标人。"综合评估比较表"应当载明投标人的投标报价、所做的任何修正、对商务偏差的调整、对技术偏差的调整、对各评审因素的评估以及对每一投标的最终评审结果。

39.【答案】 B

【解析】本题考查合同价款的约定。实行工程量清单计价的建筑工程，鼓励发承包双方采用单价方式确定合同价款，故A选项错误。建设规模较小、技术难度较低、工期较短的建设工程，发承包双方可以采用总价方式确定合同价款。紧急抢险、救灾以及施工技术特别复杂的建设工程，发承包双方可以采用成本加酬金方式确定合同价款，故C选项错误。合同价款是合同文件的核心要素，建设项目不论是招标发包还是直接发包，合同价款的具体数额均在"合同协议书"中载明，故D选项错误。

40.【答案】 B

【解析】本题考查工程总承包的类型。交钥匙总承包不仅承包工程项目的建设实施任务，而且提供建设项目前期工作和运营准备工作的综合服务。

41.【答案】 C

【解析】本题考查工程总承包招标投标。项目清单主要用于确定工程总承包费用项目。承包人按发包人要求或按发包人提供的项目清单形成价格清单。由于实施工程总承包的项目通常比较复杂，因此除投标人须知前附表另有规定外，投标有效期均为120天，故选项C正确。各种成本费用在计算时应以市场价格为主要编制依据，故D选项错误。

42.【答案】 D

【解析】本题考查国际工程招标投标及合同价款的约定。合同谈判结束，中标人接到授标信后，即应在规定时间内提交履约担保，故 A 选项错误。如承包工程的履约保函、预付款保函、保留金保函等，在为承包人出具这些保函时，银行要按保函金额收取一定的手续费，如中国银行一般收取保函金额 0.4%～0.6% 的年手续费；外国银行一般收取保函金额 1% 的年手续费，故 B 选项错误。上级单位管理费是指上级单位管理部门或公司总部对现场施工项目经理部收取的管理费，一般按工程直接费的 3%～5% 收取，故 C 选项错误。

43.【答案】B

【解析】本题考查工程总承包的签约合同价。《标准设计施工总承包招标文件》合同协议书中称合同价格为"签约合同价"，即指中标通知书明确的并在签订合同时于合同协议书中写明的，包括了暂列金额、暂估价的合同总金额。而"合同价格"是指承包人按合同约定完成了包括缺陷责任期内的全部承包工作后，发包人应付给承包人的金额，包括在履行合同过程中按合同约定进行的变更和调整。简而言之，就是指实际的应支付给承包人的最终工程款。因此，A、C 选项均错误，B 选项正确。《标准设计施工总承包招标文件》中对合同价格及调整做了规定：合同价格包括签约合同价以及按照合同约定进行的调整，故 D 选项错误。

44.【答案】B

【解析】本题考查法规变化类合同价款调整事项。选项 A 错误，对于基准日之后发生的、作为一个有经验的承包人在招标投标阶段不可能合理预见的风险，应当由发包人承担。选项 C 错误，对于不实行招标的建设工程，一般以建设工程施工合同签订前的第 28 天作为基准日。选项 D 错误，承包人的原因导致的工期延误，在工程延误期间国家的法律、行政法规和相关政策发生变化引起工程造价变化的，造成合同价款增加的，合同价款不予调整。造成合同价款减少的，合同价款予以调整。

45.【答案】A

【解析】本题考查工程变更类合同价款调整事项。选项 A 正确，当应予计算的实际工程量与招标工程量清单出现偏差（包括因工程变更等原因导致的工程量偏差）超过 15%，且该变化引起措施项目相应发生变化，如该措施项目是按系数或单一总价方式计价的，对措施项目费的调整原则为：工程量增加的，措施项目费调增；工程量减少的，措施项目费调减。至于具体的调整方法，则应由双方当事人在合同专用条款中约定。选项 B 错误，已标价工程量清单中没有适用也没有类似于变更工程项目，且工程造价管理机构发布的信息（参考）价格缺价的，由承包人根据变更工程资料、计量规则、计价办法和通过市场调查等的有合法依据的市场价格提出变更工程项目的单价或总价，报发包人确认后调整。选项 C 错误，任一计日工项目实施结束，承包人应按照确认的计日工现场签证报告核实该类项目的工程数量，并根据核实的工程数量和承包人已标价工程量清单中的计日工单价计算，提出应付价款。选项 D 错误，按总价（或系数）计算的措施项目费，安全文明施工费按照实际发生变化的措施项目调整，不考虑报价浮动率，而除了安全文明施工费外的总价措施项目，应考虑承包人报价浮动因素。

46.【答案】A

【解析】本题考查工程变更类合同价款调整事项。按总价（或系数）计算的措施项目费，除安全文明施工费外，按照实际发生变化的措施项目调整，但应考虑承包人报价浮动因素，即调整金额按照实际调整金额乘以承包人报价浮动率计算。

二次搬运费调整的金额=100×(1−5%)=95（万元），环境保护费属于安全文明施工费，按实调整，不得浮动。

47.【答案】 D

【解析】本题考查工程量偏差。3000/2000=150%，工程量增加超过15%，需对单价进行调整。P_2×(1+15%)=400×(1+15%)=460（元/m²）>420（元/m²），结算价=3000×420=126（万元）。

48.【答案】 B

【解析】本题考查物价变化类合同价款调整事项。本题考查的是采用造价信息调整价格差额。2023年6月信息价与基准价格比较上升，通过对比基准价和投标价格，应以较高的投标报价计算合同约定的风险幅度值。4800×(1+5%)=5040（元/t）。因为施工合同约定，承包人承担的钢筋价格风险幅度为±5%，而5000没有超过5040，因此不调整价格，应以4800元/t结算。

49.【答案】 C

【解析】本题考查工程总承包合同价款的调整。选项A错误，每个支付期末，承包人应与进度款同期向发包人提交本期间所有计日工记录的签证汇总表，以说明本期间自己认为有权得到的计日工金额，调整合同价款，列入进度款支付。选项B错误，发包人通知承包人以计日工方式实施的零星工作，承包人应予执行。选项D错误，招标工程量清单计日工数量为暂定，计日工费计入投标总价。

50.【答案】 C

【解析】本题考查费用索赔的计算。

事件一：因异常恶劣气候条件导致工程停工，只可补偿工期。停工3天，因此可以索赔工期3天。

事件二：因遇到不利地质条件导致工程停工，可索赔工期和费用。因此，可索赔工期为1天。可索赔费用=10×100+15×200=4000（元）。

故，承包人应向业主索赔的工期=3+1=4（天），费用为4000元。

51.【答案】 D

【解析】本题考查工程计量。选项A错误，单价合同工程量必须以承包人完成合同工程应予以计量的依据国家现行工程量计算规则计算得到的工程量确定。选项B错误，采用工程量清单方式招标形成的总价合同，工程量应按照与单价合同相同的方式计算。采用经审定批准的施工图纸及其预算方式发包形成的总价合同，除按照工程变更规定引起的工程量增减外，总价合同各项目的工程量是承包人用于结算的最终工程量。选项C错误，成本加酬金合同按照单价合同的计量规定进行计量。

52.【答案】 A

【解析】本题考查预付款的支付。百分比法：发包人根据工程的特点、工期长短、市场行情、供求规律等因素，招标时在合同条件中约定工程预付款的百分比。包工包料工程的预付款的支付比例不得低于签约合同价（扣除暂列金额）的10%，不宜高于签约合同价（扣除暂列金额）的30%。

包工包料工程的预付款的支付比例不宜高于签约合同价（扣除暂列金额）的30%。

因此，发包人至多支付：(6000-500)×30%=1650（万元）。

53.【答案】A

【解析】本题考查预付款及期中支付。公式计算法是根据主要材料（含结构件等）占年度承包工程总价的比重、材料储备定额天数和年度施工天数等因素，通过公式计算预付款额度的一种方法。

$$工程预付款数额=\frac{年度工程总价\times材料比例(\%)}{年度施工天数}\times材料储备定额天数$$

$$=[5000\times60\%/180]\times25=416.67（万元）。$$

54.【答案】C

【解析】本题考查预付款担保。安全文明施工费：发包人应在工程开工后的28天内预付不低于当年施工进度计划的安全文明施工费总额的60%，其余部分按照提前安排的原则进行分解，与进度款同期支付。发包人没有按时支付安全文明施工费的，承包人可催告发包人支付；发包人在付款期满后的7天内仍未支付的，若发生安全事故，发包人应承担连带责任。

55.【答案】D

【解析】本题考查工程造价鉴定。委托人认为鉴定项目合同有效的，鉴定人应根据合同约定进行鉴定，故A选项错误。鉴定期限从鉴定人接收委托人按照规定移交证据材料之日起的次日起算。在鉴定过程中，经委托人认可，等待当事人提交、补充或者重新提交证据、勘验现场等所需的时间，不计入鉴定期限，故B选项错误。委托人委托鉴定机构从事工程造价鉴定业务，不受地域范围的限制，故C选项错误。鉴定项目合同对计价依据、计价方法没有约定的，鉴定人可向委托人提出"参照鉴定项目所在地同时期适用的计价依据、计价方法和签约时的市场价格信息进行鉴定"的建议，鉴定人应按照委托人的决定进行鉴定，故D选项正确。

56.【答案】C

【解析】本题考查鉴定期限的确定。鉴定期限由鉴定机构与委托人根据鉴定项目争议标的涉及的工程造价金额、复杂程度等因素在表2中规定的期限内确定。鉴定机构与委托人对完成鉴定的期限另有约定的，从其约定。

工程造价鉴定期限表　　　　　　　　　　　　　　　　　　　　　　　　表2

争议标的涉及工程造价金额	期限（工作日）
1000万元以下（含1000万元）	40
1000万元以上3000万元以下（含3000万元）	60
3000万元以上1亿元以下（含1亿元）	80
1亿元以上（不含1亿元）	100

57.【答案】B

【解析】本题考查工程总承包合同价款的结算。对于不属于依法必须招标的暂估价项目，承包人具备实施暂估价项目的资格和条件的，经发包人和承包人协商一致后，可由承包人自行实施暂估价项目，故A选项错误。因发包人原因导致暂估价合同订立和履行迟延的，由此增加的费用和（或）延误的工期由发包人承担，并支付承包人合理的利润，故 C 选项错误。因承包人原因导致暂估价合同订立和履行迟延的，由此增加的费用和（或）延误的工期由承包人承担，故 D 选项错误。

58.【答案】B

【解析】本题考查国际工程合同价款的调整。选项 B 错误，该项工作工程量的变化与工程量清单或其他报表中相对应费率或价格的乘积超过中标合同金额的 0.01%；

59.【答案】D

【解析】本题考查建设项目竣工决算编制的内容。基建支出是指建设项目从开工起至竣工为止发生的全部基本建设支出，故 A 选项错误。为项目配套的专用送变电站投资属于非经营性项目转出投资支出，故 B 选项错误。竣工财务决算说明书和竣工财务决算报表两部分又称建设项目竣工财务决算，是竣工决算的核心内容，故 C 选项错误。

60.【答案】B

【解析】本题考查新增资产价值的确定。选项 A 错误，如果专有技术是自创的，一般不作为无形资产入账，自创过程中发生的费用，按当期费用处理。选项 B 正确，新增固定资产价值是建设项目竣工投产后所增加的固定资产的价值，它是以价值形态表示的固定资产投资最终成果的综合性指标。选项 C 错误，运输设备及其他不需要安装的设备、工具、器具、家具等固定资产一般仅计算采购成本，不计分摊。选项 D 错误，企业接受捐赠的无形资产，按照发票账单所载金额或者同类无形资产市场价作价。

二、多项选择题（共 20 题，每题 2 分。每题的备选项中，有 2 个或 2 个以上符合题意，至少有 1 个错项。错选，本题不得分；少选，所选的每个选项得 0.5 分）。

61.【答案】ABCD

【解析】本题考查设备运杂费的构成。设备运杂费是指国内采购设备自来源地、国外采购设备自到岸港运至工地仓库或指定堆放地点发生的采购、运输、运输保险、保管、装卸等费用。通常由下列各项构成：（1）运费和装卸费。（2）包装费。在设备原价中没有包含的，为运输而进行的包装支出的各种费用。（3）设备供销部门的手续费。（4）采购与仓库保管费。指采购、验收、保管和收发设备所发生的各种费用，包括设备采购人员、保管人员和管理人员的工资、工资附加费、办公费、差旅交通费，设备供应部门办公和仓库所占固定资产使用费、工具用具使用费、劳动保护费、检验试验费等。这些费用可按主管部门规定的采购与保管费费率计算。

62.【答案】BE

【解析】本题考查材料费的构成。材料费包括工程施工过程中耗费的各种原材料、半成品、构配件、工程设备等的费用，以及周转材料等的摊销、租赁费用。计算材料费的基本要素是材料消耗量和材料单价，周转材料等的摊销费用应包含在材料费中，故 A 选项错误。材料单价由材料原价、运杂费、运输损耗费、采购及保管费组成，故 B、E 选项正确。施工企业对材料进行一般鉴定、检查发生的费用属于检验试验费，其包含在企业管理费中，故 C 选项错误。当采用一般计税方法时，材料单价中的材料原价、运杂费等均应扣除增值税进项税额，故 D 选项错误。

63.【答案】ABD

【解析】本题考查土地使用费和补偿费。征地补偿费包括：（1）土地补偿费；（2）青苗补偿费和地上附着物补偿费；（3）安置补助费；（4）耕地开垦费和森林植被恢复费；（5）生态补偿与压覆矿产资源补偿费；（6）其他补偿费。

拆迁补偿、土地转让金和征地补偿是并列关系，都隶属于土地使用费和补偿费，故C、E选项错误。

64.【答案】ABDE

【解析】本题考查工程定额体系。机械消耗定额是指在正常的施工技术和组织条件下，完成规定计量单位合格的建筑安装产品所消耗的施工机械台班的数量标准。机械消耗定额的主要表现形式是机械时间定额，同时也以产量定额表现，故A选项正确。概算定额的项目划分粗细，与扩大初步设计的深度相适应，一般是在预算定额的基础上综合扩大而成的，每一扩大分项概算定额都包含了数项预算定额，故B选项正确。投资估算指标是在项目建议书和可行性研究阶段编制投资估算、计算投资需要量时使用的一种定额。它的概略程度与可行性研究阶段相适应，故C选项错误。

65.【答案】DE

【解析】本题考查其他项目费。暂列金额是招标人在工程量清单中暂定并包括在合同价款中的一笔款项，故A选项不符合题意。按照费用构成要素划分，企业管理费包含在建筑安装工程费中，故B选项错误。按照工程造价形成分类，总价措施项目清单包含在措施项目清单中，而措施项目清单和其他项目清单属于并列关系，故C选项错误。计日工单价和总承包服务费，投标时由投标人自主报价。计日工表的项目名称、暂定数量由招标人填写，投标时，单价由投标人自主报价，按暂定数量计算合价计入投标总价中，故D选项符合题意。总承包服务费计价表项目名称、服务内容由招标人填写，投标时，费率及金额由投标人自主报价，计入投标总价中，故E选项符合题意。

66.【答案】ABE

【解析】本题考查计时观测法。选项C错误，以观察测时为手段，通过密集抽样和粗放抽样等技术进行直接的时间研究。选项D错误，计时观察法种类很多，最主要的有测时法、写实记录法和工作日写实法三种。

67.【答案】CDE

【解析】本题考查施工机具台班单价的构成。选项A错误，进口施工机械原值应按下列方法取定：1）进口施工机械原值应按"到岸价格＋关税"取定，到岸价格应按编制期施工企业签订的采购合同、外贸与海关等部门的有关规定及相应的外汇汇率计算取定；2）进口施工机械原值应按不含标准配置以外的附件及备用零配件的价格取定。选项B错误，残值率是指机械报废时回收其残余价值占施工机械预算价格的百分数。残值率应按编制期国家有关规定确定，目前各类施工机械均按5%计算。

68.【答案】BC

【解析】本题考查计价定额。选项A正确，预算定额可以作为确定合同价款、拨付工程进度款及办理工程结算的参考性基础。选项B错误，预算定额可以作为施工单位经济活动分析的依据。预算定额规定的物化劳动和劳动消耗指标，可以作为施工单位生产中允许消耗的最高标准。选项C错误，预算定额是编制概算定额的基础。概算定额是在预算定额基础上综合扩大编制的。选项D正确，概算定额主要作用之一：概算定额是工程结束后，进行竣工决算和评价的依据。选项E正确，概算指标和概算定额、预算定额一样，都是与各个设计阶段相适应的多次性计价的产物，主要用于初步设计阶段，设计单位进行设计方案比较、设计技术经济分析的依据是其作用之一。

69.【答案】BC

【解析】本题考查 BIM 技术在工程造价管理中的应用。选项 B 错误，在设计阶段，通过 BIM 技术对设计方案优选或限额设计，设计模型的多专业一致性检查，设计概算、施工图预算的编制管理和审核环节的应用，实现对造价的有效控制。选项 C 错误，项目各参与方人员在正式开工前就可以通过模型确定不同时间节点和施工进度、施工成本以及资源计划配置，可以直观地按月、按周、按日观察到项目的具体实施情况并得到该时间节点的造价数据，方便项目的实时修改调整，实现限额领料施工，最大限度地体现造价控制的效果，是 BIM 在施工过程中的应用。

70.【答案】BCD

【解析】本题考查建设规模方案比选的方法。在建设规模方案比选时，常用的方法有盈亏平衡产量分析法、平均成本法、生产能力平衡法（最大工序生产能力法和最小公倍数法）以及政府或行业规定。

71.【答案】ABC

【解析】本题考查设计概算的概念及其编制内容。建设项目资金筹措方案是概算的编制依据之一，故 A 选项正确。设计概算应按项目合理建设期限预测建设期价格水平，以及资产租赁和贷款的时间价值等动态因素对投资的影响，故 B 选项正确。预算单价法：当初步设计较深，有详细的设备清单时，可直接按安装工程预算定额单价编制安装工程概算，概算编制程序与安装工程施工图预算程序基本相同。该法的优点是计算比较具体，精确性较高，故 C 选项正确。以政府投资项目为主的工程项目，例如电力、铁路、公路等工程，目前仍主要以政府发布的行业或地方定额作为前期投资控制的依据或主要参考，但概算定额（指标）的内容、表现形式等也随着造价改革的不断深化而得以优化，会更具时效性和符合信息化发展潮流，而不仅依赖于政府发布的概算定额（指标），故 D 选项错误。项目建设管理费按"工程费用×费率"或有关定额列式计算，故 E 选项错误。

72.【答案】BE

【解析】本题考查最高投标限价。选项 A 错误，对于工程设备、材料价格的市场风险，应依据招标文件的规定、工程所在地或行业工程造价管理机构的有关规定以及市场价格趋势考虑一定率值的风险费用，纳入综合单价中。税金、规费等法律、法规、规章和政策变化的风险和人工单价等风险费用不应纳入综合单价。选项 C 错误，对于不可计量的措施项目费以"项"为单位，结果应是包括除规费、税金以外的全部费用。选项 D 错误，招标人仅要求对分包的专业工程进行总承包管理和协调时，按分包的专业工程估算造价的 1.5% 计算。

73.【答案】CE

【解析】本题考查询价和工程量复核。选项 C 错误，对分包人询价应注意以下几点：分包标函是否完整；分包工程单价所包含的内容；分包人的工程质量、信誉及可信赖程度；质量保证措施；分包报价。选项 E 错误，针对招标工程量清单中工程量的遗漏或错误，是否向招标人提出修改意见取决于投标策略。投标人可以向招标人提出，由招标人统一修改并把修改情况通知所有投标人;也可以运用一些报价的技巧提高报价的质量,争取在中标后能获得更大的收益。

74.【答案】 AD

【解析】本题考查评标相关内容。资格评审标准:如果是未进行资格预审的,应具备有效的营业执照,具备有效的安全生产许可证,并且资质等级、财务状况、类似项目业绩、信誉、项目经理、其他要求、联合体投标人等,均符合规定,故选项 A 正确。投标报价有算术错误的,评标委员会按以下原则对投标报价进行修正,修正的价格经投标人书面确认后具有约束力。其属于初步评审的一项工作,但不属于初步评审标准的内容,故 B 选项错误。根据经评审的最低投标价法完成详细评审后,评标委员会应当拟定一份"价格比较一览表",连同书面评标报告提交招标人。"价格比较一览表"应当载明投标人的投标报价、对商务偏差的价格调整和说明以及已评审的最终投标价,选项 C 错误。采用经评审的最低投标价法时,根据《标准施工招标文件》的规定,主要的量化因素包括单价遗漏和付款条件等,故 D 选项正确。在评标过程中,可以对各个投标文件按下式计算投标报价偏差率:偏差率=(投标人报价－评标基准价)/评标基准价×100%,故 E 选项错误。

75.【答案】 BCE

【解析】本题考查工程索赔。选项 A 错误,因发包人的原因导致工程试运行失败,可以索赔费用和利润。选项 D 施工中遇到不利物质条件,可以索赔工期和费用。

76.【答案】 CDE

【解析】本题考查工程索赔类合同价款调整事项。选项 A 错误,赶工费用:发包人应当依据相关工程的工期定额合理计算工期,压缩的工期天数不得超过定额工期的 20%,超过的,应在招标文件中明示增加赶工费用。选项 B 错误,根据索赔的合同当事人不同,可以将工程索赔分为承包人与发包人之间的索赔、总承包人和发包人之间的索赔。

77.【答案】 DE

【解析】本题考查质保金和最终结清。发包人应按照合同约定方式预留质量保证金,质量保证金总预留比例不得高于工程价款结算总额的 3%,选项 A 正确。在工程项目竣工前,已经缴纳履约保证金的,发包人不得同时预留工程质量保证金。采用工程质量保证金担保、工程质量保险等其他方式的,发包人不得再预留质量保证金,故选项 B 正确。由于承包人原因导致工程无法按规定期限进行竣工验收的,缺陷责任期从实际通过竣工验收之日起计,故 C 选项正确。由于发包人原因导致工程无法按规定期限进行竣工验收的,在承包人提交竣工验收报告 90 天后,工程自动进入缺陷责任期,故选项 D 错误。承包人在提交的最终结清申请中,只限于提出工程竣工接收证书颁发后发生的索赔,故选项 E 错误。

78.【答案】 ACE

【解析】本题考查合同价款纠纷的处理。选项 B 错误,发包人对因建设工程不合格造成的损失有过错的,应当承担相应的责任。选项 D 错误,当事人对垫资利息没有约定,承包人请求支付利息的,人民法院不予支持。

79.【答案】 ABCD

【解析】本题考查竣工财务决算说明书。其内容主要包括:(1)项目概况。(2)会计账务的处理、财产物资清理及债权债务的清偿情况。(3)项目建设资金计划及到位情况,财政资金支出预算、投资计划及到位情况。(4)项目建设资金使用、项目结余资金等分配情况。(5)项目概(预)算执行情况及分析,竣工实际完成投资与概算差异及原因分析。(6)尾工工程情况。(7)历次审计、检查、审核、稽查意见及整改落实情况。(8)主要技术经济指标的分析、计算情况。(9)项目管理经验、主要问题和建议。(10)预备费动用情况。(11)项目建设管理制度执行情况、政府采购情况、合同履行情况。(12)征地拆迁补偿情况、移民安置情况。(13)需说明的其他事项。

基本建设项目交付使用资产总表是竣工财务决算报表中的内容。

80.【答案】CE

【解析】本题考查新增固定资产价值的确定。新增固定资产价值的计算是以独立发挥生产能力的单项工程为对象的,故选项A错误。土地征用费、地质勘察和建筑工程设计费等费用则按建筑工程造价比例分摊,故选项B错误。分期分批交付生产或使用的工程,应分期分批计算新增固定资产价值,故选项D错误。

2020年全国一级造价工程师职业资格考试
《建设工程造价管理》

一、单项选择题（共60题，每题1分，每题的备选项中，只有1个最符合题意）。

1. 从投资者角度，工程造价是指建设一项工程预期开支或实际开支的（　　）费用。
   A. 固定资产投资
   B. 建筑安装工程
   C. 流动资金
   D. 静态投资

2. 建设项目的工程计价是一个逐步组合的过程，组合过程正确的是（　　）。
   A. 单位工程→分部分项工程→单项工程
   B. 单位工程→单项工程→分部分项工程
   C. 分部分项工程→单位工程→单项工程
   D. 分部分项工程→单项工程→单位工程

3. 建设工程全面造价管理是指有效地利用专业知识与技术，对（　　）进行筹划和控制。
   A. 资源、成本、盈利、风险
   B. 工期、质量、成本、风险
   C. 质量、安全、成本、风险
   D. 工期成本、质量成本、安全成本、环境成本

4. 建设工程造价管理的关键在于（　　）阶段。
   A. 设计和施工
   B. 施工和竣工结算
   C. 招标和施工
   D. 前期决策和设计

5. 根据工程造价咨询管理制度，乙级造价咨询企业中取得一级造价师注册证书的人员应不少于（　　）人。
   A. 3
   B. 6
   C. 10
   D. 12

6. 工程造价咨询企业在工程造价成果文件中加盖的工程造价咨询企业执业印章，除企业名称外，还应该包含的内容是（　　）。
   A. 资质等级，颁证机关
   B. 专业类别、证书编号
   C. 专业类别、颁证机关
   D. 资质等级、证书编号

7. 根据《建筑法》，建设单位应当自领取施工许可证起（　　）个月开工。
   A. 2
   B. 3
   C. 6
   D. 12

8. 某依法必须进行招标的项目，招标人拟定于2020年11月1日开始发售招标文件，根据《招标投标法》要求，投标人提交投标文件的截止时间最早可设定在2020年（　　）。
   A. 11月11日
   B. 11月16日

C. 11月21日　　　　　　　　　　　D. 12月1日

9. 某工程中标合同金额为6500万元,根据《招标投标法实施条例》,中标人应提交的履约保证金不得超过( )万元。
A. 130　　　　　　　　　　　　　B. 650
C. 975　　　　　　　　　　　　　D. 1300

10. 根据《政府采购法》,对于实行集中采购的政府采购,集中采购目录应由( )公布。
A. 省级以上人民政府　　　　　　　B. 国务院相关主管部门
C. 省级政府采购主管部门　　　　　D. 县级以上人民政府

11. 根据《价格法》,在制定关系群众切身利益的公用事业价格、公益性服务价格、自然垄断经营的商品价格时,应当建立( )制度。
A. 风险评估　　　　　　　　　　　B. 公示
C. 专家咨询　　　　　　　　　　　D. 听证会

12. 根据《合同法》,对于可撤销的合同,具有撤销权的当事人自知道或应当知道撤销事由之日起( )内没有行使撤销权的,其撤销权消灭。
A. 3个月　　　　　　　　　　　　B. 6个月
C. 1年　　　　　　　　　　　　　D. 2年

13. 根据《国务院关于投资体制改革的决定》,企业不使用政府资金投资建设需核准的项目时,政府部门在投资决策阶段仅需审批的文件是( )。
A. 可行性研究报告　　　　　　　　B. 初步设计文件
C. 资金申请报告　　　　　　　　　D. 项目申请报告

14. 建设工程项目后评价采用的基本方法是( )。
A. 对比分析法　　　　　　　　　　B. 效应判断法
C. 影响评估法　　　　　　　　　　D. 效果梳理法

15. 应用建筑信息建模(BIM)技术能够强化造价管理的主要原因在于( )。
A. BIM技术可用来构建可视化模型　B. BIM技术可用来模拟施工方案
C. BIM技术可用来检查管线碰撞　　D. BIM技术可用来自动计算工程量

16. 关于工程项目管理组织机构特点的说法,正确的是( )。
A. 矩阵制组织中项目成员受双重领导
B. 职能制组织中指令统一且职责清晰
C. 直线制组织中可实现专业化管理
D. 强矩阵制组织中项目成员仅对职能经理负责

17. 工程项目计划体系中,用来阐明各单位工程的建设规模、投资额、新增固定资产、新增生产能力等建设总规模及本年度计划完成情况的计划表是( )。
A. 年度计划项目表　　　　　　　　B. 年度竣工投产交付使用计划表
C. 年度建设资金平衡表　　　　　　D. 投资计划年度分配表

18. 根据《建设工程安全生产管理条例》,对于超过一定规模的危险性较大的分部分项工程,专项施工方案的专家论证应当由( )组织召开。
A. 建设单位　　　　　　　　　　　B. 施工单位

C. 设计单位 D. 监理单位

19. 采用S曲线法比较工程实际进度与计划进度时，若实际累计S曲线落在计划累计S曲线上方，则可得出的正确结论是( )。
    A. 实际进度落后于计划进度 B. 进度计划编制过于保守
    C. 实际进度超前于计划进度 D. 计划工期偏于紧迫

20. 建设工程组织流水施工时，用来表达流水施工在施工工艺方面进展状态的参数的是( )。
    A. 流水强度和施工过程 B. 流水节拍和施工段
    C. 工作面和施工过程 D. 流水步距和施工段

21. 某工程网络计划执行过程中，工作M的实际进度拖后的时间超过其自由时差，但未超过总时差，则工作M实际进度拖后产生的影响是( )。
    A. 既不影响后续工作的正常进行，也不影响总工期
    B. 影响紧后工作的最早开始时间，但不影响总工期
    C. 影响紧后工作的最迟开始时间，同时影响总工期
    D. 影响紧后工作的最迟开始时间，但不影响总工期

22. 工程网络计划费用优化中，应将( )的关键工作作为压缩持续时间的对象。
    A. 直接费用率最小 B. 持续时间最长
    C. 直接费用率最大 D. 资源强度最大

23. 根据《标准施工招标文件》中的通用合同条款，下列工作中，属于发包人义务的是( )。
    A. 发出开工通知 B. 编制施工组织总设计
    C. 组织设计交底 D. 施工期间照管工程

24. 某工程项目完工后，承包商于2019年8月8日向业主提交竣工验收报告。业主方为尽早投入使用，在未组织竣工验收的情况下于2019年9月1日开始使用该工程，后经承包商再三催促，业主方于2019年11月12日进行竣工验收，2019年11月13日参与工程竣工验收的各方签署了竣工验收合格意见，该工程实际竣工验收日期应为2019年( )。
    A. 8月8日 B. 9月1日
    C. 11月12日 D. 11月13日

25. 现金流量图中表示现金流量的三要素是( )。
    A. 利率，利息，净现值 B. 时长，方向，作用点
    C. 现值，终值，计算期 D. 大小，方向，作用点

26. 某公司年初借款1000万元，年利率5%，按复利计息。若在10年内等额偿还本息，则每年末应偿还( )万元。
    A. 129.50 B. 140.69
    C. 150.00 D. 162.89

27. 假设年名义利率为5%，计息周期为季度，则年有效利率为( )。
    A. 5.00% B. 5.06%
    C. 5.09% D. 5.12%

28. 采用投资回收期指标评价投资方案的优点是(　　)。
   A. 能够考虑整个计算期内的现金流量
   B. 能够反映整个计算期内的经济效果
   C. 能够考虑投资方案的偿债能力
   D. 能够反映资本的周转速度

29. 进行投资方案经济评价时，基准收益率的确定应以(　　)为基础。
   A. 行业平均收益率　　　　　　　　B. 社会平均折现率
   C. 项目资金成本率　　　　　　　　D. 社会平均利润率

30. 某项目设计生产能力为年产60万件产品，单位产品价格200元，单位产品可变成本为160元，年固定成本600万元，产品销售税金及附加的合并税率为售价的5%，该项目的盈亏平衡产量为(　　)万件。
   A. 30　　　　　　　　　　　　　　B. 20
   C. 15　　　　　　　　　　　　　　D. 10

31. 对某投资方案进行单因素敏感性分析时，在相同初始条件下，产品价格下降幅度超过6.28%时，净现值由正变负；投资额增加幅度超过9.76%时，净现值由正变负。经营成本上升幅度超过14.35%时，净现值由正变负，按净现值对各个因素的敏感程度由大到小排列，正确的顺序是(　　)。
   A. 产品价格—投资额—经营成本　　B. 经营成本—投资额—产品价格
   C. 投资额—经营成本—产品价格　　D. 投资额—产品价格—经营成本

32. 价值工程的核心是对产品进行(　　)分析。
   A. 成本　　　　　　　　　　　　　B. 结构
   C. 价值　　　　　　　　　　　　　D. 功能

33. 按照价值工程的工作程序，需要在分析阶段进行的工作是(　　)。
   A. 对象选择和功能定义　　　　　　B. 功能定义和功能整理
   C. 功能整理和方案评价　　　　　　D. 方案创造和成果评价

34. 下列分析方法中，可用来选择价值工程研究对象的是(　　)。
   A. 价值指数法和对比分析法　　　　B. 百分比分析法和挣值分析法
   C. 对比分析法和挣值分析法　　　　D. ABC分析法和因素分析法

35. 在工程实践中，价值工程决定成败的关键是(　　)。
   A. 方案创造　　　　　　　　　　　B. 功能评价
   C. 功能定义　　　　　　　　　　　D. 对象选择

36. 采用权衡分析法权衡工程系统设置费中各项费用之间的关系时，可采取的措施是(　　)。
   A. 进行节能设计，减少运行费　　　B. 改善设计材质，降低维护频度
   C. 采用整体结构，减少安装费用　　D. 采用计划预修，降低停机损失

37. 根据固定资产投资项目资本金制度，作为计算资本金基数的总投资是指投资项目(　　)之和。
   A. 建筑工程费和安装工程费　　　　B. 固定资产投资和铺底流动资金
   C. 建筑工程费和设备与工器具购置费　D. 建安工程费和建设工程其他费

38. 福费廷（FORFEIL）作为一种专门的代理融资技术，其本质是以（　　）方式进行融资。
   A. 债券　　　　　　　　　　　　B. 租赁
   C. 信贷　　　　　　　　　　　　D. 股权

39. 根据《国务院关于调整和完善固定资产项目资本金制度的通知》，对于产能过剩行业中的水泥项目，项目资本金占项目总投资的最低比例为（　　）。
   A. 40%　　　　　　　　　　　　B. 35%
   C. 30%　　　　　　　　　　　　D. 25%

40. 不同的资金成本形式有不同的作用，可作为追加筹资决策依据的资金成本有（　　）。
   A. 边际资金成本　　　　　　　　B. 个别资金成本
   C. 综合资金成本　　　　　　　　D. 加权资金成本

41. 投资项目的资本结构是否合理，可通过分析（　　）来衡量。
   A. 负债融资成本　　　　　　　　B. 权益融资成本
   C. 每股收益变化　　　　　　　　D. 权益融资比例

42. 按照项目融资程序，选择项目融资方式是在（　　）阶段需要进行的工作。
   A. 投资决策分析　　　　　　　　B. 融资结构设计
   C. 融资方案执行　　　　　　　　D. 融资决策分析

43. 下列项目融资方式中，需要通过转让已建成项目的产权和经营权来进行拟建项目融资的融资方式是（　　）。
   A. TOT　　　　　　　　　　　　B. BOT
   C. ABS　　　　　　　　　　　　D. PPP

44. 下列项目融资方式中，需要通过证券市场发行债券进行项目融资的是（　　）。
   A. BOT　　　　　　　　　　　　B. ABS
   C. TOT　　　　　　　　　　　　D. PFI

45. 为了判断能否采用PPP模式代替传统的政府投资运营方式提供公共服务项目，应采用的评价方法是（　　）。
   A. 项目经济评价　　　　　　　　B. 财政承受能力评价
   C. 物有所值评价　　　　　　　　D. 项目财务评价

46. 下列税种中，实行差别比例税率的是（　　）。
   A. 土地增值税　　　　　　　　　B. 城镇土地使用税
   C. 建筑业增值税　　　　　　　　D. 城市维护建设税

47. 企业发生的公益性捐赠支出，能够在计算企业所得税应纳所得额时扣除的是在年度利润总额（　　）以内的部分。
   A. 10%　　　　　　　　　　　　B. 12%
   C. 15%　　　　　　　　　　　　D. 20%

48. 对于投保建筑工程一切险的工程，保险人不承担赔偿责任的是（　　）。
   A. 因暴雨造成的物质损失　　　　B. 发生火灾引起的场地清理费用
   C. 工程设计错误引起的损失　　　D. 因地面下沉引起的物质损失

49. 对工程项目进行多方案比选时,比选的内容应包括( )。
   A. 工艺方案比选和经济效益比选
   B. 技术方案比选和经济效益比选
   C. 技术方案比选和融资方案比选
   D. 工艺方案比选和融资方案比选

50. 对非经营性项目进行财务分析时,主要考察的内容是( )。
   A. 项目静态盈利能力
   B. 项目偿债能力
   C. 项目抗风险能力
   D. 项目财务生存能力

51. 投资方案现金流量表中,可用来考察投资方案融资前的盈利能力,为比较各投资方案建立共同基础的是( )。
   A. 资本金现金流量表
   B. 投资各方现金流量表
   C. 财务计划现金流量表
   D. 投资现金流量表

52. 进行建设工程限额设计时,评价和优化设计方案采用的方法是( )。
   A. 技术经济分析法
   B. 工期成本分析法
   C. 全寿命周期成本分析法
   D. 价值指数分析法

53. 审查工程设计概算编制深度时,应审查的具体内容是( )。
   A. 总概算投资是否超过批准投资估算的10%
   B. 是否有完整的三级设计概算文件
   C. 概算所采用的编制方法是否符合相关规定
   D. 概算中的设备规格、数量、配置是否符合设计要求

54. 下列合同计价方式中,建设单位容易控制造价,施工承包单位风险大的是( )。
   A. 总价合同
   B. 目标成本加奖罚合同
   C. 单价合同
   D. 成本加固定酬金合同

55. 根据《标准施工招标文件》的通用合同条款,发包人应延长工期和(或)增加费用,并支付合理利润的情形是( )。
   A. 施工场地发现文物并采取合理保护措施的
   B. 施工遇到不利物质条件并采取合理措施的
   C. 发包人提供的测量基准点有误,导致承包人测量放线工作返工的
   D. 发包人提供的设备不符合合同要求需要更换的

56. 下列投标报价策略中,属于恰当使用不平衡报价的是( )。
   A. 适当降低早结算项目的报价
   B. 适当提高晚结算项目的报价
   C. 适当提高预计后期会增加工程量项目的单价
   D. 适当提高内容说明不清楚的项目的单价

57. 根据《标准施工招标文件》,在对投标文件进行初步评审时,属于投标文件形式审查的是( )。
   A. 提交的投标保证金形式是否符合投标须知规定
   B. 投标人是否完全接受招标文件中的合同条款
   C. 投标承诺的工期是否满足投标人须知中的要求
   D. 投标函是否经法定代表人或其委托代理人签字并加盖单位章

58. 某项固定资产原价为50000元，预计净残值500元，预计使用年限5年，采用双倍余额递减法计算的第3年折旧额是( )元。
   A. 7128　　　　　　　　　　　　　B. 7200
   C. 9900　　　　　　　　　　　　　D. 10000

59. 采用挣值分析法动态监控工程进度和费用时，若在某一时点计算得到费用绩效指数＞1，进度绩效指数＜1，则表明该工程当前的实际状态是( )。
   A. 费用节约、进度超前　　　　　　B. 费用超支、进度拖后
   C. 费用节约、进度拖后　　　　　　D. 费用超支、进度超前

60. 根据《建设工程质量保证金管理办法》，由于发包人原因导致工程无法按规定期限进行竣工验收的，在承包人提交竣工验收报告( )天后，工程自动进入缺陷责任期。
   A. 30　　　　　　　　　　　　　　B. 45
   C. 60　　　　　　　　　　　　　　D. 90

二、**多项选择题**（每题2分。每题的备选项中，有2个或2个以上符合题意，且至少有1个错项。错选，本题不得分；少选，所选的每个选项得0.5分）。

61. 下列工程造价管理工作中，属于工程施工阶段造价管理工作内容的有( )。
   A. 编制施工图预算　　　　　　　　B. 审核投资估算
   C. 进行工程计量　　　　　　　　　D. 处理工程变更
   E. 编制工程量清单

62. 根据造价工程师执业资格制度，下列工作内容中，属于一级造价工程师执业范围的有( )。
   A. 批准工程投资估算　　　　　　　B. 审核工程设计概算
   C. 审核工程投标报价　　　　　　　D. 进行工程审计中的造价鉴定
   E. 调解工程造价纠纷

63. 根据《建设工程质量管理条例》，建设工程竣工验收应当具备的条件有( )。
   A. 完成建设工程设计和合同约定的各项内容
   B. 有完整的技术档案和施工管理资料
   C. 有质量监督机构签署的质量合格文件
   D. 有施工单位签署的工程保修书
   E. 有建设单位签发的工程移交证书

64. 根据《建设工程安全生产管理条例》，施工单位对列入建设工程概算的安全作业环境及安全施工措施所需费用，应当用于( )。
   A. 采购施工安全防护用具　　　　　B. 缴纳职工工伤保险费
   C. 支付从事危险作业人员津贴　　　D. 更新施工安全防护设施
   E. 改善安全生产条件

65. 根据《合同法》，下列关于要约和承诺的说法，正确的是( )。
   A. 要约通知发出时表明要约生效
   B. 承诺应该在要约确定的期限内到达要约人
   C. 要约一旦发出不可撤销
   D. 承诺通知到达要约人时生效

E. 承诺的内容应当与要约的内容一致

66. 根据《合同法》,下列哪些属于效力待定合同(　　)。
A. 违背法律法规的合同
B. 订立合同时显失公平的合同
C. 限制民事行为人订立的合同
D. 一方以欺诈、胁迫手段订立的合同
E. 无权代理人代订的合同

67. 在工程建设实施过程中,为了做好环境保护,主体工程与环保措施工程必须同时进行的工作有(　　)。
A. 招标
B. 设计
C. 施工
D. 竣工结算
E. 投入运行

68. 与EPC总承包模式相比,平行承包的特点有(　　)。
A. 建设单位可在更大范围内选择承包单位
B. 建设单位组织协调工作量大
C. 建设单位合同管理工作量大
D. 有利于建设单位较早确定工程造价
E. 有利于建设单位向承包单位转移风险

69. 下列工程项目目标控制方法中,可用来综合控制工程造价和工程进度的方法有(　　)。
A. 控制图法
B. 因果分析法
C. S曲线法
D. 香蕉曲线法
E. 直方图法

70. 关于排列图的说法,正确的有(　　)。
A. 排列图左边的纵坐标表示影响因素发生的频数
B. 排列图中直方图形的高度表示影响因素造成损失的大小
C. 排列图右边的纵坐标表示影响因素累计发生的频率
D. 累计频率在90%~100%范围内的因素是影响工程质量的主要因素
E. 排列图可用于判定工程质量主要影响因素造成的费用增加值

71. 影响利率高低的主要因素有(　　)。
A. 借贷资本供求情况
B. 借贷风险
C. 借贷期限
D. 内部收益率
E. 行业基准收益率

72. 下列投资方案评价指标中,属于静态评价指标的有(　　)。
A. 资产负债率
B. 内部收益率
C. 偿债备付率
D. 净现值率
E. 投资收益率

73. 进行投资项目互斥方案静态分析时可采用的评价指标有(　　)。
A. 净年值
B. 增量投资收益率
C. 综合总费用
D. 增量投资内部收益率
E. 增量投资回收期

74. 价值工程应用中,方案创造可采用的方法有( )。
   A. 头脑风暴法   B. 专家意见法
   C. 强制打分法   D. 哥顿法
   E. 功能成本法

75. 既有法人筹措项目资本金的内部资金来源有( )。
   A. 企业资产变现   B. 企业产权转让
   C. 企业发行债券   D. 企业增资扩股
   E. 企业发行股票

76. 关于融资租赁方式及其特点的说法,正确的有( )。
   A. 由承租人选定所需设备
   B. 由出租人购置所需设备
   C. 由出租人计提固定资产折旧
   D. 租赁期满出租人收回设备所有权
   E. 租金包括租赁设备的成本、利息及手续费

77. 工程项目经济评价应遵循的基本原则有( )。
   A. 以财务效益为主   B. 效益与费用计算口径对应一致
   C. 收益与风险权衡   D. 以定量分析为主
   E. 以静态分析为主

78. 采用单指标法评价设计方案时,可采用的评价方法( )。
   A. 重点抽查法   B. 综合费用法
   C. 价值工程法   D. 分类整理法
   E. 全寿命期费用法

79. 按索赔的目的不同,工程索赔可分为( )。
   A. 合同中明示的索赔   B. 合同中默示的索赔
   C. 工期索赔   D. 费用索赔
   E. 工程变更索赔

80. 进行工程费用动态监控时,可采用的偏差分析方法有( )。
   A. 横道图法   B. 时标网络图法
   C. 表格法   D. 曲线法
   E. 分层法

2020年全国一级造价工程师职业资格考试
《建设工程造价管理》
答案与解析

一、单项选择题（共60题，每题1分，每题的备选项中，只有一个最符合题意）。

1.【答案】 A

【解析】考查工程造价含义。工程造价有两个含义：一是从投资者（业主）的角度看，工程造价就是建设工程固定资产投资；二是从市场交易角度看，工程造价就是工程的交易价格。本题是从投资者角度看，因此工程造价就是固定资产投资，选A。

2.【答案】 C

【解析】考查工程计价特征。工程计价具有组合性，在计价过程中一般是先分解，并对每个分解单元进行计价，然后再汇总得到整体的造价。分解是由整体到部分，组合是由部分到整体，显然C选项由分部分项工程到单位工程再到单项工程属于组合的过程。

3.【答案】 A

【解析】考查建设工程全面造价管理。全面造价管理是指有效地利用专业知识与技术，对资源、成本、盈利和风险进行筹划和控制。这个概念可以从综合单价的角度去理解记忆，综合单价恰恰体现了资源（人材机的消耗）、成本（人材机费用）、盈利（利润）和风险（一定范围内风险费）。

4.【答案】 D

【解析】考查工程造价管理的基本原则。三个基本原则，其中第一个原则是以设计阶段为重点，要把造价管理的重点放在工程项目前期决策和设计阶段。所以，D选项正确。

5.【答案】 A

【解析】本考点教材已删除。

6.【答案】 D

【解析】考查造价咨询管理。工程造价成果文件应当由工程造价咨询企业加盖企业名称、资质等级及证书编号的执业印章，并由执行咨询业务的注册造价工程师签字、加盖个人执业印章。（本知识点也不符合现行规定）

7.【答案】 B

【解析】考查《建筑法》有关规定。根据《建筑法》，建设单位应当自领取施工许可证之日起3个月内开工。

8.【答案】 C

【解析】考查《招标投标法》及其实施条例的有关规定。根据《招标投标法》，依法必须进行招标的项目，自招标文件开始发出之日起至投标人提交投标文件截止之日止，最短不得少于20日。这个点复习中要注意从什么时候开始（招标文件发出之日），时间最短是多少日（20日）。

9. 【答案】B

【解析】考查《招标投标法》及其实施条例的有关规定。根据《招标投标法实施条例》，履约保证金不得超过中标合同金额的 10%。国家对各类保证金最高额度做出了限制，以解决保证金过高给企业带来的负担。本题 6500×10%＝650（万元），履约保证金不得超过 650 万元。

10. 【答案】A

【解析】考查《政府采购法》及其实施条例的有关规定。根据《政府采购法》，政府采购实行集中采购和分散采购相结合；集中采购的范围由省级以上人民政府公布的集中采购目录确定。因此选 A。

11. 【答案】D

【解析】考查《价格法》有关规定。根据《价格法》，制定关系群众切身利益的公用事业价格、公益性服务价格、自然垄断经营的商品价格时，应当建立听证会制度，征求消费者、经营者和有关方面的意见。因此选 D。

12. 【答案】C

【解析】考查《合同法》有关规定。该考点已修改为《民法典》合同编的内容，但本题依然可以练习。根据《民法典》合同编，撤销权自债权人知道或者应当知道撤销事由之日起一年内行使；自债务人的行为发生之日起五年内没有行使撤销权的，该撤销权消灭。

13. 【答案】D

【解析】考查项目投资决策管理制度。根据《国务院关于投资体制改革的决定》，非政府投资项目实行核准制和备案制。对于企业投资建设《政府核准的投资项目目录》中的项目时，采用核准制，仅需向政府提交项目申请报告，不再经过批准项目建议书、可行性研究报告和开工报告的程序。因此选 D。

14. 【答案】A

【解析】考查建设项目后评价。项目后评价的基本方法是对比法。因此选 A。

15. 【答案】D

【解析】考查工程项目管理发展趋势。项目管理的发展呈现出集成化、国际化和信息化（如应用 BIM 技术）。信息化的路径之一就是 BIM 技术的应用，对于强化造价管理而言，BIM 技术可以实现自动算量功能。因此选 D。

16. 【答案】A

【解析】考查工程项目管理组织机构。选项 A 正确，矩阵制组织结构有来自于职能部门和项目部门的两个指令，成员受双重领导。选项 B 错误，职能制组织中会使下级执行者接受多方指令，容易造成职责不清。选项 C 错误，直线制组织中无法实现管理工作专业化，不利于项目管理水平的提高。选项 D 错误，矩阵中的每一个成员都受项目经理和职能部门经理的双重领导。

17. 【答案】B

【解析】考查建设单位的计划体系。工程项目建设进度计划表格中包括工程项目一览表、工程项目总进度计划、投资计划年度分配表和工程项目进度平衡表。其中，年度竣工投产交付使用计划表是用来阐明各单位工程的建设规模、投资额、新增固定资产、新增生产能力等建设总规模及本年计划完成情况，并阐明其竣工日期。

18. 【答案】B

【解析】考查施工组织设计的有关内容。施工组织设计包括施工组织总设计、单位工程施工组织设计、施工方案，对于危险性较大的分部分项工程还应编制专项施工方案。对于超过一定规模的危险性较大的分部分项工程专项施工方案应当由施工单位组织召开专家论证会。实行施工总承包的，由施工总承包单位组织召开专家论证会。因此选 B。

19. 【答案】C

【解析】考查工程项目目标控制方法。S 曲线可用于控制工程造价和工程进度，如图 1 所示。通过图 1 可以看出，实际累计曲线在计划累计曲线上方，说明完成的工程量多，也就是实际进度超前于计划进度。因此选 C。

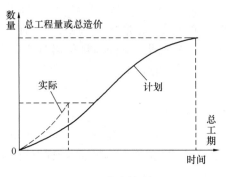

图 1　S 曲线控制图

20. 【答案】A

【解析】考查流水施工。流水施工参数包括工艺参数、空间参数和时间参数。用来表达流水施工在施工工艺方面进展状态的参数即工艺参数（通常包括施工过程和流水强度）。因此选 A。

21. 【答案】B

【解析】考查网络计划技术。网络计划中有关时差的利用问题，当超过自由时差时必然影响了紧后工作的最早开始时间，但没有超过总时差则不影响工期。因此选 B。

22. 【答案】A

【解析】考查网络计划技术。关于网络计划的优化包括工期优化、费用优化和资源优化等。在费用优化时，不断地在网络计划中找出直接费用率（或组合直接费用率）最小的关键工作，缩短其持续时间，同时考虑间接费用随工期缩短而减少的数值，最后求得工程总成本最低时的最优工期安排或按要求工期求得最低成本的计划安排。因此，在选择关键工作进行优化时，应选择直接费用率（组合直接费用率）最小的一项（一组）关键工作进行压缩。因此选 A。

23. 【答案】C

【解析】考查工程项目合同管理。根据《标准施工招标文件》发包人义务可知，A 选项，发出开工通知显然是发包人的义务，但题目描述不准确，应委托监理人按合同约定的时间向承包人发出开工通知。选项 B、D 属于承包人义务。C 选项中组织设计单位向承包人进行设计交底，因此选 C。

24. 【答案】B

【解析】考查《最高人民法院关于审理建设工程施工合同纠纷案件适用法律问题的解释（一）》的有关规定。关于竣工日期争议，当事人对建设工程实际竣工日期有争议的，按照以下情形分别处理：(1) 建设工程经竣工验收合格的，以竣工验收合格之日为竣工日期；(2) 承包人已经提交竣工验收报告，发包人拖延验收的，以承包人提交验收报告之日为竣工日期；(3) 建设工程未经竣工验收，发包人擅自使用的，以转移占有建设工程之日为竣工日期。

25.【答案】D

【解析】考查现金流量图绘制。现金流量图是一种反映经济系统资金运动状态的图式，运用现金流量图可以形象、直观地表示现金流量的三要素：大小（资金数额）、方向（资金流入或流出）和作用点（资金流入或流出的时间点）。

26.【答案】A

【解析】考查资金时间价值及等值计算。每年应偿还=$1000 \times (A/P, 5\%, 10)$=129.50（万元），当题目复杂一些时，可先绘制现金流量图，再进行计算。

27.【答案】C

【解析】考查年名义利率和年有效利率。很基本的考查，直接计算即可。

年有效利率=$(1+r/m)^m - 1 = (1+5\%/4)^4 - 1 = 5.09\%$，故选C。

28.【答案】D

【解析】考查经济评价指标。回收期指标特点：能够反映资本的周转速度，但没有考虑整个计算期内的现金流量。因此A、B选项错误，D正确。回收期指标反映盈利能力指标，C错误。

29.【答案】A

【解析】考查基准收益率的确定。基准收益率的确定一般以行业的平均收益率为基础，同时综合考虑资金成本、投资风险、通货膨胀以及资金限制等影响因素。因此选A。

30.【答案】B

【解析】考查盈亏平衡分析。盈亏平衡产量$BEP(Q)=600/(200-160-5\% \times 200)$=20（万件）。

31.【答案】A

【解析】考查敏感性分析。敏感性分析可以通过敏感度系数和临界点进行判断。本题是以临界点进行排列敏感性因素的。临界点的绝对值越小，该因素就越敏感。因此最敏感的是产品价格，其次是投资额，最后是经营成本。所以选A。

32.【答案】D

【解析】考查价值工程的应用。价值工程的核心是对产品进行功能分析。

33.【答案】B

【解析】考查价值工程的应用。价值工程的工作阶段包括准备阶段、分析阶段、创新阶段、方式实施与评价阶段。其中分析阶段的工作有收集整理资料、功能定义、功能整理、功能评价等。要注意对象选择属于准备阶段，而收集整理资料属于分析阶段。因此选B。

34.【答案】D

【解析】考查价值工程的应用。价值工程对象选择常用的方法有因素分析法、ABC

分析法、强制确定法、百分比分析法、价值指数法等。因此选 D。

35.【答案】A

【解析】考查价值工程的应用。从价值工程实践来看，方案创造是决定价值工程成败的关键。其实功能分析是发现问题，方案创造是解决问题，发现了问题如果解决不了都是枉然，因此解决问题当然是成败的关键。

36.【答案】C

【解析】考查寿命周期成本分析方法。常用费用效率法、固定效率和固定费用法、权衡分析法等。权衡分析法常让考生判断是进行的什么权衡。如本题让考生判断设置费中各项费用之间的权衡。A、B 选项，是设置费与维持费之间的权衡；C 选项，是维持费中各项费用之间的权衡。

37.【答案】B

【解析】考查资本金制度。作为计算资本金基数的总投资是指投资项目的固定资产投资与铺底流动资金之和，具体核定时以经批准的动态概算为依据。

38.【答案】C

【解析】考查债务资金筹措方式。福费廷属于出口信贷方式融资的一种，本质上是信贷方式融资。

39.【答案】B

【解析】考查资本金制度。对于实行资本金制度的项目，国家规定了项目资本金占项目总投资最低比例。水泥项目属于产能过剩行业项目，相对来说资本金占比较高，为 35%。因此选 B。

40.【答案】A

【解析】考查资金成本。资金成本有个别资金成本、综合资金成本和边际资金成本。其中边际资金成本是追加筹资决策的重要依据。因此选 A。

41.【答案】C

【解析】考查资本结构。如何判断资本结构是否合理，可以通过分析每股收益的变化来衡量，凡是能够提高每股收益的资本结构就是合理的，反之则是不合理的。

42.【答案】D

【解析】考查项目融资程序。非常喜欢考的一个知识点。融资决策分析阶段的主要内容是项目投资者将决定采用何种融资方式为项目开发筹集资金，所以主要的工作就是选择项目的融资方式、任命项目融资顾问。

43.【答案】A

【解析】考查项目融资方式。项目融资方式如 BOT、TOT、ABS、PFI、PPP 等，通过转让已建成项目的产权和经营权来进行拟建项目融资的显然是 TOT。因此选 A。

44.【答案】B

【解析】考查项目融资方式。项目融资方式如 BOT、TOT、ABS、PFI、PPP 等，通过证券市场发行债券进行项目融资的是 ABS。因此选 B。

45.【答案】C

【解析】考查项目融资方式。项目融资方式如 BOT、TOT、ABS、PFI、PPP 等，PPP 项目实施关键的"一案两评"，其中物有所值评价是判断是否采用 PPP 模式代替政府传统投资运营方式提供公共服务项目的一种评价方法。

46.【答案】 D

【解析】考查与工程项目有关的税收。土地增值税实行四级超率累进税率；城镇土地使用税采用定额税率；城市维护建设税采用差别税率。因此选 D。

47.【答案】 B

【解析】考查与工程项目有关的税收。所得税根据应纳税所得额计取的，对于公益性捐赠（在年度利润总额 12% 以内的部分）可以在计算纳税所得额时进行扣减。

48.【答案】 C

【解析】考查与工程项目有关的保险规定。

49.【答案】 B

【解析】考查项目策划中多方案比选。工程项目多方案比选主要包括：工艺方案比选、规模方案比选、选址方案比选，甚至包括污染防治措施方案比选等。无论哪一类方案比选，均包括技术方案比选和经济效益比选两个方面。

50.【答案】 D

【解析】考查工程项目经济评价。项目财务分析，对于经营性项目应分析项目的盈利能力、偿债能力和财务生存能力，判断项目的财务可接受性；对于非经营性项目，财务分析应主要分析项目的财务生存能力。

51.【答案】 D

【解析】考查工程项目经济评价报表。主要的现金流量表有投资现金流量表、资本金现金流量表、投资各方现金流量表、财务计划现金流量表等。其中投资现金流量表以投资方案为一独立系统进行设置的，以投资方案建设所需的总投资作为计算基础，反映投资方案在整个计算期内现金的流入和流出，可计算投资方案的财务内部收益率、财务净现值和静态投资回收期等经济效果评价指标，并可考察投资方案融资前的盈利能力，为各个方案进行比较建立共同的基础。

52.【答案】 A

【解析】考查设计方案评价与优化。设计方案评价与优化通常采用技术经济分析法，即将技术与经济相结合，按照建设工程经济效果，针对不同的设计方案，分析其技术经济指标，从中选出经济效果最优的方案。

53.【答案】 B

【解析】考查概预算文件审查。对于概预算文件审查包括审查的内容和方法。设计概算的审查内容，对编制深度进行审查时，主要审查编制说明、设计概算编制的完整性和设计概算的编制范围。因此选 B。

54.【答案】 A

【解析】考查合同计价方式。合同的计价方式包括总价合同、单价合同和成本加酬金合同等。建设单位容易控制造价，施工承包单位风险大的是总价合同。

55.【答案】 C

【解析】考查合同示范文本（标准招标文件）的内容。A、B 选项，不涉及利润补偿。选项 D 要重点注意，在《标准施工招标文件》中："5.2.6 发包人提供的材料和工程设备的规格、数量或质量不符合合同要求，或由于发包人原因发生交货日期延误及交货地点变更等情况的，发包人应承担由此增加的费用和（或）工期延误，并向承包人支付合理利润。""5.4.3 发包人提供的材料或工程设备不符合合同要求的，承包人有权拒绝，并可要求发包人更换，由此增加的费用和（或）工期延误由发包人承担。"这两种情形下是不一样的，本题目D选项显然是第二种情形，因此不补偿利润。

56.【答案】C

【解析】考查投标报价策略。A选项错误，早结算的应该报高价。B选项错误，晚结算的应该降低报价。D选项错误，内容说明不清的项目的单价可降低。

57.【答案】D

【解析】考查施工评标。评标初步评审包括四个方面：一是投标文件形式审查，二是投标人的资格审查，三是投标文件对招标文件的响应性审查，四是施工组织设计和项目管理机构设置的合理性审查。本题问哪些属于形式审查，D选项属于。A、B、C选项属于响应性审查。

58.【答案】B

【解析】考查折旧费的计算。要注意最后两年采用平均折旧，本题不涉及。

年折旧率＝2/折旧年限×100%＝2/5×100%＝40%；

第一年折旧额＝50000×40%＝20000（元）；

第二年折旧额＝（50000－20000）×40%＝12000（元）；

第三年折旧额＝（50000－20000－12000）×40%＝7200（元）。

59.【答案】C

【解析】考查工程费用的动态监控（重点赢得值法）。当采用绩效指数时，大于1是有利的，即费用绩效指数＞1则费用节约，进度绩效指数＜1则进度拖后。

60.【答案】D

【解析】考查工程质量保证金预留与返还。根据《建设工程质量保证金管理办法》，由于发包人原因导致工程无法按规定期限进行竣工验收的，在承包人提交竣工验收报告90天后，工程自动进入缺陷责任期。

二、多项选择题（每题2分。每题的备选项中，有2个或2个以上符合题意，且至少有1个错项。错选，本题不得分；少选，所选的每个选项得0.5分）。

61.【答案】CD

【解析】考查各阶段工程造价管理的内容。A选项，属于工程设计阶段；B选项，属于决策阶段；E选项，属于工程发承包阶段。

62.【答案】BCDE

【解析】考查造价工程师的执业范围。本题注意造价工程师的角色定位即可，比如A选项，批准投资估算，造价工程师没有批准的权限，仅仅是个咨询角色而已。其他选项均可。

63.【答案】ABD

【解析】考查《建设工程质量管理条例》有关规定。根据《建设工程质量管理条例》，建设工程竣工验收应当具备下列条件：

（1）完成建设工程设计和合同约定的各项内容；

（2）有完整的技术档案和施工管理资料；

（3）有工程使用的主要建筑材料、建筑构配件和设备的进场试验报告；
（4）有勘察、设计、施工、工程监理等单位分别签署的质量合格文件；
（5）有施工单位签署的工程保修书。

64.【答案】ADE
【解析】考查安全生产管理条例的有关规定。根据《建设工程安全生产管理条例》，施工单位对列入建设工程概算的安全作业环境及安全施工措施所需费用，应当用于施工安全防护用具及设施的采购和更新、安全施工措施的落实、安全生产条件的改善，不得挪作他用。

65.【答案】BDE
【解析】考查《合同法》有关规定（现行为《民法典》合同编）。选项 A 错误，要约到达受要约人时生效。C 选项错误，要约可以撤回也可以撤销。

66.【答案】CE
【解析】考查《合同法》有关规定（现行为《民法典》合同编）。本部分内容不在合同编内，在《民法典》民事权利能力和民事行为能力部分。

67.【答案】BCE
【解析】考查工程项目管理的任务。教材中提到了 6 个任务（合同管理、组织协调、目标控制、风险管理、环保与节能等），对于环保设施应与主体工程同时设计、同时施工、同时投入运行，也就是所谓的"三同时"。

68.【答案】ABC
【解析】考查工程项目发包模式特点。A 选项正确，平行发包合同内容相对单一、价值小、风险小，可以有更多潜在投标人。B、C 选项正确，平行发包合同数量多，承包单位多，需要建设单位协调。D 选项错误，合同总价不易于早期确定。E 选项错误，工程总承包模式下承包人承担更多的风险。

69.【答案】CD
【解析】考查工程项目目标控制的方法。常用于质量控制的方法有排列图法、因果分析法、直方图法和控制图法等。既可以控制进度又可以控制造价的有 S 曲线法、香蕉曲线法。

70.【答案】AC
【解析】考查工程项目目标控制的方法。常用于质量控制的方法有排列图法、因果分析法、直方图法和控制图法等。排列图左边的纵坐标表示频数，右边的纵坐标表示频率，横坐标表示影响质量的各种因素；直方图形的高度则表示影响因素的大小程度（非造成损失的大小）；累计频率在 90%～100% 范围内的因素为 C 类因素，是一般因素；排列图是用来寻找影响工程（产品）质量主要因素的一种有效工具。

71.【答案】ABC
【解析】考查影响利率的因素。利率的高低主要由社会平均利润率、借贷资本、供求情况、借贷风险、通货膨胀、借贷期限等决定。

72.【答案】ACE
【解析】考查经济评价指标。内部收益率、净现值、动态投资回收期、净年值、净现值率等都是动态指标。收益率（总投资收益率和资本金净利润率）、静态投资回收期、利息备付率、偿债备付率、资产负债率等都是静态评价指标。

73. 【答案】BCE

【解析】考查经济效果评价方法。互斥方案静态评价方法有增量投资收益率、增量投资回收期、年折算费用、综合总费用。互斥方案动态评价方法又可分为计算期相同的方法（净现值法、增量内部收益率法、净年值法）和计算期不同的方法（净年值法、增量内部收益率法，净现值法应采用最小公倍数法、研究期法、无限计算期法等）。

74. 【答案】ABD

【解析】考查价值工程的应用。方案创造的方法包括头脑风暴法、哥顿法、专家意见法、专家检查法。

75. 【答案】AB

【解析】考查资本金筹措渠道与方式。按资本金筹措主体可分为既有法人和新设法人项目资本金筹措。对于既有法人项目资本金筹措又可分为内部资金来源和外部资金来源。内部资金来源主要包括企业的现金、未来生产经营中获得的可用于项目的资金、企业资产变现、企业产权转让等。

76. 【答案】ABE

【解析】考查债务资金筹措渠道与方式。租赁方式融资是债务融资的一种，又分为经营租赁和融资租赁。融资租赁由承租人选定需要的设备，由出租人购置后给承租人使用，承租人向出租人支付租金，承租人租赁取得的设备按照固定资产计提折旧，租赁期满，设备一般要由承租人所有，由承租人以事先约定的很低的价格向出租人收购的形式取得设备的所有权。融资租赁的租金包括租赁资产的成本、租赁资产的利息和租赁手续费。因此选A、B、E。

77. 【答案】BCD

【解析】考查工程项目经济评价。教材上讲了5点原则："有无对比"原则；效益与费用计算口径对应一致的原则；收益与风险权衡的原则；定量分析与定性分析相结合，以定量分析为主的原则；动态分析与静态分析相结合，以动态分析为主的原则。因此选B、C、D。

78. 【答案】BCE

【解析】考查设计方案评价与比选。设计方案的评价方法主要有多指标法、单指标法以及多因素评分法。单指标法常用的有综合费用法、全寿命期费用法、价值工程法。

79. 【答案】CD

【解析】考查工程索赔管理。工程索赔按目的分为工期索赔和费用索赔。

80. 【答案】ABCD

【解析】考查费用动态分析的方法。常用的偏差分析方法有横道图法、时标网络图法、表格法、曲线法。

2021年全国一级造价工程师职业资格考试
《建设工程造价管理》

扫码免费看
2021年真题讲解

一、单项选择题（共60题，每题1分。每题的备选项中，只有1个最符合题意）。

1. 为有限控制造价，业主应将工程造价管理重点放在（　　）阶段。
   A. 施工投标和价款结算　　　　　B. 决策和设计
   C. 设计和施工　　　　　　　　　D. 投标和竣工验收

2. 关于造价师执业的说法，正确的是（　　）。
   A. 造价师可同时在两家单位执业
   B. 取得造价师职业资格证后即可以个人名义执业
   C. 造价师执业应持注册证书和执业印章
   D. 造价师只可允许本单位从事造价工作的其他人员以本人名义执业

3. 下列工程造价咨询企业的行为中，属于违规行为的是（　　）。
   A. 向工程造价行业组织提供工程造价企业信用档案信息
   B. 在工程造价成果文件上加盖有企业名称、资质等级及证书编号的执业印章，并由执行咨询业务的注册造价工程师签字、加盖个人执业印章
   C. 跨省承接工程造价业务，并自承接业务之日起30日内到建设工程所在地省人民政府建设主管部门备案
   D. 同时接受招标人和投标人对同一工程项目的工程造价咨询业务

4. 建筑装饰工程公司取得施工许可证后，由于建设方原因，决定延期8个月再开工，关于施工许可证有效期的说法，正确的是（　　）。
   A. 许可证被发证机关收回
   B. 进行再次核验后，可以持续使用
   C. 第三个月申请延期3个月，第6个月再申请延期3个月
   D. 直接废止

5. 下列建筑设计单位的做法，正确的是（　　）。
   A. 拒绝建设单位提出的违反相关规定降低工程质量要求
   B. 按照建设单位要求在设计文件中指定设备供应商
   C. 不予理睬发现的施工单位擅自修改工程设计进行施工的行为
   D. 在设计文件中对选用的建筑材料和设备只注明了规格，未注明技术性能

6. 根据《招标投标法》，评标委员会成员的名单在（　　）前应当保密。
   A. 开标　　　　　　　　　　　B. 合同签订
   C. 中标候选人公示　　　　　　D. 中标结果确定

7. 根据《招标投标法实施条例》，下列评标过程中出现的情形评标委员会可要求投标人作出书面澄清和说明的是（　　）。

A. 投标人报价高于招标文件设定的最高投标限价
B. 不同投标人的投标文件载明的项目管理成员为同一人
C. 投标人提交的投标保证金低于招标文件的规定
D. 在投标文件中发现有含义不明确的文字内容

8. 根据《民法典》合同编，除法律另行规定或当事人另有约定外，采用数据电文形式订立的合同，其合同成立的地点为( )。
A. 收件人的主营业地，没有主营业地的为住所地
B. 发件人的主营业地或住所地任选其一
C. 收件人的住所地，没有住所地的为主营业地
D. 发件人的主营业地，没主营业地的为住所地

9. 根据《民法典》合同编，由于债权人无正当理由拒绝受领债务人履约，债务人宜采取的做法是( )。
A. 行使代位权   B. 将标的物提存
C. 通知解除合同   D. 行驶抗辩权

10. 根据《价格法》，当重要商品和服务价格显著上涨时，国务院和省、自治区、直辖市人民政府可采取的干预措施是( )。
A. 限定利润率、实行提价申报制度和调价备案制度
B. 限定购销差价、批零差价、地区差价和季节差价
C. 限定利润率、规定限价，实行价格公示制度
D. 成本价公示、规定限价

11. 根据《国务院关于投资体制改革的决定》，采用投资补助、转贷和贷款贴息方式的政府投资项目，政府主管部门只审批( )。
A. 资金申请报告   B. 项目申请报告
C. 项目备案表   D. 开工报告

12. 在工程建设中，环保方面要求的"三同时"是指工程主体与环保措施工程应( )。
A. 同时立项、同时设计、同时施工
B. 同时立项、同时施工、同时竣工
C. 同时设计、同时施工、同时竣工
D. 同时设计、同时施工、同时投入运行

13. 建设项目将工程项目设计与施工发包给工程项目管理公司，工程项目管理公司再将所承接的设计和施工任务全部分包给专业设计单位和施工单位，自己专心致力于工程项目管理工作，该组织模式是( )。
A. 项目管理承包模式   B. 工程代建制
C. 总分包模式   D. CM承包模式

14. 某公司为完成某大型复杂的工程项目，要求在项目管理组织机构内设置职能部门以发挥各类专家作用。同时从公司临时抽调专业人员到项目管理组织机构，要求所有成员只对项目经理负责，项目经理全权负责该项目。该项目管理组织机构宜采用的组织形式是( )。

A. 直线制 B. 强矩阵制
C. 职能制 D. 弱矩阵制

15. 工程项目建设总进度计划表格部分的主要内容有( )。
A. 工程项目一览表、工程项目总进度计划、投资计划年度分配表、工程项目进度平衡表
B. 工程项目一览表、年度计划项目表、年度竣工投产交付使用计划表、年度建设资金平衡表
C. 工程概况表、施工总进度计划表、主要资源配置计划表、工程项目进度平衡表
D. 工程概况表、工程项目前期工作进度计划、工程项目总进度计划、工程项目年度计划

16. 在单位工程施工组织设计文件中,施工流水段划分一般属于( )的内容。
A. 工程概况 B. 施工进度计划
C. 施工部署 D. 主要施工方案

17. 针对危险性较大的分部分项工程,施工单位应编制专项施工方案,其主要内容除工程概况、编制依据和施工安全保证措施以外,还应有( )。
A. 施工计划、施工现场平面布置、季节性施工方案
B. 施工进度计划、资金使用计划、变更计划、临时设施的准备
C. 投资费用计划、资源配置计划、施工方法及工艺要求
D. 施工计划、施工工艺技术、劳动力计划、计算书及相关图纸

18. 采用排列图分析影响工程质量的主要因素时,将影响因素分为三类,其中A类因素是指累积频率在( )范围内的因素。
A. 0~70% B. 0~80%
C. 80%~90% D. 90%~100%

19. 某楼板结构工程由三个施工工段组成,每个施工段均包括模板安装、钢筋绑扎和混凝土浇筑三个施工过程,每个施工过程由各自专业工作队施工,流水节拍如表1所示。该工程钢筋绑扎和混凝土浇筑之间的流水步距为( )天。

流水节拍(单位:天) 表1

区段	模板安装	钢筋绑扎	混凝土浇筑
第一区	5	4	2
第二区	4	5	3
第三区	4	6	2

A. 2 B. 5
C. 8 D. 10

20. 表2为工作和紧前工作内容,用双代号网络图绘制,至少( )虚箭线。

工作和紧前工作 表2

工作名称	A	B	C	D	E	F	G	H
紧前工作	—	—	—	A	ABC	B	DE	EF

A. 1 条　　　　　　　　　　　　　B. 2 条
C. 4 条　　　　　　　　　　　　　D. 6 条

21. 已知某工作的最早开始时间为 15，最早完成的时间为 19，最迟完成时间为 22，紧后工作的最早开始时间为 20，该工作的最迟开始时间和自由时差分别为（　　）。

A. 18；1　　　　　　　　　　　　B. 18；3
C. 19；1　　　　　　　　　　　　D. 19；3

22. 某工程项目由 A、B、C、D、E、F、G 组成，工作持续时间及逻辑关系如表3 所示，当使用单代号网络图表达该项目的监督计划，所有相邻工作之间的时间间隔的最大值是（　　）天。

工作持续时间及逻辑关系　　　　　　　　　　表3

项目	A	B	C	D	E	F	G
紧前工作	—	—	A	AB	B	CD	DE
持续时间	5	7	8	9	13	10	8

A. 1　　　　　　　　　　　　　　B. 2
C. 3　　　　　　　　　　　　　　D. 4

23. 工程项目网络计划的费用优化是寻求工程总成本最低时的工期安排或按要求工期寻求最低成本的计划安排的过程，该优化过程通常假定工作的直接费与其持续时间之间的关系可被近似地认为是（　　）。

A. 一条平行与横坐标的直线　　　　B. 一条下降的直线
C. 一条上升的直线　　　　　　　　D. 一条上凸的曲线

24. 《标准设计招标文件》中合同文件的组成有：①投标函及投标函附录；②通用合同条款；③专用合同条款；④发包人要求；⑤设计方案；⑥设计费用清单；⑦中标通知书。以上文件存在不一致或矛盾时，正确的优先解释顺序是（　　）。

A. ①-⑦-②-③-④-⑥-⑤　　　　　B. ①-⑦-③-②-④-⑤-⑥
C. ⑦-①-④-⑤-⑥-③-②　　　　　D. ⑦-①-③-②-④-⑥-⑤

25. 某建设单位与供应商签订 350 万元的采购合同，供应商延迟 35 天交货，建设单位延迟支付合同价款 185 天，根据《材料采购招标合同》通用条款规定，建设单位实际支付供应商（　　）违约金。

A. 25.20 万元　　　　　　　　　　B. 35 万元
C. 42 万元　　　　　　　　　　　D. 51.8 万元

26. 下列基于互联网的工程项目信息平台的功能中，属于基本功能的是（　　）。

A. 在线项目管理、任务管理、多媒体信息交互管理
B. 工作流程管理、电子采购、任务管理
C. 工作流程管理、项目沟通与讨论、文档管理
D. 在线项目管理、项目沟通与讨论、文档管理

27. 某建设单位从银行获得一笔建设贷款，建设单位和银行分别绘制现金流量图时，该笔货款表示为（　　）。

A. 建设单位现金流量图时间轴的上方箭线，银行现金流量图时间轴的上方箭线

B. 建设单位现金流量图时间轴的下方箭线，银行现金流量图时间轴的下方箭线
C. 建设单位现金流量图时间轴的上方箭线，银行现金流量图时间轴的下方箭线
D. 建设单位现金流量图时间轴的下方箭线，银行现金流量图时间轴的上方箭线

28. 如果每年年初存入银行100万元，年利率3%，按年复利计算，则第三年年末的本利和为（　　）万元。
A. 109.27　　　　　　　　　　B. 309.09
C. 318.36　　　　　　　　　　D. 327.62

29. 某企业向银行申请贷款，期限一年，四家银行利率、计息方式如表4所示，不考虑其他因素，该企业采用哪家银行（　　）。

四家银行利率、计息方式　　　　　　表4

银行	年利率	计息方式
甲	4.5%	每年计息一次
乙	4%	每6个月计息一次，年末付
丙	4.5%	每3个月计息一次，年末付
丁	4%	每个月计息一次，年末付

A. 甲　　　　　　　　　　　　B. 乙
C. 丙　　　　　　　　　　　　D. 丁

30. 在评价一个投资方案的经济效果时，利息备付率属于（　　）指标。
A. 抗风险能力　　　　　　　　B. 财务生存能力
C. 盈利能力　　　　　　　　　D. 偿债能力

31. 投资项目的内部收益率是项目对（　　）的最大承担能力。
A. 贷款利率　　　　　　　　　B. 资本金净利润率
C. 利息备付率　　　　　　　　D. 偿债备付率

32. 两个工程项目投资方案互斥，但计算期不同，经济效果评价时可以采用的动态评价方法为（　　）。
A. 增量投资收益率法、增量投资回收期法、年折算费用法
B. 增量投资内部收益率法、净现值法、净年值法
C. 增量投资收益率法、净现值法、综合总费用法
D. 增量投资回收期法、净年值法、综合总费用法

33. 某房地产开发商估计新建住宅销售价1.5万元/m²，综合开发可变成9000元/m²，固定成本3600万元，住宅综合销售税率为12%，如果综合销售税率按25%计算，则该开发商的住宅开发盈亏平衡点应提高（　　）m²。
A. 6000　　　　　　　　　　　B. 7429
C. 8571　　　　　　　　　　　D. 16000

34. 下列风险等级属于必须要改变设计或采取补偿措施的是（　　）。
A. 风险很强（K级）　　　　　B. 风险强（M级）
C. 风险较强（T级）　　　　　D. 风险适度（R级）

35. 选定对象应用价值工程的最终目标是（　　）。

A. 提高功能　　　　　　　　　　B. 降低成本
C. 提高价值　　　　　　　　　　D. 降低能耗

36. 某产品四种零部件的功能指数和成本指数如表5所示。该产品的优先改进对象是（　　）。
A. 甲　　　　　　　　　　　　　B. 乙
C. 丙　　　　　　　　　　　　　D. 丁

功能系数和成本系数　　　　　　　　　　表5

零部件	功能系数	成本系数
甲	0.23	0.23
乙	0.24	0.27
丙	0.27	0.26
丁	0.26	0.24
合计	1.00	1.00

37. 下列各项费用中，属于费用效率（CE）法中设置费（IC）的是（　　）。
A. 试运转费　　　　　　　　　　B. 维修用设备费
C. 运行动能费　　　　　　　　　D. 项目报废付费

38. 根据《国务院关于固定资产投资项目试行资本金制度的通知》，下列各类项目中，不实行资本金制度的固定资产投资项目是（　　）。
A. 外商投资项目　　　　　　　　B. 国有企业房地产开发项目
C. 国有企业技术改造项目　　　　D. 公益性投资项目

39. 下列资金筹措的方式中，可用来筹措项目资本金的是（　　）。
A. 私募　　　　　　　　　　　　B. 借贷
C. 发行债券　　　　　　　　　　D. 融资租赁

40. 某公司原价发行总面额为4000万元的5年期债券，票面利率为5％，筹资费费率为4％，公司所得税税率为25％，该债券的资金成本率为（　　）。
A. 3.16％　　　　　　　　　　　B. 3.91％
C. 5.21％　　　　　　　　　　　D. 6.25％

41. 在确定项目债务资金结构比例时，重要的是在（　　）之间取得平衡。
A. 债务期限和融资成本　　　　　B. 融资成本和融资风险
C. 融资风险和债务额度　　　　　D. 债务额度和债务期限

42. 根据项目融资程序，分析项目所在行业状况、技术水平和市场情况，应在（　　）阶段完成。
A. 投资决策分析　　　　　　　　B. 融资结构设计
C. 融资决策分析　　　　　　　　D. 融资谈判

43. 根据《PPP物有所值评价指引（试行）》，在进行PPP项目物有所值定性评价时，六项基本评价指标的权重为（　　）。
A. 60％　　　　　　　　　　　　B. 70％
C. 80％　　　　　　　　　　　　D. 90％

44. 论证PPP项目财务承受能力,支持测算完成后,紧接进行的工作是( )。
    A. 责任识别   B. 财政承受能力评估
    C. 信息披露   D. 投资风险预测

45. 当小规模纳税人采用简易计税方法计算增值税时,建筑业增值税的征收率是( )。
    A. 3%   B. 6%
    C. 9%   D. 10%

46. 下列各项收入中,属于企业所得税免征税收入的是( )。
    A. 转让财产的收入   B. 接受捐赠的收入
    C. 国债利息收入   D. 提供劳务的收入

47. 纳税人所在地区为市区的,城市维护建设税的税率是( )。
    A. 1%   B. 3%
    C. 5%   D. 7%

48. 下面工程项目策划的内容中,属于实施策划内容的是( )。
    A. 项目系统构成策划   B. 项目定位策划
    C. 项目的定义   D. 工程项目融资策划

49. 下列工程项目经济评价标准或参数中,用于项目财务分析的是( )。
    A. 市场利率   B. 社会折现率
    C. 经济净现值   D. 净收益

50. 在投资方案经济效果评价中,下列费用中,属于经营成本的是( )。
    A. 固定资产折旧费   B. 利息支出
    C. 无形资产摊销费   D. 职工福利

51. 关于限额设计目标及分解办法,正确的是( )。
    A. 限额设计目标只包括造价目标
    B. 限额设计的造价总目标是初步设计确定的设计概算额
    C. 在初步设计前将决策阶段确定的投资额分解到各专业设计造价限额
    D. 各专业造价限额在任何情况下均不得修改、突破

52. 下列施工图预算审查方法中,审查质量高,但审查工作量大、时间相对较长的是( )。
    A. 对比审查法   B. 全面审查法
    C. 分组计算审查法   D. 标准预算审查法

53. 因不可抗力事件导致承包单位停工损失5万元,施工单位的设备损失6万元,已运至现场的材料损失4万元,第三者财产损失3万元,施工单位停工期间应监理要求照管现场清理和复原工作费用8万元,应由发包人承担的费用是( )万元。
    A. 11   B. 15
    C. 20   D. 26

54. 根据FIDIC《施工合同条件》提出的专用条件起草原则,不允许专用条件改变通用条件内容的是( )。
    A. 合同争端的解决方式   B. 承包人对临时工程应承担的责任

C. （咨询）工程师的权限　　　　　　D. 风险与回报分配的平衡

55. 根据《标准施工招标文件》，施工承包单位认为有权得到追加付款和延长工期的，应在规定时间内首先向监理人递交的文件是（　）。
A. 索赔意向通知书　　　　　　　　B. 索赔工作联系单
C. 索赔通知书　　　　　　　　　　D. 索赔报告

56. 施工承包单位采用目标利润法编制施工成本计划时，项目实施中所能支出的最大限额为合同标价扣除（　）后的余额。
A. 预期利润、税金　　　　　　　　B. 税金、应上缴的管理费
C. 预期利润、税金、全部管理费　　D. 预期利润、税金、应上缴的管理费

57. 根据《标准设计施工总承包招标文件》，发包人最迟应在监理人收到进度付款申请单后（　）天内，将进度应付款支付给承包人。
A. 7　　　　　　　　　　　　　　　B. 14
C. 28　　　　　　　　　　　　　　　D. 42

58. 某工程建设至2020年10月底，经统计可得，已完工程计划费用为2000万元，已完工程实际费用为2300万元，拟完工程计划费用为1800万元。则该工程此刻的费用绩效指数为（　）。
A. 0.87　　　　　　　　　　　　　　B. 0.9
C. 1.11　　　　　　　　　　　　　　D. 1.15

59. 下列引起工程费用偏差的情形中，属于施工单位原因的是（　）。
A. 设计标准变更　　　　　　　　　　B. 增加工程内容
C. 施工进度安排不当　　　　　　　　D. 建设手续不健全

60. 根据《建设工程质量保证金管理办法》，保证金总预留比例不得高于工程价款结算总额的（　）。
A. 2%　　　　　　　　　　　　　　　B. 3%
C. 4%　　　　　　　　　　　　　　　D. 5%

二、多项选择题（共20题，每题2分，每题的备选项中，有2个或2个以上符合题意，至少有1个错项错选，本题不得分；少选，所选的每个选项得0.5分）。

61. 技术与经济相结合是控制工程造价的最有效手段，下列工程造价控制中，属于技术措施的有（　）。
A. 明确造价控制人员的任务　　　　　B. 开展设计的多方案比选
C. 审查施工组织设计　　　　　　　　D. 对节约投资给予奖励
E. 通过审查施工图设计研究节约投资的可能性

62. 美国的工程造价估算中，管理费和利润一般是在某些费用基础上按照一定比例计算的，这些费用包括（　）。
A. 人工费　　　　　　　　　　　　　B. 材料费
C. 设备购置费　　　　　　　　　　　D. 机械使用费
E. 开办费

63. 根据《招标投标法实施条例》，国有资金占控股或者主导地位依法必须进行招标的项目，可以采用邀请招标的情形有（　）。

A. 技术复杂或性质特殊，不能确定主要设备的详细规则或具体要求
B. 技术复杂、有特殊要求、只有少量潜在投标人可供选择
C. 项目规模大、投资多，中小企业难以胜任
D. 项目特征独特，需有特定行业的业绩
E. 采用公开招标方式的费用占项目合同金额的比例过大

64. 根据《政府采购法》和《政府采购法实施条例》，下列组织机构中，属于使用财政性资金的政府采购人有（　　）。
   A. 国有企业　　　　　　　　　　B. 集中采购机构
   C. 各级国家机关　　　　　　　　D. 事业单位
   E. 团体组织

65. 施工总进度计划是施工组织总设计的主要组成部分，编制施工总进度计划的主要工作有（　　）。
   A. 确定总体施工准备条件
   B. 计算工程量
   C. 确定各单位工程和施工期限
   D. 确定各单位工程的开竣工时间和相互搭接关系
   E. 确定主要施工方法

66. 关于流水施工方式特点的说法，正确的是（　　）。
   A. 施工工期较短，可以尽早发挥项目的投资效益
   B. 实现专业化生产，可以提高施工技术水平和劳动生产率
   C. 工人连续施工，可以充分发挥施工机械和劳动力的生产效率
   D. 提高工程质量，可以增加建设单位的使用寿命
   E. 工作队伍较多，可能增加总承包单位的成本

67. 下列流水施工参数中，属于空间参数的有（　　）。
   A. 流水步距　　　　　　　　　　B. 工作面
   C. 流水强度　　　　　　　　　　D. 施工过程
   E. 施工段

68. 当工程项目网络计划的计算工期不能满足要求工期时，需压缩关键工作的持续时间，此时可选的关键工作有（　　）。
   A. 持续时间长的工作　　　　　　B. 紧后工作较多的工作
   C. 对质量和安全影响不大的工作　　D. 所需增加的费用最少的工作
   E. 有充足备用资源的工作

69. 根据《标准设计施工总承包招标文件》，下列情形中，属于发包人违约的有（　　）。
   A. 发包人拖延批准付款申请
   B. 设计图纸不符合合同约定
   C. 监理人无正当理由未在约定期限内发出复工通知
   D. 恶劣气候原因造成停工
   E. 在工程接收证书颁发前，未对工程照管和准许

70. 现金流量图的要素有( )。
A. 大小（资金数额） B. 方向（资金流入或流出）
C. 来源（资金供应者） D. 作用点（资金流入或流出的时间点）
E. 时间价值（资金的利息或利率）

71. 对于非政府投资项目，投资者自行确定基准收益率的基础有( )。
A. 资金成本 B. 存款利率
C. 投资机会成本 D. 通货膨胀
E. 投资风险

72. 下列价值工程活动中，属于功能分析阶段工作内容的是( )。
A. 功能定义 B. 方案评价
C. 功能改进 D. 功能计量
E. 功能整理

73. 下列各项费用中，构成融资租赁租金的有( )。
A. 租赁资产的成本 B. 承租人的使用成本
C. 出租人购买租赁资产的贷款利息 D. 出租人的利润
E. 承租人承办租赁业务的费用

74. 与BOT融资方式相比，TOT融资方式的优点有( )。
A. 通过已建成项目与其他项目融资建设
B. 不影响东道国对国内基础设施的控制权
C. 投资者对移交项目拥有自主处置权
D. 投资者可规避建设超支、停建风险
E. 投资者的收益具有较高确定性

75. 对于投保建筑工程一切险的工程项目，下列情形中，保险人不承担赔偿责任的有( )。
A. 因台风使工地范围内建筑物损毁
B. 工程停工引起的任何损失
C. 因暴雨引起地面下陷，造成施工用吊车损毁
D. 因恐怖袭击引起的任何损失
E. 工程设计错误引起的损失

76. 下列财务评价指标中，适用于评价项目偿债能力的指标有( )。
A. 流动比率 B. 资本金净利润率
C. 资产负债率 D. 财务内部收益率
E. 总投资收益率

77. 关于工程项目经济评价中财务分析和经济分析区别的说法，正确的有( )。
A. 财务分析是从企业或投资人角度，经济分析是从国家或地区角度
B. 财务分析的对象是项目本身的财务收益和成本，经济分析的对象是由项目给企业带来的收入增值
C. 财务分析是用预测的市场价格去计量项目投入和产出物的价值，经济分析是用影子价格计量项目投入和产出物的价值

D. 财务分析主要采用企业成本和效益的分析方法，经济分析主要采用费用和效益等分析方法

E. 财务分析的主要参数用财务净现值等，经济分析的主要参数用经济净现值等

78. 下列导致承包人工期延长和费用增加的情形中，根据《标准施工招标文件》中的通用合同条款，发包人应延长工期和（或）增加费用，但不支付承包人利润的有（   ）。

A. 发包人提供图纸延误

B. 施工中遇到了难以预料的不利物质条件

C. 在施工场地发现文物

D. 发包人提供的基准资料错误

E. 发包人引起的暂停施工

79. 下列投标文件偏差中，属于重大投标偏差的是（   ）。

A. 投标文件载明的货物包装方式不符合要求

B. 报价中存在个别漏项

C. 投标总价金额与依据单价计算结果不一致

D. 投标文件载明的招标项目完成期限超过招标文件规定的期限

E. 提供的担保存在瑕疵

80. 下列引起工程费用偏差的情形中，属于建设单位的原因有（   ）。

A. 材料涨价　　　　　　　　　B. 投资规划不当

C. 施工组织不合理　　　　　　D. 增加工程内容

E. 施工质量事故

2021年全国一级造价工程师职业资格考试
《建设工程造价管理》
答案与解析

一、单项选择题（共60题，每题1分。每题的备选项中，只有1个最符合题意）。

1. 【答案】B

   【解析】考查造价管理的基本原则。造价管理应遵循三个基本原则：一是要以设计阶段为重点（将重点放到项目前期决策与设计阶段）；二是主动控制与被动控制相结合；三是技术与经济相结合（是控制工程造价最有效的手段）。因此选B。

2. 【答案】C

   【解析】考查造价工程师的注册与执业规定。造价工程师执业时应持注册证书和执业印章，所以选C。A选项错误，造价工程师不得同时受聘于两个或两个以上单位。B选项错误，取得造价工程师职业资格证书且从事工程造价相关工作的人员，经注册方可以造价工程师名义执业。D选项错误，造价工程师不得允许他人以本人名义执业。

3. 【答案】D

   【解析】考查造价咨询企业的法律责任。根据有关规定，工程造价咨询企业有下列行为之一的，由县级以上地方人民政府住房城乡建设主管部门或者有关专业部门给予警告，责令限期改正并处1万元以上3万元以下的罚款：

   （1）同时接受招标人和投标人或两个以上投标人对同一工程项目的工程造价咨询业务。

   （2）以给予回扣、恶意压低收费等方式进行不正当竞争。

   （3）转包承接的工程造价咨询业务。

   （4）法律、法规禁止的其他行为。

4. 【答案】C

   【解析】考查《建筑法》有关规定。根据《建筑法》建筑工程施工许可规定，建设单位应当自领取施工许可证之日起3个月内开工。因故不能按期开工的，应当向发证机关申请延期；延期以两次为限，每次不超过3个月。因此，本题可以通过办理两次延期。

5. 【答案】A

   【解析】考查《建筑法》有关规定。建设单位不得以任何理由，要求建筑设计单位或建筑施工单位违反法律、行政法规和建筑工程质量、安全标准，降低工程质量，建筑设计单位和建筑施工单位应当拒绝建设单位的此类要求；所以A正确。建筑设计单位对设计文件选用的建筑材料、建筑构配件和设备，不得指定生产厂、供应商；所以B错误。工程设计的修改由原设计单位负责，建筑施工企业不得擅自修改工程设计；所以C错误。

设计文件选用的建筑材料、建筑构配件和设备，应当注明其规格、型号、性能等技术指标，其质量要求必须符合国家规定的标准；所以 D 错误。

6. 【答案】D

【解析】考查《招标投标法》与其实施条例有关规定。根据《招标投标法》，评标委员会成员的名单在中标结果确定前应当保密。

7. 【答案】D

【解析】考查《招标投标法》与其实施条例有关规定。根据《招标投标法实施条例》，评标委员会可以书面方式要求投标单位对投标文件中含意不明确的内容做必要的查清、说明或补正，但是澄清、说明或补正不得超出投标文件的范围或者改变投标文件的实质性内容。

8. 【答案】A

【解析】考查《民法典》合同编有关规定。根据《民法典》合同编，采用数据电文形式订立合同的，收件人的主营业地为合同成立的地点。没有主营业地的，其住所地为合同成立的地点。当事人另有约定的，按照其约定。

9. 【答案】B

【解析】考查《民法典》合同编有关规定。根据《民法典》合同编，有下列情形之一，难以履行债务的，债务人可以将标的物提存：

（1）债权人无正当理由拒绝受领；

（2）债权人下落不明；

（3）债权人死亡，未确定继承人、遗产管理人，或者丧失民事行为能力未确定监护人；

（4）法律规定的其他情形。标的物不适于提存或者提存费用过高的，债务人可以依法拍卖或者变卖标的物，提存所得的价款。

10. 【答案】A

【解析】考查《价格法》的有关规定。根据《价格法》，当重要商品和服务价格显著上涨或者有可能显著上涨，国务院和省、自治区、直辖市人民政府可以对部分价格采取限定差价率或者利润率、规定限价、实行提价申报制度和调价备案制度等干预措施。

11. 【答案】A

【解析】考查项目投资决策管理制度的规定。对于采用直接投资和资本金注入方式的政府投资项目，政府要从投资决策的角度审批项目建议书和可行性究报告，除特殊情况外，不再审批开工报告，同时还要严格审批其初步设计和概算；对于采用投资补助、转贷和贷款贴息方式的政府投资项目，则只审批资金申请报告。

12. 【答案】D

【解析】考查工程项目管理的任务。教材中提到了 6 个任务（合同管理、组织协调、目标控制、风险管理、环保与节能等），对于环保设施应与主体工程同时设计、同时施工、同时投入运行，也就是所谓的"三同时"。

13.【答案】 C

【解析】 考查工程项目发包模式。总分包模式教材中讲了三种：工程总承包、施工总承包和工程项目总承包管理。工程项目总承包管理模式，即：建设单位将工程项目设计与施工的主要部分发包给专门从事设计与施工组织管理的工程项目管理公司，该公司自己既没有设计力量，也没有施工队伍，而是将其所承接的设计和施工任务全部分包给其他设计单位和施工单位，工程项目管理公司则专心致力于工程项目管理工作。

14.【答案】 B

【解析】 考查工程项目管理组织机构形式。强矩阵制项目经理由企业最高领导任命，并全权负责项目。项目经理直接向最高领导负责，项目组成员的绩效完全由项目经理进行考核，项目组成员只对项目经理负责。强矩阵制组织形式适用于技术复杂且时间紧迫的工程项目。

15.【答案】 A

【解析】 考查建设单位计划体系。工程项目建设总进度计划中的表格包括工程项目一览表、工程项目总进度计划、投资计划年度分配表和工程项目进度平衡表。

16.【答案】 C

【解析】 考查施工组织设计内容。单位工程施工组织设计内容中，施工部署是纲领性内容，包括工程项目施工目标、进度安排和空间组织、施工重点和难点分析、工程项目管理组织机构等。进度安排和空间组织中需要合理划分施工流水段。因此本题选 C。

17.【答案】 D

【解析】 考查施工组织设计内容。根据有关规定，专项施工方案应当包括以下内容：(1) 工程概况；(2) 编制依据；(3) 施工计划；(4) 施工工艺技术；(5) 施工安全保证措施；(6) 劳动力计划；(7) 计算书及相关图纸。

18.【答案】 B

【解析】 考查工程项目目标控制方法。常用于质量控制的方法有排列图法、因果分析法、直方图法和控制图法等。对于排列图分析，在一般情况下，将影响质量的因素分为三类：累计频率在 0～80% 范围内的因素，称为 A 类因素，是主要因素；在 80%～90% 范围内的为 B 类因素，是次要因素；90%～100% 范围内的为 C 类因素，是一般因素。

19.【答案】 D

【解析】 考查流水施工参数计算。计算流水步距的方法有两种，成倍节拍的采用最大公约数法，教材中提到的其他流水方式采用累加数列错位相减取大差法计算。本题采用大差法计算流水步距：$K=10$（天）。

钢筋：	4	9	15	
浇混凝土：		2	5	7
	4	7	10	

20.【答案】 C

【解析】 考查网络计划技术。先根据逻辑关系绘制双代号网络图，然后确定虚箭线有几条。绘制的双代号网络图如图1所示,所以有4条虚箭线。

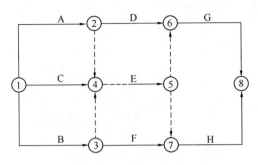

图1 双代号网络图

21.【答案】A

【解析】考查网络计划技术。有关时间参数的计算应从每一个时间参数的概念入手,而不是记忆公式。何为自由时差,就是紧前工作完成不影响紧后工作最早开始时间的机动时间;何为最迟开始时间,就是不影响紧后工作最迟开始的时间,也即不影响工期的开始时间。计算结果见图2;某工作的持续时间=19-15=4,则该工作的最迟开始=22-4=18;某工作的自由时差是不影响紧后第20开始,所以 $FF=20-19=1$。因此正确答案为A。

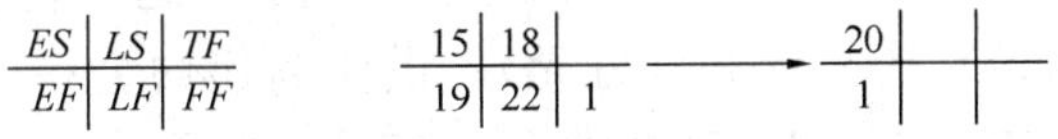

ES	LS	TF		15	18			20	
EF	LF	FF		19	22	1		1	

图2 计算结果

22.【答案】D

【解析】考查网络计划技术。首先根据逻辑关系绘制网络图,见图3(LAG最大的为4)。然后计算求各工作间的间隔时间,主要知道工作的最早开始时间就可以计算。所谓间隔时间就是紧前工作的最早完成到紧后工作最早开始之间的间隔。

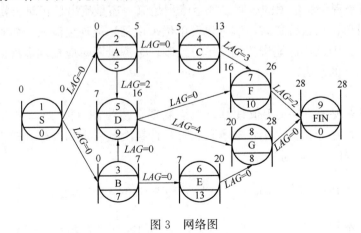

图3 网络图

23.【答案】B

【解析】考查网络计划技术。网络计划优化可分为工期优化、费用优化和资源优化。

本题考查了费用优化，费用和工期的关系（图4）。为简化计算，可将图中工作的直接费与持续时间的关系近似地认为是一条直线。

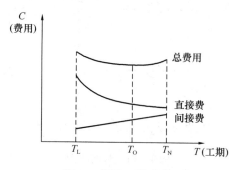

图 4 费用-工期曲线

24.【答案】 D

【解析】考查工程项目合同管理。本题考查了《标准设计招标文件》中合同文件优先解释顺序。当不一致时，按以下优先顺序：①中标通知书；②投标函及投标函附录；③专用合同条款；④通用合同条款；⑤发包人要求；⑥设计费用清单；⑦设计方案。

25.【答案】 A

【解析】考查工程项目合同管理。根据《材料采购招标合同》通用条款，建设单位迟延付款违约金＝350×0.08‰×185＝51.8（万元），但由于迟延付款违约金的总额不得超过合同价格的10%即350×10%＝35（万元）；供应商违约金＝350×0.08‰×35＝9.8（万元），所以建设单位实际支付供应商违约金为25.20万元。

26.【答案】 C

【解析】考查工程项目信息管理。基本功能（区别于拓展功能）：(1) 变更与桌面管理；(2) 日历和任务管理；(3) 文档管理；(4) 项目沟通与讨论；(5) 工作流程管理；(6) 网站管理与报告。

27.【答案】 C

【解析】考查现金流量图的绘制。现金流量是流入还是流出是相对于特定的系统而言的。比如，建设单位从银行贷款，对于建设单位来说是一笔现金流入，而对于银行来说则是一笔现金流出。因此，这笔贷款建设单位绘制现金流量图时应按现金流出处理，绘制在时间轴的上方向上的箭头。

28.【答案】 C

【解析】考查现金流量及等值计算。先绘制现金流量图（图5），然后计算第二年年末本利和（提示，在计算第二年年末本利和时，计息次数一定为3年，千万不要认为是2年），再计算第三年年末本利和。

第二年年末本利和：$F'=100\times\dfrac{(1+3\%)^3-1}{3\%}=309.09$（万元）

第三年年末本利和：$F=309.09\times(1+3\%)=318.36$（万元）

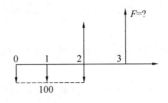

图 5　现金流量图

29.【答案】B

【解析】考查等值计算。确定每一种方案下的年有效利率，看哪一个有效利率低。

甲：4.5%；

乙：$(1+4\%/2)^2-1=4.04\%$；

丙：$(1+4.5\%/4)^4-1=4.58\%$；

丁：$(1+4\%/12)^{12}-1=4.07\%$。

30.【答案】D

【解析】考查经济评价指标。利息备付率属于偿债能力指标。

31.【答案】A

【解析】考查经济评价指标。项目的内部收益率是项目到计算期末正好将未收回的资金全部收回来的折现率，是项目对货款利率的最大承担能力（内部收益率就是项目的动态收益水平，就能收这么多，当然利率要低于内部收益率才有得赚）。

32.【答案】B

【解析】考查经济评价方法。计算期不同的互斥方案经济效果的评价：净年值法、净现值法、增量投资内部收益率法。

33.【答案】B

【解析】考查不确定性分析与风险分析。盈亏平衡点的计算：

1）当综合销售税率为12%时

$$BEP(Q)=\frac{年固定总成本}{单价-单位可变成本-单位税金及附加}$$

$$=\frac{3600}{1.5\times(1-12\%)-0.9}=8571.43(m^2)$$

2）当综合销售税率为25%时

$$BEP(Q)=\frac{年固定总成本}{单价-单位可变成本-单位税金及附加}$$

$$=\frac{3600}{1.5\times(1-25\%)-0.9}=16000(m^2)$$

因此，住宅开发量盈亏平衡点应提高 16000－8571.43＝7428.57（m²）

34.【答案】B

【解析】考查不确定性分析与风险分析。对不同的风险因素提出不同的应对方案：

K级：风险很强，出现这类风险就要放弃项目；

M级：风险强，修正拟议中的方案，通过改变设计或采取补偿措施等实现；

Ⅱ级：风险较强，设定某些指标的临界值，指标达到临界值，要变更设计或对负面影响采取补偿措施；

Ⅲ级：风险适度较小，适当采取措施后不影响项目Ⅰ级风险弱，可忽略。

35.【答案】 C

【解析】考查价值工程应用。价值工程的目标是以最低的寿命周期成本，使产品具备其所必须具备的功能。简而言之，就是以提高对象的价值为目标。

36.【答案】 B

【解析】考查价值工程应用。计算每一个部件的价值指数，越小于1的越需要改进。计算结果如表6所示，因此最需要改进的是乙。

计算结果　　　　　　　　　　　　　　　　　　　　　　　表6

零部件	功能系数	成本系数	V
甲	0.23	0.23	1
乙	0.24	0.27	0.89
丙	0.27	0.26	1.04
丁	0.26	0.24	1.08
合计	1.00	1.00	

37.【答案】 A

【解析】考查寿命周期成本分析。设置费（IC）包括：研究开发费、设计费、制造费、安装费、试运转费；就相当于建设期的费用。B、C、D选项就是使用期的费用，因此选A。

38.【答案】 D

【解析】考查项目资本金制度。根据《国务院关于固定资产投资项目试行资本金制度的通知》，公益性投资项目不实行资本金制度。

39.【答案】 A

【解析】考查项目资金筹措渠道。由初期设立的项目法人进行的资本金筹措形式主要有：(1) 在资本市场募集股本资金：1) 私募；2) 公募；(2) 合资合作。

40.【答案】 B

【解析】考查资金成本。计算债券的资金成本率，需要考虑利息少缴所得税的影响：$4000 \times 5\% \times (1-25\%) / 4000 \times (1-4\%) = 3.91\%$。

41.【答案】 B

【解析】考查资本结构。在确定项目债务资本结构比例时，需要在融资成本和融资风险之间取得平衡，既要降低融资成本，又要控制融资风险。

42.【答案】 A

【解析】考查工程项目融资程序。分析项目所在行业状况、技术水平和市场情况，属于投资决策分析。

43.【答案】 C

【解析】考查项目融资的方式。对于PPP融资方式，进行物有所值评价时，当采用定性评价的有6个基本指标，在各项评价指标中，六项基本评价指标权重为80%。

44.【答案】B

【解析】考查项目融资的方式。在论证 PPP 项目财务承受能力时，财政部门识别和测算单个项目的财政支出责任后，汇总年度全部已实施和拟实施的 PPP 项目，进行财政承受能力评估。

45.【答案】A

【解析】考查与工程项目有关的税收。增值税的计税方法，包括一般计税方法和简易计税方法。当采用简易计税方法时，建筑业增值税征收率为 3%。

46.【答案】C

【解析】考查与工程项目有关的税收（表7）。

企业所得税免征税收入　　　　　　　　　　　　　　表7

不征税收入（政策性）	财政拨款；纳入财政管理的行政事业性收费、政府性基金等
免税收入（优惠性）	① 国债利息收入； ② 符合条件的居民企业之间的股息、红利等权益性投资收益； ③ 符合条件的非营利组织的收入

47.【答案】D

【解析】考查与工程项目有关的税收。城市维护建设税实行差别比例税率，按照纳税所在地区的不同，设置了三档比例税率：1) 纳税人所在地区为市区的，税率为 7%；2) 纳税人所在地区为县城、镇的，税率为 5%；3) 纳税人所在地区不在市区、县城或镇的，税率为 1%。

48.【答案】D

【解析】考查工程项目策划。工程项目实施策划包括：（1）工程项目组织策划；（2）工程项目融资策划；（3）工程项目目标策划；（4）工程项目实施过程策划。A、B、C 选项为决策策划。

49.【答案】A

【解析】考查财务分析与经济分析的区别与联系。项目财务分析的主要标准和参数是净利润、财务净现值、市场利率等，而项目经济分析的主要标准和参数是净收益、经济净现值、社会折现率等。

50.【答案】D

【解析】考查现金流量表构成要素。经营成本是工程经济分析中的一个重要概念，注意与总成本费用的区别。经营成本是现金流量而总成本费用不是，经营成本在总成本费用的基础上应减去折旧、摊销和利息。因此本题可以用排除法，排除折旧、摊销和利息。

51.【答案】C

52.【答案】B

【解析】考查概预算审查。一个是审查的内容，一个是审查的方法，本题考了审查方法。全面审查法，又称逐项审查法，其优点是全面、细致，审查的质量高；缺点是工作量大，审查时间较长。

53.【答案】B

【解析】考查工程变更与索赔管理。根据题目背景，由发包人承担的费用：已运至现场的材料损失 4 万元，第三者财产损失 3 万元，施工单位停工期间应监理要求照管现场清理和复原工作费用：4＋3＋8＝15（万元）。

54.【答案】D

【解析】考查合同示范文本（标准文件）。本题考了 FIDIC 新红皮书的相关内容。FIDIC《施工合同条件》首次提出了专用条件起草的五项黄金原则：1) 合同所有参与方的职责、权利、义务、角色及责任一般都在通用条件中默示，并适应项目需求；2) 专用条件的起草必须明确和清晰；3) 专用条件不允许改变通用条件中风险与回报分配的平衡；4) 合同规定的各参与方履行义务的时间必须合理；5) 所有正式的争端在提交仲裁之前必须提交 DAAB（争端避免裁决委员会），取得具有临时性约束力的决定。

55.【答案】A

【解析】考查合同示范文本（标准文件）。施工承包单位应在知道或应当知道索赔事件发生后 28 天内，向监理人递交索赔意向通知书，并说明发生索赔事件的事由。施工承包单位未在前述 28 天内发出索赔意向通知书的，丧失要求追加付款和（或）延长工期的权利。

56.【答案】D

【解析】考查成本管理的方法。在编制成本计价时，常采用目标利润法、技术进步法、按实计算法、定率估算法等。其中目标利润法是指根据工程项目的合同价格扣除目标利润后得到目标成本的方法。在采用正确的投标策略和方法以最理想的合同价中标后，从标价中扣除预期利润、税金、应上缴的管理费等之后的余额即为工程项目实施中所支出的最大限额。

57.【答案】C

【解析】考查合同示范文本（标准文件）。根据《标准设计施工总承包招标文件》，发包人最迟应在监理人收到进度付款申请单后的 28 天内，将进度应付款支付承包人。

58.【答案】A

【解析】考查工程费用动态监控。进行动态监控可以采用赢得值法进行偏差分析，本题绩效指数＝2000/2300＝0.87。

59.【答案】C

【解析】考查工程费用偏差分析。偏差产生的原因主要有客观原因、建设单位原因、设计原因、施工原因等。A 选项，属于设计单位原因；B、D 选项属于建设单位原因。

60.【答案】B

【解析】考查质量保证金的预留与返还。根据《建设工程质量保证金管理办法》，发包人应按合同约定方式预留保证金，保证金总预留比例不得高于工程价款结算总额 3%。

二、多项选择题（共 20 题，每题 2 分，每题的备选项中，有 2 个或 2 个以上符合题意，至少有 1 个错项错选，本题不得分；少选，所选的每个选项得 0.5 分）。

61.【答案】BCE

【解析】考查工程造价管理的基本原则。技术与经济相结合为原则之一，为有效控制造价应从组织、技术、经济等多方面采取措施。技术措施包括重视设计多方案选择，严格审查初步设计、技术设计、施工图设计、施工组织设计，深入研究节约投资的可能性。

62.【答案】ABD

【解析】考查发达国家和地区工程造价管理的特点。其中美国工程造价估算中管理费和利润的计取是在人工费、材料费和机械使用费总额的基础上按照一定的比例计提的。实际上这一点和国内大同小异。

63.【答案】BE

【解析】考查《招标投标法》及其实施条例。根据《招标投标法实施条例》，国有资金占控股或者主导地位的依法必须进行招标的项目，应当公开招标；但有下列情形之一的，可以邀请招标：1）技术复杂、有特殊要求或者受自然环境限制，只有少量潜在投标人可供选择；2）采用公开招标方式的费用占项目合同金额的比例过大。

64.【答案】CDE

【解析】考查《政府采购法》及其实施条例。根据《政府采购法》，政府采购是指各级国家机关、事业单位和团体组织使用财政性资金采购依法制定的集中采购目录以内的或采购限额标准以上的货物、工程和服务的行为。政府采购工程进行招标投标的，适用《招标投标法》。

65.【答案】BCD

【解析】考查施工组织设计内容。施工总进度计划的编制步骤和方法：①计算工程量；②确定各单位工程的施工期限；③确定各单位工程的开竣工时间和相互搭接关系；④编制初步施工总进度计划；⑤编制正式的施工总进度计划。

66.【答案】ABCD

【解析】考查流水施工。流水施工的特点包括：施工工期较短，可以尽早发挥投资效益；实现专业化生产，可以提高施工技术水平和劳动生产率；连续施工，可以充分发挥施工机械和劳动力的生产效率；提高工程质量，可以增加建设工程的使用寿命，节约使用过程中的维修费用；降低工程成本，可以提高承包单位的经济效益。

67.【答案】BE

【解析】考查流水施工。流水施工参数中空间参数包括工作面和施工段。

68.【答案】CDE

【解析】考查网络计划的优化。在工期优化中，当工期不满足要求时，应对关键工作进行压缩。在选择压缩对象时宜在关键工作中考虑下列因素：（1）缩短持续时间对质量和安全影响不大的工作；（2）有充足备用资源的工作；（3）缩短持续时间所需增加的费用最少的工作。

69.【答案】AC

【解析】考查工程项目合同管理。根据《标准设计施工总承包招标文件》，在合同履行中发生下列情形间的，属发包人违约：（1）发包人未能按合同约定支付价款，或拖延、拒绝批准付款申请和支付凭证，导致付款延误；（2）发包人原因造成停工；（3）监理人无正当理由没有在约定期限内发出复工指示，导致承包人无法复工；（4）发包人无法继续履行或明确表示不履行或实质上已停止履行合同；（5）发包人不履行合同约定其他义务。

70.【答案】ABD

【解析】考查现金流量图的绘制。现金流量图可以直观形象地表达现金流量的三要素，即大小（资金数额）、方向（资金流入或流出）和作用点（资金流入或流出的时间点）。

71.【答案】ACDE

【解析】考查基准收益率的确定。对于非政府投资项目，可由投资者自行确定基准收益率。确定基准收益率时应考虑以下因素：资金成本和投资机会成本、投资风险、通货膨胀。

72.【答案】ADE

【解析】考查价值工程应用。功能分析是价值工程活动的核心和基本内容，功能分析包括功能定义、功能整理和功能计量等内容。

73.【答案】AD

【解析】考查债务资金筹措方式。包括信贷方式、债券方式、租赁方式。其中融资租赁的租金包括三大部分：①租赁资产的成本。租赁资产的成本大体由资产的购买价、运杂费、运输途中的保险费等项目构成。②租赁资产的利息。承租人所实际承担的购买租赁设备的货款利息。③租赁手续费。包括出租人承办租赁业务的费用以及出租人向承租人提供租赁服务所赚取的利润。

74.【答案】ABDE

【解析】考查工程项目融资的主要方式。掌握BOT、TOT、ABS、PFI、PPP等的特点。本题考了TOT的特点。TOT是通过转让已建成项目的产权和经营权来融资的，A选项正确。TOT只涉及转让经营权，不存在产权、股权等问题，在项目融资谈判过程中比较容易使双方意愿达成一致，并且不会威胁国内基础设施的控制权与国家安全，B正确。转让项目经营期满后，收回转让的项目，资产应在无债务、未设定担保、设施状况完好的情况下移交给原转让方，C错误。TOT方式既可回避建设中的超支、停建或者建成后不能正常运营、现金流量不足以偿还债务等风险，D正确。采用TOT，投资者购买的是正在运营的资产和对资产的经营权，资产收益具有确定性，也不需要太复杂的信用保证结构，E正确。

75.【答案】BDE

【解析】考查有工程项目有关的保险规定。能够区分哪些是保险责任和除外责任，自然灾害和意外事故属于责任范围，因此A、C选项错误。其他选项属于除外责任，保险人不承担赔偿责任。

76.【答案】AC

【解析】考查工程项目经济评价。工程项目经济评价包括财务分析和经济分析。财务分析汇总判断项目偿债能力的参数主要包括利息备付率、偿债备付率、资产负债率、流动比率、速动比率等指标的基准值或参考值。

77.【答案】ACDE

【解析】考查工程项目经济评价。工程项目经济评价包括财务分析和经济分析，两者既有联系又有区别。项目财务分析的对象是企业或投资人的财务收益和成本，而项目经济分析的对象是由项目带来的国民收入增值情况。因此，B选项错误。

78.【答案】BC

【解析】考查合同示范文本（标准招标文件）内容。A选项，应承担工期、费用，并支付合理的利润。B选项，应承担工期、费用。C选项，应承担工期、费用。D选项，应承担工期、费用,并支付合理的利润。E 选项,应承担工期、费用,并支付合理的利润。

79. 【答案】ADE

【解析】考查施工评标与授标。投标偏差分为重大偏差和细微偏差。下列情况属于重大偏差:(1) 没有按照招标文件要求提供投标担保或者所提供的投标担保有瑕疵;(2) 投标文件没有投标单位授权代表签字和加盖公章;(3) 投标文件载明的招标项目完成期限超过招标文件规定的期限;(4) 明显不符合技术规格、技术标准的要求;(5) 投标文件载明的货物包装方式、检验标准和方法等不符合招标文件的要求;(6) 投标文件附有招标单位不能接受的条件;(7) 不符合招标文件中规定的其他实质性要求。

80. 【答案】BD

【解析】考查偏差产生原因分析。包括客观原因、建设单位原因、设计原因和施工原因。其中属于建设单位原因的有增加工程内容、投资规划不当、组织不落实、建设手续不健全、未按时付款、协调出现问题等。

2022年全国一级造价工程师职业资格考试
《建设工程造价管理》

一、单项选择题（共60题，每题1分，每题的备选项目中，只有1个最符合题意）。

1. 某工程项目的建设投资为1800万元，建设期贷款利息为200万元，建筑安装工程费用为1000万元，设备和工器具购置费为500万元，流动资产投资为300万元。从业主角度，该项目的工程造价是(　　)万元。
    A. 1500
    B. 1800
    C. 2000
    D. 2300

2. 下列有关全面造价管理说法中，体现全寿命期造价管理思想的是(　　)。
    A. 将建造成本、工期成本、质量成本纳入造价管理
    B. 建设单位、施工单位及有关咨询机构协同进行造价管理
    C. 将工程项目建成后的日常使用及拆除成本纳入造价管理
    D. 将工程项目从开工到竣工验收各阶段内均作为造价管理重点

3. 在完善工程保险制度下，发达国家和地区的工程造价咨询企业采用的典型组织模式是(　　)。
    A. 合伙制
    B. 公司制
    C. 股份制
    D. 契约制

4. 根据现行《建设工程监理规范》GB/T 50319—2013要求，监理工程师对建设工程实施监理的形式包括(　　)。
    A. 旁站、巡视和班组自检
    B. 巡视、平行检验和班组自检
    C. 平行检验、班组互检和旁站
    D. 旁站、巡视和平行检验

5. 根据《建设工程质量管理条例》，在正常使用条件下，设备安装和装修工程的最低保修期限为(　　)。
    A. 2年
    B. 3年
    C. 5年
    D. 50年

6. 根据《招标投标法》，依法必须进行公开招标的项目，自(　　)之日起至投标人提交投标文件之日止，不得少于20天。
    A. 投标人收到招标文件
    B. 招标文件最后澄清
    C. 招标文件发布
    D. 招标文件开始发出

7. 下列属于依法必须招标的项目可以不进行招标的情况是(　　)。
    A. 受自然环境限制，只有少量潜在招标人
    B. 招标费用占项目合同金额比例过大
    C. 因技术复杂，只有少量潜在投标人
    D. 采购人依法能够自行建设、生产或提供

8. 政府采购工程没有投标人投标的，应采用（　　）。
   A. 邀请招标　　　　　　　　　　　B. 竞争性谈判
   C. 单一来源　　　　　　　　　　　D. 重新招标

9. 根据《民法典》合同编，电子合同货物采用物流邮寄，完成交付的时间是（　　）。
   A. 货物抵达收货人的时间　　　　　B. 收货人签收快递的时间
   C. 货物开箱验收的时间　　　　　　D. 收货人确认收货的时间

10. 当事人一方不履行合同义务或者履行合同义务不符合约定时，应当承担的违约责任有（　　）。
    A. 继续履行、赔偿损失或采取补救措施　　B. 继续履行、赔偿损失或罚款
    C. 继续履行、赔偿损失或扣除履约保证金　D. 扣除工程款、扣除保证金及扣除定金

11. 政府投资项目，建设单位建设程序中第一步的工作是（　　）。
    A. 成立组织机构　　　　　　　　　B. 提出项目建议书
    C. 委托造价咨询机构编制投资估算　D. 编制可行性研究报告

12. 某项目批准的投资估算为5000万元，总概算超过（　　）万元时，应进行技术经济论证。
    A. 5000　　　　　　　　　　　　　B. 5500
    C. 6000　　　　　　　　　　　　　D. 6500

13. 下列工程中，属于单项工程的是（　　）。
    A. 生产车间的吊车设备安装工程　　B. 主体基础工程
    C. 钢结构工程　　　　　　　　　　D. 生产车间

14. 将工程项目全过程或其中某个阶段（如设计或施工）的全部工作发包给一家符合要求的总承包单位，总承包管理公司的主要工作内容是（　　）。
    A. 完成设计督促施工　　　　　　　B. 督促优化设计并完成施工任务
    C. 采购和设计施工　　　　　　　　D. 组织设计单位、施工单位完成任务

15. 某施工项目管理组织机构如图1所示，其组织形式是（　　）。

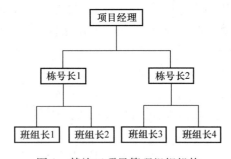

图1　某施工项目管理组织机构

   A. 直线制　　　　　　　　　　　　B. 直线职能制
   C. 职能制　　　　　　　　　　　　D. 矩阵制

16. 工程项目一览表将初步设计中确定的建设内容，按照（　　）归类并编号。
    A. 单项工程或单位工程　　　　　　B. 单位工程或分部工程
    C. 分部工程或分项工程　　　　　　D. 单位工程或分项工程

17. 施工组织总设计中施工总平面布置时，办公区、生活区和生产区宜（　　）。
   A. 分离设置，满足节能、环保、安全和消防等要求
   B. 集中布置，布置在建筑红线和建筑中间，减少二次搬运
   C. 充分利用既有建筑物和既有设施，增加生活区临时配套设施
   D. 建在红线下

18. 横道图的纵轴和横轴分别表示（　　）。
   A. 空间参数和施工进度
   B. 空间位置和施工段
   C. 施工进度和施工过程
   D. 施工过程和施工进度

19. 划分流水施工施工段时，同一专业工作队各个施工段上劳动量相差幅度不宜超过（　　）。
   A. 5%
   B. 10%～15%
   C. 15%～20%
   D. 20%～25%

20. 某固定节拍流水施工，施工过程 $m=3$，施工段 $n=4$，流水节拍 $t=2$，施工过程Ⅰ和施工过程Ⅱ之间组织间歇1天，该流水施工总工期（　　）天。
   A. 10
   B. 11
   C. 12
   D. 13

21. 某两段施工过程，顺序都为基坑开挖→基础砌筑→土方回填，下列属于组织关系的是（　　）。
   A. 基坑开挖1→基础砌筑1
   B. 基础砌筑2→土方回填2
   C. 基坑开挖1→土方回填1
   D. 基坑开挖2→基坑开挖1

22. 某项目有6项工作，逻辑关系和持续时间如表1所示，则该项目有（　　）条关键线路，工期为（　　）。

某项目工作逻辑关系和持续时间　　　　　　　　　　表1

工作名称	K	L	M	P	Q	R
紧前工作	—	—	—	K	P	K、L、M
持续时间	6	6	5	4	3	8

   A. 1，13
   B. 1，14
   C. 2，13
   D. 2，14

23. 双代号时标网络图计划中，某工作有3项紧后工作，这3项紧后工作的总时差分别为3、5、2，该工作与3项紧后工作的时间间隔分别为2、1、2，则该工作的总时差是（　　）。
   A. 2
   B. 4
   C. 5
   D. 6

24. 根据《标准施工招标文件》（2007年版），承包人对工程的照管和维护到（　　）为止。
   A. 工程结算
   B. 履约证书签发
   C. 工程接收证书签发
   D. 缺陷责任期满

25. 根据《标准施工招标文件》（2007年版），合同文件的解释顺序从高到低，正确的

是( )。
A. 中标通知书，投标函及其附录，专用合同条款
B. 投标函及其附录，中标通知书，专用合同条款
C. 专用合同条款，中标通知书，投标函及其附录
D. 中标通知书，专用合同条款，投标函及其附录

26. 基于互联网的工程项目信息平台的基本功能有( )。
A. 集成电子商务功能   B. 视频会议功能
C. 在线项目管理   D. 工作流程管理

27. 某公司年初贷款3000万元，年复利率为10%，贷款期限为8年，每年年末等额还款，则每年年末应还( )万元。
A. 374.89   B. 447.09
C. 488.24   D. 562.33

28. 某公司向银行贷款1000万元，年名义利率为12%，按季度复利计息，1年后贷款本利和为( )万元。
A. 1120.00   B. 1124.86
C. 1125.51   D. 1126.83

29. 若项目动态投资回收期小于寿命周期，则下列说法正确的是( )。
A. 净现值率<0   B. 净现值<0
C. 内部收益率>基准收益率   D. 静态投资回收期>动态投资回收期

30. 投资方案经济效果评价中，利息备付率是指( )。
A. 息税前利润与当期应付利息金额之比   B. 息税前利润与当期应还本付息金额
C. 税前利润与当期应付利息金额   D. 税前利润与当期应还本付息金额

31. 某项目有甲、乙、丙、丁四个互斥方案，根据表2所列数据，应选择的方案是( )。

互斥方案信息列表　　　　　　　　　　　　　　表2

方案	甲	乙	丙	丁
寿命期（年）	10	10	18	18
净现值（万元）	40	45	50	58
净年值	5.96	6.71	5.34	6.19

A. 甲   B. 乙
C. 丙   D. 丁

32. 在下列( )情况下，为保持盈亏平衡，可提高销售量。
A. 固定成本下降   B. 单位产品单价提高
C. 单位产品可变成本降低   D. 单位产品销售税金及附加提高

33. 下面三个因素：产品价格、经营成本、投资额变化－5%，3%，4%，对应NPV分别变化24%，10%，14%，按敏感性从高到低排序( )。
A. 产品价格、投资额、经营成本   B. 投资额、产品价格、经营成本
C. 经营成本、产品价格、投资额   D. 产品价格、经营成本、投资额

34. 敏感性因素分析用于项目风险分析的作用是（　　）。
   A. 初步识别风险因素
   B. 确定风险因素发生概率的分部范围
   C. 确定风险的综合等级
   D. 多方案比选并提出应对方案

35. 价值工程中能够选择评价对象、确定功能评价、方案评价的方法是（　　）。
   A. 因素分析法
   B. ABC分析法
   C. 强制确定法
   D. 多比例评分法

36. 功能价值指数 $V_i<1$ 的原因是（　　）。
   A. 分配的成本较低
   B. 功能重要，但成本较低
   C. 成本偏高，导致存在过剩功能
   D. 成本偏低，存在不必要功能

37. 采用费用效率（CE）法分析寿命周期成本时，包含的费用有（　　）。
   A. 设置费和维持费
   B. 制造费和安装费
   C. 制造费和维修费
   D. 研发费和试运转费

38. 下列项目资本金占项目总投资比例最大的是（　　）。
   A. 城市轨道交通
   B. 保障房
   C. 普通商品房
   D. 机场项目

39. 关于债券方式筹集资金的说法正确的是（　　）。
   A. 降低总资金成本
   B. 无法保障股东控制权
   C. 可能发生财务杠杆负效应
   D. 筹资成本较高

40. 1000万元贷款，贷款5年，贷款利率9%，所得税25%，筹集费费率2%，则资金成本率为（　　）。
   A. 9.00%
   B. 6.89%
   C. 11.76%
   D. 11.0%

41. 每股收益的变化进行衡量收益最优的是（　　）。
   A. 每股收益的无差别点
   B. 价值最大
   C. 每股收益增加的资本结构
   D. 提高利润

42. 利用已建成的项目为新项目进行融资的模式是（　　）。
   A. BOT
   B. TOT
   C. ABS
   D. PPP

43. PPP项目物有所值定性评价的基本指标包括（　　）。
   A. 行业示范性
   B. 可融资性
   C. 监管完备性
   D. 全生命周期成本测算准确性

44. PPP项目的回报机制为使用者付费时，政府对运营补贴的财政支出责任是（　　）。
   A. 承担全部运营补贴支出责任
   B. 按股份投资比例承担运营补贴支出责任
   C. 根据可行性缺口大小承担运营补贴支出责任
   D. 不承担运营补贴支出责任

45. 小规模纳税人按照简易计税的应为（　　）。
   A. 包含进项税的税前造价×9%

B. 包含进项税的税前造价×3%
C. 不包含销项税的税后造价×9%
D. 不包含销项税的税后造价×3%

46. 根据我国《企业所得税法》，企业发生年度亏损，在连续( )年内可以用税前利润进行弥补。
    A. 5   B. 4
    C. 3   D. 2

47. 地方教育税附加的计税依据是( )。
    A. 实际支付的增值税和消费税   B. 实际支付的增值税和所得税
    C. 计划支付的所得税和营业税   D. 计划支付的增值税和城市维护建设税

48. 项目策划首要任务是根据建设意图进行项目( )。
    A. 比选和决策   B. 决策和定义
    C. 定义和定位   D. 定位和比选

49. 在投资现金流量表中，应列入表中现金流出的是( )。
    A. 流动资金   B. 借款本金偿还
    C. 借款利息支付   D. 固定资产折旧

50. 资本金现金流量表中的项目资本金包括用于( )的资金。
    A. 建设投资、建设期贷款利息和流动资金   B. 偿还本金和支付利息
    C. 建设投资和流动资金   D. 建设投资、偿还本金和支付利息

51. 根据《标准招标施工文件》(2007年版)，以计日工方式支付的金额应计入( )。
    A. 暂列金额   B. 暂估价
    C. 附加金额   D. 调整金额

52. 根据《标准设计施工总承包招标文件》(2012年版)，发包人应在监理人出具竣工付款证书后的( )天，将应支付款支付给承包人。
    A. 7   B. 14
    C. 21   D. 28

53. 根据《标准施工招标文件》(2007年版)，除专用条款另有约定外，合格工程的实际验收时间为( )。
    A. 实际通过验收日期   B. 提交竣工验收申请报告的日期
    C. 发包人颁发验收证书日期   D. 工程移交发包人日期

54. 根据FIDIC《施工合同条件》，建设单位应在( )把履约担保退还给承包人。
    A. 竣工验收合格14天内   B. 工程接收证书颁发后28天内
    C. 颁发工程接收证书28天内   D. 收到履约保证书21天内

55. 根据《标准施工招标文件》，在评标时，两家投标单位经评审的投标价格相等时，应优先考虑( )的。
    A. 技术标准高   B. 资质等级高
    C. 投标价格低   D. 有优惠条件

56. 在工程资金使用的"香蕉图"S线中，实际投资支出线越靠近下方曲线的，则越

有利于( )。
  A. 风险防控能力 B. 降低工程造价
  C. 保证按期竣工 D. 降低贷款利息

57. 成本控制中用于分析项目虚赢或虚亏的方法是( )。
  A. 成本分析法 B. 工期-成本同步分析法
  C. 挣值分析法 D. 价值工程法

58. 某项目固定资产原值100万元，残值率8%，总工作台班为5000台班，每个台班的折旧额为( )元。
  A. 184 B. 200
  C. 216 D. 217

59. 某拟建项目拟完工程计划费用2000万元，已完工程计划费用2100万元，已完工程实际费用2050万元，以下说法正确的是( )。
  A. 费用超支，进度滞后 B. 费用超支，进度提前
  C. 费用节支，进度超前 D. 费用节支，进度滞后

60. 根据《标准施工招标文件》(2007年版)，在支付质量保证金时，应考虑( )。
  A. 预付款的支付和扣回 B. 质量保修时间长短
  C. 价格调整的金额 D. 合同约定的质量保证金金额或比例

二、多项选择题（共20题，每题2分。每题的备选项中，有2个或2个以上符合题意，至少有1个错项。错选，本题不得分；少选，所选的每个选项得0.5分)。

61. 在工程项目设计阶段，形成的计价文件有( )。
  A. 投资估算 B. 设计概算
  C. 修正概算 D. 施工预算
  E. 施工图预算

62. 下列属于工程造价咨询企业违规行为的有( )。
  A. 跨省承接业务在25日内到项目所在省报备
  B. 同时接受两个投标人对同一工程的造价咨询业务
  C. 同时接受招标人和投标人对同一工程的造价咨询业务
  D. 转包承接的工程造价咨询业务
  E. 收取低微的费用参与工程投标

63. 施工、勘察、设计、监理资质等级划分的依据包括( )。
  A. 注册资本 B. 专业技术人员
  C. 已完工程业绩 D. 技术装备
  E. 企业员工数量

64. 《民法典》合同编，建设工程合同类型有( )。
  A. 保证合同 B. 勘察合同
  C. 设计合同 D. 租赁合同
  E. 施工合同

65. 根据《国务院关于投资体制改革的决定》，不使用政府资金投资建设的企业投资，政府实行( )制度。

A. 审批制 B. 核准制
C. 承诺制 D. 登记备案制
E. 审查制

66. 对建设单位而言，工程项目总分包模式的特点有（　　）。
A. 需要管理的合同数量多 B. 组织管理和协调工作量少
C. 选择的总承包单位范围小 D. 不利于控制工程造价
E. 有利于缩短建设周期

67. 在单位工程施工组织设计中，资源配置计划包括（　　）。
A. 劳动力配置计划 B. 主要周转材料配置计划
C. 监理人员配置 D. 工程材料和设备配置计划
E. 计量、测量和检验仪器配置计划

68. 组织流水施工，表达流水施工所处状态时间参数的是（　　）。
A. 流水强度 B. 流水节拍
C. 流水步距 D. 流水施工工期
E. 总时差和自由时差

69. 实际进度延后影响总工期，需调整进度计划，有效的调整方式是（　　）。
A. 加强管理，提高关键工作质量控制，减少返工
B. 不增加投入，将关键工作顺序作业改为搭接作业
C. 不增加投入，将关键工作平行作业改为顺序作为
D. 增加投入，缩短关键工作持续时间
E. 增加投入，缩短非关键工作持续时间

70. 影响资金等值计算的因素有（　　）。
A. 资金发生的时间 B. 利率或折现率
C. 资金回收方式 D. 资金数额
E. 资金筹集渠道

71. 投资方案经济效果评价的主要内容有（　　）。
A. 盈利能力分析 B. 偿债能力分析
C. 营运能力分析 D. 发展能力分析
E. 财务生存能力分析

72. 价值工程中，属于创新阶段的工作有（　　）。
A. 功能评价 B. 方案评价
C. 提案编写 D. 成果评价
E. 方案创造

73. 由初期设立的项目法人筹集资本金的形式主要有（　　）。
A. 合资合作 B. 公开募集
C. 融资租赁 D. 私募
E. 商业银行贷款

74. 与传统贷款方式相比，项目融资模式的特点是（　　）。
A. 以项目投资人的资信为基础安排融资

B. 贷款人可以对项目投资人进行完全追索
C. 帮助投资人将贷款安排成非公司负债型融资
D. 信用结构安排灵活多样
E. 组织融资所需时间较长

75. 与建筑工程一切险相比，安装工程一切险的特点是（　　）。
A. 保险费率一般高于建筑工程一切险
B. 主要风险为人为事故损失
C. 对设计错误引起的直接损失应赔偿
D. 保险公司一开始就承担着全部货价的风险
E. 由于超荷载使用导致电气设备本身损失不赔偿

76. 以下属于经济分析主要标准和参数的有（　　）。
A. 市场利率   B. 净收益
C. 财务净现值   D. 社会折现率
E. 净利润

77. 在项目经济评价中，应用经济费用效益法评价的有（　　）。
A. 资源开发项目   B. 外部效果不明显的项目
C. 内部收益率低的项目   D. 具有垄断特征的项目
E. 采用新技术、新工艺的项目

78. 关于设计方案评价中综合费用的说法，正确的有（　　）。
A. 综合费用法常用于多指标评价
B. 基本出发点在于将建设投资和使用费综合起来考虑
C. 综合费用法是一种动态价值指标评价方法
D. 既考虑费用，也考虑功能和质量
E. 只适用功能和建设条件相同或基本相同的方案

79. 工程项目中设计概算常用的审查方法包括（　　）。
A. 分类整理法   B. 层次分析法
C. 查询核实法   D. 对比分析法
E. 联合会审法

80. 在工程实践中，建设单位对施工单位索赔方法有（　　）。
A. 冲账   B. 缩短工期
C. 扣拨工程款   D. 提高保证金的额度
E. 扣保证金

2022 年全国一级造价工程师职业资格考试
《建设工程造价管理》
答案与解析

一、单项选择题（共 60 题，每题 1 分，每题的备选项目中，只有 1 个最符合题意）。

1.【答案】 C

【解析】考查工程造价的含义。从业主的角度看，工程造价就是固定资产投资费用，包括建设投资和建设期贷款利息两部分。所以，本题工程造价为建设投资 1800 万元和建设期贷款利息 200 万元之和，即 2000 万元。

2.【答案】 C

【解析】考查全面造价管理的基本内涵。A 选项，为全要素造价管理；B 选项，为全方位造价管理；C 选项，为全寿命期造价管理；D 选项，为全过程造价管理。所以本题 C 选项正确。

3.【答案】 A

【解析】考查造价管理发展。合伙制企业对其组织方面具有强有力的风险约束性，能够促使其不断强化风险意识，提高咨询质量，保持较高的职业道德水平。因此，在完善工程保险制度下的合伙制也是发达国家和地区工程造价咨询企业所采用的典型组织模式。所以 A 选项正确。

4.【答案】 D

【解析】考查《建设工程监理规范》GB/T 50319—2013 相关规定。根据《建设工程监理规范》GB/T 50319—2013 规定，监理工程师应当按照工程监理规范的要求，采取旁站、巡视和平行检验等形式，对建设工程实施监理。因此，D 选项正确。

5.【答案】 A

【解析】考查质量管理条例相关规定。根据《建设工程质量管理条例》规定，电气管道、给水排水管道、设备安装和装修工程，最低保修期限为 2 年，因此 A 选项正确。本题也可用排除法解答，排除掉 5 年的即可。

6.【答案】 D

【解析】考查《招标投标法》及其实施条例相关规定。根据《招标投标法》，招标人应当确定投标人编制投标文件所需要的合理时间；依法必须进行招标的项目，自招标文件开始发出之日起至投标人提交投标文件截止之日止，最短不得少于 20 日。因此，D 选项正确。

7.【答案】 D

【解析】考查《招标投标法》及其实施条例相关规定。根据《招标投标法实施条例》，选项 A、B、C 均为可以邀请招标的情形；选项 D 为可以不进行招标的情形。

8.【答案】 B

【解析】考查《政府采购法》及其实施条例相关规定。根据《政府采购法》，符合下列情形之一的货物或服务，可采用竞争性谈判方式采购：

（1）招标后没有供应商投标或没有合格标的或重新招标未能成立的；（2）技术复杂或性质特殊，不能确定详细规格或具体要求的；（3）采用招标所需时间不能满足用户紧急需要的；（4）不能事先计算出价格总额的。因此，B选项正确。

9.【答案】B

【解析】考查《民法典》合同编相关规定。根据《民法典》合同编，电子合同履行规定，通过互联网等信息网络订立的电子合同的标的为交付商品并采用快递物流方式交付的，收货人的签收时间为交付时间。因此，B选项正确。

10.【答案】A

【解析】考查《民法典》合同编相关规定。根据《民法典》合同编，当事人一方不履行合同义务或者履行合同义务不符合约定的，应当承担继续履行、采取补救措施或者赔偿损失等违约责任。

11.【答案】B

【解析】考查工程建设程序。根据我国现行规定，政府投资项目首先要进行国民经济和社会发展长远规划，结合行业和地区发展规划的要求，提出项目建议书。因此，B选项正确。

12.【答案】B

【解析】考查工程建设程序。初步设计总概算超过可行性研究报告总投资10%以上的，需重新报批，即本题超过5500万元需要重新报批，所以选B。

13.【答案】D

【解析】考查工程项目组成和分类。单项工程是指具有独立的设计文件，建成后能够独立发挥生产能力、投资效益的一组配套齐全的工程项目；生产性工程项目的单项工程，一般是指能独立生产的车间，包括厂房建筑、设备安装等工程。因此，D选项正确。

14.【答案】D

【解析】考查工程项目发包模式。总分包模式包括工程总承包、施工总承包和项目总承包管理模式，其中项目总承包管理模式中总承包管理公司一般不亲自设计和施工，而是组织设计单位和施工单位完成任务。因此，D选项正确。

15.【答案】A

【解析】考查项目管理组织机构形式。如图1所示的组织机构中，各种职位均按直线垂直排列，项目经理直接进行单线垂直领导，所以是直线制，也是最简单的组织机构形式。

16.【答案】A

【解析】考查建设单位的计划体系。工程项目一览表，将初步设计中确定的建设内容，按照单项工程或单位工程归类并编号，明确其建设内容和投资额，以便各部门按统一的口径确定工程项目投资额，并以此为依据对其进行管理。因此，A选项正确。

17.【答案】A

【解析】考查工程项目施工组织设计。根据施工总平面图布置的原则，临时设施应方便生产、生活，办公区、生活区和生产区宜分离设置；符合节能、环保、安全和消防等要求。因此，A选项正确。

18.【答案】D

【解析】考查流水施工。横道图的横坐标表示流水施工的持续时间；纵坐标表示施工过程的名称或编号。所以，D 选项正确。

19.【答案】B

【解析】考查流水施工。根据施工段划分的原则，同一专业工作队各个施工段上劳动量相差幅度不宜超过 10%～15%，以保证各个施工段上的劳动量大致相等。

20.【答案】D

【解析】考查流水施工。流水施工参数的计算，需要掌握好基本的概念和方法，可以采取图上计算的方法。本题是等节奏流水施工，各施工各过程（专业队伍）间的步距都相等即：$K_{12}=K_{23}=2$（天），所以流水工期=$\sum K$＋间歇时间＋最后一个施工过程总的持续时间=(2＋2)＋1＋(2＋2＋2＋2)=13（天）。

21.【答案】D

【解析】考查网络计划技术。开挖→砌筑、开挖→回填，显然是工艺关系，只有先挖基坑 1 还是先挖基坑 2 是组织关系，可以人为安排。所以，D 选项正确。

22.【答案】D

【解析】考查网络计划技术。先根据逻辑关系绘制网络计划，然后找出关键线路（可用标号法），如图 2 所示。

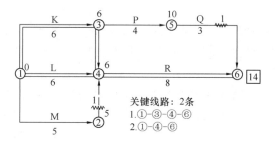

图 2　网络计划图

23.【答案】B

【解析】考查网络计划技术。时间参数的计算需要掌握好基本概念，此类型的题目，不管题目说是单代号还是双代号，都可以采用单代号的形式。如图 3 所示，$TF=\min(2+3；1+5；2+2)=4$。

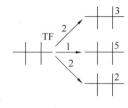

图 3　计算图

24.【答案】C

【解析】考查工程项目合同管理。根据《标准施工招标文件》（2007 年版），工程接收证书签发前，承包人负责照管和维护工程。因此，承包人对工程的照管和维护到工程接收证书签发为止。

25.【答案】 A

【解析】考查工程项目合同管理。根据《标准施工招标文件》（2007年版），通用合同条款中合同文件的优先解释顺序：

（1）合同协议书；（2）中标通知书；（3）投标函及投标函附录；（4）专用合同条款；（5）通用合同条款；（6）技术标准和要求；（7）图纸；（8）已标价工程量清单；（9）其他合同文件。

26.【答案】 D

【解析】考查工程项目信息管理。基于互联网的工程项目信息平台功能分为基本功能和拓展功能两个层次。其中拓展功能包括多媒体的信息交互、在线项目管理、集成电子商务等功能，如视频会议、进度计划和投资计划的网上发布、电子采购、电子招标等功能。因此，本题可以采用排除法，确定选项D正确。

27.【答案】 D

【解析】考查资金时间价值及其计算。首先要正确绘制现金流量图（图4），然后再进行等值计算。

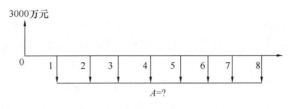

图4 现金流量图

$$A = P(A/P, i, n) = P \times \frac{i(1+i)^n}{(1+i)^n - 1} = 3000 \times \frac{0.1 \times 1.1^8}{1.1^8 - 1}$$
$$= 562.33（万元）。$$

28.【答案】 D

【解析】考查资金时间价值及其计算。解答本题可以按两个思路考虑：

思路一，先求季度有效利率，再求按季度计息的1年本利和（按季度计4次利息）：

$i_{季度} = \frac{12\%}{4} = 3\%$，$F = 1000 \times (1+3\%)^4 = 1125.51$（万元）。

思路二，先求年有效利率，再求按年计息1年的本利和（按年计1次利息）：

$i_{年有效} = (1+3\%)^4 - 1$，$F = 1000 \times (1+i_{年有效}) = 1000 \times (1+3\%)^4 = 1125.51$（万元）。

29.【答案】 C

【解析】考查经济效果评价指标。动态投资回收期、净现值、内部收益率三者对独立方案的判别是一致的。若项目动态投资回收期小于寿命周期，则说明该项目在经济上是可行的，因此净现值肯定＞0，IRR＞基准收益率。所以，C选项正确。

30.【答案】 A

【解析】考查经济效果评价指标。利息备付率（已获利息倍数），是指投资方案在借款偿还期内的息税前利润与当期应付利息的比值。

31.【答案】 B

【解析】考查经济效果评价方法。本题四个互斥型方案,因计算期不同,不能直接用净现值,可优先采用净年值。乙方案净年值最大,因此选 B。

32.【答案】 D

【解析】考查不确定性分析与风险分析。看看哪个量变化会导致盈亏平衡点增加:

$$BEP(Q) = \frac{年固定总成本}{单价-单位可变成本-单位税金及附加}$$

A 选项,固定成本降低,$BEP(Q)$ 会降低;B 选项,单价提高,$BEP(Q)$ 会降低;C 选项,单位可变成本降低,$BEP(Q)$ 也会提高。

33.【答案】 A

【解析】考查不确定性分析与风险分析。可以通过计算敏感度系数判断各因素敏感性的高低。价格:$S_{AF}=24\%/(-5\%)=-4.8$(负号说明指标和因素反向变化)。成本:$S_{AF}=10\%/3\%=3.3$。投资:$S_{AF}=14\%/4\%=3.5$。因此,产品价格最敏感,其次为投资额,再次为经营成本。即 A 选项正确。

34.【答案】 A

【解析】考查不确定性分析与风险分析。可排除 B、C 选项,因为敏感性分析不能确定不确定性因素发生的概率。敏感性分析是初步识别风险因素的重要手段。

35.【答案】 C

【解析】考查价值工程应用。价值工程对象选择的方法有因素分析法(经验分析法)、ABC 分析法、强制确定法、百分比分析法、价值指数法等,其中强制确定法也能用于功能评价和方案评价。所以,C 选项正确。

36.【答案】 C

【解析】考查价值工程应用。价值指数有等于 1、大于 1 和小于 1 三种情况。小于 1 表明成本偏高,从而导致功能过剩,改善方向主要是降低成本。因此,C 选项正确。

37.【答案】 A

【解析】考查工程寿命周期成本分析。采用费用效率(CE)法分析寿命周期成本时,成本是寿命周期成本,包括设置费和维持费。因此,A 选项正确。

38.【答案】 D

【解析】考查资本金制度。机场项目的资本金占比不低于 25%,城市轨道交通、保障房和普通商品房项目的资本金占比不低于 20%。因此,D 选项正确。

39.【答案】 C

【解析】考查项目资金筹措渠道与方式。债券融资优点包括:筹资成本低、保障股东控制权、发挥财务杠杆作用、便于调整资本结构等。其缺点包括:可能产生杠杆负效应、可能会使企业总资金成本增加、经营灵活性降低。所以,C 选项正确。

40.【答案】 B

【解析】考查资金成本与资本结构。理解资金成本的概念进而掌握计算的方法。本题为借款的资金成本,要考虑利息而少缴的所得税。每年的付息为 1000×9%=90(万元),筹集费为 1000×2%=20(万元),所以资金成本率为:

$$K=\frac{90-90\times25\%}{1000-20}=6.89\%$$

41.【答案】C

42.【答案】B

【解析】考查项目融资的方式。TOT 是通过转让已建成项目的产权和经营权来融资的，这一点与 BOT 是不同的。

43.【答案】B

【解析】考查项目融资的方式。定性评价指标包括全生命周期整合程度、风险识别与分配、绩效导向与鼓励创新、潜在竞争程度、政府机构能力、可融资性六项基本评价指标，以及根据具体情况设置的补充指标。补充评价指标主要是六项基本评价指标未涵盖的其他影响因素，包括项目规模大小、预期使用寿命长短、主要固定资产种类、全生命周期成本测算准确性、运营收入增长潜力、行业示范性等。

44.【答案】D

【解析】考查项目融资的方式。PPP 项目回报机制有使用者付费、可行性缺口补助和政府付费等方式。政府付费模式下政府承担全部运营补贴支出责任；可行性缺口补助模式下政府承担部分运营补贴支出责任；使用者付费模式下政府不承担运营补贴支出责任。

45.【答案】B

【解析】考查与工程项目有关的税收规定。建筑业增值税计税采用简易计税方法时，增值税＝税前造价×3%，其中税前造价为包含可抵扣进项税的价格。因此选 B。

46.【答案】A

【解析】考查与工程项目有关的税收规定。根据《企业所得税法》，企业发生的年度亏损，在连续 5 年内可以用税前利润进行弥补。

47.【答案】A

【解析】考查与工程项目有关的税收规定。城市维护建设税、教育附加和地方教育附加是以纳税人实际缴纳的增值税、消费税税额为计税依据。所以选 A。

48.【答案】C

【解析】考查工程项目策划。工程项目策划的首要任务是根据建设意图进行工程项目的定义和定位，全面构想一个待建项目系统。

49.【答案】A

【解析】考查工程项目经济评价报表的编制。因投资现金流量表不考虑资金来源，所以 B、C 选项不会出现在投资现金流量表中，但在资本金现金流表中需要列出；折旧不是现金流量，显然更不能选。

50.【答案】A

【解析】考查工程项目经济评价报表的编制。在资本金现金流量表中，资本金可用于建设投资、建设期贷款利息和流动资金。

51.【答案】A

【解析】考查主要合同示范文本（或标准文件）内容。根据《标准招标施工文件》（2007 年版），暂列金额指尚未确定或不可预见变更的施工及材料、设备等金额，包括以计日工方式支付的金额。

52.【答案】B

【解析】考查主要合同示范文本（或标准文件）内容。根据《标准设计施工总承包招标文件》（2012 年版），发包人在监理人出具竣工付款证书后的 14 天内支付应支付款给承包人。

53.【答案】B

【解析】考查主要合同示范文本（或标准文件）内容。根据《标准施工招标文件》（2007 年版），验收合格工程的实际竣工日期以提交竣工验收申请报告的日期为准。所以选 B。

54.【答案】D

【解析】主要合同示范文本（或标准文件）内容。根据 FIDIC《施工合同条件》，业主应在收到履约证书副本后 21 天内，将履约担保退还承包商。所以选 D。

55.【答案】C

【解析】主要合同示范文本（或标准文件）内容。经评审，投标报价低的优先；投标报价也相等的，由招标单位自行确定。经评审的投标价是评标委员会根据招标文件中规定的量化因素和标准进行折算的价格。如根据《标准施工招标文件》（2007 年版），主要的量化因素包括单价遗漏和付款条件等。

56.【答案】D

【解析】考查资金使用计划编制方法。采用"香蕉线"编制资金使用计划，如图 5 所示。实际投资支出线越靠近下方，说明支出发生的时间越晚，也就有利于节约建设资金贷款利息，但降低了工程按期竣工的保证率。

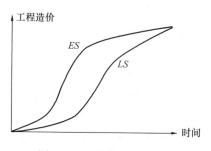

图 5 工程造价"香蕉线"

57.【答案】B

【解析】考查施工成本管理的方法。在成本控制方法中，工期-成本同步法能揭示成本控制与进度控制之间的关系。成本是伴随工程进展而发生的，如果成本与进度不对应，说明工程项目进展中出现虚盈或虚亏的不正常现象。

58.【答案】A

【解析】考查折旧的计算方法。本题是按工作量法计算折旧额。具体计算如下：

$$\frac{1000000 \times (1-8\%)}{5000} = 184 \text{（元）}$$

59.【答案】C

【解析】考查工程费用偏差分析（赢得值法）。$SV = BCWP - BCWS = 2100 - 2000 = 100$（万元）$>0$，说明进度超前；$CV = 2100 - 2050 = 50$（万元）$>0$，说明费用节支。所以

选 C。

60.【答案】D

【解析】考查质量保证金预留与返还。发包人应按合同约定方式预留保证金,保证金总预留比例不得高于工程价款结算总额的 3%;合同约定由承包人以银行保函替代预留保证金的,保函金额不得高于工程价款结算总额的 3%;计算额度不包括预付款的支付、扣回及价格调整的金额。

二、多项选择题(共 20 题,每题 2 分。每题的备选项中,有 2 个或 2 个以上符合题意,至少有 1 个错项。错选,本题不得分;少选,所选的每个选项得 0.5 分)。

61.【答案】BCE

【解析】考查工程计价的特征。工程计价具有多次性特征,在设计阶段形成的计价文件有设计概算、修正概算、施工图预算等。A 选项为项目建议书或可行性研究阶段的计价文件;D 选项为施工阶段施工单位进行的预算。

62.【答案】BCD

【解析】考查造价咨询管理。A 选项,跨省承接业务应当自承接业务之日起 30 日内备案,否则承担经营违规责任,题目中在 25 天内完成显然符合规定;B、C、D 选项,属于其他违规责任。

63.【答案】ABCD

【解析】考查《建筑法》相关规定。根据《建筑法》有关单位资质的规定,从事建筑活动的施工企业、勘察单位、设计单位和监理单位,按照其拥有的注册资本、专业技术人员、技术装备、已完成的建筑工程业绩等资质条件,划分为不同的资质等级,经资质审查合格,取得相应等级的资质证书后,方可在其资质等级许可的范围内从事建筑活动。

64.【答案】BCE

【解析】考查《民法典》合同编的相关规定。根据《民法典》合同编,建设工程合同包括工程勘察合同、设计合同、施工合同。所以选 BCE。

65.【答案】BD

【解析】考查项目投资决策管理制度。根据《国务院关于投资体制改革的决定》,政府投资项目实行审批制,非政府投资项目实行核准制或登记备案制。

66.【答案】BCE

【解析】考查工程项目发包模式。可结合教材中的合同结构图理解考点。总分包模式相对于建设单位而言,合同结构简单,合同数量少,因此 A 错误;组织管理和协调的工作量也少,所以 B 正确;由于对承包单位要求高,所以选择的范围小,C 正确;由于合同总价知道得早,有利于控制造价,因此 D 错误;有利于缩短工期,E 正确。

67.【答案】ABD

【解析】考查工程项目施工组织设计。在单位工程施工组织设计中,资源配置计划包括劳动力配置计划和物资配置计划。物资配置计划又包括主要工程材料和设备的配置计划和主要周转材料、施工机具的配置计划。

68.【答案】BCD

【解析】考查流水施工。流水施工参数包括工艺参数、空间参数和时间参数。时间参数用以表达流水施工在时间安排上所处状态的参数,包括流水节拍、流水步距和流水施工工期等。

69.【答案】 BD

【解析】考查网络计划技术。当实际工作影响到总工期时，可以通过改变某些工作之间的逻辑关系，比如将关键工作顺序作业改为搭接作业。也可以缩短某些工作的持续时间，如缩短关键工作的持续时间。所以，本题选 B、D。注意 A 选项，减少关键工作返工当然可以避免延误，但对已经发生的延误而言是没有效果的。

70.【答案】 ABD

【解析】考查等值计算。影响资金等值的因素：资金多少、资金发生时间、利率大小，其中是一个关键因素。

71.【答案】 ABE

【解析】考查经济效果评价的内容。经济效果评价内容主要包括盈利能力分析、偿债能力分析、财务生存能力分析、抗风险能力分析。

72.【答案】 BCE

【解析】考查价值工程。价值工程的工作程序如表 3 所示。其中创新阶段包括方案创造、方案评价和提案编写。

价值工程的工作程序　　　　　　　　　　　　　　　表 3

工作阶段	工作步骤	对应问题
准备阶段	对象选择 组成价值工程工作小组 制订工作计划	(1) 价值工程的研究对象是什么？ (2) 围绕价值工程对象需要做哪些准备工作
分析阶段	收集整理资料 功能定义 功能整理 功能评价	(1) 价值工程对象的功能是什么？ (2) 价值工程对象的成本是什么？ (3) 价值工程对象的价值是什么
创新阶段	方案创造 方案评价 提案编写	(1) 有无其他方法可以实现同样功能？ (2) 新方案的成本是什么？ (3) 新方案能满足要求吗
方案实施与评价阶段	方案审批 方案实施 成果评价	(1) 如何保证新方案的实施？ (2) 价值工程活动的效果如何

73.【答案】 ABD

【解析】考查项目融资渠道与方式。对于新设法人项目，资本金筹措的主要形式包括在资本市场上募集股本资金（私募和公开募集）、合资合作。

74.【答案】 CDE

【解析】考查项目融资的特点。项目融资的特点：项目导向（以项目的资产、预期收益、预期现金流安排融资，而不是以项目的投资者或发起人的资信为依据）、有限追索、风险分担（风险大，种类多）、非公司负债型融资、信用结构多样化、融资成本高（时间较长）、可利用税务优势。

75.【答案】 ABDE

【解析】考查与项目有关的保险规定。与建筑工程一切险相比，安装工程一切险具有下列特点：

（1）建筑工程保险的标的从开工以后逐步增加，保险额也逐步提高，而安装工程一切险的保险标的一开始就存放于工地，保险公司一开始就承担着全部货价的风险。在机器安装好之后，试车、考核和保证阶段风险最大。由于风险集中，试车期的安装工程一切险的保险费通常占整个工期的保费的 1/3 左右。

（2）在一般情况下，建筑工程一切险承担的风险主要为自然灾害，而安装工程一切险承担的风险主要为人为事故损失。

（3）安装工程一切险的风险较大，保险费率也要高于建筑工程一切险。

建筑工程一切险和安装工程一切险在保单结构、条款内容、保险项目上基本一致，是承保工程项目相辅相成的两个险种。

76.【答案】 BD

【解析】考查工程项目经济评价（财务分析与经济分析）。财务分析与经济分析两种分析采用的评价标准和参数不同。项目财务分析的主要标准和参数是净利润、财务净现值、市场利率等，而项目经济分析的主要标准和参数是净收益、经济净现值、社会折现率等。

77.【答案】 AD

【解析】考查工程项目经济评价（财务分析与经济分析）。应进行经济费用效益分析的项目有：（1）具有垄断特征的项目；（2）产出具有公共产品特征的项目；（3）外部效果显著的项目；（4）资源开发项目；（5）涉及国家经济安全的项目；（6）受过度行政干预的项目。

78.【答案】 BE

【解析】考查设计方案的评价与优化。A 选项，综合费用法常用于单指标法，所以 A 错误。C 选项，综合费用法是一种静态价值指标评价方法，所以 C 错误。D 选项，综合费用法只考虑费用，未能反映功能、质量、安全、环保方面的差异，所以 D 错误。

79.【答案】 ACDE

【解析】考查概预算文件审查。对于设计概算常用的审查方法有对比分析法、主要问题复核法、查询核实法、分类整理法、联合会审法。

80.【答案】 ACE

【解析】考查工程变更与索赔管理。在工程实践中，建设单位索赔数量较小，而且可通过冲账、扣拨工程款、扣保证金等实现对施工承包单位的索赔；而施工承包单位对建设单位的索赔则比较困难一些。

模拟试卷1 《建设工程造价管理》

一、**单项选择题**（共60题，每题1分。每题的备选项中，只有1个最符合题意）。

1. 下列关于静态投资和动态投资的叙述中，正确的是（　　）。
   A. 静态投资中包括涨价预备费
   B. 静态投资中不包括因工程量误差而引起的工程造价的增减值
   C. 动态投资中包括设备及工器具购置费
   D. 动态投资是静态投资的计算基础

2. 下列工作中，属于工程设计阶段造价管理内容的是（　　）。
   A. 承发包模式选择
   B. 审核投资估算
   C. 编制工程量清单
   D. 编制工程概算

3. 建设工程全要素造价管理是指要实现（　　）的集成管理。
   A. 人工费、材料费、施工机具使用费
   B. 直接成本、间接成本、规费、利润
   C. 工程成本、工期、质量、安全、环境
   D. 建筑安装工程费用、设备工器具费用、工程建设其他费用

4. 根据《民法典》合同编，定金的金额不得超过主合同标的额的（　　）。
   A. 5%
   B. 10%
   C. 15%
   D. 20%

5. 美国建筑师学会（AIA）的合同条件体系分为A、B、C、D、E、F、G系列，关于建筑师与提供专业服务的顾问之间的合同文件是（　　）。
   A. C系列
   B. D系列
   C. F系列
   D. G系列

6. 依据我国现行《建筑法》规定，建筑工程的发包方式是（　　）。
   A. 公开招标发包和邀请招标发包
   B. 招标发包和直接发包
   C. 公开招标发包、邀请招标发包和议标发包
   D. 招标发包

7. 在竣工验收合格后（　　），建设单位应向工程所在地的县级以上地方人民政府建设行政主管部门备案报送有关竣工资料。
   A. 1个月
   B. 3个月
   C. 15天
   D. 6个月

8. 建设单位在办理工程质量监督注册手续时需提供的材料包括（　　）。
   A. 施工图设计文件
   B. 工程招标文件

C. 施工、监理合同 D. 施工许可证

9. 依据《招标投标法》，下列有关建设工程投标的说法，正确的是( )。
A. 投标人拟在中标后将中标项目的部分主体工程进行分包的，应在投标文件中载明
B. 在招标文件要求提交投标文件的截止时间后，投标人可以撤回已提交的投标文件
C. 联合体中标的，联合体各方应当共同与招标人签订合同，就中标项目承担连带责任
D. 投标人不得以他人名义投标，可采用低于成本的报价竞标

10. 根据《招标投标法实施条例》，招标人对已发出的资格预审文件进行必要的澄清或修改，其内容可能影响资格预审申请文件编制的，招标人应当在提交资格预审申请文件截止时间至少( )日前以书面形式通知所有获取资格预审文件的潜在投标人。
A. 3 B. 5
C. 10 D. 15

11. 根据《民法典》合同编，下列关于要约和承诺的说法，正确的是( )。
A. 合同订立必须采用要约、承诺方式
B. 要约发出时生效，承诺到达时生效
C. 要约可以撤销但不得撤回
D. 承诺可以对要约的内容做出非实质性变更

12. 根据《房屋建筑和市政基础设施工程施工图设计文件审查管理办法》，施工图审查机构对施工图设计文件审查的内容有( )。
A. 是否按限额设计标准进行施工图设计
B. 是否符合工程建设强制性标准
C. 施工图预算是否超过批准的工程概算
D. 危险性较大的工程是否有专项施工方案

13. 根据《建筑工程施工质量验收统一标准》GB 50300—2013，对一般工业与民用建筑工程而言，下列工程中属于子分部工程的是( )。
A. 地基与基础工程 B. 屋面工程
C. 混凝土结构 D. 建筑节能工程

14. 根据《必须招标的工程项目规定》，对于使用国有资金投资的项目，施工单项合同估算价在( )万元以上的需要招标。
A. 50 B. 100
C. 200 D. 400

15. 根据《关于实行建设项目法人责任制的暂行规定》，项目董事会的职权包括( )。
A. 审核并上报项目初步设计和概算文件
B. 组织材料设备采购招标工作
C. 组织实施项目年度投资计划和用款计划
D. 组织单项工程预验收

16. 下列工程项目管理组织机构形式中，下级执行者接受多方指令，容易造成矛盾的是( )。

A. 矩阵制和职能制 B. 职能制和直线制
C. 直线制和直线职能制 D. 直线职能制和矩阵制

17. 下列工程项目目标控制方法中，控制的原理基本相同、目的也相同的是( )。
A. 香蕉曲线法和S曲线法 B. 网络计划法和香蕉曲线法
C. 排列图法和网络计划法 D. S曲线法和排列图法

18. 在常见的直方图图形中，通常因操作者的主观因素造成的是( )。
A. 折齿型 B. 绝壁型
C. 独岛型 D. 双峰型

19. 对确定流水步距的大小和数目没有影响的是( )。
A. 工艺间歇 B. 流水施工组织方式
C. 流水节拍 D. 施工过程数

20. 某工程由四幢大板结构楼房组成，每幢楼房为一个施工段，施工过程划分为基础工程、结构工程、装修工程和室外工程。基础工程的流水节拍为6天，结构工程的流水节拍为12天，装修工程的流水节拍为12天，室外工程的流水节拍为6天。各施工过程组织一个专业施工队，按异步距异节奏流水组织施工，则施工工期为( )天。
A. 60 B. 66
C. 72 D. 78

21. 下列有关关键工作和关键线路的说法中，正确的是( )。
A. 在双代号网路计划中，在关键线路上没有虚工作存在
B. 在双代号网路计划中，关键工作两端的节点一定是关键节点
C. 在双代号网路计划中，两端为关键节点的工作一定是关键工作
D. 在双代号网路计划中，由关键节点组成的线路一定是关键线路

22. 某工程网络计划图中，C、D工作的紧后工作为E和F，其持续时间分别为6天、5天、3天、2天，C工作最早从第7天开始，D工作最早从第9天开始，E和F工作均于第20天必须最迟完成，则F工作的总时差为( )天。
A. 4 B. 3
C. 2 D. 0

23. 某网络计划中，工作A的紧后工作是B和C。工作B的最迟开始时间为14天，最早开始时间为10天；工作C的最迟完成时间为16天，最早完成时间为14天；工作A与工作B的时间间隔为2，工作A与工作C的时间间隔为5天，则工作A的自由时差和总时差分别为( )天。
A. 2和4 B. 2和6
C. 2和7 D. 5和7

24. 某工程双代号时标网络计划如图1所示（时间单位：天），工作A的总时差为( )天。
A. 0 B. 1
C. 2 D. 3

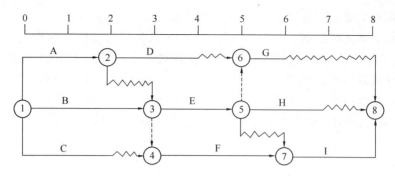

图1 某工程双代号时标网络图

25. 在网络计划的工期优化中,选择压缩对象时在关键工作中不考虑的因素是( )。
   A. 缩短持续时间对安全影响不大的工作
   B. 缩短持续时间所需增加的费用最少的工作
   C. 有充足备用资源的工作
   D. 使关键线路压缩成非关键线路

26. 根据《最高人民法院关于审理建设工程施工合同纠纷案件适用法律问题的解释(一)》(简称《司法解释(一)》)(法释〔2020〕25号),因承包人施工机械设备故障导致开工时间推迟的,以( )为实际开工日期。
   A. 开工通知载明的开工日期   B. 开工条件具备的时间
   C. 以施工许可证办理时间   D. 以合同约定时间

27. 某企业在第一年初向银行借款1000万元用于购置设备,半年计息一次,年有效利率为8%,从第一年起4年内每年6月底和12月底等额还本付息,则该企业每次偿还本息( )万元。
   A. 148.04   B. 152.48
   C. 166.18   D. 170.24

28. 下列关于名义利率和有效利率的说法中,不正确的是( )。
   A. 当计息周期小于利率周期时,计息周期利率小于有效利率
   B. 当计息周期小于利率周期时,名义利率大于计息周期利率
   C. 当计息周期小于利率周期时,名义利率大于有效利率
   D. 当计息周期等于利率周期时,计息周期利率等于有效利率

29. 下列对于净现值指标的说法中,正确的是( )。
   A. 未全面考虑项目在整个计算期内的经济状况
   B. 能够直接说明在项目运营期各年的经营成果
   C. 能反映投资过程的收益程度
   D. 需要先确定基准收益率再进行互斥方案的比选

30. 利息备付率是评价投资项目偿债能力的重要指标,利息备付率是指( )。
   A. 投资方案在借款偿还期内的息税前利润加折旧和摊销之和与当期应付利息的比值
   B. 投资方案在借款偿还期内的息税后利润加折旧和摊销之和与当期应付利息的比值

C. 投资方案在借款偿还期内的息税前利润与当期应付利息的比值
D. 投资方案在借款偿还期内的息税后利润与当期应付利息的比值

31. 在下列投资方案经济效果评价方法中，属于动态评价方法的有（   ）。
   A. 增量投资收益率法和综合总费用法
   B. 增量内部收益率法和年折算费用法
   C. 净现值法和最小公倍数法
   D. 净年值法和增量投资回收期法

32. 已知 A、B 两个投资方案，其内部收益率为 $i_c<IRR(A)<IRR(B)$，并且 A 方案投资大于 B 方案，下列说法中，正确的是（   ）。
   A. A 方案比 B 方案更优
   B. 若增量投资内部收益率$<i_c$，A 方案比 B 方案更优
   C. B 方案比 A 方案更优
   D. 若增量投资内部收益率$<i_c$，B 方案比 A 方案更优

33. 下列有关互斥方案的内部收益率和增量投资内部收益率的说法，正确的是（   ）。
   A. 净现值相同但分布状态不同的两个现金流量方案，则内部收益率相同
   B. 根据各互斥方案的净现值一定能选出内部收益率最大的方案
   C. 根据各互斥方案的内部收益率一定能选出净现值最大的方案
   D. 根据各互斥方案的增量投资内部收益率一定能选出净现值最大的方案

34. 下列有关项目盈亏平衡分析的特点的说法中，正确的是（   ）。
   A. 能够度量项目风险的大小
   B. 盈亏平衡点越低，项目抗风险越弱
   C. 能够揭示产生项目风险的根源
   D. 盈亏平衡点越高，适应市场变化的能力越强

35. 现金流量图可以全面、直观反映经济系统的奖金运动状态，其中现金流量的三大要素包括（   ）。
   A. 现金流入的大小、方向和时间点
   B. 投入现金的额度、时间和回收点
   C. 现金流量的大小、方向和作用点
   D. 现金流出的额度、方向和时间点

36. 在价值工程活动中，无论是概略评价还是详细评价，一般可先做（   ）。
   A. 经济评价   B. 技术评价
   C. 社会评价   D. 风险评价

37. 在价值工程对象的选择方法中，凭借分析人员的经验集体研究确定选择对象的方法是（   ）。
   A. 因素分析法   B. 强制确定法
   C. 价值指数法   D. 回归分析法

38. 价值工程的三个基本要素是指（   ）。
   A. 生产成本、使用成本和维护成本

B. 必要功能、生产成本和使用价值
C. 价值、功能和寿命周期成本
D. 基本功能、辅助功能和必要功能

39. 运用费用效率法进行寿命周期成本分析时，估算费用的常用方法包括（　　）。
A. 费用模型估算法和费用项目分别估算法
B. 参数估算法和效率估算法
C. 类比估算法和权衡估算法
D. 权衡估算法和效率估算法

40. 根据《国务院关于加强固定资产投资项目资本金管理的通知》（国发〔2019〕26号文）规定，钢铁、电解铝项目的项目资本金占项目总投资的比例为（　　）。
A. 40%　　　　　　　　　　　　B. 35%
C. 30%　　　　　　　　　　　　D. 25%

41. 某企业发行普通股正常市价为20元，估计年增长率为10%，第一年预计发放股利1元，筹资费用率为股票市价的12%，则新发行普通股的成本率为（　　）。
A. 11.36%　　　　　　　　　　B. 13.33%
C. 15.56%　　　　　　　　　　D. 15.68%

42. 项目采用债券方式融资的优点，不正确的是（　　）。
A. 保障股东控制权　　　　　　B. 企业总资金成本减小
C. 利于调整资本结构　　　　　D. 利于发挥财务杠杆作用

43. 某企业发行6000万元普通股股票，每股正常市价为50元，预计第一年发放股利2元，估计股利年增长率为10%，筹资费用率为股票市价的8%；向银行贷款3000万元，贷款期限为5年，年利率为9%，贷款手续费费率为2%，企业所得税税率为25%，则该企业此次筹资的资金成本率为（　　）。
A. 6.15%　　　　　　　　　　 B. 11.86%
C. 12.42%　　　　　　　　　　D. 14.35%

44. PPP融资方式合同体系中，其中最核心的法律文件是（　　）。
A. 项目合同　　　　　　　　　B. 股东合同
C. 融资合同　　　　　　　　　D. 承包合同

45. 在下列项目融资方式中，不需要组建一个特别用途公司（SPC）进行运作的是（　　）。
A. BOT和ABS　　　　　　　　 B. PFI和TOT
C. PFI和BOT　　　　　　　　 D. ABS和TOT

46. 采用DBB模式的优点是（　　）。
A. 建设周期短　　　　　　　　B. 不易产生设计变更
C. 建设单位协调工作量小　　　D. 责权利分配明确

47. 根据我国现行工伤保险费费率的规定，费率可上下各浮动两档，上浮第一档到本行业基准费率的（　　）。
A. 120%　　　　　　　　　　　B. 150%
C. 200%　　　　　　　　　　　D. 250%

48. 对于安装工程一切险的保险期限的说法,正确的是( )。
   A. 保险责任开始日期,以投保工程动工之日或保险财产运到工地之日,以后发生为准
   B. 试车考核期的保险责任一般不超过 6 个月
   C. 保证期自工程验收合格或工程所有人使用时开始,以后发生者为准
   D. 对已使用的机械设备不负责试车,不承保保证期责任

49. 经济费用效益分析使用的是( )价格体系。
   A. 影子   B. 市场
   C. 财务   D. 计划

50. 设计方案评价方法中,综合了定量分析评价与定性分析评价的优点,可靠性高且应用较广泛的是( )。
   A. 价值工程法   B. 多指标法
   C. 综合费用法   D. 多因素评分优选法

51. 施工图预算审查方法中,具有便于掌握、审查速度快,但使用有局限性,较适合于住宅工程项目的是( )。
   A. 全面审查法   B. 筛选审查法
   C. 重点抽查法   D. 分解审查法

52. 施工承包单位风险最小的合同计价方式是( )。
   A. 总价合同   B. 百分比酬金合同
   C. 单价合同   D. 目标成本加奖罚合同

53. 根据《标准施工招标文件》(2007 年版),下列情形有发包人承担费用的是( )。
   A. 承包人车辆外出行使所需的场外公共道路的通行费
   B. 监理人使用施工控制网发生的费用
   C. 临时设施需要临时占地发生的费用
   D. 承包人私自覆盖重新揭开检查发生的费用

54. 根据《标准施工招标文件》(2007 年版),关于争议的解决,说法错误的是( )。
   A. 在提请争议评审前或过程中,发包人和承包人均可共同友好协商解决
   B. 在争议评审期间,争议双方暂按争议评审组的确定执行
   C. 若友好协商解决不成,可在专用合同条款中约定一种方式解决
   D. 发包人承包人接受评审意见后,由监理人拟定执行协议

55. 根据《标准设计施工总承包招标文件》(2012 年版),除专用合同条款另有约定外,因发包人原因造成监理人未能在合同签订之日起( )天内发出开始工作通知的,承包人有权提出价格调整要求,或解除合同。
   A. 15   B. 30
   C. 60   D. 90

56. 根据《标准设计施工总承包招标文件》(2012 年版),发包人应在监理人出具最终结清证书后的( )天内,将应付款支付给承包人。
   A. 14   B. 28
   C. 42   D. 56

57. 投标安装工程一切险时,安装施工用机器设备的保险金额应按( )计算。
   A. 实际价值
   B. 损失价值
   C. 重置价值
   D. 账面价值

58. 质量成本可分为控制成本和损失成本,以下属于控制成本的是( )。
   A. 施工图审查费
   B. 返工损失费
   C. 质量事故处理费
   D. 工程保修费

59. 实现工程项目成本目标责任制的保证和手段的是( )。
   A. 成本核算
   B. 成本计划
   C. 成本控制
   D. 成本考核

60. 下列关于费用偏差和进度偏差的说法,正确的是( )。
   A. 费用偏差为正值表示投资增加
   B. 进度偏差为负值表示工期提前
   C. 费用偏差分析又分为局部偏差和累计偏差
   D. 绝对偏差的数值不能为负

二、多项选择题（共20题,每题2分。每题的备选项中,有2个或2个以上符合题意,至少有1个错项。错选,本题不得分;少选,所选的每个选项得0.5分）。

61. 根据《造价工程师职业资格制度规定》,属于二级造价工程师独立开展工作的有( )。
   A. 进行投资估算的编制
   B. 进行施工图预算的审查
   C. 编制施工图预算
   D. 编制最高投标限价
   E. 建设工程诉讼中的造价鉴定

62. 根据《中华人民共和国价格法》,在制定关系群众切身利益的( ),政府应当建立听证会制度。
   A. 公用事业价格
   B. 公益性服务价格
   C. 自然垄断经营的商品价格
   D. 价格波动过大的农产品价格
   E. 政府集中采购的商品价格

63. 根据《招标投标法》及其实施条例,以下说法中正确的有( )。
   A. 中标人应当按照投标人的投标文件和中标通知书的内容订立书面合同
   B. 合同订立后,招标人和中标人不得再行订立背离合同实质性内容的补充协议
   C. 招标文件要求中标人提交履约保证金的,履约保证金不得超过中标合同金额的10%
   D. 招标人与中标人应当自中标通知书发出之日起30日内订立书面合同
   E. 中标人可以将中标项目主体工作分包给他人完成

64. 根据《民法典》合同编,下列关于合同效力的说法中,正确的有( )。
   A. 合同成立之时便是合同生效之日
   B. 合同生效的判断依据是承诺是否生效
   C. 当事人超越经营权范围订立的合同无效
   D. 无效合同自始没有法律约束力
   E. 合同中造成对方人身伤害的免责条款无效

65. 有关CM承包模式的说法，正确的有（   ）。
A. CM承包模式适用于实施周期长、工期要求紧迫的大型复杂工程项目
B. 与施工总承包模式相比，CM承包模式的合同价更具合理性
C. CM单位不赚取总包与分包之间的差价
D. CM单位进行分包谈判而降低合同价的节约部分归业主和CM单位
E. CM单位负责分包工程的发包

66. 工程项目年度计划的表格部分内容包括（   ）。
A. 年度竣工投产交付使用计划表
B. 投资计划年度分配表
C. 年度建设资金平衡表
D. 年度设备平衡表
E. 工程项目进度平衡表

67. 下列关于异步距异节奏流水施工的特点的说法，正确的是（   ）。
A. 同一施工过程在各个施工段上的流水节拍均相等
B. 相邻施工过程之间的流水步距不尽相等
C. 不同施工过程之间的流水节拍均相等
D. 专业工作队数目大于施工过程数
E. 施工段之间可能有空闲时间

68. 组织建设工程流水施工时，划分施工段的原则是（   ）。
A. 同一专业工作队在各个施工段上的劳动量应大致相等
B. 施工段的数目应尽可能多
C. 每个施工段内要有足够的工作面
D. 施工段的界限应尽可能与结构界限相吻合
E. 多层建筑物应既分施工段又分施工层

69. 当网络计划工期等于计算工期时，下列有关时标网络计划的说法中，正确的是（   ）。
A. 以终点节点为完成节点的工作，其自由时差应等于计划工期与本工作最早开始时间之差
B. 以终点节点为完成节点的工作，其自由时差与总时差是相等的
C. 中间工作的自由时差就是该工作箭线中波形线的水平投影长度
D. 当工作之后只紧接虚工作时，则该工作的箭线上可能存在波形线
E. 当工作之后只紧接虚工作时，其紧接的虚箭线中波形线水平投影长度的最短者为该工作的自由时差

70. 确定基准收益率的基础包括（   ）。
A. 资金成本
B. 机会成本
C. 资金限制
D. 投资风险
E. 通货膨胀

71. 按成本核算科目划分，施工成本可分为（   ）。
A. 直接成本
B. 间接成本
C. 计划成本
D. 实际成本
E. 可控成本

72. 下列有关内部收益率指标的特点的说法，正确的有(　　)。
A. 反映了项目在整个计算期内的经济状况
B. 能够衡量项目初期投资的收益率
C. 能够直接反映项目运营期各年的利润率
D. 能反映投资过程的收益程度
E. 它完全取决于投资过程的现金流量

73. 评价计算期不同的互斥方案的经济效果时，可采用的动态评价方法有(　　)。
A. 增量投资收益率法　　　　　　B. 增量投资内部收益率法
C. 增量投资回收期法　　　　　　D. 方案重复法
E. 净年值法

74. 既有法人项目资本金筹措的内部资金来源包括(　　)。
A. 企业的现金　　　　　　　　　B. 企业资产变现
C. 企业增资扩股　　　　　　　　D. 企业产权转让
E. 国家预算内投资

75. 计算土地增值税时，允许从房地产转让收入中扣除的项目有(　　)。
A. 取得土地使用权支付的金额　　B. 旧房及建筑物的重置价格
C. 与转让房地产有关的税金　　　D. 房地产开发利润
E. 房地产开发成本

76. 下列有关税收的说法中，正确的有(　　)。
A. 国债利息收入免征所得税
B. 对于居民企业取得的应税所得额，适用税率为20%
C. 符合条件的小型微利企业，均按20%的税率征收企业所得税
D. 国家需要重点扶持的高新技术企业，均按20%的税率征收企业所得税
E. 从事农、林、牧、渔业项目的所得可以免征、减征企业所得税

77. 工程项目实施策划包括(　　)。
A. 项目目标策划　　　　　　　　B. 项目组织策划
C. 项目融资策划　　　　　　　　D. 项目营销策划
E. 项目实施过程策划

78. 下列指标中，属于施工承包企业的企业层面项目成本考核指标的有(　　)。
A. 目标总成本降低额　　　　　　B. 项目施工成本降低率
C. 项目施工成本降低额　　　　　D. 施工计划成本实际降低额
E. 施工责任目标成本实际降低额

79. 根据《关于完善建设工程价款结算有关办法的通知》规定，以下说法正确的有(　　)。
A. 政府机关、事业单位建设工程进度款支付应不低于已完成工程价款的80%
B. 国有企业建设工程进度款支付应不低于已完成工程价款的60%
C. 当年开工、当年不能竣工的新开工项目可以推行过程结算
D. 经双方确认的过程结算文件作为竣工结算文件的组成部分，竣工后原则上不再重复审核

E. 当年开工、当年不能竣工的新开工项目当年不得进行结算

80. 根据《建设工程质量保证金管理办法》，下列关于缺陷责任的说法正确的有( )。

A. 缺陷责任期从合同规定的竣工日期起计
B. 缺陷责任期从工程通过竣工验收之日起计
C. 采用预留保证金，最高为结算金额的5%
D. 缺陷责任期最长不超过2年
E. 在延长的期限终止后14天内发出缺陷责任期终止证书

模拟试卷 1 《建设工程造价管理》答案与解析

一、单项选择题（共 60 题，每题 1 分。每题的备选项中，只有 1 个最符合题意）。

1.【答案】 C

【解析】考查动态投资与静态投资。动态投资包含静态投资，静态投资是动态投资最主要的组成部分，也是动态投资的计算基础。静态投资包括建筑安装工程费、设备和工器具购置费、工程建设其他费、基本预备费，以及因工程量误差而引起的工程造价增减值等；动态投资除包括静态投资外，还包括建设期贷款利息、涨价预备费等。

2.【答案】 D

【解析】考查工程造价管理的主要内容。工程设计阶段造价管理的工作内容包括限额设计、优化设计方案的基础上编制和审核工程概算、施工图预算。

3.【答案】 C

【解析】考查建设工程全面造价管理。控制建设工程造价不仅是控制建设工程本身的建造成本，还应同时考虑工期成本、质量成本、安全与环境成本的控制，从而实现工程成本、工期、质量、安全、环保的集成管理。

4.【答案】 D

【解析】考查《民法典》合同编。根据《民法典》合同编，定金的数额由双方当事人约定，但不得超过主合同标的额的 20%。

5.【答案】 A

【解析】考查发达国家和地区造价管理的特点。C 系列是关于建筑师与提供专业服务的咨询机构之间的合同文件。

6.【答案】 B

【解析】考查《建筑法》。建筑工程依法实行招标发包，对不适于招标发包的，可以直接发包。

7.【答案】 C

【解析】考查《建设工程质量管理条例》。建设单位应自建设工程竣工验收合格之日起 15 日内，将建设工程竣工验收报告和规划、公安消防、环保等部门出具的认可文件或者准许使用文件报建设行政主管部门或者其他有关部门备案。

8.【答案】 C

【解析】考查工程建设程序。办理质量监督注册手续时需提供下列资料：①施工图设计文件审查报告和批准书；②中标通知书和施工、监理合同；③建设单位、施工单位和监理单位工程项目的负责人和机构组成；④施工组织设计和监理规划（监理实施细则）。

9.【答案】 C

【解析】考查《招标投标法》及其实施条例。选项 A 错误，主体工程不能进行分包。

选项 B 错误，提交投标文件截止时间后，投标不可撤回。选项 D 选项，不得采用低于成本的报价。

10. 【答案】A

    【解析】考查《招标投标法》及其实施条例。招标人可以对已发出的资格预审文件进行必要的澄清或者修改。如澄清或者修改的内容可能影响资格预审申请文件编制，招标人应当在提交资格预审申请文件截止时间至少 3 日前。

11. 【答案】D

    【解析】考查《民法典》合同编。选项 A 错误，可以采用要约、承诺或者其他方式。选项 B 错误，均为到达生效。选项 C 错误，既可以撤销也可以撤回。

12. 【答案】B

    【解析】考查工程建设程序。施工图审查机构对施工图审查的内容包括：
    1）是否符合工程建设强制性标准；
    2）地基基础和主体结构的安全性；
    3）消防安全性；
    4）人防工程（不含人防指挥工程）防护安全性；
    5）是否符合民用建筑节能强制性标准，对执行绿色建筑标准的项目还应当审查是否符合绿色建筑标准；
    6）勘察设计企业和注册执业人员以及相关人员是否按规定在施工图上加盖相应的图和签字；
    7）法律、法规、规章规定必须审查的其他内容。

13. 【答案】C

    【解析】考查工程项目组成。混凝土结构为主体结构的子分部，其他均为分部工程。

14. 【答案】D

    【解析】考查工程项目管理相关制度。施工单项合同估算价在 400 万元人民币以上的应招标采购。

15. 【答案】A

    【解析】考查工程项目管理相关制度。选项 A 为项目董事会职权，其余为项目总经理的职权。

16. 【答案】A

    【解析】考查项目管理组织机构。容易造成矛盾、有多方指令的有智能制组织机构和矩阵制组织机构。直线制组织机构权力集中，指挥统一（一个指令）。

17. 【答案】A

    【解析】考查工程项目目标控制方法。S 曲线和香蕉曲线原理基本相同，都可用于控制工程造价和工程进度。

18. 【答案】B

    【解析】考查工程项目目标控制方法。绝壁型分布是直方图的分布中心偏向侧，通常是因操作者的主观因素所造成。

19. 【答案】A

    【解析】考查流水施工。流水步距的数目取决于参加流水的施工过程数。流水步距的大小取决于相邻两个施工过程（或专业工作队）在各个施工段上的流水节拍及流水施工的组织方式。

20.【答案】C

【解析】考查流水施工。计算结果如表1所示。

流水施工计算结果　　　　　　　　　　　　表1

专业工作队施工段	①	②	③	④	K（天）
基础	6	6	6	6	
结构	12	12	12	12	$K_{12}=6$
装修	12	12	12	12	$K_{23}=12$
室外	6	6	6	6	$K_{34}=30$

所以工期＝6＋12＋30＋6×4＝72（天）。

21.【答案】B

【解析】考查网络计划技术。选项A错误，有无虚工作不影响是否为关键线路。选项C错误，关键工作两端的节点为关键节点，但反之不一定成立。选项D错误，关键线路上的节点一定是关键节点，但反之不一定成立。

22.【答案】A

【解析】考查网络计划技术。计算结果见下：

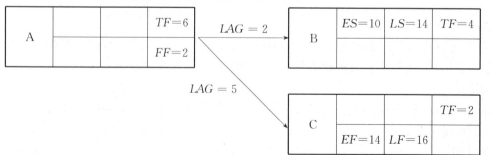

23.【答案】B

【解析】考查网络计划技术。计算结果见下：

24.【答案】B

【解析】考查网络计划技术。可以通过数经过A工作的每一条线路上波形线的长度取小值确定。A-D-G上波形线长度为3天；A-E-H上波形线长度为2天；A-E-I上波形线长度为2天；A-F-I上波形线长度为1天。最短是1天，所以A的总时差为1天。

25. 【答案】D

【解析】考查网络计划的优化。工期优化时，选择压缩关键线路上的关键工作进行压缩，但要确保始终压缩的是关键工作，而不能将其压缩成非关键工作（对缩短工期没有作用）。

26. 【答案】A

【解析】考查施工合同法律解释。根据《司法解释（一）》，因承包人原因导致开工时间推迟的，以开工通知载明的时间为开工日期。

27. 【答案】A

【解析】考查名义利率和有效利率。本题按半年计息一次，年有效利率为 8%，即 $(1+i_{半年})^2-1=8\%$，则半年有效利率 $i_{半年}=3.92\%$，$A=P(A/P, 3.9\%, 8)$

$$A=1000\times\frac{3.92\%(1+3.92\%)^8}{(1+3.92\%)^8-1}=148.04（万元）$$

28. 【答案】C

【解析】考查名义利率和有效利率。选项 C 错误，当计息周期小于利率周期时，名义利率小于有效利率。

29. 【答案】D

【解析】考查投资方案经济评价指标。选项 A 错误，考虑了整个计算期上的经济状况。选项 BC 错误，因为净现值指标是一个绝对值，不能说明各年的经营成果，也不能反映投资过程的收益程度。

30. 【答案】C

【解析】考查投资方案经济评价指标。利息备付率是偿还利息的倍数，用息税前利润（EBIT）与当期应付利息的比值来表示。

31. 【答案】C

【解析】考查投资方案经济评价方法。选项中，增量投资收益率、综合总费用法、年折算费用法、增量投资回收期法等属于静态评价方法，所以 ABD 选项错误。

32. 【答案】D

【解析】考查投资方案经济评价方法。首先要清楚对于互斥型方案的比选不能直接用内部收益率判定，应采用增量内部收益率。当两个方案的内部收益率均满足大于基准收益率，且增量内部收益率大于 i_c 的，投资额大的方案为优，反之投资额小的方案为优，所以选 D。

33. 【答案】D

【解析】考查投资方案经济评价方法。增量内部收益率的大小受现金流量分布的影响，其判别与净现值的判别是一致的，但内部收益率则不能得出一致的结论，所以选 D。

34. 【答案】A

【解析】考查盈亏平衡分析。盈亏平衡点，能够度量项目风险的大小，平衡点越低说明项目风险越低，适应市场变化的能力越强，所以选 A。

35. 【答案】C

【解析】考查现金流量与现金流量图。现金流量的三要素包括大小、方向和作用点，所以选 C。

36.【答案】 B

【解析】 考查价值工程。一般先技术后经济，技术与经济相结合。这个道理和可行性研究是一样的，首先技术上要可行，然后经济上要合理，所以选 B。

37.【答案】 A

【解析】 考查价值工程。因素分析法也称经验分析法，依据分析人员的经验做出选择，简便易行，所以选 A。

38.【答案】 C

【解析】 考查价值工程。价值工程 $V=F/C$，即价值工程的三要素为价值、功能和寿命周期成本，所以选 C。

39.【答案】 A

【解析】 考查工程寿命周期成本分析。估算费用的常用方法有：费用模型估算法、参数估算法、类比估算法、费用项目分别估算法等，所以选 A。

40.【答案】 A

【解析】 考查项目资本金制度。根据现行规定，钢铁、电解铝项目的项目资本金占项目总投资最低比例为 40%，所以选 A。

41.【答案】 D

【解析】 考查资金成本与其计算。本题考的是普通股的股利增长模型：

$$K = \frac{1}{20 \times (1-12\%)} + 10\% = 15.68\%$$

42.【答案】 B

【解析】 考查债务资金筹措渠道与方式。采用债券方式融资的优点有：筹资成本较低、保障股东控制权、发挥财务杠杆的作用、便于调整资本结构；缺点有：可能产生财务杠杆副作用、可能使企业总资金成本增大、经营灵活性降低。

43.【答案】 B

【解析】 考查资金成本及其计算。本题涉及普通股股利增长模型和银行贷款两种资金成本率计算，并计算加权平均资金成本。

$$K_1 = \frac{2}{50 \times (1-8\%)} + 10\% = 14.35\%$$

$$K_2 = \frac{3000 \times 9\% \times (1-25\%)}{3000 \times (1-2\%)} = 6.89\%$$

$$K = 14.35\% \times \frac{6000}{9000} + 6.89\% \times \frac{3000}{9000} = 11.86\%$$

44.【答案】 A

【解析】 考查项目融资的主要方式。PPP 项目合同体系包括项目合同、股东合同、融资合同、工程承包合同、运营服务合同等，其中项目合同是最核心的法律文件。

45.【答案】 C

【解析】 考查项目融资的主要方式。在项目融资模式中，TOT 和 ABS 都需要组建特殊目的机构，因此排除掉这两种后选 C。

46.【答案】 D

【解析】 考查工程项目发包模式。采用 DBB 模式优点：建设单位、工程勘察设计单位、施工总承包单位及施工分包单位在合同约束下，各自行使其职责和履行义务，责权利分配明确；建设单位直接管理工程勘察设计和施工，指令容易贯彻执行。各平行承包单位前后工作衔接，构成质量制约，有助于发现工程质量问题。此外，该模式应用广泛、历时长，相关管理方法较成熟，工程参建各方对有关程序都比较熟悉。

47. 【答案】A

【解析】考查与工程项目有关的保险规定。工伤保险费费率在基准费率的基础上可向上浮动至120%，所以选A。

48. 【答案】D

【解析】考查与工程项目有关的保险规定。选项A错误，应为以先发生者为准。选项B错误，应为3个月。选项C错误，应以先发生者为准。

49. 【答案】A

【解析】考查工程项目经济评价。经济分析采用体现资源合理有效配置的影子价格计量项目投入和产出物的价值，所以选A。

50. 【答案】D

【解析】考查设计方案评价与优化。多因素评分优选法综合了定量分析评价和定性分析评价的优点，可靠性高，应用较广泛，所以选D。

51. 【答案】B

【解析】考查概预算文件审查。筛选审查法优点是便于掌握、审查速度较快；缺点是有局限性，较适用于住宅工程或不具备全面审查条件的工程项目。

52. 【答案】B

【解析】考查合同计价方式。合同计价方式有总价合同、单价合同以及成本加酬金合同（百分比酬金、固定酬金、浮动酬金、目标成本加奖罚），对承包人而言风险最小的应为百分比酬金和固定酬金，所以选B。

53. 【答案】C

【解析】考查主要的合同文本。选项A错误，应为承包人承担（注意与施工合同示范文本描述是不一样的）。选项B错误，监理人使用施工控制网，发包人不再为此支付费用。选项D错误，私自覆盖重新检查由承包人承担后果。

54. 【答案】B

【解析】考查主要的合同文本。选项B错误，在争议评审期间，争议双方暂按总监理工程师的确定执行。

55. 【答案】D

【解析】考查主要的合同文本。除专用合同条款另有约定外，因发包人原因造成监理人未能在合同签订之日起90天内发出开始工作通知的，承包人有权提出价格调整要求，或者解除合同，发包人应当承担由此增加的费用和（或）工期延误，并向承包人支付合理利润。

56. 【答案】A

【解析】考查主要的合同文本。监理人收到承包人提交的最终结清申请单后的14天内，提出发包人应支付给承包人的价款送发包人审核并抄送承包人。

57. 【答案】C

【解析】考查与工程项目有关的保险规定。安装工程项目是指承包工程合同中未包含的机器设备安装工程的项目。该项目的保险金额为其重置价值。

58.【答案】A

【解析】考查施工成本管理。质量控制成本又可分为预防成本和鉴定成本。预防成本是指为防止工程质量缺陷和偏差出现，保证工程质量达到质量标准所采取的各项预防措施所支出的费用，包括质量规划费、工序控制费、新工艺鉴定费、质量培训费、质量信息费等。鉴定成本是指为保证工程质量而对工程本身及材料、构配件、设备等进行质量鉴定所支出的费用，包括施工图纸审查费，施工文件审查费，原材料、外购件检验试验费，工序检验费，工程质量验收费等。

59.【答案】D

【解析】考查施工成本管理。施工成本管理是一个有机联系与相互制约的系统过程。成本预测是成本计划的编制基础；成本计划是开展成本控制和核算的基础；成本控制能对成本计划的实施进行监督，保证成本计划的实现，而成本核算又是成本计划是否实现的最后检查，成本核算所提供的成本信息又是成本预测、成本计划、成本控制和成本考核等的依据。成本分析为成本考核提供依据，也为未来的成本预测与成本计划指明方向；成本考核是实现成本目标责任制的保证和手段。

60.【答案】C

【解析】考查工程费用动态监控。选项A错误，费用偏差为正值表示投资节约。选项B错误，进度偏差为负值表示进度拖后。选项D错误，正负均可。

二、多项选择题（共20题，每题2分。每题的备选项中，有2个或2个以上符合题意，至少有1个错项。错选，本题不得分；少选，所选的每个选项得0.5分）。

61.【答案】BCD

【解析】考查造价工程师执业范围。二级造价工程师独立执业范围不包括决策阶段的工作，所以A投资估算编制错误。选项E错误，也不属于二级造价工程师独立执业的范围。

62.【答案】ABC

【解析】考查《中华人民共和国价格法》。制定关系群众切身利益的公用事业价格、公益性服务价格、自然垄断经营的商品价格时，应当建立听证会制度，征求消费者、经营者和有关方面的意见。

63.【答案】BCD

【解析】考查《招标投标法》及其实施条例。选项A错误，应为招标文件和中标人的投标文件。选项E错误，主体及关键性工作不能分包。

64.【答案】DE

【解析】考查《民法典》合同编。选项A错误，依法成立的合同，自成立时生效，但是法律另有规定或者当事人另有约定的除外。选项B错误，承诺生效合同成立。选项C错误，不得仅以超越经营权范围确认合同无效。

65.【答案】ABC

【解析】考查工程项目发包模式。选项D错误，CM单位不赚取总包与分包之间的差价。选项E错误，CM模式有代理型和非代理型，代理型的CM单位不负责工程分包的发包。

66.【答案】ACD

【解析】考查工程项目计划体系。工程项目年度计划表格部分包括年度计划项目表、年度竣工投产交付使用计划表、年度建设资金平衡表和年度设备平衡表。

67.【答案】ABE

【解析】考查流水施工。异步距异节奏流水施工是指在组织异节奏流水施工时,每个施工过程成立一个专业工作队,由其完成各施工段任务的流水施工。其特点如下:

(1) 同一施工过程在各个施工段上的流水节拍均相等,不同施工过程之间的流水节拍不尽相等;

(2) 相邻施工过程之间的流水步距不尽相等;

(3) 专业工作队数等于施工过程数;

(4) 各个专业工作队在施工段上能够连续作业,施工段之间可能存在空闲时间。

68.【答案】ACDE

【解析】考查流水施工。划分施工段一般应遵循下列原则:

①同一专业工作队在各个施工段上的劳动量应大致相等,相差幅度不宜超过10%~15%;

②每个施工段内要有足够的工作面,以保证相应数量的工人、主导施工机械的生产效率,满足合理劳动组织的要求;

③施工段的界限应尽可能与结构界限(如沉降缝、伸缩缝等)相吻合,或设在对建筑结构整体性影响小的部位,以保证建筑结构的整体性;

④施工段的数目要满足合理组织流水施工的要求。施工段数目过多,会降低施工速度,延长工期;施工段数目过少,不利于充分利用工作面,可能造成窝工;

⑤对于多层建筑物、构筑物或需要分层施工的工程,应既分施工段,又分施工层,各专业工作队依次完成第一施工层中各施工段任务后,再转入第二施工层的施工段上作业,依此类推。以确保相应专业队在施工段与施工层之间组织连续、均衡、有节奏地流水施工。

69.【答案】BCE

【解析】考查网络计划技术。选项A错误,应为本工作的最早完成时间。选项D错误,不存在波形线,如果有自由时差则波形线在虚箭线上。

70.【答案】AB

【解析】考查基准收益率。确定基准收益率时应考虑资金成本和机会成本、投资风险、通货膨胀等。

71.【答案】AB

【解析】按成本核算科目划分,施工成本可分为直接成本和间接成本。

72.【答案】ADE

【解析】考查经济评价指标体系。选项B错误,内部收益率是投资方案占用的尚未回收的资金的获利能力。选项C错误,内部收益率能反映投资过程的收益程度,而利润率是静态指标。

73.【答案】BDE

【解析】考查投资方案经济评价方法。选项AC为静态评价方法。

74.【答案】ABD

【解析】考查资本金筹措渠道与方式。既有法人项目资本金筹措的内部资金来源包括：企业的现金、未来生产经营中获得的可用于项目的资金、企业资产变现、企业产权转让。

75.【答案】ACE

【解析】考查与工程项目有关的税收。土地增值税计算时准予扣除的项目有：取得土地使用权支出的金额、房地产开发成本、房地产开发费用、与转让房地产有关的税金、旧房及建筑物的评估价格等。

76.【答案】ACE

【解析】考查与工程项目有关的税收。选项B错误，应为非居民企业。选项D错误，20%应为15%。

77.【答案】ABCE

【解析】考查项目策划内容。项目实施策划包括工程项目组织策划、工程项目融资策划、工程项目目标策划、工程项目实施过程策划。

78.【答案】BC

【解析】考查施工成本管理。企业对项目施工成本的考核包括项目施工成本目标完成情况和施工成本管理工作绩效的考核。主要考核指标包括项目施工成本降低额、项目施工成本降低率。

79.【答案】ACD

【解析】考查工程结算。选项B错误，国有企业建设工程进度款支付应不低于已完成工程价款的80%。选项E错误，当年开工、当年不能竣工的新开工项目可以推行过程结算。

80.【答案】BDE

【解析】考查质量保证金预留与返回。选项A错误，缺陷责任期从实际通过竣工验收之日起计。选项C错误，应为工程价款结算总额的3%。

模拟试卷 2 《建设工程造价管理》

一、单项选择题（共 60 题，每题 1 分。每题的备选项中，只有 1 个最符合题意）。

1. 非生产性建设项目总投资就是（　　）。
   A. 建设项目总造价
   B. 静态投资与动态投资
   C. 全部建筑安装工程费
   D. 固定资产投资和流动资产投资

2. 竣工决算一般是由（　　）编制。
   A. 建设单位
   B. 施工单位
   C. 政府部门
   D. 监理单位

3. 工程造价管理的主要内容中，属于工程项目策划阶段的是（　　）。
   A. 进行招标策划
   B. 确定投标报价策略
   C. 进行投资方案的经济评价
   D. 编制设计概算

4. 根据《造价工程师职业资格制度规定》，属于二级造价工程师独立开展工作范围的是（　　）。
   A. 审查设计概算
   B. 进行项目经济评价
   C. 进行造价纠纷的仲裁
   D. 进行工料分析

5. 有以下行为，逾期未改正可处 5000 元以上 2 万元以下罚款的是（　　）。
   A. 跨省承接业务不备案的
   B. 同时接受招标人和投标人的造价咨询业务的
   C. 给予回扣进行不正当竞争的
   D. 转包承接的工程造价咨询业务的

6. 根据《建筑法》及《建设工程质量管理条例》规定，以下说法正确的是（　　）。
   A. 建设单位应当自领取施工许可证之日起 3 个月后开工
   B. 施工单位应及时向建设主管部门移交建设项目档案
   C. 电气管道在正常使用条件下，最低保修 2 年
   D. 建设单位不得委托该工程的设计单位进行监理

7. 根据《招标投标法实施条例》，招标人可对发出的资格预审文件进行必要的澄清或者修改，如果澄清或者修改的内容可能影响资格预审申请文件的编制，招标人应在提交截止日期至少（　　）日前以书面形式通知所有获得资格预审文件的潜在投标人。
   A. 2
   B. 3
   C. 10
   D. 15

8. 根据《政府采购法实施条例》，招标文件提供的期限自招标文件发出之日起不得少于（　　）。
   A. 3 个工作日
   B. 3 日
   C. 5 个工作日
   D. 5 日

9. 根据《民法典》合同编，合同若经过要约、承诺方式成立，则合同成立的判断依据是（　　）。
   A. 承诺是否生效　　　　　　　　B. 受要约人作出承诺
   C. 要约人是否接受承诺　　　　　D. 要约是否生效

10. 根据《价格法》，制定关系群众切身利益的公用事业价格、公益性服务价格、自然垄断经营的商品价格时，应当建立（　　）制度。
    A. 听证会　　　　　　　　　　　B. 公示
    C. 专家审议　　　　　　　　　　D. 申报

11. 根据《建筑工程施工质量验收统一标准》GB 50300—2013，下列工程中，属于分项工程的是（　　）。
    A. 基坑支护　　　　　　　　　　B. 地下水控制
    C. 土方回填　　　　　　　　　　D. 轻质隔墙

12. 根据《国务院关于投资体制改革的决定》，对于采用贷款贴息方式的政府投资项目，政府需要审批（　　）。
    A. 项目建议书　　　　　　　　　B. 可行性研究报告
    C. 工程概算　　　　　　　　　　D. 资金申请报告

13. 根据现行规定，将建设工程施工图送施工图审查机构审查和申请领取施工许可证分别应由（　　）进行。
    A. 施工单位和建设单位　　　　　B. 设计单位和建设单位
    C. 设计单位和监理单位　　　　　D. 建设单位和建设单位

14. 对于实行项目法人责任制的项目，项目董事会的责任是（　　）。
    A. 组织项目后评价　　　　　　　B. 编制项目年度投资计划
    C. 编制和确定招标方案　　　　　D. 提出竣工验收申请报告

15. 根据《必须招标的工程项目规定》，单项施工合同估算价在（　　）万元人民币以上的项目必须进行招标。
    A. 400　　　　　　　　　　　　　B. 300
    C. 200　　　　　　　　　　　　　D. 100

16. 下面关于工程代建制的说法，不正确的是（　　）。
    A. 工程代建单位的责任范围只在工程项目建设的实施阶段
    B. 工程代建单位不负责建设资金筹措，但要负责贷款偿还
    C. 代建单位要承担相应的管理、咨询风险，并收取代理费、咨询费
    D. 代建单位需提交工程概算投资10%左右的履约保函

17. 关于Partnering模式的说法，正确的是（　　）。
    A. Partnering协议是业主与承包商之间的协议
    B. Partnering模式是一种独立存在的承发包模式
    C. Partnering模式特别强调工程参建各方基层人员的参与
    D. Partnering协议不是法律意义上的合同

18. 以下关于工程项目管理组织机构形式，说法正确的有（　　）。
    A. 直线制是一种最简单的组织机构形式

B. 直线职能制的职能部门可直接下达指令
C. 强矩阵组织机构中需要配备训练有素的协调人员
D. 弱矩阵组织机构中由项目经理负责整个项目的目标

19. 下列计划表中，属于建设单位计划体系中工程项目建设总进度计划表格部分的是（   ）。
   A. 年度计划项目表　　　　　　　B. 年度建设资金平衡表
   C. 投资计划年度分配表　　　　　D. 年度设备平衡表

20. 根据《建筑施工组织设计规范》GB/T 50502—2009，施工组织总设计应由（   ）主持编制。
   A. 总承包单位技术负责人　　　　B. 施工项目负责人
   C. 总承包单位法定代表人　　　　D. 施工项目技术负责人

21. 下列工程项目目标控制方法中，可用来掌握产品质量波动情况及质量特征的分布规律，以便对质量状况进行分析判断的是（   ）。
   A. 直方图法　　　　　　　　　　B. 鱼刺图法
   C. 控制图法　　　　　　　　　　D. S 曲线法

22. 某建设工程施工横道图进度计划如表 1 所示，则关于该工程施工组织的说法正确的是（   ）。

某建设工程施工横道图进度计划　　　　　　　　　　　　　　表 1

施工过程名称	施工进度（天）									
	3	6	9	12	15	18	21	24	27	30
支模板	Ⅰ-1	Ⅰ-2	Ⅰ-3	Ⅰ-4	Ⅱ-1	Ⅱ-2	Ⅱ-3	Ⅱ-4		
绑扎钢筋		Ⅰ-1	Ⅰ-2	Ⅰ-3	Ⅰ-4	Ⅱ-1	Ⅱ-2	Ⅱ-3	Ⅱ-4	
浇混凝土			Ⅰ-1	Ⅰ-2	Ⅰ-3	Ⅰ-4	Ⅱ-1	Ⅱ-2	Ⅱ-3	Ⅱ-4

注：Ⅰ、Ⅱ表示楼层；1、2、3、4 表示施工段。

   A. 各层内施工过程间不存在技术间歇和组织间歇
   B. 所有施工过程由于施工楼层的影响，均可能造成施工不连续
   C. 由于存在两个施工楼层，每一施工过程均可安排 2 个施工队伍
   D. 在施工高峰期（第 9 日与第 24 日期间），所有施工段上均有工人在施工

23. 某工程划分为 ABCD 共 4 个施工过程，3 个施工段，流水节拍均为 2 天，其中 A 与 B 之间间歇 2 天，B 与 C 之间搭接 1 天，C 与 D 之间间歇 2 天，则该工程的计划工期应为（   ）天。
   A. 12　　　　　　　　　　　　　B. 15
   C. 17　　　　　　　　　　　　　D. 20

24. 某工程双代号网络计划如图 1 所示，其中关键线路有（   ）条。

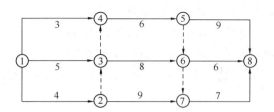

图 1 某工程双代号网络计划

A. 4 B. 3
C. 2 D. 1

25. 某分部工程双代号时标网络计划如图 2 所示,其中工作 A 的总时差和自由时差是( )天。

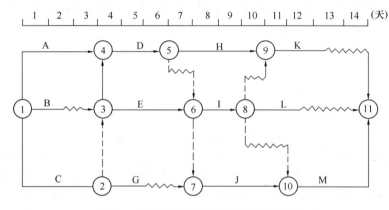

图 2 某分部工程双代号时标网络计划

A. 分别为 1 和 0 B. 均为 1
C. 分别为 2 和 0 D. 均为 0

26. 某工程网络计划执行到第 8 周末检查进度情况见表 2,说法正确的是( )。

某工程第 8 周末进度情况　　　　　　　表 2

工作名称	检查计划时尚需作业周数	到计划最迟完成时尚余周数	原有总时差
H	3	2	1
K	1	2	0
M	4	4	2

A. 工作 H 延误 2 周 B. 工作 K 尚有总时差为零
C. 工作 M 按计划进行 D. 工作 H 尚有总时差 1 周

27. 根据《标准设计招标文件》(2017 年版),合同文件包括下列内容:①设计费用清单;②发包人要求;③中标通知书,仅就上述三项内容而言,合同文件的优先解释顺序是( )。

A. ①→②→③ B. ③→①→②
C. ②→①→③ D. ③→②→①

28. 根据《标准材料采购招标文件》(2017年版),迟延交付违约金的最高限额为合同价格的( )。
   A. 3%
   B. 5%
   C. 10%
   D. 15%

29. 推动工程项目信息管理的"发动机",工程项目信息管理的关键是( )。
   A. 建设单位
   B. 承包单位
   C. 监理单位
   D. 设计单位

30. 某企业年初向银行借款1000万元,年复利率为8%。银行规定每半年计息一次,若企业向银行所借的本金和产生的利息均在第3年年末一次向银行支付,则支付额为( )万元。
   A. 1260.55
   B. 1265.32
   C. 1280.65
   D. 1360.49

31. 借款100万元,年利率12%,按月复利计息,每季度支付一次付息,则每年利息总额为( )。
   A. 12.00万元
   B. 12.68万元
   C. 3.03万元
   D. 12.12万元

32. 在下列投资方案评价指标中,反映借款偿债能力的指标是( )。
   A. 偿债备付率和投资收益率
   B. 利息备付率和偿债备付率
   C. 利息备付率和投资收益率
   D. 内部收益率和借款偿还期

33. 净现值作为评价投资方案经济效果的指标,其优点是( )。
   A. 全面考虑了项目在整个计算期内的经济状况
   B. 能够直接说明项目整个运营期内各年的经营成果
   C. 能够明确反映项目投资中单位投资的使用效率
   D. 不需要确定基准收益率而直接进行互斥方案的比选

34. 下列影响因素中用来确定基准收益率的基础因素是( )。
   A. 资金成本和机会成本
   B. 机会成本和投资风险
   C. 投资风险和通货膨胀
   D. 通货膨胀和资金成本

35. 已知两个互斥投资方案的内部收益率$IRR1$和$IRR2$均大于基准收益率i_c,且增量内部收益率为ΔIRR,则( )。
   A. $IRR1 > IRR2$时,说明方案1优于方案2
   B. $IRR1 < IRR2$时,说明方案1优于方案2
   C. $\Delta IRR < i_c$时,投资额大的方案为优选方案
   D. $\Delta IRR > i_c$时,投资额大的方案为优选方案

36. 某项目设计生产能力为50万件产品,预计单位产品价格为100元,单位产品可变成本为70元,年固定成本为400万元。若该产品的销售税金及附加的合并税率为5%,则用产量和销售收入表示的项目盈亏平衡点为( )。
   A. 16万件和1600万元
   B. 32万件和1333万元
   C. 16万件和1333万元
   D. 32万件和1600万元

37. 价值工程的目标是( )。

A. 以最低的寿命周期成本，使产品具备它所必须具备的功能
B. 以最低的生产成本，使产品具备其所必须具备的功能
C. 以最低的寿命周期成本，获得最佳经济效果
D. 以最低的生产成本，获得最佳经济效果

38. 价值工程活动过程中，属于分析阶段主要工作的是（　　）。
A. 对象选择　　　　　　　　　B. 功能定义
C. 方案评价　　　　　　　　　D. 方案审批

39. 下列方法中，既可用于价值工程对象选择，又可用于确定功能重要性系数的是（　　）。
A. 因素分析法　　　　　　　　B. 重点选择法
C. 专家检查法　　　　　　　　D. 强制确定法

40. 价值工程应用中，如果评价对象的价值系数V<1，则正确的策略是（　　）。
A. 剔除不必要功能或降低现实成本
B. 剔除过剩功能及降低现实成本
C. 不作为价值工程改进对象
D. 提高现实成本或降低功能水平

41. 对生产性项目进行寿命周期成本评价时，可列入工程系统效率的是（　　）。
A. 研究开发费　　　　　　　　B. 备件库存资金
C. 生产阶段劳动力成本节省额　D. 生产阶段材料成本降低额

42. 按照我国现行规定，各种经营性固定资产投资项目必须实行资本金制度，但（　　）不实行资本金制度。
A. 国有单位的基本建设项目　　B. 技术改造项目
C. 房地产项目　　　　　　　　D. 公益性项目

43. 下列资金筹措渠道与方式中，新设项目法人可用来筹措项目资本金的是（　　）。
A. 发行债券　　　　　　　　　B. 信贷融资
C. 融资租赁　　　　　　　　　D. 合资合作

44. 某公司发行优先股股票，票面额按正常市价计算为300万元，筹资费费率为5%，股息年利率为14.25%，则资金成本率为（　　）。
A. 14.25%　　　　　　　　　　B. 15%
C. 16.75%　　　　　　　　　　D. 18%

45. 按照项目融资程序，属于融资决策分析阶段进行的工作是（　　）。
A. 任命项目融资顾问　　　　　B. 确定项目投资结构
C. 评价项目融资结构　　　　　D. 分析项目风险因素

46. 在某种意义上，区分融资是属于项目融资还是属于传统形式融资的重要标志是（　　）。
A. 项目导向　　　　　　　　　B. 风险分担方式
C. 负债类型　　　　　　　　　D. 追索形式和程度

47. 在BT形式下，民营机构用于项目建设的资金大多来自（　　）。
A. 财政拨款　　　　　　　　　B. 运营项目收费

C. 企业及社会团体集资 D. 银行的有限追索权贷款

48. 采用PFI融资方式，政府部门与私营部门签署的合同类型是( )。
A. 服务合同 B. 特许经营合同
C. 承包合同 D. 融资租赁合同

49. 以下关于增值税的说法，正确的是( )。
A. 纳税人兼营不同税率项目的，应分别核算销售额，未分别核算的从低适用税率
B. 当期销项税额小于进项税额不足抵扣的，不足部分可以结转下期继续抵扣
C. 一般计税方法，销项税额＝销售额×税率，其中销售额包括收取的销项税额
D. 从销售方取得的增值税普通发票上注明的增值税额准予从销项税额中抵扣

50. 应纳房产税的一幢房产原值100万元，已知房产税税率为1.2%，当地房产税扣除比例为25%，则该房产应缴纳房产税( )万元。
A. 0.6 B. 0.9
C. 1.2 D. 1.8

51. 投保建筑工程一切险时，不能作为保险项目的有( )。
A. 现场临时建筑 B. 现场使用的施工机械
C. 领有公共运输执照的车辆 D. 现场在建的分部工程

52. 与工程项目财务分析不同，工程项目经济分析的主要标准和参数是( )。
A. 净利润和财务净现值 B. 净收益和经济净现值
C. 净利润和社会折现率 D. 市场利率和经济净现值

53. 以下可以列入项目资本金现金流量表中，但不出现在项目投资现金流量表中的是( )。
A. 维持运营的投资 B. 经营成本
C. 折旧 D. 借款本金偿还

54. 设计方案多指标法选用的评价指标不包括( )。
A. 工程造价指标 B. 工期指标
C. 价值指标 D. 主要材料消耗指标

55. 下列有关方案优化的说法，正确的是( )。
A. 设计优化是使设计质量不断提高的有效途径
B. 设计招标以及设计方案竞赛中不可参考别人设计成果
C. 方案优化时要重点考虑造价目标
D. 工期不是方案优化的目标之一

56. 费用效果分析方法一般适用于( )。
A. 效益和费用可以货币化的项目 B. 效益难以货币化的项目
C. 效益和费用均难以量化的项目 D. 所有项目

57. 根据《标准施工招标文件》(2017年版)，采取争议评审处理争议的，发包人和承包人应在开工日后的( )天内或在争议发生后，协商成立争议评审组。
A. 28 B. 30
C. 14 D. 15

58. 下列不同计价方式的合同中，施工承包单位承担造价控制风险最小的合同

是( )。

　　A. 成本加浮动酬金合同　　　　　　B. 单价合同
　　C. 成本加固定酬金合同　　　　　　D. 总价合同

59. 根据FIDIC施工合同条件，付给指定分包商的款项来源应是( )。

　　A. 暂定金额　　　　　　　　　　　B. 项目管理费
　　C. 零星用工费　　　　　　　　　　D. 总承包服务费

60. 根据《建设工程质量保证金管理办法》，由发包人原因导致工程无法按规定期限进行竣工验收的，缺陷责任期自( )开始计算。

　　A. 通过竣工验收之日　　　　　　　B. 提交验收报告之日
　　C. 实际通过竣工验收之日　　　　　D. 提交竣工验收报告90天后

二、**多项选择题**（共20题，每题2分。每题的备选项中，有2个或2个以上符合题意，至少有1个错项。错选，本题不得分；少选，所选的每个选项得0.5分）。

61. 属于工程造价咨询业务范围的工作有( )。

　　A. 项目经济评价报告编制　　　　　B. 提供工程造价信息服务
　　C. 项目设计方案比选　　　　　　　D. 工程索赔费用计算
　　E. 造价纠纷仲裁

62. 根据《建设工程安全生产管理条例》，对于列入建设工程概算的安全作业环境及安全施工措施所需的费用，施工单位应当用于( )。

　　A. 安全生产条件改善　　　　　　　B. 专职安全管理人员工资
　　C. 施工安全设施更新　　　　　　　D. 安全事故损失赔付
　　E. 施工机械设备采购

63. 根据《招标投标法实施条例》，评标委员会应当否决投标的情形有( )。

　　A. 投标报价低于工程成本
　　B. 投标文件未经投标单位负责人签字
　　C. 投标报价低于招标控制价
　　D. 投标联合体没有提交共同投标协议
　　E. 投标人不符合招标文件规定的资格条件

64. 依据《民法典》规定，有关合同履行的规则，正确的是( )。

　　A. 质量约定不明的，应优先按交易习惯确定
　　B. 逾期交付标的物，遇价格上涨时，按新价格执行
　　C. 代为履行变更了合同的权利义务主体
　　D. 债务人提前履行或部分履行债务给债权人增加的费用，由债务人承担
　　E. 合同转让是合同变更的一种，变更了合同主体

65. 单位工程施工组织设计的主要内容包括( )。

　　A. 工程概况　　　　　　　　　　　B. 施工部署
　　C. 施工费用计划　　　　　　　　　D. 主要施工方案
　　E. 施工进度计划

66. 建设工程组织加快的成倍节拍流水施工的特点有( )。

　　A. 各专业工作队在施工段上能够连续作业

B. 相邻施工过程的流水步距均相等
C. 不同施工过程的流水节拍不全相等，但成倍数关系
D. 施工段之间可能有空闲时间
E. 专业工作队数大于施工过程数

67. 关于网络计划中工作自由时差（FF_i或FF_{i-j}）的说法，正确的有（　　）。
A. 自由时差是在不影响工期的前提下，工作所具有的机动时间
B. $FF_i = \min\{LAG_{i-j}\}$（LAG_{i-j}是本工作和紧后工作之间的间隔时间）
C. $FF_{ij} = \min\{ES_{jk} - EF_{jk}\}$（$ES_{jk}$是所有紧后工作的最早开始时间）
D. $FF_{ij} = \min\{ET_j\} - ET_i - D_{ij}$（$ET_j$是指所有紧后工作开始节点的最早时间）
E. 时标网络计划中，自由时差是该工作与紧后工作间最短波形线的长度

68. 以下关于网络计划优化的描述中，说法正确的有（　　）。
A. 工期优化是指寻找工程总成本最低时的工期安排
B. 费用优化是通过压缩关键工作的持续时间以满足工期目标的要求
C. 资源优化主要目的是通过优化减少完成某项工作所需的资源数量
D. 资源优化的前提之一是不改变网络计划中各项工作的持续时间
E. 工期优化应选择关键线路上的工作进行压缩，并始终保持压缩关键工作

69. 根据《标准设计施工总承包招标文件》（2012年版），以下属于发包人义务的有（　　）。
A. 发包人应委托监理人提前6天向承包人发出开工通知
B. 负责办理工程建设项目必须履行的各类审批、核准或备案手续
C. 负责组织竣工验收
D. 负责组织设计交底
E. 负责施工场地及其周边环境与生态的保护工作

70. 某投资方案，基准收益率为15%，若该方案的内部收益率为18%，则（　　）。
A. 该方案可行
B. 净现值大于零
C. 净现值等于零
D. 该方案不可行
E. 净现值率小于零

71. 采用净现值和内部收益率指标评价投资方案经济效果的共同特点有（　　）。
A. 均受外部参数的影响
B. 均考虑资金的时间和价值
C. 均可对独立方案进行评价
D. 均能反映投资回收过程的收益程度
E. 均能全面考虑整个计算期内经济状况

72. 工程总承包模式的优点有（　　）。
A. 有利于缩短工期
B. 建设单位前期工作量少
C. 注重功能整理
D. 合同价款一般要低
E. 便于提前确定工程造价

73. 下列属于寿命周期成本中的设施费的有（　　）。
A. 安装工程费用
B. 设备设施购置费
C. 改造费用
D. 采暖工程费用
E. 能耗成本（运行费用）

74. 以下关于资金成本说法，正确的有(　　)。
A. 资金成本一般包括资金筹集成本和资金使用成本
B. 资金成本一般表现为时间的函数
C. 边际资金成本是确定筹资方式的重要依据
D. 综合资金成本是项目公司资本结构决策的依据
E. 资金成本都可以计入产品成本中去

75. 关于PFI的特点，说法正确的有(　　)。
A. 合资经营项目的控制权必须由公共部分掌握
B. 适用范围比BOT要广泛
C. 核心旨在增加公共服务或公共服务产出的大众化
D. 项目设计风险由政府承担
E. 政府投融资和建设管理方式的制度创新

76. 下列各项中，可在计算所得税应纳税所得额时减除的有(　　)。
A. 财政拨款　　　　　　　　　　B. 接受捐赠收入
C. 企业总成本费用　　　　　　　D. 赞助支出
E. 年度利润总额12%以内部分的公益性捐赠支出

77. 根据我国现行《工伤保险条例》，以下各项中可以视同工伤的有(　　)。
A. 患职业病的
B. 在工作时间和工作岗位，突发疾病死亡
C. 在抢险救灾等维护国家利益、公共利益活动中受伤的
D. 上下班途中，受到非本人主要责任的交通事故伤害的
E. 工作时间工作岗位突发疾病，抢救无效在48小时后死亡的

78. 下列工程项目策划内容中，属于工程项目构思策划的有(　　)。
A. 工程项目组织系统　　　　　　B. 工程项目系统构成
C. 工程项目发包模式　　　　　　D. 工程项目建设规模
E. 工程项目融资方案

79. 投标单位在(　　)情形下可以选择低价。
A. 施工条件好的工程
B. 投标对手少的工程
C. 附近有工程而本项目可利用该工程的设备
D. 支付条件好的工程
E. 工期要求紧的工程

80. 进行施工成本对比分析时，可采用的对比方式有(　　)。
A. 本期实际值与目标值对比　　　B. 本期实际值与上期目标值对比
C. 本期实际值与上期实际值对比　D. 本期目标值与上期实际值对比
E. 本期实际值与行业先进水平对比

模拟试卷 2 《建设工程造价管理》答案与解析

一、单项选择题（共 60 题，每题 1 分。每题的备选项中，只有 1 个最符合题意）。

1.【答案】 A

【解析】考查建设项目总投资。生产性建设项目总投资包括固定资产投资和流动资产投资两部分。非生产性建设项目总投资只包括固定资产投资，不含流动资产投资。建设项目总造价是指项目总投资中的固定资产投资总额。

2.【答案】 A

【解析】考查工程计价的特征。竣工决算文件一般是由建设单位编制，上报相关主管部门审查。

3.【答案】 C

【解析】考查工程造价管理的主要内容。策划阶段即决策阶段，主要是项目建议书和可行性研究工作，涉及造价的为投资估算、设计概算编审、经济评价等工作。所以选 C。

4.【答案】 D

【解析】考查造价工程师执业范围。选项 AB 策划阶段的工作，不属于二级造价工程师独立工作的范围；选项 C 仲裁显然不属于造价工程师的执业范围。

5.【答案】 A

【解析】考查造价工程师的法律责任。跨省、自治区、直辖市承接业务不备案的，由县级以上地方人民政府建设主管部门或者有关专业部门给予警告，责令限期改正；逾期未改正的，可处以 5000 元以上 2 万元以下的罚款。

6.【答案】 C

【解析】考查《建筑法》及相关条例。选项 A 错误，应为 3 个月内开工。选项 B 错误，应及时向建设单位移交建设项目档案。选项 D 错误，可以委托。

7.【答案】 B

【解析】考查《招标投标法》及其实施条例。两个数字，如果是资格预审文件则为 3 日前，如果是招标文件则为 15 日前。本题为 3 日前，选 B。

8.【答案】 C

【解析】考查《政府采购法实施条例》。本题应为 5 个工作日，注意与《招标投标法》的区别。

9.【答案】 A

【解析】考查《民法典》合同编。若经过要约、承诺方式订立合同，则合同成立的判断依据是承诺是否生效。

10.【答案】 A

【解析】考查《价格法》。制定关系群众切身利益的公用事业价格、公益性服务价格、自然垄断经营的商品价格时，应当建立听证会制度。

11.【答案】C

【解析】考查工程项目组成。基坑支护、地下防水、轻质隔墙都是子分部工程，土方回填为分项工程。

12.【答案】D

【解析】考查项目投资决策管理制度。对于采用直接投资和资本金注入方式的政府投资项目，政府需要从投资决策的角度审批项目建议书和可行性研究报告，除特殊情况外，不再审批开工报告，同时还要严格审批其初步设计和概算；对于采用投资补助、转贷和贷款贴息方式的政府投资项目，则只审批资金申请报告。

13.【答案】D

【解析】考查建设实施阶段的工作内容。送审施工图及申领施工许可均由建设单位办理。

14.【答案】D

【解析】考查项目法人责任制。建设项目董事会的职权有负责筹措建设资金，审核、上报项目初步设计和概算文件；审核、上报年度投资计划并落实年度资金，提出项目开工报告；研究解决建设过程中出现的重大问题；负责提出项目竣工验收申请报告；审定偿还债务计划和生产经营方针，并负责按时偿还债务；聘任或解聘项目总经理，并根据总经理的提名，聘任或解聘其他高级管理人员。

15.【答案】A

【解析】考查招标投标制。施工单项合同估价在400万元人民币以上的必须进行招标。

16.【答案】B

【解析】考查项目管理承包模式。选项B错误，代建单位不负责建设资金筹措，也不负责贷款偿还。

17.【答案】D

【解析】考查工程项目发包模式。选项A错误，该协议不仅仅是业主与承包商之间的协议。选项B错误，该模式不是一种独立存在的承发包模式。选项C错误，应为高层管理者参与。

18.【答案】A

【解析】考查工程项目管理组织结构形式。直线制是一种最简单的组织机构形式。

19.【答案】C

【解析】考查工程项目计划体系。工程项目建设总进度计划表格部分包括工程项目一览表、工程项目总进度计划、投资计划年度分配表和工程项目进度平衡表。

20.【答案】B

【解析】考查工程项目施工组织设计。施工组织总设计应由施工项目负责人主持编制，应由总承包单位技术负责人负责审批。

21.【答案】A

【解析】工程项目目标控制方法。直方图又叫频数分布直方图，它以直方图形的高度表示一定范围内数值所发生的频数，据此可掌握产品质量的波动情况，了解质量特征的分布规律，以便对质量状况进行分析判断。

22.【答案】A

【解析】考查流水施工。选项 A 正确，本题一层划分为 4 个施工段，3 个施工过程（专业队伍），各施工过程首尾相接，显然没有间歇。

23.【答案】B

【解析】考查流水施工。计算见表 3。

流水施工（单位：天） 表 3

	①	②	③	K	搭接/间歇
A	2	2	2		
B	2	2	2	$K_{AB}=2$	+2
C	2	2	2	$K_{BC}=2$	−1
D	2	2	2	$K_{CD}=2$	+2

所以，工期=(2+2+2)+(2+2+2)+2−1+2=15（天）。

24.【答案】B

【解析】考查网络计划技术。可以用标号法确定（图 3）。关键线路为：①→③→④→⑤→⑧；①→③→⑥→⑦→⑧；①→②→⑦→⑧。

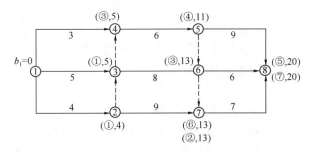

图 3 网络计划图

25.【答案】A

【解析】考查网络计划技术。A 工作的自由时差为 0（没有波形线），A 工作总时差可以根据经过 A 的线路上波形线长度最小值确定为 1 天。

26.【答案】A

【解析】考查网络计划执行与控制。本题为列表比较法。计算结果见表 4。

计算结果 表 4

工作名称	检查计划时尚需作业周数	到计划最迟完成时尚余周数	原有总时差	尚有总时差	情况判别
H	3	2	1	−1	拖后 2 周，影响工期 1 周
K	1	2	0	1	提前 1 周，不影响工期
M	4	4	2	0	拖后 2 周，不影响工期

27.【答案】D

【解析】考查工程项目合同管理。合同文件的解释顺序：①合同协议书；②中标通知书；③投标函及投标函附录；④专用合同条款；⑤通用合同条款；⑥发包人要求；⑦设计费用清单；⑧设计方案等。

28.【答案】C

【解析】考查工程项目合同管理。迟延交付违约金的最高限额为合同价格的10%。

29.【答案】A

【解析】考查工程项目信息化管理。建设单位不同于一般的工程建设参与者，建设单位是工程项目生产过程的总集成者，是推动工程项目信息管理的"发动机"，是工程项目信息管理的关键。

30.【答案】B

【解析】考查等值计算。应先绘制现金流量图，然后再计算。
$F=1000(F/P, 8\%/2, 2\times3)=1000(F/P, 4\%, 6)=1265.32$（万元）。

31.【答案】D

【解析】考查有效利率和名义利率。可先计算季度的有效利率：$(1+1\%)^3-1=3.03\%$。

再计算一个季度的利息：$100\times3.03\%=3.03$（万元），则一年的利息总额：$3.03\times4=12.12$（万元）。

32.【答案】B

【解析】考查经济评价指标体系。反映借款偿债能力的指标有：利息备付率、偿债备付率、资产负债率、流动比率和速动比率。

33.【答案】A

【解析】考查经济评价指标体系。净现值指标考虑了资金的时间价值，并全面考虑了项目在整个计算期内的经济状况，经济意义明确直观，能够直接以金额表示项目的盈利水平；判断直观。但不足之处是，必须首先确定一个符合经济现实的基准收益率，而基准收益率的确定往往是比较困难的。而且在互斥方案评价时，净现值必须慎重考虑互斥方案的寿命，如果互斥方案寿命不等，必须构造一个相同的分析期限，才能进行方案比选。此外，净现值不能反映项目投资中单位投资的使用效率，不能直接说明在项目运营期各年的经营成果。

34.【答案】A

【解析】考查基准收益率的确定。资金成本和投资机会成本是确定基准收益率的基础，投资风险和通货膨胀是确定基准收益率必须考虑的影响因素。

35.【答案】D

【解析】考查投资方案的评价方法。首先对于互斥型方案不能直接用内部收益率比选，即AB错误。应采用增量内部收益率比选，当$\Delta IRR>i_c$，应选投资额大的方案，反之选投资额小的方案。

36.【答案】A

【解析】考查不确定性分析与风险分析。产量盈亏平衡点：$\dfrac{400}{100-70-100\times5\%}=$

16（万件）；

销售收入平衡点：100×16＝1600（万元）。

37.【答案】A

【解析】考查价值工程应用。价值工程的目标是以最低的寿命周期成本，使产品具备其所必须具备的功能。简而言之，就是以提高对象的价值为目标。

38.【答案】B

【解析】考查价值工程应用。分析阶段主要工作包括：收集整理资料；功能定义；功能整理；功能评价。

39.【答案】D

【解析】考查价值工程应用。强制确定法是以功能重要程度作为选择价值工程对象的一种分析方法。具体做法是：先求出分析对象的成本系数、功能系数，然后得出价值系数，以揭示出分析对象的功能与成本之间是否相符。如果不相符，价值低的则被选为价值工程的研究对象。这种方法在功能评价和方案评价中也有应用。

40.【答案】B

【解析】考查价值工程应用。价值系数 $V<1$ 即功能现实成本大于功能评价价值。表明评价对象的现实成本偏高，而功能要求不高。这时，一种可能是由于存在着过剩的功能，另一种可能是功能虽然过剩，但实现功能的条件或方法不佳，以致实现功能的成本大于功能的现实需要。这两种情况都应列入功能改进的范围，并且以剔除过剩功能及降低现实成本为改进方向，使成本与功能比例趋于合理。

41.【答案】D

【解析】考查工程寿命周期成本分析，见表5。

工程寿命周期成本分析　　　　　　　　　　　　　表5

	投资目的	在 CE 式中所属项目（SE，LCC）
A	●增产 ●保持生产能力	●增产所得的增收额列入 X 项 ●防止生产能力下降的部分相当于 Y 项
B	●提高质量 ●稳定质量	●提高质量所得的增收额列入 Y 项 　　提高质量的增收额＝平均售价提高部分×销售量 ●防止质量下降而投入的部分列入 Y 项
C	●降低成本 ●材料费 ●劳务费	●由于节约材料所得的增收额列入 X 项（注意：产品的材料费、节约额不包括在 LCC 的 SC 中，应计入分子 SE 中） ●由于减少劳动量而节省的劳务费应计入分母的 SC 费用科目中，SE 不变

42.【答案】D

【解析】考查资本金制度。公益性投资项目不实行资本金制度。

43.【答案】D

【解析】考查资本金筹措渠道与方式。新设项目法人筹措项目资本金可以通过资本市场募集股本资金（私募或公开募集），还可以采用合资合作的方式。

44.【答案】B

【解析】考查资金成本及其计算。优先股的资金成本率：$\frac{300\times14.25\%}{300-300\times5\%}=15\%$。

45.【答案】A

【解析】考查项目融资程序。在决策阶段主要工作是选择项目融资的方式，任命项目融资顾问。

46.【答案】D

【解析】考查项目融资的特点。在某种意义上，贷款人对项目借款人的追索形式和程度是区分融资是属于项目融资还是属于传统形式融资的重要标志。

47.【答案】D

【解析】考查项目融资方式。所谓BT是指政府在项目建成后从民营机构（或任何国营/民营/外商法人机构）中购回项目（可一次支付，也可分期支付）；与政府投资建造项目不同的是，政府用于购回项目的资金往往是事后支付（可通过财政拨款，但更多的是通过运营项目来支付）；民营机构是投资者或项目法人，必须出一定的资本金，用于建设项目的其他资金可以由民营机构自己出，但更多的是以期望的政府支付款（如可兑信用证）来获取银行的有限追索权贷款。

48.【答案】A

【解析】考查项目融资方式。PFI项目中签署的是服务合同，PFI项目的合同中一般会对设施的管理、维护提出特殊要求。

49.【答案】B

【解析】考查与工程项目有关的税收。选项A错误，未分包核算的从高适用税率。选项C错误，销售额种不包括收取的销项税额。选项D错误，应为增值税专用发票。

50.【答案】B

【解析】考查与工程项目有关的税收。

该企业应缴纳的房产税=1000000×(1-25%)×1.2%=9000（元）。

51.【答案】C

【解析】与工程项目有关的保险。货币、票证、有价证券、文件、账簿、图表、技术资料，领有公共运输执照的车辆、船舶以及其他无法鉴定价值的财产，不能作为建筑工程一切险的保险项目。

52.【答案】B

【解析】考查工程项目经济评价。项目财务分析的主要标准和参数是净利润、财务净现值、市场利率等，而项目经济分析的主要标准和参数是净收益、经济净现值、社会折现率等。

53.【答案】D

【解析】考查工程项目经济评价报表。选项C，折旧两个表都不出现。选项AB两个表都有。

54.【答案】C

【解析】考查设计方案评价与优化。多指标法包括：工程造价指标、主要材料消耗指标、劳动消耗指标、工期指标。

55.【答案】A

【解析】考查设计方案评价与优化。方案优化是使设计质量不断提高的有效途径,可在设计招标或设计方案竞赛的基础上,将各设计方案的可取之处进行重新组合,吸收众多设计方案的优点,使设计更加完美。而对于具体方案,则应综合考虑工程质量、造价、工期、安全和环保五大目标,基于全要素造价管理进行优化工程项目五大目标之间的整体相关性,决定了设计方案优化必须考虑工程质量、造价、工期、安全和环保五大目标之间的最佳匹配,力求达到整体目标最优,而不能孤立、片面地考虑某一目标或强调某一目标而忽略其他目标。在保证工程质量和安全、保护环境的基础上,追求全寿命期成本最低的设计方案。

56.【答案】B

【解析】考查工程项目经济分析。对于效益和费用可以货币化的项目应采用经济费用效益分析方法。对于效益难以货币化的项目,应采用费用效果分析方法;对于效益和费用均难以量化的项目,应进行定性经济费用效益分析。

57.【答案】A

【解析】考查合同示范文本。采用争议评审的,发包人和承包人应在开工日后的 28 天内或在争议发生后,协商成立争议评审组。争议评审组由有合同管理和工程实践经验的专家组成。

58.【答案】C

【解析】考查计价方式。对施工承包单位而言,基本没有风险的是百分比酬金和固定酬金。

59.【答案】A

【解析】考查合同示范文本。为了不损害承包商的利益,给指定分包商的付款应从暂定金额内开支。

60.【答案】D

【解析】考查工程质量保证金预留及返还。由于发包人原因导致工程无法按规定期限进行竣工验收的,在承包人提交竣工验收报告 90 天后,工程自动进入缺陷责任期。

二、多项选择题(共 20 题,每题 2 分。每题的备选项中,有 2 个或 2 个以上符合题意,至少有 1 个错项。错选,本题不得分;少选,所选的每个选项得 0.5 分)。

61.【答案】ABD

【解析】考查造价咨询企业业务范围。选项 C 错误,造价咨询企业可以从事方案比选中的造价工作,而不是进行方案比选。选项 E 错误,造价咨询企业可以从事造价纠纷仲裁的咨询工作,而不是仲裁本身。

62.【答案】AC

【解析】考查《建筑法》及其相关条例。施工单位对列入建设工程概算的安全作业环境及安全施工措施所需费用,应当用于施工安全防护用具及设施的采购和更新、安全施工措施的落实、安全生产条件的改善,不得挪作他用。

63.【答案】ADE

【解析】考查招标投标法及其实施条例。否决投标的情形:(1)投标文件未经投标单位盖章和单位负责人签字;(2)投标联合体没有提交共同投标协议;(3)投标人不符合国家或者招标文件规定的资格条件;(4)同一投标人提交两个以上不同的投标文件或者投标报价,但招标文件要求提交备选投标的除外;(5)投标报价低于成本或者高于招标文件设定的最高投标限价;(6)投标文件没有对招标文件的实质性要求和条件作出响应;(7)投标人有串通投标、弄虚作假、行贿等违法行为。

64.【答案】DE

【解析】考查《民法典》合同编。选项 A 错误,质量约定不明的,优先按国家强制标准执行(若有)。选项 B 错误,应按原来的价格执行。选项 C 错误,改变了履行的主体,合同权利义务主体没有改变。

65.【答案】ABDE

【解析】考查施工组织设计。单位工程施工组织设计的主要内容:工程概况、施工部署、施工进度计划、施工准备与资源配置计划、主要施工方案、施工现场平面布置。

66.【答案】ABCE

【解析】考查流水施工。成倍节拍流水施工的特点如下:

(1) 同一施工过程在其各个施工段上的流水节拍均相等;不同施工过程的流水节拍不等,但其值为倍数关系;

(2) 相邻施工过程的流水步距相等,且等于流水节拍的最大公约数;

(3) 专业工作队数大于施工过程数,即有的施工过程只成立一个专业工作队,而对于流水节拍大的施工过程,可按其倍数增加相应专业工作队数目;

(4) 各个专业工作队在施工段上能够连续作业,施工段之间没有空闲时间。

67.【答案】BDE

【解析】考查网络计划技术。选项 A 错误,自由时差是不影响紧后工作的最早开始时间所具有的机动时间。选项 C 错误,应用紧后工作的最早开始剪去本工作的最早完成时间,并取小值。

68.【答案】DE

【解析】考查网络计划优化。选项 A 错误,工期优化是指网络计划的计算工期不满足要求工期时,通过压缩关键工作的持续时间以满足要求工期目的过程。选项 B 错误,费用优化是指寻求工程总成本最低时的工期安排,或按要求工期寻求最低成本的计划安排的过程。

69.【答案】BC

【解析】考查工程项目合同管理。选项 A 错误,应为提前 7 天向承包人发出开工通知。选项 D 错误,若为施工总承包的话是正确的,但在设计施工总承包模式下不成立。选项 E 错误,应由承包人负责。

70.【答案】AB

【解析】考查投资方案经济评价指标。当内部收益率大于基准收益率时,方案是可行,同时该方案的净现值也是大于零的。

71.【答案】BCE

【解析】考查投资方案经济评价指标。净现值与内部收益率的共同特点是:都考了资金时间价值,都考虑了整个计算期,对独立方案的判别是一致的。

72.【答案】ACE

【解析】考查工程项目发包模式。选项 B 错误,建设单位前期工作量大。选项 D 错误，工程总承包单位往往会提供报价，导致整个工程造价增加。

73.【答案】ABD

【解析】考查工程寿命周期成本分析。需要区分是建设期发生的还是使用期发生的即可。选项 CE 都属于使用阶段发生的费用。

74.【答案】AD

【解析】考查资金成本。选项 B 错误，资金成本表现为资金占用的函数。选项 C 错误，边际资金成本是确定是否融资的依据。选项 E 错误，股息和红利不能计入产品成本，属于利润分配。

75.【答案】BCE

【解析】考查项目融资方式。选项 A 错误，控制权必须由私营企业来掌握。选项 D 错误，PFI 强调的是私营企业在融资中的主动性与主导性。

76.【答案】ACE

【解析】考查与工程项目有关的税收。财政拨款为免税收入，可以减除；企业总成本费用为各项扣除部分，可以减除；赞助支出不得扣除；公益性捐赠在年利润总额 12% 以内部分可以扣除。

77.【答案】BCE

【解析】考查与工程项目有关的保险。视同工伤范围：

（1）在工作时间和工作岗位，突发疾病死亡或者在 48 小时之内经抢救无效死亡的；

（2）在抢险救灾等维护国家利益、公共利益活动中受到伤害的；

（3）职工原在军队服役，因战、因公负伤致残，已取得革命伤残军人证，到用人单位后旧伤复发的。

78.【答案】BD

【解析】考查工程项目策划的主要内容。构思策划包括工程项目定义（包括描述项目的性质、用途和基本内容）与定位（包括描述建设规模、建设水准、地位、作用和影响力等），工程项目系统构成。

79.【答案】ACD

【解析】考查投标报价策略。选项 B 错误，对手少，则竞争不充分当然要报高价。选项 E 错误，工期要求紧要报高价。

80.【答案】ACE

【解析】考查成本分析的方法。对比分析时，通常将本期实际指标与目标指标对比，本期实际指标与上期实际指标对比，本期实际指标与本行业平均水平、先进水平对比。

模拟试卷 3 《建设工程造价管理》

一、单项选择题（每题 1 分。每题的备选项中，只有 1 个最符合题意）。

1. 某工程项目预计建筑安装工程费为 1500 万元，设备和工器具购置费为 800 万元，工程建设其他费为 300 万元，建设期利息为 400 万元，基本预备费为 200 万元。该项目的静态投资是(　　)万元。
   A. 250　　　　　　　　　　　　　B. 2600
   C. 2800　　　　　　　　　　　　　D. 3200

2. 下列关于造价管理的说法中，体现造价管理主动控制和被动控制相结合原则的是(　　)。
   A. 既要重视造价咨询单位的造价控制，也要重视施工单位的造价控制
   B. 不仅要重视施工阶段的造价管理，也要重视设计阶段的造价管理
   C. 应从组织、技术、经济等多方面采取造价控制措施
   D. 不仅要及时纠正实施中的造价偏差，还应采取预防措施避免偏差

3. 根据《造价工程师职业道德行为准则》，当造价工程师发现其与业务委托方有利害关系时，正确的做法是(　　)。
   A. 主动回避　　　　　　　　　　　B. 向受托咨询企业说明
   C. 在成果报告中注明　　　　　　　D. 向行业协会报告

4. 根据《招标投标法实施条例》，以下关于标底和投标限价的说法中正确的是(　　)。
   A. 关系社会公共利益和公众安全的项目招标均应编制标底
   B. 招标项目可将投标报价是否接近标底作为中标条件
   C. 招标人可设置最低投标限价作为否决投标的条件
   D. 招标人可以自行决定是否编制标底

5. 根据《政府采购法》，应作为政府采购主要采购方式的是(　　)。
   A. 邀请招标　　　　　　　　　　　B. 公开招标
   C. 竞争性谈判　　　　　　　　　　D. 询价

6. 根据《民法典》合同编，关于违约责任承担赔偿损失，说法正确的是(　　)。
   A. 赔偿损失是违约责任承担的首选方式
   B. 损失赔偿额应包括合同履行后可以获得的利益
   C. 损失赔偿额应不包括合同履行后可以获得的利益
   D. 当事人因防止损失扩大而支出的合理费用由受益方承担

7. 根据《民法典》合同编，债权人行使撤销权应当及时。自债务人的行为发生之日起(　　)年内没有行使撤销权的，该撤销权消灭。
   A. 1　　　　　　　　　　　　　　B. 2

C. 3 D. 5

8. 根据我国《价格法》,大多数商品或服务价格实行( )。
   A. 市场调节价 B. 政府调节价
   C. 政府指导价 D. 企业指导价

9. 根据《建设工程质量管理条例》,建设工程发生质量事故,有关单位应当在( )小时内向当地建设行政主管部门及其他有关部门报告。
   A. 24 B. 36
   C. 48 D. 72

10. 某项目依法进行招标,评标委员会成员由7人组成。根据《招标投标法》,该评标委员会中,技术、经济等方面的专家应为( )人以上。
    A. 3 B. 4
    C. 5 D. 6

11. 政府投资项目的项目建议书获得批准后,建设单位随后应开展的工作是( )。
    A. 初步确定拟建项目规模 B. 编报可行性研究报告
    C. 择优确定工程设计单位 D. 编制项目设计任务书

12. 根据《建筑工程施工质量验收统一标准》GB 50300—2013,以下属于分项工程的是( )。
    A. 钢管混凝土结构 B. 给水管道安装工程
    C. 型钢混凝土结构 D. 智能化集成系统

13. 项目管理承包商风险最低但回报也低的项目管理承包方式是( )。
    A. 项目管理承包商代表业主进行项目管理,并承担部分工程的EPC工作
    B. 项目管理承包商作为业主项目管理的延伸,管理EPC承包商
    C. 项目管理承包商代表业主进行项目管理,并承担项目设计工作
    D. 项目管理承包商作为业主的顾问,对项目进行监督检查并向业主报告

14. 采用平行发承包模式的工程,各平行承包商之间的组织和协调工作由( )负责。
    A. 承包商共同约定的牵头单位 B. 主体工程设计单位
    C. 设备供应商 D. 建设单位

15. 某施工项目管理组织机构如图1所示,其组织机构形式是( )。

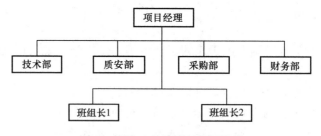

图1 某施工项目管理组织机构

A. 直线制 B. 职能制
C. 直线职能制 D. 矩阵制

16. 下列工程项目计划中，由承包单位施工项目经理组织编制的是（　　）。
    A. 项目管理规划大纲　　　　　　B. 项目管理实施规划
    C. 工程项目前期工作计划　　　　D. 工程项目年度计划

17. 编制单位工程施工组织设计时，施工进度计划、施工准备、施工现场平面布置等应围绕（　　）进行编制。
    A. 施工部署　　　　　　　　　　B. 设计方案
    C. 监理方案　　　　　　　　　　D. 造价控制目标

18. 下列目标控制方法中，能够随工程进展动态反映质量状况并分析质量变化趋势的是（　　）。
    A. 排列图法　　　　　　　　　　B. 直方图法
    C. 控制图法　　　　　　　　　　D. 因果分析图法

19. 下列流水施工参数中，可用于表达流水施工在施工工艺方面进展状态的是（　　）。
    A. 流水节拍　　　　　　　　　　B. 流水工期
    C. 工作面　　　　　　　　　　　D. 流水强度

20. 某固定节拍流水施工进度计划中，施工过程数目 $n=4$，施工段数目 $m=3$，流水节拍 $t=5$ 天，施工过程Ⅱ可以提前插入2天开始，该流水施工进度计划的工期是（　　）天。
    A. 20　　　　　　　　　　　　　B. 22
    C. 28　　　　　　　　　　　　　D. 30

21. 某项目有8项工作，其逻辑关系和持续时间如表1所示，该项目双代号网络计划的关键线路条数和计算工期分别为（　　）。

某项目工作逻辑关系和持续时间　　　　表1

工作	F	G	H	I	J	K	L	M
紧前工作	—	—	—	F、G	G	J	H	J、L
持续时间	7	6	3	7	5	4	6	5

    A. 1；15　　　　　　　　　　　B. 2；14
    C. 2；15　　　　　　　　　　　D. 1；16

22. 双代号网络计划中，某工作有2项紧前工作，最早开始时间和持续时间分别是：12和5、13和6；本工作的最迟完成时间是25，总时差是2。则本工作的持续时间是（　　）。
    A. 4　　　　　　　　　　　　　B. 5
    C. 6　　　　　　　　　　　　　D. 8

23. 网络计划工期优化的基本方法是（　　）。
    A. 改变工作之间的逻辑关系，不调整关键工作持续时间
    B. 不改变工作之间的逻辑关系，压缩关键工作持续时间
    C. 改变工作之间的逻辑关系，同时压缩关键工作持续时间
    D. 不改变工作之间的逻辑关系，压缩非关键工作持续时间

24. 某工程项目，7月15日已具备开工条件，监理人于7月16日发出开工通知，载明开工日期为7月18日；承包人由于自身工作安排冲突，实际于7月20日进场施工。根据《最高人民法院关于审理建设工程施工合同纠纷案件适用法律问题的解释》（法释〔2020〕25号），该工程的开工日期应为( )。

   A. 7月15日 B. 7月16日
   C. 7月18日 D. 7月20日

25. 根据《标准设计施工总承包招标文件》通用合同条款，下列合同义务中，属于发包人义务的是( )。

   A. 负责施工场地及其周边环境与生态的保护工作
   B. 按合同约定及时组织竣工验收
   C. 对设计及工程完备性负责
   D. 施工期间工程的维护和照管

26. 通过直接购买实施工程项目信息管理的特点是( )。

   A. 使用于大型工程项目 B. 维护费用较低
   C. 安全性最好 D. 针对性最强

27. 某项目在第1年年初投资3000万元，投资期为1年，运营期为8年。运营期每年年末会产生相同的净现金流量。假设项目的基准收益率为10%，则该项目在运营期每年年末至少需要产生( )万元的净现金流量才能收回全部投资。

   A. 511.21 B. 537.06
   C. 562.33 D. 618.57

28. 某公司为在年底偿还500万元贷款，计划在当年每个月末等额存入一定数量资金。假设所存入资金按月复利计息，年名义利率为9%，则每个月末需等额存入( )万元。

   A. 24.83 B. 39.98
   C. 41.98 D. 45.42

29. 在计算偿债备付率时，各年可用于还本付息的资金是( )。

   A. $EBIT$＋折旧＋摊销 B. $EBIT$＋折旧＋摊销＋所得税
   C. $EBIT$＋折旧＋摊销－所得税 D. $EBIT$－所得税

30. 下列各组投资方案经济效果评价指标中，在评价同一个项目时，其评价结论总是一致的是( )。

   A. 静态投资回收期和动态投资回收期 B. 净现值和净年值
   C. 资本金净利润率和总投资收益率 D. 利息备付率和资产负债率

31. 甲、乙、丙为三个独立的投资方案，净现值分别为30万元、40万元和50万元，内部收益率分别为12%、9%和10%。假如不存在资源约束，基准收益率为8%，应选择的方案是( )。

   A. 甲、乙、丙 B. 乙、丙
   C. 甲 D. 丙

32. 若其他因素保持不变，下列项目变化，会使以生产能力利用率表示的盈亏平衡点下降的是( )。

A. 年固定总成本上升　　　　　　　　B. 正常产销量提高
C. 单位产品可变成本上升　　　　　　D. 单位产品销售价格下降

33. 项目敏感性分析的局限性是(　　)。
A. 不能反映不确定因素变动对项目投资效果的影响
B. 不能反映项目对不确定因素的不利变化所能容许的风险程度
C. 不能排除无足轻重的变动因素
D. 不能反映不确定因素发生变动的可能性大小

34. 下列关于项目风险评价判别标准的说法中,正确的是(　　)。
A. 偿债备付率越高,风险越小
B. 内部收益率的标准差越小,风险越大
C. 投资回收期的标准差越大,风险越小
D. 净现值大于或等于0的累计概率值越大,风险越小

35. 价值工程研究对象的成本是指(　　)。
A. 产品使用成本　　　　　　　　　　B. 产品寿命周期成本
C. 产品方案的比较成本　　　　　　　D. 产品生产成本

36. 在采用功能成本法进行价值工程的功能评价时,如果计算得出功能的价值系数 $V>1$,则表明(　　)。
A. 功能现实成本小于功能评价值　　　B. 功能目标成本大于功能评价值
C. 功能重要性系数大于目标成本系数　D. 功能重要性系数小于实际成本系数

37. 在进行工程寿命周期成本分析时,工程系统效率与工程寿命周期成本的比值称为(　　)。
A. 固定效率　　　　　　　　　　　　B. 费用效率
C. 寿命周期效率　　　　　　　　　　D. 权衡效率

38. 根据国务院项目资本金制度,下列各类项目中,项目资本金占项目总投资最低比例的规定值最小的是(　　)。
A. 钢铁项目　　　　　　　　　　　　B. 水泥项目
C. 煤炭项目　　　　　　　　　　　　D. 电力项目

39. 当公司业绩下降或没有达到预期效益导致股票价格下降时,公司可转换债券持有人应采取的方式是(　　)。
A. 立即将债权转为股权　　　　　　　B. 立即卖掉可转换债券
C. 继续持有债券　　　　　　　　　　D. 立即将可转换债券转换为普通债券

40. 某公司普通股预计年股利率为7%,估计股利年增长率为5%,筹资费率为3%,所得税税率25%。该公司普通股的资金成本率为(　　)。
A. 7.53%　　　　　　　　　　　　　B. 8.53%
C. 10.41%　　　　　　　　　　　　 D. 12.22%

41. 在资本结构比选时,进行每股收益无差别点分析的目的是(　　)。
A. 比较不同资本结构下的资金成本
B. 比较不同资本结构下的融资风险
C. 分析判断不同销售水平下适用的资本结构

D. 分析判断不同融资方式下的获利水平

42. 某公司向银行申请一笔信用贷款，用于自己拥有的生产装置更新改造投资。就该笔贷款而言，银行对该公司的追索程度是（　　）。
    A. 完全追索　　　　　　　　　　B. 有限追索
    C. 无追索　　　　　　　　　　　D. 特定追索

43. PPP项目通过物有所值定量评价的条件是（　　）。
    A. 全生命周期内政府方净成本现值小于或等于公共部门比较值
    B. 全生命周期内公共部门净成本现值小于或等于政府方比较值
    C. 全生命周期内政府方净现值大于或等于0
    D. 全生命周期内公共部门净现值大于或等于0

44. 对可行性缺口补助模式的PPP项目，在项目运营补贴期间，除使用者外，还需政府承担直接付费责任的是（　　）。
    A. 年均建设成本、年度运营成本和合理利润
    B. 年度运营成本、合理利润和风险调整值
    C. 股权投资支出、年度运营成本和合理利润
    D. 股权投资支出、合理投资收益和竞争性中立调整值

45. 建筑业企业采用一般计税方法计算增值税，应纳税额是（　　）。
    A. 税前造价×9％＋不得抵扣的增值税进项税额
    B. 税后造价×3％＋不得抵扣的增值税销项税额
    C. 税前造价×9％－准予抵扣的增值税进项税额
    D. 税后造价×3％－准予抵扣的增值税销项税额

46. 下列各项支出中，在计算企业所得税的应纳税所得额时准予扣除的是（　　）。
    A. 相当于企业年度利润总额10％的公益性捐赠支出
    B. 向投资者支付的股息、红利
    C. 罚金、罚款和被没收财物的损失
    D. 企业对体育赛事的商业赞助支出

47. 房地产开发企业建造普通住宅出售时，可以免征土地增值税的条件是增值额最高未超过扣除项目金额的（　　）。
    A. 10％　　　　　　　　　　　　B. 15％
    C. 20％　　　　　　　　　　　　D. 25％

48. 下列评价指标中，适用于评价项目盈利能力的是（　　）。
    A. 资产负债率　　　　　　　　　B. 流动比率
    C. 总资产周转率　　　　　　　　D. 财务内部收益率

49. 进行工程项目经济分析时，经济效益计算应遵循的原则是（　　）。
    A. 投入意愿原则和产出意愿原则　B. 机会成本原则和差量成本原则
    C. 权责发生原则和配比原则　　　D. 支付意愿原则和接受补偿原则

50. 按照现行规定，投资项目无形资产的摊销期限是（　　）。
    A. 从开始使用之日起，在有效使用期限内
    B. 从开始使用之日起，在项目运营期内

C. 从项目建成之日起,在有效使用期限内
D. 从项目建成之日起,在项目运营期内

51. 下列不同计价方式的合同中,在工程量控制和费用控制方面,施工承包单位风险最大的是( )。
    A. 单价合同   B. 总价合同
    C. 固定酬金合同   D. 目标成本加奖罚合同

52. 根据《标准施工招标文件》(2007年版),缺陷责任期自( )之日起计算。
    A. 工程移交   B. 竣工资料移交
    C. 实际竣工   D. 工程投入使用

53. 根据《标准设计施工总承包招标文件》(2012年版),监理人应在收到承包人进度付款申请单及其证明文件后的( )天内完成审核。
    A. 21   B. 28
    C. 14   D. 10

54. 根据FIDIC《施工合同条件》,给指定分包商的付款应从( )中开支。
    A. 专项费用   B. 特别价款
    C. 暂估价   D. 暂定金额

55. 下列投标文件偏差中,属于细微投标偏差的是( )。
    A. 提供的技术信息不够完整
    B. 投标担保期限略短于招标文件要求
    C. 投标报价略高于最高投标限价
    D. 投标文件中的检验标准与招标文件不符

56. 在施工成本管理流程中,介于成本控制和成本管理绩效考核之间的管理环节是( )。
    A. 成本预测   B. 成本分析
    C. 成本控制   D. 成本计量

57. 可用来分析各种因素对成本的影响程度的成本分析方法是( )。
    A. 比较法   B. 比率法
    C. 连环置换法   D. 分析表法

58. 由于建设单位要求施工承包单位采取加速措施导致的索赔属于( )。
    A. 合同变更索赔   B. 发包人违约索赔
    C. 工程环境变化索赔   D. 合同缺陷索赔

59. 某工程通过绘制费用累计曲线进行偏差分析,从当前曲线看,拟完工程计划费用曲线位于已完工程计划费用曲线的上方,已完工程实际费用曲线位于已完工程计划费用曲线下方。下列关于该工程当前费用和进度状况的说法,正确的是( )。
    A. 费用节支,进度超前   B. 费用超支,进度拖后
    C. 费用节支,进度拖后   D. 费用超支,进度超前

60. 根据住房和城乡建设部、财政部发布的《关于完善建设工程价款结算有关办法的通知》,政府机关、事业单位、国有企业建设工程进度款支付应不低于已完工程价款的( )。

A. 60%　　　　　　　　　　　　B. 80%
C. 70%　　　　　　　　　　　　D. 95%

二、多项选择题（每题2分。每题的备选项中，有2个或2个以上符合题意，且至少有1个错项。错选，本题不得分；少选，所选的每个选项得0.5分）。

61. 工程计价的依据有多种不同类型，其中工程单价的计算依据有（　　）。
    A. 材料价格　　　　　　　　　B. 投资估算指标
    C. 机械台班费　　　　　　　　D. 人工单价
    E. 概算定额

62. 下列关于美国工程造价管理的特点，说法正确的是（　　）。
    A. 美国的建筑造价指数一般是由咨询机构和新闻媒介编制
    B. ENR指数是一种个体指数
    C. ENR指数资料全部来源于美国
    D. 完全市场化的管理模式
    E. ENR两种指数的区别在于劳动力要素不同

63. 根据《建设工程质量管理条例》，建设工程竣工验收应当具备的条件有（　　）。
    A. 勘察、设计、施工、监理等单位分别签署的质量合格文件
    B. 工程使用的主要建筑材料、构配件和设备的进场试验报告
    C. 完整的技术档案和施工管理资料
    D. 建设单位运行维护人员相关培训记录
    E. 施工单位签署的工程保修书

64. 根据《建设工程安全生产管理条例》，建设工程概算的安全作业环境及安全施工措施所需费用，应当用于（　　）。
    A. 安全生产管理人员的相关费用支出　　　B. 施工安全防护用具及设施的采购
    C. 安全生产条件的改善　　　　　　　　　D. 安全施工措施的落实
    E. 安全生产教育和培训

65. 应当先履行债务的当事人，有确切证据证明可以中止履行的情形有（　　）。
    A. 经营状况严重恶化　　　　　B. 丧失商业信誉
    C. 更换企业高管　　　　　　　D. 转移财产以逃避债务
    E. 抽逃资金以逃避债务

66. 下列关于工程项目管理强矩阵制组织形式的说法，正确的有（　　）。
    A. 不能发挥专职项目管理人员的作用
    B. 项目经理由企业最高领导任命并全权负责项目
    C. 项目组成员的绩效完全由项目经理考核
    D. 仅适用于技术简单的工程项目
    E. 项目经理只是一个项目的协调者，而不是管理者

67. 某工程由甲施工单位总承包施工，经业主同意，甲施工单位将其中的某专业工程分包给乙施工单位，乙施工单位就危险性较大的分部工程组织编制了专项施工方案。该专项施工方案应经（　　）签字。
    A. 甲施工单位项目经理　　　　B. 甲施工单位技术负责人

C. 乙施工单位技术负责人　　　　D. 结构专业设计负责人

E. 设计单位技术负责人

68. 异步距异节奏流水施工的特点有(　　)。

A. 同一施工过程在各个施工段上的流水节拍不尽相等

B. 不同施工过程的流水节拍不尽相等

C. 相邻施工过程之间的流水步距均不相同

D. 专业工作队数等于施工过程数

E. 专业工作队数等于施工段数

69. 根据《标准设计招标文件》(2017年版)通用合同条款，发包人的义务有(　　)。

A. 编制各专业设计工作计划

B. 发出开始设计通知

C. 向设计人提供设计任务书

D. 审批阶段性设计文件并修正其中的错误

E. 向设计人提供勘察报告

70. 企业某项活动的现金流量图如图2所示。下列关于该图的说法，正确的有(　　)。

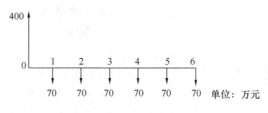

图2　现金流量图

A. 该图是典型的投资项目现金流量图

B. 该图可反映该活动借贷资本状况

C. 时间轴上的0点可看作第1期的起点

D. 时间轴上方的箭线表示现金流入

E. 若基准收益率为7%，则净现值为－9.23万元

71. 下列投资方案经济效果评价指标中，无法准确衡量方案在整个计算期内的经济效果的有(　　)。

A. 净年值　　　　　　　　　　　B. 净现值率

C. 内部收益率　　　　　　　　　D. 静态投资回收期

E. 动态投资回收期

72. 下列价值工程活动中，属于价值工程工作程序中准备阶段工作内容的有(　　)。

A. 功能定义　　　　　　　　　　B. 功能整理

C. 对象选择　　　　　　　　　　D. 制订工作计划

E. 提案编写

73. 下列金融机构中，属于我国政策性银行的有(　　)。

A. 中国人民银行　　　　　　　　B. 中国进出口银行

C. 农村信用社　　　　　　　　　　D. 中国农业发展银行
E. 中国邮政储蓄银行

74. 与BOT融资方式相比，ABS融资方式的特点有(　　)。
A. 项目的所有权在债务存续期内由原始权益人转至SPV
B. 资产由原始权益人和SPV共同运营
C. 项目风险由政府、贷款机构和投资者共同承担
D. 需要政府的许可、授权和担保
E. 通常通过证券市场发行债券筹集资金

75. 根据我国《工伤保险条例》，下列情形中，属于工伤责任范围或视同工伤范围的有(　　)。
A. 在工作时间和工作岗位突发疾病，第4天经抢救无效死亡
B. 在抢险救灾活动中受到伤害
C. 上班途中因交通事故受到伤害，而本人对事故负次要责任
D. 下班途中因地铁事故受到伤害
E. 参加单位聚餐时，因醉酒受到伤害

76. 适用于工程项目互斥型方案经济效益比选的方法有(　　)。
A. 内部收益率　　　　　　　　　　B. 净现值法
C. 年值法　　　　　　　　　　　　D. 赢得值法
E. 年费用比较法

77. 下列项目中，属于投资各方现金流量表中现金流入的有(　　)。
A. 实分利润　　　　　　　　　　　B. 回收流动资金
C. 实缴资本　　　　　　　　　　　D. 补贴收入
E. 租赁费收入

78. 下列关于设计方案评价方法中价值工程法的说法，正确的有(　　)。
A. 价值工程法属于多指标多要素评价方法
B. 价值工程法有利于实现建设工程功能与成本匹配
C. 价值工程法以综合费用最小为建设工程最佳方案
D. 价值工程法的价值系数是功能评价系数与成本系数的比值
E. 工程设计人员要以提高价值为目标，以功能分析为核心，以经济效益为出发点

79. 建设工程设计概算审查的内容主要有(　　)。
A. 概算编制周期　　　　　　　　　B. 概算编制依据
C. 概算编制深度　　　　　　　　　D. 概算编制内容
E. 概算编制费用

80. 根据《标准施工招标文件》(2007年版)，下列情形中，属于工程变更的有(　　)。
A. 改变合同中某项工作的质量标准
B. 改变合同工程的标高位置
C. 改变已批准的某项工作的施工工艺
D. 为完成工程需要追加的某项额外工作
E. 取消合同中的某项工作，转由建设单位自行实施

模拟试卷 3 《建设工程造价管理》答案与解析

一、单项选择题（每题 1 分。每题的备选项中，只有 1 个最符合题意）。

1.【答案】 C

【解析】考查静态投资与动态投资。静态投资不包括建设期利息和涨价预备费。因此，本题不包括 400 万元的建设期利息。即：1500＋800＋300＋200＝2800（万元）。

2.【答案】 D

【解析】考查工程造价管理的基本原则。所谓主动控制即提前预防，所谓被动控制就是出现偏差及时纠偏，因此选 D。

3.【答案】 A

【解析】考查造价工程师职业道德。造价工程师与委托方有利害关系的应当主动回避时，委托方也有权要求其回避。

4.【答案】 D

【解析】考查《招标投标法》及其实施条例。招标人可以自行决定是否编制标底，一个招标项目只能有一个标底，标底必须保密。接受委托编制标底的中介机构不得参加受托编制标底项目的投标，也不得为该项目的投标人编制投标文件或者提供咨询。如招标人设有最高投标限价，应当在招标文件中明确最高投标限价或者最高投标限价的计算方法。招标人不得规定最低投标限价。

5.【答案】 B

【解析】考查《政府采购法》及其实施条例。政府采购可采用的方式有公开招标、邀请招标、竞争性谈判、单一来源采购、询价，以及国务院政府采购监督管理部门认定的其他采购方式。公开招标应作为政府采购的主要采购方式。

6.【答案】 B

【解析】考查《民法典》合同编。当事人一方不履行合同义务或者履行合同义务不符合约定，造成对方损失的，损失赔偿额应相当于违约所造成的损失，包括合同履行后可以获得的利益。

7.【答案】 D

【解析】考查《民法典》合同编。撤销权自债权人知道或者应当知道撤销事由之日起一年内行使。自债权人的行为发生之日起五年内没有行使撤销权的，该撤销权消灭。

8.【答案】 A

【解析】考查《价格法》。《价格法》中的价格包括商品价格和服务价格。大多数商品和服务价格实行市场调节价，只有极少数商品和服务价格实行政府指导价或政府定价。

9.【答案】 A

【解析】考查《建筑法》及其相关条例。建设工程发生质量事故，有关单位应当在 24

小时内向当地建设行政主管部门和其他有关部门报告。

10.【答案】 C

【解析】考查《招标投标法》及其实施条例。依法必须进行招标的项目，其评标委员会由招标人的代表和有关技术、经济等方面的专家组成，成员人数为 5 人以上单数，其中，技术、经济等方面的专家不得少于成员总数的 2/3。

11.【答案】 B

【解析】考查工程建设程序。项目建议书获批后，进行可行性研究工作，编制可行性研究报告。

12.【答案】 B

【解析】考查工程项目划分。除了选项 B 外，其他均为子分部工程。

13.【答案】 D

【解析】考查业主方项目管理组织模式，项目管理承包（PMC）可分为三种类型：

（1）项目管理承包商代表业主进行项目管理，同时还承担部分工程的设计、采购、施工（EPC）工作。这对项目管理承包商而言，风险高，相应的利润、回报也较高。

（2）项目管理承包商作为业主项目管理的延伸，只是管理 EPC 承包商而不承担任何 EPC 工作。这对项目管理承包商而言，风险和回报均较低。

（3）项目管理承包商作为业主顾问，对项目进行监督和检查，并及时向业主报告工程进展情况。这对项目管理承包商而言，风险最低，接近于零，但回报也低。

14.【答案】 D

【解析】考查工程项目发包模式。各平行承包商之间的组织协调工作由建设单位负责。

15.【答案】 C

【解析】考查项目管理组织机构形式。该图中有职能部门，但职能部门不向下下达指令，各班组长的指令是唯一的，因此，为直线职能制。

16.【答案】 B

【解析】考查承包单位计划体系。承包单位的计划体系包括项目管理规划大纲和项目管理实施规划。项目管理实施规划是在开工之前由施工项目经理组织编制，并报企业管理层审批的工程项目管理文件。

17.【答案】 A

【解析】考查施工组织设计。施工部署是施工组织设计的纲领性内容，施工进度计划、施工准备与资源配置计划、施工方法、施工现场平面布置等均应围绕施工部署进行编制和确定。

18.【答案】 C

【解析】考查工程项目目标控制方法。控制图法是一种动态分析方法，可以随时了解生产过程中质量的变化情况，及时采取措施，使生产处于稳定状态，起到预防出现废品的作用。

19.【答案】 D

【解析】考查流水施工组织。用于表达流水施工在施工工艺方面进展的流水参数是工艺参数。工艺参数包括施工过程和流水强度两个参数。

20. 【答案】C

【解析】考查流水施工组织。$T=(3+4-1)\times 5-2=28$（天）。

21. 【答案】D

【解析】考查网络计划技术。首先绘制网络图（图3），然后用标号法计算，工期为16天，关键线路只有1条。

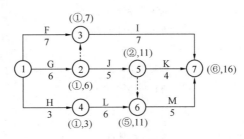

图3 网络图

22. 【答案】A

【解析】考查网络计划技术。紧前紧后工作关系如图4所示（这种题不管题目说的是双代号还是单代号，都用单代号的形式处理）；持续时间=25-21=4。

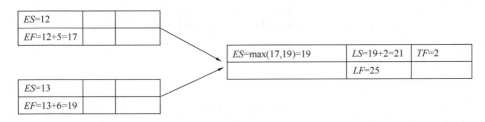

图4 紧前紧后工作关系图

23. 【答案】B

【解析】考查网络计划优化。网络计划工期优化的基本方法是在不改变网络计划中各项工作之间逻辑关系的前提下，通过压缩关键工作的持续时间来达到优化目标。

24. 【答案】C

【解析】考查施工合同法律解释。开工日期为发包人或者监理人发出的开工通知载明的开工日期；开工通知发出后，尚不具备开工条件的，以开工条件具备的时间为开工日期；因承包人原因导致开工时间推迟的，以开工通知载明的时间为开工日期。

25. 【答案】B

【解析】考查工程项目合同管理。发包人的义务包括：

(1) 遵守法律。

(2) 发出承包人开始工作通知。

(3) 提供施工场地。

(4) 办理证件和批件。

(5) 支付合同价款。

(6) 组织竣工验收。

26.【答案】A

【解析】考查工程项目信息管理实施模式，见表2。

工程项目信息管理实施模式优缺点及适用范围　　　　表2

实施模式	自行开发	直接购买	租用服务
优点	对项目的针对性最强； 安全性和可靠性最好	对项目的针对性较强； 安全性和可靠性较好	实施费用最低； 实施周期最短； 维护工作量最小
缺点	开发费用最高； 实施周期最长； 维护工作量较大	购买费用较高； 维护费用较高	对项目的针对性较差； 安全性和可靠性较差
适用范围	大型工程项目； 复杂性程度高的工程项目； 对系统要求高的工程项目	大型工程项目	中小型工程项目； 复杂性程度低的工程项目； 对系统要求低的工程项目

27.【答案】D

【解析】考查等值计算。应先绘制现金流量图（图5）再计算。

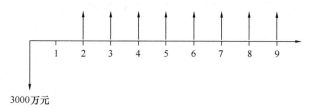

图5　现金流量图

$A = 3000 \times (1 + 10\%) \times (A/P, 10\%, 8) = 618.42$（万元）。

28.【答案】B

【解析】考查等值计算。月有效利率$=9\%/12=0.75\%$。$A = F(A/F, 0.75\%, 12) = 39.98$（万元）。

29.【答案】C

【解析】考察投资方案经济评价指标。为$EBITDA - T_{AX}$：即息税前利润加上折旧和摊销，去掉所得税。

$$DSCR = \frac{EBITDA - T_{AX}}{PD}$$

30.【答案】B

【解析】考查投资方案经济评价指标。从下式可以看出，净年值和净现值的判别是一致的：

$$NAV = NPV(A/P, i_c, n)$$

31.【答案】A

【解析】考查评价方案的类型。如果没有资金限制，这三个方案就相当于三个独立的方案，只要各自满足净现值大于等于零或内部收益率大于等于基准收益率即可行。因此，三个方案均可行，都应选择。

32. 【答案】B

【解析】考查不确定性分析与风险分析。从下式可以看出，正常产销量（设计生产能力产销量）增加，则以生产能力利用率表示的盈亏平衡点下降：

$$BEP(\%) = \frac{盈亏平衡点销售量}{正常产销量} \times 100\%$$

33. 【答案】D

【解析】考查不确定性分析与风险分析。敏感性分析是工程项目经济评价时经常用到的一种方法，在一定程度上描述了不确定因素的变动对项目投资效果的影响，但敏感性分析不能说明不确定因素发生变动的情况的可能性大小，也就是没有考虑不确定因素在未来发生变动的概率，而这种概率是与项目的风险大小密切相关的。

34. 【答案】D

【解析】考查不确定性分析与风险分析。财务（经济）内部收益率大于或等于基准收益率的累计概率值越大，风险越小；标准差越小，风险越小；财务（经济）净现值大于或等于零的累计概率值越大，风险越小；标准差越小，风险越小。

35. 【答案】B

【解析】考查价值工程应用。价值工程涉及价值、功能和寿命周期成本三个基本要素。所以，价值工程的成本指的是寿命周期成本，包括生产成本和维护成本。

36. 【答案】A

【解析】考查价值工程应用。即功能现实成本小于功能评价值，表明该部件功能比较重要，但分配的成本较少。此时，应进行具体分析，功能与成本的分配问题可能已较理想，或者有不必要的功能，或者应该提高成本。

37. 【答案】B

【解析】考查工程寿命周期成本分析。费用效率（CE）法是指工程系统效率（SE）与工程寿命周期成本（LCC）的比值。

$$CE = \frac{SE}{LCC} = \frac{SE}{IC + SC}$$

38. 【答案】D

【解析】考查项目资本金制度。钢铁项目为40%；水泥项目为35%；煤炭项目为30%；电力项目为20%。因此选D。

39. 【答案】B

【解析】考查债务资金筹措渠道与方式。可转换债券是企业发行的一种特殊形式债券。在预先约定的期限内，可转换债的债券持有人有权选择按照预先规定的条件将债权转换为发行人公司的股权。在公司经营业绩变好时，股价值上升，可转换债券的持有人倾向于将债权转为股权；而当公司业绩下降或者没有达到预期效益时，股价值下降，则倾向于兑付本息。

40. 【答案】D

【解析】考查资金成本及其计算。$K = \frac{7\%}{1-3\%} + 5\% = 12.22\%$。

41. 【答案】C

【解析】考查资本结构。每股收益分析是利用每股收益的无差别点进行的分析，是指每股收益不受融资方式影响的销售水平。根据每股收益无差别点，可以分析判断不同销售水平下适用的资本结构。

42.【答案】A

【解析】考查项目融资特点。在某种意义上，贷款人对项目借款人的追索形式和程度是区分融资是属于项目融资还是属于传统形式融资的重要标志。对于后者，贷款人为项目借款人提供的是完全追索形式的贷款，即贷款人更主要依赖的是借款人自身的资信情况，而不是项目的预期收益；而前者，作为有限追索的项目融资，贷款人可以在贷款的某个特定阶段（如项目的建设期和试生产）对项目借款人实行追索，或者在规定的范围内（这种范围包括金额和形式的限制）对项目借款人进行追索，除此之外，无论项目出现任何问题，贷款人均不能追索到项目借款人除该项目资产、现金流及所承担的义务之外的任何形式的财产。

43.【答案】A

【解析】考查项目融资方式。PPP 值小于或等于 PSC 值的，认定为通过定量评价；PPP 值大于 PSC 值的，认定为未通过定量评价。

44.【答案】A

【解析】考查项目融资方式。对可行性缺口补助模式的项目，在项目运营补贴期间，政府承担部分直接付费责任。政府每年直接付费数额包括：社会资本方承担的年均建设成本（折算成各年度现值）年度运营成本和合理利润，再减去每年使用者付费的数额。

45.【答案】C

【解析】考查与工程项目有关的税收。增值税销项税额＝税前造价×9%，应纳税额＝增值税销项税－可抵扣的进项税额。

46.【答案】A

【解析】考查与工程项目有关的税收。企业发生的公益性捐赠支出，在年度利润总额 12% 以内的部分，准予在计算应纳税所得额时扣除。

47.【答案】C

【解析】考查与工程项目有关的税收。纳税人建造普通住宅出售时，增值额未超过扣除项目金额 20% 的，免征土地增值税增值额超过扣除项目金额 20% 的，就其全部增值额计税。

48.【答案】D

【解析】考查工程项目财务分析。判断项目盈利能力的参数主要包括财务内部收益率（FIRR）、总投资收益率、项目资本金净利润率等指标的基准值或参考值；判断项目偿债能力的参数主要包括利息备付率、偿债备付率、资产负债率、流动比率、速动比率等指标的基准值或参考值。

49.【答案】D

【解析】考查工程项目经济分析。经济效益的计算应遵循支付意愿（WTP）原则和（或）接受补偿意愿（WTA）原则；经济费用的计算应遵循机会成本原则。

50.【答案】A

【解析】考查现金流量表及其要素。无形资产从开始使用之日起，在有效使用期限内平均摊入成本。

51.【答案】 B

【解析】 考查合同计价方式。如表 3 所示。

合同计价方式　　　　　　　　　　　　　　　　　表 3

合同类型	总价合同	单价合同	成本加酬金合同			
			百分比酬金	固定酬金	浮动酬金	目标成本加奖罚
应用范围	广泛	广泛	有局限性			酌情
建设单位造价控制	易	较易	最难	难	不易	有可能
施工承包单位风险	大	小	基本没有		不大	有

52.【答案】 C

【解析】 考查合同示范文本。缺陷责任期自实际竣工日期起计算。在全部工程竣工验收前,已经发包人提前验收的单位工程,其缺陷责任期的起算日期相应提前。

53.【答案】 C

【解析】 考查合同示范文本。监理人在收到承包人进度付款申请单以及相应的支持性证明文件后的 14 天内完成审核,提出发包人到期应支付给承包人的金额以及相应的支持性材料,经发包人审批同意由监理人向承包人出具经发包人签认的进度付款证书。

54.【答案】 D

【解析】 考查合同示范文本。为了不损害承包商的利益,给指定分包商的付款应从暂定额内开支。

55.【答案】 A

【解析】 考查施工评标。细微偏差是指投标文件在实质上响应招标文件要求,但在个别地方存在漏项或者提供了不完整的技术信息和数据等情况,并且补正这些遗漏或者不完整不会对其他投标单位造成不公平的结果,细微偏差不影响投标文件的有效性。

56.【答案】 B

【解析】 考查施工成本管理流程。管理流程如图 6 所示。

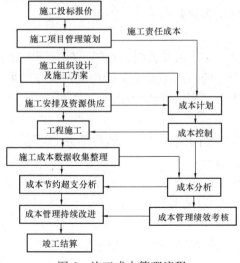

图 6　施工成本管理流程

57.【答案】C

【解析】考查施工成本分析。因素分析法又称连环置换法,可用来分析因素对成本的影响程度。

58.【答案】A

【解析】考查工程索赔管理。工程索赔产生的原因是多方面的,其中合同变更也往往会引起工程索赔,本题就是发包人变更合同要求导致的索赔。

59.【答案】C

【解析】考查费用动态监控。根据题目可知,$BCWS > BCWP > ACWP$;因此,$SV = BCWP - BCWS < 0$,$CV = BCWP - ACWP > 0$;所以进度拖后,费用节约。选C。

60.【答案】B

【解析】考查工程结算。政府机关、事业单位、国有企业建设工程进度款支付应不低于已完工程价款的80%。

二、多项选择题(每题2分。每题的备选项中,有2个或2个以上符合题意,且至少有1个错项。错选,本题不得分;少选,所选的每个选项得0.5分)。

61.【答案】ACD

【解析】考查工程计价的特征。工程单价计算依据包括人工单价、材料价格、材料运杂费、机械台班费等。

62.【答案】ADE

【解析】考查发达国家和地区造价管理特点。选项B错误,是一种加权总指数。选项C错误,还包括加拿大部分城市。

63.【答案】ABCE

【解析】考查《建筑法》及其相关条例。建设工程竣工验收应当具备下列条件:

(1)完成建设工程设计和合同约定的各项内容;

(2)有完整的技术档案和施工管理资料;

(3)有工程使用的主要建筑材料、建筑构配件和设备的进场试验报告;

(4)有勘察、设计、施工、工程监理等单位分别签署的质量合格文件;

(5)有施工单位签署的工程保修书。

64.【答案】BCD

【解析】考查《建筑法》及其相关条例。施工单位对列入建设工程概算的安全作业环境及安全施工措施所需费用,应当用于安全防护用具及设施的采购和更新、安全施工措施的落实、安全生产条件的改善,不得挪作他用。

65.【答案】ABDE

【解析】考查《民法典》合同编。应当先履行债务的当事人,有确切证据证明对方有下列情形之一的,可以中止履行:

① 经营状况严重恶化;

② 转移财产、抽逃资金,以逃避债务;

③ 丧失商业信誉;

④ 有丧失或者可能丧失履行债务能力的其他情形。

66.【答案】BC

【解析】考查项目组织机构形式。强矩阵制项目经理由企业最高领导任命,并全权负责项目。项目经理直接向最高领导负责,项目组成员的绩效完全由项目经理进行考核,项目组成员只对项目经理负责。其特点是拥有专职的、具有较大权限的项目经理以及专职项目管理人员。强矩阵制组织形式适用于技术复杂且时间紧迫的工程项目。由于对于技术复杂的工程项目,各职能部门之间的技术界面比较繁杂,采用强矩阵制组织形式有利于加强各职能部门之间的协调配合。

67. 【答案】BC

【解析】考查施工组织设计。实行施工总承包的,专项施工方案应当由总承包单位技术负责人及相关专业承包单位技术负责人签字。

68. 【答案】BD

【解析】考查流水施工。异步距异节奏流水施工的特点如下:

(1) 施工过程在各个施工段上的流水节拍均相等,不同施工过程之间的流水节拍不尽相等;

(2) 相邻施工过程之间的流水步距不尽相等;

(3) 专业工作队数等于施工过程数;

(4) 各个专业工作队在施工段上能够连续作业,施工段之间可能存在空闲时间。

69. 【答案】BE

【解析】考查工程项目合同管理。发包人应履行的一般义务如下:

(1) 遵守法律;

(2) 发出开始设计通知;

(3) 办理证件和批件;

(4) 支付合同价款;

(5) 提供设计资料;

(6) 其他义务。

70. 【答案】BCD

【解析】考查现金流量图。选项 A 错误,期初现金流入 400 万元,以后各年末均有 70 万元的现金流出,显然不属于投资型的,应为负债型现金流量。选项 E 错误,$NPV = -400 + 70(P/A, 7\%, 6) = -55.79$(万元)。

71. 【答案】DE

【解析】考查投资方案经济评价指标。不能衡量整个计算期的经济评价指标就是回收期指标,包括静态投资回收期和动态投资回收期。

72. 【答案】CD

【解析】考查价值工程应用。价值工程的工作程序见表 4。

价值工程的工作程序 表 4

工作阶段	工作步骤	对应问题
一、准备阶段	对象选择 组成价值工程工作小组 制订工作计划	(1) 价值工程的研究对象是什么? (2) 围绕价值工程对象需要做哪些准备工作

工作阶段	工作步骤	对应问题
二、分析阶段	收集整理资料 功能定义 功能整理 功能评价	(3) 价值工程对象的功能是什么？ (4) 价值工程对象的成本是什么？ (5) 价值工程对象的价值是什么？
三、创新阶段	方案创造 方案评价 提案编写	(6) 有无其他方法可以实现同样功能？ (7) 新方案的成本是什么？ (8) 新方案能满足要求吗
四、方案实施与评价阶段	方案审批 方案实施 成果评价	(9) 如何保证新方案的实施？ (10) 价值工程活动的效果如何

73.【答案】BD

【解析】考查债务资金筹措渠道与方式。我国的政策性银行有：中国进出口银行、中国农业发展银行。需要注意现在国家开发银行不属于政策性银行。

74.【答案】ACE

【解析】考查项目融资的方式。选项 B 错误，经营权与决策权仍属于原始权益人。选项 D 错误，BOT 需要政府的许可、授权和担保。

75.【答案】BCD

【解析】考查与工程项目有关的保险。选项 A 错误，应为在 48 小时之内经抢救无效死亡的。选项 E 错误，与工作无关，且属于醉酒（工伤除外责任）。

76.【答案】BCE

【解析】考查投资方案比选方法。对于互斥型方案比选不能直接用内部收益率法，可采用增量内部收益率法。赢得值法显然不是方案评价的方法。所以不能选 A、D。

77.【答案】AE

【解析】考查现金流量表。投资各方现金流量表中现金流入一般包括：实分利润、资产处置收益、租赁收入、技术转让或使用收入等。实缴资本为流出。

78.【答案】BDE

【解析】考查设计方案比选与优化。选项 A 错误，价值工程属于单指标法。选项 C 错误，应以价值系数最大的方案为优。

79.【答案】BCD

【解析】考查概预算审查。设计概算审查内容包括：概算编制依据、概算编制深度及概算主要内容三个方面。

80.【答案】ABCD

【解析】考查工程变更管理。根据《标准施工招标文件》（2007 年版），工程变更包括以下五个方面：

(1) 取消合同中任何一项工作，但被取消的工作不能转由建设单位或其他单位实施。
(2) 改变合同中任何一项工作的质量或其他特性。
(3) 改变合同工程的基线、标高、位置或尺寸。
(4) 改变合同中任何一项工作的施工时间或改变已批准的施工工艺或顺序。
(5) 为完成工程需要追加的额外工作。

2020年全国一级造价工程师职业资格考试
《建设工程技术与计量（土木建筑工程）》

一、**单项选择题**（共60题，每题1分。每题的备选项中，只有1个最符合题意）。

1. 下列造岩矿物中硬度最高的是（　　）。
   A. 方解石　　　　　　　　　　　B. 长石
   C. 萤石　　　　　　　　　　　　D. 鳞灰石

2. 基岩上部裂隙中的潜水常为（　　）。
   A. 包气带水　　　　　　　　　　B. 承压水
   C. 无压水　　　　　　　　　　　D. 岩溶水

3. 对建筑地基中深埋的水平状泥化夹层通常（　　）。
   A. 不必处理　　　　　　　　　　B. 采用抗滑桩处理
   C. 采用锚杆处理　　　　　　　　D. 采用预应力锚索处理

4. 建筑物基础位于黏性土地基上的，其地下水的浮托力（　　）。
   A. 按地下水位100%计算　　　　　B. 按地下水位50%计算
   C. 结合地区的实际经验考虑　　　D. 不须考虑和计算

5. 爆破后对地下工程围岩表面及时喷混凝土，对围岩稳定的首要和内在本质作用是（　　）。
   A. 阻止碎块松动脱落，引起应力恶化　　B. 充填裂隙增加岩体的整体性
   C. 与围岩紧密结合提高围岩抗剪强度　　D. 与围岩紧密结合提高围岩抗拉强度

6. 隧道选线应优先考虑避开（　　）。
   A. 裂隙带　　　　　　　　　　　B. 断层带
   C. 横穿断层　　　　　　　　　　D. 横穿张性裂隙

7. 按建筑物承重结构形式分类，网架结构属于（　　）。
   A. 排架结构　　　　　　　　　　B. 刚架结构
   C. 混合结构　　　　　　　　　　D. 空间结构

8. 目前多层住宅楼房多采用（　　）。
   A. 砖木结构　　　　　　　　　　B. 砖混结构
   C. 钢筋混凝土结构　　　　　　　D. 木结构

9. 相对刚性基础而言，柔性基础的本质在于（　　）。
   A. 基础材料的柔性　　　　　　　B. 不受刚性角的影响
   C. 不受混凝土强度的影响　　　　D. 利用钢筋抗拉承受弯矩

10. 将层间楼板直接向外悬挑形成阳台板，该阳台承重支承方式为（　　）。
    A. 墙承式　　　　　　　　　　　B. 桥梁式
    C. 挑板式　　　　　　　　　　　D. 板承式

11. 单层工业厂房柱间支撑的作用是（　　）。
 A. 提高厂房局部竖向承载能力 B. 方便检修维护吊车梁
 C. 提升厂房内部美观效果 D. 加强厂房纵向刚度和稳定性

12. 三级公路应采用的面层类型是（　　）。
 A. 沥青混凝土 B. 水泥混凝土
 C. 沥青碎石 D. 半整齐石块

13. 砌石路基沿线遇到基础地质条件明显变化时应（　　）。
 A. 设置挡土墙 B. 将地基做成台阶形
 C. 设置伸缩缝 D. 设置沉降缝

14. 桥面采用防水混凝土铺装的（　　）。
 A. 要另设面层承受车轮荷载 B. 可不另设面层而直接承受车轮荷载
 C. 不宜在混凝土中铺设钢筋网 D. 不宜在其上面铺筑沥青表面磨耗层

15. 悬臂梁桥的结构特点是（　　）。
 A. 悬臂跨与挂孔跨交替布置 B. 通常为偶数跨布置
 C. 多跨在中间支座处连接 D. 悬臂跨与挂孔跨分左右布置

16. 地铁车站中不宜分期建成的是（　　）。
 A. 地面站的土建工程 B. 高架车站的土建工程
 C. 车站地面建筑物 D. 地下车站的土建工程

17. 地下批发总贮库的布置应优先考虑（　　）。
 A. 尽可能靠近铁路干线 B. 与铁路干线有一定距离
 C. 尽可能接近生活居住区中心 D. 尽可能接近地面销售分布密集区域

18. 制作预应力混凝土轨枕采用的预应力混凝土钢材应为（　　）。
 A. 钢丝 B. 钢绞线
 C. 热处理钢筋 D. 冷轧带肋钢筋

19. 水泥的强度是指（　　）。
 A. 水泥净浆的强度 B. 水泥胶砂的强度
 C. 水泥混凝土的强度 D. 水泥砂浆结石强度

20. 耐酸、耐碱、耐热和绝缘的沥青制品应选用（　　）。
 A. 滑石粉填充改性沥青 B. 石灰石粉填充改性沥青
 C. 硅藻土填充改性沥青 D. 树脂改性沥青

21. 关于混凝土泵送剂，说法正确的是（　　）。
 A. 应用泵送剂温度不宜高于25℃ B. 过量掺入泵送剂不会造成堵泵现象
 C. 宜用于蒸汽养护混凝土 D. 泵送剂包含缓凝及减水组分

22. 沥青路面的面层集料采用玄武岩碎石主要是为了保证路面的（　　）。
 A. 高温稳定性 B. 低温抗裂性
 C. 抗滑性 D. 耐久性

23. 与天然大理石板材相比，装饰用天然花岗石板材的缺点是（　　）。
 A. 吸水率高 B. 耐酸性差
 C. 耐久性差 D. 耐火性差

24. 可较好替代天然石材装饰材料的饰面陶瓷是（　　）。
   A. 陶瓷锦砖 B. 瓷质砖
   C. 墙地砖   D. 釉面砖

25. 下列绝热材料中可使用温度最高的是（　　）。
   A. 玻璃棉   B. 泡沫塑料
   C. 陶瓷纤维 D. 泡沫玻璃

26. 基坑开挖的电渗井点降水适用于饱和（　　）。
   A. 黏土层   B. 砾石层
   C. 砂土层   D. 砂砾层

27. 与正铲挖掘机相比，反铲挖掘机的显著优点是（　　）。
   A. 对开挖土层级别的适应性宽   B. 对基坑大小的适应性宽
   C. 对开挖土层的地下水位适应性宽 D. 装车方便

28. 钢筋混凝土预制桩在砂夹卵石层和坚硬土层中沉桩，主要沉桩方式是（　　）。
   A. 静力压桩 B. 锤击沉桩
   C. 振动沉桩 D. 射水沉桩

29. 超高层建筑为提高混凝土浇筑效率，施工现场混凝土的运输应优先考虑（　　）。
   A. 自升式塔式起重机运输 B. 泵送
   C. 轨道式塔式起重机运输 D. 内爬式塔式起重机运输

30. 石材幕墙的石材与幕墙骨架的连接有多种方式，其中使石材面板受力较好的连接方式是（　　）。
   A. 钢销式连接 B. 短槽式连接
   C. 通槽式连接 D. 背栓式连接

31. 路基基底原状土开挖换填的主要目的是（　　）。
   A. 便于导水   B. 便于蓄水
   C. 提高稳定性 D. 提高作业效率

32. 用水泥和熟石灰稳定剂处置法处理软土地基，施工时关键应做好（　　）。
   A. 稳定土的及时压实工作 B. 土体自由水的抽排工作
   C. 垂直排水固结工作   D. 土体真空预压工作

33. 涵洞沉降缝适宜设置在（　　）。
   A. 涵洞和翼墙交接处 B. 洞身范围中段
   C. 进水口外缘面   D. 端墙中心线处

34. 冻结排桩法施工技术主要适用于（　　）。
   A. 基岩比较坚硬、完整的深基坑施工 B. 表土覆盖比较浅的一般基坑施工
   C. 地下水丰富的深基坑施工   D. 岩土体自支撑能力较强的浅基坑施工

35. 工程量清单项目中的钢筋工程量应是（　　）。
   A. 设计图示钢筋长度的钢筋净重量 B. 不计入搭接和锚固钢筋的用量
   C. 设计图示钢筋总消耗量   D. 计入施工余量的钢筋用量

36. 工程计量单位正确的是（　　）。
   A. 换土垫层以"m^2"为计量单位 B. 砌块墙以"m^2"为计量单位

C. 混凝土以"m³"为计量单位　　　　　D. 墙面抹灰以"m³"为计量单位

37. 有梁楼盖平法施工图中标注的"XB2 h=120/80；B：XcΦ8@150；YcΦ8@200；T：XΦ8@150"，理解正确的是(   )。

    A. "XB2"表示"2块楼面板"
    B. "B：XcΦ8@150"表示"板下部配X向构造筋Φ8@150"
    C. "YcΦ8@200"表示"板上部配构造筋Φ8@200"
    D. "T：XΦ8@150"表示"竖向和X向配贯通纵筋Φ8@150"

38. 根据《建筑工程建筑面积计算规范》GB/T 50353—2013，建筑面积有围护结构的以围护结构外围计算，其围护结构包括围合建筑空间的(   )。

    A. 栏杆　　　　　　　　　　　　　　B. 栏板
    C. 门窗　　　　　　　　　　　　　　D. 勒脚

39. 根据《建筑工程建筑面积计算规范》GB/T 50353—2013，建筑物出入口坡道外侧设计有外挑宽度为2.2m的钢筋混凝土顶盖，坡道两侧外墙外边线间距为4.4m，则该部位建筑面积为(   )。

    A. 4.84m²　　　　　　　　　　　　　B. 9.24m²
    C. 9.68m²　　　　　　　　　　　　　D. 不予计算

40. 根据《建筑工程建筑面积计算规范》GB/T 50353—2013，建筑物雨篷部位建筑面积计算正确的为(   )。

    A. 有柱雨篷按柱外围面积计算　　　　B. 无柱雨篷不计算
    C. 有柱雨篷按结构板水平投影面积计算　D. 外挑宽度为1.8m的无柱雨篷不计算

41. 根据《建筑工程建筑面积计算规范》GB/T 50353—2013，围护结构不垂直于水平面的楼层，其建筑面积计算正确的为(   )。

    A. 按其围护底板面积的1/2计算　　　B. 结构净高≥2.10m的部位计算全面积
    C. 结构净高≥1.20m的部位计算1/2面积　D. 结构净高<2.10m的部位不计算面积

42. 根据《建筑工程建筑面积计算规范》GB/T 50353—2013，建筑物室外楼梯建筑面积计算正确的为(   )。

    A. 并入建筑物自然层，按其水平投影面积计算
    B. 无顶盖的不计算
    C. 结构净高小于2.10m的不计算
    D. 下部建筑空间加以利用的不重复计算

43. 根据《建筑工程建筑面积计算规范》GB/T 50353—2013，建筑物与室内变形缝建筑面积计算正确的为(   )。

    A. 不计算　　　　　　　　　　　　　B. 按自然层计算
    C. 不论层高只按底层计算　　　　　　D. 按变形缝设计尺寸的1/2计算

44. 根据《房屋建筑与装饰工程工程量计算规范》GB/T 50854—2013，挖480mm宽的钢筋混凝土直埋管道沟槽，每侧工作面宽度应为(   )。

    A. 200mm　　　　　　　　　　　　　B. 250mm
    C. 400mm　　　　　　　　　　　　　D. 500mm

45. 根据《房屋建筑与装饰工程工程量计算规范》GB 50854—2013，地基处理的换填

垫层项目特征中，应说明材料种类及配比、压实系数和（　　）。

A. 基坑深度
B. 基底土分类
C. 边坡支护形式
D. 掺加剂品种

46. 根据《房屋建筑与装饰工程工程量计算规范》GB 50854—2013，地下连续墙项目工程量计算，说法正确的为（　　）。

A. 工程量按设计图示围护结构展开面积计算
B. 工程量按连续墙中心线长度乘以高度以面积计算
C. 钢筋网的制作及安装不另计算
D. 工程量按设计图示墙中心线长乘以厚度乘以槽深以体积计算

47. 根据《房屋建筑与装饰工程工程量计算规范》GB 50854—2013，打桩项目工作内容应包括（　　）。

A. 送桩
B. 承载力检测
C. 桩身完整性检测
D. 截（凿）桩头

48. 根据《房屋建筑与装饰工程工程量计算规范》GB 50854—2013，建筑基础与墙体均为砖砌体，且有地下室，则基础与墙体的划分界限为（　　）。

A. 室内地坪设计标高
B. 室外地面设计标高
C. 地下室地面设计标高
D. 自然地面标高

49. 根据《房屋建筑与装饰工程工程量计算规范》GB 50854—2013，对于砌块墙砌筑，下列说法正确的是（　　）。

A. 砌块上、下错缝不满足搭砌要求时应加两根直径为 8mm 的钢筋拉结
B. 错缝搭接拉结钢筋工程量不计
C. 垂直灰缝灌注混凝土工程量不计
D. 垂直灰缝宽大于 30mm 时应采用 C20 细石混凝土灌实

50. 根据《房屋建筑与装饰工程工程量计算规范》GB 50854—2013，石砌体工程量计算正确的为（　　）。

A. 石台阶项目包括石梯带和石梯膀
B. 石坡道按设计图示尺寸以水平投影面积计算
C. 石护坡按设计图示尺寸以垂直投影面积计算
D. 石挡土墙按设计图示尺寸以挡土面积计算

51. 根据《房屋建筑与装饰工程工程量计算规范》GB 50854—2013，现浇混凝土过梁工程量计算正确的是（　　）。

A. 伸入墙内的梁头计入梁体积
B. 墙内部分的梁垫按其他构件项目列项
C. 梁内钢筋所占体积予以扣除
D. 按设计图示中心线计算

52. 根据《房屋建筑与装饰工程工程量计算规范》GB 50854—2013，现浇混凝土雨篷工程量计算正确的为（　　）。

A. 并入墙体工程量，不单独列项
B. 按水平投影面积计算
C. 按设计图示尺寸以墙外部分体积计算
D. 扣除伸出墙外的牛腿体积

53. 根据《房屋建筑与装饰工程工程量计算规范》GB 50854—2013，现浇混凝土构件工程量计算正确的为（　　）。

A. 坡道按设计图示尺寸以"m³"计算

B. 架空式台阶按现浇楼梯计算

C. 室外地坪按设计图示面积乘以厚度以"m³"计算

D. 地沟按设计图示结构截面积乘以中心线长度以"m³"计算

54. 根据《房屋建筑与装饰工程工程量计算规范》GB 50854—2013，预制混凝土三角形屋架应（　　）。

A. 按组合屋架列项
B. 按薄腹屋架列项
C. 按顶窗屋架列项
D. 按折线形屋架列项

55. 根据《房屋建筑与装饰工程工程量计算规范》GB 50854—2013，木门综合单价计算不包括（　　）。

A. 折页、插销安装
B. 门碰珠、弓背拉手安装
C. 弹簧折页安装
D. 门锁安装

56. 根据《房屋建筑与装饰工程工程量计算规范》GB 50854—2013，屋面防水工程量计算正确的为（　　）。

A. 斜屋面按水平投影面积计算
B. 女儿墙处弯起部分应单独列项计算
C. 防水卷材搭接用量不另行计算
D. 屋面伸缩缝弯起部分单独列项计算

57. 根据《房屋建筑与装饰工程工程量计算规范》GB 50854—2013，与墙相连的墙间柱保温隔热工程量计算正确的为（　　）。

A. 按设计图示尺寸以"m²"单独计算

B. 按设计图示尺寸以"m"单独计算

C. 不单独计算，并入保温墙体工程量内

D. 按计算图示柱展开面积"m²"单独计算

58. 根据《房屋建筑与装饰工程工程量计算规范》GB 50854—2013，墙面抹灰工程量计算正确的为（　　）。

A. 墙面抹灰中墙面勾缝不单独列项

B. 有吊顶的内墙面抹灰抹至吊顶以上部分应另行计算

C. 墙面水刷石按墙面装饰抹灰编码列项

D. 墙面抹石膏灰浆按墙面装饰抹灰编码列项

59. 根据《房屋建筑与装饰工程工程量计算规范》GB 50854—2013，幕墙工程工程量计算正确的为（　　）。

A. 应扣除与带骨架幕墙同种材质的窗所占面积

B. 带肋全玻幕墙玻璃肋工程量应单独计算

C. 带骨架幕墙按图示框内围尺寸以面积计算

D. 带肋全玻幕墙按展开面积计算

60. 根据《房屋建筑与装饰工程工程量计算规范》GB 50854—2013，顶棚工程量计算正确的为（　　）。

A. 采光顶棚工程量按框外围展开面积计算

B. 采光顶棚工程量按设计图示尺寸以水平投影面积计算

C. 采光顶棚骨架并入顶棚工程量，不单独计算

D. 吊顶龙骨单独列项计算工程量

二、**多项选择题**（共20题，每题2分。每题的备选项中，有2个或2个以上符合题意，至少有1个错项。错选，本题不得分；少选，所选的每个选项得0.5分）。

61. 经变质作用产生的矿物有（　　）。
   A. 绿泥石　　　　　　　　　　B. 石英
   C. 蛇纹石　　　　　　　　　　D. 白云母
   E. 滑石

62. 地下水对地基土体的影响有（　　）。
   A. 风化作用　　　　　　　　　B. 软化作用
   C. 引起沉降　　　　　　　　　D. 引起流砂
   E. 引起潜蚀

63. 在满足一定功能前提下，与钢筋混凝土结构相比，型钢混凝土结构的优点在于（　　）。
   A. 造价低　　　　　　　　　　B. 承载力大
   C. 节省钢材　　　　　　　　　D. 刚度大
   E. 抗震性能好

64. 设置圈梁的主要意义在于（　　）。
   A. 提高建筑物空间刚度　　　　B. 提高建筑物的整体性
   C. 传递墙体荷载　　　　　　　D. 提高建筑物的抗震性
   E. 增加墙体的稳定性

65. 现浇钢筋混凝土楼板主要分为（　　）。
   A. 板式楼板　　　　　　　　　B. 梁式楼板
   C. 梁板式肋形楼板　　　　　　D. 井字形密肋楼板
   E. 无梁式楼板

66. 单向机动车道数不小于3条的城市道路横断面必须设置（　　）。
   A. 机动车道　　　　　　　　　B. 非机动车道
   C. 人行道　　　　　　　　　　D. 应急车道
   E. 分车带

67. 表征钢材抗拉性能的技术指标主要有（　　）。
   A. 屈服强度　　　　　　　　　B. 冲击韧性
   C. 抗拉强度　　　　　　　　　D. 硬度
   E. 伸长率

68. 干缩性较小的水泥有（　　）。
   A. 硅酸盐水泥　　　　　　　　B. 普通硅酸盐水泥
   C. 矿渣硅酸盐水泥　　　　　　D. 火山灰质硅酸盐水泥
   E. 粉煤灰硅酸盐水泥

69. 建筑塑料装饰制品在建筑物中应用越来越广泛，常用的有（　　）。
   A. 塑料门窗　　　　　　　　　B. 塑料地板
   C. 塑料墙板　　　　　　　　　D. 塑料壁纸
   E. 塑料管材

70. 在众多防水卷材中，相比之下尤其适用于寒冷地区建筑物防水的有（   ）。
   A. SBS 改性沥青防水卷材
   B. APP 改性沥青防水卷材
   C. PVC 防水卷材
   D. 氯化聚乙烯防水卷材
   E. 氯化聚乙烯-橡胶共混型防水卷材

71. 在钢筋混凝土结构构件中同一钢筋连接区段内纵向钢筋的接头，对设计无规定的，应满足的要求有（   ）。
   A. 在受拉区接头面积百分率≤50%
   B. 直接承受动荷载的结构中，必须用焊接连接
   C. 直接承受动荷载的结构中，采用机械连接按其接头面积百分率≤50%
   D. 必要时可在构件端部箍筋加密区设高质量机械连接接头，但面积百分率≤50%
   E. 一般在梁端箍筋加密区不宜设置接头

72. 地下防水工程防水混凝土正确的防水构造措施有（   ）。
   A. 竖向施工缝应设置在地下水和裂隙水较多的地段
   B. 竖向施工缝尽量与变形缝相结合
   C. 贯穿防水混凝土的铁件应在铁件上加焊止水铁片
   D. 贯穿铁件端部混凝土覆盖厚度不少于250mm
   E. 水平施工缝应避开底板与侧墙交接处

73. 屋面保温层施工应满足的要求有（   ）。
   A. 先施工隔汽层再施工保温层
   B. 隔汽层沿墙面高于保温层
   C. 纤维材料保温层不宜采用机械固定法施工
   D. 现浇泡沫混凝土保温层浇筑的自落高度≤1m
   E. 泡沫混凝土一次浇筑厚度≤200mm

74. 大跨径连续梁上部结构悬臂预制法施工的特点有（   ）。
   A. 施工速度较快
   B. 上下平行作业
   C. 一般不影响桥下交通
   D. 施工较复杂
   E. 结构整体性较差

75. 工程量清单要素中的项目特征，其主要作用体现在（   ）。
   A. 提供确定综合单价的依据
   B. 描述特有属性
   C. 明确质量要求
   D. 明确安全要求
   E. 确定措施项目

76. 根据《建筑工程建筑面积计量规范》GB/T 50353—2013，不计算建筑面积的为（   ）。
   A. 厚度为200mm的石材勒脚
   B. 规格为400mm×400mm的附墙装饰柱
   C. 挑出宽度为2.19m的雨篷
   D. 顶盖高度超过两个楼层的无柱雨篷
   E. 突出外墙200mm的装饰性幕墙

77. 根据《房屋建筑与装饰工程工程量计算规范》GB 50854—2013，土方工程工程量计算正确的为（   ）。
   A. 建筑场地厚度≤±300mm的挖、填、运、找平，均按平整场地计算

B. 设计底宽≤7m，底长＞3倍底宽的土方开挖，按挖沟槽土方计算
C. 设计底宽＞7m，底长＞3倍底宽的土方开挖，按一般土方计算
D. 设计底宽≤7m，底长＜3倍底宽的土方开挖，按挖基坑土方计算
E. 土方工程量均按设计尺寸以体积计算

78. 根据《房屋建筑与装饰工程工程量计算规范》GB 50854—2013，关于墙面变形缝、防水、防潮工程量计算正确的为（　　）。
A. 墙面卷材防水按设计图示尺寸以面积计算
B. 墙面防水搭接及附加层用量应另行计算
C. 墙面砂浆防水项目中，钢丝网不另行计算，在综合单价中考虑
D. 墙面变形缝按设计图示立面投影面积计算
E. 墙面变形缝，若做双面，按设计图示长度尺寸乘以2计算

79. 根据《房屋建筑与装饰工程工程量计算规范》GB 50854—2013，关于柱面抹灰工程量计算正确的为（　　）。
A. 柱面勾缝忽略不计
B. 柱面抹麻刀石灰按柱面装饰抹灰编码列项
C. 柱面一般抹灰按设计截面周长乘以高度以面积计算
D. 柱面勾缝按设计断面周长乘以高度以面积计算
E. 柱面砂浆找平按设计截面周长乘以高度以面积计算

80. 根据《房屋建筑与装饰工程工程量计算规范》GB 50854—2013，安全文明施工措施项目包括的内容有（　　）。
A. 地上、地下设施保护　　　　B. 环境保护
C. 安全施工　　　　　　　　　D. 临时设施
E. 文明施工

2020 年全国一级造价工程师职业资格考试
《建设工程技术与计量（土木建筑工程）》
答案与解析

一、单项选择题（共 60 题，每题 1 分。每题的备选项中，只有 1 个最符合题意）。

1. 【答案】B

   【解析】根据表 1 中数据，在题目各选项中，长石硬度最高，选 B。

矿物硬度表　　　　　　　　　　　　　　　　　　　　　表 1

硬度	1	2	3	4	5	6	7	8	9	10
矿物	滑石	石膏	方解石	萤石	磷灰石	长石	石英	黄玉	刚玉	金刚石

2. 【答案】C

   【解析】根据表 2 中数据，基岩上部裂隙中的水，常为无压水。选项 C 正确。

地下水分类表　　　　　　　　　　　　　　　　　　　　　表 2

基本类型	亚类			水头性质	补给区与分布区关系	动态特点	成因
	孔隙水	裂隙水	岩溶水				
包气带水	土壤水、沼泽水、不透水透镜体上的上层滞水。主要是季节性存在的地下水	基岩风化壳（黏土裂隙）中季节性存在的水	垂直渗入带中季节性及经常性存在的水	无压水	补给区与分布区一致	一般为暂时性水	基本上是渗入成因，局部才能凝结成因
潜水	坡积、洪积、冲积、湖积、冰碛和冰水沉积物中的水；当经常出露或接近地表时，成为沼泽水、沙漠和海滨砂丘水	基岩上部裂隙中的水	裸露岩溶化岩层中的水	常为无压水	补给区与分布区一致	水位升降决定地表水的渗入和地下水的蒸发，并在某些地方决定于水压的传递	基本上是渗入成因，局部才能凝结成因
承压水	松散沉积物构成的向斜和盆地——自流盆地中的水、松散沉积物构成的单斜和山前平原——自流斜地中的水	构成盆地或向斜中基岩的层状裂隙水、单斜岩层中层状裂隙水、构造断裂带及不规则裂隙中的深部水	构造盆地或向斜中岩溶化岩石中的水，单斜岩溶化岩层中的水	承压水	补给区与分布区不一致	水位的升降决定于水压的传递	渗入成因或海洋成因

3. 【答案】A

【解析】对充填胶结差，影响承载力或抗渗要求的断层，浅埋的尽可能清除回填，深埋的灌水泥浆处理；泥化夹层影响承载能力，浅埋的尽可能清除回填，深埋的一般不影响承载能力。本题目中为深埋的泥化夹层，可以不必处理，选项A正确。

4. 【答案】C

【解析】当建筑物基础底面位于地下水位以下时，地下水对基础底面产生静水压力，即产生浮托力。如果基础位于粉土、砂土、碎石土和节理裂隙发育的岩石地基上，则按地下水位100%计算浮托力；如果基础位于节理裂隙不发育的岩石地基上，则按地下水位50%计算浮托力；如果基础位于黏性土地基上，其浮托力较难确切地确定，应结合地区的实际经验考虑。本题选C。

5. 【答案】B

【解析】喷混凝土具备三个方面的作用：

（1）首先，它能紧跟工作面，速度快，因而缩短了开挖与支护的间隔时间，及时填补了围岩表面的裂缝和缺损，阻止裂隙切割的碎块脱落松动，使围岩的应力状态得到改善。

（2）其次，由于有较高的喷射速度和压力，浆液能充填张开的裂隙，起着加固岩体的作用，提高了岩体整体性。

（3）此外，喷层与围岩紧密结合，有较高的粘结力和抗剪强度，能在结合面上传递各种应力，可以起到承载拱的作用。

首要和内在本质作用应该是（1），但A选项应该是引起应力改善，不是引起应力恶化，所以不能选。所以本题只能选排在第二位的（2），对应的选项是B。

6. 【答案】B

【解析】对于在断层发育地带修建隧道来说，由于岩层的整体性遭到破坏，加之地面水或地下水的侵入，其强度和稳定性都是很差的，容易产生洞顶塌落，影响施工安全。因此，当隧道轴线与断层走向平行时，应尽量避免与断层破碎带接触。本题选B。

7. 【答案】D

【解析】建筑按其主要承重结构的形式分为：（1）排架结构；（2）刚架结构；（3）空间结构：一般常见的空间结构有膜结构、网架结构、薄壳结构、悬索结构等。本题选D。

8. 【答案】B

【解析】砖混结构是指建筑物中竖向承重结构的墙、柱等采用砖或砌块砌筑，横向承重的梁、楼板、屋面板等采用钢筋混凝土结构。砖混结构是以小部分钢筋混凝土及大部分砖墙承重的结构。适合开间进深较小，房间面积小，多层或低层的建筑。本题选B。

9. 【答案】D

【解析】鉴于刚性基础受其刚性角的限制，要想获得较大的基底宽度，相应的基础埋深也应加大，这显然会增加材料消耗和挖方量，也会影响施工工期。在混凝土基础底部配置受力钢筋，利用钢筋抗拉，这样基础可以承受弯矩，也就不受刚性角的限制，所以钢筋混凝土基础也称为柔性基础。题目问的是柔性基础的本质，而B只是结果，本题应该选D。

10. 【答案】C

【解析】阳台承重结构的支承方式有墙承式、悬挑式等。按悬挑方式不同有挑梁式和挑板式两种。挑板式一般又有两种做法：一种是将阳台板和墙梁现浇在一起，利用梁上部的墙体或楼板来平衡阳台板，以防止阳台倾覆。这种做法阳台底部平整，外形轻巧，阳台宽度不受房间开间限制，但梁受力复杂，阳台悬挑长度受限，一般不宜超过 1.2m。另一种是将房间楼板直接向外悬挑形成阳台板。这种做法构造简单，阳台底部平整，外形轻巧，但板受力复杂，构件类型增多，由于阳台地面与室内地面标高相同，不利于排水。本题为第二种挑板式，应选 C。

11.【答案】D

【解析】单层工业厂房的支撑系统包括柱间支撑和屋盖支撑两大部分。支撑构件设置在屋架之间的称为屋架支撑；设置在纵向柱列之间的称为柱间支撑。支撑构件主要传递水平荷载，起保证厂房空间刚度和稳定性的作用。本题应该选 D。

12.【答案】C

【解析】根据表 3 中的内容，选项 A、B、C 都可以作为三级公路的路面面层，但从经济性角度来看，更合适的是选项 C。

各级路面所具有的面层类型及其所适用的公路等级   表 3

公路等级	采用的路面等级	面层类型
高速，一、二级公路	高级路面	沥青混凝土
		水泥混凝土
三、四级公路	次高级路面	沥青贯入式
		沥青碎石
		沥青表面处治
四级公路	中级路面	碎、砾石（泥结或级配）
		半整齐石块
		其他粒料
四级公路	低级路面	粒料加固土
		其他当地材料加固或改善土

13.【答案】D

【解析】砌石路基是指用不易风化的开山石料外砌、内填而成的路堤。砌石顶宽采用 0.8m，基底面以 1∶5 向内倾斜，砌石高度为 2～15m。砌石路基应每隔 15～20m 设伸缩缝一道。当基础地质条件变化时，应分段砌筑，并设沉降缝。当地基为整体岩石时，可将地基做成台阶形。本题应该选 D。

14.【答案】B

【解析】在需要防水的桥梁上，当不设防水层时，可在桥面板上以厚 80～100mm 且带有横坡的防水混凝土作铺装层，其强度不低于行车道板混凝土强度等级，其上一般可不另设面层而直接承受车轮荷载。但为了延长桥面铺装层的使用年限，宜在上面铺筑厚 20mm 的沥青表面作磨耗层。为使铺装层具有足够的强度和良好的整体性（亦能起联系各主梁共同受力的作用），一般宜在混凝土中铺设直径为 4～6mm 的钢筋网。本题应该选 B。

15.【答案】A

【解析】悬臂梁桥相当于简支梁桥的梁体越过其支点向一端或两端延长所形成的梁式桥结构。其结构特点是悬臂跨与挂孔跨交替布置，通常为奇数跨布置。选项C对应连续梁桥，连续梁桥相当于多跨简支梁桥在中间支座处相连接贯通，形成整体的、连续的、多跨的梁结构。本题选A。

16.【答案】D

【解析】地下车站的土建工程宜一次建成。地面车站、高架车站及地面建筑可分期建设。本题选D。

17.【答案】B

【解析】大库区以及批发和燃料总库，必须要考虑铁路运输。贮库不应直接沿铁路干线两侧布置，尤其是地下部分，最好布置在生活居住区的边缘地带，同铁路干线有一定的距离。本题选B。

18.【答案】C

【解析】热处理钢筋是钢厂将热轧的带肋钢筋（中碳低合金钢）经淬火和高温回火调质处理而成的，即以热处理状态交货。热处理钢筋强度高，用材省，锚固性好，预应力稳定，主要用作预应力钢筋混凝土轨枕，也可以用于预应力混凝土板、吊车梁等构件。本题选C。

19.【答案】B

【解析】水泥强度是指胶砂的强度而不是净浆的强度，它是评定水泥强度等级的依据。本题选B。

20.【答案】A

【解析】常用的矿物填充料大多是粉状的和纤维状的，主要有滑石粉、石灰石粉、硅藻土和石棉等。滑石粉亲油性好（憎水），易被沥青润湿，可直接混入沥青中，以提高沥青的机械强度和抗老化性能，可用于具有耐酸、耐碱、耐热和具有绝缘性能的沥青制品中。本题选A。

21.【答案】D

【解析】泵送剂是指能改善混凝土拌合物的泵送性能，使混凝土能顺利通过输送管道，不阻塞，不离析，黏塑性良好的外加剂。其组分包含缓凝及减水组分、增稠组分（保水剂）、引气组分及高比表面无机掺合料。应用泵送剂温度不宜高于35℃，掺泵送剂过量可能造成堵泵现象。泵送剂不宜用于蒸汽养护混凝土和蒸压养护的预制混凝土。本题选D。

22.【答案】C

【解析】沥青路面的抗滑性能与集料的表面结构（粗糙度）、级配组成、沥青用量等因素有关。为保证抗滑性能，面层集料应选用质地坚硬且具有棱角的碎石，通常采用玄武岩。采取适当增大集料粒径、减少沥青用量及控制沥青含蜡量等措施，均可提高路面的抗滑性。本题选C。

23.【答案】D

【解析】花岗石板材为花岗岩经锯、磨、切等工艺加工而成的。花岗岩是典型的岩浆岩，其矿物主要是石英、长石及少量云母等，SiO_2含量高，属酸性岩石。由其加工的板材质地坚硬、密实、强度高、密度大、吸水率极低、质地坚硬、耐磨、耐酸、抗风化、耐久性好，使用年限长。但由于花岗岩中含有石英，在高温下会发生晶型转变，产生体积膨胀，因此，花岗石耐火性差，但适宜制作火烧板。本题选D。

24.【答案】 B

【解析】 瓷质砖具有天然石材的质感，而且更具有高光度、高硬度、高耐磨、吸水率低、色差少以及规格多样化和色彩丰富等优点。装饰在建筑物外墙壁上能起到隔声、隔热的作用，而且它比大理石轻便，质地均匀致密、强度高、化学性能稳定，其优良的物理化学性能源自它的微观结构。瓷质砖是多晶材料，主要由无数微粒级的石英晶粒和莫来石晶粒构成网架结构，这些晶体和玻璃体都有很高的强度和硬度，并且晶粒和玻璃体之间具有相当高的结合强度。瓷质砖是20世纪80年代后期发展起来的建筑装饰材料，正逐渐成为天然石材装饰材料的替代产品。本题选B。

25.【答案】 C

【解析】 A选项中玻璃棉最高使用温度为400℃；B选项中泡沫塑料最高使用温度达120℃；C选项中陶瓷纤维最高使用温度为1100～1350℃；D选项中泡沫玻璃最高使用温度500℃。本题选C。

26.【答案】 A

【解析】 在饱和黏土中，特别是淤泥和淤泥质黏土中，由于土的透水性较差，持水性较强，用一般喷射井点和轻型井点降水效果较差，此时宜增加电渗井点来配合轻型或喷射井点降水，以便对透水性较差的土起疏干作用，使水排出。本题选A。

27.【答案】 C

【解析】 正铲挖掘机的挖土特点是：前进向上，强制切土。其挖掘力大，生产率高，能开挖停机面以内的Ⅰ～Ⅳ级土，开挖大型基坑时需设下坡道，适宜在土质较好、无地下水的地区工作。

反铲挖掘机的挖土特点是：后退向下，强制切土。其挖掘力比正铲小，能开挖停机面以下的Ⅰ～Ⅲ级的砂土或黏土，适宜开挖深度4m以内的基坑，对地下水位较高处也适用。本题选C。

28.【答案】 D

【解析】 锤击沉桩法适用于桩径较小（一般桩径0.6m以下），地基土土质为可塑性黏土、砂性土、粉土、细砂以及松散的碎卵石类土的情况。

静力压桩施工时无冲击力，噪声和振动较小，桩顶不易损坏，且无污染，对周围环境的干扰小，适用于软土地区、城市中心或建筑物密集处的桩基础工程，以及精密工厂的扩建工程。振动沉桩主要适用于砂土、砂质黏土、亚黏土层。在含水砂层中的效果更为显著，但在砂砾层中采用此法时，尚需配以水冲法。

射水沉桩法的选择应视土质情况而异，在砂夹卵石层或坚硬土层中，一般以射水为主，锤击或振动为辅；在亚黏土或黏土中，为避免降低承载力，一般以锤击或振动为主，以射水为辅，并应适当控制射水时间和水量；下沉空心桩，一般用单管内射水。本题选D。

29.【答案】 B

【解析】 混凝土输送宜采用泵送方式。混凝土粗骨料最大粒径不大于25mm时，可采用内径不小于 125mm 的输送泵管；混凝土粗骨料最大粒径不大于 40mm 时，可采用内径不小于 150mm 的输送泵管。输送泵管安装接头应严密，输送泵管道转向宜平缓。输送泵管应采用支架固定，支架应与结构牢固连接，输送泵管转向处支架应加密。本题选 B。

30.【答案】 D

【解析】石材幕墙的构造一般采用框支承结构，因石材面板连接方式的不同，可分为钢销式、槽式和背栓式等。背栓式连接与钢销式及槽式连接不同，它将连接石材面板的部位放在面板背部，改善了面板的受力。通常先在石材背面钻孔，插入不锈钢背栓，并扩张使之与石板紧密连接，然后通过连接件与幕墙骨架连接。本题选 D。

31.【答案】 C

【解析】为保证路堤的强度和稳定性，在填筑路堤时，要处理好基底，选择良好的填料，保证必需的压实度及正确选择填筑方案。基底原状土的强度不符合要求时，应进行换填。本题选 C。

32.【答案】 A

【解析】稳定剂处置法是利用生石灰、熟石灰、水泥等稳定材料，掺入软弱的表层黏土中，以改善地基的压缩性和强度特征，保证机械作业条件，提高路堤土稳定及压实效果。施工时应注意以下几点：①工地存放的水泥、石灰不可太多，以一天使用量为宜，最长不宜超过三天的使用量，应做好防水、防潮措施。②压实要达到规定压实度，用水泥和熟石灰稳定处理土应在最后一次拌合后立即压实；而用生石灰稳定土的压实，必须有拌合时的初碾压和生石灰消解结束后的再次碾压。压实后若能获得足够的强度，可不必进行专门养生，但由于土质与施工条件不同，处置土强度增长不均衡，则应做约 1 周时间的养生。本题选 A。

33.【答案】 A

【解析】涵洞和急流槽、端墙、翼墙、进出水口急流槽等，须在结构分段处设置沉降缝（但无圬工基础的圆管涵仅于交接处设置沉降缝，洞身范围不设），以防止由于受力不均、基础产生不均衡沉降而使结构物破坏。本题选 A。

34.【答案】 C

【解析】冻结排桩法适用于大体积深基础开挖施工、含水量高的地基基础和软土地基基础以及地下水丰富的地基基础施工。本题选 C。

35.【答案】 A

【解析】如"010515001 现浇构件钢筋"其计算规则为"按设计图示钢筋长度乘单位理论质量计算"，其中"设计图示钢筋长度"即为钢筋的净量，包括设计（含规范规定）标明的搭接、锚固长度，其他如施工搭接或施工余量不计算工程量，在综合单价中综合考虑。本题选 A。

36.【答案】 C

【解析】选项 A 和选项 B 以"m^3"为计量单位；选项 D 以"m^2"为计量单位。本题选 C。

37.【答案】 B

【解析】A 错误，"XB2"表示"2 号悬挑板"；C "Ycφ8@200"表示"板下部配构造筋Φ8@200"；D"T：XΦ8@150"表示"板顶部 X 向配贯通纵筋Φ8@150"。本题选 B。

38.【答案】C

【解析】围护结构是指围合建筑空间的墙体、门、窗。栏杆、栏板属于围护设施。本题选 C。

39.【答案】A

【解析】出入口外墙外侧坡道有顶盖的部位，应按其外墙结构外围水平面积的 1/2 计算面积。本题中车道面积＝0.5×2.2×4.4＝4.84m²。本题选 A。

40.【答案】D

【解析】选项 A 和选项 C，有柱雨篷应按其结构板水平投影面积的 1/2 计算建筑面积；选项 B 无柱雨篷挑出宽度≥2.10m 要计算 1/2 面积，无柱雨篷挑出宽度不超过 2.10m 不计算。本题选 D。

41.【答案】B

【解析】围护结构不垂直于水平面的楼层，应按其底板面的外墙外围水平面积计算。结构净高在 2.10m 及以上的部位，应计算全面积；结构净高在 1.20m 及以上至 2.10m 以下的部位，应计算 1/2 面积；结构净高在 1.20m 以下的部位，不应计算建筑面积。本题选 B。

42.【答案】D

【解析】室外楼梯应并入所依附建筑物自然层，并应按其水平投影面积的 1/2 计算建筑面积。室外楼梯不论是否有顶盖都需要计算建筑面积。层数为室外楼梯所依附的楼层数，即梯段部分投影到建筑物范围内的层数。利用室外楼梯下部的建筑空间不得重复计算建筑面积；利用地势砌筑的为室外踏步，不计算建筑面积。本题选 D。

43.【答案】B

【解析】与室内相通的变形缝，应按其自然层合并在建筑物建筑面积内计算。对于高低联跨的建筑物，当高低跨内部连通时，其变形缝应计算在低跨面积内。本题选 B。

44.【答案】C

【解析】见表 4。

管沟施工每侧工作面宽度计算表   表 4

管道类型	管道结构宽（mm）			
	≤500	≤1000	≤2500	>2500
混凝土及钢筋混凝土管道	400	500	600	700
其他材质管道	300	400	500	600

注：管道结构宽：有管座的按基础外缘，无管座的按管道外径。

根据表中数据，本题选 C。

45.【答案】D

【解析】换填垫层是指挖去浅层软弱土层和不均匀土层，回填坚硬、较粗粒径的材料，并夯压密实形成的垫层。根据换填材料不同可分为土、石垫层和土工合成材料加筋垫层，可根据换填材料不同，区分土（灰土）垫层、石（砂石）垫层等分别编码列项。项目特征描述：材料种类及配比、压实系数、掺加剂品种。本题选 D。

46.【答案】 D

【解析】地下连续墙，按设计图示墙中心线长乘以厚度乘以槽深以体积"m³"计算。地下连续墙和喷射混凝土（砂浆）的钢筋网、咬合灌注桩的钢筋笼及钢筋混凝土支撑的钢筋制作、安装，按"混凝土及钢筋混凝土工程"中相关项目列项。本题选 D。

47.【答案】 A

【解析】打桩的工程内容中包括了接桩和送桩，不需要单独列项，应在综合单价中考虑。截（凿）桩头需要单独列项，同时截（凿）桩头项目适用于"地基处理与边坡支护工程、桩基础工程"所列桩的桩头截（凿）。同时还应注意，桩基础项目（打桩和灌注桩）均未包括承载力检测、桩身完整性检测等内容，相关的费用应单独计算（属于研究试验费的范畴），不包括在本清单项目中。本题选 A。

48.【答案】 C

【解析】基础与墙（柱）身的划分：基础与墙（柱）身使用同一种材料时，以设计室内地面为界（有地下室者，以地下室室内设计地面为界），以下为基础，以上为墙（柱）身。基础与墙身使用不同材料时，位于设计室内地面高度≤±300mm 时，以不同材料为分界线，高度＞±300mm 时，以设计室内地面为分界线。砖围墙应以设计室外地坪为界，以下为基础，以上为墙身。本题选 C。

49.【答案】 D

【解析】砌块排列应上、下错缝搭砌，如果搭错缝长度满足不了规定的压搭要求，应采取压砌钢筋网片的措施，具体构造要求按设计规定。若设计无规定时，应注明由投标人根据工程实际情况自行考虑；钢筋网片按"混凝土及钢筋混凝土工程"中相应编码列项。砌体垂直灰缝宽＞30mm 时，采用 C20 细石混凝土灌实。灌注的混凝土应按"混凝土及钢筋混凝土工程"相关项目编码列项。本题选 D。

50.【答案】 B

【解析】石台阶项目包括石梯带（垂带），不包括石梯膀。石护坡按设计图示尺寸以体积"m³"计算。石挡土墙按设计图示尺寸以体积"m³"计算。本题选 B。

51.【答案】 A

【解析】现浇混凝土梁包括基础梁、矩形梁、异形梁、圈梁、过梁、弧形梁（拱形梁）等项目。按设计图示尺寸以体积"m³"计算，不扣除构件内钢筋、预埋铁件所占体积，伸入墙内的梁头、梁垫并入梁体积内。本题选 A。

52.【答案】 C

【解析】雨篷、悬挑板、阳台板，按设计图示尺寸以墙外部分体积"m³"计算，包括伸出墙外的牛腿和雨篷反挑檐的体积。本题选 C。

53.【答案】 B

【解析】散水、坡道、室外地坪，按设计图示尺寸以面积"m²"计算，选项 A、C 错误。电缆沟、地沟，按设计图示以中心线长度"m"计算，选项 D 错误。本题选 B。

54.【答案】 D

【解析】预制混凝土屋架包括折线形屋架、组合屋架、薄腹屋架、门式刚架屋架、天窗架屋架。三角形屋架按折线形屋架项目编码列项。本题选 D。

55.【答案】 D

【解析】木门五金应包括：折页、插销、门碰珠、弓背拉手、搭机、木螺钉、弹簧折页（自动门）、管子拉手（自由门、地弹门）、地弹簧（地弹门）、角铁、门轧头（地弹门、自由门）等，五金安装应计算在综合单价中。需要注意的是，木门五金不含门锁，门锁安装单独列项计算。本题选D。

56.【答案】 C

【解析】屋面卷材防水、屋面涂膜防水，按设计图示尺寸以面积"m^2"计算。斜屋顶（不包括平屋顶找坡）按斜面积计算，平屋顶按水平投影面积计算。不扣除房上烟囱、风帽底座、风道、屋面小气窗和斜沟所占面积。屋面的女儿墙、伸缩缝和天窗等处的弯起部分，并入屋面工程量内。屋面防水搭接及附加层用量不另行计算，在综合单价中考虑。本题选C。

57.【答案】 C

【解析】保温隔热墙面，按设计图示尺寸以面积"m^2"计算。扣除门窗洞口以及面积 $>0.3m^2$ 梁、孔洞所占面积；门窗洞口侧壁以及与墙相连的柱，并入保温墙体工程量。本题选C。

58.【答案】 C

【解析】墙面一般抹灰、墙面装饰抹灰、墙面勾缝、立面砂浆找平层，按设计图示尺寸以面积"m^2"计算。扣除墙裙、门窗洞口及单个 $>0.3m^2$ 的孔洞面积，不扣除踢脚线、挂镜线和墙与构件交接处的面积，门窗洞口和孔洞的侧壁及顶面不增加面积。附墙柱、梁、垛、烟囱侧壁并入相应的墙面面积内。飘窗凸出外墙面增加的抹灰并入外墙工程量内。墙面抹石灰砂浆、水泥砂浆、混合砂浆、聚合物水泥砂浆、麻刀石灰浆、石膏灰浆等按墙面一般抹灰列项；墙面水刷石、斩假石、干粘石、假面砖等按墙面装饰抹灰列项。本题选C。

59.【答案】 D

【解析】带骨架幕墙，按设计图示框外围尺寸以面积"m^2"计算。与幕墙同种材质的窗所占面积不扣除。全玻（无框玻璃）幕墙，按设计图示尺寸以面积"m^2"计算。带肋全玻幕墙按展开面积计算。与幕墙同种材质的窗并入幕墙工程量内，包含在幕墙综合单价中；不同种材质窗应另列项计算工程量。但幕墙上的门应单独计算工程量。带肋全玻幕墙是指玻璃幕墙带玻璃肋，玻璃肋的工程量并入玻璃幕墙工程量内计算。本题选D。

60.【答案】 A

【解析】采光顶棚工程量按框外围展开面积计算。采光顶棚骨架应单独按"金属结构"中相关项目编码列项。吊顶龙骨安装应在综合单价中考虑工程量，不另列项计算工程量。本题选A。

二、**多项选择题**（共20题，每题2分。每题的备选项中，有2个或2个以上符合题意，至少有1个错项。错选，本题不得分；少选，所选的每个选项得0.5分）。

61.【答案】 ACE

【解析】见表5。

岩浆岩、沉积岩和变质岩的地质特征表　　　　　表 5

地质特征	岩浆岩	沉积岩	变质岩
主要矿物成分	全部为从岩浆岩中析出的原生矿物，成分复杂，但较稳定。浅色的矿物有石英、长石、白云母等；深色的矿物有黑云母、角闪石、辉石、橄榄石等	次生矿物占主要地位，成分单一，一般多不固定。常见的有石英、长石、白云母、方解石、白云石、高岭石等	除具有变质前原来岩石的矿物，如石英、长石、云母、角闪石、辉石、方解石、白云石、高岭石等外，尚有经变质作用产生的矿物，如石榴子石、滑石、绿泥石、蛇纹石等
结构	以结晶粒状、斑状结构为特征	以碎屑、泥质及生物碎屑结构为特征。部分为成分单一的结晶结构，但肉眼不易分辨	以变晶结构等为特征
构造	具有块状、流纹状、气孔状、杏仁状构造	具有层理构造	多具有片理构造
成因	直接由高温熔融的岩浆形成	主要由先成岩石的风化产物，经压密、胶结、重结晶等成岩作用而形成	由先成的岩浆岩、沉积岩和变质岩，经变质作用而形成

根据表中内容，B 石英、D 白云母是次生矿物。本题选 ACE。

62.【答案】BCDE

【解析】地下水对地基土体的作用包括：①地下水对土体和岩体的软化；②地下水位下降引起软土地基沉降；③动水压力产生流砂和潜蚀；④地下水的浮托作用；⑤承压水对基坑的作用；⑥地下水对钢筋混凝土的腐蚀。本题选 BCDE。

63.【答案】BDE

【解析】型钢混凝土组合结构是把型钢埋入钢筋混凝土中的一种独立的结构形式。型钢、钢筋、混凝土三者结合使型钢混凝土结构具备了比传统钢筋混凝土结构承载力大、刚度大、抗震性能好的优点。与钢结构相比，具有防火性能好、结构局部和整体稳定性好、节省钢材的优点。型钢混凝土组合结构应用于大型结构中，力求截面最小化，承载力最大，以节约空间，但是造价比较高。本题选 BDE。

64.【答案】ABDE

【解析】圈梁是在房屋的檐口、窗顶、楼层、吊车梁顶或基础顶面标高处，沿砌体墙水平方向设置封闭状的按构造配筋的混凝土梁式构件。它可以提高建筑物的空间刚度和整体性，增加墙体稳定，减少由于地基不均匀沉降而引起的墙体开裂，并防止较大振动荷载对建筑物的不良影响。在抗震设防地区，设置圈梁是减轻震害的重要构造措施。本题选 ABDE。

65.【答案】ACDE

【解析】现浇钢筋混凝土楼板主要分为板式、梁板式、井字形密肋式、无梁式四种。本题选 ACDE。

66.【答案】ABCE

【解析】城市道路横断面宜由机动车道、非机动车道、人行道、分车带、设施带、绿化带等组成，特殊断面还可包括应急车道、路肩和排水沟等。当快速路单向机动车道数小于3条时，应设不小于3.0m的应急车道。本题选ABCE。

67.【答案】 ACE

【解析】抗拉性能是钢材的最主要性能，表征其性能的技术指标主要是屈服强度、抗拉强度和伸长率。本题选ACE。

68.【答案】 ABE

【解析】见表6。

特性及适用范围　　　　　　　　　　　　　　　　　　　　表6

水泥种类	硅酸盐水泥	普通硅酸盐水泥	矿渣硅酸盐水泥	火山灰质硅酸盐水泥	粉煤类硅酸盐水泥
强度等级	42.5, 42.5R 52.5, 52.5R 62.5, 62.5R	42.5, 42.5R 52.5, 52.5R	32.5, 32.5R 42.5, 42.5R 52.5, 52.5R	32.5, 32.5R 42.5, 42.5R 52.5, 52.5R	32.5, 32.5R 42.5, 42.5R 52.5, 52.5R
主要特性	1. 早期强度较高，凝结硬化快； 2. 水化热较大； 3. 耐冻性好； 4. 耐热性较差； 5. 耐腐蚀及耐水性较差； 6. 干缩性较小	1. 早期强度较高，凝结硬化较快； 2. 水化热较大； 3. 耐冻性较好； 4. 耐热性较差； 5. 耐腐蚀及耐水性较差； 6. 干缩性较小	1. 早期强度低，后期强度增长较快，凝结硬化慢； 2. 水化热较小； 3. 耐热性较好； 4. 耐硫酸盐侵蚀和耐水性较好； 5. 抗冻性较差； 6. 干缩性较大； 7. 抗碳化能力差	1. 早期强度低，后期强度增长较快，凝结硬化慢； 2. 水化热较小； 3. 耐热性较差； 4. 耐硫酸盐侵蚀和耐水性较好； 5. 抗冻性较差； 6. 干缩性较大； 7. 抗渗性较好； 8. 抗碳化能力差	1. 早期强度低，后期强度增长较快，凝结硬化慢； 2. 水化热较小； 3. 耐热性较差； 4. 耐硫酸盐侵蚀和耐水性较好； 5. 抗冻性较差； 6. 干缩性较小； 7. 抗碳化能力较差

由表可知，本题选ABE。

69.【答案】 ABDE

【解析】常见的建筑塑料装饰制品有：①塑料门窗；②塑料地板；③塑料壁纸；④塑料管材及配件等。本题选ABDE。

70.【答案】 AE

【解析】选项A中SBS改性沥青防水卷材广泛适用于各类建筑防水、防潮工程，尤其适用于寒冷地区和结构变形频繁的建筑物防水，并可采用热熔法施工。选项E中氯化聚乙烯-橡胶共混型防水卷材特别适用于寒冷地区或变形较大的土木建筑防水工程。选项B中APP改性沥青防水卷材广泛适用于各类建筑防水、防潮工程，尤其适用于高温或有强烈太阳辐射地区的建筑物防水。PVC防水卷材的尺度稳定性、耐热性、耐腐蚀性、耐细菌性等均较好，适用于各类建筑的屋面防水工程和水池、堤坝等防水抗渗工程。选项D中氯化聚乙烯防水卷材适用于各类工业、民用建筑的屋面防水、地下防水、防潮隔气、室内墙地面防潮、地下室卫生间的防水，及冶金、化工、水利、环保、采矿业防水防渗工程。本题选AE。

71.【答案】ACDE

【解析】同一连接区段内，纵向受力钢筋机械连接及焊接的接头面积百分率为该区段内有接头的纵向受力钢筋截面面积与全部纵向受力钢筋截面面积的比值。同一连接区段内，纵向受力钢筋的接头面积百分率应符合设计要求；当设计无具体要求时，应符合下列规定：①在受拉区不宜大于50%；②接头不宜设置在有抗震设防要求的框架梁端、柱端的箍筋加密区；当无法避开时，对等强度高质量机械连接接头，不应大于50%；③直接承受动力荷载的结构构件中，不宜采用焊接接头；当采用机械连接接头时，不应大于50%。直接承受动力荷载的结构构件中，纵向钢筋不宜采用焊接接头。本题选 ACDE。

72.【答案】BCDE

【解析】防水混凝土应连续浇筑，宜少留施工缝。当留设施工缝时，应遵守下列规定：①墙体水平施工缝不应留在剪力与弯矩最大处或底板与侧墙的交接处，应留在高出底板表面不小于300mm的墙体上。拱（板）墙结合的水平施工缝，宜留在拱（板）墙接缝线以下150～300mm处。墙体有预留孔洞时，施工缝距孔洞边缘不应小于300mm。②垂直施工缝应避开地下水和裂隙水较多的地段，并宜与变形缝相结合。③水平施工缝浇筑混凝土前，应将其表面浮浆和杂物清除，然后铺设净浆、涂刷混凝土界面处理剂或水泥基渗透结晶型防水涂料，再铺30～50mm厚的1:1水泥砂浆，并及时浇筑混凝土。④贯穿铁件处理。为保证地下建筑的防水要求，可在铁件上加焊一道或数道止水铁片，延长渗水路径、减小渗水压力，达到防水目的。埋设件端部或预留孔、槽底部的混凝土厚度不得少于250mm；当混凝土厚度小于250mm时，应局部加厚或采取其他防水措施。A应该是避开。本题选 BCDE。

73.【答案】ABDE

【解析】选项C中，纤维材料保温层施工时，应避免重压，并应采取防潮措施；屋面坡度较大时，宜采用机械固定法施工。本题选 ABDE。

74.【答案】ABC

【解析】悬臂浇筑施工简便，结构整体性好，施工中可不断调整位置，常在跨径大于100m的桥梁上选用；悬臂拼装法施工速度快，桥梁上下部结构可平行作业，但施工精度要求比较高，可在跨径100m以下的大桥中选用。本题选 ABC。

75.【答案】ABC

【解析】项目特征是表征构成分部分项工程项目、措施项目自身价值的本质特征，是对体现分部分项工程量清单、措施项目清单价值的特有属性和本质特征的描述。从本质上讲，项目特征体现的是对清单项目的质量要求，是确定一个清单项目综合单价不可缺少的重要依据。在编制工程量清单时，必须对项目特征进行准确和全面的描述。工程量清单项目特征描述的重要意义在于：项目特征是区分具体清单项目的依据；项目特征是确定综合单价的前提；项目特征是履行合同义务的基础。本题选 ABC。

76.【答案】ABDE

【解析】选项C挑出宽度为2.19m的雨篷计算1/2建筑面积。其他选项均不算面积。本题选 ABDE。

77.【答案】ABCD

【解析】建筑物场地厚度小于或等于±300mm的挖、填、运、找平，应按平整场地项目编码列项。厚度大于±300mm的竖向布置挖土或山坡切土应按一般土方项目编码列项。沟槽、基坑、一般土方的划分为：底宽小于或等于7m，底长大于3倍底宽为沟槽；底长小于或等于3倍底宽，底面积小于或等于150m² 为基坑；超出上述范围则为一般土方。本题选ABCD。

78.【答案】 ACE

【解析】 选项B墙面防水搭接及附加层用量在综合单价中考虑。选项D墙面变形缝防水按设计图示尺寸以长度计算。本题选ACE。

79.【答案】 CDE

【解析】 选项A柱面勾缝按设计图示柱断面周长乘高度以面积"m²"计算。柱（梁）面抹石灰砂浆、水泥砂浆、混合砂浆、聚合物水泥砂浆、麻刀石灰浆、石膏灰浆等，按柱（梁）面一般抹灰编码列项。柱面一般抹灰、柱面装饰抹灰、柱面砂浆找平层，按设计图示柱断面周长乘高度以面积"m²"计算。选项B柱面抹麻刀石灰按柱面一般抹灰编码列项。本题选CDE。

80.【答案】 BCDE

【解析】 安全文明施工费用包括：环境保护、文明施工、安全施工、临时设施等费用。本题选BCDE。

2021 年全国一级造价工程师职业资格考试
《建设工程技术与计量（土木建筑工程）》

扫码免费看
2021年真题讲解

一、**单项选择题**（共60题，每题1分。每题的备选项中，只有一个最符合题意）。

1. 岩石稳定性定量分析的主要依据是（　　）。
   A. 抗压和抗拉强度　　　　　　B. 抗压和抗剪强度
   C. 抗拉和抗剪强度　　　　　　D. 抗拉和抗折强度

2. 下列地下水中，补给区与分布区不一致的是（　　）。
   A. 包气带水　　　　　　　　　B. 潜水
   C. 承压水　　　　　　　　　　D. 裂隙水

3. 对埋深1m左右的松散砂砾石地层地基进行处理，优先考虑的方法是（　　）。
   A. 挖除　　　　　　　　　　　B. 预制桩加固
   C. 沉井加固　　　　　　　　　D. 地下连续墙加固

4. 较深的断层破碎带为提高抗渗性和承载力优先采用（　　）。
   A. 打土钉　　　　　　　　　　B. 抗滑桩
   C. 打锚杆　　　　　　　　　　D. 灌浆

5. 处治流砂优先考虑采用的施工方法为（　　）。
   A. 灌浆　　　　　　　　　　　B. 降低地下水位
   C. 打桩　　　　　　　　　　　D. 化学加固

6. 在地下工程选址时，考虑较多的地质问题为（　　）。
   A. 区域稳定性　　　　　　　　B. 边坡稳定性
   C. 泥石流　　　　　　　　　　D. 边坡滑动

7. 与建筑物相比，构筑物的主要特征是（　　）。
   A. 供生产使用　　　　　　　　B. 供非生产性使用
   C. 满足功能要求　　　　　　　D. 占地面积小

8. 关于多层砌体工业房屋圈梁设置位置，说法正确的是（　　）。
   A. 底层一道　　　　　　　　　B. 檐口标高处一道
   C. 纵横墙隔层布置　　　　　　D. 每层和檐口标高处

9. 外墙保温层采用厚型面层结构时，正确的做法为（　　）。
   A. 在保温层外表面抹水泥砂浆
   B. 在保温层外表面涂抹聚合物水泥胶浆
   C. 在底涂层和面层抹聚合物水泥砂浆
   D. 在底涂层中设置玻璃纤维网格

10. 在以下结构中，适合采用现浇钢筋混凝土井字形密肋楼板的是（　　）。
    A. 厨房　　　　　　　　　　　B. 会议厅

C. 储藏室　　　　　　　　　　　D. 仓库

11. 某工业厂房柱距6m，跨度30m，最大起重重量12t。其钢筋混凝土吊车梁应优先选哪种方式（　）。
    A. 非预应力T形　　　　　　　B. 预应力工字形
    C. 预应力鱼腹式　　　　　　　D. 预应力空腹鱼腹式

12. 在半填半挖的土质路基填挖衔接处，应采取的施工措施为（　）。
    A. 防止超挖　　　　　　　　　B. 台阶开挖
    C. 倾斜开挖　　　　　　　　　D. 超挖回填

13. 桥面较宽、跨度较大的预应力混凝土梁桥，应优先选用的桥梁形式为（　）。
    A. 箱形简支梁桥　　　　　　　B. 肋梁式简支梁桥
    C. 装配式简支梁桥　　　　　　D. 整体式简支梁桥

14. 使桥梁轻量化，除了在桥梁两端设置刚性桥墩外，还在中跨设置（　）。
    A. 拼装桥墩　　　　　　　　　B. 柔性桥墩
    C. 柱式桥墩　　　　　　　　　D. 框架桥墩

15. 路基顶面高程低于横穿沟渠水面高程时，可优先考虑采用的涵洞形式为（　）。
    A. 无压式涵洞　　　　　　　　B. 有压式涵洞
    C. 倒虹吸式管涵　　　　　　　D. 半压力式涵洞

16. 地铁车站主体除了包括站台站厅还应该包括（　）。
    A. 设备用房　　　　　　　　　B. 通风道
    C. 地面通风亭　　　　　　　　D. 出入口通道

17. 将地面交通枢纽与地下交通枢纽有机组合，联合开发建设的大型地下综合体，其类型属于（　）。
    A. 道路交叉口型　　　　　　　B. 站前广场型
    C. 副都心型　　　　　　　　　D. 中心广场型

18. 钢材的强屈比越大，其结构性能特点正确的为（　）。
    A. 结构的安全性越高　　　　　B. 结构的安全性越低
    C. 有效利用率越高　　　　　　D. 抗冲击性能越低

19. 高温车间主体结构的混凝土配制应优先选用的水泥品种为（　）。
    A. 粉煤灰硅酸盐水泥　　　　　B. 普通硅酸盐水泥
    C. 硅酸盐水泥　　　　　　　　D. 矿渣硅酸盐水泥

20. 下列橡胶改性沥青中，既具有优良耐高温性又具有优异低温柔性和抗疲劳性的为（　）。
    A. 丁基橡胶改性沥青　　　　　B. 氯丁橡胶改性沥青
    C. SBS改性沥青　　　　　　　 D. 再生橡胶改性沥青

21. 泵送混凝土配置宜选用的细骨料是（　）。
    A. 粗砂　　　　　　　　　　　B. 中砂
    C. 细砂　　　　　　　　　　　D. 3区砂

22. 下列砖中，适合砌筑沟道或基础的为（　）。
    A. 蒸养砖　　　　　　　　　　B. 烧结空心砖

C. 烧结多孔砖　　　　　　　　　　D. 烧结普通砖

23. 天然花岗石板材作为饰面材料的缺点是耐火性差，其根本原因是（　　）。
A. 吸水率极高　　　　　　　　　　B. 含有石英
C. 含有云母　　　　　　　　　　　D. 具有块状构造

24. 下列饰面砖中，接近且可替代天然饰面石材的为（　　）。
A. 釉面砖　　　　　　　　　　　　B. 墙地砖
C. 陶瓷锦砖　　　　　　　　　　　D. 瓷质砖

25. 混凝土和金属框架的接缝粘结，应优先选用的接缝材料为（　　）。
A. 硅酮建筑密封胶　　　　　　　　B. 聚氨酯密封膏
C. 聚乙烯接缝膏　　　　　　　　　D. 沥青嵌缝油膏

26. 在开挖深度为4m，最小边长为30m的基坑时，对周边土地进行支护，有效的方法为（　　）。
A. 横撑式土壁支撑　　　　　　　　B. 水泥土搅拌桩支护
C. 板式支护　　　　　　　　　　　D. 板桩墙支护

27. 大型建筑群场地平整，场地坡度最大15°，距离300～500m，土壤含水量低，可选用的机械有（　　）。
A. 推土机　　　　　　　　　　　　B. 装载机
C. 铲运机　　　　　　　　　　　　D. 正铲挖掘机

28. 在一般的灰土桩挤密地基中，灰土桩所占面积小但可以承担总荷载的50%，其主要原因为（　　）。
A. 灰土桩有规律的均匀分布
B. 桩间土的含水率比灰土桩含水率高
C. 灰土桩变形模量远大于桩间土变形模量
D. 灰土桩变形模量远小于桩间土变形模量

29. 在浇筑与混凝土柱和墙相连的梁和板混凝土时，正确的施工顺序应为（　　）。
A. 与柱同时进行
B. 与墙同时进行
C. 与柱和墙协调同时进行
D. 在浇筑柱和墙完毕后1～1.5小时后进行

30. 下列预应力混凝土构件中，通常采用先张法施工的构件为（　　）。
A. 桥跨结构　　　　　　　　　　　B. 现场生产的大型构件
C. 特种结构　　　　　　　　　　　D. 大型构筑物构件

31. 关于自行杆式起重机的特点，以下说法正确的是（　　）。
A. 履带式起重机的稳定性高
B. 轮胎起重机不适合在松软地面上工作
C. 汽车起重机可以负荷行驶
D. 履带式起重机的机身回转幅度小

32. 与内贴法相比，地下防水施工外贴法的优点是（　　）。
A. 施工速度快

B. 占地面积小
C. 墙与底板结合处不容易受损
D. 构筑物与保护墙有不均匀沉降时，对防水层影响较小

33. 关于屋面保温工程中保温层的施工要求，下列说法正确的为（　　）。
A. 倒置式屋面高女儿墙和山墙内侧的保温层应铺到压顶下
B. 种植屋面的绝热层应采用粘结法和机械固定法施工
C. 种植屋面宜设计为倒置式
D. 坡度不大于3％的倒置式上人屋面，保温层板材施工可采用干铺法

34. 浮雕涂料施工中，水性涂料采用的施工方法是（　　）。
A. 喷涂法 B. 刷漆法
C. 滚涂法 D. 粘涂法

35. 在路线纵向长度和挖深均较大的土质路堑开挖时，应采用的开挖方法为（　　）。
A. 单层横向全宽挖掘法 B. 多层横向全宽挖掘法
C. 分层纵挖法 D. 混合式挖掘法

36. 沥青路面面层厂拌法施工的主要优点为（　　）。
A. 有利于就地取材 B. 要求沥青稠度较低
C. 路面使用寿命长 D. 设备简单且造价低

37. 桥梁上部结构施工中，对通航和桥下交通有影响的是（　　）。
A. 支架现浇法 B. 悬臂施工法
C. 转体施工 D. 移动模架

38. 地下连续墙挖槽时，遇到硬土和孤石时，优先采用的施工方法是（　　）。
A. 多头钻施工 B. 钻抓式
C. 潜孔钻 D. 冲击式

39. 隧道工程施工中，干式喷射混凝土工作方法的主要特点为（　　）。
A. 设备简单、价格较低，不能进行远距离压送
B. 喷头与喷射作业面距离不小于2m
C. 施工粉尘多，骨料回弹不严重
D. 喷嘴处的水压必须大于工作风压

40. 采用导向钻进法施工，适合中等钻头的岩土层为（　　）。
A. 砾石层 B. 致密砂层
C. 干燥黏土层 D. 钙质土层

41. 工程量清单编制过程中，砌筑工程中砖基础的编制，特征描述包括（　　）。
A. 砂浆制作 B. 防潮层铺贴
C. 基础类型 D. 运输方式

42. 下面关于剪力墙平法施工图是"YD5 1000 +1.800 6⌀20，⌀8@150，2⌀16"下面说法正确的是（　　）。
A. YD5 1000表示5号圆形洞口，半径1000mm
B. +1.800表示洞口中心距上层结构层下表面距离1800mm
C. Φ8@150表示加强暗梁的箍筋

D. 6⏀20 表示洞口环形加强钢筋

43. 关于统筹图计算工程量，下列说法正确的是（　　）。
A. "三线"是指建筑物外墙中心线、外墙净长线和内墙中心线
B. "一面"是指建筑物建筑面积
C. 统筹图中的主要程序线是指在分部分项项目上连续计算的线
D. 分项工程量是在"线""面"基数上计算的

44. 关于建筑面积，以下说法正确的是（　　）。
A. 住宅建筑有效面积为使用面积和辅助面积之和
B. 住宅建筑的使用面积包含卫生间面积
C. 建筑面积为有效面积、辅助面积、结构面积之和
D. 结构面积包含抹灰厚度所占面积

45. 根据《建筑工程建筑面积计算规范》GB 50353—2013，关于室外走廊建筑面积的说法，以下为正确的是（　　）。
A. 无围护设施的室外走廊，按其结构底板水平投影面积计算1/2面积
B. 有围护设施的室外走廊，按其维护设施外围水平面积计算全面积
C. 有围护设施的室外走廊，按其维护设施外围水平面积计算1/2面积
D. 无围护设施的室外走廊，不计算建筑面积

46. 根据《建筑工程建筑面积计算规范》GB 50353—2013，下列建筑物建筑面积计算方法正确的是（　　）。
A. 设在建筑物顶部，结构层高为2.15m的水箱间应计算全面积
B. 室外楼梯应并入所依附建筑物自然层，按其水平投影面积计算全面积
C. 建筑物内部通风排气竖井并入建筑物的自然层计算建筑面积
D. 没有形成井道的室内楼梯并入建筑物的自然层计算1/2面积

47. 根据《建筑工程建筑面积计算规范》GB 50353—2013，下列建筑部件，说法正确的是（　　）。
A. 设置在屋面上有维护设施的平台
B. 结构层高2.1m，附属在建筑物的落地橱窗
C. 场馆看台下，结构净高1.3m部位
D. 挑出宽度为2m的有柱雨篷

48. 根据《房屋建筑与装饰工程工程量计算规范》GB 50854—2013，关于回填工程量计算方法，正确的是（　　）。
A. 室内回填按主墙间净面积乘以回填厚度，扣除间隔墙所占体积
B. 场地回填按回填面积乘以平均回填厚度计算
C. 基础回填为挖方工程量减去室内地坪以下埋设的基础体积
D. 回填项目特征描述中应包括密实度和废弃料品种

49. 根据《房屋建设与装饰工程工程量计算规范》GB 50854—2013，在地基处理项目中，可以按"m^3"计量的桩为（　　）。
A. 砂石桩　　　　　　　　　　B. 石灰桩
C. 粉喷桩　　　　　　　　　　D. 深层搅拌桩

50. 根据《房屋建设与装饰工程工程量计算规范》GB 50854—2013，关于实心砖墙工程量计算方法，正确的为（   ）。
   A. 不扣除沿椽木、木砖及凹进墙内的暖气槽所占的体积
   B. 框架间墙工程量区分内外墙，按墙体净尺寸以体积计算
   C. 围墙柱体积并入围墙体积内计算
   D. 有混凝土压顶围墙的高度算至压顶上表面

51. 根据《房屋建设与装饰工程工程量计算规范》GB 50854—2013，关于石砌体工程量，说法正确的是（   ）。
   A. 石台阶按设计图示尺寸以水平投影面积计算
   B. 石梯膀按石挡土墙项目编码列项
   C. 石砌体工作内容中不包括勾缝，应单独列项计算
   D. 石基础中靠墙暖气沟的挑檐并入基础体积计算

52. 根据《房屋建筑与装饰工程工程量计算规范》GB 50854—2013，关于现浇钢筋混凝土柱工程量计算，下列说法正确的是（   ）。
   A. 有梁板的柱高为自柱基上表面至柱顶之间的高度
   B. 无梁板的柱高为自柱基上表面至柱帽上表面之间的高度
   C. 框架柱的柱高为自柱基上表面至柱顶的高度
   D. 构造柱嵌接墙体部分并入墙身体积计算

53. 根据《房屋建筑与装饰工程工程量计算规范》GB 50854—2013，关于屋面工程量计算方法，正确的为（   ）。
   A. 瓦屋面按设计图示尺寸以水平投影面积计算
   B. 膜结构屋面按设计图示尺寸以斜面积计算
   C. 瓦屋面若是在木基层上铺瓦，木基层包含在综合单价中
   D. 型材屋面的金属檩条工作内容包含了檩条制作、运输和安装

54. 根据《房屋建筑与装饰工程工程量计算规范》GB 50854—2013关于保温隔热工程量计算方法正确的为（   ）。
   A. 柱帽保温隔热包含在柱保温工程量内
   B. 池槽保温隔热按其他保温隔热项目编码列项
   C. 保温隔热墙面工程量计算时，门窗洞口侧壁不增加面积
   D. 梁按设计图示梁断面周长乘以保温层长度以面积计算

55. 根据《房屋建筑与装饰工程工程量计算规范》GB 50854—2013，下列楼地面装饰工程计量时，门洞、空圈、暖气包槽、壁龛应并入相应工程量内的楼地面为（   ）。
   A. 碎石材楼地面   B. 现浇水磨石楼地面
   C. 细石混凝土楼地面   D. 水泥砂浆楼地面

56. 根据《房屋建筑与装饰工程工程量计算规范》GB 50854—2013，关于抹灰工程量计算方法正确的是（   ）。
   A. 柱面勾缝按图示尺寸以长度计算
   B. 柱面抹麻刀石灰砂浆按柱面装饰抹灰列项
   C. 飘窗凸出外墙面增加的抹灰在综合单价中考虑，不另计算

D. 有吊顶的内墙面抹灰，抹至吊顶以上部分在综合单价中考虑

57. 根据《房屋建筑与装饰工程工程量计算规范》GB 50854—2013，关于顶棚工程量计算方法，正确的为（　　）。
   A. 带梁顶棚梁两侧抹灰面积并入顶棚面积内计算
   B. 板式楼梯底面抹灰按设计图示尺寸以水平投影面积计算
   C. 吊顶顶棚中的灯带按照设计图示尺寸以长度计算
   D. 吊顶顶棚的送风口和回风口，按框外围展开面积计算

58. 根据《房屋建筑与装饰工程工程量计算规范》GB 50854—2013，下列油漆工程量，可以按平方米计量是（　　）。
   A. 木扶手油漆
   B. 挂衣板油漆
   C. 封檐板油漆
   D. 木栅栏油漆

59. 根据《房屋建筑与装饰工程工程量计算规范》GB 50854—2013，关于脚手架工程量计算方法，正确的为（　　）。
   A. 综合脚手架，按建筑面积计算，适用房屋加层脚手架
   B. 外脚手架、里脚手架，按搭设长度乘以搭设层数以延长米计算
   C. 整体提升脚手架按所服务对象垂直投影面积计算
   D. 同一建筑物不同檐高时，按平均檐高编制清单项目

60. 根据《房屋建筑与装饰工程工程量计量规范》GB 50854—2013，关于措施项目下列说法正确的为（　　）。
   A. 安全文明施工措施中的临时设施项目包括对地下建筑物的临时保护设施
   B. 单层建筑物檐高超过20m，可按建筑面积计算超高施工增加
   C. 垂直运输项目工作内容包括行走式垂直运输机轨道的铺设、拆除和摊销
   D. 施工排水、降水措施项目中包括临时排水沟、排水设施安砌、维修和拆除

二、多项选择题（共20题，每题2分。每题的备选项中，有2个或2个以上符合题意，至少有1个错项。错选，本题不得分；少选，所选的每个选项得0.5分）。

61. 现实岩体在形成过程中，经受的主要地质破坏和改造类型有（　　）。
   A. 人类破坏
   B. 构造变动
   C. 植被破坏
   D. 风化作用
   E. 卸荷作用

62. 下列地下水中，属于无压水的有（　　）。
   A. 包气带水
   B. 潜水
   C. 承压水
   D. 裂隙水
   E. 岩溶水

63. 下列房屋结构中，抗震性能好的有（　　）。
   A. 砖木结构
   B. 砖混结构
   C. 现代木结构
   D. 钢结构
   E. 型钢混凝土组合结构

64. 按传力特点区分，预制装配式钢筋混凝土中型楼梯的主要类型包括（　　）。
   A. 悬挑式
   B. 梁板式

C. 梁承式 D. 板式
E. 墙承式

65. 通常情况下，坡屋顶可以采用的承重结构类型有（　　）。
A. 钢筋混凝土梁板 B. 屋架
C. 柱 D. 硬山搁檩
E. 梁架结构

66. 下列路面结构中，主要保证扩散荷载和水稳定性的有（　　）。
A. 底面层 B. 基层
C. 中间面层 D. 表面层
E. 垫层

67. 下列钢筋品牌中，可用于预应力钢筋混凝土的钢筋有（　　）。
A. CRB600H B. CRB680H
C. CRB800H D. CRB650
E. CRB800

68. 反映混凝土耐久性的主要性能指标应包括（　　）。
A. 保水性 B. 抗冻性
C. 抗渗性 D. 抗侵蚀性
E. 抗碳化能力

69. 下列饰面砖中，普遍用于室内和室外装饰的有（　　）。
A. 墙地砖 B. 釉面砖一等品
C. 釉面砖优等品 D. 陶瓷锦砖
E. 瓷质砖

70. 下列涂料中，常用于外墙的有（　　）。
A. 苯乙烯-丙烯酸酯乳液涂料 B. 聚乙烯醇水玻璃涂料
C. 聚醋酸乙烯乳液涂料 D. 合成树脂乳液砂壁状涂料
E. 醋酸乙烯-丙烯酸酯有光乳液

71. 关于钢结构高强度螺栓连接，下列说法正确的有（　　）。
A. 高强度螺栓可以兼作安装螺栓
B. 摩擦连接是目前广泛采用的基本连接形式
C. 同一接头中，连接副的初拧、复拧、终拧应在12小时内完成
D. 高强度螺栓群连接副的施拧，应从中央向四周顺序进行
E. 设计文件无规定的高强度螺栓和焊接并用的连接节点，宜先焊接再用螺栓紧固

72. 关于涂膜防水屋面施工方法，下列说法正确的有（　　）。
A. 高低跨屋面，一般先涂高跨屋面，后涂低跨屋面
B. 相同高度的屋面，按照距离上料点"先近后远"的原则进行涂布
C. 同一屋面，先涂布排水集中的节点部位，再进行大面积涂布
D. 采用双层胎体增强材料时，上下两层垂直铺设
E. 涂膜应根据防水涂料的品种分层分遍涂布，且前后两遍涂布方向平行

73. 关于路基石方施工中的爆破作业，下列说法正确的有（　　）。

A. 浅孔爆破适合使用潜孔钻机凿孔
B. 采用集中药包可以使岩石均匀破碎
C. 坑道药包用于大型爆破
D. 导爆线起爆爆速快，成本较低
E. 塑料导爆管起爆使用安全，成本较低

74. 下列关于路面施工机械特征描述，说法正确的有（　　）。
A. 履带式沥青混凝土摊铺机，对路基的不平度敏感性高
B. 履带式沥青混凝土摊铺机，易出现打滑现象
C. 轮胎式沥青混凝土摊铺机的机动性好
D. 水泥混凝土摊铺机因其移动形式不同分为自行式和拖式
E. 水泥混凝土摊铺机主要由发动机、布料机、平整机等组成

75. 地下工程施工中，气动夯管锤铺管的主要特点有（　　）。
A. 夯管锤对钢管动态夯进，产生强烈的冲击和振动
B. 不适合于含卵砾石地层
C. 属于不可控向铺管，精密度低
D. 对地表影响小，不会引起地表隆起或沉降
E. 工作坑要求高，需进行深基坑支护作业

76. 关于工程量计算规范与消耗量定额的描述，下列说法正确的有（　　）。
A. 消耗量定额一般是按施工工序划分项目的，体现功能单元
B. 工程量计算规范是按"综合实体"划分清单项目，工作内容相对单一
C. 工程量计算规范规定的项目计量主要是图纸（不含变更）的净量
D. 消耗量定额的计量考虑了施工现场实际情况
E. 消耗量定额与工程量计算规范中的工程量基本计算方法一致

77. 根据《建筑工程建筑面积计算规范》GB 50353—2013，下列有关建筑面积的计算，说法正确的有（　　）。
A. 当室内公共楼梯两侧自然层数不同时，楼梯间以楼层多的层数计算
B. 在剪力墙包围之内的阳台，按其结构底板水平投影面积计算全面积
C. 建筑物的外墙保温层，按其实铺保温材料的垂直投影面积计算
D. 当高低联跨的建筑物局部相通时，其变形缝面积计算在低跨内
E. 有顶盖无维护结构的货棚，按其顶盖水平投影面积的1/2计算

78. 根据《房屋建筑与装饰工程工程量计算规范》GB 50854—2013，下列关于砖砌体工程量计算，正确的有（　　）。
A. 空斗墙中门窗洞口立边，屋檐处的实砌部分体积不增加
B. 填充墙项目特征需要描述填充材料种类和厚度
C. 空花墙按设计图示尺寸以空花部分外形体积计算，扣除空洞部分体积
D. 空斗墙的窗间墙、窗台下，楼板下的实砌部分并入墙体体积计算
E. 小便槽、地垄墙可按长度计算

79. 根据《房屋建筑与装饰工程工程量计算规范》GB 50854—2013，下列关于现浇混凝土其他构件工程量计算方法，正确的有（　　）。

A. 架空式混凝土台阶按现浇楼梯计算
B. 围墙压顶按图示中心线以延长米计算
C. 坡道按设计图示以斜面积计算
D. 台阶按设计图示以展开面积计算
E. 电缆沟、地沟按设计图示中心线长度计算

80. 根据《房屋建筑与装饰工程工程量计算规范》GB 50854—2013，下列关于门窗工程量计算方法正确的是(   )。

A. 金属门五金安装需要另列项进行计算
B. 木门门锁已包含五金中，不另计算
C. 金属橱窗、飘窗以"樘"计量，项目特征必须描述框外围展开面积
D. 木质门按外围尺寸以面积计算
E. 防护钢丝网门、刷防护涂料应包括在综合单价中

2021年全国一级造价工程师职业资格考试
《建设工程技术与计量（土木建筑工程）》
答案及解析

一、单项选择题（共60题，每题1分。每题的备选项中，只有一个最符合题意）。

1.【答案】 B

【解析】岩石的抗压强度和抗剪强度，是评价岩石（岩体）稳定性的指标，是对岩石（岩体）的稳定性进行定量分析的依据。所以本题选B。

2.【答案】 C

【解析】参见表1。

地下水分类表　　　　　　　　　　　　　　　　　　　　　　　　　　　　　　表1

基本类型	亚类			水头性质	补给区与分布区关系	动态特点	成因
	孔隙水	裂隙水	岩溶水				
包气带水	土壤水、沼泽水、不透水透镜体上的上层滞水。主要是季节性存在的地下水	基岩风化壳（黏土裂隙）中季节性存在的水	垂直渗入带中季节性及经常性存在的水	无压水	补给区与分布区一致	一般为暂时性水	基本上是渗入成因，局部才是凝结成因
潜水	坡积、洪积、冲积、湖积、冰碛和冰水沉积物中的水；当经常出露或接近地表时，成为沼泽水、沙漠和海滨砂丘水	基岩上部裂隙中的水	裸露岩溶化岩层中的水	常为无压水	补给区与分布区一致	水位升降决定于地表水的渗入和地下水蒸发，并在某些地方决定于水压的传递	基本上是渗入成因，局部才是凝结成因
承压水	松散沉积物构成的向斜和盆地—自流盆地中的水，松散沉积物构成的单斜和山前平原—自流斜地中的水	构成盆地或向斜中基岩的层状裂隙水、单斜岩层中层状裂隙水、构造断裂带及不规则裂隙中的深部水	构造盆地或向斜中岩溶化岩石中的水，单斜岩溶化岩层中的水	承压水	补给区与分布区不一致	水位的升降决定于水压的传递	渗入成因或海洋成因

根据表中内容，本题选C。

3.【答案】 A

【解析】松散、软弱土层强度、刚度低，承载力低，抗渗性差。对不满足承载力要求的松散土层，如砂和砂砾石地层等，可挖除，也可采用固结灌浆、预制桩或灌注桩、地下连续墙或沉井等加固，本题埋深1m，属于浅层，挖除处理即可。本题选A。

4. 【答案】D

【解析】破碎岩层有的较浅，也可以挖除。有的埋藏较深，如断层破碎带，可以用水泥浆灌浆加固或防渗。本题选D。

5. 【答案】B

【解析】流砂易产生在细砂、粉砂、粉质黏土等中，致使地表塌陷或建筑物的地基破坏，给施工带来很大困难，或直接影响工程建设及附近建筑物的稳定。因此，必须进行处治。常用的处治方法有人工降低地下水位和打板桩等，特殊情况下也可采取化学加固法、爆炸法及加重法等，动水压力产生流砂，故优先选择降低地下水位。本题选B。

6. 【答案】A

【解析】地下工程的选址，工程地质的影响要考虑区域稳定性的问题。本题选A。

7. 【答案】C

【解析】建筑一般包括建筑物和构筑物，满足功能要求并提供活动空间和场所的建筑称为建筑物，是供人们生活、学习、工作、居住以及从事生产和文化活动的房屋，如工厂、住宅、学校、影剧院等；仅满足功能要求的建筑称为构筑物，如水塔、纪念碑等。本题选C。

8. 【答案】D

【解析】宿舍、办公楼等多层砌体民用房屋，且层数为3~4层时，应在底层和檐口标高处各设置一道圈梁。当层数超过4层时，除应在底层和檐口标高处各设置一道圈梁外，至少应在所有纵、横墙上隔层设置。多层砌体工业房屋，应每层设置现浇混凝土圈梁。设置墙梁的多层砌体结构房屋，应在托梁、墙梁顶面和檐口标高处设置现浇钢筋混凝土圈梁。本题选D。

9. 【答案】A

【解析】外墙外保温不同的外保温体系，面层厚度有一定的差别。薄型面层的厚度一般在10mm以内，厚型面层是在保温层的外表面涂抹水泥砂浆。本题选A。

10. 【答案】B

【解析】井字形密肋楼板具有顶棚整齐美观、有利于提高房屋的净空高度等优点，常用于门厅、会议厅等。本题选B。

11. 【答案】B

【解析】参见表2。

吊车梁类型 表2

形状	类别	柱距	跨度	吊车吨位
T形吊车梁	非预应力	6m	≤30m	10t以下
	预应力	—	—	10~30t
工字形吊车梁	预应力	6m	12~33m	5~25t
鱼腹式吊车梁	预应力	≤12m	12~33m	15~150t

根据表格内容，本题最合适的选项是B。

12. 【答案】D

【解析】半填半挖土质路基,其填挖衔接处应采取超挖回填措施。本题选 D。

13. 【答案】A

【解析】箱形简支梁桥主要用于预应力混凝土梁桥。尤其适用于桥面较宽的预应力混凝土桥梁结构和跨度较大的斜交桥和弯桥。本题选 A。

14. 【答案】B

【解析】柔性桥墩是桥墩轻型化的途径之一,它是在多跨桥的两端设置刚性较大的桥台,中跨均设置为柔性桥墩。本题选 B。

15. 【答案】C

【解析】新建涵洞应采用无压力式涵洞;当涵前允许积水时,可采用压力式或半压力式涵洞;路基顶面高程低于横穿沟渠的水面高程时,也可设置倒虹吸式管涵。本题选 C。

16. 【答案】A

【解析】地铁车站通常由车站主体(站台、站厅、设备用房、生活用房),出入口及通道,通风道及地面通风亭三大部分组成。本题选 A。

17. 【答案】B

【解析】站前广场型:即在大城市的大型交通枢纽地带,结合该区域的改造、更新,进行整体设计、联合开发建设的大中型地下综合体。在综合体内,可将地面交通枢纽与地下交通枢纽有机组合,适当增设商业设施。本题选 B。

18. 【答案】A

【解析】强屈比越大,反映钢材受力超过屈服点工作时的可靠性越大,因而结构的安全性越高。但强屈比太大,则反映钢材不能有效地被利用。本题选 A。

19. 【答案】D

【解析】参见表 3。

特性及适用范围　　　　　　　　　　　　　　　　　表 3

水泥种类	硅酸盐水泥	普通硅酸盐水泥	矿渣硅酸盐水泥	火山灰质硅酸盐水泥	粉煤灰硅酸盐水泥
强度等级	42.5, 42.5R 52.5, 52.5R 62.5, 62.5R	42.5, 42.5R 52.5, 52.5R	32.5, 32.5R 42.5, 42.5R 52.5, 52.5R	32.5, 32.5R 42.5, 42.5R 52.5, 52.5R	32.5, 32.5R 42.5, 42.5R 52.5, 52.5R
主要特性	1. 早期强度较高,凝结硬化快; 2. 水化热较大; 3. 耐冻性好; 4. 耐热性较差; 5. 耐腐蚀及耐水性较差; 6. 干缩性较小	1. 早期强度较高,凝结硬化较快; 2. 水化热较大; 3. 耐冻性好; 4. 耐热性较差; 5. 耐腐蚀及耐水性较差; 6. 干缩性较小	1. 早期强度低,后期强度增长较快,凝结硬化慢; 2. 水化热较小; 3. 耐热性较好; 4. 耐硫酸盐侵蚀和耐水性较好; 5. 抗冻性较差; 6. 干缩性较大; 7. 抗碳化能力差	1. 早期强度低,后期强度增长较快,凝结硬化慢; 2. 水化热较小; 3. 耐热性较差; 4. 耐硫酸盐侵蚀和耐水性较好; 5. 抗冻性较差; 6. 干缩性较大; 7. 抗渗性较好; 8. 抗碳化能力差	1. 早期强度低,后期强度增长较快,凝结硬化慢; 2. 水化热较小; 3. 耐热性较差; 4. 耐硫酸盐侵蚀和耐水性较好; 5. 抗冻性较差; 6. 干缩性较小; 7. 抗碳化能力较差

根据表中内容,耐高温的水泥优选矿渣硅酸盐水泥,本题选 D。

20. 【答案】C

【解析】SBS改性沥青具有良好的耐高温性、优异的低温柔性和耐疲劳性,是目前应用最成功和用量最大的一种改性沥青。主要用于制作防水卷材和铺筑高等级公路路面等。本题选C。

21. 【答案】B

【解析】根据教材内容,2区为中砂,粗细适宜,配制混凝土宜优先选用2区砂。3区颗粒偏细,所配混凝土拌合物黏聚性较大,保水性好。对于泵送混凝土,宜选用中砂,通过315μm筛孔的砂应不少于15%。对于混凝土路面混凝土板,应采用符合规定的级配,细度模数在2.5以上的粗、中砂。本题选B。

22. 【答案】D

【解析】烧结普通砖具有较高的强度,良好的绝热性、耐久性、透气性和稳定性,且原料广泛,生产工艺简单,因而可用作墙体材料,或用于砌筑柱、拱、窑炉、烟囱、沟道及基础等。本题选D。

23. 【答案】B

【解析】由于花岗石中含有石英,在高温下会发生晶型转变,产生体积膨胀,因此,花岗石耐火性差,但适宜制作火烧板。本题选B。

24. 【答案】D

【解析】瓷质砖是20世纪80年代后期发展起来的建筑装饰材料,正逐渐成为天然石材装饰材料的替代产品。本题选D。

25. 【答案】A

【解析】F类为建筑接缝用密封胶,适用于预制混凝土墙板、水泥板、大理石板的外墙接缝,混凝土和金属框架的粘结,卫生间和公路缝的防水密封等。本题选A。

26. 【答案】B

【解析】基坑最小边长30m,土壁支撑不能用,排除选项A。选项B适用范围不超过7m。选项C和选项D费用太高,不经济。本题选B。

27. 【答案】C

【解析】铲运机常用于坡度在20°以内的大面积场地平整,开挖大型基坑、沟槽,以及填筑路基等土方工程。铲运机可在1~3类土中直接挖土、运土,适宜运距为600~1500m,当运距为200~350m时效率最高。本题选C。

28. 【答案】C

【解析】在灰土桩挤密地基中,由于灰土桩的变形模量远大于桩间土的变形模量,因此,只占地基面积约20%的灰土桩可以承担总荷载的1/2。本题选C。

29. 【答案】D

【解析】在浇筑与柱和墙连成整体的梁和板时,应在柱和墙浇筑完毕后停歇1~1.5小时,再继续浇筑梁和板的混凝土。本题选D。

30. 【答案】A

【解析】先张法多用于预制构件厂生产定型的中小型构件,也常用于生产预应力桥跨结构等。本题选A。

31. 【答案】B

【解析】履带式起重机操作灵活，使用方便，起重杆可分节接长，在装配式钢筋混凝土单层工业厂房结构吊装中得到广泛的使用。其缺点是稳定性较差，未经验算不宜超负荷吊装，选项 A 错误。汽车起重机作业时，必须先打开支腿，以增大机械的支承面积，保证必要的稳定性。因此，汽车起重机不能负荷行驶。汽车起重机机动灵活性好，能够迅速转移场地，广泛用于土木工程，选项 C 错误。履带式起重机采用链式履带的行走装置，对地面压力大为减小，装在底盘上的回转机构使机身可回转360°，选项 D 错误。轮胎起重机的优点是行驶速度较高，能迅速地转移工作地点或工地，对路面破坏小。但这种起重机不适合在松软或泥泞的地面上工作。本题选 B。

32.【答案】D

【解析】外贴法的优点是构筑物与保护墙有不均匀沉降时，对防水层影响较小；防水层做好后即可进行漏水试验，修补方便。其缺点是工期较长，占地面积较大；底板与墙身接头处卷材易受损。本题选 D。

33.【答案】B

【解析】低女儿墙和山墙的保温层应铺到压顶下；高女儿墙和山墙内侧的保温层应铺到顶部，选项 A 错误。种植屋面不宜设计为倒置式屋面，选项 C 错误。保温层板材施工，坡度不大于 3% 的不上人屋面可采用干铺法，上人屋面宜采用粘结法；坡度大于 3% 的屋面应采用粘结法，并应采用固定防滑措施。选项 D 错误。本题选 B。

34.【答案】A

【解析】浮雕涂饰的中层涂料应颗粒均匀，用专用塑料辊蘸煤油或水均匀滚压，厚薄一致，待完全干燥固化后，才可进行面层涂饰，面层为水性涂料，应采用喷涂，溶剂型涂料应采用刷涂。间隔时间宜在 4 小时以上。本题选 A。

35.【答案】D

【解析】土质路堑纵向挖掘多采用机械作业，具体方法有：①分层纵挖法是沿路堑全宽以深度不大的纵向分层挖掘前进。该法适用于较长的路堑开挖。②通道纵挖法是先沿路堑纵向挖一通道，继而将通道向两侧拓宽以扩大工作面，并利用该通道作为运土路线及场内排水的出路。该法适合于路堑较长、较深、两端地面纵坡较小的路堑开挖。③分段纵挖法适用于路堑过长、弃土运距过长的傍山路堑，其一侧堑壁不厚的路堑开挖。④混合式挖掘法适用于路线纵向长度和挖深都很大的路堑开挖。本题选 D。

36.【答案】C

【解析】此法需用黏稠的沥青和精选的矿料，因此，混合料质量高，路面使用寿命长，但一次性投资的建筑费用也较高。本题选 C。

37.【答案】A

【解析】支架现浇法是指在桥跨间设置支架，在支架上安装模板、绑扎钢筋、现场浇筑桥体混凝土，达到强度后拆除模板。就地浇筑无须预制场地，而且不需要大型起吊、运输设备，梁体的主筋可不中断，桥梁整体性好。它的缺点主要是工期长，施工质量不容易控制；对预应力混凝土梁，由于混凝土的收缩、徐变引起的应力损失比较大；施工中的支架、模板耗用量大，施工费用高；搭设支架影响排洪、通航，施工期间可能受到洪水和漂流物的威胁。本题选 A。

38.【答案】D

【解析】地下连续墙挖槽常见的方法有多头钻施工法、钻抓斗施工法和冲击式施工法。(1)多头钻施工法施工槽壁平整,效率高,对周围建筑物影响小,适用于黏性土、砂质土、砂砾层及淤泥层等。(2)钻抓斗式挖槽机构造简单,出土方便,能抓出地层中障碍物,但当深度大于15m及挖坚硬土层时,成槽效率显著降低,成槽精度较多头挖槽机差,适用于黏性土和 N 值小于 30 的砂性土,不适用于软黏土。(3)冲击式施工法主要采用各种冲击式凿井机械,适用于老黏性土、硬土和夹有弧石等地层,多用于排桩式地下连续墙成孔。其设备比较简单,操作容易。但工效较低,槽壁平整度也较差。桩排对接和交错接头采取间隔挖槽施工方法。本题选 D。

39.【答案】D

【解析】混凝土喷射机分为干式和湿式,干式喷射设备简单,价格较低,能进行远距离压送,易加入速凝剂,喷嘴脉冲现象少,但施工粉尘多,回弹比较严重。经验表明,喷头与喷射作业面的最佳距离为1m,工程实践证明,喷嘴处的水压必须大于工作风压,并且压力稳定才会有良好的喷射效果。水压一般比工作风压大 0.10MPa 左右为宜。本题选 D。

40.【答案】C

【解析】钻头的选择依据如下:(1)在淤泥质黏土中施工,一般采用较大的钻头,以适应变向的要求。(2)在干燥软黏土中施工,采用中等尺寸钻头一般效果最佳(土层干燥,可较快地实现方向控制)。(3)在硬黏土中,较小的钻头效果比较理想,但在施工中要保证钻头至少比探头外筒的尺寸大 12mm 以上。(4)在钙质土层中,钻头向前推进十分困难,所以,较小直径的钻头效果最佳。(5)在粗粒砂层,中等尺寸的钻头使用效果最佳。在这类地层中,一般采用耐磨性能好的硬质合金钻头来克服钻头的严重磨损。另外,钻机的锚固和冲洗液质量是施工成败的关键。(6)对于砂质淤泥,中等到大尺寸钻头效果较好。在较软土层中,采用较大尺寸的钻头以加强其控制能力。(7)对于致密砂层,小尺寸锥形钻头效果最好,但要确保钻头尺寸大于探头筒的尺寸。在这种土层中,向前推进较难,可较快地实现控向。另外,钻机锚固是钻孔成功的关键。(8)在砾石层中施工,镶焊小尺寸硬质合金的钻头使用效果较佳。(9)对于固结的岩层,使用孔内动力钻具钻进效果最佳。本题选 C。

41.【答案】C

【解析】对于一项明确了分部分项工程项目或措施项目,工作内容决定了其工程成本。编制清单时不需要描述。如"010401001 砖基础"的项目特征为:①砖品种、规格、强度等级;②基础类型;③砂浆强度等级;④防潮层材料种类。"010401001 砖基础"的工作内容:①砂浆制作运输;②砌砖;③防潮层铺设;④材料运输。本题选 C。

42.【答案】C

【解析】"YD5 1000 +1.800 6⫶20,φ8@150,2⫶16"表示5号圆形洞口,直径1000mm,洞口中心距本结构层楼面 1800mm,洞口上下设补强暗梁,每边暗梁纵筋为 6⫶20,箍筋为φ8@150,环向加强钢筋2⫶6。选项 A 中半径错误,应为直径。选项 B 中"下表面"错误,应为本结构楼面。选项 D 应为环向加强钢筋。本题选 C。

43.【答案】D

【解析】"三线"是指建筑物的外墙中心线、外墙外边线和内墙净长线;"一面"是指建筑物的底层建筑面积。统筹图主要由计算工程量的主次程序线、基数、分部分项工程量计算式及计算单位组成。主要程序线是指在"线、面"基数上连续计算项目的线;次要程序线是指在分部分项项目上连续计算的线。本题选D。

44. 【答案】A

【解析】选项B错误:使用面积是指建筑物各层平面布置中,可直接为生产或生活使用的净面积总和。居室净面积在民用建筑中,也称"居住面积"。卫生间属于辅助面积。选项C错误:建筑面积可以分为使用面积、辅助面积和结构面积。选项D错误:结构面积是指建筑物各层平面布置中的墙体、柱等结构所占面积的总和(不包括抹灰厚度所占面积)。本题选A。

45. 【答案】D

【解析】有围护设施的室外走廊(挑廊),应按其结构底板水平投影面积计算1/2面积;有围护设施(或柱)的檐廊,应按其围护设施(或柱)外围水平面积计算1/2面积。没有围护设施的,不计算建筑面积。本题选D。

46. 【答案】C

【解析】设在建筑物顶部的、有围护结构的楼梯间、水箱间、电梯机房等,结构层高在2.20m及以上的应计算全面积;结构层高在2.20m以下的,应计算1/2面积,选项A错误。室外楼梯应并入所依附建筑物自然层,并应按其水平投影面积的1/2计算建筑面积,选项B错误。没有形成井道的室内楼梯也应该计算建筑面积,选项D错误。如建筑物大堂内的楼梯、跃层(或复式)住宅的室内楼梯等应计算建筑面积。建筑物的楼梯间层数按建筑物的自然层数计算。本题选C。

47. 【答案】A

【解析】建筑部件是指依附于建筑物外墙外不与户室开门连通,起装饰作用的敞开式挑台(廊)、平台以及不与阳台相通的空调室外机搁板(箱)等设备平台部件。本题选A。

48. 【答案】B

【解析】A不扣;C为自然地坪以下;D项目特征应描述密实度要求、填方材料品种和粒径、填方来源及运距。本题选B。

49. 【答案】A

【解析】深层搅拌桩、粉喷桩、柱锤冲扩桩、高压喷射注浆桩,按设计图示尺寸以桩长"m"计算。砂石桩可以"m"计量,按设计图示尺寸以桩长(包括桩尖)计算;也可以"m^3"计量,按设计桩截面乘以桩长(包括桩尖)以体积计算。本题选A。

50. 【答案】C

【解析】A选项中要扣暖气槽;B选项中不区分内外墙;D选项中算至压顶下表面。本题选C。

51. 【答案】B

【解析】A选项中应是按体积;C选项中应包括勾缝;D选项中不增加。本题选B。

52. 【答案】C

【解析】A选项应算结构层高;B选项应算至柱帽下表面;D选项应并入柱身体积。本题选C。

53. 【答案】D

【解析】A 选项应按斜面积计算；B 选项应需要覆盖的水平投影面积；C 选项应木基层单独列项按斜面积。本题选 D。

54.【答案】 B

【解析】A 选项应并入屋面保温；C 选项应增加面积；D 选项应按中心线展开长度算面积。本题选 B。

55.【答案】 A

【解析】参见表 4。

楼地面装饰工程面积计量　　　　　　　　　　　　　　　　　　　　　表 4

整体面层	按设计图示尺寸以面积计算 扣除凸出地面构筑物、设备基础、室内铁道、地沟等所占面积 不扣除间壁墙和<0.3m² 柱、垛、附墙烟囱及孔洞面积 不增加门洞、空圈、暖气包槽、壁龛的开口部分
块料面层 橡塑面层 其他面层	按设计图示尺寸以面积计算 并入：门洞、空圈、暖气包槽、壁龛开口部分

根据表中总结，本题选 A。

56.【答案】 D

【解析】A 选项中柱面勾缝按图示尺寸以面积计算；B 选项中柱面抹麻刀石灰砂浆按一般抹灰列项；C 选项中飘窗凸出外墙面增加的抹灰并入计算。本题选 D。

57.【答案】 A

【解析】B 选项中板式楼梯底面抹灰按斜面积计算；C 选项中吊顶顶棚中的灯带按框外围展开面积；D 选项中吊顶顶棚的送风口和回风口按个数计算。本题选 A。

58.【答案】 D

【解析】木扶手油漆、挂衣板油漆、封檐板油漆按长度"m"计算，只有木栅栏油漆可以按"m²"计算。本题选 D。

59.【答案】 C

【解析】A 选项不适用于房屋加层；B 选项按搭设的垂直投影面积计算；D 选项同一建筑物有不同檐口时分别列项。本题选 C。

60.【答案】 C

【解析】A 选项不包括临时保护设施；B 选项单层建筑物檐高超过 20m，可按超高部分的建筑面积；D 选项不包括临时排水沟、排水设施安砌、维修和拆除。本题选 C。

二、多项选择题（共 20 题，每题 2 分。每题的备选项中，有 2 个或 2 个以上符合题意，至少有 1 个错项。错选，本题不得分；少选，所选的每个选项得 0.5 分）。

61.【答案】 BDE

【解析】岩体可能由一种或多种岩石组合，且在形成现实岩体的过程中经受了构造变动、风化作用、卸荷作用等各种内力和外力地质作用的破坏及改造。本题选 BDE。

62.【答案】 AB

【解析】参见表 1。

根据表1中内容，本题选AB。

63.【答案】CDE

【解析】①钢结构的特点是强度高、自重轻、整体刚性好、变形能力强、抗震性能好，适用于建造大跨度和超高、超重型的建筑。②型钢、钢筋、混凝土三者结合使型钢混凝土结构具备了比传统的土结构承载力大、刚度大、抗震性能好的优点。③现代木结构具有绿色环保、节能保温、建造周期短、抗震耐久等诸多优点，是我国装配式建筑发展的方向之一。注意现代木结构抗震性能好。本题选CDE。

64.【答案】BD

【解析】中型构件装配式楼梯一般是由楼梯段和带梁休息平台两大构件组合而成。带梁休息平台形成一类似槽形板构件，在支承楼梯段的一侧，平台板肋断面加大，并设计成L形断面以利于楼梯段的搭接。楼梯段与现浇钢筋混凝土楼梯类似，有梁板式和板式两种。本题选BD。

65.【答案】ABDE

【解析】坡屋顶的承重结构：（1）砖墙承重（又叫硬山搁檩）；（2）屋架承重；（3）梁架结构；（4）钢筋混凝土梁板承重。本题选ABDE。

66.【答案】BE

【解析】面层是直接承受行车荷载作用，基层应满足强度、扩散荷载的能力以及水稳定性和抗冻性的要求，面层、基层和垫层是路面结构的基本层次，为了保证车轮荷载的向下扩散和传递，下一层应比上一层的每边宽出0.25m，传递和分散荷载的主要是基层和垫层，面层是直接承受，其他都是拼凑选项。本题选BE。

67.【答案】BCDE

【解析】用低碳钢热轧盘圆条直接冷轧或经冷拔后再冷轧，形成三面或两面横肋的钢筋。根据现行国家标准《冷轧带肋钢筋》GB/T 13788—2017的规定，冷轧带肋钢筋分为CRB550、CRB650、CRB800、CRB600H、CRB680H、CRB800H六个牌号。CRB550、CRB600H为普通钢筋混凝土用钢筋，CRB650、CRB800、CRB800H为预应力混凝土用钢筋，CRB680H既可作为普通钢筋混凝土用钢筋，也可作为预应力混凝土用钢筋。本题选BCDE。

68.【答案】BCDE

【解析】混凝土耐久性的主要性能指标包括抗冻性、抗渗性、抗侵蚀性、抗碳化；保水性属于和易性。本题选BCDE。

69.【答案】AE

【解析】BCD选项不应用于室外，只能应用于室内。本题选AE。

70.【答案】AD

【解析】常用于外墙的涂料有苯乙烯-丙烯酸酯乳液涂料、丙烯酸酯系外墙涂料、聚氨酯系外墙涂料、合成树脂乳液砂壁状涂料等。本题选AD。

71.【答案】BD

【解析】A选项中不可以兼作安装螺栓；C选项中初拧、复拧、终拧应在24小时内完成；E选项中应该先栓后焊。本题选BD。

72.【答案】AC

【解析】B 选项中相同高度的屋面涂膜施工，先远后近；D 选项中，采用双层胎体增强材料时，上下两层应平行；E 选项中涂膜前后两遍涂布方向垂直。本题选 AC。

73. 【答案】CE

【解析】A 选项适用于手提式孔钻机凿孔；B 选项分散药包可使岩石均匀破碎；D 选项成本不低。本题选 CE。

74. 【答案】CE

【解析】A 选项敏感性差；B 选项不易打滑；D 选项分为轨道式和滑模式。本题选 CE。

75. 【答案】AD

【解析】B 选项适应除岩层以外的所有地层；C 选项精度较高；E 选项工作坑要求低。本题选 AD。

76. 【答案】DE

【解析】A 选项体现的是施工单元；B 选项工作内容不止一项；C 选项含变更。本题选 DE。

77. 【答案】ADE

【解析】B 选项按结构外围水平面积计算；C 选项按保温材料的水平截面积计算。本题选 ADE。

78. 【答案】BE

【解析】A 选项应并入计算；C 选项应为不扣除；D 选项按零星砌砖列项。本题选 BE。

79. 【答案】ABE

【解析】C 选项按水平投影面积计算；D 选项以水平投影面积或体积计算。本题选 ABE。

80. 【答案】CE

【解析】A 选项中不用单独列项；B 选项中要单独列项；D 选项按洞口尺寸计算。本题选 CE。

2022年全国一级造价工程师职业资格考试
《建设工程技术与计量（土木建筑工程）》

一、单项选择题（共60题，每题1分，每题的备选项目中，只有1个最符合题意）。

1. 粒径大于2mm的颗粒含量超过全重50%的土称为( )。
   A. 碎石土　　　　　　　　　　B. 砂土
   C. 黏性土　　　　　　　　　　D. 粉土

2. 受气象水文要素影响，季节性变化比较明显的地下水是( )。
   A. 潜水　　　　　　　　　　　B. 自流盆地中的水
   C. 承压水　　　　　　　　　　D. 自流斜地中的水

3. 对于深层的淤泥及淤泥质土，技术可行、经济合理的处理方法是( )。
   A. 挖除　　　　　　　　　　　B. 水泥灌浆加固
   C. 振冲置换　　　　　　　　　D. 预制桩或灌注桩

4. 为了防止坚硬整体围岩开挖后表面风化，喷混凝土护壁的厚度一般为( )cm。
   A. 1~3　　　　　　　　　　　B. 3~5
   C. 5~7　　　　　　　　　　　D. 7~9

5. 大型滑坡体上做截水沟的作用( )。
   A. 截断流向滑坡体的水　　　　B. 排除滑坡体内的水
   C. 使滑坡体内的水流向下部透水岩层　　D. 防止上部积水

6. 以下对造价起决定性作用的是( )。
   A. 准确的勘察资料　　　　　　B. 过程中对不良地质的处理
   C. 选择有利的路线　　　　　　D. 工程设计资料的正确性

7. 下列装配式建筑中，适用于软弱地基、经济环保的是( )。
   A. 全预制装配式　　　　　　　B. 预制装配整体式
   C. 预制钢结构　　　　　　　　D. 预制木结构

8. 下列结构体系中，适用于超高民用建筑的形式是( )。
   A. 混合结构体系　　　　　　　B. 框架结构体系
   C. 剪力墙结构体系　　　　　　D. 筒体结构体系

9. 悬索结构的跨中垂度一般为跨度的( )。
   A. 1/12　　　　　　　　　　　B. 1/15
   C. 1/20　　　　　　　　　　　D. 1/30

10. 外墙聚苯板保温层外覆盖钢丝网的作用是( )。
    A. 固定保温层　　　　　　　　B. 防止保温层开裂
    C. 加强块料保温层整体性　　　D. 防止面层掉落和开裂

11. 在外墙内保温结构中，为防止冬季采暖房间形成水蒸气渗入保温层，最好的做法是( )。
   A. 在保温层靠近室内一侧设防潮层
   B. 在保温层靠近室内一侧设隔汽层
   C. 在主体结构与保温层之间设防潮层
   D. 在主体结构与保温层之间设隔汽层

12. 可以设置公共建筑出入口,但出入口间距不宜小于80m的城市道路是( )。
   A. 快速路   B. 主干路
   C. 次干路   D. 支路

13. 下列路基形式中,每隔15~20m应设置一道伸缩缝的是( )。
   A. 填土路基   B. 填石路基
   C. 砌石路基   D. 挖方路基

14. 为保证车辆在停车场内不因自重引起滑溜,要求停放场与通道垂直方向的最大纵坡为( )。
   A. 1%   B. 1.5%
   C. 2%   D. 3%

15. 在设计桥面较宽的预应力混凝土梁桥和跨度较大的斜交桥和弯桥时,宜采用的桥梁结构是( )。
   A. 简支板桥   B. 肋梁式简支梁桥
   C. 箱形简支梁桥   D. 悬索桥

16. 设计城市地下管网时,常规做法是在人行道下方设置( )。
   A. 热力管网   B. 自来水管道
   C. 污水管道   D. 煤气管道

17. 市政的缆线共同沟应埋设在街道的( )。
   A. 建筑物与红线之间地带下方   B. 分车带下方
   C. 中心线下方   D. 人行道下方

18. 下列冷扎带肋钢筋中,既可用于普通钢筋混凝土用钢筋,也可以用于预应力混凝土结构钢筋的是( )。
   A. CRB650   B. CRB800
   C. CRB680H   D. CRB800H

19. 决定石油沥青温度敏感性和黏性的重要组分是( )。
   A. 油分   B. 树脂
   C. 沥青质   D. 沥青碳

20. 下列关于粗骨料颗粒级配说法正确的是( )。
   A. 混凝土间断级配比连续级配和易性好
   B. 混凝土连续级配比间断级配易离析
   C. 相比间断级配,混凝土连续级配适用于机械振捣流动性低的干硬性拌合物
   D. 连续级配是现浇混凝土最常用的级配形式

21. 既可以提高混凝土拌合物流变性能又可以提高耐久性的外加剂是( )。
   A. 速凝剂   B. 引气剂

C. 缓凝剂　　　　　　　　　　　D. 加气剂

22. 普通混凝土和易性最敏感影响因素( )。
A. 砂率　　　　　　　　　　　　B. 水泥浆
C. 骨料品种与品质　　　　　　　D. 温度和时间

23. 与花岗石板材相比，天然大理石板材的缺点是( )。
A. 耐火性差　　　　　　　　　　B. 抗风化性能差
C. 吸水率低　　　　　　　　　　D. 高温下会发生晶型转变

24. 下列陶瓷地砖中，可用于室外是( )。
A. 瓷砖　　　　　　　　　　　　B. 釉面砖
C. 墙地砖　　　　　　　　　　　D. 马赛克

25. 下列防水卷材，尤其适用于有强烈太阳辐射的建筑防水的是( )。
A. SBS 改性沥青防水卷材
B. APP 改性沥青防水卷材
C. 氯化聚乙烯防水卷材
D. 氯化聚乙烯-橡胶共混型防水卷材

26. 开挖深度小于3m，湿度小的黏性土沟槽，适合采用的支护方式是( )。
A. 重力式支护结构　　　　　　　B. 垂直挡土板支撑
C. 水平挡土板支撑　　　　　　　D. 板式支护结构

27. 关于土石方工程施工，下列说法正确的是( )。
A. 铲运机适于在坡度大于20°的大面积场地平整
B. 推土机分批集中一次推送能减少土的散失
C. 铲运机的经济运距为30～60m
D. 抓铲挖掘机特别适于水下挖土

28. 为保证填方工程质量，下列工程中可作为填方材料的是( )。
A. 膨胀土　　　　　　　　　　　B. 有机物大于5%的土
C. 砂石、爆破石渣　　　　　　　D. 含水量大的黏土

29. 地基加固方法中，有关排水固结的关键问题是( )。
A. 预压荷载　　　　　　　　　　B. 预压时间
C. 防震、隔震措施　　　　　　　D. 竖向排水体设置

30. 钢筋混凝土预制桩的起吊和运输，要求混凝土强度至少分别达到设计强度的( )。
A. 65%、85%　　　　　　　　　B. 70%、100%
C. 75%、95%　　　　　　　　　D. 70%、80%

31. 正常施工条件下，石砌体每日可砌筑高度宜为( )。
A. 1.2m　　　　　　　　　　　　B. 1.5m
C. 1.8m　　　　　　　　　　　　D. 2.3m

32. 关于扣件式钢管脚手架的搭设与拆除，下列说法正确的是( )。
A. 垫板应准确放在定位线上，宽度不大于200mm
B. 高度为24m的双排脚手架必须采用刚性连墙件

C. 同层杆件须按先内后外的顺序拆除

D. 连墙件必须随脚手架逐层拆除

33. 适用于竖向较大直径变形的钢筋连接方式是（　　）。

A. 钢筋螺纹套管连接　　　　B. 钢筋套筒挤压连接

C. 电渣压力焊　　　　　　　D. 钢筋绑扎连接

34. 在预应力混凝土工程中，后张法预应力的传递主要靠（　　）。

A. 预应力筋　　　　　　　　B. 预应力筋两端的锚具

C. 孔道灌浆　　　　　　　　D. 锚固夹具

35. 下列路堑开挖方法中，适用于浅且短的路堑开挖方法是（　　）。

A. 单层横向全宽挖掘法　　　B. 多层横向全宽挖掘法

C. 通道纵挖法　　　　　　　D. 分层纵挖法

36. 关于桥梁墩台施工，下列说法正确的是（　　）。

A. 实体墩台为大体积混凝土的，水泥应选用硅酸盐水泥

B. 墩台混凝土宜垂直分层浇筑

C. 墩台混凝土分块浇筑时，接缝应与墩台截面尺寸较大的一边平行

D. 墩台混凝土分块浇筑时，邻层分块接缝宜做成企口形

37. 大型涵管排水管宜选用的排管法为（　　）。

A. 外壁边线排管　　　　　　B. 基槽边线排管

C. 中心线法排管　　　　　　D. 基础标高排管

38. 地下连续墙混凝土顶面应比设计高度超浇（　　）。

A. 0.4m 以内　　　　　　　　B. 0.4m 以上

C. 0.5m 以内　　　　　　　　D. 0.5m 以上

39. 隧道工程进行浅埋暗挖的必要前提是（　　）。

A. 对开挖面前方土体的预加固和预处理

B. 一次注浆多次开挖

C. 环状开挖预留核心土

D. 开挖过程中对围岩及结构变化进行动态跟踪

40. 沉井下沉达到设计标高封底时，需要满足观测的条件是（　　）。

A. 5小时内下沉量小于等于8mm　　B. 6小时内下沉量小于等于8mm

C. 7小时内下沉量小于等于10mm　　D. 8小时内下沉量小于等于10mm

41. 异形柱的项目特征可不描述的是（　　）。

A. 编号　　　　　　　　　　B. 形状

C. 混凝土等级　　　　　　　D. 混凝土类别

42. 关于消耗量定额与工程量计算规范，下列说法正确的是（　　）。

A. 消耗量定额章的划分和工程量计算规范中分部工程的划分基本一致

B. 消耗量定额的项目编码与工程量计算规范项目编码基本一致

C. 工程量计算规范中考虑了施工方法

D. 消耗量定额项目划分基于"综合实体"体现功能单元

43. 根据平法对柱标注规定，平法标注中QZ表示（　　）。

A. 墙柱 B. 芯柱
C. 剪力墙暗柱 D. 剪力墙上柱

44. 以下关于梁、板钢筋平法正确的是( )。
A. KL(5) 300×700 Y300×400 Y代表水平加腋
B. 梁侧面钢筋G4Φ12代表两侧各有2Φ12的纵向构造钢筋
C. 梁上部钢筋与架立筋规格相同时可合并标注
D. 板支座原位标注包含板上贯通筋

45. 根据《建筑工程建筑面积计算规范》GB/T 50353—2013,建筑面积应按自然层外墙结构外围水平面积之和计算,应计算全面积的结构层高是( )。
A. 2.2m以上 B. 2.2m及以上
C. 2.1m以上 D. 2.1m及以上

46. 根据《建筑工程建筑面积计算规范》GB/T 50353—2013,关于地下室与半地下室建筑面积,下列说法正确的是( )。
A. 结构净高在2.1m以上的计算全面积
B. 室内地坪与室外地坪之差的高度超过室内净高1/2为地下室
C. 外墙为变截面的,按照外墙上口外围计算全面积
D. 地下室外墙结构应包括保护墙

47. 根据《建筑工程建筑面积计算规范》GB/T 50353—2013,下列应计算全面积的是( )。
A. 有顶盖无维护设施的架空走廊
B. 有维护设施的檐廊
C. 结构净高为2.15m有顶盖的采光井
D. 依附于自然层的室外楼梯

48. 某住宅楼建筑图如图1所示,根据《建筑工程建筑面积计算规范》GB/T 50353—2013,阳台建筑面积计算正确的是( )。

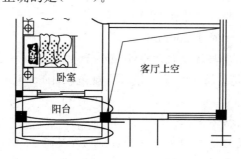

图1 某住宅楼建筑图

A. 全面积 B. 计算1/2面积
C. 按结构柱中心线为界分别计算 D. 按结构柱外边线为界分别计算

49. 根据《房屋建筑与装饰工程工程量计算规范》GB 50854—2013,关于土方回填,下列说法正确的是( )。
A. 室内回填工程量按各类墙体间的净面积乘以回填厚度

B. 室外回填工程量按挖方清单项目工程量减去室外地坪以下埋设的基础体积
C. 对填方密实度要求，必须在项目特征中进行详尽描述
D. 对填方材料的品种和粒径要求，必须在项目特征中进行详尽描述

50. 某土方工程量清单编制，按图示计算，挖土方量 10000m³，回填土方量 6000m³。已知土方天然密实体积：夯实后体积体＝1∶0.87，根据《房屋建筑与装饰工程工程量计算规范》GB 50854—2013，则回填方及余方弃置清单工程量分别为（　　）m³。

  A. 6000、4000
  B. 6896.55、3103.45
  C. 6000、3103.45
  D. 6896.55、4000

51. 某深层水泥搅拌桩，设计桩长 18m，设计桩底标高 －19.000m，自然地坪标高 －0.300m，设计室外地坪标高为 －0.100m，根据《房屋建筑与装饰工程工程量计算规范》GB 50854—2013，则该桩的空桩长度为（　　）m。

  A. 0.7
  B. 0.9
  C. 1.1
  D. 1.3

52. 根据《房屋建筑与装饰工程工程量计算规范》GB 50854—2013，0.5 厚和 1.5 厚砖墙计算厚度为（　　）。

  A. 115 和 365
  B. 115 和 370
  C. 120 和 370
  D. 120 和 365

53. 根据《房屋建筑与装饰工程消耗量定额》TY 01-31-2015 规定，如设计图示及规范要求未明确的，直径 8mm 的长钢筋，每计算一个钢筋接头，对应的钢筋长度按（　　）计算。

  A. 8m
  B. 9m
  C. 12m
  D. 不确定量

54. 根据《房屋建筑与装饰工程工程量计算规范》GB 50854—2013，关于混凝土墙的工程量下列说法正确的是（　　）。

  A. 现浇混凝土墙包括直行墙、异形墙、短肢剪力墙和挡土墙
  B. 墙垛突出墙面部分并入墙体体积内
  C. 短肢剪力墙厚度小于等于 250mm
  D. 短肢剪力墙截面高度与厚度之比最小值小于 4

55. 根据《房屋建筑与装饰工程工程量计算规范》GB 50854—2013，关于钢筋工程量下列说法正确的是（　　）。

  A. 钢筋网片按钢筋规格不同以"m²"计算
  B. 混凝土保护层厚度为结构构件中最外层钢筋外边缘至混凝土外表面的距离
  C. 碳素钢丝用镦头锚具时，钢丝长度按孔道长度增加 0.5m 计算
  D. 声测管按设计图示尺寸以"m"计算

56. 根据《房屋建筑与装饰工程工程量计算规范》GB 50854—2013，钢网架项目特征必须描述（　　）。

  A. 安装高度
  B. 单件质量
  C. 螺栓类型
  D. 油漆种类

57. 根据《房屋建筑与装饰工程工程量计算规范》GB 50854—2013，屋面卷材工程量

计算,下列说法正确的是( )。

A. 应扣除屋面小气窗所占面积
B. 不扣除斜沟所占面积
C. 屋面卷材空铺层所占面积另行计算
D. 屋面女儿墙的弯起部分不计算

58. 根据《房屋建筑与装饰工程工程量计算规范》GB 50854—2013,关于顶棚抹灰工程量的计算说法正确的是( )。

A. 顶棚抹灰按设计图示水平展开面积计算
B. 锯齿形的楼梯底板抹灰按照斜面积计算
C. 顶棚抹灰不扣检查口
D. 采光顶棚骨架并入不单独列项

59. 根据《房屋建筑与装饰工程工程量计算规范》GB 50584—2013,关于油漆工程,下列说法正确的是( )。

A. 木门油漆工作内容中未包含"刮腻子",应单独计算
B. 木门油漆以"樘"为单位计量时,项目特征应描述相应的洞口尺寸
C. 壁柜油漆按设计图示尺寸以油漆部分的投影面积计算
D. 金属面油漆应包含在相应钢构件制作的清单内,不单独列项

60. 根据《房屋建筑与装饰工程工程量计算规范》GB 50584—2013,以下措施项目以"项"为计量单位的是( )。

A. 超高施工增加
B. 大型机械安装进出场
C. 施工降水
D. 非夜间施工照明费

二、多项选择题(共20题,每题2分。每题的备选项中,有2个或2个以上符合题意,至少有1个错项。错选,本题不得分;少选,所选的每个选项得0.5分)。

61. 地震的建筑场地烈度相对于基本烈度,进行调整的原因有场地内的( )。

A. 地质条件
B. 地形地貌条件
C. 植被条件
D. 水文地质条件
E. 建筑物结构

62. 下列关于承压水特性的说法,正确的是( )。

A. 承压水的压力来自于隔水层的限制
B. 承压水的压力来自于隔水顶板的重力
C. 承压水的压力来自于顶板和底板间的压力
D. 若有裂隙穿越上下含水层,下部含水层的水可以补给给上层
E. 若有裂隙穿越上下含水层,上部含水层的水可以补给给下层

63. 楼梯防滑条的常用材料有( )。

A. 金刚砂
B. 马赛克
C. 橡胶条
D. 金属材料
E. 玻璃

64. 下列结构体系中构件主要承受轴向力的有( )。

A. 砖混结构
B. 框架结构
C. 桁架结构
D. 网架结构
E. 拱式结构

65. 保持被动式节能建筑舒适温度的热量来源有（　　）。
A. 燃煤
B. 供暖
C. 人体
D. 家电
E. 热回收装置

66. 以下属于桥梁下部结构的有（　　）。
A. 桥墩
B. 桥台
C. 桥梁支座
D. 墩台基础
E. 桥面构造

67. 关于高性能混凝土，下列说法正确的是（　　）。
A. 体积稳定性好
B. 可减少结构断面，降低钢筋用量
C. 耐高温性好
D. 早期收缩率随着早期强度提高而增大
E. 具有较高的密实性和抗渗性

68. 下列常用水泥中，适用于大体积混凝土的有（　　）。
A. 硅酸盐水泥
B. 普通硅酸盐水泥
C. 矿渣水泥
D. 火山灰硅酸盐水泥
E. 粉煤灰水泥

69. 以下装饰玻璃中，兼具保温、隔热和隔声性能的有（　　）。
A. 中空玻璃
B. 夹层玻璃
C. 真空玻璃
D. 钢化玻璃
E. 镀膜玻璃

70. 常用的塑料管件中，能用作饮用水管道的是（　　）。
A. PVC-U
B. PVC-C
C. PP-R
D. PB
E. PEX

71. 关于轻型井点的布置，下列说法正确的有（　　）。
A. 环形布置适用于大面积基坑
B. 双排布置适用于土质不良的情况
C. U形布置适用于基坑宽度不大于6m的情况
D. 单排布置适用于基坑宽度小于6m，且降水深度小于5m的情况
E. U形布置井点管不封闭的一段应设在地下水的下游方向

72. 单层工业厂房的结构安装中，与分件吊装法相比，综合吊装法的优点有（　　）。
A. 停机点少
B. 开行路线短
C. 工作效率高
D. 构件供应与现场平面布置简单
E. 起重机变幅和索具更换次数少

73. 根据加固性质，下列施工方法中，适用于软土地基的是（　　）。
A. 分层压实法
B. 表层处理法
C. 竖向填筑法
D. 换填法

E. 重压法

74. 下列桥梁上部结构的施工方法中，施工期间不影响通航或桥下交通的有（　　）。
 A. 悬臂施工法
 B. 支架现浇法
 C. 预制安装法
 D. 转体施工法
 E. 提升浮运施工法

75. 地下工程长距离顶管施工中，主要技术关键有（　　）。
 A. 顶进长度
 B. 顶力问题
 C. 方向控制
 D. 顶进设备
 E. 制止正面塌方

76. 某钢筋混凝土楼面板，其集中标注为"LB5，$h=100$，B：$X\Phi 10/12@100$，$Y\Phi 10@110$"，下列说法正确的是（　　）
 A. LB5表示该楼板有5块相同的板
 B. $X\Phi 10/12@100$ 表示X方向，上部为$\Phi 10$钢筋，下部为$\Phi 12$钢筋，间距100mm
 C. $Y\Phi 10@110$ 表示下部Y方向贯通，纵向钢筋为$\Phi 10$，间距110mm
 D. 当轴网向心布置时，径向为Y向
 E. 当轴网正交布置时，从下而上为Y向

77. 根据《建筑工程建筑面积计算规范》GB/T 50353—2013，下列应计算建筑面积的是（　　）。
 A. 主体结构外的阳台
 B. 结构层高为1.8m的设备层
 C. 有维护结构的水箱间
 D. 挑出宽度为2m的有柱雨篷
 E. 建筑物以外的地下人防通道

78. 根据《房屋建筑与装饰工程工程量计算规范》GB 50584—2013，地基处理与边坡支护工程中，可以用"m³"作为计量单位的有（　　）。
 A. 砂石桩
 B. 石灰桩
 C. 振冲桩（填料）
 D. 深层水泥搅拌桩
 E. 注浆地基

79. 根据《房屋建筑与装饰工程工程量计算规范》GB 50854—2013，关于土方工程，下列说法正确的是（　　）。
 A. 管沟土方按设计图示以管道中心线长度计算，不扣除各类井所占长度
 B. 工作面所增加的土方工程量是否计算，应按各省级建设主管部门规定实施
 C. 虚方指未经碾压、堆积时间≤2年的土壤
 D. 桩间挖土不扣除桩的体积，但应在项目特征中加以描述
 E. 基础土方开挖深度应按基础垫层底表面标高至设计室外地坪标高确定

80. 不同建筑高度的建筑，按不同檐口高度分别计算工程量的是（　　）。
 A. 垂直运输
 B. 超高施工增加
 C. 二次搬运
 D. 大型机械进出场
 E. 脚手架

2022 年全国一级造价工程师职业资格考试
《建设工程技术与计量（土木建筑工程）》
答案及解析

一、单项选择题（共60题，每题1分，每题的备选项目中，只有1个最符合题意）。

1.【答案】A

【解析】碎石土是粒径大于 2mm 的颗粒含量超过全重 50％的土，根据颗粒级配和颗粒形状分为漂石、块石、卵石、碎石、圆砾和角砾；砂土是粒径大于 2mm 的颗粒含量不超过全重 50％，且粒径大于 0.075mm 的颗粒含量超过全重 50％的土；黏性土是塑性指数大于 10 的土，分为粉质黏土和黏土；粉土是粒径大于 0.075 的颗粒不超过全重 50％，且塑性指数小于或等于 10 的土。本题选 A。

2.【答案】A

【解析】潜水是埋藏在地表以下第一层较稳定的隔水层以上具有自由水面的重力水，其自由表面承受大气压力，受气候条件影响，季节性变化明显。本题选 A。

3.【答案】C

【解析】对不满足承载力的软弱土层，如淤泥及淤泥质土，浅层的挖除，深层的可以采用振冲等方法用砂、砂砾、碎石或块石等置换。本题选 C。

4.【答案】B

【解析】对于坚硬的整体围岩，岩块强度高，整体性好，在地下工程开挖后自身稳定性好，基本上不存在支护问题。这种情况下喷混凝土的作用主要是防止围岩表面风化，消除开挖后表面的凹凸不平及防止个别岩块掉落，其喷层厚度一般为 3～5cm。本题选 B。

5.【答案】A

【解析】为了防止大气降水向岩体中渗透，一般是在滑坡体外围布置截水沟槽，以截断流至滑坡体上的水流。大的滑坡体尚应在其上布置一些排水沟，同时要整平坡面，防止有积水的坑洼，以利于降水迅速排走。本题选 A。

6.【答案】C

【解析】对工程造价的影响可归结为三个方面：一是选择工程地质条件有利的路线，对工程造价起着决定作用；二是勘察资料的准确性直接影响工程造价；三是由于对特殊不良工程地质问题认识不足导致的工程造价增加。本题选 C。

7.【答案】C

【解析】装配式钢结构建筑适用于构件的工厂化生产，可以将设计、生产、施工、安装一体化。具有自重轻、基础造价低、安装容易、施工快、施工污染环境、抗震性能好、可回收利用、经济环保等特点，适用于软弱地基。本题选 C。

8.【答案】D

【解析】简体结构体系。在高层建筑中，特别是超高层建筑中，水平荷载越来越大，起着控制作用。筒体结构是抵抗水平荷载最有效的结构体系。它的受力特点是，整个建筑犹如一个固定于基础上的封闭空心的筒式悬臂梁来抵抗水平力。筒体结构可分为框架-核心筒结构、筒中筒和多筒结构等。这种结构体系适用于高度不超过300m的建筑。多筒结构是将多个筒组合在一起，使结构具有更大的抵抗水平荷载的能力。本题选D。

9. 【答案】D

【解析】索的拉力取决于跨中的垂度，垂度越小，拉力越大。索的垂度一般为跨度的1/30。本题选D。

10. 【答案】D

【解析】不同的外保温体系，面层厚度有一定的差别。薄型面层的厚度一般在10mm以内，厚型面层是在保温层的外表面涂抹水泥砂浆，厚度为25~30mm。厚型面层施工时，为防止面层材料的开裂、脱落，一般要用直径为2mm、网孔为50mm×50mm的钢丝网覆盖于聚苯板保温层上，钢丝网通过固定件与墙体基层牢固连接。本题选D。

11. 【答案】B

【解析】通常的处理方法是在保温层靠室内的一侧加设隔汽层，让水蒸气不进入保温层内部。本题选B。

12. 【答案】C

【解析】次干路两侧可设置公共建筑物的出入口，但相邻出入口的间距不宜小于80m，且该出入口位置应在临近交叉口的功能区之外。支路两侧公共建筑物的出入口位置宜布置在临近交叉口的功能区之外。快速路两侧不应设置吸引大量车流、人流的公共建筑物的出入口。主干路两侧不宜设置吸引大量车流、人流的公共建筑物的出入口。本题选C。

13. 【答案】C

【解析】砌石路基应每隔15~20m设伸缩缝一道。本题选C。

14. 【答案】D

【解析】为了保证车辆在停放区内停入时不致发生自重分力引起滑溜，导致交通事故，因而要求停放场的最大纵坡与通道平行方向为1%，与通道垂直方向为3%。本题选D。

15. 【答案】C

【解析】箱形简支梁桥主要用于预应力混凝土梁桥。尤其适用于桥面较宽的预应力混凝土桥梁结构和跨度较大的斜交桥和弯桥。本题选C。

16. 【答案】A

【解析】一些常规做法如下：建筑物与红线之间的地带，用于敷设电缆；人行道用于敷设热力管网或通行式综合管道；分车带用于敷设自来水、污水、煤气管及照明电缆；街道宽度超过60m时，自来水和污水管道都应设在街道内两侧；在小区范围内，地下工程管网多数应走专门的地方。本题选A。

17. 【答案】D

【解析】缆线共同沟埋设在人行道下，管线有电力、通信、有线电视等，直接供应各终端用户。本题选D。

18. 【答案】C

【解析】冷轧带肋钢筋用低碳钢热轧盘圆条直接冷轧或经冷拔后再冷轧，形成三面或两面横肋的钢筋。根据现行国家标准《冷轧带肋钢筋》GB/T 13788—2017 的规定，冷轧带肋钢筋分为 CRB550、CRB650、CRB800、CRB600H、CRB680H、CRB800H 六个牌号。CRB550、CRB600H 为普通钢筋混凝土用钢筋，CRB650、CRB800、CRB800H 为预应力混凝土用钢筋，CRB680H 既可作为普通钢筋混凝土用钢筋，也可作为预应力混凝土用钢筋。冷轧带肋钢筋克服了冷拉、冷拔钢筋握裹力低的缺点，具有强度高、握裹力强、节约钢材、质量稳定等优点，但塑性降低，强屈比变小。本题选 C。

19.【答案】C

【解析】地沥青质（沥青质）是决定石油沥青温度敏感性、黏性的重要组成部分，其含量越多，则软化点越高，黏性越大，则越硬脆。本题选 C。

20.【答案】D

【解析】连续级配是指颗粒的尺寸由大到小连续分级，其中每一级石子都占适当的比例。连续级配比间断级配水泥用量稍多，但其拌制的混凝土流动性和粘聚性均较好，是现浇混凝土中最常用的一种级配形式。间断级配较适用于机械振捣流动性低的干硬性拌合物。本题选 D。

21.【答案】B

【解析】改善混凝土拌合物流变性能的外加剂，包括各种减水剂、引气剂和泵送剂等；调节混凝土凝结时间、硬化性能的外加剂，包括缓凝剂、早强剂和速凝剂等；改善混凝土耐久性的外加剂，包括引气剂、防水剂、防冻剂和阻锈剂等；改善混凝土其他性能的外加剂，包括加气剂、膨胀剂、着色剂等。本题选 B。

22.【答案】B

【解析】影响混凝土和易性的主要因素包括：1）水泥浆。2）骨料品种与品质。3）砂率。4）其他因素，如水泥、外加剂、温度和时间。水泥浆是普通混凝土和易性最敏感的影响因素。本题选 B。

23.【答案】B

【解析】大理石板材用于宾馆、展览馆、影剧院、商场、图书馆、机场、车站等公共建筑工程的室内柱面、地面、窗台板、服务台、电梯间门脸的饰面等，是理想的室内高级装饰材料。此外还可制作大理石壁画、工艺品、生活用品等。但因其抗风化性能较差，故除个别品种（含石英为主的砂岩及石曲岩）外一般不宜用作室外装饰。本题选 B。

24.【答案】C

【解析】墙地砖作为墙面、地面装饰都可使用，故称为墙地砖，实际上包括建筑物外墙装饰贴面用砖和室内外地面装饰铺贴用砖。本题选 C。

25.【答案】B

【解析】APP 改性沥青防水卷材广泛适用于各类建筑防水、防潮工程，尤其适用于高温或有强烈太阳辐射地区的建筑物防水。本题选 B。

26.【答案】C

【解析】湿度小的黏性土挖土深度小于 3m 时，可用间断式水平挡土板支撑；对松散、湿度大的土可用连续式水平挡土板支撑，挖土深度可达 5m。本题选 C。

27.【答案】D

【解析】铲运机常用于坡度在20°以内的大面积场地平整，开挖大型基坑、沟槽，以及填筑路基等土方工程，A选项错误；并列推土法在较大面积的平整场地施工中，采用2台或3台推土机并列推土。能减少土的散失，因为2台或3台单独推土时，有四边或六边向外撒土，而并列后只有两边向外撒土，一般可使每台推土机的推土量增加20%，B选项错误；铲运机可在Ⅰ～Ⅲ类土中直接挖土、运土，适宜运距为600～1500m，当运距为200～350m时效率最高，C选项错误；抓铲挖掘机可以挖掘独立基坑、沉井，特别适于水下挖土，D选项正确。本题选D。

28.【答案】 C

【解析】碎石类土、砂土、爆破石渣及含水量符合压实要求的年新土可作为填方土料。淤泥、冻土、膨胀性土及有机物含量大于5%的土，以及硫酸盐含量大于5%的土均不能作填土。本题选C。

29.【答案】 A

【解析】预压地基又称排水固结法地基，预压荷载是其中的关键问题，因为施加预压荷载后才能引起地基土的排水固结。本题选A。

30.【答案】 B

【解析】钢筋混凝土预制桩应在混凝土达到设计强度的70%方可起吊；达到100%方可运输和打桩。本题选B。

31.【答案】 A

【解析】正常施工条件下，砖砌体、小砌块砌体每日砌筑高度宜控制在1.5m或1步脚手架高度内；石砌体不宜超过1.2m。本题选A。

32.【答案】 D

【解析】底座、垫板均应准确地放在定位线上；垫板应采用长度不少于2跨、厚度不小于50mm、宽度不小于200mm的木垫板，选项A错误；对高度24m及以下的单、双排脚手架，宜采用刚性连墙件与建筑物可靠连接，亦可采用钢筋与顶撑配合使用的附墙连接方式。严禁使用只有钢筋的柔性连墙件，选项B错误。同层杆件和构配件必须按先外后内的顺序拆除；剪刀撑、斜撑杆等加固杆件必须在拆卸至该部位杆件时再拆除，选项C错误。连墙件必须随脚手架逐层拆除，严禁先将连墙件整层拆除后再拆脚手架，选项D正确。本题选D。

33.【答案】 B

【解析】钢筋套筒挤压连接是指将需要连接的两根变形钢筋插入特制钢套筒内，利用液压驱动的挤压机沿向或轴向压缩套筒，使钢套筒产生塑性变形，靠变形后的钢套筒内壁紧紧咬住变形钢筋来实现钢筋的连接。这种方法适用于竖向、横向及其他方向的较大直径变形钢筋的连接。本题选B。

34.【答案】 B

【解析】后张法预应力的传递主要靠预应力筋两端的锚具。本题选B。

35.【答案】 A

【解析】B选项，多层横向全宽挖掘法，适用于挖掘深且短的路堑。C选项，通道纵挖法，适合于路堑较长、较深、两端地面纵坡较小的路堑开挖。D选项，分层纵挖法，适用于较长的路堑开挖。本题选A。

36.【答案】D

【解析】当墩台高度小于 30m 时采用固定模板施工；当高度大于或等于 30m 时常用滑动模板施工。墩台混凝土具有自身的特点，施工时应特别注意，其特点如下：

① 墩台混凝土特别是实体墩台均为大体积混凝土，水泥应优先选用矿渣水泥、火山灰水泥，采用普通水泥时强度等级不宜过高，A 错误。

② 当墩台截面面积小于或等于 100m² 时应连续灌注混凝土，以保证混凝土的完整性；当墩台截面面积大于 100m² 时，允许适当分段浇筑。分块数量，墩台水平截面面积在 200m² 内不得超过 2 块；在 300m² 以内不得超过 3 块，每块面积不得小于 50m²。

③ 墩台混凝土宜水平分层浇筑，每层高度宜为 1.5～2.0m，B 错误。

④ 墩台混凝土分块浇筑时，接缝应与墩台截面尺寸较小的一边平行，邻层分块接缝应错开，接缝宜做成企口形，C 错误。本题选 D。

37.【答案】C

【解析】中小型涵管可采用外壁边线排管，大型涵管须用中心线法排管。本题选 C。

38.【答案】D

【解析】混凝土浇筑面宜高于地下连续墙设计顶面 500mm。本题选 D。

39.【答案】A

【解析】对开挖面前方地层的预加固和预处理，视为浅埋暗挖法的必要前提，目的就在于加强开挖面的稳定性，增加施工的安全性。本题选 A。

40.【答案】D

【解析】沉井下沉至标高，应进行沉降观测，当 8 小时内下沉量小于或等于 10mm 时，方可封底。本题选 D。

41.【答案】A

【解析】异形柱，需要描述的项目特征有柱形状、混凝土类别、混凝土强度等级。本题选 A。

42.【答案】B

【解析】消耗量定额量的划分和工程量计算规范中分部工程的项目划分的工作内容不同。消耗量定额项目划分一般是基于施工工序进行设置的，体现施工单元，包含的工作内容相对单一；而工程量计算规范清单项目划分一般是基于"综合实体"进行设置的，体现功能单元，包括的工作内容往往不止一项（即一个功能单元可能包括多个施工单元或者一个清单项目可能包括多个定额项目），A、D 选项错误；工程量计算规范中不考虑施工方法和加工余量，C 选项错误。本题选 B。

43.【答案】D

【解析】柱编号由柱类型代号和序号组成，柱的类型代号有框架柱（KZ）、转换柱（ZHZ）、芯柱（XZ）、梁上柱（LZ）、剪力墙上柱（QZ）。本题选 D。

44.【答案】B

【解析】选项 A 中 Y 代表竖向加腋，选项 A 错误。选项 C 不可以合并。板支座原位标注的内容为板支座上部非贯通纵筋和悬挑板上部受力钢筋。选项 D 错误。本题选 B。

45.【答案】B

【解析】应计算建筑面积的范围及规则：建筑物的建筑面积应按自然层外墙结构外围

水平面积之和计算。结构层高在2.20m及以上的，应计算全面积；结构层高在2.20m以下的，应计算1/2面积。本题选B。

46.【答案】B

【解析】结构层高在2.2m以上的计算全面积，选项A错误。当外墙为变截面时，按地下室、半地下室楼地面结构标高处的外围水平面积计算，选项C错误。地下室的外墙结构不包括找平层、防水（潮）层、保护墙等，选项D错误。本题选B。

47.【答案】C

【解析】有顶盖和围护结构的，应按其围护结构外围水平面积计算全面积，选项A错误。有围护设施（或柱）的檐廊，应按其围护设施（或柱）外围水平面积计算1/2面积，选项B错误。室外楼梯应并入所依附建筑物自然层，并应按其水平投影面积的1/2计算建筑面积，选项D错误。本题选C。

48.【答案】D

【解析】阳台处于剪力墙包围中，为主体结构内阳台，应计算全面积。所示平面图中阳台有两部分：一部分处于主体结构内，另一部分处于主体结构外，应分别计算建筑面积（以柱外侧为界，上面部分属于主体结构内，计算全面积，下面部分属于主体结构外，计算1/2面积）。本题选D。

49.【答案】C

【解析】室内回填：主墙间净面积乘以回填厚度，不扣除间隔墙，A选项错误；基础回填：挖方清单项目工程量减去自然地坪以下埋设的基础体积（包括基础垫层及其他构筑物），B选项错误；回填土方项目特征描述：密实度要求、填方材料品种、填方粒径要求、填方来源及运距。相关说明（1）：填方材料品种可以不描述，但应注明由投标人根据设计要求验方后方可填入，并符合相关工程的质量规范要求。相在说明（2）：填方粒径要求，在无特殊要求情况下，项目特征可以不描述。所以D选项错误。本题选C。

50.【答案】C

【解析】回填方，按设计图示尺寸以体积"m³"计算。故挖土方工程量清单数量为10000m³（天然密实体积），回填土工程量清单数量为6000m³（夯实后体积）。

利用回填方体积为：$6000 \div 0.87 = 6896.55$（m³）。

余方弃置工程量清单数量为：$10000 - 6896.55 = 3103.45$（m³）。本题选C。

51.【答案】A

【解析】空桩长度＝孔深－桩长，孔深为自然地面至设计桩底的深度。空桩长度＝$(19 - 0.3) - 18 = 0.7$（m）。本题选A。

52.【答案】A

【解析】标准砖尺寸应为240mm×115mm×53mm，标准砖墙厚度按表1计算。本题选A。

标准砖墙厚度表 表1

砖数（厚度）	$\frac{1}{4}$	$\frac{1}{2}$	$\frac{3}{4}$	1	$1\frac{1}{2}$	2	$2\frac{1}{2}$	3
计算厚度（mm）	53	115	180	240	365	490	615	740

53.【答案】 C

【解析】在工程计价中，钢筋连接的数量可参考《房屋建筑与装饰工程消耗量定额》TY 01-31-2015 中的规定确定。即钢筋连接的数量按设计图示及规范要求计算，设计图纸及规范要求未标明的，按以下规定计算：①φ10 以内的长钢筋按每 12m 计算一个钢筋接头；②φ10 以上的长钢筋按每 9m 计算一个接头。本题选 C。

54.【答案】 B

【解析】现浇混凝土墙包括直形墙、弧形墙、短肢剪力墙、挡土墙，不包括异形墙，选项 A 错误。短肢剪力墙是指截面厚度不大于 300mm、各肢截面高度与厚度之比的最大值大于 4 但不大于 8 的剪力墙，选项 C、D 错误。本题选 B。

55.【答案】 B

【解析】现浇构件钢筋、预制构件钢筋、钢筋网片、钢筋笼，按设计图示钢筋（网）长度（面积）乘单位理论质量以"t"计算，选项 A 错误。碳素钢丝采用镦头锚具时，钢丝束长度按孔道长度增加 0.35m 计算，选项 C 错误。声测管，按设计图示尺寸以质量"t"计算，选项 D 错误。本题选 B。

56.【答案】 A

【解析】钢网架工程量按设计图示尺寸以质量"t"计算，不扣除孔眼的质量，焊条、铆钉等不另增加质量。项目特征描述：钢材品种、规格，网架节点形式、连接方式，网架跨度、安装高度，探伤要求，防火要求等。其中防火要求指耐火极限。本题选 A。

57.【答案】 B

【解析】屋面卷材工程量计算，不扣除房上烟囱、风帽底座、风道、屋面小气窗和斜沟所占面积。屋面的女儿墙、伸缩缝和天窗等处的弯起部分，并入屋面工程量内。屋面防水搭接及附加层用量不另行计算，在综合单价中考虑。本题选 B。

58.【答案】 C

【解析】顶棚抹灰，按设计图示尺寸以水平投影面积"m²"计算。不扣除间壁墙、垛、柱、附墙烟囱、检查口和管道所占的面积，带梁顶棚的梁两侧抹灰面积并入顶棚面积内，板式楼梯底面抹灰按斜面积计算，锯齿形楼梯底板抹灰按展开面积计算。本题选 C。

59.【答案】 B

【解析】A 选项错误，木门油漆、金属门油漆工作内容中包括"刮腻子"，应在综合单价中考虑，不另计算工程量。B 选项正确，木门油漆、金属门油漆，工程量以"樘"计量，按设计图示数量计量；以"m²"计量，按设计图示洞口尺寸以面积计算；以"m²"计量，项目特征可不必描述洞口尺寸。C 选项错误，衣柜及壁柜油漆、梁柱饰面油漆、零星木装修油漆，按设计图示尺寸以油漆部分展开面积"m²"计算。D 选项错误，金属面油漆以"t"计量，按设计图示尺寸以质量计算；以"m²"计量，按设计展开面积计算。本题选 B。

60.【答案】 D

【解析】措施项目包括脚手架工程、混凝土模板及支架（撑）、垂直运输、超高施工增加、大型机械设备进出场及安拆、施工降水及排水、安全文明施工及其他措施项目。措施项目可以分为两类：一类是可以计算工程量的措施项目（即单价措施项目），如脚手架、混凝土模板及支架（撑）、垂直运输、超高施工增加、大型机械设备进出场及安拆、施工降水及排水等。本题选 D。

二、多项选择题（共 20 题，每题 2 分。每题的备选项中，有 2 个或 2 个以上符合题意，至少有 1 个错项。错选，本题不得分；少选，所选的每个选项得 0.5 分）。

61.【答案】 ABD

【解析】基本烈度代表一个地区的最大地震烈度。建筑场地烈度也称小区域烈度，是建筑场地内因地质条件、地貌地形条件和水文地质条件的不同而引起的相对基本烈度有所降低或提高的烈度，一般降低或提高半度至一度。本题选 ABD。

62.【答案】 ADE

【解析】承压水是因为限制在两个隔水层之间而具有一定压力，承压性是承压水的重要特征，选项 A 正确；当地形和构造一致时，下部含水层压力高，若有裂隙穿越上下含水层，下部含水层的水通过裂隙补给上部含水层。反之，含水层通过一定的通道补给下部的含水层，这是因为下部含水层的补给与排泄区常位于较低的位置，选项 D、E 正确。本题选 ADE。

63.【答案】 ABCD

【解析】为防止行人使用楼梯时滑倒，踏步表面应有防滑措施。表面光滑的楼梯必须对踏步表面进行处理，通常是在接近踏口处设置防滑条。防滑条的材料主要有金刚砂、马赛克、橡皮条和金属材料等。本题选 ABCD。

64.【答案】 CDE

【解析】①桁架是由杆件组成的结构体系。在进行内力分析时，节点一般假定为铰接点。②网架是由许多杆件按照一定规律组成的网状结构，是高次超静定的空间结构。网架结构可分为平板网架和曲面网架，其中，平板网架采用较多，其优点是空间受力体系，杆件主要承受轴向力，受力合理，节约材料，整体性能好，刚度大，抗震性能好。③拱式结构体系，拱是一种有推力的结构，其主要内力是轴向压力，因此可利用抗压性能良好的混凝土建造大跨度的拱式结构。本题选 CDE。

65.【答案】 CDE

【解析】被动式节能建筑不需要主动加热，基本上是依靠被动收集来的热量使房屋本身保持一个舒适的温度。使用太阳、人体、家电及热回收装置等带来的热能，不需要主动热源供给。本题选 CDE。

66.【答案】 ABD

【解析】(1) 桥梁上部结构是指桥梁结构中直接承受车辆和其他荷载，并跨越各种障碍物的结构部分，一般包括桥面构造（行车道、人行道、栏杆等）、桥梁跨越部分的承载结构和桥梁支座。(2) 桥梁下部结构是指桥梁结构中设置在地基上用于支承桥跨结构，将其荷载传递至地基的结构部分。一般包括桥墩、桥台及墩台基础。本题选 ABD。

67.【答案】 ADE

【解析】选项 A 正确，体积稳定性高。高性能混凝土的体积稳定性较高，具有高弹性模量、低收缩与徐变、低温度变形的特点。选项 B 错误，选项 B 属于高强度混凝土的特点。选项 C 错误，高强度混凝土耐高温性能差。选项 D 正确，收缩量小。高性能混凝土的总收缩量与其强度成反比，强度越高，总收缩量越小。但高性能混凝土的早期收缩率，随着早期强度的提高而增大。相对湿度和环境温度仍然是影响高性能混凝土收缩性能的两个主要因素。选项 E 正确，高性能混凝土除通常的抗冻性、抗渗性明显高于普通混凝土之外，高性能混凝土的 Cl⁻渗透率明显低于普通混凝土。高性能混凝土具有较高的密实性和抗渗性，其抗化学腐蚀性能显著优于普通强度混凝土。本题选 ADE。

68.【答案】 CDE

【解析】参见表 2。

特性及适用范围　　　　　　　　　　　　　　　　　　　　　　表 2

水泥种类	硅酸盐水泥	普通硅酸盐水泥	矿渣硅酸盐水泥	火山灰质硅酸盐水泥	粉煤灰硅酸盐水泥
强度等级	42.5, 42.5R 52.5, 52.5R 62.5, 62.5R	42.5, 42.5R 52.5, 52.5R	32.5, 32.5R 42.5, 42.5R 52.5, 52.5R	32.5, 32.5R 42.5, 42.5R 52.5, 52.5R	32.5, 32.5R 42.5, 42.5R 52.5, 52.5R
主要特性	1. 早期强度较高，凝结硬化快； 2. 水化热较大； 3. 耐冻性好； 4. 耐热性较差； 5. 耐腐蚀及耐水性较差； 6. 干缩性较小	1. 早期强度较高，凝结硬化较快； 2. 水化热较大； 3. 耐冻性较好； 4. 耐热性较差； 5. 耐腐蚀及耐水性较差； 6. 干缩性较小	1. 早期强度低，后期强度增长较快，凝结硬化慢； 2. 水化热较小； 3. 耐热性较好； 4. 耐硫酸盐侵蚀和耐水性较好； 5. 抗冻性较差； 6. 干缩性较大； 7. 抗碳化能力差	1. 早期强度低，后期强度增长较快，凝结硬化慢； 2. 水化热较小； 3. 耐热性较差； 4. 耐硫酸盐侵蚀和耐水性较好； 5. 抗冻性较差； 6. 干缩性较大； 7. 抗渗性较好； 8. 抗碳化能力差	1. 早期强度低，后期强度增长较快，凝结硬化慢； 2. 水化热较小； 3. 耐热性较差； 4. 耐硫酸盐侵蚀和耐水性较好； 5. 抗冻性较差； 6. 干缩性较小； 7. 抗碳化能力较差
适用范围	适用于快硬早强的工程、配制高强度等级混凝土	适用于制造地上、地下及水中的混凝土、钢筋混凝土及预应力钢筋混凝土结构，包括受反复冰冻的结构；也可配制高强度等级混凝土及早期强度要求高的工程	1. 适用于高温车间和有耐热、耐火要求的混凝土结构； 2. 大体积混凝土结构； 3. 蒸汽养护的混凝土结构； 4. 一般地上、地下和水中混凝土结构； 5. 有抗硫酸盐侵蚀要求的一般工程	1. 适用于大体积工程； 2. 有抗渗要求的工程； 3. 蒸汽养护的混凝土构件； 4. 可用于一般混凝土结构； 5. 有抗硫酸盐侵蚀要求的一般工程	1. 适用于地上、地下、水中及大体积混凝土工程； 2. 蒸汽养护的混凝土构件； 3. 可用于一般混凝土工程； 4. 有抗硫酸盐侵蚀要求的一般工程

由表可知，本题选 CDE。

69.【答案】 AC

【解析】选项 A 中空玻璃具有光学性能良好、保温隔热、降低能耗、防结露、隔声性能好等优点。选项 B 夹层玻璃还可具有耐久、耐热、耐湿、耐寒等性能。选项 C 真空玻璃比中空玻璃有更好的隔热、隔声性能。选项 D 钢化玻璃机械强度高、弹性好、热稳定性好、碎后不易伤人，但可发生自爆。选项 E 阳光控制镀膜玻璃是对太阳光具有一定控制作用的镀膜玻璃，这种玻璃具有良好的隔热性能。本题选 AC。

70.【答案】 CDE

【解析】硬聚氯乙烯（PVC-U）管主要应用于给水管道（非饮用水）、排水管道、雨水管道。氯化聚氯乙烯（PVC-C）管主要应用于冷热水管、消防水管、工业管道。因其使用的胶水有毒性，一般不用于饮用水管道系统。无规共聚聚丙烯（PP-R）管，主要应用于饮用水管、冷热水管。丁烯（PB）管具有较高的强度、韧性好、无毒、易燃、热胀系数大、价格高，主要应用于饮用水、冷热水管。交联聚乙烯（PEX）管具有无毒、卫生、透明的特点，有折弯记忆性、不可热熔连接、热蠕动性较小、低温抗脆性较差、原料便宜等性能，可输送冷、热水、饮用水及其他液体。本题选CDE。

71.【答案】ABDE

【解析】环形布置适用于大面积基坑。如采用U形布置，则井点管不封闭的一段应设在地下水的下游方向，选项A、E正确；双排布置适用于基坑宽度大于6m或土质不良的情况，选项B正确；当土方施工机械需进出基坑时，也可采用U形布置，选项C错误；单排布置适用于基坑、槽宽度小于6m，且降水深度不超过5m的情况，选项D正确。本题选ABDE。

72.【答案】AB

【解析】综合吊装法的优点是：开行路线短，停机点少；吊完一个节间，其后续工种就可进入节间内工作，使各个工种进行交叉平行流水作业，有利于缩短工期。其缺点是：采用综合吊装法，每次吊装不同构件需要频繁变换索具，工作效率低；使构件供应紧张和平面布置复杂；构件的校正困难。因此，目前较少采用。本题选AB。

73.【答案】BDE

【解析】软土一般指淤泥、泥炭土、流泥、沼泽土和湿陷性大的黄土、黑土等，通常含水量大、承载力小、压缩性高，尤其是沼泽地，水分过多，强度很低。按加固性质，软土路基施工主要有以下方法：(1) 表层处理法；(2) 换填法；(3) 重压法；(4) 垂直排水固结法；(5) 稳定剂处置法；(6) 振冲置换法。选项A、C属于一般路基土方施工的方法。本题选BDE。

74.【答案】AD

【解析】桥梁上部结构的施工主要是指其承载结构的施工。桥梁承载结构的施工方法常用的有支架现浇法、预制安装法、悬臂施工法、转体施工法、顶推施工法、移动模架逐孔施工法、横移施工法、提升与浮运施工法。其中支架现浇法中搭设支架影响排洪、通航，施工期间可能受到洪水和漂流物的威胁。提升与浮运施工在该结构下面需要有一个适宜的地面。预制安装法施工一般是指钢筋混凝土或预应力混凝土简支梁的预制安装。预制安装的方法很多，根据实际情况可采用自行式吊车安装、跨墩龙门架安装、架桥机安装、扒杆安装、浮吊安装等。本题选AD。

75.【答案】BCE

【解析】长距离顶管的主要技术关键有以下几个方面：①顶力问题；②方向控制；③制止正面塌方。本题选BCE。

76.【答案】CDE

【解析】选项A错误：LB5表示该楼板有5号楼面板。选项B错误：X⌽10/12@100表示板下部配置的贯通纵筋X向为⌽10和⌽12隔一布一、间距100mm。本题选CDE。

77.【答案】ABCD

【解析】选项 A 正确，在主体结构外的阳台，应按其结构底板水平投影面积计算 1/2 面积。选项 B 正确，对于建筑物内的设备层、管道层、避难层等有结构层的楼层，结构层高在 2.20m 及以上的，应计算全面积；结构层高在 2.20m 以下的，应计算 1/2 面积。选项 C 正确，设在建筑物顶部的、有围护结构的楼梯间、水箱间、电梯机房等，结构层高在 2.20m 及以上的应计算全面积；结构层高在 2.20m 以下的，应计算 1/2 面积。选项 D 正确，有柱雨篷应按其结构板水平投影面积的 1/2 计算建筑面积。选项 E 错误，不计算建筑面积的范围包括建筑物以外的地下人防通道，独立的烟囱、烟道、地沟、油（水）罐、气柜、水塔、贮油（水）池、贮仓、栈桥等构筑物。本题选 ABCD。

78.【答案】ACE

【解析】振冲桩（填料）以"m"计量，按设计图示尺寸以桩长计算；也可以"m³"计量，按设计桩截面乘以桩长以体积计算，选项 C 正确。砂石桩以"m"计量，按设计图示尺寸以桩长（包括桩尖）计算；也可以"m³"计量，按设计桩截面乘以桩长（包括桩尖）以体积计算，选项 A 正确。水泥粉煤灰碎石桩、夯实水泥土桩、石灰桩、灰土（土）挤密桩，按设计图示尺寸以桩长（包括桩尖）"m"计算，选项 B 错误。深层搅拌桩、粉喷桩、柱锤冲扩桩、高压喷射注浆桩，按设计图示尺寸以桩长"m"计算，选项 D 错误。注浆地基以"m"计量，按设计图示尺寸以钻孔深度计算；也可以"m³"计量，按设计图示尺寸以加固体积计算。选项 E 正确。本题选 ACE。

79.【答案】AD

【解析】选项 C 错误，虚方指未经碾压、堆积时间≤1 年的土壤。选项 E 错误，基础土方开挖深度应按基础垫层底表面标高至交付施工场地标高确定，无交付施工场地标高时，应按自然地面标高确定。选项 B 应按各省、自治区、直辖市或行业建设主管部门的规定实施。本题选 AD。

80.【答案】ABE

【解析】选项 A 正确，垂直运输，同一建筑物有不同檐高时，按建筑物的不同檐高做纵向分割，分别计算建筑面积，以不同檐高分别编码列项。选项 B 正确，超高施工增加，建筑物有不同檐高时，可按不同高度分别计算建筑面积，以不同檐高分别编码列项。选项 E 正确，脚手架工程，同一建筑物有不同的檐高时，根据建筑物竖向切面分别按不同檐高编列清单项目。本题选 ABE。

模拟试卷 1
《建设工程技术与计量（土木建筑工程）》

一、**单项选择题**（共60题，每题1分。每题的备选项中，只有1个最符合题意）。

1. 泥灰岩属于( )。
   A. 变质岩类　　　　　　　　　　B. 黏土岩类
   C. 碎屑岩类　　　　　　　　　　D. 化学岩及生物化学岩类

2. 裂隙分布不连续，形成的裂隙各有自己独立的系统、补给源及排泄条件的是( )。
   A. 风化裂隙水　　　　　　　　　B. 脉状构造裂隙水
   C. 成岩裂隙水　　　　　　　　　D. 层状构造裂隙水

3. 使用上有特殊要求的设施，涉及国家公共安全的重大建筑与市政工程，地震时可能发生严重次生灾害等特别重大灾害后果，需要进行特殊设防的建筑与市政工程的抗震设防类别属于( )。
   A. 甲类　　　　　　　　　　　　B. 乙类
   C. 丙类　　　　　　　　　　　　D. 丁类

4. 选择隧洞位置时，较好的方案是( )。
   A. 隧洞进出口地段的边坡应上陡下缓，洞口岩石坡积层薄，岩层最好倾向山外
   B. 隧洞进出口地段的边坡应下陡上缓，洞口岩石坡积层厚，岩层最好倾向山外
   C. 隧洞进出口地段的边坡应上陡下缓，洞口岩石坡积层厚，岩层最好倾向山里
   D. 隧洞进出口地段的边坡应下陡上缓，洞口岩石坡积层薄，岩层最好倾向山里

5. 一般强烈风化、强烈构造破碎或新近堆积的土体，产生冒落及塑性变形所受作用，不正确的是( )。
   A. 重力　　　　　　　　　　　　B. 围岩应力
   C. 地下水　　　　　　　　　　　D. 张力和振动力

6. 工程地质对工程建设的影响，说法正确的有( )。
   A. 建设工程仅要求地基有一定的强度、刚度、稳定性和抗渗性
   B. 工程地质对建筑结构的影响，主要是地质缺陷造成的
   C. 特殊重要的国防新建项目的工程选址，尽量避免在高烈度地区建设
   D. 工程地质对建设工程选址的影响，主要是各种地质缺陷和地下水造成的

7. 关于建筑分类，说法错误的有( )。
   A. 混合结构体系中横墙承重方案的主要特点是楼板直接支承在横墙上，横墙是主要承重墙
   B. 框架结构体系的缺点是侧向刚度较小，当层数较多时易引起结构性构件破坏
   C. 剪力墙结构的优点是侧向刚度大，水平荷载作用下侧移小

D. 筒体结构是抵抗水平荷载最有效的结构体系

8. 地下室卷材外防水做法顺序正确的是（　　）。
   A. 地下室外墙→防水层→保护墙→隔水层
   B. 地下室外墙→保护墙→防水层→隔水层
   C. 地下室外墙→防水层→隔水层→保护墙
   D. 地下室外墙→保护墙→隔水层→防水层

9. 关于外墙内保温的构造组成，说法正确的有（　　）。
   A. 内保温的构造由外墙、保温层、保温层的固定和面层组成
   B. 内保温大多采用湿作业施工
   C. 在保温层与主体结构之间加空气层在夏季难以将内部湿气排向室内
   D. 内保温容易出现裂缝

10. 具有底面平整，隔声效果好，能充分利用不同材料的性能，节约模板且整体性好的楼板类型是（　　）。
    A. 密肋填充块楼板   B. 叠合楼板
    C. 井字形肋楼板   D. 无梁楼板

11. 檐沟外侧下端及女儿墙压顶内侧下端等部位，应设置（　　）。
    A. 鹰嘴   B. 溢水口
    C. 滴水槽   D. 附加层

12. 有关水泥混凝土路面的说法，不正确的有（　　）。
    A. 水泥混凝土路面亦称刚性路面
    B. 目前采用最广泛的水泥混凝土路面是就地浇筑的钢筋混凝土路面
    C. 水泥混凝土路面有利于夜间行车
    D. 水泥混凝土路面有接缝，开放交通较迟，修复困难

13. 道路施工中，一般采用的路拱的形式是（　　）。
    A. 抛物线   B. 屋顶线
    C. 折线   D. 直线

14. 适用于地基承载力较低、台身较高、跨径较大的梁桥，又属于组合式桥台的是（　　）。
    A. 埋置式桥台   B. 锚定板式桥台
    C. 框架式桥台   D. 过梁式桥台

15. 有关涵洞的说法，错误的有（　　）。
    A. 暗涵适用于高路堤及深沟渠处
    B. 涵洞的洞口包括端墙、翼墙、护坡等
    C. 涵洞的附属工程包括：锥体护坡、河床铺砌、路基边坡铺砌及人工水道等
    D. 斜交斜做的涵洞的端部与线路中线相交，与涵洞轴线垂直

16. 以下不属于地铁车站的车站主体的是（　　）。
    A. 出入口   B. 站台
    C. 设备用房   D. 生活用房

17. 停车场的构造基准是设计的基础尺寸，指标不包括（　　）。

A. 直线车道宽度 B. 直线车道净高
C. 弯道处车道宽度 D. 弯道处车道净高

18. 钢中的有益元素是( )。
A. 氧 B. 硅
C. 硫 D. 磷

19. 某大型水池的混凝土施工时，应选用的水泥类型是( )。
A. P·S B. P·F
C. P·P D. P·C

20. 沥青混合料中，有关骨架空隙结构的说法，不正确的有( )。
A. 细集料较多，彼此紧密相接，粗集料的数量较少
B. 沥青碎石混合料（AM）多属此类型
C. 内摩擦角较高
D. 黏聚力较低

21. 能用作承重墙，还用于屋面保温的材料有( )。
A. 烧结空心砖 B. 轻骨料混凝土小型空心砌块
C. 烧结多孔砖 D. 蒸压加气混凝土砌块

22. 我国具有自主知识产权的节能玻璃是( )。
A. 中空玻璃 B. 真空玻璃
C. 着色玻璃 D. 钢化玻璃

23. 有关建筑涂料的说法，正确的有( )。
A. 现代建筑涂料中，成膜物质以合成树脂为主
B. 次要成膜物质不能单独成膜，常用的有助剂和溶剂
C. 建筑涂料应尽量使用油漆涂料
D. 建筑涂料的主体是无机材料胶结的高分子涂料

24. 可用作消防水管系统的塑料管道为( )。
A. 硬聚氯乙烯（PVC-U）管 B. 无规共聚聚丙烯管（PP-R 管）
C. 氯化聚氯乙烯（PVC-C）管 D. 丁烯管（PB 管）

25. 下列防火材料中，受热不膨胀的有( )。
A. 有机防火堵料 B. 薄型（B）防火涂料
C. 超薄（CB）型防火涂料 D. 无机防火堵料

26. 涉及面广，影响因素多，是施工中的重点与难点的是( )。
A. 路基施工 B. 场地平整
C. 地下工程大型土石方开挖 D. 基坑（槽）开挖

27. 每层压实遍数（次）为 6～8 次的压实机具为( )。
A. 平碾 B. 振动压实机
C. 柴油打夯机 D. 人工打夯

28. 预压地基适用的土层为( )。
A. 非饱和黏性土地基 B. 饱和黏性土地基
C. 砂土地基 D. 碎石土

29. 关于射水沉桩说法正确的有（　　）。
   A. 在砂夹卵石层或坚硬土层中，一般以锤击或振动为主，以射水为辅
   B. 在亚黏土或黏土中，为避免降低承载力，一般以射水为主，锤击或振动为辅
   C. 在亚黏土或黏土中，应适当增加射水时间和水量
   D. 下沉空心桩，一般用单管内射水

30. 有无地下水均可成桩的灌注桩施工方法是（　　）。
   A. 人工挖孔桩　　　　　　　　　B. 爆扩成孔灌注桩
   C. 钻孔压浆桩　　　　　　　　　D. 灌注桩后注浆

31. 下列砖砌体施工中，可以留直槎的有（　　）。
   A. 非抗震设防地区的转角处
   B. 在抗震设防烈度为6度的砌体转角处
   C. 在抗震设防烈度为8度的砌体临时间断处
   D. 在抗震设防烈度为7度地区的临时间断处

32. 有关大体积混凝土施工，说法正确的有（　　）。
   A. 混凝土入模温度不宜大于35℃
   B. 混凝土降温速率不宜大于3.0℃/天
   C. 目前应用较多的是斜面分层法
   D. 全面分层法要求的混凝土浇筑强度较小

33. 混凝土浇筑后应及时进行保湿养护，养护时间错误的是（　　）。
   A. 硅酸盐水泥配制的C60的混凝土，不应少于14天
   B. 地下室底层和上部结构首层柱、墙混凝土带模养护时间，不宜少于7天
   C. 掺缓凝剂的大体积混凝土，不应少于14天
   D. 矿渣硅酸盐水泥配制的C50的混凝土不应少于7天

34. 大跨度结构吊装方法说法，正确的有（　　）。
   A. 整体吊升法是非焊接球节点网架吊装的一种常用方法
   B. 滑移法搭设脚手架较多，特别是场地狭窄、起重机械无法进入时更为有效
   C. 滑移法网架结构形式宜采用上下弦正放类型
   D. 高空拼装法易用于焊接节点的各种类型网架

35. 屋面保温工程施工，说法错误的有（　　）。
   A. 喷涂硬泡聚氨酯保温层施工时，喷嘴与基层的距离为900mm
   B. 种植屋面宜设计为倒置式屋面
   C. 种植屋面防水层应采用不少于两道防水设防，上道应为耐根穿刺防水材料
   D. 屋面坡度大于50%时，不宜做种植屋面

36. 机械设备简单，击实效果显著，施工中不需铺撒细粒料，施工速度快，有效解决了大块石填筑地基厚层施工的夯实难题的施工方法是（　　）。
   A. 强力夯实法　　　　　　　　　B. 冲击压实法
   C. 碾压法　　　　　　　　　　　D. 倾填法

37. 热拌沥青混合料路面施工时，控制上面层摊铺厚度宜采用的方式为（　　）。
   A. 钢丝绳　　　　　　　　　　　B. 路缘石

C. 平石
D. 平衡梁

38. 地下连续墙泥浆的主要作用是( )。
A. 护壁
B. 携砂
C. 冷却
D. 润滑

39. 既能在软土或软岩中，也能在水底修建隧道的特殊施工方法是( )。
A. 掘进机法
B. 盾构法
C. 盖挖法
D. 沉管法

40. 顶管施工的关键设备是( )。
A. 工具管
B. 后部顶进设备
C. 出泥与气压设备
D. 通风照明设施

41. 关于消耗量和工程量计算规范的不同点，说法错误的是( )。
A. 消耗量项目划分一般是基于施工工序进行设置的，体现施工单元，包含的工作内容相对单一
B. 而工程量计算规范清单项目划分一般是基于"综合实体"进行设置的，体现功能单元，包括的工作内容往往不止一项
C. 消耗量定额和工程量计算规范的计量单位完全不同
D. 工程量计算规范的工程量计算规则主要用于计算工程量、编制工程量清单、结算中的工程计量等方面

42. 关于楼梯平法标注的解读，说法错误的是( )。
A. AT1，表示梯板类型是 AT，编号为 1
B. $h=120$ (P150)，120 表示梯段板厚度，150 表示梯板平板段的厚度
C. 1800/12，表示踏步段总高度是 1800mm，踏步级数为 12 级
D. $\Phi 10@200$，$\Phi 12@150$ 表示下部纵筋和上部纵筋

43. 《建筑工程建筑面积计算规范》GB/T 50353—2013 不适用于( )。
A. 商品房的规划阶段
B. 商品房的设计阶段
C. 商品房的施工阶段
D. 商品房的销售阶段

44. 依据《建筑工程建筑面积计算规范》GB/T 50353—2013，下列说法正确的有( )。
A. 建筑面积计算区分单层建筑和多层建筑，有围护结构的以围护结构外围计算
B. 建筑物外墙与室外地面或散水接触部分墙体的加厚部分应计算建筑面积
C. 当外墙结构本身在一个层高范围内不等厚时，以楼地面结构标高处的外围水平面积计算
D. 当围护结构下部为砌体且 $h<0.45m$ 时，建筑面积按下部砌体外围水平面积计算

45. 依据《建筑工程建筑面积计算规范》GB/T 50353—2013，结构层高在 2.20m 及以上的，应按其顶板水平投影面积计算全面积的是( )。
A. 坡地建筑物吊脚架空层
B. 出入口外墙外侧坡道有顶盖的部位
C. 建筑物的门厅
D. 室内单独设置的有围护设施的悬挑看台

46. 依据《建筑工程建筑面积计算规范》GB/T 50353—2013，围护结构不垂直于水平面的楼层与形成建筑空间的坡屋顶计算规则不同的是（　　）。
   A. 结构净高在 2.10m 及以上的部位，应计算全面积
   B. 结构净高在 1.20m 及以上至 2.10m 以下的部位，应计算 1/2 面积
   C. 结构净高在 1.20m 以下的部位，不应计算建筑面积
   D. 底板面处的围护结构应计算全面积

47. 根据《房屋建筑与装饰工程工程量计算规范》GB 50854—2013，管沟土方与管沟石方工程量计算规则，说法正确的是（　　）。
   A. 管沟土方可按设计图示截面积乘以长度以体积"m³"计算
   B. 管沟石方可按设计图示管底垫层面积乘以挖土深度以体积"m³"计算
   C. 有管沟设计时，平均深度以沟垫层顶面标高至交付施工场地标高计算
   D. 无管沟设计时，直埋管深度应按管底外表面标高至交付施工场地标高的平均高度计算

48. 根据《房屋建筑与装饰工程工程量计算规范》GB 50854—2013，地基处理与边坡支护工程量计算规则，不正确的是（　　）。
   A. 振冲密实（不填料），按设计图示处理范围以面积"m²"计算
   B. 振冲桩（填料）以"m"计量
   C. 如采用沉管灌注成孔，工作内容不包括桩尖制作、安装
   D. 锚杆按设计图示尺寸以钻孔深度计算

49. 根据《房屋建筑与装饰工程工程量计算规范》GB 50854—2013，有关桩基础工程量计算规则，正确的有（　　）。
   A. 预制钢筋混凝土方桩项目以成品桩编制，应包括成品桩购置费
   B. 打桩的工程内容中包括了承载力检测、桩身完整性检测等，不需要单独列项
   C. 挖孔桩土方，按设计图示尺寸（不含护壁）截面积乘以挖孔深度以体积计算
   D. 人工挖孔灌注桩以立方米计量，按桩芯混凝土体积（含护壁）计算

50. 根据《房屋建筑与装饰工程工程量计算规范》GB 50854—2013，有关砌筑工程工程量计算规则，错误的有（　　）。
   A. 砖基础防潮层在清单项目综合单价中考虑，不单独列项计算工程量
   B. 空心砖墙计算体积时应扣除砖孔洞所占体积
   C. 出檐宽度未超过 600mm 时，有屋架且室内外均有顶棚者算至屋架下弦底另加 200mm
   D. 空花墙按设计图示尺寸以空花部分外形体积计算，不扣除空洞部分体积

51. 根据《房屋建筑与装饰工程工程量计算规范》GB 50854—2013，有关现浇混凝土基础工程量计算，说法正确的有（　　）。
   A. 现浇混凝土基础包括毛石垫层
   B. 扣除伸入承台基础的桩头所占体积
   C. 箱式满堂基础顶板按满堂基础项目列项
   D. 毛石混凝土基础的项目特征应描述毛石所占比例

52. 根据《房屋建筑与装饰工程工程量计算规范》GB 50854—2013，混凝土、石砌体

和砖砌体中,计量规则完全相同的构件是( )。
    A. 台阶　　　　　　　　　　　B. 地沟
    C. 检查井　　　　　　　　　　D. 栏杆扶手

53. 根据《房屋建筑与装饰工程工程量计算规范》GB 50854—2013,已知某现浇钢筋混凝土梁长6400mm,截面为800mm×1200mm,设计用φ12mm箍筋,单位理论重量为0.888kg/m,单根箍筋两个弯钩增加长度共160mm,钢筋保护层厚度为25mm,钢筋间距为200mm,则10根梁的箍筋工程量为( )。
    A. 1.125t　　　　　　　　　　B. 1.117t
    C. 1.146t　　　　　　　　　　D. 1.193t

54. 根据《房屋建筑与装饰工程工程量计算规范》GB 50854—2013,金属结构工程工程量计算时,需要扣除的是( )。
    A. 压型钢板墙板的包角面积　　　B. 孔眼的质量
    C. 金属构件的切边　　　　　　D. 依附漏斗的型钢

55. 根据《房屋建筑与装饰工程工程量计算规范》GB 50854—2013,不能按体积计算的木结构是( )。
    A. 木屋架　　　　　　　　　　B. 木柱
    C. 木檩条　　　　　　　　　　D. 木楼梯

56. 根据《房屋建筑与装饰工程工程量计算规范》GB 50854—2013,门窗工程工程量按洞口尺寸计算面积的是( )。
    A. 木质窗　　　　　　　　　　B. 防护铁丝门
    C. 钢质花饰大门　　　　　　　D. 木纱窗

57. 根据《房屋建筑与装饰工程工程量计算规范》GB 50854—2013,不扣除间壁墙及≤0.3m² 柱、垛、附墙烟囱及孔洞所占面积的楼地面装饰工程是( )。
    A. 石材楼地面　　　　　　　　B. 细石混凝土楼地面
    C. 橡胶卷材楼地面　　　　　　D. 金属复合地板

58. 根据《房屋建筑与装饰工程工程量计算规范》GB 50854—2013,下列关于柱帽的工程量计算,叙述错误的是( )。
    A. 现浇混凝土无梁板按板和柱帽体积之和计算
    B. 升板的柱帽,并入柱的体积内计算
    C. 柱帽饰面并入相应顶棚饰面工程量内
    D. 柱帽保温隔热并入顶棚保温隔热工程量

59. 根据《房屋建筑与装饰工程工程量计算规范》GB 50854—2013,油漆、涂料、裱糊工程计量规则错误的有( )。
    A. 单独木线油漆,按设计图示尺寸以长度"m"计算
    B. 木栏杆(带扶手)油漆,按设计图示尺寸以单面外围面积"m²"计算
    C. 木门油漆、金属门油漆工作内容中包括"刮腻子",应在综合单价中考虑
    D. 金属面油漆按设计水平投影面积以"m²"计算

60. 浴厕配件中洗漱台的工程量计算规则,正确的有( )。
    A. 洗漱台按设计图示尺寸以面积"m²"计算

B. 不扣除孔洞、挖弯、削角所占面积
C. 吊沿是指镜面玻璃下边沿至洗漱台面和侧墙与台面接触部位的竖挡板
D. 挡板是指台面外边沿下方的竖挡板

二、多项选择题（共 20 题，每题 2 分。每题的备选项中，有 2 个或 2 个以上符合题意，至少有 1 个错项。错选，本题不得分；少选，所选的每个选项得 0.5 分）。

61. 有关地震的说法，正确的有（　　）。
A. 乙类抗震建筑的地震作用应按本地区抗震设防烈度确定
B. 地震波通过的介质条件有岩石性质、地质构造、地下水类型等
C. Ⅰ类工程场地抗震构造措施应比本地区抗震设防烈度要求适当提高采用
D. 纵波的质点振动方向与震波传播方向一致，周期短，振幅小，传播速度慢
E. 面波的传播速度最快

62. 工程建设遇到特殊地基处理方法，正确的有（　　）。
A. 砂砾石地层不满足承载力可以灌水泥浆或水泥黏土浆
B. 浅层的淤泥及淤泥质土不满足承载力可用振冲置换
C. 对不满足承载力的淤泥质土，深层的可以灌水泥浆
D. 对深埋溶（土）洞宜采用注浆法、桩基法、充填法进行处理
E. 布置降压井降低承压水水头压力可以防止承压水突涌，确保基坑施工安全

63. 以下属于绿色建筑评分指标项分项的内容有（　　）。
A. 控制项　　　　　　　　　　　　B. 安全耐久
C. 生活便利　　　　　　　　　　　D. 健康舒适
E. 提高与创新加分项

64. 以下属于地面构造附加层的有（　　）。
A. 垫层　　　　　　　　　　　　　B. 隔离层
C. 基层　　　　　　　　　　　　　D. 防水层
E. 保温层

65. 桁架式屋架按外形可分为（　　）。
A. 三角形　　　　　　　　　　　　B. 梯形
C. 拱形　　　　　　　　　　　　　D. 折线形
E. 菱形

66. 现代悬索桥的构成，包括（　　）。
A. 桥塔　　　　　　　　　　　　　B. 拉索
C. 锚碇　　　　　　　　　　　　　D. 吊索
E. 主梁

67. 会降低石油沥青的粘结性的组分有（　　）。
A. 油分　　　　　　　　　　　　　B. 中性树脂
C. 沥青质　　　　　　　　　　　　D. 沥青碳和似碳物
E. 蜡

68. 混凝土中影响抗冻性的重要因素包括（　　）。
A. 水泥品种　　　　　　　　　　　B. 密实度

C. 骨料的粒径
D. 养护方法
E. 孔隙的构造特征

69. 将木材加工过程中的大量边角、碎料、刨花、木屑等，经过再加工处理，制成各种人造板材的类型包括（　　）。
A. 木地板
B. 纤维板
C. 刨花板
D. 细木工板
E. 软木壁纸

70. 可代替传统的防水层和保温层，具有一材多用功效的保温材料有（　　）。
A. 硬泡聚氨酯板材
B. XPS板
C. 膨胀蛭石
D. 喷涂型Ⅱ型硬泡聚氨酯
E. 喷涂型Ⅲ型硬泡聚氨酯

71. 套管成孔灌注桩，说法正确的有（　　）。
A. 套管成孔灌注桩施工可选用单打法、复打法或反插法
B. 沉管灌注桩成桩过程为：桩机就位→锤击（振动）沉管→上料→边锤击（振动）边拔管，并继续浇筑混凝土→下钢筋笼，继续浇筑混凝土及拔管→成桩
C. 管内灌满混凝土后应先拔管，再振动
D. 复打施工应在第一次浇筑的混凝土终凝之前完成
E. 桩身配钢筋笼时，第一次混凝土应先浇至钢筋笼笼底标高，然后放置钢筋笼，再浇混凝土到桩顶标高

72. 钢筋加工包括（　　）。
A. 焊接
B. 剪切
C. 弯曲
D. 调直
E. 绑扎

73. 地下防水混凝土施工缝施工，说法正确的有（　　）。
A. 防水混凝土应连续浇筑，宜少留施工缝
B. 为保证地下建筑的防水要求，可在贯穿铁件上加焊一道或数道止水铁片
C. 墙体水平施工缝应留在高出底板表面不小于300mm的墙体上
D. 水平施工缝浇筑混凝土前，应铺30～50mm厚的1∶1水泥砂浆，然后铺设防水涂料，并及时浇混凝土
E. 垂直施工缝应避开地下水和裂隙水较多的地段，并宜与变形缝相结合

74. 软土路基的表层处理法包括（　　）。
A. 砂垫层
B. 反压护道
C. 土工布
D. 土工格栅
E. 稳定剂处置法

75. 复合土钉墙中的单项轻型支护技术包括（　　）。
A. 普通土钉墙
B. 竖向钢管
C. 预应力锚杆
D. 微型桩
E. 深层搅拌桩

76. 依据《建筑工程建筑面积计算规范》GB/T 50353—2013，下列建筑面积计算规

则不同的是( )。

A. 室内楼梯与室外楼梯
B. 屋顶的水箱与屋顶的水箱间
C. 独立的烟道与建筑物内的烟道
D. 栈桥与建筑间无顶盖有围护设施的架空走廊
E. 室外消防钢楼梯与室外楼梯

77. 根据《房屋建筑与装饰工程工程量计算规范》GB 50854—2013，回填土方项目特征中可以不描述的有( )。

A. 密实度要求　　　　　　　　B. 填方材料品种
C. 填方粒径要求　　　　　　　D. 填方来源
E. 填方运距

78. 根据《房屋建筑与装饰工程工程量计算规范》GB 50854—2013，应该按零星砌砖编码列项的有( )。

A. 框架外表面的镶贴砖部分　　B. ≤0.5m² 的孔洞填塞
C. 砖砌锅台　　　　　　　　　D. 砖检查井
E. 砖砌挖孔桩护壁

79. 根据《房屋建筑与装饰工程工程量计算规范》GB 50854—2013，屋面及防水工程工程量计算规则错误的有( )。

A. 膜结构屋面，按设计图示尺寸以水平投影面积"m²"计算
B. 8%坡度的屋顶的屋面卷材防水按斜面积计算
C. 屋面刚性防水层工作内容中不包含钢筋制安，应另编码列项
D. 墙面砂浆防水（防潮）项目工作内容中已包含了挂钢丝网，在综合单价中考虑
E. 楼（地）面防水搭接及附加层用量不另行计算，在综合单价中考虑

80. 根据《房屋建筑与装饰工程工程量计算规范》GB 50854—2013，措施项目工程量计算正确的是( )。

A. 里脚手架按建筑面积计算
B. 满堂脚手架按搭设水平投影面积计算
C. 混凝土墙模板按模板与墙接触面积计算
D. 混凝土构造柱模板按图示外露部分计算模板面积
E. 超高施工增加费包括人工、机械降效，供水加压以及通信联络设备费用

模拟试卷 1
《建设工程技术与计量（土木建筑工程）》
答案与解析

一、单项选择题（共 60 题，每题 1 分。每题的备选项中，只有 1 个最符合题意）。

1.【答案】 D

【解析】泥灰岩属于化学岩及生物化学岩类。

沉积岩组成与分类　　　　　　　　　　　　　　　　　　　　　　　表 1

沉积岩	结构组成		碎屑结构、泥质结构、晶粒结构、生物结构
	分类	碎屑岩	如砾岩、砂岩、粉砂岩
		黏土岩	如页岩、泥岩
		化学岩及生物化学岩	如石灰岩、泥灰岩（碳酸盐岩与黏土岩之间的过渡类型）、白云岩

2.【答案】 B

【解析】脉状构造裂隙水不连续，不连通。

裂隙水的分类　　　　　　　　　　　　　　　　　　　　　　　表 2

裂隙水	风化裂隙水		多为层状，相互连通，季节交替，受降水影响，以泉水形式排泄于河流中	
	成岩裂隙水		多为层状，相互连通	
	构造裂隙	层状构造裂隙水	多为层状，相互连通	存在条件：张开性裂隙中 渗透性：各向异性
		脉状构造裂隙水	不连续，不连通	

3.【答案】 A

【解析】抗震设防的各类建筑与市政工程，均应根据其遭受地震破坏后可能造成的人员伤亡、经济损失、社会影响程度及其在抗震救灾中的作用等因素划分为甲、乙、丙、丁四个抗震设防类别。

甲类：特殊设防类，指使用上有特殊要求的设施，涉及国家公共安全的重大建筑与市政工程，地震时可能发生严重次生灾害等特别重大灾害后果，需要进行特殊设防的建筑与市政工程。

乙类：重点设防类，指地震时使用功能不能中断或需尽快恢复的生命线相关建筑与市政工程，以及地震时可能导致大量人员伤亡等重大灾害后果，需要提高设防标准的建筑与市政工程。

丙类：标准设防类，指除甲类、乙类、丁类以外按标准要求进行设防的建筑与市政工程。

丁类：适度设防类，指使用上人员稀少且震损不致产生次生灾害，允许在一定条件下适度降低设防要求的建筑与市政工程。

4. 【答案】D

【解析】选择隧洞时，在地形上要求山体完整，地下工程周围包括洞顶及傍山侧应有足够的山体厚度。如选择隧洞位置时，隧洞进出口地段的边坡应下陡上缓，无滑坡、崩塌等现象存在。洞口岩石应直接出露或坡积层薄，岩层最好倾向山里，以保证洞口坡的安全。

5. 【答案】D

【解析】一般强烈风化、强烈构造破碎或新近堆积的土体，在重力、围岩应力和地下水作用下常产生冒落及塑性变形。碎裂结构岩体在张力和振动力作用下容易松动、解脱，在洞顶则产生崩落，在边墙上则表现为滑塌或碎块的坍塌。

6. 【答案】C

【解析】A 选项要求要求地基及其一定区域的地层都要有。B 选项应是各种地质缺陷和地下水造成的。D 选项主要是地质缺陷造成的。BD 选项写反了。

7. 【答案】B

【解析】框架结构是利用梁、柱组成的纵、横两个方向的框架形成的结构体系，同时承受竖向荷载和水平荷载。其主要优点是建筑平面布置灵活，可形成较大的建筑空间，建筑立面处理也比较方便；缺点是侧向刚度较小，当层数较多时，会产生较大的侧移，易引起非结构性构件（如隔墙、装饰等）破坏，从而影响使用。

8. 【答案】A

【解析】正确顺序是 A：地下室外墙→防水层→保护墙→隔水层（图1）。

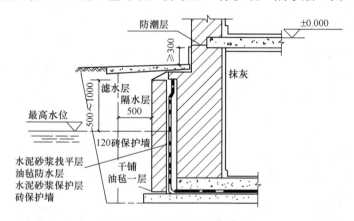

图1 地下室卷材外防水做法

9. 【答案】D

【解析】外墙外保温是指在建筑物外墙的外表面上设置保温层。其构造由外墙、保温层、保温层的固定和面层等部分组成。外墙内保温构造由主体结构与保温结构两部分组成，保温结构由保温板和空气层组成。内保温空气层有两种做法。

10. 【答案】A

【解析】密肋填充块楼板底面平整，隔声效果好，能充分利用不同材料的性能，节约模板且整体性好。

11.【答案】C

【解析】檐沟外侧下端也应做鹰嘴和滴水槽。

12.【答案】B

【解析】水泥混凝土路面亦称刚性路面，包括普通混凝土（素混凝土）、钢筋混凝土、连续配筋混凝土、预应力混凝土、装配式混凝土、钢纤维混凝土和混凝土小块铺砌等面层板和基（垫）层所组成的路面。目前，采用最广泛的是就地浇筑的素混凝土路面，简称混凝土路面。

水泥混凝土路面适用于各种等级公路的路面施工。水泥混凝土路面的优点有：强度高、稳定性好、耐久性好、养护费用少、经济效益高，有利于夜间行车。水泥混凝土路面的缺点有：对水泥和水的需要量大，有接缝，开放交通较迟，修复困难。

13.【答案】D

【解析】路拱的基本形式有抛物线、屋顶线、折线或直线。为便于机械施工，一般采用直线形。

14.【答案】C

【解析】框架式桥台是一种在横桥向呈框架式结构的桩基础轻型桥台，它所承受的土压力较小，适用于地基承载力较低、台身较高、跨径较大的梁桥。组合式桥台常见的有锚定板式、过梁式、框架式以及桥台与挡土墙的组合等形式。

15.【答案】D

【解析】涵洞与路线斜交的洞口建筑，有斜洞口和正洞口之分。斜洞口的涵洞端部与线路中线平行，而与涵洞轴线相交。斜洞口能适应水流条件，且外形较美观，虽建筑费工较多，但常被采用。

16.【答案】A

【解析】地铁车站通常由车站主体（站台、站厅、设备用房、生活用房）、出入口及通道，通风道及地面通风亭三大部分组成。

17.【答案】D

【解析】停车场的构造基准是设计的基础尺寸，包括直线车道宽度、净高、弯道处车道宽度、车道坡度等。

18.【答案】B

【解析】硅是钢中的有益元素，C、D选项是有害元素。A选项是有害杂质。

19.【答案】C

【解析】火山灰质硅酸盐水泥（P·P）适用范围如下：①适用于大体积工程；②有抗渗要求的工程；③蒸汽养护的混凝土构件；④可用于一般混凝土结构；⑤有抗硫酸盐侵蚀要求的一般工程。

20.【答案】A

【解析】当采用连续开级配矿质混合料与沥青组成的沥青混合料时，粗集料较多，彼此紧密相接，细集料的数量较少，不足以充分填充空隙，形成骨架空隙结构。沥青碎石混合料（AM）多属此类型。这种结构的沥青混合料，粗骨料能充分形成骨架，骨料之间的嵌挤力和内摩阻力起重要作用。因此，这种沥青混合料内摩擦角较高，但黏聚力较低，受沥青材料性质的变化影响较小，因而热稳定性较好，但沥青与矿料的粘结力较小、空隙率大、耐久性较差。

21.【答案】D

【解析】烧结空心砖由于其孔洞平行于大面和条面，垂直于顶面，使用时大面承压，承压面与孔洞平行，所以这种砖强度不高，而且自重较轻，因而多用于非承重墙。

与普通混凝土小型空心砌块相比，轻骨料混凝土小型空心砌块密度较小、热工性能较好，但干缩值较大，使用时更容易产生裂缝，目前主要用于非承重的隔墙和围护墙。

蒸压加气混凝土砌块广泛用于一般建筑物墙体，还用于多层建筑物的非承重墙及隔墙，也可用于低层建筑的承重墙。体积密度级别低的砌块还用于屋面保温。

22.【答案】B

【解析】真空玻璃是新型、高科技含量的节能玻璃深加工产品，是我国玻璃工业中为数不多的具有自主知识产权的前沿产品。

23.【答案】A

【解析】次要成膜物质不能单独成膜，它包括颜料与填料。辅助成膜物质不能构成涂膜，但可用于改善涂膜的性能或影响成膜过程，常用的有助剂和溶剂，选项B错误。建筑涂料主要是指用于墙面与地面装饰涂敷的材料，尽管在个别情况下可少量使用油漆涂料，但用于墙面与地面的涂覆装饰，绝大部分为建筑涂料，选项C错误。建筑涂料的主体是乳液涂料和溶剂型合成树脂涂料，也有以无机材料（钾水玻璃等）胶结的高分子涂料，但成本较高，尚未广泛使用，选项D错误。

24.【答案】C

【解析】氯化聚氯乙烯（PVC-C）管具有高温机械强度高的特点，适用于受压的场合。安装方便，连接方法为溶剂粘结、螺纹连接、法兰连接和焊条连接。阻燃、防火、导热性能低，管道热损失少。管道内壁光滑，抗细菌的滋生性能优于铜、钢及其他塑料管道。热膨胀系数低，产品尺寸全（可做大口径管材），安装附件少，安装费用低。主要应用于冷热水管、消防水管系统、工业管道系统。因其使用的胶水有毒性，一般不用于饮用水管道系统。

25.【答案】D

【解析】厚质型（H）防火涂料一般为非膨胀型的，厚度大于7mm且小于等于45mm，耐火极限根据涂层厚度有较大差别；薄型（B）和超薄型（CB）防火涂料通常为膨胀型的，前者的厚度大于3mm且小于等于7mm，后者的厚度小于等于3mm。薄型和超薄型防火涂料的耐火极限一般与涂层厚度无关，而与膨胀后的发泡层厚度有关。有机防火堵料又称可塑性防火堵料，遇火时发泡膨胀，因此具有优异的防火、水密、气密性能。无机防火堵料又称速固型防火堵料，是以快干水泥为基料，有较好的防火和水密、气密性能。主要用于封堵后基本不变的场合。

26.【答案】A

【解析】建设工程所在地的场内外道路，以及公路、铁路专用线，均需修筑路基，路基挖方称为路堑，填方称为路堤。路基施工涉及面广，影响因素多，是施工中的重点与难点。

27. 【答案】A

【解析】参见表3。

填土施工时的分层厚度及压实遍数　　　　　表3

压实机具	分层厚度（mm）	每层压实遍数（次）
平碾	250～300	6～8
振动压实机	250～350	3～4
柴油打夯机	200～250	3～4
人工打夯	<200	3～4

28. 【答案】B

【解析】预压地基又称排水固结法地基，在建筑物建造前，直接在天然地基或在设置有袋状砂井、塑料排水带等竖向排水体的地基上先行加载预压，使土体中的孔隙水排出，提前完成土体固结沉降，逐步增加地基强度的一种软土地基加固方法。适用于处理道路、仓库、罐体、飞机跑道、港口等各类大面积淤泥质土、淤泥及冲填土等饱和黏性土地基。

29. 【答案】D

【解析】射水沉桩法的选择应视土质情况而异，在砂夹卵石层或坚硬土层中，一般以射水为主，锤击或振动为辅；在亚黏土或黏土中，为避免降低承载力，一般以锤击或振动为主，以射水为辅，并应适当控制射水时间和水量；下沉空心桩，一般用单管内射水。

30. 【答案】C

【解析】钻孔压浆桩适应性较广，几乎可用于各种地质土层条件施工，既能在地下水位以上作业成孔成桩，也能在地下水位以下成孔成桩；既能在常温下施工，也能在低温条件下施工；采用特制钻头可在风化岩层、盐渍土层及砂卵石层中成孔；采用特殊措施可在厚流砂层中成孔；还能在紧邻持续振动源的困难环境下施工。

31. 【答案】D

【解析】砖砌体的转角处和交接处应同时砌筑，严禁无可靠措施的内外墙分砌施工。在抗震设防烈度为8度及8度以上地区，对不能同时砌筑而又必须留置的临时间断处应砌成斜槎，普通砖砌体斜槎水平投影长度不应小于高度的2/3，多孔砖砌体的斜槎长高比不应小于1/2。斜槎高度不得超过一步脚手架的高度。非抗震设防及抗震设防烈度为6度、7度地区的临时间断处，当不能留斜槎时，除转角处外，可留直槎。

32. 【答案】C

【解析】混凝土入模温度不宜大于30℃，选项A错误。混凝土降温速率不宜大于2.0℃/天，选项B错误。大体积混凝土结构的浇筑方案，一般分为全面分层、分段分层和斜面分层三种。全面分层法要求的混凝土浇筑强度较大，斜面分层法混凝土浇筑强度较小，选项D错误。目前应用较多的是斜面分层法。

33. 【答案】B

【解析】混凝土浇筑后应及时进行保湿养护，保湿养护可采用洒水、覆盖、喷涂养护剂等方式，混凝土洒水养护的时间：采用硅酸盐水泥、普通硅酸盐水泥或矿渣硅酸盐水泥配制的混凝土，不应少于7天；采用其他品种水泥时，养护时间应根据水泥性能确定；采用缓凝型外加剂、大掺量矿物掺和料配制的混凝土,不应少于 14 天;抗渗混凝土、强度等级 C60 及以上的混凝土,不应少于 14 天;后浇带混凝土的养护时间不应少于 14 天;地下室底层和上部结构首层柱、墙混凝土带模养护时间,不宜少于 3 天。

34.【答案】C

【解析】A 选项应为焊接节点;B 选项应为较少;D 选项应为非焊接节点。

35.【答案】B

【解析】种植屋面不宜设计为倒置式屋面。

36.【答案】A

【解析】强力夯实法用起重机吊起夯锤从高处自由落下,利用强大的动力冲击,迫使岩土颗粒位移,提高填筑层的密实度和地基强度。该方法机械设备简单,击实效果显著,施工中不需铺撒细粒料,施工速度快,有效解决了大块石填筑地基厚层施工的夯实难题。

37.【答案】D

【解析】摊铺机应采用自动找平方式。下面层宜采用钢丝绳或路缘石、平石控制高程与摊铺厚度,上面层宜采用导梁或平衡梁的控制方式。

38.【答案】A

【解析】泥浆的主要成分是膨润土、掺和物和水。泥浆的作用主要有:护壁、携砂、冷却和润滑,其中以护壁为主。

39.【答案】B

【解析】参见图 2、图 3。

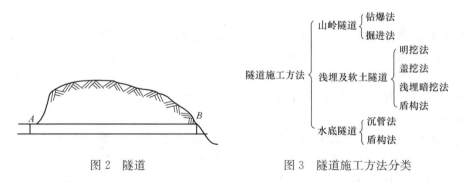

图 2 隧道　　　　图 3 隧道施工方法分类

40.【答案】A

【解析】顶管施工的基本设备主要包括管段前端的工具管、后部顶进设备及贯穿前后的出泥与气压设备,此外还有通风照明等设施。工具管是长距离顶管的关键设备,它安装在管道前端,外形与管道相似,其作用是定向、纠偏,及防止塌方、出泥等。工具管从前向后由冲泥仓、操作室和控制室组成。

41.【答案】C

【解析】工程量清单项目的计量单位一般采用基本的物理计量单位或自然计量单位,如 m²、m³、m、kg、t 等,消耗量定额中的计量单位一般为扩大的物理计量单位或自然计量单位,如 100m²、1000m³、100m 等。

42.【答案】D

【解析】Φ10@200,Φ12@150 表示上部纵筋和下部纵筋。

43.【答案】D

【解析】建筑面积的计算主要依据是《建筑工程建筑面积计算规范》GB/T 50353—2013。规范包括总则、术语、计算建筑面积的规定和条文说明四部分，规定了计算建筑全部面积、计算建筑部分面积和不计算建筑面积的情形及计算规则。规范适用于新建、扩建、改建的工业与民用建筑工程建设全过程的建筑面积计算，即规范不仅仅适用于工程造价计价活动，也适用于项目规划、设计阶段，但房屋产权面积计算不适用于该规范。

44.【答案】C

【解析】A选项不再区分单层建筑和多层建筑。B选项计算建筑面积时不考虑勒脚，勒脚是建筑物外墙与室外地面或散水接触部分墙体的加厚部分，其高度一般为室内地坪与室外地面的高差。D选项当围护结构下部为砌体，上部为彩钢板围护的建筑物，其建筑面积的计算：当$h<0.45m$时，建筑面积按彩钢板外围水平面积计算；当$h\geqslant0.45m$时，建筑面积按下部砌体外围水平面积计算。

45.【答案】A

【解析】建筑物架空层及坡地建筑物吊脚架空层，应按其顶板水平投影计算建筑面积。结构层高在2.20m及以上的，应计算全面积；结构层高在2.20m以下的，应计算1/2面积。

46.【答案】D

【解析】斜围护结构本身要计算建筑面积，若为斜屋顶时，屋面结构不计算建筑面积。若为多（高）层建筑物非顶层，倾斜部位均视为斜围护结构，底板面处的围护结构应计算全面积。

47.【答案】D

【解析】AB选项写反了。C选项应为底面标高。

48.【答案】C

【解析】C选项应为包括。

49.【答案】A

【解析】打桩的工程内容中包括了接桩和送桩，不需要单独列项，应在综合单价中考虑。桩基础项目（打桩和灌注桩）均未包括承载力检测、桩身完整性检测等内容，相关的费用应单独计算（属于研究试验费的范畴），不包括在本清单项目中。C选项含护壁；D选项不含护壁。

50.【答案】B

【解析】实心砖墙、多孔砖墙、空心砖墙，按设计图示尺寸以体积"m^3"计算。砖本身的孔洞无须扣除。

51.【答案】D

【解析】A选项中现浇混凝土基础包括混凝土垫层；B选项中应为不扣除；C选项中应为底板。

52.【答案】B

【解析】在混凝土、石砌体和砖砌体中，B选项中地沟都按长度计算。

53.【答案】A

【解析】箍筋根数＝(6400－2×25)/200＋1＝32(根)。

双肢箍单根长度＝构件截面周长－8×保护层厚＋2×弯钩增加长度。

每根箍筋的长度＝(1.2＋0.8)×2－8×0.025＋0.16＝3.96(m)，$T=32×3.96×0.888×10=1.125(t)$。

54.【答案】C

【解析】A选项应不增加。B选项应不扣除。D选项应并入。

55.【答案】D

【解析】木楼梯，按设计图示尺寸以水平投影面积"m²"计算。不扣除宽度小于300mm的楼梯井，伸入墙内部分不计算。

56.【答案】A

【解析】工程量以"m²"计量时，无设计图示洞口尺寸，应按门框、扇外围以面积计算，如防护铁丝门、钢质花饰大门。木纱窗以樘计量，按设计图示数量计算；以"m²"计量，按框的外围尺寸以面积计算。

57.【答案】B

【解析】水泥砂浆楼地面、现浇水磨石楼地面、细石混凝土楼地面、菱苦土楼地面、自流坪楼地面，按设计图示尺寸以面积"m²"计算。扣除凸出地面构筑物、设备基础、室内铁道、地沟等所占面积，不扣除间壁墙及≤0.3m²柱、垛、附墙烟囱及孔洞所占面积。门洞、空圈、暖气包槽、壁龛的开口部分不增加面积。

58.【答案】C

【解析】柱帽饰面并入相应柱饰面工程量内。

59.【答案】D

【解析】金属面油漆以"t"计量，按设计图示尺寸以质量"t"计算；以"m²"计量，按设计展开面积"m²"计算。

60.【答案】B

【解析】A选项漏掉了"外接矩形"；C、D选项颠倒了。

二、多项选择题（共20题，每题2分。每题的备选项中，有2个或2个以上符合题意，至少有1个错项。错选，本题不得分；少选，所选的每个选项得0.5分）。

61.【答案】AB

【解析】乙类抗震建筑的抗震措施应按高于本地区抗震设防烈度一度确定。但乙类抗震建筑的地震作用应按本地区抗震设防烈度确定。

Ⅰ类工程场地甲、乙类建筑允许按本地区设防烈度的要求采取抗震构造措施；丙类建筑允许按本地区设防烈度降低一度，但6度以上的要求采用。

Ⅲ、Ⅳ类工程场地的抗震构造措施应比本地区抗震设防烈度要求适当提高采用。

D选项应为传播速度快；E选项应为最慢。

62.【答案】DE

【解析】A选项水泥黏土浆只能防渗，不能满足承载力。B选项浅层的淤泥及淤泥质土不满足承载力可以挖除。C选项可以采用振冲等方法用砂、砂砾、碎石或块石等置换。

63.【答案】BCD

【解析】评分指标项分项由安全耐久、健康舒适、生活便利、资源节约、环境宜居等5项指标构成（表4）。

评分指标构成　　　　　　　　　　　　　　　表4

评价指标	控制项	评分指标项分项					提高与创新加分项
		安全耐久	健康舒适	生活便利	资源节约	环境宜居	
预评价分值	400	100	100	70	200	100	100
评价分值	400	100	100	100	200	100	100

64.【答案】BDE

【解析】地面主要由面层、垫层和基层三部分组成，当它们不能满足使用或构造要求时，可考虑增设结合层、隔离层、找平层、防水层、隔声层、保温层等附加层。

65.【答案】ABCD

【解析】桁架式屋架按外形可分为三角形、梯形、拱形、折线形等类型。

66.【答案】ACD

【解析】现代悬索桥一般由桥塔、主缆索、锚碇、吊索、加劲梁及索鞍等主要部分组成。斜拉桥是典型的悬索结构和梁式结构组合的，由主梁、拉索及索塔组成的组合结构体系。

67.【答案】ADE

【解析】油分赋予沥青以流动性。沥青碳和似碳物，是石油沥青中分子量最大的，它能降低石油沥青的粘结力。蜡会降低石油沥青的粘结性和塑性，同时对温度特别敏感（即温度稳定性差）。蜡是石油沥青的有害成分。

68.【答案】BE

【解析】抗冻性指混凝土在饱和水状态下，能经受多次冻融循环而不破坏，也不严重降低强度的性能，是评定混凝土耐久性的主要指标。抗冻性好坏用抗冻等级表示。混凝土的密实度、孔隙的构造特征是影响抗冻性的重要因素。

69.【答案】BCD

【解析】人造木材是将木材加工过程中的大量边角、碎料、刨花、木屑等，经过再加工处理，制成各种人造板材。包括胶合板、纤维板、胶板夹合板（细木工板）、刨花板等。

70.【答案】AE

【解析】喷涂型硬泡聚氨酯按其用途分为Ⅰ型、Ⅱ型、Ⅲ型三个类型，分别适用于屋面和外墙保温层、屋面复合保温防水层、屋面保温防水层。硬泡聚氨酯板材广泛应用于屋面和墙体保温。可代替传统的防水层和保温层，具有一材多用的功效。

71.【答案】ABE

【解析】套管成孔灌注桩管内灌满混凝土后应先振动，再拔管，选项C错误；复打施工应在第一次浇筑的混凝土初凝之前完成，选项D错误。

72.【答案】BCD

【解析】钢筋加工包括冷拉、调直、除锈、剪切和弯曲等，宜在常温状态下进行，加工过程中不应对钢筋进行加热。

73.【答案】ABCE

【解析】水平施工缝浇筑混凝土前，应将其表面浮浆和杂物清除，然后铺设净浆、涂刷混凝土界面处理剂或水泥基渗透结晶型防水涂料，再铺30～50mm厚的1：1水泥砂浆，并及时浇筑混凝土。所以 D 选项错误。

74.【答案】ABCD

【解析】参见表 5。

表层处理法工艺　　　　　　　　　　　　　　　　　　表 5

表层处理法	砂垫层		主要起浅层水平排水作用
			主要用于路堤高度小于 2 倍极限高度软土层及其硬壳较薄，或软土表面渗透性很低的硬壳等情况
			有排水砂垫层、换土砂垫层、砂垫层和土工布混合使用等形式
			适用于施工期限不紧迫、材料来源充足、运距不远的施工环境
	反压护道		反压护道用于路堤高度不大于 1.5～2 倍的极限高度，非耕作区和取土不太困难的地区
	土工聚合物处治	土工布	缝接法	一般缝法、丁缝法和蝶形法
			搭接法	两层土工布之间夹 100～200mm 砂垫层
		土工格栅	格栅表面与土的摩擦作用 格栅孔眼对土的锁定作用 格栅肋的被动抗阻作用	三种作用 侧向约束土体

75.【答案】BCD

【解析】复合土钉墙是由普通土钉墙与一种或若干种单项轻型支护技术（如预应力锚杆、竖向钢管、微型桩等）或截水技术（深层搅拌桩、旋喷桩等）有机组合而成的支护-截水体系。

76.【答案】ABCD

【解析】E 选项无"专用"两个字，应按室外楼梯计算面积。

77.【答案】BC

【解析】回填土方项目特征描述：密实度要求、填方材料品种、填方粒径要求、填方来源及运距。

（1）填方密实度要求，在无特殊要求情况下，项目特征可描述为满足设计和规范的要求。

（2）填方材料品种可以不描述，但应注明由投标人根据设计要求验方后方可填入，并符合相关工程的质量规范要求。

（3）填方粒径要求，在无特殊要求情况下，项目特征可以不描述。

78.【答案】AC

【解析】B 选项为 $\leqslant 0.3m^2$ 的孔洞填塞按零星砌砖编码列项。D、E 选项应单独列项。

79.【答案】ABC

【解析】A 选项应以需要覆盖的水平投影面积计算；B 选项坡度 8% 计算平屋顶按水平投影面积计算；C 选项应包含钢筋制安。

80.【答案】BCDE

【解析】A 选项中里脚手架、整体提升架、外装饰吊篮，按所服务对象的垂直投影面积计算，单位为"m^2"。

模拟试卷 2
《建设工程技术与计量（土木建筑工程）》

一、单项选择题（共 60 题，每题 1 分。每题的备选项中，只有 1 个最符合题意）。

1. 关于岩体的结构，说法正确的有（　　）。
   A. 依据矿物的颜色可以鉴定矿物的成分和结构
   B. 泥灰岩属于黏土岩
   C. 石英岩属于火山岩
   D. 闪长玢岩属于深成岩

2. 有关地下水的特征说法不正确的是（　　）。
   A. 包气带水对农业有很大意义，对工程意义不大
   B. 向斜构造盆地是适宜形成承压水的地质构造
   C. 可埋藏多个含水层的正地形，若有裂隙穿越上下含水层，上部含水层的水通过裂隙补给下部含水层
   D. 一般地面坡度越大，潜水面的坡度也越大，但潜水面坡度经常小于当地的地面坡度

3. 只适用于深埋溶（土）洞的工程方法是（　　）。
   A. 夯实法 　　　　　　　　　　B. 桩基法
   C. 跨越法 　　　　　　　　　　D. 充填法

4. 特殊情况下流砂的处置方法，不包括（　　）。
   A. 化学加固法 　　　　　　　　B. 爆炸法
   C. 加重法 　　　　　　　　　　D. 打板桩

5. 关于锚喷支护，下列说法正确的有（　　）。
   A. 软弱围岩相当围岩分类中的Ⅴ类和Ⅵ类围岩
   B. 坚硬的整体围岩喷混凝土时，喷层厚度为 5～20cm
   C. 围岩喷锚支护中，混凝土喷层厚度为 3～5cm
   D. 边坡支护中的锚固桩深度一般要求滑动面以下桩长占全桩长的 1/4～1/3

6. 工程建设在工程技术方面最重要的决策是（　　）。
   A. 工程造价 　　　　　　　　　B. 建筑构造
   C. 工程选址 　　　　　　　　　D. 工程抗震

7. 建筑高度 27m 的职工宿舍，属于（　　）。
   A. 中高层住宅 　　　　　　　　B. 高层住宅
   C. 多层建筑 　　　　　　　　　D. 超高层建筑

8. 有关钢框架—支撑结构的说法，正确的是（　　）。
   A. 钢框架—支撑结构是单重抗侧力结构

B. 钢框架是弯曲型结构
C. 支撑部分是剪切型结构
D. 支撑部分底部层间位移较小，顶部层间位移较大

9. 抗震、抗裂性能好，能与砌体结合为一体，适用于整体刚度要求较高的建筑中的防潮层是(　　)。
   A. 油毡防潮层　　　　　　　　　　B. 防水砂浆防潮层
   C. 细石混凝土防潮层　　　　　　　D. 钢筋混凝土防潮层

10. 在严寒地区，为了防止冻害，在台阶构造中应在(　　)。
    A. 基层与混凝土面层之间应设增砂垫层
    B. 基层与混凝土面层之间应增设保温层
    C. 基层与混凝土垫层之间应增设砂垫层
    D. 基层与混凝土垫层之间应增设保温层

11. 作为建筑节能设计的一项重要内容，有关建筑遮阳的说法，不正确的是(　　)。
    A. 窗户遮阳板可分为水平式遮阳、垂直式遮阳、综合式遮阳和挡板式遮阳
    B. 水平遮阳适合于南向及南向附近的窗口，不用于北向窗口
    C. 垂直遮阳主要适用于东北、北和西北附近的窗口。
    D. 挡板遮阳主要适用于东、西向以及附近朝向的窗口

12. Ⅲ类防水使用环境下的甲类工程，防水层做法的最低要求是(　　)。
    A. 不应少于4道　　　　　　　　　B. 不应少于3道
    C. 不应少于2道　　　　　　　　　D. 不应少于1道

13. 沥青混凝土面层破坏主要取决于(　　)。
    A. 极限垂直变形　　　　　　　　　B. 弯压应变
    C. 极限弯拉强度　　　　　　　　　D. 极限抗压强度

14. 关于斜拉桥的拉索的说法，正确的是(　　)。
    A. 目前采用较多的有平行钢丝束、高强钢筋和型钢
    B. 平行钢丝束在横桥向的布置有：辐射式、竖琴式、扇式、星式
    C. 拉索在桥纵向布置通常有两种基本形式，即双面索和单面索
    D. 单面索一般设置在桥梁纵轴线上，通常作为桥面分车带

15. 常用的城市桥梁支座为(　　)。
    A. 辊轴支座　　　　　　　　　　　B. 拉压支座
    C. 板式橡胶支座　　　　　　　　　D. 球形钢支座

16. 在北方需要深埋，南方可以浅埋的管道是(　　)。
    A. 热力管道　　　　　　　　　　　B. 给水管道
    C. 排水管道　　　　　　　　　　　D. 电信线路

17. 地下公路的建筑限界不包括(　　)。
    A. 车道的宽度以及净高　　　　　　B. 人行道的宽度以及净高
    C. 路肩、路缘带的宽度　　　　　　D. 附属设备所需的空间

18. 只能降低水泥强度等级的混合材料是(　　)。
    A. 砂岩　　　　　　　　　　　　　B. 粉煤灰

C. 火山灰质混合材料 D. 粒化高炉矿渣

19. 沥青中各组分的主要特性的说法，不正确的是（ ）。
A. 油分赋予沥青以流动性
B. 沥青脂胶还有少量的中性树脂
C. 沥青碳和似碳物是石油沥青中分子量最大的，它能降低石油沥青的粘结力
D. 地沥青质是决定石油沥青温度敏感性、黏性的重要组成部分

20. 可以提高防水混凝土密实度的外加剂不包括（ ）。
A. 减水剂 B. 三乙醇胺
C. 引气剂 D. 氯化铁

21. 关于砂浆的技术性质的说法，不正确的有（ ）。
A. 砂浆的流动性指砂浆在自重或外力作用下流动的性能，用稠度表示
B. 砂浆的保水性指砂浆拌合物保持水分的能力，用分层度表示
C. 对于吸水性强的砌体材料和高温干燥的天气，要求砂浆稠度要大些
D. 砂浆的技术性质包括流动性、黏聚性和保水性

22. 关于聚酯型人造石材的特点，说法错误的有（ ）。
A. 多用于室外装饰
B. 聚酯型人造石材比天然大理石强度高、密度小、厚度薄、耐酸碱腐蚀
C. 国内外人造大理石、花岗石以聚酯型为多
D. 聚酯型人造石材的耐老化性能不及天然花岗石

23. 具有"暖房效应"的玻璃是（ ）。
A. 釉面玻璃 B. 平板玻璃
C. 着色玻璃 D. 真空玻璃

24. 吸水率低的多孔状绝热材料是（ ）。
A. 膨胀蛭石 B. 陶瓷纤维
C. 玻化微珠 D. 聚氨酯泡沫塑料

25. 下列不是水性防火阻燃液的适用对象的是（ ）。
A. 木材用水基型阻燃处理剂 B. 织物用水基型阻燃处理剂
C. 木材及织物用水基型阻燃处理剂 D. 纸板用水基型阻燃处理剂

26. 热拌沥青混合料施工，对粗集料为主的混合料，复压时层厚较大时宜采用（ ）。
A. 高频大振幅 B. 高频小振幅
C. 低频大振幅 D. 低频低振幅

27. 现场预制桩多采用的预制方法是（ ）。
A. 并列法 B. 间隔法
C. 重叠法 D. 翻模法

28. 钻孔压浆桩的施工流程，正确的是（ ）。
A. 钻机就位→钻进→提出钻杆→首次注浆→放钢筋笼→放碎石→二次补浆
B. 钻机就位→钻进→首次注浆→提出钻杆→放钢筋笼→放碎石→二次补浆
C. 钻机就位→钻进→首次注浆→提出钻杆→放钢筋笼→二次补浆→放碎石
D. 钻机就位→钻进→首次注浆→提出钻杆→放碎石→放钢筋笼→二次补浆

29. 关于脚手架设置的说法,正确的是( )。
A. 纵向水平杆应设置在立杆外侧,其长度不应小于3跨
B. 纵向水平杆接长必须采用对接扣件连接
C. 立杆接长必须采用对接扣件连接
D. 主节点处必须设置一根横向水平杆

30. 关于钢筋的安装施工,说法不正确的有( )。
A. 每层柱第一个钢筋接头位置距楼地面高度不宜小于500mm、柱高的1/6及柱截面长边(或直径)中的较大值。
B. 框架梁、牛腿及柱帽等钢筋,应放在柱子纵向钢筋内侧
C. 连续梁、板的上部钢筋接头位置宜设置在梁端1/3跨度范围内,下部钢筋接头位置宜设置在跨中1/3跨度范围内
D. 板、次梁与主梁交叉处,板的钢筋在上,次梁的钢筋居中,主梁的钢筋在下

31. 主要用在商品混凝土工厂、大型预制构件厂和水利工地的搅拌设备是( )。
A. 固定式混凝土搅拌站 B. 拆装式混凝土搅拌站
C. 固定式搅拌楼 D. 移动式混凝土搅拌站

32. 振动棒振捣混凝土的说法,正确的有( )。
A. 分层浇筑时,振动棒的前端应插入前一层混凝土中,插入深度不应大于50mm
B. 振动棒应倾斜于混凝土表面快插慢拔均匀振捣
C. 振动棒与模板的距离不应小于振动棒作用半径的0.5倍
D. 振捣插点间距不应大于振动棒的作用半径的1.4倍

33. 装配式混凝土施工时构件运输的说法,错误的有( )。
A. 当采用靠放架堆放或运输构件时,靠放架与地面倾斜角度宜大于80°
B. 水平运输时,预制梁、柱构件叠放不宜超过3层
C. 当采用插放架运输构件时,构件应对称靠放,每侧不大于2层
D. 水平运输时,板类构件叠放不宜超过6层

34. 场地狭窄,大跨度桁架结构和网架结构安装中常常采用的方法是( )。
A. 滑移法 B. 整体吊装法
C. 桅杆吊升法 D. 顶升法

35. 合成高分子防水卷材独有的施工方法是( )。
A. 自粘法 B. 焊接法
C. 冷粘法 D. 热熔法

36. 聚苯板薄抹灰外墙外保温系统施工,说法正确的有( )。
A. 适用于高度在100m以下的住宅建筑和50m以下的非幕墙建筑
B. 粘贴聚苯板时,基面平整度大于5mm时宜采用条粘法
C. 锚固件安装应在聚苯板粘贴24小时内进行
D. 当采用面砖饰面时锚固件数量不宜小于6个/m²

37. 可以使用简单的设备建造长大桥梁的施工方法是( )。
A. 移动模架逐孔施工法 B. 悬臂施工法
C. 顶推法 D. 转体施工法

38. 地下连续墙施工中,采用较多的结构接头是( )。
   A. 预埋连接钢筋法   B. 锁口管接头
   C. 预埋连接钢板法   D. 接头箱接头

39. 沉管隧道的主流混凝土管段的形状是( )。
   A. 钢壳圆形   B. 矩形
   C. 八角形   D. 花篮形

40. 常用于高边坡、大坝以及在大跨度地下隧道洞室的抢修加固及支护的形式是( )。
   A. 普通水泥砂浆锚杆   B. 缝管式摩擦锚杆
   C. 早强水泥砂浆锚杆   D. 胀壳式内锚头预应力锚索

41. 以下平法标注中,不属于选注值的是( )。
   A. 梁顶面标高高差   B. 基础底面标高
   C. 梁侧面受扭钢筋   D. 基础必要的文字注解

42. 剪力墙构件列表注写方式中,非边缘暗柱的代号是( )。
   A. AZ   B. FAZ
   C. GBZ   D. FBZ

43. 建筑面积计算规则中,围护结构不包括( )。
   A. 墙体   B. 栏杆
   C. 门   D. 窗

44. 建筑面积计算时,优先顺序正确的是( )。
   A. 底板优于围护结构,底板优于顶盖   B. 围护结构优于底板,顶盖优于底板
   C. 底板优于围护结构,顶盖优于底板   D. 围护结构优于底板,底板优于顶盖

45. 根据《建筑工程建筑面积计算规范》GB/T 50353—2013,建筑物间有两侧护栏无顶盖的架空走廊,其建筑面积( )。
   A. 按护栏外围水平面积的1/2计算
   B. 按结构底板水平投影面积的1/2计算
   C. 按护栏外围水平面积计算全面积
   D. 按结构底板水平投影面积计算全面积

46. 根据《建筑工程建筑面积计算规范》GB/T 50353—2013,结构净高在2.10m及以上的部位应计算全面积的情况不包括( )。
   A. 场馆看台下的建筑空间   B. 围护结构不垂直于水平面的楼层
   C. 坡屋顶   D. 有顶盖的采光井

47. 根据《建筑工程建筑面积计算规范》GB/T 50353—2013,建筑物的外墙外保温层的建筑面积计算,说法正确的是( )。
   A. 不计算建筑面积
   B. 保温隔热层的建筑面积不包含抹灰层、防潮层、保护层(墙)的厚度
   C. 保温隔热层以保温材料的净厚度乘以外墙结构中心线长度按建筑物的自然层计算建筑面积
   D. 某层外墙外保温铺设高度未达到全部高度时,计算一半建筑面积

48. 根据《房屋建筑与装饰工程工程量计算规范》GB 50854—2013，回填土方项目特征，可以不描述的内容有（　　）。
   A. 填方材料品种   B. 密实度要求
   C. 填方来源   D. 填方运距

49. 根据《房屋建筑与装饰工程工程量计算规范》GB 50854—2013，地基处理与边坡支护工程中，工程量计算错误的有（　　）。
   A. 注浆地基按设计图示尺寸以钻孔深度计算
   B. 振冲密实（不填料）按设计图示处理范围以面积计算
   C. 沉管灌注成孔，工作内容不包括桩尖制作、安装
   D. 钢板桩可以按设计图示墙中心线长乘以桩长以面积计算

50. 根据《房屋建筑与装饰工程工程量计算规范》GB 50854—2013，桩基础工程中，工程量计算正确的有（　　）。
   A. 如果用现场预制钢筋混凝土方桩，应包括现场预制桩的所有费用
   B. 打桩的工程内容中未包括接桩和送桩，需要单独列项
   C. 桩基础项目均包括承载力检测、桩身完整性检测等内容，无须单独列项
   D. 人工挖孔灌注桩以立方米计量，护壁混凝土的工程量应并入

51. 根据《房屋建筑与装饰工程工程量计算规范》GB 50854—2013，砌体的工程量计算规则，正确的有（　　）。
   A. 砖基础的防潮层应单独列项计算工程量
   B. 空心砖墙计算体积时应扣除空心部分的体积
   C. 石梯膀应按石台阶项目编码列项
   D. 有屋架时，出檐宽度超过600mm时外墙高度按实砌高度计算

52. 根据《房屋建筑与装饰工程工程量计算规范》GB 50854—2013，现浇混凝土基础计算规则错误的有（　　）。
   A. 混凝土垫层应按现浇混凝土基础编码列项
   B. 不扣除构件内钢筋、预埋铁件
   C. 扣除伸入承台基础的桩头所占体积
   D. 箱式满堂基础及框架式设备基础中柱按现浇混凝土柱编码列项

53. 根据《房屋建筑与装饰工程工程量计算规范》GB 50854—2013，钢筋工程量计算规则，正确的有（　　）。
   A. 钢筋的工作内容中包括了焊接连接，不需要计量，在综合单价中考虑，但机械连接（或绑扎）需要单独列项计算工程量
   B. 钢筋斜弯钩（135°）增加长度至少应为3.5d
   C. 有抗震设防要求的结构构件，其箍筋弯钩的弯折角度不应小于135°，弯折后平直段长度不应小于箍筋直径的10倍和75mm两者之中的较大值
   D. 拉筋两端弯钩的弯折角度均不应小于135°，弯折后平直段长度对抗震结构构件不应小于箍筋直径的5倍

54. 根据《房屋建筑与装饰工程工程量计算规范》GB 50854—2013，金属结构工程工程量计算时，错误的有（　　）。

A. 砌块墙钢筋网加固，按设计图示尺寸以面积计算
B. 应扣除切边
C. 焊条、铆钉、螺栓等不另增加质量
D. 金属构件刷防火涂料单独列项计算工程量

55. 根据《房屋建筑与装饰工程工程量计算规范》GB 50854—2013，门窗工程工程量计算规则，不正确的有（　　）。
A. 木质门带套计量按洞口尺寸以面积计算，门套面积应并入
B. 防护铁丝门按设计图示门框或扇以面积计算
C. 金属飘窗的工程量，按设计图示尺寸以框外围展开面积计算
D. 窗台板工程量按设计图示尺寸以展开面积计算

56. 根据《房屋建筑与装饰工程工程量计算规范》GB 50854—2013，面层装饰工作内容中不含找平层，不计入综合单价，需要另外计算的是（　　）。
A. 水泥砂浆楼地面　　　　　　B. 橡塑面层
C. 块料面层　　　　　　　　　D. 自流平楼地面

57. 根据《房屋建筑与装饰工程工程量计算规范》GB 50854—2013，下列说法正确的有（　　）。
A. 墙面一般抹灰计算面积时，门窗洞口和孔洞的侧壁及顶面面积应并入计算
B. 柱面装饰抹灰按设计图示以装饰后的表面积计算
C. 块料梁面，按设计图示尺寸以柱断面周长乘以高度以面积计算
D. 与幕墙同种材质的窗并入幕墙工程量内容，包含在幕墙综合单价中

58. 根据《房屋建筑与装饰工程工程量计算规范》GB 50854—2013，吊顶工程中，不需要单独列项的是（　　）。
A. 回风口　　　　　　　　　　B. 吊顶龙骨
C. 灯带　　　　　　　　　　　D. 送风口

59. 根据《房屋建筑与装饰工程工程量计算规范》GB 50854—2013，油漆、涂料、裱糊工程工程量计算规则，说法错误的有（　　）。
A. 门窗油漆工作内容中包括"刮腻子"，应在综合单价中考虑，不另计算工程量
B. 木栏杆（带扶手）油漆，按设计图示尺寸以双面外围面积计算，扶手油漆在综合单价中考虑，不单独列项计算工程量
C. 金属构件刷防火涂料按设计图示尺寸以质量计算
D. 木地板油漆中空洞、空圈、暖气包槽、壁龛的开口部分并入相应的工程量内

60. 根据《房屋建筑与装饰工程工程量计算规范》GB 50854—2013，拆除工程不适用于（　　）。
A. 房屋工程的整体拆除　　　　B. 房屋工程的加固拆除
C. 房屋工程的二次装修前的拆除　D. 房屋工程的维修拆除

二、**多项选择题**（共20题，每题2分。每题的备选项中，有2个或2个以上符合题意，至少有1个错项。错选，本题不得分；少选，所选的每个选项得0.5分）。

61. 褶曲对工程的影响，说法正确的是（　　）。
A. 一般对建筑物地基和隧道走向没有不良的影响，但对路基的选择有影响

B. 对于深路堑和高边坡来说，仅就岩层产状与路线走向的关系而言，路线垂直岩层走向，对路基边坡的稳定性是有利的
C. 不利的情况是路线走向与岩层的走向平行，边坡与岩层的倾向一致
D. 最不利的情况是路线与岩层走向平行，岩层倾向与路基边坡一致，而边坡的倾角小于岩层的倾角
E. 对于深路堑和高边坡来说，仅就岩层产状与路线走向的关系而言，路线与岩层走向平行；但岩层倾向与边坡倾向相反时，对路基边坡的稳定性是有利的

62. 岩层产状对隧道的影响，说法错误的有（　　）。
A. 对于地下工程轴线与岩层走向垂直的情况，当岩层倾角较陡时，在洞顶易发生局部岩块塌落现象
B. 水平岩层中，应尽量使地下工程位于均质厚层的坚硬岩层中
C. 在水平岩层中布置地下工程时，若地下工程必须通过软硬不同的岩层组合时，应将软弱岩层作为顶板，避免将坚硬岩层置于顶部
D. 当洞身穿过软硬相间或破碎的倾斜岩层时，顺倾向一侧的围岩易于变形或滑动，造成很大的偏压
E. 当洞身穿过软硬相间或破碎的倾斜岩层时，逆倾向一侧的围岩侧压力小，有利于稳定

63. 全预制装配式结构通常采用柔性连接技术，其特点说法正确的有（　　）。
A. 结构的恢复性能好　　　　B. 结构的整体性良好
C. 施工速度快　　　　　　　D. 适应性大
E. 受季节性影响小

64. 防止屋面防水层出现龟裂现象的做法，不正确的是（　　）。
A. 构造上常采取在屋面结构层下的找平层表面做隔汽层
B. 在北纬40°以北，室内空气湿度大于75%的地区，保温屋面应设隔汽层
C. 在北纬40°以南，室内空气湿度常年大于80%的地区，保温屋面应设隔汽层
D. 在北纬40°以北，在屋面防水层下保温层内可不设排汽通道
E. 在北纬40°以南，在倒置式屋面防水层下保温层内应设排汽通道

65. 有关坡屋顶屋面的说法，正确的有（　　）。
A. 为了保证瓦屋面的防水性，平瓦屋面下必须做一道防水垫层，与瓦屋面共同组成防水层
B. 平瓦屋面的构造方式包括有椽条、有屋面板平瓦屋面、屋面板平瓦屋面、波形瓦屋面、小青瓦屋面等类型
C. 冷摊瓦屋面没有防水垫层，构造简单，只用于简易或临时建筑
D. 有椽条、有屋面板平瓦屋面，屋面板受力较小，因而厚度较薄
E. 无椽条、有屋面板平瓦屋面的屋面板与檩条平行布置

66. 涵洞与路线斜交时，有关正洞口的说法，正确的有（　　）。
A. 虽建筑费工较多，但常被采用
B. 涵洞端部与涵洞轴线互相垂直
C. 涵洞端部与道路中心线平行

D. 管涵为避免涵洞端部施工困难才采用正洞口

E. 斜度较小的拱涵为避免涵洞端部施工困难才采用正洞口

67. 混凝土拌合用水必须控制的指标有（　　）。

A. 硫酸根离子含量
B. 氯离子含量
C. 碱含量
D. 放射性
E. pH

68. 可检验沥青混合料的高温稳定性的方法有（　　）。

A. 马歇尔试验法
B. 无侧限抗压强度试验法
C. 史密斯三轴试验法
D. 浸水马歇尔试验
E. 真空饱水马歇尔试验

69. 干缩会使木材（　　）。

A. 翘曲
B. 开裂
C. 接榫松动
D. 拼缝不严
E. 鼓凸

70. 下列适合用于民用建筑防火隔离带的保温材料有（　　）。

A. 挤塑聚苯板
B. 石棉
C. 矿渣棉
D. 岩棉
E. 植物纤维类绝热板

71. 具有防渗和挡土双重功能的支护形式包括（　　）。

A. 垂直挡土板
B. 格栅状水泥土搅拌桩
C. 灌注桩
D. 钢板桩
E. 地下连续墙

72. 地基加固处理技术中，适合处理湿陷性黄土的方法有（　　）。

A. 灰土换填地基
B. 砂和砂石地基
C. 重锤夯实法
D. 强夯法
E. 土桩和灰土桩

73. 下列方法，可以起到垂直排水效果的有（　　）。

A. 真空预压法
B. 普通砂井
C. 袋装砂井
D. 砂垫层
E. 塑料排水板

74. 复合土钉墙施工，说法正确的是（　　）。

A. 地下水位以上，只能选用钢筋土钉

B. 地下水位以下，应采用钢管土钉

C. 开挖后应及时封闭临空面，应在24小时内完成土钉安放和喷射混凝土面层

D. 上一层土钉完成注浆48小时内，即可开挖下层土方

E. 第一次注浆终凝后，方可进行二次注浆（纯水泥浆）

75. 在地下连续墙施工过程中，说法正确的有（　　）。

A. 两片导墙之间的距离为地下连续墙厚度加40mm

B. 地下连续墙导墙混凝土强度等级不宜低于C20

C. 导墙不宜设置在新近填土上，且埋深不宜小于1.5m

D. 地下连续墙浇筑混凝土时，宜高于设计顶面500mm

E. 最常用的结构接头是锁口管接头

76. 独立基础平法施工图集中标注中，必须要注写内容有（　　）。

A. 基础底面标高　　　　　　　　　B. 基础的平面尺寸

C. 基础形式和编号　　　　　　　　D. 截面竖向尺寸

E. 配筋

77. 根据《建筑工程建筑面积计算规范》GB/T 50353—2013，以下不计算建筑面积的有（　　）。

A. 超过两个楼层的有柱雨篷

B. 露天游泳池、屋顶的水箱间及装饰性的结构构件

C. 室外消防钢楼梯

D. 装饰性幕墙

E. 无围护结构的观光电梯

78. 根据《房屋建筑与装饰工程工程量计算规范》GB 50854—2013，现浇混凝土梁的计算规则，不正确的有（　　）。

A. 伸入砖墙墙内的梁头、梁垫并入梁体积内

B. 梁与柱连接时，梁长算至柱侧面

C. 主梁与次梁连接时，次梁长算至主梁侧面

D. 当梁与混凝土墙连接时，梁的长度应计算到混凝土墙的外侧

E. 圈梁与过梁相连时，过梁应并入圈梁内计算，不单独列项

79. 根据《房屋建筑与装饰工程工程量计算规范》GB 50854—2013，瓦屋面、型材屋面的工程量计算规则，错误的有（　　）。

A. 按设计图示尺寸以斜面积计算，不扣除房上烟囱、风帽底座、风道、小气窗、斜沟等所占面积，小气窗的出檐部分面积并入计算

B. 瓦屋面若是在木基层上铺瓦，项目特征必描述粘结层砂浆的配合比

C. 型材屋面屋架，按金属结构工程、木结构工程中相关项目编码列项

D. 型材屋面的金属檩条应包含在综合单价内计算

E. 瓦屋面斜面积按屋面水平投影面积除以屋面延尺系数

80. 根据《房屋建筑与装饰工程工程量计算规范》GB 50854—2013，有关措施项目计算规则，错误的是（　　）。

A. 悬空脚手架、满堂脚手架，按搭设的垂直投影面积计算

B. 楼梯的混凝土模板及支架（撑），按楼梯的水平投影面积计算

C. 现浇混凝土基础模板及支架工程量按模板与现浇混凝土构件的接触面积计算

D. 垂直运输按施工工期日历天数"昼夜"计算

E. 排水、降水按排、降水日历天数"天"计算

模拟试卷 2
《建设工程技术与计量（土木建筑工程）》
答案与解析

一、单项选择题（共 60 题，每题 1 分。每题的备选项中，只有 1 个最符合题意）。

1. 【答案】A
   【解析】B 选项属于化学岩及生物化学岩类；C 选项属于变质岩；D 选项属于浅成岩。

2. 【答案】C
   【解析】自然中的自流盆地与自流斜地的含水层，埋藏条件是很复杂的，往往在同一个区域内的自流盆地和自流斜地，可埋藏多个含水层，它们有不同的稳定水位与不同的水力联系，这主要取决于地形和地质构造二者之间的关系。当地形和构造一致时，即为正地形，下部含水层压力高，若有裂隙穿越上下含水层，下部含水层的水通过裂隙补给上部含水层。反之，含水层通过一定的通道补给下部的含水层，这是因为下部含水层的补给与排泄区常位于较低的位置。

3. 【答案】B
   【解析】对塌陷或浅埋溶（土）洞宜采用挖填夯实法、跨越法、充填法、垫层法进行处理；对深埋溶（土）洞宜采用注浆法、桩基法、充填法进行处理。对落水洞及浅埋的溶沟（槽）、溶蚀（裂隙、漏斗）等，宜采用跨越法、充填法进行处理。

4. 【答案】D
   【解析】常用的流砂处置方法有人工降低地下水位和打板桩等，特殊情况下也可采取化学加固法、爆炸法及加重法等。在基槽开挖过程中局部地段突然出现严重流砂时，可立即抛入大块石等阻止流砂。

5. 【答案】D
   【解析】A 选项中应是Ⅳ类和Ⅴ类。B 选项中应为 3~5cm。C 选项中应为 5~20cm。

6. 【答案】C
   【解析】工程选址的正确与否决定工程建设的技术经济效果乃至工程建设的成败，是工程建设在工程技术方面最重要的决策。

7. 【答案】C
   【解析】根据现行国家标准《民用建筑设计统一标准》GB 50352—2019 的规定，民用建筑按地上建筑高度或层数进行分类，应符合下列规定：
   （1）建筑高度不大于 27.0m 的住宅建筑、建筑高度不大于 24.0m 的公共建筑及建筑高度大于 24.0m 的单层公共建筑为低层或多层民用建筑；
   （2）建筑高度大于 27.0m 的住宅建筑和建筑高度大于 24.0m 的非单层公共建筑，且高度不大于 100.0m 的，为高层民用建筑；
   （3）建筑高度大于 100.0m 的为超高层建筑。

8.【答案】 D

【解析】 A 选项中钢框架—支撑结构是双重抗侧力结构体系。BC 选项写颠倒了。

9.【答案】 D

【解析】 ①油毡防潮层具有一定的韧性、延伸性和良好的防潮性能,但降低了上下砖砌体之间的粘结力,且降低了砖砌体的整体性,对抗震不利,故油毡防潮层不宜用于下端按固定端考虑的砖砌体和有抗震要求的建筑中。②砂浆防潮层能克服油毡防潮层的缺点,故较适用于抗震地区和一般的砖砌体中。但由于砂浆系脆性材料,易开裂,故不适用于地基会产生微小变形的建筑中。③细石钢筋混凝土防潮层抗裂性能好,且能与砌体结合为一体,故适用于整体刚度要求较高的建筑中。

10.【答案】 C

【解析】 台阶一般由面层、垫层及基层组成。面层可选用水泥砂浆、水磨石、天然石材或人造石材等块材;垫层材料可选用混凝土、石材或砖砌体;基层为夯实的土壤或灰土。在严寒地区,为了防止冻害,在基层与混凝土垫层之间应设砂垫层。

11.【答案】 B

【解析】 故水平遮阳板适合于南向及南向附近的窗口。北回归线以南低纬度地区的北向窗口也可用这种遮阳板。

12.【答案】 C

【解析】 参见表1、表2。

屋面工程防水类别及使用环境类别划分　　　　　　　　　　　　　　　　表1

工程防水类别		年降水量 P (mm)		
		Ⅰ类 $P \geq 1300$	Ⅱ类 $400 \leq P < 1300$	Ⅲ类 $P < 400$
甲类	民用建筑和对渗漏敏感的工业建筑	甲	甲	甲
乙类	除甲类和丙类以外的建筑屋面	乙	乙	乙
丙类	对渗漏不敏感的工业建筑屋面	丙	丙	丙

平屋面工程的防水做法　　　　　　　　　　　　　　　　　　　　　　表2

防水等级	防水做法	防水做法	防水层	
			防水卷材	防水涂料
一级	Ⅰ类、Ⅱ类防水使用环境下的甲类工程;Ⅰ类防水使用环境下的乙类工程	不应少于3道	卷材防水层不应少于1道	
二级	Ⅲ类防水使用环境下的甲类工程;Ⅱ类防水使用环境下的乙类工程;Ⅰ类防水使用环境下的丙类工程	不应少于2道	卷材防水层不应少于1道	
三级	Ⅲ类防水使用环境下的乙类工程;Ⅱ类、Ⅲ类防水使用环境下的丙类工程	不应少于1道	任选	

13. 【答案】A

【解析】按力学特性分类，可划分为柔性路面和刚性路面。①柔性路面：荷载作用下产生的弯沉变形较大、抗弯强度小，在反复荷载作用下产生累积变形，它的破坏取决于极限垂直变形和弯拉应变。柔性路面主要代表是各种沥青类路面，包括沥青混凝土面层、沥青碎石面层、沥青贯入式碎（砾）石面层等。②刚性路面：行车荷载作用下产生板体作用，抗弯拉强度大，弯沉变形很小，呈现出较大的刚性，它的破坏取决于极限弯拉强度。刚性路面的主要代表是水泥混凝土路面。

14. 【答案】D

【解析】A选项中目前采用较多的有平行钢丝束、钢绞线束和封闭式钢索，在某些桥上还有采用高强钢筋和型钢。B选项中平行钢丝束目前使用的拉索在桥纵向的布置有许多方式，一般有如下几种：辐射式、竖琴式、扇式、星式。C选项中拉索在桥横向布置通常有两种基本形式，即双面索和单面索。双面索一般设置在桥面两侧，可布置为垂直索面或相向倾斜索面。D选项中单面索一般设置在桥梁纵轴线上，作为桥面分车带。

15. 【答案】C

【解析】城市常用的桥梁支座主要为板式橡胶支座和盆式支座等。

16. 【答案】B

【解析】一般以管线覆土深度超过1.5m作为划分深埋和浅埋的分界线。在北方寒冷地区，由于冰冻线较深，给水、排水以及含有水分的煤气管道需深埋敷设；而热力管道、电力、电信线路不受冰冻的影响，可以采用浅埋敷设。在南方地区，由于冰冻线不存在或较浅，给水等管道也可以浅埋，而排水管道需要有一定的坡度要求，排水管道往往处于深埋状况。

17. 【答案】D

【解析】地下公路的建筑限界包括车道、路肩、路缘带、人行道等的宽度以及车道、人行道的净高。公路隧道的横断面净空，除了包括建筑限界之外，还包括通过管道、照明、运行管理等附属设备所需的空间，以及富余量和施工允许误差等。

18. 【答案】A

【解析】①活性混合材料。常用的活性混合材料有符合国家相关标准的粒化高炉矿渣、粒化高炉矿渣粉、粉煤灰、火山灰质混合材料。水泥熟料中掺入活性混合材料，可以改善水泥性能、调节水泥强度等级、扩大水泥使用范围、提高水泥产量、利用工业废料、降低成本，有利于环境保护。②非活性混合材料。非活性混合材料是指与水泥成分中的氢氧化钙不发生化学作用或很少参加水泥化学反应的天然或人工的矿物质材料，如石灰石和砂岩，其中石灰石中的三氧化二铝含量应不大于2.5%；活性指标低于相应国家标准要求的粒化高炉矿渣、粒化高炉矿渣粉、粉煤灰、火山灰质混合材料。水泥熟料掺入非活性混合材料可以增加水泥产量、降低成本、降低强度等级、减少水化热、改善混凝土及砂浆的和易性等。

19. 【答案】B

【解析】沥青脂胶中绝大部分属于中性树脂，赋予沥青以良好的粘结性、塑性和可流动性。沥青树脂中还含有少量的酸性树脂，是沥青中的表面活性物质，改善了石油沥青对矿物材料的浸润性，特别是提高了对碳酸盐类岩石的黏附性，并有利于石油沥青的可乳化性。

20.【答案】 C

【解析】掺入化学外加剂提高密实度，在混凝土中掺入适量减水剂、三乙醇胺早强剂或氯化铁防水剂均可提高密实度，增加抗渗性。在混凝土中掺入适量引气剂或引气减水剂，可以形成大量封闭微小气泡，这些气泡相互独立，既不渗水，又使水路变得曲折、细小、分散，可显著提高混凝土的抗渗性。

21.【答案】 D

【解析】（1）流动性。砂浆的流动性指砂浆在自重或外力作用下流动的性能，用稠度表示。稠度是以砂浆稠度测定仪的圆锥体沉入砂浆内的深度（单位为mm）表示。圆锥沉入深度越大，砂浆的流动性越大。砂浆稠度的选择与砌体材料的种类、施工条件及气候条件等有关。对于吸水性强的砌体材料和高温干燥的天气，要求砂浆稠度要大些；反之，对于密实不吸水的砌体材料和湿冷天气，砂浆稠度可小些。影响砂浆稠度的因素有：所用胶凝材料种类及数量；用水量；掺合料的种类与数量；砂的形状、粗细与级配；外加剂的种类与掺量；搅拌时间。（2）保水性。保水性指砂浆拌合物保持水分的能力，用分层度表示。

22.【答案】 A

【解析】聚酯型人造石材是以不饱和聚酯为胶结料，加入石英砂、大理石渣、方解石粉等无机填料和颜料，经配制、混合搅拌、浇注成型、固化、烘干、抛光等工序而制成。国内外人造大理石、花岗石以聚酯型为多，该类产品光泽好、颜色浅，可调配成各种鲜明的花色图案。由于不饱和聚酯的黏度低，易于成型，且在常温下固化较快，便于制作形状复杂的制品。与天然大理石相比，聚酯型人造石材具有强度高、密度小、厚度薄、耐酸碱腐蚀及美观等优点。但其耐老化性能不及天然花岗石，故多用于室内装饰。

23.【答案】 B

【解析】平板玻璃的特性具有良好的透视、透光性能。对太阳光中近红外热射线的透过率较高，但对可见光射至室内墙顶地面和家具、织物而反射产生的远红外长波热射线却能有效阻挡，故可产生明显的"暖房效应"。着色玻璃能有效吸收太阳的辐射热，产生"冷室效应"，可达到蔽热节能的效果。

24.【答案】 C

【解析】多孔状保温材料，如泡沫玻璃、玻化微珠、膨胀蛭石以及加气混凝土。膨胀蛭石吸水性大、电绝缘性不好。玻化微珠是内部多孔、表面玻化封闭，呈球状体细径颗粒。玻化微珠吸水率低，易分散，可提高砂浆流动性，还具有防火、吸音隔热等性能。B选项属于纤维状绝热材料。D选项属于有机绝热材料。

25.【答案】 D

【解析】水性防火阻燃液的适用对象主要有木材用水基型阻燃处理剂，织物用水基型阻燃处理剂，木材及织物用水基型阻燃处理剂三类。

26.【答案】 A

【解析】密级配沥青混凝土混合料复压宜优先采用重型轮胎压路机进行碾压，以增加密实性，其总质量不宜小于25t。相邻碾压带应重叠1/3～1/2轮宽。对粗集料为主的混合料，宜优先采用振动压路机复压（厚度宜大于30mm），层厚较大时宜采用高频大振幅，厚度较薄时宜采用低振幅,以防止集料破碎。

27.【答案】C

【解析】制作预制桩有并列法、间隔法、重叠法、翻模法等。现场预制桩多用重叠法预制,重叠层数不宜超过4层,层与层之间应涂刷隔离剂,上层桩或邻近桩的灌注,应在下层桩或邻近桩混凝土达到设计强度等级的30%以后方可进行。

28.【答案】B

【解析】参见图1。

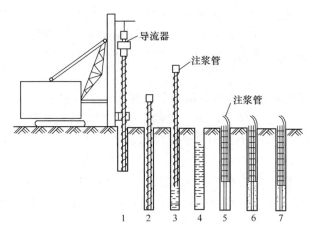

图1 钻孔压浆桩施工程序
1—钻机就位;2—钻进;3—首次注浆;4—提出钻杆;5—放钢筋笼;6—放碎石;7—二次补浆

29.【答案】D

【解析】A选项中应为内侧。B选项中对接和搭接都可以。C选项中立杆接长除顶层顶步可采用搭接外,其余各层各步接头必须采用对接扣件连接。

30.【答案】C

【解析】连续梁、板的上部钢筋接头位置宜设置在跨中1/3跨度范围内,下部钢筋在梁端1/3跨度范围内。

31.【答案】C

【解析】常见的类型有:固定式混凝土搅拌站、拆装式混凝土搅拌站、移动式混凝土搅拌站和固定式搅拌楼等。

① 固定式混凝土搅拌站是一种生产规模较小的混凝土生产装置,整套设备简单,投资少,建设快,适用于中、小型混凝土预制构件厂。

② 拆装式混凝土搅拌站是由几个大型组件拼装而成,投资少,比较经济,生产量小,在施工现场之间转移拆装方便,适用于混凝土用量不大的工地。

③ 移动式混凝土搅拌站是把搅拌站的混凝土生产装置安装在一台或几台拖车上,可随时转移,主要用于一些短期工程项目中。

④ 固定式混凝土搅拌楼,常用于大型的生产混凝土的工厂,具有自动化程度高、生产能力大等优点,主要用在商品混凝土工厂、大型预制构件厂和水利工地。

32.【答案】D

【解析】振动棒振捣混凝土应按分层浇筑厚度分别进行振捣,振动棒的前端应插入前一层混凝土中，插入深度≥50mm；振动棒应垂直于混凝土表面并快插慢拔均匀振捣；当混凝土表面无明显塌陷、有水泥浆出现、不再冒气泡时，可结束该部位振捣；振动棒与模板的距离不应大于振动棒作用半径的0.5倍；振捣插点间距不应大于振动棒的作用半径的1.4倍。振捣棒移动方式有行列式和交错式。

33.【答案】 C

【解析】当采用靠放架堆放或运输构件时，靠放架应具有足够的承载力和刚度，与地面倾斜角度宜大于80°，构件应对称靠放，每侧不大于2层；墙板宜对称靠放且外饰面朝外，构件上部宜采用木垫块隔离；运输时构件应采取固定措施。当采用插放架直立堆放或运输构件时，宜采取直立运输方式；插放架应有足够的承载力和刚度，并应支垫稳固。水平运输时，预制梁、柱构件叠放不宜超过3层，板类构件叠放不宜超过6层。

34.【答案】 A

【解析】B选项中整体吊装法是焊接球节点网架吊装的一种常用方法。C选项中桅杆高可达50~60m，能适合于吊装高、重、大的屋盖结构，特别是网架。D选项中此法在国内还只适用于净空不高和尺寸不大的薄壳结构吊装中。

35.【答案】 B

【解析】高聚物改性沥青防水卷材的施工方法一般有热熔法、冷粘法和自粘法等。合成高分子防水卷材的施工方法一般有冷粘法、自粘法、焊接法和机械固定法。

36.【答案】 D

【解析】A选项应是24m以下；B选项应用点框法；C选项应为24小时以外。

37.【答案】 C

【解析】顶推法可以使用简单的设备建造长大桥梁，施工费用低，施工平稳无噪声，可在水深、山谷和高桥墩上采用，也可在曲率相同的弯桥和坡桥上使用。

38.【答案】 A

【解析】接头管是目前地下连续墙施工中采用最多的一种施工接头。预埋连接钢筋法是应用最多的一种结构接头方法。

39.【答案】 B

【解析】在干船坞中制作的矩形混凝土管段比在船台上制作的钢壳圆形、八角形或花篮形管段经济，且矩形断面更能充分利用隧道内的空间，可作为多车道、大宽度的公路隧道，是沉管隧道的主流结构。

40.【答案】 D

【解析】胀壳式内锚头预应力锚索，除钢绞线预应力锚索外，主要由机械胀壳式内锚头、锚杆外锚头以及灌注的粘结材料等组成。该锚杆常用于中等以上的围岩中，可在较小的施工现场中作业，常用于高边坡、大坝以及大跨度地下隧道洞室的抢修加固及支护。

41.【答案】 C

【解析】梁顶面标高高差，该项为选注值。

42.【答案】 A

【解析】墙柱编号由墙柱类型代号和序号组成，其墙柱的类型有约束边缘构件（YBZ）、构造边缘构件（GBZ）、非边缘暗柱（AZ）和扶壁柱（FBZ）。墙身编号由墙身代号、序号以及墙身所配置的水平与竖向分布钢筋的排数组成，其中钢筋的排数注写在括号内，表达形式为Q××（×排）。墙梁编号由墙梁类型代号和序号组成，墙梁类型有连梁（LL）、暗梁（AL）和边框梁（BKL）三类。

43.【答案】B

【解析】围护结构是指围合建筑空间的墙体、门、窗。栏杆、栏板属于围护设施。

44.【答案】D

【解析】在确定建筑面积时，围护结构优于底板，底板优于顶盖。

45.【答案】B

【解析】建筑物间的架空走廊，有顶盖和围护结构的，应按其围护结构外围水平面积计算全面积；无围护结构、有围护设施的，应按其结构底板水平投影面积计算1/2面积。

46.【答案】C

【解析】C选项中要形成建筑空间的才计算。

47.【答案】B

【解析】A选项中计算面积。C选项中应为外边线长度；D选项中未达到全部高度，不计算面积。

48.【答案】A

【解析】回填土方项目特征描述：密实度要求、填方材料品种、填方粒径要求、填方来源及运距。说明①：填方材料品种可以不描述，但应注明由投标人根据设计要求验方后方可填入，并符合相关工程的质量规范要求。说明②：填方粒径要求，在无特殊要求情况下，项目特征可以不描述。

49.【答案】C

【解析】泥浆护壁成孔，工作内容包括土方、废泥浆外运；如采用沉管灌注成孔，工作内容包括桩尖制作、安装。

50.【答案】A

【解析】B选项应该是已包含。C选项应该是未包含。D选项人工挖孔灌注桩以立方米计量，按桩芯混凝土体积计算。工作内容中包括了护壁的制作，护壁的工程量不需要单独编码列项，应在综合单价中考虑。

51.【答案】D

【解析】A选项不单独列项；B选项按设计图示尺寸计算体积；C选项按石挡土墙列项。

52.【答案】C

【解析】C选项为不扣除。

53.【答案】C

【解析】A选项包括了焊接（绑扎连接），不包括机械连接；B选项应为$4.9d$。D选项应为箍筋直径的10倍和75mm的较大值。

54.【答案】A

【解析】A选项中钢丝网按面积计算，钢筋网按质量计算。

55.【答案】A

【解析】木质门带套计量按洞口尺寸以面积计算，不包括门套的面积，但门套应计算在综合单价中。单独门套的制作、安装，按木门窗项目编码列项计算工程量。

56.【答案】B

【解析】橡塑面层项目中如涉及找平层,另按"找平层"项目编码列项。这一点与整体面层和块料面层不同,即橡塑面层工作内容中不含找平层,不计入综合单价,需要另外计算。

57.【答案】D

【解析】A 选项中门窗洞口和孔洞侧壁及顶面不计算面积。BC 选项应反过来。

58.【答案】B

【解析】吊顶龙骨和检查口不需要单独列项。

59.【答案】B

【解析】B 选项应按单面外围面积计算。

60.【答案】A

【解析】拆除工程适用于房屋工程的维修、加固、二次装修前的拆除,不适用于房屋的整体拆除。

二、多项选择题(共 20 题,每题 2 分。每题的备选项中,有 2 个或 2 个以上符合题意,至少有 1 个错项。错选,本题不得分;少选,所选的每个选项得 0.5 分)。

61.【答案】BCE

【解析】A 选项中对隧道的选择也有影响;D 选项中应为大于(陡于)。

62.【答案】AC

【解析】A 选项中当岩层倾角较平缓且节理发育时,在洞顶易发生局部岩块塌落现象;C 选项中在水平岩层中布置地下工程时,地下工程必须通过软硬不同的岩组合时,应将坚硬岩层作为顶板,避免将软弱岩层或软弱夹层置于顶部,后者易于造成顶板悬垂或坍塌。

63.【答案】ACE

【解析】全预制装配式结构,是指所有结构构件均在工厂内生产,运至现场进行装配。全预制装配式结构通常采用柔性连接技术,全预制装配式结构的恢复性能好,震后只需对连接部位进行修复即可继续使用,具有较好的经济效益。全装配式建筑的维护结构可以采用现场砌筑或浇筑,也可以采用预制墙板。它的主要优点是生产效率高、施工速度快、构件质量好、受季节性影响小,在建设量较大而又相对稳定的地区,采用工厂化生产可以取得较好的效果。预制装配整体式结构(强连接节点)的主要优点是生产基地一次投资比全装配式少,适应性大,节省运输费用,便于推广。在一定条件下也可以缩短工期,实现大面积流水施工,结构的整体性良好,并能取得较好的经济效果。B、D 选项是预制装配整体式结构(强连接节点)的特点。

64.【答案】ADE

【解析】为了防止屋面防水层出现龟裂现象:一是阻断来自室内的水蒸气,构造上常采取在屋面结构层上的找平层表面做隔汽层,阻断水蒸气向上渗透。在北纬 40°以北地区,室内湿度大于 75% 或其他地区室内空气湿度常年大于 80% 时,保温屋面应设隔汽层。二是在屋面防水层下保温层内设排汽通道,并使通道开口露出屋面防水层,使防水层下水蒸气能直接从透气孔排出。

65.【答案】ACD

【解析】B 选项中平瓦屋面的构造方式有：①有椽条、有屋面板平瓦屋面；②屋面板平瓦屋面；③小青瓦屋面等。E 选项中应为垂直。

66. 【答案】BD

【解析】AC 选项中指斜洞口。E 选项中正洞口只在管涵或斜度较大的拱涵为避免涵洞端部施工困难才采用。

67. 【答案】ABE

【解析】根据《混凝土结构通用规范》GB 55008—2021，混凝土拌合用水应控制 pH、硫酸根离子含量、氯离子含量、不溶物含量、可溶物含量；当混凝土骨料具有碱活性时，还应控制碱含量；地表水、地下水、再生水在首次使用前应检测放射性。

68. 【答案】ABC

【解析】沥青混合料的高温稳定性，通常采用高温强度与稳定性作为主要技术指标，常用的测试评定方法有：马歇尔试验法、无侧限抗压强度试验法、史密斯三轴试验法等。沥青混合料耐久性常用浸水马歇尔试验或真空饱水马歇尔试验评价。

69. 【答案】ABCD

【解析】湿胀干缩将影响木材的使用。干缩会使木材翘曲、开裂、接榫松动、拼缝不严。湿胀可造成表面鼓凸，所以木材在加工或使用前应预先进行干燥，使其接近于与环境湿度相适应的平衡含水率。

70. 【答案】CD

【解析】岩棉及矿渣棉最高使用温度约 600℃，作为建筑物的墙体、屋顶、顶棚等处的保温隔热和吸声材料，以及热力管道的保温材料。燃烧性能等级为 A 不燃材料。由于石棉中的粉尘对人体有害，民用建筑很少使用，目前主要用于工业建筑的隔热、保温及防火覆盖等。聚苯乙烯板分为模塑聚苯板（EPS）和挤塑聚苯板（XPS）两种，燃烧等级为 B_2 级。

71. 【答案】BDE

【解析】B 选项中水泥土搅拌桩（或称深层搅拌桩）支护结构是近年来发展起来的一种重力式支护结构。它是用搅拌机械将水泥、石灰等和地基土相搅拌，形成相互搭接的格栅状结构形式，也可相互搭接成实体结构形式，这种支护墙具有防渗和挡土的双重功能。D 选项中钢板桩有平板形和波浪形两种。钢板桩之间通过锁口互相连接，形成一道连续的挡墙。由于锁口的连接，使钢板桩连接牢固，形成整体。同时也具有较好的隔水能力。E 选项中具有多功能用途，如防渗、截水、承重、挡土、防爆等。

72. 【答案】ACDE

【解析】砂和砂石地基适于处理 3m 以内的软弱、透水性强的黏性土地基，包括淤泥、淤泥质土；不宜用于加固湿陷性黄土地基及渗透系数小的黏性土地基。

73. 【答案】ABCE

【解析】在软土层顶面铺砂垫层，主要起浅层水平排水作用，使软土在路堤自重的压力作用下，加速沉降发展，缩短固结时间。垂直排水法是由排水系统和堆载系统两部分组成，排水系统可在天然地基中设置竖向排水体（如普通砂井、袋装砂井、塑料排水板等），其上铺设砂垫层。真空预压法依靠真空抽气设备，使密封的软弱地基产生真空负压力，使土颗粒间的自由水、空气沿着纵向排水通道上升到软基上部砂垫层内，由砂垫层过滤再排到软基密封膜以外，从而使土体固结。

74.【答案】BC

【解析】A选项中地下水位以上，或有一定自稳能力的地层中，钢筋土钉和钢管土钉均可采用。D选项中上一层土钉完成注浆48小时后，才可开挖下层土方。E选项中第一次注浆初凝后，方可进行二次注浆；第二次压注纯水泥浆。

75.【答案】BCD

【解析】A选项中两片导墙之间的距离即为地下连续墙厚度。E选项中最常用的结构接头方法是预埋连接钢筋法。

76.【答案】CDE

【解析】独立基础平法施工图的注写方式中，集中标注包括基础形式和编号、截面竖向尺寸、配筋三项必注内容，以及基础底面标高（与基础底面基准标高不同时）和必要的文字注解两项选注内容。原位标注主要标注独立基础的平面尺寸。

77.【答案】DE

【解析】A选项中应算一半面积。B选项中水箱间算面积。C选项中应该是专用的才不算面积。

78.【答案】DE

【解析】D选项中算至混凝土墙侧面。E选项中应分别列项。

79.【答案】ABE

【解析】A选项中小气窗的出檐部分不增加面积。B选项中不必描述砂浆配合比。E选项中应是乘以。

80.【答案】ADE

【解析】A选项中按水平投影面积计算；D选项中按"天"计算；E选项中按"昼夜"计算。

模拟试卷 3
《建设工程技术与计量（土木建筑工程）》

一、单项选择题（共 60 题，每题 1 分。每题的备选项中，只有 1 个最符合题意）。

1. 关于裂隙的说法，不正确的有（　　）。
   A. 张性裂隙一般很少有擦痕
   B. 扭（剪）性裂隙常有擦痕
   C. 具有普遍意义的非构造裂隙是原生裂隙
   D. 岩体中的裂隙除有利于开挖外，对岩体的强度和稳定性均有不利的影响

2. 适宜形成承压水的地质构造不包括（　　）。
   A. 向斜构造盆地　　　　　　　　B. 自流盆地
   C. 单斜构造自流斜地　　　　　　D. 基岩上部的裂隙

3. 地下水对边坡稳定的影响，正确的有（　　）。
   A. 地下水是影响边坡稳定最重要、最活跃的内在因素
   B. 地下水产生静水压力或动水压力，促使岩体下滑或崩倒
   C. 地下水增加了岩体有效重量，可使下滑力增大
   D. 地下水产生浮托力，使岩体重量减轻，稳定性下降

4. 地下工程位置选择的影响因素，说法不正确的有（　　）。
   A. 对于地下工程轴线与岩层走向垂直的情况，围岩的稳定性较好，特别是对边墙稳定有利。当岩层较缓时，稳定性最好
   B. 当洞身穿过软硬相间或破碎的倾斜岩层时，顺倾向一侧的围岩易于变形或滑动，造成很大的偏压
   C. 当洞身穿过软硬相间或破碎的倾斜岩层时，逆倾向一侧围岩侧压力小，有利于稳定
   D. 初始应力状态是决定围岩应力重分布的主要因素

5. 一般强烈风化、强烈构造破碎或新近堆积的土体，在重力、围岩应力和地下水作用下常产生的破坏不包括（　　）。
   A. 冒落　　　　　　　　　　　　B. 边墙挤出
   C. 底鼓　　　　　　　　　　　　D. 洞径收缩

6. 工程地质对工程选址的影响，说法不正确的有（　　）。
   A. 特殊重要国防等新建项目的工程选址，尽量避免在高烈度地区建设
   B. 地下工程的选址，工程地质的影响要考虑区域稳定性的问题
   C. 道路选线尽量避开岩层倾角小于坡面倾角的顺向坡
   D. 地下工程的选址应避免工程走向与岩层走向交角太大甚至近乎垂直

7. 有关钢框架结构，说法正确的是（　　）。

A. 纯钢框架结构体系是指沿房屋的纵向和横向均采用钢框架作为承重和抵抗侧力的主要构件所构成的结构体系

B. 小高层住宅结构可采用型钢柱

C. 多层住宅结构需用方矩管柱

D. 框架结构按梁和柱的连接形式又可分为半刚性连接框架和刚性连接框架，但刚性连接框架使用较少

8. 除了檐口处的圈梁外，不需要增设圈梁的是（ ）。
A. 檐口标高大于8m的砖砌体空旷单层仓库
B. 檐口标高大于5m的砌块砌体空旷单层厂房
C. 檐口标高大于5m的料石砌体空旷单层食堂
D. 采取有效抗震措施的有较大振动设备的单层工业厂房

9. 某绿色与节能建筑，说法正确的有（ ）。
A. 绿色建筑评价应在建筑通过竣工验收并投入使用一年后进行
B. 绿色建筑的评价可以以单栋建筑为评价对象
C. 被动式建筑不消耗常规能源，完全依靠太阳能或其他可再生能源
D. 零能耗建筑不需要主动加热，依靠被动收集来的热量使房屋保持舒适温度

10. 当圈梁被1.5m宽洞口截断，洞口上部设置附加梁，两梁高差0.6m，求附加梁最小长度（ ）。
A. 2.5m B. 2.7m
C. 3.5m D. 3.9m

11. 平屋顶如果采用细石混凝土保护层，可采用（ ）作隔离层。
A. 低强度等级砂浆 B. 塑料膜
C. 土工布 D. 卷材

12. 顶宽采用0.8m，基底面以1∶5向内倾斜，高度为2~15m，每隔15~20m设伸缩缝一道的是（ ）。
A. 填土路基 B. 填石路基
C. 砌石路基 D. 护脚路基

13. 高速公路路面的基层，不能选用（ ）。
A. 水泥稳定中粒土 B. 石灰稳定土
C. 石灰工业废渣稳定中粒土 D. 级配碎石

14. 斜拉桥的结构组成不包括（ ）。
A. 锚碇 B. 主梁
C. 拉索 D. 索塔

15. 涵洞可以不设沉降缝的情况是（ ）。
A. 地基土质发生变化 B. 基础埋置深度不一
C. 岩石地基上 D. 基础填挖交界处

16. 凡以电能为动力，采用轮轨运行方式的交通系统，速度大于30km/小时，单向客运能力超过（ ）的交通系统称为城市快速轨道交通系统。
A. 1万人·次/小时 B. 2万人·次/小时

C. 3万人·次/小时 D. 4万人·次/小时

17. 可以提高地下交通系统整体效益，是探索中国城市现代化改造的有效途径的城市综合体类型是（   ）。
    A. 道路交叉口型 B. 车站型
    C. 站前广场型 D. 副都心型

18. 可以提高钢的耐磨性和耐腐蚀性的化学成分是（   ）。
    A. 碳 B. 硅
    C. 锰 D. 磷

19. 水泥中常用的活性混合材料有（   ）。
    A. 石英砂 B. 石灰石
    C. 粒化高炉矿渣粉 D. 各种废渣

20. 石子的强度用压碎指标检验的情况有（   ）。
    A. 对于经常性的生产质量控制 B. 选择采石场时
    C. 对集料强度有严格要求时 D. 对质量有争议时

21. 在混凝土搅拌过程中加入引气剂的效果，说法错误的是（   ）。
    A. 减少拌合物泌水离析 B. 提高混凝土强度
    C. 改善和易性 D. 提高硬化混凝土抗冻融耐久性

22. 骨架空隙结构的特点，错误的是（   ）。
    A. 此种结构粗集料的数量较少，细集料的数量较多
    B. 这种沥青混合料内摩擦角较高
    C. 这种沥青混合料黏聚力较低，因而热稳定性较好
    D. 沥青碎石混合料（AM）属于骨架空隙结构

23. 关于石材耐老化性能，排序正确的是（   ）。
    A. 聚酯型人造石材＞天然花岗石＞天然大理石
    B. 天然花岗石＞天然大理石＞聚酯型人造石材
    C. 天然花岗石＞聚酯型人造石材＞天然大理石
    D. 聚酯型人造石材＞天然大理石＞天然花岗石

24. 关于玻璃的说法，不正确的有（   ）。
    A. 真空玻璃与中空玻璃都有保温隔声的特点
    B. 有防盗防抢要求的营业柜台遮挡部位可采用夹丝玻璃
    C. 着色玻璃能有效吸收太阳的辐射热，产生"冷室效应"
    D. 钢化玻璃碎后不伤人，但可发生自爆

25. 现代建筑涂料中，主要成膜物质以（   ）为主。
    A. 天然树脂 B. 合成树脂
    C. 干性油 D. 半干性油

26. 有机绝热材料的特点不包括（   ）。
    A. 多孔 B. 不耐久
    C. 吸湿性小 D. 不耐高温

27. 影响多孔性材料吸声性能的主要因素不包括（   ）。

A. 孔隙特征 B. 湿度
C. 表观密度 D. 厚度

28. 关于重力式支护结构的说法，错误的有（　　）。
A. 水泥土搅拌桩开挖深度不宜大于 7m
B. 搭接在一起的水泥土搅拌桩具有防渗和挡土的双重功能
C. 水泥掺量较小、土质较松时，可采用"一次喷浆、二次搅拌"方法
D. 采用格栅形式时的面积转换率，对淤泥质土≥0.6；对砂土≥0.7

29. 有关明排水法施工，说法不正确的有（　　）。
A. 集水坑每隔 20～40m 设置一个
B. 宜用于粗粒土层，也用于渗水量小的黏土层
C. 集水坑应设置在基础范围以内，地下水走向的上游
D. 当基础挖至设计标高后，坑底应低于基础底面标高 1～2m，并铺设碎石滤水

30. 一般在管沟回填且无倒车余地时，推土机施工可采用（　　）。
A. 沟槽推土法 B. 斜角推土法
C. 助铲法 D. 下坡推土法

31. 柱锤冲扩桩说法不正确的有（　　）。
A. 地基处理深度不宜超过 6m
B. 桩位布置可采用正方形、矩形、三角形布置
C. 桩孔应夯填至桩顶设计标高以上至少 0.5m，其上部桩孔用水泥混合土夯封
D. 成孔及填料夯实的施工顺序宜间隔进行

32. 钢管桩施工说法错误的有（　　）。
A. 钢管桩适用于土质深 50～60m 的软土层
B. 在软土地区，一般采取先打桩后挖土的施工法
C. 施工顺序：锤击至设计深度→内切钢管桩→焊桩盖→精割→浇筑垫层混凝土
D. 钢管桩的优点是：重量轻、刚性好、承载力高、桩长易于调节、排土量小

33. 高强度螺栓目前广泛采用的基本连接形式是（　　）。
A. 铆接连接 B. 承压连接
C. 张拉连接 D. 摩擦连接

34. 不能设置脚手眼的部位，错误的有（　　）。
A. 120mm 厚墙、清水墙、料石墙、独立柱和附墙柱
B. 宽度小于 1m 的窗间墙
C. 过梁上与过梁成 60°角的三角形范围及过梁净跨度 1/2 的高度范围内
D. 门窗洞口两侧石砌体 300mm，转角处石砌体 450mm 范围内

35. 关于钢筋加工，说法正确的是（　　）。
A. 当采用冷拉方法调直时，HPB300 光圆钢筋的冷拉率不宜大于 4%
B. 闪光对焊广泛应用于钢筋竖向或斜向连接及预应力钢筋与螺钉端杆的焊接
C. 电渣压力焊适用于现浇钢筋混凝土结构中直径 14～40mm 的纵向钢筋的焊接接长
D. 钢筋套筒挤压连接适用于竖向、横向及其他方向的较小直径变形钢筋的连接

36. 关于装配式混凝土施工，说法正确的有（　　）。

A. 预应力混凝土预制构件的混凝土强度等级不宜低于C30
B. 直接承受动力荷载构件的纵向钢筋不应采用套筒灌浆连接
C. 吊索水平夹角不宜小于60°
D. 灌浆作业应采用压浆法从上口灌注,当浆料从下口流出后应及时封堵

37. 一般路基土方施工中,基底处理的方法正确的有( )。
A. 当基底为松土或耕地时,应清除不小于30cm后压实
B. 基底原状土的强度不符合要求时,应进行不小于15cm换填
C. 基底土密实稳定,且地面横坡缓于1∶10,填方高度低于0.5m时,基底可不处理
D. 横坡陡于1∶5时,应按设计要求挖宽度大于1m的台阶

38. 在正常通车线路上的桥梁工程的换钢梁,宜采用的方法是( )。
A. 横移施工法　　　　　　　　　B. 悬臂施工法
C. 转体施工法　　　　　　　　　D. 顶推施工法

39. 关于深基坑土方开挖施工,说法正确的有( )
A. 当采用放坡挖土时,每级平台的宽度≤1.5m,分层挖土厚度≥2.5m
B. 基坑采用机械挖土,坑底应保留300~500mm厚基土,用人工清理整平
C. 中心岛式挖土支护结构的支撑形式为角撑、环梁式或边桁(框)架式
D. 盆式挖土周边留置的土坡,其宽度、高度和坡度大小均应通过经验值确定

40. 不能体现钻爆法施工开挖工作机械化和先进与否的工序是( )。
A. 钻孔　　　　　　　　　　　　B. 出渣
C. 支护　　　　　　　　　　　　D. 衬砌

41. 地下工程特殊施工技术,说法不正确的有( )。
A. 长距离顶管的顶力问题可以用局部气压来解决
B. 夯管锤铺900mm直径管道,最佳夯进长度不超过90m
C. 夯管锤铺管要求管道材料必须是钢管
D. 当沉井制作高度较大时,基坑上应铺设≥0.6m的砂垫层

42. 以下属于项目特征的是( )。
A. 砂浆制作　　　　　　　　　　B. 砂浆运输
C. 砌砖　　　　　　　　　　　　D. 砂浆强度等级

43. 杯口独立锥形基础的代号为( )。
A. DJ_j　　　　　　　　　　　B. DJ_z
C. BJ_j　　　　　　　　　　　D. BJ_z

44. 统筹法中"基数计算"的顺序正确的是( )
A. 外墙外边线长→内墙净长线长→外墙中心线长→底层建筑面积→门窗洞口工程量计算
B. 外墙中心线长→内墙净长线长→外墙外边线长→门窗洞口工程量计算→底层建筑面积
C. 外墙中心线长→内墙净长线长→外墙外边线长→底层建筑面积→门窗洞口工程量计算
D. 外墙中心线长→外墙外边线长→内墙净长线长→底层建筑面积→门窗洞口工程量计算

45. 无围护结构且结构层高在 2.20m 及以上的，应计算全面积，结构层高在 2.20m 以下的应计算 1/2 面积的不包括（　　）。
   A. 对于局部楼层的二层及以上楼层　　B. 建筑物架空层
   C. 建筑物间的架空走廊　　D. 立体书库

46. 建筑物的外墙外保温层建筑面积的计算，说法不正确的是（　　）
   A. 保温隔热层以保温材料的净厚度乘以外墙结构外边线长度按建筑物的自然层计算建筑面积
   B. 当建筑物外已计算建筑面积的阳台有保温隔热层时，其保温隔热层也不再计算建筑面积
   C. 外墙外边线长度不扣除门窗和建筑物外已计算建筑面积阳台所占长度
   D. 某层外墙外保温铺设高度未达到全部高度时，计算 1/2 建筑面积

47. 属于主体结构内的阳台的有（　　）。
   A. 阳台处剪力墙与框架混合时且角柱仅为造型，无根基
   B. 相对两侧均为剪力墙时
   C. 阳台相对两侧均无剪力墙时
   D. 相对两侧仅一侧为剪力墙

48. 无须计算建筑面积的有（　　）。
   A. 屋顶的水箱间及装饰性结构构件
   B. 起点到终点不超过一个楼层的室外台阶
   C. 室外消防钢楼梯
   D. 有围护结构的观光电梯

49. 关于管沟土方工程量计算的说法，不正确的有（　　）。
   A. 按管沟宽乘以深度再乘管道中心线长度计算
   B. 井的土方应并入
   C. 按设计管底垫层面积乘以深度计算
   D. 按管道外径水平投影面积乘以深度计算

50. 基坑开挖时，二类土放坡起点为（　　）。
   A. 1.00m　　B. 1.20m
   C. 1.50m　　D. 2.00m

51. 关于土石方回填工程量计算，说法不正确的是（　　）。
   A. 回填土方项目特征应包括填方来源及运距
   B. 虚方指未经碾压、堆积时间小于等于 1 年的土壤
   C. 场地回填按设计回填尺寸以面积计算
   D. 基础回填应扣除基础垫层所占体积

52. 关于基坑与边坡支护工程量计算的说法，正确的是（　　）。
   A. 褥垫层按设计图示尺寸以面积计算
   B. 咬合灌注桩按设计图示尺寸以体积计算
   C. 喷射混凝土按设计图示尺寸以体积计算
   D. 预制钢筋混凝土板桩按照设计图示尺寸以面积计算

53. 关于桩基础的工程量,说法正确的是( )。
   A. 桩间挖土应扣除桩的体积
   B. 钻孔压浆桩按设计图示以体积计算
   C. 灌注桩后压浆按设计图示以孔深计算
   D. 打试验桩和打斜桩应按相应项目单独列项

54. 关于砌筑工程量的计算,说法正确的有( )。
   A. 实心砖墙工作内容中不包括刮缝,包括勾缝
   B. 空花墙按设计图示尺寸以空花部分外形体积计算,扣除空洞部分体积
   C. 石砌体中工作内容包括了勾缝
   D. 石梯膀应按石台阶项目编码列项

55. 已知某砖外墙中心线总长60m,毛石混凝土基础底面标高-1.400m,毛石混凝土与砖砌筑的分界面标高-0.240m,室内地坪±0.000m,墙顶面标高3.300m,厚0.37m,则砖墙工程量为( )。
   A. 67.93m³
   B. 73.26m³
   C. 78.59m³
   D. 104.34m³

56. 关于混凝土工程量的计算,说法不正确的有( )。
   A. 混凝土垫层应按现浇混凝土基础编码列项
   B. 升板的柱帽并入板体积计算
   C. 箱式满堂基础中柱按现浇混凝土柱编码列项
   D. 各肢截面高度与厚度之比等于4的剪力墙按柱项目编码列项

57. 现浇混凝土其他构件的工程量计算规则,不正确的有( )。
   A. 架空式混凝土台阶,按现浇楼梯计算
   B. 电缆沟、天沟,按设计图示以中心线长度计算
   C. 钢筋混凝土构件工程量应扣除劲性骨架的型钢所占体积
   D. GBF高强薄壁蜂巢芯板应扣除空心部分体积

58. 有关门窗工程量,说法错误的有( )。
   A. 金属门门锁安装不需要单独列项,木门锁需要单独列项
   B. 木质门带套以面积计算时不包括门套面积,但门套应计算在综合单价中
   C. 木飘(凸)窗以平方米计量时,按设计图示尺寸以框外围展开面积计算
   D. 铝合金窗帘盒、窗帘轨,按设计图示尺寸以质量计算

59. 屋面及防水工程量计算,说法正确的有( )。
   A. 瓦屋面斜面积按屋面水平投影面积乘以屋面延尺系数
   B. 膜结构屋面按设计图示尺寸以水平投影面积计算
   C. 屋面卷材防水按面积计算防水搭接及附加层用量应并入计算
   D. 楼(地)面防水反边高度≤300mm按墙面防水计算

60. 关于保温装饰工程量计算规则,错误的是( )。
   A. 防腐踢脚线,应按楼地面装饰工程"踢脚线"项目编码列项
   B. 柱帽保温隔热应并入顶棚保温隔热工程量内
   C. 楼梯、台阶侧面装饰,≤0.3m² 少量分散的楼地面装修,应按零星装饰项目编码列项

D. 柱帽、柱墩装饰并入相应柱饰面工程量内

二、多项选择题（共 20 题，每题 2 分。每题的备选项中，有 2 个或 2 个以上符合题意，至少有 1 个错项。错选，本题不得分；少选，所选的每个选项得 0.5 分）。

61. 关于结构面的工程地质性质，说法不正确的有（　　）。
A. 对岩体影响较大的结构面物理力学性质是结构面产状、延续性和抗剪断强度
B. Ⅱ、Ⅲ级结构面是对工程岩体力学和对岩体破坏方式有控制意义的边界条件
C. 软弱结构面在产状上多属陡倾角结构面
D. 软弱结构面包括原生软弱夹层、构造及挤压破碎带、泥化夹层等
E. 软弱结构面多为原岩的泥质散状结构变成了超固结胶结式结构

62. 对落水洞及浅埋的溶沟（槽）、溶蚀（裂隙、漏斗）等，宜采用的处理方法包括（　　）。
A. 跨越法　　　　　　　　　　B. 充填法
C. 注浆法　　　　　　　　　　D. 桩基法
E. 垫层法

63. 关于钢筋混凝土楼板，说法正确的有（　　）。
A. 预制楼板的整体性不好，灵活性也不如现浇板，更不宜在楼、板上穿洞
B. 预制空心楼板具有自重小、用料少、强度高、经济等优点
C. 压型钢板楼板中的非组合楼板是指压型钢板除用作现浇混凝土的永久性模板外，还充当板底受拉钢筋的现浇混凝土楼板
D. 现浇钢筋混凝土楼板主要分为板式、梁板式、井字形密肋式、无梁式四种
E. 密肋填充块楼板底面平整，能充分利用不同材料的性能，节约模板，且整体性好，但隔声效果较差

64. 属于单层厂房的围护结构的有（　　）。
A. 外墙　　　　　　　　　　　B. 吊车梁
C. 柱间支撑　　　　　　　　　D. 屋架
E. 屋顶

65. 机动车交通道路照明评价指标包括（　　）。
A. 路面垂直照度　　　　　　　B. 路面平均照度
C. 路面照度均匀度　　　　　　D. 环境比和诱导性
E. 路面最小照度

66. 涵洞按施工形式分为（　　）。
A. 箱涵　　　　　　　　　　　B. 装配式涵
C. 现浇涵　　　　　　　　　　D. 顶进涵
E. 钢波纹管涵

67. 以下有关混凝土的说法，正确的有（　　）。
A. 混凝土的强度主要取决于水泥石强度及其与骨料表面的粘结强度
B. 水泥石强度及其与骨料粘结强度又与水泥强度等级、养护条件及龄期密切相关
C. 影响混凝土和易性的主要因素包括水泥浆、骨料品种与品质、砂率等
D. 混凝土耐久性主要取决于组成材料的质量及混凝土密实度

E. 提高耐久性的措施包括控制水灰比及保证足够的水泥用量

68. 可以判别烧结普通砖的抗风化性指标包括( )。
A. 耐水性
B. 抗冻性
C. 吸水率
D. 饱和系数
E. 石灰夹杂率

69. 关于木材性质的说法,正确的有( )。
A. 纤维饱和点是木材物理力学性质是否随含水率而发生变化的转折点
B. 平衡含水率是木材使用时避免变形或开裂而应控制的含水率指标
C. 木材的变形弦向方向最小,径向较大,顺纹最大
D. 干缩会使木材翘曲、开裂、接榫松动、拼缝不严
E. 木材顺纹抗拉强度仅次于顺纹抗压和抗弯强度

70. 下列关于建筑防火材料的特性,说法错误的是( )。
A. 可燃物、助燃物和火源通常被称为燃烧三要素
B. 阻燃剂可分为添加型阻燃剂和反应型阻燃剂
C. 薄型和超薄型防火涂料的耐火极限与膨胀后的发泡层厚度无关
D. 有机防火堵料具有良好的防火、水密、气密性能
E. 无机防火堵料主要用于经常更换或增减电缆、管道的场合

71. 关于地基加固处理,说法正确的是( )。
A. 灰土地基适用于加固深1~4m厚的湿陷性黄土
B. 砂和砂石地基适于处理3.0m以内湿陷性黄土地基及渗透系数小的黏性土地基
C. 强夯处理范围中每边超出基础外缘的宽度宜为基底下设计处理深度的1/2~2/3,并不宜小于3m
D. 褥垫层材料宜用中砂、粗砂、级配砂石和卵石,最大粒径不宜大于30mm
E. 土桩主要用于消除湿陷性黄土的湿陷性

72. 屋面防水工程施工,说法正确的有( )。
A. 同一层相邻两幅卷材短边搭接缝错开不应小于500mm
B. 上下层卷材长边搭接缝应错开,且不应小于幅宽的1/3
C. 热熔法和热粘法不宜低于-10℃
D. 涂膜前后两遍涂料的涂布方向应相互垂直
E. 胎体增强材料长边搭接宽度不应小于70mm

73. 竖向填筑法施工时,填土过厚不易压实,应采取的措施包括( )。
A. 选用高效能压实机械
B. 采用沉陷量较小的砂性土
C. 采用附近开挖路堑的废石方
D. 在底部进行拨土夯实
E. 路堤下层用水平填筑,而上层用竖向分层填筑

74. 关于软土路基换填法施工,说法正确的有( )。
A. 换填法包括开挖换填法、抛石挤淤法、爆破排淤法等
B. 抛石挤淤法抛投顺序应先从路堤中部开始,向前突进后再渐次向两侧扩展

C. 爆破排淤法先填后爆适用于稠度较小的软土
D. 爆破排淤法先爆后填适用于稠度较大的软土
E. 爆破排淤法用于淤泥（泥炭）层较厚，稠度大，路堤较高和施工期紧迫时

75. 浅埋暗挖法，说法正确的有（　　）。
A. 辅助方法较多，包括注浆法、超前小导管、长管棚法等
B. 必须坚持"管超前，严注浆，长开挖，强支护，快封闭，勤量测"方针
C. 应按"喷射混凝土→网构拱架→钢筋网→喷混凝土"的顺序进行支护
D. 浅埋暗挖法允许带水作业
E. 该方法必要前提是对开挖面前方地层的预加固和预处理

76. 关于平法施工图适用范围，说法正确的有（　　）。
A. 适用于抗震设防烈度为9度地区的现浇混凝土结构施工图的设计
B. 不适用于非抗震结构施工图的设计
C. 不适用于砌体结构施工图的设计
D. 适用于装配式混凝土结构施工图的设计
E. 适用于抗震设防烈度为6度地区的现浇混凝土结构施工图的设计

77. 结构净高在2.10m及以上的部位应计算全面积的有（　　）。
A. 形成建筑空间的坡屋顶
B. 场馆看台下的建筑空间
C. 窗台与室内楼地面高差在0.45m以下的凸（飘）窗
D. 无顶盖的采光井
E. 围护结构不垂直于水平面的楼层

78. 某工程石方清单为暂估项目，施工过程中需要通过现场签证确认实际完成工作量，挖方全部外运。已知开挖范围为底长25m，底宽9m，使用斗容量为10m³的汽车平装外运55车，则关于石方清单列项和工程量，说法正确的有（　　）。
A. 按挖一般石方列项　　　　　B. 按挖沟槽石方列项
C. 按挖基坑石方列项　　　　　D. 工程量357.14m³
E. 工程量550.00m³

79. 关于钢筋工程的说法，错误的是（　　）。
A. 现浇构件中伸出构件的锚固钢筋应并入钢筋工程量内。除设计（包括规范规定）标明的搭接外，其他施工搭接不计算工程量，在综合单价中综合考虑
B. 清单项目工作内容中综合了钢筋的机械（绑扎）连接，钢筋的焊接连接单独列项
C. 双肢箍单根长度＝构件截面周长－8×保护层厚＋2×弯钩增加长度
D. HPB300级光圆钢筋用作有抗震设防要求的结构箍筋，弯折角度不应小于135°，其斜弯钩增加长度为：$1.9d + \max(10d, 75mm)$
E. 中间支座负筋伸出支座长度，第一排为净跨的1/4，第二排为净跨的1/3

80. 关于措施项目说法错误的是（　　）。
A. 综合脚手架适用于能够按"建筑面积计算规则"计算建筑面积的建筑工程脚手架，不适用于房屋加层、构筑物及附属工程脚手架
B. 满堂脚手架高度在6.5m时，应计算1.5个增加层

C. 雨篷、悬挑板、阳台板，按模板与现浇混凝土构件的接触面积计算
D. 临时排水沟、排水设施安砌、维修、拆除，已包含在安全文明施工中，不包括在施工排水、降水措施项目中
E. 垂直运输项目工作内容包括行走式垂直运输机械轨道的铺设、拆除，不包括摊销

模拟试卷 3
《建设工程技术与计量(土木建筑工程)》
答案与解析

一、单项选择题(共 60 题,每题 1 分。每题的备选项中,只有 1 个最符合题意)。

1.【答案】 C

【解析】非构造裂隙是由成岩作用、外动力、重力等非构造因素形成的裂隙,如岩石在形成过程中产生的原生裂隙、风化裂隙以及沿沟壁岸坡发育的卸荷裂隙等。其中具有普遍意义的是风化裂隙。

2.【答案】 D

【解析】一般来说,适宜形成承压水的地质构造有两种:一为向斜构造盆地,也称为自流盆地;二为单斜构造自流斜地。

3.【答案】 B

【解析】A 选项是外在因素。C 选项增加的是岩体重量。D 选项使岩体有效重量减轻。

4.【答案】 A

【解析】A 选项当岩层较陡时,稳定性最好,不是较缓时。

5.【答案】 B

【解析】一般强烈风化、强烈构造破碎或新近堆积的土体,在重力、围岩应力和地下水作用下常产生冒落及塑性变形。常见的塑性变形和破坏形式有边墙挤入、底鼓及洞径收缩等。正确的是挤入,不是挤出。

6.【答案】 D

【解析】对于地下工程的选址,工程地质的影响要考虑区域稳定性的问题。对区域性深大断裂交汇、近期活动断层和现代构造运动较为强烈的地段,要给予足够的注意。也要注意避免工程走向与岩层走向交角太小甚至近乎平行。

7.【答案】 A

【解析】纯钢框架结构体系是指沿房屋的纵向和横向均采用钢框架作为承重和抵抗侧力的主要构件所构成的结构体系。采用型钢柱时可以实现多层住宅结构,小高层时需用方矩管柱。框架结构按梁和柱连接形式又可分为半刚性连接框架和刚性连接框架,但半刚性连接框架使用较少。

8.【答案】 D

【解析】厂房、仓库、食堂等空旷单层房屋应按下列规定设置圈梁:(1) 砖砌体结构房屋。檐口标高为 5~8m 时,应在檐口标高处设置一道圈梁,檐口标高大于 8m 时,应增加设置数量。(2) 砌块及料石砌体结构房屋,檐口标高为 4~5m 时,应在檐口标高处设置一道圈梁,檐口标高大于 5m 时,应增加设置数量。(3) 对有吊车或较大振动设备的单层工业房屋,当未采取有效的隔震措施时,除应在檐口或窗顶标高处设置现浇混凝土圈梁外，尚应增加设置数量。
9. 【答案】B

 【解析】参见表1。

绿色建筑评价分级　　　　　　　　　　　　　　　　　　　表1

评价指标	控制项	评分指标项分项					提高与创新加分项
		安全耐久	健康舒适	生活便利	资源节约	环境宜居	
预评价分值	400	100	100	70	200	100	100
评价分值	400	100	100	100	200	100	100
等级划分	基础级（满足所有控制项的要求）	一星级（≥60分）；二星级（≥70分）；三星级（≥85分）					
评价	绿色建筑的评价应以单栋建筑或建筑群为评价对象。 绿色建筑评价应在建筑工程竣工后进行。 在建筑工程施工图设计完成后，可进行预评价。						

10. 【答案】D

 【解析】当圈梁遇到洞口不能封闭时，应在洞口上部设置截面不小于圈梁截面的附加梁，其搭接长度不小于1m，且应大于两梁高差的2倍，但对有抗震要求的建筑物，圈梁不宜被洞口截断。所以，附加梁长度=1.5+2×max(1，2×0.6)=1.5+2.4=3.9(m)。

11. 【答案】A

 【解析】块体材料、水泥砂浆保护层可采用塑料膜（0.4mm厚聚乙烯膜或3mm厚发泡聚乙烯膜）、土工布（200g/m² 聚酯无纺布）、卷材（石油沥青卷材一层）作隔离层；细石混凝土保护层可采用低强度等级砂浆作隔离层。

12. 【答案】C

 【解析】砌石路基高度一般为2~15m；护肩路基高度一般不超过2m；护脚路基高度一般不超过5m。

13. 【答案】B

 【解析】在粉碎或原来松散的土中掺入足量的石灰和水，经拌合、压实及养生后得到的混合料，当其抗压强度符合规定要求时，称为石灰稳定土。适用于各级公路路面的底基层，可作二级和二级以下公路的基层，但不应用作高级路面的基层。

14. 【答案】A

 【解析】斜拉桥是典型的悬索结构和梁式结构组合桥，由主梁、拉索及索塔组成的组合结构体系。

15. 【答案】C

 【解析】凡地基土质发生变化，基础埋置深度不一，基础对地基的压力发生较大变化，基础填挖交界处，及采用填石抬高基础的涵洞，都应设置沉降缝。置于岩石地基上的涵洞可以不设沉降缝。

16. 【答案】A

【解析】凡以电能为动力，采用轮轨运行方式的交通系统，速度大于30km/小时，单向客运能力超过1万人·次/小时的交通系统称为城市快速轨道交通系统。

17. 【答案】B

【解析】我国部分城市正在规划和建设地铁，结合少量重点地铁车站的建设，把部分商业、人行过街交通道、市政管线工程，以及灾害时的人员疏散、掩蔽等功能结合起来，并与地面的改造相结合，进行整体规划与设计，实施联合开发。车站型综合体是一条提高地下交通系统整体效益，探索中国城市现代化改造的有效途径。

18. 【答案】D

【解析】磷在钢中偏析作用强烈，使钢材冷脆性增大，并显著降低钢材的可焊性。但磷可提高钢的耐磨性和耐腐蚀性，在低合金钢中可配合其他元素作为合金元素使用。

19. 【答案】C

【解析】常用的活性混合材料有符合国家相关标准的粒化高炉矿渣、粒化高炉矿渣粉、粉煤灰、火山灰质混合材料。非活性混合材料是指与水泥成分中的氢氧化钙不发生化学作用或很少参加水泥化学反应的天然或人工的矿物质材料，如石灰石和砂岩。

20. 【答案】A

【解析】石子的强度用岩石立方体抗压强度和压碎指标表示。当混凝土强度等级为C60及以上时，应进行岩石抗压强度检验。在选择采石场或对集料强度有严格要求或对质量有争议时，宜用岩石抗压强度检验。用压碎指标表示石子强度是通过测定石子抵抗压碎的能力，间接地推测其相应的强度。对于经常性的生产质量控制则用压碎指标值检验较为方便。

21. 【答案】B

【解析】引气剂是在混凝土搅拌过程中，能引入大量分布均匀、稳定且密封的微小气泡，以减少拌合物泌水离析、改善和易性，同时显著提高硬化混凝土抗冻融耐久性的外加剂。

22. 【答案】A

【解析】骨架空隙结构，当采用连续开级配矿质混合料与沥青组成的沥青混合料时，粗集料较多，彼此紧密相接，细集料的数量较少，不足以充分填充空隙，形成骨架空隙结构。沥青碎石混合料（AM）多属此类型。

23. 【答案】C

【解析】与天然大理石相比，聚酯型人造石材具有强度高、密度小、厚度薄、耐酸碱腐蚀及美观等优点。但其耐老化性能不及天然花岗石，故多用于室内装饰。

24. 【答案】D

【解析】钢化玻璃机械强度高、弹性好、热稳定性好、碎后不易伤人，但可发生自爆。

25. 【答案】B

【解析】主要成膜物质也称胶粘剂。主要成膜物质分为油料与树脂两类，其中油料成膜物质又分为干性油（桐油等）、半干性油（大豆油等）与不干性油（花生油等）三类，而树脂成膜物质则分为天然树脂（虫胶、松香等）与合成树脂（酚醛醇酸、硝酸纤维等）

两类。现代建筑涂料中，成膜物质多用树脂，尤以合成树脂为主。

26.【答案】 C

【解析】以天然植物材料或人工合成的有机材料为主要成分的绝热材料，常用品种有泡沫塑料、钙塑泡沫板、木丝板、纤维板和软木制品等。这类材料的特点是质轻、多孔、导热系数小，但吸湿性大、不耐久、不耐高温。

27.【答案】 B

【解析】材料的吸声性能除与材料的表观密度、厚度、孔隙特征有关外，还和声音的入射方向和频率有关。

28.【答案】 D

【解析】采用格栅形式时，要满足一定的面积转换率，对淤泥质土，不宜小于 0.7；对淤泥，不宜小于 0.8；对一般黏性土、砂土，不宜小于 0.6。

29.【答案】 C

【解析】集水坑应设置在基础范围以外，地下水走向的上游。根据地下水量大小、基坑平面形状及水泵能力，集水坑每隔 20~40m 设置一个。

30.【答案】 B

【解析】将铲刀斜装在支架上，与推土机横轴在水平方向形成一定角度进行推土。一般在管沟回填且无倒车余地时可采用斜角推土法。

31.【答案】 C

【解析】柱锤冲扩桩法宜用直径 300~500mm、长度 2~6m、质量 1~8t 的柱状锤（柱锤）进行施工。桩位可采用正方形、矩形、三角形布置。桩体材料可采用碎砖三合土、级配砂石、矿渣、灰土、水泥混合土等。每个桩孔应夯填至桩顶设计标高以上至少 0.5m，其上部桩孔用原槽土夯封。桩身填料夯实后的平均桩径可达 600~800mm。柱锤冲扩桩法夯击能量较大，易发生地面隆起，造成表层桩和桩间土出现松动，从而降低处理效果，因此成孔及填料夯实的施工顺序宜间隔进行。

32.【答案】 C

【解析】钢管桩的施工顺序是：桩机安装→桩机移动就位→吊桩→插桩→锤击下沉→接桩→锤击至设计深度→内切钢管桩→精割→焊桩盖→浇筑垫层混凝土→绑钢筋→支模板→浇筑混凝土基础承台。

33.【答案】 D

【解析】高强度螺栓按连接形式通常分为摩擦连接、张拉连接和承压连接等，其中，摩擦连接是目前广泛采用的基本连接形式。

34.【答案】 D

【解析】门窗洞口两侧石砌体 300mm，其他砌体 200mm 范围内；转角处石砌体 600mm，其他砌体 450mm 范围内不能设置脚手眼。

35.【答案】 A

【解析】B 选项中闪光对焊广泛应用于钢筋纵向连接及预应力钢筋与螺钉端杆的焊接。C 选项中电渣压力焊适用于现浇钢筋混凝土结构中直径 14~40mm 的竖向或斜向钢筋的焊接接长。D 选项中钢筋套筒挤压连接适用于竖向、横向及其他方向的较大直径变形钢筋的连接。

36. 【答案】C

【解析】A 选项中装配整体式结构，预制构件的混凝土强度等级不宜低于C30；预应力混凝土预制构件的混凝土强度等级不宜低于C40。B 选项中直径大于20mm 的钢筋不宜采用浆锚搭接连接，直接承受动力荷载构件的纵向钢筋不应采用浆锚搭接连接。D 选项中灌浆作业应采用压浆法从下口灌注，当浆料从上口流出后应及时封堵，必要时可设分仓进行灌浆；灌浆料拌合物应在制备后30分钟内用完。

37. 【答案】D

【解析】A 选项应为150mm，B 选项应为300mm，C 选项填方高度大于0.5m 时，基底可不处理。

38. 【答案】A

【解析】横移施工法多用于正常通车线路上的桥梁工程的换梁。为了尽量减少交通的中断时间，可在原桥位旁预制并横移施工。

39. 【答案】C

【解析】A 选项中开挖深度较大的基坑，当采用放坡挖土时，宜设置多级平台分层开挖，每级平台的宽度不宜小于1.5m。分层挖土厚度不宜超过2.5m。B 选项中基坑采用机械挖土，坑底应保留200~300mm 厚基土，用人工清理整平，防止坑底土扰动。D 选项中盆式挖土周边留置的土坡，其宽度、高度和坡度大小均应通过稳定验算确定。

40. 【答案】D

【解析】以上各工序中，钻孔、出渣是开挖过程中需时最多的主要工序；支护是保证施工安全、顺利、快速进行的重要手段。开挖工作的机械化和先进与否，主要体现在这三个工序中。

41. 【答案】A

【解析】A 选项中长距离顶管必须解决在管道强度允许范围内施加的顶力问题。目前有两种方法：采用润滑剂减阻和中继接力技术。B 选项中夯管锤铺管适合较短长度的管道铺设，为保证铺管精度，在实际施工中，可铺管长度按钢管直径（以"mm"为单位）除以10就得到夯进长度（以"m"为单位）。

42. 【答案】D

【解析】如"砂浆强度等级"是对砂浆质量标准的要求，体现的是用什么样规格的材料去做，属于项目特征；"砂浆制作、运输"是砌筑过程中的工艺和方法，体现的是如何做，属于工作内容。

43. 【答案】D

【解析】参见表2。

独立基础的编号 表2

类型	基础底板截面形状	代号	序号
普通独立基础	阶形	DJ_j	××
	锥形	DJ_z	××
杯口独立基础	阶形	BJ_j	××
	锥形	BJ_z	××

44. 【答案】C

【解析】详见图1。

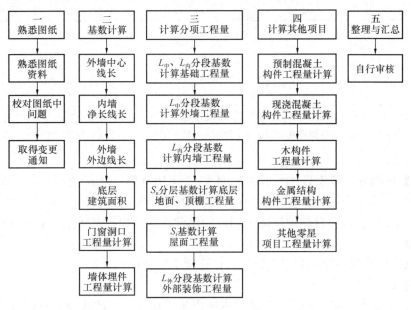

图1 利用统筹法计算分部分项工程量步骤图

45. 【答案】C

【解析】建筑物间的架空走廊，有顶盖和围护结构的，应按其围护结构外围水平面积计算全面积；无围护结构、有围护设施的，应按其结构底板水平投影面积计算1/2面积。

46. 【答案】D

【解析】外墙外保温以沿高度方向满铺为准，某层外墙外保温铺设高度未达到全部高度时（不包括阳台、室外走廊、门斗、落地橱窗、雨篷、飘窗等），不计算建筑面积。

47. 【答案】B

【解析】①如阳台在剪力墙包围之内，则属于主体结构内。②如相对两侧均为剪力墙时，也属于主体结构内。③如相对两侧仅一侧为剪力墙时，属于主体结构外。④如相对两侧均无剪力墙时，属于主体结构外。阳台处剪力墙与框架混合时，分两种情况：一是角柱为受力结构，根基落地，则阳台为主体结构内；二是角柱仅为造型，无根基，则阳台为主体结构外。

48. 【答案】B

【解析】起点到终点不超过一个楼层的室外台阶不算建筑面积，超过一个楼层的按室外楼梯算建筑面积。

49. 【答案】A

【解析】管沟土方以米计量，按设计图示以管道中心线长度计算；以立方米计量，按设计图示管底垫层面积乘以挖土深度计算。

50. 【答案】B

【解析】参见表3。

放坡系数表 表3

土类别	放坡起点(m)	人工挖土	机械挖土		
			坑内作业	坑上作业	顺沟槽在坑上作业
一、二类土	1.20	1:0.5	1:0.33	1:0.75	1:0.5
三类土	1.50	1:0.33	1:0.25	1:0.67	1:0.33
四类土	2.00	1:0.25	1:0.10	1:0.33	1:0.25

注：1. 沟槽、基坑中土类别不同时，分别按其放坡起点、放坡系数、依不同土类别厚度加权平均计算。
　　2. 计算放坡时，在交接处的重复工程量不予扣除，原槽、坑作基础垫层时，放坡自垫层上表面开始计算。

51.【答案】 C

【解析】 回填方，按设计图示尺寸以体积"m^3"计算。①场地回填：回填面积乘以平均回填厚度；②室内回填：主墙间净面积乘以回填厚度，不扣除间隔墙；③基础回填：挖方清单项目工程量减去自然地坪以下埋设的基础体积（包括基础垫层及其他构筑物）。

52.【答案】 A

【解析】 BD选项中应以米或根计量，C选项中应按面积计量。

53.【答案】 D

【解析】 A选项中应不扣除，B选项中应以米或根计量，C选项应按设计图示以注浆孔数计算。

54.【答案】 C

【解析】 A选项中应实心砖墙工作内容不包括勾缝，包括刮缝。B选项应不扣除空洞部分体积。D选项中石梯膀应按石挡土墙项目编码列项。

55.【答案】 C

【解析】 基础与墙（柱）身的划分：基础与墙（柱）身使用同一种材料时，以设计室内地面为界（有地下室者，以地下室室内设计地面为界），以下为基础，以上为墙（柱）身。基础与墙身使用不同材料时，位于设计室内地面高度≤±300mm时，以不同材料为分界线，高度＞±300mm时，以设计室内地面为分界线。砖围墙应以设计室外地坪为界，以下为基础，以上为墙身。工程量计算如下：$60×0.37×(3.3+0.24)=78.59(m^3)$。

56.【答案】 B

【解析】 现浇混凝土柱包括矩形柱、构造柱、异形柱等项目。按设计图示尺寸以体积"m^3"计算。构造柱嵌接墙体部分并入柱身体积。依附柱上的牛腿和升板的柱帽，并入柱身体积计算。

57.【答案】 B

【解析】 电缆沟、地沟，按设计图示以中心线长度"m"计算。

58.【答案】 D

【解析】 铝合金属窗帘盒、窗帘轨，按设计图示尺寸以长度"m"计算。

59.【答案】 A

【解析】 B选项中膜结构屋面，按设计图示尺寸以需要覆盖的水平投影面积"m^2"计算。C选项中屋面防水搭接及附加层用量不另行计算，在综合单价中考虑。D选项中楼（地）面防水反边高度≤300mm算作地面防水计算，反边高度＞300mm算作墙面防水计算。

60.【答案】C

【解析】楼梯、台阶侧面装饰，≤0.5m² 少量分散的楼地面装修，应按零星装饰项目编码列项。

二、多项选择题（共 20 题，每题 2 分。每题的备选项中，有 2 个或 2 个以上符合题意，至少有 1 个错项。错选，本题不得分；少选，所选的每个选项得 0.5 分）。

61.【答案】ACE

【解析】A 选项应为抗剪强度；C 选项应为缓倾角结构面；E 选项应是软弱结构面多为原岩的超固结胶结式结构变成了泥质散状结构或泥质定向结构。

62.【答案】AB

【解析】对塌陷或浅埋溶（土）洞宜采用挖填夯实法、跨越法、充填法、垫层法进行处理；对深埋溶（土）洞宜采用注浆法、桩基法、充填法进行处理。对落水洞及浅埋的溶沟（槽）、溶蚀（裂隙、漏斗）等，宜采用跨越法、充填法进行处理。

63.【答案】ABD

【解析】E 选项隔声效果好。C 选项应为组合板。压型钢板组合楼板是指由截面为凹凸形的压型钢板与现浇混凝土面层组合形成整体性很强的一种楼板结构，主要有组合板和非组合板两类。组合板是指压型钢板除用作现浇混凝土的永久性模板外，还充当板底受拉钢筋的现浇混凝土楼板。非组合板是指压型钢板仅作为混凝土楼板的永久性模板，不考虑参与结构受力的现浇混凝土楼板。

64.【答案】AE

【解析】厂房承重结构包括：（1）横向排架：由基础、柱、屋架组成，主要是承受厂房的各种竖向荷载。（2）纵向连系构件：由吊车梁、圈梁、连系梁、基础梁等组成，与横向排架构成骨架，保证厂房的整体性和稳定性。（3）支撑系统构件：支撑系统包括柱间支撑和屋盖支撑两大部分。支撑构件设置在屋架之间的称为屋架支撑；设置在纵向柱列之间的称为柱间支撑。支撑构件主要传递水平荷载，起保证厂房空间刚度和稳定性的作用。

单层厂房的围护结构包括外墙、屋顶、地面、门窗、天窗、地沟、散水、坡道、消防梯、吊车梯等。

65.【答案】BCD

【解析】机动车交通道路照明应以路面平均亮度（或路面平均照度）、路面亮度均匀度和纵向均匀度（或路面照度均匀度）、眩光限制、环境比和诱导性作为评价指标。人行道路照明应以路面平均照度、路面最小照度和垂直照度作为评价指标。

66.【答案】BCD

【解析】A 选项是按构造分类；E 选项是按材料分类。

涵洞按构造可分为：圆管涵、盖板涵、拱涵、箱涵。

涵洞按水力性质可分为：无压力式涵洞、半压力式涵洞、压力式涵洞。

涵洞按施工方式可分为：装配式涵洞、现浇涵洞和顶进涵洞。

67.【答案】ACDE

【解析】混凝土的强度主要取决于水泥石强度及其与骨料表面的粘结强度，而水泥石强度及其与骨料的粘结强度又与水泥强度等级、水灰比及骨料性质有密切关系。此外混凝土的强度还受施工质量、养护条件及龄期的影响。B选项错误。

68.【答案】 BCD

【解析】砖的耐久性应符合规范规定,其耐久性包括抗风化性、泛霜和石灰爆裂等指标。抗风化性通常以其抗冻性、吸水率及饱和系数等来进行判别。而石灰爆裂与泛霜均与砖中石灰夹杂有关。

69.【答案】 ABD

【解析】由于木材构造的不均匀性,木材的变形在各个方向上也不同;顺纹方向最小,径向较大,弦向最大。因此,湿材干燥后,其截面尺寸和形状会发生明显的变化。所以C选项错误。木材构造的特点使其各种力学性能具有明显的方向性,木材在顺纹方向的抗拉和抗压强度都比横纹方向高得多,其中在顺纹方向的抗拉强度是木材各种力学强度中最高的,顺纹抗压强度仅次于顺纹抗拉和抗弯强度。所以E选项错误。

70.【答案】 CDE

【解析】薄型和超薄型防火涂料的耐火极限一般与涂层厚度无关,而与膨胀后的发泡层厚度有关。所以C选项错误。D选项应该是错误的。无机防火堵料有较好的防火和水密、气密性能,主要用于封堵后基本不变的场合。所以E选项错误。

71.【答案】 ACE

【解析】B选项渗透系数小错误,应为透水性强的黏性土地基。D选项褥垫层不宜采用卵石,由于卵石咬合力差,施工时扰动较大、褥垫厚度不容易保证均匀。

72.【答案】 ABD

【解析】本题考查卷材防水层的施工环境温度。热熔法和焊接法不宜低于-10℃;冷粘法和热粘法不宜低于5℃;自粘法不宜低于10℃。所以C选项错误。需铺设胎体增强材料时,屋面坡度小于15%时,可平行屋脊铺设,屋面坡度大于15%时应垂直于屋脊铺设。胎体长边搭接宽度不应小于50mm,短边搭接宽度不应小于70mm。所以E选项错误。

73.【答案】 ABCD

【解析】当地面纵坡大于12%的深谷陡坡地段,可采用竖向填筑法施工。竖向填筑因填土过厚不易压实,仅用于无法自下而上填筑的深谷、陡坡、断岩、泥沼等机械无法进场的路堤。施工时需采取下列措施:选用高效能压实机械;采用沉陷量较小的砂性土或附近开挖路堑的废石方,并一次填足路堤全宽;在底部进行拨土夯实。E选项是混合填筑方法,且叙述有误。

74.【答案】 ABE

【解析】CD选项描述颠倒了。爆破排淤分为两种:一种方法是先在原地面上填筑低于极限高度的路堤,再在基底下爆破,适用于稠度较大的软土或泥沼;另一种方法是先爆后填,适用于稠度较小、回淤较慢的软土。

75.【答案】 ACE

【解析】B选项应为短开挖。D选项不允许带水作业。

76.【答案】 ABCE

【解析】平法施工图适用于抗震设防烈度为6~9度地区的现浇混凝土结构施工图的设计,不适用于非抗震结构和砌体结构。

77.【答案】 ABE

【解析】C选项条件不够,还要看窗户净高是否超过2.1m。D选项无顶盖不计算面积。

78.【答案】AD

【解析】已知开挖范围为底长25m,底宽9m,应按一般土方算,55×10=550(m^3),天然密实体积=550/1.54=357.14(m^3)。

79.【答案】BE

【解析】钢筋的工作内容中包括了焊接(或绑扎)连接,不需要计量,在综合单价中考虑,但机械连接需要单独列项计算工程量。所以B选项错误。中间支座负筋伸出支座长度,第一排为净跨的1/3,第二排为净跨1/4。所以E选项错误。

80.【答案】CE

【解析】雨篷、悬挑板、阳台板,按图示外挑部分尺寸的水平投影面积"m^2"计算,挑出墙外的悬臂梁及板边不另计算,所以C选项错误。垂直运输项目工作内容包括:垂直运输机械的固定装置、基础制作、安装,行走式垂直运输机械轨道的铺设、拆除、摊销。所以E选项错误。

2020年全国一级造价工程师职业资格考试
《建设工程技术与计量（安装工程）》

必 作 部 分

一、单项选择题（共40题，每题1分。每题的备选项中，只有一个最符合题意）。

1. 钢中除了含有铁以外，还含有一些其他元素，其中某元素的含量对钢的性能有决定性影响，该元素含量低的钢材强度较低，但塑性大，延伸率和冲击韧性高，易于冷加工、切削和焊接，反之，塑性小、硬度大，脆性大，不易加工，该元素是（　）。
   A. 锰　　　　　　　　　　　　　B. 铬
   C. 碳　　　　　　　　　　　　　D. 硅

2. 此钢具有较高的韧性、良好的耐蚀性、高温强度和较好的抗氧化性，以及良好的压力加工和焊接性能。但是这类钢的屈服强度低，且不能采用热处理方法强化，该钢材是（　）。
   A. 马氏体型不锈钢　　　　　　　B. 奥氏体型不锈钢
   C. 铁素体-奥氏体型不锈钢　　　　D. 沉淀硬化型不锈钢

3. 某铸铁具有较高的强度、塑性和冲击韧性，可以部分代替碳钢，常用来制造形状复杂、承受冲击和振动荷载的零件，如管接头和低压阀门，该铸铁为（　）。
   A. 普通铸铁　　　　　　　　　　B. 蠕墨铸铁
   C. 球墨铸铁　　　　　　　　　　D. 可锻铸铁

4. 目前应用最多、最广的耐火隔热材料，具有气孔率高的特点，广泛用于电力、冶金、机械化工、石油、金属冶炼电炉和硅酸盐等工业的各种热体表面及各种高温窑炉、锅炉、炉墙中层的保温绝热部位。该材料是（　）。
   A. 硅藻土　　　　　　　　　　　B. 石棉
   C. 硅酸钙　　　　　　　　　　　D. 矿渣棉

5. 具有极优良的耐磨性、耐化学腐蚀性、绝缘性及较高的抗压性能，但脆性大、承受冲击荷载的能力低的非金属耐蚀材料为（　）。
   A. 铸石　　　　　　　　　　　　B. 石墨
   C. 玻璃　　　　　　　　　　　　D. 天然耐蚀石料

6. 具有高的爆破强度和内表面清洁度，有良好的耐疲劳抗震性能，适用于冷冻设备、电热电器工业中的刹车管、燃料管、润滑油管、加热器或冷却器管的金属管材为（　）。
   A. 单面螺旋缝焊管　　　　　　　B. 双面螺旋缝焊管
   C. 双层卷焊钢管　　　　　　　　D. 不锈钢无缝钢管

7. 某塑料管有较高的强度，较好的耐热性、无毒，耐化学腐蚀，常温下不能被任何溶剂溶解，在1.0MPa下长期使用温度可达70℃，最高工作温度可达95℃，被广泛应用于冷热水供应系统中,该塑料管为( )。
A. 聚氯乙烯管 B. 聚乙烯管
C. 聚丙烯管 D. 工程塑料管

8. 主要用于工况比较苛刻的场合、应力变化反复的场合、压力温度波动较大和高温、高压及零下低温管道的法兰为( )。
A. 平焊法兰 B. 整体法兰
C. 对焊法兰 D. 松套法兰

9. 某补偿器具有补偿能力大,流体阻力和变形应力小,对固定支座的作用力小等特点。该补偿器应成对使用,单台使用无补偿能力,此补偿器为( )。
A. 球形补偿器 B. 波形补偿器
C. 方形补偿器 D. 填料补偿器

10. 适用于1kV及以下室外直埋敷设的电缆型号为( )。
A. YJV型 B. BTTZ型
C. VV型 D. VV_{22}型

11. 主要应用于30mm以上的厚件,可与铸造及锻压相结合生产组合件,以解决铸、锻能力的不足,因此特别适用于重型机械制造业,如轧钢机、水轮机、水压机及其他大型锻压机械。在高压锅炉、石油高压精炼塔、电站的大型容器、炼铁高炉以及造船工业中亦获得大量应用,可进行大面积堆焊和补焊,该焊接方法是( )。
A. 手弧焊 B. 埋弧焊
C. 等离子弧焊 D. 电渣焊

12. 直径DN40的低压碳素钢管坡口加工方式为( )。
A. 氧-乙炔 B. 手提砂轮机
C. 坡口机 D. 车床加工坡口

13. 为了使工件得到好的弹性、韧性和相应的硬度,将钢件加热到250~500℃,保持一定时间后,按要求冷却,一般适用于中等硬度的零件、弹簧。这种热处理方式为( )。
A. 低温回火 B. 中温回火
C. 高温回火 D. 淬火

14. 只能检测磁性和非磁性金属材料的表面和近表面缺陷的方法是( )。
A. 射线探伤 B. 磁粉探伤
C. 超声波探伤 D. 涡流探伤

15. 一批薄壁、形状复杂的金属部件,表面需要除锈及去油垢,宜采用的除锈方法为( )。
A. 喷射除锈法 B. 抛射除锈法
C. 火焰除锈法 D. 化学除锈法

16. 对异形管件、阀门、法兰进行绝热施工,宜采用的施工方法为( )。
A. 捆扎绝热层 B. 粘贴绝热层
C. 浇注绝热层 D. 钉贴绝热层

17. 通过起升机构升降运动,小车运动机构和大车运动机构水平运动,在矩形三维空间内完成对物料的搬运作业，这种起重机械是（   ）。
A. 臂架式起重机　　　　　　　　B. 桥架式起重机
C. 桅杆起重机　　　　　　　　　D. 缆索起重机

18. 借助机、电、液一体化工作原理，使提升能力可按实际需要进行任意组合配置，解决了在常规状态下采用起重机不能解决的大型物件整体提升的技术难题，此提升方法为（   ）。
A. 缆索系统提升　　　　　　　　B. 液压提升
C. 汽车起重机提升　　　　　　　D. 桥式起重机提升

19. 忌油管道用蒸汽吹扫进行脱脂后，应按设计规定进行脱脂质量检验，利用间接法进行脱脂检验时宜采用（   ）。
A. 白布　　　　　　　　　　　　B. 白滤纸
C. 白靶板　　　　　　　　　　　D. 纯樟脑

20. 设备耐压试验应采用液压试验，若采用气压试验代替液压试验时，对压力容器的对接焊缝检测要求为（   ）。
A. 25%射线或超声检测并合格
B. 50%射线或超声检测并合格
C. 75%射线或超声检测并合格
D. 100%射线或超声检测并合格

21. 依据《通用安装工程工程量计算规范》GB 50856—2013 规定，编码 0310 所表示的项目名称为（   ）。
A. 给水排水、采暖、燃气工程　　B. 消防工程
C. 电气设备工程　　　　　　　　D. 工业管道工程

22. 依据《通用安装工程工程量计算规范》GB 50856—2013 规定，给水排水、采暖、燃气工程基本安装高度为（   ）。
A. 2.2m　　　　　　　　　　　　B. 5m
C. 3.6m　　　　　　　　　　　　D. 6m

23. 下列机械中，属于粉碎及筛分机械的是（   ）。
A. 压缩机　　　　　　　　　　　B. 提升机
C. 球磨机　　　　　　　　　　　D. 扒料机

24. 和润滑油相比，润滑脂具有的特点是（   ）。
A. 适合温度低的环境使用　　　　B. 基础油爬行倾向大
C. 蒸发速度较低　　　　　　　　D. 阻尼减震能力小

25. 皮带连接的接头方法中，能够保证高的接头效率，同时也非常稳定，接头寿命也很长，容易掌握，但存在工艺麻烦、费用高、接头操作时间长等缺点。该接头方法是（   ）。
A. 热硫化　　　　　　　　　　　B. 冷硫化
C. 皮带扣搭接　　　　　　　　　D. 皮带扣绑接

26. 容积泵中，往复泵除了包括活塞泵外，还包括（   ）。
A. 轴流泵　　　　　　　　　　　B. 混流泵

C. 隔膜泵 D. 转子泵

27. 离心泵安装时，以下工作内容应单独列项的是( )。
A. 拆卸检查 B. 泵体安装
C. 泵软管安装 D. 二次灌浆

28. 反映锅炉性能的指标有很多，其中表明锅炉热经济性指标的是( )。
A. 受热面蒸发率 B. 受热面发热率
C. 锅炉蒸发量 D. 锅炉热效率

29. 在锅炉安全附件的安装中，正确的做法为( )。
A. 测量高压的压力表，严禁安装在操作岗位附近
B. 取压装置端部应伸入管道内壁
C. 水位计和汽包之间的连接管上不能安装阀门
D. 蒸汽锅炉的安全阀安装前应抽检并进行严密性试验

30. 具有结构简单、处理烟气量大、没有运动部件、造价低、维护管理方便等特点，除尘效率一般可达85%，工业锅炉烟气净化中应用最广泛的除尘设备是( )。
A. 旋风除尘器 B. 麻石水膜除尘器
C. 湿式除尘器 D. 旋风水膜除尘器

31. 依据《通用安装工程工程量计算规范》GB 50856—2013，按蒸发量划分，属于低压锅炉的是( )。
A. 130t/小时 B. 75t/小时
C. 35t/小时 D. 20t/小时

32. 按照火灾划分的规定，存放汽车轮胎库发生火灾属于( )。
A. A类火灾 B. B类火灾
C. C类火灾 D. D类火灾

33. 下列场景应设置消防水泵接合器的是( )。
A. 四层民用建筑
B. 室内消火栓设计流量小于10L/秒平战结合的人防工程
C. 11000m² 地下一层仓库
D. 两层生产厂房

34. 从生产到使用过程中无毒、无公害、无污染、无腐蚀、无残留，属于无管网灭火系统。该灭火系统是( )。
A. 七氟丙烷灭火系统 B. IG541灭火系统
C. S型气溶胶灭火系统 D. K型气溶胶灭火系统

35. 非吸气型泡沫喷头可采用的泡沫液是( )。
A. 蛋白泡沫液 B. 氟蛋白泡沫液
C. 水成膜泡沫液 D. 抗溶性泡沫液

36. 在常用照明光源中，平均使用寿命最长的光源是( )。
A. 白炽灯 B. 荧光灯
C. 卤钨灯 D. 高压钠灯

37. 安装吊扇、壁扇、换气扇时，符合安装要求的是( )。

A. 吊扇挂钩直径不应小于吊扇挂销直径
B. 吊扇组装中应根据使用需求改变扇叶角度
C. 壁扇底座不得使用膨胀螺栓,应焊接固定
D. 无专人管理场所的换气扇不得设置定时开关

38. 霍尔元件作开关时,属于( )。
A. 转换开关　　　　　　　　　B. 行程开关
C. 接近开关　　　　　　　　　D. 自动开关

39. 时间继电器中,具有延时精度高、调整范围大等特点,价格较贵的是( )。
A. 电磁式　　　　　　　　　　B. 电动式
C. 空气阻尼式　　　　　　　　D. 晶体管式

40. 导管直径 $D=15mm$ 的刚性塑料导管,沿墙明设,10m 长的直线管,应设置固定管卡的数量是( )。
A. 10　　　　　　　　　　　　B. 7
C. 5　　　　　　　　　　　　　D. 4

二、多项选择题（共 20 题,每题 1.5 分,每题的备选项中,有 2 个或 2 个以上符合题意,至少有 1 个错项。错选,本题不得分;少选,所选的每个选项得 0.5 分）

41. 紫铜的特点包括( )。
A. 主要用于制作电导体　　　　B. 主要用于配制合金
C. 主要用于制作轴承等耐磨零件　D. 主要用于制作抗腐蚀、抗磁零件

42. 聚丙烯的特点有( )。
A. 介电性和化学稳定性良好　　B. 耐热、力学性能优良
C. 耐光性好,不易老化　　　　D. 低温韧性和染色性良好

43. 酸性焊条具有的特点为( )。
A. 焊接过程中产生的烟尘较少,有利于焊工健康
B. 对铁锈、水分敏感
C. 一般用于焊接低碳钢板和不重要的结构
D. 价格低,可选择交流焊机

44. 截止阀的特点包括( )。
A. 结构简单,严密性差
B. 改变流体方向,水流阻力大
C. 低进高出,方向不能装反
D. 不适用于带颗粒、黏性大的流体

45. 单模光纤的特点有( )。
A. 芯线粗,只能传播一种模式的光
B. 模间色散小,频带宽
C. 可与发光二极管配合使用
D. 保密性好,适用于远程通信

46. 切割不锈钢、工具钢应选择的切割方式为( )。
A. 氧-乙炔切割　　　　　　　　B. 氧-丙烷切割

C. 氧熔剂切割　　　　　　　　D. 等离子弧切割

47. 关于焊接参数选择正确的是（　　）。
A. 含合金元素较多的合金钢焊条，焊接电流大
B. 酸性焊条焊接时，应该使用短弧
C. 焊接重要的焊接结构或厚板大刚度结构应选择直流电源
D. 碱性焊条或薄板的焊接，应选择直流反接

48. 高压无气喷涂的主要特点为（　　）。
A. 涂膜的附着力强
B. 速度快，工效高
C. 解决了其他涂装方法对复杂形状工件的涂装难题
D. 无涂料回弹，大量漆雾飞扬

49. 对于DN500气体管道吹扫、清洗，正确的是（　　）。
A. 采用压缩空气进行吹扫
B. 应将系统的仪表、阀门等管道组件与管道一起吹扫
C. 吹扫顺序为支管、主管
D. 吹扫压力不大于设计压力

50. 安装工程中电气设备安装工程与市政路灯工程界定正确的是（　　）。
A. 住宅小区的路灯　　　　　　B. 厂区道路的路灯
C. 庭院艺术喷泉灯　　　　　　D. 隧道灯

51. 以下属于由国家或地方检测部门进行的各类检测项目的是（　　）。
A. 通风系统测试　　　　　　　B. 消防工程检测
C. 防雷装置检测　　　　　　　D. 通电测试

52. 当拟建工程中有易燃易爆、有害环境施工时，可列为措施项目的是（　　）。
A. 压力试验
B. 设备、管道施工的安全防冻和焊接保护
C. 管道安拆后的充气保护
D. 吹扫

53. 装配件表面除锈及污垢清除，宜采用的清洗方法为（　　）。
A. 蒸汽　　　　　　　　　　　B. 碱性清洗液
C. 酸性清洗液　　　　　　　　D. 乳化除油液

54. 斗式输送机的特点，说法正确的有（　　）。
A. 输送速度慢，输送能力低
B. 特别适合输送含有块状、没有磨琢性的物料
C. 只有在其他标准输送机不能满足要求时才考虑使用
D. 只可用在垂直方向输送物料

55. 与透平式压缩机相比，活塞式压缩机的特点有（　　）。
A. 气流速度低，损失小
B. 超高压范围不适用
C. 外形尺寸及重量较大

D. 旋转部件常用高强度合金钢

56. 与火管锅炉相比，水管锅炉的优点有（　　）。
A. 热效率高
B. 金属耗量少
C. 运行维护方便
D. 安全性能好

57. 下列关于自动喷水灭火系统的说法中正确的是（　　）。
A. 湿式灭火系统适用于寒冷地区
B. 干式灭火系统灭火效率低于湿式，且投资大
C. 干湿两用系统可随季节变换系统形式，是常用的灭火系统
D. 预作用系统适用于建筑装饰要求高、不允许有水渍损失的建筑物

58. 根据消防炮系统及适用范围，下列关于消防炮灭火系统说法正确的是（　　）。
A. 水炮系统可用于扑灭图书馆的火灾
B. 干粉炮系统可用于液化石油站的火灾
C. 泡沫炮系统可用于扑灭配电室火灾
D. 水炮系统可用于扑灭储油罐内火灾

59. 电动机减压启动的方式有（　　）。
A. 变频器启动法
B. 软启动器启动法
C. 三角形连接启动法
D. 绕线式异步电动机启动法

60. 电气照明的导线连接方式，除铰接外，还包括（　　）。
A. 压接
B. 螺栓连接
C. 粘结
D. 焊接

选作部分

共40题，分为两个专业组，考生可在两个专业组的40个试题中任选20题作答。按所答的前20题计分，每题1.5分。试题由单选和多选组成。错选，本题不得分；少选，所选的每个选项得0.5分。

一、(61~80题) 管道和设备工程

61. 某给水系统，分区设置水箱，分散布置水泵，自下区水箱抽水供上区使用，优点是管线较短，无需高压水泵，投资运行经济；缺点是水泵分散设置，不易维护管理，占用建筑面积大。此室内给水系统为（　　）。
A. 高位水箱串联供水
B. 高位水箱并联供水
C. 减压水箱供水
D. 气压水箱供水

62. 比例式减压阀的设置应符合规范的要求，下列说法正确的有（　　）。
A. 减压阀应设置两组，其中一组备用
B. 减压阀前不应安装过滤器
C. 消防给水减压阀后应装设泄水龙头，定期排水
D. 不得绕过减压阀设旁通管

63. 关于采暖系统散热器和阀门安装，说法正确的有（　　）。
A. 汽车车库内散热器宜采用高位安装

B. 楼梯间的散热器应避免布置在底层
C. 膨胀水箱的膨胀管上严禁安装阀门
D. 膨胀水箱的循环管上严禁安装阀门

64. 我国城镇燃气管道燃气设计压力 P（MPa）分为七级，其中中压燃气管道 A 级的设计压为（　　）。
    A. 0.01MPa＜P≤0.2MPa
    B. 0.2MPa＜P≤0.4MPa
    C. 0.4MPa＜P≤0.8MPa
    D. 0.8MPa＜P≤1.6MPa

65. 给水排水、采暖燃气、管道工程量计算的说法中正确的是（　　）。
    A. 直埋管保温包括管件安装，接口保温另计
    B. 排水管道包括立管检查口安装
    C. 塑料排水管阻火圈，应另计工程量
    D. 室外管道碰头包括管沟局部拆除及恢复，但挖工作坑、土方回填应单独列项

66. 根据《通用安装工程工程量计算规范》GB 50856—2013，成品卫生器具安装中包括给水排水附件安装，其中排水附件包括（　　）。
    A. 存水弯
    B. 排水栓
    C. 地漏
    D. 地坪扫除

67. 可用于铁路、公路、隧道的通风换气，与普通轴流风机相比，在相同通风机重量或相同功率的情况下，能提供较大通风量和较高风压的风机是（　　）。
    A. 射流通风机
    B. 排尘通风机
    C. 防腐通风机
    D. 防尘排烟通风机

68. 消声器是一种能阻止噪声传播，同时允许气流顺利通过的装置，属于阻性消声器的有（　　）。
    A. 微穿孔板消声器
    B. 管式消声器
    C. 蜂窝式消声器
    D. 多节式消声器

69. 带有四通转换阀，可以在机组内实现冷凝器和蒸发器的转换，完成制冷、制热工况的转换，可以实现夏季供冷、冬季供热的机组为（　　）。
    A. 离心冷水机组
    B. 活塞式冷风机组
    C. 吸收式冷水机组
    D. 热泵式空调机组

70. 用于制作风管的材料种类较多，适合制作高压系统风管的板材有（　　）。
    A. 不锈钢板
    B. 玻璃钢板
    C. 钢板
    D. 铝板

71. 关于空调系统安装，说法正确的有（　　）。
    A. 风机盘管安装前应对机组换热器进行水压试验，试验压力为工作压力的 1.5 倍
    B. 诱导器安装前按 50％ 比例进行质量检查
    C. 吊顶式新风空调机组的送风口与送风管道不得采用帆布软管连接
    D. 组合式空调机组试运转，运行时间不得低于 4 小时

72. 依据《通用安装工程工程量计算规范》GB 50856—2013 规定，下列符合通风空调工程计量规则的是（　　）。
    A. 碳钢通风管道按设计图示外径尺寸以展开面积计算

B. 玻璃钢风管道按设计图示内径尺寸以展开面积计算
C. 柔性软风管按设计中心线尺寸以展开面积计算
D. 风管展开面积不扣除检查孔、测定孔等所占面积

73. 关于热力管道的安装，下列说法正确的是( )。
A. 热力管道应有坡度
B. 热力管道穿墙或楼板应设置套管
C. 蒸汽支管从主管下方或侧面接出
D. 减压阀应垂直安装在水平管道上

74. 压缩空气管道安装完毕后，应进行强度和严密性试验，试验介质一般选用( )。
A. 蒸汽   B. 水
C. 压缩空气   D. 无油压缩空气

75. 常温下耐王水但是不耐浓硫酸的金属是( )。
A. 不锈钢   B. 铜及铜合金
C. 铝及铝合金   D. 钛及钛合金

76. 下列关于塑料管的连接方法中正确的有( )。
A. 粘结法主要用于硬PVC管和ABS管
B. 电熔合连接主要应用于PP-R管和PB管
C. DN15以上的工业管道、热力管道可以用法兰连接
D. 螺纹连接适用于DN50以上管道

77. 高压管道长期处于高压高温环境中，下列关于高压管道施工说法正确的是( )。
A. 合金钢不锈钢高压管道应采用碳弧气割
B. 高压管道热弯的时候可以使用煤作燃料
C. 高压管在焊接前一般应进行预热，焊后应进行热处理
D. 高压钢管若采用超声波探伤，抽检比例不应低于20%

78. 关于压力容器选材，下列说法中正确的是( )。
A. 在腐蚀或产品纯度要求高的场合使用不锈钢
B. 在深冷操作中可以使用铜和铜合金
C. 化工陶瓷可以作为设备衬里
D. 橡胶可以作为高温容器衬里

79. 在化工、石油工业中广泛应用，能提供气、液两相充分接触，使传质传热过程迅速有效进行，并在完成传质传热过程之后，气、液两相及时分开、互不夹带的设备是( )。
A. 容器   B. 塔器
C. 搅拌器   D. 换热器

80. 适用于金属材料和非金属材料板材、复合板材、锻件、管材和焊接接头表面开口缺陷的检测，但不适用于多孔性材料的检测的探伤方法是( )。
A. 磁粉检测   B. 渗透检测

C. 涡流检测　　　　　　　　　　　　D. 超声检测

二、(81～100题) 电气和自动化工程

81. 变电所工程指为建筑物供应电能、变换电压和分配电能的电气工程。下列关于变电所的说法正确的是( )。
   A. 高压配电室的作用是把高压电转换为低压电
   B. 控制室的作用是提高功率因数
   C. 露天变电所的低压配电室要求远离变压器室
   D. 高层建筑物变电所的变压器采用干式变压器

82. 母线排列次序及涂漆的颜色，以下说法正确的是( )。
   A. 相序及涂漆颜色：A-黄色，B-绿色，C-红色，N-黑色
   B. 垂直布置时，排列次序为上、中、下、最下，相序N、C、B、A
   C. 水平布置时，排列次序为内、中、外、最外，相序N、C、B、A
   D. 引下线布置时，排列次序为左、中、右、最右，相序N、C、B、A

83. 下列关于架空敷设的说法正确的是( )。
   A. 主要用绝缘线或裸线
   B. 广播线、通信电缆与电力同杆架设时，应在电力线下方，二者垂直距离不小于1.5m
   C. 当引入线处重复接地点的距离小于1m时，可以不做重复接地
   D. 三相四线制低压架空线路，在终端杆处应将保护线做重复接地，接地电阻不大于10Ω

84. 防雷系统的安装，下列说法正确的是( )。
   A. 接地极只能垂直敷设，不可水平敷设
   B. 接地极水平敷设时，所有金属件均应镀锌
   C. 避雷带与引下线之间的连接不可焊接
   D. 不可用建筑物的金属导体做引下线，必须单独敷设

85. 根据《通用安装工程工程量计算规范》GB 50856—2013规定，以下属于电气设备安装工程的是( )。
   A. 设备安装用地脚螺栓的浇筑
   B. 过梁、墙、楼板等套管安装
   C. 车间电气动力设备及电气照明安装
   D. 防雷及接地装置安装

86. 依据《通用安装工程工程量计算规范》GB 50856—2013规定，下列说法正确的是( )。
   A. 电缆、导线的预留长度均应计入工程量
   B. 配管线槽安装工程量应扣除中间接线盒、灯头盒所占长度
   C. 接地母线的附加长度不应计入工程量
   D. 架空导线进户线预留长度不小于1.5m/根

87. 自动控制系统中，用来测量被控量的实际值，并经过信号处理，转换为与被控量有一定函数关系，且与输入信号同一物理量的信号的是( )。

A. 探测器 B. 放大变换环节
C. 反馈环节 D. 给定环节

88. 可将被测压力转换为电量进行测量，用于压力信号的远传、发信或集中控制的压力检测仪表有( )。

A. 活塞式压力计 B. 电气式压力计
C. 电接点式压力计 D. 液柱式压力计

89. 控制系统中，和集散控制系统相比，总线控制系统具有的特点是( )。
A. 以分布在被控设备现场的计算机控制器完成对被控设备的监视、测量与控制。中央计算机完成集中管理、显示、报警、打印等功能
B. 把单个分散的测量控制设备变成网络节点，以现场总线为纽带，组成一个集散型的控制系统
C. 控制系统由集中管理部分、分散控制部分和通信部分组成
D. 把传感测量、控制等功能分散到现场设备中完成，体现了现场设备功能的独立性

90. 某种温度计测量时不干扰被测温场，不影响温场分布，具有较高的测量准确度，理论上无测量上限，该温度计是( )。

A. 辐射温度计 B. 热电偶温度计
C. 热电阻温度计 D. 双金属温度计

91. 湿度传感器安装说法正确的是( )。
A. 室内湿度传感器不应安装在阳光直射的地方
B. 应远离冷/热源，如无法避开则与之距离不应小于2m
C. 风管湿度传感器安装应在风管保温完成后进行
D. 风管湿度传感器安装应在风管保温完成前进行

92. 具有电磁绝缘性能好、信号衰小、顿带宽、传输速度快、传输距离大等特点，主要用于要求传输距离较长、布线条件特殊的主干网连接。该网络传输介质是( )。

A. 双绞线 B. 粗缆
C. 细缆 D. 光缆

93. 干线传输系统其作用是把前端设备输出的宽带复合信号进行传输，并分配到用户终端。在传输过程中根据信号电平的衰减情况合理设置电缆补偿放大器，以弥补线路中无源器件对信号电平的衰减。干线传输分配部分除电缆以外还有干线放大器、均衡器、分支器、分配器等设备。其中不是把信号分成相等的输出而是分出一部分到支路上去，分出的这一部分比较少，主要输出仍占信号的主要部分的设备是( )。

A. 分配器 B. 分支器
C. 均衡器 D. 干线放大器

94. 视频会议系统的终端设备有( )。

A. 摄像机 B. 监控器
C. 话筒 D. 电话交换机

95. 关于通信线路位置的确定，下列说法正确的是( )。
A. 选择线路路由，应在线路规划基础上进行
B. 通信线路可建在快车道上

C. 通信线路位置不宜敷设在埋深较大的其他管线附近

D. 光缆的弯曲半径不小于光缆外径的 10 倍

96. 建筑物内能实现对供配电、给水排水、暖通空调、照明、消防和安全防范等监控系统的有(　　)。

A. 建筑自动化（BAS） B. 通信自动化系统（CAS）
C. 办公自动化系统（AS） D. 综合布线系统（PDS）

97. 超声波探测器是利用多普勒效应，当目标在防范空间活动时，反射的超声波引起探测器报警，按警戒范围划分，该探测器属于(　　)。

A. 点型入侵探测器 B. 线性入侵探测器
C. 面型入侵探测器 D. 空间入侵探测器

98. 闭路监控系统中，可近距离传送数字信号，不需调制调解设备，花费少的传输方式有(　　)。

A. 光纤传输 B. 射频传输
C. 基带传输 D. 宽带传输

99. 火灾报警系统由火灾探测、报警器和联动控制三部分组成，具有报警功能的装置有(　　)。

A. 感烟探测器 B. 报警控制器
C. 声光报警器 D. 警笛

100. 综合布线由若干子系统组成，关于建筑物干线子系统布线，说法正确的有(　　)。

A. 从建筑物的配线桥架到各楼层之间的布线属于建筑物干线子系统

B. 建筑物干线电缆应直接端接到有关楼层配线架，中间不应有转接点或接头

C. 从建筑群配线架到各建筑物的配线架之间的布线属于该子系统

D. 该系统包括水平电缆、水平光缆及其所在楼层配线架上的机械和接线

2020年全国一级造价工程师职业资格考试
《建设工程技术与计量（安装工程）》
答案与解析

必 作 部 分

一、单项选择题（共40题，每题1分。每题的备选项中，只有一个最符合题意）

1.【答案】 C

【解析】钢中碳的含量对钢的性质有决定性影响，含碳量低的钢材强度较低，但塑性大，延伸率和冲击韧性高，质地较软，易于冷加工、切削和焊接；含碳量高的钢材强度高（当含碳量超过1.00%时，钢材强度开始下降）、塑性小、硬度大、脆性大且不易加工。

2.【答案】 B

【解析】奥氏体型不锈钢。钢中主要合金元素为铬、镍、钛、铌、钼、氮和锰等。此钢具有较高的韧性、良好的耐蚀性、高温强度和较好的抗氧化性，以及良好的压力加工和焊接性能。但是这类钢的屈服强度低，且不能采用热处理方法强化，只能进行冷变形强化。

3.【答案】 D

【解析】可锻铸铁具有较高的强度、塑性和冲击韧性，可以部分代替碳钢。可锻铸铁常用来制造形状复杂、承受冲击和振动荷载的零件，如管接头和低压阀门等。与球墨铸铁相比，可锻铸铁具有成本低、质量稳定、处理工艺简单等优点。

4.【答案】 A

【解析】硅藻土是目前应用最多、最广的耐火隔热材料。硅藻土制成的耐火保温砖、板、管，具有气孔率高、耐高温及保温性能好、密度小等特点。广泛用于电力、冶金、机械、化工、石油、金属冶炼电炉和硅酸盐等工业的各种热体表面及各种高温窑炉、锅炉、炉墙中层的保温绝热部位。

5.【答案】 A

【解析】铸石具有极优良的耐磨性、耐化学腐蚀性、绝缘性及较高的抗压性能。其耐磨性能比钢铁高十几倍至几十倍。在各类酸碱设备中的应用效果，高于不锈钢、橡胶、塑性材料及其他有色金属十倍到几十倍；但脆性大、承受冲击荷载的能力低。因此，在要求耐蚀、耐磨或高温条件下，当不受冲击振动时，铸石是钢铁（包括不锈钢）的理想代用材料，不但可以节约金属材料、降低成本，而且能有效提高设备的使用寿命。

6.【答案】 C

【解析】双层卷焊钢管是用优质冷轧钢带经双面镀铜、纵剪分条、卷制缠绕后在还原气氛中钎焊而成，它具有高的爆破强度和内表面清洁度，有良好的耐疲劳抗震性能。双层卷焊钢管适于冷冻设备、电热电器工业中的刹车管、燃料管、润滑油管、加热器或冷却器管等。

7.【答案】 C

【解析】PP-R 管是第三代改性聚丙烯管。PP-R 管具有较高的强度、较好的耐热性，最高工作温度可达 95℃，在 1.0MPa 下长期（50 年）使用温度可达 70℃，另外，PP-R 管无毒、耐化学腐蚀，在常温下无任何溶剂能溶解，目前它被广泛地用于冷热水供应系统。

8.【答案】 C

【解析】对焊法兰又称为高颈法兰。对焊法兰主要用于工况比较苛刻的场合，如管道热膨胀或因其他荷载而使法兰所受的应力较大，或应力变化反复的场合；压力、温度大幅度波动的管道和高温、高压及零下低温的管道。

9.【答案】 A

【解析】球形补偿器具有补偿能力大，流体阻力和变形应力小，且对固定支座的作用力小等特点。该补偿器应成对使用，单台使用没有补偿能力，但可作管道万向接头使用。

10.【答案】 D

【解析】常用于室外的电缆直埋、电缆沟敷设、隧道内敷设、穿管敷设，额定电压 0.6/1kV 的电缆及其衍生电缆有：VV_{22}（VLV_{22}）、VV_{22}-TP（VLV_{22}-TP）、NH-VV_{22} 等。

11.【答案】 D

【解析】电渣焊主要应用于 30mm 以上的厚件，可与铸造及锻压相结合生产组合件，以解决铸、锻能力的不足，因此特别适用于重型机械制造业，如轧钢机、水轮机、水压机及其他大型锻压机械。在高压锅炉、石油高压精炼塔、电站的大型容器、炼铁高炉以及造船工业中亦获得大量应用。另外，用电渣焊可进行大面积堆焊和补焊。

12.【答案】 B

【解析】坡口的加工方法：低压碳素钢管，公称直径等于或小于 50mm 的，采用手提砂轮磨坡口；直径大于 50mm 的，用氧乙炔切割坡口，然后用手提砂轮机打掉氧化层并打磨平整。

13.【答案】 B

【解析】中温回火。将钢件加热到 250~500℃ 回火，使工件得到好的弹性、韧性及相应的硬度，一般适用于中等硬度的零件、弹簧等。

14.【答案】 D

【解析】涡流探伤只能检查金属材料和试件的表面和近表面缺陷。导电的金属材料均可用涡流探伤，磁粉探伤只能检测铁磁性材料。

15.【答案】 D

【解析】化学除锈方法又称酸洗法。化学除锈法就是把金属制件在酸液中进行侵蚀加工，以除掉金属表面的氧化物及油垢等。主要适用于对表面处理要求不高、形状复杂的零部件以及在无喷砂设备条件的除锈场合。

易错： 喷射除锈法常以石英砂作为喷射除锈用磨料，也称为喷砂除锈法。喷射除锈法是目前最广泛采用的除锈方法，多用于施工现场设备及管道涂覆前的表面处理。

抛射除锈法又称抛丸法，是利用抛丸器中高速旋转的叶轮抛出的钢丸，以一定角度冲撞被处理的工件表面，将金属表面的铁锈和其他污物清除干净。抛射除锈法主要用于涂覆车间工件的金属表面处理。

火焰除锈法适用于除掉旧的防腐层（漆膜）或带有油浸过的金属表面工程，不适用于薄壁的金属设备、管道，也不能用于退火钢和可淬硬钢的除锈。

而选项 B 中抛射除锈法，只适用于较厚的、不怕碰撞的工件。选项 C 中火焰除锈法，不适用于薄壁的金属设备、管道。选项 A 中喷射除锈法，多用于施工现场设备及管道涂覆前的表面处理。故本题的最佳答案为 D。

16.【答案】C

【解析】浇注式绝热层。它是将配制好的液态原料或湿料倒入设备及管道外壁设置的模具内，使其发泡定型或养护成型的一种绝热施工方法。目前常采用聚氨酯泡沫树脂在现场发泡。湿料是轻质粒料与胶结料和水的拌合物。该法较适合异形管件、阀门、法兰的绝热以及室外地面或地下管道绝热。

17.【答案】B

【解析】桥架式起重机的最大特点是以桥形金属结构作为主要承载构件，取物装置悬挂在可以沿主梁运行的起重小车上。桥架式起重机通过起升机构的升降运动、小车运行机构和大车运行机构的水平运动，在矩形三维空间内完成对物料的搬运作业。

易错：此题也可用排除法，选项 A 中臂架式起重机、选项 C 中桅杆起重机、选项 D 中缆索起重机的工作原理均与题目表述不同，排除掉，只有选项 B 中桥架式起重机符合题意。

18.【答案】B

【解析】液压提升：集群液压千斤顶整体提升（滑移）大型设备与构件技术借助机、电、液一体化工作原理，使提升能力可按实际需要进行任意组合配置，解决了在常规状态下，采用桅杆起重机、移动式起重机所不能解决的大型构件整体提升技术难题，已广泛应用于市政工程、建筑工程的相关领域以及设备安装领域。

19.【答案】D

【解析】脱脂完毕后，应按设计规定进行脱脂质量检验。

（1）直接法

1）用清洁干燥的白滤纸擦拭管道及其附件的内壁，纸上应无油脂痕迹；

2）用紫外线灯照射，脱脂表面应无紫蓝荧光。

（2）间接法

1）用蒸汽吹扫脱脂时，盛少量蒸汽冷凝液于器皿内，并放入数颗粒度小于 1mm 的纯樟脑，以樟脑不停旋转为合格。

2）有机溶剂及浓硝酸脱脂时，取脱脂后的溶液或酸进行分析，其含油和有机物不应超过 0.03%。

20.【答案】D

【解析】设备耐压试验应采用液压试验，若采用气压试验代替液压试验时，必须符合下列规定：

（1）压力容器的对接焊缝进行 100% 射线或超声检测并合格；

（2）非压力容器的对接焊缝进行 25% 射线或超声检测，射线检测为Ⅲ级合格、超声检测为Ⅱ级合格；

（3）有本单位技术总负责人批准的安全措施。

21.【答案】A

【解析】在《通用安装工程工程量计算规范》GB 50856—2013 中，将安装工程按专业、设备特征或工程类别分为：机械设备安装工程、热力设备安装工程等 13 部分，形成附录 A～附录 N，具体为：

……

附录 K 给水排水、采暖、燃气工程（编码：0310）。

22.【答案】C

【解析】《通用安装工程工程量计算规范》GB 50856—2013 中各专业工程基本安装高度分别为：附录 A 机械设备安装工程 10m，附录 D 电气设备安装工程 5m，附录 E 建筑智能化工 5m，附录 G 通风空调工程 6m，附录 I 消防工程 5m，附录 K 给水排水、采暖、燃气工程 3.6m，附录 M 刷油、防腐蚀、绝热工程 6m。

23.【答案】C

【解析】按照在生产中所起的作用分类：粉碎及筛分机械，如破碎机、球磨机、振动筛等。

易错：属于非常规题，容易注意不到。可用排除法得到答案。选项 A 中压缩机、选项 B 中提升机，肯定不是粉碎机械；选项 D 扒料机，属于成型和包装机械；只有选项 C 球磨机才是粉碎设备。

24.【答案】C

【解析】与润滑油相比，润滑脂有以下优点：润滑脂具有更高的承载能力和更好的阻尼减震能力。由于稠化剂结构体系的吸收作用，润滑脂具有较低的蒸发速度，因此在缺油润滑状态下，特别是在高温和长周期运行中，润滑脂有更好的特性。与可比黏度的润滑油相比，润滑脂的基础油爬行倾向小。

25.【答案】A

【解析】皮带连接的常用接头方式有热硫化粘结、冷硫化粘结与皮带扣物理固定。

热硫化接口粘结方式，通过硫化机加温加压使胶料熔化流动，充分浸渍输送带芯层，牢固结合，排出内部气泡，形成高度一体性的热粘接头。热硫化接头是最理想的一种接头方法，能够保证高的接头效率，同时也非常稳定，接头寿命也很长，容易掌握。但是存在工艺麻烦、费用高、接头操作时间长等缺点。

26.【答案】C

【解析】往复泵包括活塞泵和隔膜泵。

27.【答案】C

【解析】依据《通用安装工程工程量计算规范》GB 50856—2013 的规定，离心泵工作内容包括本体安装、泵拆装检查、电动机安装、二次灌浆、单机试运转和补刷（喷）油漆。

28.【答案】D

【解析】锅炉热效率是指锅炉有效利用热量与单位时间内锅炉的输入热量的百分比，也称为锅炉效率，用符号"η"表示，它是表明锅炉热经济性的指标。

有时为了概略地衡量蒸汽锅炉的热经济性，还常用煤汽比来表示，即锅炉在单位时间内的耗煤量和该段时间内产汽量之比。

29. 【答案】C

【解析】水位计与汽包之间的汽-水连接管上不能安装阀门，更不得装设球阀。

易错：测量高压的压力表安装在操作岗位附近时，宜距地面1.8m以上，或在仪表正面加护罩。

压力测点应选在管道的直线段介质流束稳定的地方，取压装置端部不应伸入管道内壁。

蒸汽锅炉安全阀在安装前应逐个进行严密性试验。

30. 【答案】A

【解析】旋风除尘器结构简单、处理烟气量大，没有运动部件、造价低、维护管理方便，除尘效率一般可达85%，是工业锅炉烟气净化中应用最广泛的除尘设备。

31. 【答案】D

【解析】中、低压锅炉的划分：蒸发量为35t/小时的链条炉，蒸发量为75t/小时及130t/小时的煤粉炉和循环流化床锅炉为中压锅炉；蒸发量为20t/小时及以下的燃煤、燃油（气）锅炉为低压锅炉。

32. 【答案】A

【解析】通常将火灾划分为以下四大类：

A类火灾：木材、布类、纸类、橡胶和塑胶等普通可燃物的火灾；

B类火灾：可燃性液体或气体的火灾；

C类火灾：电气设备的火灾；

D类火灾：钾、钠、镁等可燃性金属或其他活性金属的火灾。

33. 【答案】C

【解析】下列场所的消火栓给水系统应设置消防水泵接合器：

1) 高层民用建筑；

2) 设有消防给水的住宅、超过五层的其他多层民用建筑；

3) 超过2层或建筑面积大于10000m²的地下或半地下建筑、室内消火栓设计流量大于10L/s平战结合的人防工程；

4) 高层工业建筑和超过四层的多层工业建筑；

5) 城市交通隧道。

34. 【答案】C

【解析】气溶胶灭火剂是一种由氧化剂、还原剂、燃烧速度控制剂和胶粘剂组成的固体混合物。包括S型气溶胶、K型气溶胶和其他型气溶胶。

S型气溶胶是固体气溶胶发生剂反应的产物，含有约98%以上的气体。几乎无微粒，沉降物极低。气体是氮气、水气、少量的二氧化碳。从生产到使用过程中无毒、无公害、无污染、无腐蚀、无残留。不破坏臭氧层，无温室效应，符合绿色环保要求。其灭火剂是以固态常温常压状态储存，不存在泄漏问题，维护方便；属于无管网灭火系统，安装相对灵活，不需布置管道，工程造价相对较低。气溶胶灭火剂释放时产生烟雾状气体，其灭火对象、适用场所和灭火控制系统与常规灭火产品基本相同。

35. 【答案】C

【解析】泡沫喷头用于泡沫喷淋系统，按照喷头是否能吸入空气分为吸气型和非吸气型。吸气型可采用蛋白、氟蛋白或水成膜泡沫液，通过泡沫喷头上的吸气孔吸入空气，形成空气泡沫灭火。

非吸气型只能采用水成膜泡沫液，不能用蛋白和氟蛋白泡沫液。并且这种喷头没有吸气孔，不能吸入空气，通过泡沫喷头喷出的是雾状的泡沫混合液滴。

36.【答案】D

【解析】参见表1。

常用照明电光源的主要特性　　　　　　　　　　　　　　　　　　　　表1

光源种类	普通照明白炽灯	卤钨灯		荧光灯		高压汞灯	高压钠灯	金卤灯
		管形、单端	低压	荧光灯	紧凑型			
额定功率范围(W)	10～1500	60～5000	20～75	4～200	5～55	50～1000	35～1000	35～3500
光效(lm/W)	7.5～25	14～30		60～100	44～87	32～55	64～140	52～130
平均寿命(小时)	1000～2000	1500～2000		8000～15000	5000～10000	10000～20000	12000～24000	3000～10000
亮度(cd/m^2)		10^7～10^8		～10^4	(5～10)×10^4	～10^5	(6～8)×10^6	(5～7)×10^6
显色指数 Ra	95～99	95～99	95～99	70～95	>80	30～60	23～85	60～90
相关色温(K)	2400～2900	2800～3300	2800～3300	2500～6500	2500～6500	5500	1900～2800	3000～6500
启动稳定时间(分钟)	瞬时			1～4秒	10秒快速	4～8		4～10
再启动时间(分钟)	瞬时			1～4秒	10秒快速	5～10	10～15	10～15
闪烁		不明显		普通管明显、高频管不明显		明显		
电压变化对光通量的影响	大	较大		较大		较大	大	较大
环境温度变化对光通输出的影响	小			大		较小		
耐震性能	较差	较好		好		较好		好

37.【答案】A

【解析】A 选项正确：吊扇挂钩安装应牢固，吊扇挂钩的直径不应小于吊扇挂销直径，且不应小于 8mm。

选项 B：吊扇组装不应改变扇叶角度，扇叶的固定螺栓防松零件应齐全；

选项 C：壁扇底座应采用膨胀螺栓或焊接固定，固定应牢固可靠；

选项 D：无专人管理场所的换气扇宜设置定时开关。

38.【答案】C

【解析】霍尔元件是一种磁敏元件。利用霍尔元件做成的开关，叫作霍尔开关。当磁性物件移近霍尔开关时，开关检测面上的霍尔元件因产生霍尔效应而使开关内部电路状态发生变化,由此识别附近存在磁性物体,进而控制开关的通或断。这种接近开关的检测对象必须是磁性物体。

39.【答案】B

【解析】时间继电器有电磁式、电动式、空气阻尼式、晶体管式等。其中电动式时间继电器的延时精确度较高,且延时时间调整范围较大,但价格较高;电磁式时间继电器的结构简单,价格较低,但延时较短,体积和重量较大。

40.【答案】A

【解析】参见表2。

管卡间的最大距离   表2

敷设方式	导管种类	导管直径			
		15～20	25～32	40～50	65以上
		管卡间最大距离（m）			
支架或沿墙明敷	壁厚>2mm刚性钢导管	1.5	2.0	2.5	3.5
	壁厚≤2mm刚性钢导管	1.0	1.5	2.0	—
	刚性塑料导管	1.0	1.5	2.0	2.0

二、多项选择题（共20题,每题1.5分,每题的备选项中,有2个或2个以上符合题意,至少有1个错项。错选,本题不得分;少选,所选的每个选项得0.5分）

41.【答案】AB

【解析】纯铜呈紫红色,常称紫铜,主要用于制作电导体及配制合金。纯铜的强度低,不宜用作结构材料。

42.【答案】AB

【解析】聚丙烯具有质轻、不吸水、介电性、化学稳定性和耐热性良好,力学性能优良,但耐光性能差,易老化,低温韧性和染色性能不好。

43.【答案】ACD

【解析】酸性焊条。其熔渣的成分主要是酸性氧化物（SiO_2、TiO_2、Fe_2O_3）及其他在焊接时易放出氧的物质,药皮里的造气剂为有机物,焊接时产生保护气体。但其焊接过程中产生烟尘较少,有利于焊工健康,且价格比碱性焊条低,焊接时可选交流焊机。

酸性焊条药皮中含有多种氧化物,具有较强的氧化性,促使合金元素氧化;同时电弧气中的氧电离后形成负离子与氢离子有很强的亲和力,生成氢氧根离子,从而防止氢离子溶入液态金属里,所以这类焊条对铁锈、水分不敏感,焊缝很少产生由氢引起的气孔。但酸性熔渣脱氧不完全,也不能有效地清除焊缝中的硫、磷等杂质,故焊缝的金属力学性能较低,一般用于焊接低碳钢和不太重要的碳钢结构。

44.【答案】BCD

【解析】截止阀主要用于热水供应及蒸汽管路中,它结构简单,严密性较高,制造和维修方便,阻力比较大。流体经过截止阀时要改变流向,因此水流阻力较大,所以安装时要注意流体"低进高出",方向不能装反。

选用特点：结构比闸阀简单,制造、维修方便,也可以调节流量,应用广泛。但流动阻力大,为防止堵塞和磨损,不适用于带颗粒和黏性较大的介质。

45.【答案】 BD

【解析】单模光纤：芯线特别细（约为 10μm），只能传播一种模式的光。单模光纤的优点是其模间色散很小，传输频带宽，适用于远程通信，每千米带宽可达 10GHz。缺点是芯线细，耦合光能量较小，光纤与光源以及光纤与光纤之间的接口比多模光纤难；单模光纤只能与激光二极管（LD）光源配合使用，而不能与发散角度较大、光谱较宽的发光二极管（LED）配合使用。所以单模光纤的传输设备较贵。

46.【答案】 CD

【解析】火焰切割能够切割的金属有纯铁、低碳钢、中碳钢、低合金钢以及钛。其他常用的金属材料如铸铁、不锈钢、铜和铝，不能应用气割，常用的切割方法是等离子弧切割。

氧熔剂切割是在切割氧流中加入纯铁粉或其他熔剂，利用它们的燃烧热和废渣作用实现气割的方法。此种切割方法烟尘少，切断面无杂质，可以用来切割不锈钢等。

47.【答案】 CD

【解析】焊接参数选择：

（1）焊接电流的选择。含合金元素较多的合金钢焊条，一般电阻较大，热膨胀系数大，焊接过程中电流大，焊条易发红，造成药皮过早脱落，影响焊接质量，而且合金元素烧损多，因此焊接电流相应减小。

（2）电弧电压的选择。电弧电压是由电弧长来决定的。电弧长，则电弧电压高；电弧短，则电弧电压低。在使用酸性焊条焊接时，为了预热待焊部位或降低熔池温度，有时将电弧稍微拉长进行焊接，即所谓的长弧焊。

（3）电源种类和极性的选择。直流电源，电弧稳定，飞溅小，焊接质量好，一般用在重要的焊接结构或厚板大刚度结构的焊接上。其他情况下，应首先考虑用交流焊机，因为交流焊机构造简单，造价低，使用维护也较直流焊机方便。

极性的选择，一般情况下，使用碱性焊条或薄板的焊接，采用直流反接；而酸性焊条，通常选用正接。

48.【答案】 ABD

【解析】高压无气喷涂的主要特点是没有一般空气喷涂时发生的涂料回弹和大量漆雾飞扬的现象，因而不仅节省了漆料，而且减少了污染，改善了劳动条件。同时，它还具有工效高的特点，比一般空气喷涂要提高数倍至十几倍，而且涂膜的附着力也较强，涂膜质量较好，适宜于大面积的物体涂装。

易错：选项 C 是电泳涂装法的优点。

49.【答案】 AD

【解析】$DN<600mm$ 的气体管道，宜采用压缩空气吹扫。

空气吹扫宜利用生产装置的大型空压机或大型储气罐进行间断性吹扫。吹扫压力不得大于系统容器和管道的设计压力，吹扫流速不宜小于 20m/秒。

易错：选项 B，仪表、阀门应隔离；选项 C，吹扫顺序为主管、支管、疏排管。

50.【答案】 ABC

【解析】安装工程中的电气设备安装工程与市政工程中的路灯工程界定：厂区、住宅小区的道路路灯安装工程、庭院艺术喷泉等电气设备安装工程按通用安装工程"电气设备安装工程"相应项目执行。

51. 【答案】BCD

【解析】由国家或地方检测部门进行的各类检测,安装工程不包括的属经营服务性项目,如:通电测试,防雷装置检测,安全、消防工程检测,室内空气质量检测等。

52. 【答案】BC

【解析】当拟建工程中有设备、管道冬雨期施工,有易燃易爆、有害环境施工,或设备、管道焊接质量要求较高时,措施项目清单可列项"设备、管道施工的安全防冻和焊接保护"。

53. 【答案】BD

【解析】装配件表面除锈及污垢清除,宜采用碱性清洗液和乳化除油液。

54. 【答案】ABC

【解析】斗式输送机又称V形料斗输送提升机,是在两根重型滚轮链条之间安装V形料斗构成的。V形料斗可在垂直或者水平与垂直相结合的布置中输送物料。斗式输送机是一种特殊用途的设备,只有在其他标准型输送机不能满足要求时,才考虑采用。因为其输送速度慢、输送能力较低,基建投资费要比其他斗式提升机高。斗式输送机特别适合于输送含有块状、没有磨琢性的物料。

55. 【答案】AC

【解析】参见表3。

活塞式与透平式压缩机性能比较 表3

活塞式	透平式
1. 气流速度低、损失小、效率高; 2. 压力范围广,从低压到超高压范围均适用; 3. 适用性强,排气压力在较大范围内变动时,排气量不变;同一台压缩机还可用于压缩不同的气体; 4. 除超高压压缩机,机组零部件多用普通金属材料; 5. 外形尺寸及重量较大,结构复杂,易损件多,排气脉动性大,气体中常混有润滑油	1. 气流速度高、损失大; 2. 小流量、超高压范围不适用; 3. 流量和出口压力变化由性能曲线决定,若出口压力过高,机组则进入喘振工况而无法运行; 4. 旋转零部件常用高强度合金钢; 5. 外形尺寸及重量较小,结构简单,易损件少,排气均匀无脉动,气体中不含油

56. 【答案】ABD

【解析】锅炉按结构可分为火管锅炉和水管锅炉。

水管锅炉是利用火焰和烟气加热水冷壁、对流管束、过热器、省煤器等,把热量传递给工质。水管锅炉比火管锅炉的热效率明显提高,金属耗量大为降低。由于将锅壳炉胆受热转变为管系受热,锅炉的安全性能也显著提高,但对水质和运行维护的要求也较高。

57. 【答案】BD

【解析】1)湿式灭火系统的主要缺点是不适用于寒冷地区,其使用环境温度为4~70℃。

2)干式灭火系统的主要缺点是作用时间比湿式系统迟缓一些,灭火效率一般低于湿式灭火系统,另外还要设置压缩机及附属设备,投资较大。

3)干湿两用灭火系统在冬季寒冷的季节里,管道内可充填压缩空气,即为自动喷水干式灭火系统;在温暖的季节里整个系统充满水,即为自动喷水湿式灭火系统。此种系统在设计和管理上都很复杂，很少采用。

4）预作用系统。该系统既克服了干式系统延迟的缺陷，又可避免湿式系统易渗水的弊病，故适用于建筑装饰要求高、不允许有水渍损失的建筑物、构筑物。

58.【答案】 AB

【解析】1）泡沫炮系统适用于甲、乙、丙类液体、固体可燃物火灾现场；
2）干粉炮系统适用于液化石油气、天然气等可燃气体火灾现场；
3）水炮系统适用于一般固体可燃物火灾现场。

59.【答案】 AB

【解析】当电动机容量较大时，为了降低启动电流，常采用减压启动：

① 星-三角启动法。

② 自耦减压启动控制柜（箱）减压启动。

③ 绕线转子异步电动机启动方法。为了减小启动电流，绕线转子异步电动机采用在转子电路中串入电阻的方法启动，这样不仅降低了启动电流，而且提高了启动转矩。启动前把电阻调到最大值，合上开关后转子开始转动，随着转速的增加，逐渐减少电阻，待电动机转速稳定后，把启动电阻短路，即切除全部启动电阻。

④ 软启动器启动。

⑤ 变频启动。

选项 C：三角形连接启动，不是减压启动。

选项 D：绕线式异步电动机启动，表述不明确，宁可不选。

60.【答案】 ABD

【解析】导线连接有铰接、焊接、压接和螺栓连接等。各种连接方法适用于不同的导线及不同的工作地点。

选 作 部 分

共40题，分为两个专业组，考生可在两个专业组的40个试题中任选20题作答。按所答的前20题计分，每题1.5分。试题由单选和多选组成。错选，本题不得分；少选，所选的每个选项得0.5分。

一、（61~80题）管道和设备工程

61.【答案】 A

【解析】参见表4。

室内给水系统供水方式一览表　　　　表4

给水方式	特点	优点	缺点	适用范围
高位水箱并联供水	分区设置水箱、水泵，水泵集中设置在底层或地下室，分别向各区供水	各区独立运行互不干扰，供水可靠；水泵集中管理，维护方便，运行费用经济	管线长，水泵较多，设备投资较高；水箱占用建筑物使用面积	适用于允许分区设置水箱的建筑

续表

给水方式	特点	优点	缺点	适用范围
高位水箱串联供水	分区设置水箱、水泵，水泵分散布置，自下区水箱抽水供上区使用	管线较短，无需高压水泵，投资较省，运行费用经济	供水独立性较差，上区受下区限制；水泵分散设置不易管理维护；水泵设在楼层，振动隔音要求高；水泵、水箱均设在楼层，占用建筑面积大	适用于允许分区设置水箱、水泵的建筑，尤其是高层工业建筑

62. 【答案】ACD

【解析】比例式减压阀的设置应符合以下要求：减压阀宜设置两组，其中一组备用；减压阀前后装设阀门和压力表；阀前应装设过滤器；消防给水减压阀后应装设泄水龙头，定期排水；不得绕过减压阀设旁通管；阀前后宜装设可曲挠橡胶接头。

63. 【答案】CD

【解析】选项 A：汽车库散热器不宜高位安装；
选项 B：楼梯间散热器应尽量布置在底层；
选项 C：膨胀水箱的膨胀管上严禁安装阀门；
选项 D：膨胀水箱的循环管严禁安装阀门。

64. 【答案】B

【解析】我国城镇燃气管道按燃气设计压力 P（MPa）分为七级。
（1）高压燃气管道 A 级：压力为 $2.5\text{MPa}<P\leqslant 4.0\text{MPa}$；
（2）高压燃气管道 B 级：压力为 $1.6\text{MPa}<P\leqslant 2.5\text{MPa}$；
（3）次高压燃气管道 A 级：压力为 $0.8\text{MPa}<P\leqslant 1.6\text{MPa}$；
（4）次高压燃气管道 B 级：压力为 $0.4\text{MPa}<P\leqslant 0.8\text{MPa}$；
（5）中压燃气管道 A 级：压力为 $0.2\text{MPa}<P\leqslant 0.4\text{MPa}$；
（6）中压燃气管道 B 级：压力为 $0.01\text{MPa}<P\leqslant 0.2\text{MPa}$；
（7）低压燃气管道：压力为 $P<0.01\text{MPa}$。

65. 【答案】B

【解析】直埋保温管包括直埋保温管件安装及接口保温。
排水管道安装包括立管检查口、透气帽。
塑料管安装工作内容包括安装阻火圈。
室外管道碰头包括挖工作坑、土方回填或暖气沟局部拆除及修复。

66. 【答案】AB

【解析】成品卫生器具项目中的附件安装，主要指给水附件，包括水嘴、阀门、喷头等，排水配件包括存水弯、排水栓、下水口等以及配备的连接管。

67. 【答案】A

【解析】射流通风机与普通轴流通风机相比，在相同通风机重量或相同功率的情况下，能提供较大的通风量和较高的风压。一般认为通风量可增加 30%~35%，风压增大约 2 倍。此种风机具有可逆转特性，反转后风机特性只降低 5%。可用于铁路、公路隧道的通风换气。

68.【答案】BC

【解析】阻性消声器有管式、片式、蜂窝式、折板式、弧形、小室式、矿棉管式、聚酯泡沫管式、卡普隆纤维管式、消声弯头等。

抗性消声器形式有单节、多节、外接式、内接式等多种。

微穿孔板消声器属于扩散消声器。

69.【答案】D

【解析】热泵式空调机组：夏季供冷时，通过四通换向阀把室内换热器变为蒸发器，利用液态制冷剂气化直接吸取室内空气的热量；并把室外换热器变为冷凝器，将冷凝热量释放到室外空气中去。冬季供热时，通过四通换向阀把室内换热器变为冷凝器，用制冷剂的冷凝热量加热室内空气，此时把室外换热器变为蒸发器，从室外空气中吸取低位热量。

70.【答案】BC

【解析】钢板、玻璃钢板适合高、中、低压系统；不锈钢板、铝板、硬聚氯乙烯等风管适用于中、低压系统；聚氨酯、酚醛复合风管适用于工作压力≤2000Pa 的空调系统，玻璃纤维复合风管适用于工作压力≤1000Pa 的空调系统。

71.【答案】A

【解析】风机盘管在安装前对机组的换热器应进行水压试验，试验压力为工作压力的 1.5 倍，不渗不漏即可。

诱导器安装前必须逐台进行质量检查。

吊顶式新风空调箱安装的送风口与送风管道连接时应采用帆布软管连接形式。

组合式空调机组安装完毕后应进行试运转，一般应连续运行 8 小时无异常现象为合格。

72.【答案】D

【解析】碳钢通风管道按设计图示内径尺寸以展开面积计算，计量单位为"m^2"。

玻璃钢通风管道、复合型风管也是以"m^2"为计量单位，但其工程量是按设计图示外径尺寸以展开面积计算。

柔性软风管的计量有两种方式。以"m"计量，按设计图示中心线以长度计算；以"节"计量，按设计图示数量计算。

风管展开面积，不扣除检查孔、测定孔、送风口、吸风口等所占面积。

73.【答案】ABD

【解析】(1) 热力管道应设有坡度，坡向放水装置。

(2) 蒸汽支管应从主管上方或侧面接出，热水管应从主管下部或侧面接出。

(3) 管道穿墙或楼板应设置套管。

(4) 减压阀应垂直安装在水平管道上。

74.【答案】B

【解析】压缩空气管道安装完毕后，应进行强度和严密性试验，试验介质一般为水。

75.【答案】D

【解析】钛的耐蚀性优异，与不锈钢的耐蚀性差不多，在某些介质中的耐蚀性甚至比不锈钢更高。钛在海水及大气中具有良好的耐腐蚀性，对常温下浓度较稀的盐酸、硫酸、磷酸、过氧化氢及常温下的硫酸钠、硫酸锌、硫酸铵、硝酸、王水、铬酸、氨水、氢氧化钠等耐蚀性良好，但对浓盐酸、浓硫酸、氢氟酸等耐蚀性不良。

76. 【答案】ABC

【解析】粘结法主要用于硬 PVC 管、ABS 管的连接，被广泛应用于排水系统。电熔合连接应用于 PP-R 管、PB 管、PE-RT 管、金属复合管等新型管材与管件连接，是目前家装给水系统应用最广的连接方式。法兰连接应用广泛，$DN15 \sim DN2000$ 甚至以上的工业管道、城市热力管道等都可以用法兰连接。螺纹连接主要用于 $DN50$ 及以下管道的连接。

77. 【答案】C

【解析】合金钢、不锈钢高压管道应采用机械方法切割。高压管道热弯时，不得用煤或焦炭作燃料，应当用木炭作燃料，以免渗碳。为了保证焊缝质量，高压管在焊接前一般应进行预热，焊后应进行热处理。若采用 X 射线透视，转动平焊抽查 20%，固定焊 100% 透视。若采用超声波探伤，100% 检查。

78. 【答案】ABC

【解析】金属设备目前应用最多的是低碳钢和普通低合金钢材料。在腐蚀严重或产品纯度要求高的场合使用不锈钢、不锈复合钢板或铝制造设备；在深冷操作中可用铜和铜合金；不承压的塔器或容器可采用铸铁。非金属材料可用作设备的衬里，也可作独立构件。常用的有硬聚氯乙烯、玻璃钢、不透性石墨、化工搪瓷、化工陶瓷以及砖、板、橡胶衬里等。

橡胶不耐高温，不可以作为高温容器衬里。

79. 【答案】B

【解析】塔设备的基本功能是提供气、液两相充分接触的机会，使传质传热过程能够迅速有效地进行，还要求完成传质传热过程之后的气、液两相能及时分开、互不夹带。

80. 【答案】B

【解析】渗透检测适用于金属材料和非金属材料板材、复合板材、锻件、管材和焊接接头表面开口缺陷的检测。渗透检测不适用于多孔性材料的检测。

二、(81~100 题) 电气和自动化工程

81. 【答案】D

【解析】高压配电室的作用是接受电力，变压器室的作用是把高压电转换成低压电，低压配电室的作用是分配电力，电容器室的作用是提高功率因数，控制室的作用是预告信号。露天变电所也要求将低压配电室靠近变压器。建筑物及高层建筑物变电所是民用建筑中经常采用的变电所形式，变压器一律采用干式变压器。

82. 【答案】A

【解析】参见表 5。

母线排列次序及涂漆的颜色　　　　表 5

相序	涂漆颜色	排列次序		
		垂直布置	水平布置	引下线
A	黄	上	内	左
B	绿	中	中	中

相序	涂漆颜色	排列次序		
		垂直布置	水平布置	引下线
C	红	下	外	右
N	黑	下	最外	最右

83.【答案】 ABD

【解析】架空线主要用绝缘线或裸线。市区或居民区尽量用绝缘线。郊区 0.4kV 室外架空线路应采用多芯铝绞绝缘导线。

广播线、通信电缆与电力同杆架设时，应在电力线下方，二者垂直距离不小于 1.5m。

当与引入线处重复接地点的距离小于 500mm 时，可以不做重复接地。

三相四线制低压架空线路，在终端杆处应将保护线做重复接地，接地电阻不大于 10Ω。

84.【答案】 B

【解析】接地极水平敷设：在土壤条件极差的山石地区采用接地极水平敷设。要求接地装置全部采用镀锌扁钢。

避雷针（带）与引下线之间的连接应采用焊接或热剂焊（放热焊接）。

引下线可采用扁钢和圆钢敷设，也可利用建筑物内的金属体。

85.【答案】 CD

【解析】"电气设备安装工程"适用于 10kV 以下变配电设备及线路的安装工程、车间动力电气设备及电气照明、防雷及接地装置安装、配管配线、电气调试等。

86.【答案】 A

【解析】选项 A 正确，电缆、导线的预留长度均应计入工程量。

选项 B，配管线槽安装工程量不扣除中间接线盒、灯头盒所占长度；

选项 C，接地母线工程量应包含附加长度；

选项 D，架空导线进户线预留长度不小于 2.5m/根。

87.【答案】 C

【解析】反馈环节。用来测量被控量的实际值，并经过信号处理，转换为与被控量有一定函数关系，且与输入信号同一物理量的信号。反馈环节一般也称为测量变送环节。

88.【答案】 B

【解析】电气式压力计可将被测压力转换成电量进行测量，多用于压力信号的远传、发信或集中控制，和显示、调节、记录仪表联用，则可组成自动控制系统，广泛用于工业自动化和化工过程中。

89.【答案】 BD

【解析】集散控制系统的特点是以分布在被控设备现场的计算机控制器完成对被控设备的监视、测量与控制。中央计算机完成集中管理、显示、报警、打印等功能。所以，选项 A 是错误的。

现场总线控制系统 FCS：它把单个分散的测量控制设备变成网络节点，以现场总线为纽带，组成一个集散型的控制系统。所以，选项 B 是正确的。

集散型控制系统由集中管理部分、分散控制部分和通信部分组成。所以，选项 C 是错误的。

现场总线系统把集散性的控制系统中的现场控制功能分散到现场仪表，取消了 DCS 中的 DDC，它把传感测量、补偿、运算、执行、控制等功能分散到现场设备中完成，体现了现场设备功能的独立性。所以，选项 D 是正确的。

90. 【答案】A

【解析】辐射温度计的测量不干扰被测温场，不影响温场分布，从而具有较高的测量准确度。辐射测温的另一个特点是在理论上无测量上限，所以它可以测到相当高的温度。

91. 【答案】ABC

【解析】湿度传感器安装：

1. 室内/外湿度传感器

不应安装在阳光直射的地方，应远离室内冷/热源，如暖气片、空调机出风口。远离窗、门直接通风的位置。如无法避开则与之距离不应小于 2m。

2. 风管湿度传感器

风管保温层完成后安装传感器，安装在风管直管段或应避开风管死角的位置。

92. 【答案】D

【解析】与其他传输介质比较，光纤的电磁绝缘性能好、信号衰小、频带宽、传输速度快、传输距离大。主要用于要求传输距离较长、布线条件特殊的主干网连接。

93. 【答案】B

【解析】干线传输系统：其作用是把前端设备输出的宽带复合信号进行传输，并分配到用户终端。在传输过程中根据信号电平的衰减情况合理设置电缆补偿放大器，以弥补线路中无源器件对信号电平的衰减。干线传输分配部分除电缆以外还有干线放大器、均衡器、分支器、分配器等设备。

分支器不是把信号分成相等的输出而是分出一部分到支路上去，分出的这一部分比较少，主要输出仍占信号的主要部分，分支器的分支输出数可以是 1 路、2 路以至更多。

而选项 A 分配器，是把一路信号等分为若干路信号的无源器件，常用的有二、三、四和六分配。

所以答案为 B。

94. 【答案】AC

【解析】会议电视终端设备 VCT 由视频/音频输入接口、视频/音频输出接口、视频编解码器、音频编解码器、附加信息终端设备以及系统控制复用设备、网络接口和信令等部分组成（图1）。

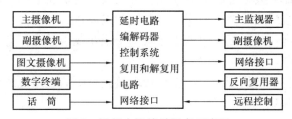

图 1　视频会议终端设备示意图

95. 【答案】AC

【解析】选择线路路由应在线路规划的基础上充分研究分路敷设的可能,以满足基站接入的需要和线路网络的灵活性。选项 A 是正确的。

通信线路宜敷设在人行道下。如不允许,可建在慢车道下,不宜建在快车道下。所以选项 B 是错误的。

通信线路位置不宜敷设在埋深较大的其他管线附近。选项 C 是正确的。

光缆的弯曲半径应不小于光缆外径的 15 倍,施工过程中应不小于 20 倍。所以选项 D 是错误的。

96. 【答案】A

【解析】建筑自动化系统(BAS)是一套采用计算机、网络通信和自动控制技术,对建筑物中的设备、安保和消防进行自动化监控管理的中央监控系统。根据我国行业标准,建筑自动化系统(BAS)可分为设备运行管理与监控子系统(BA)、消防(FA)子系统和安全防范(SA)子系统。

建筑自动化系统(BAS)包括供配电、给水排水、暖通空调、照明、电梯、消防、安全防范、车库管理等监控子系统。

97. 【答案】D

【解析】超声波探测器属于空间入侵探测器,该探测器利用多普勒效应,当目标在防范区域空间移动时,反射的超声波引起探测器报警。

98. 【答案】C

【解析】未经调制的视频信号为数字基带信号。近距离直接传输数字基带信号即数字信号的基带传输,基带传输不需要调制,解调设备花费少,传输距离一般不超过 2km。

99. 【答案】CD

【解析】火灾现场报警装置:

(1) 手动报警按钮。现场人工确认火灾后,手动输入报警信号的装置。

(2) 声光报警器。火警时可发出声、光报警信号。其工作电压由外控电源提供,由联动控制器的配套执行器件(继电器盒、远程控制器或输出控制模块)来控制。

(3) 警笛、警铃。火警时可发出声报警信号(变调音)。同样由联动控制器输出控制信号驱动现场的配套执行器件完成对警笛、警铃的控制。

100. 【答案】AB

【解析】建筑物干线子系统布线。

从建筑物配线架到各楼层配线架属于建筑物干线布线子系统(有时也称垂直干线子系统)。该子系统包括建筑物干线电缆、建筑物干线光缆及其在建筑物配线架和楼层配线架上的机械终端和建筑物配线架上的接插软线和跳接线。建筑物干线电缆、建筑物干线光缆应直接端接到有关的楼层配线架,中间不应有转接点或接头。

从建筑物配线架到各楼层配线架属于建筑物干线布线子系统(有时也称垂直干线子系统)。选项 A 是正确的。

建筑物干线电缆、建筑物干线光缆应直接端接到有关的楼层配线架,中间不应有转接点或接头。选项 B 是正确的。

2021 年全国一级造价工程师职业资格考试
《建设工程技术与计量（安装工程）》

扫码免费看
2021年真题讲解

必 作 部 分

一、单项选择题（共40题，每题1分。每题的备选项中，只有一个最符合题意）

1. 钢材中主要元素为铁，此外还含有一些其他元素，下列各组元素在钢材中均为有害元素的是（　　）。
   A. 碳、硫　　　　　　　　　　B. 硫、磷
   C. 硅、磷　　　　　　　　　　D. 硅、碳

2. 根据规范，下列均属于普通低合金钢的是（　　）。
   A. Q195、Q215　　　　　　　B. Q235、Q275
   C. Q295、Q335　　　　　　　D. Q355、Q390

3. 某有色金属及合金具有优良的导电性和导热性、较好的耐蚀性和抗磁性、优良的耐磨性和较高的塑性，易加工成型。该有色金属是（　　）。
   A. 铜及铜合金　　　　　　　　B. 铝及铝合金
   C. 镍及镍合金　　　　　　　　D. 钛及钛合金

4. 某耐火材料，抗酸性炉渣侵蚀能力强，容易受碱性渣侵蚀，主要用于焦炉、玻璃窑炉、酸性炼钢炉等热工设备，该耐火材料为（　　）。
   A. 硅砖　　　　　　　　　　　B. 镁砖
   C. 碳砖　　　　　　　　　　　D. 铬砖

5. 具有非常优良的耐高、低温性能，几乎耐所有的化学药品，不吸水、电性能优异；缺点是强度低、冷流性强。用于制作减摩密封零件以及高频或潮湿条件下的绝缘材料。该材料是（　　）。
   A. 聚四氟乙烯　　　　　　　　B. 聚乙烯
   C. 聚氯乙烯　　　　　　　　　D. 聚丙烯

6. 埋弧焊焊丝表面镀铜以利于防锈并改善其导电性，以下各种焊丝不宜镀铜的是（　　）。
   A. 碳钢焊丝　　　　　　　　　B. 不锈钢焊丝
   C. 普通低合金钢焊丝　　　　　D. 优质低合金钢焊丝

7. 某漆是多异氰酸酯化合物和端羟基化合物进行预聚反应而生成的高分子合成材料，具有耐盐、耐酸、耐各种稀释剂等优点，施工方便、无毒且造价低，广泛用于石油、化工、冶金等行业的管道、设备的表面防腐，此涂料为（　　）。
   A. 漆酚树脂漆　　　　　　　　B. 酚醛树脂漆
   C. 聚氨酯树脂漆　　　　　　　D. 呋喃树脂漆

8. 某法兰装配时较易对中，且成本较低，适用于压力等级比较低，压力波动、振动及振荡均不严重的管道系统中，该法兰是(   )。
   A. 螺纹法兰   B. 对焊法兰
   C. 松套法兰   D. 平焊法兰

9. 主要用在大口径管道上，在开启和关闭时省力，水流阻力较小，其缺点是严密性较差；一般只作为截断装置，不宜用于需要调节大小和启闭频繁的管路上。该阀门是(   )。
   A. 球阀   B. 蝶阀
   C. 截止阀   D. 闸阀

10. 铝芯导线适宜使用场合是(   )。
    A. 火灾时需要维持正常工作
    B. 移动设备和强烈振动的场合
    C. 中压室外架空线路
    D. 导线截面积在 10mm² 及以下的场合

11. 可以切割金属和非金属材料，其主要优点是切割速度快、切割面光洁、热变形小，几乎没有热影响区。该切割方法是(   )。
    A. 等离子弧切割   B. 碳弧气割
    C. 氧-乙炔切割   D. 水刀切割

12. 下列关于焊接参数，选择正确的是(   )。
    A. 在不影响焊接质量的前提下，尽量选用大直径焊条
    B. 电弧焊焊接弧长应大于焊条直径
    C. 合金元素多的合金钢焊条应选用大电流
    D. 焊接薄钢板碱性焊条，采用直流正接

13. 某壁厚30mm的高压钢管焊接，需加工坡口，宜选用的坡口形式为(   )。
    A. I 形坡口   B. V 形坡口
    C. U 形坡口   D. Y 形坡口

14. 能够消除应力、细化组织、改善切削加工性能，将钢件加热到适当温度，保持一段时间后在空气中冷却，得到珠光体基体组织的热处理工艺是(   )。
    A. 退火工艺   B. 淬火工艺
    C. 回火工艺   D. 正火工艺

15. 一批厚度为 20mm 钢板，需在涂覆厂进行防锈处理，宜选用的除锈方法为(   )。
    A. 喷射除锈法   B. 抛射除锈法
    C. 化学除锈法   D. 火焰除锈法

16. 某绝热层施工方法，适用于各种绝热材料加工成型的预制品固定在保温面上形成绝热层。主要用于矩形风管、大直径管道和设备容器的绝热层施工。该绝热层施工方法为(   )。
    A. 钉贴绝热层   B. 充填绝热层
    C. 捆扎绝热层   D. 粘贴绝热层

17. 某起重机索吊具质量为 0.1t，需吊装设备质量为 3t，动荷载系数和不均衡系数均为 1.1，该起重机吊装计算荷载应为( )。
   A. 3.10t
   B. 3.41t
   C. 3.751t
   D. 4.902t

18. 某起重机机动性强，行驶速度高，特别适用于流动性大、不固定的作业场所。该起重机为( )。
   A. 移动式塔式起重机
   B. 履带起重机
   C. 轮胎起重机
   D. 汽车起重机

19. 大型机械设备系统试运行前，应对其润滑系统和润滑油管道进行清洗，清洗的最后步骤为( )。
   A. 蒸汽吹扫
   B. 压缩空气吹扫
   C. 酸洗
   D. 油清洗

20. 某输送压缩空气的钢管，设计压力为 1.0MPa，其气压试验压力为( )。
   A. 1.0MPa
   B. 1.15MPa
   C. 1.5MPa
   D. 2.0MPa

21. 下列分部分项工程工程量清单对综合单价准确性影响最大的是( )。
   A. 项目特征
   B. 项目编码
   C. 项目名称
   D. 计量单位

22. 依据《通用安装工程工程量计算规范》GB 50856—2013 附录 N，下列属于专业措施项目的是( )。
   A. 二次搬运
   B. 特殊地区施工增加
   C. 冬雨期施工增加
   D. 夜间施工增加

23. 用于固定具有强烈振动和冲击的重型设备，宜选用的地脚螺栓为( )。
   A. 活动地脚螺栓
   B. 胀锚固定地脚螺栓
   C. 固定地脚螺栓
   D. 粘结地脚螺栓

24. 某固体输送设备，初始价格较高，维护费用较低。可以输送具有磨琢性、化学腐蚀性或有毒的散状或含泥固体物料，甚至输送高温物料。可以在防尘、有气密要求或在有压力情况下输送物料，但不能输送黏性强的物料、易破损的物料、含气的物料。该设备是( )。
   A. 振动输送机
   B. 链式输送机
   C. 带式输送机
   D. 斗式提升输送机

25. 某矿井用轴流式通风机型号为 K70B2-11NO18D，下列关于该通风机型号，说法正确的为( )。
   A. 轮毂比为 70
   B. 机翼型扭曲叶片
   C. 叶轮直径为 180mm
   D. 采用悬臂支承联轴器传动

26. 某泵是叶片式泵的一种，本体是水平中开式，进口管呈喇叭形，适用于低扬程大流量的送水。该泵为( )。
   A. 离心泵
   B. 水环泵
   C. 轴流泵
   D. 旋涡泵

27. 某压缩机组的运转部件多用普通合金钢制造，具有气流速度低，气流损失小，效率高等特点，但外形尺寸及重量较大，结构复杂，易损件多。该压缩机为( )。
   A. 活塞式　　　　　　　　　　B. 回转式
   C. 轴流式　　　　　　　　　　D. 离心式

28. 下列反映锅炉工作强度的指标是( )。
   A. 额定出力　　　　　　　　　B. 热功率
   C. 受热面发热率　　　　　　　D. 热效率

29. 下列关于锅炉受热面管道（对流管束）安装要求，说法正确的是( )。
   A. 对流管束必须采用胀接连接
   B. 硬度小于锅筒管孔壁的胀接管管端应进行退火
   C. 水冷壁与对流管束管道，一端为焊接，另一端为胀接时，应先焊后胀
   D. 管道上的全部附件应在水压试验合格后再安装

30. 下列对火焰锅炉进行烘干要求，正确的是( )。
   A. 火焰应在炉膛四周
   B. 炉膛在火焰锅炉中一直转动
   C. 火焰锅炉烟气温升在过热器前或某位置测定
   D. 全耐火陶瓷纤维保温的轻型炉墙可不进行烘炉

31. 根据《通用安装工程工程量计算规范》GB 50856—2013，低压锅炉燃煤、燃油（气）锅炉，其蒸发量应为( )。
   A. 20t/小时及以下　　　　　　B. 25t/小时及以下
   C. 30t/小时及以下　　　　　　D. 35t/小时及以下

32. 下列关于室内消火栓及其管道设置，符合要求的为( )。
   A. 室内消火栓竖管管径应小于DN65
   B. 设备层可不设置消火栓
   C. 应用DN65的室内消火栓
   D. 消防电梯前室可不设置消火栓

33. 某灭火系统，不具备直接灭火能力，一般情况下与防火卷帘或防火幕配合使用，起到防止火灾蔓延的作用。该系统是( )。
   A. 水幕系统　　　　　　　　　B. 湿式自动喷水灭火系统
   C. 预作用自动喷水系统　　　　D. 雨淋系统

34. 关于消防炮系统，下列说法正确的是( )。
   A. 泡沫炮灭火系统适用于活泼金属火灾
   B. 干粉炮灭火系统适用于乙醇和汽油等液体火灾现场
   C. 水炮系统适用于一般固体可燃物火灾现场
   D. 消防炮应设置在被保护场所常年主导风向的下风向

35. 依据《通用安装工程工程量计算规范》GB 50856—2013，水灭火系统末端试水装置工程量计量包括( )。
   A. 压力表及附件安装　　　　　B. 控制阀及连接管安装
   C. 排气管安装　　　　　　　　D. 给水管及管上阀门安装

36. 在下列常用照明电光源中，耐振性能最差的是( )。
   A. 卤钨灯	B. 紧凑型荧光灯
   C. 高压钠灯	D. 金属卤化物灯

37. 按电动机 Y 系列常用产品代号表示方式，变极多速三相异步电动机的代号为( )。
   A. YR	B. YB
   C. YD	D. YZ

38. 某开关利用生产机械运动部件的碰撞，使其触头动作来接通和分断控制设备。该开关是( )。
   A. 转换开关	B. 自动开关
   C. 行程开关	D. 接近开关

39. 将一个输入信号变成一个或多个输出信号的继电器是( )。
   A. 电压继电器	B. 中间继电器
   C. 电磁继电器	D. 电流继电器

40. 根据塑料外护套配线要求，下列说法正确的是( )。
   A. 应敷设在顶棚内的金属管或者金属槽盒内
   B. 室内敷设不应低于 2m
   C. 外护套不可进入接线盒内
   D. 潮湿场所应采用 IPX5 等级的密闭式盒（箱）

二、**多项选择题**（共 20 题，每题 1.5 分，每题的备选项中，有 2 个或 2 个以上符合题意，至少有 1 个错项。错选，本题不得分；少选，所选的每个选项得 0.5 分）

41. 奥氏体型不锈钢的特点包括( )。
   A. 良好的的韧性和耐蚀性	B. 高温强度较好，抗氧化性好
   C. 良好的加工和焊接性能	D. 可以进行热处理强化

42. 强度不高，产量较大，来源较丰富的纤维在复合材料中称为一般纤维增强体，下列属于一般纤维增强体的有( )。
   A. 玻璃纤维	B. 碳纤维
   C. 石棉纤维	D. 矿物纤维

43. 关于铝及铝合金管，下列说法正确的是( )。
   A. 质量轻，不生锈	B. 机械强度较低，不能承受较高压力
   C. 温度高于160℃时，不宜在压力下使用	D. 可以输送浓硝酸、醋酸和盐酸

44. 关于球形补偿器的特点，下列说法正确的是( )。
   A. 补偿能力大	B. 流体阻力和变形应力小
   C. 可以单台使用，补偿能力小	D. 可作万向接头使用

45. 下列关于同轴电缆的说法，正确的是( )。
   A. 随温度增高，衰减值增大	B. 损耗与工作频率平方根成反比
   C. 50Ω电缆用于模拟传输	D. 75Ω电缆用于有线电视信号传输

46. 埋弧焊具有的优点是( )。
   A. 效率高，熔深小	B. 速度快，质量好

C. 适合于水平位置长焊缝的焊接　　　　D. 适用于小于1mm厚的薄板焊接

47. 适合检测表面和近表面缺陷的无损探伤方法是（　　）。
　A. 超声波探伤　　　　　　　　　　B. X射线探伤
　C. 涡流探伤　　　　　　　　　　　D. 磁粉探伤

48. 某钢基体表面处理的质量等级为 $Sa_{2.5}$，在该表面可进行覆盖层施工的有（　　）。
　A. 金属热喷涂层　　　　　　　　　B. 搪铅衬里
　C. 橡胶衬里　　　　　　　　　　　D. 塑料板粘结衬里

49. 忌油管道脱脂后，应进行脱脂质量检验，宜采用的检验方式有（　　）。
　A. 白滤纸擦拭　　　　　　　　　　B. 滤网目测
　C. 紫外线灯照射　　　　　　　　　D. 白靶板检测

50. 项目特征描述是工程量清单的重要组成部分，下列关于项目特征的作用描述，正确的是（　　）。
　A. 是合理编制综合单价的前提
　B. 应描述项目名称的实质内容
　C. 项目名称命名的基础
　D. 影响工程实体的自身价值

51. 依据《通用安装工程工程量计算规范》GB 50856—2013，下列应列为专用措施项目中其他项目的有（　　）。
　A. 消防工程检测　　　　　　　　　B. 设备联合试运转
　C. 建筑施工排水　　　　　　　　　D. 已完工程及设备保护

52. 对形状复杂、污垢黏附严重的滚动轴承，可采用的清洗方法有（　　）。
　A. 溶剂油擦洗　　　　　　　　　　B. 金属清洗剂浸洗
　C. 蒸汽喷洗　　　　　　　　　　　D. 三氯乙烯涮洗

53. 电梯的引导系统包括轿厢引导系统和对重引导系统，这两种系统均由（　　）组成。
　A. 导向轮　　　　　　　　　　　　B. 导轨架
　C. 导轨　　　　　　　　　　　　　D. 导靴

54. 依据《通用安装工程工程量计算规范》GB 50856—2013，关于电梯安装工程计量要求，说法正确的有（　　）。
　A. 项目特征应描述配线材质、规格、敷设方式
　B. 项目特征应描述电梯运转调试要求
　C. 工作内容应包括电梯电气安装、调试
　D. 电梯安装应以"座"计算

55. 下列关于水位计安装的说法，正确的是（　　）。
　A. 蒸发量大于0.2t/小时的锅炉，每台锅炉应安装两个彼此独立的水位计
　B. 水位计距离操作地面高于6m时，应加装远程水位显示装置
　C. 水位计应有放水阀门和接到安全地点的放水管
　D. 水位计与汽包之间的汽-水连接管上可以安装阀门，但不得装设球阀

56. 消火栓根据形式划分，室外特殊型消火栓有（　　）。

A. 调压型 B. 泡沫型
C. 防爆型 D. 防撞型

57. 按工作原理划分，下列属于可燃气体探测器的有（   ）。
A. 半导体式气体探测器 B. 电化学式气体探测器
C. 红紫外复合式气体探测器 D. 催化燃烧式气体探测器

58. 下列照明光源中，属于气体放电发光电光源的有（   ）。
A. 白炽灯 B. 汞灯
C. 钠灯 D. 氙灯

59. 型号为SSJL1448的半圆球吸顶灯安装项目，除安装类型外，其项目特征还应描述（   ）。
A. 名称：半圆球吸顶灯 B. 型号：SSJL1448
C. 规格直径 D. 安装高度3m

60. 依据《民用建筑电气设计标准》GB 51348—2019和《建筑电气工程施工质量验收规范》GB 50303—2015，下列关于导管敷设，符合要求的有（   ）。
A. 在有可燃物的闷顶和封闭吊顶内明设的配电线路，应采用金属导管或金属槽盒布线
B. 钢导管可采用对口熔焊连接，但壁厚≤2mm时不得采用套管熔焊接
C. 沿建筑物表面敷设的刚性塑料导管，应按设计要求装设温度补偿装置
D. 可弯曲金属导管和金属柔性导管不应作保护导体的接续导体

选 作 部 分

共40题，分为两个专业组，考生可在两个专业组的40个试题中任选20题作答。按所答的前20题计分，每题1.5分。试题由单选和多选组成。错选，本题不得分；少选，所选的每个选项得0.5分。

一、（61~80题）管道和设备工程

61. 当任何管网发生事故时，可用阀门关闭事故段而不中断供水，但管网造价高，这种供水布置方式是（   ）。
A. 上行下给 B. 下行上给
C. 枝状管网 D. 环形管网

62. 高层建筑不宜采用的给水管是（   ）。
A. 聚丙烯管 B. 硬聚氯乙烯管
C. 镀锌钢管 D. 铝塑管

63. 排水管道安装完毕后应做灌水试验和通球试验，关于灌水试验和通球试验，下列说法正确的是（   ）。
A. 埋地管道隐蔽前应做灌水试验
B. 灌水高度应在底层卫生器具上边缘或地面以上
C. 排水立、干、支管应做通球试验
D. 通球球径应大于排水管径2/3，通过率大于90%

64. 热水采暖系统中,用于补偿水温变化引起水体积变化的装置为( )。
   A. 膨胀水箱　　　　　　　　　　B. 疏水器
   C. 贮水器　　　　　　　　　　　D. 分水器

65. 供应室内低压燃气,管径 25mm 的镀锌钢管需要连接,可采用的连接方式为( )。
   A. 螺纹　　　　　　　　　　　　B. 焊接
   C. 法兰　　　　　　　　　　　　D. 卡套

66. 依据《通用安装工程工程量计算规范》GB 50856—2013,应在热水采暖的镀锌钢管项目中进行项目特征描述的有( )。
   A. 阻火圈的设计要求　　　　　　B. 输送介质
   C. 警示带的形式　　　　　　　　D. 管道支架的制作、安装

67. 下列关于风口的说法正确的是( )。
   A. 室外空气入口又称新风口,新风口设有百叶窗,以遮挡雨、雪、昆虫等
   B. 通风(空调)工程中使用最广泛的是铝合金风口
   C. 污染物密度比空气大时,风口宜设在上方
   D. 洁净车间防止风机停止时含尘空气进入房间,在风机出口管上装电动密闭阀

68. 广泛应用于低浓度有害气体的净化,特别是有机溶剂蒸汽的净化,净化效率能达到100%的是( )。
   A. 吸收法　　　　　　　　　　　B. 吸附法
   C. 冷凝法　　　　　　　　　　　D. 洗涤法

69. 某空调系统能够在空调房间内就地回风,减少了需要处理和输送的空气量,因而风管断面小,空气处理室小,空调机房占地小,风机耗电少,该空调系统是( )。
   A. 单风管集中系统　　　　　　　B. 定风量系统
   C. 诱导器系统　　　　　　　　　D. 风机盘管系

70. 通风管道安装中,主要用于风管与风管,或风管与部件、配件间的连接,拆卸方便并能对风管起加强作用的连接方式是( )。
   A. 铆钉　　　　　　　　　　　　B. 焊接
   C. 承插　　　　　　　　　　　　D. 法兰

71. 空调联合试运转内容包括( )。
   A. 通风自试运转
   B. 制冷机试运转
   C. 通风机风量、风压及转速测定
   D. 通风机、制冷机、空调器噪声的测定

72. 下列项目中,哪些是按通风空调项目编码列项( )。
   A. 通风管道部件制作安装　　　　B. 通风工程检测
   C. 冷冻机组站内的设备安装　　　D. 冷冻机组站内的管道安装

73. 工业管道中,工作压力≥9MPa,且工作温度>500℃的蒸汽管道属于( )。
   A. 低压管道　　　　　　　　　　B. 中压管道
   C. 高压管道　　　　　　　　　　D. 超高压管道

74. 热力管道有多种形式，下列有关敷设方式特点的说法，正确的是( )。
A. 架空敷设方便施工操作检修，但占地面积大，管道热损失大
B. 埋地敷设可充分利用地下空间，方便检查维修，但费用高，需设排水管
C. 为节省空间，地沟内可合理敷设易燃易爆、易挥发、有毒气体管道
D. 直接埋地敷设可利用地下空间，但管道易被腐蚀，检查维修困难

75. 减弱压缩机排气的周期性脉动，稳定管网压力，又能进一步分离空气中的油和水分，该设备是( )。
A. 贮气罐
B. 空气过滤器
C. 后冷却器
D. 空气燃烧器

76. 通常应用在深冷工程和化工管道上，用作仪表测压管线或传送有压液体管线，当温度大于250℃时，不宜在有压力的情况下使用的管道是( )。
A. 不锈钢管
B. 钛及钛合金管
C. 铝及铝合金管
D. 铜及铜合金管

77. 主要用于完成介质间热量交换的压力容器有( )。
A. 合成塔
B. 冷凝器
C. 干燥塔
D. 储罐

78. 利用气体或液体通过颗粒状固体层而使固体颗粒处于悬浮运动状态，并进行气固相反应过程或液固相反应过程的反应器是( )。
A. 流化床反应器
B. 釜式反应器
C. 管式反应器
D. 固定床反应器

79. 焊接质量是保证球罐质量不可缺少的措施，用于球罐对接焊缝内外表面质量检测的是( )。
A. 超声波检测
B. 磁粉检测
C. 渗透检测
D. 射线检测

80. 依据《通用安装工程工程量计算规范》GB 50856—2013的规定，特殊管道充气保护编码应列项在( )。
A. 工业管道工程项目
B. 措施项目
C. 绝热工程项目
D. 燃气工程项目

二、(81～100题) 电气和自动化工程

81. 能通断正常负荷电流，并在电路出现短路故障时自动切断故障电流，保护高压电线和高压电器设备的安全。该设备是( )。
A. 高压断路器
B. 高压隔离开关
C. 高压负荷开关
D. 高压熔断器

82. 封闭母线安装要求正确的是( )。
A. 母线安装时，必须按分段图、相序、编号、方向和标志正确放置，不得随意互换
B. 支持点的间距，水平或垂直敷设时，均不应大于1.5m
C. 两相邻段母线及外壳应对准，连接后不得使母线受到额外的附加应力
D. 封闭式母线的终端，当无引出线时，端部应由专用的封板进行封闭

83. 下列符合电缆安装技术要求的有( )。

A. 电缆安装前，1kV 以上的电缆要做直流耐压试验
B. 三相四线制系统，可采用三芯电缆另加一根单芯电缆作中性线进行安装
C. 并联运行的电力电缆应采用相同型号、规格及长度的电缆
D. 电缆在室外直接埋地敷设时，除设计另有规定外，埋设深度不应小于0.5m

84. 高层建筑中，为防侧击雷而设计的环绕建筑物周边的水平避雷设施为（ ）。
   A. 避雷网   B. 避雷针
   C. 引下线   D. 均压环

85. 电气设备试验中，能有效地发现较危险的集中性缺陷，鉴定电气设备绝缘强度最直接的方法是（ ）。
   A. 直流耐压试验   B. 交流耐压试验
   C. 电容比的测量   D. 冲击波试验

86. 依据《通用安装工程工程量计算规范》GB 50856—2013，电气配线配管计算说法正确的是（ ）。
   A. 配管配线安装扣除管路中间接线箱（盒）开关盒所占长度
   B. 导管长度每大于30m无弯曲，需增设接线盒
   C. 配管安装中不包含凿槽、刨沟
   D. 配线进入箱、柜预留长度为开关箱（柜）面尺寸的长＋宽＋高

87. 自动化系统中，能将湿度、温度等非电量的物理量参数转换成电量参数的装置是（ ）。
   A. 传感器   B. 调节装置
   C. 执行机构   D. 控制器

88. 当被调参数与给定值发生偏差时，调节器输出使调节机构动作，一直到被调参数与给定值之间偏差消失为止的调节装置是（ ）。
   A. 积分调节   B. 双位调节
   C. 比例调节   D. 三位调节

89. 由一个弹簧管压力表和一个滑线电阻传送器构成，适用于测量对钢及钢合金不起腐蚀作用的液体、蒸汽和气体等介质的压力的是（ ）。
   A. 液柱式压力计   B. 电气式压力计
   C. 远传压力表   D. 电接点压力表

90. 既能检测液位又能检测界位的物位检测仪表有（ ）。
   A. 玻璃管式   B. 差压式
   C. 浮子式   D. 电感式

91. 下列关于电动调节阀安装，符合要求的是（ ）。
   A. 应垂直安装在水平管上，大口径电动阀不能倾斜
   B. 阀体水流方向应与实际水流方向一致，一般安装在进水管
   C. 阀旁应安装旁通阀和旁通管路，阀位指示装置安装在便于观察的位置
   D. 与工艺管道同时安装，在管道防腐和试压前进行

92. 某设备是主机和网络的接口，用于提供与网络之间的物理连接。该设备是（ ）。
   A. 网卡   B. 集线器

C. 防火墙
D. 交换机

93. 有线电视系统安装符合规定的是( )。
A. 电缆在室内敷设,可以将电缆与电力线同线槽、同出线盒、同连接箱安装
B. 分配器、分支器安装在室外时应采取防雨措施,距地面不应小于2m
C. 系统中所有部件应具备防止电磁波辐射和电磁波侵入的屏蔽功能
D. 应避免将部件安装在高温、潮湿或易受损伤的场所

94. 建筑物内普通市话电缆芯线接续应采用( )。
A. 扭绞式
B. 旋转卡接式
C. 扣接式
D. RSSJL45

95. 通信线路工程中,通信线路位置的确定应符合的规定有( )。
A. 宜建在快车道下
B. 线路中心线应平行于道路中心线或建筑红线
C. 线路宜与燃气线路、高压电力电缆在道路同侧敷设
D. 高等级公路的通信线路敷设位置选择依次是:路肩、防护网内、隔离带下

96. 智能建筑提供安全功能、舒适功能和便利高效功能,下列系统能提供安全性功能的有( )。
A. 空调监控系统
B. 闭路电视监控
C. 物业管理
D. 火灾自动报警

97. 入侵探测器按防范的范围可分为点型、线型、面型和空间型。下列警戒范围仅是一个点的探测器是( )。
A. 开关入侵探测器
B. 激光入侵探测器
C. 声控入侵探测器
D. 视频运动入侵探测器

98. 安全防范系统中,身份辨别方式有很多,以下属于人体生理特性识别的是( )。
A. 指纹识别
B. 磁卡识别
C. 人脸识别
D. 身份证号码识别

99. 综合布线子系统中,从楼层配线架,到各信息插座的布线称为( )。
A. 建筑群综合配线子系统
B. 建筑物综合配线子系统
C. 水平综合配线子系统
D. 工作区综合布线子系统

100. 关于BIM的作用,不正确的是( )。
A. 反映三维几何形状信息
B. 反映成本、进度等非几何形状信息
C. BIM建筑信息模型可在建筑物建造前期对各专业的碰撞问题进行协调,生成协调数据,并提供出来
D. 模型三维的立体实物图形可视,项目设计、建造过程可视,运营过程中的沟通不可视

2021 年全国一级造价工程师职业资格考试
《建设工程技术与计量（安装工程）》
答案与解析

必 作 部 分

一、单项选择题（共 40 题，每题 1 分。每题的备选项中，只有一个最符合题意）

1.【答案】 B

【解析】钢中碳的含量对钢的性质有决定性影响，含碳量低的钢材强度较低，但塑性大，延伸率和冲击韧性高，质地较软，易于冷加工、切削和焊接；含碳量高的钢材强度高（当含碳量超过 1.00% 时，钢材强度开始下降）、塑性小、硬度大、脆性大和不易加工。硫、磷为钢材中有害元素，含量较多就会严重影响钢材的塑性和韧性，磷使钢材显著产生冷脆性，硫则使钢材产生热脆性。硅、锰等为有益元素，它们能使钢材强度、硬度提高，而塑性、韧性不显著降低。

2.【答案】 D

【解析】按照国家标准《低合金高强度结构钢》GB/T 1591—2018，共有 Q355，Q390，Q420，Q460，Q500，Q550，Q620，Q690 八个强度等级。

普通碳素结构钢。按照国家标准《碳素结构钢》GB/T 700—2006，以碳素结构钢屈服强度下限分为四个级别：Q195、Q215、Q235 和 Q275。

3.【答案】 A

【解析】铜及铜合金有优良的导电性和导热性、较好的耐蚀性和抗磁性、优良减摩性和耐磨性、较高的强度和塑性、高的弹性极限和疲劳极限、易加工成型和铸造各种零件。

4.【答案】 A

【解析】酸性耐火材料。硅砖和黏土砖为代表。硅砖抗酸性炉渣侵蚀能力强，但易受碱性渣的侵蚀，它的软化温度很高，接近其耐火度，重复煅烧后体积不收缩，甚至略有膨胀，但是抗热震性差。硅砖主要用于焦炉、玻璃熔窑、酸性炼钢炉等热工设备。

5.【答案】 A

【解析】聚四氟乙烯俗称塑料王，具有非常优良的耐高、低温性能，可在 -180 ~ 260℃ 的范围内长期使用。几乎耐所有的化学药品，在侵蚀性极强的王水中煮沸也不起变化，摩擦系数极低，仅为 0.04。聚四氟乙烯不吸水、电性能优异，是目前介电常数和介电损耗最小的固体绝缘材料。缺点是强度低、冷流性强。主要用于制作减摩密封零件、化工耐蚀零件、热交换器、管、棒、板制品和各种零件，以及高频或潮湿条件下的绝缘材料。

6.【答案】 B

【解析】根据所焊金属材料的不同，埋弧焊用焊丝有碳素结构钢焊丝、合金结构钢焊丝、高合金钢焊丝、各种有色金属焊丝和堆焊焊丝。按焊接工艺的需要，除不锈钢焊丝和非铁金属焊丝外，焊丝表面均镀铜，以利于防锈并改善导电性能。

7.【答案】 C

【解析】聚氨酯漆是多异氰酸酯化合物和端羟基化合物进行预聚反应而生成的高分子合成材料。它广泛用于石油、化工、矿山、冶金等行业的管道、容器、设备以及混凝土构筑物表面等防腐领域。聚氨酯漆具有耐盐、耐酸、耐各种稀释剂等优点，同时又具有施工方便、无毒、造价低等特点。

8.【答案】 D

【解析】平焊法兰又称搭焊法兰。其优点在于焊接装配时较易对中，且成本较低，因而得到了广泛的应用。平焊法兰只适用于压力等级比较低，压力波动、振动及振荡均不严重的管道系统中。

9.【答案】 D

【解析】闸阀与截止阀相比，在开启和关闭时省力，水流阻力较小，阀体比较短，当闸阀完全开启时，其阀板不受流动介质的冲刷磨损。但由于闸板与阀座之间密封面易受磨损，其缺点是严密性较差；另外，在不完全开启时，水流阻力较大。因此闸阀一般只作为截断装置，即用于完全开启或完全关闭的管路中，而不宜用于需要调节大小和启闭频繁的管路上。

10.【答案】 C

【解析】铝芯电线也有价格低廉、重量轻等优势，此外铝芯在空气中能很快生成一层氧化膜，防止电线后续进一步氧化，适用于中压室外架空线路。

11.【答案】 A

【解析】等离子切割机配合不同的工作气体可以切割各种气割难以切割的金属，尤其是对于有色金属（不锈钢、碳钢、铝、铜、钛、镍）切割效果更佳；其主要优点是切割速度快（如在切割普通碳素钢薄板时，速度可达氧切割法 5～6 倍）、切割面光洁、热变形小、几乎没有热影响区。

12.【答案】 A

【解析】焊条直径的选择。在不影响焊接质量的前提下，为了提高劳动生产率，一般倾向于选择大直径的焊条。

电弧电压的选择。要求电弧长度小于或等于焊条直径，即短弧焊。

电弧电压的选择。含合金元素较多的合金钢焊条，一般电阻较大，热膨胀系数大，焊接过程中电流大，焊条易发红，造成药皮过早脱落，影响焊接质量，而且合金元素烧损多，因此焊接电流相应减小。

一般情况下，使用碱性焊条或薄板的焊接，采用直流反接；而酸性焊条，通常选用正接。

13.【答案】 C

【解析】U 形坡口。U 形坡口适用于高压钢管焊接，管壁厚度为 20～60mm。坡口根部有钝边，其厚度为 2mm 左右。

14.【答案】 D

【解析】正火是将钢件加热到临界点 Ac_3 或 Acm 以上适当温度，保持一定时间后在空气中冷却，得到珠光体基体组织的热处理工艺。其目的是消除应力、细化组织、改善切削加工性能及淬火前的预热处理，也是某些结构件的最终热处理。

15. 【答案】B

【解析】抛射除锈法又称抛丸法，是利用抛丸器中高速旋转（2000转/分钟以上）的叶轮抛出的钢丸（粒径为0.3~3mm），以一定角度冲撞被处理的工件表面，将金属表面的铁锈和其他污物清除干净。抛射除锈的自动化程度较高，适合流水线生产，主要用于涂覆车间工件的金属表面处理。

16. 【答案】A

【解析】钉贴绝热层。它主要用于矩形风管、大直径管道和设备容器的绝热层施工中，适用于各种绝热材料加工成型的预制品件，如珍珠岩板、矿渣棉板等。它用保温钉代替胶粘剂或捆绑钢丝把绝热预制件钉固在保温面上形成绝热层。

17. 【答案】B

【解析】吊装计算荷载 Q_j：

$$Q_j = K_1 \cdot K_2 \cdot Q$$

因为是单台起重机吊装，所以不用考虑 K_2，

$$Q_j = K_1 \cdot Q = 1.1 \times (3 + 0.1) = 3.41(t)$$

答案为B。

18. 【答案】D

【解析】汽车起重机是将起重机构安装在通用或专用汽车底盘上的起重机械。它具有汽车的行驶通过性能，机动性强，行驶速度高，可快速转移，是一种用途广泛、适用性强的通用型起重机，特别适用于流动性大、不固定的作业场所。

19. 【答案】D

【解析】油清洗方法适用于大型机械设备的润滑油、密封油、控制油管道系统的清洗。

润滑、密封及控制油管道，应在机械及管道酸洗合格后、系统试运转前进行油清洗。

20. 【答案】B

【解析】气压试验是根据管道输送介质的要求，选用气体介质进行的压力试验。试验介质应采用干燥洁净的空气、氮气或其他不易燃和无毒的气体。承受内压钢管及有色金属管的试验压力应为设计压力的1.15倍，真空管道的试验压力应为0.2MPa。

21. 【答案】A

【解析】项目特征是用来表述项目名称的实质内容，用于区分《通用安装工程工程量计算规范》GB 50856—2013同一条目下各个具体的清单项目。由于项目特征直接影响工程实体的自身价值，是履行合同义务的基础，是合理编制综合单价的前提。

22. 【答案】B

【解析】附录N中：031301009特殊地区施工增加属于专业措施项目。而安全文明施工、夜间施工增加、非夜间施工增加、二次搬运、冬雨期施工增加、已完工程及设备保护、高层施工增加等属于通用措施项目。

23. 【答案】A

【解析】活动地脚螺栓：又称长地脚螺栓，是一种可拆卸的地脚螺栓，适用于有强烈振动和冲击的重型设备。

固定地脚螺栓：又称短地脚螺栓，它与基础浇灌在一起，底部做成开叉形、环形、钩形等形状，以防止地脚螺栓旋转和拔出。适用于没有强烈振动和冲击的设备。

24.【答案】A

【解析】振动输送机可以输送具有磨琢性、化学腐蚀性或有毒的散状或含泥固体物料，甚至输送高温物料。振动输送机可以在防尘、有气密要求或在有压力情况下输送物料。振动输送机结构简单，操作方便，安全可靠。振动输送机与其他连续输送机相比，其初始价格较高，维护费用较低。振动输送机输送物料时能耗较低，因此运行费用较低，但输送能力有限，且不能输送黏性强的物料、易破损的物料、含气的物料，同时不能大角度向上倾斜输送物料。

25.【答案】D

【解析】本题考查轴流式通风机型号表示方法。与离心式通风机相似，轴流式通风机的全称包括名称、型号、机号、传动方式、气流风向、出风口位置六个部分。K70B2-11NO18D 表示内容如下：

这台通风机是矿井用的轴流式通风机，其轮毂比为 0.7，通风机叶片为机翼型非扭曲叶片，第 2 次设计，叶轮为一级，第 1 次结构设计，叶轮直径为 1800mm，无进、出风口位置，采用悬臂支承联轴器传动。

26.【答案】C

【解析】轴流泵是叶片式泵的一种，它输送的液体沿泵轴方向流动。主要用于农业大面积灌溉排涝、城市排水、输送需要冷却水量很大的热电站循环水以及船坞升降水位。

轴流泵适用于低扬程大流量送水。卧式轴流泵扬程在 $8mH_2O$ 以下，泵体是水平中开式，进口管呈喇叭形，出口管通常为 60°或 90°的弯管。

27.【答案】A

【解析】参见表1。

活塞式与透平式压缩机性能比较　　　　　　　　　　　　　　　　　　　　表1

活塞式	透平式
1. 气流速度低、损失小、效率高； 2. 压力范围广，从低压到超高压范围均适用； 3. 适用性强，排气压力在较大范围内变动时，排气量不变。同一台压缩机还可用于压缩不同的气体； 4. 除超高压压缩机，机组零部件多用普通金属材料； 5. 外形尺寸及重量较大，结构复杂，易损件多，排气脉动性大，气体中常混有润滑油	1. 气流速度高、损失大； 2. 小流量，超高压范围不适用； 3. 流量和出口压力变化由性能曲线决定，若出口压力过高，机组则进入喘振工况而无法运行； 4. 旋转零部件常用高强度合金钢； 5. 外形尺寸及重量较小，结构简单，易损件少，排气均匀无脉动，气体中不含油

28.【答案】C

【解析】锅炉受热面蒸发率、发热率是反映锅炉工作强度的指标，其数值越大，表示传热效果越好。

29.【答案】C

【解析】水冷壁和对流管束管道，一端为焊接，另一端为胀接时，应先焊后胀。

选项 A 错误，对流管束通常是由连接上、下锅筒间的管束构成。连接方式有胀接和焊接两种。

选项 B 错误，硬度大于或等于锅筒管孔壁的胀接管道的管端应进行退火，退火宜用红外线退火炉或铅浴法进行。

选项 D 错误，管道上的全部附件应在水压试验之前焊接完毕。

30.【答案】D

【解析】全耐火陶瓷纤维保温的轻型炉墙，可不进行烘炉，但其胶粘剂采用热硬性粘结料时，锅炉投入运行前应按其规定进行加热。

选项 A 错误，火焰应集中在炉膛中央；
选项 B 错误，炉排在烘炉过程中应定期转动；
选项 C 错误，烘炉烟气温升应在过热器后进行测定。

31.【答案】A

【解析】中、低压锅炉的划分：蒸发量为 35t/小时的链条炉，蒸发量为 75t/小时及 130t/小时的煤粉炉和循环流化床锅炉为中压锅炉；蒸发量为 20t/小时及以下的燃煤、燃油（气）锅炉为低压锅炉。

32.【答案】C

【解析】室内消火栓，其设置应符合下列要求：

1) 应采用 DN65 的室内消火栓，并可与消防软管卷盘或轻便水龙设置在同一箱体内；配置 DN65 有内衬里的消防水带，长度不宜超过 25m。
2) 设置室内消火栓的建筑，包括设备层在内的各层均应设置消火栓。
3) 消防电梯前室应设置室内消火栓，并应计入消火栓使用数量。

室内消火栓竖管管径应根据竖管最低流量经计算确定，但不应小于 DN100。

33.【答案】A

【解析】水幕系统的工作原理与雨淋系统基本相同，所不同的是水幕系统喷出的水为水幕状。水幕系统不具备直接灭火的能力，一般情况下与防火卷帘或防火幕配合使用，起到防止火灾蔓延的作用。

34.【答案】C

【解析】1) 泡沫炮系统适用于甲、乙、丙类液体，及固体可燃物火灾现场；
2) 干粉炮系统适用于液化石油气、天然气等可燃气体火灾现场；
3) 水炮系统适用于一般固体可燃物火灾现场。

室外消防炮的布置应能使消防炮的射流完全覆盖被保护场所及被保护物，消防炮应设置在被保护场所常年主导风向的上风方向。

35.【答案】A

【解析】末端试水装置，根据规格、组装形式，按设计图示数量，以"组"计算。末端试水装置，包括压力表、控制阀等附件安装。末端试水装置安装中不含连接管及排水管，其工程量并入消防管道。

36.【答案】A

【解析】参见表2。

常用照明电光源的主要特性　　　　　表 2

光源种类	卤钨灯		荧光灯		高压汞灯	高压钠灯	金卤灯
	管形、单端	低压	荧光灯	紧凑型			
额定功率范围（W）	60～5000	20～75	4～200	5～55	50～1000	35～1000	35～3500
光效（lm/W）	14～30		60～100	44～87	32～55	64～140	52～130
平均寿命（小时）	1500～2000		8000～15000	5000～10000	10000～20000	12000～24000	3000～10000
亮度（cd/m^2）	10^7～10^8		～10^4	$(5～10)×10^4$	～10^5	$(6～8)×10^6$	$(5～7)×10^6$
显色指数 Ra	95～99	95～99	70～95	>80	30～60	23～85	60～90
相关色温（K）	2800～3300	2800～3300	2500～6500	2500～6500	5500	1900～2800	3000～6500
启动稳定时间（分钟）	瞬时		1～4 秒	10 秒，快速	4～8		4～10
再启动时间（分钟）	瞬时		1～4 秒	10 秒，快速	5～10	10～15	10～15
闪烁	不明显		普通管明显、高频管不明显		明显		
电压变化对光通量的影响	大		较大		较大	大	较大
环境温度变化对光通输出的影响	小		大		较小		
耐振性能	较差		较好		好	较好	好

37.【答案】C

【解析】YD 为变极多速三相异步电动机（取代 JDO2、JDO3 系列）。

38.【答案】C

【解析】行程开关是位置开关（又称限位开关）的一种，是一种常用的小电流主令电器。行程开关根据其结构可分为直动式、滚轮式、微动式和组合式。它利用生产机械运动部件的碰撞使其触头动作来实现接通或分断控制电路，达到一定的控制目的。

39.【答案】B

【解析】中间继电器是将一个输入信号变成一个或多个输出信号的继电器，它的输入信号是通电和断电，它的输出信号是接点的接通或断开，用以控制各个电路。

40.【答案】D

【解析】塑料护套线的接头应设在明装盒（箱）或器具内，多尘场所应采用 IP5X 等级的密闭式盒（箱），潮湿场所应采用 IPX5 等级的密闭式盒（箱）。

选项 A 错误，塑料护套线严禁直接敷设在建筑物顶棚内、墙体内、抹灰层内、保温层内或装饰面内。

选项 B 错误，塑料护套线在室内沿建筑物表面水平敷设高度距地面不应小于 2.5m。

选项 C 错误，塑料护套线进入盒（箱）或与设备、器具连接，其护套层应进入盒（箱）或设备、器具内，护套层与盒（箱）入口处应密封。

二、多项选择题（共20题，每题1.5分，每题的备选项中，有2个或2个以上符合题意，至少有1个错项。错选，本题不得分；少选，所选的每个选项得0.5分）

41.【答案】ABC

【解析】本题考查奥氏体型不锈钢。钢中主要合金元素为铬、镍、钛、铌、钼、氮和锰等。此钢具有较高的韧性、良好的耐蚀性、高温强度和较好的抗氧化性，以及良好的压力加工和焊接性能。但是这类钢的屈服强度低，且不能采用热处理方法强化，而只能进行冷变形强化。

42.【答案】ACD

【解析】一般纤维增强体是指强度不高，产量较大，来源较丰富的纤维。主要有玻璃纤维、石棉纤维、矿物纤维、棉纤维、亚麻纤维和合成纤维等。

43.【答案】ABC

【解析】铝管输送的介质操作温度在200℃以下，当温度高于160℃时，不宜在压力下使用。铝管的特点是重量轻，不生锈，但机械强度较低，不能承受较高的压力，铝管常用于输送浓硝酸、醋酸、脂肪酸、过氧化氢等液体及硫化氢、二氧化碳气体。它不耐碱及含氯离子的化合物，如盐水和盐酸等介质。

44.【答案】ABD

【解析】球形补偿器主要依靠球体的角位移来吸收或补偿管道一个或多个方向上的横向位移，该补偿器应成对使用，单台使用没有补偿能力，但它可作管道万向接头使用。

球形补偿器具有补偿能力大、流体阻力和变形应力小，且对固定支座的作用力小等特点。球形补偿器用于热力管道中，补偿热膨胀，其补偿能力为一般补偿器的5～10倍；用于冶金设备（如高炉、转炉、电炉、加热炉等）的汽化冷却系统中，可作万向接头用。

45.【答案】AD

【解析】同轴电缆的损耗与工作频率的平方根成正比。电缆的衰减与温度有关，随着温度增高，其衰减值也增大。

选项C错误，一种是50Ω电缆，用于数字传输，由于多用于基带传输，也叫基带同轴电缆；另一种是75Ω电缆，用于模拟传输，也叫宽带同轴电缆。75Ω宽带同轴电缆，常用于CATV网，故称为CATV电缆。

46.【答案】BC

【解析】埋弧焊的主要优点：①热效率较高，熔深大，工件的坡口可较小，减少了填充金属量。②焊接速度高，焊接厚度为8～10mm的钢板时，单丝埋弧焊速度可达50～80cm/分钟。③焊接质量好。

埋弧焊的缺点：①由于采用颗粒状焊剂，这种焊接方法一般只适用于水平位置焊缝焊接。②不适合焊接厚度小于1mm的薄板。

47.【答案】CD

【解析】无损探伤包括两方面的检查：一是表面及近表面缺陷的检查，主要有渗透探伤和磁粉探伤两种，磁粉探伤只适用于检查碳钢和低合金钢等磁性材料的焊接接头；渗透探伤则更适合于检查奥氏体型不锈钢、镍基合金等非磁性材料的焊接接头。二是内部缺陷的检查，常用的有射线探伤和超声波探伤。

48.【答案】BCD

【解析】参见表 3。

基体表面处理的质量要求　　　　　　　　　　　　　　　　表 3

序号	覆盖层类别	表面处理质量等级
1	金属热喷涂层	Sa_3 级
2	搪铅、纤维增强塑料衬里、橡胶衬里、树脂胶泥衬砌砖板衬里、塑料板粘结衬里、玻璃鳞片衬里、喷涂聚脲衬里、涂料涂层	$Sa_{2.5}$ 级
3	水玻璃胶泥衬砌砖板衬里、涂料涂层、氯丁胶乳水泥砂浆衬里	Sa_2 级或 St_3 级
4	衬铅、塑料板非粘结衬里	Sa_1 级或 St_2 级

49.【答案】 AC

【解析】脱脂完毕后，应按设计规定进行脱脂质量检验。

（1）直接法。

1）用清洁干燥的白滤纸擦拭管道及其附件的内壁，纸上应无油脂痕迹；

2）用紫外线灯照射，脱脂表面应无紫蓝荧光。

（2）间接法。

50.【答案】 AD

【解析】项目特征是用来表述项目名称的实质内容，用于区分《通用安装工程工程量计算规范》GB 50856—2013 同一条目下各个具体的清单项目。由于项目特征直接影响工程实体的自身价值，是履行合同义务的基础，是合理编制综合单价的前提。因此，项目特征应描述构成清单项目自身价值的本质特征。

51.【答案】 BC

【解析】其他相关说明：

（1）工业炉烘炉、设备负荷试运转、联合试运转、生产准备试运转及安装工程设备场外运输，应根据招标人提供的设备及安装主要材料堆放点，按"031301018 其他措施"项目列项计算。

（2）为保证工程在正常条件下施工所采取的排水措施，其发生的措施费用应在其他措施项目列项。

选项 A 消防工程检测，属于 031301012 工程系统检测、检验中的"由国家或地方检测部门进行的各类检测"。

52.【答案】 AB

【解析】对形状复杂、污垢黏附严重的装配件，宜采用溶剂油、蒸汽、热空气、金属清洗剂和三氯乙烯等清洗液进行喷洗；对精密零件、滚动轴承等不得用喷洗法。

53.【答案】 BCD

【解析】电梯的引导系统，包括轿厢引导系统和对重引导系统。这两种系统均由导轨、导轨架和导靴三种机件组成。

54.【答案】 ABC

【解析】电梯安装根据名称、型号、用途、配线材质、规格、敷设方式，运转调试要求，按设计图示数量"部"计算。工作内容包括：本体安装，电气安装、调试，单机试运转，补刷（喷）油漆。

55.【答案】ABC

【解析】（1）蒸发量大于 0.2t/小时的锅炉，每台锅炉应安装两个彼此独立的水位计，以便能校核锅炉内的水位。

（2）水位计距离操作地面高于 6m 时，应加装远程水位显示装置。

（3）水位计和锅筒（锅壳）之间的汽-水连接管，其内径不得小于 18mm，连接管的长度应小于 500mm，以保证水位计灵敏准确。

（4）水位计应有放水阀门和接到安全地点的放水管。

（5）水位计与汽包之间的汽-水连接管上不能安装阀门，更不得装设球阀。如装有阀门，在运行时应将阀门全开，并予以铅封。

56.【答案】ABD

【解析】室外消火栓布置及安装：按其用途可分为普通型消火栓和特殊型消火栓。特殊型有泡沫型、防撞型、调压型、减压稳压型之分。

57.【答案】ABD

【解析】可燃气体探测器。按照使用环境可以分为工业用气体报警器和家用燃气报警器，按自身形态可分为固定式可燃气体报警器和便携式可燃气体报警器。按根据工作原理分为半导体式气体报警器、催化燃烧式气体报警器、电化学式气体报警器、红外气体报警器、光离子气体报警器。

58.【答案】BCD

【解析】凡可以将其他形式的能量转换成光能，从而提供光通量的设备、器具统称为光源。而其中可以将电能转换为光能，从而提供光通量的设备、器具则称为电光源。常用的电光源有热致发光电光源（如白炽灯、卤钨灯等），气体放电发光电光源（如荧光灯、汞灯、钠灯、金属卤化物灯、氙灯等），固体发光电光源（如 LED 和场致发光器件等）。

59.【答案】ABC

【解析】普通灯具、工厂灯根据名称、型号、规格、安装形式按设计图示数量以"套"为计量单位。

60.【答案】ACD

【解析】

（1）金属导管："在有可燃物的闷顶和封闭吊顶内明敷的配电线路，应采用金属导管或金属槽盒布线。"此为强制性条文。

钢导管不得采用对口熔焊连接；镀锌钢导管或壁厚≤2mm 的钢导管，不得采用套管熔焊连接。

（2）塑料导管：沿建筑物、构筑物表面和在支架上敷设的刚性塑料导管，应按设计要求装设温度补偿装置。

（3）可弯曲金属导管及柔性导管：可弯曲金属导管和金属柔性导管不应作保护导体的接续导体。

选 作 部 分

共 40 题，分为两个专业组，考生可在两个专业组的 40 个试题中任选 20 题作答。按所答的前 20 题计分，每题 1.5 分。试题由单选和多选组成。错选，本题不得分；少选，所选的每个选项得 0.5 分。

一、(61~80 题) 管道和设备工程

61.【答案】 D

【解析】给水系统按给水管网的敷设方式不同，可以布置成下行上给式、上行下给式和环状供水式三种方式。

环状供水式管网的优缺点是：任何管段发生事故时，可用阀门关断事故管段而不中断供水，水流畅通，水头损失小，水质不易因滞流变质，但管网造价较高。

62.【答案】 B

【解析】硬聚氯乙烯给水管（UPVC）：适用于给水温度不大于 45℃、给水系统工作压力不大于 0.6MPa 的生活给水系统。高层建筑的加压泵房内不宜采用 UPVC 给水管；水箱的进出水管、排污管、自水箱至阀门间的管道不得采用塑料管。

63.【答案】 A

【解析】埋地的排水管道在隐蔽前必须做灌水试验，其灌水高度应不低于底层卫生器具的上边缘或底层地面的高度。

排水主立管及水平干管管道均应做通球试验，通球球径不小于排水管道管径的 2/3，通球率必须达到 100%。

64.【答案】 A

【解析】膨胀水箱的作用是容纳系统中水因温度变化而引起的膨胀水量，恒定系统压力及补水，在重力循环上供下回系统和机械循环下供上回系统中还起着排气作用。膨胀水箱上的配管包括膨胀管、循环管、信号管、溢流管、排水管、补水管。

65.【答案】 A

【解析】管材的选用。低压管道当管径 $DN \leq 50$ 时，一般选用镀锌钢管，连接方式为螺纹连接；当管径 $DN > 50$ 时，选用无缝钢管，连接方式为焊接或法兰连接。中压管道选用无缝钢管，连接方式为焊接或法兰连接。

66.【答案】 BC

【解析】参见表 4。

镀锌钢管项目编码与项目特征　　　　表 4

项目编码	项目名称	项目特征
031001001	镀锌钢管	1. 安装部位 2. 介质 3. 规格、压力等级 4. 连接形式 5. 压力试验及吹、洗设计要求 6. 警示带形式
031001002	钢管	
031001003	不锈钢管	
031001004	铜管	

67.【答案】 ABD

【解析】室外空气入口又称新风口，新风口设有百叶窗，以遮挡雨、雪、昆虫等。通

风（空调）工程中使用最广泛的是铝合金风口。污染物密度比空气小时，风口宜设在上方，而密度较大时，宜设在下方。洁净车间防止风机停止时含尘空气进入房间，常在风机出口管上装电动密闭阀，与风机联动。

68.【答案】B

【解析】吸附法是利用某种松散、多孔的固体物质（吸附剂）对气体的吸附能力除去其中某些有害成分（吸附剂）的净化方法。这种方法广泛应用于低浓度有害气体的净化，特别是各种有机溶剂蒸汽。吸附法的净化效率能达到100%。

69.【答案】C

【解析】由于诱导器系统能在房间就地回风，不必或较少需要再把回风抽回到集中处理室处理，减少了要集中处理和来回输送的空气量，因而有风管断面小、空气处理室小、空调机房占地少、风机耗电量少的优点。

70.【答案】D

【解析】法兰连接主要用于风管与风管或风管与部件、配件间的连接，法兰拆卸方便并对风管起加强作用。

71.【答案】CD

【解析】联合试运转主要内容包括：（1）通风机风量、风压及转速测定。通风（空调）设备风量、余压与风机转速测定。（2）系统与风口的风量测定与调整。（3）通风机、制冷机、空调器噪声的测定。（4）制冷系统运行的压力、温度、流量等各项技术数据应符合有关技术文件的规定。（5）防排烟系统正压送风前室内静压的检测。（6）空气净化系统，应进行高效过滤器的检漏和室内洁净度级别的测定。

72.【答案】AB

【解析】通风空调工程共设4个分部、52个分项工程，包括通风空调设备及部件制作安装，通风管道制作安装，通风管道部件制作安装，通风工程检测、调试。适用于工业与民用通风（空调）设备及部件、通风管道及部件的制作安装工程。

（1）在冷冻机组站内的设备安装、通风机安装及人防两用通风机安装，应按机械设备安装工程相关项目编码列项；

（2）冷冻机组站内的管道安装，应按工业管道工程相关项目编码列项。

73.【答案】C

【解析】高压管道：$10<P\leqslant42$MPa；或蒸汽管道：$P\geqslant9$MPa，工作温度$\geqslant500$℃。

74.【答案】AD

【解析】架空敷设便于施工、操作、检查和维修，是一种比较经济的敷设形式。其缺点是占地面积大，管道热损失较大。

直接埋地敷设可利用地下的空间，使地面以上空间较为简洁，并且不需支承措施；其缺点是管道易被腐蚀，检查和维修困难。

地沟敷设可充分利用地下空间，方便检查维修，但费用高，需设排水点，污物清理困难，地沟中易积聚可燃气体，增加不安全因素等。

在热力管沟内严禁敷设易燃易爆、易挥发、有毒、腐蚀性的液体或气体管道。

75.【答案】A

【解析】本题考查贮气罐。活塞式压缩机都配备有贮气罐，目的是减弱压缩机排气的周期性脉动，稳定管网压力，同时可进一步分离空气中的油和水分。

76.【答案】 D

【解析】铜及铜合金管通常应用在深冷工程和化工管道上，用作仪表测压管线或传送有压液体管线，当温度大于250℃时不宜在有压力的情况下使用。

77.【答案】 B

【解析】换热压力容器主要用于完成介质间的热量交换，如各种热交换器、冷却器、冷凝器、蒸发器等。

78.【答案】 A

【解析】本题考查流化床反应器。流化床反应器是一种利用气体或液体通过颗粒状固体层而使固体颗粒处于悬浮运动状态，并进行气固相反应过程或液固相反应过程的反应器。在用于气固系统时，又称沸腾床反应器。

79.【答案】 BC

【解析】球罐对接焊缝的内外表面（包括人孔及公称直径不小于250mm接管的对接焊缝和法兰，锻制加强圈的外接焊缝、支柱角焊缝等）应在耐压试验前进行100%焊缝长度的磁粉探伤或渗透探伤，如果球罐需焊后热处理，则应在热处理前进行探伤。

80.【答案】 B

【解析】组装平台搭拆、管道防冻和焊接保护、特殊管道充气保护、高压管道检验、地下管道穿越建筑物保护等措施项目，应按措施项目相关项目编码列项。

二、(81～100题) 电气和自动化工程

81.【答案】 A

【解析】高压断路器的作用是通断正常负荷电流，并在电路出现短路故障时自动切断故障电流，保护高压电线和高压电器设备的安全。

82.【答案】 ACD

【解析】(1) 母线安装时，必须按分段图、相序、编号、方向和标志予以正确放置，不得随意互换。每项外壳的纵向间隙应分配均匀。

(2) 支架必须安装牢固。支持点的间距，水平或垂直敷设时，均不应大于2m。

(3) 两相邻段母线及外壳应对准，连接后不得使母线受到额外的附加应力。

(4) 封闭式母线的终端，当无引出线时，端部应由专用的封板进行封闭。

83.【答案】 AC

【解析】电缆安装前要进行检查。1kV以上的电缆要做直流耐压试验。

并联运行的电力电缆应采用相同型号、规格及长度的电缆，以防负荷分配不按比例，从而影响运行。

选项B，在三相四线制系统，必须采用四芯电力电缆，不应采用三芯电缆另加一根单芯电缆或以导线、电缆金属护套作中性线的方式。

选项D，电缆在室外直接埋地敷设。埋设深度不应小于0.7m（设计有规定者按设计规定深度埋设），经过农田的电缆埋设深度不应小于1m。

84.【答案】 D

【解析】均压环是高层建筑为防侧击雷而设计的环绕建筑物周边的水平避雷带。

85.【答案】 B

【解析】交流耐压试验。能有效地发现较危险的集中性缺陷。它是鉴定电气设备绝缘强度最直接的方法,是保证设备绝缘水平、避免发生绝缘事故的重要手段。

86. 【答案】C

【解析】配管安装中不包括凿槽、刨沟,应按相关项目编码列项。

选项A,配管、线槽安装不扣除管路中间的接线箱(盒)、灯头盒、开关盒所占长度。

选项B,配线保护管遇到下列情况之一时,应增设管路接线盒和拉线盒:导管长度每大于30m,有1个弯曲。

选项D,配线进入箱、柜预留长度为开关箱(柜)面尺寸的高+宽。

87. 【答案】A

【解析】测量某一非电量的物理量,如温度、湿度、压力等常用的物理量时,首先要把该非电量的参数转变为一电量参数,这种将非电量参数转变成电量参数的装置叫作传感器。

88. 【答案】A

【解析】积分调节是当被调参数与给定值发生偏差时,调节器输出使调节机构动作,一直到被调参数与给定值之间偏差消失为止。

89. 【答案】C

【解析】远传压力表由一个弹簧管压力表和一个滑线电阻传送器构成。电阻远传压力表适用于测量对钢及钢合金不起腐蚀作用的液体、蒸汽和气体等介质的压力。

90. 【答案】BC

【解析】选项B差压式、选项C浮子式适用于液位、界位的检测。

选项A玻璃管式、选项D电感式只适用于液位检测。

91. 【答案】ACD

【解析】电动调节阀和工艺管道同时安装,在管道防腐和试压前进行。

(1)应垂直安装于水平管道上,尤其是大口径电动阀不能有倾斜。

(2)阀体上的水流方向应与实际水流方向一致,一般安装在回水管上。

(3)阀旁应装有旁通阀和旁通管路,阀位指示装置安装在便于观察的位置,手动操作机构应安装在便于操作的位置。

92. 【答案】A

【解析】网卡是主机和网络的接口,用于提供与网络之间的物理连接。

93. 【答案】BCD

【解析】电缆在室内敷设,宜符合下列规定:

不得将电缆与电力线同线槽、同出线盒、同连接箱安装。

分配放大器、分支、分配器可安装在楼内的墙壁和吊顶上。当需要安装在室外时,应采取防雨措施,距地面不应小于2m。

系统中所用部件应具备防止电磁波辐射和电磁波侵入的屏蔽性能。

应避免将部件安装在厨房、厕所、浴室、锅炉房等高温、潮湿或易受损伤的场所。

94. 【答案】C

【解析】建筑物内普通市话电缆芯线接续应采用扣式接线子,不得使用扭绞接续。电缆的外护套分接处接头封合宜以冷包为主,也可采用热可缩套管。

95.【答案】B

【解析】通信线路中心线应平行于道路中心线或建筑红线。

选项 A：宜敷设在人行道下。如不允许，可建在慢车道下，不宜建在快车道下。

选项 C：通信线路应尽量避免与燃气线路、高压电力电缆在道路同侧敷设，不可避免时通信线路、通道与其他地下管线及建筑物间的最小净距（指线路外壁之间的距离）应符合相应的规定。

选项 D：高等级公路的通信线路敷设位置选择依次是隔离带下、路肩和防护网以内。

96.【答案】BD

【解析】参见表 5。

智能建筑的三大服务功能　　　　　　　　　　　　　　　表 5

安全性方面	舒适性方面	便捷性方面
火灾自动报警	空调监控	综合布线
自动喷淋灭火	供热监控	用户程控交换机
防盗报警	给排水监控	VSAT 卫星通信
闭路电视监控	供配电监控	办公自动化
保安巡更	卫星电缆电视	Internet
电梯运行控制	背景音乐	宽带接入
出入控制	装饰照明	物业管理
应急照明	视频点播	一卡通

能提供安全性功能的有选项 B 闭路电视监控、选项 D 火灾自动报警。选项 A 空调监控系统为舒适性方面功能；选项 C 物业管理为便捷性方面功能。

97.【答案】A

【解析】点型入侵探测器是指警戒范围仅是一个点的报警器，如门、窗、柜台、保险柜等，这些警戒的范围仅是某一特定部位，包括开关入侵探测器、振动入侵探测器。

98.【答案】AC

【解析】在安全防范系统中身份确认方式常用以下三类：

人体生理特性识别——用人体特有的生物特性，如人脸、掌静脉、指纹、掌纹、视网膜进行识别。

代码——用代码来识别，如身份证号码、学生证号码、开锁密码等。

卡片——用磁卡、射频卡、IC 卡、光卡中数据代码来识别。

99.【答案】C

【解析】从楼层配线架到各信息插座属于水平布线子系统。该子系统包括水平电缆、水平光缆及其在楼层配线架上的机械终端、接插软线和跳接线。

100.【答案】D

【解析】BIM 的作用：

建筑信息模型（BIM）就是通过数字化技术仿真模拟建筑物所具有的真实信息，其作用：（1）反映三维几何形状信息；（2）反映非几何形状信息，如建筑构件的材料、重量、价格、进度和施工等；（3）将建筑工程项目的各种相关信息的工程数据进行集成；（4）为设计师、建筑师、水电暖铺设工程师、开发商乃至最终用户等各环节人员提供"模拟和分析"。

BIM 的特点：

（1）可视化。可视化即"所见即所得"的形式，模型三维的立体实物图形可视，项目设计、建造、运营等整个建设过程可视，项目设计、建造、运营过程中的沟通、讨论、决策都在可视化的状态下进行。

（2）协调性。对于各行业项目信息出现"不兼容"现象，如管道与结构冲突，各个房间出现冷热不均，预留的洞口没留或尺寸不对等情况。BIM 建筑信息模型可在建筑物建造前期对各专业的碰撞问题进行协调，生成协调数据，并提供出来。

2022 年全国一级造价工程师职业资格考试
《建设工程技术与计量（安装工程）》

必 作 部 分

一、**单项选择题**（共 40 题，每题 1 分。每题的备选项中，只有一个最符合题意）

1. 当钢材成分一定时，金相组织主要取决于钢材的热处理，对钢材金相组织影响最大的热处理方式是（　　）。
   A. 正火　　　　　　　　　　　　B. 退火
   C. 回火　　　　　　　　　　　　D. 淬火加回火

2. 铸铁的韧性和塑性取决于某成分的数量、形状、大小和分布，该组成成分是（　　）。
   A. 碳　　　　　　　　　　　　　B. 石墨
   C. 铁　　　　　　　　　　　　　D. 纤维

3. 某合金材料，在大气、淡水、海水中很稳定，对硫酸、磷酸、亚硫酸、铬酸和氢氟酸有良好的耐蚀性，不耐硝酸侵蚀，在盐酸中也不稳定，该合金材料是（　　）。
   A. 钛合金　　　　　　　　　　　B. 镍合金
   C. 铅合金　　　　　　　　　　　D. 镁合金

4. 某玻璃制品应用最为广泛，具有较好的透明度、化学稳定性和热稳定性，其机械强度高，硬度大，电绝缘性强，但可溶于氢氟酸，该玻璃品种是（　　）。
   A. 磷酸盐玻璃　　　　　　　　　B. 铝酸盐玻璃
   C. 硼酸盐玻璃　　　　　　　　　D. 硅酸盐玻璃

5. 某复合材料主要优点是生产工艺简单，可以像生产一般金属零件那样进行生产，用该材料制造的发动机活塞使用寿命大幅提高。此种材料为（　　）。
   A. 塑料-钢复合材料　　　　　　 B. 颗粒增强的铝基复合材料
   C. 合金纤维增强的镍基合金　　　 D. 塑料-青铜-钢材三层复合材料

6. 根据《低压流体输送用焊接钢管》GB/T 3091—2015 的规定，钢管的理论重量计算式为 $W=0.0246615×(D-t)×t$，某钢管外径 108mm，壁厚 6mm，则该钢管的单位长度理论重量为（　　）kg/m。
   A. 12.02　　　　　　　　　　　　B. 13.91
   C. 13.21　　　　　　　　　　　　D. 15.09

7. 某漆适用于大型快速施工，广泛应用在化肥、氯碱生产中，防止工业大气如二氧化硫、氨气、氯气、氯化氢、硫化氢和氧化氮等气体腐蚀，也可作为地下防潮和防腐蚀涂料，该涂料是（　　）。
   A. 漆酚树脂漆　　　　　　　　　B. 酚醛树脂漆

C. 环氧-酚醛漆　　　　　　　　　　　D. 呋喃树脂漆

8. 某法兰密封面形式，安装时易对中，垫片较窄且受力均匀。压紧垫片所需的螺栓力相应较小。故即使应用于压力较高场合，螺栓尺寸也不至于过大。缺点是垫片更换困难，法兰造价较高。该法兰密封面形式是（　　）。
   A. 突面型　　　　　　　　　　　　B. 凹凸面型
   C. 榫槽面型　　　　　　　　　　　D. O 形圈面型

9. 每次更换垫片时，都要对两法兰密封面进行加工，费时费力。与之配合的法兰是（　　）。
   A. 凸面型　　　　　　　　　　　　B. 榫槽面型
   C. 平面型　　　　　　　　　　　　D. 凹凸面型

10. 阀门的种类有很多，按其动作特点分为两大类，即驱动阀门和自动阀门。其中，驱动阀门有（　　）。
    A. 止回阀　　　　　　　　　　　　B. 节流阀
    C. 跑风阀　　　　　　　　　　　　D. 安全阀

11. 具有较高的机械强度，导电性能良好，适用于大档距架空线路敷设的是（　　）。
    A. 铝绞线　　　　　　　　　　　　B. 铜绞线
    C. 钢芯铝绞线　　　　　　　　　　D. 扩径钢芯铝绞线

12. 某切割机械使用轻巧灵活，简单便捷，在各种场合得到广泛使用，尤其在建筑工地上和室内装修中使用较多。主要用来对一些小直径尺寸的方管、圆管、扁钢、槽钢等型材进行切断加工。但其生产效率低、加工精度低、安全稳定性较差。这种切割机械为（　　）。
    A. 钢筋切断机　　　　　　　　　　B. 砂轮切割机
    C. 剪板机　　　　　　　　　　　　D. 电动割管套丝机

13. 下列常用焊接方法中，属于熔焊的是（　　）。
    A. 埋弧焊　　　　　　　　　　　　B. 电阻焊
    C. 摩擦焊　　　　　　　　　　　　D. 超声波焊

14. 组对质量检验是检查组对构件焊缝的形状和位置、对接接头错边量、角变形、组对间隙、搭接接头的搭接量及贴合质量、带垫板对接接头的贴合质量等，在焊接质量检验中组对质量检验属于（　　）。
    A. 焊接前检验　　　　　　　　　　B. 焊接中质量检验
    C. 焊接后质量检验　　　　　　　　D. 验收检验

15. 无损探伤方法中，能够检验封闭在高密度金属材料中的低密度材料的无损探伤方法为（　　）。
    A. X 射线　　　　　　　　　　　　B. γ射线探伤
    C. 超声波探伤　　　　　　　　　　D. 中子射线探伤

16. 钢材表面无可见油脂和污垢、且氧化皮、铁锈和油漆涂层等附着物已基本清除，其残留物应是牢固附着的，其除锈质量等级为（　　）。
    A. Sa_1 级　　　　　　　　　　　B. Sa_2 级
    C. $Sa_{2.5}$ 级　　　　　　　　　D. Sa_3 级

17. 主要用于矩形风管、大直径管道和设备容器的绝热层施工中，适用于各种绝热材料加工成型的预制品件，该绝热层施工方式是（　　）。
   A. 捆扎绝热层
   B. 钉贴绝热层
   C. 粘贴绝热层
   D. 充填绝热层

18. 适用于某一范围内数量多，而每一单件重量较小的设备、构件吊装，但起重量一般不大的起重机是（　　）。
   A. 履带起重机
   B. 塔式起重机
   C. 桅杆起重机
   D. 轮胎起重机

19. 被吊装设备100t，吊索、吊具10t，取定动荷载系数1.1，不均衡荷载系数1.15，吊装荷载 Q 和计算荷载 Q_j 为（　　）。
   A. $Q=100t$，$Q_j=115t$
   B. $Q=100t$，$Q_j=126.5t$
   C. $Q=110t$，$Q_j=121t$
   D. $Q=110t$，$Q_j=139.15t$

20. 对转速6300r/分钟以上的机械，其油清洗检验应选用的滤网规格是（　　）。
   A. 100目
   B. 200目
   C. 300目
   D. 400目

21. 根据《工业金属管道工程施工规范》GB 50235—2010，某设计压力为0.4MPa的承压埋地铸铁管，其试验压力为（　　）。
   A. 0.4MPa
   B. 0.5MPa
   C. 0.6MPa
   D. 0.8MPa

22. 根据《通用安装工程工程量计算规范》GB 50856—2013，清单编码中，第二级编码为12的专业为（　　）。
   A. 刷油、防腐、绝热工程
   B. 建筑智能化工程
   C. 通风空调工程
   D. 工业管道

23. 根据《通用安装工程工程量计算规范》GB 50856—2013，下列选项不属于安全文明施工项目的是（　　）。
   A. 临时设施
   B. 有害气体防护
   C. 防暑降温
   D. 施工现场绿化

24. 根据《通用安装工程工程量计算规范》GB 50856—2013，观光电梯安装项目特征描述中不包括的内容是（　　）。
   A. 提升高度、速度
   B. 配线规格、材质
   C. 层数
   D. 载重量、荷载人数

25. 在冲击、振动和交变荷载作用下，螺栓连接要增加防松装置，下列选项属于机械防松装置的是（　　）。
   A. 对顶螺母
   B. 自锁螺母
   C. 槽形螺母
   D. 双螺母

26. 某输送机的设计简单、造价低廉，在输送块状、纤维状或黏性物料时，被输送的固体物料有压结倾向。这类输送机是（　　）。
   A. 带式输送机
   B. 螺旋输送机
   C. 振动输送机
   D. 链式输送机

27. 用于锅炉系统引风,宜选用的风机类型是( )。
   A. 罗茨风机
   B. 滑片式风机
   C. 离心风机
   D. 轴流风机

28. 利用流动中的水被突然制动时所产生的能量,将低水头能转换为高水头能的高级提水装置。适合于具有微小水力资源条件的贫困用水地区的泵是( )。
   A. 罗茨泵
   B. 扩散泵
   C. 电磁泵
   D. 水锤泵

29. 根据《工业锅炉技术条件》NB/T 47034—2021,锅炉规格与型号表示中不包括的内容是( )。
   A. 额定蒸发量
   B. 额定蒸汽压力
   C. 出水温度
   D. 锅炉热效率

30. 下列关于锅炉严密性试验的说法,正确的是( )。
   A. 锅炉经烘炉后立即进行严密性试验
   B. 锅炉压力升至 0.2～0.3MPa 时,应对锅炉进行一次严密性试验
   C. 安装有省煤器的锅炉,应采用蒸汽吹洗省煤器并对省煤器进行严密性试验
   D. 锅炉安装调试完成后,应带负荷连续运行 48 小时,运行正常为合格

31. 适用于处理烟气量大和含尘浓度高的场合。它可以单独采用,也可以安装在文丘里洗涤器之后作为脱水器。该除尘设备是( )。
   A. 布袋除尘器
   B. 麻石水膜除尘器
   C. 旋风水膜除尘器
   D. 旋风除尘器

32. 室内消火栓是一种具有内扣式接口的( )式龙头。
   A. 节流阀
   B. 球阀
   C. 闸阀
   D. 蝶阀

33. 在准工作状态时管道内充满有压水,有控制火势或灭火迅速的特点。主要缺点是不适应于寒冷地区,其使用环境温度为 4～70℃。该灭火系统是( )。
   A. 干式自动喷水灭火系统
   B. 湿式自动喷水灭火系统
   C. 预作用自动喷水灭火系统
   D. 雨淋系统

34. 某灭火系统造价低,占地小,不冻结,对于无水及寒冷的我国北方尤为适宜,但不适用于可燃固体深位火灾扑救,该灭火系统是( )。
   A. 泡沫灭火系统
   B. 干粉灭火系统
   C. 二氧化碳灭火系统
   D. 七氟丙烷灭火系统

35. 某探测(传感)器结构简单,低价,广泛应用于可燃气体探测报警,但由于其选择性差和稳定性不理想,目前在民用级别使用。该探测(传感)器是( )。
   A. 光离子气体探测器
   B. 催化燃烧式气体探测器
   C. 电化学气体探测器
   D. 半导体传感器

36. 某常用照明电光源点亮时可发出金白色光,具有发光效率高,耗电少、寿命长,紫外线少,不招飞虫等特点,此电光源是( )。
   A. 氙灯
   B. 高压水银灯
   C. 高压钠灯
   D. 发光二极管

37. 关于软启动电动机的说法，正确的是( )。
   A. 软启动适用于小容量的电动机
   B. 软启动控制柜具有自动启动和降压启动功能
   C. 软启动结束，旁路接触器断开，使软启动器退出运行
   D. 软启动具有避免电网受到谐波污染的功能

38. 延时精确度较高，且延时时间调整范围较大，但价格较高的继电器为( )。
   A. 电磁式
   B. 空气阻尼式
   C. 电动式
   D. 晶体管式

39. DN20 的焊接钢管内穿 4mm² 的单芯导线，最多可穿( )。
   A. 6 根
   B. 7 根
   C. 8 根
   D. 9 根

40. 根据《建筑电气工程施工质量验收规范》GB 50303—2015，关于导管敷设，正确的是( )。
   A. 可弯曲金属导管可采用焊接
   B. 可弯曲金属导管可做保护导体的接续导体
   C. 明配导管的弯曲半径不应大于外径的 6 倍
   D. 明配的金属、非金属柔性导管固定点间距应均匀，不应大于 1m

二、多项选择题（共 20 题，每题 1.5 分，每题的备选项中，有 2 个或 2 个以上符合题意，至少有 1 个错项。错选，本题不得分；少选，所选的每个选项得 0.5 分）

41. 关于可锻铸铁，下列描述正确的是( )。
   A. 黑心可锻铸铁依靠石墨化退火来获得
   B. 白心可锻铸铁利用氧化脱碳退火来制取
   C. 具有较高的强度、塑性和冲击韧性
   D. 通过淬火得到珠光体

42. 以下属于高温用绝热材料的有( )。
   A. 硅酸铝纤维
   B. 石棉
   C. 蛭石
   D. 硅藻土

43. 下列关于焊丝材料的使用，正确的是( )。
   A. 除不锈钢焊丝和非铁金属焊丝外，均应镀铜以防生锈并改善导电性
   B. 一般使用直径 3～6mm 焊丝，以发挥半自动埋弧焊的大电流和高熔敷率的优点
   C. 同一电流，使用较小直径焊丝，可加大焊缝熔深，减小熔宽
   D. 工件装配不良时，宜选用较粗焊丝

44. 以下对于松套法兰的说法，正确的是( )。
   A. 大口径管道上易于安装
   B. 适用于管道不需要频繁拆卸以供清洗和检查的地方
   C. 可用于输送腐蚀性介质的管道
   D. 适用于中高压管道的连接

45. 通信线缆桥架按结构形式分类，除包括托盘式外，还包括( )。
   A. 梯级式
   B. 组合式

C. 隔板式 D. 槽式

46. 以下对于焊条选用说法正确的是( )。
   A. 在焊接结构刚性大、接头应力高、焊缝易产生裂纹的不利情况下,应考虑选用比母材强度低一级的焊条
   B. 对承受动荷载和冲击荷载的焊件,除满足强度要求外,主要应保证焊缝金属具有较高的塑性和韧性,可选用塑性、韧性指标较高的高氢型焊条
   C. 当焊件的焊接部位不能翻转时,应选用适用于全位置焊接的焊条
   D. 为了保障焊工的身体健康,在允许的情况下应尽量采用酸性焊条

47. 组合型坡口由两种或2种以上的基本型坡口组成,下列属于组合型坡口的是( )。
   A. Y形 B. J形
   C. T形 D. 双V形

48. 关于金属保护层施工,下列说法正确的是( )。
   A. 硬质绝热制品金属保护层纵缝,在不损坏里面制品及防潮层前提下可进行咬接
   B. 软质绝热制品的金属保护层纵缝,如果采用搭接缝,只能用抽芯铆钉固定
   C. 铝箔玻璃钢薄板保护层的纵缝,可使用自攻螺钉固定
   D. 保冷结构的金属保护层接缝宜用咬合或钢带捆扎结构

49. 根据《工业金属管道工程施工规范》GB 50235—2010,金属管道脱脂可选用的脱脂质量检验方法有( )。
   A. 涂白漆的木质靶板法 B. 紫外线灯照射法
   C. 小于1mm的纯樟脑检测法 D. 对脱脂合格后的脱脂液取样分析法

50. 根据《通用安装工程工程量计算规范》GB 50856—2013,下列关于项目特征和工作内容的说法,正确的是( )。
   A. 若安装高度超过规定的基本安装高度时,应在其项目清单的"项目特征"中描述
   B. 规范规定,附录中有的"计量单位"只有一个
   C. 除另有规定和说明外,应视为已包括完成该项目的全部工作内容
   D. 工作内容对确定综合单价有影响时,编制清单时应进行描述

51. 根据《通用安装工程工程量计算规范》GB 50856—2013,安装工程各附录中基本安装高度为5m的有( )。
   A. 电气设备安装工程 B. 通风空调工程
   C. 消防工程 D. 刷油、防腐蚀、绝热工程

52. 根据《通用安装工程工程量计算规范》GB 50856—2013,下列属于安全文明施工及其他措施项目的有( )。
   A. 在有害身体健康环境中施工增加 B. 特殊地区施工增加
   C. 夜间施工增加 D. 冬雨期施工增加

53. 金属表面粗糙度 Ra 为30μm,常用的除锈方法是( )。
   A. 钢丝刷 B. 喷砂
   C. 非金属刮具 D. 油石

54. 电梯电气部分安装要求中,说法正确的是( )。

A. 接地支线应分别直接接到接地干线的接线柱上，不得互相连接后再接地
B. 控制电路必须有过载保护装置
C. 三相电源应有断相、错相保护功能
D. 动力和电气安全装置的导体之间和导体对地之间的绝缘电阻不得大于 0.5MΩ

55. 与透平式压缩机相比，活塞式压缩机的性能为（　　）。
   A. 气流速度高，损失大　　　　　　B. 适用性强，压力范围广
   C. 结构复杂，易损件多　　　　　　D. 脉动性大，气体常混有润滑油

56. 锅炉中省煤器的作用有（　　）。
   A. 提升锅炉热效率　　　　　　　　B. 代替造价较高的蒸发受热面
   C. 延长汽包使用寿命　　　　　　　D. 强化热辐射的传导

57. 根据自动喷水灭火系统分类，下列属于闭式灭火系统的有（　　）。
   A. 干式自动喷水灭火系统　　　　　B. 雨淋系统
   C. 重复启闭预作用系统　　　　　　D. 预作用自动喷水灭火系统

58. 根据《通用安装工程工程量计算规范》GB 50856—2013，水灭火系统工程计量正确的有（　　）。
   A. 喷淋系统管道应扣除阀门所占的长度　　B. 报警装置安装包括装配管的安装
   C. 水力警铃进水管并入消防管道系统　　　D. 末端试水装置包含连接管和排水管

59. 根据《建筑电气工程施工质量验收规范》GB 50303—2015 及相关规定，下列关于太阳能灯具安装的规定，正确的是（　　）。
   A. 不宜安装在潮湿场所
   B. 灯具表面应光洁，色泽均匀
   C. 电池组件的输出线应裸露，且用绑扎带固定
   D. 灯具与基础固定可靠，地脚螺栓有防松措施

60. 根据《建筑电气工程施工质量验收规范》GB 50303—2015 及相关规定，下列关于槽盒内敷线的说法正确的是（　　）。
   A. 同一槽盒不宜同时敷设绝缘导线和电缆
   B. 绝缘导线在槽盒内，可不按回路分段绑扎
   C. 同一路径无防干扰要求的线路，可敷设于同一槽盒内
   D. 与槽盒连接的接线盒应采用暗装接线盒

选 作 部 分

共40题，分为两个专业组，考生可在两个专业组的40个试题中任选20题作答。按所答的前20题计分，每题1.5分。试题由单选和多选组成。错选，本题不得分；少选，所选的每个选项得0.5分。

一、（61～80题）管道和设备工程

61. 某供水方式适用于电力供应充足、允许分区设置水箱的高层建筑，其优点为需要的水泵数量少，设备维护管理方便，此类供水方式为（　　）。
   A. 水泵水箱并联供水　　　　　　　B. 减压水箱供水

C. 高位水箱并联供水　　　　　　　　D. 气压水箱供水

62. 下列关于室内排出管安装要求，叙述正确的是（　　）。
A. 排出管一般铺设在地下室或地下
B. 排出管穿过地下室外墙或地下构筑物的墙壁时应设置防水套管
C. 排水主立管应做通球试验
D. 排出管在隐蔽前必须做泄漏试验

63. 对不散发粉尘或散发非燃烧性、非爆炸性粉尘的生产车间，采暖系统适宜的热媒是（　　）。
A. 低压蒸汽　　　　　　　　　　　　B. 不超过90℃的热水
C. 热风　　　　　　　　　　　　　　D. 高压蒸汽

64. 关于采暖系统安装，下列说法正确的是（　　）。
A. 散热器支管的坡度应为5‰，坡向利于排水和泄水
B. 当散热器支管长度超过1m时，应在支管上安装管卡
C. 有外窗的房间，散热器宜布置在窗下
D. 铸铁柱型散热器每组片数不宜超过25片

65. 适合室内输送水温不超过40℃的给水系统，又适用输送燃气的塑料管是（　　）。
A. 交联聚乙烯　　　　　　　　　　　B. 聚丙烯
C. 聚乙烯　　　　　　　　　　　　　D. 聚丁烯

66. 燃气管道上常用的补偿器有（　　）。
A. 方形补偿器　　　　　　　　　　　B. 球形补偿器
C. 套筒补偿器　　　　　　　　　　　D. 波形补偿器

67. 耐火等级为一级的高层民用建筑防火分区的最大允许建筑面积为（　　）m²。
A. 2500　　　　　　　　　　　　　　B. 1500
C. 1200　　　　　　　　　　　　　　D. 1000

68. 多用于集中式输送，即多点向一点输送，输送距离短的是（　　）。
A. 吸送式系统　　　　　　　　　　　B. 压送网
C. 混合式系统　　　　　　　　　　　D. 循环式系统

69. 用于管网分流或合流或旁通处的各支路风量调节的有（　　）。
A. 平行式多叶调节阀　　　　　　　　B. 对开式多叶调节阀
C. 菱形多叶调节阀　　　　　　　　　D. 复式多叶调节阀

70. 关于空调水系统，下列说法正确的是（　　）。
A. 双管制系统是指冷冻水和热水用的两套管路系统
B. 四管制系统具有冷热两套独立管路系统
C. 当冷源采用蓄冷水池时，宜采用闭式系统
D. 大部分空调系统冷冻水都采用开式系统

71. 根据《通用安装工程工程量计算规范》GB 50856—2013，下列项目以"米"为计量单位的是（　　）。
A. 碳钢通风管　　　　　　　　　　　B. 塑料通风管
C. 柔性软风管　　　　　　　　　　　D. 净化通风管

72. 下列关于通风设备中消声器安装的说法，正确的有（　　）。
   A. 消声器在运输和安装过程中，应避免外界冲击和过大振动
   B. 消声弯管不用单独设置支架，可由风管来支撑
   C. 阻抗复合式消声器安装，应把阻性消声器部分放后面
   D. 消声器必须安装在机房内时，应对消声器采取隔声处理

73. 可用于城镇热力输送的管道有（　　）。
   A. GD1　　　　　　　　　　　B. GD2
   C. GB2　　　　　　　　　　　D. GB1

74. 在海水及大气中具有良好的耐腐蚀性，但不耐氢氟酸、浓盐酸、浓硫酸的金属管材为（　　）。
   A. 铜及铜合金管　　　　　　　B. 铅及铅合金管
   C. 铝及铝合金管　　　　　　　D. 钛及钛合金管

75. 钛及钛合金管焊接，应采用的焊接方式有（　　）。
   A. 氧-乙炔焊　　　　　　　　B. 二氧化碳气体保护焊
   C. 真空焊　　　　　　　　　　D. 手工电弧焊

76. 衬胶管说法正确的是（　　）。
   A. 可以用硬橡胶与软硬橡胶复合衬里
   B. 硬橡胶衬里长期使用温度为 0~80℃
   C. 衬胶管安装前，应检查衬胶保护层完整情况
   D. 衬胶管道安装时，不得再进行施焊、局部加热、扭曲、敲打

77. 下列工业管道工程量计量规则，叙述正确的是（　　）。
   A. 各种管道安装工程量，均按设计管道中心线长度，以"米"计算
   B. 扣除阀门及各种管件所占长度
   C. 遇弯管时，按两管交叉的中心线交点计算
   D. 方形补偿器以其所占长度列入管道安装工程量

78. 静置设备中，装填有固体催化剂或固体反应物，可以实现多相反应过程的反应器是（　　）。
   A. 釜式反应器　　　　　　　　B. 管式反应器
   C. 固定床反应器　　　　　　　D. 流化床反应器

79. 下列可用于检验金属油罐焊缝严密性的试验方法有（　　）。
   A. 煤油试漏方法　　　　　　　B. 充水试验法
   C. 化学试验法　　　　　　　　D. 真空箱试验法

80. 火炬及排气筒是重要设施，下列说法错误的是（　　）。
   A. 尾气燃烧后成为无害气体，从排气筒排出
   B. 气液分离后，再排向火炬
   C. 火炬点火嘴不得在地面点燃
   D. 火炬及排气筒塔架均为碳钢材料

二、(81～100题) 电气和自动化工程

81. 变电所工程中，电容器室的主要作用是（　　）。
   A. 接受电力
   B. 分配电力
   C. 储存电能
   D. 提高功率因数

82. 能通断正常负荷电流，并在电路出现短路故障时，自动切断电流，保护高压电线和高压电气设备的安全的变配电设备是（　　）。
   A. 高压隔离开关
   B. 高压负荷开关
   C. 高压熔断器
   D. 高压断路器

83. 关于漏电保护器的说法，正确的是（　　）。
   A. 所有照明线路导线，包括中性线在内，均须通过漏电保护器
   B. 漏电保护器应安装在进户线小配电盘上或照明配电箱内
   C. 安装在电度表之前，熔断器（或胶盖刀闸）之后
   D. 安装漏电保护器后，不能拆除单相闸刀开关或瓷插、熔丝盒

84. 下列有关电缆安装的描述，正确的是（　　）。
   A. 三相四线制电缆必须采用四芯电力电缆
   B. 电缆安装前要进行检查，1kV以上的电缆要用500V摇表测绝缘
   C. 电缆穿导管敷设时，交流单芯电缆不得单独穿入钢管内
   D. 并联运行的电力电缆应采用相同型号、规格及长度的电缆

85. 下列电气设备中检验电气设备承受雷电压和操作电压的绝缘性能和保护性能的是（　　）。
   A. 冲击波试验
   B. 绝缘电阻试验
   C. 接地电阻测试
   D. 泄漏电流的测试

86. 依据《通用安装工程工程量计算规范》GB 50856—2013，有关电气工程量计算规则正确的是（　　）。
   A. 电缆的附加长度为2.5%
   B. 防雷接地预留长度为3.9%
   C. 电缆进入建筑物预留1.5m
   D. 电缆终端头预留2m

87. 自动控制系统中，将系统（环节）的输出信号经过变换、处理送到系统（环节）的输入端的信号是（　　）。
   A. 扰动信号
   B. 反馈信号
   C. 偏差信号
   D. 误差信号

88. 能够测流体流量的有（　　）。
   A. 压电传感器
   B. 电磁式流量传感器
   C. 光纤式涡轮传感器
   D. 电阻式液位传感器

89. 现场总线控制系统FCS与集散控制系统DCS相比，总线系统的特点是（　　）。
   A. 系统中通信线一直连接到现场设备，把单个分散的测量控制设备变成网络节点
   B. 具有开放性，能与同类网络互联，也能与不同类型网络互联
   C. 系统既有集中管理部分，又有分散控制部分
   D. 系统中取消现场控制器DDC，将其功能分散到现场仪表

90. 精度高，结构简单，体积小，用于封闭管道中测量低黏度气体的体积流量的流量计为（　　）。

A. 电磁流量计 B. 涡轮流量计
C. 均速管流量计 D. 椭圆齿轮流量计

91. 是连接因特网中各局域网、广域网的设备，广泛用于各种骨干网内部连接，骨干网间互联和骨干网与互联网互联互通业务，该网络设备是（ ）。
A. 路由器 B. 服务器
C. 交换机 D. 集线器

92. 可以分别调节各种频率成分电信号放大量的电子设备，通过对各种不同频率的电信号的调节来补偿扬声器和声场的缺陷，补偿和修饰各种声源及其他特殊作用。该设备是（ ）。
A. 功分器 B. 放大器
C. 解调器 D. 均衡器

93. 关于视频会议 VCT 的音频和视频的输入、输出口数量，正确的是（ ）。
A. 1～2 个视频输入接口 B. 1～2 个音频输入接口
C. 3～5 个音频输入接口 D. 3～5 个视频输出接口

94. 关于线缆布线说法正确的有（ ）。
A. 通信线应敷设在人行道下
B. 通信线不宜敷设在埋深较大的其他管线附近
C. 布放光缆的瞬间最大牵引力不得超过光缆允许张力的 80%
D. 采用机械牵引光缆一次最大长度不能超 500m

95. 智能建筑的楼宇自动化系统包括的内容有（ ）。
A. 电梯监控系统 B. 保安监控系统
C. 防盗报警系统 D. 给水排水监控系统

96. 闭路监控系统现场设备一般包括（ ）。
A. 云台 B. 解码器
C. 硬盘录像机 D. 监视器

97. 为了节省监视器和图像记录设备，往往采用多画面处理设备，使多路图像同时显示在一台监视器上，并用一台图像记录设备进行记录的是（ ）。
A. 硬盘录像机 B. 多画面处理器
C. 视频矩阵主机 D. 视频信号分配器

98. 下列关于办公自动化系统功能的说法，正确的有（ ）。
A. 具有收发文管理功能 B. 具有会议管理功能
C. 具有档案功能 D. 具有保安监控功能

99. 下列关于办公自动化系统功能的说法，正确的有（ ）。
A. 双绞线扭绞的目的是增加强度
B. 屏蔽层的作用是防止外来电磁干扰和防止向外辐射
C. 光纤跳线用来做从设备到光纤布线链路的跳接线
D. 光纤连接器是光纤与光纤之间进行可拆卸（活动）连接的器件

100. 关于 BIM 的说法错误的是（ ）。
A. 反映三维几何形状信息 B. 能反应建筑结构材料重量、价格
C. 能节能模拟、热传导模拟 D. 不能进行施工和造价模拟

2022 年全国一级造价工程师职业资格考试
《建筑工程技术与计量（安装工程）》
答案与解析

必 作 部 分

一、单项选择题（共 40 题，每题 1 分。每题的备选项中，只有一个最符合题意）

1.【答案】 D

【解析】钢材的成分一定时，其金相组织主要取决于钢材的热处理，如退火、正火、淬火加回火等，其中淬火加回火的影响最大。

2.【答案】 B

【解析】铸铁的韧性和塑性主要决定于石墨的数量、形状、大小和分布，其中石墨形状的影响最大。

3.【答案】 C

【解析】铅在大气、淡水、海水中很稳定，铅对硫酸、磷酸、亚硫酸、铬酸和氢氟酸等则有良好的耐蚀性。铅与硫酸作用时，在其表面产生一层不溶解的硫酸铅，它可保护内部铅不再被继续腐蚀。铅不耐硝酸的腐蚀，在盐酸中也不稳定。

4.【答案】 D

【解析】玻璃按形成玻璃的氧化物可分为硅酸盐玻璃、磷酸盐玻璃、硼酸盐玻璃和铝酸盐玻璃等，其中硅酸盐玻璃是应用最为广泛的玻璃品种。硅酸盐玻璃的化学稳定性很高，抗酸性强，组织紧密而不透水，但它若长期在某些介质作用下也会受侵蚀。硅酸盐玻璃具有较好的光泽、透明度、化学稳定性和热稳定性（石英玻璃使用温度达 1000～1100℃），其机械强度高（如块状玻璃的抗压强度为 600～1600MPa，玻璃纤维抗拉强度为 1500～4000MPa），硬度大（莫氏硬度为 5.5～6.5）和电绝缘性强，但可溶解于氢氟酸。

5.【答案】 B

【解析】颗粒增强的铝基复合材料已在民用工业中得到应用。其主要优点是生产工艺简单，可以像生产一般金属零件那样进行生产，用该材料制造的发动机活塞使用寿命大幅提高。

6.【答案】 D

【解析】将题中数据代入钢管的理论重量计算式中：
$$W = 0.0246615 \times (D-t) \times t = 0.0246615 \times (108-6) \times 6 = 15.09 (kg/m)。$$

7.【答案】 A

【解析】漆酚树脂漆是生漆经脱水缩聚用有机溶剂稀释而成。它改变了生漆的毒性大、干燥慢、施工不便等缺点，但仍保持生漆的其他优点，适用于大型快速施工，广泛应用在化肥、氯碱生产中，防止工业大气如二氧化硫、氨气、氯气、氯化氢、硫化氢和氧化氮等气体腐蚀，也可作为地下防潮和防腐蚀涂料，但它不耐阳光中紫外线照射，适用于受阳光照射较少的部位，同时涂料不能久置（约 6 个月）。

8.【答案】 C

【解析】榫槽面型：是具有相配合的榫面和槽面的密封面，垫片放在槽内，由于受槽的阻挡，不会被挤出。垫片比较窄，因而压紧垫片所需的螺栓力也就相应较小。即使应用于压力较高之处，螺栓尺寸也不至于过大。安装时易对中，垫片受力均匀，故密封可靠。垫片很少受介质的冲刷和腐蚀，适用于易燃、易爆、有毒介质及压力较高的重要密封。但更换垫片困难，法兰造价较高。

9.【答案】 D

【解析】齿形金属垫片是利用同心圆的齿形密纹与法兰密封面相接触，构成多道密封环，因此密封性能较好，使用周期长。常用于凹凸式密封面法兰的连接。缺点是在每次更换垫片时，都要对两法兰密封面进行加工，费时费力。另外，垫片使用后容易在法兰密封面上留下压痕，故一般用于较少拆卸的部位。

10.【答案】 B

【解析】驱动阀门是用手操纵或其他动力操纵的阀门，如截止阀、节流阀（针型阀）、闸阀、旋塞阀等均属这类阀门。自动阀门是借助于介质本身的流量、压力或温度参数发生变化而自行动作的阀门，如止回阀、安全阀、浮球阀、减压阀、跑风阀和疏水器等均属于自动阀门。

11.【答案】 C

【解析】在架空配电线路中，铜绞线因其具有优良的导线性能和较高的机械强度，且耐腐蚀性强，一般应用于电流密度较大或化学腐蚀较严重的地区；铝绞线的导电性能和机械强度不及铜导线，一般应用于档距比较小的架空线路；钢芯铝绞线具有较高的机械强度，导电性能良好，适用于大档距架空线路敷设；防腐钢芯铝绞线适用于沿海、咸水湖、含盐质砂土区及工业污染区等输配电线路；扩径钢芯铝绞线适用于高海拔、超高压、有无线电干扰地区输电线路。

12.【答案】 B

【解析】砂轮切割机是以高速旋转的砂轮片切割钢材的工具。砂轮片是用纤维、树脂或橡胶将磨料黏合制成的。砂轮切割机使用轻巧灵活，简单便捷，在各种场合得到广泛使用，尤其在建筑工地上和室内装修中使用较多。主要用来对一些小直径尺寸的方管、圆管、扁钢、槽钢等型材进行切断加工，但其生产效率低、加工精度低、安全稳定性较差。

13.【答案】 A

【解析】本题考查的是焊接方法的分类，参见图1。

14.【答案】 A

【解析】本题考查组对质量。组对后应检查组对构件焊缝的形状及位置、对接接头错边量、角变形、组对间隙、搭接接头的搭接量及贴合质量、带垫板对接接头的贴合质量。

15.【答案】 D

【解析】中子射线探伤的独特优点是能够使检验封闭在高密度金属材料中的低密度材料如非金属材料成为可能，此方法与 X 射线法是互为补充的。

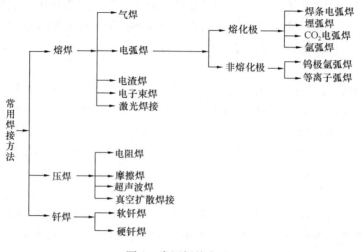

图 1　常用焊接方法

16.【答案】 B

【解析】Sa_2级：彻底的喷射或抛射除锈。钢材表面无可见的油脂和污垢，且氧化皮、铁锈和油漆涂层等附着物已基本清除，其残留物应是牢固附着的。

17.【答案】 B

【解析】钉贴绝热层主要用于矩形风管、大直径管道和设备容器的绝热层施工中，适用于各种绝热材料加工成型的预制品件，如珍珠岩板、矿渣棉板等。它用保温钉代替胶粘剂或捆绑钢丝把绝热预制件钉固在保温面上形成绝热层。

18.【答案】 B

【解析】塔式起重机是动臂装在高耸塔身上部的旋转起重机。工作范围大，主要用于多层和高层建筑施工中材料的垂直运输和构件安装。

1）特点：吊装速度快，台班费低。但起重量一般不大，并需要安装和拆卸。

2）适用于某一范围内数量多，而每一单件重量较小的设备、构件吊装，作业周期长。

19.【答案】 C

【解析】吊装荷载：$Q=100+10=110(t)$。

计算荷载：$Q_j=(100+10)\times1.1=139.15(t)$。

此题未给出是多台起重机联合起吊，只能认为是单台起重机吊装，所以不用考虑不均衡荷载系数。

20.【答案】 B

【解析】当设计文件或制造厂无要求时，管道油清洗后应采用滤网检验，合格标准应符合表1的规定。

油清洗合格标准　　　　　　　表1

机械转速（r/分钟）	滤网规格（目）	合格标准
≥6000	200	目测滤网，无硬颗粒及黏稠物，每平方厘米范围内，软杂物不多于3个
<6000	100	

21. 【答案】D

【解析】承受内压的埋地铸铁管道的试验压力，当设计压力小于或等于 0.5MPa 时，应为设计压力的 2 倍；当设计压力大于 0.5MPa 时，应为设计压力加 0.5MPa。

22. 【答案】A

【解析】第二级编码表示各专业工程。采用两位数字（即第三、四位数字）表示。安装工程编码为 0312 的是：刷油、防腐蚀、绝热工程。

23. 【答案】B

【解析】本题考查的是措施项目清单内容。选项 B 有害气体防护，属于专业措施项目。选项 A、选项 C、选项 D 均属于安全文明施工项目。

24. 【答案】D

【解析】观光电梯安装：根据名称，型号，用途，层数，站数，提升高度、速度，配线材质、规格、敷设方式，运转调试要求，按设计图示数量"部"计算。工作内容包括：本体安装，电气安装、调试，单机试运转，补刷（喷）油漆。

25. 【答案】C

【解析】本题考查螺栓连接的防松装置。螺栓连接本身具有自锁性，可承受静荷载，在工作温度比较稳定的情况下是可靠的。但在冲击、振动和交变荷载作用下，自锁性就受到破坏。因此，需增加防松装置。防松装置包括：摩擦力防松装置（弹簧垫圈、对顶螺母、自锁螺母），机械防松装置（槽形螺母、开口销、圆螺母带翅片、止动片），冲击防松装置（棘齿、螺母开口销、双螺母锁片、U 形卡）和粘结防松装置。

26. 【答案】B

【解析】本题考查的是固体输送设备。螺旋输送机是指散状物料借助于螺旋面的转动在机壳内呈轴向移动，可广泛用来传送、提升和装卸散状固体物料。螺旋输送机的设计简单、造价低廉。螺旋输送机输送块状、纤维状或黏性物料时被输送的固体物料有压结倾向。

27. 【答案】C

【解析】离心式通风机按不同用途可分为：一般通风离心通风机、锅炉离心通（引）风机、煤粉离心通风机、排尘离心通风机、矿井离心通风机、防爆离心通风机、防腐离心通风机、高温离心通风机、谷物粉末输送离心通风机。

28. 【答案】D

【解析】水锤泵是以流水为动力，利用流动中的水被突然制动时所产生的能量，产生水锤效应，将低水头能转换为高水头能的高级提水装置。适合于具有微小水力资源条件的贫困用水地区，以解决山丘地区农村饮水和治旱问题。

29. 【答案】D

【解析】我国工业锅炉产品的型号的编制是依据《工业锅炉技术条件》NB/T 47034—2021 的规定进行的。其型号由三部分组成；各部分之间用短线隔开。

型号的第一部分分为三段；第一段用两个汉语拼音字母表示锅炉本体形式。

第二段用一个汉语拼音字母表示锅炉的燃烧方式。

第三段用阿拉伯数字表示蒸汽锅炉的额定蒸发量（t/小时）或热水锅炉的额定热功率（MW）。废热锅炉则以受热面（m²）表示。

型号的第二部分表示介质参数。共分两段，中间用斜线分开。第一段用阿拉伯数字表示额定蒸汽压力或允许工作压力（MPa）；第二段用阿拉伯数字表示过热蒸汽温度或热水锅炉的出水温度/进水温度。

型号的第三部分表示燃料种类。

30.【答案】 D

【解析】 本题考查的是工业锅炉本体安装。锅炉经烘炉和煮炉后应进行严密性试验：向炉内注软水至正常水位。而后进行加热升压至 0.3~0.4MPa，对锅炉范围内的法兰、人孔、手孔和其他连接螺栓进行一次热状态下的紧固。正常时升压至额定工作压力，进行全面检查：各人孔、阀门、法兰等处无渗漏，锅筒、集箱等处的热膨胀情况良好，炉墙外部表面无开裂，则蒸汽严密性试验合格。有过热器的蒸汽锅炉，应采用蒸汽吹洗过热器。吹洗时，锅炉压力宜保持在额定工作压力的 75%，吹洗时间不应小于 15 分钟。上述各项工作完成之后，锅炉应带负荷连续运行 48 小时，整体出厂锅炉宜为 4~24 小时，以运行正常为合格。

31.【答案】 C

【解析】 旋风水膜除尘器适合处理烟气量大和含尘浓度高的场合。它可以单独采用，也可以安装在文丘里洗涤器之后作为脱水器。

32.【答案】 B

【解析】 室内消火栓类型。室内消火栓是一种具有内扣式接口的球阀式龙头，有单出口和双出口两种类型。

33.【答案】 B

【解析】 本题考查湿式自动喷水灭火系统。湿式系统是指在准工作状态时管道内充满有压水的闭式系统。该系统由闭式喷头、水流指示器、湿式自动报警阀组、控制阀及管路系统组成。具有控制火势或灭火迅速的特点。主要缺点是不适应于寒冷地区，其使用环境温度为 4~70℃。

34.【答案】 B

【解析】 干粉灭火系统造价低，占地小，不冻结，对于无水及寒冷的我国北方地区尤为适宜。干粉灭火系统适用于灭火前可切断气源的气体火灾，易燃、可燃液体和可熔化固体火灾，可燃固体表面火灾。不适用于火灾中产生含有氧的化学物质，如硝酸纤维、可燃金属及其氢化物，如钠、钾、镁等，可燃固体深位火灾，带电设备火灾。

35.【答案】 D

【解析】 半导体传感器是利用一种金属氧化物薄膜制成的阻抗器件，其电阻随着气体含量不同而变化。气体分子在薄膜表面进行还原反应以引起传感器电导率的变化实现可燃气体报警。半导体传感器因其简单、低价，已经广泛应用于可燃气体报警器，但是又因它的选择性差和稳定性不理想目前还只是在民用级别使用。

36.【答案】 C

【解析】 高压钠灯点亮时发出金白色光，具有发光效率高、耗电少、寿命长、透雾能力强和不诱虫等优点，广泛应用于道路、高速公路、机场、码头、车站、广场、工矿企业、公园、庭院照明及植物栽培。

37.【答案】 D

【解析】 大多数软启动器在晶闸管两侧有旁路接触器触头，其优点是：

① 控制柜具有了两种启动方式（直接启动、软启动）。

② 软启动结束，旁路接触器闭合，使软启动器退出运行，直至停车时，再次投入，这样既延长了软启动器的寿命，又使电网避免了谐波污染，还可减少软启动器中的晶闸管发热损耗。

38.【答案】C

【解析】本题考查的是常用低压电器设备。时间继电器是用在电路中控制动作时间的继电器，它利用电磁原理或机械动作原理来延时触点的闭合或断开。时间继电器有电磁式、电动式、空气阻尼式、晶体管式等。其中电动式时间继电器的延时精确度较高，且延时时间调整范围较大，但价格较高；电磁式时间继电器的结构简单，价格较低，但延时较短，体积和重量较大。

39.【答案】A

【解析】本题考查的是配管配线工程。DN20 的焊接钢管内，可穿截面积 $4mm^2$ 的单芯导线 3～6 根。

40.【答案】D

【解析】本题考查的是配管配线工程。选项 A 错误，镀锌钢导管、可弯曲金属导管和金属柔性导管不得熔焊连接；选项 B 错误，可弯曲金属导管和金属柔性导管不应做保护导体的接续导体；选项 C 错误，明配导管的弯曲半径不宜小于管外径的 6 倍；选项 D 正确，明配的金属、非金属柔性导管固定点间距应均匀，不应大于 1m，管卡与设备、器具、弯头中点、管端等边缘的距离应小于 0.3m。

二、多项选择题（共 20 题，每题 1.5 分，每题的备选项中，有 2 个或 2 个以上符合题意，至少有 1 个错项。错选，本题不得分；少选，所选的每个选项得 0.5 分）

41.【答案】ABC

【解析】可锻铸铁具有较高的强度、塑性和冲击韧性，可以部分代替碳钢。这种铸铁有黑心可锻铸铁、白心可锻铸铁、珠光体可锻铸铁三种类型。黑心可锻铸铁依靠石墨化退火来获得，白心可锻铸铁利用氧化脱碳退火来制取。可锻铸铁常用来制造形状复杂、承受冲击和振动荷载的零件，如管接头和低压阀门等。与球墨铸铁相比，可锻铸铁具有成本低、质量稳定、处理工艺简单等优点。

42.【答案】AD

【解析】高温用绝热材料，使用温度可在 700℃ 以上。这类纤维质材料有硅酸铝纤维和硅纤维等；多孔质材料有硅藻土、蛭石加石棉和耐热胶粘剂等制品。

43.【答案】ACD

【解析】按焊接工艺的需要，除不锈钢焊丝和非铁金属焊丝外，焊丝表面均镀铜，以利于防锈并改善导电性能。

焊丝直径的选择根据用途而定。半自动埋弧焊用的焊丝较细，一般直径为 1.6mm、2mm、2.4mm。自动埋弧焊一般使用直径 3～6mm 的焊丝，以充分发挥埋弧焊的大电流和高熔敷率的优点。

同一电流使用较小直径的焊丝时，可获得加大焊缝熔深、减小熔宽的效果。

当工件装配不良时，宜选用较粗的焊丝。

44.【答案】AC

【解析】松套法兰连接的优点是法兰可以旋转，易于对中螺栓孔，在大口径管道上易于安装，也适用于管道需要频繁拆卸以供清洗和检查的地方。其法兰附属元件材料与管道材料一致，而法兰材料可与管道材料不同（法兰材料多为 Q235、Q255 碳素钢），因此比较适合于输送腐蚀性介质的管道。但松套法兰耐压不高，一般仅适用于低压管道的连接。

45.【答案】ABD

【解析】桥架按制造材料分类，可分为钢制桥架、铝合金桥架、玻璃钢阻燃桥架等；按结构形式分为梯级式、托盘式、槽式（槽盒）、组合式。

46.【答案】ACD

【解析】焊条选用的原则：

1）考虑焊缝金属的力学性能和化学成分。在焊接结构刚性大、接头应力高、焊缝易产生裂纹的不利情况下，应考虑选用比母材强度低一级的焊条。

2）考虑焊接构件的使用性能和工作条件。对承受动荷载和冲击荷载的焊件，除满足强度要求外，主要应保证焊缝金属具有较高的塑性和韧性，可选用塑性、韧性指标较高的低氢型焊条。

3）考虑施焊条件。当焊件的焊接部位不能翻转时，应选用适用于全位置焊接的焊条。

为了保障焊工的身体健康，在允许的情况下应尽量采用酸性焊条。

只有选项 B 错误；选项 ACD 正确。

47.【答案】AD

【解析】组合型坡口由两种或两种以上的基本型坡口组合而成。主要有 Y 形坡口、VY 形坡口、带钝边 U 形坡口、双 Y 形坡口、双 V 形坡口、2/3 双 V 形坡口、带钝边双 U 形坡口、UY 形坡口、带钝边 J 形坡口、带钝边双 J 形坡口、双单边 V 形坡口、带钝边单边 V 形坡口、带钝边双单边 V 形坡口和带钝边 J 形单边 V 形坡口等。没有 T 形坡口。

48.【答案】ABD

【解析】硬质绝热制品金属保护层纵缝，在不损坏里面制品及防潮层前提下可进行咬接。半硬质或软质绝热制品的金属保护层纵缝可用插接或搭接。插接缝可用自攻螺钉或抽芯铆钉固定，而搭接缝只能用抽芯铆钉固定。

保冷结构的金属保护层接缝宜用咬合或钢带捆扎结构。

铝箔玻璃钢薄板保护层的纵缝，不得使用自攻螺钉固定。可同时用带垫片抽芯铆钉和玻璃钢打包带捆扎进行固定。保冷结构的保护层，不得使用铆钉进行固定。

只有选项 C 错误，铝箔玻璃钢薄板保护层的纵缝，不得使用自攻螺钉固定。

49.【答案】BCD

【解析】脱脂完毕后，应按设计规定进行脱脂质量检验。当设计无规定时，脱脂质量检验的方法及合格标准如下：

（1）直接法。

① 用清洁干燥的白滤纸擦拭管道及其附件的内壁，纸上应无油脂痕迹。

② 用紫外线灯照射，脱脂表面应无紫蓝荧光。

（2）间接法。

① 用蒸汽吹扫脱脂时，盛少量蒸汽冷凝液于器皿内，并放入数颗粒度小于 1mm 的纯樟脑，以樟脑不停旋转为合格。

② 有机溶剂及浓硝酸脱脂时,取脱脂后的溶液或酸进行分析,其含油和有机物不应超过 0.03%。

只有选项 A 错误,涂白漆的木质靶板法是空气吹扫的检验方法。

50.【答案】AC

【解析】选项 B 错误,《通用安装工程工程量计算规范》GB 50856—2013 规定,附录中有两个或两个以上计量单位的,应结合拟建工程项目的实际情况,确定其中一个为计量单位。

选项 D 错误,不同的施工工艺和方法,工作内容也不一样,在编制工程量清单时不需要描述工作内容。

51.【答案】AC

【解析】《通用安装工程工程量计算规范》GB 50856—2013 中各专业工程基本安装高度分别为:附录 A 机械设备安装工程 10m,附录 D 电气设备安装工程 5m,附录 E 建筑智能化工程 5m,附录 G 通风空调工程 6m,附录 J 消防工程 5m,附录 K 给水排水、采暖、燃气工程 3.6m,附录 M 刷油、防腐蚀、绝热工程 6m。

52.【答案】CD

【解析】选项 A、选项 B 均属于专业措施项目选项。选项 C、选项 D 属于安全文明施工项目。

53.【答案】CD

【解析】设备清洗。当设备及零、部件表面有锈蚀时,除锈方法可按表 2 选用。

金属表面的常用除锈方法　　　　　　　　　　　　　　　　　　　　　　　　表 2

金属表面粗糙度 Ra(μm)	常用除锈方法
>50	用砂轮、钢丝刷、刮具、砂布、喷砂或酸洗除锈
50~6.3	用非金属刮具、油石或粒度 150 号的砂布沾机械油擦拭或进行酸洗除锈
3.2~1.6	用细油石或粒度为 150~180 号的砂布沾机械油擦拭或进行酸洗除锈
0.8~0.2	先用粒度为 180 号或 240 号的砂布沾机械油擦拭,然后用干净的绒布沾机械油和细研磨膏的混合剂进行磨光

54.【答案】AC

【解析】电梯电气部分安装要求:

(1) 所有电气设备及导管、线槽外露导电部分应与保护线(PE 线)连接,接地支线应分别直接接到接地干线的接线柱上,不得互相连接后再接地。

(2) 动力电路、控制电路、安全电路必须有与负荷匹配的短路保护装置,动力电路必须有过载保护装置。三相电源应有断相、错相保护功能。

(3) 动力和电气安全装置的导体之间和导体对地之间的绝缘电阻不得小于 0.5MΩ,运行中的设备和线路绝缘电阻不应低于 1MΩ/kV。

55.【答案】BCD

【解析】选项 A 错误,活塞式压缩机气流速度低、损失小、效率高(表 3)。

活塞式与透平式压缩机性能比较　　　　　　　　　　　表3

活塞式	透平式
1. 气流速度低、损失小、效率高； 2. 压力范围广，从低压到超高压范围均适用； 3. 适用性强，排气压力在较大范围内变动时，排气量不变；同一台压缩机还可用于压缩不同的气体； 4. 除超高压压缩机，机组零部件多用普通金属材料； 5. 外形尺寸及重量较大，结构复杂，易损件多，排气脉动性大，气体中常混有润滑油	1. 气流速度高、损失大； 2. 小流量、超高压范围不适用； 3. 流量和出口压力变化由性能曲线决定，若出口压力过高，机组则进入喘振工况而无法运行； 4. 旋转零部件常用高强度合金钢； 5. 外形尺寸及重量较小，结构简单，易损件少，排气均匀无脉动，气体中不含油

56.【答案】ABC

【解析】省煤器的作用：

1）吸收低温烟气的热量，降低排烟温度，减少排烟损失，节省燃料，提高锅炉热效率。

2）由于给水进入汽包之前先在省煤器加热，因此减少了给水在受热面的吸热，可以用省煤器来代替部分造价较高的蒸发受热面。

3）给水温度提高，进入汽包就会减小壁温差，热应力相应减小，延长汽包使用寿命。
选项D错误，强化炉内辐射传热是空气预热器的作用。

57.【答案】ACD

【解析】自动喷水灭火系统的分类，见图2。

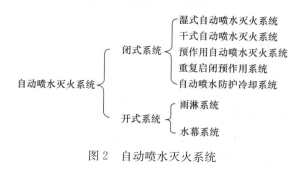

图2　自动喷水灭火系统

选项B属于开式系统。

58.【答案】BC

【解析】水喷淋、消火栓钢管应根据管道材质、规格、连接方式以及安装位置，按设计图示管道中心线长度，以"m"计算。不扣除阀门、管件及各种组件所占长度。

报警装置安装包括：装配管（除水力警铃进水管）的安装，水力警铃进水管并入消防管道工程量。

末端试水装置安装中不含连接管及排水管安装，其工程量并入消防管道。

59.【答案】BD

【解析】太阳能灯具安装应符合下列规定：

（1）太阳能灯具与基础固定应可靠，地脚螺栓有防松措施，灯具接线盒盖的防水密封垫应齐全、完整。

(2) 灯具表面应平整光洁、色泽均匀，不应有明显的裂纹、划痕、缺损、锈蚀及变形等缺陷。

(3) 太阳能灯具的电池板朝向和仰角调整应符合地区纬度，迎光面上应无遮挡物，电池板上方应无直射光源。电池组件与支架连接应牢固可靠，组件的输出线不应裸露，并应用扎带绑扎固定。

60.【答案】 AC

【解析】选项 A 正确，同一槽盒内不宜同时敷设绝缘导线和电缆。

选项 B 错误，绝缘导线在槽盒内应留有一定余量，并应按回路分段绑扎，绑扎点间距不应大于 1.5m，当垂直或大于 45°倾斜敷设时，应将绝缘导线分段固定在槽盒内的专用部件上，每段至少应有一个固定点；当直线段长度大于 3.2m 时，其固定点间距不应大于 1.6m；盒内导线排列应整齐、有序；

选项 C 正确，同一路径无防干扰要求的线路，可敷设于同一槽盒内；

选项 D 错误，与槽盒连接的接线盒（箱）应选用明装盒（箱）。

选 作 部 分

共 40 题，分为两个专业组，考生可在两个专业组的 40 个试题中任选 20 题作答。按所答的前 20 题计分，每题 1.5 分。试题由单选和多选组成。错选，本题不得分；少选，所选的每个选项得 0.5 分。

一、(61～80 题) 管道和设备工程

61.【答案】 B

【解析】参见表 4。

给水方式及特点　　　　　　　　　　　　　　　　　　表 4

给水方式		特点	优点	缺点	适用范围
高层建筑	减压水箱供水	全部用水量由底层水泵提升至屋顶总水箱，再分送至各分区水箱，分区水箱起减压作用	水泵数目少、设备费用低，维护管理方便；各分区水箱容积小，少占建筑面积	水泵运行费用高，屋顶水箱容积大，对结构和抗震不利	适用于允许分区设置水箱、电力供应充足、电价较低的建筑

62.【答案】 ABC

【解析】隐蔽或埋地的排水管道在隐蔽前必须做灌水试验，其灌水高度应不低于底层卫生器具的上边缘或底层地面的高度。排水主立管及水平干管管道均应做通球试验，通球球径不小于排水管道管径的 2/3，通球率必须达到 100%。

排出管安装。排出管一般铺设在地下室或地下。排出管穿过地下室外墙或地下构筑物的墙壁时应设置防水套管；穿过承重墙或基础处应预留孔洞，并做好防水处理。

63.【答案】 ACD

【解析】采暖系统热媒的选择参见表 5。

采暖系统热媒的选择 表5

建筑种类		适宜采用	允许采用
工业建筑	不散发粉尘或散发非燃烧性和非爆炸性粉尘的生产车间	1. 低压蒸汽或高压蒸汽 2. 不超过110℃的热水 3. 热风	不超过130℃的热水
	散发非燃烧性和非爆炸性有机无毒升华粉尘的生产车间	1. 低压蒸汽 2. 不超过110℃的热水 3. 热风	不超过130℃的热水
	散发非燃烧性和非爆炸性的易升华有毒粉尘、气体及蒸汽的生产车间	按相关管理部门规定执行	
	散发燃烧性或爆炸性有毒气体、蒸汽及粉尘的生产车间	按相关管理部门规定执行	
	任何容积的辅助建筑	服从主体建筑的热源	
	厂区内设在单独建筑中的门诊所、药房、托儿所及保健站等	不超过95℃的热水	

64.【答案】 CD

【解析】管道安装坡度要求：汽水同向流动的热水采暖管道、汽水同向流动的蒸汽管道和凝结水管道，坡度一般为0.003，不得小于0.002；汽水逆向流动的热水采暖管道、汽水逆向流动的蒸汽管道，坡度不得小于0.005；散热器支管的坡度应为0.01，坡向利于排水和泄水。

为防止支管中部下沉，影响空气或凝结水的顺利排出，当散热器支管长度超过1.5m时，应在支管上安装管卡。

散热器安装：铸铁柱型散热器每组片数不宜超过25片，组装长度不宜超过1500mm。散热器组对后和整组出厂的散热器在安装前应做水压试验。

有外窗的房间，散热器宜布置在窗下。

65.【答案】 C

【解析】聚乙烯（PE）管，适用于输送水水温不超过40℃的系统。

适用于燃气管道的塑料管主要是聚乙烯（PE）管，目前国内聚乙烯燃气管分为SDR11和SDR17.6两个系列。SDR11系列宜用于输送人工煤气、天然气、液化石油气（气态）；SDR17.6系列宜用于输送天然气。

66.【答案】 CD

【解析】补偿器：常用在架空管、桥管上，用于调节因环境温度变化而引起的管道膨胀与收缩。补偿器形式有套筒式补偿器和波形管补偿器，埋地铺设的聚乙烯管道长管段上通常设置套筒补偿器。

67.【答案】 B

【解析】《建筑设计防火规范》GB 50016—2014（2018年版）对每个防火分区允许最大建筑面积做了规定，见表6。

每个防火分区允许最大建筑面积（m²）　　　　　表 6

名称	耐火等级	防火分区的最大允许建筑面积	备注
高层民用建筑	一、二级	1500	对于体育馆、剧场的观众厅，防火分区的最大允许建筑面积可适当增加
单、多层民用建筑	一、二级	2500	
	三级	1200	—
	四级	600	—
地下或半地下建筑（室）	一级	500	设备用房的防火分区最大允许建筑面积不应大于 1000m²

68.【答案】 A

【解析】本题考查气力输送系统。负压输送的优点在于能有效收集物料，物料不会进入大气。负压吸送系统多用于集中式输送，即多点向一点输送，由于真空度的影响，其输送距离受到一定限制。

69.【答案】 D

【解析】蝶式调节阀、菱形单叶调节阀和插板阀主要用于小断面风管；平行式多叶调节阀、对开式多叶调节阀和菱形多叶调节阀主要用于大断面风管；复式多叶调节阀和三通调节阀用于管网分流或合流或旁通处的各支路风量调节。

70.【答案】 B

【解析】选项 A 错误，双管制系统夏季供应冷冻水、冬季供应热水，均在相同管路中进行，除了需要同时供冷供热的空调建筑外，在大部分空调建筑中通常冷冻水系统和热水系统用同一管路系统。

选项 B 正确，四管制系统供冷、供热分别由供、回水管分开设置，具有冷、热两套独立的系统。

选项 C 错误，当冷源采用蓄冷水池蓄冷时宜采用开式系统。

选项 D 错误，大部分空调建筑中的冷冻水系统都采用闭式系统。

71.【答案】 C

【解析】由于通风管道材质的不同，各种通风管道的计量也稍有区别。碳钢通风道、净化通风管道、不锈钢板通风管道、铝板通风管道、塑料通风管道等 5 个分项工程在进行计量时，按设计图示内径尺寸以展开面积计算，计量单位为"m²"，工作内容为：风管、管件、法兰、零件、支吊架制作、安装，过跨风管落地支架制作、安装；玻璃钢通风管道、复合型风管也是以"m²"为计量单位，但其工程量是按设计图示外径尺寸以展开面积计算，工作内容为：风管、管件安装，支吊架制作、安装，过跨风管落地支架制作、安装。

柔性软风管的计量有两种方式。以"m"计量，按设计图示中心线以长度计算；以"节"计量，按设计图示数量计算，工作内容为：风管安装，风管接头安装，支吊架制作、安装。

72.【答案】 AC

【解析】本题考查通风空调系统的安装。运输消声设备时，应避免外界冲击和过大振动,以防消声器出现变形。消声弯管应单独设置支架,不得由风管来支撑。安装阻抗复合式消声器,一定要注意把抗性消声器部分放在前面(即气流的入口端),把阻性消声器部分放在后面,一般情况下产品外部有气流方向标识。消声器在系统中应尽量安装在靠近使用房间的部位,如必须安装在机房内,应对消声器外壳及消声器之后位于机房内的部分风管采取隔声处理。

73.【答案】 C

【解析】本题考查 GB 类(公用管道)。公用管道是指城市或乡镇范围内的用于公用事业或民用的燃气管道和热力管道,划分为 GB1 级和 GB2 级。GB1 级:城镇燃气管道;GB2 级:城镇热力管道。

74.【答案】 D

【解析】本题考查的是合金钢及有色金属管道。钛的耐蚀性优异,与不锈钢的耐蚀性差不多,在某些介质中的耐蚀性甚至比不锈钢更高。钛在海水及大气中具有良好的耐腐蚀性,对常温下浓度较稀的盐酸、硫酸、磷酸、过氧化氢及常温下的硫酸钠、硫酸锌、硫酸铵、硝酸、王水、铬酸、氨水、氢氧化钠等耐蚀性良好,但对浓盐酸、浓硫酸、氢氟酸等耐蚀性不良。

75.【答案】 C

【解析】钛及钛合金管焊接应采用惰性气体保护焊或真空焊,不能采用氧-乙炔焊或二氧化碳气体保护焊,也不得采用普通手工电弧焊。

76.【答案】 ACD

【解析】衬胶按含硫量的多少可分为硬橡胶、软橡胶和半硬橡胶。衬里用橡胶一般不单独采用软橡胶,通常采用硬橡胶或半硬橡胶,或采用硬橡胶(半硬橡胶)与软橡胶复合衬里。

衬胶管的使用压力一般低于 0.6MPa,真空度不大于 0.08MPa(600mmHg)。硬橡胶衬里的长期使用温度为 0~65℃,短时间加热允许至 80℃;半硬橡胶、软橡胶及硬橡胶复合衬里的使用温度为-25~75℃,软橡胶衬里短时间加热允许至 100℃。

衬胶管在安装前,应检查衬胶完好情况,并保持管内清洁。检查方法是用电解液、检波器及目测来检查保护层的完整情况。

衬胶管道安装时,不得再进行施焊、局部加热、扭曲或敲打。

选项 B 错误,硬橡胶衬里的长期使用温度为 0~65℃,短时间加热允许至 80℃。

77.【答案】 ACD

【解析】各种管道安装工程量,均按设计管道中心线长度,以"延长米"计算,不扣除阀门及各种管件所占长度;遇弯管时,按两管交叉的中心线交点计算。室外埋设管道不扣除附属构筑物(井)所占长度;方形补偿器以其所占长度列入管道安装工程量。

78.【答案】 C

【解析】固定床反应器是指装填有固体催化剂或固体反应物,用于实现多相反应过程的一种反应器。

79.【答案】 ACD

【解析】油罐严密性试验。油罐严密性试验的目的是检验其本身结构强度及焊缝严密性。有下面几种试验方法:真空箱试验、煤油试漏方法、化学试验法、压缩空气试验法。

80. 【答案】C

【解析】选项C，在点火烧嘴上设有点火设施，从地面上就可以点燃火嘴。

二、(81~100题) 电气和自动化工程

81. 【答案】D

【解析】高压配电室的作用是接受电力；电力变压器放置在变压器室，其作用是把高压电转换成低压电；低压配电室的作用是分配电力；控制室的作用是预告信号；电容器室的作用是提高功率因数。

82. 【答案】D

【解析】高压断路器的作用是通断正常负荷电流，并在电路出现短路故障时，自动切断故障电流，保护高压电线和高压电器设备的安全。

83. 【答案】ABD

【解析】漏电保护器应安装在进户线小配电盘上或照明配电箱内。安装在电度表之后，熔断器（或胶盖刀闸）之前。对于电磁式漏电保护器，也可装于熔断器之后。所有照明线路导线，包括中性线在内，均须通过漏电保护器。安装漏电保护器后，不能拆除单相闸刀开关或瓷插、熔丝盒等。这样一是维修设备时有一个明显的断开点；二是在刀闸或瓷插中装有熔体起着短路或过载保护作用。

84. 【答案】ACD

【解析】电缆安装前要进行检查。1kV以上的电缆要做直流耐压试验，1kV以下的电缆用500V摇表测绝缘，检查合格后方可敷设。

电缆敷设的一般技术要求：

1) 在三相四线制系统，必须采用四芯电力电缆，不应采用三芯电缆另加一根单芯电缆或以导线、电缆金属护套作中性线的方式。

2) 并联运行的电力电缆应采用相同型号、规格及长度的电缆，以防负荷分配不按比例，从而影响运行。

3) 电缆穿导管敷设。交流单芯电缆不得单独穿入钢管内。敷设电缆管时应有0.1%的排水坡度。

85. 【答案】A

【解析】冲击波试验：电气设备在运行中可能遇到雷电压及操作过程电压的冲击作用，故冲击波试验能检验电气设备承受雷电压和操作电压的绝缘性能和保护性能。

86. 【答案】AB

【解析】本题考查的是电气工程计量。电缆敷设预留长度及附加长度：

选项A正确，电缆敷设弛度、波形弯度、交叉，按电缆全长计算2.5%；

选项B正确，接地母线、引下线、避雷网附加长度为全长的3.9%；

选项C错误，电缆进入建筑物预留2.0m；

选项D错误，电缆终端头预留1.5m。

87. 【答案】B

【解析】将系统（环节）的输出信号经过变换、处理送到系统（环节）的输入端的信号称为反馈信号。

88. 【答案】BC

【解析】选项 A 属于压力传感器；

选项 B 和选项 C 是流量传感器；

选项 D 属于液位传感器。

89.【答案】ABD

【解析】现场总线控制系统 FCSSJL 则把通信线一直连接到现场设备。它把单个分散的测量控制设备变成网络节点，以现场总线为纽带，组成一个集散型的控制系统。它适应了控制系统向分散化、网络化、标准化发展的趋势，是继 DCS 之外的新一代控制系统。

现场总线系统的特点：

（1）系统的开放性。现场总线为开放式的互联网络，既能与同类网络互联，也能与不同类型网络互联。

（2）互操作性。互操作性是指不同生产厂家性能类似的设备不仅可以相互通信，并能互相组态，相互替换构成相应的控制系统。

（3）分散的系统结构。现场总线系统把集散性的控制系统中的现场控制功能分散到现场仪表，取消了 DCS 中的 DDC，它把传感测量、补偿、运算、执行、控制等功能分散到现场设备中完成，体现了现场设备功能的独立性。

90.【答案】B

【解析】涡轮流量计具有精度高，重复性好，结构简单，运动部件少，耐高压，测量范围宽，体积小，重量轻，压力损失小，维修方便等优点，用于封闭管道中测量低黏度气体的体积流量。在石油、化工、冶金、城市燃气管网等行业中具有广泛的使用价值。

91.【答案】A

【解析】路由器是连接因特网中各局域网、广域网的设备。它根据信道的情况自动选择和设定路由，以最佳路径，按前后顺序发送信号的设备，广泛用于各种骨干网内部连接，骨干网间互联和骨干网与互联网互联互通业务。

92.【答案】D

【解析】均衡器是一种可以分别调节各种频率成分电信号放大量的电子设备，通过对各种不同频率的电信号的调节来补偿扬声器和声场的缺陷，补偿和修饰各种声源及其他特殊作用。

93.【答案】D

【解析】一般情况下，VCT 具有：

（1）3~5 个视频输入接口，接入的视频输入设备，包括摄像机、副摄像机、图文摄像机、电脑、电子白板、录像机等。

（2）2~4 个音频输入接口，接入音频输入设备，包括话筒、CD、卡座等。

（3）3~5 个视频输出接口，接入视频输出设备，包括监视器、大屏幕投影仪等。

（4）1~2 个音频输出接口，接入音频输出设备（包括耳机、扬声器等）。

94.【答案】AB

【解析】选项 C 错误，布放光缆的牵引力应不超过光缆允许张力的 80%。瞬间最大牵引力不得超过光缆允许张力的 100%；

选项 D 错误，一次机械牵引敷设光缆的长度一般不超过 1000m。

95.【答案】ABD

【解析】智能建筑系统由上层的智能建筑系统集成中心（SIC）和下层的3个智能化子系统构成。智能化子系统包括楼宇自动化系统（BAS）、通信自动化系统（CAS）和办公自动化系统（OAS）。

楼宇自动化系统（BAS）包括供配电、给水排水、暖通空调、照明、电梯、消防、安全防范、车库管理等监控子系统，现分述如下：①供配电监控系统；②照明监控系统；③给水排水监控系统；④暖通空调监控系统；⑤电梯监控系统；⑥保安监控系统；⑦消防监控系统；⑧BAS的集中管理协调。

96.【答案】AB

【解析】闭路监控系统的现场设备：摄像机、云台和防护罩、解码器。

97.【答案】B

【解析】多画面处理器，在多台摄像机的电视监控系统中，为了节省监视器和图像记录设备往往采用多画面处理设备，使多路图像同时显示在一台监视器上，并用一台图像记录设备进行记录。

98.【答案】ABC

【解析】办公自动化系统包括：（1）收发文管理。（2）外出人员管理。（3）会议管理。（4）领导活动安排。（5）论坛管理。（6）个人用户工作台。（7）电子邮件。（8）远程办公。（9）档案管理。（10）综合信息。（11）简报期刊。

99.【答案】BCD

【解析】双绞线是两根铜芯导线，其直径一般为0.4～0.65mm，常用的是0.5mm。它们各自包在彩色绝缘层内，按照规定的绞距互相扭绞成一对对绞线。扭绞的目的是使对外的电磁辐射和遭受外部的电磁干扰减少到最小。

STP（每对芯线和电缆绕包铝箔、加铜编织网）、FTP（纵包铝箔）和SFTP（纵包铝箔、加铜编织网）对绞电缆都是有屏蔽层的屏蔽缆线，具有防止外来电磁干扰和防止向外辐射的特性。

光纤跳线用作从设备到光纤布线链路的跳接线。

光纤连接器是光纤与光纤之间进行可拆卸（活动）连接的器件，它是把光纤的两个端面精密对接起来，以使发射光纤输出的光能量能最大限度地耦合到接收光纤中去，并使由于其介入光链路而对系统造成的影响降到最低。

100.【答案】D

【解析】BIM的作用：

（1）反映三维几何形状信息；

（2）反映非几何形状信息，如建筑构件的材料、重量、价格、进度和施工等。

BIM的特点：

BIM建筑信息模型除了模拟设计出建筑物模型外，还可以模拟不能在真实世界中进行操作的事物。例如：①节能模拟、紧急疏散模拟、日照模拟、热能传导模拟等；②在招标投标和施工阶段进行4D模拟（三维模型加项目的发展时间），根据施工的组织设计模拟实际施工，从而确定合理的施工方案来指导施工；③进行5D模拟（基于4D模型加造价控制），实现成本控制；④后期运营阶段模拟日常紧急情况的处理方式，例如地震情况下人员逃生模拟及消防人员疏散模拟等。

模拟试卷 1 《建设工程技术与计量（安装工程）》

必 作 部 分

一、单项选择题（共 40 题，每题 1 分。每题的备选项中，只有一个最符合题意）

1. 某部件除要求高温强度和抗高温氧化腐蚀外，根据用途不同还要求有足够的韧性、良好的可加工性和焊接性，应采用的钢材是（　　）。
   A. 铸钢　　　　　　　　　　　B. 球墨铸铁
   C. 中碳钢　　　　　　　　　　D. 耐热钢

2. 低合金结构钢主要靠少量合金元素进行强化，改善钢材的韧性和可焊性。可以细化晶粒、改善韧性的合金元素为（　　）。
   A. 锰　　　　　　　　　　　　B. 硅
   C. 钒　　　　　　　　　　　　D. 钼

3. 影响铸铁硬度、抗压强度和耐磨性的主要因素为（　　）。
   A. 石墨的数量　　　　　　　　B. 石墨的形状
   C. 基体组织　　　　　　　　　D. 石墨的分布

4. 某有色金属材料密度小、化学活性强，其比强度和比刚度却可以与合金结构钢相媲美，能承受较大的冲击、振动荷载，此种有色金属材料是（　　）。
   A. 镍合金　　　　　　　　　　B. 镁合金
   C. 钛合金　　　　　　　　　　D. 铝合金

5. 主要特点是工艺性能优良，可在室温下固化成型，施工方便，特别适合于大型和现场制造玻璃钢制品，固化后的树脂综合性能良好。缺点是固化时体积收缩率较大，此树脂材料为（　　）。
   A. 不饱和聚酯树脂　　　　　　B. 环氧树脂
   C. 酚醛树脂　　　　　　　　　D. ABS 树脂

6. 抗冲击性能优良，抗冻性及抗震性好，摩擦系数小，具有自润滑性，耐化学腐蚀，可在 －169～110℃ 下长期使用，最适合于寒冷地区使用的热塑性塑料管材为（　　）。
   A. 耐酸酚醛塑料管　　　　　　B. 交联聚乙烯管
   C. 聚丁烯管　　　　　　　　　D. UHMWPE 管

7. 生漆和酚醛树脂漆的共同特点是（　　）。
   A. 毒性较大　　　　　　　　　B. 不耐强碱和强氧化剂
   C. 附着力很强　　　　　　　　D. 与金属附着力较差

8. 具有安装、维修方便的特点，可在一些现场不允许焊接场合使用的法兰是（　　）。
   A. 平焊法兰　　　　　　　　　B. 对焊法兰
   C. 螺纹法兰　　　　　　　　　D. 松套法兰

9. 由金属材料制作外壳，内填充阻燃膨胀芯材，火灾发生时芯材受热迅速膨胀，挤压塑料管道，封堵管道穿过的洞口，阻止火势沿洞口蔓延的管道附件为( )。
   A. 阻火器 B. 阻火圈
   C. 阻火帽 D. 防火套管

10. 具有结构紧凑、重量轻、安装尺寸小、驱动力矩小、操作简便、易实现快速启闭等特点，且适用于含纤维、微小固体颗料等介质使用的阀门是( )。
    A. 截止阀 B. 闸阀
    C. 球阀   D. 蝶阀

11. 采用退火铜作为导体，氧化镁作为绝缘材料，铜合金材料作为护套，适用于工业、民用、国防及其他如高温、腐蚀、核辐射、防爆等恶劣环境中的电缆为( )。
    A. 隔氧层耐火（阻燃）电力电缆 B. 阻燃电缆
    C. 耐火电缆   D. 矿物绝缘电缆

12. 适用于焊接有密封性要求的薄壁结构（$\delta \leq 3mm$），如油桶、罐头罐、暖气片、飞机和汽车油箱的薄板焊接方法为( )。
    A. 点焊   B. 缝焊
    C. 对焊   D. 电渣压力焊

13. 某公称直径为100mm的低压碳素钢管焊接前需要加工坡口，宜选用的坡口加工方法为( )。
    A. 用手提砂轮磨坡口
    B. 用氧乙炔切割坡口，然后用手提砂轮机打掉氧化层并打磨平整
    C. 用车床加工坡口
    D. 用手工锉坡口

14. 将钢件奥氏体化后以适当的冷却速度（大于临界冷却速度）快速冷却，目的是为了提高钢件的硬度、强度和耐磨性。此种热处理方法为( )。
    A. 高温回火 B. 淬火
    C. 正火   D. 完全退火

15. 广泛应用于黑色和有色金属锻件、铸件、焊接件、机加工件以及陶瓷、玻璃、塑料件的表面缺陷的探伤方法是( )。
    A. 射线探伤 B. 磁粉探伤
    C. 渗透探伤 D. 涡流探伤

16. 高压无气喷涂法与空气喷涂法比较，主要特点有( )。
    A. 空气污染较严重，施工中必须采取良好的通风和安全预防措施
    B. 喷涂时会发生涂料回弹和大量漆雾飞扬的现象
    C. 劳动条件较好，但工效较低
    D. 涂膜的附着力较强，涂膜质量较好，适用于大型钢结构、桥梁、车辆的涂装

17. 采用珍珠岩板、矿渣棉板等预制品件，主要用于矩形风管、大直径管道和设备容器的绝热层施工方法为( )。
    A. 充填绝热层 B. 浇注式绝热层
    C. 粘贴绝热层 D. 钉贴绝热层

18. 在吊装重量不大，但跨度、高度较大的场合，如电视塔顶设备的吊装，宜采用的吊装方法为（　　）。
   A. 汽车起重机吊装　　　　　　　　B. 缆索系统吊装
   C. 直升机吊装　　　　　　　　　　D. 液压提升

19. 在高层建筑的内外装修、桥梁、烟囱等建筑的施工中，经常使用的载人载货的非标准起重机是（　　）。
   A. 汽车起重机　　　　　　　　　　B. 塔式起重机
   C. 施工升降机　　　　　　　　　　D. 液压升降机

20. 不锈钢材质的控制油管道设计进行油清洗，在进行油清洗之前应进行（　　）。
   A. 吹扫　　　　　　　　　　　　　B. 酸洗
   C. 喷砂除锈　　　　　　　　　　　D. 蒸汽吹净

21. 地上钢管管道气压强度试验前，应用空气进行预试验，试验压力宜为（　　）。
   A. 设计压力的1.15倍　　　　　　　B. 设计压力的1.1倍
   C. 设计压力　　　　　　　　　　　D. 0.2MPa

22. 根据《通用安装工程工程量计算规范》GB 50856—2013 有关项目编码规定，自动化控制仪表安装工程的编码为（　　）。
   A. 0302　　　　　　　　　　　　　B. 0304
   C. 0306　　　　　　　　　　　　　D. 0308

23. 依据《通用安装工程工程量计算规范》GB 50856—2013 的规定，下列不属于安全文明施工及其他措施项目的为（　　）。
   A. 建筑工地起重机械的检验检测　　B. 二次搬运
   C. 平台铺设、拆除　　　　　　　　D. 已完工程及设备保护

24. 与基础浇灌在一起，底部做成开叉形、环形、钩形等形状，适用于没有强烈振动和冲击的设备的地脚螺栓为（　　）。
   A. 短地脚螺栓　　　　　　　　　　B. 长地脚螺栓
   C. 胀锚地脚螺栓　　　　　　　　　D. 粘结地脚螺栓

25. 某有齿轮减速器的电梯，运行速度为3.0m/秒，应采用的减速器为（　　）。
   A. 蜗杆蜗轮式减速器　　　　　　　B. 斜齿轮式减速器
   C. 直齿轮式减速器　　　　　　　　D. 行星轮式减速器

26. 具有绝对不泄漏的优点，最适合输送和计量易燃易爆、强腐蚀、剧毒、有放射性和贵重液体的泵为（　　）。
   A. 屏蔽泵　　　　　　　　　　　　B. 混流泵
   C. 柱塞计量泵　　　　　　　　　　D. 隔膜计量泵

27. 压缩机按作用原理分类，喷射式压缩机属于（　　）。
   A. 容积式　　　　　　　　　　　　B. 速度式
   C. 透平式　　　　　　　　　　　　D. 回转式

28. 炉膛内划分温度区段，在加热过程中每一区段的温度是不变的，工件由低温的预热区逐步进入高温的加热区，属于此种加热炉的有（　　）。
   A. 室式炉　　　　　　　　　　　　B. 井式炉

C. 振底式炉 D. 台车式炉

29. 衡量热水锅炉工作强度的指标是( )。
A. 蒸发量 B. 受热面蒸发率
C. 受热面发热率 D. 煤汽比

30. 下列有关工业锅炉本体安装的说法,正确的是( )。
A. 锅筒内部装置的安装应在水压试验合格后进行
B. 硬度小于锅筒管孔壁的胀接管子,其管端应进行退头
C. 受热面管道与锅筒、集箱焊接时可采用埋弧焊
D. 铸铁省煤器安装后,宜逐根、逐组进行水压试验

31. 某锅炉除尘效率要求达到98%以上,应采用的除尘设备为( )。
A. 单级旋风除尘器 B. 多级旋风除尘器
C. 旋风水膜除尘器 D. 麻石水膜除尘器

32. 按照《火灾分类》GB/T 4968—2008的规定,火灾分为A、B、C、D、E、F六类,其中F类火灾为( )。
A. 固体物质火灾
B. 烹饪器具内的烹饪物（如动物油脂或植物油脂）火灾
C. 液体或可熔化固体物质火灾
D. 物体带电燃烧的火灾

33. 可用于扑救电气火灾、液体火灾或可熔化的固体火灾,主要适用于电子计算机房、通信机房、自备发电机房、图书馆、档案室、文物资料库等经常有人、工作的场所的灭火系统是( )。
A. 二氧化碳灭火系统 B. IG-541混合气体灭火系统
C. 自动喷水干式灭火系统 D. 热气溶胶预制灭火系统

34. 其灭火剂是以固态常温常压储存,不存在泄漏问题,维护方便,主要适用于扑救电气火灾、可燃液体火灾和固体表面火灾的灭火系统为( )。
A. 干粉灭火系统 B. 二氧化碳灭火系统
C. S型气溶胶灭火系统 D. 七氟丙烷灭火系统

35. 适用于安装在发生火灾后产生烟雾较大或容易产生阴燃的场所,如住宅楼、商店、歌舞厅、仓库等室内场所的火灾报警探测器为( )。
A. 感烟式探测器 B. 感温式探测器
C. 红外火焰探测器 D. 紫外火焰探测器

36. 喷淋系统水灭火管道、消火栓管道,室内外界限划分正确的是( )。
A. 以建筑物外墙皮为界 B. 以建筑物外墙皮1.0m为界
C. 入口处设阀门者应以阀门为界 D. 以与市政给水管道碰头点（井）为界

37. 具有寿命长、耐冲击和防震动、无紫外和红外辐射、低电压下工作安全等特点的高亮度光源为( )。
A. 卤钨灯 B. 低压钠灯
C. 荧光灯 D. LED灯

38. 无论电动机是星接还是三角接都可使用,启动时,可以减少电动机启动电流对输

电网络的影响,并可加速电动机转速至额定转速和人为停止电动机运转,对电机具有过载、断相、短路等保护作用,这种启动方式为( )。

A. 全压启动
B. 星-三角启动法
C. 自耦减压启动控制柜减压启动
D. 软启动器启动

39. 特点是分断电流大,可以分断 200kA 交流(有效值),甚至更大的电流,且可多次动作使用的熔断器为( )。

A. 填充料式熔断器
B. 封闭式熔断器
C. 自复熔断器
D. 自恢复保险丝

40. 下列导管的敷设要求中,表述正确的为( )。

A. 钢导管采用对口熔焊连接
B. 镀锌钢导管采用套管熔焊连接
C. 非镀锌钢导管采用螺纹连接时,连接处的两端应熔焊焊接保护联结导体
D. 以熔焊焊接的保护联结导体宜为圆钢,直径不应小于 4mm

二、多项选择题(共 20 题,每题 1.5 分,每题的备选项中,有 2 个或 2 个以上符合题意,至少有 1 个错项。错选,本题不得分;少选,所选的每个选项得 0.5 分)

41. 与马氏体型不锈钢相比,奥氏体型不锈钢的优点是( )。

A. 较高的强度、硬度和耐磨性
B. 较高的韧性
C. 良好的耐腐蚀性和抗氧化性
D. 良好的压力加工和焊接性能

42. 树脂基复合材料是复合材料中最主要的一类,工程型树脂具有优良的机械性能、耐磨性能、尺寸稳定性、耐热性能和耐腐蚀性能。下列属于工程型树脂的有( )。

A. 聚氯乙烯
B. ABS 工程塑料
C. 聚酰胺
D. 聚甲醛

43. 焊条中药皮的作用,下列表述正确的是( )。

A. 使液态金属中的合金元素烧毁
B. 在药皮中要加入一些氧化剂,使氧化物还原
C. 在焊条药皮中加入铁合金或其他合金元素,以弥补合金元素烧损
D. 焊缝成形好、易脱渣、熔敷效率高

44. 关于填料式补偿器的使用特点,下列表述正确的是( )。

A. 流体阻力较小
B. 钢制的适用于压力可超过 1.6MPa 的热力管道
C. 轴向推力较小
D. 补偿能力较大

45. 光纤传输中的多模光纤,其主要传输特点有( )。

A. 对光源的要求低,可配用 LED 光源
B. 传输距离比较近
C. 模间色散小,传输频带宽
D. 只能与 LD 光源配合使用

46. 氧-氢火焰切割是利用电解水装置产生的氢-氧混合气作燃料的一种火焰切割方法,其主要特点为( )。

A. 成本较低
B. 割口表面光洁度低
C. 安全性较差
D. 环保

47. 一般情况下，电弧焊焊接时，采用直流反接法，适用于（　　）。
   A. 酸性焊条　　　　　　　　　　　　B. 碱性焊条
   C. 厚大工件　　　　　　　　　　　　D. 薄小工件

48. 火焰除锈的适用范围有（　　）。
   A. 较厚的，不怕碰撞的工件　　　　　B. 除掉旧的防腐层
   C. 薄壁的金属设备、管道　　　　　　D. 油浸过的金属表面

49. 输送极度和高度危害介质以及可燃介质的管道，必须进行泄漏性试验。关于泄漏性试验表述正确的有（　　）。
   A. 泄漏性试验应在压力试验合格后进行　　B. 泄漏性试验的介质宜采用空气
   C. 泄漏性试验的压力为设计压力 1.1 倍　　D. 采用涂刷中性发泡剂来检查有无泄漏

50. 依据《通用安装工程工程量计算规范》GB 50856—2013，项目安装高度若超过基本高度时，应在"项目特征"中描述，下列专业工程基本安装高度为 6m 的是（　　）。
   A. 建筑智能化工程　　　　　　　　　B. 通风空调工程
   C. 给水排水、采暖、燃气工程　　　　D. 刷油、防腐蚀、绝热工程

51. 下列安装工业管道与市政工程管网工程的界定正确的是（　　）。
   A. 给水管道以厂区入口水表井为界
   B. 给水管道以与市政管道碰头井为界
   C. 排水管道以厂区围墙外第一个污水井为界
   D. 热力和燃气以厂区入口第一个计量表（阀门）为界

52. 依据《通用安装工程工程量计算规范》GB 50856—2013 规定，以下选项属于安全文明施工措施项目的有（　　）。
   A. 现场生活卫生设施
   B. 起重机、塔式起重机等起重设备及外用电梯的安全防护措施
   C. 设备、管道施工的安全、防冻和焊接保护
   D. 二次搬运

53. 固体散料输送设备中，振动输送机的特点包括（　　）。
   A. 可以输送高温、磨琢性及有化学腐蚀性物料
   B. 结构复杂，设备价格较低
   C. 运行维护成本低
   D. 可以大角度向上倾斜输送物料

54. 常用的容积式泵有（　　）。
   A. 混流泵　　　　　　　　　　　　　B. 隔膜泵
   C. 螺杆泵　　　　　　　　　　　　　D. 水锤泵

55. 与离心式压缩机相比，轴流式压缩机的性能特点表述正确的为（　　）。
   A. 单位面积的气体通流能力小　　　　B. 结构简单、运行维护方便
   C. 在定转速下流量调节范围小　　　　D. 适用于要求大流量的场合

56. 燃煤供热锅炉房的除尘设备多采用旋风除尘器，可采用单级旋风除尘器的锅炉有（　　）。
   A. 抛煤机炉　　　　　　　　　　　　B. 链条炉排炉

C. 往复炉排炉 D. 煤粉炉

57. 采用闭式喷头的自动喷水灭火系统有(   )。
   A. 干式自动喷水灭火系统 B. 雨淋系统
   C. 预作用自动喷水灭火系统 D. 自动喷水防护冷却系统

58. 下列有关固定消防炮灭火系统的设置，表述正确的有(   )。
   A. 有爆炸危险性的场所，宜选用远控炮系统
   B. 火灾蔓延面积较大且损失严重的场所，宜选用远控炮系统
   C. 高度超过10m且火灾危险性较大的室内场所，宜选用远控炮系统
   D. 当灭火对象高度较高、面积较大时，应设置消防炮塔

59. 常用照明电光源中，环境温度对光通输出影响较小的灯是(   )。
   A. 荧光灯 B. 高压汞灯
   C. 高压钠灯 D. 金卤灯

60. 配管配线工程中，导线与设备或器具的连接，下列表述正确的有(   )。
   A. 截面积在10mm² 的单股铜导线可直接与设备或器具的端子连接
   B. 截面积在2.5mm² 及以下的多芯铜芯线应拧紧搪锡后再与设备或器具的端子连接
   C. 截面积在5.0mm² 及以下的多芯铜芯线应拧紧搪锡后再与设备或器具的端子连接
   D. 每个设备或器具的端子接线不多于3根导线或3个导线端子

选 作 部 分

共40题，分为两个专业组，考生可在两个专业组的40个试题中任选20题作答。按所答的前20题计分，每题1.5分。试题由单选和多选组成。错选，本题不得分；少选，所选的每个选项得0.5分。

一、(61~80题) 管道和设备工程

61. 硬聚氯乙烯给水管（UPVC），当管外径 $De \geq 63mm$ 时，宜采用的连接方式为(   )。
   A. 承插式粘结 B. 螺纹连接
   C. 承插式弹性橡胶密封圈柔性连接 D. 承插焊接

62. 高层建筑给水和热水供应系统中经常使用薄壁铜管和铜管件，当管径<22mm时，宜采用的连接方法为(   )。
   A. 承插焊接 B. 承插式弹性橡胶密封圈柔性连接
   C. 套管焊接 D. 对口焊接

63. 室内排水管道安装，下列表述正确的为(   )。
   A. 隐蔽或埋地的排水管道在隐蔽前必须做灌水试验
   B. 检查井中心至建筑物内墙的距离不小于3m，不大于10m
   C. 排水主立管及水平干管管道均应做通球试验
   D. 卫生器具排水管与排水横支管连接时，宜采用90°斜三通

64. 某散热器的特点是构造简单、制作方便，易于清洁，无须维护保养；缺点是较笨重，耗钢材，占地面积大，是自行供热的车间厂房首选的散热设备，也适用于灰尘较大的

车间。此散热器为( )。
   A. 柱型散热器　　　　　　　　B. 板式散热器
   C. 复合型散热器　　　　　　　D. 光排管散热器

65. 适用于输送人工煤气、天然气、液化石油气（气态）的室外燃气塑料管是( )。
   A. 聚氯乙烯管　　　　　　　　B. 聚丙烯管
   C. SDR17.6系列聚乙烯管　　　D. SDR11系列聚乙烯管

66. 依据《通用安装工程工程量计算规范》GB 50856—2013，给水排水工程计量中，室内水表安装项目的计量单位为( )。
   A. 个　　　　　　　　　　　　B. 组
   C. 件　　　　　　　　　　　　D. 只

67. 在净化系统中，低浓度有害气体的净化方法通常采用( )。
   A. 燃烧法　　　　　　　　　　B. 吸收法
   C. 吸附法　　　　　　　　　　D. 冷凝法

68. 利用声波通道截面的突变，使沿管道传递的某些特定频段的声波反射回声源，从而达到消声的目的。适宜在高温、高湿、高速及脉动气流环境下工作的消声器为( )。
   A. 阻性消声器　　　　　　　　B. 抗性消声器
   C. 扩散消声器　　　　　　　　D. 阻抗复合消声器

69. 某风机气流能到达很远的距离，无紊流，出风均匀，全压系数较大，效率较低，大量应用于空调挂机、空调扇、风幕机等设备产品中，该通风机是( )。
   A. 离心式通风机　　　　　　　B. 轴流式通风机
   C. 贯流式通风机　　　　　　　D. 射流通风机

70. 高速风管宜采用( )。
   A. 圆形风管　　　　　　　　　B. 矩形风管
   C. 圆形螺旋风管　　　　　　　D. 铝箔伸缩软管

71. 依据《通用安装工程工程量计算规范》GB 50856—2013 的规定，风管长度的计算，下列表述正确的是( )。
   A. 以设计图示中心线长度为准　B. 包括弯头、三通管件等的长度
   C. 包括变径管、天圆地方等管件的长度　D. 包括部件所占的长度

72. 某热力管道敷设方式比较经济，且检查维修方便，但占地面积较大，管道热损失较大，该敷设方式为( )。
   A. 直接埋地敷设　　　　　　　B. 地沟敷设
   C. 架空敷设　　　　　　　　　D. 直埋与地沟相结合敷设

73. 压缩空气管道安装完毕后，应进行强度和严密性试验，试验介质一般采用( )。
   A. 水　　　　　　　　　　　　B. 空气
   C. 氮气　　　　　　　　　　　D. 无油压缩空气

74. 工业管道安装中，钛及钛合金管焊接连接时应采用的焊接方法为( )。
   A. 惰性气体保护焊　　　　　　B. 手工电弧焊

C. 真空焊 D. 二氧化碳气体保护焊

75. 关于铜及铜合金管的特性和应用，下列表述正确的为（　　）。
A. 应用在深冷工程和化工管道上
B. 对于有压力的管道，使用温度不得超过160℃
C. 弯管时应采用冷弯
D. 连接方式有螺纹连接、焊接等

76. 输送介质的凝固点高于100℃的夹套管形式，应采用（　　）。
A. 套管式换热器
B. 内管焊缝隐蔽型
C. 内管焊缝外露型
D. 内管焊缝隐蔽型与内管焊缝外露型均可

77. 具有制造容易，安装内件方便，且承压能力较好，被广泛应用在各类项目中的容器为（　　）。
A. 矩形容器 B. 六边形容器
C. 圆筒形容器 D. 球形容器

78. 结构较简单，重量轻，适用于高温和高压场合，其主要缺点是管内清洗比较困难，且管板的利用率差的换热设备是（　　）。
A. 固定管板式热换器 B. U形管式换热器
C. 浮头式换热器 D. 填料函式列管换热器

79. 组装速度快，组装应力小，不需要很大的吊装机械和太大的施工场地，适用任意大小球罐拼装，但高空作业量大。该组装方法是（　　）。
A. 分片组装法 B. 环带组装法
C. 拼大片组装法 D. 分带分片混合组装法

80. 适用于板材、复合板材、碳钢和低合金钢锻件、管材、棒材、奥氏体型不锈钢锻件等承压设备原材料和零部件检测，也适用于承压设备对接焊接接头、T形焊接接头、角焊缝以及堆焊层等的检测的无损探伤方法有（　　）。
A. 射线检测 B. 超声检测
C. 磁粉检测 D. 渗透检测

二、（81～100题）电气和自动化工程

81. 变配电工程中，高压配电室的主要作用是（　　）。
A. 接受电力 B. 分配电力
C. 提高功率因数 D. 高压电转换成低压电

82. 变压器容量较小，安装在专门的变压器台墩上，一般用于负荷分散的小城市居民区和工厂生活区及小型工厂的变电设备是（　　）。
A. 车间变电所 B. 独立变电所
C. 杆上变电所 D. 建筑物及高层建筑物变电所

83. 依据相关规范，关于电缆安装方法，下列表述正确的有（　　）。
A. 电缆在室外直接埋地敷设。埋设深度不应小于0.5m
B. 经过农田的电缆埋设深度不应小于1m

C. 埋地敷设应使用裸钢带铠装电缆

D. 在同一沟内埋设 1.2 根电缆时,每米沟长挖方量为 0.5×0.9×1=0.45(m³)

84. 按建筑物的防雷分类要求,属于第三类防雷建筑物的有( )。

A. 大型城市的重要给水水泵房

B. 省级重点文物保护的建筑物

C. 省级档案馆

D. 预计雷击次数较大的一般性民用建筑物

85. 依据《通用安装工程工程量计算规范》GB 50856—2013 的规定,防雷及接地装置中,若利用基础钢筋作接地极,编码列项应在( )。

A. 钢筋项目 B. 均压环项目
C. 接地极项目 D. 措施项目

86. 依据《通用安装工程工程量计算规范》GB 50856—2013 的规定,关于配线进入箱、柜、板的预留长度,表述正确的为( )。

A. 配线进入各种开关箱、柜、板时,应按 1m 增加预留长度

B. 配线进入各种开关箱、柜、板时,预留长度应为高+宽

C. 单独安装(无箱、盘)的铁壳开关等,预留长度应为 0.5m

D. 出户线,预留长度应为 1.5m

87. 在自动控制系统中,由传感器完成对湿度、压力、温度等非电物理量的检测,并将其转换成相应的电学量,而变换后的电量作为被调节参数,送到控制器,该过程称为( )。

A. 偏差信号 B. 误差信号
C. 反馈环节 D. 扰动信号

88. 下列属于节流式流量计的是( )。

A. 靶式流量计 B. 涡轮流量计
C. 转子流量计 D. 椭圆齿轮流量计

89. 其探测器的响应时间短,易于快速与动态测量,理论上无测量上限,可以测到相当高的温度的温度测量仪表为( )。

A. 热电阻温度计 B. 热电偶温度计
C. 双金属温度计 D. 辐射式温度计

90. 电磁流量计的主要特点是( )。

A. 适合测量电磁性物质的流量

B. 只能测量导电液体的流量

C. 可以测量含有固体颗粒或纤维的液体

D. 测量精度不受介质黏度、密度、温度、导电率变化的影响

91. 下列关于电磁流量计安装,表述正确的是( )。

A. 电磁流量计可安装在有电磁场干扰的场所

B. 电磁流量计应安装在直管段

C. 系统如有流量调节阀,电磁流量计应安装在流量调节阀的后端

D. 流量计的前端应有长度为 10D 的直管,流量计的后端应有长度为 5D 的直管段

92. 常见的网络传输介质有（　　）。
   A. 双绞线　　　　　　　　　　B. 大对数铜缆
   C. 同轴电缆　　　　　　　　　D. 光纤

93. 防火墙是在内部网和外部网之间、专用网与公共网之间界面上构造的保护屏障。常用的防火墙有（　　）。
   A. 网卡　　　　　　　　　　　B. 包过滤路由器
   C. 交换机　　　　　　　　　　D. 代理服务器

94. 建筑物内通信配线电缆，当采用综合布线时，分线箱（组线箱）内接线模块宜采用（　　）。
   A. 卡接式接线模块
   B. 旋转卡接式接线模块
   C. 扣式接线子接线模块
   D. RJ45 快接式接线模块

95. 依据《通用安装工程工程量计算规范》GB 50856—2013 的规定，通信线路安装工程中，电缆芯线接续、改接的计量单位为（　　）。
   A. 段　　　　　　　　　　　　B. 头
   C. 芯　　　　　　　　　　　　D. 百对

96. 楼宇自动化系统中，消防监控系统（FAS）的主要组成部分包括（　　）。
   A. 火灾自动报警系统　　　　　B. 火灾闭路电视监视系统
   C. 消防联动控制系统　　　　　D. 消防人员巡逻管理系统

97. 常用入侵探测器中，属于直线型报警探测器的是（　　）。
   A. 开关入侵探测器　　　　　　B. 主动红外入侵探测器
   C. 微波入侵探测器　　　　　　D. 激光入侵探测器

98. 通信线路位置的确定，下列表述正确的为（　　）。
   A. 宜敷设在人行道下。如不允许，也可建在快车道下
   B. 线路位置宜与杆路同侧
   C. 通信线路位置不宜敷设在埋深较大的其他管线附近
   D. 通信线路中心线应平行于道路中心线或建筑红线

99. 办公自动化系统按处理信息的功能划分为（　　）。
   A. 事务型办公系统　　　　　　B. 管理型办公系统
   C. 决策型办公系统　　　　　　D. 集成化办公系统

100. 在施工阶段 BIM 应用，可分为（　　）。
   A. 视频模拟　　　　　　　　　B. 能耗模拟
   C. 成本预算　　　　　　　　　D. 质量管理

模拟试卷1《建设工程技术与计量（安装工程）》答案与解析

必 作 部 分

一、单项选择题（共40题，每题1分。每题的备选项中，只有一个最符合题意）

1.【答案】 D

【解析】耐热钢是在高温下具有良好的化学稳定性或较高强度的钢。耐热钢按其性能可分为抗氧化钢和热强钢两类。抗氧化钢一般要求较好的化学稳定性，但承受的载荷较低。热强钢则要求较高的高温强度和相应的抗氧化性。耐热钢常用于制造锅炉、汽轮机、动力机械、工业炉和航空、石油化工等工业部门中在高温下工作的零部件。这些部件除要求高温强度和抗高温氧化腐蚀外，根据用途不同还要求有足够的韧性、良好的可加工性和焊接性，以及一定的组织稳定性。

易错：选项A铸钢，铸钢具有较高的强度、塑性和韧性。某些冷、热变形性能差或难切削加工的钢，可由铸钢成型。

选项B球墨铸铁，球墨铸铁的综合机械性能接近于钢，铸造性能很好，成本低廉，生产方便，在工业中得到了广泛的应用。

选项C中碳钢，中碳钢强度和硬度较高，塑性和韧性较低，切削性能良好，但焊接性能较差，冷热变形能力良好，主要用于制造荷载较大的机械零件。

2.【答案】 C

【解析】低合金结构钢是指合金成分总量在5%以下的合金结构钢。这种钢的含碳量与低碳钢相似，主要靠少量合金元素进行强化，改善钢材的韧性和可焊性。其强度要比同等级的碳素钢高得多。其广泛用于压力容器、化工设备、锅炉及大型钢结构。合金元素锰、硅、钼等起到强化作用，钒和铌可细化晶粒、改善韧性。

3.【答案】 C

【解析】铸铁的组织特点是含有石墨，组织的其余部分相当于碳含量<0.80%钢的组织。铸铁的韧性和塑性主要决定于石墨的数量、形状、大小和分布，其中石墨形状的影响最大。铸铁的其他性能也与石墨密切相关。基体组织是影响铸铁硬度、抗压强度和耐磨性的主要因素。

4.【答案】 B

【解析】镁及镁合金的主要特性是密度小、化学活性强、强度低。镁合金相对密度小，虽然强度不高，但它的比强度和比刚度却可以与合金结构钢相媲美，镁合金能承受较大的冲击、振动荷载，并有良好的机械加工性能和抛光性能。其缺点是耐蚀性较差、缺口敏感性大及熔铸工艺复杂。

5.【答案】 A

【解析】不饱和聚酯树脂一般是由不饱和二元酸、饱和二元酸和二元醇缩聚而成的线型聚合物。不饱和聚酯树脂主要特点是工艺性能优良，这是不饱和聚酯树脂最突出的优点。可在室温下固化成型，因而施工方便，特别适合于大型和现场制造玻璃钢制品，固化后的树脂综合性能良好。该树脂的力学性能略低于环氧树脂，但优于酚醛树脂和呋喃树脂；耐腐蚀性能优于环氧树脂；但固化时体积收缩率较大。

6. 【答案】D

【解析】UHMWPE 管抗冲击性能优良，低温下能保持优异的冲击强度，抗冻性及抗震性好，摩擦系数小，具有自润滑性，耐化学腐蚀，热性能优异，可在 $-169\sim110$℃下长期使用，最适合于寒冷地区。UHMWPE 管适用于冷热水管道、化工管道、气体管道等。

拓展：熟悉教材中介绍的多种塑料管材的特点和应用，注意相互对比掌握。

耐酸酚醛塑料管：是用热固性酚醛树脂为胶粘剂，耐酸材料如石棉、石墨等作填料制成。它用于输送除氧化性酸（如硝酸）及碱以外的大部分酸类和有机溶剂等介质，特别能耐盐酸、低浓度和中等浓度硫酸的腐蚀。

交联聚乙烯管：在普通聚乙烯原料中加入硅烷接枝料，使其分子结构转变成三维立体交联网状结构，其强度、耐温性都有所提高。PEX 管耐温范围广（$-70\sim110$℃）。

聚丁烯（PB）管：具有很高的耐久性、化学稳定性和可塑性，重量轻，柔韧性好，用于压力管道时耐高温特性尤为突出（$-30\sim100$℃），抗腐蚀性能好、可冷弯、使用安装维修方便、寿命长（可达 50～100 年），适于输送热水。

7. 【答案】B

【解析】生漆具有耐酸性、耐溶剂性、抗水性、耐油性、耐磨性和附着力很强等优点。缺点是不耐强碱及强氧化剂。漆膜干燥时间较长，毒性较大，施工时易引起人体中毒。生漆的使用温度约 150℃。生漆耐土壤腐蚀，是地下管道的良好涂料。

酚醛树脂漆：酚醛树脂漆具有良好的电绝缘性和耐油性，能耐 60％硫酸、盐酸、一定浓度的醋酸、磷酸、大多数盐类和有机溶剂等介质的腐蚀，但不耐强氧化剂和碱。其漆膜较脆，温差变化大时易开裂，与金属附着力较差，在生产中应用受到一定限制。

8. 【答案】C

【解析】此题强调现场为不允许焊接的场合。

螺纹法兰是将法兰的内孔加工成管螺纹，并和带外螺纹的管子配合实现连接，是一种非焊接法兰。与焊接法兰相比，具有安装、维修方便的特点，可在一些现场不允许焊接的场合使用。但在温度高于 260℃和低于 -45℃的条件下，建议不使用螺纹法兰，以免发生泄漏。

拓展：平焊法兰又称搭焊法兰，只适用于压力等级比较低，压力波动、振动及振荡均不严重的管道系统中。

对焊法兰：主要用于工况比较苛刻的场合（如管道热膨胀或其他载荷而使法兰处受的应力较大）或应力变化反复的场合，以及压力、温度大幅度波动的管道和高温、高压及零下低温的管道。

松套法兰：松套法兰俗称活套法兰，分为焊环活套法兰、翻边活套法兰和对焊活套法兰，多用于铜、铝等有色金属及不锈钢管道上。比较适合于输送腐蚀性介质的管道，但松套法兰耐压不高，一般仅适用于低压管道的连接。

9. 【答案】B

【解析】阻火圈是由金属材料制作外壳，内填充阻燃膨胀芯材，火灾发生时芯材受热迅速膨胀，挤压塑料管道，封堵管道穿过的洞口，阻止火势沿洞口蔓延。

10. 【答案】C

【解析】球阀具有结构紧凑、密封性能好、重量轻、材料耗用少、安装尺寸小、驱动力矩小、操作简便、易实现快速启闭和维修方便等特点。

选用特点：适用于水、溶剂、酸和天然气等一般工作介质，而且还适用于工作条件恶劣的介质，如氧气、过氧化氢、甲烷和乙烯等，且适用于含纤维、微小固体颗料等介质。

11. 【答案】D

【解析】矿物绝缘电缆是用普通退火铜作为导体，氧化镁作为绝缘材料，普通退火铜或铜合金材料作为护套的电缆。适用于工业、民用、国防及其他如高温、腐蚀、核辐射、防爆等恶劣环境中；也适用于工业、民用建筑的消防系统、救生系统等必须确保人身和财产安全的场合。

拓展：隔氧层耐火（阻燃）电力电缆主要是在电缆绝缘线芯与电缆外护套之间填一层无机金属水合物，具有无毒、无嗅、无卤素的白色胶状物，当电缆遇到火焰时，原先呈软性的金属水合物逐渐转化成不熔也不燃的金属氧化物。金属氧化物包覆在绝缘线芯外，隔绝了灼热的氧气对内层绝缘有机物的侵蚀，使内层绝缘物无法燃烧。

阻燃电缆：具有规定的阻燃性能（如阻燃特性、烟密度、烟气毒性、耐腐蚀性）的电缆。根据阻燃材料的不同，阻燃电缆分为含卤（多为低卤）阻燃电缆及无卤低烟阻燃电缆两大类。具有火灾时低烟、低毒和低腐蚀性酸气释放的特性，不含（或含有低量）卤素并只有很小的火焰蔓延。

耐火电缆：具有规定的耐火性能（如线路完整性、烟密度、烟气毒性、耐腐蚀性）的电缆。在结构上带有特殊耐火层，与一般电缆相比，具有优异的耐火耐热性能，适用于高层及安全性能要求高的场所的消防设施。

12. 【答案】B

【解析】缝焊是用滚轮电极滚压工件，配合断续通电，使相邻的焊点互相重叠，而形成连续致密焊缝。缝焊多用于焊接有密封性要求的薄壁结构（δ≤3mm），如油桶、罐头罐、暖气片、飞机和汽车油箱的薄板焊接。

13. 【答案】B

【解析】坡口的加工方法。坡口的加工方法一般有以下几种：

1）低压碳素钢管，公称直径等于或小于50mm的，采用手提砂轮磨坡口；直径大于50mm的，用氧乙炔切割坡口，然后用手提砂轮机打掉氧化层并打磨平整。

2）中压碳素钢管、中低压不锈钢管和低合金钢管以及各种高压钢管，用车床加工坡口。

3）有色金属管，用手工锉坡口。

14. 【答案】B

【解析】淬火是将钢件奥氏体化后以适当的冷却速度（大于临界冷却速度）快速冷却，使工件在横截面内全部或一定范围内发生马氏体不稳定组织结构转变的热处理工艺。其目的是为了提高钢件的硬度、强度和耐磨性，多用于各种工模具、轴承、零件等。

易错：

高温回火：将钢件加热到500～700℃回火，即调质处理，因此可获得较高的力学性能，如高强度、弹性极限和较高的韧性。主要用于重要结构零件。钢经调质处理后不仅强度较高，而且塑性韧性更显著超过正火处理的情况。

正火：是将钢件加热到临界点 Ac_3 或 A_{cm} 以上适当温度，保持一定时间后在空气中冷却，得到珠光体基体组织的热处理工艺。其目的是消除、细化组织、改善切削加工性能及淬火前的预热处理。

完全退火：其目的是细化组织、降低硬度、改善加工性能去除内应力。

15.【答案】C

【解析】渗透探伤的优点是不受被检试件几何形状、尺寸大小、化学成分和内部组织结构的限制，也不受缺陷方位的限制，一次操作可同时检验开口与表面的所有缺陷；缺陷显示直观，操作简便，费用低廉，具有相当高的灵敏度，能发现宽度 $1\mu m$ 以下的缺陷；大量的零件可以同时进行批量检验。它能检查出裂纹、冷隔、夹杂、疏松、折叠、气孔等缺陷，广泛应用于黑色和有色金属锻件、铸件、焊接件、机加工件以及陶瓷、玻璃、塑料件的表面缺陷的检查。主要的局限性是只能检出试件开口与表面的缺陷，且不能显示缺陷的深度及缺陷内部的形状和大小，对于结构疏松的粉末冶金零件及其他多孔性材料也不适用。

16.【答案】D

【解析】高压无气喷涂是使涂料通过加压泵加压后经喷嘴小孔喷出。涂料离开喷嘴后会立即剧烈膨胀，撕裂成极细的颗粒而涂敷于工件表面，它的主要特点是没有一般空气喷涂时发生的涂料回弹和大量漆雾飞扬的现象，因而不仅节省了漆料，而且减少了污染，改善了劳动条件。同时，它还具有工效高的特点，比一般空气喷涂要提高数倍至十几倍，而且涂膜的附着力也较强，涂膜质量较好，适用于大型钢结构、管道、桥梁、车辆和船舶的涂装。

17.【答案】D

【解析】钉贴绝热层。它主要用于矩形风管、大直径管道和设备容器的绝热层施工中，适用于各种绝热材料加工成型的预制品件，如珍珠岩板、矿渣棉板等。它用保温钉代替胶粘剂或捆绑钢丝，把绝热预制件钉固在保温面上形成绝热层。

18.【答案】B

【解析】缆索系统吊装：用在其他吊装方法不便或不经济的场合，重量不大，跨度、高度较大的场合。如桥梁建造、电视塔顶设备吊装。

19.【答案】C

【解析】施工升降机：是建筑中经常使用的载人载货施工机械，主要用于高层建筑的内外装修及桥梁、烟囱等建筑的施工。

1）特点：非标准起重机，施工升降机在工地上通常是配合塔吊使用。一般的施工升降机载重量在1～10t，运行速度为1～60m/分钟。

2）适用范围：适用范围广，主要用各种工作层间货物上下运送。

20.【答案】D

【解析】润滑、密封及控制系统的油管道，应在机械设备和管道酸洗合格后、系统试运转前进行油清洗。不锈钢油系统管道宜采用蒸汽吹净后再进行油清洗。

21.【答案】 D

【解析】气压试验常用的气体为干燥洁净的空气、氮气或其他不易燃和无毒的气体。承受内压钢管及有色金属管的强度试验压力应为设计压力的 1.15 倍，真空管道的试验压力应为 0.2MPa。

气压试验的方法和要求：

(1) 试验时，应装有压力泄放装置，其设定压力不得高于试验压力的 1.1 倍。

(2) 试验前，应用空气进行预试验，试验压力宜为 0.2MPa。

(3) 试验时，应缓慢升压，当压力升到规定试验压力的 50% 时，应暂停升压，对管道进行一次全面检查，如无泄漏或其他异常现象，可继续按规定试验压力的 10% 逐级升压，每级稳压 3 分钟，直至试验压力。并在试验压力下稳压 10 分钟，再将压力降至设计压力，以发泡剂检验不泄漏为合格。

拓展：液压试验试验压力的确定。

22.【答案】 C

【解析】在《通用安装工程工程量计算规范》GB 50856—2013 中，按专业、设备特征或工程类别分为：机械设备安装工程等 13 部分，形成附录 A～附录 N，具体为：

附录 A 机械设备安装工程（编码：0301）

附录 B 热力设备安装工程（编码：0302）

附录 C 静置设备与工艺金属结构制作安装工程（编码：0303）

附录 D 电气设备安装工程（编码：0304）

附录 E 建筑智能化工程（编码：0305）

附录 F 自动化控制仪表安装工程（编码：0306）

……

23.【答案】 C

【解析】平台铺设、拆除，属于安装专业工程措施项目，其他三个选项都属于安全文明施工及其他措施项目。

建筑工地起重机械的检验检测，属于安全施工范畴。

24.【答案】 A

【解析】固定地脚螺栓：又称短地脚螺栓，它与基础浇灌在一起，底部做成开叉形、环形、钩形等形状，以防止地脚螺栓旋转和拔出。适用于没有强烈振动和冲击的设备。

拓展：

活动地脚螺栓：又称长地脚螺栓，是一种可拆卸的地脚螺栓，这种地脚螺栓比较长，有双头螺纹的双头式，或者是一头螺纹、另一头 T 字形的 T 形式。适用于有强烈振动和冲击的重型设备。

胀锚地脚螺栓：常用于固定静置的简单设备或辅助设备。安装时，胀锚地脚螺栓中心到基础边沿的距离不小于 7 倍的胀锚直径，安装胀锚的基础强度不得小于 10MPa。

25.【答案】 B

【解析】有齿轮减速器的电梯：

① 蜗杆蜗轮式减速器：用于运行速度在 2.5m/秒以下的电梯。

② 斜齿轮式减速器：用于运行速度在 4m/秒以下的电梯。
③ 行星轮式减速器：用于运行速度在 2.5m/秒以下的电梯。

26.【答案】D
【解析】隔膜计量泵具有绝对不泄漏的优点，最适合输送和计量易燃易爆、强腐蚀、剧毒、有放射性和贵重液体。
易错：注意与屏蔽泵的区别。屏蔽泵又称为无填料泵，屏蔽泵可以保证绝对不泄漏，因此特别适用于输送腐蚀性、易燃易爆、剧毒、有放射性及极为贵重的液体；也适用于输送高压、高温、低温及高熔点的液体。所以广泛应用于化工、石油化工、国防工业等行业。

27.【答案】B
【解析】压缩机属于风机的一种，多作为气体动力用，但其排出气体压力较高（>350kPa）。按作用原理可分为容积式和速度式两大类。
速度式压缩机是靠气体的作用得到较大的动能，随后在扩压装置中急剧降速，使气体的动能转变成势能，从而提高气体压力。速度式压缩机主要有透平式和喷射式两类。

28.【答案】C
【解析】连续式炉，其特点是炉子连续生产，炉膛内划分温度区段。在加热过程中每一区段的温度是不变的，工件由低温的预热区逐步进入高温的加热区，如连续式加热炉和热处理炉、环形炉、步进式炉、振底式炉等。
拓展：间断式炉，又称周期式炉，其特点是炉子间断生产，在每一加热周期内炉温是变化的，如室式炉、台车式炉、井式炉等。

29.【答案】C
【解析】热水锅炉每平方米受热面每小时所产生的热量，称为受热面的发热率，单位是 $kJ/(m^2·小时)$。
蒸汽锅炉每平方米受热面每小时所产生的蒸汽量，称为锅炉受热面蒸发率，单位是 $kg/(m^2·小时)$。
锅炉受热面蒸发率、发热率是反映锅炉工作强度的指标，其数值越大，表示传热效果越好。

30.【答案】A
【解析】锅筒安装：锅筒内部装置的安装，应在水压试验合格后进行。
易错：硬度大于或等于锅筒管孔壁的胀接管子，共管端应进行退火。
铸铁省煤器安装前，宜逐根、逐组进行水压试验。
受热面管道与锅筒、集箱焊接时多采用预留管接头对口接焊。可采用手弧焊和氩弧焊等方法焊接。

31.【答案】D
【解析】麻石水膜除尘器采用天然的花岗石砌筑而成，耐酸、防腐、耐磨，使用寿命长。它是在花岗石（麻石）筒体的上部设置溢水槽，使除尘器内壁圆周形成一层很薄的不断向下均匀流动的水膜，含尘气体由筒体下部切向导入旋转上升，靠离心力作用甩向内壁的粉尘被水膜所黏附，沿内壁流向下端排走。净化后的气体由顶部排出，从而达到除尘的目的。

麻石水膜除尘器是我国使用最普遍的一种湿式除尘器,除尘效率可以达到98%以上。

32.【答案】 B

【解析】A类火灾:固体物质火灾。这种物质通常具有有机物性质,一般在燃烧时能产生灼热的余烬。例如:木材、棉、毛、麻、纸张等火灾。

B类火灾:液体或可熔化固体物质火灾。例如:汽油、煤油、原油、甲醇、乙醇、沥青、石蜡等火灾。

C类火灾:气体火灾。例如:煤气、天然气、甲烷、乙烷、氢气、乙炔等火灾。

D类火灾:金属火灾。例如:钾、钠、镁、钛、锆、锂等火灾。

E类火灾:带电火灾。物体带电燃烧的火灾。例如:变压器等设备的电气火灾。

F类火灾:烹饪器具内的烹饪物(如动物油脂或植物油脂)火灾。

33.【答案】 B

【解析】IG-541混合气体灭火剂是由氮气、氩气和二氧化碳气体按一定比例混合而成的气体。

IG-541混合气体灭火系统主要适用于电子计算机房、通信机房、配电房、油浸变压器、自备发电机房、图书馆、档案室、博物馆及票据、文物资料库等经常有人、工作的场所,可用于扑救电气火灾、液体火灾或可熔化的固体火灾,固体表面火灾及灭火前能切断气源的气体火灾,但不可用于扑救D类活泼金属火灾。

34.【答案】 C

【解析】S型气溶胶是固体气溶胶发生剂反应的产物,含有约98%以上的气体。几乎无微粒(其微粒量比一个月内封闭计算机房自然降落的灰尘量还少),沉降物极低。气体是氮气、水气、少量的二氧化碳。从生产到使用过程中无毒,无公害,无污染,无腐蚀,无残留。不破坏臭氧层,无温室效应,符合绿色环保要求。

其灭火剂是以固态常温常压储存,不存在泄漏问题,维护方便。

属于无管网灭火系统,安装相对灵活,无须布置管道,工程造价相对较低。

主要适用于扑救电气火灾、可燃液体火灾和固体表面火灾。如:计算机房、通信机房、变配电室、发电机房、图书室、档案室、丙类可燃液体等场所。

35.【答案】 A

【解析】本题考查感烟式探测器。火灾发生早期会产生大量烟雾,它是将探测部位烟雾浓度的变化转换为电信号实现报警目的一种器件。该产品适用于安装在发生火灾后产生烟雾较大或容易产生阴燃的场所,如住宅楼、商店、歌舞厅、仓库等室内场所的火灾报警,不宜安装在平时烟雾较大或通风速度较快的场所。

36.【答案】 C

【解析】喷淋系统水灭火管道、消火栓管道:室内外界限应以建筑物外墙皮1.5m为界,入口处设阀门者应以阀门为界;设在高层建筑物内消防泵间管道应以泵间外墙皮为界。

拓展: 与市政给水管道的界限:以与市政给水管道碰头点(井)为界。

37.【答案】 D

【解析】LED是电致发光的固体半导体高亮度点光源,可辐射各种色光和白光、0~100%光输出(电子调光)。具有寿命长、耐冲击和防震动、无紫外和红外辐射、低电压下工作安全等特点。

拓展：卤钨灯属于热辐射光源；低压钠灯、荧光灯属于气体放电发光电光源。注意它们的特点和应用。

38.【答案】 C

【解析】自耦减压启动控制柜（箱）减压启动：这种启动方法不管电动机是星接还是三角接都可使用。它可以对三相笼型异步电动机作不频繁自耦减压启动，以减少电动机启动电流对输电网络的影响，并可加速电动机转速至额定转速和人为停止电动机运转。对电动机具有过载、断相、短路等保护作用。

拓展：各种启动方法的特点和应用。

注意与软启动器启动的区别。软启动器除了完全能够满足电动机平稳启动这一基本要求外，还具有很多优点，比如可靠性高、维护量小、电动机保护良好以及参数设置简单等。

39.【答案】 C

【解析】本题考查自复熔断器。近代低压电气容量逐渐增大，低压配电线路的短路电流也越来越大，要求用于系统保护开关元件的分断能力也不断提高，为此出现了一些新型限流元件，如自复熔断器等。自复熔断器是可多次动作使用的熔断器，在分断过载或短路电流后瞬间，熔体能自动恢复到原状。自复熔断器的特点是分断电流大，可以分断 200kA 交流（有效值），甚至更大的电流。

40.【答案】 C

【解析】导管的敷设要求为：

（1）钢导管不得采用对口熔焊连接；镀锌钢导管或壁厚小于或等于 2mm 的钢导管，不得采用套管熔焊连接。

（2）金属导管应与保护导体可靠连接，并应符合下列规定：

1）镀锌钢导管、可弯曲金属导管和金属柔性导管不得熔焊连接；

2）当非镀锌钢导管采用螺纹连接时，连接处的两端应熔焊焊接保护联结导体；

3）镀锌钢导管、可弯曲金属导管和金属柔性导管连接处的两端宜采用专用接地卡固定保护联结导体；

4）以专用接地卡固定的保护联结导体应为铜芯软导线，截面积不应小于 4mm²；以熔焊焊接的保护联结导体宜为圆钢，直径不应小于 6mm，其搭接长度应为圆钢直径的 6 倍。

二、多项选择题（共 20 题，每题 1.5 分，每题的备选项中，有 2 个或 2 个以上符合题意，至少有 1 个错项。错选，本题不得分；少选，所选的每个选项得 0.5 分）

41.【答案】 BCD

【解析】

马氏体型不锈钢：此钢具有较高的强度、硬度和耐磨性。通常用于弱腐蚀性介质环境中，如海水、淡水和水蒸气中；以及使用温度≤580℃的环境中，通常也可作为受力较大的零件和工具的制作材料。但由于此钢焊接性能不好，故一般不用作焊接件。

奥氏体型不锈钢：钢中主要合金元素为铬、镍、钛、铌、钼、氮和锰等。此钢具有较高的韧性、良好的耐蚀性、高温强度和较好的抗氧化性，以及良好的压力加工和焊接性能。但是这类钢的屈服强度低,且不能采用热处理方法强化,而只能进行冷变形强化。

42.【答案】 CD

【解析】 树脂基复合材料是复合材料中最主要的一类,通常称为增强塑料。常用的热塑性树脂主要有通用型和工程型树脂两类。前者仅能作为非结构材料使用,产量大、价格低,但性能一般,主要品种有聚氯乙烯、聚乙烯、聚丙烯和聚苯乙烯等。后者则可作为结构材料使用,通常在特殊的环境中使用。一般具有优良的机械性能、耐磨性能、尺寸稳定性、耐热性能和耐腐蚀性能,主要品种有聚酰胺、聚甲醛和聚苯醚等。

43.【答案】 CD

【解析】 药皮虽然具有机械保护作用,但液态金属仍不可避免地受到少量空气侵入并氧化,此外药皮中某些物质受电弧高温作用而分解放出氧,使液态金属中的合金元素烧毁,导致焊缝质量降低。因此在药皮中要加入一些还原剂,使氧化物还原,以保证焊缝质量。

由于电弧的高温作用,焊缝金属中所含的某些合金元素被烧损(氧化或氮化),会使焊缝的力学性能降低。在焊条药皮中加入铁合金或其他合金元素,使之随着药皮的熔化而过渡到焊缝金属中去,以弥补合金元素烧损和提高焊缝金属的力学性能。此外,药皮还可改善焊接工艺性能使电弧稳定燃烧、飞溅少、焊缝成形好、易脱渣和熔敷效率高。

44.【答案】 AD

【解析】 填料式补偿器又称套筒式补偿器,主要由三部分组成:带底脚的套筒、插管和填料函。在内外管间隙用填料密封,内插管可以随温度变化自由活动,从而起到补偿作用。其材质有铸铁和钢质两种。铸铁制的适用于压力在 1.3MPa 以下的管道,钢制的适用于压力不超过 1.6MPa 的热力管道,其形式有单向和双向两种。

填料式补偿器安装方便,占地面积小,流体阻力较小,补偿能力较大。缺点是轴向推力大,易漏水漏汽,需经常检修和更换填料。如管道变形有横向位移时,易造成填料圈卡住。这种补偿器主要用在安装方形补偿器时空间不够的场合。

45.【答案】 AB

【解析】 按光在光纤中的传输模式可分为:多模光纤和单模光纤。

多模光纤:中心玻璃芯较粗($50\mu m$ 或 $62.5\mu m$),可传多种模式的光。能用光谱较宽的发光二极管(LED)作光源,有较高的性能价格比。多模光纤传输的距离比较近,一般只有几千米。

拓展: 单模光纤:由于芯线特别细(约为 $10\mu m$),只能传一种模式的光,故称为单模光纤。单模光纤的优点是其模间色散很小,传输频带宽,适用于远程通信,每千米带宽可达 10GHz。缺点是芯线细,耦合光能量较小,光纤与光源以及光纤与光纤之间的接口比多模光纤难;单模光纤只能与激光二极管(LD)光源配合使用,单模光纤的传输设备较贵。

46.【答案】 AD

【解析】 氧-氢火焰切割是利用电解水装置产生的氢-氧混合气作燃料的一种火焰切割方法。氢-氧焰温度可达 3000℃,火焰集中,割口表面光洁度高,无烧塌和圆角现象,不结渣,也可以用于火焰加热。氧-氢火焰切割具有以下优点:

(1)成本较低。燃气费用仅为乙炔的 20%,丙烷的 30%~40%,且无须搬运和更换气瓶,减轻了劳动强度,提高了工时利用率。

(2) 安全性好。由于气体不储存，即产即用，安全性比钢瓶燃气要高。

(3) 环保。生产过程无污染，氢氧气燃烧后产物为水，无毒、无味、无烟，给工人一个清爽的工作环境。

拓展：氧-乙炔火焰切割、氧-丙烷火焰切割的特点和应用。

47.【答案】 BD

【解析】电源种类和极性的选择：

直流电源焊机，电弧稳定，飞溅小，焊接质量好。在其他情况下，首先考虑用交流焊机，因为交流焊机构造简单，造价低，使用维护也较直流焊机方便。

极性的选择，根据焊条的性质和焊接特点的不同，利用电弧中阳极温度比阴极温度高的特点，选用不同的极性来焊接不同的焊件。

直流正接：采用直流焊机，当工件接阳极，焊条接阴极时，称为直流正接，此时工件受热较大，适合焊接厚大工件。

直流反接：当工件接阴极，焊条接阳极时，称为直流反接，此时工件受热较小，适合焊接薄小工件。

48.【答案】 BD

【解析】火焰除锈的主要工艺是先将基体表面锈层铲掉，再用火焰烘烤或加热，并配合使用动力钢丝刷清理加热表面。此种方法适用于除掉旧的防腐层（漆膜）或带有油浸过的金属表面工程，不适用于薄壁的金属设备、管道，也不能用于退火钢和可淬硬钢的除锈。

49.【答案】 ABD

【解析】输送极度和高度危害介质以及可燃介质的管道，必须在压力试验合格后进行泄漏性试验。试验介质宜采用空气，试验压力为设计压力。泄漏性试验应逐级缓慢升压，当达到试验压力，并停压10分钟后，采用涂刷中性发泡剂的方法巡回检查，泄漏试验检查重点是阀门填料函、法兰或者螺纹连接处、放空阀、排气阀、排水阀等所有密封点有无泄漏。

50.【答案】 BD

【解析】《通用安装工程工程量计算规范》GB 50856—2013中规定，安装工程各附录基本安装高度为：附录A机械设备安装工程10m，附录D电气设备安装工程5m，附录E建筑智能化工程5m，附录G通风空调工程6m，附录J消防工程5m，附录K给水排水、采暖、燃气工程3.6m，附录M刷油、防腐蚀、绝热工程6m。

51.【答案】 ACD

【解析】安装工业管道与市政工程管网工程的界定：

给水管道以厂区入口水表井为界；排水管道以厂区围墙外第一个污水井为界；热力和燃气以厂区入口第一个计量表（阀门）为界。

室外给水排水、采暖、燃气管道以市政管道碰头井为界。

52.【答案】 AB

【解析】选项A：现场生活卫生设施，属于通用措施项目中的文明施工；

选项B：起重机、塔式起重机等起重设备及外用电梯的安全防护措施，属于通用措施项目中的安全施工；

选项 C：设备、管道施工的安全、防冻和焊接保护，属于专业措施项目。

选项 D：二次搬运，属于一般通用措施项目，不属于安全文明施工措施项目。

53.【答案】AC

【解析】振动输送机是利用激振器使料槽振动，从而使槽内物料沿一定方向滑行或抛移的连续输送机械。

振动输送机的槽体可采用低碳钢、耐磨钢、不锈钢或其他特殊合金钢制造。槽体衬里可采用上述材料及橡胶、塑料或陶瓷等。因此振动输送机可以输送具有磨琢性、化学腐蚀性或有毒的散状或含泥固体物料，甚至输送高温物料。振动输送机可以在防尘、有气密要求或在有压力情况下输送物料。振动输送机结构简单，操作方便，安全可靠。

与其他连续输送机相比，振动输送机具有结构简单、操作方便、安全可靠、设备价格较高、运行维护成本低等特点。但输送能力有限，不能输送黏性强、易破损、含气的物料，不能大角度向上倾斜输送物料。

54.【答案】BC

【解析】参见图1。

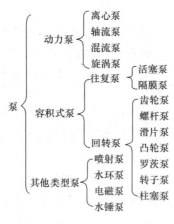

图1 泵的分类

选项B隔膜泵、选项C螺杆泵属于容积式泵。

易错：选项A混流泵属于动力式泵；选项D水锤泵属于其他类型泵。

55.【答案】BCD

【解析】轴流式和离心式压缩机性能比较：同工况下，与离心式压缩机相比，轴流式压缩机的最大特点是单位面积的气体通流能力大，在相同加工气体量的前提条件下，径向尺寸小，特别适用于要求大流量的场合。另外，轴流式压缩机还具有结构简单、运行维护方便等优点。但叶片型线复杂，制造工艺要求高，以及稳定工况区较窄、在定转速下流量调节范围小，这些方面则是明显不及离心式压缩机。

56.【答案】BC

【解析】供热锅炉房多采用旋风除尘器。

对于往复炉排、链条炉排等层燃式锅炉，一般采用单级旋风除尘器。

对抛煤机炉、煤粉炉、沸腾炉等室燃炉锅炉，一般采用二级除尘。

当采用干法旋风除尘达不到烟尘排放标准时，可采用湿式除尘。对湿式除尘来说，其废水应采取有效措施使排水符合排放标准。在寒冷地区还应考虑保温和防冻措施。

57.【答案】ACD

【解析】参见图2。

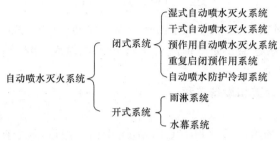

图2 自动喷水灭火系统分类

58.【答案】ABD

【解析】固定消防炮灭火系统的设置：

1) 在下列场所宜选用远控炮系统：有爆炸危险性的场所；有大量有毒气体产生的场所；燃烧猛烈、产生强烈辐射热的场所；火灾蔓延面积较大且损失严重的场所；高度超过8m且火灾危险性较大的室内场所；发生火灾时灭火人员难以及时接近或撤离固定消防炮位的场所；

2) 室内消防炮的布置数量不应少于两门；设置消防炮平台时，其结构强度应能满足消防炮喷射反力的要求；

3) 室外消防炮的布置应能使消防炮的射流完全覆盖被保护场所及被保护物，消防炮应设置在被保护场所常年主导风向的上风方向；当灭火对象高度较高、面积较大时，或在消防炮的射流受到较高大障碍物的阻挡时，应设置消防炮塔。

59.【答案】BCD

【解析】荧光灯的光通输出受环境温度的影响较大，高压汞灯、高压钠灯、金卤灯受环境温度的影响较小。

拓展：了解常用电光源（如外镇流高压汞灯、自镇流高压汞灯、高压钠灯、金卤灯、氙灯）的特点和应用。

60.【答案】AB

【解析】导线连接有铰接、焊接、压接和螺栓连接等。各种连接方法适用于不同的导线及不同的工作地点。导线与设备或器具的连接应符合下列规定：

(1) 截面积在 $10mm^2$ 及以下的单股铜导线和单股铝/铝合金芯线可直接与设备或器具的端子连接；

(2) 截面积在 $2.5mm^2$ 及以下的多芯铜芯线应接续端子或拧紧搪锡后再与设备或器具的端子连接；

(3) 截面积大于 $2.5mm^2$ 的多芯铜芯线，除设备自带插接式端子外，应接续端子后与设备或器具的端子连接；多芯铜芯线与插接式端子连接前，端部应拧紧搪锡；

(4) 多芯铝芯线应接续端子后与设备、器具的端子连接，多芯铝芯线接续端子前应去除氧化层并涂抗氧化剂，连接完成后应清洁干净；

(5) 每个设备或器具的端子接线不多于2根导线或2个导线端子；

(6) 截面积 6mm² 及以下铜芯导线间的连接应采用导线连接器或缠绕搪锡连接。

选 作 部 分

共 40 题，分为两个专业组，考生可在两个专业组的 40 个试题中任选 20 题作答。按所答的前 20 题计分，每题 1.5 分。试题由单选和多选组成。错选，本题不得分；少选，所选的每个选项得 0.5 分。

一、(61～80 题) 管道和设备工程

61.【答案】C

【解析】硬聚氯乙烯给水管（UPVC）：适用于给水温度不大于 45℃、给水系统工作压力不大于 0.6MPa 的生活给水系统。UPVC 给水管宜采用承插式粘结、承插式弹性橡胶密封圈柔性连接和过渡性连接。管外径 $De<63mm$ 时，宜采用承插式粘结连接；管外径 $De\geqslant 63mm$ 时，宜采用承插式弹性橡胶密封圈柔性连接。

62.【答案】AC

【解析】铜管和不锈钢管强度大，比塑料管材坚硬、韧性好，不易产生裂缝，不易折断，具有良好的抗冲击性能，延展性高，可制成薄壁管及配件。更适用于高层建筑给水和热水供应系统。铜管连接可采用专用接头或焊接，当管径<22mm 时宜采用承插或套管焊接，承口迎介质流向安装；当管径≥22mm 时宜采用对口焊接。

63.【答案】ACD

【解析】室内排水管道安装：

（1）排出管安装。排出管一般铺设在地下室或地下。排出管穿过地下室外墙或地下构筑物的墙壁时应设置防水套管；穿过承重墙或基础处应预留孔洞，并作好防水处理。

排出管与室外排水管连接处设置检查井。一般检查井中心至建筑物外墙的距离不小于 3m，不大于 10m。

（2）排水立管安装。排水立管通常沿卫生间墙角敷设，不宜设置在与卧室相邻的内墙，宜靠近外墙。

（3）排水横支管安装。排水管道的横支管与立管连接，宜采用 45°斜三通、45°斜四通、顺水三通或顺水四通。卫生器具排水管与排水横支管连接时，宜采用 90°斜三通。

以上排水管道敷设方式为隐蔽或埋地的。排水管道在隐蔽前必须做灌水试验，其灌水高度应不低于底层卫生器具的上边缘或底层地面的高度。排水主立管及水平干管管道均应做通球试验，通球球径不小于排水管道管径的 2/3，通球率必须达到 100%。

64.【答案】D

【解析】光排管散热器采用优质焊接钢管或无缝钢管焊接成型。其显著特点是构造简单、制作方便，使用年限长、散热快、散热面积大、适用范围广、易于清洁，无须维护保养；缺点是较笨重，耗钢材，占地面积大。是自行供热的车间厂房首选的散热设备，也适用于灰尘较大的车间。A 形排管散热器用于蒸汽采暖系统，具有节能特性；B 形排管散热器用于热水采暖系统，可立于地面安装，也可挂墙安装。

65.【答案】D

【解析】适用于燃气管道的塑料管主要是聚乙烯（PE）管，目前国内聚乙烯燃气管

分为SDR11和SDR17.6两个系列。SDR11系列宜用于输送人工煤气、天然气、液化石油气（气态）；SDR17.6系列宜用于输送天然气。

66.【答案】 B

【解析】水表安装项目，用于室外井内安装时以"个"计算；用于室内安装时，以"组"计算，综合单价中包括表前阀。

67.【答案】 BC

【解析】有害气体的净化方法主要有：燃烧法、吸收法、吸附法和冷凝法。

低浓度气体的净化通常采用吸收法和吸附法，它们是通风排气中有害气体的主要净化方法。

68.【答案】 B

【解析】抗性消声器由扩张室和连接管串联组成。它利用声波通道截面的突变（扩张或收缩），使沿管道传递的某些特定频段的声波反射回声源，从而达到消声的目的。抗性消声器具有良好的低频或低中频消声性能，宜于在高温、高湿、高速及脉动气流环境下工作。

拓展：

阻性消声器：是利用敷设在气流通道内的多孔吸声材料来吸收声能，降低沿通道传播的噪声。其具有良好的中、高频消声性能。

扩散消声器：在其器壁上设许多小孔，气流经小孔喷射后，通过降压减速，达到消声目的。

阻抗复合消声器：阻性消声器对中、高频消声效果较好。抗性消声器对低、中频消声效果较好，利用上述特性，将二者结合起来组成的阻抗复合消声器，则对低、中、高整个频段内的噪声均可获得较好的消声效果。

69.【答案】 C

【解析】贯流式通风机，又叫横流风机，将机壳部分敞开使气流直接进入通风机，气流横穿叶片两次后排出，气流能到达很远的距离，无紊流，出风均匀。它的叶轮一般是多叶式前向叶型，两个端面封闭。贯流式通风机的全压系数较大，效率较低，其进、出口均是矩形的，易于建筑配合，目前大量应用于空调挂机、空调扇、风幕机等设备产品中。

70.【答案】 C

【解析】通风管道的断面形状：有圆形和矩形两种。在同样断面积下，圆形管道耗钢量小，强度大，但占有效空间大，其弯管与三通需较长距离。矩形管道四角存在局部涡流，在同样风量下，矩形管道的压力损失要比圆形管道大，矩形管道占有效空间较小，易于布置，明装较美观。在一般情况下通风风管（特别是除尘风管）都采用圆形管道，有时为了便于和建筑配合才采用矩形断面，空调风管多采用矩形风管，高速风管宜采用圆形螺旋风管。

71.【答案】 ABC

【解析】风管长度一律以设计图示中心线长度为准（主管与支管以其中心线交点划分），包括弯头、三通、变径管、天圆地方等管件的长度，但不包括部件所占的长度。风管展开面积不包括风管、管口重叠部分面积。风管渐缩管：圆形风管按平均直径；矩形风管按平均周长。

72.【答案】C

【解析】将热力管道敷设在地面上的独立支架或者桁架以及建筑物的墙壁上。架空敷设不受地下水位的影响,且维修、检查方便,适用于地下水位较高、地质不适宜地下敷设的地区。架空敷设便于施工、操作、检查和维修,是一种比较经济的敷设形式。其缺点是占地面积大,管道热损失较大。

73.【答案】A

【解析】压缩空气管道安装完毕后,应进行强度和严密性试验,试验介质一般为水。当工作压力 $P<0.50$ MPa 时,试验压力 $PT=1.5P$,但 $PT \geqslant 0.20$ MPa;当工作压力 $P \geqslant 0.50$ MPa 时,试验压力 $PT=1.25P$,但 $PT \geqslant P+0.30$ MPa。管路在试验压力下保持 20 分钟作外观检查,然后降至工作压力 P 进行严密性实验,无渗漏为合格。

74.【答案】AC

【解析】钛及钛合金管焊接应采用惰性气体保护焊或真空焊,不能采用氧-乙炔焊或二氧化碳气体保护焊,也不得采用普通手工电弧焊。焊丝的化学成分和力学性能应与母材相当;若焊件要求有较高塑性时,应采用纯度比母材高的焊丝。

75.【答案】ACD

【解析】常用的铜管有紫铜管、黄铜管两种。铜及铜合金通常应用在深冷工程和化工管道上,用作仪表测压管线或传送有压液体管线,当温度大于 250℃ 时不宜在有压力的情况下使用。

铜及铜合金管因热弯时管内填充物不易清理,应采用冷弯。管径大于 100mm 者采用压制弯头或焊接弯头,弯管的直边长度不应小于管径,且不应小于 30mm。

铜及铜合金管的连接方式有螺纹连接、焊接(承插焊和对口焊)、法兰连接(焊接法兰、翻边活套法兰和焊环活套法兰)。大口径铜及铜合金对口焊接也可用加衬焊环的方法焊接。

76.【答案】B

【解析】夹套管的形式有内管焊缝隐蔽型与内管焊缝外露型两类。

内管焊缝隐蔽型的内管焊缝均被外管所包覆;而内管焊缝外露型则将内管的焊缝暴露在外,便于观测焊缝的渗漏情况。选用原则为:

(1)输送介质的凝固点在 50～100℃ 的管道,或经常处于重力自流、停滞状态的易燃介质的管道,宜选用内管焊缝外露型(管帽式)夹套管伴热;

(2)输送介质的凝固点高于 100℃ 的管道,宜选用内管焊缝隐蔽型(法兰式)夹套管伴热。一般工艺夹套管多采用内管焊缝外露型。

77.【答案】C

【解析】圆筒形容器是由圆柱形筒体和各种成型封头所组成,制造容易,安装内件方便,且承压能力较好,因此这类容器被广泛应用在各类项目中。

拓展:球形容器由数块弓形板拼焊而成,承压能力好,但由于安置内件不方便且制造工艺复杂,多用作承受一定压力的大中型储罐,例如储气罐。

矩形容器一般由平板焊接而成,制造方便,但承压能力差,只用作小型常压储槽。

78.【答案】B

【解析】U形管式换热器。管子弯成U形，管子的两端固定在同一块管板上，因此每根管子都可以自由伸缩，而与其他管子和壳体均无关。这种形式换热器的结构也较简单，重量轻，适用于高温和高压场合。其主要缺点是管内清洗比较困难，因此管内流体必须洁净；且因管子需一定的弯曲半径，故管板的利用率差。

易错：

固定管板式热换器：具有结构简单和造价低廉的优点，但是由于壳程不易检修和清洗，因此壳方流体应是较洁净且不易结垢的物料。当两流体的温差较大时，应考虑热补偿。但不宜用于两流体的温差较大（大于70℃）和壳方流体压强过高（高于600kPa）的场合。

浮头式换热器：当管子受热（或受冷）时，管束连同浮头可自由伸缩，而与外壳的膨胀无关，浮头式换热器不但可以补偿热膨胀，而且由于固定端的管板是以法兰与壳体相连接的，因此管束可从壳体中抽出，便于清洗和检修，故浮头式换热器应用较为普遍，但结构较复杂，金属耗量较多，造价较高。

填料函式列管换热器：该换热器的活动管板和壳体之间以填料函的形式加以密封。在一些温差较大、腐蚀严重且需经常更换管束的冷却器中应用较多，其结构较浮头简单，制造方便，易于检修清洗。

79.【答案】A

【解析】采用分片组装法的优点是：施工准备工作量少，组装速度快，组装应力小，而且组装精度易于掌握，不需要很大的吊装机械，也不需要太大的施工场地；缺点是高空作业量大，需要相当数量的夹具，全位置焊接技术要求高，而且焊工施焊条件差，劳动强度大。分片组装法适用于任意大小球罐的安装。

80.【答案】B

【解析】超声检测适用于板材、复合板材、碳钢和低合金钢锻件、管材、棒材、奥氏体型不锈钢锻件等承压设备原材料和零部件的检测；也适用于承压设备对焊焊接接头、T形焊接接头、角接接头以及堆焊层等的检测。

二、（81～100题）电气和自动化工程

81.【答案】A

【解析】变电所工程包括高压配电室、低压配电室、控制室、变压器室、电容器室五部分的电气设备安装工程。

配电所与变电所的区别就是其内部没有装设电力变压器；高压配电室的作用是接受电力；变压器室的作用是把高压电转换成低压电；低压配电室的作用是分配电力；电容器室的作用是提高功率因数；控制室的作用是预告信号。

82.【答案】C

【解析】杆上变电所：变电器安装在室外电杆上或在专门的变压器台墩上，一般用于负荷分散的小城市居民区和工厂生活区以及小型工厂和矿山等。变压器容量较小，一般在315kVA及以下。

易错：

车间变电所：变压器室位于车间内的单独房间内或是利用车间的一面或两面墙壁进行安装的变电所。

独立变电所：独立变电所是相对于车间附设变电所而言的，是指整个变电所设在与车间建筑物有一定距离的单独区域内，通常是户内式变电所，向周围几个车间或向全厂供电。

建筑物及高层建筑物变电所：这是民用建筑中经常采用的变电所形式，变压器一律采用干式变压器，高压开关一般采用真空断路器，也可采用六氟化硫断路器，但通风条件要好，从防火安全角度考虑，一般不采用少油断路器。

83.【答案】 BD

【解析】 电缆在室外直接埋地敷设。埋设深度不应小于0.7m，经过农田的电缆埋设深度不应小于1m，埋地敷设的电缆必须是铠装，并且有防腐保护层，裸钢带铠装电缆不允许埋地敷设。

在同一沟内埋设1.2根电缆时，沟的开挖上口宽为600mm，下口宽为400mm，平均宽度按500mm计算，如电缆埋深为800mm，则沟深为800+100=900（mm），每米沟长挖方量为 $0.5 \times 0.9 \times 1 = 0.45$（m³）。

84.【答案】 BCD

【解析】 第三类防雷建筑物：包括省级重点文物保护的建筑物及省级档案馆、预计雷击次数较大的工业建筑物、住宅、办公楼等一般性民用建筑物。

拓展： 第二类防雷建筑物：包括国家级重点文物保护的建筑物、国家级办公建筑物、大型展览和博览建筑物、大型火车站、国宾馆、国家级档案馆、大型城市的重要给水水泵房等特别重要的建筑物及对国民经济有重要意义且装有大量电子设备的建筑物等。

85.【答案】 B

【解析】 防雷及接地装置编码列项说明：

1）利用桩基础作接地极，应描述桩台下桩的根数，每桩台下需焊接柱筋根数，其工程量按柱引下线计算；利用基础钢筋作接地极按均压环项目编码列项；

2）利用柱筋作引下线的，需描述柱筋焊接根数；

3）利用圈梁筋作均压环的，需描述圈梁筋焊接根数；

4）使用电缆、电线作接地线，应按相关项目编码列项；

5）接地母线、引下线、避雷网附加长度，按接地母线、引下线、避雷网全长的3.9%计算。

86.【答案】 BD

【解析】 配线进入箱、柜、板的预留长度见表1。

配线进入箱、柜、板的预留长度　　　　　　　　　　　　　　　　　表1

序号	项目	预留长度（m）	说明
1	各种开关箱、柜、板	高+宽	盘面尺寸
2	单独安装（无箱、盘）的铁壳开关、闸刀开关、启动器、线槽进出线盒等	0.3	从安装对象中心算起
3	由地面管道出口引至动力接线箱	1.0	从管口计算
4	电源与管内导线连接（管内穿线与软、硬母线接点）	1.5	从管口计算
5	出户线	1.5	从管口计算

87. 【答案】C

【解析】反馈环节是指由传感器（测量装置）完成对湿度、压力、温度等非电物理量的检测，并将其转换成相应的电学量，而变换后的电量作为被调节参数，送到控制器（调节装置）。反馈环节一般也称为测量变送环节。

88. 【答案】AC

【解析】常用的流量计有：节流式、速度式、容积式和电磁式。

节流式流量计：在被测管道上安装一节流元件，如孔板、喷嘴、靶、转子等，使流体流过这些阻挡体时，根据流体对节流元件的推力和节流元件前后的压力差，来测定流量的大小。

常见的节流式流量计有：1）压差式流量计；2）靶式流量计；3）转子流量计。

易错：涡流流量计属于速度式流量计；椭圆齿轮流量计属于容积式流量计。

89. 【答案】D

【解析】辐射式温度计的测量不干扰被测温场，不影响温场分布，从而具有较高的测量准确度。辐射测温的另一个特点是在理论上无测量上限，可以测到相当高的温度。此外，其探测器的响应时间短，易于快速与动态测量。在一些特定的条件下，例如核子辐射场，辐射测温场可以进行准确而可靠的测量。

90. 【答案】BCD

【解析】电磁流量计是一种测量导电性流体流量的仪表。它是一种无阻流元件，阻力损失极小，流场影响小，精确度高，直管段要求低，而且可以测量含有固体颗粒或纤维的液体，腐蚀性及非腐蚀性液体，这些都是电磁流量计比其他流量仪表所优越的。

电磁流量计广泛应用于污水、氟化工、生产用水、自来水行业以及医药、钢铁等诸多方面。其原理决定了它只能测导电液体。

91. 【答案】BD

【解析】电磁流量计安装：

（1）电磁流量计应安装在无电磁场干扰的场所；

（2）电磁流量计应安装在直管段；

（3）流量计的前端应有长度为10D的直管，流量计的后端应有长度为5D的直管段；

（4）传感器前后的管道中安装有阀门和弯头等影响流量平稳的设备，则直管段的长度还需相应增加；

（5）系统如有流量调节阀，电磁流量计应安装在流量调节阀的前端。

92. 【答案】ACD

【解析】常见的网络传输介质有：双绞线、同轴电缆、光纤等。网络信息还利用无线电系统、微波无线系统和红外技术等传输。

93. 【答案】BD

【解析】防火墙可以是一种硬件、固件或者软件，例如专用防火墙设备是硬件形式的防火墙，包过滤路由器是嵌有防火墙固件的路由器，而代理服务器等软件就是软件形式的防火墙。

94. 【答案】AD

【解析】建筑物内通信配线电缆：建筑物内分线箱（组线箱）内接线模块（或接线

条）宜采用普通卡接式或旋转卡接式接线模块。当采用综合布线时，分线箱（组线箱）内接线模块宜采用卡接式或 RJ45 快接式接线模块。

95.【答案】 D

【解析】光缆接续按设计图示数量"头"计算；光缆成端接头按设计图示数量"芯"计算；光缆中继段测试按设计图示数量"中继"计算；电缆芯线接续、改接按设计图示数量"百对"计算。

96.【答案】 AC

【解析】消防系统又称 FAS（Fire Automation System），是一个相对独立的系统，由火灾报警、水喷淋、送风与排烟、消防通信与紧急广播等子系统组成，传递火灾报警系统的各种状态和报警信息。FAS 主要由火灾自动报警系统和消防联动控制系统两部分构成。

拓展：熟悉智能建筑系统组成和主要功能。

97.【答案】 BD

【解析】常见的直线型报警探测器为主动红外入侵探测器、激光入侵探测器。探测器的发射机发射出一串红外光或激光，经反射或直接射到接收器上，如中间任意处被遮断，报警器即发出报警信号。

拓展：开关入侵探测器属于点型入侵探测器；微波入侵探测器属于空间入侵探测器。

98.【答案】 BCD

【解析】通信线路位置的确定：

（1）宜敷设在人行道下。如不允许，可建在慢车道下，不宜建在快车道下。

（2）高等级公路的通信线路敷设位置选择依次是：隔离带下、路肩和防护网以内。

（3）为便于电缆引上，线路位置宜与杆路同侧。

（4）通信线路中心线应平行于道路中心线或建筑红线。

（5）通信线路位置不宜敷设在埋深较大的其他管线附近。

（6）通信线路应尽量避免与燃气线路、高压电力电缆在道路同侧敷设，不可避免时通信线路、通道与其他地下管线及建筑物间的最小净距（指线路外壁之间的距离）应符合相应的规定。

99.【答案】 ABC

【解析】办公自动化系统按处理信息的功能划分为三个层次：事务型办公系统、管理型办公系统、决策型办公系统即综合型办公系统。

拓展：办公自动化系统的特点：（1）集成化；（2）智能化；（3）多媒体化；（4）电子数据交换（EDI）。

100.【答案】 ACD

【解析】BIM 技术在施工阶段的应用：

建筑工程项目一般建设期长，不确定因素多，可控程度低。利用 BIM 软件可以计算出建筑工程量并制定施工进度计划，利用 BIM 场布软件对施工现场进行布置。可以通过 BIM5D 技术进行建筑工程虚拟施工，合理地分配所有资源和监控施工现场，有效地缩短施工工期，控制施工成本。

在施工阶段 BIM 应用可分为：视频模拟、成本预算、进度控制、质量管理、安全管理及预制件可加工性。

拓展：BIM 技术在设计时期的应用：

BIM 技术利用可视化的特点在设计阶段可以给出三维的设计成果，增加了项目建设的信息共享互通。BIM 技术不局限于建筑设计，还能运用到工程结构设计、水电工程设计、模板脚手架设计和装饰装修工程设计等。利用工程项目信息参数，设计出建筑三维模型再进行碰撞检测后优化设计模型，减少设计误差，保证建筑设计的合理性和安全性，降低工程造价。

在设计阶段 BIM 应用可分为：能耗模拟、系统协调、规范验证、设计成果一致性检验即碰撞检查、结构有限元分析等。

模拟试卷 2 《建设工程技术与计量（安装工程）》

必 作 部 分

一、**单项选择题**（共 40 题，每题 1 分。每题的备选项中，只有一个最符合题意）

1. 使钢材显著产生热脆性的化学元素为（　　）。
   A. 硫　　　　　　　　　　　　　　B. 磷
   C. 氧　　　　　　　　　　　　　　D. 硅

2. 某机械零件可以在有润滑剂，受黏着磨损条件下工作（如机床导轨、发动机的缸套），制造该零件的材料应选用（　　）。
   A. 铸钢　　　　　　　　　　　　　B. 减磨铸铁
   C. 抗磨铸铁　　　　　　　　　　　D. 球墨铸铁

3. 某金属材料的比电阻较高，同时还有高的抗氧化性和塑性以及为零的电阻温度系数，该金属材料是（　　）。
   A. 铜及铜合金　　　　　　　　　　B. 铝及铝合金
   C. 镍铬合金　　　　　　　　　　　D. 钛及钛合金

4. 某耐火材料，热膨胀系数很低，导热性高，耐热震性能好，高温强度高；缺点是在高温下易氧化，不宜在氧化环境中使用。该耐火材料是（　　）。
   A. 硅砖　　　　　　　　　　　　　B. 镁砖
   C. 铬镁砖　　　　　　　　　　　　D. 碳质制品

5. 具有"硬、韧、刚"的特性，综合机械性能良好，容易电镀和易于成型，耐热和耐蚀性较好，常用于制造齿轮、泵叶轮、轴承、管道、水箱外壳等，该材料为（　　）。
   A. 环氧树脂　　　　　　　　　　　B. 酚醛树脂
   C. ABS 树脂　　　　　　　　　　　D. 不饱和聚酯树脂

6. 具有表面光滑、不易挂料、输送流体时阻力小、耐磨且价格低廉，以及保持产品高纯度和便于观察生产过程等特点的管材是（　　）。
   A. 塑料管　　　　　　　　　　　　B. 陶瓷管
   C. 玻璃管　　　　　　　　　　　　D. 玻璃钢管

7. 具有良好的耐水性、耐油性、耐溶剂性及耐干湿交替的盐雾，适用于海水、清水、海洋大气、工业大气和油类等介质的涂料品种为（　　）。
   A. 酚醛树脂漆　　　　　　　　　　B. 聚氨酯漆
   C. 无机富锌漆　　　　　　　　　　D. 呋喃树脂漆

8. 用于工况比较苛刻的场合（如管道热膨胀或其他载荷而使法兰处受的应力较大）或应力变化反复的场合，以及压力、温度大幅度波动的管道的法兰是（　　）。
   A. 平焊法兰　　　　　　　　　　　B. 对焊法兰

C. 松套法兰 D. 螺纹法兰

9. 某阀门开启和关闭时省力，水流阻力较小，一般只作为截断装置，不宜用于需要调节大小和启闭频繁的管路上，该阀门为( )。
   A. 截止阀 B. 闸阀
   C. 蝶阀 D. V 形开口的球阀

10. 下列关于矿物绝缘电缆，表述错误的为( )。
    A. 用普通退火铜作为导体 B. 用交联聚乙烯塑料作为绝缘材料
    C. 用氧化镁作为绝缘材料 D. 用铜合金材料作为护套

11. 使用轻巧灵活，简单便捷，主要用来对一些小直径尺寸的方管、圆管、扁钢、槽钢等型材进行切断加工，但生产效率低、加工精度低、安全稳定性较差的切割机械是( )。
    A. 弓锯床 B. 机械切割
    C. 车床 D. 切砂轮切割机

12. 特点是焊速快，热影响区和焊接变形很小，尺寸精度高，可焊接多种金属、合金、异种金属及某些非金属材料的焊接方法为( )。
    A. 气焊 B. 惰性气体保护焊
    C. 等离子弧焊 D. 激光焊

13. 某公称直径为 50mm 的低合金钢管，其坡口的加工方法为( )。
    A. 手提砂轮磨坡口 B. 氧-乙炔火焰切割坡口
    C. 车床加工坡口 D. 手工锉坡口

14. 工地拼装的大型普通低碳钢容器的组装焊缝，焊接完成后进行焊后热处理的工艺为( )。
    A. 完全退火 B. 去应力退火
    C. 高温回火 D. 中温回火

15. 适用于对表面处理要求不高、形状复杂的零部件以及在无喷砂设备条件下的除锈场合的金属表面除锈方法为( )。
    A. 手工工具除锈法 B. 抛射除锈法
    C. 化学除锈法 D. 火焰除锈法

16. 适用于以聚苯乙烯泡沫塑料、聚氨酯泡沫塑料作为绝热层，具有施工方便、工艺简单、施工效率高且不受绝热面几何形状限制、无接缝、整体性好等特点的绝热层施工方法为( )。
    A. 喷涂绝热层 B. 充填绝热层
    C. 浇注式绝热层 D. 涂抹绝热层

17. 流动式起重机选用时，根据被吊装设备或构件的就位高度、设备尺寸、吊索高度和站车位置（幅度），由起重机的起升高度特性曲线可以确定( )。
    A. 起重机额定起重量 B. 起重机最大起升高度
    C. 起重机臂长 D. 起重机的计算荷载

18. 具有结构简单、起重量大、对场地要求不高、使用成本低、效率不高等特点，主要用于某些特重、特高和场地受到特殊限制的设备、构件吊装的起重机是( )。

A. 汽车起重机　　　　　　　　　　B. 桅杆起重机
C. 塔式起重机　　　　　　　　　　D. 履带起重机

19. 热力管道在采用蒸汽吹扫前，应进行的工作是（　　）。
    A. 压缩空气吹扫　　　　　　　　B. 高压水冲洗
    C. 酸洗和钝化　　　　　　　　　D. 先行暖管，及时排水

20. 管道气压试验时，应装有压力泄放装置，其设定压力不得高于（　　）。
    A. 设计压力的1.1倍　　　　　　 B. 试验压力的1.1倍
    C. 设计压力的1.15倍　　　　　　D. 0.2MPa

21. 依据《通用安装工程工程量计算规范》GB 50856—2013 有关项目编码规定，编码030408表示的工程为（　　）。
    A. 高压钢管安装分部工程　　　　B. 机械设备安装分项工程
    C. 电缆安装分部工程　　　　　　D. 防雷及接地装置安装分部工程

22. 当拟建工程中有高压管道敷设时，措施项目可考虑设置的项目有（　　）。
    A. 平台铺设、拆除
    B. 设备、管道施工的安全防冻和焊接保护
    C. 工程系统检测、检验
    D. 管道安拆后的充气保护

23. 特点是传动比大、传动比准确、传动平稳、噪声小、结构紧凑、能自锁。不足之处是传动效率低、工作时产生摩擦热大、需良好的润滑，此传动机构是（　　）。
    A. 滑动轴承传动　　　　　　　　B. 滚动轴承传动
    C. 齿轮传动　　　　　　　　　　D. 蜗轮蜗杆传动

24. 刮板输送机是煤矿、金属矿及电厂等用来输送物料的重要运输工具。下列关于刮板输送机表述错误的是（　　）。
    A. 可以输送粒状和块状、流动性好、非磨琢性的物料
    B. 可以输送非腐蚀或中等腐蚀性物料
    C. 可以输送有毒、易燃易爆、高温物料
    D. 不适于输送脆性大又不希望被破碎的物料

25. 采用微机、逆变器、PWM控制器，以及速度电流等反馈系统，性能优越、安全可靠的超高速梯是（　　）。
    A. 直流电动机电梯　　　　　　　B. 单速、双速及三速电梯
    C. 调压调速电梯　　　　　　　　D. 调频调压调速电梯

26. 泵壳较厚，轴封装置均采用浮动环密封。轴承和轴封装置外部设有冷却室，通冷水进行冷却。主要用于化工、橡胶、电站和冶金等行业，输送100~250℃的高压热水，此泵为（　　）。
    A. 热循环水泵　　　　　　　　　B. 离心式锅炉给水泵
    C. 屏蔽泵　　　　　　　　　　　D. 旋涡泵

27. 按作用原理分类，属于容积式风机中的回转式风机有（　　）。
    A. 离心式　　　　　　　　　　　B. 螺杆式
    C. 轴流式　　　　　　　　　　　D. 活塞式

28. 某压缩机具有气流路程短、阻力损失较小、流量较大等优点，缺点是叶片型线复杂，制造工艺要求高。该压缩机为( )。
   A. 活塞式压缩机　　　　　　　　B. 回转式压缩机
   C. 离心式压缩机　　　　　　　　D. 轴流式压缩机

29. 小容量、低参数，热效率低，结构简单，水质要求低，运行、维修方便的锅炉是( )。
   A. 低压锅炉　　　　　　　　　　B. 工业锅炉
   C. 火管锅炉　　　　　　　　　　D. 水管锅炉

30. 锅炉安装程序中，煮炉的目的是( )。
   A. 定压及蒸汽严密性试验
   B. 检查胀口的严密性和确定需补胀的胀口
   C. 除掉锅炉中的油污和铁锈
   D. 将炉墙中的水分慢慢烘干

31. 某除尘设备具有耐酸、防腐、耐磨、使用寿命长等优点，除尘效率可达98%以上，该除尘设备为( )。
   A. 麻石水膜除尘器　　　　　　　B. 旋风除尘器
   C. 静电除尘器　　　　　　　　　D. 冲激式除尘器

32. 依据《通用安装工程工程量计算规范》GB 50856—2013，中压锅炉本体设备安装中，省煤器安装的计量单位是( )。
   A. 台　　　　　　　　　　　　　B. 套
   C. t　　　　　　　　　　　　　 D. 组

33. 按照《火灾分类》GB/T 4968—2008的规定，沥青、石蜡燃烧引起的火灾属于( )。
   A. A类火灾　　　　　　　　　　 B. B类火灾
   C. D类火灾　　　　　　　　　　 D. F类火灾

34. 由闭式喷头、水流指示器、湿式自动报警阀组、控制阀及管路系统组成，具有控制火势或灭火迅速的特点，主要缺点是不适用于寒冷地区的水灭火系统的是( )。
   A. 湿式自动喷水灭火系统　　　　B. 干式自动喷水灭火系统
   C. 预作用自动喷水系统　　　　　D. 水幕系统

35. 由火灾探测器和集中控制器等组成，适于高层的宾馆、商务楼、综合楼等建筑使用的报警系统是( )。
   A. 联动控制报警系统　　　　　　B. 区域报警系统
   C. 集中报警系统　　　　　　　　D. 控制中心报警系统

36. 适用于照度要求较高、显色性好且无振动的场所，要求频闪效应小的场所及需要调光的场所的电光源是( )。
   A. LED灯　　　　　　　　　　　B. 卤钨灯
   C. 荧光灯　　　　　　　　　　　D. 氙灯

37. 城市交通隧道两侧，人行横通道或人行疏散通道应设置( )。
   A. 景观照明　　　　　　　　　　B. 疏散照明

C. 警卫照明 D. 重点照明

38. 具有控制容量大，可远距离操作，配合继电器可以实现定时操作、联锁控制、各种定量控制和失压及欠压保护，主要控制对象是电动机的低压电气设备是（   ）。
   A. 自动空气开关 B. 接触器
   C. 霍尔接近开关 D. 电流继电器

39. 某继电器的电磁铁线圈的匝数很多，而且使用时要与电源并联，广泛应用于失压和欠压保护中，此继电器为（   ）。
   A. 电流继电器 B. 电压继电器
   C. 电磁继电器 D. 热继电器

40. 导管与热水管、蒸汽管平行敷设时，当导管敷设在蒸汽管的上面时，相互间的最小距离为（   ）。
   A. 200mm B. 300mm
   C. 500mm D. 1000mm

二、多项选择题（共20题，每题1.5分。每题的备选项中，有2个或2个以上符合题意，至少有1个错项。错选，本题不得分；少选，所选的每个选项得0.5分）

41. 蠕墨铸铁的性能和特点，下列表述正确的为（   ）。
   A. 具有较高的强度、塑性、冲击韧性
   B. 具有一定的韧性和较高的耐磨性
   C. 具有良好的铸造性能和导热性
   D. 主要用于生产汽缸盖、汽缸套、钢锭模和液压阀

42. 复合材料按基体材料类型划分，属于热固性树脂基复合材料的是（   ）。
   A. 聚丙烯基复合材料 B. 聚四氟乙烯基复合材料
   C. 有机硅树脂基复合材料 D. 不饱和树脂基复合材料

43. 三聚乙烯防腐涂料的性能和特点，下列表述正确的有（   ）。
   A. 是一种固体粉末涂料
   B. 特别能耐盐酸、低浓度和中等浓度硫酸的腐蚀
   C. 具有抗紫外线、抗老化和抗阳极剥离性能
   D. 广泛用于天然气和石油输配管线、市政管网、油罐、桥梁等防腐工程

44. 与方形补偿器相比，填料式补偿器的主要特点有（   ）。
   A. 轴向推力小 B. 流体阻力较小，补偿能力较大
   C. 占地面积较大 D. 易漏水漏汽，需经常检修和更换填料

45. 关于矿物绝缘电缆的性能和特点，下列表述正确的有（   ）。
   A. 用氧化镁作为绝缘材料，交联聚乙烯材料作为护套的电缆
   B. 用氧化镁作为绝缘材料，铜合金材料作为护套的电缆
   C. 适用于高温、腐蚀、核辐射、防爆等恶劣环境中
   D. 可在高温下正常运行

46. 埋弧焊的主要特点为（   ）。
   A. 热效率较高，熔深大，工件的坡口可较小
   B. 采用连续送进的焊丝焊接

C. 适合焊接厚度小于1mm的薄板

D. 在有风的环境中焊接时，保护效果好

47. 与X射线探伤相比，超声波探伤的性能特点有（　　）。

A. 具有较高的探伤灵敏度

B. 设备复杂、笨重，使用成本高

C. 成本低、灵活方便、效率高

D. 对操作人员的知识水平和专业技能要求较高

48. 高压无气喷涂法的特点有（　　）。

A. 是应用最广泛的一种涂装方法，几乎可适用于一切涂料品种

B. 不仅节省了漆料，而且减少了污染，改善了劳动条件

C. 容易发生涂料回弹和大量漆雾飞扬的现象

D. 涂膜的附着力也较强，涂膜质量较好

49. 轮胎起重机的工作特点，下列表述正确的是（　　）。

A. 轮距较宽，稳定性好

B. 可安装打桩、抓斗、拉铲等工作装置，一机多用

C. 转弯半径大，不可在360°范围内工作

D. 在平坦地面也可不用支腿，可吊重慢速行驶

50. 采取"空气爆破法"进行吹扫时，下列表述正确的是（　　）。

A. 当吹扫的系统容积大、管线长、口径大，并不宜用水冲洗时，可以采用

B. 向系统充注的气体压力不得超过0.2MPa

C. 需采取相应的安全措施

D. 试验时，当环境温度低于5℃时，应采取防冻措施

51. 对在基础上作液压试验且容积大于100m³的设备，液压试验的同时，应作基础沉降观测，正确的观测时点为（　　）。

A. 充液前   B. 充液1/3时

C. 充液1/2时   D. 放液后

52. 依据《通用安装工程工程量计算规范》GB 50856—2013，清单项目030801001低压碳钢管，项目特征包括（　　）。

A. 材质、规格   B. 压力试验、吹扫与清洗设计要求

C. 连接形式、焊接方法 D. 刷油、防腐要求

53. 单价措施项目清单编制的主要依据是（　　）。

A. 施工平面图   B. 施工方案

C. 现场管理方案   D. 施工方法

54. 电梯的机械安全保护系统包括（　　）。

A. 缓冲器   B. 曳引机

C. 制动器   D. 安全钳

55. 与离心式通风机相比，轴流式通风机的结构特点有（　　）。

A. 常用于小流量、高压力的场所

B. 流量大、风压低、体积小

C. 高压轴流式通风机可用于风压大于4900Pa的场所
D. 动叶或异叶的安装角度可调,能显著提高变工况情况下的效率

56. 空气预热器的主要作用有( )。
A. 改善并强化燃烧
B. 强化炉内辐射传热
C. 可延长汽包使用寿命
D. 减少锅炉热损失,降低排烟温度,提高锅炉热效率

57. 干粉灭火系统的特点是( )。
A. 造价低,占地小,不冻结,对于无水及寒冷的我国北方尤为适宜
B. 适用于灭火前可切断气源的气体火灾
C. 适用于可燃固体深位火灾
D. 适用于带电设备火灾

58. 卤钨灯的性能特点,下列表述正确的有( )。
A. 是一种热辐射光源
B. 省电、耐振动、寿命长、发光强
C. 适用于照度要求较高、显色性好的场所
D. 适用于要求频闪效应小的场所

59. 电动机的分类有多种方法,按转子的结构分类有( )。
A. 笼型感应电动机
B. 电容启动式电动机
C. 绕线转子感应电动机
D. 分相式电动机

60. 依据《建筑电气工程施工质量验收规范》GB 50303—2015,有关金属导管的敷设要求,下列表述正确的有( )。
A. 钢导管不得采用对口熔焊连接
B. 镀锌钢导管、可弯曲金属导管和金属柔性导管不得熔焊连接
C. 当非镀锌钢导管采用螺纹连接时,连接处的两端应熔焊焊接保护联结导体
D. 金属导管与金属梯架、托盘连接时,镀锌材质的连接处应熔焊焊接保护联结导体

选 作 部 分

共40题,分为两个专业组,考生可在两个专业组的40个试题中任选20题作答。按所答的前20题计分,每题1.5分。试题由单选和多选组成。错选,本题不得分;少选,所选的每个选项得0.5分。

一、(61~80题) 管道和设备工程

61. 下列关于给水铸铁管安装,表述正确的有( )。
A. 具有耐腐蚀、寿命长的优点
B. 多用于$DN<75mm$的给水管道中
C. 采用螺纹法兰连接的方式
D. 在交通要道等振动较大的地段采用青铅接口

62. 聚氯乙烯给水管(UPVC),管外径$De \geq 63mm$时,宜采用的连接方式为( )。

A. 承插式粘结 B. 对口焊接
C. 法兰连接 D. 承插式弹性橡胶密封圈柔性连接

63. 采用橡胶圈不锈钢带连接，安装时立管距墙尺寸小、接头轻巧、外形美观，长度可以在现场按需套裁，具有节省管材等优点的建筑排水铸铁管的接口形式为( )。
A. 螺纹法兰连接 B. A 形柔性法兰接口
C. B 形柔性法兰接口 D. W 形柔性法兰接口

64. 室内排水系统的清通设备主要包括( )。
A. 检查井 B. 地漏
C. 清扫口 D. 检查口

65. 低温热水地板辐射采暖系统常用的管材有( )。
A. 聚氯乙烯（UPVC）管 B. 交联聚乙烯（PE-X）管
C. 聚丁烯（PB）管 D. 工程塑料（ABS）管

66. 室外燃气管道安装可采用燃气聚乙烯（PE）管，当公称外径 $De \geq 110mm$ 时，宜采用的连接方式为( )。
A. 承插粘结 B. 法兰连接
C. 电熔连接 D. 热熔连接

67. 通过有组织的气流流动，控制有害物的扩散和转移，保证操作人员呼吸区内的空气达到卫生标准要求。这种具有通风量小、控制效果好等优点的通风方式为( )。
A. 稀释通风 B. 单向流通风
C. 均匀流通风 D. 置换通风

68. 关于有害气体净化方法中的吸附法，下列表述正确的为( )。
A. 用固体多孔物质去除有害气体 B. 用液体吸收剂去除有害气体
C. 净化效率难以达到100% D. 净化效率能达到100%

69. 空调系统按承担室内负荷的输送介质分类，属于空气-水系统的是( )。
A. 风机盘管系统 B. 带盘管的诱导系统
C. 局部式空调系统 D. 风机盘管机组加新风系统

70. 按照《通风与空调工程施工质量验收规范》GB 50243—2016，风管强度和严密性要求，关于试验压力表述正确的是( )。
A. 低压风管应为1.15倍的工作压力
B. 低压风管应为1.5倍的工作压力
C. 中压风管应为1.2倍的工作压力，且不低于1000Pa
D. 高压风管应为1.2倍的工作压力

71. 依据《通用安装工程工程量计算规范》GB 50856—2013 工程量计量规则，通风管道制作安装中，柔性软风管的计量单位为( )。
A. m B. m^2
C. 组 D. 节

72. 城镇燃气管道划归为( )。
A. GA2 B. GB1
C. GB2 D. GC1

73. 热力管道安装中,当输送介质为蒸汽的水平管道变径时,偏心异径管的连接方式应为( )。
 A. 取管底平
 B. 取管顶平
 C. 从主管上方或侧面接出
 D. 从主管下部或侧面接出

74. 压缩机至后冷却器或贮气罐之间排气管上安装的手动放空管被称为( )。
 A. 负荷调节管路
 B. 油水吹除管路
 C. 放散管
 D. 泄压阀

75. 高压管道热弯时,可用的燃料有( )。
 A. 煤
 B. 焦炭
 C. 汽油
 D. 木炭

76. 高压阀门的检验,下列表述正确的是( )。
 A. 应每批取10%且不少于一个进行强度和严密性试验
 B. 应逐个进行强度和严密性试验
 C. 强度试验压力等于阀门公称压力的1.25倍
 D. 严密性试验压力等于公称压力

77. 下列属于分离压力容器的有( )。
 A. 合成塔
 B. 吸收塔
 C. 干燥塔
 D. 蒸发器

78. 某换热设备构造较简单、传热面积可根据需要而增减,在需要传热面积不太大而要求压强较高或传热效果较好时常采用,该换热器为( )。
 A. 固定管板式换热器
 B. 夹套式换热器
 C. 套管式换热器
 D. 填料函式列管换热器

79. 球罐拼装方法中,分片组装法的缺点是( )。
 A. 高空作业量大
 B. 施工准备工作量多
 C. 组装应力大
 D. 焊工施焊条件差

80. 无损检测方法主要包括射线、超声波、磁粉、渗透和涡流检测等,下列关于渗透检测,表述正确的是( )。
 A. 适用于金属和非金属材料板材、锻件、管材和焊接接头表面开口缺陷的检测
 B. 适用于锻件、管材、棒材内部缺陷的检测
 C. 探伤灵敏度较高,并可测定缺陷的深度和相对大小
 D. 不适用多孔性材料的检测

二、(81~100题) 电气和自动化控制工程

81. 变配电设备一般可分为一次设备和二次设备。下列属于一次设备的是( )。
 A. 变压器
 B. 继电保护及自动装置
 C. 高压断路器
 D. 高压避雷器

82. 既能带负荷通断电路,又能在短路、过负荷、欠压或失压的情况下自动跳闸的开关设备是( )。
 A. 高压断路器
 B. 高压隔离开关
 C. 低压断路器
 D. 低压熔断器

83. 电缆在室外直接埋地敷设，下列表述正确的是( )。
   A. 埋设深度不应小于 0.5m
   B. 经过农田的电缆埋设深度不应小于 1m
   C. 埋地敷设的电缆必须有防腐保护层
   D. 裸钢带铠装电缆不允许埋地敷设

84. 关于均压环安装，下列表述正确的是( )。
   A. 当建筑物高度超过 20m 时，应设置均压环
   B. 建筑物层高大于 3m 的每两层设置一圈均压环
   C. 均压环可利用建筑物圈梁的两条水平主钢筋（≥φ12mm）
   D. 在建筑物 30m 以上的金属门窗、栏杆等应用 φ6mm 圆钢与均压环连接

85. 检验纤维绝缘的受潮状态的电气设备试验是( )。
   A. 绝缘电阻的测试
   B. 泄漏电流的测试
   C. 电容比的测量
   D. 局部放电试验

86. 依据《通用安装工程工程量计算规范》GB 50856—2013 中电缆安装工程量计算规则，下列表述正确的是( )。
   A. 电力电缆，按设计图示尺寸以长度"m"为计量单位（不含预留长度及附加长度）
   B. 电力电缆头，按设计图示数量以"头"为计量单位
   C. 电缆分支箱，按设计图示数量以"台"为计量单位
   D. 电缆穿刺线夹，按设计图示数量以"个"为计量单位

87. 测量范围极大，既适用于炼钢炉、炼焦炉等高温地区，也可测量液态氢、液态氮等低温物体的温度检测仪表是( )。
   A. 压力式温度计
   B. 双金属温度计
   C. 热电偶温度计
   D. 热电阻温度计

88. 属于节流式流量计，常用于高黏度的流体，如重油、沥青等流量的测量，也适用于有浮黑物、沉淀物的流体流量测量，该流量计为( )。
   A. 转子流量计
   B. 靶式流量计
   C. 涡轮流量计
   D. 椭圆齿轮流量计

89. 有关玻璃管转子流量计的特点，表述正确的是( )。
   A. 精度高
   B. 属面积式流量计
   C. 结构简单、维修方便
   D. 适用于有毒性介质及不透明介质

90. 把料斗、堆场仓库等储存的固体块、颗粒、粉粒等的堆积高度和表面位置称为( )。
   A. 液位
   B. 界位
   C. 固位
   D. 料位

91. 关于电磁流量计安装，下列表述正确的是( )。
   A. 电磁流量计可以安装在有电磁场干扰的场所
   B. 电磁流量计应安装在直管段
   C. 流量计的前端应有长度为 5D 的直管，流量计的后端应有长度为 10D 的直管段
   D. 系统如有流量调节阀，电磁流量计应安装在流量调节阀的后端

92. 同双绞线和同轴电缆相比，光纤具有的优点是( )。
   A. 较大的带宽
   B. 可以减少线对之间的电磁干扰

C. 较低的衰减　　　　　　　　　D. 抗电磁干扰强

93. 防火墙是位于计算机和它所连接的网络之间的软件或硬件。防火墙的主要组成部分有( )。
A. 服务访问规则　　　　　　　　B. 路由器
C. 包过滤　　　　　　　　　　　D. 应用网关

94. 有线电视信号的传输分为有线传输和无线传输。有线传输常用的介质为( )。
A. 大对数铜缆传输　　　　　　　B. 同轴电缆传输
C. 微波传输　　　　　　　　　　D. 光缆传输

95. 卫星全球定位系统天线（GPS）的计量单位是( )。
A. "台"　　　　　　　　　　　　B. "副"
C. "套"　　　　　　　　　　　　D. "系统"

96. 通信自动化系统（CAS）包括子系统有( )。
A. 计算机网络　　　　　　　　　B. 有线电视
C. 卫星电视　　　　　　　　　　D. 卫星通信

97. 有关主动红外探测器特点，表述正确的是( )。
A. 体积小、重量轻、便于隐蔽　　B. 抗噪防误报的能力强
C. 寿命长　　　　　　　　　　　D. 价格高

98. 若闭路监控系统中信号传输距离较远，可以采用( )。
A. 基带传输　　　　　　　　　　B. 射频传输
C. 光纤传输　　　　　　　　　　D. 计算机局域网

99. 办公自动化系统按处理信息的功能划分的层次包括( )。
A. 事务型办公系统　　　　　　　B. 管理型办公系统
C. 对策型办公系统　　　　　　　D. 综合型办公系统

100. BIM技术的主要特征有( )。
A. 可视化　　　　　　　　　　　B. 集成化
C. 优化性　　　　　　　　　　　D. 可出图性

模拟试卷 2 《建设工程技术与计量（安装工程）》答案与解析

必 作 部 分

一、单项选择题（共 40 题，每题 1 分。每题的备选项中，只有一个最符合题意）

1.【答案】 A

【解析】硫、磷为钢材中有害元素，含量较多就会严重影响钢材的塑性和韧性，磷使钢材显著产生冷脆性，硫则使钢材产生热脆性。硅、锰等为有益元素，它们能使钢材强度、硬度提高，而塑性、韧性不显著降低。

2.【答案】 B

【解析】耐磨铸铁分为减磨铸铁和抗磨铸铁。前者在有润滑剂，受黏着磨损条件下工作，如机床导轨和拖板、发动机的缸套和活塞、各种滑块等。后者是在无润滑剂、受磨料磨损条件下工作，如轧辊、铧犁、球磨机磨球等。耐磨铸铁应具有高而均匀的硬度。白口铸铁就属这类耐磨铸铁。但白口铸铁脆性较大，不能承受冲击荷载，因此在生产上常采用激冷的办法来获得耐磨铸铁。

3.【答案】 C

【解析】镍铬合金的比电阻较高，同时还有高的抗氧化性能和塑性，以及为零的电阻温度系数。

4.【答案】 D

【解析】碳质制品是另一类中性耐火材料，根据含碳原料的成分不同，分为碳砖、石墨制品和碳化硅质制品三类。碳质制品的热膨胀系数很低，导热性高，耐热震性能好，高温强度高。在高温下长期使用也不软化，不受任何酸碱的侵蚀，有良好的抗盐性能，也不受金属和熔渣的润湿，质轻，是优质的耐高温材料。缺点是在高温下易氧化，不宜在氧化环境中使用。碳质制品广泛用于高温炉炉衬（炉底、炉缸、炉身下部等）、熔炼有色金属炉的衬里。石墨制品可以用于反应槽和石油化工的高压釜内衬。碳化硅与石墨制品还可以制成熔炼铜合金和轻合金用的坩埚。

5.【答案】 C

【解析】普通 ABS 是丙烯腈、丁二烯和苯乙烯的三元共聚物。具有"硬、韧、刚"的混合特性，综合机械性能良好。同时尺寸稳定，容易电镀和易于成型，耐热和耐蚀性较好，在－40℃的低温下仍有一定的机械强度。此外，它的性能可以根据要求通过改变单体的含量进行调整。ABS 在机械工业中可制造齿轮、泵叶轮、轴承、管道、储槽内衬、电机外壳、仪表壳、仪表盘、蓄电池槽和水箱外壳等。

6.【答案】 C

【解析】玻璃管具有表面光滑、不易挂料、输送流体时阻力小、耐磨且价格低廉，以及保持产品高纯度和便于观察生产过程等特点。

7.【答案】 C

【解析】无机富锌漆是由锌粉及水玻璃为主配制而成的。施工简单,价格便宜。它具有良好的耐水性、耐油性、耐溶剂性及耐干湿交替的盐雾。适用于海水、清水、海洋大气、工业大气和油类等介质。

8.【答案】 B

【解析】对焊法兰:主要用于工况比较苛刻的场合(如管道热膨胀或其他载荷而使法兰处受的应力较大)或应力变化反复的场合,以及压力、温度大幅度波动的管道和高温、高压及零下低温的管道。

9.【答案】 B

【解析】闸阀和截止阀相比,在开启和关闭闸阀时省力,水流阻力较小,阀体比较短,当闸阀完全开启时,其阀板不受流动介质的冲刷磨损。闸阀一般只作为截断装置,即用于完全开启或完全关闭的管路中,而不宜用于需要调节大小和启闭频繁的管路上。闸阀无安装方向,但不宜单侧受压,否则不易开启。

10.【答案】 B

【解析】矿物绝缘电缆是用普通退火铜作为导体,氧化镁作为绝缘材料,普通退火铜或铜合金材料作为护套的电缆。适用于工业、民用、国防及其他如高温、腐蚀、核辐射、防爆等恶劣环境中;也适用于工业、民用建筑的消防系统、救生系统等必须确保人身和财产安全的场合。矿物绝缘电缆应具有不低于 B_1 级的难燃性能。

11.【答案】 D

【解析】砂轮切割机是以高速旋转的砂轮片切割钢材的工具。砂轮片是用纤维、树脂或橡胶将磨料粘合制成的。砂轮切割机使用轻巧灵活,简单便捷,在各种场合得到广泛使用,尤其是在建筑工地上和室内装修中使用较多。主要用来对一些小直径尺寸的方管、圆管、扁钢、槽钢等型材进行切断加工。但其生产效率低、加工精度低、安全稳定性较差。

12.【答案】 D

【解析】激光焊的主要优点是:

① 激光束能量密度很高,焊速快,热影响区和焊接变形很小,尺寸精度高,特别适于焊接微型、精密、排列非常密集、对热敏感性强的工件。

② 激光可通过光导纤维、棱镜等光学方法弯曲传输,适用于微型零部件及其他焊接方法难以达到的部位的焊接,还能通过透明材料进行焊接。

③ 可焊多种金属、合金、异种金属及某些非金属材料,如各种碳钢、铜、铝、银、钼、镍、钨及异种金属以及陶瓷、玻璃和塑料等。

13.【答案】 C

【解析】坡口的加工方法一般有以下几种:

1) 低压碳素钢管,公称直径等于或小于 50mm 的,采用手提砂轮磨坡口;直径大于 50mm 的,用氧-乙炔切割坡口,然后用手提砂轮机打掉氧化层并打磨平整。

2) 中压碳素钢管、中低压不锈钢管和低合金钢管以及各种高压钢管,用坡口机或车床加工坡口。

3) 有色金属管,用手工锉坡口。

14.【答案】 D

【解析】焊后热处理一般选用单一高温回火或正火加高温回火处理。对于气焊焊口采用正火加高温回火处理。这是因为气焊焊缝及热影响区的晶粒粗大,需细化晶粒,故采用正火处理。然而单一的正火不能消除残余应力,故需再加高温回火,以消除应力。单一的中温回火只适用于工地拼装的大型普通低碳钢容器的组装焊缝,其目的是部分消除残余应力和去氢。绝大多数场合是选用单一的高温回火。高温回火温度范围为500~780℃。

15.【答案】 C

【解析】化学除锈方法又称酸洗法。化学除锈就是把金属制件在酸液中进行侵蚀加工,以除掉金属表面的铁锈及油垢。酸洗常用酸有:盐酸、硫酸、磷酸及硝酸等。酸洗法主要适用于对表面处理要求不高、形状复杂的零部件以及在无喷砂设备条件下的除锈场合。

16.【答案】 A

【解析】喷涂绝热层是利用机械和气流技术将料液或粒料混合、输送至特制喷枪口送出,使其附着在绝热面上成型的一种施工方法。适用于以聚苯乙烯泡沫塑料、聚氯乙烯泡沫塑料、聚氨酯泡沫塑料作为绝热层的喷涂施工。这种结构施工方便、施工工艺简单、施工效率高且不受绝热面几何形状限制、无接缝、整体性好,但要注意施工安全和劳动保护。喷涂聚氨酯泡沫塑料时,应分层喷涂,一次完成。

17.【答案】 C

【解析】流动式起重机的选用必须依照其特性曲线进行,选择步骤是:

1)根据被吊装设备或构件的就位位置、现场具体情况等确定起重机的站车位置,站车位置一旦确定,其工作幅度也就确定了。

2)根据被吊装设备或构件的就位高度、设备尺寸、吊索高度和站车位置(幅度),由起重机的起升高度特性曲线确定其臂长。

3)根据上述已确定的工作幅度、臂长,由起重机的起重量特性曲线确定起重机的额定起重量。

4)如果起重机的额定起重量大于计算荷载,则起重机选择合格,否则重新选择。

5)校核通过性能。计算吊臂与设备之间、吊钩与设备及吊臂之间的安全距离,若符合规范要求,选择合格,否则重选。

18.【答案】 B

【解析】桅杆起重机是以桅杆为机身的动臂旋转起重机。桅杆起重机由桅杆本体、动力-起升系统、稳定系统组成。按支撑方式分为斜撑式桅杆起重机和纤缆式桅杆起重机。一般都利用自身变幅滑轮组和绳索自行架设,广泛应用于定点装卸重物和安装大型设备。

1)特点:属于非标准起重机,其结构简单,起重量大,对场地要求不高,使用成本低,但效率不高。

2)适用范围:主要适用于某些特重、特高和场地受到特殊限制的设备、构件吊装。

19.【答案】 D

【解析】蒸汽吹扫:

(1)蒸汽吹扫前,管道系统的绝热工程应已完成。

(2)蒸汽管道应以大流量蒸汽进行吹扫,流速不应小于30m/秒。

(3) 蒸汽吹扫前,应先行暖管,及时排水。暖管时应检查管道的热位移。

20. 【答案】B

【解析】气压试验的方法和要求:
(1) 试验时应装有压力泄放装置,其设定压力不得高于试验压力的 1.1 倍。
(2) 试验前,应用空气进行预试验,试验压力宜为 0.2MPa。

21. 【答案】C

【解析】如附录 D 电气设备安装工程,又划分为 15 个分部。分别是:

D.1 变压器安装（030401）

D.2 配电装置安装（030402）

D.3 母线安装（030403）

D.4 控制设备及低压电器安装（030404）

D.5 蓄电池安装（030405）

D.6 电机检查接线及调试（030406）

D.7 滑触线装置安装（030407）

D.8 电缆安装（030408）

D.9 防雷及接地装置（030409）

22. 【答案】C

【解析】单价措施项目清单编制的主要依据是施工方案和施工方法。

当拟建工程中有三类容器制作、安装,有超过 10MPa 的高压管道敷设时,可考虑"工程系统检测、检验"项目。

23. 【答案】D

【解析】蜗轮蜗杆传动机构的特点是传动比大、传动比准确、传动平稳、噪声小、结构紧凑、能自锁。不足之处是传动效率低、工作时产生摩擦热大、需良好的润滑。

24. 【答案】C

【解析】刮板输送机是煤矿、金属矿及电厂等用来输送物料的重要运输工具。用来输送粒状和块状、流动性好、非磨琢性、非腐蚀或中等腐蚀性物料。不适于输送高温、有毒、易爆易燃、磨损性、腐蚀性、脆性大又不希望被破碎的物料。

25. 【答案】D

【解析】调频调压调速电梯（VVVF 驱动的电梯）通常采用微机、逆变器、PWM 控制器,以及速度电流等反馈系统。在调节定子频率的同时,调节定子中电压,以保持磁通恒定,使电动机力矩不变,其性能优越、安全可靠、速度可达 6m/秒。

26. 【答案】A

【解析】热循环水泵一般均为单级离心泵。对材质要求比一般离心泵高,泵壳较厚,轴封装置均采用浮动环密封。轴承和轴封装置外部设有冷却室,通冷水进行冷却。主要用于化工、橡胶、电站和冶金等行业,输送 100～250℃ 的高压热水,但泵的扬程一般不高。

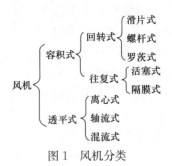

图 1 风机分类

27. 【答案】B

【解析】参见图 1。

28.【答案】D

【解析】轴流式压缩机属透平式压缩机，依靠高速旋转的叶轮将气体从轴向吸入，气体获得速度后排入导叶，经压缩后从轴向排出。主要由叶轮、导叶和机壳等组成。优点是气流路程短，阻力损失较小，流量较大。缺点是叶片型线复杂，制造工艺要求高。

29.【答案】C

【解析】火管锅炉是工业上早期应用的一种锅炉。火焰和高温烟气加热炉胆、火管、烟管，把热量传递给水。火管锅炉一般为小容量、低参数锅炉，热效率低，结构简单，水质要求低，运行、维修方便。

30.【答案】C

【解析】煮炉，就是将选定的药品先调成一定浓度的水溶液，而后注入锅炉内进行加热。煮炉目的是除掉锅炉中的油污和铁锈等。

31.【答案】A

【解析】麻石水膜除尘器采用天然的花岗石砌筑而成，因此耐酸、防腐、耐磨、使用寿命长。它是在花岗石（麻石）筒体的上部设置溢水槽，使除尘器内壁圆周形成一层很薄的不断向下均匀流动的水膜，含尘气体由筒体下部切向导入旋转上升，靠离心力作用甩向内壁的粉尘被水膜所黏附，沿内壁流向下端排走。净化后的气体由顶部排出。麻石水膜除尘器除尘效率可以达到98%。

32.【答案】C

【解析】中压锅炉本体设备安装：省煤器应根据项目特征（结构形式；蒸汽出率 t/小时），以"t"为计量单位，按制造厂的设备安装图示质量计算。工作内容为：蛇形管排及组件安装；包墙及悬吊管安装；联箱、联络管安装；联箱支座、管排支吊铁件安装；防磨装置安装；管系支吊架安装。

33.【答案】B

【解析】B类火灾：液体或可熔化固体物质火灾。例如：汽油、煤油、原油、甲醇、乙醇、沥青、石蜡等火灾。

34.【答案】A

【解析】本题考查湿式自动喷水灭火系统。湿式系统是指在准工作状态时管道内充满有压水的闭式系统。该系统由闭式喷头、水流指示器、湿式自动报警阀组、控制阀及管路系统组成，具有控制火势或灭火迅速的特点。主要缺点是不适用于寒冷地区，其使用环境温度为4～70℃。

35.【答案】C

【解析】集中报警系统，由火灾探测器和集中控制器等组成，适于高层的宾馆、商务楼、综合楼等建筑使用。

拓展：区域报警系统，由火灾探测器、区域控制器、火灾报警装置等构成，适于小型建筑等单独使用。

控制中心报警系统，由设置在消防控制室的集中报警控制器、消防控制设备等组成，适用于大型建筑群、超高层建筑，可对建筑中的消防设备实现联动控制和手动控制。

36.【答案】B

【解析】卤钨灯适用于照度要求较高、显色性好且无振动的场所，要求频闪效应小的场所及需要调光的场所。

37. 【答案】 B

【解析】厂房、丙类仓库、民用建筑、平时使用的人民防空工程等建筑中的下列部位应设置疏散照明：

1）城市交通隧道两侧，人行横通道或人行疏散通道；
2）城市综合管廊的人行道及人员出入口。

38. 【答案】 B

【解析】接触器是一种自动化的控制电器。接触器主要用于频繁接通，分断交、直流电路，控制容量大，可远距离操作，配合继电器可以实现定时操作、联锁控制、各种定量控制和失压及欠压保护，广泛应用于自动控制电路。其主要控制对象是电动机，也可用于控制其他电力负载，如电加热器、照明、电焊机、电容器组等。

39. 【答案】 B

【解析】电压继电器的结构与电流继电器基本相同，只是电磁铁线圈的匝数很多，而且使用时要与电源并联。它广泛应用于失压（电压为零）和欠压（电压小）保护中。

40. 【答案】 D

【解析】导管与热水管、蒸汽管平行敷设时，宜敷设在热水管、蒸汽管的下面，当有困难时，可敷设在其上面；相互间的最小距离宜符合表1的规定。

导管（或配线槽盒）与热水管、蒸汽管间的最小距离（mm）   表1

导管（或配线槽盒）的敷设位置	管道种类	
	热水	蒸汽
在热水、蒸汽管道上面平行敷设	300	1000
在热水、蒸汽管道下面或水平平行敷设	200	500
与热水、蒸汽管道交叉敷设	不小于其平行的净距	

二、多项选择题（共20题，每题1.5分。每题的备选项中，有2个或2个以上符合题意，至少有1个错项。错选，本题不得分；少选，所选的每个选项得0.5分）

41. 【答案】 BCD

【解析】蠕墨铸铁的强度接近于球墨铸铁，并具有一定的韧性和较高的耐磨性；同时又有灰铸铁良好的铸造性能和导热性。蠕墨铸铁是在一定成分的铁水中加入适量的蠕化剂经处理而炼成的，其方法和程序与球墨铸铁基本相同。蠕墨铸铁在生产中主要用于生产汽缸盖、汽缸套、钢锭模和液压阀等铸件。

42. 【答案】 CD

【解析】参见图2。

43. 【答案】 ACD

【解析】本题考查三聚乙烯防腐涂料。该涂料广泛用于天然气和石油输配管线、市政管网、油罐、桥梁等防腐工程。它主要由聚乙烯、炭黑、改性剂和助剂组成，经熔融混炼造粒而成，具有良好的机械强度、电性能、抗紫外线、抗老化和抗阳极剥离等性能，防腐寿命可达到20年以上。

44. 【答案】 BD

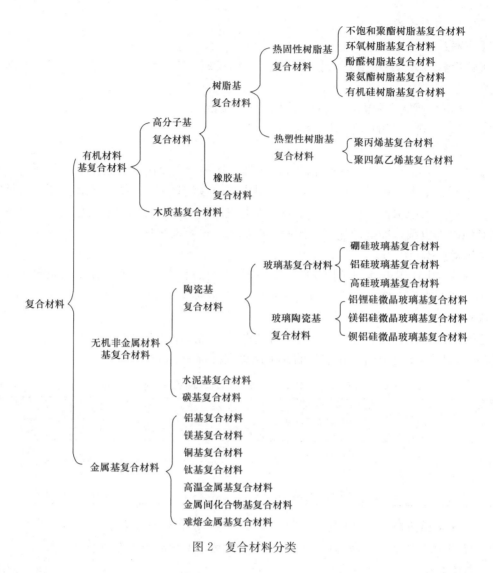

图 2 复合材料分类

【解析】本题考查填料式补偿器。该补偿器又称套筒式补偿器，主要由三部分组成：带底脚的套筒、插管和填料函。在内外管间隙用填料密封，内插管可以随温度变化自由活动，从而起到补偿作用。其材质有铸铁和钢质两种。铸铁制的适用于压力在1.3MPa以下的管道，钢制的适用于压力不超过1.6MPa的热力管道，其形式有单向和双向两种。

填料式补偿器安装方便，占地面积小，流体阻力较小，补偿能力较大。缺点是轴向推力大，易漏水漏汽，需经常检修和更换填料。如管道变形有横向位移时，易造成填料圈卡住。这种补偿器主要用在安装方形补偿器时空间不够的场合。

45.【答案】BCD

【解析】矿物绝缘电缆是用普通退火铜作为导体，氧化镁作为绝缘材料，普通退火铜或铜合金材料作为护套的电缆。适用于工业、民用、国防及其他如高温、腐蚀、核辐射、防爆等恶劣环境中；也适用于工业、民用建筑的消防系统、救生系统等必须确保人身和财产安全的场合。

矿物绝缘电缆可在高温下正常运行。

46.【答案】AD

【解析】埋弧焊的电弧是在一层颗粒状的可熔化焊剂覆盖下燃烧进行焊接的方法。

埋弧焊的主要优点：

① 热效率较高，熔深大，工件的坡口可较小（一般不开坡口，单面一次熔深可达20mm），减少了填充金属量。

② 焊接速度高。

③ 焊接质量好，焊剂的存在不仅能隔开熔化金属与空气的接触，而且使熔池金属较慢地凝固，减少了焊缝中产生气孔、裂纹等缺陷的可能性。

④ 在有风的环境中焊接时，埋弧焊的保护效果胜过其他焊接方法。

埋弧焊的缺点：

① 由于采用颗粒状焊剂，这种焊接方法一般只适用于水平位置焊缝焊接。

② 由于焊接材料的局限，主要用于焊接各种钢板，堆焊耐磨耐蚀合金或用于焊接镍基合金、铜合金也较好，不能焊接铝、钛等氧化性强的金属及其合金。

③ 由于不能直接观察电弧与坡口的相对位置，容易焊偏。

④ 只适于长焊缝的焊接，且不能焊接空间位置受限的焊缝。

⑤ 不适合焊接厚度小于1mm的薄板。

47.【答案】ACD

【解析】超声波探伤技术应用非常广泛，用以探测构件中的不连续性的缺陷，提供不连续三维位置的信息，给出可用来评估缺陷的数据。例如检测焊缝的缺陷、传动轴、高强螺栓及材料夹层的缺陷等。

与X射线探伤相比，超声波探伤具有较高的探伤灵敏度、周期短、成本低、灵活方便、效率高、对人体无害等优点。缺点是要求试件表面平滑、对操作人员的知识水平和专业技能要求较高。

48.【答案】BD

【解析】高压无气喷涂是使涂料通过加压泵加压后经喷嘴小孔喷出。涂料离开喷嘴后会立即剧烈膨胀，撕裂成极细的颗粒而涂敷于工件表面，它的主要特点是没有一般空气喷涂时发生的涂料回弹和大量漆雾飞扬的现象，不仅节省了漆料，而且减少了污染，改善了劳动条件。同时，它还具有工效高的特点，比一般空气喷涂要提高数倍至十几倍，而且涂膜的附着力也较强，涂膜质量较好，适用于大型钢结构、管道、桥梁、车辆和船舶的涂装。

易错：空气喷涂法是应用最广泛的一种涂装方法，几乎可适用于一切涂料品种，该法的最大特点是可获得厚薄均匀、光滑平整的涂层。但空气喷涂法涂料利用率低；另外由于溶剂挥发，对空气的污染也较严重，施工中必须采取良好的通风和安全预防措施。

49.【答案】AD

【解析】轮胎起重机是一种装在专用轮胎式行走底盘上的起重机，它行驶速度低于汽车式；一般使用支腿吊重，在平坦地面也可不用支腿，可吊重慢速行驶；车身短、转弯半径小，可以全回转作业，适宜于作业地点相对固定而作业量较大的场合。

50.【答案】AC

【解析】当吹扫的系统容积大、管线长、口径大,并不宜用水冲洗时,可采取"空气爆破法"进行吹扫。爆破吹扫时,向系统充注的气体压力不得超过 0.5MPa,并应采取相应的安全措施。

51. 【答案】ABD

【解析】对在基础上作液压试验且容积大于 100m³ 的设备,液压试验的同时,在充液前、充液 1/3 时、充液 2/3 时、充满液后 24 小时时、放液后,应作基础沉降观测。基础沉降应均匀,不均匀沉降量应符合设计文件的规定。

52. 【答案】ABC

【解析】清单项目 030801001 低压碳钢管,项目特征包括材质、规格、连接形式、焊接方法、压力试验、吹扫与清洗设计要求、脱脂设计要求等,其中材质可区分为不同钢号;规格可区分为不同公称直径;连接方式可区分为螺纹、焊接、法兰连接等方式。经过上述区分,即可编列出 030801001 低压碳钢管的各个子项,并作出相应的特征描述。

53. 【答案】BD

【解析】单价措施项目清单编制的主要依据是施工方案和施工方法。施工方案内容一般包括施工流向、施工顺序、施工阶段划分、施工方法和施工机械选择等内容,还包括招标文件、施工规范与工程验收规范和设计文件对工程所要求的技术措施而采用的一些施工方法。

总价措施项目编制的主要依据是施工平面图和现场管理。

54. 【答案】ACD

【解析】曳引系统由曳引机、导向轮、曳引钢丝绳、曳引绳锥套等部件组成。导向系统由导轨架、导轨、导靴等部件组成。机械安全保护系统主要由缓冲器、限速器和安全钳、制动器、门锁等部件组成。厅轿门和开关门系统由轿门、厅门、开关门机构、门锁等部件组成。

55. 【答案】BD

【解析】本题考查轴流式通风机的结构特点及用途。轴流式通风机产生的压力较低,且一般情况下多采用单级,其输出风压小于或等于 490Pa。即使是高压轴流式通风机其风压也小于 4900Pa。同样工况下,与离心式通风机相比,轴流式通风机具有流量大、风压低、体积小的特点。轴流式通风机的动叶或导叶常做成可调节的,即安装角可调,大大地扩大了运行工况的范围,且能显著提高变工况情况下的效率。因此,使用范围和经济性能均比离心式通风机好。随着技术不断发展,动叶可调的轴流式通风机在大型电站、大型隧道、矿井等通风、引风装置中得到日益广泛的应用。

56. 【答案】ABD

【解析】空气预热器的主要作用有:

1)改善并强化燃烧。经过预热器加热的空气进入炉内,加速了燃料的干燥、着火和燃烧过程,保证了锅炉内的稳定燃烧,提高了燃烧效率。

2)强化传热。由于炉内燃烧得到了改善和强化,加上进入炉内的热风温度提高,炉内平均温度也有提高,从而可强化炉内辐射传热。

3)减少锅炉热损失,降低排烟温度,提高锅炉热效率。

57. 【答案】AB

【解析】干粉灭火系统造价低，占地小，不冻结，对于无水及寒冷的我国北方尤为适宜。

干粉灭火系统适用于灭火前可切断气源的气体火灾，易燃、可燃液体和可熔化固体火灾，可燃固体表面火灾。不适用于火灾中产生含有氧的化学物质，例如硝酸纤维，可燃金属及其氢化物，例如钠、钾、镁等，可燃固体深位火灾，带电设备火灾。

58. 【答案】ACD

【解析】卤钨灯也是一种热辐射光源，在被抽成真空的玻璃壳内除充以惰性气体外，还充入少量的卤族元素如氟、氯、溴、碘。溴钨灯和碘钨灯就是采用的溴、碘两种卤素。

卤钨灯适用于照度要求较高、显色性好且无振动的场所，要求频闪效应小的场所及需要调光的场所。

59. 【答案】AC

【解析】本题考查电动机的分类。

按转子的结构分类：可分为笼型感应电动机和绕线转子感应电动机。

60. 【答案】ABC

【解析】依据《建筑电气工程施工质量验收规范》GB 50303—2015，金属导管的敷设要求为：

（1）钢导管不得采用对口熔焊连接；镀锌钢导管或壁厚小于或等于 2mm 的钢导管，不得采用套管熔焊连接。

（2）金属导管应与保护导体可靠连接，并应符合下列规定：

1）镀锌钢导管、可弯曲金属导管和金属柔性导管不得熔焊连接；

2）当非镀锌钢导管采用螺纹连接时，连接处的两端应熔焊焊接保护联结导体；

3）金属导管与金属梯架、托盘连接时，镀锌材质的连接端宜用专用接地卡固定保护联结导体，非镀锌材质的连接处应熔焊焊接保护联结导体。

选 作 部 分

共40题，分为两个专业组，考生可在两个专业组的40个试题中任选20题作答。按所答的前20题计分，每题1.5分。试题由单选和多选组成。错选，本题不得分；少选，所选的每个选项得0.5分。

一、（61~80题）管道和设备工程

61. 【答案】AD

【解析】给水铸铁管：具有耐腐蚀、寿命长的优点，但是管壁厚、质脆、强度较钢管差，多用于 $DN \geq 75mm$ 的给水管道中，尤其适用于埋地铺设。给水铸铁管采用承插连接，在交通要道等振动较大的地段采用青铅接口。

62. 【答案】D

【解析】本题考查给水塑料管。

聚氯乙烯给水管（UPVC）：适用于给水温度不大于45℃、给水系统工作压力不大于

0.6MPa 的生活给水系统。高层建筑的加压泵房内不宜采用 UPVC 给水管；水箱的进出水管、排污管、自水箱至阀门间的管道不得采用塑料管；公共建筑、车间内塑料管长度大于 20m 时应设伸缩节。UPVC 给水管宜采用承插式粘结、承插式弹性橡胶密封圈柔性连接和过渡性连接。管外径 $De<63mm$ 时，宜采用承插式粘结连接；管外径 $De\geqslant 63mm$ 时，宜采用承插式弹性橡胶密封圈柔性连接；与其他金属管材、阀门、器具配件等连接时，采用过渡性连接，包括螺纹或法兰连接。

63.【答案】 D

【解析】 W 形无承口（管箍式）柔性接口采用橡胶圈不锈钢带连接，便于安装和检修，安装时立管距墙尺寸小、接头轻巧、外形美观。长度可以在现场按需套裁，具有节省管材、拆装方便、便于维修更换等优点。

A 形柔性法兰接口排水铸铁管采用法兰压盖连接，橡胶圈密封，螺栓紧固。具有曲挠性、伸缩性、密封性及抗震性等性能，施工方便，广泛用于高层及超高层建筑及地震区的室内排水管道。

64.【答案】 ACD

【解析】 清通设备：主要包括检查口、清扫口和检查井。检查口为可双向清通的管道维修口，清扫口仅可单向清通。

65.【答案】 BC

【解析】 低温热水地板辐射采暖系统，常用的管材主要有交联聚乙烯（PE-X）管、交联铝塑复合（XPAP）管、聚丁烯（PB）管、无规共聚丙烯（PP-R）管，连接方式常采用热熔连接。

66.【答案】 D

【解析】 本题考查室外燃气管道安装。

燃气聚乙烯（PE）管：采用电熔连接（电熔承插连接、电熔鞍形连接）或热熔连接（热熔承插连接、热熔对接连接、热熔鞍形连接），不得采用螺纹连接和粘结。聚乙烯管与金属管道连接，采用钢塑过渡接头连接。当公称外径 $De\leqslant 90mm$ 时，宜采用电熔连接；当公称外径 $De\geqslant 110mm$ 时，宜采用热熔连接。

67.【答案】 B

【解析】 单向流通风通过有组织的气流流动，控制有害物的扩散和转移，保证操作人员呼吸区内的空气达到卫生标准要求。这种方法具有通风量小、控制效果好等优点。

68.【答案】 AD

【解析】 吸附法是利用某种松散、多孔的固体物质（吸附剂）对气体的吸附，除去其中某些有害成分（吸附剂）的净化方法。这种方法广泛应用于低浓度有害气体的净化，特别是各种有机溶剂蒸气。吸附法的净化效率能达到 100%。常用的吸附剂有活性炭、硅胶、活性氧化铝等。吸附法分为物理吸附和化学吸附。

69.【答案】 BD

【解析】 按承担室内负荷的输送介质分类：

（1）全空气系统。

房间的全部负荷均由集中处理后的空气负担。如定风量或变风量的单风管中式系统、双风管系统、全空气诱导系统等，如集中式空调系统。

(2) 空气-水系统。

空调房间的负荷由集中处理的空气负担一部分，其他负荷由水作为介质送入空调房间对空气进行再处理（加热或冷却等）。如带盘管的诱导系统、风机盘管机组加新风系统等。

(3) 全水系统。

房间负荷全部由集中供应的冷、热水负担。如风机盘管系统、辐射板系统等。

(4) 制冷剂系统。

以制冷剂为介质，直接用于对室内空气进行冷却、去湿或加热。制冷系统的蒸发器或冷凝器直接从空调房间吸收（或放出）热量。如局部式空调系统。

70. 【答案】BD

【解析】按照《通风与空调工程施工质量验收规范》GB 50243—2016，风管强度和严密性要求应符合：风管在试验压力保持 5 分钟及以上时，接缝处应无开裂，整体结构应无永久性的变形及损伤。试验压力应符合下列要求：

低压风管应为 1.5 倍的工作压力；

中压风管应为 1.2 倍的工作压力，且不低于 750 Pa；

高压风管应为 1.2 倍的工作压力。

71. 【答案】AD

【解析】柔性软风管应区分其名称、材质、规格、形状、风管接头、支架形式等要求，按设计图示中心线以长度计算，计量单位为"m"；或按设计图示数量计算，计量单位为"节"。工作内容为：风管安装，风管接头安装，支吊架制作、安装。

72. 【答案】B

【解析】压力管道分为 GA 类、GB 类、GC 和 GD 类。

GB 类（公用管道）。公用管道是指城市或乡镇范围内的用于公用事业或民用的燃气管道和热力管道，划分为 GB1 级和 GB2 级。

1) GB1 级：城镇燃气管道。

2) GB2 级：城镇热力管道。

73. 【答案】A

【解析】热力管道的安装：

(1) 蒸汽支管应从主管上方或侧面接出，热水管应从主管下部或侧面接出。

(2) 水平管道变径时应采用偏心异径管连接，当输送介质为蒸汽时，取管底平以利排水；输送介质为热水时，取管顶平，以利排气。

74. 【答案】C

【解析】放散管是指压缩机至后冷却器或贮气罐之间排气管上安装的手动放空管。在压缩机启动时打开放散管，使压缩机能空载启动，停车后通过它放掉该段管中残留的压缩空气。

75. 【答案】D

【解析】高压管道热弯时，不得用煤或焦炭作燃料，应当用木炭作燃料，以免渗碳。

76. 【答案】BD

【解析】高压阀门应逐个进行强度和严密性试验。强度试验压力等于阀门公称压力的

1.5 倍，严密性试验压力等于公称压力。阀门在强度试验压力下稳压 5 分钟，阀体及填料函不得泄漏。然后在公称压力下检查阀门的严密性，无泄漏为合格。阀门试压后应将水放净，涂油防锈，关闭阀门，填写试压记录。

高压阀门应每批取 10% 且不少于一个进行解体检查，如有不合格则需逐个检查。

77.【答案】BC

【解析】分离压力容器（代号 S）是主要用于完成介质的流体压力平衡缓冲和气体净化分离等的压力容器。如各种分离器、过滤器、集油器、洗涤器、吸收塔、铜洗塔、干燥塔、汽提塔、分汽缸、除氧器等。

选项 A 合成塔是反应压力容器；选项 D 蒸发器是换热压力容器。

78.【答案】C

【解析】套管式换热器的优点是：构造较简单；能耐高压；传热面积可根据需要而增减；适当地选择管道内径、外径，可使流体的流速较大，且双方的流体可作严格的逆流，有利于传热。缺点是：管间接头较多，易发生泄漏；单位换热器长度具有的传热面积较小。故在需要传热面积不太大而要求压强较高或传热效果较好时，宜采用套管式换热器。

79.【答案】AD

【解析】采用分片组装法的优点是：施工准备工作量少、组装速度快、组装应力小，而且组装精度易于掌握，不需要很大的吊装机械，也不需要太大的施工场地，缺点是高空作业量大，需要相当数量的夹具，全位置焊接技术要求高，而且焊工施焊条件差，劳动强度大。分片组装法适用于任意大小球罐的安装。

80.【答案】AD

【解析】渗透检测适用于在制和在用金属材料制承压设备的无损检测。对在用承压设备进行渗透检测时，如制造时采用高强度钢以及对裂纹（包括冷裂纹、热裂纹、再热裂纹）敏感的材料或是长期工作在腐蚀介质环境中、有可能发生应力腐蚀裂纹或疲劳裂纹的场合。

（1）渗透检测通常能确定表面开口缺陷的位置、尺寸和形状。

（2）渗透检测适用于金属材料和非金属材料板材、复合板材、锻件、管材和焊接接头表面开口缺陷的检测。渗透检测不适用多孔性材料的检测。

二、（81～100 题）电气和自动化控制工程

81.【答案】ACD

【解析】变配电设备一般可分为一次设备和二次设备。一次设备指直接输送、分配、使用电能的设备，主要包括：变压器、高压断路器、高压隔离开关、高压负荷开关、高压熔断器、高压避雷器、并联电容器、并联电抗器、电压互感器和电流互感器等；二次设备是指对一次设备的工作状况进行监视、控制、测量、保护和调节所必需的电气设备，主要包括：监控装置、操作电器、测量表计、继电保护及自动装置、直流控制系统设备等。

82.【答案】C

【解析】低压断路器是能带负荷通断电路，又能在短路、过负荷、欠压或失压的情况下自动跳闸的一种开关设备。它由触头、灭弧装置、转动机构和脱扣器等部分组成。广泛应用于低压配电系统各级馈出线，各种机械设备的电源控制和用电终端的控制和

保护。

83.【答案】BD

【解析】电缆在室外直接埋地敷设。埋设深度不应小于 0.7m（设计有规定者按设计规定深度埋设），经过农田的电缆埋设深度不应小于 1m，埋地敷设的电缆必须是铠装，并且有防腐保护层，裸钢带铠装电缆不允许埋地敷设。

84.【答案】C

【解析】均压环安装：当建筑物高度超过 30m 时，应在建筑物 30m 以上设置均压环。建筑物层高小于等于 3m 的每两层设置一圈均压环；层高大于 3m 的每层设置一圈均压环。

均压环可利用建筑物圈梁的两条水平主钢筋（≥φ12mm），圈梁的主钢筋小于 φ12mm 的，可用其四根水平主钢筋。用作均压环的圈梁钢筋应用同规格的圆钢接地焊接。没有圈梁的可敷设 40mm×4mm 扁钢作为均压环。

在建筑物 30m 以上的金属门窗、栏杆等应用 φ10mm 圆钢或 25mm×4mm 扁钢与均压环连接。

85.【答案】C

【解析】电容比的测量。因变压器等的绝缘材料为纤维材料，其线圈绕组很容易吸收水分，使介质常数增大，随之引起其电容增大，故用测量电容比法来检验纤维绝缘的受潮状态。

86.【答案】CD

【解析】1）电力电缆、控制电缆根据名称、型号、规格、材质、敷设方式、部位、电压等级、地形，按设计图示尺寸以长度"m"为计量单位（含预留长度及附加长度）。

2）电力电缆头、控制电缆头根据名称、型号、规格、材质、安装部位、电压等级，按设计图示数量以"个"为计量单位。

3）电缆分支箱，根据名称、型号、规格、基础形式、材质、规格，按设计图示数量以"台"为计量单位。

有关问题说明：电缆穿刺线夹按电缆头编码列项。

87.【答案】C

【解析】热电偶温度计用于测量各种温度物体，测量范围极大，远远大于酒精、水银温度计。它适用于炼钢炉、炼焦炉等高温地区，也可测量液态氢、液态氮等低温物体。

88.【答案】B

【解析】节流式流量计：在被测管道上安装一节流元件，根据流体对节流元件的推力和节流元件前后的压力差来测定流量的大小。

靶式流量计：把节流元件做成悬挂在管道中央的一个小靶，只要测出流体对靶的压力，便得到流量的大小。输出信号取自作用于靶上的压力。靶式流量计则经常用于高黏度的流体，如重油、沥青等流量的测量，也适用于有浮黑物、沉淀物的流体。

89.【答案】BC

【解析】参见表 2。

各类流量计特征 表2

名称	测量范围	精度	适用场合	相对价格	特点
玻璃管转子流量计	16～1000000L/小时（气） 1.0～40000L/小时（液）	2.5	空气、氮气、水及与水相似的其他安全流体小流量测量	较便宜	1. 结构简单、维修方便 2. 精度低 3. 不适用于有毒性介质及不透明介质 4. 属面积式流量计

90.【答案】 D

【解析】在工业生产过程中，把罐、塔、槽等容器中存放的液体表面位置称为液位；把料斗、堆场仓库等储存的固体块、颗粒、粉粒等的堆积高度和表面位置称为料位；两种互不相溶的物质的界面位置叫作界位。液位、料位以及界位总称物位。

91.【答案】 B

【解析】电磁流量计的安装：

（1）电磁流量计应安装在无电磁场干扰的场所。

（2）电磁流量计应安装在直管段。

（3）流量计的前端应有长度为10D的直管，流量计的后端应有长度为5D的直管段。

（4）传感器前后的管道中安装有阀门和弯头等影响流量平稳的设备，则直管段的长度还需相应增加。

（5）系统如有流量调节阀，电磁流量计应安装在流量调节阀的前端。

92.【答案】 ACD

【解析】光纤可以传送模拟和数字信息。由于光纤通信具有损耗低、频带宽、数据率高、抗电磁干扰强等特点，不仅适用于长距离大容量点到点的通信，在高速率、距离较远的广域网和局域网中的应用也很广泛。同双绞线和同轴电缆相比，光纤具有的优点是较大的带宽、尺寸小而重量轻、较低的衰减、电磁隔离、较大的转发器间距。

93.【答案】 ACD

【解析】防火墙是位于计算机和它所连接的网络之间的软件或硬件。在内部网和外部网之间、专用网与公共网之间界面上构造的保护屏障。防火墙主要由服务访问规则、验证工具、包过滤和应用网关4个部分组成。

94.【答案】 BD

【解析】有线电视信号的传输分为有线传输和无线传输。有线传输常用同轴电缆和光缆为介质。无线传输根据传输方式和频率分为多频道微波分配系统（MMDS）和调幅微波链路（AML）。

95.【答案】 B

【解析】全向天线、定向天线、室内天线、卫星全球定位系统天线（GPS），根据规格、型号、塔高、部位，按设计图示数量计算，以"副"为计量单位。

96.【答案】 ABD

【解析】通信自动化系统（CAS）包括子系统有计算机网络、通信网络、有线电视、卫星通信。

97. 【答案】AC

【解析】主动红外探测器体积小、重量轻、便于隐蔽，采用双光路的主动红外探测器可大大提高其抗噪防误报的能力。而且主动红外探测器寿命长、价格低、易调整，因此被广泛使用在安全技术防范工程中。

98. 【答案】BCD

【解析】闭路监控系统中信号传输的方式由信号传输距离、控制信号的数量等确定。当传输距离较近时采用信号直接传输（基带传输）；当传输距离较远时采用射频、微波或光纤传输等，现在越来越多采用计算机局域网实现闭路监控信号的远程传输。

99. 【答案】ABD

【解析】办公自动化系统按处理信息的功能划分为三个层次：事务型办公系统、管理型办公系统、决策型办公系统即综合型办公系统。

100. 【答案】ACD

【解析】BIM技术的主要特征：

（1）可视化。

（2）有效协调。

（3）模拟特征。

（4）优化性。

（5）可出图性。

模拟试卷 3 《建设工程技术与计量（安装工程）》

必 作 部 分

一、**单项选择题**（共 40 题，每题 1 分。每题的备选项中，只有一个最符合题意）

1. 制造在无润滑剂，受磨料磨损条件下工作，如轧辊、球磨机磨球的材料是（　　）。
   A. 铸钢　　　　　　　　　　　　B. 抗磨铸铁
   C. 减磨铸铁　　　　　　　　　　D. 球墨铸铁

2. 此不锈钢的突出优点是经过热处理以后具有高的强度，主要用于制造高强度和耐蚀的容器、结构和零件，也可用作高温零件，该钢材是（　　）。
   A. 铁素体型不锈钢　　　　　　　B. 马氏体型不锈钢
   C. 奥氏体型不锈钢　　　　　　　D. 沉淀硬化型不锈钢

3. 铸铁是一种重要的黑色金属材料，下列表述正确的为（　　）。
   A. 铸铁是含碳量小于 2.11％的铁碳合金
   B. 磷和硫是铸铁中的有害元素
   C. 铸铁的组织特点是含有石墨，组织的其余部分相当于碳含量＞0.80％钢的组织
   D. 基体组织是影响铸铁硬度、抗压强度和耐磨性的主要因素

4. 某有色金属及合金具有比强度高、耐蚀性好、导电、导热、磁化率极低、塑性好、易加工成型和铸造各种零件。该有色金属是（　　）。
   A. 铜及铜合金　　　　　　　　　B. 镍及镍合金
   C. 铝及铝合金　　　　　　　　　D. 钛及钛合金

5. 某耐蚀（酸）非金属材料，具有高熔点（3700℃），在中性介质中有很好的热稳定性，在急剧改变温度的条件下，比其他结构材料都稳定，不会炸裂破坏，常用来制造传热设备。此材料为（　　）。
   A. 铸石　　　　　　　　　　　　B. 石墨
   C. 玻璃　　　　　　　　　　　　D. 陶瓷

6. 具有极高的透明度，透光率可达 92％，缺点是表面硬度不高，易擦伤，比较脆，且易溶于有机溶液中的热塑性塑料是（　　）。
   A. 聚苯乙烯　　　　　　　　　　B. 高密度聚乙烯
   C. 聚氯乙烯　　　　　　　　　　D. 聚甲基丙烯酸甲酯

7. 具有较强的耐酸、碱气体腐蚀性能、内表面光滑、输送能耗低、使用寿命长（在 50 年以上）、运输安装方便、维护成本低及综合造价低等诸多优势的管材是（　　）。
   A. 塑料管　　　　　　　　　　　B. 陶瓷管
   C. 玻璃管　　　　　　　　　　　D. 玻璃钢管

8. 具有优良的耐酸性、耐碱性及耐温性，且原料来源广泛，价格较低，但不宜直接

涂覆在金属或混凝土表面上作底漆的涂料品种为( )。
　　A. 环氧树脂漆　　　　　　　　　B. 聚氨酯漆
　　C. 无机富锌漆　　　　　　　　　D. 呋喃树脂漆

9. 结构简单、体积小、重量轻，可快速启闭，同时具有良好的流体控制特性，适合安装在大口径管道上，在石油、煤气、化工、水处理等一般工业上得到广泛应用的阀门是( )。
　　A. 截止阀　　　　　　　　　　　B. 闸阀
　　C. 蝶阀　　　　　　　　　　　　D. 球阀

10. 在火灾发生时能维持一段时间的正常供电，适用于高层及安全性能要求高的场所的消防设施供电，该电力电缆为( )。
　　A. 双钢带铠装电缆　　　　　　　B. 铜芯交联聚乙烯绝缘电力电缆
　　C. 耐火电缆　　　　　　　　　　D. 阻燃电缆

11. 有关等离子弧切割的主要特点，下列表述正确的是( )。
　　A. 切割过程依靠氧化燃烧
　　B. 利用碳极电弧的高温，把金属局部加热到熔化状态，用压缩空气气流吹掉
　　C. 能够切割绝大部分金属和非金属材料
　　D. 切割面光洁度高，但热变形较大

12. 具有加热快、效率高、可进行局部加热，且容易实现自动化，特别适用于具有对称形状的焊件如管、轴类焊接的是( )。
　　A. 火焰钎焊　　　　　　　　　　B. 电阻钎焊
　　C. 感应钎焊　　　　　　　　　　D. 软钎焊

13. 将钢件加热到适当温度，保持一定时间后在空气中冷却，其目的是消除应力、细化组织、改善切削加工性能，该热处理工艺为( )。
　　A. 完全退火　　　　　　　　　　B. 去应力退火
　　C. 淬火　　　　　　　　　　　　D. 正火

14. 特别适合于检查奥氏体型不锈钢、镍基合金等非磁性材料的焊接接头的表面及近表面缺陷的无损探伤方法是( )。
　　A. 渗透探伤　　　　　　　　　　B. 射线探伤
　　C. 超声波探伤　　　　　　　　　D. 磁粉探伤

15. 在保冷结构中，铝箔玻璃钢薄板保护层的纵缝，可以采用的固定方法为( )。
　　A. 带垫片抽芯铆钉固定　　　　　B. 自攻螺钉固定
　　C. 咬接　　　　　　　　　　　　D. 玻璃钢打包带捆扎

16. 在设备、管道及管件的内壁，采用具有一定粘结性和耐蚀性能的胶泥衬砌耐腐蚀砖、板等块状材料，将腐蚀介质与金属表面隔离。这种施工方法是( )。
　　A. 玻璃钢衬里　　　　　　　　　B. 块材衬里
　　C. 塑料衬里　　　　　　　　　　D. 氯丁乳胶水泥砂浆衬里

17. 是一种人力驱动的牵引机械，具有结构简单、易于制作、操作容易、移动方便等优点，一般用于起重量不大、起重速度较慢又无电源的起重作业中，该起重设备为( )。

A. 手动卷扬机 B. 电动卷扬机
C. 起重葫芦 D. 绞磨

18. 广泛用于工矿企业的房屋维修、高架管道等安装维护，高空清洁等高空作业的起重机械是( )。
   A. 液压升降机 B. 缆索起重机
   C. 汽车起重机 D. 施工升降机

19. 某 DN=500mm 的液体管道安装完毕后，需进行吹扫或清洗，下列表述正确的是( )。
   A. 宜采用人工清理 B. 宜采用水冲洗
   C. 宜采用压缩空气吹扫 D. 宜采用闭式循环冲洗技术

20. 某设备的设计压力为 0.4MPa，根据气压试验的方法和要求，对所有焊接接头和连接部位进行初次泄漏检查的压力为( )。
   A. 0.46MPa B. 0.40MPa
   C. 0.05MPa D. 0.046MPa

21. 依据《通用安装工程工程量计算规范》GB 50856—2013 规定，将安装工程按专业、设备特征或工程类别分为 13 个部分。其中附录 M（编码 0312）对应的部分是( )。
   A. 电气设备安装工程 B. 热力设备安装工程
   C. 通信设备及线路工程 D. 刷油、防腐蚀、绝热工程

22. 依据《通用安装工程工程量计算规范》GB 50856—2013 规定，基本安装高度为 6m 的有( )。
   A. 机械设备安装工程 B. 建筑智能化工程
   C. 通风空调工程 D. 给水排水、采暖、燃气工程

23. 设备润滑常用润滑油和润滑脂。润滑油经常使用的场合为( )。
   A. 散热要求不是很高的场合
   B. 密封设计不是很高的场合
   C. 经常间歇或往复运动的轴承
   D. 设备润滑剂需要起到冲刷作用的场合

24. 结构简单，操作维护方便，能够解决既需要垂直提升又需要水平位移的块状、糊状、有毒有害的物料输送，克服现有输送设备输送效率低、能耗大、卸料点单一等不足。缺点是输送速度较慢，此输送机为( )。
   A. 转斗式输送机 B. 吊斗式提升输送机
   C. 链斗式输送机 D. 鳞板输送机

25. 具有流量大、风压低、体积小的特点，在大型电站、大型隧道、矿井等通风、引风装置中得到广泛应用的风机是( )。
   A. 低压离心式通风机 B. 高压离心式通风机
   C. 轴流式压缩机 D. 动叶可调的轴流式通风机

26. 特点是液体沿轴向移动，流量连续均匀，脉动小，流量随压力变化也很小，运转时无振动和噪声，能够输送黏度变化范围大的液体，如油类、汽水、牛奶等，此泵

为( )。
　　A. 轴流泵　　　　　　　　　　　　B. 螺杆泵
　　C. 屏蔽泵　　　　　　　　　　　　D. 电动往复泵

27. 既满足煤炭完全气化时生成较多的气化煤气，又具有投资小、煤气热值高、施工周期短的特点，适合于烟煤用户的煤气发生炉为( )。
　　A. 单段式　　　　　　　　　　　　B. 双段式
　　C. 三段式　　　　　　　　　　　　D. 干馏式

28. 对于工业锅炉，可细分为层燃锅炉、室燃炉、旋风炉、流化床锅炉，此分类的依据是( )。
　　A. 按燃料和能源不同分类　　　　　B. 按燃烧方式不同分类
　　C. 按锅炉本体结构不同分类　　　　D. 按锅炉出厂形式不同分类

29. 省煤器的作用，下列表述正确的为( )。
　　A. 改善并强化燃烧
　　B. 给水经过省煤器进入汽包会减小壁温差，减小热应力，延长汽包使用寿命
　　C. 强化炉内辐射传热
　　D. 将湿蒸汽加热后变成干蒸汽

30. 干法脱硫的优点有( )。
　　A. 设备比较简单，脱硫效率高　　　B. 吸收剂利用率低，设备庞大
　　C. 反应速度慢，脱硫效率低　　　　D. 治理中无废水、废酸的排放

31. 依据《通用安装工程工程量计算规范》GB 50856—2013，中压锅炉除尘器安装，应根据项目特征（名称、型号、结构形式、筒体直径、电感面积），按设计图示数量计算。其计量单位为( )。
　　A. 台　　　　　　　　　　　　　　B. 只
　　C. t　　　　　　　　　　　　　　D. 套

32. 市政给水管道为枝状或只有一条进水管，且建筑高度大于50m的建筑物应设置( )。
　　A. 水泵接合器　　　　　　　　　　B. 消防水泵
　　C. 消防水箱　　　　　　　　　　　D. 消防水池

33. 某自动喷水灭火系统，适用于建筑装饰要求高、不允许有水渍损失的建筑物、构筑物。此喷水灭火系统是( )。
　　A. 湿式自动喷水灭火系统　　　　　B. 干式自动喷水灭火系统
　　C. 预作用自动喷水系统　　　　　　D. 雨淋系统

34. 具有造价低、占地小、不冻结等特点，适用于灭火前可切断气源的气体火灾，易燃、可燃液体和可熔化固体火灾，可燃固体表面火灾的扑救。此灭火系统是( )。
　　A. IG541混合气体灭火系统　　　　　B. 热气溶胶预制灭火系统
　　C. 干粉灭火系统　　　　　　　　　D. 高倍数泡沫灭火系统

35. 在火灾发生后，接收探测点火警电信号，以声、光信号发出火灾报警，同时显示及记录火灾发生的部位和时间；向联动控制器发出联动信号，是整个火灾自动报警系统的指挥中心。该火灾报警装置是( )。

A. 联动控制报警系统 B. 火灾显示盘
C. 火灾自动报警控制器 D. 控制中心报警系统

36. 在建筑施工现场使用的能瞬时点燃、工作稳定、功率大、耐低温也耐高温，但平均寿命短、价格较高的电光源是( )。
   A. 金属卤化物灯 B. 长弧氙灯
   C. 短弧氙灯 D. 卤钨灯

37. 按照节能要求，应急照明、重点照明、夜景照明、商业及娱乐等场所的装饰照明宜选用( )。
   A. 白炽灯 B. 荧光灯
   C. 低压钠灯 D. 发光二极管（LED）灯

38. 某接近开关价格最低，其检测对象必须是磁性物体，此接近开关是( )。
   A. 电容式接近开关 B. 涡流式接近开关
   C. 霍尔接近开关 D. 光电式接近开关

39. 用电流继电器作为电动机保护和控制时，下列表述正确的是( )。
   A. 线圈的额定电流应小于电动机的额定电流
   B. 动作电流，一般为电动机额定电流的 2.5 倍
   C. 需将线圈并联在主电路中
   D. 常闭触头并联于控制电路中与接触器连接

40. 依据《建筑电气工程施工质量验收规范》GB 50303—2015，垂直敷设管路，导线截面 50mm² 及以下时，装设接线盒或拉线盒的距离为( )。
   A. 10m B. 18m
   C. 20m D. 30m

二、多项选择题（共 20 题，每题 1.5 分。每题的备选项中，有 2 个或 2 个以上符合题意，至少有 1 个错项。错选，本题不得分；少选，所选的每个选项得 0.5 分）

41. 可锻铸铁的性能和特点，下列表述正确的为( )。
   A. 具有较高的强度、塑性、冲击韧性
   B. 具有一定的韧性和较高的耐磨性
   C. 用于生产汽缸盖、汽缸套、钢锭模和液压阀
   D. 可用来制造管接头和低压阀门

42. 聚苯乙烯塑料的主要性能特点有( )。
   A. 透明度比无机玻璃还高，透光率达 92％
   B. 电绝缘性能好
   C. 抗冲击强度高，不易出现应力开裂
   D. 抗放射性优异

43. 酚醛树脂漆的性能和特点，下列表述正确的有( )。
   A. 是一种固体粉末涂料
   B. 特别能耐盐酸、低浓度和中等浓度硫酸的腐蚀
   C. 不耐强氧化剂和碱
   D. 与金属附着力较差

44. 与截止阀相比,闸阀的主要特点有( )。
A. 水流阻力较小
B. 严密性较好
C. 能从阀杆的升降高低看出阀的开度大小
D. 适用于需要调节大小和启闭频繁的管路上

45. 关于隔氧层耐火(阻燃)电力电缆的性能和特点,下列表述正确的有( )。
A. 用氧化镁作为绝缘材料,交联聚乙烯材料作为护套的电缆
B. 在电缆绝缘线芯与电缆外护套之间填一层无机金属水合物
C. 当电缆遇到火焰时,内层绝缘物无法燃烧
D. 可在高温下正常运行

46. 熔化极气体保护焊(MIG焊),其主要特点为( )。
A. 利用外加 CO_2 气体作为电弧介质并保护电弧与焊接区
B. 采用连续送进的焊丝焊接
C. 焊接速度较快,熔敷效率较高,劳动生产率高
D. 不可采用直流反接法焊接

47. 无损探伤中,属于表面及近表面缺陷的检查方法有( )。
A. 渗透探伤 B. 超声波探伤
C. 磁粉探伤 D. 真空箱试验法

48. 石棉石膏或石棉水泥保护层是将石棉石膏或石棉加水调制成胶泥状直接涂抹在防潮层上而形成的,适用于( )。
A. 纤维制的绝热层上面 B. 硬质材料的绝热层上面
C. 软质材料的绝热层上面 D. 要求防火的管道上

49. 履带起重机的工作特点,下列表述正确的是( )。
A. 可以全回转作业
B. 可装上打桩、抓斗、拉铲等工作装置,一机多用
C. 转移场地时需拆卸、运输、组装
D. 适用于流动性大、不固定的作业场所

50. 气压试验的方法和要求,下列表述正确的是( )。
A. 试验前,应用空气进行预试验,压力为规定试验压力的10%,且不超过0.05MPa
B. 试验前,应用空气进行预试验,试验压力宜为0.2MPa
C. 试验时应装有压力泄放装置,其设定压力不得高于设计压力的1.1倍
D. 在试验压力下稳压10分钟,再将压力降至设计压力,用发泡剂检验有无泄漏

51. 设备气压试验的方法和要求,下列表述正确的为( )。
A. 试验前,应用压缩空气进行预试验,试验压力宜为0.2MPa
B. 缓慢升压至规定试验压力的10%,且不超过0.05MPa,保压5分钟,进行初次泄漏检查
C. 初次泄漏检查合格后,继续缓慢升压至试验压力的50%,观察有无异常现象
D. 设备气压试验的压力为设计压力的1.5倍

52. 分部分项工程量清单表中包括的内容有( )。

A. 项目编码 B. 项目特征
C. 工程量计算规则 D. 工程量

53. 下列工作内容应列入专业措施项目的有( )。
A. 高原、高寒施工防护
B. 行车梁加固
C. 粉尘防护
D. 起重机、塔式起重机等起重设备的安全防护措施

54. 安全文明施工措施项目包括的工作内容有( )。
A. 土石方、建渣外运防护措施
B. 临时排水沟、排水设施安砌、维修、拆除
C. 电气保护、安全照明设施
D. 冬期施工时,对影响施工的雨雪的清除

55. 设备基础的种类很多,按埋置深度不同区分,深基础有( )。
A. 独立基础 B. 桩基础
C. 框架式基础 D. 沉井基础

56. 与离心泵相比,往复泵的特点有( )。
A. 流量不均匀 B. 排出压力越大,流量越小
C. 扬程较低 D. 具有自吸能力

57. 蒸汽锅炉安全阀的安装和试验,下列表述正确的是( )。
A. 安装前安全阀应逐个在其公称压力的1.25倍下进行严密性试验
B. 额定蒸发量大于0.1t/小时的锅炉,至少应装设两个安全阀
C. 过热器上的安全阀应先开启
D. 省煤器安全阀整定压力调整,应在蒸汽严密性试验前用水压的方法进行

58. 气体灭火系统中,七氟丙烷灭火系统的特点是( )。
A. 环境效应好、不污染被保护对象、安全性强
B. 可以扑救过氧化氢的火灾
C. 适用于有人工作的场所
D. 不可用于扑救硝化纤维的火灾

59. 依据《通用安装工程工程量计算规范》GB 50856—2013计量规则说明,下列表述正确的有( )。
A. 喷淋系统水灭火管道、消火栓管道:室内外界限应以建筑物外墙皮为界
B. 设在高层建筑物内消防泵间管道应以泵间内墙皮为界
C. 与市政给水管道的界限:以与市政给水管道碰头点(井)为界
D. 消防管道如需进行探伤,按工业管道工程相关项目编码列项

60. 塑料护套线配线要求,下列表述正确的有( )。
A. 塑料护套线可以直接敷设在楼板、墙壁及建筑物上
B. 塑料护套线可以直接敷设在建筑物顶棚内
C. 塑料护套线在室内沿建筑物表面水平敷设高度距地面不应小于2.0m
D. 塑料护套线进入盒(箱),护套层与盒(箱)入口处应密封

选 作 部 分

共40题,分为两个专业组,考生可在两个专业组的40个试题中任选20题作答。按所答的前20题计分,每题1.5分。试题由单选和多选组成。错选,本题不得分;少选,所选的每个选项得0.5分。

一、(61~80题) 管道和设备工程

61. 关于室外给水管网安装,表述正确的有( )。
   A. 在无冰冻地区,埋地敷设时管顶的覆土厚度不得小于500mm
   B. 穿越道路部位的埋深不得小于800mm
   C. 塑料管道不得露天架空敷设,必须露天架空敷设时应有保温和防晒措施
   D. 给水管道直接穿越污水井时要加套管

62. 室内给水管道的防护、水压试验及冲洗、消毒,下列表述正确的有( )。
   A. 埋地的钢管、铸铁管一般采用涂刷热沥青绝缘防腐的方法
   B. 管道防冻防结露常用的绝热层材料有聚氨酯、聚苯乙烯泡沫塑料等
   C. 室内给水管道试验压力为工作压力的1.5倍,但是不得小于0.6MPa
   D. 管道的冲洗顺序应先室外,后室内;先地下,后地上

63. 采用法兰压盖连接、橡胶圈密封、螺栓紧固,具有曲挠性、伸缩性、密封性及抗震性等性能,施工方便,广泛用于高层及超高层建筑排水铸铁管的接口形式为( )。
   A. 螺纹法兰连接   B. A形柔性法兰接口
   C. 橡胶圈机械式接口   D. W形柔性法兰接口

64. 与铸铁散热器相比,铝制散热器的特点为( )。
   A. 防腐性好,使用寿命长   B. 热工性能好
   C. 金属耗量大、承压能力低   D. 造价高、碱腐蚀严重

65. 室内燃气管道选用铜管时,应采用的连接方式为( )。
   A. 硬钎焊连接   B. 软钎焊连接
   C. 螺纹连接   D. 对焊连接

66. 下列关于燃气管道的吹扫、试压的描述,正确的有( )。
   A. 燃气管在安装完毕、压力试验前应进行吹扫,吹扫介质为压缩空气
   B. 室内燃气管道安装完毕后必须按规定进行强度试验,试验介质宜采用洁净水
   C. 工业严密性试验在强度试验后进行
   D. 强度试验范围:居民用户为引入管阀门至燃气计量表进口阀门(含阀门)之间的管道

67. 工业建筑的除尘系统是一种局部机械排风系统。某除尘系统基本上不需敷设或只设较短的除尘管道,具有布置紧凑、简单、维护管理方便的优点,此除尘系统为( )。
   A. 就地除尘   B. 分散除尘
   C. 集中除尘   D. 静电除尘

68. 某排烟方式设施简单,投资少,日常维护工作少,操作容易;但排烟效果受室外很多因素的影响与干扰,因此应用有一定限制,此排烟方式为( )。

A. 加压送风防烟 B. 加压防烟
C. 机械排烟 D. 自然排烟

69. 风阀是空气输配管网的控制、调节机构，其基本功能是截断或开通空气流通的管路，调节或分配管路流量。主要用于管网分流或合流或旁通处的各支路风量调节的风阀有（　　）。
A. 蝶式调节阀 B. 复式多叶调节阀
C. 菱形多叶调节阀 D. 三通调节阀

70. 适用于微压、低压、中压金属矩形风管无法兰连接的是（　　）。
A. 立咬口连接 B. S形插条连接
C. 薄钢板法兰插条连接 D. 钢板法兰弹簧夹连接

71. 是民用建筑空调制冷中采用时间最长、使用数量最多的一种机组，具有制造简单、价格低廉、运行可靠、使用灵活等优点，此冷水机组为（　　）。
A. 活塞式冷水机组 B. 离心式冷水机组
C. 螺杆式冷水机组 D. 吸收式冷水机组

72. 工业管道界限划分，下列表述正确的是（　　）。
A. 以建筑物外墙皮1.5m为界，入口处设阀门者以阀门为界
B. 以室内第一个阀门为界
C. 以设备、罐类外部法兰为界
D. 以建筑物、构筑物外墙皮为界

73. 压缩空气管道安装完毕后，应进行压力试验。下列表述正确的是（　　）。
A. 压缩空气管道安装完毕后，应进行强度和严密性试验，试验介质一般为水
B. 压缩空气管道安装完毕后，应进行强度和严密性试验，试验介质为压缩空气
C. 当工作压力$P \geq 0.50$MPa时，强度试验压力$P_T = 1.5P$
D. 气密性试验介质为压缩空气或无油压缩空气。气密性试验压力为P

74. 铝及铝合金管连接一般采用焊接和法兰连接，焊接可采用（　　）。
A. 手工电弧焊 B. 手工钨极氩弧焊
C. 氧-乙炔焊 D. 熔化极半自动氩弧焊

75. 塑料管焊接，主要用于（　　）。
A. HDPE管 B. UPVC管
C. ABS管 D. PP管

76. 依据《通用安装工程工程量计算规范》GB 50856—2013，工业管道安装中，板卷管和管件制作，其计量单位为（　　）。
A. 个 B. m^2
C. t D. kg

77. 填料塔的性能和特点，下列表述正确的是（　　）。
A. 结构复杂
B. 阻力小、便于用耐腐材料制造
C. 适用于液气比较大的蒸馏操作
D. 对减压蒸馏系统，表现出明显的优越性

78. 某换热设备结构较简单，制造方便，易于检修清洗，适用于温差较大、腐蚀性严重且需经常更换管束的场合。此种换热器为（   ）。
   A. 固定管板式换热器   B. U形管换热器
   C. 浮头式换热器   D. 填料函式列管换热器

79. 油罐罐顶焊接完毕后，检查其焊缝严密性的一般方法是（   ）。
   A. 真空箱试验法   B. 化学试验法
   C. 煤油试漏法   D. 压缩空气试验法

80. 依据《通用安装工程工程量计算规范》GB 50856—2013，下列静置设备安装工程量的计量单位为"座"的是（   ）。
   A. 热交换器类设备安装   B. 整体容器安装
   C. 火炬及排气筒制作安装   D. 气柜制作安装

二、（81～100题）电气和自动化工程

81. 高压配电室的作用是（   ）。
   A. 把高压电转换成低压电   B. 接受电力
   C. 分配电力   D. 提高功率因数

82. 建筑物及高层建筑物变电所内的高压开关一般采用（   ）。
   A. 少油断路器   B. 六氟化硫断路器
   C. 多油断路器   D. 真空断路器

83. 按建筑物的防雷分类要求，属于第二类防雷建筑物的有（   ）。
   A. 大型火车站
   B. 大型展览和博览建筑物
   C. 省级重点文物保护的建筑物
   D. 大型城市的重要给水水泵房

84. 电缆安装前要进行检查，下列表述正确的是（   ）。
   A. 直埋电缆应经过交流耐压试验合格
   B. 直埋电缆应经过直流耐压试验合格
   C. 1kV以上的电缆要做直流耐压试验，检查合格后方可敷设
   D. 1kV以下的电缆用500V摇表测绝缘，检查合格后方可敷设

85. 避雷针安装，下列表述正确的有（   ）。
   A. 避雷针（带）与引下线之间的连接应采用焊接或热剂焊
   B. 避雷针（带）的引下线及接地装置使用的紧固件可以采用非镀锌制品
   C. 装有避雷针的金属筒体，当其厚度不小于4mm时，可作避雷针的引下线
   D. 避雷针（网、带）及其接地装置，应采取自上而下的施工程序

86. 依据《通用安装工程工程量计算规范》GB 50856—2013，电气设备安装工程工程量计算规则，单独安装的铁壳开关的外部进出线预留长度为（   ）。
   A. 盘面尺寸（高+宽）   B. 0.5m
   C. 从安装对象最远端子接口算起 D. 从安装对象中心算起

87. 根据控制器输出控制信号的方向、大小，控制执行机构的动作，从而改变调节参数的数值，该设备称为（   ）。

A. 被控对象 B. 控制器
C. 反馈环节 D. 执行机构

88. 专门供石油、化工、食品等生产过程中测量具有腐蚀性、高黏度、易结晶、含有固体状颗粒、温度较高的液体介质的压力仪表是（　　）。

A. 电接点压力表 B. 活塞式压力计
C. 隔膜式压力表 D. 远传压力表

89. 集散型控制系统的组成部分有（　　）。

A. 集中管理部分 B. 总线控制部分
C. 分散控制部分 D. 通信部分

90. 涡轮流量计具有的特点有（　　）。

A. 测量精度较高 B. 耐温耐压范围较广
C. 变送器体积小，维护容易 D. 适用于黏度较大的液体流量测量

91. 广泛应用于石油、化工、冶金等工业部门，测量无爆炸危险的各种流体介质压力。与相应的电气器件配套使用，即可对被测（控）压力系统实现自动控制和发信（报警）的目的，该压力检测仪表为（　　）。

A. 隔膜式压力表 B. 电接点压力表
C. 远传压力表 D. 活塞式压力表

92. 关于涡轮式流量计安装，下列表述正确的是（　　）。

A. 涡轮式流量计应垂直安装
B. 流体的流动方向必须与流量计所示的流向标志一致
C. 流量计的前端应有长度为5D的直管，流量计的后端应有长度为10D的直管段
D. 应安装在便于维修并避免管道振动的场所

93. 某网络设备是对网络进行集中管理的重要工具，是各分支的汇集点，其主要功能是对接收到的信号进行再生放大，以扩大网络的传输距离。该设备是（　　）。

A. 交换机 B. 路由器
C. 网卡 D. 集线器

94. 具有损耗低、频带宽、数据率高、抗电磁干扰强等特点，在高速率、距离较远的广域网和局域网中广泛应用的网络传输介质是（　　）。

A. 屏蔽双绞线 B. 同轴电缆
C. 光纤 D. 大对数铜缆

95. 在闭路电视系统中，对于一些地形复杂、不便架设传输线的地方，可以采用无线传输。具有较高的可靠性，可以避免由于长距离传输电缆线路上干线放大器串联过多使信号质量下降，此传输方式为（　　）。

A. 无线电传输 B. 多频道微波分配系统
C. 同轴电缆传输 D. 调幅微波链路

96. 卫星电视接收系统的室外单元设备包括（　　）。

A. 接收天线 B. 卫星接收机
C. 高频头 D. 邻频调制器

97. 建筑自动化系统（BAS）可分为若干个子系统，它们是（　　）。

A. 通信自动化子系统 B. 设备运行管理与监控子系统
C. 消防子系统 D. 安全防范子系统

98. 若需要的警戒范围仅是一个点,宜选用的探测器是(　　)。
A. 声入侵探测器 B. 开关入侵探测器
C. 电压式振动入侵探测器 D. 电动式振动入侵探测器

99. 电视监视系统中的视频信号(数字基带信号)传输时,不需要调制、解调,设备投资少,传输距离一般不超过 2km,这种传输方式为(　　)。
A. 基带传输 B. 射频传输
C. 频带传输 D. 微波传输

100. 综合布线可采用不同类型的信息插座,支持 622Mbps 信息传输,适合语音、数据、视频应用,可安装在配线架或接线盒内。该信息插座是(　　)。
A. 3 类信息插座模式 B. 5 类信息插座模块
C. 超 5 类信息插座模块 D. 千兆位信息插座模块

模拟试卷3 《建设工程技术与计量（安装工程）》答案与解析

必 作 部 分

一、单项选择题（共40题，每题1分。每题的备选项中，只有一个最符合题意）

1.【答案】 B

【解析】耐磨铸铁分为减磨铸铁和抗磨铸铁。前者在有润滑剂，受黏着磨损条件下工作，如机床导轨和拖板、发动机的缸套和活塞，各种滑块等。后者是在无润滑剂，受磨料磨损条件下工作，如轧辊、铧犁、球磨机磨球等。耐磨铸铁应具有高而均匀的硬度，白口铸铁就属这类耐磨铸铁。但白口铸铁脆性较大，不能承受冲击荷载，因此在生产上常采用激冷的办法来获得耐磨铸铁。

2.【答案】 D

【解析】沉淀硬化型不锈钢。这类钢的突出优点是经沉淀硬化热处理以后具有高的强度，耐蚀性优于铁素体型不锈钢。它主要用于制造高强度和耐蚀的容器、结构和零件，也可用作高温零件。

3.【答案】 D

【解析】基体组织是影响铸铁硬度、抗压强度和耐磨性的主要因素。

易错： 铸铁是含碳量大于2.11%的铁碳合金，并且还含有较多量的硅、锰、硫和磷等元素。

铸铁与钢相比，其成分特点是碳、硅含量高，杂质含量也较高。但杂质在钢和铸铁中的作用完全不同，如磷在耐磨铸铁中是提高其耐磨性的主要合金元素，锰和硅都是铸铁中的重要元素，唯一有害的元素是硫。

铸铁的组织特点是含有石墨，组织的其余部分相当于碳含量<0.80%钢的组织。

4.【答案】 C

【解析】铝及其合金的主要特性：密度小（$\rho=2.7g/cm^3$）、比强度高、耐蚀性好、导电、导热、反光性能良好、磁化率极低、塑性好、易加工成型和铸造各种零件。

5.【答案】 B

【解析】石墨材料具有高熔点（3700℃），在高温下有高的机械强度。当温度增加时，石墨的强度随之提高。石墨在3000℃以下具有还原性，在中性介质中有很好的热稳定性，在急剧改变温度的条件下，石墨比其他结构材料都稳定，不会炸裂破坏。石墨的导热系数比碳钢大两倍多，所以石墨材料常用来制造传热设备。

6.【答案】 D

【解析】聚甲基丙烯酸甲酯（PMMA），俗称亚克力或有机玻璃，其透明度比无机玻璃还高，透光率达92%；机械性能比普通玻璃高得多（与温度有关），在80℃开始软化，在 105~150℃塑性良好，可以进行成型加工。缺点是表面硬度不高，易擦伤。由于导热性差和热膨胀系数大，易在表面或内部引起微裂纹，因而比较脆。此外，易溶于有机溶液中。

7.【答案】 D

【解析】玻璃钢管具有较强的耐酸、碱气体腐蚀性能、内表面光滑、输送能耗低、使用寿命长（在 50 年以上）、运输安装方便、维护成本低及综合造价低等诸多优势，在石油、电力、化工、造纸、城市给水排水、工厂污水处理、海水淡化、煤气输送等行业广泛应用。

8.【答案】 D

【解析】呋喃树脂漆是以糠醛为主要原料制成的。它具有优良的耐酸性、耐碱性及耐温性，原料来源广泛，价格较低。

呋喃树脂漆必须在酸性固化剂的作用和加热下才能固化。但酸类固化剂对金属（或混凝土）有酸性腐蚀作用，故不宜直接涂覆在金属或混凝土表面上，必须用其他涂料作为底漆，如环氧树脂底漆、生漆等。呋喃树脂漆能耐大部分有机酸、无机酸、盐类等介质的腐蚀，并有良好的耐碱性、耐有机溶剂性、耐水性、耐油性，但不耐强氧化性介质（硝酸、铬酸、浓硫酸等）的腐蚀。由于呋喃树脂漆存在脆性，与金属附着力差，干后会收缩等。

9.【答案】 C

【解析】蝶阀结构简单、体积小、重量轻，只由少数几个零件组成，只需旋转 90°即可快速启闭，操作简单，同时具有良好的流体控制特性。蝶阀处于完全开启位置时，蝶板厚度是介质流经阀体时唯一的阻力，通过该阀门所产生的压力降很小，具有较好的流量控制特性。

蝶阀适合安装在大口径管道上。蝶阀不仅在石油、煤气、化工、水处理等一般工业上得到广泛应用，而且还应用于热电站的冷却水系统。

10.【答案】 C

【解析】耐火电缆是具有规定的耐火性能（如线路完整性、烟密度、烟气毒性、耐腐蚀性）的电缆。在结构上带有特殊耐火层，与一般电缆相比，具有优异的耐火耐热性能，适用于高层及安全性能要求高的场所。

耐火电缆与阻燃电缆的主要区别是：耐火电缆在火灾发生时能维持一段时间的正常供电，而阻燃电缆不具备这个特性。耐火电缆主要使用在应急电源至用户消防设备、火灾报警设备、通风排烟设备、疏散指示灯、紧急电源插座、紧急用电梯等供电回路。

11.【答案】 C

【解析】等离子弧切割过程不是依靠氧化反应，而是靠熔化来切割材料，因而比氧-燃气切割的适用范围大得多，能够切割绝大部分金属和非金属材料，如不锈钢、高合金钢、铸铁、铝、铜、钨、钼、和陶瓷、水泥、耐火材料等。

等离子切割主要优点在于切割厚度不大的金属的时候，切割速度快，尤其在切割普通碳素钢薄板时，速度可达氧切割法 5~6 倍、切割面光洁、热变形小、几乎没有热影响区。

12.【答案】 C

【解析】感应钎焊是利用高频、中频或工频感应电流作为热源的钎焊。感应钎焊的特点是加热快、效率高、可进行局部加热，且容易实现自动化。感应钎焊可用于钎焊碳素钢、不锈钢和铜及铜合金等。感应钎焊特别适用于具有对称形状的焊件焊接，特别是管、轴类的钎焊。

13.【答案】 D

【解析】正火是将钢件加热到临界点 A_{c3} 或 A_{cm} 以上适当温度，保持一定时间后在空气中冷却，得到珠光体基体组织的热处理工艺。其目的是消除应力、细化组织、改善切削加工性能及淬火前的预热处理，也是某些结构件的最终热处理。

正火较退火的冷却速度快，过冷度较大，其得到的组织结构不同于退火，性能也不同。经正火处理的工件其强度、硬度、韧性较退火为高，而且生产周期短，能量耗费少，故在可能情况下，应优先考虑正火处理。

14.【答案】 A

【解析】无损探伤包括两方面的检查：一是表面及近表面缺陷的检查，主要有渗透探伤和磁粉探伤两种，磁粉探伤只适用于检查碳钢和低合金钢等磁性材料的焊接接头；渗透探伤则更适合于检查奥氏体型不锈钢、镍基合金等非磁性材料的焊接接头。二是内部缺陷的检查，常用的有射线探伤和超声波探伤。

易错：选项 B 射线探伤、选项 C 超声波探伤，属于内部缺陷的探伤方法；选项 D 磁粉探伤，只能检查碳钢和低合金钢等磁性材料的表面及近表面缺陷。

15.【答案】 D

【解析】铝箔玻璃钢薄板保护层的纵缝，不得使用自攻螺钉固定。可同时用带垫片抽芯铆钉（间距≤150mm）和玻璃钢打包带捆扎（间距≤500mm，且每块板上至少捆两道）进行固定。保冷结构的保护层，不得使用铆钉进行固定。

16.【答案】 B

【解析】块材衬里施工采用胶泥衬砌法。在设备、管道及管件的内壁，采用具有一定粘结性和耐蚀性能的胶泥衬砌耐腐蚀砖、板等块状材料，将腐蚀介质与金属表面隔离。常用的块材有铸石、辉绿岩、耐酸瓷砖、不透性石墨板等。常用胶泥主要有水玻璃胶泥和树脂胶泥。

17.【答案】 D

【解析】绞磨是一种人力驱动的牵引机械，具有结构简单、易于制作、操作容易、移动方便等优点，一般用于起重量不大、起重速度较慢又无电源的起重作业中。使用绞磨作为牵引设备，需用较多的人力，劳动强度也大，且工作的安全性不如卷扬机。

易错：手动卷扬机。手动卷扬机仅用于无电源和起重量不大的起重作业。它靠改变齿轮传动比来改变起重量和升降速度。

18.【答案】 A

【解析】液压升降机是由行走机构、液压机构、电动控制机构、支撑机构组成的一种可升降的机器设备，通过液压油的压力传动实现升降功能。

1）特点：它的剪叉机械结构，使升降机起升有较高的稳定性，宽大的作业平台和较高的承载能力，使高空作业范围更大，并适合多人同时作业。

2）适用范围：广泛用于工矿企业的房屋维修、高架管道等安装维护，高空清洁等高空作业，市政、电力、路灯、公路、码头、广告等大范围作业。

19.【答案】 B

【解析】管道吹扫与清洗方法的选用，应根据管道的使用要求、工作介质、系统回路、现场条件及管道内表面的脏污程度确定，除设计文件有特殊要求的管道外，一般应符合下列规定：

(1) $DN \geqslant 600mm$ 的液体或气体管道，宜采用人工清理。

(2) $DN<600mm$ 的液体管道，宜采用水冲洗。

(3) $DN<600mm$ 的气体管道，宜采用压缩空气吹扫。

本题给的是 $DN=500mm$ 的液体管道，所以宜采用水冲洗。

20.【答案】D

【解析】设备气压试验的方法和要求：

(1) 气压试验时，应缓慢升压至规定试验压力的 10%，且不超过 $0.05MPa$，保压 5 分钟，对所有焊接接头和连接部位进行初次泄漏检查；

(2) 初次泄漏检查合格后，继续缓慢升压至试验压力的 50%，观察有无异常现象；

(3) 如无异常现象，继续按规定试验压力的 10% 逐级升压，直至试验压力，保压时间不少于 30 分钟，然后将压力降至规定试验压力的 87%，对所有焊接接头和连接部位进行全面检查；

(4) 试验过程无异响，设备无可见的变形，焊接接头和连接部位用检漏液检查，无泄漏为合格。

21.【答案】D

【解析】在《通用安装工程工程量计算规范》中，将安装工程按专业、设备特征或工程类别分为：机械设备安装工程、热力设备安装工程等 13 个部分，形成附录 A～附录 N，具体为：

附录 A 机械设备安装工程（编码：0301）

……

附录 M 刷油、防腐蚀、绝热工程（编码：0312）

22.【答案】C

【解析】《通用安装工程工程量计算规范》中各专业工程基本安装高度分别为：

附录 A 机械设备安装工程 10m；

附录 D 电气设备安装工程 5m；

附录 E 建筑智能化工程 5m；

附录 G 通风空调工程 6m；

附录 J 消防工程 5m；

附录 K 给水排水、采暖、燃气工程 3.6m；

附录 M 刷油、防腐蚀、绝热工程 6m。

23.【答案】D

【解析】润滑油常用于散热要求高、密封好、设备润滑剂需要起到冲刷作用的场合，如球磨机滑动轴承润滑。

拓展： 润滑脂常用于：

1) 散热要求和密封设计不是很高的场合；

2) 重负荷和振动负荷、中速或低速、经常间歇或往复运动的轴承；

3）特别是处于垂直位置的机械设备，如轧机轴承润滑。

24.【答案】A

【解析】转斗式输送机是一种斗式输送机，可根据需要制造成如C形、Z形、环形等各形式，实现水平和垂直输送物料。料斗能移动至卸料点自动翻转卸出物料，卸料便捷。整个输送机的结构简单，操作维护方便，能够解决既需要垂直提升又需要水平位移的块状、糊状、有毒有害的物料输送，克服现有输送设备输送效率低、能耗大、卸料点单一等不足。缺点是输送速度较慢，间歇作业。

25.【答案】D

【解析】与离心式通风机相比，轴流式通风机具有流量大、风压低、体积小的特点。轴流式通风机的动叶或导叶常做成可调节的，即安装角可调，大大地扩大了运行工况的范围，且能显著提高变工况情况下的效率。动叶可调的轴流式通风机在大型电站、大型隧道、矿井等通风、引风装置中得到日益广泛的应用。

26.【答案】B

【解析】螺杆泵按螺杆数量的不同可分为单螺杆泵、双螺杆泵、三螺杆泵和五螺杆泵。按螺杆轴向位置可分为卧式和立式，立式结构一般为船用。主要特点是液体沿轴向移动，流量连续均匀，脉动小，流量随压力变化也很小，运转时无振动和噪声，泵的转数可高达18000r/分钟。能够输送黏度变化范围大的液体，被广泛应用于石油化工、矿山、造船、机床、食品等行业输送油类、汽水、牛奶等，以及各种机械的液压传动和液压调节系统。

27.【答案】D

【解析】干馏式煤气发生炉是在一段炉的基础上，借鉴两段炉优点开发的一种更适合于烟煤用户生产的炉型。它既吸收了煤炭干馏时产生的热值较高的干馏煤气和低温轻质焦油，又实现了煤炭完全气化时生成较多的气化煤气，具有投资小、煤气热值高、施工周期短的特点。

28.【答案】B

【解析】对于工业锅炉，又可细分为：

1）按燃料种类不同，分为：燃煤锅炉、燃油锅炉、燃气锅炉、余热锅炉、再生物质锅炉、其他能源锅炉；

2）按燃烧方式不同，又可分为：层燃锅炉、室燃炉、旋风炉、流化床锅炉；

3）按锅炉本体结构不同，可分为：火管锅炉、水管锅炉；

4）按锅筒放置方式不同，可分为：立式锅炉、卧式锅炉；

5）按锅炉出厂形式不同，又可分为：整装（快装）锅炉、组装锅炉、散装锅炉。

29.【答案】B

【解析】省煤器的作用：

1）吸收低温烟气的热量，降低排烟温度，减少排烟损失，节省燃料，提高锅炉热效率。

2）由于给水进入汽包之前先在省煤器加热，因此减少了给水在受热面的吸热，可以用省煤器来代替部分造价较高的蒸发受热面。

3）给水温度提高，进入汽包就会减小壁温差，热应力相应减小，延长汽包使用寿命。

30. 【答案】D

【解析】干法脱硫的最大优点是治理中无废水、废酸的排放，减少了二次污染；缺点是反应速度慢，脱硫效率低（一般<80%），吸收剂利用率低，设备庞大。

湿法脱硫采用液体吸收剂洗涤烟气以除去 SO_2，所用设备比较简单，操作容易，脱硫效率高；但脱硫后烟气温度较低，且设备的腐蚀较干法严重。

31. 【答案】A

【解析】中压锅炉除尘装置安装：除尘器应根据项目特征（名称、型号、结构形式、筒体直径、电感面积），以"台"为计量单位，按设计图示数量计算。

32. 【答案】D

【解析】在市政给水管道、进水管或天然水源不能满足消防用水量，以及市政给水管道为枝状或只有一条进水管的情况下，且室外消火栓设计流量大于 20L/秒或建筑高度大于 50m 的建筑物应设消防水池。

拓展：高层民用建筑、设有消防给水的住宅、超过五层的其他多层民用建筑、超过两层或建筑面积大于 10000m² 的地下或半地下建筑（室）、室内消火栓设计流量大于 10L/秒的平战结合人防工程、高层工业建筑和超过四层的多层工业建筑、城市交通隧道，其室内消火栓给水系统应设水泵接合器。

33. 【答案】C

【解析】预作用自动喷水系统具有湿式系统和干式系统的特点，预作用后的管道系统内平时无水，呈干式，充满有压或无压的气体。该系统既克服了干式系统延迟的缺陷，又可避免湿式系统易渗水的弊病，故适用于建筑装饰要求高、不允许有水渍损失的建筑物、构筑物。

34. 【答案】C

【解析】干粉灭火系统造价低、占地小、不冻结，对于无水及寒冷的我国北方尤为适宜。

干粉灭火系统适用于灭火前可切断气源的气体火灾，易燃、可燃液体和可熔化固体火灾，可燃固体表面火灾。不适用于火灾中产生含有氧的化学物质，例如硝酸纤维，可燃金属及其氢化物（例如钠、钾、镁等），可燃固体深位火灾，带电设备火灾。

35. 【答案】C

【解析】火灾自动报警控制器在火灾自动报警系统中，为火灾探测器供电，接收探测点火警电信号，以声、光信号发出火灾报警，同时显示及记录火灾发生的部位和时间；向联动控制器发出联动信号，是整个火灾自动报警系统的指挥中心。

36. 【答案】B

【解析】氙灯可分为长弧氙灯和短弧氙灯两种。在建筑施工现场使用的是长弧氙灯，功率很高，用触发器启动。大功率长弧氙灯能瞬时点燃，工作稳定。耐低温也耐高温，耐振性好。氙灯的缺点是平均寿命短，约 500～1000 小时，价格较高。由于氙灯工作温度高，其灯座和灯具的引入线应耐高温。氙灯是在高频高压下点燃，所以高压端配线对地要有良好的绝缘性能，绝缘强度不小于 30kV。氙灯在工作中辐射的紫外线较多，人不宜靠得太近。

37. 【答案】D

【解析】按照节能要求，光源的选择应符合下列规定：疏散指示标志灯应采用发光二极管（LED）灯，其他应急照明、重点照明、夜景照明、商业及娱乐等场所的装饰照明等，宜选用发光二极管（LED）灯。

38.【答案】C

【解析】霍尔元件是一种磁敏元件。利用霍尔元件做成的开关，叫作霍尔接近开关。这种接近开关的检测对象必须是磁性物体。

若被测物为导磁材料或者为了区别和它在一同运动的物体而把磁钢埋在被测物体内时，应选用霍尔接近开关，它的价格最低。

拓展：当被测对象是导电物体或可以固定在一块金属物上的物体时，一般都选用涡流式接近开关，因为它的响应频率高、抗环境干扰性能好、应用范围广、价格较低。

若所测对象是非金属（或金属）、液位高度、粉状物高度、塑料、烟草等，则应选用电容式接近开关。这种开关的响应频率低，但稳定性好。

在环境条件比较好、无粉尘污染的场合，可采用光电式接近开关。光电式接近开关工作时对被测对象几乎无任何影响。因此，在要求较高的传真机上、在烟草机械上都被广泛地使用。

39.【答案】B

【解析】用电流继电器作为电动机保护和控制时，电流继电器线圈的额定电流应大于或等于电动机的额定电流；电流继电器的触头种类、数量、额定电流应满足控制电路的要求；电流继电器的动作电流，一般为电动机额定电流的 2.5 倍。安装电流继电器时，需将线圈串联在主电路中，常闭触头串接于控制电路中与接触器连接，起到保护作用。

40.【答案】D

【解析】依据《民用建筑电气设计标准》GB 51348—2019、《建筑电气工程施工质量验收规范》GB 50303—2015，导管的敷设要求为：

在垂直敷设管路时，装设接线盒或拉线盒的距离尚应符合下列要求：

1）导线截面面积为 50mm² 及以下时，距离为 30m。

2）导线截面面积为 70~95mm² 时，距离为 20m。

3）导线截面面积为 120~240mm² 时，距离为 18m。

二、多项选择题（共 20 题，每题 1.5 分。每题的备选项中，有 2 个或 2 个以上符合题意，至少有 1 个错项。错选，本题不得分；少选，所选的每个选项得 0.5 分）

41.【答案】AD

【解析】可锻铸铁具有较高的强度、塑性和冲击韧性，可以部分代替碳钢。这种铸铁有黑心可锻铸铁、白心可锻铸铁、珠光体可锻铸铁三种类型。可锻铸铁常用来制造形状复杂、承受冲击和振动荷载的零件，如管接头和低压阀门等。与球墨铸铁相比，可锻铸铁具有成本低、质量稳定、处理工艺简单等优点。

易错：蠕墨铸铁的强度接近于球墨铸铁，并具有一定的韧性和较高的耐磨性；同时又有灰铸铁良好的铸造性能和导热性。蠕墨铸铁是在一定成分的铁水中加入适量的蠕化剂经处理而炼成的，其方法和程序与球墨铸铁基本相同。蠕墨铸铁在生产中主要用于生产汽缸盖、汽缸套、钢锭模和液压阀等铸件。

42.【答案】BD

【解析】聚苯乙烯是苯乙烯经本体或悬浮法聚合制得的聚合物。聚苯乙烯制品具有极高的透明度，透光率可达90%以上，电绝缘性能好，刚性好及耐化学腐蚀。普通聚苯乙烯的不足之处在于性脆、冲击强度低，易出现应力开裂，耐热性差及不耐沸水等。

以聚苯乙烯树脂为主体，加入发泡剂等添加剂可制成聚苯乙烯泡沫塑料，它是目前使用最多的一种缓冲材料。它具有闭孔结构、吸水性小、优良的抗水性；机械强度好，缓冲性能优异；加工性好，易于模塑成型；着色性好，温度适应性强，抗放射性优异等优点。

43.【答案】BCD

【解析】酚醛树脂漆是把酚醛树脂溶于有机溶剂中，并加入适量的增韧剂和填料配制而成。酚醛树脂漆具有良好的电绝缘性和耐油性，能耐60%硫酸、盐酸、一定浓度的醋酸、磷酸、大多数盐类和有机溶剂等介质的腐蚀，但不耐强氧化剂和碱。其漆膜较脆，温差变化大时易开裂，与金属附着力较差，在生产中应用受到一定限制。其使用温度一般为120℃。

44.【答案】AC

【解析】闸阀与截止阀相比，在开启和关闭时省力，水流阻力较小，阀体比较短，当闸阀完全开启时，其阀板不受流动介质的冲刷磨损。但由于闸板与阀座之间密封面易受磨损，其缺点是严密性较差；另外，在不完全开启时，水流阻力较大。因此闸阀一般只作为截断装置，即用于完全开启或完全关闭的管路中，而不宜用于需要调节大小和启闭频繁的管路上。

选用特点：密封性能好，流体阻力小，开启、关闭力较小，也有调节流量的作用，并且能从阀杆的升降高低看出阀的开度大小，主要用在一些大口径管道上。

45.【答案】BC

【解析】隔氧层耐火（阻燃）电力电缆是在电缆绝缘线芯与电缆外护套之间填一层无机金属水合物，具有无毒、无嗅、无卤素的白色胶状物，当电缆遇到火焰时，原先呈软性的金属水合物逐渐转化成不熔也不燃的金属氧化物。金属氧化物包覆在绝缘线芯外，隔绝了灼热的氧气对内层绝缘有机物的侵蚀，使内层绝缘物无法燃烧。

易错：矿物绝缘电缆是用普通退火铜作为导体，氧化镁作为绝缘材料，普通退火铜或铜合金材料作为护套的电缆。适用于工业、民用、国防及其他如高温、腐蚀、核辐射、防爆等恶劣环境中；也适用于工业、民用建筑的消防系统、救生系统等必须确保人身和财产安全的场合。矿物绝缘电缆可在高温下正常运行。

46.【答案】BC

【解析】MIG焊的特点：

① 和TIG焊一样，它几乎可以焊接所有的金属，尤其适合于焊接有色金属、不锈钢、耐热钢、碳钢、合金钢等材料。

② 焊接速度较快，熔敷效率较高，劳动生产率高。

③ MIG焊可直流反接，焊接铝、镁等金属时有良好的阴极雾化作用，可有效去除氧化膜，提高了接头的焊接质量。

④ 不采用钨极，成本比TIG焊低。

47.【答案】AC

【解析】无损探伤包括两方面的检查：一是表面及近表面缺陷的检查，主要有渗透探伤和磁粉探伤两种，磁粉探伤只适用于检查碳钢和低合金钢等磁性材料的焊接接头；渗透探伤则更适合于检查奥氏体型不锈钢、镍基合金等非磁性材料的焊接接头。二是内部缺陷的检查，常用的有射线探伤和超声波探伤。

在工业生产、安装质量检验中，目前应用最广泛的无损探伤方法主要是射线探伤、超声波探伤、渗透探伤、磁粉探伤和涡流探伤等。

48.【答案】BD

【解析】石棉石膏或石棉水泥保护层是将石棉石膏或石棉加水调制成胶泥状直接涂抹在防潮层上而形成的。保护层的厚度：管径 $DN \leqslant 500mm$ 时，厚度 $\delta = 10mm$；当管径 $DN > 500mm$ 时，厚度 $\delta = 15mm$。表面光滑无裂纹，干燥后可直接涂刷识别标志漆。这种保护层适用于硬质材料的绝热层上面或要求防火的管道上。

49.【答案】ABC

【解析】履带起重机是在行走的履带底盘上装有起重装置的起重机械，是自行式、全回转的一种起重机械。一般大吨位起重机多采用履带起重机。其对基础的要求较低，在一般平整坚实的场地上可以带载行驶作业。但其行走速度较慢，履带会破坏公路路面，转移场地需要用平板拖车运输。较大的履带起重机，转移场地时需拆卸、运输、组装。履带起重机适用于没有道路的工地、野外等场所。除作起重作业外，在臂架上还可装上打桩、抓斗、拉铲等工作装置，一机多用。

50.【答案】BD

【解析】气压试验的方法和要求：

（1）试验时应装有压力泄放装置，其设定压力不得高于试验压力的 1.1 倍。

（2）试验前，应用空气进行预试验，试验压力宜为 0.2MPa。

（3）试验时，应缓慢升压，当压力升到试验压力的 50% 时，应暂停升压，对管道进行一次全面检查，如未发现异状或泄漏，应继续按试验压力的 10% 逐级升压，每级稳压 3 分钟，直至试验压力。应在试验压力下稳压 10 分钟，再将压力降至设计压力，用发泡剂检验有无泄漏，停压时间应根据查漏工作需要而定。

51.【答案】BC

【解析】设备气压试验的方法和要求：

（1）气压试验时，应缓慢升压至规定试验压力的 10%，且不超过 0.05MPa，保压 5 分钟，对所有焊接接头和连接部位进行初次泄漏检查；

（2）初次泄漏检查合格后，继续缓慢升压至试验压力的 50%，观察有无异常现象；

（3）如无异常现象，继续按规定试验压力的 10% 逐级升压，直至试验压力，保压时间不少于 30 分钟，然后将压力降至规定试验压力的 87%，对所有焊接接头和连接部位进行全面检查；

（4）试验过程无异响，设备无可见的变形，焊接接头和连接部位用检漏液检查，无泄漏为合格。

52.【答案】ABD

【解析】在编制分部分项工程量清单时，应根据《通用安装工程工程量计算规范》规定的项目编码、项目名称、项目特征、计量单位和工程量计算规则进行编制，各个分部分项工程量清单必须包括五部分：项目编码、项目名称、项目特征、计量单位和工程量，缺一不可。

53.【答案】 ABC

【解析】选项 A 高原、高寒施工防护，属于专业措施项目 031301009 特殊地区施工增加；

选项 B 行车梁加固，属于专业措施项目 031301001 吊装加固；

选项 C 粉尘防护，属于专业措施项目 031301011 在有害身体健康环境中施工增加；

选项 D 起重机、塔式起重机等起重设备的安全防护措施，属于通用措施项目中的安全施工。

此题问的是专业措施项目，所以答案为 ABC。

54.【答案】 ABC

【解析】选项 A 土石方、建渣外运防护措施，属于 031302001 安全文明施工中的环境保护；

选项 B 临时排水沟、排水设施安砌、维修、拆除，属于 031302001 安全文明施工中的临时设施；

选项 C 电气保护、安全照明设施，属于 031302001 安全文明施工中的安全施工；

选项 D 冬期施工时，对影响施工的雨雪的清除，属于 031302005 冬雨期施工增加。

此题问的是安全文明施工措施项目，所以答案为 ABC。

55.【答案】 BD

【解析】按埋置深度不同分为浅基础和深基础。

①浅基础分为拓展基础、联合基础和独立基础；

②深基础分为桩基础和沉井基础。

56.【答案】 AD

【解析】往复泵与离心泵相比，有扬程无限高、流量与排出压力无关、具有自吸能力的特点，但缺点是流量不均匀。

57.【答案】 ACD

【解析】蒸汽锅炉安全阀的安装和试验，应符合下列要求：

1）安装前阀门应逐个在其公称压力的 1.25 倍下进行严密性试验，且阀瓣与阀座密封面不漏水。

2）蒸发量大于 0.5t/小时的锅炉，至少应装设两个安全阀（不包括省煤器上的安全阀）。安全阀整定压力应符合表 1 的规定。

蒸汽锅炉安全阀的整定压力（MPa） 表 1

额定工作压力	安全阀的整定压力
≤0.8	工作压力加 0.03
	工作压力加 0.05
0.8～3.82	工作压力的 1.04 倍
	工作压力的 1.06 倍

注：1. 省煤器安全阀整定压力应为装设地点工作压力的 1.1 倍；

2. 表中的工作压力，对于脉冲式安全阀系指冲量接出地点的工作压力，其他类型的安全阀系指安全阀装设地点的工作压力。

锅炉上必须有一个安全阀按表中较低的整定压力进行调整；对装有过热器的锅炉，按较低压力进行整定的安全阀必须是过热器上的安全阀，过热器上的安全阀应先开启。

3）蒸汽锅炉安全阀应铅垂安装，排汽管径应与安全阀排出口径一致，管路应畅通，并直通至安全地点，排汽管底部应装有疏水管。省煤器的安全阀应装排水管。在排水管、排汽管和疏水管上，不得装设阀门。

4）省煤器安全阀整定压力调整，应在蒸汽严密性试验前用水压的方法进行。

58.【答案】ACD

【解析】七氟丙烷灭火系统具有效能高、速度快、环境效应好、不污染被保护对象、安全性强等特点，适用于有人工作的场所，对人体基本无害；但不可用于下列物质的火灾：

（1）氧化剂的化学制品及混合物，如硝化纤维、硝酸钠等；

（2）活泼金属，如：钾、钠、镁、铝、铀等；

（3）金属氧化物，如：氧化钾、氧化钠等；

（4）能自行分解的化学物质，如过氧化氢、联胺等。

59.【答案】CD

【解析】计量规则说明：

（1）喷淋系统水灭火管道、消火栓管道：室内外界限应以建筑物外墙皮1.5m为界，入口处设阀门者应以阀门为界；设在高层建筑物内消防泵间管道应以泵间外墙皮为界。与市政给水管道的界限：以与市政给水管道碰头点（井）为界。

（2）消防管道如需进行探伤，按工业管道工程相关项目编码列项。

60.【答案】AD

【解析】塑料护套线是一种具有塑料保护层的双芯或多芯的绝缘导线，具有防潮、耐酸和耐腐蚀等性能。可以直接敷设在楼板、墙壁及建筑物上，用钢筋轧头作为导线的支持物。

塑料护套线配线要求：

（1）塑料护套线严禁直接敷设在建筑物顶棚内、墙体内、抹灰层内、保温层内或装饰面内。

（2）塑料护套线与保护导体或不发热管道等紧贴和交叉处及穿梁、墙、楼板处等易受机构损伤的部位，应采取保护措施。

（3）塑料护套线在室内沿建筑物表面水平敷设高度距地面不应小于2.5m，垂直敷设时距地面高度1.8m以下的部分应采取保护措施。

（4）当塑料护套线侧弯或平弯时，其弯曲处护套和导线绝缘层均应完整无损伤，侧弯和平弯弯曲半径应分别不小于护套线宽度和厚度的3倍。

（5）塑料护套线进入盒（箱）或与设备、器具连接，其护套层应进入盒（箱）或设备、器具内，护套层与盒（箱）入口处应密封。

选 作 部 分

共40题,分为两个专业组,考生可在两个专业组的40个试题中任选20题作答。按所答的前20题计分,每题1.5分。试题由单选和多选组成。错选,本题不得分;少选,所选的每个选项得0.5分。

一、(61~80题) 管道和设备工程

61.【答案】AC

【解析】室外给水管网安装:给水管网管材选用和敷设方式。

输送生活给水的管道一般采用塑料管、复合管、镀锌钢管或给水铸铁管。

给水管道一般采用埋地铺设,应在当地的冰冻线以下,如必须在冰冻线以上铺设时,应做可靠的保温防潮措施。在无冰冻地区,埋地敷设时管顶的覆土厚度不得小于500mm,穿越道路部位的埋深不得小于700mm。通常沿道路或平行于建筑物铺设,给水管网上设置阀门和阀门井。

住宅小区及厂区的室外给水管道也可采用架空或在地沟内敷设,其安装要求同室内给水管道。塑料管道不得露天架空敷设,必须露天架空敷设时应有保温和防晒措施。

给水管道不得直接穿越污水井、化粪池、公共厕所等污染源。

62.【答案】ACD

【解析】管道防护及水压试验:

1)管道防腐。为防止金属管道锈蚀,在敷设前应进行防腐处理。管道防腐包括表面清理和喷刷涂料。表面清理一般分为除油、除锈和酸洗三种。

埋地的钢管、铸铁管一般采用涂刷热沥青绝缘防腐,在安装过程中某些未经防腐的接头处也应在安装后进行以上防腐处理。

2)管道防冻防结露。其方法是对管道进行绝热处理,由绝热层和保护层组成。常用的绝热层材料有聚氨酯、岩棉、毛毡等。保护层可以用玻璃丝布包扎、薄金属板铆接等方法进行保护。管道的防冻防结露应在水压试验合格后进行。

3)水压试验。给水管道安装完成确认无误后,必须进行系统的水压试验。室内给水管道试验压力为工作压力的1.5倍,但是不得小于0.6MPa。

4)管道冲洗、消毒。冲洗顺序应先室外,后室内;先地下,后地上。

63.【答案】B

【解析】柔性接口铸铁排水管材又可分为A形柔性法兰接口、W形无承口(管箍式)柔性接口。

A形柔性法兰接口排水铸铁管采用法兰压盖连接、橡胶圈密封、螺栓紧固,具有曲挠性、伸缩性、密封性及抗震性等性能,施工方便,广泛用于高层与超高层建筑及地震区的室内排水管道。

64.【答案】BD

【解析】铝制散热器:热工性能好、质量小、承压能力高、成型容易;外表美观,易与建筑装饰协调;造价高、碱腐蚀严重,应尽量选用内防腐铝制散热器;适用于高档公寓、酒店等高级建筑。

65.【答案】A

【解析】室内燃气管道选用铜管时，应采用硬钎焊连接，不得采用对焊、螺纹或软钎焊（熔点小于500℃）连接。

66.【答案】ACD

【解析】燃气管道的吹扫、试压及探伤：

（1）燃气管在安装完毕、压力试验前应进行吹扫，吹扫介质为压缩空气，吹扫压力不应大于工作压力。

（2）室内燃气管道安装完毕后必须按规定进行强度和严密性试验，试验介质宜采用空气，严禁用水。

1）强度试验范围应符合以下规定：

① 居民用户为引入管阀门至燃气计量表进口阀门（含阀门）之间的管道；

② 工业企业和商业用户为引入管阀门至燃具接入管阀门（含阀门）之间的管道。

2）严密性试验：严密性试验范围应为用户引入管阀门至燃具接入管阀门（含阀门）之间的管道。工业严密性试验在强度试验后进行。

67.【答案】A

【解析】除尘分为就地除尘、分散除尘和集中除尘三种形式。

就地除尘是把除尘器安放在生产设备附近，就地捕集和回收粉尘，基本上不需敷设或只设较短的除尘管道。这种系统布置紧凑、简单、维护管理方便。

68.【答案】D

【解析】自然排烟是利用热烟气产生的浮力、热压或其他自然作用力使烟气排出室外。这种排烟方式设施简单，投资少，日常维护工作少，操作容易；但排烟效果受室外很多因素的影响与干扰，并不稳定，它的应用有一定限制。虽然如此，在符合条件时宜优先采用。

69.【答案】BD

【解析】风阀是空气输配管网的控制、调节机构，基本功能是截断或开通空气流通的管路，调节或分配管路流量。

复式多叶调节阀和三通调节阀用于管网分流或合流或旁通处的各支路风量调节。

拓展：具有控制和调节两种功能的风阀有：蝶式调节阀、菱形单叶调节阀、插板阀、平行式多叶调节阀、对开式多叶调节阀、菱形多叶调节阀、复式多叶调节阀、三通调节阀等。

蝶式调节阀、菱形单叶调节阀和插板阀主要用于小断面风管；平行式多叶调节阀、对开式多叶调节阀和菱形多叶调节阀主要用于大断面风管。

70.【答案】ACD

【解析】关于金属矩形风管无法兰连接：S形插条连接和直角形平插条连接适用于微压、低压风管；C形插条连接、立咬口连接、包边立咬口连接、薄钢板法兰插条连接和薄钢板法兰弹簧夹连接适用于微压、低压、中压风管。

71.【答案】A

【解析】活塞式冷水机组是民用建筑空调制冷中采用时间最长、使用数量最多的一种机组，它具有制造简单、价格低廉、运行可靠、使用灵活等优点，在民用建筑空调中占重要地位。缺点：零部件多，易损件多，维修复杂、频繁，维护费用高；冷效比低，单机制冷量小；单机头部分负荷下调节性能差，不能无级调节；属上下往复运动，振动较大。

72.【答案】CD

【解析】工业管道界限划分,以设备、罐类外部法兰为界,或以建筑物、构筑物外墙皮为界。

73.【答案】A

【解析】压缩空气管道安装完毕后,应进行强度和严密性试验,试验介质一般为水。当工作压力 $P<0.50$MPa 时,试验压力 $P_T=1.5P$,但 $P_T \geqslant 0.20$MPa;当工作压力 $P \geqslant 0.50$MPa 时,试验压力 $P_T=1.25P$,但 $P_T \geqslant P+0.30$MPa。管路在试验压力下保持 20 分钟作外观检查,然后降至工作压力 P 进行严密性实验,无渗漏为合格。

强度及严密性试验合格后进行气密性试验,试验介质为压缩空气或无油压缩空气。气密性试验压力为 1.05P。计算其每小时渗漏率。渗漏率标准为 $\Delta P \leqslant 1\%$/小时,在此标准内即认为管路气密性试验合格。

74.【答案】BCD

【解析】铝及铝合金管连接一般采用焊接和法兰连接,焊接可采用手工钨极氩弧焊、氧-乙炔焊及熔化极半自动氩弧焊。

75.【答案】AD

【解析】塑料管管径小于 200mm 时一般应采用承插口焊接,插入深度应比管径深 15~30mm,承受压力较高的管道,可先用粘结,外口再用焊条焊接补强。焊接一般采用热风焊。管径大于 200mm 的管道可采用直接对焊,焊好后,外面应套装一个套管,将套管两端焊接或粘结在管道上,套管长度为管径的 2.25~2.3 倍。焊接主要用于聚烯烃管,如 LDPE、HDPE 及 PP 管。

76.【答案】C

【解析】板卷管和管件制作:根据材质、规格、焊接方法等,按设计图示以质量"t"计算。管件包括弯头、三通、异径管;异径管按大头口径计算,三通按主管口径计算。

77.【答案】BCD

【解析】填料塔不仅结构简单,而且具有阻力小和便于用耐腐材料制造等优点,尤其对于直径较小的塔、处理有腐蚀性的物料或减压蒸馏系统,都表现出明显的优越性。另外,对于某些液气比较大的蒸馏或吸收操作,若采用板式塔,则降液管将占用过多的塔截面积,此时也宜采用填料塔。

78.【答案】D

【解析】填料函式列管换热器。该换热器的活动管板和壳体之间以填料函的形式加以密封。在一些温差较大、腐蚀严重且需经常更换管束的冷却器中应用较多,其结构较浮头简单,制造方便,易于检修清洗。

79.【答案】CD

【解析】罐底焊接完毕后,通常用真空箱试验法或化学试验法进行严密性试验,罐壁严密性试验一般采用煤油试漏法,罐顶则一般利用煤油试漏法或压缩空气试验法以检查其焊缝的严密性。

80.【答案】CD

【解析】火炬及排气筒制作安装(030307008),应根据项目特征(名称、构造形式、材质、质量、筒体直径、高度、灌浆配合比），以"座"为计量单位，按设计图示数量计算。

气柜制作安装（030306001），应根据项目特征（名称；构造形式；容量；质量；配重块材质、尺寸、质量；本体平台、梯子、栏杆类型、质量；附件种类、规格及数量、材质；充水、气密、快速升降试验设计要求；焊缝热处理设计要求；灌浆配合比），以"座"为计量单位，按设计图示数量计算。

二、（81～100题）电气和自动化工程

81.【答案】B

【解析】变电所工程是包括高压配电室、低压配电室、变压器室、控制室、电容器室五部分的电气设备安装工程，配电所与变电所的区别就是配电所内部没有装设电力变压器。高压配电室的作用是接受电力；电力变压器放置在变压器室，其作用是把高压电转换成低压电；低压配电室的作用是分配电力；控制室的作用是预告信号；电容器室的作用是提高功率因数。

82.【答案】BD

【解析】建筑物及高层建筑物变电所，这是民用建筑中经常采用的变电所形式，变压器一律采用干式变压器，高压开关一般采用真空断路器，也可采用六氟化硫断路器，但通风条件要好，从防火安全角度考虑，一般不采用少油断路器。

83.【答案】ABD

【解析】第二类防雷建筑物指国家级重点文物保护的建筑物、国家级办公建筑物、大型展览和博览建筑物、大型火车站、国宾馆、国家级档案馆、大型城市的重要给水水泵房等特别重要的建筑物及对国民经济有重要意义且装有大量电子设备的建筑物等。

84.【答案】BCD

【解析】电缆安装前要进行检查。1kV以上的电缆要做直流耐压试验，1kV以下的电缆用500V摇表测绝缘，检查合格后方可敷设。当对纸质油浸电缆的密封有怀疑时，应进行潮湿判断。直埋电缆、水底电缆应经直流耐压试验合格，充油电缆的油样试验合格。电缆敷设时，不应破坏电缆沟和隧道的防水层。

85.【答案】AC

【解析】避雷针安装：

（1）避雷针（带）与引下线之间的连接应采用焊接或热剂焊（放热焊接）。

（2）避雷针（带）的引下线及接地装置使用的紧固件均应使用镀锌制品。当采用没有镀锌的地脚螺栓时应采取防腐措施。

（3）装有避雷针的金属筒体，当其厚度不小于4mm时，可作避雷针的引下线。筒体底部应至少有2处与接地体对称连接。

（4）避雷针（网、带）及其接地装置，应采取自下而上的施工程序。首先安装集中接地装置，然后安装引下线，最后安装接闪器。

86.【答案】BD

【解析】参见表2。

盘、箱、柜的外部进出线预留长度 表2

序号	项目	预留长度（m）	说明
1	各种箱、柜、盘、板、盒	高+宽	盘面尺寸
2	单独安装的铁壳开关、自动开关、刀开关、启动器、箱式电阻器、变阻器	0.5	从安装对象中心算起
3	继电器、控制开关、信号灯、按钮、熔断器等小电器	0.3	从安装对象中心算起
4	分支接头	0.2	分支线预留

87.【答案】 D

【解析】本题考查执行机构。根据控制器输出控制信号的方向、大小，控制执行机构的动作，如电机的变速、阀门的开启等，从而改变调节参数的数值。

88.【答案】 C

【解析】隔膜式压力表专门供石油、化工、食品等生产过程中测量具有腐蚀性、高黏度、易结晶、含有固体状颗粒、温度较高的液体介质的压力。

89.【答案】 ACD

【解析】集散型控制系统由集中管理部分、分散控制部分和通信部分组成。

90.【答案】 ABC

【解析】流量计特征如表3所示。

各类流量计特征 表3

名称	测量范围	精度	适用场合	相对价格	特点
涡轮流量计	0.045~2800m³/小时	2	适用于黏度较小的洁净流体在宽测量范围的高精度测量	较贵	1. 精度较高，适于计量 2. 耐温耐压范围较广 3. 变送器体积小，维护容易 4. 轴承易磨损，连续使用周期短

91.【答案】 B

【解析】电接点压力表广泛应用于石油、化工、冶金、电力、机械等工业部门或机电设备配套中测量无爆炸危险的各种流体介质压力。仪表经与相应的电气器件（如继电器及变频器等）配套使用，即可对被测（控）压力系统实现自动控制和发信（报警）的目的。

92.【答案】 BD

【解析】涡轮式流量计安装：

（1）涡轮式流量计应水平安装，流体的流动方向必须与流量计所示的流向标志一致。

（2）涡轮式流量计应安装在直管段，流量计的前端应有长度为10D的直管，流量计的后端应有长度为5D的直管段。

（3）涡轮式流量变送器应安装在便于维修并避免管道振动的场所。

93.【答案】 D

【解析】集线器（HUB）是对网络进行集中管理的重要工具，是各分支的汇集点。HUB是一个共享设备，其实质是一个中继器，而中继器的主要功能是对接收到的信号进行再生放大，以扩大网络的传输距离。使用HUB组网灵活，它处于网络的一个星型结点，对结点相连的工作站进行集中管理，不让出问题的工作站影响到整个网络的正常运行。

94.【答案】C

【解析】光纤可以传送模拟和数字信息。由于光纤通信具有损耗低、频带宽、数据率高、抗电磁干扰强等特点，不仅适用于长距离大容量点到点的通信，在高速率、距离较远的广域网和局域网中的应用也很广泛。

95.【答案】B

【解析】多频道微波分配系统（MMDS）：在闭路电视系统中，对于一些地形复杂、不便架设传输线的地方，可利用微波将电视信号通过空间用无线电波进行传递。微波传输具有较高的可靠性，可以避免由于长距离传输电缆线路上干线放大器串联过多使信号质量下降，在某些场合，用微波无线传输信号的方式比用电缆或其他方式传输有更大的优越性。

MMDS 是一种无线传输系统，用于远离城市的偏远地区，主要用于集体接收，可以作为有线电视的一种补充手段。

96.【答案】AC

【解析】卫星电视接收系统由接收天线、高频头和卫星接收机三大部分组成，接收天线与高频头，通常放置在室外，称为室外单元设备。卫星接收机与电视机相接，称为室内单元设备。室外单元设备与室内单元设备之间通过一根同轴电缆相连，将接收的信号由室外送给室内接收机。

97.【答案】BCD

【解析】建筑自动化系统（BAS）可分为设备运行管理与监控子系统（BA）、消防（FA）子系统和安全防范（SA）子系统。

98.【答案】BD

【解析】点型报警探测器是指警戒范围仅是一个点的报警器，如门、窗、柜台、保险柜等警戒的范围仅是某一特定部位。

1）开关入侵探测器。

2）振动入侵探测器：

①压电式振动入侵探测器；

②电动式振动入侵探测器。

99.【答案】A

【解析】控制信号传输方式有两种：基带传输和频带传输。

未经调制的视频信号为数字基带信号。近距离直接传输数字基带信号即数字信号的基带传输，基带传输不需要调制、解调，设备花费少，传输距离一般不超过 2km。

100.【答案】C

【解析】超 5 类信息插座模块。支持 622Mbps 信息传输，适合语音、数据、视频应用，可安装在配线架或接线盒内，一旦装入即被锁定。

2020 年全国一级造价工程师职业资格考试
《建设工程造价案例分析(土木建筑工程、安装工程)》

试题一(20分)

某企业拟投资建设一工业项目,生产一种市场急需的产品。该项目相关基础数据如下:

1. 项目建设期1年,运营期8年。建设投资估算1500万元(含可抵扣进项税100万元),建设投资(不含可抵扣进项税)全部形成固定资产,固定资产使用年限8年,期末净残值率5%,按直线法折旧。

2. 项目建设投资来源为自有资金和银行借款。借款总额1000万元,借款年利率8%(按年计息),借款合同约定的还款方式为运营期的前5年等额还本付息。自有资金和借款在建设期内均衡投入。

3. 项目投产当年以自有资金投入运营期流动资金400万元。

4. 项目设计产量为2万件/年。单位产品不含税销售价格预计为450元,单位产品不含进项税可变成本估算为240元,单位产品平均可抵扣进项税估算为15元,正常达产年份的经营成本为550万元(不含可抵扣进项税)。

5. 项目运营期第1年产量为设计产量的80%,营业收入亦为达产年份的80%,以后各年均达到设计产量。

6. 企业适用的增值税税率为13%,增值税附加按应纳增值税的12%计算,企业所得税税率为25%。

问题:

1. 列式计算项目建设期贷款利息和固定资产年折旧额。

2. 列式计算项目运营期第1年、第2年的企业应纳增值税额。

3. 列式计算项目运营期第1年的经营成本、总成本费用。

4. 列式计算项目运营期第1年、第2年的税前利润,并说明运营期第1年项目可用于还款的资金能否满足还款要求。

5. 列式计算项目运营期第 2 年的产量盈亏平衡点。（注：计算过程和结果数据有小数的，保留 2 位小数）

试题二（20 分）

某国有资金投资的施工项目，采用工程量清单公开招标，并按规定编制了最高投标限价。同时，该项目采用单价合同，工期为 180 天。

招标人在编制招标文件时，使用了九部委联合发布的《标准施工招标文件》，并对招标人认为某些不适于本项目的通用条款进行了删减。招标文件中对竣工结算的约定是：工程量按实结算，但竣工结算价款总额不得超过最高投标限价。

共有 A、B、C、D、E、F、G、H 等八家投标人参加了投标。

投标人 A 针对 2 万 m^2 的模板项目提出了两种可行方案进行比选。方案一的人工费为 12.5 元/m^2，材料费及其他费用为 90 万元。方案二的人工费为 19.5 元/m^2，材料费及其他费用为 70 万元。

投标人 D 对某项用量大的主材进行了市场询价，并按其含税供应价格加运费作为材料单价用于相应清单项目的组价计算。

投标人 F 在进行报价分析时，降低了部分单价措施项目的综合单价和总价措施项目中的二次搬运费率，提高了夜间施工费率，统一下调了招标清单中材料暂估单价 8% 计入工程量清单综合单价报价中，工期为六个月。

中标候选人公示期间，招标人接到投标人 H 提出的异议。第一中标候选人的项目经理业绩为在建工程，不符合招标文件要求的"已竣工验收"的工程业绩的要求。

问题：

1. 编制招标文件时，招标人的做法是否符合相关规定？招标文件中对竣工结算的规定是否妥当？并分别说明理由。

2. 若从总费用角度考虑，投标人 A 应选用哪种模板方案？若投标人 A 经过技术指标分析后得出方案一、方案二的功能指数分别为 0.54 和 0.46，以单方模板费用作为成本比较对象，试用价值指数法选择较经济的模板方案。（计算过程和计算结果均保留 2 位小数）

3. 投标人 D、投标人 F 的做法是否有不妥之处？并分别说明理由。

4. 针对投标人 H 提出的异议，招标人应在何时答复？应如何处理？若第一中标候选人不再符合中标条件，招标人应如何确定中标人？

试题三（20分）

某环保工程项目，发承包双方签订了工程施工合同，合同约定：工期270天；管理费和利润按人材机费用之和的20%计取；规费和增值税税金按人材机费、管理费和利润之和的13%计取。人工单价按150元/工日计，人工窝工补偿按其单价的60%计；施工机械台班单价按1200元/台班计，施工机械闲置补偿按其台班单价的70%计。人员窝工和施工机械闲置补偿均不计取管理费和利润；各分部分项工程的措施费按其相应工程费的25%计取（无特别说明的，费用计算时均按不含税价格考虑）。承包人编制的施工进度计划获得了监理工程师批准，如图1所示。

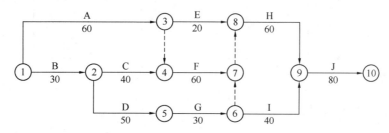

图1 承包人施工进度计划（单位：天）

该工程项目施工过程中发生了如下事件：

事件1：分项工程A施工至第15天时，发现地下埋藏文物，由相关部门进行了处置，造成承包人停工10天，人员窝工110个工日，施工机械闲置20个台班。配合文物处置、承包人发生人工费3000元、保护措施费1600元。承包人及时向发包人提出工期延期和费用索赔。

事件2：文物处置工作完成后，①发包人提出了地基夯实设计变更，致使分项工程A延长5天工作时间，承包人增加用工50个工日、增加施工机械5个台班、增加材料费35000元；②为了确保工程质量，承包人将地基夯实处理设计变更的范围扩大了20%，由此增加了5天工作时间，增加人工费2000元，材料费3500元，施工机械使用费2000元。承包人针对①、②两项内容及时提出工期延期和费用索赔。

事件3：分项工程C、G、H共用同一台专用施工机械顺序施工，承包人计划第30天末租赁该专用施工机械进场，第190天末退场。

事件4：分项工程H施工中，使用的某种暂估价材料的价格上涨了30%，该材料的暂估单价为392.4元/m²（含可抵扣进项税9%），监理工程师确认该材料使用数量为800m²。

问题：

1. 事件一中，承包人提出的工期延期和费用索赔是否成立？说明理由。如果不成立，承包人应获得的工期延期为多少天？费用索赔额为多少元？

2. 事件二中，分别指出承包人针对①、②两项内容所提出的工期延期和费用索赔是否成立？说明理由。承包人应获得的工期延期为多少天？说明理由。费用索赔为多少元？

3. 根据图 1，在答题卡给出的时标图表上（图 2），绘制继事件 1、2 发生后承包人的时标网络施工进度计划。实际工期为多少天？事件 3 中专用施工机械最迟需第几天末进厂？在此情况下，该机械在施工现场的闲置时间最短为多少天？

20	40	60	80	100	120	140	160	180	200	220	240	260	280	300

图 2　时标图

4. 事件 4 中，分项工程 H 的工程价款增加金额为多少元？

试题四（20 分）

某施工项目发承包双方签订了工程合同，工期 5 个月。合同约定的工程内容及其价款包括：分项工程（含单价措施）项目 4 项，费用数据与施工进度计划如表 1 所示；安全文明施工费为分项工程费用的 6%，其余总价措施项目费用为 8 万元；暂列金额为 12 万元；管理费和利润为不含税人材机费用之和的 12%；规费为人材机费用和管理费、利润之和的 7%；增值税税率为 9%。

费用数据与施工进度计划　　　　　　　　　　　　　　　　表 1

分项工程项目				施工进度计划（单位：月）				
名称	工程量	综合单价	费用（万元）	1	2	3	4	5
A	600m³	300 元/m³	18.0					
B	900m³	450 元/m³	40.5					

续表

分项工程项目			施工进度计划（单位：月）					
名称	工程量	综合单价	费用（万元）	1	2	3	4	5
C	1200m²	320元/m²	38.4					
D	1000m²	240元/m²	24.0					
			120.9	每项分项工程计划进度均为匀速进度				

有关工程价款支付约定如下：

1. 开工前，发包人按签约合同价（扣除安全文明施工费和暂列金额）的20%支付给承包人作为工程预付款（在施工期间第2~4月工程款中平均扣回），同时将安全文明施工费按工程款方式提前支付给承包人。

2. 分项工程进度款在施工期间逐月结算支付。

3. 总价措施项目工程款（不包括安全文明施工费工程款）按签约合同价在施工期间第1~4月平均支付。

4. 其他项目工程款在发生当月按实结算支付。

5. 发包人按每次承包人应得工程款的85%支付。

6. 发包人在承包人提交竣工结算报告后45日内完成审查工作，并在承包人提供所在开户行出具的工程质量保函（保函额为竣工结算价的3%）后，支付竣工结算款。

该工程如期开工，施工期间发生了经发承包双方确认的下列事项：

1. 分项工程B在第2、3、4月分别完成总工程量的20%、30%、50%。

2. 第3月新增分项工程E，工程量为300m²，每平方米不含税人工、材料、机械的费用分别为60元、150元、40元，可抵扣进项增值税综合税率分别为0、9%、5%。相应的除安全文明施工费之外的其余总价措施项目费用为4500元。

3. 第4月发生现场签证、索赔等工程款3.5万元。

其余工程内容的施工时间和价款均与原合同约定相符。

问题：

1. 该工程签约合同价中的安全文明施工费为多少万元？签约合同价为多少万元？开工前发包人应支付给承包人的工程预付款和安全文明施工费工程款分别为多少万元？

2. 施工至第2月末，承包人累计完成分项工程的费用为多少万元？发包人累计应支付的工程进度款为多少万元？分项工程进度偏差为多少万元（不考虑总价措施项目费用的影响）？

3. 分项工程 E 的综合单价为多少元/m²？可抵扣增值税进项税额为多少元？工程款为多少万元？

4. 该工程合同价增减额为多少万元？如果开工前和施工期间发包人均按约定支付了各项工程价款，则竣工结算时，发包人应支付给承包人的结算款为多少万元？
（注：计算过程和结果有小数时，以"万元"为单位的保留 3 位小数，其他单位的保留 2 位小数）

试题五（40 分）

Ⅰ 土木建筑工程

某矿山尾矿库区内 680.00m 长排洪渠道土石方开挖边坡支护设计方案及相关参数如图 3 所示，设计单位根据该方案编制的"长锚杆边坡支护方案分部分项工程和单价措施项目清单与计价表"如表 2 所示。鉴于相关费用较大，经造价工程师与建设单位、设计单位、监理单位充分讨论研究，为减少边坡土石方开挖及对植被的破坏、消除常见的排洪渠道纵向及横向滑移安全隐患，提出了把排洪渠道兼作边坡稳定的预应力长锚索整体腰梁的边坡支护优化方案，相关设计和参数如图 3 所示。有关预应力长锚索同期定额基价如表 3 所示。

长锚杆边坡支护方案分部分项工程和单价措施项目清单与计价表　　表 2

序号	项目编码	项目名称	项目特征	计量单位	工程量	金额（元）	
						综合单价	合价
一	分部分项工程						
1	010101002001	开挖土方	挖运 1km 内	m³	12240.00	16.45	201348.00
2	010102002001	开挖石方	风化岩挖运 1km 内	m³	28560.00	24.37	696007.20
3	010103001001	回填土石方	夯填	m³	12920.00	27.73	358271.60
4	010202007001	长锚杆	D25、长 10m	m	47600.00	252.92	12038992.00
5	010202009001	挂网喷混凝土	80mm 厚，含钢筋	m²	8840.00	145.27	1284186.80
		分部分项工程小计		元			14578805.60
二	单价措施项目						
1		脚手架及大型机械设备进出场与安拆费		项	1	470000.00	470000.00
		单价措施项目小计		元			470000.00
		分部分项工程和单价措施项目合计		元			15048805.60

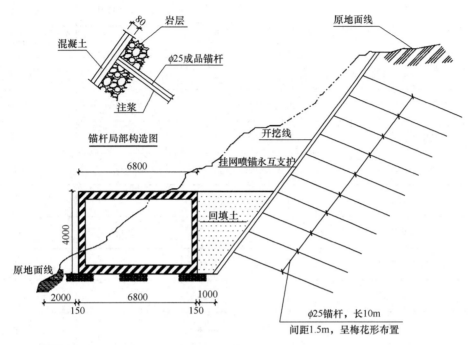

说明:
1. 本设计为尾矿库排洪渠道土方开挖边坡支护长锚杆(10m)方案。
2. 本排洪渠道总长680.00m。
3. 钢锚杆采用φ25螺纹钢,钢筋型号为HRB400。
4. 注浆用水泥强度等级42.5,水灰比1:0.5。
5. 本方案每米工程量见"边坡支护每米综合工程量表",其中土方和石方比例为3:7。

边坡支护每米综合工程量表

序号	名称	单位	工程量	备注
1	土石方开挖	m³	60.00	土石方比例3:7
2	回填土石方	m³	19.00	
3	φ25锚杆	根	7.00	每根长10m
4	挂网喷混凝土	m²	13.00	

图3 长锚杆边坡支护方案图

预应力长锚索基础定额表 表3

定额编号			2-41	2-42
项目			D150钻机成孔	长锚索及注浆
			m	m
定额基价（元）			66.50	363.90
其中	人工费（元）		40.00	95.00
	材料费（元）		5.50	266.30
	机械费（元）		21.00	2.60
名称	单位	单价（元）		
综合工日	工日	100.00	0.40	0.95
钢绞线 6×D25	kg	7.60		19.44
水泥 42.5	kg	0.58		48.40
灌浆塑料管 D32	m	13.00		1.06
其他材料费	元		5.50	76.70
机械费	元		21.00	2.60

问题：

1. 根据图4中相关数据，按《房屋建筑与装饰工程工程量计算规范》GB 50854—2013的计算规则，在答题卡表4中，列式计算该预应力长锚索边坡支护优化方案分部分项工程量（土石方工程量中土方、石方的比例按5：5计算）。

优化方案分部分项工程量表 表4

序号	项目名称	单位	计算过程	工程量
1	土方挖运 1km 内	m^3		
2	石方挖运 1km 内	m^3		
3	预应力长锚索 S6×D25	m		
4	[22a 通长槽钢腰梁	m		
5	C25 毛石混凝土填充	m^3		

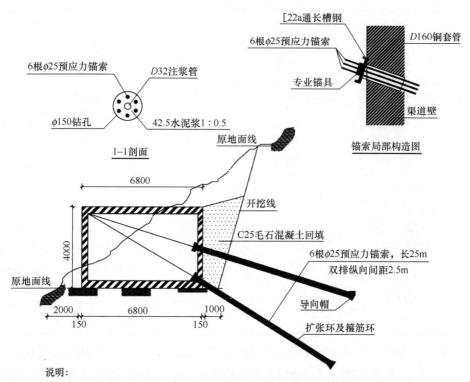

说明：
1. 本设计为尾矿库排洪渠道土方开挖边坡支护预应力长锚索(25m)方案。
2. 本排洪渠道总长680.00m。
3. 钢锚索采用6根φ25高强度低松弛无粘结预应力钢绞线。
4. 注浆用水泥强度等级42.5，水灰比1:0.5。
5. 本方案每米工程量见"边坡支护每米综合工程量表"，其中土方和石方比例5:5。

边坡支护每米综合工程量表

序号	名称	单位	工程量	备注
1	土石方开挖	m³	31.00	土石方比例5:5
2	6925长锚	根	0.80	每根长25m
3	[22a通长槽钢腰梁	m	2.00	C22a
4	回填C25毛石混凝土	m³	9.60	

图4 预应力长锚索边坡支护方案图

2. 若企业管理费按人工、材料、机械费之和的10%计取,利润按人工、材料、机械、企业管理费之和的7%计取。根据表3中的数据,按《建设工程工程量清单计价规范》GB 50500—2013的计算规则,在答题卡表5中,编制该预应力长锚索综合单价分析表(预应力长锚索工程量计量方法、基础定额与清单规范相同,均按设计图示尺寸,以长度为单位)。

预应力长锚索综合单价分析表　　　　　　　表5

项目编码				项目名称			计量单位		工程量	
清单综合单价组成明细											
定额编号	定额名称	定额单位	数量	单价(元)				合价(元)			
				人工费	材料费	施工机具使用费	管理费和利润	人工费	材料费	施工机具使用费	管理费和利润
人工单价			小计								
		未计价材料(元)									
	清单项目综合单价(元/m)										
主要材料名称、规格、型号			单位	数量		单价(元)	合价(元)	暂估单价(元)	暂估合价(元)	
钢绞线 6×D25										
水泥 42.5										
灌浆塑料管 D32										
其他材料费(元)										
材料费小计(元)										

3. 已知22号通长槽钢腰梁综合单价为435.09元/m,C25毛石混凝土充填综合单价为335.60元/m³;脚手架和大型机械设备进出场及安拆费等单价措施项目费用测算结果为340000.00元。根据问题1和问题2的计算结果,以及表5中相应的综合单价、答题卡表中相关的信息,按《房屋建筑与装饰工程工程量计算规范》GB 50854—2013的计算规则,在答题卡表6中,编制该预应力长锚索边坡支护方案分部分项工程和单价措施项目清单与计价表。

预应力长锚索边坡支护方案分部分项工程和单价措施项目清单与计价表　　表6

序号	项目编码	项目名称	项目特征	计量单位	工程量	金额(元)	
						综合单价	合价
一	分部分项工程						
1	—	开挖土方	挖运1km内	m³			
2	—	开挖石方	风化岩挖运1km内	m³			
3	—	长锚索	D25,长10m	m			
4		[22a通长槽钢腰梁	80mm厚,含钢筋	m²			
5		C25毛石混凝土充填	C25毛石混凝土	m³			
		分部分项工程小计		元			

续表

序号	项目编码	项目名称	项目特征	计量单位	工程量	金额（元）	
						综合单价	合价
二		单价措施项目					
1		脚手架及大型机械设备进出场与安拆费		项			
		单价措施项目小计		元			
		分部分项工程和单价措施项目合计		元			

4. 若仅有的总价措施安全文明施工费按分部分项工程费的6%计取，其他项目费用为零，其中人工费占分部分项工程费及措施项目费的25%，规费按人工费的21%计取，税金按9%计取。利用表5和问题3相应的计算结果，按《建设工程工程量清单计价规范》GB 50500—2013的计算规则，在答题卡中列式计算两边坡支护方案的安全文明施工费、人工费、规费，在答题卡表7中，编制两边坡支护方案单位工程控制价比较汇总表（两方案差值为长锚杆方案与长锚索方案控制价的差值）。（无特殊说明的，费用计算时均为不含税价格。）

两边坡支护方案单位工程控制价比较汇总表　　　表7

序号	汇总内容	金额（元）		
		长锚杆方案	长锚索方案	两方案差值
1	分部分项工程			
2	措施项目			
2.1	其中：安全文明施工费			
3	其他项目			
4	规费			
5	税金			
	控制价总价			

Ⅱ　管道和设备工程

1. 某图书馆给水排水工程，平面图和系统图，如图5～图8所示。

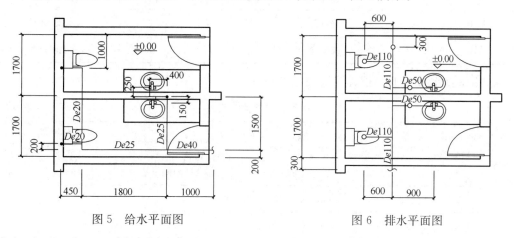

图5　给水平面图　　　　　　　　图6　排水平面图

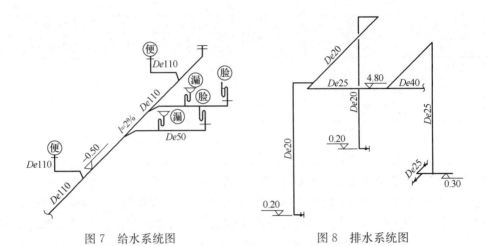

图 7 给水系统图　　　　图 8 排水系统图

说明：
1. 给水管采用白色 PP-R 给水塑料管及管件，热熔连接，管材公称压力不小于1.0MPa。
2. 洁具采用节水型器具，安装按标准图集要求施工，所有附件均随卫生器具配套供应。洗脸盆为台下式安装，大便器为连体水箱坐式大便器。
3. 管道系统安装就位后，给水管道进行水压试验和消毒冲洗。
4. 管道支架采用角钢 40×4，合计 2m，∠40×4 的理论重量为 2.422kg/m。安装管道所发生的管卡和托钩不予考虑。
5. 排水管采用 U-PVC 塑料管，承插粘结。
6. 地漏采用防返溢地漏，水封高度大于或等于 50mm。
7. 所有排水点垂直预留高度按 500mm 计算。
8. 所有管道敷设前已经考虑到预埋预留，故本项目不考虑套管、土石方的工作内容。

2. 给水排水工程相关分部分项工程和单价措施项目清单统一编码见表8。

分部分项工程和单价措施项目清单统一编码　　　表 8

项目编码	项目名称	项目编码	项目名称
031001001	镀锌钢管	031002001	管道支架
031001006	塑料管	031004014	给水排水附件
031004003	洗脸盆	031004006	大便器

3. 给水排水分项工程相关费用表，见表9。

分项工程相关费用表　　　表 9

序号 人工费	定额编号	项目名称	计量单位	安装费用单价（元）			主材		
				人工费	材料费	施工机具使用费	名称	单价（元）	主材消耗量
1	10-565	管道水压试验	100m	266	80	55			
2	10-575	消毒冲洗	100m	360	68	37	水	3.8 元/m³	43m³

续表

序号	定额编号	项目名称	计量单位	安装费用单价（元）			主材		
人工费				人工费	材料费	施工机具使用费	名称	单价（元）	主材消耗量
3	10-512	室内塑料给水管（热熔连接）外径25mm以内	10m	120	20	18	PP-R给水管 De25	4.6元/m	10.16m
							PP-R塑料给水管件 De25	1.2元/个	12.25个

问题：

1. 按照背景资料和图示内容，根据《建设工程工程量清单计价规范》GB 50500—2013和《通用安装工程工程量计算规范》GB 50856—2013的规定，分别列式计算给水排水管道安装项目分部分项清单工程量。

2. 根据表8的内容及《通用安装工程工程量计算规范》GB 50856—2013的规定，编制分部分项工程量清单，并填入表10"分部分项工程和单价措施项目清单与计价表"中。

分部分项工程和单价措施项目清单与计价表　　　　　　表10

序号	项目编码	项目名称	项目特征	计量单位	工程量
1					
2					
3					
4					
5					
6					
7					
8					
9					

3. 根据表9所给数据编制PP-R给水管 De25 的综合单价分析表，填入表11中。人工单价120元/工日，管理费和利润分别按人工费的35%和15%计取，风险费用不予考虑。

综合单价分析表　　　　　　表11

项目编码				项目名称			计量单位		工程量	
清单综合单价组成明细										
定额编号	定额名称	定额单位	数量	单价				合价		
				人工费	材料费	机械费	管理费和利润	人工费	材料费	机械费	管理费和利润
人工单价			小计							
			未计价材料费							
			清单项目综合单价							

续表

	主要材料名称规格、型号	单位	数量	单价（元）	合计（元）	暂估单价	暂估合计
材料费明细							
	其他材料费				—		—
	材料费小计				—		—

Ⅲ 电气和自动化工程

工程背景资料如下：

1. 某建筑物为医院辅助用房工程，砖、混凝土结构，单层平屋面，建筑物层高4.9m。照明平面图、插座平面图、配电箱系统图、屋顶防雷平面图、基础接地平面图分别如图9～图13所示。主要设备材料表见表12。图中括号内数字表示线路水平长度，顶板厚度为100mm，配管嵌入地面或顶板内深度均按0.05m计算；配管配线规格为：NH-BV2.5，2～4根穿JDG20，5～6根穿JDG25，其余按系统图。

主要设备材料表　　　　　表12

图例	设备名称	型号规格	安装方式	单位
	插座箱AX	300(宽)×300(高)×120(深)	嵌入式安装，底边距地0.3m	台
	配电箱AL	500(宽)×600(高)×120(深)	嵌入式安装，底边距地1.6m	台
MEB	总等电位箱	TD-188	嵌入式安装，底边距地0.3m	台
	翘板式三联单控开关	AP86K496-10	暗装，底边距地1.3m	个
	单项带接地插座	AP86K264-10	暗装，底边距地0.3m	个
	双管防爆应急荧光灯	2×28W(自带蓄电池)	吸顶安装	套
	双管应急荧光灯	2×28W(自带蓄电池)	吸顶安装	套

2. 该工程的相关定额、主材单价及损耗率见表 13。

相关定额、主材单价及损耗率　　　　　表 13

定额编号	项目名称	定额单位	安装基价（元）			主材	
			人工费	材料费	机械费	单价	损耗率
4-2-76	成套配电箱安装　嵌入式 半周长≤1.5m	台	189.50	45.50	0	4000.00 元/台	
4-2-77	成套插座箱安装　嵌入式 半周长≤1.0m	台	153.50	41.30	0	400.00 元/台	
4-4-14	无端子外部接线　导线 截面面积≤2.5mm²	个	1.70	1.70	0		
4-4-15	无端子外部接线　导线 截面面积≤4mm²	个	2.40	1.70	0		
4-12-8	砖、混凝土结构暗配 JDG20	10m	51.00	10.00	0	4.00 元/m	3%
4-12-9	砖、混凝土结构暗配 JDG5	10m	72.50	12.00	0	5.00 元/m	3%
4-13-5	管内穿照明线　铜芯　导线 截面面积≤2.5mm²	10m	12.50	1.80	0	1.50 元/m	16%
4-13-9	管内穿照明线　铜芯　导线截面 面积≤2.5mm²（NHBV2.5）	10m	12.50	1.80	0	2.00 元/m	16%
4-13-6	管内穿照明线　铜芯　导线 截面面积≤4mm²	10m	8.10	1.70	0	2.40 元/m	10%
4-13-7	管内穿动力线　铜芯　导线 截面面积≤4mm²	10m	11.00	1.80	0	2.40 元/m	5%
4-14-208	荧光灯安装　吸顶式　应急双管	套	26.20	1.80	0	200.00 元/套	1%
4-14-242	防爆荧光灯安装　应急双管	套	40.50	1.80	0	500.00 元/套	1%
4-14-372	跷板暗开关三联单控	个	8.60	1.00	0	18.00 元/个	2%
4-14-409	单相带接地暗插座≤15A	个	10.20	1.00	0	12.00 元/个	2%

注：表内费用均不包含增值税可抵扣进项税。

3. 该工程的管理费和利润分别按人工费的 35% 和 25% 计算。

4. 相关分部分项工程量清单项目编码及项目名称见表 14。

工程量清单项目编码及项目名称　　　　　表 14

项目编码	项目名称	项目编码	项目名称
030404017	配电箱	030409005	避雷网
030404018	插座箱	030411001	配管
030404034	照明开关	030411004	配线
030404035	插座	030412001	普通灯具
030409002	接地母线	030412002	工厂灯
030409004	均压环	030412005	荧光灯

5. 答题时不考虑配电箱的进线管和电缆；不考虑开关盒、灯头盒和接线盒；不考虑接地母线进入总等电位箱内的长度。

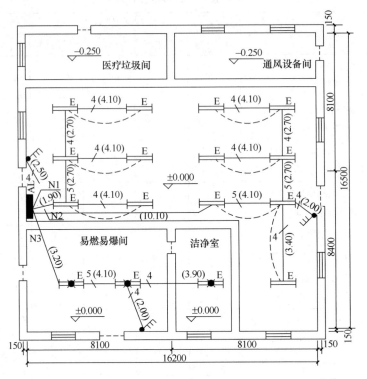

图 9 照明平面图

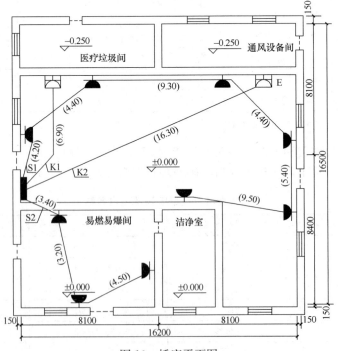

图 10 插座平面图

问题：

1. 按照背景资料 1～5 和图 9～图 13 所示，根据《建设工程工程量清单计价规范》GB 50500—2013 和《通用安装工程工程量计算规范》GB 50856—2013 的规定，计算 N1～N3，S1～S3，K1～K2 配管、配线的工程量，计算式与结果填写在答题卡上指定位置。

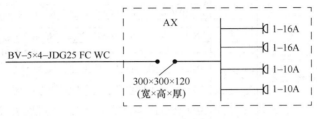

图 11　配电箱系统接线图

2. 假定 JDG20 工程量为 140m，JDG25 工程量为 40m，BV2.5 工程量为 190m，BV4 工程量为 160m，NHBV2.5 工程量为 400m，其他工程量根据给定图纸计算，编制分部分项工程量清单，计算各分部分项工程的综合单价与合价，完成答题卡表 15 "分部分项工程和单价措施项目清单与计价表"。（计算过程和结果数据均保留 2 位小数）

分部分项工程和单价措施项目清单与计价表　　　　表 15

序号	项目编码	项目名称	项目特征描述	计量单位	工程量	金额（元）		
						综合单价	合价	其中：暂估价
1								
2								
3								
4								
5								
6								
7								
8								
9								
10								
11								
合计								

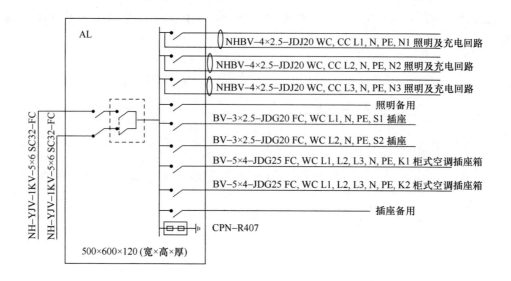

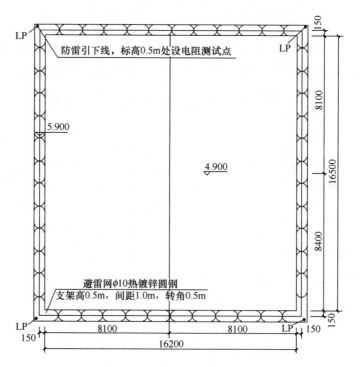

图 12 屋顶防雷平面图

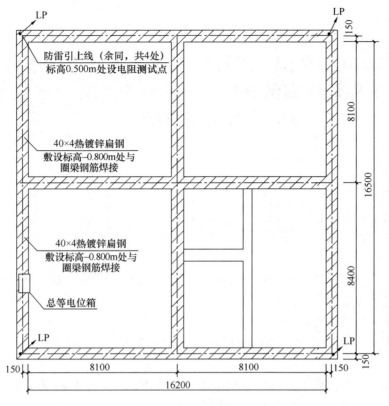

图 13 基础接地平面图

3. 设定该工程"配电箱 AL"的清单工程量为 1 台，其余条件均不变，根据背景资料中的相关数据，编制完成表 16"综合单价分析表"。

综合单价分析表 表 16

工程名称：医院辅助用房电气工程

项目编码			项目名称			计量单位		工程量	
清单综合单价组成明细									
定额编号	定额名称	定额单位	数量	单价（元）				合价（元）	
				人工费	材料费	机械费	管理费和利润	人工费	材料费	机械费	管理费和利润
人工单价			小计								
—			未计价材料费								
			清单项目综合单价								
材料费明细	主要材料名称、规格、型号			单位		数量		单价（元）		合价（元）	
				台							
	其他材料费										
	材料费小计										

2020年全国一级造价工程师职业资格考试
《建设工程造价案例分析（土木建筑工程、安装工程）》
答案与解析

试题一（20分）

问题1：

建设期贷款利息＝1000÷2×8％＝40（万元）

固定资产折旧＝(1500－100＋40)×(1－5％)÷8＝171（万元）

问题2：

运营期第1年增值税＝2×80％×450×13％－2×80％×15－100＝－30.40（万元）

运营期第1年应纳增值税＝0

运营期第1年增值税附加＝0

运营期第2年增值税＝2×450×13％－2×15－30.4＝56.60（万元）

问题3：

运营期第1年经营成本＝550－(240×2－240×2×80％)＝454（万元）

运营期第1年总成本＝经营成本＋折旧＋摊销＋利息＝454＋171＋(1000＋40)×8％＝708.20（万元）

问题4：

运营期第1年税前利润＝2×80％×450－708.20＝11.80（万元）

运营期第1年净利润＝11.8×(1－25％)＝8.85（万元）

建设期贷款按年等额还本付息，则年还本付息额 A＝(1000＋40)×8％×$(1+8\%)^5$/$[(1+8\%)^5-1]$＝260.47（万元）

运营期第1年还本＝260.47－(1000＋40)×8％＝177.27（万元）

运营期第2年利息＝(1000＋40－177.27)×8％＝69.02（万元）

运营期第2年总成本＝550＋171＋69.02＝790.02（万元）

运营期第2年税前利润＝2×450－790.02－56.6×12％＝103.19（万元）

运营期第一年可用于还款的资金＝净利润＋折旧＝8.85＋171＝179.85（万元）＞177.27万元，满足还款要求。

问题5：

假定第2年的盈亏平衡产量为 Q。

固定成本＝总成本－可变成本＝790.02－2×240＝310.02（万元）

产量为 Q 时，总成本＝310.02＋Q×240

Q×450－(310.02＋Q×240)－(Q×450×13％－Q×15－30.4)×12％＝0

解得：Q＝1.50(万件)。

试题二（20分）

问题1：

（1）编制招标文件时，招标人的做法不符合规定。

理由：使用《标准施工招标文件》，应不加修改地引用通用条款，不得删减。

（2）招标文件对竣工结算的规定不妥。

理由：采用单价合同，工程量按实计算，竣工结算价款可能会超过最高投标限价，不得规定竣工结算价不得超过最高投标限价。

问题2：

（1）方案一费用＝2×12.5＋90＝115（万元）

方案二费用＝2×19.5＋70＝109（万元）

109＜115，投标人应选用方案二。

（2）方案一单方模板费用＝115÷2＝57.5（元/m²）

方案二单方模板费用＝109÷2＝54.5（元/m²）

方案一成本指数＝57.5/（57.5＋54.5）＝0.51

方案二成本指数＝54.5/（57.5＋54.5）＝0.49

方案一价值指数 V_1＝0.54/0.51＝1.06

方案二价值指数 V_2＝0.46/0.49＝0.94

V_1＞V_2，选择方案一。

问题3：

（1）投标人D不妥之处：按含税供应价格加运费作为材料单价用于相应清单项目的组价计算。

理由：若材料供货价格为含税价格，则材料原价应以购进货物适用的税率（13％或9％）或征收率（3％）扣除增值税进项税额；并且材料单价是由供应价格、材料运杂费、运输损耗、采购及保管费构成的，不能只用不含税的供应价格和运费组价计算。

（2）投标人F的不妥之处：统一下调了招标清单中材料暂估单价8％计入工程量清单综合单价报价中。

理由：招标文件中在其他项目清单中提供了暂估单价的材料和工程设备，其中的材料应按其暂估的单价计入清单项目的综合单价中，不得下调。

工期为六个月不妥，超过了招标工期180天限制，属于未响应招标文件的实质性要求，按废标处理。

问题4：

（1）招标人应当自收到异议之日起3日内作出答复。作出答复前，应当暂停招标投标活动。

（2）由于第一中标候选人的项目经理业绩为在建工程，不符合招标文件要求的"已竣工验收"的工程业绩的要求，所以应对其作废标处理。

（3）招标人可以按照评标委员会提出的中标候选人名单排序依次确定其他中标候选人为中标人。依次确定其他中标候选人与招标人预期差距较大，或者对招标人明显不利的，招标人可以重新招标。

试题三（20分）

问题1：

（1）工期索赔不成立。理由：A工作为非关键工作，其总时差为10天，停工10天未超过其总时差，对总工期无影响。所以工期索赔不成立。

（2）费用索赔成立。理由：因事件1发现地下埋藏文物属于发包人应该承担的责任，可以进行费用的索赔。

（3）事件1后，工期仍为270天，承包人应获得的工期延期为0。

（4）费用索赔额=（110×150×60%+20×1200×70%）×（1+13%）+3000×（1+20%）×（1+13%）+1600×（1+13%）=36047（元）

问题2：

（1）①工期索赔成立。理由：发包人提出地基夯实设计变更属于发包人应该承担的责任。事件1发生后分项工程A变为关键工作，所以分项工程A延长5天，影响总工期推后5天。

费用索赔成立。理由：发包人提出地基夯实设计变更属于发包人应该承担的责任。应给予承包人合理费用。

②工期和费用索赔均不成立。理由：承包人扩大夯实处理范围是为了确保工作质量的施工措施，属于承包人应该承担的责任。

（2）承包人应获得的工期延期为5天。理由：事件1、2发生后，关键线路为：A-F-H-J，业主同意的工期为275天，所以A延长5天应当索赔。

（3）费用索赔额=（50×150+5×1200+35000）×（1+20%）×（1+25%）×（1+13%）=82207.5（元）。

问题3：

（1）时标网络图，见图14。

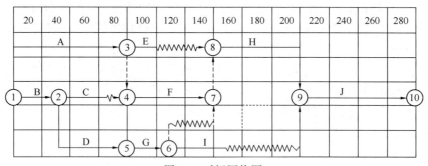

图14 时标网络图

（2）实际工期=280（天）。

（3）事件3中专用施工机械最迟须第40天末进场。

（4）在此情况下，该机械在场时间=200-40=160（天），机械的工作时间=40+30+60=130（天），机械的闲置时间最短为=160-130=30（天）。

问题4：

不含税暂估单价=392.4/（1+9%）=360（元）

分项工程H的分项工程价款增加金额=360×30%×800×（1+20%）×（1+13%）=

117158.4（元）

试题四（20分）

问题1：

安全文明施工费＝120.9×6％＝7.254（万元）

签约合同价＝(120.9＋7.254＋8＋12)×(1＋7％)×(1＋9％)＝172.792（万元）

工程预付款＝[172.792－(7.254＋12)×(1＋7％)×(1＋9％)]×20％＝30.067（万元）

预付安全文明施工费工程款＝7.254×(1＋7％)×(1＋9％)×85％＝7.191（万元）

问题2：

第2～4月，每月扣回的预付款＝30.067/3＝10.022（万元）

累计完成分项工程费用＝18＋40.5×20％＋38.4/3＝38.900（万元）

累计应支付的工程进度款＝(38.9＋8/4×2)×(1＋7％)×(1＋9％)×85％－10.022＝32.507（万元）

累计应支付的工程款＝7.191＋(38.9＋8/4×2)×(1＋7％)×(1＋9％)×85％－10.022＝39.698（万元）

已完工程计划投资＝38.9×(1＋7％)×(1＋9％)＝45.369（万元）

拟完工程计划投资＝(18＋40.5/2＋38.4/3)×(1＋7％)×(1＋9％)＝59.540（万元）

进度偏差＝45.369－59.54＝－14.171（万元），进度拖后14.171万元。

或：进度偏差＝450×900×(20％－50％)(1＋7％)×(1＋9％)/10000＝－14.171（万元），进度拖后14.171万元。

问题3：

分项工程E的综合单价＝(60＋150＋40)×(1＋12％)＝280（元/m²）

可抵扣增值税进项税＝(150×9％＋40×5％)×300＝4650（元）

E的工程款＝(280×300＋280×300×6％＋4500)×(1＋7％)×(1＋9％)/10000＝10.910（万元）

问题4：

合同增减额＝10.910＋3.5－12×(1＋7％)×(1＋9％)＝0.414（万元）

竣工结算款＝(172.792＋0.414)×(1－85％)＝25.981（万元）

试题五（40分）

Ⅰ 土木建筑工程

问题1：

计算结果见表17。

优化方案分部分项工程量表　　　　　　　　　　　　表17

序号	项目名称	单位	计算过程	工程量
1	土方挖运1km内	m³	680×31×0.5＝10540.00	10540.00
2	石方挖运1km内	m³	680×31×0.5＝10540.00	10540.00
3	预应力长锚索S6×D25	m	680×0.8×25＝13600.00	13600.00
4	[22a通长槽钢腰梁	m	680×2＝1360.00	1360.00
5	C25毛石混凝土填充	m³	680×9.6＝6528.00	6528.00

问题2：

计算结果见表18。

预应力长锚索综合单价分析表　　　　　表18

项目编码	010202007002	项目名称	长锚索	计量单位	m	工程量	13600

清单综合单价组成明细

定额编号	定额名称	定额单位	数量	单价（元）				合价（元）			
				人工费	材料费	施工机具使用费	管理费和利润	人工费	材料费	施工机具使用费	管理费和利润
2-41	成孔	m	1	40.00	5.50	21.00	11.77	40.00	5.50	21.00	11.77
2-42	长锚索及注浆	m	1	95.00	266.30	2.60	64.41	95.00	266.30	2.60	64.41
人工单价				小计							
				未计价材料（元）				0.00			
清单项目综合单价（元/m）								506.58			

主要材料名称、规格、型号	单位	数量	单价（元）	合价（元）	暂估单价（元）	暂估合价（元）
钢绞线 6×D25	kg	19.44	7.60	147.74		
水泥 42.5	kg	48.40	0.58	28.07		
灌浆塑料管 D32	m	1.06	13.00	13.78		
其他材料费（元）				82.21		
材料费小计（元）				271.80		

问题3：

计算结果见表19。

预应力长锚索边坡支护方案分部分项工程和单价措施项目清单与计价表　　　表19

序号	项目编码	项目名称	项目特征	计量单位	工程量	金额（元）	
						综合单价	合价
一		分部分项工程					
1	—	开挖土方	挖运 1km 内	m³	10540	16.45	173383.00
2	—	开挖石方	风化岩挖运 1km 内	m³	10540	24.37	256859.80
3		长锚索	D25、长 10m	m	13600	506.58	6889488.00
4	—	[22a 通长槽钢腰梁	80mm 厚，含钢筋	m²	1360	435.09	591722.40
5		C25 毛石混凝土充填	C25 毛石混凝土	m³	6528	335.60	2190796.80
		分部分项工程小计		元			10102250
二		单价措施项目					
1		脚手架及大型机械设备进出场与安拆费		项	1	340000.00	340000.00
		单价措施项目小计		元			340000.00
		分部分项工程和单价措施项目合计		元			10442250.00

问题4：
(1) 锚杆方案安全文明施工费是多少？
14578805.60×6‰＝874828.34（元）
(2) 锚杆方案人工费是多少？
(15048805.60＋874728.34)×25%＝3980883.49（元）
(3) 锚杆方案规费是多少？
3980883.49×21%＝835985.53（元）
(4) 锚索方案安全文明施工费是多少？
10102250×6‰＝606135（元）
(5) 锚索方案人工费是多少？
(10442250＋606135)×25%＝2762096.25（元）
(6) 锚索方案规费是多少？
2762096.25×21%＝580040.21（元）
计算结果见表20。

两边坡支护方案单位工程控制价比较汇总表　　　　　表20

序号	汇总内容	金额（元）		
		长锚杆方案	长锚索方案	两方案差值
1	分部分项工程	14578805.60	10102250.00	
2	措施项目	1344728.34	946135.00	
2.1	其中：安全文明施工费	874728.34	606135.00	
3	其他项目	0	0	—
4	规费	835985.53	580040.21	
5	税金	1508356.75	1046558.27	
	控制价总价	18267876.22	12674983.48	5592892.74

Ⅱ 管道和设备工程

问题1：
(1) PP-R 给水塑料管 $De20$：
0.45＋(4.8－0.2)＋(1.7－0.2－0.2)＋(1.7－1)＋0.45＋(4.8－0.2)＝12.1（m）
(2) PP-R 给水塑料管 $De25$：
1.5＋(4.8－0.3)＋0.4＋0.25＋0.15＋1.8＋0.2＝8.8（m）
(3) PP-R 给水塑料管 $De40$：1m
(4) U-PVC 排水管 $De50$：0.9×2＋0.5×4＝3.8（m）
(5) U-PVC 排水管 $De110$：0.3＋1.7＋1.7－0.3＋0.6×2＋0.5×2＝5.6（m）
问题2：
计算结果见表21。

分部分项工程和单价措施项目清单与计价表　　　　表21

序号	项目编码	项目名称	项目特征	计量单位	工程量
1	031001006001	塑料管	1. 给水管 2. 材质：PPR塑料管 3. 规格：De20 4. 工作压力：1.0MPa 5. 连接方式：热熔连接 6. 工作内容：管道、管件安装，水压试验及水冲洗	m	12.1
2	031001006002	塑料管	1. 给水管 2. 材质：PPR塑料管 3. 规格：De25 4. 工作压力：1.0MPa 5. 连接方式：热熔连接 6. 工作内容：管道、管件安装，水压试验及水冲洗	m	8.8
3	031001006003	塑料管	1. 给水管 2. 材质：PPR塑料管 3. 规格：De40 4. 工作压力：1.0MPa 5. 连接方式：热熔连接 6. 工作内容：管道、管件安装，水压试验及水冲洗	m	1
4	031001006004	塑料管	1. 排水管 2. 材质：U-PVC塑料管 3. 规格：De50 4. 连接方式：粘结 5. 工作内容：管道、管件安装，灌水试验	m	3.8
5	031001006005	塑料管	1. 排水管 2. 材质：U-PVC塑料管 3. 规格：De110 4. 连接方式：粘结 5. 工作内容：管道、管件安装，灌水试验	m	5.6
6	031002001001	管道支架	角钢40×4	kg	4.844
7	031004003001	洗脸盆	台下式、冷热水	组	2
8	031004006001	大便器	坐式、连体水箱	组	2
9	031004014001	给水排水附件	防返溢地漏，水封高度大于或等于50mm	个（或组）	2

问题3：

计算结果见表22。

综合单价分析表　　表22

项目编码	031001006085	项目名称	PP-R给水管De25	计量单位	m	工程量	8.8

清单综合单价组成明细

定额编号	定额项目名称	定额单位	数量	单价				合价			
				人工费	材料费	机械费	管理费和利润	人工费	材料费	机械费	管理费和利润
10-512	室内塑料给水管（热熔连接）外径25mm以内	10m	0.1	120	20	18	60	12	2	1.8	6
10-565	管道水压试验	100m	0.01	266	80	55	133	2.66	0.8	0.55	1.33
10-575	消毒冲洗	100m	0.01	360	68	37	180	3.6	0.68	0.37	1.8
人工单价				小计				18.26	3.48	2.72	9.13
120元/工日				未计价材料费（元）				7.778			
清单项目综合单价								41.368			

材料费明细	主要材料名称、规格、型号	单位	数量	单价（元）	合价（元）	暂估单价（元）	暂估合价（元）
	PP-R塑料给水管De25	m	1.016	4.6	4.674		
	PP-R塑料给水管件De25	个	1.225	1.2	1.47		
	水	M3	0.43	3.8	1.634		
	其他材料费（元）				3.48		
	材料费小计（元）				11.258		

Ⅲ　电气和自动化工程

问题1：

1. 照明回路N1、N2、N3：

(1) JDG20（穿4根NHBV2.5线）工程量计算：

$(4.9-0.1+0.05-1.6-0.6) \times 3+(1.9+10.1+3.2)+4.1 \times 5+2.7 \times 2+(2.5+2+2)+(4.9-0.1+0.05-1.3) \times 3+3.4+3.9=73.50$（m）

(2) JDG25（穿5根NHBV2.5线）工程量计算：$2.7 \times 2+4.1+4.1=13.60$（m）

(3) 管内穿NHBV2.5mm^{2}线：$(0.5+0.6) \times 4 \times 3+73.5 \times 4+13.6 \times 5=375.20$（m）

2. 插座回路：

(1) S1、S2回路JDG20（穿3根BV2.5线）工程量计算：

$(1.6+0.05) \times 2+(4.2+4.4+9.3+4.4+5.4+9.5)+(0.3+0.05) \times 11+(3.4+3.2+4.5)+(0.3+0.05) \times 5=57.20$（m）

(2) 管内穿BV2.5mm^{2}线：$(0.5+0.6) \times 3 \times 2+57.2 \times 3=178.20$（m）

(3) K1、K2回路JDG25（穿5根BV4线）工程量计算：

$(1.6+0.05)\times2+(6.9+16.3)+(0.3+0.05)\times2=27.20$ (m)

(4) 管内穿BV4mm²线：$(0.5+0.6)\times5\times2+27.2\times5+(0.3+0.3)\times5\times2=153$ (m)

问题2：

计算结果见表23。

分部分项工程和单价措施项目清单与计价表　　　　　表23

序号	项目编码	项目名称	项目特征描述	计量单位	工程量	金额（元）		
						综合单价	合价	其中：暂估价
1	030404017001	配电箱	照明配电箱AL嵌入式安装 500(宽)×600(高)×120(深)；无线端子外部接线2.5mm²18个 无线端子外部接线4mm²10个	台	1	4483.66	4483.66	
2	030404018001	插座箱	插座箱AX嵌入式安装 300(宽)×300(高)×120(深)	台	2	686.90	1373.80	
3	030404034001	照明开关	翘板式三联单控开关 AP86K496-10	个	3	33.12	99.36	
4	030404035001	插座	单相带接地暗插座 AP86K264-10	个	9	29.56	266.04	
5	030411001001	配管	JDG20钢管，沿砖、混凝土结构暗配	m	140.00	13.28	1859.20	
6	030411001002	配管	JDG25钢管，沿砖、混凝土结构暗配	m	40.00	17.95	718.00	
7	030411004001	配线	管内穿照明线BV 2.5mm²	m	190.00	3.92	744.80	
8	030411004002	配线	管内穿动力线BV 4mm²	m	160.00	4.46	713.60	
9	030411004003	配线	管内穿照明线NHBV 2.5mm²	m	400.00	4.50	1800.00	
10	030412005001	荧光灯	双管防爆应急荧光灯2×28W 自带蓄电池，吸顶安装	套	3	571.60	1714.80	
11	030412005002	荧光灯	双管应急荧光灯，2×28W 自带蓄电池，吸顶安装	套	13	245.72	3194.36	
			合计				16967.82	

问题3：

综合单价分析表　　　　　　　　表24

工程名称：医院辅助用房电气工程

项目编码	030404017001	项目名称		配电箱		计量单位	台	工程量	1
清单综合单价组成明细									
定额编号	定额名称	定额单位	数量	单价（元）				合价（元）	
				人工费	材料费	机械费	管理费和利润	人工费	材料费	机械费	管理费和利润
4-2-76	成套配电箱安装 嵌入式 半周长≤1.5m	台	1	189.50	45.50	0	113.70	189.50	45.50	0	113.70
4-4-14	无端子外部接线 导线截面面积≤2.5mm²	个	18	1.70	1.70	0	1.02	30.60	30.60	0	18.36
4-4-15	无端子外部接线 导线截面面积≤4mm²	个	10	2.40	1.70	0	1.44	24.00	17.00	0	14.40
人工单价			小计					244.10	93.10	0	146.46
—			未计价材料费					4000.00			
清单项目综合单价								4483.66			
材料费明细	主要材料名称、规格、型号		单位		数量		单价（元）		合价（元）		
	成套配电箱安装 嵌入式 半周长≤1.5m		台		1		4000.00		4000.00		
	其他材料费						93.10				
	材料费小计						4093.10				

2021 年全国一级造价工程师职业资格考试
《建设工程造价案例分析（土木建筑工程、安装工程）》

试题一（20 分）

某企业拟投资建设一个生产市场急需产品的工业项目。该项目建设 2 年，运营期 8 年。项目建设的其他基本数据如下：

1. 项目建设投资估算 5300 万元（包含可抵扣进项税 300 万元），预计全部形成固定资产，固定资产使用年限 8 年。按直线法折旧，期末净残值率为 5%。

2. 建设投资资金来源于自有资金和银行借款，借款年利率为 6%（按年计息），借款合同约定还款方式为在运营期的前 5 年等额还本付息。建设期内自有资金和借款均为均衡投入。

3. 项目所需流动资金按照分项详细估算法估算，从运营期第 1 年开始由自有资金投入。

4. 项目运营期第 1 年，外购原材料、燃料费为 1680 万元，工资及福利费为 700 万元，其他费用为 290 万元，存货估算为 385 万元。项目应收账款年周转次数、现金年周转次数、应付账款年周转次数分别为 12 次、9 次、6 次。项目无预付账款和预收账款情况。

5. 项目产品适用的增值税税率为 13%，增值税附加税率为 12%，企业所得税税率为 25%。

6. 项目的资金投入、收益、成本费用见表 1。

项目资金投入、收益、成本费用表（单位：万元） 表 1

序号	项目	建设期		运营期			
		1	2	3	4	5	6~10
1	建设投资 其中：自有资金 借款本金	1150 1500	1150 1500				
2	营业收入（不含销项税）			3520	4400	4400	4400
3	经营成本（不含可抵扣进项税）			2700	3200	3200	3200
4	经营成本中的可抵扣进项税			200	250	250	250
5	流动资产			855	855	855	
6	流动负债			350	350	350	

问题：

1. 列式计算项目运营期年固定资产折旧额。

2. 列式计算项目运营期第 1 年应偿还的本金、利息。

3. 列式计算项目运营期第 1 年、第 2 年应投入的流动资金。

4. 列式计算项目运营期第 1 年应缴纳的增值税。

5. 以不含税价格列式计算项目运营期第 1 年的总成本费用和税后利润，并通过计算说明项目运营期第 1 年能够满足还款要求。（计算过程和结果保留 2 位小数）

试题二（20 分）

某利用原有仓储库房改建养老院项目，有三个可选设计方案。方案一：不改变原建筑结构和外立面装修，内部格局和装修做部分调整；方案二：部分改变原建筑结构，外立面装修全部拆除重做，内部格局和装修做较大调整；方案三：整体拆除新建。三个方案的基础数据见表 2。假设初始投资发生在期初，维护费用和残值发生在期末。

各设计方案的基础数据 表 2

数据项目	方案一	方案二	方案三
初始投资（万元）	1200	1800	2100
维护费用（万元/年）	150	130	120
使用年限（年）	30	40	50
残值（万元）	20	40	70

经建设单位组织的专家组评审，决定从施工工期（Z_1）、初始投资（Z_2）、维护费用（Z_3）、空间利用（Z_4）、使用年限（Z_5）、建筑能耗（Z_6）六个指标对设计方案进行评价。专家组采用 0~1 评分方法对各指标的重要程度进行评分，评分结果见表 3。专家组对各设计方案的评价指标打分的算术平均值见表 4。

指标重要程度评分表 表3

指标	Z_1	Z_2	Z_3	Z_4	Z_5	Z_6
Z_1	×	0	0	1	1	1
Z_2	1	×	1	1	1	1
Z_3	1	0	×	1	1	1
Z_4	0	0	0	×	0	1
Z_5	0	0	0	1	×	1
Z_6	0	0	0	0	0	×

各设计方案评价指标打分算术平均值 表4

指标	方案一	方案二	方案三
Z_1	10	8	7
Z_2	10	7	6
Z_3	8	9	10
Z_4	6	9	10
Z_5	6	8	10
Z_6	7	9	10

问题：

1. 利用答题卡表5，计算各评价指标的权重。

权重计算表 表5

指标	Z_1	Z_2	Z_3	Z_4	Z_5	Z_6	得分	修正得分	权重
Z_1	×	0	0	1	1	1	3	4	
Z_2	1	×	1	1	1	1	5	6	
Z_3	1	0	×	1	1	1	4	5	
Z_4	0	0	0	×	0	1	1	2	
Z_5	0	0	0	1	×	1	2	3	
Z_6	0	0	0	0	0	×	0	1	
							15	21	

2. 按 Z_1 到 Z_6 组成的评价指标体系，采用综合评审法对三个方案进行评价，并推荐最优方案。

3. 为了进一步对三个方案进行比较，专家组采用结构耐久度、空间利用、建筑能耗、建筑外观四个指标作为功能项目，经综合评价确定的三个方案的功能指数分别为：方案一 0.241，方案二 0.351，方案三 0.408。在考虑初始投资、维护费用和残值的前提下，已知方案一和方案二的寿命期年费用分别为 256.415 万元和 280.789 万元,试计算方案三的寿命期年费用,并用价值工程方法选择最优方案。年复利率为 8%,现值系数见表 6。

4. 在选定方案二的前提下,设计单位提出,通过增设护理监测系统降低维护费用,该系统又有 A、B 两个设计方案。方案 A 初始投资 60 万元,每年降低维护费用 8 万元,每 10 年大修一次,每次大修费用 20 万元;方案 B 初始投资 100 万元,每年降低维护费用 11 万元,每 20 年大修一次,每次大修费用 50 万元,试分别计算 A、B 两个方案的费用净现值,并选择最优方案。(计算过程和结果均保留 3 位小数)

现值系数表　　　　　　　　　　　　　　　　表 6

n	10	20	30	40	50
$P/A, 8\%, n$	6.710	9.818	11.258	11.925	12.233
$P/F, 8\%, n$	0.463	0.215	0.099	0.046	0.021

试题三（20 分）

某国有资金投资项目,业主依据《标准施工招标文件》通过招标确定了施工总承包单位,双方签订了施工总承包合同,合同约定,管理费按人材机费之和的 10% 计取,利润按人材机费和管理费之和的 6% 计取,规费和增值税按人材机费、管理费和利润之和的 13% 计取,人工费单价为 150 元/工日,施工机械台班单价为 1500 元/台班;新增分部分项工程的措施费按该分部分项工程费的 30% 计取(除特殊说明外,各费用计算均按不含增值税价格考虑)。合同工期 220 天,工期提前(延误)的奖励(惩罚)金额为 1 万元/日。合同签订后,总承包单位编制并被批准的施工进度计划如图 1 所示。

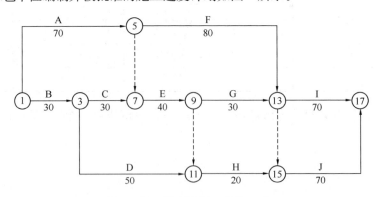

图 1　施工进度计划(单位:天)

施工过程中发生如下事件:
事件 1:为改善项目使用功能,业主进行了设计变更,该变更增加了一项 Z 工作,根据施工工艺要求，Z工作为A工作的紧后工作、为G工作的紧前工作，已知Z工作持续时间为50天，用人工600工日，施工机械50台班，材料费16万元。

事件2：E工作为隐蔽工程。E工作施工前，总承包单位认为工期紧张，监理工程师到场验收会延误时间，即自行进行了隐蔽，监理工程师得知后，要求总承包单位对已经覆盖的隐蔽工程剥露重新验收。经检查验收，该隐蔽工程合格。总承包单位以该工程检查验收合格为由，提出剥露与修复隐蔽工程的人工费、材料费合计1.5万元和延长工期5天的索赔。

事件3：为获取提前竣工奖励，总承包单位确定了五项可压缩工作持续时间的工作F、G、H、I、J，并测算了相应增加的费用，见表7。

可压缩的工作持续时间和相应的费用增加表　　　表7

工作	持续时间（天）	可压缩的时间（天）	压缩一天增加的费用（元/天）
F	80	20	2000
G	30	10	5000
H	20	10	1500
I	70	10	6000
J	70	20	8000

已知施工总承包合同中的某分包专业工程暂估价1000万元，具有技术复杂、专业性强的工程特点，由总承包单位负责招标。招标过程中发生如下事件：

① 鉴于采用随机抽取方式确定的评标专家难以保证胜任该分包专业工程评标工作，总承包单位便直接确定了评标专家。

② 对投标人进行资格审查时，评标委员会认为，招标文件中规定投标人必须提供合同复印件作为施工业绩认定的证明材料，不足以反映工程合同履行的实际情况，还应提供工程竣工验收单。所以对投标文件中提供了施工业绩的合同复印件和工程竣工验收单的投标人通过资格审查，对施工业绩仅提供了合同复印件的投标人做出不予通过资格审查的处理决定。

③ 评标结束后，总承包单位征得业主同意，拟向排第一序位的中标候选人发出中标通知书前，了解到该中标候选人的经营状况恶化，且被列入了失信被执行人。

问题：

1. 事件1中，依据图1绘制增加Z工作以后的施工进度计划；列式计算Z工作的工程价款（单位：元）。

2. 事件2中，总承包单位的费用和工期索赔是否成立？说明理由。在索赔成立的情况下，总承包单位可索赔的费用金额为多少元？

3. 事件3中,从经济性角度考虑,总承包单位应压缩多少天的工期?应压缩哪几项工作?可以获得的收益是多少元?

4. 总承包单位直接确定评标专家的做法是否正确?说明理由。

5. 评标委员会对投标人施工业绩认定的做法是否正确?说明理由。

6. 针对分包专业工程招标过程中的事件③,总承包单位应如何处理?
(费用计算结果保留2位小数)

试题四(20分)

某施工项目发承包双方签订了工程合同,工期6个月。有关工程内容及其价款约定如下:

1. 分项工程(含单价措施,下同)项目4项,有关数据如表8所示。
2. 总价措施项目费用为分项工程项目费用的15%,其中,安全文明施工费为6%。
3. 其他项目费用包括,暂列金额18万元,分包专业工程暂估价20万元,另计总承包服务费5%,管理费和利润为不含人材机费用之和的12%,规费为工程费用的7%,增值税税率为9%。

分项工程项目相关数据与计划进度表 表8

分项工程项目				每月计划完成工程量(m³或m²)					
名称	工程量	综合单价	费用(万元)	1	2	3	4	5	6
A	900m³	300元/m³	27.0	400	500				
B	1200m³	480元/m³	57.6		400	400	400		
C	1400m²	320元/m²	44.8		350	350	350	350	
D	1200m²	280元/m²	33.6				200	400	400	200
分项工程项目费用合计(万元)			163.0	12	45.4	36	41.6	22.4	5.6

有关工程价款调整与支付条款约定如下:

1. 开工日期10日前,发包人按分项工程项目签约合同价的20%支付给承包人作为工程预付款,在施工期间2~5个月的每月工程款中等额扣回。

2. 安全文明施工费工程款分 2 次支付，在开工前支付签约合同价的 70%，其余部分在施工期间第 3 个月支付。

3. 除安全文明施工费之外的总价措施项目工程款，按签约合同价在施工期间第 1～5 个月分 5 次平均支付。

4. 竣工结算时，根据分项工程项目费用变化值一次性调整总价措施项目费用。

5. 分项工程项目工程款按施工期间实际完成工程量逐月支付，当分项工程项目累计完成工程量增加（或减少）超过计划总工程量 15% 以上时，管理费和利润降低（或提高）50%。

6. 其他项目工程款在发生当月支付。

7. 开工前和施工期间，发包人按承包人每次应得工程款的 90% 支付。

8. 发包人在承包人提交竣工结算报告后 20 天内完成审查工作，并在承包人提供所在开户行出具的工程质量保函（额度为工程竣工结算总造价的 3%）后，一次性结清竣工结算款。

该工程如期开工，施工期间发生了经发承包双方确认的下列事项：

1. 因设计变更，分项工程 B 的工程量增加 300m³，第 2、3、4 个月每月实际完成工程量均比计划完成工程量增加 100m³。

2. 因招标工程量清单的项目特征描述与工程设计文件不符，分项工程 C 的综合单价调整为 330 元/m²。

3. 分包专业工程在第 3、4 个月平均完成，工程费用不变。

其他工程内容的施工时间和费用均与原合同约定相符。

问题：

1. 该施工项目签约合同价中的总价措施项目费用、安全文明施工费分别为多少万元？签约合同价为多少万元？开工前发包人应支付给承包人的工程预付款和安全文明施工费工程款分别为多少万元？

2. 截止到第 2 个月末，分项工程项目的拟完工程计划投资、已完工程计划投资、已完工程实际投资分别为多少万元（不考虑总价措施项目费用的影响）？投资偏差和进度偏差分别为多少万元？

3. 第 3 个月，承包人完成分项工程项目费用为多少万元？该月发包人应支付给承包人的工程款为多少万元？

4. 分项工程 B 按调整后的综合单价计算费用的工程量为多少立方米？调整后的综合单价为多少元/m³？分项工程项目费用、总价措施项目费用分别增加多少万元？竣工结算时，发包人应支付给承包人的竣工结算款为多少万元？

（计算过程和结果以"万元"为单位的保留 3 位小数，以"元"为单位的保留 2 位小数）

试题五（40 分）

Ⅰ 土木建筑工程

某企业已建成 1500m³ 生活用高位水池，开始办理工程竣工结算事宜。承建该工程的施工企业根据施工招标工程量清单中的"高位水池土建分部分项工程和单价措施项目清单与计价表"（表 9），以及该工程的竣工图和相关参数（图 2～图 5）编制工程结算单。

高位水池土建分部分项工程和单价措施项目清单与计价表　　　　表 9

序号	项目编码	项目名称	项目特征	计量单位	工程量	金额（元）	
						综合单价	合价
一		分部分项工程					
1	010101002001	开挖土方	挖运 1km 内	m³	1172.00	14.94	17509.68
2	010102002001	开挖石方	风化岩挖运 1km 内	m³	4688.00	17.72	83071.36
3	010103002001	回填土石方		1050.00	1050.00	30.26	31773.00
4	010501001001	混凝土垫层	C15 混凝土	m³	36.00	588.84	21198.24
5	070101001001	混凝土池底板	C30 抗渗混凝土	m³	210.00	761.76	159969.60
6	070101002001	混凝土池壁板	C30 混凝土	m³	180.00	798.77	143778.60
7	070101003001	混凝土池顶板	C30 混凝土	m³	40.00	719.69	28787.60
8	070101004001	混凝土池内柱	C30 混凝土	m³	5.00	718.07	3590.35
9	010515001001	钢筋	制作绑扎	t	36.00	8688.86	3127.98
10	010606008001	钢爬梯	制作安装	t	0.2	9402.10	1880.42
		分部分项工程小计		元			804357.81
二		单价措施项目					
1	—		模板、脚手架、垂直运输、大型机械	—			131800.00
		单价措施项目小计		元			131800.00
		分部分项工程和单价措施项目合计		元			936157.81

问题：

1. 根据图 2～图 4 所示内容及相关数据，按《构筑物工程工程量计算规范》GB 50860—2013 的计算规则，请在答题卡表 10 中，列式计算该高位水池的混凝土垫层、钢筋混凝土池底板、钢筋混凝土池壁板、钢筋混凝土池顶板、钢筋混凝土池内柱、钢筋、钢爬梯等实体工程分部分项结算工程量（注：池壁计算高度为池底板上表面至池顶板下表面；池顶板为肋形板与主、次梁计入池顶板体积内;池内柱的计算高度为池底板上表面到池顶板下表面的高度。钢筋工程量计算按:池底板 66.50kg/m,池壁板 89.65kg/m³,池顶板及主、次梁 123.80kg/m³,池内柱 148.20kg/m³,钢爬梯 φ20 钢筋按 2.47kg/m 计算)。

实体工程分部分项结算工程量　　　　　　　　　　　　　　　　　　表 10

项目名称	项目特征	单位	计算过程	工程量	综合单价
混凝土垫层	C15 混凝土	m³	填写在空白位置		
混凝土池底板	C30 抗渗混凝土	m³			
混凝土池壁板	C30 混凝土	m³			
混凝土池顶板	C30 混凝土	m³			
混凝土池内柱	C30 混凝土	m³			
钢筋	制作绑扎	t			
钢爬梯	制作安装	t			

2. 原招标工程量清单中钢筋混凝土池顶板混凝土为 C30,施工过程中经各方确认设计变更为 C35。若该清单项目混凝土消耗量为 1.015;同期 C30 及 C35 商品混凝土到工地价分别为 488.00 元/m³ 和 530.00 元/m³;原投标价中企业管理费按人工、材料、机械费之和的 10% 计取,利润按人工、材料、机械、企业管理费之和的 7% 计取。请在答题卡中列式计算该钢筋混凝土池顶板混凝土由 C30 变更为 C35 的综合单价差和综合单价。

3. 该工程施工合同双方约定,工程竣工结算时,土石方工程量和单价措施费不做调整。请根据问题 1 和问题 2 的计算结果、表 9 中已有的数据、答题卡表中相关的信息,按《构筑物工程工程量计算规范》GB 50860—2013 及《建设工程工程量清单计价规范》GB 50500—2013 的计算规则,在答题卡表 11 中,编制该高位水池土建分部分项工程和单价措施项目清单与计价表。

高位水池土建分部分项工程和单价措施项目清单与计价表　　　　表 11

序号	项目编码	项目名称	项目特征	计量单位	工程量	金额(元)	
						综合单价	合价
一	分部分项工程						
1	010101002001	开挖土方	挖运 1km 内	m³			
2	010102002001	开挖石方	风化岩挖运 1km 内	m³			
3	010103002001	回填土石方	1050.00	m³			
4	010501001001	混凝土垫层	C15 混凝土	m³			
5	070101001001	混凝土池底板	C30 抗渗混凝土	m³			
6	070101002001	混凝土池壁板	C30 混凝土	m³			

续表

序号	项目编码	项目名称	项目特征	计量单位	工程量	金额（元）	
						综合单价	合价
7	070101003001	混凝土池顶板	C30 混凝土	m³			
8	070101004001	混凝土池内柱	C30 混凝土	m³			
9	010515001001	钢筋	制作绑扎	t			
10	010606008001	钢爬梯	制作安装	t			
		分部分项工程小计		元			
二	单价措施项目						
1	—	模板、脚手架、垂直运输、大型机械	—				
		单价措施项目小计		元			
		分部分项工程和单价措施项目合计		元			

4. 若总价措施项目中仅有安全文明施工费，其费率按分部分项工程费的6%计取；其他项目费用的防水工程专业分包结算价为85000.00元，总包服务费按5%计取；人工费占分部分项工程费及措施项目费的25%，规费按人工费的21%计取，税金按9%计取。请根据问题3的计算结果，按《建设工程工程量清单计价规范》GB 50500—2013的计算规则，在答题卡中列式计算安全文明施工费、措施项目费、人工费，在答题卡表12中，编制该高位水池土建单位工程竣工结算汇总表。

高位水池土建单位工程竣工结算汇总表　　　　　表12

序号	汇总内容	金额（元）
1	分部分项工程费	
2	措施费	
2.1	其中安全文明施工费	
3	其他项目费	
3.1	专业工程分包	
3.2	总承包服务费	
4	规费	
5	税金	
竣工结算总价合计＝1+2+3+4+5		

（无特殊说明的，费用计算时均为不含税价格；计算结果均保留2位小数）

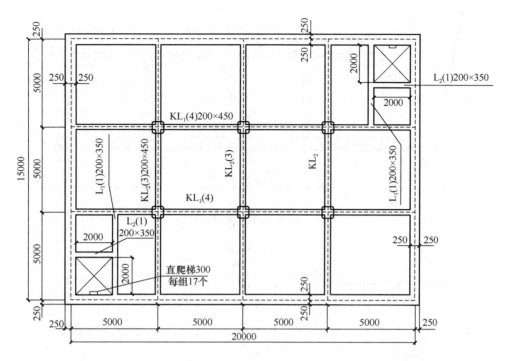

图 2 梁板图

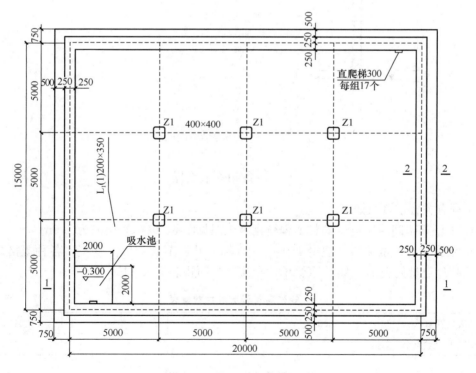

图 3 平面图

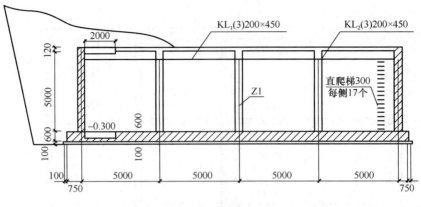

图 4　1-1 剖面图

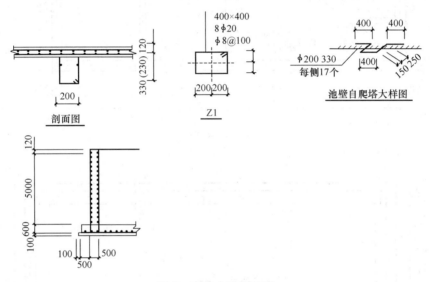

图 5　高位水池剖面图

Ⅱ　设备和管道工程

工程有关背景资料如下：

1. 工厂某车间通风空调安装工程简化施工图见图 6，该车间层高为 4.5m。
2. 铝合金方形散流器（规格 480×480）和多叶调节阀为成品购买，各种规格矩形弯管导流叶片数量见表 13，矩形弯管单片导流叶片面积表见表 14。

矩形弯管导流叶片数量表　　　　　　　　　　　　　　　表 13

长边长（mm）	600	800	1000	1250
导流叶片个数（个）	4	6	7	8

矩形弯管单片导流叶片面积表　　　　　　　　　　　　　表 14

短边长（mm）	250	320	400	500
面积（m²）	0.091	0.114	0.14	0.17

3. 相关分部分项工程量清单统一项目编码表见表15。

相关分部分项工程量清单统一项目编码表　　　　　　　　　　表15

项目编码	项目名称	项目编码	项目名称
030701003	空调器	030704001	通风工程检测调试
030702001	碳钢通风管道	030704002	风管漏光试验、漏风试验
030703001	碳钢阀门	031201003	金属结构刷油
030703011	铝及铝合金散流器		

4. 相关定额人工、材料、机械台班消耗量及市场价格见表16。

定额人工、材料、机械台班消耗量及市场价格表　　　　　　　　表16

定额编号			12-1-5	12-2-49	12-2-50	市场价格
项目名称			一般钢结构手工除轻锈	刷红丹防锈漆		
				第一遍	第二遍	
			计量单位：100kg			
	名称	单位	消耗量			
人工（综合工日）		工日	0.303	0.205	0.197	150.00（元/工日）
材料	钢丝刷子	把	0.150	—	—	4.00（元/把）
	铁砂布 0~2 号	张	1.090	—	—	3.00（元/张）
	破布	kg	0.150	—	—	9.00（元/kg）
	醇酸防锈漆 C53-1	kg	—	1.16	0.950	20.00（元/kg）
	溶剂汽油	L	—	0.009	0.078	7.50（元/L）
机械	汽车式起重机 16t	台班	0.010	0.005	0.005	1500.00（元/台班）

5. 假设相关定额单位估价表见表17。

金属结构除锈、刷红丹防锈漆定额单位估价表　　　　　　　　　表17

定额编号	项目名称	单位	安装基价（元）			未计价主材	
			人工费	材料费	机械费	单价	消耗量
12-1-57	一般钢结构手工除轻锈	100kg	40.00	4.50	13.00		
12-2-49	刷红丹防锈漆第一遍	100kg	30.00	22.00	7.00		
12-2-50	刷红丹防锈漆第二遍	100kg	28.00	20.00	7.00		

说明：管理费按人工费的60%计算，利润按人工费的30%计算。

以上费用和单价均不包括规费和增值税可抵扣进项税。

设计说明：

(1) 本工程为某加工车间通风空调系统安装工程，层高为4.5m。

(2) 本加工车间采用1台恒温恒湿机进行室内空气调节，并配合土建砌筑混凝土基础和预埋地脚螺栓安装，其型号为YSL-DHS-225，外形尺寸为1200×1100×1900。

(3) 风管采用镀锌薄钢板矩形风管，法兰咬口连接，风管规格1000×320，板厚$\delta=1.0$mm；风管规格800×320，板厚$\delta=0.75$mm；风管规格600×320，板厚$\delta=0.6$mm；

风管规格 480×480，板厚 $\delta=0.5$mm。

（4）对开多叶调节阀为成品购买，成品铝合金方形散流器规格为 480×480。

（5）风管采用橡塑玻璃棉保温，保温厚度为 $\delta=30$mm。

（6）恒温恒湿机 YSL-DHS-2251200×1100×1900－350kg，落地安装。

（7）恒温恒湿机减振措施采用橡胶隔振垫 $\delta=20$mm，地脚螺栓规格采用 $\phi=14$mm，$L=250$mm。

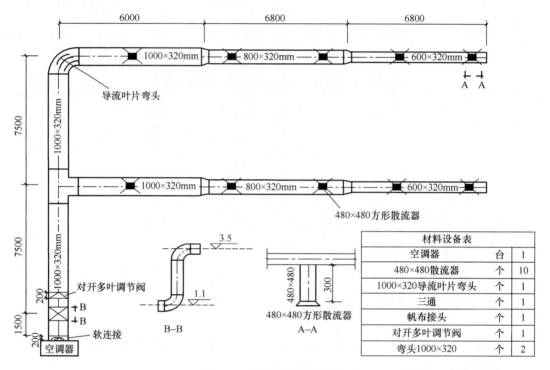

图 6　工厂某车间通风空调

问题：

1．根据《通用安装工程工程量计算规范》GB 50856—2013 的规定，以及图 6 所示内容和背景资料 2，分别列式计算镀锌薄钢板风管、弯管导流叶片、帆布软接口、橡塑玻璃棉保温的清单工程量，并把计算式和计算结果填写到答题卡表 18 中。

工程量清单计算表　　　　　　　　　　　　　　　　　　　　表 18

名称及规格		单位	计算式	工程量
镀锌薄钢板	1000×320	m²		
	800×320	m²		
	600×320	m²		
	480×480	m²		
弯头导流叶片		m²		
帆布软接头		m²		
风管玻璃棉保温		m³		

2. 假设风管工程量为150m²，风管支吊架、托架、法兰等普通金属结构为795kg，其他工程量按给定的图纸计算，根据《建设工程工程量清单计价规范》GB 50500—2013和《通用安装工程工程量计算规范》GB 50856—2013、图6、背景资料3，编制空调器、碳钢阀门、铝及铝合金散流器、金属结构刷油、通风工程检验调试、风管漏光试验、漏风试验的分部分项工程量清单，并把编制结果填写到答题卡表19中。

分部分项工程量清单　　　　　　　　　　　　　　　　表 19

序号	项目编码	项目名称	项目特征描述	计量单位	工程量

3. 根据背景资料4编制一般金属结构除锈、刷红丹防锈漆定额单位估价表，并把编制结果填写到答题卡表20中。

一般金属结构除锈、刷红丹防锈漆定额单位估价表　　　　　　　表 20

定额编号	项目名称	单位	安装基价（元）			未计价主材	
			人工费	材料费	机械费	单价	消耗量
12-1-5	一般钢结构除轻锈	100kg					
12-2-49	刷红丹防锈漆第一遍	100kg					
12-2-50	刷红丹防锈漆第二遍	100kg					

4. 根据《建设工程工程量清单计价规范》GB 50500—2013和《通用安装工程工程量计算规范》GB 50856—2013、背景资料5，编制金属结构刷油项目工程量清单的综合单价分析表，并填入答题卡表21中。

（计算过程保留3位小数，结果保留2位小数）

综合单价分析表　　　　　　　　　　　　　　　　表 21

项目编码		项目名称			计量单位			工程量	
清单综合单价组成明细									
定额编号	定额名称	定额单位	数量	单价（元）			合价（元）		
				人工费	材料费	机械费	管理费和利润	人工费	材料费	机械费	管理费和利润
人工单价			小　计						
元/工日			未计价材料费						
			清单项目综合单价						

续表

	主要材料名称、规格、型号	单位	数量	单价（元）	合价（元）	暂估单价（元）	暂估合价（元）
材料费明细							
	其他材料费						
	材料费小计						

Ⅲ 电气和自动化工程

工程背景资料如下：

1. 某教学楼为砖、混凝土结构，层高3.3m。图7为教学楼语言教室电气工程平面图，图8为配电系统图及主要材料设备图例表。

图中括号内数字表示线路水平长度，配管、配线规格为，$BV2.5mm^2$：2～3根穿刚性阻燃管PC20，4～6根穿刚性阻燃管PC25；$BV4mm^2$：2～3根穿刚性阻燃管PC25。

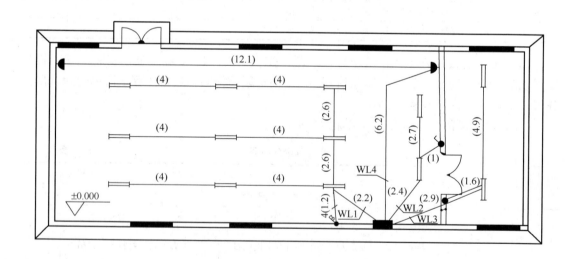

图7 语言教室电气工程平面图

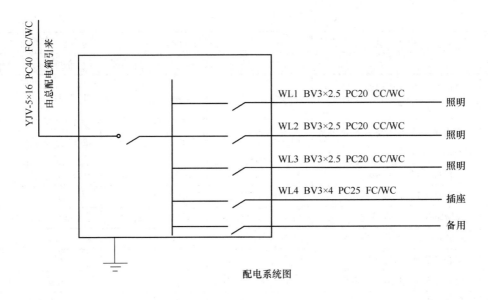

图8 配电系统图及主要材料设备图例表

2. 该工程的相关定额、主材单价及损耗率见表22。

相关定额、主材单价及损耗率表　　　　　　表22

定额编号	项目名称	定额单位	安装基价（元）			主材	
			人工费	材料费	机械费	单价	损耗率
4-2-77	成套配电箱安装 嵌入式 半周长≤1.5m	台	155.5	36.8	0	4300.00元/台	
4-4-14	无端子外部接线 导线截面面积≤2.5mm²	个	1.44	1.44	0		
4-4-15	无端子外部接线 导线截面面积≤6mm²	个	2.04	1.44	0		
4-12-134	砖、混凝土结构暗配 刚性阻燃管 PC25	10m	67.10	5.70	0	2.30元/m	6

续表

定额编号	项目名称	定额单位	安装基价（元）			主材	
			人工费	材料费	机械费	单价	损耗率
4-13-5	管内穿照明线 铜芯 导线截面面积≤2.5mm²	10m	9.70	1.40	0	1.50元/m	16
4-13-6	管内穿照明线 铜芯 导线截面面积≤4mm²	10m	6.40	1.50	0	2.55元/m	10
4-14-379	跷板暗开关 单联单控	个	6.86	0.90	0	10.00元/个	2
4-14-379	跷板暗开关 双联单控	个	6.86	0.90	0	15.00元/个	2
4-14-379	跷板暗开关 三联单控	个	6.86	0.90	0	20.00元/个	2
4-14-401	单相带接地暗插座≤15A	个	8.50	0.90	0	15.00元/个	2
4-14-402	单相带接地暗插座 16A	个	8.50	0.90	0	20.00元/个	2
4-14-205	荧光灯安装 吸顶式 双管	套	20.50	1.80	0	200元/套	1
4-13-179	接线盒安装	个	4.30	0.90	0	10.00元/个	2

注：表内费用均不含增值税可抵扣进项税。

3. 该工程的管理费和利润分别按人工费的45%和15%计算。
4. 相关分部分项工程量清单项目编码及项目名称见表23。

相关分部分项工程量清单项目的统一编码　　　　表23

项目编码	项目名称	项目编码	项目名称
030404017	配电箱	030411001	配管
030412005	荧光灯	030411004	配线
030404034	照明开关	030412001	普通灯具
030404035	插座		

5. 计算工程量时，不考虑配管嵌入地面或顶板内深度、开头盒、灯头盒、接线盒等。相关定额消耗量及价格见表24。

砖、混凝土结构暗配刚性阻燃管消耗量及相关价格表（单位10m）　　　　表24

定额编号		4-12-133		
项目		砖、混凝土结构暗配刚性阻燃管PC20		
	名称	单价	消耗量	单价
	人工（综合工日）	工日	0.540	120（元/工日）
材料	刚性阻燃管（主材）	m	10.600	20.00（元/m）
	其他材料费	元	5.10	
机械设备使用费				

问题：

1. 按照背景资料1~5和图7、图8所示，根据《建设工程工程量清单计价规范》GB 50500—2013和《通用安装工程工程量计算规范》GB 50856—2013的规定，计算WL1、

WL2、WL3、WL4 配管、配线的工程量，计算式与结果填写在答题卡的指定位置。

WL1：

WL2：

WL3：

WL4：

汇总：

2. 假定 PC20 工程量为 100.00m，PC25 工程量为 80.00m，BV2.5mm² 工程量为 310.00m，BV4mm² 工程量为 280.00m，其他工程量根据给定图纸计算。编制分部分项工程量清单，完成答题卡表 25。

分部分项工程和单价措施项目清单与计价表　　　　表 25

序号	项目编码	项目名称	项目特征描述	计量单位	工程量	金额（元）		
						综合单价	合价	其中：暂估价
				合计				

3. 假定该配电系统中，刚性阻燃管 PC20 的工程量为 40m，接线盒 2 个。根据本题背景资料和表 22、《建设工程工程量清单计价规范》GB 50500—2013 和《通用安装工程工程量计算规范》GB 50856—2013 的规定，计算砖、混凝土结构暗配刚性阻燃管 PC20 定额基价的人工费，并完成答题卡表 26。根据结果完成砖、混凝土结构暗配刚性阻燃管 PC20 的综合单价计算，并在答题卡指定位置写出计算过程，将结果填入答题卡表 27 综合单价分析表（接线盒的安装及主材费用含在刚性阻燃管 PC20 安装项目综合单价中）。

（计算过程和结果数据均保留 2 位小数）

（1）

砖、混凝土结构暗配刚性阻燃管 PC20 定额、主材单价及损耗率表　　　表 26

定额编号	项目名称	定额单位	安装基价（元）			主材	
			人工费	辅助材料费	机械费	单价（元）	损耗率（%）
4-12-133	砖、混凝土结构暗配刚性阻燃管 PC20	10m					

（2）
人工费：
辅助材料费：
主材费：
管理费和利润：
综合单价：

综合单价分析表　　　表 27

项目编码			项目名称			计量单位		工程量		
清单综合单价组成明细										
定额编号	定额名称	定额单位	数量	单价				合价			
				人工费	材料费	机械费	管理费和利润	人工费	材料费	机械费	管理费和利润
人工单价				小　计							
—				未计价材料费							
清单项目综合单价											
材料费明细	主要材料名称、规格、型号			单位		数量		单价（元）	合价（元）	暂估单价（元）	暂估合价（元）
	其他材料费										
	材料费小计										

2021 年全国一级造价工程师职业资格考试
《建设工程造价案例分析（土木建筑工程、安装工程）》
答案与解析

试题一（20 分）

问题 1：

建设期利息：

第 1 年：$1500 \times 1/2 \times 6\% = 45$（万元）

第 2 年：$(1500 + 45 + 1500 \times 1/2) \times 6\% = 137.70$（万元）

建设期贷款利息合计：$45 + 137.7 = 182.70$（万元）

固定资产折旧费$(5300 + 182.70 - 300) \times (1 - 5\%)/8 = 615.45$（万元）

问题 2：

每年应还本息和：$3182.7 \times (A/P, 6\%, 5) = 3182.7 \times [6\% \times (1+6\%)^5]/[(1+6\%)^5 - 1] = 755.56$（万元）

(1) 运营期第 1 年应还利息：$3182.7 \times 6\% = 190.96$（万元）

(2) 运营期第 1 年应还本金：$755.56 - 190.96 = 564.60$（万元）

问题 3：

(1) 运营期第 1 年应投入的流动资金：

应收账款＝年经营成本/12＝2700/12＝225（万元）

现金＝（工资及福利费＋其他费用）/9＝(700+290)/9＝110（万元）

存货＝385（万元）

流动资产＝225＋110＋385＝720（万元）

应付账款＝外购原材料、燃料费/6＝1680/6＝280（万元）

流动负债＝应付账款＝280（万元）

运营期第 1 年应投入的流动资金＝720－280＝440（万元）

(2) 运营期第 2 年应投入的流动资金＝855－350－440＝65（万元）

问题 4：

运营期第 1 年增值税：$3520 \times 13\% - 200 - 300 = -42.40$（万元）＜0，因此，应纳增值税为 0

问题 5：

(1) 运营期第 1 年总成本费用：

总成本费用＝2700＋615.45＋190.96＝3506.41（万元）

(2) 运营期第 1 年税后利润：

税后利润＝$(3520 - 3506.41) \times (1 - 25\%) = 10.19$（万元）

净利润＋折旧＋摊销＝10.19＋615.45＝625.64（万元）＞当年应还本金 564.6 万元。

因此，运营期第1年可以满足还款要求。

试题二（20分）

问题1：

计算结果见表28。

权重计算表

表 28

	Z_1	Z_2	Z_3	Z_4	Z_5	Z_6	得分	修正得分	权重
Z_1	×	0	0	1	1	1	3	4	0.190
Z_2	1	×	1	1	1	1	5	6	0.286
Z_3	1	0	×	1	1	1	4	5	0.238
Z_4	0	0	0	×	0	1	1	2	0.095
Z_5	0	0	0	1	×	1	2	3	0.143
Z_6	0	0	0	0	0	×	0	1	0.048
							15	21	1.000

问题2：

方案一得分：$10×0.19+10×0.286+8×0.238+6×0.095+6×0.143+7×0.048$
$=8.428$

方案二得分：$8×0.19+7×0.286+9×0.238+9×0.095+8×0.143+9×0.048$
$=8.095$

方案三得分：$7×0.19+6×0.286+10×0.238+10×0.095+10×0.143+10×0.048$
$=8.286$

方案一得分最高，因此，推荐方案一为最优方案。

问题3：

（1）方案三寿命周期年费用：

$2100×(A/P,8\%,50)+120-70×(P/F,8\%,50)×(A/P,8\%,50)=2100/12.233+120-70×0.021/12.233=291.547(万元)$

（2）成本指数：

$256.415+280.789+291.547=828.751(万元)$

方案一：$256.415/828.751=0.309$

方案二：$280.789/828.751=0.339$

方案三：$291.547/828.751=0.352$

价值指数：

方案一：$0.241/0.309=0.780$

方案二：$0.351/0.339=1.035$

方案三：$0.408/0.352=1.159$

方案三价值指数最高，因此，选择方案三为最优方案。

问题4：

A方案费用净现值：$1800+60-40×(P/F,8\%,40)+(130-8)×(P/A,8\%,40)+20×[(P/F,8\%,10)+(P/F,8\%,20)+(P/F,8\%,30)]=1800+60-40×0.046$

$+122\times11.925+20\times(0.463+0.215+0.099)=3328.55$(万元)

B 方案费用净现值：$1800+100-40\times(P/F,8\%,40)+(130-11)\times(P/A,8\%,40)+50\times(P/F,8\%,20)=1800+100-40\times0.046+119\times11.925+50\times0.215=3327.985$(万元)

B 方案费用净现值最小，因此，选择 B 方案为最优方案。

试题三（20 分）

问题 1：

如图 9 所示。

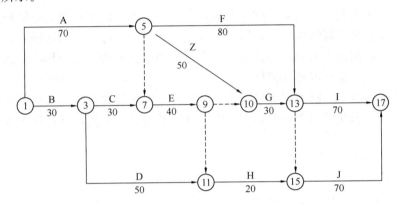

图 9　增加工作 Z 后的施工进度计划

Z 工程款：$(600\times150+50\times1500+160000)\times(1+10\%)\times(1+6\%)\times(1+13\%)\times(1+30\%)=556677.55$(元)

问题 2：

事件 2：不可以提出工期和费用索赔。

理由：对已同意覆盖的工程隐蔽部位质量有疑问的，或发现施工单位私自覆盖工程隐蔽部位的，项目监理机构应要求施工单位对该隐蔽部位进行钻孔探测或揭开或用其他方法进行重新检验。

由此增加的费用和延误的工期均由承包人承担。

索赔费用为 0。

问题 3：

解题思路：关键线路为 AZGI、AFI、AZGJ、AFJ。

同时压缩 F 和 G 工作各 10 天，费用增加 $(2000\times10+5000\times10)/10000=7$（万元），工期$=220-10=210$（天）

(1) 从经济的角度，总承包商应压缩 10 天工期。

(2) 可压缩的工作为 Z、G 各 10 天。

(3) 可获得的收益为：$1\times10-7=3$（万元）。

问题 4：

总承包商直接确定评标专家的做法正确。

理由：评标专家可以采取随机抽取或者直接确定的方式。一般项目，可以采取随机抽取的方式；技术特别复杂、专业性要求特别高或者国家有特殊要求的招标项目采取随机抽取方式确定的专家难以胜任的,可以由招标人直接确定。

问题 5:
评标委员会对施工业绩认定的做法错误。

理由:评标委员会应根据招标文件规定的评标标准和方法,对投标文件进行系统评审和比较。招标文件没有规定的标准和方法不得作为评标的依据。

问题 6:
总承包人可以重新招标或选择中标候选人名单排名第二的中标候选人为中标人。

国有资金占控股或者主导地位的依法必须进行招标的项目,招标人应当确定排名第一的中标候选人为中标人。排名第一的中标候选人放弃中标、因不可抗力不能履行合同、不按照招标文件要求提交履约保证金,或者被查实存在影响中标结果的违法行为等情形,不符合中标条件的,招标人可以按照评标委员会提出的中标候选人名单排序依次确定其他中标候选人为中标人,也可以重新招标。

中标候选人的经营、财务状况发生较大变化或者存在违法行为,招标人认为可能影响其履约能力的,应当在发出中标通知书前由原评标委员会按照招标文件规定的标准和方法审查确认。

试题四(20 分)

问题 1:
(1) 总价措施项目费用 $=163×15\%=24.45$(万元)
(2) 安全文明施工费 $=163×6\%=9.78$(万元)
(3) 签约合同价 $=(163+24.45+18+20×1.05)×1.07×1.09=264.109$(万元)
(4) 工程预付款 $=163×1.07×1.09×20\%=38.021$(万元)
(5) 开工前应支付的安全文明施工费工程款 $=9.78×1.07×1.09×70\%×90\%=7.186$(万元)

问题 2:
截至第 2 个月末:
(1) 拟完工程计划投资 $=(12+45.4)×1.07×1.09=66.946$(万元)
(2) 已完工程计划投资 $=(27+500×480/10000+350×320/10000)×1.07×1.09=72.544$(万元)
(3) 已完工程实际投资 $=(27+500×480/10000+350×330/10000)×1.07×1.09=72.952$(万元)
(4) 投资偏差 $=72.544-72.952=-0.408$(万元),即,投资超支 0.408 万元;
(5) 进度偏差 $=72.544-66.946=5.598$(万元),即,进度超前 5.598 万元。

问题 3:
第 3 个月:
(1) 承包商完成分项工程项目费用 $=(500×480+350×330+200×280)/10000=41.15$(万元)
(2) 发包人应付工程款 $=[41.15+(24.45-9.78)/5+9.78×30\%+20×1.05/2]×1.07×1.09×90\%-38.021/4=50.870$(万元)

问题 4:

(1) 分项工程 B 按调整后综合单价计算费用的工程量为：1500－1200×1.15＝120(m³)

(2) 原综合单价中的人材机：480/1.12＝428.57(元/m³)

调整后管理费和利润：428.57×12％×(1－50％)＝25.71(元/m³)

调整后综合单价：428.57＋25.71＝454.28(元/m³)

(3) B 分项工程费用增加：[(300－120)×480＋120×454.28]/10000＝14.091(万元)

C 分项工程费用增加：1400×(330－320)/10000＝1.400(万元)

分项工程费用增加：14.091＋1.400＝15.491(万元)

总价措施费用增加：15.491×15％＝2.324(万元)

(4) 实际总造价：264.109＋(15.491＋2.324－18)×1.07×1.09＝263.893(万元)

竣工结算款：(263.893－2.324×1.07×1.09)×(1－90％)＋2.324×1.07×1.09＝28.829(万元)

试题五(40 分)

Ⅰ 土木建筑工程

问题1：

(1)高位水池的混凝土垫层

(20＋0.75×2＋0.1×2)×(15＋0.75×2＋0.1×2)×0.1＝36.24(m³)

(2)钢筋混凝土池底板

(20＋0.75×2)×(15＋0.75×2)×0.6－2×2×0.3＝211.65(m³)

(3)钢筋混凝土池壁板

(15＋20)×2×5×0.5＝175(m³)

(4)钢筋混凝土池顶板

① (20＋0.25×2)×(15＋0.25×2)×0.12－(2×2×0.12)×2＝37.17(m³)

② KL1：[(20－0.5－0.4×3)×0.2×0.33]×2＝2.42(m³)

③ KL2：[(15－0.5－0.4×2)×0.2×0.33]×3＝2.71(m³)

④ L1：2×(5－0.25－0.1)×0.2×0.23＝0.43(m³)

⑤ L2：2×2×0.2×0.23＝0.18(m³)

主梁合计 5.13m³

次梁合计 0.61m³

⑥ 综合：37.17＋2.42＋2.71＋0.43＋0.18＝42.91(m³)

(5)钢筋混凝土池内柱

柱子：0.4×0.4×5×6＝4.80(m³)

(6)钢筋

① 底板钢筋 211.65×66.50/1000＝14.07(t)

② 壁板钢筋 175×89.65/1000＝15.69(t)

③ 柱内钢筋 4.8×148.20/1000＝0.71(t)

④ 板及主次梁钢筋 42.91×123.80/1000＝5.31(t)

⑤ 14.07＋15.69＋0.71＋5.31＝35.78(t)

(7)爬梯 0.4×5×17×2×2.47/1000=0.17(t)

计算结果见表 29。

实体工程分部分项结算工程量 表 29

项目名称	项目特征	单位	计算过程	工程量	综合单价
混凝土垫层	C15 混凝土	m^3	填写在空白位置	36.24	
混凝土池底板	C30 抗渗混凝土	m^3		211.65	
混凝土池壁板	C30 混凝土	m^3		175.00	
混凝土池顶板	C30 混凝土	m^3		42.91	
混凝土池内柱	C30 混凝土	m^3		4.80	
钢筋	制作绑扎	t		35.78	
钢爬梯	制作安装	t		0.17	

问题 2：

差额=(530−488)×(1+10%)×(1+7%)×1.015=50.18(元/m^3)

综合单价=719.69+50.18=769.87(元/m^3)

问题 3：

计算结果见表 30。

高位水池土建分部分项工程和单价措施项目清单与计价表 表 30

序号	项目编码	项目名称	项目特征	计量单位	工程量	金额(元)	
						综合单价	合价
一	分部分项工程						
1	010101002001	开挖土方	挖运 1km 内	m^3	1172.00	14.94	17509.68
2	010102002001	开挖石方	风化岩挖运 1km 内	m^3	4688.00	17.72	83071.36
3	010103002001	回填土石方	1050.00	m^3	1050.00	30.26	31773.00
4	010501001001	混凝土垫层	C15 混凝土	m^3	36.24	588.84	21339.56
5	070101001001	混凝土池底板	C30 抗渗混凝土	m^3	211.65	761.76	161226.50
6	070101002001	混凝土池壁板	C30 混凝土	m^3	175.00	798.77	139784.75
7	070101003001	混凝土池顶板	C30 混凝土	m^3	42.91	769.87	33035.12
8	070101004001	混凝土池内柱	C30 混凝土	m^3	4.80	718.07	3446.74
9	010515001001	钢筋	制作绑扎	t	35.78	8688.86	310887.41
10	010606008001	钢爬梯	制作安装	t	0.17	9402.10	1598.36
	分部分项工程小计			元			803672.48
二	单价措施项目						
1	—	模板、脚手架、垂直运输、大型机械	—				131800.00
	单价措施项目小计			元			131800.00
	分部分项工程和单价措施项目合计			元			935472.48

问题4：

安全文明施工费：803672.48×6%=48220.35(元)

措施项目费：48220.35+131800.00=180020.35(元)

人工费：(803672.48+180020.35)×25%=245923.21(元)

计算结果见表31。

高位水池土建单位工程竣工结算汇总表 表31

序号	汇总内容	金额(元)
1	分部分项工程费	803672.48
2	措施费	180020.35
2.1	其中安全文明施工费	48220.35
3	其他项目费	89250.00
3.1	专业工程分包	85000.00
3.2	总承包服务费	4250.00
4	规费	51643.87
5	税金	101212.80
竣工结算总价=1+2+3+4+5		1225799.50

Ⅱ 设备和管道工程

问题1：

计算结果见表32。

工程量清单计算表 表32

名称及规格		单位	计算式	工程量
薄镀锌钢板	1000×320	m²	1.5+(3.5-1.1)+7.5+7.5-0.2+6×2=30.7(m) 30.7×(1+0.32)×2=61.25(m²)	81.05
	800×320	m²	6.8×2=13.6(m) 13.6×(0.8+0.32)×2=30.46(m²)	30.46
	600×320	m²	6.8×2=13.6(m) 13.6×(0.6+0.32)×2=25.02(m²)	25.02
	480×480	m²	(0.3+0.32÷2)×10=4.6(m) 4.6×(0.48+0.48)×2=8.83(m²)	8.83
弯头导流叶片		m²	7×0.114=0.80(m²)	0.80
帆布软接头		m²	0.2×(1+0.32)×2=0.26(m²)	0.53
风管玻璃棉保温		m³	[(1+0.32)×2+4×1.033×0.03]×1.033×0.03×30.7+[(0.8+0.32)×2+4×1.033×0.03]×1.033×0.03×13.6+[(0.6+0.32)×2+4×1.033×0.03]×1.033×0.03×13.6+[(0.48+0.48)×2+4×1.033×0.03]×1.033×0.03×4.6 =2.63+1+0.83+0.3=4.76(m³)	4.76

问题2：
计算结果见表33。

分部分项工程量清单 表33

序号	项目编码	项目名称	项目特征描述	计量单位	工程量
1	030701003001	空调器	恒温恒湿机 YSL—DHS—225 1200×1100×1900—350kg，落地安装，橡胶隔振垫 δ=20mm	台	1
2	030703001001	碳钢阀门	对开多叶调节阀，1000×320，L=200mm	个	1
3	030703009001	散流器	成品铝合金方形散流器 480×480	个	10
4	030704001001	通风工程检测	通风系统检测、调试，风管工程量150m²	系统	1
5	030704002001	风管漏光试验、漏风试验	矩形风管漏光试验、漏风试验	m²	150.00
6	031201003001	金属结构刷油	金属结构除轻锈，刷红丹防锈漆两遍	kg	795.00

问题3：
计算结果见表34。

一般金属结构除锈、刷红丹防锈漆定额单位估价表 表34

| 定额编号 | 项目名称 | 单位 | 安装基价(元) | | | 未计价主材 | |
			人工费	材料费	机械费	单价	消耗量
12-1-5	一般钢结构除轻锈	100kg	45.45	5.22	15.00	—	—
12-2-49	刷红丹防锈漆第一遍	100kg	30.75	23.27	7.50	—	—
12-2-50	刷红丹防锈漆第二遍	100kg	29.55	19.59	7.50	—	—

问题4：
计算结果见表35。

综合单价分析表 表35

项目编码	031201003001	项目名称		金属结构刷油		计量单位	kg	工程量	795

清单综合单价组成明细											
定额编号	定额名称	定额单位	数量	单价(元)				合价(元)			
				人工费	材料费	机械费	管理费和利润	人工费	材料费	机械费	管理费和利润
12-1-5	一般钢结构除轻锈	100kg	0.01	40.00	4.50	13.00	36.00	0.40	0.05	0.13	0.36
12-2-49	刷红丹防锈漆第一遍	100kg	0.01	30.00	22.00	7.00	27.00	0.30	0.22	0.07	0.27

续表

定额编号	定额名称	定额单位	数量	单价(元)				合价(元)			
				人工费	材料费	机械费	管理费和利润	人工费	材料费	机械费	管理费和利润
12-2-50	刷红丹防锈漆第二遍	100kg	0.01	28.00	20.00	7.00	25.20	0.28	0.20	0.07	0.25
人工单价			小 计					0.98	0.47	0.27	0.88
150元/工日			未计价材料费					0.00			
			清单项目综合单价					2.60			

材料费明细	主要材料名称、规格、型号	单位	数量	单价(元)	合价(元)	暂估单价(元)	暂估合价(元)
	其他材料费				0.47		
	材料费小计				0.47		

Ⅲ 电气和自动化工程

问题 1：

（1）WL1：

PC20：（3.3－0.45－1.8）+2.2+2.6×2+4×6＝32.45（m）

PC25：1.2+（3.3－1.3）＝3.20（m）

BV2.5mm²：32.45×3+3.2×4+（0.3+0.45）×3＝112.40（m）

（2）WL2：

PC20：（3.3－1.8－0.45）+2.4+2.7+1+（3.3－1.3）＝9.15（m）

BV2.5mm²：9.15×3+（0.3+0.45）×3＝29.70（m）

（3）WL3：

PC20：（3.3－1.8－0.45）+2.9+4.9+1.6+（3.3－1.3）＝12.45（m）

BV2.5mm²：12.45×3+（0.3+0.45）×3＝39.60（m）

（4）WL4：PC25：1.8+6.2+12.1+0.3×3＝21.00（m）

BV4mm²：21×3+（0.3+0.45）×3＝65.25（m）

（5）汇总：

PC20：32.45+9.15+12.45＝54.05（m）

PC25：3.2+21＝24.20（m）

BV2.5mm²：112.4+29.7+39.6＝181.70（m）

BV4mm²：65.25（m）

问题 2：

计算结果见表 36。

分部分项工程和单价措施项目清单与计价表　　　　　表36

序号	项目编码	项目名称	项目特征描述	计量单位	工程量	金额（元）		
						综合单价	合价	其中：暂估价
1	030404017001	配电箱	配电箱P188R-496，下沿距地1.8m嵌入式安装，300×450×120（宽×高×厚） 无端子外部接线 2.5mm² 9个 无端子外部接线 4mm² 3个	台	1	4633.36	4633.36	
2	030411001001	配管	PC20刚性阻燃管，沿砖、混凝土结构暗配	m	100.00	32.08	3208.00	
3	030411001002	配管	PC25刚性阻燃管，沿砖、混凝土结构暗配	m	80.00	13.74	1099.20	
4	030411004001	配线	管内穿照明线 BV2.5mm²	m	310.00	3.43	1063.30	
5	030411004002	配线	管内穿照明线 BV4mm²	m	280.00	3.98	1114.40	
6	030404034001	照明开关	单联单控跷板式开关C31/1/2A，暗装，距地1.3m	个	2	22.08	44.16	
7	030404034002	照明开关	三联单控跷板式开关C31/3/2A，暗装，距地1.3m	个	1	32.28	32.28	
8	030412005001	荧光灯	双管荧光灯，T82×36W，吸顶安装	套	13	236.60	3075.80	
9	030404035001	插座	单相二、三极插座，86Z26416－16A暗装，距地0.3m	个	2	34.90	69.80	
			合计				14340.30	

问题3：

（1）砖、混凝土结构暗配刚性阻燃管PC20（10m）定额人工费：0.540×120＝64.80（元）

计算结果见表37。

砖、混凝土结构暗配刚性阻燃管PC20（10m）相关定额、主材单价及损耗率表　　表37

定额编号	项目名称	定额单位	安装基价（元）			主材	
			人工费	辅助材料费	机械费	单价（元）	损耗率（%）
4-12-133	砖、混凝土结构暗配刚性阻燃管PC20	10m	64.8	5.10	0.00	20.00	6

（2）人工费：64.8÷10+4.3×(2÷40)＝6.70(元/m)

辅助材料费：$5.1 \div 10 + 0.9 \times (2 \div 40) = 0.56$(元/m)
主材费：$20 \times 1.06 + 10 \times (2 \div 40) \times 1.02 = 21.71$(元/m)
管理费和利润：$6.70 \times (45\% + 15\%) = 4.02$(元/m)
综合单价：$6.70 + 0.56 + 21.71 + 4.02 = 32.99$(元/m)
计算结果见表38。

综合单价分析表　　　　　　　　　　　　　　　　　　　表38

项目编码	030411001001	项目名称		PC20 刚性阻燃管		计量单位		m	工程量		40
清单综合单价组成明细											
定额编号	定额名称	定额单位	数量	单价（元）				合价（元）			
				人工费	材料费	机械费	管理费和利润	人工费	材料费	机械费	管理费和利润
4-12-133	砖、混凝土结构暗配刚性阻燃管PC20	10m	0.100	64.80	5.10	0.00	38.88	6.48	0.51	0.00	3.89
4-13-179	接线盒安装	个	0.050	4.30	0.90	0	2.58	0.22	0.05	0.00	0.13
人工单价		小　计						6.70	0.56	0.00	4.02
—		未计价材料费								21.71		
清单项目综合单价										32.99		

材料费明细	主要材料名称、规格、型号	单位	数量	单价（元）	合价（元）	暂估单价（元）	暂估合价（元）
	刚性阻燃管 PC20	m	1.060	20	21.20		
	接线盒	个	0.051	10	0.51		
	其他材料费				0.56		
	材料费小计				22.27		

2022 年全国一级造价工程师职业资格考试
《建设工程造价案例分析(土木建筑工程、安装工程)》

试题一（20 分）

某企业投资建设的一个工业项目，生产运营期 10 年，于 5 年前投产。该项目固定资产投资总额 3000 万元，全部形成固定资产，固定资产使用年限 10 年，残值率 5%，直线法折旧。目前，项目建设期贷款已偿还完成，建设期可抵扣进项税已抵扣完成，处于正常生产年份。正常生产年份的年销售收入为 920 万元（不含销项税），年经营成本为 324 万元（含可抵扣进项税 24 万元）。项目运营期第 1 年投入了流动资金 200 万元。企业适用的增值税税率为 13%，增值税附加税率为 12%，企业所得税税率为 25%。为了提高生产效率，降低生产成本，企业拟开展生产线智能化、数字化改造，且改造后企业可获得政府专项补贴支持。具体改造相关经济数据如下：

1. 改造工程建设投资 800 万元（含可抵扣进项税 60 万元），全部形成新增固定资产，新增固定资产使用年限同原固定资产剩余使用年限，残值率、折旧方式和原固定资产相同。改造工程建设投资由企业自有资金投入。

2. 改造工程在项目运营期第 6 年（改造年）年初开工，2 个月完工，达到可使用状态，并投产使用。

3. 改造年的产能、销售收入、经营成本按照改造前正常年份的数值计算。改造后第 2 年（即项目运营期第 7 年，下同）开始，项目产能提升 20%，且增加的产量能被市场完全吸纳，同时由于改造提升了原材料等利用效率，使得经营成本及其可抵扣进项税均降低 10%，所需流动资金比改造前降低 30%。

4. 改造后第 2 年，企业可获得当地政府给予的补贴收入 100 万元（不征收增值税）。

问题：

1. 列式计算项目改造前正常年份的应缴增值税、总成本费用、税前利润及企业所得税。

2. 列式计算项目改造年和改造后第 2 年的应缴增值税和企业所得税。

3. 以政府视角计算由于项目改造引起的税收变化总额（仅考虑增值税和企业所得税）。

4. 遵循"有无对比"原则，列式计算改造后正常年份的项目投资收益率。
（注：改造工程建设投资按照改造年年初一次性投入考虑，改造年的新增固定资产折旧按整年考虑。计算过程和结果均以"万元"为单位，并保留2位小数）

试题二（20分）

某国有企业投资兴建一大厦，通过公开招标方式进行施工招标，选定了某承包商，土建工程的合同价格为20300万元（不含税），其中利润为800万元。该土建工程由地基基础工程（A）、主体结构工程（B）、装饰工程（C）、屋面工程（D）、节能工程（E）五个分部工程组成，中标后该承包商经过认真测算、分析，各分部工程的功能得分和成本所占比例见表1。

各分部工程功能得分和成本比例表　　　　表1

分部工程项目	A	B	C	D	E
各分部工程功能评价	26	35	22	9	16
各分部工程成本占比例	0.24	0.33	0.20	0.08	0.15

建设单位要求设计单位提供楼宇智能化方案供选择，设计单位提供了两个能够满足建设单位要求的方案，本项目的造价咨询单位对两个方案的相关费用和收入进行了测算，有关数据见表2。建设期为1年，不考虑期末残值，购置、安装费及所有收支费用均发生在年末，年复利率为8%，现值系数见表3。

两个方案的基础数据表　　　　表2

方案	购置、安装费（万元）	大修理周期（年）	每次大修理费（万元）	使用年限（年）	年运行收入（万元）	年运行维护费
方案一	1500	15	160	45	250	80
方案二	1800	10	100	40	280	75

现值系数表　　　　表3

	1	10	15	20	30	40	41	45	46
$(P/A, 8\%, n)$	0.926	6.710	8.559	9.818	11.258	11.925	11.967	12.109	12.137
$(P/F, 8\%, n)$	0.926	0.463	0.315	0.215	0.099	0.046	0.043	0.031	0.029

问题：
1. 承包商以分部工程为对象进行价值工程分析，计算各分部工程的功能指数及目前成本。

2. 承包商制定了强化成本管理方案，计划将目标成本额控制在18500万元，计算各分部工程的目标成本及其可能降低额度，并据此确定各分部工程成本管控的优先顺序。

3. 若承包商的成本管理方案能够得到可靠实施，但施工过程中占工程成本50%的材料费仍有可能上涨，经预测上涨10%的概率为0.6，上涨5%的概率为0.3，则承包商在该工程的期望成本利润率应为多少？

4. 对楼宇智能化方案采用净年值法计算分析，建设单位应选择哪个方案？
（注：计算过程和结果均保留3位小数）

试题三（20分）

某国有资金投资新建教学楼工程，建设单位委托某招标代理机构对预算为3800万元的建筑安装工程组织施工招标。A、B、C、D、E共五家申请人通过了资格预审，其中B为联合体。建设单位要求招标代理机构做好以下工作：

1. 被列为失信被执行人的投标人，直接否决其投标，不进入评标环节。
2. 为保证招标工作顺利进行，指导投标人做好投标文件。
3. 最高投标限价为3800万元，为保证工程质量，规定投标人的投标报价不得低于最高投标限价的75%，即不低于$3800 \times 75\% = 2850$（万元）。
4. 为保证投标人不少于3家，对开标前已提交投标文件而又要求撤回的投标人，其投标保证金不予退还。

该项目招标过程中发生如下事件：

事件1：投标人A递交投标文件时，提交了某银行出具的投标保证金汇款支出证明。在开标时，招标人实时查证该笔汇款还未到达招标文件指定的收款账户。

事件2：投标文件评审时发现，投标人B为增加竞争力，将资格预审时联合体成员中某二级资质的甲单位更换为另一特级资质的乙单位。

事件3：评标过程中，评标委员会7位专家中有3位专家提出，招标文件要求详细核对投标文件中的相关数据，应延长评标时间。招标人认为其他4位专家并未提出评标时长不够，应该少数服从多数，不同意延长评标时间。

事件4：评标委员会按综合得分由高到低的顺序向招标人推荐了三名中标候选人。由于排名第一的中标候选人放弃中标，招标人和排名第二的中标候选人进行谈判，因其报价高于排名第一的中标候选人，招标人要求按排名第一的中标候选人的报价签订合同。

通过招标确定承包单位后，发承包双方签订了施工承包合同。合同中有关工程计价的部分条款约定：管理费按人材机费之和的10%计取；利润按人材机费和管理费之和的6%计取；措施费按分部分项工程费的30%计取；规费和增值税按分部分项工程费和措施费之和的14%计取；人工工日单价为150元/工日，人员窝工的补偿标准为工日单价的60%；施工机械台班单价为1500元/台班，施工机械闲置补偿标准为台班单价的70%；人员窝工和施工机械闲置均不计取管理费和利润。合同工期360天，工期提前/延误的奖罚金额为20000元/天。

合同签订后，承包单位编制并获批准的施工进度计划如图1所示。

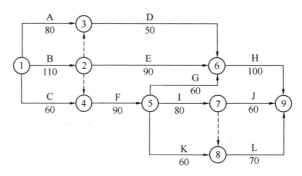

图1 施工进度计划

为改善使用功能，建设单位要求设计单位修改和优化设计方案，具体设计变更内容为：

1. 取消了原有的G工作。取消G工作的设计变更通知送达承包单位时，承包单位已经为实施G工作刚采购进场了一批工程材料，该批材料无法退货也无法换作他用，承包单位向建设单位索要该批材料的材料费，内容包括材料原价和检验试验费、二次搬运费。

2. 增加了H工作的工程量，H工作持续时间增加20%，由此增加人工600工日、材料费36万元，施工机械25台班；造成人员窝工160工日、施工机械闲置12台班。

根据设计变更，建设单位与承包单位进行了合同变更，为加快施工进度，获得工期提前奖励，承包单位将L工作持续时间压缩了30天。

问题：

1. 指出建设单位向招标代理机构提出的各项要求是否妥当，并说明理由。

2. 分别指出事件1和事件2中评标委员会对投标人A和投标人B的投标应如何处理，并说明理由。

3. 分别指出事件3和事件4中招标人的做法是否妥当,并说明理由。

4. 指出承包单位向建设单位索要G工作材料费内容的不妥之处,并写出材料费的内容组成。

5. 计算H工作增加的工程价款和承包单位可得到的人员窝工、机械闲置费用补偿,计算实际工期和承包单位可得到的工期提前奖励金额(注:费用计算结果保留2位小数)。

试题四(20分)

某工程项目发承包双方签订了施工合同,工期6个月。合同中有关工程内容及其价款约定如下:

1. 分项工程(含单价措施,下同)项目4项,总费用132.8万元,各分项工程项目造价数据和计划施工时间见表4。

2. 安全文明施工费为分项工程项目费用的6.5%(该费用在施工期间不予调整,竣工结算时根据计取基数变化一次性调整),其余总价措施项目费用25.2万元(该费用不予调整)。

3. 其他项目暂列金20万元,管理费和利润为人、材、机费用之和的16%,规费为人、材、机费用和管理费、利润之和的7%。

4. 上述工程费用均不含税,增值税税率为9%。

各分项工程项目造价数据和计划施工时间表 表4

分项工程项目	A	B	C	D
工程量(m²)	800	900	1200	1000
综合单价(元/m²)	280	320	430	300
计划施工时间(月)	1～2	1～3	3～5	4～6

有关工程价款结算与支付约定如下:

1. 开工前1周内,发包人按签约合同价(扣除安全文明施工费和暂列金额)的20%支付给承包人作为工程预付款(在施工期间第2～5月的每个月工程款中等额扣回),并同时将安全文明施工费工程款的70%支付给承包人。

2. 分项工程项目工程款按施工期间实际完成工程量逐月支付。

3. 除开工前支付的安全文明施工费工程款外,其余总价措施项目工程款按签约合同价,在施工期间第1～5月分5次等额支付。

4. 其他项目工程款在发生当月支付。

5. 在开工前和施工期间,发包人按每次承包人应得工程款的80%支付。

6. 发包人在竣工验收通过,并收到承包人提交的工程质量保函(额度为工程结算总造价的3%)后,一次性结清竣工结算款。

该工程如期开工，施工期间发生了经发承包双方确认的下列事项：

1. 经发包人同意，设计单位核准，承包人在该工程中应用了一种新型绿建技术，导致C分项工程项目工程量减少300m²、D分项工程项目工程量增加200m²，发包人考虑到该技术带来的工程品质与运营效益的提高，同意将C分项工程项目的综合单价提高50%，D分项工程项目的综合单价不变。

2. B分项工程项目实际施工时间为第2～5月；其他分项工程项目实际施工时间均与计划施工时间相符；各分项工程项目在计划和实际施工时间内各月工程量均等。

3. 施工期间第5月，发生现场签证和施工索赔工程费用6.6万元。

问题：

1. 该工程项目安全文明施工费是多少万元？签约合同价为多少万元？开工前发包人应支付给承包人的工程预付款和安全文明施工费工程款分别为多少万元？

2. 施工期间第2月，承包人完成分项工程项目工程进度款为多少万元？发包人应支付给承包人的工程进度款为多少万元？

3. 应用新型绿建技术后，C、D分项工程项目费用应分别调整为多少万元？

4. 从开工到施工至第3月末，分项工程项目的拟完工程计划投资、已完工程计划投资、已完工程实际投资分别为多少万元（不考虑安全文明施工费的影响）？投资偏差、进度偏差分别为多少万元？

5. 该工程项目安全文明施工费增减额为多少万元？合同价增减额为多少万元？如果开工前和施工期间发包人均按约定支付了各项工程款，则竣工结算时，发包人应向承包人一次性结清工程结算款为多少万元？（注：计算过程和结果均保留3位小数）

试题五（40分）

Ⅰ 土木建筑工程

某旅游客运索道工程的上站设备基础施工图和相关参数如图2和图3所示。根据招标方以招标图确定的工程量清单，承包方中标的"上站设备基础土建分部分项工程和单价措施项目清单与计价表"如表5所示，现场搅拌混凝土配合比如表6所示，该工程施工合同双方约定，施工图设计完成后，对该工程实体工程量按施工图重新计量调整，工程主要材料二次搬运费按现场实际情况及合理运输方案计算，土石方工程费用和单价措施费不作调整。

上站设备基础土建分部分项工程和单价措施项目清单与计价表　　　　表5

序号	项目编码	项目名称	项目特征	计量单位	工程量	金额（元）	
						综合单价	合价
一			分部分项工程				
1	010101002001	开挖土方	挖运1km内	m³	36.00	16.86	606.96
2	010102001001	开挖石方	挖运1km内	m³	210.00	21.22	4456.20
3	010103002001	回填土石方	夯填	m³	170.00	28.50	4845.00
4	010501001001	混凝土垫层	C15混凝土	m³	3.00	612.39	1837.17
5	010501003001	混凝土独立基础	C30混凝土	m³	9.00	719.98	6479.82
6	010501006001	混凝土设备基础	C30混凝土	m³	55.00	715.30	39341.50
7	010515001001	钢筋	制作绑扎	t	4.00	7876.41	31505.64
8	010516001001	地脚螺栓	制作安装	t	0.30	9608.33	2882.50
		分部分项工程小计		元			91954.79
二			单价措施项目				
1	019408060001	模板、脚手架等四项单价措施	—	项	—	—	38000.00
		单价措施项目小计		元			38000.00
		分部分项工程和单价措施项目合计		元			129954.79

现场搅拌混凝土配合比表　　　　表6

序号	混凝土	主要材料用量（kg）				备注
		32.5级水泥	42.5级水泥	中粗砂	碎石	
1	C15	290.00		730.00	1230.00	
2	C30		350.00	670.00	1200.00	

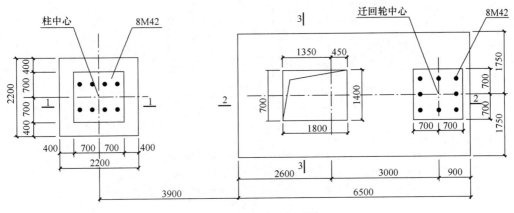

图2　基础平面布置图

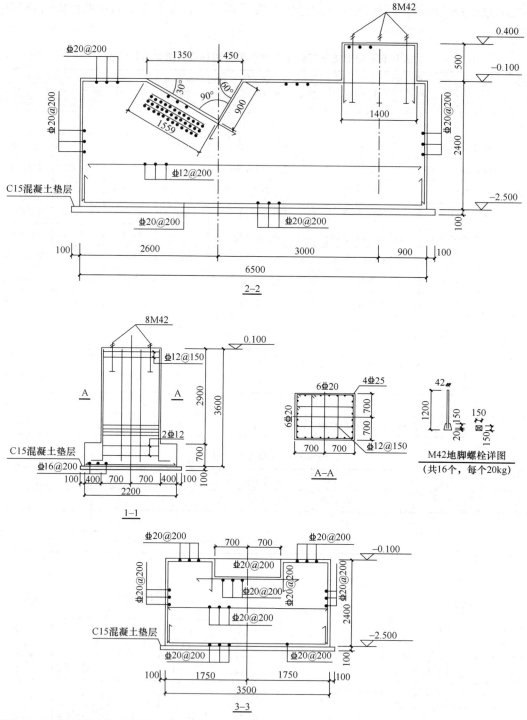

说明：1. 基础底部宜坐落在强风化花岗石上。
2. 基础考虑采用C30混凝土。钢筋采用HRB400（Φ）。地脚螺栓采用Q345B钢。
3. 基础下设通用100mm厚C15混凝土垫层，各边宽出基础100mm。
4. 基础应一次浇筑完毕，不留施工缝，施工完毕后应及时将肥槽回填至整平地面标高。

图3 剖面图

问题:

1. 依据图2和图3所示和《房屋建筑与装饰工程工程量计算规范》GB 50500—2013，完成表7中的工程量计算。（独立基础钢筋含量为 56.4t/m³，设备基础钢筋含量为 63.66t/m³）

工程量计算表 表7

序号	项目名称	单位	计算过程	计算结果
1	C15 混凝土垫层	m³		
2	C30 钢筋混凝土站前柱独立基础	m³		
3	C30 钢筋混凝土迂回轮设备基础	m³		
4	钢筋	t		
5	YKT 地脚螺栓	t		

2. 结合案例背景和问题1计算结果，完成表8的编制。

上站设备基础土建分部分项工程和单价措施项目清单与计价表 表8

序号	项目编码	项目名称	项目特征	计量单位	工程量	金额（元）	
						综合单价	合价
一			分部分项工程				
1	010101002001	开挖土方	挖运 1km 内	m³			
2	010102001001	开挖石方	挖运 1km 内	m³			
3	010103002001	回填土石方	夯填	m³			
4	010501001001	混凝土垫层	C15 混凝土	m³			
5	010501003001	混凝土独立基础	C30 混凝土	m³			
6	010501006001	混凝土设备基础	C30 混凝土	m³			
7	010515001001	钢筋	制作绑扎	t			
8	010516001001	地脚螺栓	制作安装	t			
		分部分项工程小计		元			
二			单价措施项目				
1	019408060001	模板、脚手架等四项单价措施	—	项		—	—
		单价措施项目小计		元			
		分部分项工程和单价措施项目合计		元			

3. 材料二次搬运费单价如下：水泥 210.00 元/t，中粗砂 160.00 元/t，碎石 160.00 元/t，钢材 800.00 元/t。材料损耗率：混凝土损耗率 1.5%，钢材损耗率 3%。完成二次搬运费用汇总表（表9）。

二次搬运费用汇总表 表9

序号	材料名称	单位	材料用量计算过程	计算结果	二次搬运费单价（元/t）	二次搬运费合价（元）
1	水泥	t				
2	中粗砂	t				
3	碎石	t				
4	钢材	t				
	合计	元				

4. 单价措施费没有变化，安全文明施工费是分部分项工程费的6%，人工费占分部分项和措施项目费的23%，规费是分部分项和措施项目人工费的19%，增值税税率为9%，完成索道上站设备基础土建工程施工图调整价汇总表（表10）。

（计算结果以"元"为单位，保留小数点后2位）

索道上站设备基础土建工程施工图调整价汇总表 表10

序号	汇总内容	金额（元）	其中：暂估价（元）
1	分部分项工程费		
2	措施项目费		
2.1	其中：安全文明施工费		
3	其他项目费		
4	规费		
5	税金		
	施工图调整价合计		

Ⅱ 管道和设备工程

工程有关背景资料如下：

1. 某办公楼内卫生间的给水工程施工图，如图4和图5所示。

2. 根据《通用安装工程工程量计算规范》GB 50856—2013的规定，给水排水工程相关分部分项工程量清单项目的统一编码见表11。

相关分部分项工程量清单项目的统一编码 表11

项目编码	项目名称	项目编码	项目名称
031001001	镀锌钢管	031004014	给水附件
031001006	塑料管	031001007	复合管
031003001	螺纹阀门	031003003	焊接法兰阀门
031004003	洗脸盆	031004006	大便器
031004007	小便器	031002003	套管

3. 塑料给水管安装定额的相关数据见表12，表内费用均不包含增值税可抵扣进项税额。该工程的人工单价综合工日为100元/工日，管费和利润分别占人工费的60%和30%。

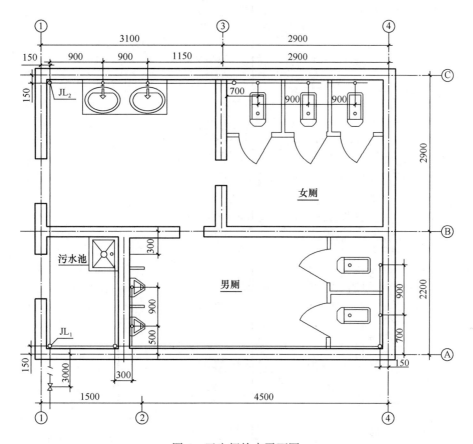

图 4 卫生间给水平面图

塑料给水管安装定额的相关数据表　　　　　　　　　　　　　表 12

定额编号	项目名称	单位	安装基价（元）			未计价主材	
			人工费	材料费	机械	单价	消耗量
10-1-335	室内塑料管热熔安装	10m	158.00	8500	15.00		
	PP-R 塑料管 $dn40$	m				12.00	10.16
	管件（综合）	个				5.00	10.81
10-11-12	管道水压试验	100m	345.00	110.00	25.00		
10-11-13	水冲洗	100m	60.00	20.00	10.00		

注：室内塑料管热熔安装的基价不含水压试验和水冲洗。

4. 经计算该办公楼管道安装工程的分部分项工程人材机费用合计为 500000 元，其中人工费占 30%，管理费和利润分别占人工费的 50% 和 25%。单价措施项目中仅有脚手架项目，脚手架搭拆的人材机费用 24000 元，其中人工费占 25%；总价措施项目费中的安全文明施工费用（包括安全施工费、文明施工费、环境保护费、临时设施费）根据当地工

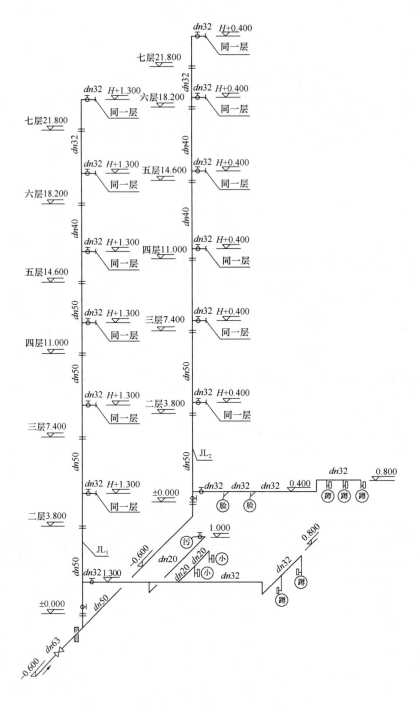

说明：
1. 办公楼共 7 层，一层层高 3.8m，二到七层层高 3.6m，图中尺寸标注标高以"m"计，其他均以"mm"计。
2. 管道采用 PP-R 塑料管及成品管件，热熔连接，成品管卡。
3. 阀门采用螺纹球阀 Q11F-16C，污水池上装铜质水嘴。
4. 成套卫生器具安装按标准图集要求施工，所有附件均随卫生器具配套供应。洗脸盆为单柄单孔台上式安装，大便器为感应式冲洗阀蹲式大便器，小便器为感应式冲洗阀壁挂式安装，污水池为成品落地安装。
5. 管道系统安装就位后，给水管道进行水压试验和水冲洗。

图 5 卫生间给水系统图

程造价管理机构发布的规定按分部分项工程人工费的20%计取，其他总价措施项目费用合计按分部分项工程人工费的15%计取，总价措施费中人工费占25%。

规费按人工费的21%计取；上述费用均不包含增值税可抵扣进项税额，增值税税率按9%计取。

问题：

1. 按照图4和图5所示内容，按直埋（指敷设于室内地坪下埋地的管段）、明敷（指沿墙面架空敷设于室内明处的管段）分别列式计算给水管道安装项目分部分项清单工程量（注：管道工程量计算至支管与卫生器具相连的分支三通或末端弯头处止）。

2. 根据《通用安装工程工程量计算规范》GB 50856—2013和《建设工程工程量清单计价规范》GB 50500—2013的规定，编制管道、阀门、卫生器具（污水池除外）安装项目的分部分项工程量清单（表13）。

分部分项工程和单价措施项目清单与计价表　　　　表13

序号	项目编码	项目名称	项目特征描述	计量单位	工程量	金额（元）		
						综合单价	合价	其中：暂估价
1								
2								
3								
4								
5								
6								
7								
8								
9								
10								
11								
12								

3. 根据表12给出的相关内容，编制 $dn40$ 室内明敷PP-R塑料给水管道安装分部分项工程综合单价分析表（表14）。

dn40 室内明敷 PP-R 塑料给水管道安装分部分项工程综合单价分析表　　　表 14

项目编码		项目名称			计量单位		工程量	
清单综合单价组成明细								
定额编号	定额名称	定额单位	数量	单价（元）			合价（元）	
				人工费　材料费　机械费　管理费和利润			人工费　材料费　机械费　管理费和利润	
人工单价			小　计					
			未计价材料费					
			清单项目综合单价					
材料费明细	主要材料名称、规格、型号		单位	数量	单价（元）	合价（元）	暂估单价（元）	暂估合价（元）
	其他材料费							
	材料费小计							

4. 编制该办公楼管道系统单位工程的工程造价（表 15）。（除综合单价中数量保留 3 位小数，其余计算结果保留 2 位小数）

单位工程造价汇总表　　　表 15

序号	汇总内容	金额（元）	其中：暂估价
1			
1.1			
2			
2.1			
3			
4			
5			
	工程造价		

Ⅲ　电气和自动化工程

工程背景资料如下：

1. 某综合楼局部储藏室工程，该建筑物为砖、混凝土结构，单层平屋面，室内净高为 3.0m。图 6 为综合楼局部工程的电气平面图、图 7 为配电系统图。图中括号内数字表示线路水平长度，配管嵌入地面或顶板内深度均按 0.1m 计算；配管配线规格为：BV2.5　2～3 根穿刚性阻燃管 PC16；4～5 根穿刚性阻燃管 PC20；BV4　3 根穿刚性阻燃管 PC20。

2. 该工程的相关定额、主材单价及损耗率见表 16。

电气工程定额表、主材单价及损耗率表 表 16

定额编号	项目名称	定额单位	安装基价（元）			主材	
			人工费	材料费	机械费	单价	损耗率（%）
4-2-76	成套配电箱安装 嵌入式半周长≤1.0m	台	148.50	34.50	0	3000.00 元/台	
4-2-77	成套配电箱安装 嵌入式半周长≤1.5m	台	157.80	37.90	0	4000.00 元/台	
4-4-14	无端子外部接线 导线截面面积≤2.5mm²	个	1.44	1.44	0		
4-4-15	无端子外部接线 导线截面面积≤6mm²	个	2.04	1.44	0		
4-12-132	砖、混凝土结构暗配刚性阻燃管 PC16	10m	62.50	4.80	0	1.50 元/m	6%
4-12-133	砖、混凝土结构暗配刚性阻燃管 PC20	10m	64.80	5.20	0	2.00 元/m	6%
4-13-5	管内穿照明线铜芯 导线截面面积≤2.5mm²	10m	9.72	1.50	0	1.60 元/m	16%
4-13-6	管内穿照明线铜芯 导线截面面积≤4mm²	10m	6.48	1.45	0	2.56 元/m	10%
4-13-25	管内穿动力线铜芯 导线截面面积≤4mm²	10m	6.30	1.38	0	2.56 元/m	5%
4-14-188	防水防尘灯安装吸顶式	套	23.04	2.20	0	120.00 元/套	1%
4-14-264	单管荧光灯安装吸顶式	套	16.28	1.80	0	50.00 元/套	1%
4-14-496	座灯头安装	套	8.00	1.50	0	10.00 元/套	1%
4-14-405	单项二、三级安全型插座≤15A	个	8.16	0.80	0	10.00 元/个	2%
4-14-409	单项二、三级密闭型插座≤15A	个	8.16	0.80	0	20.00 元/个	2%
4-14-411	单项三级带开关密闭型插座≤15A	个	10.2	1.00	0	20.00 元/个	2%
4-14-412	单项三级带开关保护门插座≤15A	个	11.06	1.20	0	22.00 元/个	2%
4-14-413	单项三级带开关保护门插座≤30A	个	12.21	1.20	0	25.00 元/个	2%
4-14-373	跷板暗开关单联单控	个	6.84	0.80	0	8.00 元/个	2%

续表

定额编号	项目名称	定额单位	安装基价（元）			主材	
			人工费	材料费	机械费	单价	损耗率（％）
4-14-374	跷板暗开关双联单控	个	6.84	0.80	0	10.00元/个	2％
4-14-375	跷板暗开关三联单控	个	8.60	1.00	0	18元/个	2％
4-14-379	单联双控跷板式暗开关	个	6.84	0.90	0	8.00元/个	2％

注：表内费用均不包含增值税可抵扣进项税。

3. 该工程的管理费和利润分别按人工费的40％和20％计算。

4. 相关分部分项工程量清单项目编码及项目名称见表17。

工程量清单项目编码及项目名称　　　　表17

项目编码	项目名称	项目编码	项目名称
030404017	配电箱	030412002	工厂灯
030404034	照明开关	030412005	荧光灯
030404035	插座	030411001	配管
030412001	普通灯具	030411004	配线

5. 答题时不考虑配电箱的进线管和电缆，不考虑开关盒、灯头盒和接线盒（表18）。

主要材料设备表　　　　表18

图例	设备名称	型号规格	安装方式
▬	照明配电箱 AL1	PZ995-1 350（宽）×450（高）×90（深）	嵌入式安装，底边距地1.5m
⊗	座灯头	节能灯 9W	吸顶安装
⊙	防水防尘灯	节能灯 7W	吸顶安装
⊢─┤	单管荧光灯	T8 1×28W	吸顶安装
●╱	单联单控跷板式开关	AP86K11-10	暗装，距地1.3m
●╱	双联单控跷板式开关	AP86K21-10	暗装，距地1.3m
●╱	三联单控跷板式开关	AP86K31-10	暗装，距地1.3m
╲●	单联双控跷板式开关	AP86K12-10	暗装，距地1.3m

续表

图例	设备名称	型号规格	安装方式
▼	单项二、三级安全型插座	AP86A10	暗装，距地0.3m
▽	单项二、三级密闭型插座	AP86FA10	暗装，距地1.5m
◢R	单项三级带开关密闭型插座	AP86AFK16	暗装，距地1.8m
◢G	单项三级带开关保护门插座	AP86AK16	暗装，距地0.3m
◢K	单项三级带开关保护门插座	AP86AK10	暗装，距地2.0m

问题：

1. 按照背景资料1~5、表18和图6、图7所示，根据《建设工程工程量清单计价规范》GB 50500—2013和《通用安装工程工程量计算规范》GB 50856—2013的规定，计算N1~N6配管配线的工程量，计算式与结果填写在答题卡上指定位置。

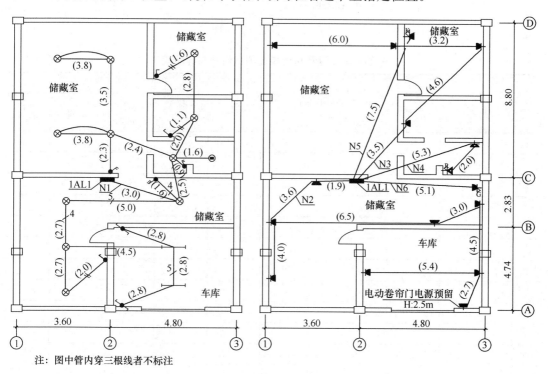

注：图中管内穿三根线者不标注

图6 储藏室电气平面图

2. 假定PC16工程量为150m、PC20工程量为20m、BV2.5工程量为460m、BV4工程量为25m，其他工程量根据给定图纸计算，编制分部分项工程工程量清单，计算各分部分项工程的综合单价与合价，完成答题卡表19"分部分项工程和单价措施项目清单与计

价表"。(计算过程和结果数据均保留2位小数)

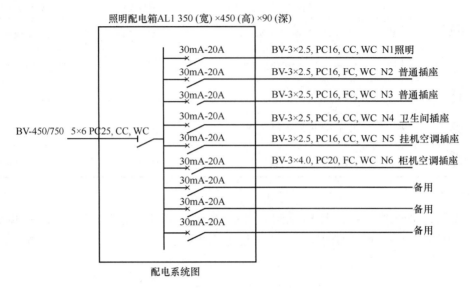

图7 储藏室电气系统图

分部分项工程和单价措施项目清单与计价表　　　　　　表19

序号	项目编码	项目名称	项目特征描述	计量单位	工程量	金额（元）		
						综合单价	合价	其中：暂估价
1								
2								
3								
4								
5								
6								
7								
8								
9								
10								
11								
12								
13								
14								
15								
16								
17								
合　计								

3. 本项目施工合同约定：当某一分项工程实际工程量比清单工程量增加（或减少）15%以上时，应进行调价，调价系数为0.9（或1.1）。假定PC16实际完成的工程量为200m，前述背景资料中的数据均为施工单位在投标时工程量清单中的数据，计算PC16投标时的清单综合单价以及该分项工程结算时的费用。

2022年全国一级造价工程师职业资格考试
《建设工程造价案例分析（土木建筑工程、安装工程）》
答案与解析

试题一（20分）

问题1：
(1) 改造前正常年份应纳增值税＝920×13％－24＝95.60（万元）
(2) 年折旧费用＝3000×(1－5％)/10＝285.00（万元）
改造前正常年份总成本费用(不含税)＝324－24＋285＝585.00（万元）
(3) 改造前正常年份税前利润＝920－585－95.6×12％＝323.53（万元）
(4) 改造前正常年份所得税＝323.53×25％＝80.88（万元）

问题2：
(1) 改造年（运营期第6年）
1) 应纳增值税＝920×13％－24－60＝35.60（万元）
2) 新增固定资产年折旧＝(800－60)×(1－5％)/5＝140.60（万元）
总成本费用(不含税)＝324－24＋140.6＋285＝725.60（万元）
利润总额＝920－725.6－35.6×12％＝190.13（万元）
企业所得税＝190.13×25％＝47.53（万元）
(2) 改造后第2年（运营期第7年）
1) 应纳增值税＝920×(1＋20％)×13％－24×(1－10％)＝121.92（万元）
2) 总成本费用(不含税)＝(324－24)×(1－10％)＋140.6＋285＝695.60（万元）
利润总额＝920×(1＋20％)－695.6－121.92×12％＋100＝493.77（万元）
企业所得税＝493.77×25％＝123.44（万元）

问题3：
(1) 改造前（运营期6～10年）应纳增值税＝95.6×5＝478.00（万元）
改造前（运营期6～10年）企业所得税＝80.88×5＝404.40（万元）
(2) 改造后（运营期第6年）应纳增值税＝35.60（万元）
改造后（运营期第6年）企业所得税＝47.53（万元）
(3) 改造后第2年（运营期第7年）应纳增值税＝121.92（万元）
改造后第2年（运营期第7年）企业所得税＝123.44（万元）
(4) 改造后正常年份（运营期第8～10年）应纳增值税＝121.92×3＝365.76（万元）
改造后正常年份（运营期第8～10年）利润总额＝920×1.2－695.6－121.93×12％＝393.77(万元)
改造后正常年份（运营期第8～10年）企业所得税＝393.77×25％×3＝98.44×3＝295.32(万元)

因此：
改造前后应纳增值税差额＝(35.6＋121.92＋365.76)－478＝45.28（万元）
改造前后企业所得税差额＝(47.53＋123.44＋295.32)－404.4＝61.89（万元）
累计差额＝45.28＋61.89＝107.17（万元）
问题4：
增量利润总额＝393.77－323.53＝70.24（万元）
增量总投资额＝800－200×30％＝740（万元）
总投资收益率＝增量息税前利润/增量总投资＝（70.24＋0）/740＝9.49％
投资收益率＝增量年净收益/增量总投资＝70.24×（1－25％）/740＝7.12％

试题二（20分）
问题1：
(1) 各分部工程功能指数：26＋35＋22＋9＋16＝108
A 功能指数：26/108＝0.241
B 功能指数：35/108＝0.324
C 功能指数：22/108＝0.204
D 功能指数：9/108＝0.083
E 功能指数：16/108＝0.148
(2) 各分部工程目前成本：
目前总成本＝20300－800＝19500（万元）
A 目前成本：19500×0.24＝4680（万元）
B 目前成本：19500×0.33＝6435（万元）
C 目前成本：19500×0.20＝3900（万元）
D 目前成本：19500×0.08＝1560（万元）
E 目前成本：19500×0.15＝2925（万元）

问题2：
(1) 各分部工程目标成本：
A 目标成本：18500×0.241＝4458.500（万元）
B 目标成本：18500×0.324＝5994（万元）
C 目标成本：18500×0.204＝3774（万元）
D 目标成本：18500×0.083＝1535.500（万元）
E 目标成本：18500×0.148＝2738（万元）
(2) 各分部工程成本降低额：
A 成本降低额：4680－4458.5＝221.500（万元）
B 成本降低额：6435－5994＝441（万元）
C 成本降低额：3900－3774＝126（万元）
D 成本降低额：1560－1535.5＝24.500（万元）
E 成本降低额：2925－2738＝187（万元）
则各分部工程成本管控优先顺序：B、A、E、C、D。
问题3：

材料费=18500×50%=9250（万元）

期望成本材料费=9250×[(1+10%)×0.6+(1+5%)×0.3+1×0.1]=9943.750（万元）

期望成本 18500-9250+9943.750=19193.750（万元）

利润=20300-19193.750=1106.250（万元）

期望成本利润率=1106.250/19193.750=5.764%

问题4：

方案一净年值：[-1500-160×(P/F, 8%, 15)-160×(P/F, 8%, 30)+(250-80)×(P/A, 8%, 45)]×(P/F, 8%, 1)×(A/P, 8%, 46)=(-1500-160×0.315-160×0.099+170×12.109)×0.926/12.137=37.560(万元)

方案二净年值：[-1800-100×(P/F, 8%, 10)-100×(P/F, 8%, 20)-100×(P/F, 8%, 30)+(280-75)×(P/A, 8%, 40)]×(P/F, 8%, 1)×(A/P, 8%, 41)=(-1800-100×0.463-100×0.215-100×0.099+205×11.925)×0.926/11.967=43.868（万元）

由于方案二的净年值最大，故建设单位应选择方案二。

试题三（20分）

问题1：

(1)"否决被列为失信被执行人的投标人投标"妥当，理由：投标人的资质等级、财务状况、类似项目业绩、信誉、项目经理、其他要求、联合体投标人等，均应符合资格评审规定。

(2)"指导投标人做好投标文件"不妥，理由：招标代理机构不得在所代理的招标项目中投标或者代理投标，也不得为所代理的招标项目的投标人提供咨询服务。

(3)"规定投标人报价不得低于2850万元"不妥，理由：招标人不得规定最低投标限价。

(4)"对开标前要求撤回投标文件的投标人，没收投标保证金"不妥，理由：投标截止日前，投标人有权撤回其投标文件，招标人已收取投标保证金的，应当自收到投标人书面撤回通知之日起5日内退还。

问题2：

事件1：投标人A应作废标处理，未按规定时间提交投标保证金，应作废标处理。

事件2：投标人B应作废标处理，招标人接受联合体投标并进行资格预审的，联合体应当在提交资格预审申请文件前组成，资格预审后联合体增减、更换成员的，其投标无效。

问题3：

事件3：招标人做法不妥，招标人应当根据项目规模和技术复杂程度等因素合理确定评标时间，超过三分之一的评标委员会成员认为评标时间不够的，招标人应当适当延长。

事件4：招标人做法不妥，招标人和中标人应当自中标通知书发出之日起30日内，按照招标文件和中标人的投标文件订立书面合同。招标人和中标人不得再行订立背离合同实质性内容的其他协议。

问题4：

承包商要求索赔检验试验费和二次搬运费不妥，检验试验费属于企业管理费，二次搬运费属于措施费。

材料费的内容组成：

计算材料费的基本要素是材料消耗量和材料单价。

材料费＝Σ（材料消耗量×材料单价）

材料单价＝材料原价＋运杂费＋运输损耗费＋采购及保管费

材料消耗量＝材料净用量＋材料损耗量

问题5：

H增加工程价款：（600×150＋360000＋25×1500）/10000×1.1×1.06×1.3×1.14＝84.24（万元）

窝工和机械闲置补偿：（160×150×60％＋12×1500×70％）/10000×1.14＝3.08（万元）

取消G工作，H工作持续时间增加20天后关键线路为BFIL，持续时间之和为350天。

L工作持续时间缩短30天后，实际关键线路为BFIJ，持续时间之和为340天。

业主同意的工期为350天，实际工期340天，工期提前350－340＝10（天）。

工期奖励：10×2＝20（万元）

试题四（20分）

问题1：

安全文明施工费＝132.8×6.5％＝8.632（万元）

签约合同价＝（132.8＋8.632＋25.2＋20）×（1＋7％）×（1＋9％）＝217.669（万元）

开工前发包人应支付材料预付款＝（132.8＋25.2）×（1＋7％）×（1＋9％）×20％＝36.855（万元）

开工前发包人应支付安全文明施工费工程款＝8.632×（1＋7％）×（1＋9％）×70％×80％＝5.638（万元）

问题2：

分项工程A费用＝800×280/10000＝22.4（万元）

分项工程B费用＝900×320/1000＝28.8（万元）

2月承包人完成分项工程项目工程进度款＝（22.4/2＋28.8/4）×（1＋7％）×（1＋9％）＝21.460（万元）

2月发包人应支付给承包人的工程进度款＝21.460×80％＋（25.2＋8.632×30％）×（1＋7％）×（1＋9％）/5×80％－36.855/4＝13.140（万元）

问题3：

C实际分项工程费＝（1200－300）×430×（1＋50％）/10000＝58.050（万元）

D实际分项工程费＝（1000＋200）×300/10000＝36.000（万元）

问题4：

分项工程拟完工程计划投资＝（22.4＋28.8＋51.6/3）×（1＋7％）×（1＋9％）＝79.775（万元）

分项工程已完工程计划投资＝（22.4＋28.8/2＋300×430/10000）×（1＋7％）×（1＋

9%)=57.965(万元)

分项工程已完工程实际投资=(22.4+28.8/2+300×430×1.5/10000)×(1+7%)×(1+9%)=65.488(万元)

投资偏差=57.965-65.488=-7.523(万元),投资增加7.523(万元)。

进度偏差=57.965-79.775=-21.810(万元),进度拖后21.810(万元)。

问题5：

C分项工程费变化额=58.05-(1200×430/10000)=58.05-51.6=6.450(万元)

D分项工程费变化额=36-(1000×300/10000)=36-30=6.000(万元)

安全文明施工费增减额=(6.45+6)×6.5%=0.809(万元)

合同价增减额=[(6.45+6)×(1+6.5%)+6.6-20]×(1+7%)×(1+9%)=-0.164(万元)

发包人应向承包人一次性结清工程结算款=[217.669-0.164-0.809×(1+7%)×(1+9%)]×20%+0.809×(1+7%)×(1+9%)=44.256(万元)

试题五（40分）

Ⅰ 土木建筑工程

问题1：

计算结果见表20。

工程量计算表 表20

序号	项目名称	单位	计算过程	计算结果
1	C15混凝土垫层	m³	2.4×2.4×0.1+6.7×3.7×0.1=3.06	3.06
2	C30钢筋混凝土站前柱独立基础	m³	2.2×2.2×0.7+1.4×1.4×2.9=9.07	9.07
3	C30钢筋混凝土迂回轮设备基础	m³	6.5×3.5×2.4+1.4×1.4×0.5 -1.559×0.9/2×1.4=54.60	54.60
4	钢筋	t	(9.07×56.4+63.66×54.60)/1000=3.99	3.99
5	YKT地脚螺栓	t	16×20/1000=0.32	0.32

问题2：

计算结果见表21。

上站设备基础土建分部分项工程和单价措施项目清单与计价表 表21

序号	项目编码	项目名称	项目特征	计量单位	工程量	综合单价	合价
一			分部分项工程				
1	010101002001	开挖土方	挖运1km内	m³	36.00	16.86	606.96
2	010102001001	开挖石方	挖运1km内	m³	210.00	21.22	4456.20
3	010103002001	回填土石方	夯填	m³	170.00	28.50	4845.00
4	010501001001	混凝土垫层	C15混凝土	m³	3.06	612.39	1873.91
5	010501003001	混凝土独立基础	C30混凝土	m³	9.07	719.98	6530.22

续表

序号	项目编码	项目名称	项目特征	计量单位	工程量	金额（元）	
						综合单价	合价
6	010501006001	混凝土设备基础	C30混凝土	m³	54.60	715.30	39055.38
7	010515001001	钢筋	制作绑扎	t	3.99	7876.41	31426.88
8	010516001001	地脚螺栓	制作安装	t	0.32	9608.33	3074.67
		分部分项工程小计		元			91869.22
二		单价措施项目					
1	019408060001	模板、脚手架等四项单价措施	—	项	—	—	38000.00
		单价措施项目小计		元			38000.00
		分部分项工程和单价措施项目合计		元			129869.22

问题3：

计算结果见表22。

二次搬运费用汇总表 表22

序号	材料名称	单位	材料用量计算过程	计算结果	二次搬运费单价（元/t）	二次搬运费合价（元）
1	水泥	t	0.29×3.06×1.015+(9.07+54.6)×0.35×1.015=23.52	23.52	210.00	4939.20
2	中粗砂	t	0.73×3.06×1.015+0.67×(9.07+54.6)×1.015=45.57	45.57	160.00	7291.20
3	碎石	t	1.23×3.06×1.015+1.2×(9.07+54.6)×1.015=81.37	81.37	160.00	13019.20
4	钢材	t	(3.99+0.32)×1.03=4.44	4.44	800.00	3552.00
	合计	元				28801.60

问题4：

安全文明施工费：91869.22×6%=5512.15(元)

措施项目费：38000+28801.60+5512.15=72313.75(元)

人工费：(91869.22+72313.75)×23%=37762.08(元)

计算结果见表23。

索道上站设备基础土建工程施工图调整价汇总表 表23

序号	汇总内容	金额（元）	其中：暂估价（元）
1	分部分项工程费	91869.22	
2	措施项目费	72313.75	
2.1	其中：安全文明施工费	5512.15	
3	其他项目费	—	
4	规费	7174.80	
5	税金	15422.20	
	施工图调整造价合计	186779.97	

Ⅱ 管道和设备工程

问题1：
计算卫生间给水管道安装项目分部分项清单工程量：
(1) $dn63$ PP-R 塑料管直埋：$3+0.15=3.15(m)$
(2) $dn50$ PP-R 塑料管直埋：$(2.20+2.90-0.15-0.15)+(0.80+0.80)=6.40(m)$
$dn50$ PP-R 塑料管明敷：$(14.6+1.3)+(11+0.4)=27.30(m)$
(3) $dn40$ PP-R 塑料管明敷：$3.60+3.60\times2=10.80(m)$
(4) $dn32$ PP-R 塑料管明敷：$3.60+3.60=7.20(m)$
JL_1支管：$[(1.50+4.50-0.15\times2)+(0.70+0.90-0.15)+(1.30-0.8)]\times7=53.55(m)$
JL_2支管：$[(0.90\times2+1.15)+(0.80-0.40)+(0.70+0.90\times2)]\times7=40.95(m)$
合计：$7.20+53.55+40.95=101.7(m)$
(5) $dn20$ PP-R 塑料管明敷：$[(1.3-1.0)+(2.20-0.15-0.30)+(0.90+0.50-0.15)]\times7=23.1(m)$

问题2：
计算结果见表24。

分部分项工程和单价措施项目清单与计价表　　　　　表24

序号	项目编码	项目名称	项目特征描述	计量单位	工程量	金额（元）		
						综合单价	合价	其中：暂估价
1	031001006001	塑料管	$dn63$，PP-R 塑料给水管，室内直埋，热熔连接，水压试验、水冲洗	m	3.15			
2	031001006002	塑料管	$dn50$，PP-R 塑料给水管，室内直埋，热熔连接，水压试验、水冲洗	m	6.40			
3	031001006003	塑料管	$dn50$，PP-R 塑料给水管，室内明敷，热熔连接，水压试验、水冲洗	m	27.30			
4	031001006004	塑料管	$dn40$，PP-R 塑料给水管，室内明敷，热熔连接，水压试验、水冲洗	m	10.80			
5	031001006005	塑料管	$dn32$，PP-R 塑料给水管，室内明敷，热熔连接，水压试验、水冲洗	m	101.70			
6	031001006006	塑料管	$dn20$，PP-R 塑料给水管，室内明敷，热熔连接，水压试验、水冲洗	m	23.10			

续表

序号	项目编码	项目名称	项目特征描述	计量单位	工程量	金额（元）		
						综合单价	合价	其中：暂估价
7	031003001001	螺纹阀门	球阀 DN50，Q11F-16C	个	1			
8	031003001002	螺纹阀门	球阀 DN40，Q11F-16C	个	2			
9	031003001003	螺纹阀门	球阀 DN25，Q11F-16C	个	14			
10	031004003001	洗脸盆	单柄单孔台上式安装	组	14			
11	031004006001	大便器	蹲式，感应式冲洗阀	组	35			
12	031004007001	小便器	壁挂式，感应式冲洗阀	组	14			

问题3：

计算结果见表25。

dn40 室内明敷 PP-R 塑料给水管道安装综合单价分析表　　表25

项目编码	031001006004	项目名称	dn40 室内明敷 PP-R 塑料给水管道安装	计量单位	m	工程量	10.80

清单综合单价组成明细

定额编号	定额名称	定额单位	数量	单价				合价			
				人工费	材料费	机械费	管理费和利润	人工费	材料费	机械费	管理费和利润
10-1-335	室内塑料管热熔安装 dn40	10m	0.1	158.00	85.00	15.00	142.20	15.80	8.50	1.50	14.22
10-11-121	管道水压试验	100m	0.01	345.00	110.00	25.00	310.50	3.45	1.10	0.25	3.11
10-11-139	水冲洗	100m	0.01	60.00	20.00	10.00	54.00	0.60	0.20	0.10	0.54
人工单价		小计						19.85	9.80	1.85	17.87
100元/工日		未计价材料费						17.60			
		清单项目综合单价						67.97			

材料费明细	主要材料名称、规格、型号	单位	数量	单价（元）	合价（元）	暂估单价（元）	暂估合价（元）
	PP-R 塑料管 dn40	m	1.016	12.00	12.19		
	管件（综合）dn40	个	1.081	5.00	5.41		
	其他材料费				9.80		
	材料费小计				27.40		

问题4：

计算结果见表26。

单位工程造价汇总表   表 26

序号	汇总内容	金额（元）	其中：暂估价
1	分部分项工程费	612500	
1.1	其中：人工费	150000	
2	措施项目费	81000	
2.1	其中：人工费	19125	
3	其他项目费	0	
4	规费	35516.25	
5	税金	65611.46	
工程造价 ＝1＋2＋3＋4＋5		794627.71	

分部分项工程费＝500000＋500000×30％×(50％＋25％)＝612500(元)

其中人工费＝500000×30％＝150000(元)

脚手架项目费＝24000＋24000×25％×(50％＋25％)＝28500(元)

其中人工费＝24000×25％＝6000(元)

安全文明措施费＝150000×20％＝30000(元)

其他总价措施项目费＝150000×15％＝22500(元)

总价措施项目费中人工费＝(22500＋30000)×25％＝13125(元)

措施项目费中人工费＝6000＋13125＝19125(元)

规费＝(150000＋19125)×21％＝35516.25(元)

税金＝(612500＋81000＋0＋35516.25)×9％＝729016.25×9％＝65611.46(元)

工程造价＝729016.25×(1＋9％)＝729016.25＋65611.46＝794627.71(元)

Ⅲ 电气和自动化工程

问题1：

(1) N1回路：

PC16(2线)：2.0＋1.1＋1.6＋(3＋0.1－1.3)×3＝10.1(m)

PC16(3线)：(3.0＋0.1－1.5－0.45)＋3.0＋2.7＋4.5＋2.8＋(3＋0.1－1.3)＋2.8＋(3＋0.1－1.3)＋2.5＋0.9＋(3＋0.1－1.3)＋1.6＋2.0＋2.8＋2.4＋2.3＋(3＋0.1－1.3)＋3.8×2＋3.5＝49.75(m)

PC20(4线)：2.7＋1.6＋(3.3＋0.1－1.3)＝6.1(m)

PC20(5线)：5.0＋2.8＝7.8(m)

小计：

PC16：10.1＋49.75＝59.85(m)

PC20：6.1＋7.8＝13.9(m)

BV2.5：(0.35＋0.45)×3＋10.1×2＋49.75×3＋6.1×4＋7.8×5＝235.25(m)

(2) N2回路：

PC16(3线)：(1.5＋0.1)＋1.9＋3.6＋4.0＋6.5＋3.0＋4.5＋2.7＋(0.1＋2.5)＋5.4＋(0.1＋0.3)×14＝41.4(m)

BV2.5：(0.35+0.45)×3+41.4×3=126.6(m)

（3）N3回路：

PC16(3线)：(1.5+0.1)+3.5+4.6+3.2+6.0+(0.1+0.3)×7=21.7(m)

BV2.5：(0.35+0.45)×3+21.7×3=67.5(m)

（4）N4回路：

PC16(3线)：(3+0.1-1.5-0.45)+5.3+(3+0.1-1.5)×2+2.0+(3+0.1-1.8)=12.95(m)

BV2.5：(0.35+0.45)×3+12.95×3=41.25(m)

（5）N5回路：

PC16(3线)：(3+0.1-1.5-0.45)+7.5+(3+0.1-2)=9.75(m)

BV2.5：(0.35+0.45)×3+9.75×3=31.65(m)

（6）N6回路：

PC20(3线)：(1.5+0.1)+5.1+(0.1+0.3)=7.1(m)

BV4：(0.35+0.45)×3+7.1×3=23.7(m)

汇总：

PC16：59.85+41.4+21.7+12.95+9.75=145.65(m)

PC20：13.9+7.1=21(m)

BV2.5：235.25+126.6+67.5+41.25+31.65=502.25(m)

BV4：23.7m

问题2：

计算结果见表27。

分部分项工程和单价措施项目清单与计价表   表27

序号	项目编码	项目名称	项目特征描述	计量单位	工程量	金额（元）		
						综合单价	合价	其中：暂估价
1	030404017001	配电箱	照明配电箱 AL1，嵌入式安装 350×450×90（高×宽×厚） 无端子外部接线 2.5mm² 15个 无端子外部接线 4mm² 3个	台	1	3342.37	3342.37	
2	030411001001	配管	PC16 刚性阻燃管，沿砖、混凝土结构暗配	m	150	12.07	1810.5	
3	030411001002	配管	PC20 刚性阻燃管，沿砖、混凝土结构暗配	m	20	13.01	260.2	
4	030411004001	配线	管内穿照明线 BV 2.5mm²	m	460	3.56	1637.6	
5	030411004002	配线	管内穿照明线 BV 4mm²	m	25	3.96	99	

续表

序号	项目编码	项目名称	项目特征描述	计量单位	工程量	金额（元）		其中：暂估价
						综合单价	合价	
6	030404034001	照明开关	单联单控翘板式开关 AP86K11-10，暗装，距地1.3m	个	3	19.9	59.7	
7	030404034002	照明开关	双联单控翘板式开关 AP86K21-10，暗装，距地1.3m	个	2	21.94	43.88	
8	030404034003	照明开关	三联单控翘板式开关 AP86K31-10，暗装，距地1.3m	个	1	33.12	33.12	
9	030404034004	照明开关	单联双控翘板式开关 AP86K12-10，暗装，距地1.3m	个	2	20	40	
10	030404035001	插座	单项二、三级安全型插座 AP86A10，暗装，距地0.3m	个	12	24.06	288.67	
11	030404035002	插座	单项二、三级密闭型插座 AP86FA10，暗装，距地1.5m	个	1	34.26	34.26	
12	030404035003	插座	单项三级带开关密闭型插座 AP86AFK16，暗装，距地1.8m	个	1	37.72	37.72	
13	030404035004	插座	单项三级带开关保护门插座 AP86AK16，暗装，距地0.3m	个	1	46.24	46.24	
14	030404035005	插座	单项三级带开关保护门插座 AP86AK10，暗装，距地2m	个	1	41.34	41.34	
15	030412001001	普通灯具	节能灯 9W 吸顶安装	套	11	24.4	268.4	
16	030412005001	荧光灯	T8 1×28W 单管荧光灯	套	2	78.35	156.7	
17	030412002001	工厂灯	防水防尘灯 节能灯 7W 吸顶安装	套	1	160.26	160.26	
合 计							8359.96	

问题3：

实际完成PC16的工程量为200m，比原估算工程量150m超出50m，已超出估算工程量的15%，对超出的应调整单价。

应按调整后的单价结算的工程量：$200-150\times(1+15\%)=27.5(m)$

PC16清单投标价：$[62.5+4.8+62.5\times(45\%+15\%)]\times 0.1+1.5\times(1+6\%)=12.07(元/m)$

PC16分项工程结算费用：$150\times(1+15\%)\times 12.07+[200-150\times(1+15\%)]\times 12.07\times 0.9=2380.81(万元)$

模拟试卷1 《建设工程造价案例分析（土木建筑工程、安装工程）》

试题一（20分）

某企业拟新建一化工产品生产项目，其中设备从国外进口，重量700t，FOB价为420万美元，国外运费标准为550美元/t，国外运输保险费率为3‰，银行财务费率为5‰，外贸手续费率为1.5%，关税税率为22%，进口环节增值税税率为17%，银行外汇牌价为1美元＝6.7元人民币，该设备国内运杂费率为3.5%（以进口设备原价为基数）。

项目的建筑工程费用为2500万元，安装工程费用为1700万元，工程建设其他费用为工程费用的20%，基本预备费费率为5%，建设期价差预备费为静态投资的3%。

项目建设期1年，运营期6年，项目建设投资全部为自有资金投入（含1487.12元的可抵扣的进项税额），预计全部形成固定资产。固定资产折旧年限为8年，按直线法算折旧，残值率为4%，固定资产余值在项目运营期末收回。运营期第1年投入流动资金1350万元，全部为自有资金，流动资金在运营期末全部收回。

项目运营期第1年即达到100%设计生产能力，在运营期间，每年的含税营业收入为7500万元（销项税额900万元），经营成本为2800万元（含进项税额170万元），增值税附加税率按应纳增值税的12%计算，所得税税率为25%，行业基准投资回收期为5年，企业投资者可接受的最低税后收益率为10%。

问题：

1. 列式计算该项目的进口设备原价和购置费。

2. 列式计算该项目的固定资产投资。

3. 列式计算该项目的固定资产原值、年折旧费和余值。

4. 列式计算项目运营期各年的调整所得税，补充填写项目投资现金流量表（表1）。

项目投资现金流量表　　　　　　　　　　　　　　　　表1

序号	项目	计算期（年）						
		1	2	3	4	5	6	7
1	现金流入	0	7500	7500	7500	7500	7500	11636.63
1.1	营业收入（不含销项税额）		6600	6600	6600	6600	6600	6600
1.2	销项税额		900	900	900	900	900	900
1.3	补贴收入		0	0	0	0	0	0
1.4	回收固定资产余值							（　）
1.5	回收流动资金							（　）
2	现金流出	11439.36	4843.93	3493.93	4260.08	4289.63	4289.63	4289.63
2.1	（　）	11439.36						
2.2	（　）		1350					
2.3	经营成本（不含进项税额）		2630	2630	2630	2630	2630	2630
2.4	进项税额		170	170	170	170	170	170
2.5	应纳增值税		0	0	（　）	（　）	（　）	（　）
2.6	增值税附加		0	0	（　）	（　）	（　）	（　）
2.7	维持运营投资		0	0	0	0	0	0
2.8	调整所得税		（　）	（　）	（　）	（　）	（　）	（　）
3	所得税后净现金流量	−11439.36	2656.07	4006.07	3239.92	3210.37	3210.37	7347.00
4	累计所得税后净现金流量	−11439.36	−8783.29	−4777.22	−1537.30	1673.07	4883.44	12230.44
5	折现系数(基准收益率10%)	0.91	0.83	0.75	0.68	0.62	0.56	0.51
6	折现后净现金流量	−10409.82	2204.54	3004.55	2203.15	1990.43	1797.81	3746.97
7	累计折现后净现金流量	−10409.82	−8205.28	−5200.73	−2997.58	−1007.15	790.66	4537.63

5. 列式计算项目财务净现值和静态投资回收期，并以此评价项目的可行性。
（计算过程和结果均保留2位小数）

试题二（20分）

某项目的有关背景材料如下：

1. 在招标投标阶段，有效标书经评标专家评审，其中A、B、C三家投标单位投标方案的有关参数，如表2所示。

三家投标单位投标方案的有关参数　　　表2

投标方案	建设投资支出（万元）		运营期（年）	年运营成本（万元）	残值（万元）
	第1年	第2年			
A	2500	2400	15	250	100
B	3000	3300	20	100	200
C	2400	2400	15	150	200

注：表中各项费用支出都发生在当年年末。

2. 在工程施工过程中，某预拌混凝土工程有两个备选施工方案：

采用方案一时，固定成本为160万元，与工期有关的费用为35万元/月，与工程量有关的费用为98.4万元/1000m³；

采用方案二时，固定成本为200万元，与工期有关的费用为25万元/月，与工程量有关的费用为110万元/1000m³。

3. 假设该工程合同工期为24个月，承包人报送并已获得监理工程师审核批准的施工网络进度计划如图1所示。

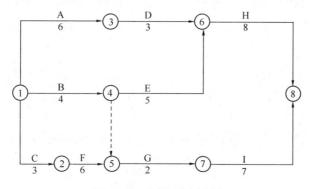

图1　施工网络进度计划

问题：

1. 请依据三家投标单位投标方案的有关参数，列式计算A、B、C方案寿命期年费用，并利用年费用指标对三个投标方案的优劣进行排序（基准折现率为10%）。

2. 针对某预拌混凝土工程，当此项工作的工期为12个月时，试分析两方案适用的工程量范围。若工程量为9000m³，合同工期为10个月，计算确定应采用哪个方案？若方案二可缩短工期10%，应采用哪个方案？

3. 针对工程的施工网络进度计划，计算工期是多少个月？是否满足工期要求？从工期控制的角度考虑，应重点控制哪些工作？为什么？

4. 针对工程的施工网络进度计划，开工前，因承包人工作班组调整，工作 A 和工作 E 需由同一工作班组分别施工。承包人应如何合理调整该施工网络进度计划（绘制调整后的网络进度计划图）？新的网络进度计划的工期是否满足合同要求？关键工作有哪些？

试题三（20分）

某工程，建设单位与施工单位依据《建设工程施工合同（示范文本）》签订了施工合同，经总监理工程师审核确认的施工总进度计划如图 2 所示（时间单位：月），各项工作均按最早开始时间安排且匀速施工，各项工作费用按持续时间均匀分布。

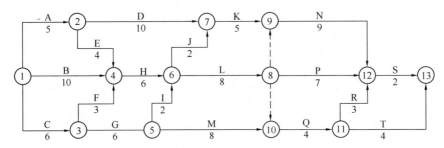

图 2　网络进度计划

工程实施过程中发生如下事件：

事件 1：项目监理机构在第 3 个月末统计的 1～3 月份已完工程计划投资（BCWP）和已完工程实际投资（ACWP）见表 3。工作 A、B、C 的计划投资分别为 200 万元、500 万元、240 万元。

1～3 月份投资统计表（单位：万元）　　　表 3

费用＼月份	1	2	3
已完工程计划投资（BCWP）	120	150	140
已完工程实际投资（ACWP）	140	160	130

事件 2：施工过程中，建设单位提出一项设计变更，该变更导致工作 J 推迟施工 1 个月，增加工程费用 20 万元，造成施工单位人员窝工损失 9 万元。为此，施工单位通过项目监理机构向建设单位提出工程延期 1 个月、费用补偿 29 万元的申请。

事件 3：建设单位对设备采购和安装一并进行招标，招标文件中规定：①接受联合体投标；②最高投标限价为 1850 万元；③评标基准价为有效投标人报价算数平均值的

95%；④评标委员会向建设单位推荐3名中标候选人，由建设单位从中确定中标人，开标后，各投标人的报价及出现的状况见表4。

开标情况表　　　　　　　　　　　　　　　表4

投标人	投标报价（万元）	投标人出现的情况
A	1540	联合体协议签章不全
B	1850	—
C	1800	投标截止时间前递交的修正报价为1450万元
D	1550	未在规定的时间内递交投标保证金
E	1500	—
F	1620	联合体中有一方的安全生产许可证过期
G	1600	—
H	1880	—

问题：

1. 依据图2，确定施工总进度计划的总工期及关键工作，工作J的总时差和自由时差分别为多少个月？

2. 事件1中，截至第3个月末，拟完工程计划投资累计额为多少万元？投资偏差和进度偏差（以投资额表示）分别为多少万元？并判断投资是否超支和进度是否拖后。

3. 事件2中，项目监理机构是否应批准工程延期？说明理由，批准的费用补偿为多少万元？说明理由。

4. 针对事件3，评标委员会应否决的投标人有哪些？评标基准价是多少万元？招标文件中的规定④是否妥当？说明理由。

试题四（20分）

某工程由A、B、C三个子项工程组成，采用工程量清单计价，工程量清单中A、B子项工程的工程量分别为2000m^2、1500m^2，C子项工程暂估价90万元，暂列金额费用100万元，中标施工单位投标文件中A、B子项工程的综合单价分别为1000元/m^2、3000元/m^2，措施项目费40万元。

建设单位与施工单位依据《建设工程施工合同（示范文本）》签订了施工合同，合同工期4个月，合同中约定：

①预付款为签约合同价（扣除暂列金额）的10%，在第2～第3个月等额扣回；

②开工前预付款和措施项目价款一并支付；

③工程进度款按月结算；

④质量保证金为工程价款结算总额的3%，在每次支付工程款时逐次扣留，计算基数不包括预付款支付或扣回的金额；

⑤子项工程累计实际完成工程量超过计划完成工程量15%，超出部分的工程量综合单价调整系数为0.90；

⑥计日工综合单价为人工150元/工日，施工机械综合单价2000元/台班。规费综合费率8%（以分部分项工程费、措施项目费、其他项目费之和为基数），增值税税率9%（上述费用均不含进项税额），C子项工程的工程量确定为1000m^2后，建设单位与施工单位协商后确定的综合单价为850元/m^2，A、B、C子项工程月计划完成工程量见表5。

子项工程月计划完成工程量（单位：m^2） 表5

子项工程 \ 月份	1	2	3	4
A	2000	—	—	—
B	—	750	750	—
C	—	—	500	500

工程开工后第1个月，施工单位为清除未探明的地下障碍物，增加100工日、施工机械10个台班。第3个月，由于设计变更导致B子项目量增加150m^2。

问题：

1. 分别计算签约合同价，以及开工前建设单位支付的预付款和措施项目工程款。

2. 设计变更导致B子项工程增加工程量，其综合单价是否调整？说明理由。

3. 分别计算1～3月建设单位应支付的工程进度款。

4. 分别计算工程竣工结算价款总额和实际应支付的竣工结算款。（单位：万元，计算结果保留2位小数）

试题五 (40分)

Ⅰ 土木建筑工程

某专业设施运行控制楼的一端上部设有一室外楼梯。楼梯主要结构由现浇钢筋混凝土平台梁、平台板、梯梁和踏步板组成，其他部位不考虑。局部结构布置如图3所示，每个楼梯段梯梁侧面的垂直投影面积（包括平台板下部）可按 5.01m² 计算。现浇混凝土强度等级均为C30，采用5～20mm粒径的碎石、中粗砂和42.5级的硅酸盐水泥拌制。

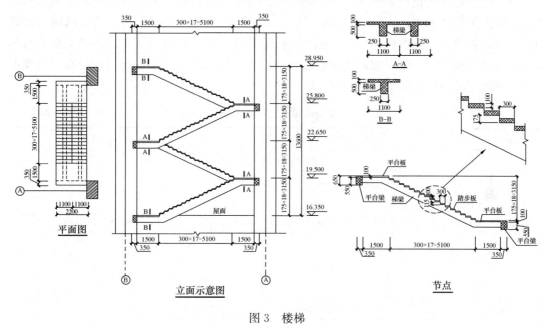

图3 楼梯

问题：

1. 按照局部结构布置图3，在答题纸上表6"工程量计算表"中，列式计算楼梯的现浇钢筋混凝土体积工程量。

工程量计算表 表6

序号	分项内容	计算过程	工程量
1	平台梁		
2	平台板		
3	梯梁		
4	踏步板		
	合计		

2.（1）按照《建设工程工程量清单计价规范》GB 50500—2013 的规定，列式计算现浇混凝土直形楼梯的工程量（单位：m²）（列出计算过程）。

（2）施工企业按企业定额和市场价格计算出每立方米楼梯现浇混凝土的人工费、材料费、机械使用费分别为：165元、356.6元、52.1元，并以人工费、材料费、机械费之和为基数计取管理费（费率取9%）和利润（利润率取4%）。在答题纸上表7"工程量清单综合单价分析表"中，填写完成现浇混凝土直形楼梯的工程量清单综合单价分析（现浇混凝土直形楼梯的项目编码为010406001）。

工程量清单综合单价分析表 表7

项目编码				项目名称			计量单位			工程量	
清单综合单价组成明细											
定额编号	定额名称	定额单位	数量	单价（元）				合价（元）			
				人工费	材料费	施工机具使用费	管理费和利润	人工费	材料费	施工机具使用费	管理费和利润
人工单价				小计								
元/工日				未计价材料（元）								
清单项目综合单价（元/t）												
主要材料名称、规格、型号					单位	数量	单价（元）	合价（元）	暂估单价（元）	暂估合价（元）		
其他材料费（元）											
材料费小计（元）											

3. 按照《建设工程工程量清单计价规范》GB 50500—2013 的规定，在答题纸上表8"分部分项工程量清单与计价表"中，编制现浇混凝土直形楼梯工程量清单及计价表。（注：除现浇混凝土工程量和工程量清单综合单价分析表中数量栏保留3位小数外，其余保留2位小数）

分部分项工程量清单与计价表 表8

序号	项目编码	项目名称	项目特征描述	计量单位	工程量	金额（元）		
						综合单价	合价	其中：暂估价

Ⅱ 设备和管道工程

某管道工程有关背景资料如下：

1. 某氧气加压站的部分工艺管道系统如图4所示。

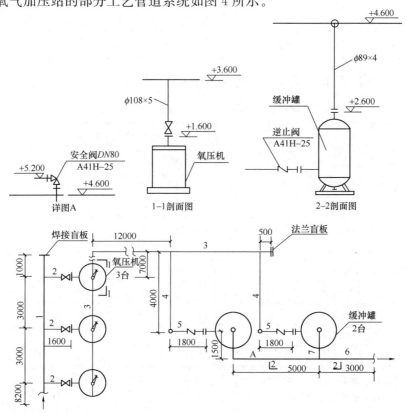

说明：
1. 本图为氧气加压站的部分工艺管道。该管道系统工作压力为3.2MPa。图中标注尺寸标高以"m"计，其他均以"mm"计。
2. 管道：采用碳钢无缝钢管，系统连接均为电焊弧。管件：弯头采用成品冲压弯头，三通现场挖眼连接。
3. 阀门、法兰：所有法兰均为碳钢对焊法兰；阀门型号除图中说明外，均为J41H-25，采用对焊法兰连接。
4. 管道支架为普通支架，其中：φ133×6管支架共5处，每处26kg；φ108×5管支架共15处，每处25kg；φ89×4管支架共6处，每处22kg。
5. 管道安装完毕后做水压试验和空气吹扫，然后对φ108×5管道焊接口均作X光射线无损探伤，胶片规格为80mm×150mm，其焊口数量为6个。
6. 管道安装就位后，所有管道外壁刷油漆。采用岩棉管壳（厚度为60mm）作绝热层，外缠铝箔保护层。

管段序号	管线规格	相对标高
1	φ133×6	▼+1.000
2	φ133×6	▼+1.000
3	φ108×5	▼+3.600
4	φ108×5	▼+3.600
5	φ108×5	▼+1.200
6	φ89×4	▼+4.600
7	φ89×4	▼+4.600

图4 某氧气加压站的部分工艺管道安装平面图

2. 工程相关分部分项工程量清单项目的统一编码见表9。

工程量清单项目的统一编码 表9

项目编码	项目名称	项目编码	项目名称
030802001	中压碳钢管道	030816003	焊缝X光射线探伤
030805001	中压碳钢管件	030816005	焊缝超声波探伤
030808003	中压法兰阀门	031201001	管道刷油
030811002	中压碳钢焊接法兰	031201003	金属结构刷油
030815001	管架制作安装	030808005	中压安全阀
031208002	管道绝热	030801001	低压碳钢管道
031208007	铝箔保护	030804001	低压碳钢管件

3. $\phi 133 \times 6$ 碳钢无缝钢管安装工程定额的相关数据资料见表10。

$\phi 133 \times 6$ 碳钢无缝钢管安装工程定额的相关数据资料 表10

序号	项目名称	计量单位	安装费单价（元）			主材	
			人工费	材料费	机械费	单价	主材消耗量
1	中压碳钢管（氩电连焊）DN125	10m	84.22	25.65	138.71	5.5 元/kg	9.41m
2	中压碳钢管（电弧焊）DN125	10m	184.22	15.65	158.71	5.5 元/kg	9.41m
3	低中压管道液压试验 DN200 内	100m	599.96	76.12	32.30		
4	管道水冲洗 DN200 内	100m	360.4	68.19	37.75	3.75 元/m³	43.74m³
5	管道空气吹扫 DN200 内	100m	205.63	75.67	32.60		
6	手工除管道轻锈	10m²	34.98	3.64	0.00		
7	管道刷红丹防锈漆第一遍	10m²	27.24	13.94	0.00		
8	管道刷红丹防锈漆第二遍	10m²	27.24	12.35	0.00		
9	岩棉带安装 D133 以内	m³	353.7	20.89	0.00	1500.00	1.04m³

注：人工日工资单价100元/工日，管理费按人工费的50%计算，利润按人工费的30%计算。表中费用均不含增值税可抵扣的进项税值。

问题：

1. 按照图4所示内容，分别列式计算管道、管件、阀门、法兰、管架、X光射线无损探伤、管道刷油、绝热、保护层的清单工程量。

2. 根据背景资料及图4中所示要求，按《通用安装工程工程量计算规范》GB 50856—2013 的规定分别编列管道系统的分部分项工程量清单，并填入表11"分部分项工程和单价措施项目清单与计价表"中。

分部分项工程和单价措施项目清单与计价表　　　　　　　　表 11

序号	项目编码	项目名称	项目特征描述	计量单位	工程量	金额（元）		
						综合单价	合价	其中：暂估价

3. 按照背景资料中的相关定额，根据《通用安装工程工程量计算规范》GB 50856—2013 和《建设工程工程量清单计价规范》GB 50500—2013 规定，编制 $\phi 133\times 6$ 管道（单重 62.54kg/m）安装分部分项工程量清单"综合单价分析表"，填入答题纸表 12 中。（计算结果保留 2 位小数）

综合单价分析表　　　　　　　　表 12

项目编码			项目名称		计量单位		工程量		
清单综合单价组成明细									
定额编号	定额项目名称	定额单位	数量	单价（元）				合价（元）	

				人工费	材料费	机械费	管理费和利润	人工费	材料费	机械费	管理费和利润
人工单价				小计							
				未计价材料费（元）							
清单项目综合单价（元/m）											
材料费明细	主要材料名称、规格、型号			单位	数量	单价（元）	合价（元）		暂估单价（元）	暂估合价（元）
	其他材料费（元）								—	—
	材料费小计（元）								—	

Ⅲ 电气和自动化工程

某电话机房照明系统中一回路,如图 5 所示。该照明工程按照当地发布的《通用安装工程消耗量定额》及地区价目表,计算出相关分部分项工程的费用见表 13,其中人工日单价按普工 70 元/工日、一般技工 90 元/工日、高级技工 120 元/工日。管理费和利润分别按人工费的 55% 和 45% 计算。表中费用均不包含增值税可抵扣进项税额。

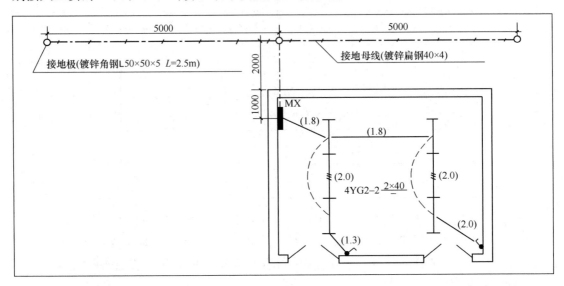

说明:1. 照明配电箱 MX 为嵌入式安装,箱体尺寸:600×400×200(宽×高×厚),安装高度为下口离地 1.6m。
2. 管线均为镀锌电管 φ20,沿砖墙、混凝土顶板内暗配,顶管标高为 4m;管内穿阻燃绝缘导线 ZR-BV1.5mm²。
3. 接地母线采用 -40×4 镀锌扁钢,埋深 0.7m,由室外进入外墙皮后的水平长度为 1m,进入配电箱内长度为 0.5m,室内外地坪无高差。
4. 单联单控照明开关规格为:250V 10A,安装高度为下口离地 1.4m。
5. 接地电阻要求小于 4Ω。
6. 配管水平长度见图中括号内数字,单位为 m。

图 5 某电话机房照明系统中一回路示意

照明工程相关费用表 表 13

序号	项目名称	单位	安装费单价(元)			主材	
			人工费	材料费	机械费	单价(元)	损耗率(%)
1	镀锌电管 φ20 沿砖、混凝土结构暗配	100m	396.00	58.00	20.00	4.50 元/m	3
2	管内穿阻燃绝缘导线 ZRBV1.5mm²	100m	60.00	18.00	0	1.20 元/m	16
3	接线盒暗装	10 个	24.00	22.00	0	2.40 元/个	2
4	开关盒暗装	10 个	24.00	22.00	0	2.40 元/个	2
5	角钢接地极制作安装	根	29.02	1.89	14.32	42.40 元/根	3
6	接地母线敷设	10m	142.80	0.90	2.10	6.30 元/m	5
7	接地电阻测试	系统	60.00	1.49	14.52		
8	照明配电箱嵌入式安装	台	36.44	3.50	0	58.50 元/台	
9	荧光灯 YG2-2 吸顶安装	10 套	80.00	25.00	0	120.00 元/套	1
10	单联单控暗开关安装	10 个	39.40	4.50	0	7.00 元/个	2

根据《通用安装工程工程量计算规范》GB 50856—2013 的规定，分部分项工程的统一编码见表14。

分部分项工程的统一编码　　　　　　　　　　　　　表14

项目编码	项目名称	项目编码	项目名称
030404017	配电箱	030414011	接地装置电气调整试验
030404034	照明开关	030411001	配管
030404031	小电器	030411004	配线
030409001	接地极	030411006	接线盒
030409002	接地母线	030412005	荧光灯

问题：

1. 根据图5所示内容和《通用安装工程工程量计算规范》GB 50856—2013 的规定，计算配电箱、开关、灯具、接线盒等的工程量。将计算过程填入表15"分部分项工程和单价措施项目清单与计价表"中。

分部分项工程和单价措施项目清单与计价表　　　　表15

序号	项目编码	项目名称	项目特征	计量单位	工程量	计算式
1	030404017001	配电箱		台		
2	030404034001	照明开关		个		
3	030409001001	接地极		根		
4	030409002001	接地母线		m		
5	030414011001	接地装置电气调整试验		组		
6	030411001001	配管		m		
7	030411006001	接线盒		个		
8	030411004001	配线		m		
9	030412005001	荧光灯		套		

2. 根据上述相关定额（表13）和相关规范的要求，计算接地母线、电气配管和电气配线分项工程的工程量清单综合单价。

（1）计算接地母线的综合单价，见表16。

电话机房照明工程量清单综合单价分析表　　　　表16

项目编码				项目名称				计量单位		工程量	
清单综合单价组成明细											
定额编号	定额名称	定额单位	数量	单价（元）				合价（元）			
				人工费	材料费	机械费	管理费和利润	人工费	材料费	机械费	管理费和利润
人工单价				小计							
元/工日				未计价材料费（元）							
清单项目综合单价（元/m）											
材料费明细	主要材料名称、规格、型号			单位		数量		单价（元）	合价（元）	暂估单价（元）	暂估合价（元）
	其他材料费（元）										
	材料费小计（元）										

(2) 计算电气配管综合单价,见表17。

电话机房照明工程量清单综合单价分析表　　　　表 17

项目编码				项目名称			计量单位			工程量	
清单综合单价组成明细											
定额编号	定额名称	定额单位	数量	单价(元)			合价(元)				
				人工费	材料费	机械费	管理费和利润	人工费	材料费	机械费	管理费和利润
人工单价				小计							
元/工日				未计价材料费(元)							
清单项目综合单价(元/m)											
材料费明细	主要材料名称、规格、型号				单位	数量	单价(元)	合价(元)	暂估单价(元)	暂估合价(元)	
						m					
	其他材料费(元)										
	材料费小计(元)										

(3) 计算电气配线综合单价,见表18。

电话机房照明工程量清单综合单价分析表　　　　表 18

项目编码				项目名称			计量单位			工程量	
清单综合单价组成明细											
定额编号	定额名称	定额单位	数量	单价(元)			合价(元)				
				人工费	材料费	机械费	管理费和利润	人工费	材料费	机械费	管理费和利润
人工单价				小计							
元/工日				未计价材料费(元)							
清单项目综合单价(元/m)											
材料费明细	主要材料名称、规格、型号				单位	数量	单价(元)	合价(元)	暂估单价(元)	暂估合价(元)	
						m					
	其他材料费(元)										
	材料费小计(元)										

3. 编制该工程"分部分项工程量清单与计价表"(表19)。

分部分项工程量清单与计价表　　　　　　　表 19

序号	项目编码	项目名称	项目特征	计量单位	工程量	金额	
						综合单价	合价
1	030404017001	配电箱					
2	030404034001	照明开关					
3	030409001001	接地极					
4	030409002001	接地母线					
5	030414011001	接地装置调试					
6	030411001001	配管					
7	030411006001	接线盒					
8	030411004001	配线					
9	030412005001	荧光灯					
合计							

模拟试卷1 《建设工程造价案例分析（土木建筑工程、安装工程）》答案与解析

试题一（20分）

问题1：

进口设备货价＝420×6.7＝2814.00（万元）

国外运费＝550×700×6.7/10000＝257.95（万元）

国外运输保险费＝(2814＋257.95)×3‰/(1－3‰)＝9.24（万元）

CIF＝2814.00＋257.95＋9.24＝3081.19（万元）

银行财务费＝2814.00×5‰＝14.07（万元）

外贸手续费＝3081.19×1.5％＝46.22（万元）

关税＝3081.19×22％＝677.86（万元）

进口环节增值税＝(3081.19＋677.86)×17％＝639.04（万元）

进口从属费＝14.07＋46.22＋677.86＋639.04＝1377.19（万元）

进口设备原价＝3081.19＋1377.19＝4458.38（万元）

国内运杂费＝4458.38×3.5％＝156.04（万元）

设备购置费＝4458.38＋156.04＝4614.42（万元）

问题2：

工程费用＝建筑工程费＋安装工程费＋设备购置费＝2500＋1700＋4614.42＝8814.42（万元）

工程建设其他费＝工程费用×20％＝8814.42×20％＝1762.88（万元）

基本预备费＝(工程费用＋工程建设其他费)×5％＝(8814.42＋1762.88)×5％＝10577.30×5％＝528.87（万元）

价差预备费＝静态投资×3％＝(工程费用＋工程建设其他费＋基本预备费)×3％
　　　　　＝(8814.42＋1762.88＋528.87)×3％＝11106.17×3％＝333.19（万元）

建设投资＝工程费用＋工程建设其他费＋基本预备费＋价差预备费
　　　　＝8814.42＋1762.88＋528.87＋333.19＝11439.36（万元）

固定资产投资＝建设投资＋建设期利息＝11439.36（万元）

问题3：

固定资产原值＝形成固定资产的费用(建设投资)－可抵扣固定资产进项税额
　　　　　＝11439.36－1487.12＝9952.24（万元）

固定资产年折旧费＝9952.24×(1－4％)÷8＝1194.27（万元）

固定资产余值＝年固定资产折旧费×(8－6)＋残值＝1194.27×2＋9952.24×4％＝2786.63（万元）

问题 4：

计算期第 2 年：

应纳增值税额＝当期销项税额－当期进项税额－可抵扣固定资产进项税额
$$=900-170-1487.12$$
$$=-757.12(万元)<0，故第 2 年应纳增值税额为 0。$$

计算期第 3 年的增值税应纳税额＝当期销项税额－当期进项税额－可抵扣固定资产进项税额＝900－170－757.12＝－27.12(万元)＜0，故第 3 年应纳增值税额为 0。

计算期第 4 年的增值税应纳税额＝当期销项税额－当期进项税额－可抵扣固定资产进项税额＝900－170－27.12＝702.88(万元)。

计算期第 5 年、第 6 年、第 7 年的应纳增值税＝900－170＝730(万元)。

调整所得税＝[(含销项税的营业收入－当期销项税额)－(含进项税的经营成本－当期进项税额)－折旧费－增值税附加]×25%。

故：

第 2 年、第 3 年调整所得税＝[(7500－900)－(2800－170)－1194.27－0]×25%
$$=693.93(万元)。$$

第 4 年调整所得税＝[(7500－900)－(2800－170)－1194.27－702.88×12%]×25%
$$=672.85(万元)。$$

第 5 年、第 6 年、第 7 年的调整所得税＝[(7500－900)－(2800－170)－1194.27－730.00×12%]×25%＝672.03(万元)。

计算结果见表 20。

融资前该项目的投资现金流量表（单位：万元） 表 20

序号	项目	计算期（年）						
		1	2	3	4	5	6	7
1	现金流入	0	7500	7500	7500	7500	7500	11636.63
1.1	营业收入（不含销项税额）		6600	6600	6600	6600	6600	6600
1.2	销项税额		900	900	900	900	900	900
1.3	补贴收入		0	0	0	0	0	0
1.4	回收固定资产余值							2786.63
1.5	回收流动资金							1350
2	现金流出	11439.36	4843.93	3493.93	4260.08	4289.63	4289.63	4289.63
2.1	建设投资	11439.36						
2.2	流动资金		1350					
2.3	经营成本（不含进项税额）		2630	2630	2630	2630	2630	2630
2.4	进项税额		170	170	170	170	170	170
2.5	应纳增值税		0	0	702.88	730	730	730
2.6	增值税附加		0	0	84.35	87.60	87.60	87.60
2.7	维持运营投资		0	0	0	0	0	0

序号	项目	计算期（年）						
		1	2	3	4	5	6	7
2.8	调整所得税		693.93	693.93	672.85	672.03	672.03	672.03
3	所得税后净现金流量	−11439.36	2656.07	4006.07	3239.92	3210.37	3210.37	7347.00
4	累计所得税后净现金流量	−11439.36	−8783.29	−4777.22	−1537.30	1673.07	4883.44	12230.44
5	折现系数（基准收益率10%）	0.91	0.83	0.75	0.68	0.62	0.56	0.51
6	折现后净现金流量	−10409.82	2204.54	3004.55	2203.15	1990.43	1797.81	3746.97
7	累计折现后净现金流量	−10409.82	−8205.28	−5200.73	−2997.58	−1007.15	790.66	4537.63

问题5：

项目财务净现值是把项目计算期内各年的净现金流量，按照基准收益率折算到建设期初的现值之和。也就是计算期末累计折现后净现金流量，该建设项目投资财务净现值（得税后）=4537.63（万元）。

静态投资回收期（所得税后）：$P_t=(5-1)+|-1537.30|/3210.37=4.48$(年)。

项目财务净现值为4537.63万元，大于零；静态投资回收期为4.48年，小于行业基准投资回收期5年，则该建设项目可行。

试题二（20分）

问题1：

A方案年费用：

$A_A=[2500×(P/F,10\%,1)+2400×(P/F,10\%,2)+250×(P/A,10\%,15)×(P/F,10\%,2)-100×(P/F,10\%,17)]×(A/P,10\%,17)$

$=725.99$(万元)。

B方案年费用：

$A_B=[3000×(P/F,10\%,1)+3300×(P/F,10\%,2)+100×(P/A,10\%,20)×(P/F,10\%,2)-200×(P/F,10\%,22)]×(A/P,10\%,22)$

$=699.26$(万元)。

C方案年费用：

$A_C=[2400×(P/A,10\%,2)+150×(P/A,10\%,15)×(P/F,10\%,2)-200×(P/F,10\%,17)]×(A/P,10\%,17)$。

$=631.90$(万元)。

由以上计算结果可知：C方案的年费用最低，为最优方案，其次是B方案，A方案的费用最高，在三个方案中是最差的。

问题2：

1. 设工程量为 $Q\mathrm{m}^3$，工期为 T 月，则方案费用=固定成本+与 T 有关的费用+与 Q 有关的费用。

当工期为12个月时：

方案一的费用 $C_1=160+35×12+98.4×Q/1000$；

方案二的费用 $C_2=200+25×12+110×Q/1000$；

令 $C_1=C_2$；

解得 $Q=6900(m^3)$。

因此：

当 $Q<6900m^3$，选用方案二；

当 $Q>6900m^3$，选用方案一；

当 $Q=6900m^3$，方案一、方案二均可。

2. 当工程量为 $9000m^3$，合同工期为10个月时：

方案一：$C_1=160+35\times10+98.4\times9000/1000=1395.6(万元)$；

方案二：$C_2=200+25\times10+110\times9000/1000=1440(万元)$；

因为 $C_1<C_2$，所以应采用方案一。

3. 若方案二可缩短工期10%，方案二的费用：

$C_2=200+25\times10(1-10\%)+110\times9=1415(万元)$；

因为 $C_1<C_2$，所以仍应采用方案一。

问题3：

原施工网络进度计划中，计算工期是18个月，满足工期（24个月）要求；从工期控制的角度考虑，应重点控制C、F、G、I工作，因为上述工作是关键工作，其持续时间的变化必然会影响到总工期。

问题4：

施工单位应将E工作调整到A工作后进行，将A工作作为E工作的紧前工作。调整后的施工网络进度计划如图6所示。

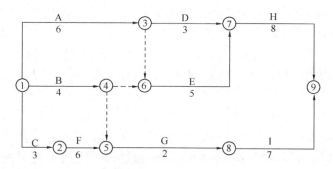

图6 调整后的施工网络进度计划

新的网络计划能够满足合同工期要求，关键工作为A、E、H，工期为19个月。

试题三（20分）

问题1：

总工期为：$10+6+8+9+2=35$（个月）；

关键工作为：B、H、L、N、S；

工作J的自由时差为0个月，总时差为1个月。

问题2：

截至第3个月末：

拟完工程计划投资累计额$(BCWS)=(200/5+500/10+240/6)\times3=390$（万元）。

已完工程计划投资累计额（BCWP）=120+150+140=410（万元）。

已完工程实际投资累计额（ACWP）=140+160+130=430（万元）。

截至第 3 个月末投资偏差=BCWP-ACWP=410-430=-20（万元），投资超支 20 万元，投资是超支。

截至第 3 个月末进度偏差=BCWP-BCWS=410-390=20（万元），进度提前 20 万元，进度没有拖后。

问题 3：

项目监理机构不应批准工程延期。理由：因工作 J 有总时差 1 个月，延期 1 个月不影响总工期，故工期索赔不应批准。

项目监理机构批准的费用补偿为 29 万元。理由：因设计变更属于建设单位应承担的责任。

问题 4：

(1) 应当否决投标的投标人有 A、D、F、H。

(2) 评标基准价=(1850+1450+1500+1600)÷4×95%=1520（万元）。

(3) 不妥。招标人根据评标委员会的书面评标报告和推荐的中标候选人确定中标人，评标委员会推荐的中标候选人应当限定在 1~3 人，并标明排列顺序。建设单位应依法确定中标人。

试题四（20 分）

问题 1：

(1) 签约合同价：$(2000×1000+1500×3000+400000+900000+1000000)×(1+8\%)×(1+9\%)=10359360$（元）=1035.94（万元）。

(2) 支付预付款：$(10359360-1000000×1.08×1.09)×10\%=918216$（元）=91.82（万元）。

(3) 支付措施项目工程款：$400000×1.08×1.09×(1-3\%)=456753.60$（元）=45.68（万元）。

问题 2：

不调整。

理由：新增加 150m²，150/1500=10%，未超过计划完成工程量的 15%，所以不予调整。

问题 3：

第 1 月应支付工程进度款：$[2000×1000×1.08×1.09+(100×150+10×2000)×1.08×1.09]×(1-3\%)=2323733.94$（元）=232.37（万元）。

第 2 月应支付工程进度款：$750×3000×1.08×1.09×(1-3\%)-918216/2=2110131$（元）=211.01（万元）。

第 3 月应支付工程进度款：$[(750+150)×3000×1.08×1.09+500×850×1.08×1.09]×(1-3\%)-918216/2=3109279.50$（元）=310.93（万元）。

问题 4：

竣工结算价款总额=$10359360-(1000000+900000)×1.08×1.09+(100×150+10×2000)×1.08×1.09+150×3000×1.08×1.09+1000×850×1.08×1.09=969.43$（万元）。

实际应支付的竣工结算款=500×850×1.08×1.09/10000×(1-3‰)=48.53(万元)。

或者：969.43×(1-3‰)-(91.82+45.68+232.37+211.01+310.93)=48.54(万元)。

试题五（40分）

Ⅰ 土木建筑工程

问题1：

计算结果见表21。

工程量计算表　　　　　　　　　　　　　　　　　　　　　　　　　　　表21

序号	分项内容	计算过程	单位	工程量
1	平台梁	0.550×0.350×1.100×8=1.694	m²	1.694
2	平台板	1.850×0.100×1.100×8=1.628	m²	1.628
3	梯梁	5.010×0.250×4=5.010	m²	5.010
4	踏步板	0.300×0.100×1.100×17×4=2.244	m²	2.244
	合计		m²	10.576

问题2：

(1) 2.2×(1.85×2+5.1)×2=38.72 (m³)

(2) 综合单价分析表填写，见表22。

工程量清单综合单价分析表　　　　　　　　　　　　　　　　　　　　　表22

项目编码	010406001001	项目名称		现浇混凝土直形楼梯		计量单位		m²	工程量		38.72
清单综合单价组成明细											
定额编号	定额名称	定额单位	数量	单价（元）				合价（元）			
				人工费	材料费	施工机具使用费	管理费和利润	人工费	材料费	施工机具使用费	管理费和利润
—	—	1m³	0.273	165	356.60	52.10	74.58	45.05	97.35	14.22	20.36
人工单价			小计				45.05	97.35	14.22	20.36	
元/工日			未计价材料费（元）								
清单项目综合单价（元/t）										176.98	
	主要材料名称、规格、型号					单位	数量	单价（元）	合价（元）	暂估单价（元）	暂估合价（元）	
	其他材料费（元）										
	材料费小计（元）								97.35			

问题3：

计算结果见表23。

分部分项工程量清单与计价表　　　　　　　表 23

序号	项目编码	项目名称	项目特征描述	计量单位	工程量	金额（元）		
						综合单价	合价	其中：暂估价
1	010406001001	现浇混凝土直形楼梯	1. 混凝土强度等级C30 2. 混凝土拌合料要求：碎石粒径5～20mm 3. 水泥：42.5 硅酸盐水泥	m²	38.72	176.98	6852.67	

Ⅱ 管道和设备工程

问题1：

工程量的计算：

（1）计算管道安装工程量

1) 中压无缝钢管 $\phi133\times6$

$8.2+3+3+1+1.6\times3=20$（m）

2) 中压无缝钢管 $\phi108\times5$

$(3.6-1.6)\times3+3+3+7+12+5+0.5+[4+(3.6-1.2)+1.8]\times2=50.90$（m）

3) 中压无缝钢管 $\phi89\times4$

$[(4.6-2.6)+1.5]\times2+5+3+(5.2-4.6)=15.60$（m）

（2）计算管件、阀门、法兰安装工程量。

碳钢管件：DN125 三通3个，焊接盲板1个；DN100 弯头6个，三通4个；DN80 弯头3个，DN80 三通2个。

法兰阀门：DN125 截止阀3个，DN100 截止阀3个，DN100 止回阀2个，DN80 安全阀1个。

碳钢对焊法兰：DN125　3片

碳钢对焊法兰：DN100　10片

碳钢对焊法兰：DN80　3片

（3）计算管架制作安装工程量

$26\times5+15\times25+6\times22=657$（kg）

（4）$\phi108\times5$ 管道 X 光射线探伤工程量：

$L=\pi D=3.14\times108=339.12$（mm）

每个焊口胶片数量为：$339.12/(150-25\times2)=3.39$（张），取整4张，6个焊口需要24张。

（5）计算管道刷油、绝热、保护层工程量

管道刷油：

$\phi133\times6$：$3.14\times0.133\times20=8.35$（m²）

$\phi108\times5$：$3.14\times0.108\times50.9=17.26$（m²）
$\phi89\times4$：$3.14\times0.089\times15.6=4.36$（m²）
$L_1+L_2+L_3=8.35+17.26+4.36=29.97$（m²）

管道绝热：

$3.14\times(0.133+1.033\times0.06)\times1.033\times0.06\times20+3.14\times(0.108+1.033\times0.06)\times1.033\times0.06\times50.9+3.14\times(0.089+1.033\times0.06)\times1.033\times0.06\times15.6=3.14\times1.033\times0.06\times(3.90+8.65+2.36)=2.90$（m³）

管道保护层：

$3.14\times(0.133+2.1\times0.06+0.0082)\times20+3.14\times(0.108+2.1\times0.06+0.0082)\times50.9+3.14\times(0.089+2.1\times0.06+0.0082)\times15.6=16.78+38.71+10.93=66.42$（m²）

问题2：

计算结果见表24。

分部分项工程和单价措施项目清单与计价表　　　　　　　　　　表24

序号	项目编码	项目名称	项目特征描述	计量单位	工程量	金额（元）		
						综合单价	合价	其中：暂估价
1	030802001001	中压碳钢管道	碳钢无缝钢管 $D133\times6$mm 电焊弧、水压试验、空气吹扫	m	20			
2	030802001002	中压碳钢管道	碳钢无缝钢管 $D108\times5$mm 电焊弧、水压试验、空气吹扫	m	50.90			
3	030802001003	中压碳钢管道	碳钢无缝钢管 $D89\times4$mm 电焊弧、水压试验、空气吹扫	m	15.60			
4	030805001001	中压碳钢管件	$DN125$，三通，电焊弧	个	3			
5	030805001002	中压碳钢管件	$DN125$，焊接盲板，电焊弧	个	1			
6	030805001003	中压碳钢管件	$DN100$，弯头，电焊弧	个	6			
7	030805001004	中压碳钢管件	$DN100$，三通，电焊弧	个	4			
8	030805001005	中压碳钢管件	$DN80$，弯头，电焊弧	个	3			
9	030805001006	中压碳钢管件	$DN80$，三通，电焊弧	个	2			
10	030808003001	中压法兰阀门	$DN125$，J41H-25，对焊法兰连接	个	3			
11	030808003002	中压法兰阀门	$DN100$，逆止阀 H41H-25，对焊法兰连接	个	2			
12	030808003003	中压法兰阀门	$DN100$，J41H-25，对焊法兰连接	个	3			

续表

序号	项目编码	项目名称	项目特征描述	计量单位	工程量	金额（元）		
						综合单价	合价	其中：暂估价
13	030808005001	中压安全阀	DN800，安全阀 A41H-25，对焊法兰连接	个	1			
14	030811002001	中压碳钢焊接法兰	DN125，电焊弧	片	3			
15	030811002002	中压碳钢焊接法兰	DN100，电焊弧	片	10			
16	030811002003	中压碳钢焊接法兰	DN80，电焊弧	片	3			
17	030815001001	管架制作安装	普通支架	kg	657			
18	030816003001	焊缝 X 光射线探伤	胶片 80mm×150mm	张	24			
19	031201001001	管道刷油	除锈，油漆	m^2	29.97			
20	031208002001	管道绝热	岩棉管壳（厚度为 60mm）	m^3	2.90			
21	031208007001	铝箔保护	铝箔保护层	m^2	66.42			

问题 3：

计算结果见表 25。

综合单价分析表　　　　　　　　　　　　　　　　　　　　　　　　　表 25

项目编码	030802001001	项目名称	中压碳钢管道 $\phi133×6$	计量单位	m	工程量	20

清单综合单价组成明细

定额编号	定额项目名称	定额单位	数量	单价（元）				合价（元）			
				人工费	材料费	机械费	管理费和利润	人工费	材料费	机械费	管理费和利润
	中压管道电弧焊	10m	0.10	184.22	15.65	158.71	147.38	18.42	1.57	15.87	14.74
	中低压管道水压试验	100m	0.01	599.96	76.12	32.30	479.97	6.00	0.76	0.32	4.80
	管道空气吹扫	100m	0.01	205.63	75.67	32.60	164.50	2.06	0.76	0.33	1.65
人工单价		小计						26.48	3.09	16.52	21.19
100 元/工日		未计价材料费（元）						323.68			
		清单项目综合单价（元/m）						390.96			

材料费明细	主要材料名称、规格、型号	单位	数量	单价（元）	合价（元）	暂估单价（元）	暂估合价（元）
	碳钢无缝钢管 $\phi133×6$	kg	58.85	5.50	323.68	—	—
	或：碳钢无缝钢管 $\phi133×6$	m	0.94	343.97	323.68	—	—
	其他材料费（元）				3.09		—
	材料费小计（元）				326.77		—

说明：$\phi133×6$ 管道 62.54kg/m，单价 5.50 元/kg。

62.54×5.50＝343.97（元/m）

当工程量为1m时，消耗量0.941m，折算为0.941×62.54＝58.85（kg）。

Ⅲ 电气和自动化工程

问题1：

计算结果见表26。

分部分项工程和单价措施项目清单与计价表　　　　　　表26

序号	项目编码	项目名称	项目特征	计量单位	工程量	计算式
1	030404017001	配电箱	照明配电箱MX嵌入式安装，箱体尺寸：600×400×200（宽×高×厚），安装高度1.6m	台	1	
2	030404034001	照明开关	单联单控暗开关250V 10A，安装高度1.4m	个	2	
3	030409001001	接地极	镀锌角钢接地极L50×50×5，每根L＝2.5m	根	3	
4	030409002001	接地母线	镀锌扁钢接地母线－40×4（mm²），室外埋地安装，埋深0.7m	m	16.42	接地母线图示长度＝5＋5＋2＋1＋0.7＋1.6＋0.5＝15.80(m) 考虑3.9%的附加长度，总长度为15.80×1.039＝16.42(m)
5	030414011001	接地装置电气调整试验	接地电阻测试	组	1	
6	030411001001	配管	镀锌电管φ20沿砖、混凝土结构暗配	m	18.10	管长＝4－1.6－0.4＋1.8＋1.8＋2×3＋(4－1.4)×2＋1.3＝18.10(m)
7	030411006001	接线盒	暗装接线盒4个，暗装开关盒2个	个	6	
8	030411004001	配线	管内穿阻燃绝缘导线ZR-BV1.5mm²	m	42.20	线长＝[4－1.6－0.4＋1.8×2]×2＋(2＋2)×3＋(4－1.4)×2×2＋(2＋1.3)×2＝40.20(m) 预留长度为600＋400＝1000(mm)＝1(m)总长度为40.20＋1×2＝42.20(m)
9	030412005001	荧光灯	YG2-2吸顶安装	套	4	

问题2：

(1) 计算接地母线的综合单价，见表27。

接地母线长度应按施工图设计水平和垂直规定长度另加3.9%的附加长度（包括转弯、上下波动、避绕建筑物、搭接头所占长度）计算。计算主材用量应考虑表13中5%的损耗，该接地母线分项工程每米所含主材数量：接地母线1.05m。

电话机房照明工程量清单综合单价分析表　　　　表27

项目编码	030409002001	项目名称		接地母线		计量单位	m		工程量	16.42
清单综合单价组成明细											
定额编号	定额名称	定额单位	数量	单价（元）				合价（元）			
				人工费	材料费	机械费	管理费和利润	人工费	材料费	机械费	管理费和利润
	接地母线敷设	10m	0.10	142.80	0.90	2.10	142.80	14.28	0.09	0.21	14.28
人工单价				小计				14.28	0.09	0.21	14.28
70元/工日 90元/工日 120元/工日				未计价材料费（元）						6.62		
清单项目综合单价（元/m）										35.48	

材料费明细	主要材料名称、规格、型号	单位	数量	单价（元）	合价（元）	暂估单价（元）	暂估合价（元）
	接地母线—40×4（mm）	m	1.05	6.30	6.62		
	其他材料费（元）					0.09		
	材料费小计（元）					6.71		

(2) 计算电气配管综合单价：见表28。

计算电气配管综合单价时，φ20镀锌电管主材数量应考虑表13中的损耗为3%；该电气配管分项工程每米所含主材数量：φ20镀锌电管主材1.03m。

电话机房照明工程量清单综合单价分析表　　　　表28

项目编码	030411001001	项目名称		配管φ20		计量单位	m		工程量	18.10
清单综合单价组成明细											
定额编号	定额名称	定额单位	数量	单价（元）				合价（元）			
				人工费	材料费	机械费	管理费和利润	人工费	材料费	机械费	管理费和利润
	镀锌电管φ20，沿砖、混凝土结构暗配	100m	0.01	396.00	58.00	20.00	396.00	3.96	0.58	0.20	3.96
人工单价				小计				3.96	0.58	0.20	3.96
70元/工日 90元/工日 120元/工日				未计价材料费（元）						4.64		
清单项目综合单价（元/m）										13.34	

材料费明细	主要材料名称、规格、型号	单位	数量	单价（元）	合价（元）	暂估单价（元）	暂估合价（元）
	配管（镀锌电管φ20）	m	1.03	4.5	4.64		
	其他材料费（元）					0.58		
	材料费小计（元）					4.64		

(3) 计算电气配线综合单价，见表29。

计算电气配线的综合单价时，主材用量要考虑表13中16%的损耗。该分项工程每米所含主材数量：$1.0 \times 1.16 = 1.16$（m）。

电话机房照明工程量清单综合单价分析表 表29

项目编码	030411004001	项目名称		电气配线		计量单位	m	工程量		42.20
清单综合单价组成明细										
定额编号	定额名称	定额单位	数量	单价（元）				合价（元）			
				人工费	材料费	机械费	管理费和利润	人工费	材料费	机械费	管理费和利润
	管内穿阻燃绝缘导线 ZRBV1.5mm²	100m	0.01	60.00	18.00	0	60.00	0.60	0.18	0	0.60
人工单价			小计				0.60	0.18	0	0.60	
70元/工日 90元/工日 120元/工日			未计价材料费（元）						1.39		
清单项目综合单价（元/m）								2.77			
材料费明细	主要材料名称、规格、型号		单位	数量		单价（元）	合价（元）		暂估单价（元）		暂估合价（元）
	阻燃绝缘导线 ZRBV1.5mm²		m	1.16		1.20	1.39				
	其他材料费（元）							0.18			
	材料费小计（元）							1.57			

问题3. 计算结果见表30。

分部分项工程量清单与计价表 表30

序号	项目编码	项目名称	项目特征	计量单位	工程量	金额	
						综合单价	合价
1	030404017001	配电箱	照明配电箱 MX 嵌入式安装，箱体尺寸：600×400×200（宽×高×厚），安装高度1.6m	台	1	134.88	134.88
2	030404034001	照明开关	单联单控暗开关 250V 10A，安装高度1.4m	个	2	15.47	30.94
3	030409001001	接地极	镀锌角钢接地极 L50×50×5，$L=2.5$m 每根$L=2.5$	根	3	117.92	353.76
4	030409002001	接地母线	镀锌扁钢接地母线—40×4（mm）室外埋地安装，埋深0.7m	m	16.24	35.48	582.58

续表

序号	项目编码	项目名称	项目特征	计量单位	工程量	综合单价	合价
5	030414011001	接地装置调试	接地电阻测试	组	1	136.01	136.01
6	030411001001	配管	镀锌电管 $\phi 20$，沿砖、混凝土结构暗配	m	18.10	13.34	241.45
7	030411006001	接线盒	接线盒4个，开关盒2个	个	6	9.45	56.70
8	030411004001	配线	管内穿阻燃绝缘导线 ZRBV1.5mm^2	m	42.20	2.77	116.89
9	030412005001	荧光灯	YG2-2 吸顶安装		4	139.70	558.80
			合计				2212.01

表30中，配电箱、照明开关、接地装置调试、接线盒和荧光灯综合单价根据表13中的数据计算，计算式为：

配电箱综合单价=36.44+3.5+36.44×(55%+45%)+58.5=134.88(元)

照明开关综合单价=[39.40+4.50+39.40×(55%+45%)]×0.1+1.02×7=15.47(元)

接地极综合单价=29.02+1.89+14.32+29.02×(55%+45%)+42.40×1.03=117.92(元)

接地装置调试综合单价=60+1.49+14.52+60×(55%+45%)=136.01(元)

接线盒综合单价=[24+22+24×(55%+45%)]×0.1+1.02×2.4=9.45(元)

荧光灯综合单价=[80+25+80×(55%+45%)]×0.1+1.01×120=139.70(元)

模拟试卷 2 《建设工程造价案例分析（土木建筑工程、安装工程）》

试题一（20分）

某企业拟新建一生产项目，建设期为 2 年，运营期为 6 年，运营期第 3 年达产。其他基础数据见表1。

某建设项目财务评价基础数据表（单位：万元） 表1

序号	项目	年份 1	2	3	4	5	6	7	8
1	建设投资 其中：资本金 贷款	700 1000	800 1000						
2	流动资金 其中：资本金 贷款			160 320	320				
3	营业收入 其中：销项税额			3000 470	4320 730	5400 910	5400 910	5400 910	5400 910
4	经营成本 其中：进项税额			2100 350	3000 500	3200 540	3200 540	3200 540	3200 540

有关说明如下：

1. 表中贷款额不含利息。建设投资贷款年利率为 5.93%（按年计息）。建设投资估算中的 550 万元形成无形资产，其余形成固定资产，固定资产投资中不考虑可抵扣固定资产进项税额对固定资产原值的影响。
2. 无形资产在运营期各年等额摊销；固定资产使用年限为 10 年，直线法折旧，残值率为 4%，固定资产余值在项目运营期末一次收回。
3. 流动资金贷款年利率为 4%（按年计息）。流动资金在项目运营期末一次收回并偿还贷款本金。
4. 增值税附加税率为 12%，所得税税率为 25%。
5. 建设投资贷款在运营期内的前 4 年等额还本利息照付。
6. 在运营期的后 4 年每年需维持运营投资 20 万元，维持运营投资按当年费用化处理，不考虑增加固定资产，无残值。

问题：

1. 列式计算建设期贷款利息和固定资产投资总额。

2. 编制建设投资贷款还本付息计划表（表2）。

建设投资贷款还本付息表 表2

序号	项目	1	2	3	4	5	6
1	年初借款余额						
2	当年借款						
3	当年应计利息						
4	当年还本付息						
4.1	其中：还本						
4.2	付息						
5	年末余额						

3. 计算固定资产年折旧额和运营期末余值。

4. 列式计算计算期第3、6年的增值税附加、总成本费用（含进项税）和所得税。

5. 补充完成项目资本金现金流量表（表3）。

项目资本金现金流量表 表3

序号	项目	计算期							
		1	2	3	4	5	6	7	8
1	现金流入			3000.00	4320.00	5400.00	5400.00	5400.00	7501.81
1.1	营业收入（不含销项税额）			2530.00	3590.00	4490.00	4490.00	4490.00	4490.00
1.2	销项税额			470.00	730.00	910.00	910.00	910.00	910.00
1.3	回收固定资产余值								（ ）
1.4	回收流动资金								（ ）
2	现金流出	700.00	800.00	3123.19	4046.61	4575.55	4552.06	3998.40	4638.40
2.1	（建设投资）资本金	700.00	800.00						
2.2	（流动资金）资本金			160.00					
2.3	经营成本（不含进项税额）			1750.00	2500.00	2660.00	2660.00	2660.00	2660.00
2.4	进项税额			350.00	500.00	540.00	540.00	540.00	540.00
2.5	应纳增值税								
2.6	增值税附加								
2.7	还本付息总额								
2.7.1	长期借款还本								
2.7.2	长期借款付息								
2.7.3	流动资金还本								
2.7.4	流动资金借款付息								
2.8	所得税								
2.9	维持运营投资								
3	所得税后净现金流量								
4	累计所得税后净现金流量								

6. 从项目资本金角度列式计算投资回收期（静态）。
（计算过程和结果均保留2位小数）

试题二（20分）

某咨询公司受业主委托，对某设计院提出的某工业厂房 $8000m^2$ 屋面工程的 A、B、C 三个设计方案进行评价。该厂房的设计使用年限为40年。咨询公司评价方案中设置功能实用性（F_1）、经济合理性（F_2）、结构可靠性（F_3）、外形美观性（F_4）与环境协调性（F_5）等五项评价指标。各方案的每项评价指标得分见表4。各方案有关经济数据见表5。基准折现率为6%，资金时间价值系数见表6。

各方案评价指标得分表　　　　　　　　　　　　　　　　　表4

指标	A	B	C
F_1	9	9	9
F_2	8	10	10
F_3	9	10	9
F_4	8	9	10
F_5	9	9	8

各方案有关经济数据汇总表　　　　　　　　　　　　　　　表5

方案	A	B	C
含税工程价格（元/m^2）	65	80	115
年度维护、运营费用（万元）	1.4	1.85	2.70
大修周期（年）	5	10	15
每次大修费（万元）	32	44	60

资金时间价值系数　　　　　　　　　　　　　　　　　　　表6

n	5	10	15	20	25	30	35	40
(P/F, 6%, n)	0.7474	0.5584	0.4173	0.3118	0.2330	0.1741	0.1301	0.0972
(A/P, 6%, n)	0.2374	0.1359	0.1030	0.0872	0.0782	0.0726	0.0690	0.0665

问题：

1. 用0—4评分法确定各项评价指标的权重，并把计算结果填入表7。

各评价指标权重计算表　　　　　　　　　　　　　　　　　表7

指标	F_1	F_2	F_3	F_4	F_5	得分	权重
F_1	×	4	3	4	3		
F_2		×	1	2	1		
F_3			×	3	2		
F_4				×	1		
F_5					×		
合计							

2. 列式计算 A、B、C 三个方案的加权综合得分，并计算各方案的功能指数，并填入表 8。

各方案的功能指数计算表　　　　　　　　　　表 8

技术经济指标	功能权重	方案功能加权得分		
		A	B	C
F_1				
F_2				
F_3				
F_4				
F_5				
合计				
功能指数				

3. 计算各方案的价值指数，并选择最优方案。（计算成本指数以各方案含税工程价格为基数）

4. 计算各方案的工程总造价和全寿命周期年度费用，从中选择最经济的方案。（注：不考虑建设期差异的影响，每次大修给业主带来不便的损失为 1 万元，各方案均无残值）

（问题 1、2、3 的计算结果保留 3 位小数，问题 4 计算结果保留 2 位小数）

试题三（20 分）

某工程，建设单位与甲、乙两家施工单位分别签订了土建工程施工合同和设备安装工程合同，合同工期分别为 120 天和 60 天。经各方协商确认和总监理工程师审核批准的施工总进度计划如图 1 所示。其中：工作 $A_1 \sim A_{10}$ 属于甲施工单位的施工任务；工作 B_1、B_2 属于乙施工单位的施工任务。已知该计划中各项工作均按最早开始时间安排且

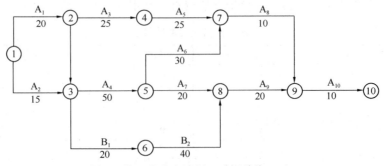

图 1　施工总进度计划（时间单位：天）

匀速施工。

合同约定管理费费率10%（以人材机为基数），利润率7%（以人材机和管理费为基数），规费费率6%（以人材机、管理费和利润为基数），增值税税率9%，措施费是分项工程费的20%。

工程实施过程中发生如下事件：

事件1：工作A_2（土方开挖）开始施工后，甲施工单位发现实际地质情况与建设单位提供的原始资料中载明的地质条件不符。随即耗费10天时间修改专项施工方案、重新组织专家论证、完成报批等工作，然后继续进行施工，增加分项工程人材机费5万元。甲施工单位就此向项目监理机构提出工程延期10天的索赔申请。

事件2：受到工作A_2实际进度拖后的影响，工作B_1未能按原计划开始施工，造成乙施工单位人员窝工、机械闲置窝工费20万元。为此，乙施工单位通过项目监理机构向甲施工单位提出补偿费用损失的索赔要求，并申请工程延期10天。

事件3：为确保工程按合同约定完工，甲施工单位综合考虑各种因素及压缩的可能性，拟选择压缩工作A_4和工作A_6的持续时间来调整施工总进度计划。

事件4：工程施工招标时建设单位提出要求：①施工单位要在签约时提供签约合同价15%的履约保证金；②招标文件规定的暂列金额在投标报价时不得改动；③玻璃幕墙工程由建设单位直接选定施工队伍，然后与施工单位签订施工分包合同；④施工单位在编制投标计日工表时，既要准确填报计日工的数量，也要填报计日工的单价。

问题：

1. 确定图1所示施工总进度计划中的关键线路、工作B_1的总时差和自由时差。

2. 事件1中，项目监理机构应批准工程延期多少天？说明理由，费用补偿多少元？

3. 事件2中，工作B_1的实际开始时间应延后多少天？指出乙施工单位的不妥之处，并写出正确做法，乙单位应获得的费用索赔多少元？

4. 事件3中，甲施工单位在选择压缩持续时间的关键工作时应考虑哪些因素？在工作A_4和工作A_6中应首先选择哪项工作压缩其持续时间？说明理由，对于选定的压缩对象，应压缩其持续时间多少天？说明理由。

5. 逐项指出事件4中建设单位提出的要求是否妥当，分别说明理由。（以上费用都不含可抵扣的进项税，计算结果保留2位小数）

试题四（20分）

某工程，依据《建设工程施工合同（示范文本）》，建设单位与施工单位签订了施工合同，合同工期8个月，签约合同价2560万元，其中暂列金额200万元（含规费税金）。施工合同有关工程款的约定如下：

（1）开工前，建设单位按签约合同价（扣除暂列金额）的10%向施工单位支付预付款。工程款累计达到签约合同价40%的次月起，预付款开始分4个月平均扣回。

（2）措施费按分部分项工程费的25%计取。

（3）管理费费率为10%（以人材机费之和为基数），利润率为7%（以人材机费、管理费之和为基数），规费综合费率为8%（以分部分项工程费、措施项目费、其他项目费之和为基数），增值税税率为9%（费用计算时均不考虑进项税额抵扣）。

（4）工程款按月结算，并按施工单位当月工程款的3%扣留质量保证金。

（5）分项工程累计实际完成工程量超出计划完成工程量的15%时，超出部分的综合单价应予以调整，调整系数为0.9。

经项目监理机构核实的工程价款情况如表9所示。

工程价款情况表（单位：万元） 表9

	1	2	3	4	5	6	7	8
拟完工作计划投资（BCWS）	200	220	350	380	360	325	325	200
已完工作计划投资（BCWP）	180	240	350	380	380	390		
已完工作实际投资（ACWP）	190	245	360					

工程实施过程中发生如下事件：

事件1：A分项工程清单计划工程量350m^3，施工单位投标时所报综合单价为2400元/m^3。工程施工进行到第6个月时，因设计变更使实际工程量增加130m^3。

事件2：施工到第8个月时，因施工现场发生不可抗力事件，造成的损失如表10所示。

不可抗力事件造成的损失 表10

序号	原因	损失（万元）含税费
1	因工程损害造成现场配合施工的设计人员受伤	1.2
2	施工单位采购的进场待安装的工程设备损坏	1.5
3	施工单位施工人员受伤	2.5
4	施工设备损坏	1.7
5	停工期应建设单位要求施工单位照管和清理工程发生的费用	2.3
6	停工期间施工单位机械、人员窝工费用	1.3

问题：

1. 该工程预付款为多少万元？每月应扣预付款多少万元？按照计划完成的工程款考虑，应从开工后第几个月起扣预付款？

2. 依据表9，用赢得值法计算第3个月底时的工程投资偏差和进度偏差，并据此判断工程实际投资和实际进度偏差情况。

3. 事件1中，A分项工程综合单价是否应调整？说明理由。A分项工程费和相应的工程款分别为多少万元？

4. 项目监理机构应签发的第6个月应支付的工程款为多少万元？

5. 针对事件2，逐项指出表10中的损失应由谁承担（不考虑保险）。项目监理机构应批准补偿施工单位多少万元？

6. 若施工中发生索赔签证等费用总计212万元（含A分项工程变更费），竣工结算前已经支付施工单位工程款1900万元（不含材料预付款），计算实际总造价和竣工结算款。（涉及金额的，计算结果保留小数点后2位。）

试题五（40分）

I 土木建筑工程

某钢筋混凝土圆形烟囱基础设计尺寸，如图2、图3所示，其中基础垫层采用C15混凝土，圆形满堂基础采用C30混凝土，地基土壤类别为三类土。土方开挖底部施工所需的工作面宽度为300mm，放坡系数为1：0.33，放坡自垫层上表面计算。

问题：

1. 根据上述条件，按《房屋建筑与装饰工程工程量计算规范》GB 50854—2013的计

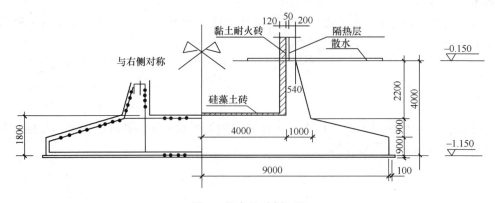

图 2　烟囱基础剖面图

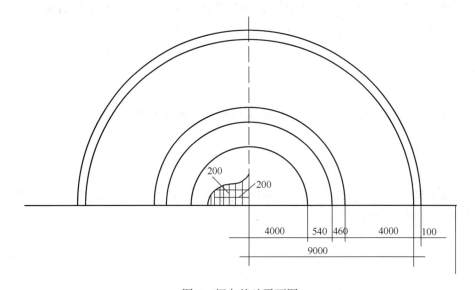

图 3　烟囱基础平面图

算规则，在表 11 "工程量计算表"中，列式计算该烟囱基础的平整场地、挖基础土方、垫层和混凝土基础工程量。平整场地工程量按满堂基础底面积乘系数 2.0 计算。圆台体体积计算公式为 $V = \dfrac{1}{3} \times h \times \pi (r_1^2 + r_2^2 + r_1 \times r_2)$。

工程量计算表　　　　　　　　　　　　　表 11

序号	项目名称	单位	工程量	计算过程
1	平整场地	m²		
2	挖基础土方	m³		
3	垫层 C15	m³		
4	混凝土基础 C30	m³		

2. 计算实际的施工量。

3. 根据工程所在地相关部门发布的现行挖、运土方预算单价，见表12"挖、运土方预算单价表"，施工方案规定，土方按90％机械开挖，10％人工开挖，用于回填的土方在20m内就近堆存，余土运往5000m范围内指定地点堆放。相关工程的企业管理费按人材机的7％计算，利润按人材机的6％计算，编制挖基础土方（清单编码为010101003）的清单综合单价，填入表13"工程量清单综合单价分析表"。

挖、运土方预算单价表（单位：m³） 表12

定额编号	1-7	1-148	1-162
项目名称	人工挖土	机械挖土	机械挖、运土
工作内容	人工挖土装土，20m内就近堆放，整理边坡等	机械挖土就近堆放，清理机下余土等	机械挖土装车，外运5000m内堆放
人工费（元）	12.62	0.27	0.31
材料费（元）	0.00	0.00	0.00
机械费（元）	0.00	7.31	21.33
基价（元）	12.62	7.58	21.64

工程量清单综合单价分析表 表13

工程名称：钢筋混凝土烟囱

项目编码			项目名称			计量单位			工程量		
清单综合单价组成明细											
定额编号	定额名称	定额单位	数量	单价			合价				
				人工费	材料费	机械费	管理费和利润	人工费	材料费	机械费	管理费和利润
			小计								
清单项目综合单价（元/m³）											

4. 利用问题1和问题3的计算结果和以下相关数据，在表14"分部分项工程和单价措施项目清单与计价表"中，编制该烟囱基础分部分项工程量清单与计价表。已知相关数据为：①平整场地，编码010101001，清单工程量508.68m²，综合单价1.26元/m²；②挖基础土方，编码010101003；③土方回填，人工分层夯填，清单工程量746.26m³，编码010103001，综合单价15.00元/m³；④C15混凝土垫层，编码010401006，清单工程量26.00m³，综合单价460.00元/m³；⑤C30混凝土满堂基础，编码010401003，清单工程量417.92m³，综合单价520.00元/m³。（计算结果保留2位小数）

分部分项工程和单价措施项目清单与计价表　　　　　　表 14

序号	项目编码	项目名称	项目特征描述	计量单位	工程量	金额（元）	
						综合单价	合价
1	010101001001	平整场地	三类土	m²		1.26	
2	010101003001	挖基础土方	三类土、余土外运5000m内	m³			
3	010103001001	土方回填	人工分层夯填	m³		15.00	
4	010401006001	C15混凝土垫层	C15预拌混凝土	m³		460.00	
5	010401003001	C30混凝土满堂基础	C30预拌混凝土	m³		520.00	
			合计（元）				

Ⅱ 设备和管道工程

1. 某住宅小区室外热水管网布置如图4所示。
2. 管网部分分部分项工程量清单项目的统一编码见表15。

分部分项工程项目编码与项目名称　　　　　　表 15

项目编码	项目名称	项目编码	项目名称
031001001	镀锌钢管	031003009	补偿器
031001002	钢管	031003011	法兰
031002001	管道支架	031003013	水表
031003002	螺纹法兰阀门	031201001	管道刷油
031003003	焊接法兰阀门	031208002	管道绝热

3. 管道安装工程相关费用见表16。

管道安装工程相关费用　　　　　　表 16

序号	项目名称	计量单位	安装费单价（元）			主材	
			人工费	材料费	施工机具使用费	单价（元）	主材消耗量
1	碳钢管（电弧焊）DN200内	10m	184.22	15.65	158.71	176.49	9.41m
	管件（综合）					20元/个	1个/10m
2	低压管道液压试验 DN200内	100m	599.96	76.12	32.30		
3	管道水冲洗 DN200内	100m	360.4	68.19	37.75	3.75	43.74m³
4	手工除管道除锈	10m²	34.98	3.64	0.00		
5	管道刷红丹防锈漆 第一遍	10m²	27.24	13.94	0.00		
6	管道刷红丹防锈漆 第二遍	10m²	27.24	12.35	0.00		
7	管道岩棉保温管（板）φ325内	m³	745.18	261.98		300.00	1.05m³

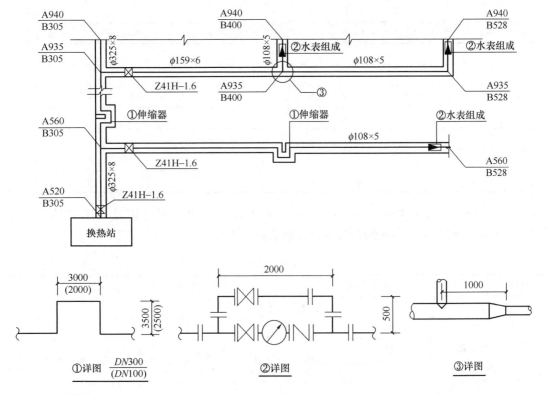

图 4 某住宅小区室外热水管网平面图

说明：

1. 本图所示为某住宅小区室外热水管网平面布置图。该管道系统工作压力为1.0MPa，热水温度为95℃。图中平面尺寸均以相对坐标标注，单位以"m"计；详图尺寸以"mm"计。
2. 管道敷设于管沟（高600mm×宽800mm）内，管道均采用20号碳钢无缝钢管，弯头采用成品冲压弯头、异径管，三通现场挖眼连接。管道系统全部采用手工电弧焊接。
3. 发闸阀型号为Z41H-1.6，止回阀型号为H41H-1.6，水表采用水平螺翼式法兰连接，管网所用法兰均采用碳钢平焊法兰连接。
4. 管道支架为型钢横担。φ325×8管道每7m设一处，每处重量为16kg；φ159×6管道每6m设一处，每处重量为15kg；φ108×5管道每5m设一处，每处重量为12kg。其中施工损耗率为6%。
5. 管道安装完毕用水进行水压试验和水冲洗，之后对管道外壁进行除锈，刷红丹防锈漆二遍，外包岩棉管壳（厚度为60mm）作绝热层，外缠铝箔作保护层。

问题：

1. 根据图4所示内容和《通用安装工程工程量清单计算规范》GB 50856—2013的规定和表15所列的分部分项工程量清单的统一项目编码，列式计算管道、管道支架、管道刷油和管道绝热工程量并编制分部分项工程量清单，见表17。

分部分项工程量清单　　　　　　　　　表17

序号	项目编码	项目名称	项目特征	计量单位	工程数量
1					
2					
3					

续表

序号	项目编码	项目名称	项目特征	计量单位	工程数量
4					
5					
6					
7					
8					
9					
10					

2. 该工程的人工单价为 80 元/工日，企业管理费和利润分别是人工费的 65% 和 35%，完成碳钢管 $\phi 159 \times 6$ 的综合单价分析表，见表 18。

综合单价分析表　　　　　　　　　　　　　　表 18

项目编码			项目名称			计量单位		工程量	
清单综合单价组成明细									
定额编号	定额名称	定额单位	数量	单价				合价			
				人工费	材料费	机械费	管理费和利润	人工费	材料费	机械费	管理费和利润
人工单价				小计						
				未计价材料费						
清单项目综合单价										
材料费明细	主要材料名称规格、型号		单位		数量		单价(元)	合计(元)	暂估单价	暂估合计
	其他材料费						—		—	
	材料费小计						—		—	

Ⅲ　电气和自动化工程

1. 图 5 为某综合楼底层会议室的照明平面图。
2. 相关分部分项工程量清单项目统一编码见表 19。
3. 照明工程的相关定额见表 20。该工程的人工费单价为 80 元/工日，管理费和利润分别按人工费的 50% 和 30% 计算。

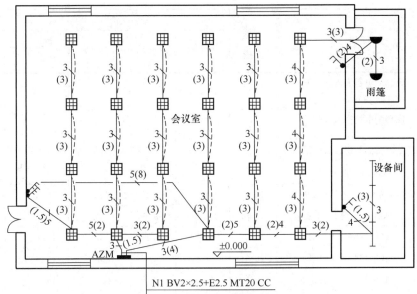

说明：
1. 照明配电箱AZM电源由本层总配电箱引来。
2. 管路为镀锌电线管φ20或φ25沿墙、楼板暗配，顶管敷设标高除雨篷为4m外，其余均为5m。管内穿绝缘导线BV-500 2.5mm²。管内穿线管径选择：3根线选用φ20镀锌电线管；4~5根线选用φ25镀锌电线管。所有管路内均带一根专用接地线(PE线)。
3. 配管水平长度见图中括号内数字，单位为"m"。

序号	图例	名称 型号 规格	备注
1	▬	照明配电箱AZM 500mm×300mm×150mm (宽×高×厚)	箱底高度 1.5m
2	⊞	格栅荧光灯盘 XD512-Y20×3	吸顶
3	⊢	单管荧光灯 YG2-1 1×40W	
4	⌣	半圆球吸顶灯 JXD2-1 1×18W	
5	⚟	双联单控暗开关 250V 10A	安装高度 1.3m
6	⚟	三联单控暗开关 250V 10A	

图5 会议室照明平面图

相关分部分项工程量清单项目统一编码　　　　表19

项目编码	项目名称	项目编码	项目名称
030404017	配电箱	030404034	照明开关
030412001	普通灯具	030404036	其他电器
030412004	装饰灯	030411005	接线箱
030412005	荧光灯	030411006	接线盒
030404019	控制开关	030411001	配管
030404031	小电器	030411004	配线

相关项目工程定额　　　　　　　　　　　　　　　　　　　　　　　　　　表20

定额编号	项目名称	定额单位	安装基价（元）				主材损耗率（%）
			人工费	材料费	机械费	单价	
2-263	成套配电箱嵌入式安装（半周长0.5m以内）	台	119.98	79.58	0	250元/台	
2-264	成套配电箱嵌入式安装（半周长1m以内）	台	144.00	85.98	0	300元/台	
2-1596	格栅荧光灯盘 XD-512-Y20×3	10套	243.97	53.28	0	120元/套	1
2-1594	单管荧光灯 YG2-1 吸顶安装	10套	173.59	53.28	0	70元/套	1
2-1384	半圆球吸顶灯 JXD2-1 安装	10套	179.69	299.60	0	50元/套	1
2-1637	单联单控暗开关安装	10个	68.00	11.18	0	12元/个	2
2-1638	双联单控暗开关安装	10个	71.21	15.45	0	15元/个	2
2-1639	三联单控暗开关安装	10个	74.38	19.7	0	18元/个	2
2-1377	暗装接线盒	10个	36.00	53.85	0	2.7元/个	2
2-1378	暗装开关盒	10个	38.41	24.93	0	2.3元/个	2
2-982	镀锌电线管φ20沿砖、混凝土结构暗配	100m	471.96	82.65	35.68	6元/m	3
2-983	镀锌电线管φ25沿砖、混凝土结构暗配	100m	679.94	144.68	36.50	8.00元/m	3
2-1172	管内穿线 BV-2.5mm²	100m	79.99	44.53	0	2.20元/m	16

问题：

1. 按照背景资料和图5所示内容，根据《建设工程工程量清单计价规范》GB 50500—2013和《通用安装工程工程量计算规范》GB 50856—2013的规定，分别列式计算配管、配线工程量，并完成分部分项工程和单价措施项目清单与计价表的编制，将结果填入表21。

分部分项工程和单价措施项目清单与计价表　　　　　　　　　　　　　表21

序号	项目编码	项目名称	项目特征描述	计量单位	工程量	金额（元）	
						综合单价	合价
				合计			

2. 根据上述相关定额计算镀锌电线管 φ20 暗配项目的综合单价，完成该清单项目的综合单价分析表，将结果填入表22。（保留2位小数）

综合单价分析表　　　　　　　　　　　　　表22

项目编码				项目名称				计量单位			工程量	
清单综合单价组成明细												
定额编号	定额名称	定额单位	数量	单价				合价			
				人工费	材料费	机械费	管理费和利润	人工费	材料费	机械费	管理费和利润
人工单价				小计								
				未计价材料费								
清单项目综合单价											

材料费明细	主要材料名称规格、型号	单位	数量	单价（元）	合计（元）	暂估单价	暂估合计
	其他材料费			—		—	
	材料费小计			—		—	

模拟试卷 2 《建设工程造价案例分析（土木建筑工程、安装工程）》答案与解析

试题一（20分）

问题1：

建设期贷款利息：

第1年贷款利息 $= \frac{1}{2} \times 1000 \times 5.93\% = 29.65$（万元）；

第2年贷款利息 $= [(1000 + 29.65) + \frac{1}{2} \times 1000] \times 5.93\% = 90.71$（万元）；

建设期贷款利息合计 $= 29.65 + 90.71 = 120.36$（万元）；

固定资产投资估算总额 $= 700 + 1000 + 800 + 1000 + 120.36 = 3620.36$（万元）。

问题2：

建设期投资贷款还本付息计划表，见表23。

建设投资贷款还本付息计划表（单位：万元）　　　　　　　　　　表23

序号	项目	1	2	3	4	5	6
1	年初借款余额	0	1029.65	2120.36	1590.27	1060.18	530.09
2	当年借款	1000	1000	0	0	0	0
3	当年应计利息	29.65	90.71	125.74	94.30	62.87	31.43
4	当年还本付息	0	0	655.83	624.39	592.96	561.52
4.1	其中：还本	0	0	530.09	530.09	530.09	530.09
4.2	付息	0	0	125.74	94.30	62.87	31.43
5	年末余额	1029.65	2120.36	1590.27	1060.18	530.09	0

问题3：

（1）固定资产原值 $= 3620.36 - 550 = 3070.36$（万元）。

（2）固定资产年折旧额 $= 3070.36 \times (1 - 4\%)/10 = 294.75$（万元）。

（3）运营期末固定资产余值 $= 3070.36 \times 4\% + 294.75 \times 4 = 1301.81$（万元）。

问题4：

（1）增值税附加：

第3年增值税附加 $= (470 - 350) \times 12\% = 14.40$（万元）。

第6年增值税附加 $= (910 - 540) \times 12\% = 44.40$（万元）。

（2）总成本：

第3年总成本 $= 2100 + 294.75 + 550/6 + 125.74 + 320 \times 4\% = 2624.96$（万元）。

第6年总成本 $= 3200 + 294.75 + 550/6 + 31.43 + 640 \times 4\% + 20 = 3663.45$（万元）。

(3) 所得税

第 3 年所得税＝[(3000－470)－(2624.96－350)－14.40]×25％＝60.16（万元）。

第 6 年所得税＝[(5400－910)－(3663.45－540)－44.40]×25％＝330.54（万元）。

问题 5：

项目资本金现金流量表，如表 24 所示。

项目资本金现金流量表（单位：万元） 表 24

序号	项目	计算期							
		1	2	3	4	5	6	7	8
1	现金流入			3000.00	4320.00	5400.00	5400.00	5400.00	7501.81
1.1	营业收入（不含销项税额）			2530.00	3590.00	4490.00	4490.00	4490.00	4490.00
1.2	销项税额			470.00	730.00	910.00	910.00	910.00	910.00
1.3	回收固定资产余值								1301.81
1.4	回收流动资金								800.00
2	现金流出	700.00	800.00	3123.19	4046.61	4575.55	4552.06	3998.40	4638.40
2.1	（建设投资）资本金	700.00	800.00						
2.2	（流动资金）资本金			160.00					
2.3	经营成本（不含进项税额）			1750.00	2500.00	2660.00	2660.00	2660.00	2660.00
2.4	进项税额			350.00	500.00	540.00	540.00	540.00	540.00
2.5	应纳增值税			120.00	230.00	370.00	370.00	370.00	370.00
2.6	增值税附加			14.40	27.60	44.40	44.40	44.40	44.40
2.7	还本付息总额			668.63	649.99	618.56	587.12	25.60	665.60
2.7.1	长期借款还本			530.09	530.09	530.09	530.09		
2.7.2	长期借款付息			125.74	94.30	62.87	31.43		
2.7.3	流动资金还本								640.00
2.7.4	流动资金付息			12.80	25.60	25.60	25.60	25.60	25.60
2.8	所得税			60.16	139.02	322.68	330.54	338.40	338.40
2.9	维持运营投资					20.00	20.00	20.00	20.00
3	所得税后净现金流量	－700.00	－800.00	－123.19	273.39	824.45	847.94	1401.6	2863.41
4	累计所得税后净现金流量	－700.00	－1500.00	－1623.19	－1349.80	－525.35	322.59	1724.19	4587.60

问题 6：

静态投资回收期＝(6－1)＋|－525.35|/847.94＝5.62（年）。

试题二（20分）

问题1：

计算结果见表25。

各评价指标权重计算表　　　　　　　　　　　表25

指标	F_1	F_2	F_3	F_4	F_5	得分	权重
F_1	×	4	3	4	3	14	0.350
F_2	0	×	1	2	1	4	0.100
F_3	1	3	×	3	2	9	0.225
F_4	0	2	1	×	1	4	0.100
F_5	1	3	2	3	×	9	0.225
合计						40	1.000

问题2：

计算结果见表26。

各方案的功能指数计算表　　　　　　　　　　表26

技术经济指标	功能权重	方案功能加权得分		
		A	B	C
F_1	0.350	9×0.350=3.150	9×0.350=3.150	9×0.350=3.150
F_2	0.100	8×0.100=0.800	10×0.100=1.000	10×0.100=1.000
F_3	0.225	9×0.225=2.025	10×0.225=2.250	9×0.225=2.025
F_4	0.100	8×0.100=0.800	9×0.100=0.900	10×0.100=1.000
F_5	0.225	9×0.225=2.025	9×0.225=2.025	8×0.225=1.800
合计		8.800	9.325	8.975
功能指数		8.8/27.10=0.325	9.325/27.10=0.344	8.975/27.10=0.331

问题3：

A方案成本指数：65/(65+80+115)=65/260=0.250。
B方案成本指数：80/(65+80+115)=80/260=0.308。
C方案成本指数：115/(65+80+115)=115/260=0.442。
A方案价值指数：0.325/0.250=1.300。
B方案价值指数：0.344/0.308=1.117。
C方案价值指数：0.331/0.442=0.749。
所以，A方案为最优方案。

问题4：

（1）各方案的工程总造价：

A方案：65×8000=520000（元）=52（万元）。
B方案：80×8000=640000（元）=64（万元）。
C方案：115×8000=920000（元）=92（万元）。

（2）各方案全寿命周期年度费用：

A 方案：

$1.4+52\times(A/P,6\%,40)+(32+1)\times[(P/F,6\%,5)+(P/F,6\%,10)+(P/F,6\%,15)+(P/F,6\%,20)+(P/F,6\%,25)+(P/F,6\%,30)+(P/F,6\%,35)]\times(A/P,6\%,40)=1.4+52\times0.0665+33\times[0.7474+0.5584+0.4173+0.3118+0.2330+0.1741+0.1301]\times0.0665=1.4+3.458+5.644=10.52$（万元）

B 方案：

$1.85+64\times(A/P,6\%,40)+(44+1)\times[(P/F,6\%,10)+(P/F,6\%,20)+(P/F,6\%,30)]\times(A/P,6\%,40)=1.85+64\times0.0665+45\times[0.5584+0.3118+0.1741]\times0.0665=1.85+4.256+3.125=9.23$（万元）

C 方案：

$2.70+92\times(A/P,6\%,40)+(60+1)\times[(P/F,6\%,15)+(P/F,6\%,30)]\times(A/P,6\%,40)=2.70+92\times0.0665+61\times[0.4173+0.1741]\times0.0665=2.70+6.118+2.399=11.22$（万元）

所以，B 方案为最经济方案（表 27）。

各方案对比情况　　　　　　　　　　　　　　　　　　　　　表 27

方案	A	B	C
含税工程价格（元/m²）	65	80	115
年度维护、运营费用（万元）	1.4	1.85	2.70
大修周期（年）	5	10	15
每次大修费（万元）	32	44	60

试题三（20 分）

问题 1：

关键线路为 $A_1\rightarrow A_4\rightarrow A_6\rightarrow A_8\rightarrow A_{10}$、$A_1\rightarrow A_4\rightarrow A_7\rightarrow A_9\rightarrow A_{10}$。

对应建设单位与甲单位合同，工作 B_1 的总时差 10 天，自由时差 10 天。

问题 2：

事件 1 中，项目监理机构应批准工程延期 5 天，因为事件 1 属于非施工单位责任，并且工作 A_2 总时差为 5 天，超过总时差 5 天。

费用补偿 $=50000\times(1+10\%)\times(1+7\%)\times(1+20\%)\times(1+6\%)\times(1+9\%)=81594.35$（元）

合同约定管理费费率 10%（以人材机为基数），利润率 7%（以人材机和管理费为基数），规费费率 6%（以人材机、管理费和利润为基数），增值税税率 9%，措施费是分项工程费的 20%。

问题 3：

事件 2 中，工作 B_1 的实际开始时间应延后 5 天。

乙施工单位通过项目监理机构向甲施工单位提出。

正确做法：应通过项目监理机构向建设单位提出，乙施工单位与甲施工单位没有合同关系。

申请工程延期 10 天，不妥。

正确做法：申请工程延期 5 天。因为 A_2 和 B_1 之间有 5 天间隔，只影响 B_1 晚开始 5 天。

乙单位费用索赔＝200000×(1＋6％)×(1＋9％)＝231080（元）。

问题 4：

甲施工单位在选择压缩持续时间的关键工作时应考虑：压缩有压缩潜力的、压缩后质量有保证的、增加赶工费最少的关键工作。

在工作 A_4 和工作 A_6 中应首先选择 A_4 工作压缩其持续时间。因为事件 1 发生后，关键线路变为 $A_2-A_4-A_6-A_8-A_{10}$、$A_2-A_4-A_7-A_9-A_{10}$，压缩工作 A_6 不能同时将两条关键线路进行压缩。

对于选定的压缩对象，应压缩其持续时间 5 天。事件 1 导致工期延误为 5 天。

问题 5：

① 施工单位要在签约时提供签约合同价 15％的履约保证金，不妥。

理由：履约保证金不得超过中标合同金额的 10％。

② 妥当。

理由：承包人需要更换项目经理的，应提前 14 天书面通知发包人和监理单位，并征得发包人书面同意。

③ 玻璃幕墙工程由建设单位直接选定施工队伍，然后与施工单位签订施工分包合同，不妥。

理由：招标人不得直接选定分包人。

④ 施工单位在编制投标计日工表时既要准确填报计日工的数量，也要填报计日工的单价，不妥。

理由：招标人招标时提供计日工的数量，投标人报价。

试题四（20 分）

问题 1：

工程预付款＝(2560－200)×10％＝236（万元）；

每月应扣预付款＝236/4＝59（万元）；

开始扣预付款的累计产值＝2560×40％＝1024（万元）；

前四个月计划完成产值累计：200＋220＋350＋380＝1150.00（万元）；1150＞1024。所以应该从第 5 个月开始扣除预付款。

问题 2：

第 3 个月底拟完工作计划投资（BCWS）＝200＋220＋350＝770（万元）；

第 3 个月底已完工作计划投资（BCWP）＝180＋240＋350＝770（万元）；

第 3 个月底已完工作实际投资（ACWP）＝190＋245＋360＝795（万元）；

第 3 个月底进度偏差＝770－770＝0（万元）；第 3 个月底进度偏差为 0，说明到 3 月底为止，进度没有偏差。

第 3 个月底投资偏差＝770－795＝－25（万元）；第 3 个月底投资绩效指数为－25＜0，说明到 3 月底为止，投资超支。

问题 3：

A 分项工程超出部分的综合单价应该调整。因为变更增加工程量 130/350＝0.37＞15％。

A超出15%部分综合单价应调为：2400×0.9=2160（元/m³）。

A分项工程费=350×1.15×2400/10000+[(350+130)-350×1.15]×2160/10000
=96.60+16.74=113.34（万元）。

A分项工程款=113.34×(1+8%)×(1+9%)=133.42（万元）。

A措施项目工程款=113.34×(1+8%)×(1+9%)×25%=33.36（万元）。

A工程款=113.34×(1+25%)×(1+8%)×(1+9%)=166.78（万元）。

问题4：

A超出15%部分价格下降10%，导致投资降低额=[(350+130)-350×1.15]×2400
×0.1×(1+25%)×(1+8%)×(1+9%)=77.5×2400×0.1×(1+25%)×(1+8%)×(1+9%)=2.74（万元）。

第6月应支付的工程款=(390-2.74)×(1-3%)-59=316.64（万元）。

问题5：

工程损害造成现场设计人员损失1.2万元，应由建设单位承担；

施工采购进场设备待安装设备损坏1.5万元，应由建设单位承担；

施工单位人员受伤损失2.5万元，应当由施工单位承担；

施工设备损坏1.7万元，应当由施工单位承担；

停工期应建设单位要求清理照管损失2.3万元，应当由建设单位承担；

停工期施工机械人员窝工损失1.3万元，应当由施工单位承担。

监理应批准补偿施工单位=1.5+2.3=3.80（万元）。

问题6：

实际总造价=2560-200+212×(1+8%)×(1+9%)=2609.57（万元）。

竣工结算款=2609.57×(1-3%)-1900-236=395.28（万元）。

试题五（40分）

Ⅰ 土木建筑工程

问题1：

计算结果见表28。

工程量计算表 表28

序号	项目名称	单位	工程量	计算过程
1	平整场地	m²	508.68	$S=3.14×9.0×9.0×2=508.68$（m²）
2	挖基础土方	m³	1066.10	$V=3.14×9.1×9.1×4.1=1066.10$（m³）
3	垫层C15	m³	26.00	$V=3.14×9.1×9.1×0.1=26.00$（m³）
4	混凝土基础C30	m³	417.92	$V=3.14×9.0×9.0×0.9+1/3×0.9×3.14×(5.0×5.0+9.0×9.0+5.0×9.0)+1/3×2.2×3.14×(5.0×5.0+4.54×4.54+5.0×4.54)-3.14×4.0×4.0×2.2$ $=228.91+142.24+157.30-110.53$ $=417.92$（m³）

问题2：

(1) 开挖土方量：

$$V = \frac{1}{3} \times 3.14 \times 4.0 \times [(9.0+0.1+0.3)^2 + (9.4+4.0\times 0.33)^2 + 9.4 \times 10.72]$$
$$+ 3.14 \times 9.4^2 \times 0.1$$
$$= \frac{1}{3} \times 3.14 \times 4.0 \times (88.36 + 114.92 + 100.77) + 27.75$$
$$= 1272.96 + 27.75 = 1300.71 \ (m^3)。$$

(2) 回填土方量：$V = 1300.71 - 26.00 - 417.92 - 3.14 \times 4.0 \times 4.0 \times 2.2 = 746.26 \ (m^3)$。

(3) 外运余土方量：$V = 1300.71 - 746.26 = 554.45 \ (m^3)$。

问题3：

综合单价分析表中数据计算过程：

人工挖土且就近堆存：$V = 1300.71 \times 10\% / 1066.10 = 0.12 \ (m^3)$。

机械挖土方且就近堆存：$V = (1300.71 - 1300.71 \times 10\% - 554.45)/1066.10 = 0.58 \ (m^3)$。

机械挖土方且外运5000m内：$V = 554.45/1066.10 = 0.52 \ (m^3)$。

计算结果见表29。

工程量清单综合单价分析表 表29

工程名称：钢筋混凝土烟囱

项目编码	010101003001	项目名称	挖基础土方	计量单位	m^3	工程量	1066.1

清单综合单价组成明细

定额编号	定额名称	定额单位	数量	单价				合价			
				人工费	材料费	机械费	管理费和利润	人工费	材料费	机械费	管理费和利润
1-7	人工挖土方	m^3	0.12	12.62	0.00	0.00	1.64	1.51	0.00	0.00	0.20
1-148	机械挖土方	m^3	0.58	0.27	0.00	7.31	0.99	0.16	0.00	4.24	0.57
1-162	机械挖土方外运	m^3	0.52	0.31	0.00	21.33	2.81	0.16	0.00	11.09	1.46
小计								1.83	0.00	15.33	2.23
清单项目综合单价（元/m^3）								19.39			

问题4：

计算结果见表30。

分部分项工程和单价措施项目清单与计价表 表30

序号	项目编码	项目名称	项目特征描述	计量单位	工程量	金额（元）	
						综合单价	合价
1	010101001001	平整场地	三类土	m^2	508.68	1.26	640.94
2	010101003001	挖基础土方	三类土、余土外运5000m内	m^3	1066.10	19.39	20671.68

续表

序号	项目编码	项目名称	项目特征描述	计量单位	工程量	金额（元）	
						综合单价	合价
3	010103001001	土方回填	人工分层夯填	m^3	746.26	15.00	11193.90
4	010401006001	C15混凝土垫层	C15预拌混凝土	m^3	26.00	460.00	11960.00
5	010401003001	C30混凝土满堂基础	C30预拌混凝土	m^3	417.92	520.00	217318.40
合计（元）							261784.92

Ⅱ 管道和设备工程

问题1：

(1) 管道 $DN300$：$(940-520)+2×3.5=427$（m）。

(2) 管道 $DN150$：$(400-305)+1=96$（m）。

(3) 管道 $DN100$：$(528-305+2×2.5)+(528-400-1)+(940-935)×2=365$（m）。

(4) 管道支架：$427/7×16+96/6×15+365/5×12=2092$（kg）。

(5) 管道刷油：$3.14×(0.325×427+0.159×96+0.108×365)=607.46$（$m^2$）

(6) 管道绝热：$3.14×1.033×0.06×[(0.325+1.033×0.06)×427+(0.159+1.033×0.06)×96+(0.108+1.033×0.06)×365]=48.36$（$m^3$）。

计算结果见表31。

分部分项工程量清单   表31

序号	项目编码	项目名称	项目特征	计量单位	工程数量
1	031001002001	钢管	$\phi325×8$，20号碳钢无缝钢管，电弧焊接，水压试验，水冲洗	m	427
2	031001002002	钢管	$\phi159×6$，20号碳钢无缝钢管，电弧焊接，水压试验，水冲洗	m	96
3	031001002003	钢管	$\phi108×5$，20号碳钢无缝钢管，电弧焊接，水压试验，水冲洗	m	365
4	031002001001	管道支架	型钢	kg	2092
5	031003003001	焊接法兰阀门	$DN300$，Z41H-1.6	个	1
6	031003003002	焊接法兰阀门	$DN150$，Z41H-1.6	个	1
7	031003003003	焊接法兰阀门	$DN100$，Z41H-1.6	个	1
8	031003013001	水表	室外；水平螺翼式；法兰连接	组	3
9	031201001001	管道刷油	除锈；红丹防锈漆；两遍	m^2	607.46
10	031208002001	管道绝热	岩棉管壳60mm	m^3	48.36

问题2：

计算结果见表32。

综合单价分析表 表32

项目编码	031001002002	项目名称	φ159×6 管道	计量单位	m	工程量	96

清单综合单价组成明细

定额编号	定额名称	定额单位	数量	单价				合价			
				人工费	材料费	机械费	管理费和利润	人工费	材料费	机械费	管理费和利润
—	碳钢管	10m	0.1	184.22	15.65	158.71	184.22	18.42	1.59	15.87	18.42
—	水压试验	100m	0.01	599.96	76.12	32.30	599.96	6	0.76	0.32	6
	水冲洗	100m	0.01	360.40	68.19	37.75	360.40	3.6	0.68	0.38	3.6
人工单价		小计						28.02	3.03	16.57	28.02
80元/工日		未计价材料费						169.72			
		清单项目综合单价						245.36			

材料费明细	主要材料名称规格、型号	单位	数量	单价（元）	合计（元）	暂估单价	暂估合计
	φ159×6 钢管	m	0.941	176.49	166.08		
	水	m³	0.437	3.75	1.64		
	管件	个	0.1	20	2		
	其他材料费			—	3.03		
	材料费小计			—	172.75		

Ⅲ 电气和自动化工程

问题1：

(1) 镀锌电线管 φ20 暗配工程量：

三线：3×3×5+2+[3+(5−4)]+2+3+2+[1.5+(5−1.5−0.3)]+[4+(5−1.5−0.3)]=69.9（m）。

(2) 镀锌电线管 φ25 暗配工程量：

四线：3×3+2+[1.5+(5−1.3)]+[2+(4−1.3)]=20.9（m）。

五线：2+2+[8+(5−1.3)]+[1.5+(5−1.3)]=20.9（m）。

总计：20.9+20.9=41.8（m）。

(3) 管内穿线 BV-2.5mm² 工程量：

3×69.9+4×20.9+5×20.9+[(0.5+0.3)×3×2]=402.6（m）。

(4) 计算结果见表33。

分部分项工程和单价措施项目清单及计价表

表33

工程名称：会议室照明工程

序号	项目编码	项目名称	项目特征描述	计量单位	工程量	金额（元）		综合单价
						合价	其中：暂估价	
1	030404017001	配电箱	照明配电箱（AZM）嵌入式安装，尺寸：500×300×150	台	1	645.18	645.18	
2	030412005001	荧光灯	格栅荧光灯盘 XD-512-Y20×3 吸顶安装	套	24	170.44	4090.56	
3	030705004002	荧光灯	单管荧光灯 YG2-1 吸顶安装	套	2	107.27	214.54	
4	030412001001	普通灯具	半圆球吸顶灯 JXD2-1 安装	套	2	112.80	225.60	
5	030404034001	照明开关	双联单控暗开关安装 250V10A	个	2	29.66	59.32	
6	030404034002	照明开关	三联单控暗开关安装 250V10A	个	2	33.72	67.44	
7	030411006001	接线盒	暗转接线盒	个	28	14.62	409.36	
8	030411006002	接线盒	暗转开关盒	个	4	11.75	47.00	
9	030411001001	配管	镀锌电线管φ20 沿砖、混凝土结构暗配	m	69.9	15.86	1108.61	
10	030411001002	配管	镀锌电线管φ25 沿砖、混凝土结构暗配	m	41.8	22.29	931.72	
11	030411004001	配线	管内穿线 BV-2.5mm^2	m	402.6	4.44	1787.54	
			合计				9586.87	

问题2：

计算结果见表34。

综合单价分析表

表34

目编码	030411001001		项目名称		配管		计量单位	m	工程量	69.9
清单综合单价组成明细										
定额编号	定额名称	定额单位	数量	单价				合价			
				人工费	材料费	机械费	管理费和利润	人工费	材料费	机械费	管理费和利润
2-982	镀锌电线管φ20 暗配	100m	0.01	471.96	82.65	35.68	377.57	4.72	0.83	0.36	3.78
人工单价			小计					4.72	0.83	0.36	3.78
80元/工日			未计价材料费					6.18			
			清单项目综合单价					15.87			
材料费明细	主要材料名称、规格、型号		单位	数量	单价（元）		合价（元）	暂估单价（元）		暂估合价（元）
	镀锌电线管φ20		m	1.03	6.00		6.18			
	其他材料费				—		0.83	—		
	材料费小计				—		7.01			

模拟试卷 3 《建设工程造价案例分析（土木建筑工程、安装工程）》

试题一（20 分）

背景材料： 某建设单位拟建一年产 5 万 t 产品的工业项目。已建同规模类似项目竣工决算造价数据及拟建项目调整因素如表 1 所示。

调整因素表　　　　　　　　　　　　　　　　表 1

序号	费用	已建类似项目（万元）	拟建项目
1	设备购置费	3000	调价系数 1.2
2	建筑工程费	1800	已建项目建筑面积 1.5 万 m^2，拟建项目建筑面积 2 万 m^2，每平方米价格上涨 25%
3	安装工程费	300	调价系数 1.05
4	工程建设其他费用	—	按工程费用的 15% 考虑
5	基本预备费	—	10%
6	价差预备费	—	不考虑

1. 项目建设期为 1 年，运营期为 8 年，项目建设投资包含 500 万元可抵扣进项税。残值率为 4%，折旧年限 10 年，固定资产余值在项目运营期末收回。

2. 运营期第 1 年投入流动资金 500 万元，全部为自有资金，流动资金在计算期末全部收回。

3. 产品含税价格 702 元/t，增值税税率 13%。在运营期间，正常年份每年的经营成本（不含进项税额）为 1200 万元，单位产品进项税额为 35 元/t，增值税附加税率为 10%，所得税税率为 25%。

4. 设计生产能力为 5 万 t 产能，投产第 1 年生产能力达到设计生产能力的 60%，经营成本为正常年份的 75%，以后各年均达到设计生产能力。

5. 建设投资中有 4000 万元为贷款，贷款年利率 8%（按年计息），运营期第 1 年只付息不还款，贷款本金在运营期第 2~5 年等额还本，利息照付。

问题：

1. 列式计算拟建项目的固定资产投资。

2. 列式计算每年应交纳的增值税和增值税附加。

3. 计算项目投资现金流量表运营期第 1 年净现金流量。

4. 若产品的除税价格为 600 元，正常年份的经营成本中 80%为可变成本，列式计算运营期第 6 年的产量盈亏平衡点。

5. 项目的单因素敏感性分析见表 2，表中数据为财务净现值。补充完整该表，并计算单位产品价格的临界点。（计算结果以"万元"为单位，保留 2 位小数）

单因素敏感性分析表　　　　　　　　　　　　　　表 2

变化幅度	−20%	−10%	0	+10%	+20%	平均+1%	平均−1%
投资额（万元）	371.75	251.75	131.75	11.75	−108.25		
单位产品价格（万元）	−320.27	−94.26	131.75	357.75	583.76		
年经营成本（万元）	323.85	227.80	131.75	35.69	−60.36		

试题二（20 分）

某企业拟建一座大型修配车间，建筑面积为 30000m^2，其工程设计方案部分资料如下：A、B、C 三个方案的单方造价分别为 2100 元/m^2、1990 元/m^2、1850 元/m^2。

在项目招标过程中，招标文件包括如下规定：

（1）招标人不组织项目现场勘查活动。

（2）投标人对招标文件有异议的，应当在投标截止时间 10 日前提出，否则招标人拒绝回复。

（3）投标人报价时必须采用当地建设行政管理部门造价管理机构发布的计价定额中分部分项工程人工、材料、机械台班消耗量标准。

（4）招标人将聘请第三方造价咨询机构在开标后评标前开展清标活动。

（5）投标人报价低于招标控制价幅度超过 30%的，投标人在评标时须向评标委员会说明报价较低的理由，并提供证据；投标人不能说明理由或提供证据的，将认定为废标。

通过市场调查，工程量清单中某材料暂估单价与市场调查价格有较大偏差，为规避风险，投标人 C 在投标报价计算相关分部分项工程项目综合单价时采用了该材料市场调查的实际价格。

问题：

1. 请逐一分析项目招标文件包括的（1）~（5）项规定是否妥当，并分别说明理由。

2. 投标人C的做法是否妥当？并说明理由。

3. 三个方案设计使用寿命均按50年计，基准折现率为10%，假设A方案的建设总投资额为6150万元，年运行和维修费用为85万元，每10年大修一次，费用为720万元，已知B、C方案年度寿命周期经济成本分别为664.22万元和695.40万元。列式计算A方案的年度寿命周期经济成本，并运用最小年费用法选择最佳设计方案。（现值系数见表3，功能指数、成本指数、价值指数的计算结果保留3位小数，其他计算结果保留2位小数）

现值系数表 表3

n	10	15	20	30	40	50
$(P/A, 10\%, n)$	6.145	7.606	8.514	9.427	9.779	9.915
$(P/F, 10\%, n)$	0.386	0.239	0.149	0.057	0.022	0.009

试题三（20分）

某工程项目，建设单位与施工单位按照《建设工程施工合同（示范文本）》签订施工合同，工期36个月。施工进度计划见图1。合同约定：管理费按人材机费用之和的10%计取，利润按人材机费用和管理费之和的6%计取，规费和税金为人材机费用、管理费与利润之和的13%，措施费按分部分项工程费的25%计取。（各费用项目价格均不包含增值

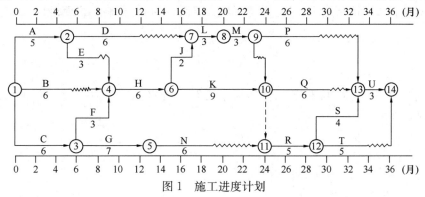

图1 施工进度计划

注：箭线下方是工作持续时间，节点中心没有与月份对齐的按照期中计算

税可抵扣进项税额)。

施工过程中发生如下事件：

事件1：第2个月，施工中遇到勘察报告未提及的地下障碍物，需要补充勘察并修改设计，A工作延误1个月，B工作延误2.5个月，施工的机械设备闲置15万元（含税费），人员窝工损失12万元（含税费），施工单位提出工期顺延2.5个月，费用补偿27万元（含税费）。

事件2：施工至第19个月末，进度检查发现，L工作拖后3个月（区域停电导致），K工作正常，N工作拖后4个月（隐蔽工程重新检查质量合格）。

事件3：第20个月初，建设单位要求施工单位按期完成工程，施工单位计划将R和S工作组织流水施工，R和S工作均分为3个施工段，流水节拍如表4所示。

流水节拍　　　　　　　　　　　　　　　　　　表4

工作	流水节拍		
	①	②	③
R	2	2	1
S	1	1	2

事件4：工作P施工中，受到持续特殊高温天气影响（合同约定为不可抗力），工作效率下降，使该工作拖延5天，窝工20个工日，窝工费一天200元。

事件5：工作T施工中由于建设单位设计变更增加实体人材机费25万元，工期延长3天。

问题：

1. 针对事件1，项目监理机构应批准的工期索赔和费用索赔各为多少？说明理由。

2. 事件1发生之后，请指出关键线路，计算D工作和G工作的总时差和自由时差。

3. 针对事件2，请指出L、K、N工作拖后对总工期的影响，说明理由。

4. 针对事件3，计算R和S工作的流水步距、流水工期，以及该工程项目的最终完工时间，说明理由。

5. 针对事件4，承包方是否可以向发包人提出工期和费用索赔？说明理由。

6. 针对事件5项目监理机构应批准的工期索赔和费用索赔各为多少？说明理由。

试题四（20分）

背景材料：某工程项目合同工期为6个月。合同中的清单项目及费用包括：分项工程项目4项，总费用为400万元，相应专业措施费用为32万元；安全文明施工措施费用为12万元；计日工费用为3万元；暂列金额为12万元；特种门窗工程（专业分包）暂估价为30万元，总承包服务费为专业分包工程费用的5%；管理费和利润为人材机之和的15%，规费和税金综合税率为18%。工程预付款为签约合同价（扣除暂列金额和安全文明施工费）的20%。于开工之日前10天支付，在工期最后2个月的工程款中平均扣回。安全文明施工措施费用于开工前与预付款同时支付。业主将安全文明施工措施费和1~6月进度款按承包商每次完成工程款的80%付款（表5）。竣工验收后30日内办理竣工结算，业主支付工程竣工结算款，总承包服务费按实际发生额在竣工结算时一次性结算，业主扣留实际总造价3%的质量保证金。

施工过程中发生如下事件：

1. 投标文件中人工日工资单价为120元/工日，从第5个月起当地造价管理部门发布人工费调整文件，人工日工资单价上调为150工日。

2. 合同规定，材料价差调整采用造价信息差额调整法，招标文件中分项工程B的主要材料基准价格为3000元/t（不含税），该材料适用的增值税税率为17%，风险系数为±5%；承包商报价为3100元/t（不含税），该种材料在B分项工程费用中占55%。发包人与承包人实际确认的购买价为3978元/t（含税）。

3. 第5个月实际发生计日工费用2万元、特种门窗专业费用20万元。

分项工程项目及相应专业措施费用、施工进度表　　　　表5

分项工程	用工量（工日）	分项工程项目及相应专业措施费用（万元）		施工进度（单位：月）					
		项目费用	措施费用	1	2	3	4	5	6
A	2000	80	4.4						
B	4500	120	10.8						
C	5100	120	9.6						
D	1600	80	7.2						

注：表中实线为计划作业时间，虚线为实际作业时间；
　　各分项工程计划和实际作业按均衡施工考虑。

问题：

1. 该工程签约合同价是多少万元？工程预付款为多少万元？开工前支付的安全文明施工费工程款为多少万元？

2. 列式计算第 3 月末时的分项工程及相应专业措施项目的进度偏差，并分析工程进度情况（以投资额表示）。

3. 列式计算第 5 月末业主应支付给承包商的工程款为多少万元？

4. 列式计算该工程实际总造价、质量保证金及竣工结算款。
（计算结果保留 3 位小数）

试题五（40 分）

Ⅰ 土木建筑工程

背景资料： 某建筑物地下室挖土方工程，内容包括：挖基础土方和基础土方回填，基础土方回填采用打夯机夯实，除基础回填所需土方外，余土全部用自卸汽车外运 800m 至弃土场。夯实体积与天然密实体积的折算系数按 1.15 考虑。提供的施工场地，已按设计室外地坪 −0.20m 平整，土质为三类土，采取施工排水措施。

根据图 2 基础平面图、图 3 剖面图以及现场环境条件和施工经验，确定土方开挖方案为：基坑 1-1 剖面边坡按 1：0.3 放坡开挖外，其余边坡均采用坑壁支护垂直开挖（方案为先支护后开挖方案），采用挖掘机开挖基坑。假设施工坡道等附加挖土忽略不计，已知垫层底面积 586.21m²。

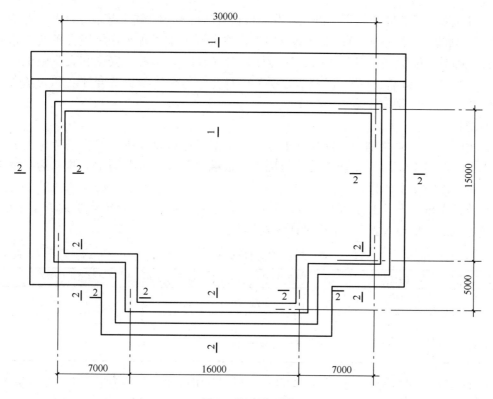

图 2 基础平面图

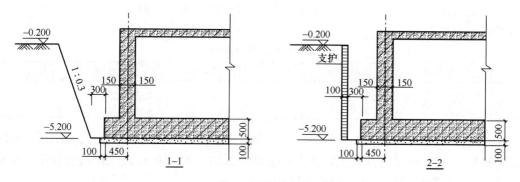

图 3 基础剖面图

有关施工内容的预算定额人材机费单价见表 6。

预算定额直接工程费单价表　　　表 6

序号	项目名称	单位	单价组成（元）			
			人工费	材料费	机械费	单价
1	挖掘机挖土	m^3	0.28		2.57	2.85
2	土方回填夯实	m^3	14.11		2.05	16.16
3	自卸汽车运土（800m）	m^3	0.16	0.07	8.60	8.83
4	坑壁支护	m^2	0.75	6.28	0.36	7.39
5	施工排水	项				3700.00

模拟试卷 3 《建设工程造价案例分析(土木建筑工程、安装工程)》

承发包双方在合同中约定：以人工费、材料费和机械费之和为基数，计取管理费（费率5%）、利润（利润率4%）；以分部分项工程费合计、施工排水和坑壁支护费之和为基数，计取临时设施费（费率1.5%）、环境保护费（费率0.8%）、安全和文明施工费（费率1.8%）；不计其他项目费；以分部分项工程费合计与措施项目费合计之和为基数计取规费（费率2%）。增值税金费率为9%。

问题：

1. 预算定额计算规则为：挖基础土方工程量不考虑坑壁支护，但应当考虑放坡工程量，以"m³"计算；坑壁支护按支护与坑土体接触面积以"m²"计算，挖、运、填土方计算均按天然密实土计算。

计算挖掘机挖土、土方回填夯实、自卸汽车运土（800m）、坑壁支护的方案工程量，把计算过程及结果填入表7"工程量计算表"中。

工程量计算表　　　　　　　　　　　　　　　　　　　　　　表7

序号	项目名称	计算单位	工程量	计算过程
1	挖掘机挖土			
2	土方回填夯实			
3	自卸汽车运土			
4	坑壁支护			

2. 假定土方回填清单工程量190.23m³。根据《房屋建筑与装饰工程工程量计算规范》GB 50854—2013，计算挖基础土方清单工程量，编制挖基础土方和土方回填的分部分项工程量清单，填入表8"分部分项工程量清单"（挖基础土方的项目编码为010101002，土方回填的项目编码为010103001）。

分部分项工程量清单　　　　　　　　　　　　　　　　　　表8

序号	项目编码	项目名称	项目特征	计量单位	工程数量
1		挖基础土方			
2		土方回填			

3. 若自卸汽车场内运土工程量为2770.91m³，根据《建设工程工程量清单计价规范》GB 50500—2013，计算挖基础土方的工程量清单综合单价，把综合单价组成和综合单价填入表9"工程量清单综合单价分析表"中。

工程量清单综合单价分析表　　　　　　　　　　　　　　　表9

项目编码		项目名称			计量单位			工程量			
清单综合单价组成明细											
定额编号	定额名称	定额单位	数量（定额量/方案量）	单价（元）				合价（元）			
				人工费	材料费	机械费	管理费和利润	人工费	材料费	机械费	管理费和利润
人工单价				小计							
—				未计价材料费								—
清单项目综合单价												
材料费明细（略）												

4. 假定分部分项工程费用合计为 31500.00 元。

(1) 编制挖基础土方的措施项目清单与计价表(一)、(二),填入表10、表11中,并计算其措施项目费合计。计算基础处填写计算过程。

(2) 编制基础土方工程投标报价汇总表,填入表12"基础土方工程投标报价汇总表"。(计算结果均保留2位小数)

措施项目清单与计价表(一)　　　　　　　　　　　　表 10

序号	项目编码	项目名称	项目特征描述	计量单位	工程量	金额(元)	
						综合单价	合计
1	—	坑壁支护	—				
			合计				

措施项目清单与计价表(二)　　　　　　　　　　　　表 11

序号	项目名称	计算基础	费率(%)	金额(元)
1	施工排水		—	
2	临时设施			
3	环境保护			
4	安全、文明施工			
		合计		

基础土方工程投标报价汇总表　　　　　　　　　　　　表 12

序号	汇总内容	金额(元)	其中:暂估价(元)
1	分部分项工程		
2	措施项目		
3	规费=(1+2)×2%		
4	税金=(1+2+3)×9%		
	合计=1+2+3+4		

Ⅱ 设备和管道工程

背景资料

1. 成品油泵房工艺安装图如图4所示。

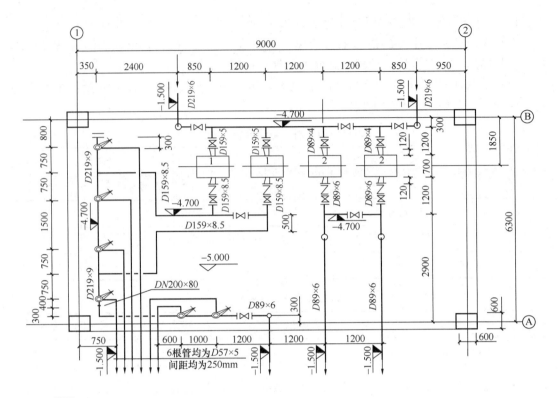

说明：
1. 图中标注尺寸标高以"m"计，其他均以"mm"计。
2. 建筑物现浇混凝土墙厚按300mm计，柱截面均为600×600，设备基础平面尺寸均为700×700。
3. 管道均采用20号碳钢无缝钢管，管件均采用碳钢成品压制管件。成品油泵吸入管道系统介质工作压力为1.2MPa，采用电弧焊焊接；截止阀为J14H-16，配平焊碳钢法兰。成品油泵排出管道系统介质工作压力为2.4MPa，采用氩电联焊焊接；截止阀为J14H-40，止回阀为H41H-40，配碳钢对焊法兰。成品油泵进出口法兰超出设备基础长度均按120mm计算，如图所示。
4. 管道系统中，法兰连接处焊缝采用超声波探伤，管道焊缝采用X光射线探伤。
5. 管道系统安装就位，进行水压强度试验合格后，采用干燥空气进行吹扫。
6. 未尽事宜均应符合相关工程建设技术标准规范要求。

设备材料表

序号	名称及规格型号	单位	数量
1	油泵 $H=40$m，$Q=20$m³/h	台	2
2	油泵 $H=40$m，$Q=10$m³/h	台	2

图4 成品油泵房工艺安装图

2. 假设成品油泵房的部分管道、阀门安装项目清单工程量如下：低压无缝钢管 $D89×4$ 2.1m；$D159×5$ 3.0m；$D219×6$ 15m。中压无缝钢管 $D89×6$ 25m；$D159×8.5$ 18m；$D219×9$ 6m，其他技术条件和要求与图4所示一致。

3. 工程相关分部分项工程量清单项目的统一编码见表13。

工程相关分部分项工程量清单项目的统一编码　　　　　表 13

项目编码	项目名称	项目编码	项目名称
031001002	钢管	030801001	低压碳钢管
031003001	螺纹阀门	030802001	中压碳钢管
031003002	螺纹法兰阀门	030807003	低压法兰阀门
031003003	焊接法兰阀门	030808003	中压法兰阀门

4. 管理费和利润分别按人工费的 60% 和 40% 计算，安装定额的相关数据资料见表 14（表内费用均不包含增值税可抵扣进项税额）。

安装定额的相关数据资料　　　　　表 14

定额编号	项目名称	计量单位	安装基价（元）			未计价主材	
			人工费	材料费	机械费	单价	耗量
8-1-444	中压碳钢管（电弧焊）DN150	10m	226.20	140.00	180.00	4.50 元/kg	8.845m
8-1-463	中压碳钢管（氩电联焊）DN150	10m	252.59	180.00	220.00	4.50 元/kg	8.845m
8-5-3	低中压管道液压试验 DN200 以内	100m	566.00	160.00	120.00		
8-5-53	空气吹扫 DN200 以内	100m	340.00	580.00	80.00		

5. 假设承包商购买材料时增值税进项税率为 17%、机械费增值税进项税率为 15%（综合）、管理和利润增值税进项税率为 5%（综合）；当钢管由发包人采购时，中压管道 DN150 安装清单项目不含增值税可抵扣进项税额综合单价的人工费、材料费、机械费分别为 38.00 元、30.00 元、25.00 元。

问题：

1. 按照图 4 所示内容，分别列式计算管道和阀门（其中 DN50 管道、阀门除外）安装工程项目分部分项清单工程量。

2. 根据背景资料 2、3 及图 4 中所示要求，按《通用安装工程工程量计算规范》GB 50856—2013 的规定分别依次编列管道、阀门安装项目（其中 DN50 管道、阀门除外）的分部分项工程量清单，并填入表 15 "分部分项工程量和单价措施项目清单与计价表"中。

分部分项工程量和单价措施项目清单与计价表　　　　　表 15

工程名称：　　　　　　　　　　　　　　　　　　标段：

序号	项目编码	项目名称	项目特征描述	计量单位	工程量	金额（元）		
						综合单价	合价	其中：暂估价
1								
2								

续表

序号	项目编码	项目名称	项目特征描述	计量单位	工程量	金额（元）		
						综合单价	合价	其中：暂估价
3								
4								
5								
6								
7								
8								
9								
10								
11								
12								
13								

3. 按照背景资料 4 中的相关数据和图 4 中所示要求，根据《通用安装工程工程量计算规范》GB 50856—2013 和《建设工程工程量清单计价规范》GB 50500—2013 的规定，编制中压管道 DN150 安装项目分部分项工程量清单的综合单价，并填入表 16 "综合单价分析表"中，中压管道 DN150 理论重量按 32kg/m 计，钢管由发包人采购（价格为暂估价）。

综合单价分析表　　　　　　　　　　　　　　　　　　　　　　　表 16

工程名称：　　　　　　　　　　　　　　　　　标段：

项目编码		项目名称			计量单位			工程量	
清单综合单价组成明细									
定额编号	定额名称	定额单位	数量	单价（元）				合价（元）	
				人工费	材料费	机械费	管理费和利润	人工费	材料费	机械费	管理费和利润
人工单价			小计						
元/工日			未计价材料费						
清单项目综合单价									
材料费明细	主要材料名称、规格、型号		单位	数量	单价（元）	合价（元）	暂估单价（元）	暂估合价（元）	
	中压碳钢管（氩电联焊）DN150								
	其他材料费								
	材料费小计								

4. 按照背景资料5中的相关数据列式计算中压管道DN150管道安装清单项目综合单价对应的含增值税综合单价,该施工单位增值税税率为9%,计算承包商应承担的增值税应纳税额(单价)。

(计算结果保留2位小数)

Ⅲ 电气和自动化工程

工程背景资料如下:

1. 图5所示为某汽车库动力配电平面图。
2. 动力配电工程相关定额见表17(本题不考虑焊压铜接线端子工作内容)。

动力配电工程相关定额　　　　　　　　　　　　表17

定额编号	项目名称	定额单位	安装基价(元)				主材损耗率(%)
			人工费	材料费	机械费	单价	
2-263	成套动力配电箱嵌入式安装(半周长0.5m以内)	台	135.00	63.66	0	2000元/台	
2-264	成套动力配电箱嵌入式安装(半周长1.0m以内)	台	162.00	68.78	0	5000元/台	
2-265	成套动力配电箱嵌入式安装(半周长1.5m以内)	台	207.00	73.68	0	8000元/台	
2-266	成套动力配电箱嵌入式安装(半周长2.5m以内)	台	252.00	62.50	7.14	11000元/台	
2-263	成套插座箱嵌入式安装(半周长0.5m以内)	台	135.00	63.66	0	1500元/台	
2-438	小型交流异步电机检查接线(功率3kW以下)	台	120.60	39.24	14.62		
2-439	小型交流异步电机检查接线(功率13kW以下)	台	230.40	66.98	16.76		
2-440	小型交流异步电机检查接线(功率30kW以下)	台	360.90	88.22	22.44		
2-1010	钢管ϕ25 沿砖、混凝土结构暗配	100m	785.70	144.94	41.50	9.30元/m	3
2-1012	钢管ϕ40 沿砖、混凝土结构暗配	100m	1341.60	248.40	59.36	12.80元/m	3
2-1198	管内穿线 动力线路 BV2.5mm^2	100m	63.00	34.86	0	1.40元/m	5
2-1203	管内穿线 动力线路 BV25mm^2	100m	123.30	57.44	0	14.60元/m	5

3. 该工程的管理费和利润分别按人工费的30%和10%计算。
4. 相关分部分项工程量清单项目统一编码见表18。

相关分部分项工程量清单项目统一编码　　　　表 18

项目编码	项目名称	项目编码	项目名称
030404017	配电箱	030411001	配管
030404018	插座箱	030411004	配线
030406006	低压交流异步电动机		

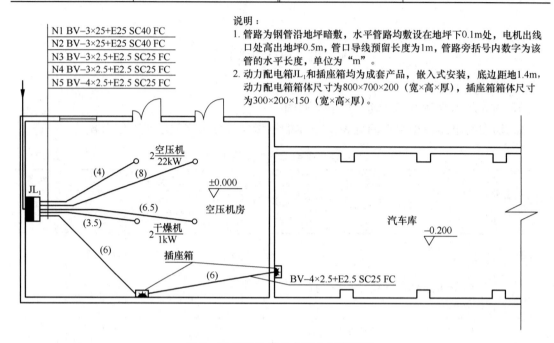

图 5　汽车库及其动力配电间平面图

问题：

1. 按照背景资料 1～4 和图 5 所示内容，根据《建设工程工程量清单计价规范》GB 50500—2013 和《通用安装工程工程量计算规范》GB 50856—2013 的规定，分别列式计算管、线工程量（不计算进线电缆部分），将计算式与结果填入答题纸上，并在答题纸表 19 "分部分项工程和单价措施项目清单与计价表"中计算和编制各分部分项工程量清单的综合单价与合价。

分部分项工程和单价措施项目清单与计价表　　　　表 19

序号	项目编码	项目名称	项目特征描述	计量单位	工程量	金额（元）		
						综合单价	合价	其中：暂估价
1								
2								
3								
4								
5								
6								
7								
8								
			本页小计					

2. 本工程在编制招标控制价时的数据设定如下：分部分项工程量清单费用为 200 万元，其中人工费为 34 万元，发包人提供材料为 20 万元，总价项目措施费为 8 万元，单价项目措施费为 6 万元，暂列金额为 12 万元，材料暂估价为 18 万元，发包人发包专业工程暂估价为 13 万元，计日工为 1.5 万元，总承包服务费率（发包人发包专业工程）按 3% 计，总承包服务费率（发包人提供材料）按 1% 计，规费、税金为 15 万元。

请根据上述给定的数据，在答题纸表 20 "其他项目清单与计价汇总表"中计算并填写其他项目中各项费用的金额；在答题纸表 21 "单位工程招标控制价汇总表"中计算并填写本工程招标控制价中各项费用的金额。

（计算结果保留 2 位小数）

其他项目清单与计价汇总表　　　　　　　　　　　　　　　　　表 20

工程名称：

序号	项目名称	金额（万元）	结算金额（万元）	备注
1	暂列金额	12		
2	暂估价	13		
2.1	材料暂估价	18		
2.2	专业工程暂估价	13		
3	计日工	1.5		
4	总承包服务费	0.59		
4.1	其中：发包人发包专业工程	0.39		
4.2	其中：发包人提供材料	0.20		
	合计	27.09		

单位工程招标控制价汇总表　　　　　　　　　　　　　　　　　表 21

工程名：

序号	汇总内容	金额（万元）	其中：暂估价（万元）
1	分部分项工程	200	18
2	措施项目	14	
2.1	其中：单价措施项目	6	
2.2	其中：总价措施项目	8	
3	其他项目	27.09	13
4	规费		
5	税金		
	招标控制价合计	256.09	31

模拟试卷3 《建设工程造价案例分析（土木建筑工程、安装工程）》答案与解析

试题一（20分）

问题1：

建设投资 = (3000×1.2+1800/1.5×2×1.25+300×1.05)×1.15×1.1 = 8747.48（万元）

建设期贷款利息 = 4000/2×8% = 160（万元）

固定资产投资 = 8747.48+160 = 8907.48（万元）

问题2：

第2年：增值税 = 5×702/(1+13%)×60%×13%−5×60%×35−500 = −362.72（万元）<0，不纳增值税；增值税附加 = 0

第3年：增值税 = 5×702/(1+13%)×13%−5×35−362.72 = −133.91（万元）

增值税附加 = 0

第4年：增值税 = 5×702/(1+13%)×13%−5×35−133.91 = 94.90（万元）

增值税附加 = 94.90×10% = 9.49（万元）

第5～9年：增值税 = 5×702/(1+13%)×13%−5×35 = 228.81（万元）

增值税附加 = 228.81×10% = 22.88（万元）

问题3：

现金流入 = 5×702×60% = 2106（万元）

折旧费 = (8747.48−500)×(1−4%)/10 = 791.76（万元）

息税前利润 = 5×702÷(1+13%)×60%−(1200×75%+791.76) = 171.96（万元）

调整所得税 = 171.96×25% = 42.99（万元）

现金流出 = 500+1200×75%+35×5×60%+42.99 = 1547.99（万元）

项目投资现金流量表运营期第1年净现金流量 = 2106−1547.99 = 558.01（万元）

问题4：

单位产品可变成本 = 1200×80%/5 = 192（元/t）

固定成本 = 1200×20%+807.12 = 1047.12（万元）

$$Q×600−(1047.12+192×Q)−(Q×600×13\%−35×Q)×10\%=0$$
$$Q=2.59（万 t）$$

问题5：

计算结果见表22。

单因素敏感性分析表　　　　　　　　　表 22

变化幅度	−20%	−10%	0	+10%	+20%	平均 +1%	平均 −1%
投资额(万元)	371.75	251.75	131.75	11.75	−108.25	−9.11%	+9.11%
单位产品价格(万元)	−320.27	−94.26	131.75	357.75	583.76	+17.15%	−17.15%
年经营成本(万元)	323.85	227.80	131.75	35.69	−60.36	−7.29%	+7.29%

$$357.75 : 131.75 = (X + 10\%) : X$$
$$131.75X + 131.75 \times 10\% = 357.75X$$
$$X = \frac{131.75 \times 10\%}{(357.75 - 131.75)} = 0.0583 = 5.83\%$$

所以，该项目产品价格的临界值为 −5.83%，即最多下浮 5.83%。

试题二（20 分）

问题 1：

（1）妥当；《招标投标法》第二十一条，招标人根据招标项目的具体情况，可以组织潜在投标人踏勘项目现场，组织踏勘现场不是强制性规定，因此招标人可以根据项目具体情况组织或不组织项目现场踏勘。

（2）妥当；《招标投标法实施条例》第二十二条，潜在投标人或者其他利害关系人对资格预审文件有异议的，应当在提交资格预审申请文件截止时间 2 日前提出；对招标文件有异议的，应当在投标截止时间 10 日前提出。

（3）不妥当，投标报价由投标人自主确定，招标人不能要求投标人采用指定的人、材、机消耗量标准。

（4）妥当，清标工作组应该由招标人选派或者邀请熟悉招标工程项目情况和招标投标程序、专业水平和职业素质较高的专业人员组成，招标人也可以委托工程招标代理单位、工程造价咨询单位或者监理单位组织具备相应条件的人员组成清标工作组。

（5）不妥当，不能将因为低于招标控制价一定比例且不能说明理由作为废标的条件。《评标委员会和评标方法暂行规定》第二十一条规定，在评标过程中，评标委员会发现投标人的报价明显低于其他投标报价或者在设有标底时明显低于标底的，使得其投标报价可能低于其个别成本的，应当要求该投标人作出书面说明并提供相关证明材料。投标人不能合理说明或者不能提供相关证明材料的，由评标委员会认定该投标人以低于成本报价竞标，其投标应作为废标处理。

问题 2：

不妥当，暂估价不能变动和更改。当招标人提供的其他项目清单中列示了材料暂估价时，应根据招标人提供的价格计算材料费，并在分部分项工程量清单与计价表中表现出来。

问题 3：

A 方案的年度寿命周期经济成本：

$85 + \{720 \times [(P/F, 10\%, 10) + (P/F, 10\%, 20) + (P/F, 10\%, 30) + (P/F, 10\%, 40)]\} \times (A/P, 10\%, 50) + 6150 \times (A/P, 10\%, 50)$

$= 85 + [720 \times (0.386 + 0.149 + 0.057 + 0.022)]/9.915 + 6150/9.915$

$= 750.10$（万元）

结论：B方案的寿命周期年费用最小，故选择B方案为最佳设计方案。

试题三（20分）

问题1：

（1）工期索赔不成立；理由：A工作有1个月总时差，延误1个月未超过其总时差，故不影响工期；B工作有3个月总时差，延误2.5个月，未超过其总时差，故不影响工期。

（2）费用索赔成立；理由：施工中遇到勘察报告未提及的地下障碍物属于建设单位应承担的责任，损失应由建设单位承担。

问题2：

（1）发生事件1后，关键线路有2条：C→F→H→K→R→S→U；A→E→H→K→R→S→U。

（2）D工作，总时差6个月，自由时差5个月；G工作，总时差5个月，自由时差0。

问题3：

L工作，总时差1个月，拖后3个月，超过总时差2个月，故对总工期影响2个月；

K工作正常，对总工期没有影响；

N工作，总时差5个月，拖后4个月，未超出其总时差，故对总工期没有影响。

问题4：

（1）采用错位相减取大差法计算R、S工作的流水步距：

$$\begin{array}{r} 2,\ 4,\ 5 \\ -1,\ 2,\ 4 \\ \hline 2\ \ 3\ \ 3\ -4 \end{array}$$

$K_{RS}=3$（个月）

（2）流水工期$=\sum K+T_n=3+(1+1+2)=7$（个月）

（3）考虑事件2延误的2个月工期，R、S工作，原计划工期9个月，现在组织流水施工后调整为7个月，缩短2个月，U工作可以早开始2个月，综合考虑P、Q和T工作的总时差，工期可以缩短2个月，再考虑前期延误的2个月工期，最终完工时间仍为36个月。

问题5：

事件4不能提出工期和费用索赔，因为特殊高温天气属于不可抗力，费用损失由承包商自己承担。不可以提出工期索赔，P工作延误5天没有超过他的总时差。

问题6：

可以提出工期索赔，因为经过事件3后T工作变为关键工作，设计变更是建设单位责任。可以提出费用索赔，设计变更是业主责任。费用索赔额为：

$25\times(1+10\%)\times(1+6\%)\times(1+25\%)\times(1+13\%)=41.17$（万元）

试题四（20分）

问题1：

签约合同价：$[400+32+12+3+12+30\times(1+5\%)]\times(1+18\%)=578.790$（万元）

工程预付款：$[578.79-24\times(1+18\%)]\times 20\%=110.094(万元)$

安全文明施工费：$12\times(1+18\%)\times 80\%=11.328(万元)$

问题2：

第3个月末累计拟完工程计划投资：

$[80+4.4+(120+10.8)\times 2/3+(120+9.6)\times 1/3]\times(1+18\%)=253.464(万元)$

第3个月末累计已完工程计划投资：

$[80+4.4+(120+10.8)\times 1/2]\times(1+18\%)=176.764(万元)$

第3个月末进度偏差：

$176.764-253.464=-76.700(万元)$

第3个月末该工程进度拖延76.700万元。

问题3：

$[(120+10.8)\times 1/4+(120+9.6)\times 1/3+(80+7.2)\times 1/2]\times(1+18\%)=141.010(万元)$

$(150-120)\times 1600/2\times(1+15\%)\times(1+18\%)/10000=3.257(万元)$

$(3978/1.17-3100\times 1.05)\times 120\times 55\%/4\div 3100\times 1.15\times 1.18=1.047(万元)$

承包人完成工程款＝$141.010+3.257+1.047+(2+20)\times 1.18=171.274(万元)$

发包人应支付工程款＝$171.274\times 80\%-110.094/2=81.972(万元)$

问题4：

人工费调整：$(5100/3+1600)\times(150-120)\times 1.15\times 1.18/10000=13.434(万元)$

材料费调整：$(3978/1.17-3100\times 1.05)\times 120\times 55\%\div 3100\times 1.15\times 1.18=4.189(万元)$

实际总造价：$578.79-[12+(3-2)+(30-20)\times(1+5\%)]\times(1+18\%)+13.434+4.189=568.683(万元)$

质量保证金＝$568.683\times 3\%=17.060(万元)$

已支付工程款(含材料预付款)＝$[568.683-20\times 5\%\times(1+18\%)]\times 80\%=454.002(万元)$

竣工结算款＝$568.683-454.002-17.060=97.621(万元)$

试题五(40分)

Ⅰ 土木建筑工程

问题1：

计算结果见表23。

工程量计算表　　　　　　　　　　　　　　　　　　　　　表23

序号	项目名称	计算单位	工程量	计算过程
1	挖掘机挖土	m³	3213	$[(30.00+0.75\times 2)\times(15.00+0.75+0.75)+(16.00+0.75\times 2)\times 5]\times 5+1/2\times(30+0.75\times 2)\times 5.00\times 0.3\times 5.00+58.62=3213$

续表

序号	项目名称	计算单位	工程量	计算过程
2	土方回填夯实	m³	413.56	扣基础底板：[(30.00+0.45×2)×(15.00+0.45×2)+(16.00+0.45×2)×5.00]×0.50=287.91 扣室外地坪以下地下室所围成的体积：[(30.00+0.15×2)×(15.00+0.15×2)+(16.00+0.15×2)×5.00]×4.50=2452.91 扣垫层的体积：586.21×0.1=58.62 回填土：3213−(58.62+287.91+2452.91)=413.56
3	自卸汽车运土	m³	2737.41	3213−413.56×1.15=2737.41
4	坑壁支护	m²	382.00	[(15.00+0.75+0.85)×2+5.00×2+30.00+0.85×2]×5.00+1/2×0.3×5.00×5.00×2=382.00

问题2：

挖基础土方 586.21×5.10=2989.67(m³)，见表24。

分部分项工程量清单 表24

序号	项目编码	项目名称	项目特征	计量单位	工程数量
1	010101002001	挖基础土方	1. 土壤类别：三类土 2. 基础类型：满堂基础 3. 垫层底面积：586.21m² 4. 挖土深度：5.10m 5. 弃土运距：800m	m³	2989.67
2	010103001001	土方回填	1. 土质：素土 2. 夯填	m³	190.23

问题3：

计算结果见表25。

工程量清单综合单价分析表 表25

项目编码	010101002001	项目名称		挖基础土方		计量单位		m³	工程量		2989.67

清单综合单价组成明细

定额编号	定额名称	定额单位	数量(定额量/方案量)	单价(元)				合价(元)			
				人工费	材料费	机械费	管理费和利润	人工费	材料费	机械费	管理费和利润
略	挖掘机挖土	m³	1.07=3213/2989.67	0.28		2.57	0.26	0.30		2.75	0.28
略	自卸汽车运土(800m)	m³	0.93=2770.91/2989.67	0.16	0.07	8.60	0.79	0.15	0.07	8.00	0.74
人工单价		小计						0.45	0.07	10.75	1.02
—		未计价材料费						—			
		清单项目综合单价						12.29			
		材料费明细(略)									

问题4：

(1) 计算结果见表26、表27。

措施项目清单与计价表（一）　　　　　　　　　　　　　　　表26

序号	项目编码	项目名称	项目特征描述	计量单位	工程量	金额（元）	
						综合单价	合计
1	—	坑壁支护	—	m²	382	8.06=7.39×(1+9%)	3078.92=382×8.06
合计							3078.92

措施项目清单与计价表（二）　　　　　　　　　　　　　　　表27

序号	项目名称	计算基础	费率（%）	金额（元）
1	施工排水	施工排水直接费（或3700）×(1+4%+5%)	—	4033.00
2	临时设施	分部分项工程费用合计、施工排水和坑壁支护清单项目费之和（或31500+4033+3078.92）	1.5	579.187
3	环境保护	分部分项工程费用合计、施工排水和坑壁支护清单项目费之和（或31500+4033+3078.92）	0.8	308.90
4	安全、文明施工	分部分项工程费用合计、施工排水和坑壁支护清单项目费之和（或31500+4033+3078.92）	1.8	695.01
合计				5616.09

措施项目费合计 3078.92+5616.09=8695.01（元）。

(2) 计算结果见表28。

基础土方工程投标报价汇总表　　　　　　　　　　　　　　　表28

序号	汇总内容	金额（元）	其中：暂估价（元）
1	分部分项工程	31500.00	—
2	措施项目	8695.01	—
3	规费=(1+2)×2%	803.90	
4	税金=(1+2+3)×9%	3689.90	
	合计=1+2+3+4	44688.81	

Ⅱ 设备和管道工程

问题1：

(1) 低压管道工程量：

① 低压碳钢管 $D219\times6$：$(0.3+0.3)\times2+(4.7-1.5)\times2+(0.85\times2+1.2\times3)=12.90(m)$

② 低压碳钢管 $D159\times5$：$(1.2-0.12)\times2=2.16(m)$

③ 低压碳钢管 $D89\times4$：$(1.2-0.12)\times2=2.16(m)$

(2) 中压管道工程量：

① 中压碳钢管 $D89 \times 6$：$[(1.2-0.12+2.9+0.3) \times 2+(4.7-1.5) \times 2+1.2]+[0.3+2.4+0.85+1.2+(4.7-1.5)+0.3+0.3]=24.71(m)$

② 中压碳钢管 $D159 \times 8.5$：$(1.2-0.12) \times 2+(0.75+1.5+0.75)+(2.4+0.85+1.2) \times 2=14.06(m)$

③ 中压碳钢管 $D219 \times 9$：$0.75 \times 4+1.5+0.3+0.4=5.20(m)$

(3) 低压阀门工程量：

① 低压法兰阀门安装 J41H-16 截止阀 $DN200$：3个。

② 低压法兰阀门安装 J41H-16 截止阀 $DN150$：2个。

③ 低压法兰阀门安装 J41H-16 截止阀 $DN80$：2个。

(4) 中压阀门工程量：

① 中压法兰阀门安装 J41H-40 截止阀 $DN80$：4个。

② 中压法兰阀门安装 J41H-40 截止阀 $DN150$：3个。

③ 中压法兰阀门安装 H41H-40 止回阀 $DN80$：2个。

④ 中压法兰阀门安装 H4IH-40 止回阀 $DN150$：2个。

问题2：

分部分项工程量和单价措施项目清单与计价表见表29。

分部分项工程量和单价措施项目清单与计价表　　　　　　表29

工程名称：成品油泵管道系统　　　　　　标段：部分管道、阀门安装项目

序号	项目编码	项目名称	项目特征描述	计量单位	工程量	金额（元）		
						综合单价	合价	其中：暂估价
1	030801001001	低压碳钢管	$D89 \times 4$，20号无缝钢管，电弧焊，液压试验，空气吹扫	m	2.1			
2	030801001002	低压碳钢管	$D159 \times 5$，20号无缝钢管，电弧焊，液压试验，空气吹扫	m	3			
3	030801001003	低压碳钢管	$D219 \times 6$，20号无缝钢管，电弧焊，液压试验，空气吹扫	m	15			
4	030802001001	中压碳钢管	$D89 \times 6$，20号无缝钢管，电弧焊，液压试验，空气吹扫	m	25			
5	030802001002	中压碳钢管	$D159 \times 8.5$，20号无缝钢管，电弧焊，液压试验，空气吹扫	m	18			
6	030802001003	中压碳钢管	$D219 \times 9$，20号无缝钢管，电弧焊，液压试验，空气吹扫	m	6			

续表

序号	项目编码	项目名称	项目特征描述	计量单位	工程量	金额（元）		
						综合单价	合价	其中：暂估价
7	030807003001	低压法兰阀门	J41H-16 截止阀 DN200	个	3			
8	030807003002	低压法兰阀门	J41H-16 截止阀 DN150	个	2			
9	030807003003	低压法兰阀门	J41H-16 截止阀 DN80	个	2			
10	030808003001	中压法兰阀门	J41H-40 截止阀 DN80	个	4			
11	030808003002	中压法兰阀门	J41H-40 截止阀 DN150	个	3			
12	030808003003	中压法兰阀门	H41H-40 止回阀 DN80	个	2			
13	030808003004	中压法兰阀门	H41H-40 止回阀 DN150	个	2			

问题3：
综合单价分析表见表30。

综合单价分析表　　表30

工程名称：成品油泵房管道系统　　标段：部分管道、阀门安装项目

项目编码	030802001002		项目名称		中压碳钢管 DN150		计量单位	m	工程量	18
清单综合单价组成明细										
定额编号	定额名称		定额单位	数量	单价（元）			合价（元）		
					人工费	材料费	机械费	管理费和利润	人工费	材料费	机械费	管理费和利润

定额编号	定额名称	定额单位	数量	人工费	材料费	机械费	管理费和利润	人工费	材料费	机械费	管理费和利润
8-1-463	中压碳钢管（氩电联焊）DN150	10m	0.10	252.59	180	220	252.59	25.26	18	22	25.26
8-5-3	低中压管道液压试验 DN200 以内	100m	0.01	556.03	160	120	556.03	5.56	1.60	1.20	5.56
8-5-53	（空气吹扫）DN200 以内	100m	0.01	340	580	80	340	3.40	5.80	0.80	3.40
人工单价			小　计					34.22	25.40	24	34.22
元/工日			未计价材料费					127.37			
			清单项目综合单价					245.21			

材料费明细	主要材料名称、规格、型号	单位	数量	单价（元）	合价（元）	暂估单价（元）	暂估合价（元）
	中压碳钢管（氩电联焊）DN150	kg	0.8845×32			4.5 元/kg	127.37
	其他材料费				25.40		
	材料费小计				25.40		127.37

问题4：

(1) 含增值税综合单价=(38+30+25+38×100%)×(1+9%)=142.79（元）

(2) 增值税应纳税额=(38+30+25+38×100%)×9%－(30×17%+25×15%+38×5%)=11.79－10.75=1.04（元）

Ⅲ 电气和自动化工程

问题1：

(1) 钢管 $\phi25$ 暗配工程量计算式：

(1.4+0.1+6.5+0.1+0.5)+(1.4+0.1+3.5+0.1+0.5)+(1.4+0.1+6+0.1+1.4)+(1.4+0.1+6+0.1+1.4－0.2)=8.6+5.6+9+8.8=32（m）

(2) 钢管 $\phi40$ 暗配工程量计算式：

(1.4+0.1+8+0.1+0.5)+(1.4+0.1+4+0.1+0.5)=10.1+6.1=16.2（m）

(3) 管内穿线 BV2.5mm² 工程量计算式：

(8.6+5.6)×4+(9+8.8)×5+(4+4+5)×(0.8+0.7)+(4+4)×1+(5+5+5)×(0.3+0.2)=56.8+89+19.5+8+7.5=180.8（m）

(4) 管内穿线 BV25mm² 工程量计算式：

16.2×4+(4+4)×(0.7+0.8)+(4+4)×1=64.8+12+8=84.8（m）

(5) 计算结果见表31。

分部分项工程和单价措施项目清单与计价表 表31

工程名称：汽车库动力配电

序号	项目编码	项目名称	项目特征描述	计量单位	工程量	金额（元）		
						综合单价	合价	其中：暂估价
1	030404017001	配电箱	动力配电箱JL₁嵌入式安装，箱体尺寸：800×700×200（宽×高×厚）	台	1	8363.48	8363.48	
2	030404018001	插座箱	插座箱嵌入式安装，箱体尺寸：300×200×150（宽×高×厚）	台	2	1752.66	3505.32	
3	030406006001	低压交流异步电动机	干燥机 功率1kW 电机检查接线	台	2	222.70	445.40	
4	030406006002	低压交流异步电动机	空压机 功率22kW 电机检查接线	台	2	615.92	1231.84	
5	030411001001	配管	钢管 $\phi25$ 沿砖、混凝土结构暗配	m	32	22.44	718.08 或 718.18	
6	030411001002	配管	钢管 $\phi40$ 沿砖、混凝土结构暗配	m	16.2	35.04	567.65 或 567.71	
7	030411004001	配线	管内穿线 BV2.5mm²	m	180.8	2.70	488.16 或 488.27	

续表

序号	项目编码	项目名称	项目特征描述	计量单位	工程量	综合单价	合价	其中：暂估价
8	030411004002	配线	管内穿线 BV25mm²	m	84.8	17.63	1495.02 或 1495.07	
		本页小计					16814.95 或 16815.27	

问题2：
（1）计算结果见表32。

其他项目清单与计价汇总表　　　　　　　　　　　表32

工程名称：汽车库动力配电

序号	项目名称	金额（万元）	结算金额（万元）	备注
1	暂列金额	12		
2	暂估价	13		
2.1	材料暂估价	—		
2.2	专业工程暂估价	13		
3	计日工	1.5		
4	总承包服务费	0.59		
4.1	其中：发包人发包专业工程	0.39		
4.2	其中：发包人提供材料	0.2		
	合计	27.09		

（2）计算结果见表33。

单位工程招标控制价汇总表　　　　　　　　　　　表33

工程名：汽车库动力配电

序号	汇总内容	金额（万元）	其中：暂估价（万元）
1	分部分项工程	200	
2	措施项目	14	
2.1	其中：单价措施项目	6	
2.2	其中：总价措施项目	8	
3	其他项目	27.09	
4	规费	15	
5	税金		
	招标控制价合计	256.09	

中国建筑出版传媒有限公司（原中国建筑工业出版社）成立于1954年，作为隶属于住房和城乡建设部的中央一级科技出版单位，中国建筑工业出版社始终秉承"团结、敬业、诚信、创新"的社风，始终坚持正确的出版导向，把社会效益放在首位，服务中国特色住房和城乡建设事业高质量发展，大力推进出版业务提质增效，不断加强营销创新，积极践行出版"走出去"战略，推动出版融合发展转型升级形成了图书、期刊、音像制品、电子出版物和网络等多媒体融合的立体化出版格局。中国建筑工业出版社累计出版了近4万种出版物，培育了结构合理、素质优良的专业出版人才队伍，已经成为建设行业科技出版的主力军和品牌强社，并连续四届获评我国出版业最高荣誉"中国出版政府奖"先进出版单位，拥有"国家出版融合发展（建工）重点实验室"和"新闻出版业科技与标准重点实验室"两个国家级重点实验室，先后荣获"优秀图书出版单位""全国优秀出版社""全国百佳图书出版单位""数字出版转型示范单位""国家数字复合出版系统工程应用试点单位"等荣誉和称号。

中国城市出版社有限公司（原中国城市出版社）成立于1987年，出版方向立足于城市，集中为城市建设与城市发展服务，为我国广大城市管理与建设者奉献了大量优秀精品图书，以期为加速我国城市化进程，为构建和谐社会、建设可持续发展和创新型城市提供服务。

建知（北京）数字传媒有限公司是中国建筑出版传媒有限公司根据集团化发展战略和数字化出版转型战略成立的全资子公司，负责运营中国建筑出版在线、中国建筑数字图书馆、建标知网®等多个专业数字内容平台，是一家专业的新媒体内容生产集成和运营机构。成立以来，开发了多种形态的数字产品，获得优秀创新项目、数字出版创新作品、创新技术奖、数字出版平台十强等多项荣誉。

建知（北京）数字传媒有限公司主要业务范围包括：电子、音像出版物出版；数字出版重大项目和产品运营；国家级重点实验室建设与管理；广播电视节目制作与经营；出版物批发；互联网信息服务；软件开发；技术服务；广告业务；教育咨询。

建知（北京）数字传媒有限公司于2020年获批国家高新技术企业称号，于2021年获批中关村高新技术企业称号，为公司的高速发展创造了良好的环境。公司将进一步加强数字技术研发投入和知识产权积累，加强数字产品策划和运营，大力加强企业品牌建设和产业化经营，推进中国建筑出版传媒有限公司数字化转型升级和高质量融合发展。

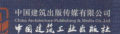

中国城市出版社 有限公司
China City Press Co., Ltd.

建工人 Advanced Plan A
进阶A计划
多一证，多一份保障！

一级造价工程师VIP至尊无忧课
陪学陪练 小灶不断
VIP至尊助学服务，一造上岸无忧方案

扫描二维码，了解详情

双师陪学（助教）

入学测评，建立档案，全程记录陪学
小群管理，1v1发布和跟踪学习进度
电话跟踪，学习难题专线解决
每月总结分析，优化学习计划和进度

双师陪学（老师）

老师制定学习计划，全程指导陪学
精炼核心考点，每月老师小灶直播
考前一个月，老师每天开启考点总结

定制陪练

每日每科一道必会题+视频解析
每日每科一个必备重要考点+视频解析
每周作业周末答疑，点拨思路和技巧
考前100、60、30、10天小灶模考+直播解析

全程服务

考前报名、准考证打印、估分、查分、审核、
领证等内容全程提醒、服务
考前小灶直播，传授应试技巧
复习小工具、小技巧、注意事项指导点拨
学习压力全程跟踪，考前心理疏导

四大阶段体系，每科50小时录播+93小时直播，层层突破，全方位无死角

注册城乡规划师
热门新宠

考前集中小灶
大咖带你一步到位

大咖老师一路带学，匠心护航全程高效

荣玥芳

注册城乡规划师，北京建筑大学教授、城乡规划系主任，研究生导师，教育部全国专业学位水平评估专家，中国城市规划学会理事

魏鹏

一级注册建筑师，曾在多家设计企业任职，著有《从气泡图到方案图》等多本著作，从事注册建筑师考试职业教育多年

卞长志

注册城乡规划师，中国城市规划设计研究院城市交通分院轨道交通所所长，正高级工程师

董淑秋

北京清华同衡规划设计研究院副总规划师，教授级高工，长期从事市政规划设计工作

于洋

博士，中国人民大学公共管理学院城市规划与管理系，副教授，副系主任。中国城市规划学会规划实施学委会副秘书长

刘贵利

注册城乡规划师，北京联合大学教师，博士，研究员，主要从事国土空间规划、生态规划等方面研究

栾景亮

注册城乡规划师，高级工程师，从事规划管理工作多年

王雪梅

注册城乡规划师，高级工程师，博士，从事规划管理工作多年

- 门槛降低，报考人数预计突破10万
- 知识点多，考试难度大
- 自学没方法，复习效率低

趁现在
再不行动
就晚了！

扫描二维码，了解详情

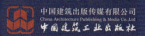

一级注册建筑师
豪华师资团队保驾护航
注考新选择，考试无压力

9改6政策落地，课程全面升级，每节课精心打磨

建工人 Advanced Plan A
进阶A计划
多一证，多一份保障！

扫码二维码
了解详情

倪吉昌
一级注册建筑师、注册监理工程师、英国皇家特许建造师、国家文物局专家，北京建筑大学土木系副主任、教授

耿长孚
一级注册建筑师，教授级高级工程师，享受国务院政府津贴待遇，在北京市建筑设计研究院从事建筑设计40多年

魏鹏
一级注册建筑师，曾在多家设计企业任职，著有《从气泡图到方案图》等多本著作，从事注册建筑师考试职业教育多年

钱民刚
《全国注册建筑师资格考试丛书》作者，《注册工程师公共基础知识复习教程》主编，北京建筑大学副教授兼力学教研室主任

冯东
一级注册结构工程师、注册监理工程师，《全国注册建筑师资格考试丛书》《PKPM软件-钢结构设计入门》作者

冯玲
《全国注册建筑师资格考试丛书》作者，北京工业大学建筑与城市规划学院副教授

刘博
《全国注册建筑师资格考试丛书》作者，博士，北京建筑大学建筑与城市规划学院建筑设计部副教授

侯云芬
《全国注册建筑师资格考试丛书》作者，北京建筑大学副教授，从事建筑材料教学和科研工作30年

姜忆南
《全国注册建筑师资格考试丛书》作者，北京交通大学建筑与艺术学院教授

穆静波
《全国注册建筑师自个考试丛书》作者，北京建筑大学土木学院教授，从事施工教学与研究40年，曾任施工教研室主任

王一
注册城乡规划师，高级工程师，中国中建设计研究院有限公司研发工程师

马珂
原央企设计院建筑设计师，多年建筑设计经验，5年建筑行业教研及教学经验，授课风格风趣幽默

Date: /   /

一级注册建筑师考试科目

《建筑设计》《建筑材料与构造》《建筑经济、施工与设计业务管理》《建筑结构、建筑物理与设备》《设计前期与场地设计》《建筑方案设计》（作图题）。

一级注册建筑师报考条件（1）

(1) 取得建筑学硕士以上学位或者相近专业工学博士学位，并从事建筑设计或者相关业务2年以上的。
(2) 取得建筑学学士学位或者相近专业工学硕士学位，并从事建筑设计或者相关业务3年以上的。

一级注册建筑师报考条件（2）

（3）具有建筑学专业大学本科毕业学历并从事建筑设计或者相关业务5年以上的，或者具有建筑学相近专业大学本科毕业学历并从事建筑设计或者相关业务7年以上的。

Date: / /

二级注册建筑师考试科目

《场地与建筑方案设计》《建筑设计、建筑材料与构造》《建筑结构、建筑物理与设备》《建筑经济、施工与设计业务管理》。

二级注册建筑师报考条件（1）

(1) 具有建筑学或者相近专业大学本科毕业以上学历，从事建筑设计或者相关业务2年以上的。
(2) 具有建筑设计技术专业或者相近专业大专毕业以上学历，并从事建筑设计或者相关业务3年以上的。

二级注册建筑师报考条件（2）

（3）具有建筑设计技术专业4年制中专毕业学历，并从事建筑设计或者相关业务5年以上的。
（4）具有建筑设计技术相近专业中专毕业学历，并从事建筑设计或者相关业务7年以上的。
（5）取得助理工程师以上技术职称，并从事建筑设计或者相关业务3年以上的。

注册城乡规划师考试介绍

注册城乡规划师前身是注册城市规划师,2017年正式更名,是指通过全国统一考试,取得注册城市规划师执业资格证书,并经注册登记后从事城市规划业务工作的专业技术人员。

全国统一大纲、统一命题、统一组织的考试制度。原则上每年举行一次考试。

注册城乡规划师报考条件（1）

（1）取得城乡规划专业大学专科学历，从事城乡规划业务工作满4年。
（2）取得城乡规划专业大学本科学历或学位，或取得建筑学学士学位（专业学），从事城乡规划业务工作满3年。
（3）取得通过专业评估（认证）的城乡规划专业大学本科学历或学位，从事城乡规划业务工作满2年。

注册城乡规划师报考条件（2）

（4）取得城乡规划专业硕士学位或建筑学硕士学位（专业学位），从事城乡规划业务工作满1年。
（5）取得通过专业评估（认证）的城乡规划专业硕士学位或城市规划硕士学位（专业学位），从事城乡规划业务工作满1年。
（6）取得城乡规划专业博士学位。

Date: / /

注册结构工程师考试介绍

注册结构工程师分一级注册结构工程师和二级注册结构工程师。注册结构工程师是指经全国统一考试合格,依法登记注册,取得中华人民共和国注册结构工程师执业资格证书和注册证书,从事房屋结构、桥梁结构及塔架结构等工程设计及相关业务的专业技术人员。

Date: /   /

注册结构工程师报考条件

本专业或相近专业大学专科学历,累计从事结构工作专业设计工作满1年。其他工科专业大学本科及以上学历或学位,累计从事结构工工作专业设计工作满1年(更多报考条件请扫码咨询建工社老师)。

Date: / /

注册道路工程师考试介绍

注册道路工程师即勘察设计注册土木工程师（道路工程），是从事道路（包括公路、城市道路、林区、厂矿及其他专用道路）工程专业设计及相关业务的专业技术人员，其从业范围主要包括：道路工程勘察设计；道路工程技术咨询；道路工程招标、采购咨询；道路工程的技术调查和鉴定；道路工程的项目管理业务，等等。

注册道路工程师报考条件（基础考试）

（1）取得本专业（指土木工程，下同）或相近专业（指港口与航道工程、勘查技术与工程等专业，下同）大学本科及以上学历或学位。
（2）取得本专业或相近专业大学专科学历，累计从事道路工程专业设计工作满1年。
（3）取得其他专业大学本科及以上学历或学位，累计从事道路工程专业设计工作满1年（更多报考条件请扫码咨询建工社老师）。

一级造价工程师考试介绍

造价工程师,是指通过全国统一考试取得中华人民共和国造价工程师职业资格证书,并经注册后从事建设工程造价工作的专业人员。国家对造价工程师实行准入类职业资格制度,纳入国家职业资格目录。凡从事工程建设活动的建设、设计、施工、造价咨询等单位,必须在建设工程造价工作岗位配备造价工程师。

Date: / /

一级造价工程师报名条件

凡遵守中华人民共和国宪法、法律、法规,具有良好的业务素质和道德品行,具备下列条件之一者,可以申请参加一级造价工程师职业资格考试:
(1)具有工程造价专业大学专科(或高等职业教育)学历,从事工程造价、工程管理业务工作满4年;
具有土木建筑、水利、装备制造、交通运输、电子信息、财经商贸大类大学专科(或高等职业教育)学历,从事工程造价、工程管理业务工作满5年(更多报考条件请扫码咨询建工社老师)。

Date: / /

房地产经纪人/协理考试介绍

房地产经纪人,是指通过全国房地产经纪人资格考试或者资格互认,依法取得房地产经纪人资格,并经过注册,从事房地产经纪活动的专业人员。
房地产经纪人协理,是指通过房地产经纪人协理职业资格考试,取得房地产经纪人职业资格证书的人员。

房地产估价师考试介绍

房地产估价师执业资格实行全国统一考试制度。原则上每年举行一次。建设部和人事部共同负责全国房地产估价师执业资格制度的政策制定、组织协调、考试、注册和监督管理工作。房地产估价师执业资格考试合格者,由人事部或其授权的部门颁发人事部统一印制,人事部和建设部用印的房地产估价师《执业资格证书》,经注册后全国范围有效。

房地产估价师考试科目

所有考试科目均采用闭卷、纸笔考试。其中,《房地产制度法规政策》《房地产估价原理与方法》2个科目均为客观题,以填涂答题卡的方式作答;《房地产估价基础与实务》《土地估价基础与实务》2个科目为主客观题相结合,以填涂答题卡和在答题卡上书写的方式作答。

注册结构工程师《VIP旗舰课》
结构人的第一选择

超强师资组合
汇聚行业精英师资
多年授课经验和项目经历
全程为你保驾护航

专人督学答疑
问题不过夜
当堂消化,有问必答
海量题库等你来刷

硬核复习资料
报名即送
全套学习资料
更多高效得分诀窍等你来

赵赤云
工学博士,副教授,长期从事土木工程方面的教学和科研。有多年注册结构工程师教学经验

邓思华
工学博士,副教授,致力于混凝土结构与砌体结构领域的教学科研和设计工作

张晋元
一级注册结构工程师,工学博士,天津大学教授,教学、设计经验丰富

张寒
一级注册结构工程师、注册土木工程师(岩土),高级工程师

吴寒亮
副研究员,博士,长期致力于公路桥梁结构安全性能领域的研究与实践工作

学术与实战
兼备
大咖一路带飞

这门课适合哪些学员?

时间少 工作、生活太忙,想缩短复习战线,只学干货
基础弱 专业基础相对薄弱,学习看书头疼吃力,没思路
效率低 自驱力较弱,自学能力不够,知识体系混乱

扫描二维码,了解详情

注册土木工程师（道路工程）
《VIP旗舰课》

6大实用优势，全程为你保驾护航

扫描二维码，了解详情

6大实用优势，全程为你保驾护航

4大阶段 层层突破
让你将重难点一网打尽

专业辅导 在线答疑
让你复习"不留死角"

核心资料 科学搭配
让你省心轻松复习

2年保障 不过重学
让你无后顾之忧

大咖老师 保驾护航
让你复习不走弯路

紧跟考纲 全新升级
让你过关更有把握

专业考试超强师资阵容，大咖一路带飞

张燕 北京建筑大学教授，北京交通工程学会副秘书长，《交通工程》杂志副主编

张新天 北京建筑大学土木与交通工程学院教授，中国公路学会理事，北京公路学会荣誉理事

张志清 博士、教授、博士生导师，北京工业大学名师获奖得者，兼任中国公路学会养护与管理分会理事

焦驰宇 北京建筑大学桥梁与隧道工程学科方向教授，博士生导师

周晨静 交通运输规划与管理专业博士学位，北京建筑大学交通工程系副教授

屈小磊 北京建筑大学副教授，硕士研究生导师

金珊珊 北京建筑大学副教授，北京建筑大学土木与交通工程学院道桥系主任

二级注册建筑师一站式学习
梯度进阶，强势领学

一站式资料补给
所有课件均提供电子版，购买课程赠送配套练习题，数量多，质量好，按考题思维出题

全阶段课程体系
课程内容丰富，覆盖建筑基础知识到考试各个方面，考试能用，工作也能用

全考期答疑服务
提供平台答疑和私聊答疑两种服务，有问题随时沟通，答疑响应速度快，不留问题过夜，陪伴式学习直到考试结束

全过程免费畅学
当年万一没考过，第二年免费学新课，赠送全套电子学习资料，无二次收费

魏鹏
一级注册建筑师，曾在多家设计企业任职，著有《从气泡图到方案图》等多本著作，从事注册建筑师考试职业教育多年

王一
注册城乡规划师，高级工程师，中国中建设计研究院有限公司研发工程师

陈洁
一级注册建筑师，注册城乡规划师，高级建筑师，大型央企、国际知名外企任职多年，从事城市规划、建筑方案设计等百余项设计工作

郭庆生
一级注册结构工程师，一级注册建造师，工学博士，教授级高工，有多年国内外结构设计施工工作经验，曾参建鸟巢、水立方等大型项目

周国辉
一级注册建筑师，长期工作于设计一线，授课思路清晰重点突出，精简解题逻辑便于掌握

马珂
原央企设计院建筑设计师，多年建筑设计经验，5年建筑行业教研及教学经验，授课风格风趣幽默

每节课程都精心打磨，提升看得见

紧追最新命题特点
制定教学计划

提供有锻炼价值的
模拟题及冲刺课

总结答题技巧
分享高分诀窍

抓住考前冲刺节点
整理热门题型

扫描二维码，了解详情

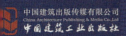  

一级建造师VIP至尊无忧课
让一建上岸更容易！
督学陪练，小灶不断，一建至尊无忧方案

扫描二维码，了解详情

01 核心资料
6大豪华礼包，一次送全
让你不用再买任何资料

02 优享服务
陪学陪练，小灶不断，至尊服务喂到嘴边
让你真正备考无忧

03 双师搭配
直播录播，双师教学
"学""习"结合，效率翻倍

04 全新升级
全新3D课件，互动式课堂，考试消息提醒
课程视频下载，APP移动学习

纸质资料（包邮到家）
考点清单（25页左右），考前核心资料（3-5页）
考前小灶3套卷

电子资料
备考指导，重难点手册，名师讲义，思维导图
案例突破，专题专练手册

电子题库
历年真题库，全国模考卷，考前冲刺抢分卷
章节精编习题

 双师陪学服务   定制陪练服务   全程陪考服务 即时答疑服务

建筑-龙炎飞　公路-安慧　法规-刘丹　管理-赵长歌　经济-邱磊　机电-朱培浩　水利-吴长春

市政-颜海　铁路-马涛　矿业-赵景满　通信-杨鹏　民航-谷永生　港口-陈冬铭

13位超一线名师齐聚建工社 让你备考少走很多弯路

一级注册建筑师
建筑方案设计（作图题）专项突破

建工人 Advanced Plan A
进阶A计划
多一证，多一份保障！

范永盛 FAN

科目　《建筑方案设计》（作图题）

国家一级注册建筑师，深圳大学建筑学硕士，深圳市欧博工程设计顾问有限公司室设计总监
一级注册建筑师系列复习教材《建筑方案设计（作图题）》副主编
一级注册建筑师系列复习教材《设计前期与场地设计（知识题）》副主编
考研状元、从事建筑学考研教育多年。一注考试首年通过8门科目，建筑方案设计（作图题）高分通过。从事一级注册建筑师建筑方案设计（作图题）教育多年

建筑方案设计（作图题）专项课

① 针对新大纲
- 23年新大纲施行
- 加入场地作图和技术作图考点
- 我们在课程中加入相应内容
- 紧随新大纲脚步，备考不走弯路

② 专项强突破
- 试题概述与读题思考
- 概念设计专项
- 深化设计专项
- 图面表达专项
- 设计总结专项

③ 考前有预测
- 根据命题特点，精研模拟习题
- 严谨题干描述，吻合命题方向
- 辅助讲解最新应试技巧
- 考前直播预测事半功倍

扫描二维码
了解详情
<<<

建筑方案设计（作图题）1V1评图

① 近10年真题推演全过程
- 真题哪里查
- 真题怎么审
- 真题如何解
- 来建工社，全过程推演
- 你只需专心复习

② 1V1专属直播评图
- 大设计如何突破
- 作图题从哪下手
- 失分点原因在哪
- 来建工社，专属1V1评图
- 你只需专心复习

③ 全程督学，答疑直到考试结束
- 备考无思路
- 学习有疑问
- 考情不清楚
- 来建工社，全程在线答疑
- 你只需专心复习

扫描二维码
了解详情
>>>